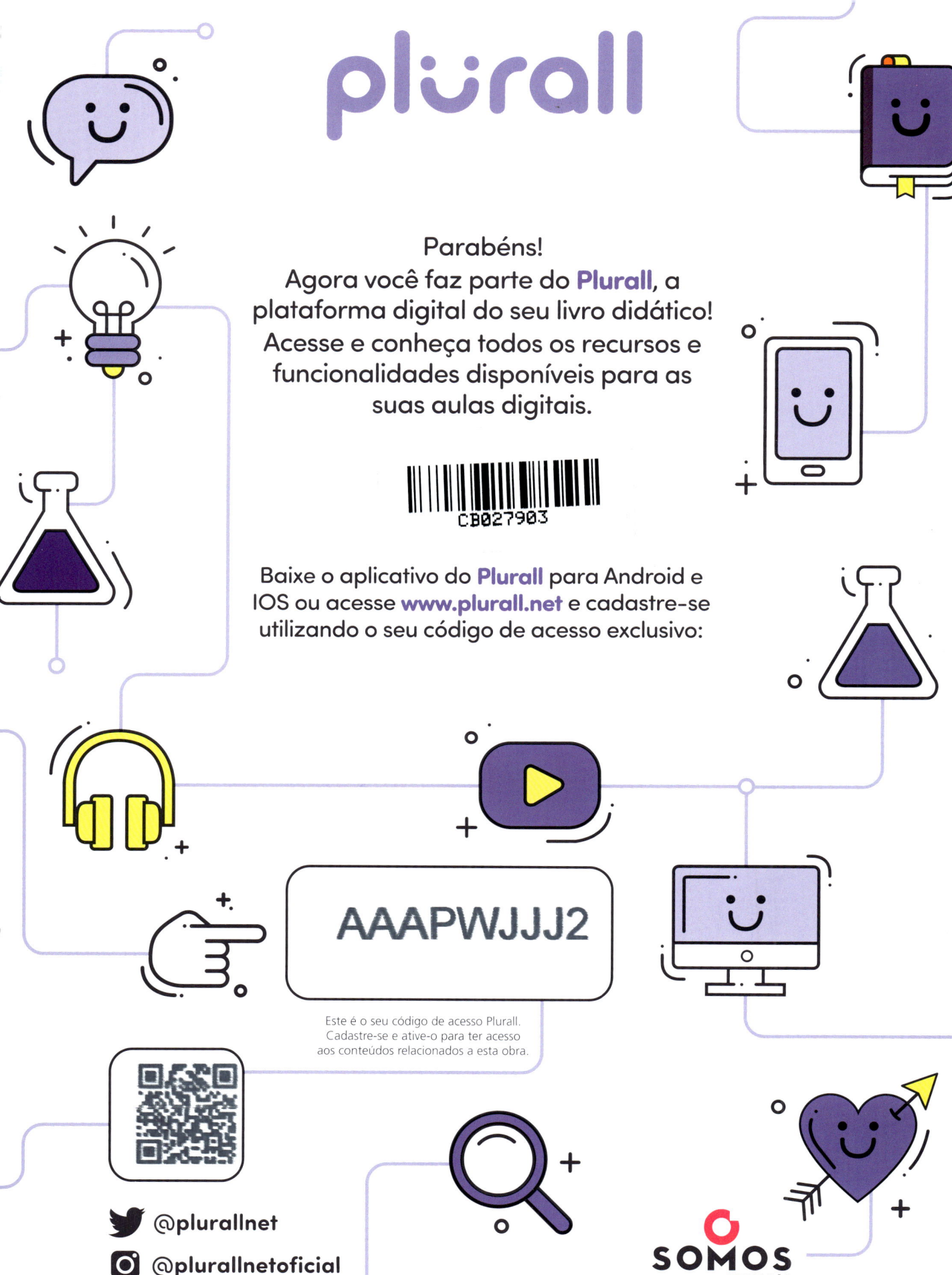

GEOGRAFIA
GERAL E DO BRASIL

ENSINO MÉDIO
VOLUME ÚNICO

EUSTÁQUIO DE SENE

- Bacharel e licenciado em Geografia pela Universidade de São Paulo (USP).
- Doutor em Geografia Humana pela USP.
- Professor de Geografia do Ensino Médio na rede pública de ensino e em escolas particulares por quinze anos.
- Professor de Metodologia do Ensino de Geografia na Faculdade de Educação da USP por cinco anos.

JOÃO CARLOS MOREIRA

- Bacharel em Geografia pela Universidade de São Paulo (USP).
- Mestre em Geografia Humana pela USP.
- Professor de Geografia na rede pública de ensino e em escolas particulares por quinze anos.
- Advogado (OAB/SP).

editora ática

Direção geral: Guilherme Luz
Direção editorial: Luiz Tonolli e Renata Mascarenhas
Gestão de projeto editorial: Viviane Carpegiani
Gestão e coordenação de área: Wagner Nicaretta (ger.), Jaqueline Paiva Cesar (coord.) e Brunna Paulussi (coord.)
Edição: Beatriz de Almeida Francisco, Aroldo Gomes Araujo e Elena Judensnaider
Assistência editorial: Lucas dos Santos Abrami
Gerência de produção editorial: Ricardo de Gan Braga
Planejamento e controle de produção: Paula Godo, Roseli Said e Marcos Toledo
Revisão: Hélia de Jesus Gonsaga (ger.), Kátia Scaff Marques (coord.), Rosângela Muricy (coord.), Ana Curci, Ana Paula C. Malfa, Brenda T. M. Morais, Celina I. Fugyama, Diego Carbone, Gabriela M. Andrade, Hires Heglan, Lilian M. Kumai, Luís M. Boa Nova, Luiz Gustavo Bazana, Patrícia Travanca, Paula T. de Jesus, Rita de Cássia C. Queiroz, Sueli Bossi e Vanessa P. Santos
Arte: Daniela Amaral (ger.), Claudio Faustino (coord.), Daniele Fátima Oliveira (edição de arte)
Diagramação: Grapho Editoração
Iconografia: Sílvio Kligin (ger.), Denise Durand Kremer (coord.), Célia Rosa (pesquisa iconográfica)
Licenciamento de conteúdos de terceiros: Thiago Fontana (coord.), Luciana Sposito (licenciamento de textos), Erika Ramires, Luciana Pedrosa, Luciana Cardoso Sousa e Claudia Rodrigues (analistas adm.)
Tratamento de imagem: Cesar Wolf e Fernanda Crevin
Ilustrações: A. Robson, Adilson Secco, Allmaps, Cassiano Röda, Douglas Galindo, Ericson Guilherme Luciano, Erika Onodera, Filipe Rocha, Formato Comunicação, Gerson Mora, José Rodrigues, Julio Dian, Luís Moura, Mario Kanno, Mauro Nakata, Osni de Oliveira, Paulo Manzi, Paulo Nilson, Portal de mapas, Rlima, Rubens Paiva, Sattu, Tiaggo Gomes
Cartografia: Eric Fuzii (coord.), Robson Rosendo da Rocha (edit. arte)
Design: Gláucia Correa Koller (ger.), Aurélio Camilo (proj. gráfico e capa), Gustavo Vanini e Tatiane Porusselli (assist. arte)
Foto de capa: Andrey Armyagov/Shutterstock

Todos os direitos reservados por Editora Ática S.A.
Avenida das Nações Unidas, 7221, 3º andar, Setor A
Pinheiros – São Paulo – SP – CEP 05425-902
Tel.: 4003-3061
www.atica.com.br / editora@atica.com.br

Dados Internacionais de Catalogação na Publicação (CIP)
(Câmara Brasileira do Livro, SP, Brasil)

```
Sene, Eustáquio de
   Geografia geral e do Brasil volume único /
Eustáquio de Sene, João Carlos Moreira. -- 6. ed. --
São Paulo : Ática, 2018.

   Suplementado pelo manual do professor.
   Bibliografia.
   ISBN 978-85-08-19001-0 (aluno)
   ISBN 978-85-08-19002-7 (professor)

   1. Geografia (Ensino médio) I. Moreira, João
Carlos. II. Título.

18-17605                              CDD-910.712
```

Índices para catálogo sistemático:
1. Geografia : Ensino médio 910.712

Maria Alice Ferreira - Bibliotecária - CRB-8/7964

2025
Código da obra CL 741461
CAE 627989 (AL) / 627990 (PR)
6ª edição
10ª impressão

Impressão e acabamento: A.R. Fernandez

OP 247450

Uma publicação

APRESENTAÇÃO

Os meios de comunicação estão cada vez mais presentes em nosso dia a dia. Recebemos diariamente uma enorme quantidade de informações via internet, televisão, rádio, jornais e revistas: crises políticas e econômicas, catástrofes naturais, problemas socioambientais, desigualdades sociais, guerras, migrações, novas tecnologias, entre muitos outros temas.

O processo de globalização tem seus alicerces na revolução técnico-científica e na modernização dos sistemas de transporte e de telecomunicação, que "encurtam" as distâncias e tornam o tempo cada vez mais "acelerado". Assim, as informações surgem e desaparecem de repente. Quando começamos a compreender determinado acontecimento, ele é esquecido – como se deixasse de existir –, e outro logo ganha destaque. Tal é a instantaneidade dos eventos que parece não existir passado nem continuidade histórica. Por isso, muitas vezes, sentimo-nos impotentes diante da dificuldade de compreender o que acontece no Brasil e no mundo.

Para ajudá-lo a encarar esse desafio, criamos a obra *Geografia Geral e do Brasil*, que está no mercado desde 1998 e passou por diversas reformulações e atualizações, como esta que chega a suas mãos.

A Introdução apresenta um pouco de teoria e método da Geografia e analisa seus conceitos mais importantes. A seguir, na unidade 1, são abordados os fundamentos da Cartografia, imprescindível para ler e interpretar mapas, cartas, plantas, imagens de satélite e gráficos.

Na unidade 2, são estudados os temas da Geografia física, com destaque para a dinâmica da natureza, sua relação com a sociedade e os crescentes desequilíbrios ecológicos. Essa unidade é concluída com o estudo da legislação ambiental, das unidades de conservação e das conferências internacionais sobre meio ambiente.

Na unidade 3, são estudadas as diversas fases do capitalismo até a atual etapa informacional, marcada pela globalização em suas várias dimensões; as diferenças entre os países quanto ao desenvolvimento humano; a ordem geopolítica e econômica internacional, assim como a inserção do Brasil nela; e os principais conflitos armados da atualidade. Na unidade 4, são abordados os processos de industrialização de alguns países desenvolvidos e emergentes, e, na unidade 5, o comércio e os serviços no mundo.

A unidade 6 apresenta como principais temas o processo de industrialização, a estrutura das atividades terciárias e a evolução da política econômica no Brasil. A seguir, nas unidades 7, 8, 9 e 10, são apresentados, respectivamente, a produção, a distribuição e o consumo de energias renováveis e não renováveis no mundo e no Brasil, associando-as às condições ambientais; as características, os movimentos migratórios e a estrutura da população mundial e brasileira; a abordagem dos aspectos mais importantes da urbanização; e, por fim, a análise da produção agropecuária no mundo e em nosso país.

Esperamos ajudá-lo a compreender melhor o complexo e dinâmico mundo em que vivemos e auxiliá-lo a acompanhar as transformações que o moldam e o tornam diferente a cada dia, para que você possa atuar nele como pessoa e cidadão consciente.

Os Autores

SUMÁRIO

INTRODUÇÃO
UM POUCO DE TEORIA DA GEOGRAFIA, 8

1. Espaço geográfico e paisagem 12
2. Lugar 14
PENSANDO NO ENEM 15
3. Território 16
4. Região 17
5. Renovação metodológica 19
ATIVIDADES 20

Vestibulares de Norte a Sul 21
Caiu no Enem 22

UNIDADE 1
FUNDAMENTOS DE CARTOGRAFIA, 23

CAPÍTULO 1
PLANETA TERRA: COORDENADAS, MOVIMENTOS E FUSOS HORÁRIOS, 24

1. Formas de orientação 26
2. Coordenadas 27
3. Movimentos da Terra e estações do ano .. 30
INFOGRÁFICO: INSOLAÇÃO DA TERRA 32
4. Fusos horários 34
ATIVIDADES 39

CAPÍTULO 2
REPRESENTAÇÕES CARTOGRÁFICAS, ESCALAS E PROJEÇÕES, 40

1. Representação cartográfica 42
PENSANDO NO ENEM 46
2. Escala e representação cartográfica 47
3. Projeções cartográficas 51
ATIVIDADES 55

CAPÍTULO 3
MAPAS TEMÁTICOS E GRÁFICOS, 56

1. Cartografia temática 58
2. Gráficos 63
ATIVIDADES 65

CAPÍTULO 4
TECNOLOGIAS MODERNAS UTILIZADAS PELA CARTOGRAFIA, 66

1. Sensoriamento remoto 68
2. Sistemas de posicionamento e navegação por satélites 73
3. Sistemas de informações geográficas 75
ATIVIDADES 77

Vestibulares de Norte a Sul 78
Caiu no Enem 80

UNIDADE 2
GEOGRAFIA FÍSICA E MEIO AMBIENTE, 82

CAPÍTULO 5
ESTRUTURA GEOLÓGICA, 83

1. Deriva continental e tectônica de placas .. 85
INFOGRÁFICO: *TSUNAMIS* 90
2. As províncias geológicas 92
ATIVIDADES 94

CAPÍTULO 6
ESTRUTURAS E FORMAS DO RELEVO, 95

1. Geomorfologia 97
2. A classificação do relevo brasileiro 100
PENSANDO NO ENEM 105
3. O relevo submarino 106
4. Morfologia litorânea 107
ATIVIDADES 110

CAPÍTULO 7
SOLOS, 111

1. A formação do solo 113
2. Conservação dos solos 115
PENSANDO NO ENEM 117
ATIVIDADES 119

CAPÍTULO 8
CLIMAS, 120

1. Tempo e clima 122
2. Fatores climáticos 123
3. Atributos ou elementos do clima 130
4. Tipos de clima 134
5. Climas no Brasil 136
ATIVIDADES 138

CAPÍTULO 9
OS FENÔMENOS CLIMÁTICOS E A INTERFERÊNCIA HUMANA, 139

1. Interferências humanas no clima 141
INFOGRÁFICO: EFEITO ESTUFA 142
2. Fenômenos naturais 148
3. Principais acordos internacionais 151
ATIVIDADES 153

CAPÍTULO 10
HIDROGRAFIA, 154
1. As águas subterrâneas 156
PENSANDO NO ENEM 158
2. Redes de drenagem e bacias hidrográficas 162
INFOGRÁFICO: O ROMPIMENTO DAS BARRAGENS EM MINAS GERAIS 168
ATIVIDADES..170

CAPÍTULO 11
BIOMAS E FORMAÇÕES VEGETAIS: CLASSIFICAÇÃO E SITUAÇÃO ATUAL, 171
1. Principais características das formações vegetais 173
INFOGRÁFICO: COBERTURA VEGETAL ORIGINAL... 174
2. A vegetação e os impactos do desmatamento.... 179
3. Biomas e formações vegetais do Brasil 182
4. A legislação ambiental e as unidades de conservação..................................... 188
PENSANDO NO ENEM 193
ATIVIDADES... 194

CAPÍTULO 12
AS CONFERÊNCIAS EM DEFESA DO MEIO AMBIENTE, 195
1. Interferências humanas nos ecossistemas....... 197
2. A importância da questão ambiental............. 198
3. A inviabilidade do modelo consumista de desenvolvimento 199
4. Estocolmo-72..................................... 200
5. O desenvolvimento sustentável.................. 201
6. Rio-92... 202
7. Rio + 10 203
8. Rio + 20 204
ATIVIDADES.. 205

Vestibulares de Norte a Sul..................... 206
Caiu no Enem 210

UNIDADE 3
MUNDO CONTEMPORÂNEO: ECONOMIA, GEOPOLÍTICA E SOCIEDADE, 214

CAPÍTULO 13
O DESENVOLVIMENTO DO CAPITALISMO, 215
1. Capitalismo comercial 217
INFOGRÁFICO: EVOLUÇÃO DO CAPITALISMO 218
2. Capitalismo industrial 221
3. Capitalismo financeiro 223
4. Capitalismo informacional....................... 228
ATIVIDADES.. 233

CAPÍTULO 14
A GLOBALIZAÇÃO E SEUS FLUXOS, 234
1. Globalização....................................... 236
2. Fluxo de capitais especulativos e produtivos 238
3. Fluxo de informações 243
4. Fluxo de turistas 245
5. Mundialização da sociedade de consumo........ 247
ATIVIDADES.. 249

CAPÍTULO 15
O DESENVOLVIMENTO HUMANO, 250
1. Heterogeneidade dos países em desenvolvimento 252
2. Índice de Desenvolvimento Humano (IDH)........ 259
3. Índice de Percepção da Corrupção................ 261
4. Índice de Fragilidade dos Estados 264
INFOGRÁFICO: OBJETIVOS DE DESENVOLVIMENTO DO MILÊNIO: INFORME DE 2015.... 266
ATIVIDADES.. 268

CAPÍTULO 16
A ORDEM INTERNACIONAL, 269
1. Ordem geopolítica................................. 271
2. Ordem econômica................................. 277
3. Nova ordem internacional 280
INFOGRÁFICO: BRICS................................. 282
PENSANDO NO ENEM 284
ATIVIDADES.. 285

CAPÍTULO 17
CONFLITOS ARMADOS NO MUNDO, 286
1. Conflitos armados: uma visão geral 288
2. Guerrilha, terrorismo e terrorismo de Estado ... 289
3. Guerras étnico-religiosas e nacionalistas........ 299
ATIVIDADES.. 310

Vestibulares de Norte a Sul.......................311
Caiu no Enem 315

UNIDADE 4
INDÚSTRIA NO MUNDO, 317

CAPÍTULO 18
A GEOGRAFIA DAS INDÚSTRIAS, 318
INFOGRÁFICO: CLASSIFICAÇÃO DAS INDÚSTRIAS ...320
1. Importância da indústria......................... 322
2. Distribuição das indústrias 325
3. Organização da produção industrial 332
PENSANDO NO ENEM 335
4. Exploração do trabalho e da natureza 336
ATIVIDADES.. 337

CAPÍTULO 19
ECONOMIAS DESENVOLVIDAS: A INDUSTRIALIZAÇÃO PRECURSORA, 338

1. Reino Unido 340
2. Estados Unidos 345
3. Alemanha 354
4. Japão 359
ATIVIDADES 367

CAPÍTULO 20
ECONOMIAS EM TRANSIÇÃO: A INDUSTRIALIZAÇÃO PLANIFICADA, 368

1. Rússia 370
2. China 378
ATIVIDADES 387

CAPÍTULO 21
ECONOMIAS EMERGENTES: A INDUSTRIALIZAÇÃO RECENTE, 388

1. América Latina 390
2. Tigres Asiáticos 397
3. Países do Fórum Ibas 404
ATIVIDADES 410

Vestibulares de Norte a Sul 411
Caiu no Enem 414

UNIDADE 5
COMÉRCIO E SERVIÇOS NO MUNDO, 416

CAPÍTULO 22
O COMÉRCIO INTERNACIONAL E OS BLOCOS REGIONAIS, 417

1. Comércio internacional 419
PENSANDO NO ENEM 424
2. Blocos econômicos regionais 425
ATIVIDADES 435

CAPÍTULO 23
OS SERVIÇOS INTERNACIONAIS, 436

1. Serviços e intercâmbio de serviços 438
INFOGRÁFICO: CLASSIFICAÇÃO DOS SERVIÇOS, SEGUNDO A OMC 440
2. Intercâmbio internacional de serviços 444
ATIVIDADES 445

Vestibulares de Norte a Sul 446
Caiu no Enem 449

UNIDADE 6
BRASIL: INDÚSTRIA, POLÍTICA ECONÔMICA E SERVIÇOS, 450

CAPÍTULO 24
A INDUSTRIALIZAÇÃO BRASILEIRA, 451

1. Origens da industrialização 453
2. O governo Vargas e a política de "substituição de importações" 456
3. Política econômica e industrialização brasileira do pós-guerra à ditadura militar 458
PENSANDO NO ENEM 461
4. O período militar 462
ATIVIDADES 466

CAPÍTULO 25
A ECONOMIA BRASILEIRA APÓS A ABERTURA POLÍTICA, 467

1. A abertura comercial, a privatização e as concessões de serviços 469
2. Estrutura e distribuição da indústria brasileira .. 477
3. Estrutura e distribuição espacial do comércio e dos serviços 481
ATIVIDADES 483

Vestibulares de Norte a Sul 484
Caiu no Enem 486

UNIDADE 7
ENERGIA E MEIO AMBIENTE, 487

CAPÍTULO 26
PRODUÇÃO MUNDIAL DE ENERGIA, 488

1. Energia: evolução histórica e contexto atual .. 490
2. Combustíveis fósseis 493
PENSANDO NO ENEM 497
3. Combustível renovável 500
4. Energia elétrica 502
INFOGRÁFICO: ENERGIA EÓLICA 508
5. Energia e ambiente 510
ATIVIDADES 511

CAPÍTULO 27
PRODUÇÃO BRASILEIRA DE ENERGIA, 512

1. Panorama do setor energético no Brasil .. 514
2. Combustíveis fósseis 515
3. Combustíveis renováveis 522
4. Energia elétrica 525
ATIVIDADES 530

Vestibulares de Norte a Sul 531
Caiu no Enem 533

UNIDADE 8
POPULAÇÃO, 535

CAPÍTULO 28
CARACTERÍSTICAS DA POPULAÇÃO MUNDIAL, 536

1. População mundial 538
2. Conceitos básicos 539
3. Questão de gênero 542
4. Crescimento demográfico 544
5. Reposição da população 550
PENSANDO NO ENEM 552
ATIVIDADES 553

CAPÍTULO 29
FLUXOS MIGRATÓRIOS E ESTRUTURA DA POPULAÇÃO, 554

1. Movimentos populacionais 556
INFOGRÁFICO: INDO E VINDO 558
2. Estrutura da população 560
ATIVIDADES 565

CAPÍTULO 30
FORMAÇÃO E DIVERSIDADE CULTURAL DA POPULAÇÃO BRASILEIRA, 566

1. Primeiros habitantes 568
2. Formação da população brasileira 570
3. Imigração internacional (forçada e livre) ... 574
4. Migração (movimentos internos) 576
5. Emigração 577
ATIVIDADES 578

CAPÍTULO 31
ASPECTOS DA POPULAÇÃO BRASILEIRA, 579

1. Crescimento vegetativo da população brasileira. 581
2. Estrutura da população brasileira 585
3. PEA e distribuição de renda no Brasil . 588
4. IDH do Brasil 591
ATIVIDADES 592

Vestibulares de Norte a Sul 593
Caiu no Enem 597

UNIDADE 9
O ESPAÇO URBANO E O PROCESSO DE URBANIZAÇÃO, 599

CAPÍTULO 32
O ESPAÇO URBANO NO MUNDO CONTEMPORÂNEO, 600

1. O processo de urbanização 602
2. Os problemas sociais urbanos 606
3. Rede e hierarquia urbanas 612
4. As cidades na economia global 614
ATIVIDADES 618

CAPÍTULO 33
AS CIDADES E A URBANIZAÇÃO BRASILEIRA ... 619

1. O que consideramos cidade? 621
2. População urbana e rural 624
3. A rede urbana brasileira 625
4. A integração econômica 627
INFOGRÁFICO: PRINCIPAIS PROBLEMAS URBANOS 628
PENSANDO NO ENEM 630
5. As regiões metropolitanas brasileiras . 631
6. Hierarquia e influência dos centros urbanos no Brasil 634
7. Plano Diretor e Estatuto da Cidade 636
ATIVIDADES 639

Vestibulares de Norte a Sul 640
Caiu no Enem 642

UNIDADE 10
O ESPAÇO RURAL E A PRODUÇÃO AGROPECUÁRIA, 644

CAPÍTULO 34
ORGANIZAÇÃO DA PRODUÇÃO AGROPECUÁRIA, 645

1. Os sistemas de produção agrícola 647
2. A Revolução Verde 652
3. A população rural e o trabalhador agrícola ... 654
4. A produção agropecuária no mundo 655
5. Biotecnologia e alimentos transgênicos . 658
6. A agricultura orgânica 659
ATIVIDADES 660

CAPÍTULO 35
A AGROPECUÁRIA NO BRASIL, 661

1. A modernização da produção agrícola ... 663
2. Desempenho da agricultura familiar e empresarial 664
3. O Estatuto da Terra e a reforma agrária ... 667
PENSANDO NO ENEM 670
4. Produção agropecuária brasileira 671
ATIVIDADES 675

Vestibulares de Norte a Sul 676
Caiu no Enem 678

SUGESTÕES DE TEXTOS, VÍDEOS E SITES, 680
BIBLIOGRAFIA, 693

INTRODUÇÃO

UM POUCO DE TEORIA DA GEOGRAFIA

> Como é fácil explicar este projeto! Lembro quando fui ver o local. O mar, as montanhas do Rio, uma paisagem magnífica que eu devia preservar. E subi com o edifício, adotando a forma circular que, a meu ver, o espaço requeria. O estudo estava pronto, e uma rampa levando os visitantes ao museu completou o meu projeto.
>
> Oscar Niemeyer (1907-2012), arquiteto brasileiro, em depoimento realizado em 2006.

Museu de Arte Contemporânea de Niterói (RJ), em 2017. O MAC de Niterói, como é conhecido, foi projetado por Oscar Niemeyer e inaugurado em 1996. Leia novamente o texto acima, que trata das impressões do arquiteto quando visitou o local onde o edifício seria erguido. Embora Niemeyer tenha se mostrado preocupado em preservar a "paisagem magnífica" encontrada, na realidade ele a modificou com sua obra.

Ao longo da História, o ser humano foi transformando gradativamente a natureza com o objetivo de garantir a subsistência do grupo social a que pertencia e melhorar suas condições de vida. Com isso, o espaço geográfico foi sendo produzido, ficando cada vez mais artificializado. Pela ação do trabalho humano, novas técnicas foram desenvolvidas e gradativamente incorporadas ao território. De um meio natural, as sociedades avançaram para um meio cada vez mais técnico, principalmente a partir da primeira Revolução Industrial, no século XVIII.

Um dos pensadores que abordam a relação, no capitalismo, entre ciência e técnica é o filósofo alemão Jürgen Habermas (1929-). Ele mostra que, já no final do século XIX, no contexto da segunda Revolução Industrial, esse sistema econômico começou a mobilizar a ciência para a criação de novas técnicas. No atual momento do capitalismo, em que ocorre uma revolução técnico-científica, ou revolução informacional, a ciência vem sendo ainda mais mobilizada para a criação de técnicas de produção e circulação de bens e serviços cada vez mais eficientes. A incorporação dessas técnicas ao território, com a intenção de aumentar a produtividade econômica e acelerar a circulação por redes que abrangem os espaços nacional, regional e mundial, produziu o que o geógrafo **Milton Santos** (1926-2001) chamou de **meio técnico-científico-informacional**. Esse conceito busca definir o meio geográfico que dá sustentação à globalização, o atual período de expansão do capitalismo.

Oca na aldeia moikarakô, na Terra Indígena Kayapó, no município de São Félix do Xingu (PA), em 2015. Esta foto mostra uma habitação que, embora construída com materiais retirados diretamente da natureza, como troncos e palmeiras, é fruto do trabalho humano e incorpora técnicas construtivas próprias dessa sociedade. Quando a comparamos com prédios de uma grande cidade, como mostra a foto das páginas 16 e 17, percebemos que as cidades também resultam da transformação da natureza pelo trabalho humano, porém com mais mediações e incorporação de técnicas modernas.

Poucas áreas da superfície terrestre ainda não sofreram transformações antrópicas, e mesmo naquelas aparentemente intocadas, como muitas no interior da Floresta Amazônica ou do continente antártico, o território está delimitado e sujeito à soberania nacional ou a acordos internacionais. Portanto, mesmo em um meio natural existem relações políticas e econômicas que nem sempre são visíveis na paisagem. Além disso, no interior da Floresta Amazônica (ou de outras florestas tropicais) existem diversas sociedades indígenas, algumas ainda isoladas da sociedade moderna, que, embora vivam bastante integradas ao meio natural, causam alguma transformação antrópica, produzindo seu espaço.

Para compreender melhor as relações sociedade-sociedade e sociedade-natureza materializadas no espaço geográfico, é importante estudar seus recortes conceituais – a paisagem, o lugar, o território e a região – e seus recortes analíticos – as escalas geográficas (as escalas cartográficas serão estudadas no capítulo 2).

São esses conceitos-chave que dão identidade à Geografia como uma ciência humana e, ao mesmo tempo, permitem compreender o mundo sob a ótica dessa disciplina – veja, ao lado, o que o geógrafo **Roberto Lobato Corrêa** (1939-), da Universidade Federal do Rio de Janeiro, diz sobre eles. É por isso que esses conceitos fazem parte do currículo da Geografia escolar e vamos estudá-los aqui.

Antrópico: do grego *anthropos*, 'homem', como espécie. É nesse sentido antropológico que utilizaremos o termo "homem" ao longo do livro. Assim, uma transformação antrópica na natureza é provocada pela espécie humana vivendo em sociedade.

Como toda ciência a Geografia possui alguns conceitos-chave capazes de sintetizar a sua objetivação, isto é, o ângulo específico com que a sociedade é analisada, ângulo que confere à Geografia a sua identidade e a sua autonomia relativa no âmbito das ciências sociais. Como ciência social a Geografia tem como objeto de estudo a sociedade que, no entanto, é objetivada via cinco conceitos-chave que guardam entre si forte grau de parentesco, pois todos se referem à ação humana modelando a superfície terrestre: paisagem, região, espaço, lugar e território.

CORRÊA, Roberto Lobato. Espaço, um conceito-chave da Geografia. In: CASTRO, Iná Elias de; GOMES, Paulo Cesar da Costa; CORRÊA, Roberto Lobato (Org.). *Geografia*: conceitos e temas. Rio de Janeiro: Bertrand Brasil, 1995. p. 16.

1. ESPAÇO GEOGRÁFICO E PAISAGEM

A **paisagem** é a aparência da realidade geográfica, aquilo que nossa percepção auditiva, olfativa, tátil e, principalmente, visual capta. Embora as paisagens materializem relações sociais, econômicas e políticas travadas entre os grupos humanos, essas nem sempre são percebidas. Desvendar as paisagens requer observação, percepção e pesquisa, sendo esse o caminho para que o espaço produzido pela sociedade seja apreendido em sua essência. Podemos dizer, então, que o **espaço geográfico** é formado tanto pela sociedade quanto pela paisagem permanentemente construída e reconstruída por ela. Reveja a foto que abre esta Introdução, nas páginas 8 e 9. Repare que, embora em nosso dia a dia a paisagem seja associada muitas vezes à natureza, ela também expressa a sociedade. Ou seja, a paisagem é composta tanto de elementos culturais, construídos pelo trabalho humano, quanto de elementos naturais, resultantes da ação dos processos da natureza. O espaço geográfico materializa todos esses elementos mais as relações humanas que se desenvolvem na vida em sociedade. Observe o mapa conceitual na página a seguir.

Para ilustrar essas relações e evidenciar a diferença entre paisagem e espaço, **Milton Santos** afirmou que, se eventualmente a humanidade fosse extinta, teríamos o fim da sociedade e, consequentemente, do espaço geográfico, mas ainda assim a paisagem construída permaneceria. Apesar de didática, há um problema nessa ideia: se a humanidade desaparecesse, quem chamaria a paisagem de paisagem? Perceba que os seres humanos vivendo em sociedade desenvolvem as técnicas, criam as coisas e também os conceitos que as definem. Não é possível dissociar o trabalho, o pensamento e a linguagem, que são características intrinsecamente humanas. Por isso, o psicólogo bielorrusso **Lev Vygotsky** (1896-1934) afirmou em suas obras que a relação humana com o mundo se dá mediada por ferramentas (trabalho) e símbolos (linguagem). Além disso, caso a humanidade deixasse de existir, com o passar do tempo as formas construídas se degradariam pela ação do intemperismo e por falta de manutenção. Ou seja, ao longo do tempo nem a paisagem resistiria ao fim da sociedade.

> Durante a Guerra Fria, os laboratórios do Pentágono chegaram a cogitar a produção de um engenho, a bomba de nêutrons, capaz de aniquilar a vida humana em uma dada área, mas preservando todas as construções. O presidente Kennedy afinal renunciou a levar a cabo esse projeto. Senão, o que na véspera seria ainda o **espaço**, após a temida explosão seria apenas **paisagem**. Não tenho melhor imagem para mostrar a diferença entre esses dois conceitos.
>
> SANTOS, Milton. *A natureza do espaço*. São Paulo: Hucitec, 1996. p. 85.

Consulte o *site* de **Milton Santos** e o do **Projeto Gênesis**, de Sebastião Salgado. Veja orientações na seção **Sugestões de textos, vídeos e *sites***. Veja também a indicação dos filmes *O mundo sem ninguém*, *Eu sou a lenda* e *Na natureza selvagem*.

Vista aérea de trechos da Floresta Amazônica e do rio Negro no Parque Nacional de Anavilhanas (AM), 2017. Esse parque foi criado para proteger o arquipélago fluvial de Anavilhanas, assim como para permitir o estudo e a preservação desse bioma. Observe que se trata de uma paisagem natural aparentemente intocada, mas sua própria preservação é fruto da ação humana.

CONCEITOS-CHAVE DA GEOGRAFIA

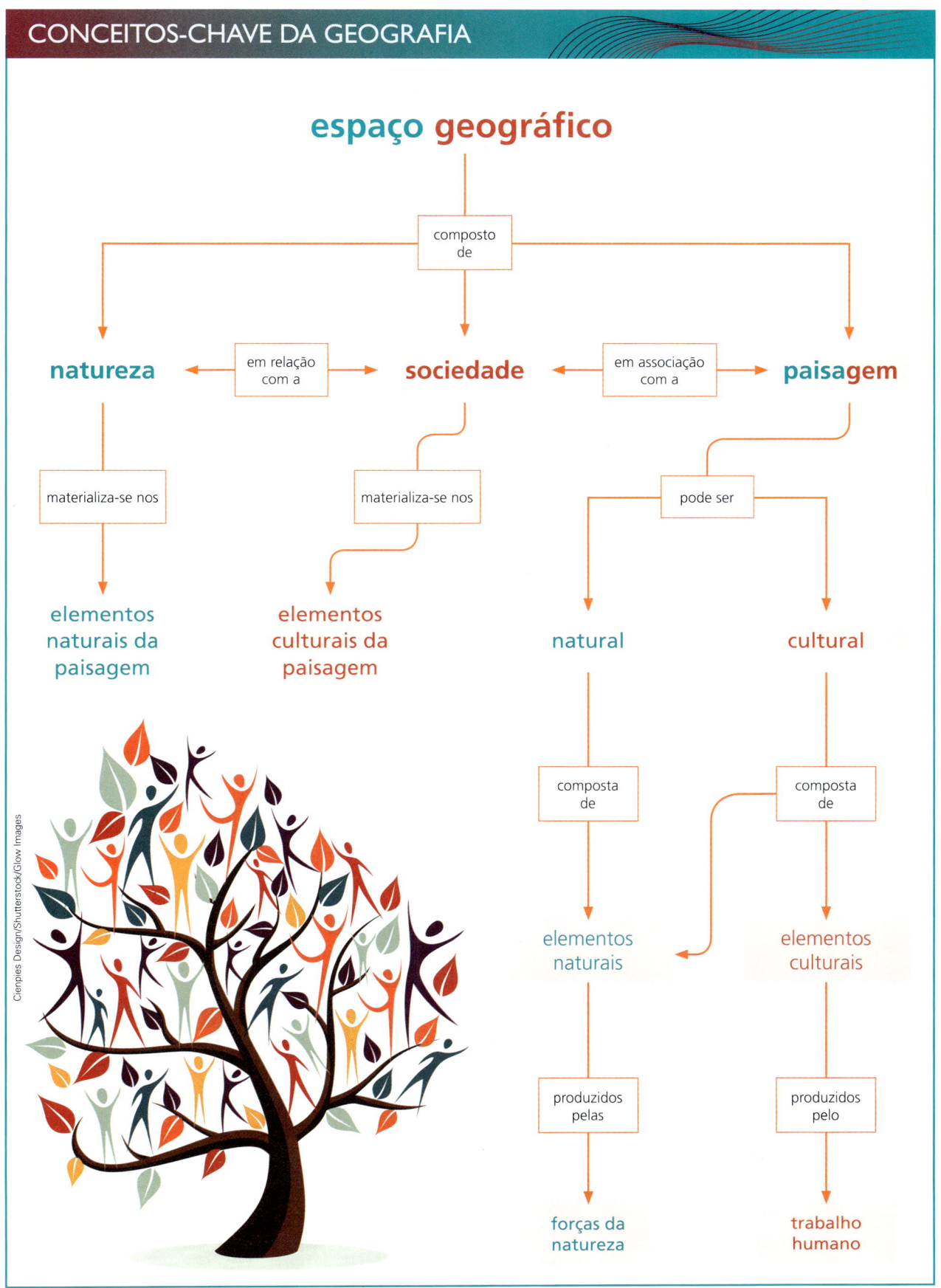

Fonte: mapa conceitual elaborado pelos autores com o *software* Cmap Tools, desenvolvido pelo Institute for Human and Machine Cognition (IHMC). Flórida, Estados Unidos, 2015. Disponível em: <http://cmap.ihmc.us/>. Acesso em: 22 mar. 2018.

19ª Festa do Bode Rei realizada em Cabaceiras (PB), em junho de 2017. Essa cidade do Sertão do Cariri foi cenário de mais de trinta filmes, minisséries e novelas – entre os quais *O Auto da Compadecida* –, por isso ficou conhecida como "Roliúde Nordestina" (veja matéria em: <http://g1.globo.com/jornal-nacional/noticia/2013/12/roliude-nordestina-atrai-diretores-de-cinema-por-causa-do-clima.html>. Acesso em: 2 maio 2018). Cabaceiras é um exemplo de lugar que mescla elementos locais, como a festa em homenagem ao bode, importante criação local, com elementos globais, como a referência a Hollywood, Califórnia (Estados Unidos), em virtude da vocação cinematográfica da cidade.

2. LUGAR

As pessoas vivem no **lugar**, por isso esse conceito é o ponto de partida para a compreensão do espaço geográfico em escalas nacional, regional ou mundial. É no lugar que as pessoas se relacionam, estabelecendo laços afetivos com parentes, amigos, colegas, vizinhos e também com a paisagem. É no lugar que são construídas as relações de cooperação, embora também as de conflito. É nele, portanto, que construímos nossa identidade cultural e socioespacial.

Para compreender o espaço geográfico e os conceitos dele desdobrados, precisamos entender as relações sociais e as marcas deixadas pelos grupos humanos na paisagem dos lugares. A rigor, precisamos entender as relações próprias da natureza, as relações próprias da sociedade e, de forma integrada, as relações entre a **sociedade** e a **natureza**. É a isso que a **Geografia**, como ciência, se dedica, e é por isso que estudamos essa disciplina na escola.

É interessante perceber que a compreensão do espaço geográfico e de seus recortes conceituais também implica trabalhar com os recortes analíticos, isto é, com a noção de **escala geográfica**. Observe o mapa conceitual na página 18 e perceba que na compreensão socioespacial há uma correlação entre os recortes conceituais e os analíticos. Assim, as **escalas geográficas** podem ser:

- **local**: exige a operacionalização do conceito de lugar, associado ao conceito de paisagem;
- **nacional**: implica a operacionalização do conceito de território controlado pelo Estado-nação, que pode ser trabalhado também nas esferas estadual ou provincial e municipal;
- **regional**: demanda trabalhar com o conceito de região em extensões variáveis em termos de área;
- **mundial**: abrange todo o globo terrestre; por isso, também é chamada de escala global, pois permite análises socioespaciais bastante panorâmicas e integradas.

PENSANDO NO Enem

Portadora de memória, a paisagem ajuda a construir os sentimentos de pertencimento; ela cria uma atmosfera que convém aos momentos fortes da vida, às festas, às comemorações.

CLAVAL, P. *Terra dos homens*: a Geografia. São Paulo: Contexto, 2010 (adaptado).

No texto é apresentada uma forma de integração da paisagem geográfica com a vida social. Nesse sentido, a paisagem, além de existir como forma concreta, apresenta uma dimensão

a) política de apropriação efetiva do espaço.
b) econômica de uso de recursos do espaço.
c) privada de limitação sobre a utilização do espaço.
d) natural de composição por elementos físicos do espaço.
e) simbólica de relação subjetiva do indivíduo com o espaço.

Resolução

A questão exige a compreensão de um conceito-chave da Geografia – a paisagem –, assim como sua percepção, sua vivência. Como vimos, o lugar, que é um recorte do espaço geográfico, é feito de suas relações sociais e sua paisagem. Assim, o vínculo das pessoas com um lugar é construído não apenas pelas relações sociais estabelecidas – parentesco, amizade, trabalho, etc. –, mas também pela relação subjetiva que cada um constrói com a paisagem local. Essa relação das pessoas com o lugar e sua paisagem, principalmente em momentos de festas e comemorações, garante o sentimento de pertencimento a que se refere o geógrafo francês Paul Claval. Por isso, é importante pensar que a paisagem não é apreendida apenas pela visão, embora este seja o principal sentido a apreendê-la. Quem, por exemplo, já não criou alguma ligação com a paisagem de um lugar pela contemplação de uma vista que lhe agrada, pelo cheiro do perfume de alguma flor desse lugar, pelo canto de um pássaro, pela sirene de uma fábrica ou ainda pela emoção de uma festa? Ou seja, a paisagem, assim como o lugar do qual ela é parte, possui uma dimensão concreta, feita pela natureza ou pelo trabalho humano, e uma dimensão simbólica, feita de percepção individual, de subjetividade. Assim, cada pessoa percebe e vivencia a paisagem de um modo particular. Portanto, a resposta correta é a alternativa **E**.

Essa questão trabalha com a **Competência de área 1 – Compreender os elementos culturais que constituem as identidades** e, principalmente, com a **Habilidade 5 – Identificar as manifestações ou representações da diversidade do patrimônio cultural e artístico em diferentes sociedades**.

Cavalhadas de Pirenópolis (GO), em 2015. Essa festa de origem portuguesa é uma encenação ao ar livre das batalhas entre mouros e cristãos (saiba mais em: <www.pirenopolis.tur.br/cultura/folclore/festa-do-divino/cavalhadas/a-encenacao-das-cavalhadas>. Acesso em: 2 maio 2018). Este é um bom exemplo da integração da paisagem geográfica com a vida social e a história, criando identidades e sentido de pertencimento a um lugar, tema tratado pela questão do Enem.

3. TERRITÓRIO DIALOGANDO COM FILOSOFIA

A relação entre o **Estado** e o **espaço** é central na obra *Antropogeografia*, a mais importante de **Friedrich Ratzel** (1844-1904). Segundo ele, a partir do momento em que uma sociedade se organiza para defender um território, transforma-se em Estado. Daí se depreende que o **território** é o recorte do espaço geográfico sob o controle de um poder instituído – o Estado nacional e suas esferas subnacionais. Porém, há situações em que outros agentes podem controlar um território, por exemplo, um grupo terrorista ou de narcotraficantes, muitas vezes, em disputa com um Estado legalmente constituído.

Ao criticar o método descritivo e defender que a Geografia se preocupasse com a relação homem-meio, posicionando o ser humano como agente que sofre influência da natureza e que também age sobre ela, transformando-a, **Paul Vidal de La Blache** (1845-1918) inaugurava uma corrente teórica conhecida como "possibilismo", em contraposição ao "determinismo". Ambas foram influenciadas pelo positivismo e posteriormente rotuladas de "Geografia tradicional". A Geografia lablachiana, embora tenha avançado em relação à visão naturalista de Ratzel, não rompeu totalmente com ela; continuou sendo uma ciência dos lugares, não dos homens, empenhada em descrever os aspectos visíveis da realidade.

Assim, até meados do século XX, a maioria dos geógrafos limitava-se a descrever as características físicas, humanas e econômicas das diversas formações socioespaciais, procurando estabelecer comparações e diferenciações entre elas; e era assim que a Geografia aparecia nos materiais didáticos. Nesse período, desenvolveu-se a Geografia regional, fortemente influenciada pela escola francesa, e o conceito de região ganhou importância na análise geográfica.

> A sociedade que consideramos, seja grande ou pequena, desejará sempre manter sobretudo a posse do território sobre o qual e graças ao qual ela vive. Quando esta sociedade se organiza com esse objetivo, ela se transforma em Estado.
>
> RATZEL, Friedrich. Geografia do homem (antropogeografia). In: MORAES, Antonio Carlos R. *Ratzel*. São Paulo: Ática, 1990. p. 76.

Positivismo: corrente filosófica criada pelo francês Auguste Comte (1798-1857). Valoriza apenas a verdade positiva, isto é, concreta, objetiva. Na busca de leis que expliquem a realidade, propõe a observação e a pesquisa empírica. Há uma clara separação entre sujeito e objeto.

Prédios no bairro de Shinjuku, Tóquio (Japão), em 2015. Ao fundo, o monte Fuji, o mais alto do território japonês. Localizado a cerca de 100 km a sudoeste da capital, pode ser visto em dias claros.
Observe que nesta paisagem aparecem elementos culturais e naturais. Metrópoles, como Tóquio, não são propriamente um lugar, e sim um conjunto de lugares nos quais a vivência diária é fragmentada.

4. REGIÃO

Em Geografia, a **região** pode ser conceituada como uma determinada área da superfície terrestre, com extensão variável, que apresenta características próprias e particulares que a diferenciam das demais. Esse conceito ficou associado à categoria **particularidade** e pode ser definido por diversos critérios. A região pode ser **natural**, quando o critério de distinção é a paisagem natural, ou **geográfica**, se a diferenciação for política, econômica, social ou cultural. No passado as regiões eram relativamente isoladas, e os estudos de Geografia regional eram dominantes. Essa linha de estudos foi inaugurada por Vidal de La Blache, sobretudo no livro *Quadro da Geografia da França* (1905), no qual delimita e analisa as regiões francesas. Atualmente, com o avanço da globalização e da sociedade informacional, em um mundo organizado em redes, as regiões se modernizaram e estabelecem cada vez mais relações entre si, o que tem reduzido o isolamento e a diferenciação entre elas.

Embora tenha um importante papel no desenvolvimento da ciência geográfica, a Geografia tradicional nos legou um ensino escolar centrado na memorização. Essa estrutura perdurou até a segunda metade do século XX, quando a descrição das paisagens, com seus fenômenos naturais e sociais, passou a ser realizada de forma mais eficiente e atraente pela televisão. A partir daí, os geógrafos foram obrigados a buscar novos objetos de estudo que permitissem à Geografia sobreviver como disciplina escolar no Ensino Básico e como ramificação das Ciências Humanas em nível universitário.

Região do Triângulo Mineiro (MG)

Triângulo Mineiro

Organizado pelos autores.

Uma região geográfica tanto pode ser maior que o território de um Estado nacional, como a área abrangida pelos territórios dos países da América Latina, quanto pode ser menor que este, como mostra o mapa.

CONCEITOS-CHAVE DA GEOGRAFIA

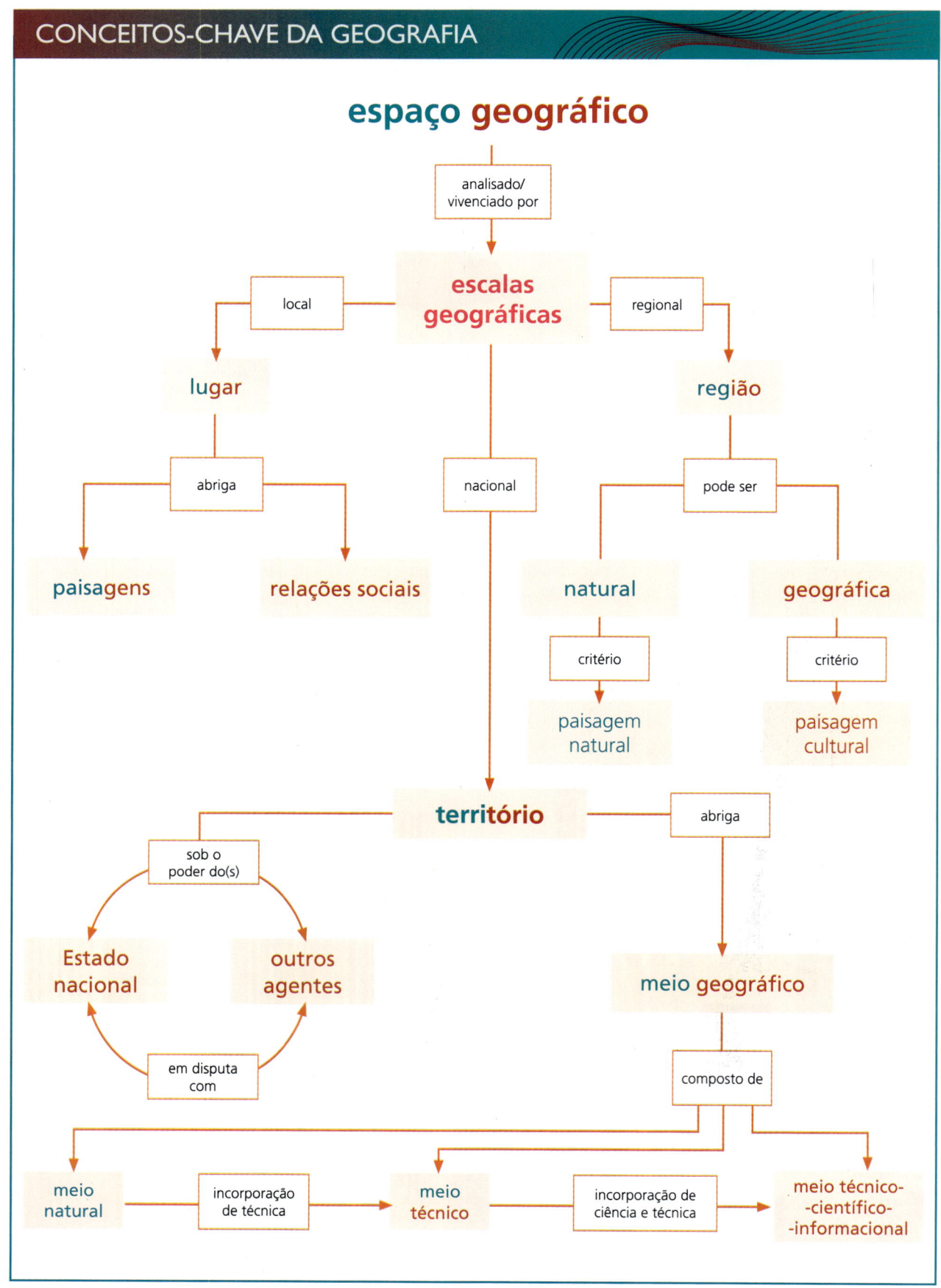

Fonte: mapa conceitual elaborado pelos autores com o *software* Cmap Tools, desenvolvido pelo Institute for Human and Machine Cognition (IHMC). Flórida, Estados Unidos, 2018. Disponível em: <http://cmap.ihmc.us>. Acesso em: 22 mar. 2018.

5. RENOVAÇÃO METODOLÓGICA

DIALOGANDO COM FILOSOFIA

Após a Segunda Guerra Mundial começou uma renovação teórico-metodológica que atingiu inicialmente a Geografia acadêmica e depois teve desdobramentos na Geografia escolar. Uma vertente crítica da renovação foi influenciada pelo marxismo, e outra, conservadora, pelo neopositivismo.

A vertente marxista da renovação teve como um dos pioneiros o geógrafo francês **Yves Lacoste** (1929-), que em 1976 publicou *A Geografia: isso serve, em primeiro lugar, para fazer a guerra*. Nesse livro, denunciou a existência da "Geografia dos Estados-maiores" – a serviço do Estado e do capital, ou seja, a **Geopolítica** – e da "Geografia dos professores" – ensinada nas salas de aula de universidades e escolas básicas e materializada em trabalhos acadêmicos e manuais didáticos.

Segundo Lacoste, a Geografia dos professores acabava servindo para mascarar o papel da Geopolítica e seus vínculos com os interesses dominantes. No Brasil, um dos pioneiros nesse processo de renovação crítica foi Milton Santos, principalmente com sua obra *Por uma Geografia nova*, lançada em 1978.

Enquanto a renovação na França e no Brasil teve forte influência do pensamento de esquerda, sobretudo do marxismo (na Alemanha a maior influência veio de pensadores neomarxistas), nos Estados Unidos e no Reino Unido a contraposição à corrente tradicional veio da Geografia pragmática ou quantitativa, embora ambos os países também tenham geógrafos da vertente crítica. A Geografia quantitativa, influenciada pelo neopositivismo, condenava o atraso tecnológico da Geografia tradicional, passando a utilizar sistemas matemáticos e computacionais na interpretação do espaço. Essa corrente tecnicista e utilitarista, que em geral mascarava os conflitos e as contradições sociais denunciados pelos geógrafos críticos, era uma perspectiva conservadora.

O fim da União Soviética e do socialismo real reduziu a influência do marxismo nas Ciências Humanas, abrindo caminho para a contribuição de outras correntes filosóficas, como a fenomenologia.

Atualmente, consolida-se a certeza de que a Geografia é uma disciplina fundamental para a compreensão do mundo contemporâneo globalizado, de seu meio geográfico e de seus problemas sociais, econômicos e ambientais. Mais do que tudo, é uma disciplina indispensável para a formação de cidadãos conscientes e trabalhadores mais bem preparados para a sociedade do conhecimento.

Marxismo: método de interpretação fundado pelo filósofo alemão Karl Marx (1818-1883). Baseou-se nas categorias "materialismo histórico" e "luta de classes", por meio das quais enfatizou a determinação material da existência humana e a necessidade da revolução para a transformação social. Influenciou a Revolução Russa de 1917. Com o tempo surgiram correntes neomarxistas, como a **teoria crítica**, fundada pelo filósofo alemão Max Horkheimer (1895-1973).

Neopositivismo: no início do século XX, um grupo de filósofos austríacos conhecido como "Círculo de Viena", sob a liderança de Rudolf Carnap (1891-1970), buscou ir além das propostas de Comte e propôs a verificação empírica e o formalismo lógico como base da ciência. Na tentativa de unificar as ciências naturais e humanas com base na linguagem da Física, desenvolveu o empirismo lógico, método também chamado de positivismo lógico ou neopositivismo.

Fenomenologia: corrente filosófica desenvolvida pelo alemão Edmund Husserl (1859-1938). Esse método de interpretação valoriza o sujeito e busca apreender a essência dos fenômenos por meio da consciência e da vivência; contrapondo-se ao neopositivismo, valoriza a intuição, a percepção e a subjetividade. A adoção por muitos geógrafos dessa corrente filosófica, junto de outras, como o **existencialismo**, caracteriza a chamada Geografia humanista.

Universidade de Berlim, criada em 1810 por Wilhelm von Humboldt (1767-1835), em 2017, durante as comemorações dos 250 anos de seu nascimento. Wilhelm era irmão de Alexander von Humboldt (1769-1859) e, em homenagem a ambos, desde 1949 essa instituição chama-se Universidade Humboldt de Berlim. A primeira cadeira de Geografia foi criada nessa universidade, em 1825, e foi ocupada por Karl Ritter (1779-1859). Alexander não foi professor dela, mas deu muitas palestras sobre sua principal obra – *Cosmos*. Humboldt e Ritter iniciaram a fundamentação teórico-metodológica da disciplina, por isso são considerados os fundadores da Geografia como ciência.

Obtenha mais informações sobre o livro *A Geografia: isso serve, em primeiro lugar, para fazer a guerra*, de Yves Lacoste, na seção **Sugestões de textos, vídeos e *sites*.**

ATIVIDADES

COMPREENDENDO CONTEÚDOS

1. Observe o mapa conceitual da página 13 e defina com suas palavras os conceitos de paisagem e espaço geográfico apontando suas diferenças e convergências.

2. Observe o mapa conceitual da página 18 e defina com suas palavras os conceitos de lugar, território e região. Dê um exemplo de cada.

3. Com base no que você estudou na Introdução, explique o significado de escala geográfica.

DESENVOLVENDO HABILIDADES

4. Com a orientação do(a) professor(a), reúnam-se em grupos e observem a foto das páginas 16 e 17. Em seguida, leiam, abaixo, o trecho extraído do livro *A natureza do espaço*, de Milton Santos. Aproveitem e releiam o trecho do mesmo livro na página 12. Depois, façam individualmente as atividades a seguir e, por fim, discutam com os colegas do grupo a fim de encontrar convergências ou divergências em suas respostas, realizando os ajustes que julgarem necessários.

> Paisagem e espaço não são sinônimos. A paisagem é o conjunto de formas que, num dado momento, exprimem as heranças que representam as sucessivas relações localizadas entre homem e natureza. O espaço são essas formas mais a vida que as anima.
>
> SANTOS, Milton. *A natureza do espaço*.
> São Paulo: Hucitec, 1996. p. 83.

a) Como o autor distinguiu os conceitos de espaço geográfico e paisagem?

b) A foto das páginas 16 e 17 retrata uma paisagem e também um espaço geográfico. Que elementos indicam isso?

5. Leia, a seguir, um trecho do livro *O lugar no/do mundo*, de Ana Fani, professora do Departamento de Geografia da FFLCH-USP. Observe a imagem abaixo e, em seguida, responda às questões.

> O lugar é a base da reprodução da vida e pode ser analisado pela **tríade habitante-identidade-lugar**. A cidade, por exemplo, produz-se e revela-se no plano da vida e do indivíduo. Este plano é aquele do local. As relações que os indivíduos mantêm com os espaços habitados se exprimem todos os dias nos modos do uso, nas condições mais banais, no secundário, no acidental. É o espaço passível de ser sentido, pensado, apropriado e vivido através do corpo.
>
> Como o homem percebe o mundo? É através de seu corpo, de seus sentidos que ele constrói e se apropria do espaço e do mundo. O lugar é a porção do espaço apropriável para a vida – apropriada através do corpo, dos sentidos, dos passos de seus moradores –, é o bairro, é a praça, é a rua, e nesse sentido poderíamos afirmar que não seria jamais a metrópole ou mesmo a cidade *lato sensu*, a menos que seja a pequena vila ou cidade – vivida/conhecida/reconhecida em todos os cantos.
>
> CARLOS, Ana Fani Alessandri. *O lugar no/do mundo*.
> São Paulo: FFLCH, 2007. p. 17-18.

a) Com base na leitura do texto e na observação da imagem, como o conceito de lugar pode ser entendido?

b) Por que, segundo a autora, uma metrópole, como Tóquio ou São Paulo, não pode ser considerada um lugar?

c) Como é o lugar onde você vive? O que está bom e o que pode ser melhorado nele? Discuta com os colegas atitudes coletivas que podem melhorar a vida da comunidade do lugar.

Pessoas reunidas no distrito de Vale Vêneto, município de São João Polêsine (RS), durante a realização da XXX Semana Cultural Italiana de Vale Vêneto, em 2015.

VESTIBULARES DE NORTE A SUL

TESTES

1. SE **(UFSJ-MG)**

A materialidade artificial pode ser datada, exatamente, por intermédio das técnicas: técnicas da produção, do transporte, da comunicação, do dinheiro, do controle, da política e, também, técnicas da sociabilidade e da subjetividade. As técnicas são um fenômeno histórico. Por isso, é possível identificar o momento de sua origem. Essa datação é tanto possível à escala de um lugar quanto à escala do mundo. Ela é também possível à escala de um país, ao considerarmos o território nacional como um conjunto de lugares.

SANTOS, Milton. *A natureza do espaço*.
São Paulo: Hucitec, 1996. p. 46.

A partir do texto citado, é correto afirmar que

a) a escala matemática permite a compreensão dos espaços nas escalas do lugar, da região, do território nacional bem como estas se articulam.

b) o espaço possui múltiplas dimensões e a compreensão dos fenômenos espaciais requer um estudo que considere as diferentes escalas geográficas.

c) os fenômenos mundiais se sobrepõem e definem a cultura do lugar, que, com a globalização, perdeu sua importância.

d) as paisagens humanas que compõem o território, em uma sociedade globalizada, tendem a inviabilizar os fluxos de ideias, pessoas e mercadorias.

2. S **(UEM-PR)** Espaço, lugar, território e paisagem constituem conceitos dos estudos geográficos. Sobre o significado desses termos para a Geografia, assinale o que for correto.

01) O território constitui para a Geografia apenas o domínio político de um Estado dentro de um determinado espaço geográfico. Território e espaço, portanto, têm exatamente o mesmo significado.

02) O espaço geográfico, ou simplesmente espaço, é analisado levando em conta os lugares, as regiões, os territórios e as paisagens.

04) Tudo aquilo que vemos e que nossa visão alcança é a paisagem. A dimensão da paisagem é a dimensão da percepção, o que chega aos nossos sentidos.

08) A paisagem é o conjunto das formas construídas pelo homem moderno em função de recursos tecnológicos. O espaço é composto por essas formas e pela vida que as anima. Portanto, paisagem e espaço são sinônimos, têm o mesmo significado.

16) O lugar é um espaço produzido ao longo de um determinado tempo. Apresenta singularidades, é carregado de simbolismo e agrega ideias e sentidos produzidos por aqueles que o habitam.

QUESTÃO

3. SE **(Unesp-SP)** Observe as figuras.

Passado

Presente

Adaptado de: GIOMETTI, Analúcia et al. (Org.). *Pedagogia cidadã*: ensino de Geografia. 2006.

Faça uma análise espaçotemporal da paisagem, identificando quatro transformações feitas pelo homem.

CAIU NO Enem

1. No dia 1º de julho de 2012, a cidade do Rio de Janeiro tornou-se a primeira do mundo a receber o título da Unesco de Patrimônio Mundial como Paisagem Cultural.

   A candidatura, apresentada pelo Instituto do Patrimônio Histórico e Artístico Nacional (Iphan), foi aprovada durante a 36ª Sessão do Comitê do Patrimônio Mundial.

   O presidente do Iphan explicou que "a paisagem carioca é a imagem mais explícita do que podemos chamar de civilização brasileira, com sua originalidade, desafios, contradições e possibilidades". A partir de agora, os locais da cidade valorizados com o título da Unesco serão alvo de ações integradas visando à preservação da sua paisagem cultural.

   Disponível em: <www.cultura.gov.br>. Acesso em: 7 mar. 2013. (Adaptado.)

   O reconhecimento da paisagem em questão como patrimônio mundial deriva da
   a) presença do corpo artístico local.
   b) imagem internacional da metrópole.
   c) herança de prédios da ex-capital do país.
   d) diversidade de culturas presente na cidade.
   e) relação sociedade-natureza de caráter singular.

2. O homem construiu sua história por meio do constante processo de ocupação e transformação do espaço natural. Na verdade, o que variou, nos diversos momentos da experiência humana, foi a intensidade dessa exploração.

   Disponível em: <www.simposioreformaagraria.propp.ufu.br>. Acesso em: 9 jul. 2009 (adaptado).

   Uma das consequências que pode ser atribuída à crescente intensificação da exploração de recursos naturais, facilitada pelo desenvolvimento tecnológico ao longo da História, é
   a) a diminuição do comércio entre países e regiões, que se tornaram autossuficientes na produção de bens e serviços.
   b) a ocorrência de desastres ambientais de grandes proporções, como no caso de derramamento de óleo por navios petroleiros.
   c) a melhora generalizada das condições de vida da população mundial, a partir da eliminação das desigualdades econômicas na atualidade.
   d) o desmatamento, que eliminou grandes extensões de diversos biomas improdutivos, cujas áreas passaram a ser ocupadas por centros industriais modernos.
   e) o aumento demográfico mundial, sobretudo nos países mais desenvolvidos, que apresentam altas taxas de crescimento vegetativo.

3. Ninguém vive sem ocupar espaço, sem respirar, sem alimentar-se, sem ter um teto para abrigar-se e, na Modernidade, sem o que se incorporou na vida cotidiana: luz, telefone, televisão, rádio, refrigeração dos alimentos, etc. A humanidade não vive sem ocupar espaço, sem utilizar-se cada vez mais intensamente das riquezas naturais que são apropriadas privadamente.

   RODRIGUES, A. M. Desenvolvimento sustentável: dos conflitos de classes para os conflitos de gerações. In: SILVA, J. B. et al. (Org.). *Panorama da Geografia brasileira*. São Paulo: Annablume, 2006 (fragmento).

   O texto defende que duas mudanças provocadas pela ação humana na Modernidade são:
   a) a alteração no modo de vida das comunidades e a delimitação dos problemas ambientais em escala local.
   b) o surgimento de novas formas de apropriação dos territórios e a utilização pública dos recursos naturais.
   c) a incorporação de novas tecnologias no processo produtivo e a aceleração dos problemas ambientais.
   d) o aumento do consumo de bens e mercadorias e a utilização de mão de obra nas unidades produtivas.
   e) o esgotamento das reservas naturais e a desaceleração da produção de bens de consumo humano.

4. Dubai é uma cidade-estado planejada para estarrecer os visitantes. São tamanhos e formatos grandiosos, em hotéis e centros comerciais reluzentes, numa colagem de estilos e atrações que parece testar diariamente os limites da arquitetura voltada para o lazer. O maior *shopping* do tórrido Oriente Médio abriga uma pista de esqui, a orla do Golfo Pérsico ganha milionárias ilhas artificiais, o centro financeiro anuncia para breve a torre mais alta do mundo (a Burj Dubai) e tem ainda o projeto de um campo de golfe coberto! Coberto e refrigerado, para usar com sol e chuva, inverno e verão.

   Disponível em: <http://viagem.uol.com.br>. Acesso em: 30 jul. 2012 (adaptado).

   No texto, são descritas algumas características da paisagem de uma cidade do Oriente Médio. Essas características descritas são resultado do(a)
   a) criação de territórios políticos estratégicos.
   b) preocupação ambiental pautada em decisões governamentais.
   c) utilização de tecnologia para transformação do espaço.
   d) demanda advinda da extração local de combustíveis fósseis.
   e) emprego de recursos públicos na redução de desigualdades sociais.

Você já utilizou um GPS ou um mapa digital? Sabia que esses recursos tecnológicos contribuíram bastante para o aperfeiçoamento e a popularização da Cartografia, disciplina encarregada de produzir mapas, plantas e outros produtos cartográficos que representam a superfície terrestre ou parte dela?

Muitas vezes não nos damos conta de como a Cartografia está presente em nosso cotidiano: no celular, na internet, no jornal, na televisão, no guia de ruas, na planta do metrô, etc. Pense em algumas situações diárias em que você a utiliza.

Agora, vamos conhecê-la melhor? Como a Cartografia vai nos ajudar muito no estudo de diversos temas da Geografia e nos orientar em nossa viagem de descoberta dos conhecimentos geográficos, vamos estudá-la logo no início.

UNIDADE 1

FUNDAMENTOS DE CARTOGRAFIA

CAPÍTULO 1

PLANETA TERRA: COORDENADAS, MOVIMENTOS E FUSOS HORÁRIOS

Rosa dos ventos de 50 metros de diâmetro com um mapa-múndi de 14 metros de largura, ao centro. Essa obra, elaborada pelo escritório do arquiteto Luís Cristino da Silva, fica na calçada de acesso ao Padrão dos Descobrimentos, em Lisboa (Portugal). Essa foto de 2016 mostra uma vista panorâmica a partir do topo do monumento.

Fonte: WATTERSON, Bill. *Calvin e Haroldo*: Yukon ho!. São Paulo: Conrad, 2008. p. 56.

Na tirinha, Calvin e Haroldo estão nos Estados Unidos e planejam ir a Yukon, um território localizado no noroeste do Canadá. Para ir até lá, saindo do estado de Washington, por exemplo, é necessário atravessar toda a província canadense da Colúmbia Britânica, ou seja, cerca de 1 500 quilômetros em linha reta, e bem mais que isso indo de carro. Eles consultaram um globo terrestre para terem uma ideia da distância e do tempo de viagem. Será que foi uma boa opção?

Situar-se no espaço geográfico sempre foi uma preocupação dos grupos humanos. Nos primórdios, isso acontecia em virtude da necessidade de se deslocar para encontrar abrigo e alimentos. Com o passar do tempo, as sociedades se tornaram mais complexas e surgiram muitas outras necessidades. Isso explica a crescente importância da Cartografia.

Além das tradicionais representações cartográficas feitas em papel, já podemos utilizar sistemas de mapas digitais; para nos orientarmos na cidade ou na estrada, é possível usar aparelhos GPS (Sistema de Posicionamento Global).

É importante também nos situarmos no tempo em relação às horas e às estações do ano, o que suscita perguntas como: "Se em Brasília são 18 horas, que horas serão em Londres e em Nova York?"; "Se aqui é verão, qual é a estação no hemisfério norte?". Para responder a essas e a outras perguntas, precisamos estudar as coordenadas geográficas, os movimentos da Terra, as estações do ano e os fusos horários. É o que faremos a seguir.

Cartografia: segundo a Associação Cartográfica Internacional (ACI), em definição estabelecida em 1966 e ratificada pela UNESCO (Organização das Nações Unidas para a Educação, a Ciência e a Cultura) no mesmo ano: "A Cartografia apresenta-se como o conjunto de estudos e operações científicas, técnicas e artísticas que, tendo por base os resultados de observações diretas ou da análise de documentação, se voltam para a elaboração de mapas, cartas e outras formas de expressão ou representação de objetos, elementos, fenômenos e ambientes físicos e socioeconômicos, bem como a sua utilização." (IBGE. *Noções básicas de Cartografia*. Rio de Janeiro, 1999. p. 12).

CAPÍTULO 1 • PLANETA TERRA: COORDENADAS, MOVIMENTOS E FUSOS HORÁRIOS

1. FORMAS DE ORIENTAÇÃO

O ser humano sempre necessitou de referências para se orientar no espaço geográfico: um rio, um morro, uma igreja, um edifício, à direita, à esquerda, acima, abaixo, etc.; também por muito tempo se orientou pelo Sol e pelas estrelas. Mas, para ter referências um pouco mais precisas, inventou os **pontos cardeais e colaterais**, como mostra a figura ao lado.

A **rosa dos ventos** indica os pontos cardeais e colaterais e aparece no mostrador da bússola, que tem uma agulha sempre apontando para o norte magnético (veja a foto abaixo).

O uso da **bússola** associada à rosa dos ventos permite encontrar rumos em mapas, desde que ambos estejam com a direção norte apontada corretamente. Assim, o usuário pode encontrar os outros pontos cardeais e os colaterais, orientando-se no espaço geográfico.

Atualmente, com o avanço tecnológico, é muito mais preciso se orientar pelo **GPS** (vamos estudar esse sistema de orientação por satélites no capítulo 4).

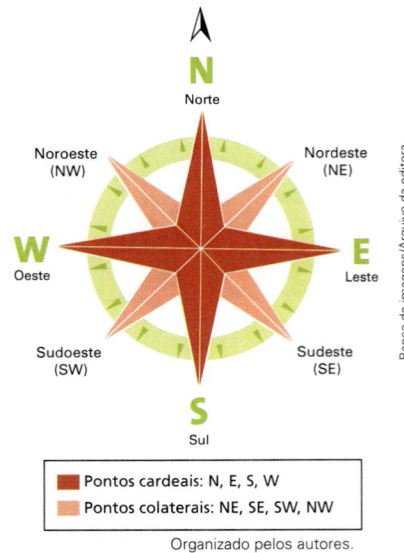

Organizado pelos autores.

A **rosa dos ventos** possibilita encontrar a direção de qualquer ponto da linha do horizonte (numa abrangência de 360°). O nome foi criado no século XV por navegadores do mar Mediterrâneo em associação aos ventos que impulsionavam suas embarcações.

A **bússola** foi inventada pelos chineses provavelmente no século I, porém só foi utilizada no século XIII em embarcações venezianas. A partir do século XV, foi fundamental para orientar os marinheiros nas Grandes Navegações. Você já percebeu que, quando uma pessoa está perdida em algum lugar, costuma-se dizer que ela está "desnorteada" (perdeu o norte) ou "desorientada" (perdeu o oriente)?

OUTRAS LEITURAS

ORIENTAÇÃO PELO SOL

Um dos aspectos mais importantes para a utilização eficaz e satisfatória de um mapa diz respeito ao sistema de orientação empregado por ele. O verbo orientar está relacionado com a busca do Oriente, palavra de origem latina que significa 'nascente'. Assim, o "nascer" do sol, nessa posição, relaciona-se à direção (ou sentido) leste, ou seja, ao Oriente.

Possivelmente, o emprego dessa convenção está ligado a um dos mais antigos métodos de orientação conhecidos. Esse método se baseia em estendermos nossa mão direita [braço direito] na direção do nascer do sol, apontando, assim, para a direção leste ou oriental; o braço esquerdo esticado, consequentemente, se prolongará na direção oposta, oeste ou ocidental; e a nossa fronte estará voltada para o norte, na direção setentrional ou boreal. Finalmente, as costas indicarão a direção do sul, meridional, ou ainda, austral. A representação dos pontos cardeais se faz por leste (E ou L); oeste (W ou O); norte (N); e sul (S). A figura apresenta essa forma de orientação.

FITZ, Paulo Roberto. *Cartografia básica*. São Paulo: Oficina de Textos, 2008. p. 34-35.

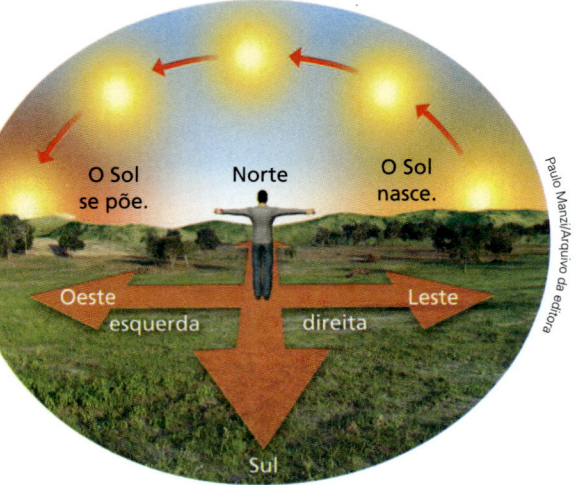

Organizado pelos autores.

Segundo Fitz, "deve-se tomar cuidado ao fazer uso dessa maneira de representação, já que, dependendo da posição latitudinal do observador, nem sempre o Sol estará exatamente na direção leste".

2. COORDENADAS

As coordenadas nos auxiliam na localização precisa de elementos no espaço geográfico. Elas podem ser **geográficas** ou **alfanuméricas**.

GEOGRÁFICAS

O globo terrestre, como podemos ver nas figuras desta página, pode ser dividido por uma rede de **linhas imaginárias** que permitem localizar qualquer ponto em sua superfície. Essas linhas determinam dois tipos de coordenada: a latitude e a longitude, que em conjunto são chamadas de **coordenadas geográficas**. Num plano cartesiano, como você já deve ter aprendido ao estudar Matemática, a localização de um ponto é determinada pelo cruzamento das coordenadas *x* e *y*; numa esfera, o processo é semelhante, mas as coordenadas são medidas em graus.

As coordenadas geográficas funcionam como "endereços" de qualquer localidade do planeta. O equador corresponde ao círculo máximo da esfera, traçado num plano perpendicular ao eixo terrestre, e determina a divisão do globo em dois hemisférios (do grego *hemi*, 'metade', e *sphaera*, 'esfera'): o norte e o sul. A partir do equador, podemos traçar círculos paralelos que, à medida que se afastam para o norte ou para o sul, diminuem de diâmetro. A latitude é a distância em graus desses círculos, chamados **paralelos**, em relação ao equador, e varia de 0° a 90° tanto para o norte (N) quanto para o sul (S).

O trópico de Câncer e o trópico de Capricórnio são linhas imaginárias situadas à latitude aproximada de 23° N e de 23° S, respectivamente. Os círculos polares também são linhas imaginárias, situadas à latitude aproximada de 66° N e de 66° S. Na figura, o círculo polar Antártico não aparece por causa da posição da representação da Terra.

Conhecer apenas a latitude de um ponto, porém, não é suficiente para localizá-lo. Se procurarmos, por exemplo, um ponto a 20° ao sul do equador, encontraremos não apenas um, mas inúmeros pontos situados ao longo do paralelo 20° S. Por isso, é necessária uma segunda coordenada que nos permita localizar um determinado ponto.

Para determinar a segunda coordenada, a longitude, foram traçadas linhas que cruzam os paralelos perpendicularmente. Essas linhas, que também cruzam o equador, são denominadas **meridianos** (do latim *meridiánus*, 'de meio-dia, relativo ao meio-dia'). Observe na figura desta página que os meridianos são semicircunferências que têm o mesmo tamanho e convergem para os polos.

Como referência, convencionou-se internacionalmente adotar como meridiano 0° o que passa pelo Observatório Real de Greenwich, nas proximidades de Londres (Inglaterra), e o meridiano oposto, a 180°, foi chamado de "antimeridiano". Esses meridianos dividem a Terra em dois hemisférios: ocidental, a oeste de Greenwich, e oriental, a leste. Assim, os demais meridianos podem ser identificados por sua distância, medida em graus, ao meridiano de Greenwich. Essa distância é a longitude e varia de 0° a 180° tanto para leste (E) quanto para oeste (W).

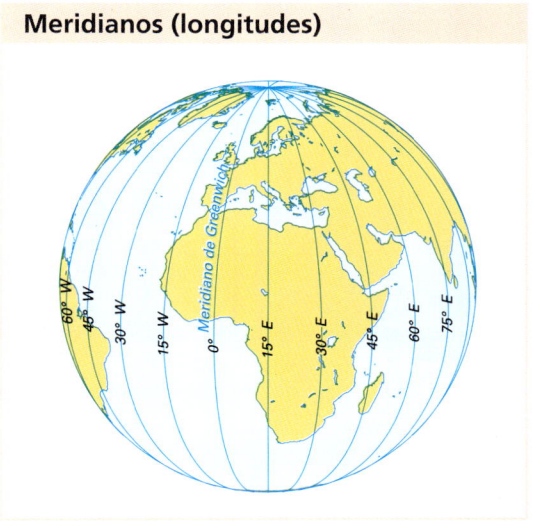

Paralelos (latitudes)

Meridianos (longitudes)

Fonte: NATIONAL Geographic Student Atlas of the World. 3rd ed. Washington, D.C.: National Geographic Society, 2009. p. 8. (Reprodução sem escala.)

Se procurarmos, por exemplo, um ponto de coordenadas 51° N e 0°, será fácil encontrá-lo: estará no cruzamento do paralelo 51° N com o meridiano 0°. Consultando um mapa, verificaremos que esse ponto está muito próximo do Observatório de Greenwich, na Inglaterra.

Para localizar com exatidão um ponto no território, indicam-se as medidas em graus (°), minutos (') e segundos ("). As coordenadas geográficas do Observatório de Greenwich, por exemplo, são 51° 28' 38" N e 0° 00' 00". Perceba que sem a latitude é possível identificarmos o meridiano de Greenwich, mas não o observatório inglês que foi utilizado como referência para a definição do meridiano zero.

Grade de paralelos e meridianos (coordenadas geográficas)

Fonte: NATIONAL Geographic Student Atlas of the World. 3rd ed. Washington, D.C.: National Geographic Society, 2009. p. 8. (Reprodução sem escala.)

Observatório Real de Greenwich, nas proximidades de **Londres** (Reino Unido), em foto de 2017. Veja a linha do meridiano 0° traçada no chão e perceba, no detalhe, que há a identificação da longitude de diversas cidades. Muitos turistas tiram fotos com um pé no hemisfério ocidental e outro no hemisfério oriental.

ALFANUMÉRICAS

Também podemos utilizar as **coordenadas alfanuméricas** para localizar algo em um mapa ou em uma planta. Elas não são tão precisas como as coordenadas geográficas, mas auxiliam na localização de elementos da paisagem, como uma rua, uma praça, um teatro, uma estação de trem ou de ônibus, na planta de uma cidade.

Se um turista quiser localizar algum desses elementos, basta consultar a lista dos principais pontos de interesse, que aparecem em guias turísticos acompanhados de sua respectiva coordenada, e localizá-los na planta turística da cidade. Imagine que você é esse turista e quer visitar o Teatro Municipal, na praça Ramos de Azevedo, em São Paulo (SP), além de outras atrações interessantes próximas dali, como o vale do Anhangabaú. Veja suas coordenadas e localize-o na planta turística a seguir.

Trecho do centro histórico da cidade de São Paulo (SP), em foto de 2017. Em primeiro plano, aparece o viaduto do Chá, que cruza o vale do Anhangabaú; ao fundo, à esquerda, o Teatro Municipal (projeto de Francisco de Paula Ramos de Azevedo, inaugurado em 1911) e, à sua frente, a praça que leva o nome desse arquiteto paulista.

Trecho da planta turística do centro de São Paulo (SP)

ATRATIVOS TURÍSTICOS

1	Banco de São Paulo	C2
2	Biblioteca Mário de Andrade	C1
3	BM&F Bovespa	C2
4	Caixa Cultural	C2
5	Casa No 1 (Casa da Imagem) / Beco do Pinto / Solar da Marquesa de Santos	C2
6	Catedral da Sé	C2
7	Centro Cultural Banco do Brasil	C2
8	Centro Cultural dos Correios	B2
9	Edifício Altino Arantes	C2
10	Edifício Barão de Iguape	C2
11	Edifício Copan	C1
12	Edifício Guinle	C2
13	Edifício Itália / Teatro de Dança	C1
14	Edifício Martinelli	C2
15	Edifício Matarazzo	C2
16	Edifício Sampaio Moreira	C2
17	Edifício Triângulo	C2
18	Escola de Comércio Álvares Penteado	C2
19	Estação da Luz	A2
20	Estação Júlio Prestes / Sala São Paulo	A1
21	Estação Pinacoteca	A1
22	Faculdade de Direito da USP – Largo São Francisco	C2
23	Floresta Urbana (arte urbana)	C1
24	Galeria do Rock (Grandes Galerias)	B1
25	Galeria Olido	B1
26	Igreja das Chagas do Seraphico Pai São Francisco	C1
27	Igreja de São Cristóvão	A2
28	Igreja de São Francisco de Assis	C2
29	Igreja Nossa Senhora do Rosário dos Homens Pretos	B1
30	Igreja Santa Ifigênia	B2
31	Memorial da Resistência	A1
32	Mosteiro de São Bento	B2
33	Museu da Língua Portuguesa	A2
34	Museu do Theatro Municipal	C1
35	Parque da Luz	A2
36	Pateo do Collegio / Museu Anchieta / Igreja do Beato José de Anchieta	C2
37	Pinacoteca do Estado	A2
38	Praça do Patriarca e Pórtico / Igreja de Santo Antônio	C2
39	Secretaria da Justiça	C2
40	SOSO Arte Contemporânea Africana	B1
41	Theatro Municipal	C1
42	Tribunal da Justiça	C2

Metrô

Companhia Paulista de Trens Metropolitanos (CPTM)

Fonte: SÃO PAULO TURISMO S.A. *São Paulo*: Viva tudo isso. Centro e Bom Retiro, nov. 2012. Disponível em: <http://cidadedesaopaulo.com/v2/wp-content/uploads/2017/04/CENTRO_ING_baixa.pdf>. Acesso em: 27 mar. 2018.

CAPÍTULO I • PLANETA TERRA: COORDENADAS, MOVIMENTOS E FUSOS HORÁRIOS

3. MOVIMENTOS DA TERRA E ESTAÇÕES DO ANO

Não se sabe exatamente quando o ser humano descobriu que a Terra é esférica, mas sabe-se que **Eratóstenes** (276 a.C.-194 a.C.), astrônomo e matemático grego, foi o primeiro a calcular, há mais de 2 mil anos, com precisão, a circunferência do planeta. A diferença entre a circunferência calculada por Eratóstenes (40 000 quilômetros) e a determinada hoje, com o auxílio de métodos muito mais precisos (40 075 quilômetros, no equador), como se vê, é bem pequena.

A esfericidade do planeta é responsável pela existência das diferentes **zonas climáticas** (polares, temperadas e tropicais), pois os raios solares atingem a Terra com diferentes inclinações e intensidades. Próximo ao equador, os raios solares incidem perpendicularmente sobre a superfície, porém, quanto mais nos afastamos dessa linha, mais inclinada é essa incidência. Consequentemente, a mesma quantidade de energia se distribui por uma área cada vez maior, diminuindo, portanto, sua intensidade. Esse fato torna as temperaturas progressivamente mais baixas à medida que nos aproximamos dos polos (observe a incidência de raios solares na Terra no infográfico das páginas 32 e 33).

O eixo da Terra é inclinado em relação ao plano de sua órbita ao redor do Sol (movimento de translação). Uma consequência desse fato é a ocorrência das **estações do ano**, conforme se pode ver no infográfico das páginas 32 e 33.

Em 21 ou 22 de dezembro (a data e a hora de início das estações variam de um ano para outro, conforme mostra a primeira tabela na página ao lado), o hemisfério sul recebe os raios solares perpendicularmente ao trópico de Capricórnio; dizemos, então, que está ocorrendo o **solstício de verão**. O **solstício** (do latim *solstitium*, 'Sol estacionário') define o momento do ano em que os raios solares incidem perpendicularmente ao trópico de Capricórnio, dando início ao verão no hemisfério sul. Depois de incidir nessa posição, parecendo estacionar por um momento, o Sol inicia seu movimento aparente em direção ao norte. Esse mesmo instante marca o **solstício de inverno** no hemisfério norte, onde os raios estão incidindo com inclinação máxima.

Seis meses mais tarde, em 20 ou 21 de junho, quando metade do movimento de translação já se completou, as posições se invertem: o trópico de Câncer passa a receber os raios solares perpendicularmente (solstício de verão), dando início ao verão no hemisfério norte e ao inverno no hemisfério sul (observe a figura sobre a variação da insolação ao longo do ano no infográfico das páginas 32 e 33).

Em 20 ou 21 de março e em 22 ou 23 de setembro, os raios solares incidem sobre a superfície terrestre perpendicularmente ao equador. Dizemos então que estão ocorrendo os **equinócios** (do latim *aequinoctium*, 'igualdade dos dias e das noites'), ou seja, os hemisférios estão iluminados por igual. No mês de março iniciam-se o outono no hemisfério sul e a primavera no hemisfério norte; no mês de setembro, o inverso (primavera no sul e outono no norte).

Paisagens das quatro estações nos Alpes Suábios, sul da Alemanha, no ano de 2016.

Primavera

Verão

Outono

Inverno

Markus Lange/imageBROKER RM/Getty Images

O dia e a hora do início dos solstícios e dos equinócios mudam de um ano para outro; consequentemente, a duração de cada estação também varia. Consulte na primeira tabela as datas e os horários (hora de Brasília) dos solstícios e equinócios no hemisfério sul para os anos de 2018 a 2021.

Em virtude da inclinação do eixo terrestre, os raios solares só incidem perpendicularmente em pontos localizados entre os trópicos (a chamada zona tropical), que, por isso, apresentam temperaturas mais elevadas. Nas zonas temperadas (entre os trópicos e os círculos polares) e nas zonas polares, o Sol nunca fica a pino, porque os raios sempre incidem obliquamente.

Outra consequência da inclinação, associada ao **movimento de rotação** da Terra, é a **duração desigual do dia e da noite** ao longo do ano. Nos dois dias de equinócio, quando os raios solares incidem perpendicularmente ao equador, o dia e a noite têm 12 horas de duração em todo o planeta, com exceção dos polos, que têm 24 horas de crepúsculo. Quando é dia de solstício de verão em um hemisfério, ocorrem o dia mais longo e a noite mais curta do ano nessa metade da Terra; no mesmo momento, no outro hemisfério, sob o solstício de inverno, acontecem a noite mais longa e o dia mais curto. Observe a ilustração no infográfico das páginas 32 e 33.

Como é possível observar no infográfico que mostra a variação da insolação ao longo do ano, no equador não há variação no fotoperíodo, mas à medida que nos afastamos dele, essa diferença aparece. Conforme aumenta a latitude, tanto para o norte como para o sul, os dias ficam mais longos no verão e mais curtos no inverno, como pode ser observado na última tabela desta página.

Crepúsculo: claridade no céu entre o fim da noite e o nascer do sol ou entre o pôr do sol e a chegada da noite.
Fotoperíodo: período em que um ponto qualquer da superfície terrestre fica exposto à incidência dos raios solares.

Estações do ano no hemisfério sul							
Ano	Equinócio de outono		Solstício de inverno		Equinócio de primavera		Solstício de verão	
	Dia	Hora	Dia	Hora	Dia	Hora	Dia	Hora
2018	20 mar.	13:15	21 jun.	07:07	22 set.	22:54	21 dez.	20:22
2019	20 mar.	18:58	21 jun.	12:54	23 set.	04:50	22 dez.	02:19
2020	20 mar.	00:50	20 jun.	18:43	22 set.	10:31	21 dez.	08:02
2021	20 mar.	06:37	21 jun.	00:32	22 set.	16:21	21 dez.	13:59

Fonte: INSTITUTO DE FÍSICA DA UFRGS. *Astronomia e Astrofísica*. Disponível em: <http://astro.if.ufrgs.br/sol/estacoes.htm>. Acesso em: 27 mar. 2018.

Duração do dia (em horas) nos solstícios dos hemisférios norte e sul			
Localidade	Latitude	20 jun. 2017 • verão (norte) • inverno (sul)	21 dez. 2017 • inverno (norte) • verão (sul)
Tromso (Noruega)	69° 40' 00" N	24 h 00	00 h 00
Londres (Reino Unido)	51° 30' 00" N	16 h 38	07 h 50
Tóquio (Japão)	35° 41' 06" N	14 h 35	09 h 45
La Concordia (Equador)	0° 00' 00"	12 h 07	12 h 07
Cidade do Cabo (África do Sul)	33° 55' 00" S	09 h 54	14 h 25
Puerto Willians (Chile)	54° 55' 59" S	07 h 11	17 h 22
Antártida	66° 33' 44" S	00 h 00	24 h 00

Fonte: UNITARIUM. *Time of sunrise and sunset, length of daytime database*. Disponível em: <http://time.unitarium.com/sunrise/>. Acesso em: 27 mar. 2018.

Consulte os *sites* do **Observatório Astronômico Frei Rosário (UFMG)**, do **Centro de Divulgação da Astronomia (USP)** e da **Fundação Planetário da Cidade do Rio de Janeiro**. Veja orientações na seção **Sugestões de textos, vídeos e *sites***. Veja também, nessa seção, a indicação do livro ***O ABCD da Astronomia e Astrofísica***, de Jorge Horvath, e do ***Atlas geográfico escolar***, do IBGE.

INFOGRÁFICO

INSOLAÇÃO DA TERRA

A insolação é a quantidade de energia emitida pelo Sol (radiação eletromagnética) que incide sobre a Terra, nos provendo de luz e calor. Atinge a superfície terrestre de forma desigual, por causa da esfericidade do planeta, da inclinação de seu eixo, do movimento de rotação – alternância dia-noite – e do movimento de translação – alternância das estações.

VARIAÇÃO DA INSOLAÇÃO AO LONGO DO ANO

A inclinação do eixo da Terra em relação ao plano de sua órbita em torno do Sol determina, de um lado, dias mais longos e maior insolação no hemisfério em que está ocorrendo o verão e, de outro, dias mais curtos e menor insolação no hemisfério em que está ocorrendo o inverno.

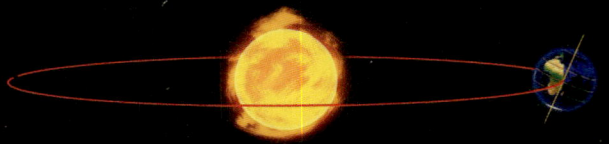

20 OU 21 DE JUNHO
SOLSTÍCIO

Hemisfério norte
início do verão

Hemisfério sul
início do inverno

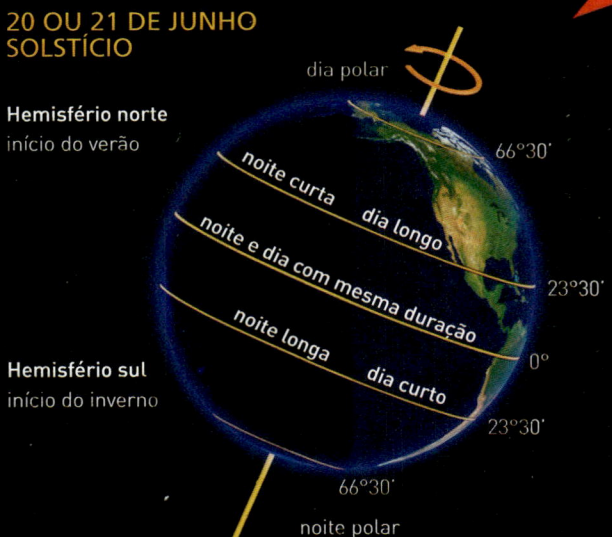

INCIDÊNCIA DA RADIAÇÃO SOLAR NA TERRA

Em razão da esfericidade do planeta, uma mesma quantidade de energia solar incide sobre áreas de tamanhos diferentes nas proximidades do equador e dos polos. À medida que aumenta a latitude e, portanto, a inclinação dos raios solares em relação à superfície terrestre, a área de incidência vai se ampliando. No esquema abaixo, pode-se observar esse fenômeno.

INCIDÊNCIA SOLAR NO SOLSTÍCIO DE DEZEMBRO

AS ESTAÇÕES

Durante o movimento de translação há dois solstícios e dois equinócios que permitem dividir o ano em quatro estações com características climáticas diferentes e bem definidas nas zonas temperadas: primavera (primeiro verão), estação amena que antecede o verão (período mais quente), seguido pelo outono (período da colheita) e depois inverno (período de hibernação), associado ao frio.

20 OU 21 DE MARÇO — EQUINÓCIO

Hemisfério norte — início da primavera
Hemisfério sul — início do outono

21 OU 22 DE DEZEMBRO — SOLSTÍCIO

Hemisfério norte — início do inverno
Hemisfério sul — início do verão

22 OU 23 DE SETEMBRO — EQUINÓCIO

Hemisfério norte — início do outono
Hemisfério sul — início da primavera

Fonte: OXFORD Atlas of the World. 24th ed. New York: Oxford University Press, 2017. p. 72. (Ilustração esquemática, sem escala. Não há proporcionalidade nos tamanhos do Sol e da Terra nem na distância entre eles.)

4. FUSOS HORÁRIOS

Em razão do movimento de rotação da Terra, em um mesmo momento, diferentes pontos longitudinais da superfície do planeta têm horários diversos.

Desde que foi criada uma forma de marcar o tempo, inicialmente com o relógio de Sol, cada localidade adotava seu próprio horário. Com a invenção do relógio mecânico e o gradativo ganho de precisão, lugares muito próximos em termos de longitude chegavam a apresentar diferenças de minutos em seus horários. No século XIX, com o desenvolvimento do transporte ferroviário e o consequente aumento da circulação de pessoas e mercadorias, essas pequenas diferenças de horários entre localidades muito próximas começaram a causar grandes transtornos. Para resolver esse problema, em um encontro da Sociedade Geodésica Internacional, realizado em 1883 em Roma (Itália), foi decidida a criação de um sistema internacional de marcação do tempo.

Para isso, foram definidos os fusos horários. Dividindo-se os 360 graus da esfera terrestre pelas 24 horas de duração aproximada do movimento de rotação[1], resultam 15 graus. Portanto, a cada 15 graus que a Terra gira, passa-se uma hora, e cada uma dessas 24 divisões recebe o nome de fuso horário. Observe a figura a seguir; ela mostra o **movimento de rotação**, as **datas** e os **fusos horários** da Terra.

Em 1884, 25 países se reuniram na Conferência Internacional do Meridiano, realizada em Washington, capital dos Estados Unidos. Nesse encontro ficou decidido que as localidades situadas num mesmo fuso adotariam um único horário. Foi também acordado pela maioria dos delegados dos países participantes que o meridiano que passa por Greenwich seria a linha de referência para definir as longitudes e acertar os relógios em todo o planeta.

Para estabelecer os fusos horários, definiu-se o seguinte procedimento: o fuso de referência se estende de 7°30' para leste a 7°30' para oeste do meridiano de Greenwich, o que totaliza uma faixa de 15 graus. Portanto, a longitude na qual termina o fuso seguinte a leste é 22°30' E (e, para o fuso correspondente a oeste, 22°30' W). Somando continuamente 15° a essas longitudes, obteremos os **limites teóricos** dos demais fusos do planeta.

As horas mudam, uma a uma, à medida que passamos de um fuso a outro. No entanto, como as linhas que os delimitam atravessam várias unidades político-administrativas, os países fizeram adaptações estabelecendo, assim, os **limites práticos** dos fusos. Nesses casos, os limites dos fusos coincidem com os limites político-administrativos, na tentativa de manter, na medida do possível, um horário unificado num determinado território. A China, por exemplo, apesar de ser cortada por três fusos teóricos, adotou apenas um horário (+8 h) para todo seu território. Alguns poucos países utilizam um horário intermediário, como a Índia, que adota um fuso de +5 h 30 min em relação a Greenwich. Observe o mapa-múndi com os fusos horários na página a seguir.

Fonte: NATIONAL Geographic Student Atlas of the World. 3rd ed. Washington, D.C.: National Geographic Society, 2009. p. 13. (Ilustração esquemática sem escala.)

---

[1] Uma volta completa da Terra em torno de seu eixo dura 23 horas, 56 minutos e 4 segundos.

Com a adoção dos limites práticos, em alguns territórios os fusos podem medir mais ou menos que os tradicionais 15°, como se pode verificar no mapa desta página. Observe que as horas aumentam para leste e diminuem para oeste, a partir de qualquer referencial adotado. Isso ocorre porque a Terra gira do oeste para o leste. Como o Sol nasce a leste, à medida que nos deslocamos nessa direção, estamos indo para um local onde o Sol nasce antes e, portanto, as horas estão "adiantadas" em relação ao local de onde partimos. Quando nos deslocamos para oeste, entretanto, estamos nos dirigindo a um local onde o Sol nasce mais tarde e, portanto, as horas estão "atrasadas" em relação ao nosso ponto de partida.

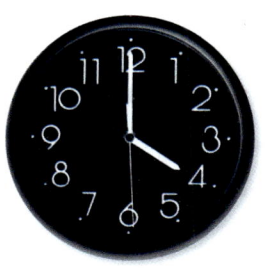

NOVA YORK

BRASÍLIA

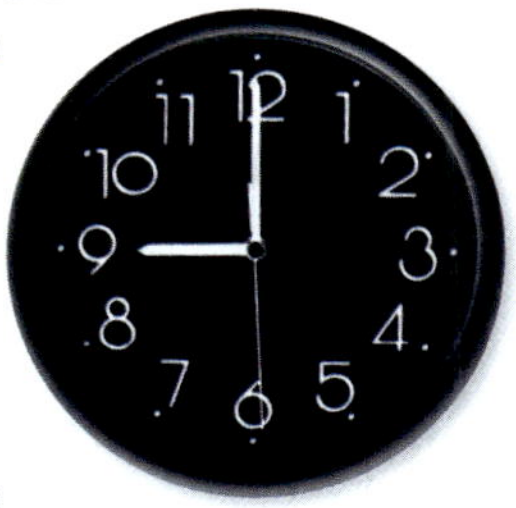

LONDRES

Fotos: tankist276/Shutterstock

Além da mudança das horas, tornou-se necessário definir um meridiano para a mudança da data no mundo. Na Conferência de 1884, ficou estabelecido que o meridiano 180°, conhecido como antimeridiano, seria a Linha Internacional de Mudança de Data (ou simplesmente Linha de Data). Observe-a no globo da página 34 e no mapa abaixo.

O fuso horário que tem essa linha como meridiano central tem uma única hora, como todos os outros, entretanto em dois dias diferentes. A metade situada a oeste dessa linha estará sempre um dia adiante em relação à metade a leste. Com isso, ao se atravessar a Linha de Data indo do leste para o oeste é necessário aumentar um dia.

Por exemplo, numa hipotética viagem de São Paulo (Brasil) para Tóquio (Japão) via Los Angeles (Estados Unidos), um avião entrou no fuso horário da Linha de Data às 10 horas de um domingo; imediatamente após cruzar essa linha, ainda no mesmo fuso, continuarão sendo 10 horas, mas do dia seguinte, uma segunda-feira (identifique essa rota no mapa desta página). Já na viagem de volta ocorrerá o contrário, pois essa será do oeste para o leste, e quando o avião cruzar a Linha de Data deve-se diminuir um dia. Esse exemplo pode causar certa estranheza: estamos acostumados a observar, no planisfério centrado em Greenwich, o Japão situado a leste, mas como o planeta é esférico, podemos ir a esse país voando para o oeste.

Mundo: fusos horários

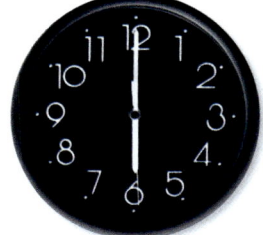

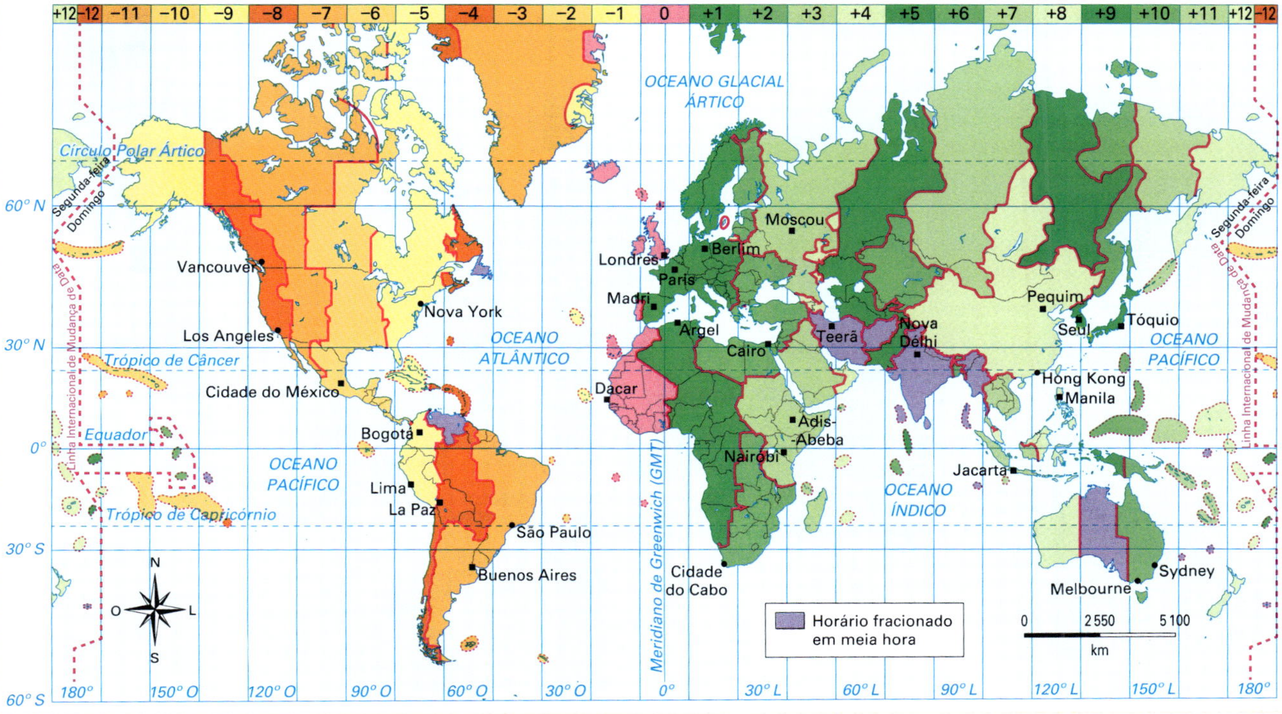

Banco de imagens/Arquivo da editora

Fonte: OXFORD Atlas of the World. 24th ed. New York: Oxford University Press, 2017. p. 73.

> Consulte o *site* do **Time and Date**. Veja orientações na seção **Sugestões de textos, vídeos e *sites*.**

Como observamos no mapa de fusos horários, na página anterior, a partir do meridiano de Greenwich, as horas vão aumentando para o leste e diminuindo para o oeste. Entretanto, diferentemente do que muitas vezes se pensa, ao atravessar a Linha de Data indo para o leste deve-se diminuir um dia e, ao contrário, indo para o oeste, aumentar um dia.

Como se pode observar no mapa, assim como os meridianos que definem os fusos horários civis, a Linha Internacional de Mudança de Data também adota limites práticos, caso contrário alguns países-arquipélago do Pacífico, como Kiribati, teriam dois dias diferentes em seus territórios. Observe também que na metade do fuso localizada a leste da Linha Internacional de Mudança de Data é domingo e na metade a oeste, segunda-feira.

Perceba que a referência aqui considerada foi a Linha de Data, assim a metade do fuso situada a leste dela está a oeste em relação a Greenwich (portanto, no hemisfério ocidental), e a outra metade, situada a oeste dela, está a leste do meridiano principal (no hemisfério oriental). Lembre-se: a definição dos pontos cardeais (e colaterais) depende sempre de um referencial.

Leia a seguir o trecho do livro *A volta ao mundo em 80 dias*, romance ficcional do escritor francês Júlio Verne lançado em 1873, e observe novamente o mapa de fusos horários da página anterior. Phileas Fogg, protagonista da história, apostou com seus amigos que faria uma viagem ao redor do mundo em 80 dias e retornaria a Londres em 21 de dezembro de 1872. Porém, ele chegou um dia antes. Por que isso ocorreu?

OUTRAS LEITURAS

CAPÍTULO XXXVII

Em que fica provado que Phileas Fogg nada ganhou fazendo a volta ao mundo, a não ser a felicidade

[...]

Phileas Fogg tinha completado a volta ao mundo em oitenta dias!...

Phileas Fogg tinha ganhado sua aposta de vinte mil libras!

E agora, como é que um homem tão exato, tão meticuloso, tinha podido cometer este erro de dia? Como se acreditava no sábado à noite, 21 de dezembro, ao desembarcar em Londres, quando estava na sexta, 20 de dezembro, setenta e nove dias somente após sua partida?

Eis a razão deste erro. Bem simples.

Phileas Fogg tinha, "sem dúvida", ganhado um dia sobre seu itinerário — e isto unicamente porque tinha feito a volta ao mundo indo para leste, e teria, pelo contrário, perdido este dia indo em sentido inverso, ou seja, para oeste.

Com efeito, andando para o leste, Phileas Fogg ia à frente do Sol, e, por conseguinte, os dias diminuíam para ele tantas vezes quatro minutos quanto os graus que percorria naquela direção. Ora, temos trezentos e sessenta graus na circunferência terrestre, e estes trezentos e sessenta graus, multiplicados por quatro minutos, dão precisamente vinte e quatro horas — isto é, o dia inconscientemente ganho. Em outros termos, enquanto Phileas Fogg, andando para leste, viu o Sol passar oitenta vezes pelo meridiano, seus colegas que tinham ficado em Londres só o viram passar setenta e nove vezes.

VERNE, Júlio. *A volta ao mundo em 80 dias*. Domínio público. p. 760-762. Disponível em: <www.dominiopublico.gov.br/download/texto/ph000439.pdf>. Acesso em: 26 mar. 2018.

FUSOS HORÁRIOS BRASILEIROS

No Brasil, até 1913 as cidades tinham sua própria hora. Por exemplo, segundo o Observatório Nacional, "quando na Capital Federal, atual cidade do Rio de Janeiro, eram 12 horas, em Recife eram 12 h 33" e em Porto Alegre eram 11 h 28". Com o desenvolvimento dos transportes isso começou a provocar muita confusão, tornando-se necessária a adoção de fusos horários. Em 18 de junho de 1913, o então presidente Hermes da Fonseca sancionou um Decreto (n. 2 784) criando quatro fusos horários no país, situação que perdurou até 2008. Apesar da adoção do fuso horário prático, dois estados brasileiros extensos — Pará e Amazonas — permaneceram "cortados ao meio".

Em 24 de abril de 2008, foi aprovada uma lei (n. 11 662) que eliminou o antigo fuso de –5 horas em relação a Greenwich e reduziu a quantidade de fusos horários brasileiros para três. O sudoeste do estado do Amazonas e todo o estado do Acre, que antes estavam no fuso –5 horas, foram incorporados ao fuso –4 horas. O estado do Pará deixou de ter dois fusos horários e seu território ficou inteiramente no fuso –3 horas em relação a Greenwich.

No entanto, grande parte da população do Acre não ficou satisfeita com essa mudança, pois causava transtornos em seu dia a dia. Por exemplo: de manhã, muitos estudantes e trabalhadores saíam de casa com o céu ainda escuro. Por isso, num plebiscito realizado em 31 de outubro de 2010, mesmo dia em que se votou para presidente da República, a maioria da população decidiu pela volta do antigo fuso. O eleitor acriano respondeu à seguinte pergunta: "Você é a favor da recente alteração do horário legal promovida em seu estado?". Do total de eleitores, 56,9% responderam não, e com isso abriu-se a possibilidade de tramitação de uma nova lei no Congresso Nacional, regulamentando o desejo da maioria da população do Acre. Em 30 de outubro de 2013, foi aprovada a Lei n. 12 876, que revogou a legislação de 2008 e reintroduziu o fuso –5 horas (essa mudança entrou em vigor em 10 de novembro de 2013).

Cartazes na Praça dos Três Poderes, em Brasília (DF), mostram o descontentamento com a mudança no fuso horário do Acre e pressionam o governo a aprovar o retorno ao antigo fuso. Como se infere do cartaz à direita, os fusos horários são estabelecidos tendo como referência a natureza, isto é, o movimento de rotação da Terra e a alternância dia-noite.

Observe o mapa abaixo. Nele, podemos ver que o estado do Acre e o sudoeste do estado do Amazonas voltaram a fazer parte do quarto fuso brasileiro (–5 horas em relação a Greenwich e –2 horas em relação ao horário de Brasília, diferença que aumenta para 3 horas quando o horário de verão está em vigor). Perceba que não houve mudança com o estado do Pará, que permanece inteiramente no segundo fuso brasileiro (UTC[2] –3 horas).

Durante a vigência do horário de verão, a hora oficial do país se iguala ao horário do nosso primeiro fuso, e o horário dos estados de Mato Grosso e Mato Grosso do Sul, que estão no terceiro fuso, iguala-se ao horário do Pará e dos estados da região Nordeste, localizados no segundo fuso.

Esse fato, além de exigir cuidados com o planejamento de viagens e horários diferenciados para o funcionamento de bancos, correios e repartições públicas, contribui para que, em muitos estados brasileiros, os programas de televisão transmitidos ao vivo do Sudeste sejam recebidos em diferentes horários (mais cedo) em outras regiões. Por exemplo, um telejornal produzido e exibido em São Paulo ou no Rio de Janeiro às 20 h locais (Hora Oficial) é visto na maior parte do Amazonas às 19 h (no sudoeste deste estado e no Acre, às 18 h). Quando entra em vigor o horário de verão no fuso de Brasília, o programa passa a ser visto respectivamente às 18 h e às 17 h, quando a maioria das pessoas ainda está voltando do trabalho.

O fuso UTC –2 horas (em relação a Greenwich) é exclusivo de ilhas oceânicas.

O fuso UTC –3 horas corresponde ao horário de Brasília, a Hora Oficial do Brasil.

O limite entre os fusos UTC –4 e –5 é uma linha imaginária que se alonga do município de Tabatinga, no estado do Amazonas, até o município de Porto Acre, no estado do Acre.

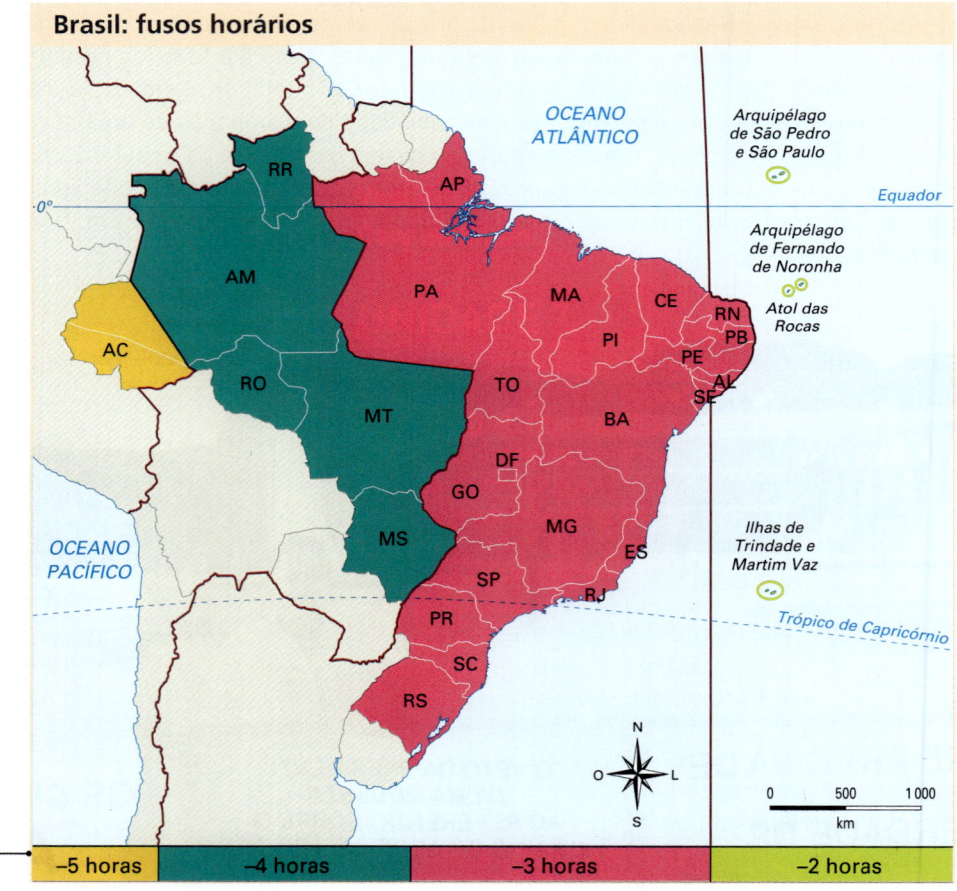

Fonte: OBSERVATÓRIO NACIONAL. Divisão Serviço da Hora. Hora Legal Brasileira. *Mapa sem horário de verão.* Disponível em: <www.horalegalbrasil.mct.on.br/Fusbr.htm>. Acesso em: 28 mar. 2018.

Consulte mapas de fusos horários e acerte o relógio de acordo com a Hora Legal Brasileira no *site* do **Observatório Nacional**. Veja orientações na seção **Sugestões de textos, vídeos e *sites*.**

---

[2] Sigla em inglês para Tempo Universal Coordenado, que é definido com base em relógios atômicos muito precisos. O fuso do meridiano de Greenwich é UTC 0.

ATIVIDADES

COMPREENDENDO CONTEÚDOS

1. Explique as consequências da esfericidade do planeta, da inclinação do eixo terrestre e do movimento de translação para a insolação e as estações do ano.

2. Explique a diferença entre os limites teóricos e práticos nos fusos horários.

DESENVOLVENDO HABILIDADES

3. Observe o mapa-múndi ao lado e responda:
   a) Quais são as coordenadas geográficas dos pontos **A**, **B** e **C**?
   b) Em que hemisférios estão localizados esses pontos?
   c) Se na longitude 0° os relógios marcam 14 h, que horas são nos pontos **A**, **B** e **C**?
   d) Que horas são no ponto **A** quando está em vigor o horário de verão brasileiro?

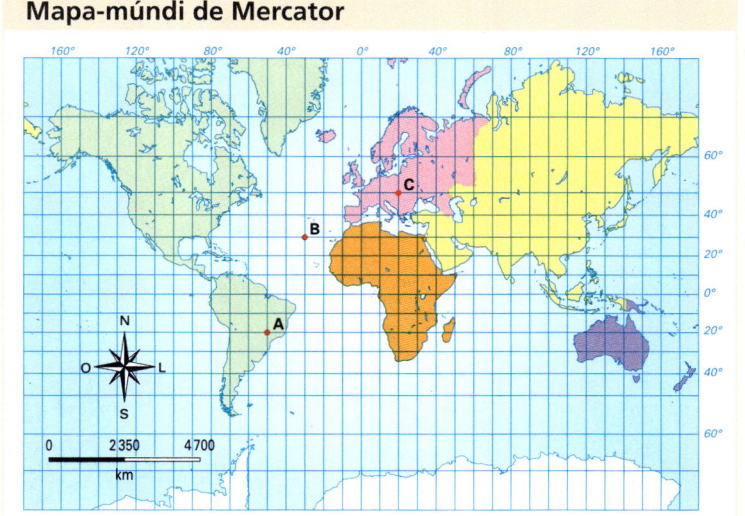

Fonte: IBGE. *Atlas geográfico escolar*. 7. ed. Rio de Janeiro, 2016. p. 23.

4. Releia o trecho do livro *A volta ao mundo em 80 dias* na página 36 e responda:
   a) Por que Phileas Fogg, protagonista da ficção de Júlio Verne, fez sua viagem de volta ao mundo em 79 dias, e não em 80 dias, como está no título do livro?
   b) Por que o personagem só se deu conta disso quando retornou a Londres?

DIALOGANDO COM LÍNGUA PORTUGUESA, HISTÓRIA E ARTE

5. Faça as atividades propostas a seguir:
   a) Imagine que você está visitando São Paulo (SP) e pretende conhecer alguns pontos de interesse cultural da cidade. Comprou ingresso para assistir a uma apresentação da Orquestra Sinfônica do Estado de São Paulo (Osesp), na Sala São Paulo, e quer aproveitar para conhecer a Estação Júlio Prestes, que fica ao lado. Antes, porém, decide ver uma exposição de pinturas na Pinacoteca do Estado e dar uma olhada no prédio da Estação da Luz, onde funcionava o Museu da Língua Portuguesa[3]. Consultando a legenda das principais atrações na planta turística do centro de São Paulo, reproduzida na página 29, você descobre o número de cada uma delas, assim como sua respectiva coordenada alfanumérica. Agora basta localizá-las nessa planta e explorar o que elas têm a oferecer.
   b) Pesquise nos *sites* indicados a seguir para saber mais sobre a Sala São Paulo, a Osesp e a Pinacoteca: <www.salasaopaulo.art.br>, <http://osesp.art.br> e <http://pinacoteca.org.br>. Acessos em: 28 mar. 2018.

A Sala São Paulo, sede da Osesp, é um local de concertos inaugurado em 1999 numa ala da Estação Júlio Prestes, edifício imponente construído em 1938 para abrigar essa estação de trem (foto de 2015).

Consulte o *site* da **São Paulo Turismo**. Veja orientações na seção **Sugestões de textos, vídeos e *sites***.

---

[3] Foi destruído por um incêndio em 21 de dezembro de 2015. As obras de reconstrução começaram um ano depois e a reinauguração está prevista para o segundo semestre de 2019. Veja as exposições antigas e a linha do tempo com as etapas da reconstrução (disponível em: <http://museudalinguaportuguesa.org.br>. Acesso em: 28 mar. 2018).

CAPÍTULO 2

REPRESENTAÇÕES CARTOGRÁFICAS, ESCALAS E PROJEÇÕES

Mapa do Saltério, presente no *Livro de Salmos*, século XIII. Produzido na Europa medieval, traz vários elementos da crença e dos valores cristãos. A cidade de Jerusalém está no centro da representação, e o Oriente, onde se encontraria o paraíso, aparece em destaque, na parte de "cima" do mapa.

Para localizar um determinado lugar é importante utilizar a representação e a escala mais adequadas. Por exemplo, para encontrar uma rota de viagem por terra, o ideal é utilizar um mapa rodoviário, e não o mapa-múndi ou o globo, como fizeram Calvin e Haroldo no quadrinho do capítulo anterior. O globo terrestre é feito numa escala muito pequena, ou seja, os elementos representados nele são muito reduzidos. Por isso, o lugar para onde Calvin e Haroldo pretendiam ir lhes pareceu perto. Imagine quantas vezes o planeta Terra e os elementos sociais e naturais que o compõem foram reduzidos para caber num globo como o que eles consultaram ou num planisfério do tamanho desta folha! Como veremos neste capítulo, o uso da escala adequada é fundamental para a localização exata do local procurado.

O globo terrestre, embora mantenha as características do planeta em termos de formas e distâncias, tem utilização prática reduzida: é difícil transportá-lo em viagens ou fazer medidas em sua superfície. Por isso, os cartógrafos inventaram projeções que permitem representar o planeta esférico numa superfície plana. O problema é que qualquer projeção provoca algum tipo de distorção. Por que isso ocorre?

Em um planeta esférico em movimento no espaço sideral não existe acima nem abaixo. No entanto, a maioria dos mapas impressos apresenta o norte na parte de "cima" da representação.

Por que quase sempre vemos o hemisfério norte em destaque nos mapas? Podemos, em vez disso, mostrar o hemisfério sul em destaque? Ou mesmo o leste ou o oeste? Essas são questões que serão esclarecidas neste capítulo.

Turistas consultam planta da cidade de Roma (Itália), em 2017.

CAPÍTULO 2 • REPRESENTAÇÕES CARTOGRÁFICAS, ESCALAS E PROJEÇÕES

1. REPRESENTAÇÃO CARTOGRÁFICA

EVOLUÇÃO TECNOLÓGICA

Em Geografia, como vimos na Introdução, a observação da paisagem é o primeiro procedimento para a compreensão do espaço geográfico, seguido do registro do que foi observado – daí a importância do mapa.

Em um mapa, os elementos que compõem o espaço geográfico são representados por pontos, linhas, texturas, cores e textos, ou seja, são usados símbolos próprios da Cartografia. Diante da complexidade do espaço geográfico, algumas informações são sempre priorizadas em detrimento de outras. Seria impossível representar todos os elementos – físicos, econômicos, humanos e políticos – num único mapa. Seu objetivo fundamental é permitir o registro e a localização dos elementos cartografados e facilitar a orientação no espaço geográfico. Portanto, qualquer mapa será sempre uma simplificação da realidade para atender ao interesse do usuário.

Além das **coordenadas geográficas** ou **alfanuméricas** (localização) e da **indicação dos pontos cardeais** (orientação) um mapa precisa ter:

- **título**: informa os fenômenos representados;
- **legenda**: mostra o significado dos símbolos utilizados;
- **escala**: indica a proporção entre a representação e a realidade, e permite calcular as distâncias no terreno com base em medidas feitas no mapa.

O mapa é uma das mais antigas formas gráficas de comunicação, precedendo mesmo a própria escrita. Os primeiros mapas foram esculpidos em pedra ou argila. Veja, nesta página, o mais antigo de que se tem registro: o mapa de Ga-Sur (1). Ele foi encontrado em 1930 nas ruínas dessa cidade, situada a cerca de 300 quilômetros ao norte da antiga Babilônia. Ele é um esboço rústico esculpido num pedaço de argila cozida. Estima-se que esse mapa tenha sido feito por volta de 2500 a.C. na Mesopotâmia, pelos sumérios. Observe também uma interpretação dele (2).

Mapa de Ga-Sur (1), esculpido pelos sumérios em um pedaço de argila de 8 cm × 7 cm, e uma interpretação dele (2).

Com o tempo, os mapas passaram a ser desenhados em tecido, couro, pergaminho ou papiro. Com a invenção da imprensa, começaram a ser gravados em originais de pedra ou metal e, em seguida, impressos em papel. Hoje, são processados em computador e podem ser analisados diretamente na tela digital.

Observe, por exemplo, o mapa reproduzido nesta página. Ele apresenta a localização das ruínas de Ga-Sur e foi elaborado com base na imagem de satélite que o acompanha, um recurso tecnológico atual bastante utilizado para a confecção de mapas, como estudaremos no capítulo 4.

O aprimoramento dos satélites e dos computadores permitiu grandes avanços nas técnicas de coleta, processamento, armazenamento e representação de informações da superfície terrestre, causando grande impacto nos processos de elaboração de mapas e nos conceitos da Cartografia.

Imagem de satélite: Bagdá e ruínas de Ga-Sur e Babilônia (Iraque)

Consulte o **Google Maps** e visualize, tanto no formato de mapa como no de imagem de satélite, a região onde o mapa de Ga-Sur foi encontrado. Não é possível identificar as ruínas, mas dá para localizar Kirkuk, a cidade mais importante da região, assim como o rio Tigre, e ver algumas fotos que mostram paisagens locais. Veja orientações na seção **Sugestões de textos, vídeos e *sites***.

A imagem de satélite e o mapa a que deu origem mostram um trecho do Iraque no qual se pode observar Bagdá e as indicações dos lugares onde estão as ruínas de Ga-Sur (**A**), ao norte da capital iraquiana, e as ruínas da antiga Babilônia (**B**), ao sul.

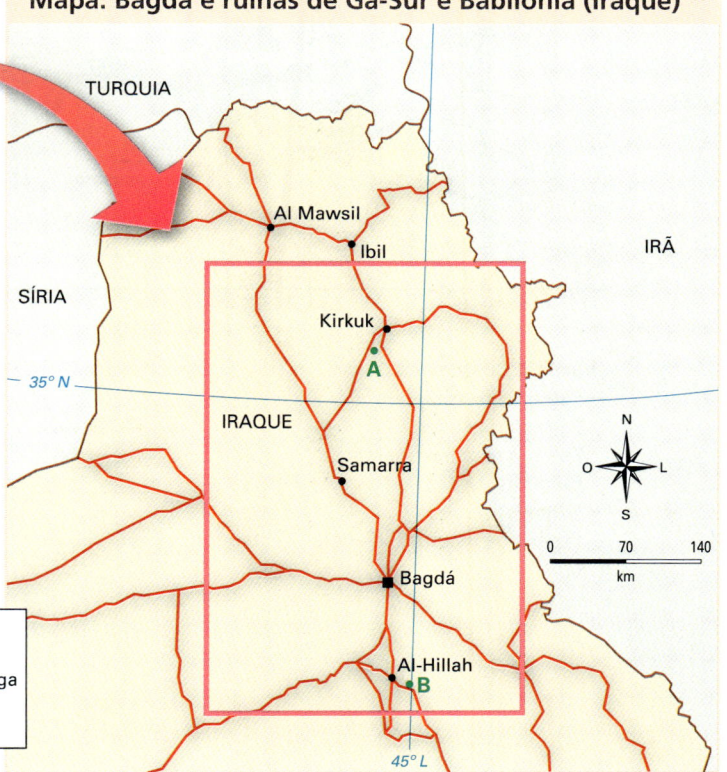

Fonte: GOOGLE MAPS BRASIL. Disponível em: <http://maps.google.com.br>. Acesso em: 16 set. 2015.

CAPÍTULO 2 • REPRESENTAÇÕES CARTOGRÁFICAS, ESCALAS E PROJEÇÕES

TIPOS DE PRODUTOS CARTOGRÁFICOS

Os **mapas** podem ser classificados em **topográficos** (ou de base) e **temáticos**. Num mapa topográfico, representa-se a superfície terrestre o mais próximo possível da realidade, dentro das limitações impostas pela escala pequena. Na **carta topográfica**, feita em escala média ou grande, há mais precisão entre a representação e a realidade. Observe abaixo um trecho de uma folha da **Carta Topográfica do Brasil**. Trata-se da reprodução de uma parte do município de Garuva, no estado de Santa Catarina.

Na carta topográfica, as variáveis da superfície da Terra são representadas com maior grau de detalhamento e a localização é mais precisa. Isso torna possível identificar a posição **planimétrica** – representação de fenômenos geográficos no plano, na horizontal – e a **altimétrica** – representação vertical, altitude do relevo – de alguns elementos visíveis do espaço. Mapas e cartas topográficas são resultantes de levantamentos sistemáticos feitos por órgãos governamentais ou empresas privadas. Os mapas topográficos servem de base para os mapas temáticos.

> **Levantamento sistemático:** conjunto de medidas planimétricas e altimétricas precisas de uma parte da superfície terrestre que atendem a uma série de regras fixas, como a precisão da escala, do traçado das coordenadas e das curvas de nível.

Trecho da carta de Garuva (SC)

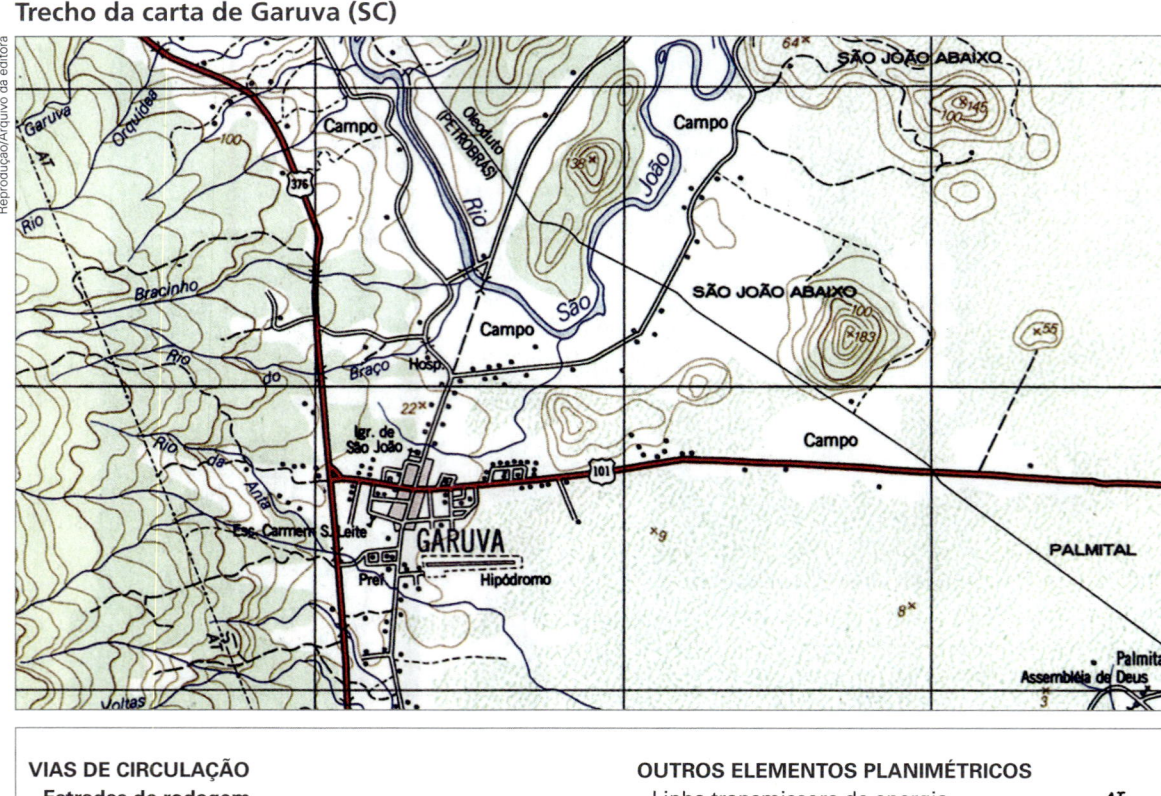

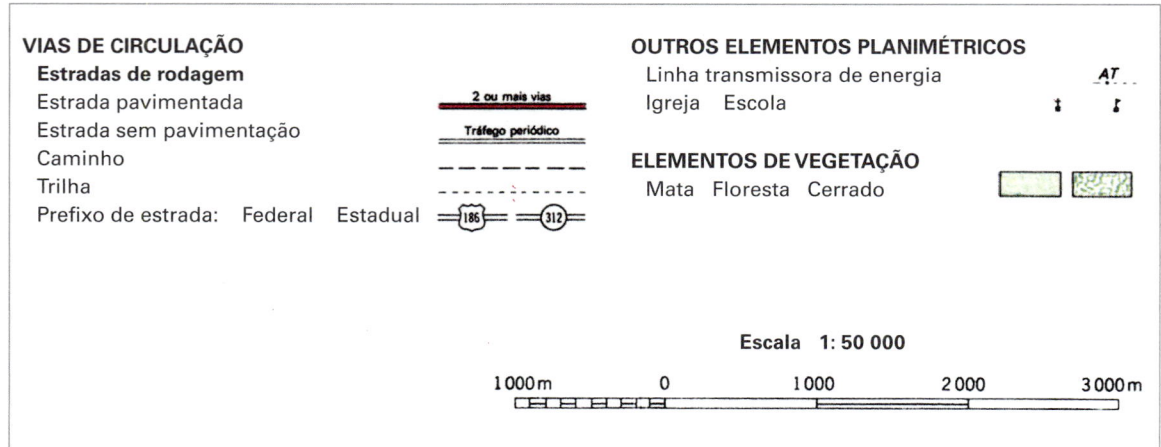

Fonte: IBGE. Secretaria de Planejamento da Presidência da República. Garuva (SC). Folha SG-22-Z-B-II-1. Rio de Janeiro, 1981.

Um **mapa temático** contém informações selecionadas sobre determinado fenômeno ou tema do espaço geográfico: naturais – geologia, relevo, vegetação, clima, etc. – ou sociais – população, agricultura, indústrias, urbanização, etc. Nesse tipo de mapa, a precisão planimétrica ou altimétrica tem importância menor; as representações quantitativa e qualitativa dos temas selecionados são mais relevantes. Observe abaixo um exemplo de mapa temático.

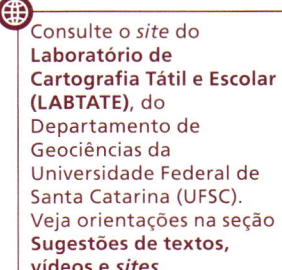

Consulte o *site* do **Laboratório de Cartografia Tátil e Escolar (LABTATE)**, do Departamento de Geociências da Universidade Federal de Santa Catarina (UFSC). Veja orientações na seção **Sugestões de textos, vídeos e *sites***.

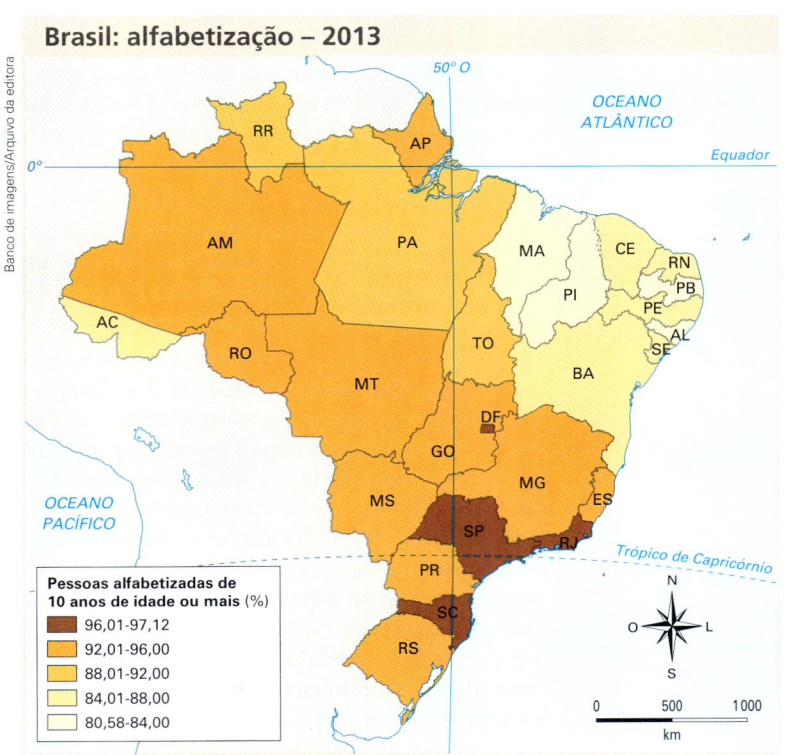

Fonte: IBGE. *Atlas geográfico escolar*. 7. ed. Rio de Janeiro, 2016. p. 120.

PARA SABER MAIS

Representação do relevo em carta topográfica

As curvas de nível (ou isoípsas) correspondem à intersecção entre o terreno e um conjunto de planos horizontais imaginários, separados por altitudes iguais. São, portanto, linhas que unem os pontos do relevo que têm a mesma altitude. Traçadas na carta, permitem a visualização da declividade (inclinação) do relevo. Veja a sua representação ao lado.

Quanto maior a declividade, mais próximas as curvas de nível aparecem representadas; quanto menor a declividade, maior o afastamento entre elas. Observe na Carta Topográfica do Brasil (na página anterior) que a distribuição das curvas de nível e a organização da rede de drenagem (os rios, representados por linhas azuis) indicam as diferentes declividades das vertentes.

A maior ou menor declividade do relevo torna os solos mais ou menos suscetíveis à erosão ou a escorregamentos; facilita ou dificulta a construção de cidades, rodovias, ferrovias ou oleodutos; favorece ou não a instalação de fábricas ou a mecanização agrícola. Como você pode perceber, a topografia interfere na ocupação humana do espaço geográfico.

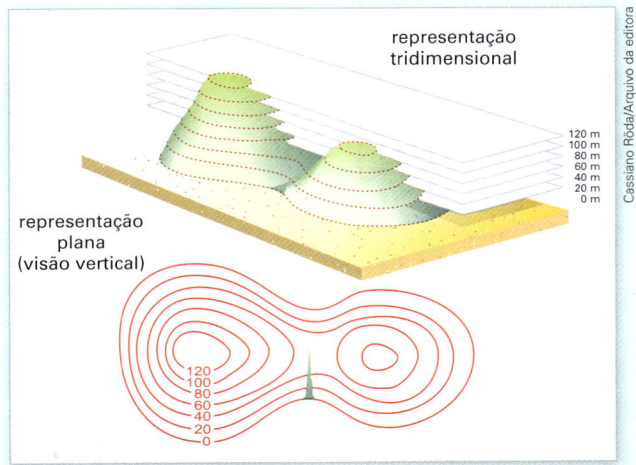

Fonte: ROBINSON, Arthur Howard et al. *Elements of Cartography*. 6th ed. New York: John Wiley & Sons, 1995. p. 509.

PENSANDO NO Enem

Um determinado município, representado na planta abaixo, dividido em regiões de **A** a **I**, com altitudes de terrenos indicadas por curvas de nível, precisa decidir pela localização das seguintes obras:
1. Instalação de um parque industrial;
2. Instalação de uma torre de transmissão e recepção.

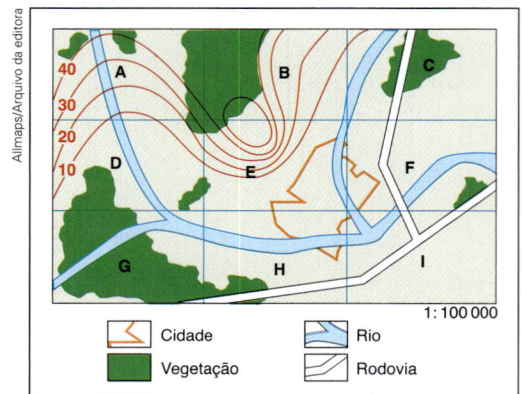

Considerando impacto ambiental e adequação, as regiões onde deveriam ser, de preferência, instaladas indústrias e torres, são, respectivamente:

a) E e G.
b) H e A.
c) I e E.
d) B e I.
e) E e F.

Resolução

Um parque industrial deve ser preferencialmente instalado em um terreno com topografia plana para evitar grandes cortes ou aterros, que podem expor a área à erosão. Não é adequada a instalação de um parque industrial no interior de cidades onde há poucos terrenos disponíveis, pois isso pode agravar a poluição e o trânsito. O ideal é que ele seja instalado numa área fora da cidade (mas não muito distante, porque necessita de mão de obra) e onde haja um bom sistema de transportes que permita a chegada de matérias-primas e o escoamento dos bens produzidos. Considerando tudo isso e os elementos mostrados na planta, o melhor local para a instalação de um parque industrial é a área **I** do município, ao lado da rodovia.

A instalação de uma torre de comunicação deve ficar nas proximidades da cidade, mas num terreno de altitude mais elevada para que seu funcionamento seja mais eficiente; portanto, o melhor local para sua instalação é a área **E**. Assim, a alternativa que responde corretamente ao problema proposto é a **C**.

Considerando a Matriz de Referência do Enem, essa questão contempla a **Competência de área 2 – Compreender as transformações dos espaços geográficos como produto das relações socioeconômicas e culturais de poder**, especialmente a **Habilidade 6 – Interpretar diferentes representações gráficas e cartográficas dos espaços geográficos**. Contempla também a **Competência de área 6 – Compreender a sociedade e a natureza, reconhecendo suas interações no espaço em diferentes contextos históricos e geográficos**, especialmente a **Habilidade 27 – Analisar de maneira crítica as interações da sociedade com o meio físico, levando em consideração aspectos históricos e/ou geográficos**. Cobra especificamente a habilidade de ler e interpretar uma planta, principalmente no que tange à leitura de curvas de nível, e de refletir sobre as possibilidades de ocupação do território, considerando o relevo e outras variáveis socioeconômicas e espaciais e as consequências socioambientais dessa ocupação.

Vista aérea de indústria de pneus em Feira de Santana (BA), em 2017. Observe que, como sugere a questão do Enem, essa fábrica está instalada em um terreno de topografia plana, na borda da área urbana do município e ao lado da rodovia BR-324.

2. ESCALA E REPRESENTAÇÃO CARTOGRÁFICA

Inicialmente é importante fazer uma distinção entre **escala geográfica** e **escala cartográfica**. Como vimos na Introdução, a primeira define a escala da análise geográfica, o recorte espacial: local, regional, nacional ou mundial. Como veremos agora, a segunda define a escala de representação, ou seja, indica a relação entre o tamanho dos objetos representados na planta, carta ou mapa e o tamanho deles na realidade.

Ao estudarmos a escala cartográfica e suas relações matemáticas, vamos perceber sua permanente relação com a escala geográfica. Por exemplo, a análise de fenômenos locais necessita de plantas em escala grande, já a análise de fenômenos mundiais exige mapas em escala pequena. Ou seja, quanto maior a escala de análise geográfica, menor a escala cartográfica, e vice-versa.

É impossível encontrar uma rua de qualquer cidade brasileira em um mapa-múndi (observe-o nas páginas 6 e 7 do *Atlas*) ou no mapa político do Brasil, como o que aparece abaixo. A escala utilizada nessa representação – 1 : 34 000 000 – é pequena; nela 1 cm equivale a 340 quilômetros e até mesmo uma metrópole se torna apenas um ponto.

Para representar uma rua, é preciso usar uma escala grande, na qual seja possível visualizar os quarteirões, como a de 1 : 10 000 (observe a carta da cidade do Rio de Janeiro, na página 49; entenda a escala lendo o texto "Usando a escala", na página 50). Perceba que, dependendo da escala utilizada, um mesmo fenômeno espacial, por exemplo, a cidade do Rio de Janeiro, pode ser representado como ponto (no mapa desta página) ou como área (na carta e na planta da página 49).

No *site* **IBGE Atlas Escolar** estão disponíveis mapas do mundo e do Brasil em diversas escalas. Veja orientações na seção **Sugestões de textos, vídeos e *sites***.

Em um mapa feito nesta escala, até mesmo as capitais dos estados ficam reduzidas a pontos, inclusive as duas maiores cidades do país: São Paulo (SP) e Rio de Janeiro (RJ), com 12,1 milhões e 6,5 milhões de habitantes, respectivamente (IBGE, população estimada, 2017).

Brasil: divisão política

Fonte: IBGE. *Atlas geográfico escolar*. 7. ed. Rio de Janeiro, 2016. p. 90.

OUTRAS LEITURAS

REPRESENTAÇÃO CARTOGRÁFICA

Conheça a definição do IBGE para diferentes tipos de representação cartográfica.

Observe que o uso de planta, carta ou mapa está diretamente associado à necessidade do usuário. Se uma pessoa tem a intenção de:

- procurar uma **rua**, como a São Clemente, no bairro de Botafogo, a opção será por uma **planta** da cidade do Rio de Janeiro na escala grande – cerca de 1 : 10 000;
- localizar os **bairros** do entorno, como o Leme, deverá utilizar a **carta** da cidade do Rio de Janeiro na escala média – cerca de 1 : 50 000;
- identificar as **cidades** vizinhas do Rio, como Niterói, deverá consultar um **mapa** do estado do Rio de Janeiro na escala pequena – 1 : 1 000 000.

Note, nas imagens a seguir, que, conforme a escala vai gradativamente ficando menor, ocorre um aumento da área representada e uma diminuição do grau de detalhamento dos elementos cartografados. Observe que nessas representações cartográficas não há legenda porque o objetivo é apenas destacar as diferentes escalas.

Globo

Representação cartográfica sobre uma superfície esférica, em escala pequena, dos aspectos naturais e artificiais de uma figura planetária, com finalidade cultural e ilustrativa.

Imagem sem escala.

Mapa (características):

- representação plana;
- geralmente em escala pequena;
- área delimitada por acidentes naturais (bacias, planaltos, chapadas, etc.), [limites] político-administrativos;
- [...] [destinado] a fins temáticos, culturais ou ilustrativos.

A partir dessas características pode-se generalizar o conceito:

"Mapa é a representação no plano, normalmente em escala pequena, dos aspectos geográficos, naturais, culturais e artificiais de uma área tomada na superfície de uma figura planetária, delimitada por elementos físicos, político-administrativos, destinada aos mais variados usos temáticos, culturais e ilustrativos."

Fonte: FERREIRA, Graça Maria Lemos. *Moderno atlas geográfico*. 5. ed. São Paulo: Moderna, 2013. p. 11.

Carta (características):

- representação plana;
- escala média ou grande;
- desdobramento em folhas articuladas de maneira sistemática;
- limites das folhas constituídos por linhas convencionais;
- destinada à avaliação precisa de direções e distâncias e [à] localização de pontos, áreas e detalhes.

Da mesma forma que da conceituação de mapa, pode-se generalizar:

"Carta é a representação no plano, em escala média ou grande, dos aspectos artificiais e naturais de uma área tomada de uma superfície planetária, subdividida em folhas delimitadas por linhas convencionais – paralelos e meridianos – com a finalidade de possibilitar a avaliação de pormenores, com grau de precisão compatível com a escala."

Fonte: FERREIRA, Graça Maria Lemos. *Moderno atlas geográfico*. 5. ed. São Paulo: Moderna, 2013. p. 11.

Planta

A planta é um caso particular de carta. A representação se restringe a uma área muito limitada e a escala é grande, consequentemente o número de detalhes é bem maior.

"Carta que representa uma área de extensão suficientemente restrita para que a sua curvatura não precise ser levada em consideração, e que, em consequência, a escala possa ser considerada constante."

IBGE. *Noções básicas de Cartografia*. Rio de Janeiro, 1999. p. 21.

> Veja a indicação do livro **Cartografia básica**, de Paulo Roberto Fitz, e do **Atlas geográfico escolar**, do IBGE, na seção **Sugestões de textos, vídeos e sites**.

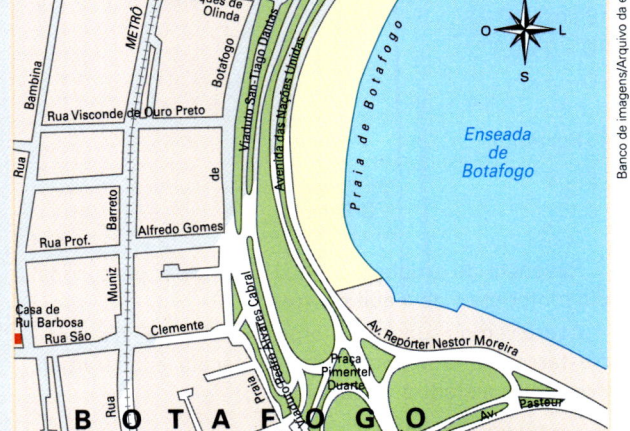

Fonte: FERREIRA, Graça Maria Lemos. *Moderno atlas geográfico*. 5. ed. São Paulo: Moderna, 2013. p. 11.

PARA SABER MAIS

Usando a escala

DIALOGANDO COM MATEMÁTICA

Vamos desenvolver um exemplo de como a escala pode ser usada. Para acompanhar, observe novamente o trecho da carta de Garuva (SC), apresentada na página 44, e considere as seguintes convenções:

Escala = 1/N
N = denominador da escala.
D = distância na superfície terrestre.
d = distância no documento cartográfico.

Suponhamos o seguinte problema:

Um motorista, vindo pela BR-376, após entrar na BR-101, percorrerá que distância até cruzar o oleoduto da Petrobras? Na carta apresentada, essa distância mede cerca de 8 centímetros.

Temos:

Escala da carta = 1/50 000 (N = 50 000), pode-se ler também 1 : 50 000 (um por cinquenta mil).

Logo, 1 centímetro na carta equivale a 50 000 centímetros ou 500 metros ou 0,5 quilômetro na superfície terrestre.

Assim, temos o denominador da escala já convertido para quilômetro, a distância na carta e queremos saber a distância na superfície terrestre.

N = 0,5 km
d = 8 cm
D = ?

Aplicando uma regra de três simples:

1 cm — 0,5 km
8 cm — D
D = 8 x 0,5
D = 4 km

Portanto:

D = d x N

Resposta do problema: a distância a ser percorrida pelo motorista é de 4 quilômetros.

Agora vamos supor que temos a distância na superfície terrestre, o denominador da escala e queremos encontrar a distância na carta:

D = 4 km
N = 0,5 km
d = ?

1 cm — 0,5 km
d — 4 km
d x 0,5 = 1 x 4
d = 4/0,5
d = 8 cm

Portanto:

d = D/N

Finalmente, supondo que temos a distância na superfície terrestre e na carta e queremos saber o denominador da escala:

D = 4 km
d = 8 cm
Escala = ?
1 cm — N
8 cm — 4 km
N x 8 = 1 x 4
N = 4/8
N = 0,5 km (que equivale a 50 000 cm)
Escala = 1 / N
Escala = 1 / 50 000 ou 1 : 50 000

Portanto:

N = D / d

Uma escala pode ser expressa de duas formas:
- numérica:

  1 : 50 000

- gráfica:

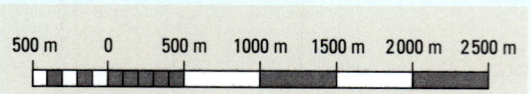

Em alguns mapas, abaixo da escala (numérica ou gráfica) ainda há um lembrete, por exemplo: "1 cm no mapa corresponde a 0,5 quilômetro no terreno".

Para medir em uma carta ou mapa a extensão de linhas sinuosas, como rodovias, ferrovias, rios, etc., utiliza-se um curvímetro, como aparece na foto abaixo. Não dispondo desse aparelho, um modo prático de fazer medidas, embora não muito preciso, é estender um barbante sobre o traço de, por exemplo, uma rodovia, medi-lo com uma régua e, considerando a escala, fazer o cálculo da distância; ou então, se houver escala gráfica, esticá-lo diretamente sobre ela.

3. PROJEÇÕES CARTOGRÁFICAS

Uma projeção cartográfica é o resultado de um conjunto de operações que permite representar no plano, tendo como referência paralelos e meridianos, os fenômenos que estão dispostos na superfície esférica. Quando vista do espaço sideral, a Terra parece ser uma esfera perfeita, mas nosso planeta apresenta uma superfície irregular e é levemente achatado nos polos. Por isso, os cartógrafos, geógrafos e outros profissionais que produzem mapas fazem seus cálculos utilizando uma elipse, que ao girar em torno de seu eixo menor forma um volume, o elipsoide de revolução. Segundo o IBGE, "o elipsoide é a superfície de referência utilizada nos cálculos que fornecem subsídios para a elaboração de uma representação cartográfica". Observe a ilustração ao lado.

Ao fazerem a transferência de informações do elipsoide para o plano, os cartógrafos se deparam com um problema insolúvel: qualquer que seja a projeção adotada, sempre haverá algum tipo de distorção nas áreas, nas formas ou nas distâncias da superfície terrestre representadas. Não há distorção perceptível somente em representações de escala suficientemente grande, como é o caso das plantas, nas quais não é necessário considerar a curvatura da Terra.

As projeções podem ser classificadas em **conformes, equivalentes, equidistantes** ou **afiláticas**, dependendo das propriedades geométricas presentes na relação globo terrestre/mapa-múndi. Além disso, podem ser agrupadas em três categorias principais, dependendo da figura geométrica empregada em sua construção: cilíndricas (as mais comuns), cônicas, azimutais ou planas. Observe-as a seguir.

a Diâmetro equatorial: 12 756 km
b Diâmetro polar: 12 713 km

Fonte: IBGE. *Noções básicas de Cartografia.* Rio de Janeiro, 1999. p. 13.

O **elipsoide de revolução** é uma superfície teórica regular, criada para fins cartográficos, que evidencia o achatamento nos polos terrestres. Na figura, que não está em escala, esse achatamento está bastante exagerado: na realidade a diferença entre o diâmetro equatorial e o polar é de apenas 43 quilômetros.

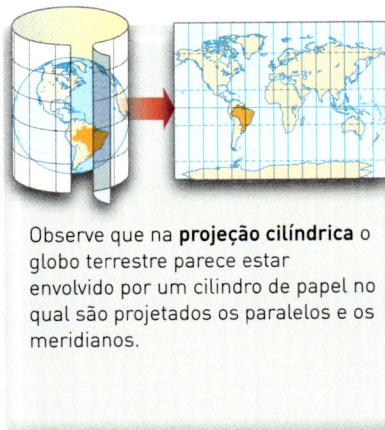

Observe que na **projeção cilíndrica** o globo terrestre parece estar envolvido por um cilindro de papel no qual são projetados os paralelos e os meridianos.

Na **projeção cônica**, o globo parece estar envolvido por um cone de papel no qual são projetados os paralelos e os meridianos.

Na **projeção azimutal** ou **plana**, a Terra parece ser tangenciada em qualquer ponto por um pedaço de papel no qual são projetados os paralelos e os meridianos. Quando o globo é tangenciado num dos polos, dizemos que se trata de uma projeção polar.

Fonte: IBGE. *Atlas geográfico escolar.* 7. ed. Rio de Janeiro, 2016. p. 21.

CONFORMES

Projeção **conforme** é aquela na qual os ângulos são idênticos aos do globo, seja em um mapa-múndi, seja em um mapa regional. Nesse tipo de projeção, as formas terrestres são representadas sem distorção, porém com alteração do tamanho de suas áreas. Apenas nas proximidades do centro de projeção, neste caso o equador, é que se verifica distorção mínima. Quanto maior o distanciamento a partir dessa linha imaginária, maior é a distorção. Por essa razão, quando se utiliza esse tipo de projeção, geralmente só são reproduzidos os territórios situados até 80° de latitude.

A mais conhecida projeção conforme é a de **Mercator**, cartógrafo e matemático belga cujo nome verdadeiro era Gerhard Kremer (1512-1594). Em 1569, época em que os europeus comandavam a Expansão Marítima, Mercator abriu novas perspectivas para a Cartografia, ao construir uma projeção cilíndrica conforme que imortalizou seu codinome (veja-a a seguir). Essa representação foi elaborada para facilitar a navegação, pois permitia representar com precisão, no mapa, a rede de coordenadas geográficas e os ângulos obtidos pela bússola (pontos cardeais).

O mapa-múndi de Mercator, no qual a Europa aparece numa posição central, superior e, por se situar em altas latitudes, proporcionalmente maior do que é na realidade, acabou se transformando no principal representante da visão eurocêntrica do mundo. Durante séculos, foi uma das projeções mais usadas na elaboração de planisférios e, apesar do surgimento posterior de muitas outras, ainda hoje é bastante usada.

Projeção de Mercator original

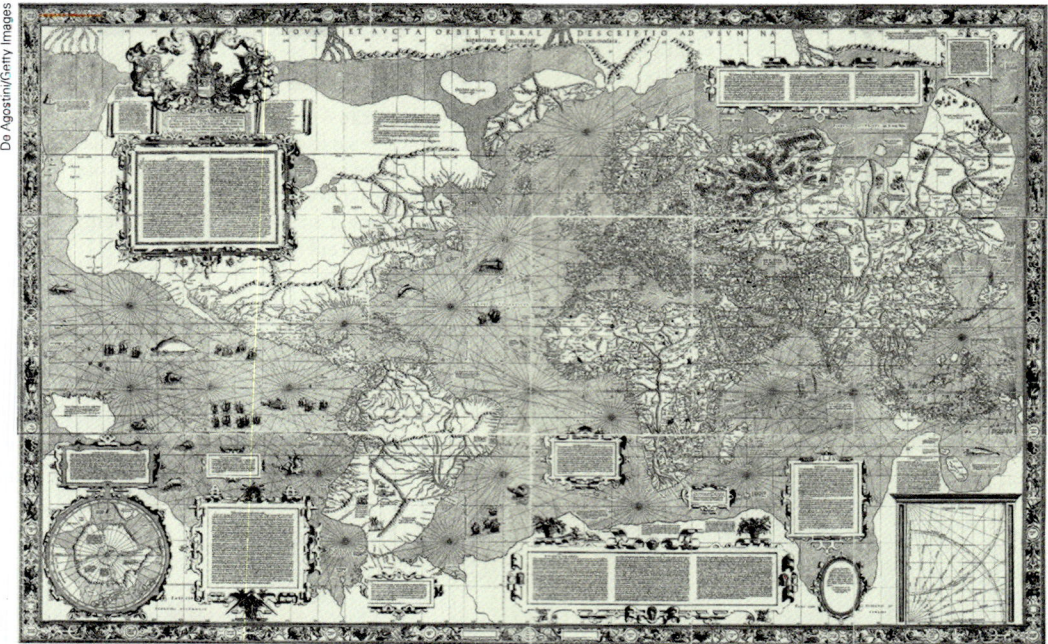

Esses primeiros mapas-múndi, especialmente o de Mercator, colocavam a Europa em destaque, no "centro" da representação, e o hemisfério norte, onde está localizada, na parte de "cima". Os europeus estavam explorando o mundo e fundando colônias; portanto, era natural que ao representar o planeta se vissem dessa forma. É isso que chamamos de visão eurocêntrica.

Fonte: WHITFIELD, Peter. *The Image of the World*: 20 Century of World Maps. London: The British Library, 1994. p. 66-67. (Original sem escala.)

Quando representada na projeção de Mercator, a Groenlândia parece ser maior que o Brasil e até mesmo que a América do Sul. O mapa originalmente feito por Mercator, como se pode ver acima, não mostrava os continentes de forma precisa como este planisfério, produzido de acordo com a projeção por ele criada, mas com as técnicas cartográficas disponíveis atualmente.

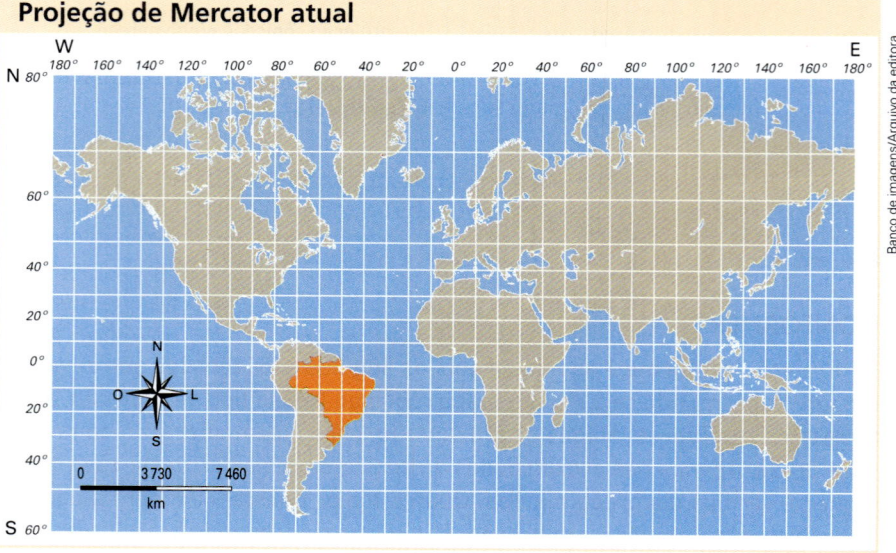

Fonte: IBGE. *Atlas geográfico escolar*. 7. ed. Rio de Janeiro, 2016. p. 23.

EQUIVALENTES

Num mapa-múndi ou regional com projeção **equivalente**, as áreas mantêm-se proporcionalmente idênticas às do globo terrestre, embora as formas estejam deformadas em comparação com a realidade. Um exemplo desse tipo de projeção é o mapa-múndi de **Peters**, elaborado pelo historiador e cartógrafo alemão Arno Peters (1916-2002) e publicado pela primeira vez em 1973. Observe-a abaixo.

Embora essa projeção não tenha rompido completamente com a visão eurocêntrica, acabou dando destaque aos países de baixa latitude. Ela atendia aos anseios dos Estados que se tornaram independentes após a Segunda Guerra Mundial (1939-1945), nessa época considerados subdesenvolvidos, situados em grande parte ao sul das regiões mais desenvolvidas. Em alguns países, essa projeção chegou a ser impressa de forma invertida em relação à convenção cartográfica dominante, mostrando o sul em destaque. O mapa-múndi de **Hobo-Dyer**, outra projeção equivalente, também representa o mundo de forma "invertida", como se pode ver no final da página. Portanto, não há uma forma certa ou errada de representar o mundo. Cada uma das representações cartográficas expressa um ponto de vista de um Estado nacional, de um povo ou mesmo de uma religião, como vimos no mapa do Saltério, na abertura do capítulo.

> Consulte o *site* da **Oxford Cartographers**. Veja orientações na seção **Sugestões de textos, vídeos e *sites***.

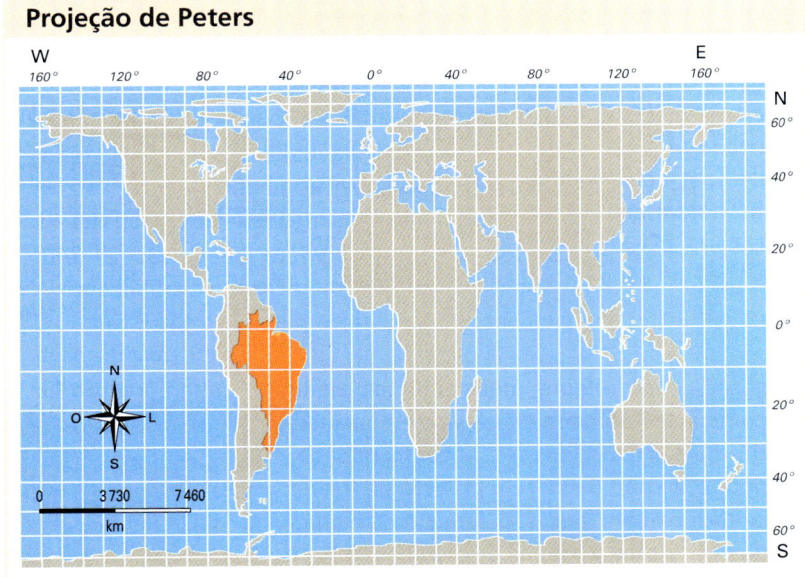

Nessa projeção parece que os continentes e países foram alongados nos sentidos norte-sul. Há uma distorção em suas formas, mas todos mantêm seu tamanho proporcional. Por exemplo, a Groenlândia, embora irreconhecível, aparece bem menor que o Brasil e a América do Sul, como é na realidade.

Fonte: IBGE. *Atlas geográfico escolar*. 7. ed. Rio de Janeiro, 2016. p. 21.

Esse mapa-múndi é uma projeção cilíndrica equivalente, semelhante à de Peters, e foi criado em 2002 para mostrar uma visão alternativa do mundo. Foi encomendado por Bob Abramms e Howard Bronstein, respectivamente, fundador e presidente da empresa ODT Maps (sediada em Amherst, Estados Unidos), ao cartógrafo inglês Mick Dyer. O nome da projeção resulta da junção das duas sílabas iniciais dos nomes de Howard e Bob com o sobrenome de Mick. Está centrada na África e mostra o sul em destaque.

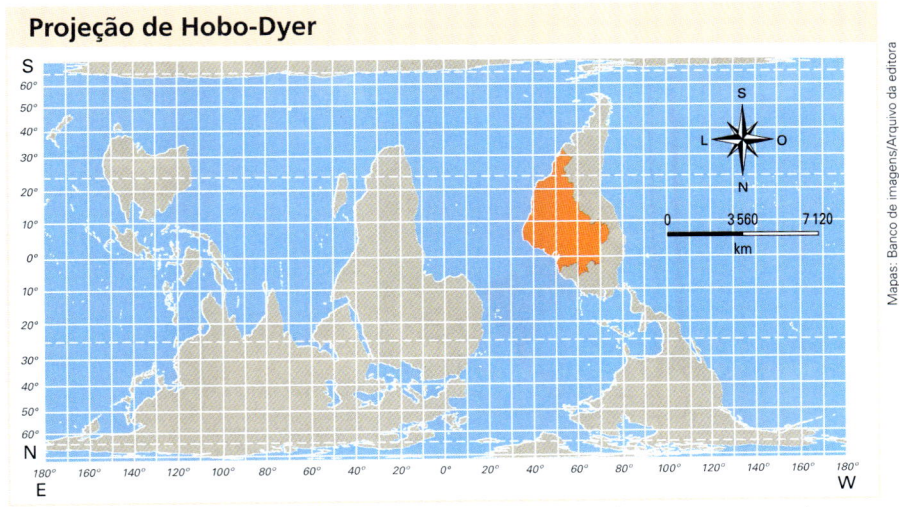

Fonte: ODT MAPS. *Hobo-Dyer Equal Area*: the World Turned Upside Down. Disponível em: <http://odtmaps.com/hobo-dyer-equal-area-maps.47.0.0.1.htm>. Acesso em: 29 mar. 2018.

EQUIDISTANTES

Nos mapas-múndi com projeção azimutal ou plana **equidistante**, a representação das distâncias entre dois lugares é precisa. Elaborada pelo astrônomo e filósofo francês **Guillaume Postel** (1510-1581) e publicada no ano de sua morte, adota como centro da projeção um ponto qualquer do planeta para que seja possível medir a distância entre esse ponto e qualquer outro. Por isso, esse tipo de projeção é utilizado especialmente para definir rotas aéreas ou marítimas.

A projeção equidistante mais comum é centrada em um dos polos, geralmente o polo norte, como podemos ver no mapa ao lado. No centro da projeção pode-se situar a capital de um país, uma base aérea, a sede de uma empresa transnacional, etc. Entretanto, ela apresenta enormes distorções nas áreas e nas formas dos continentes, que aumentam com o afastamento do ponto central.

Na projeção azimutal equidistante, as distâncias só são precisas se traçadas radialmente do centro – no caso dessa, o polo norte – até um ponto qualquer do mapa.

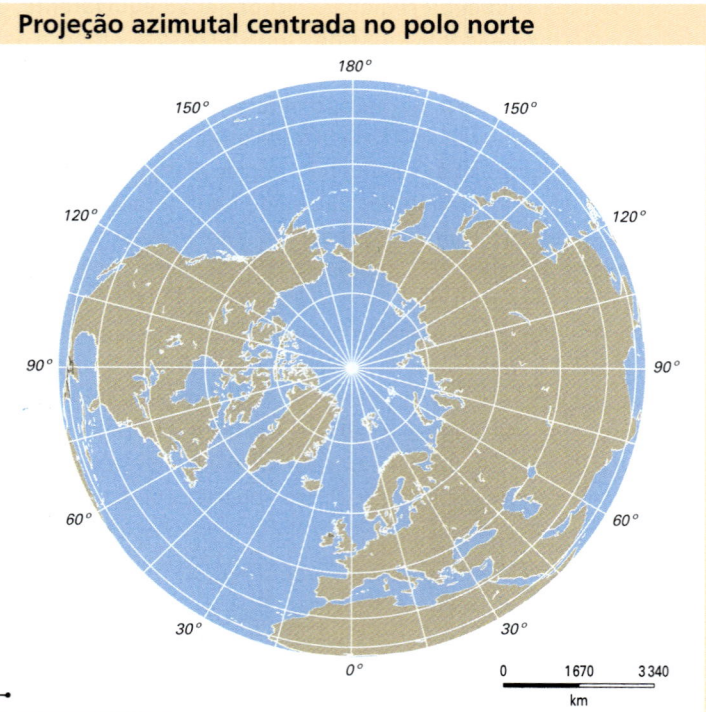

Fonte: NATIONAL GEOGRAPHIC. *Concise Atlas of the World*. 4th ed. Washington, D. C., 2016. p. 24.

AFILÁTICAS

Atualmente é comum a utilização de projeções com menores índices de distorção para o mapeamento da superfície terrestre, como a de **Robinson** (observe o mapa abaixo). Essa projeção afilática não preserva nenhuma das propriedades de conformidade, equivalência ou equidistância, mas em compensação não distorce o planeta de forma tão acentuada como as projeções que vimos anteriormente; por isso, tem sido uma das mais utilizadas para mostrar o mundo em atlas escolares e mapas de divulgação.

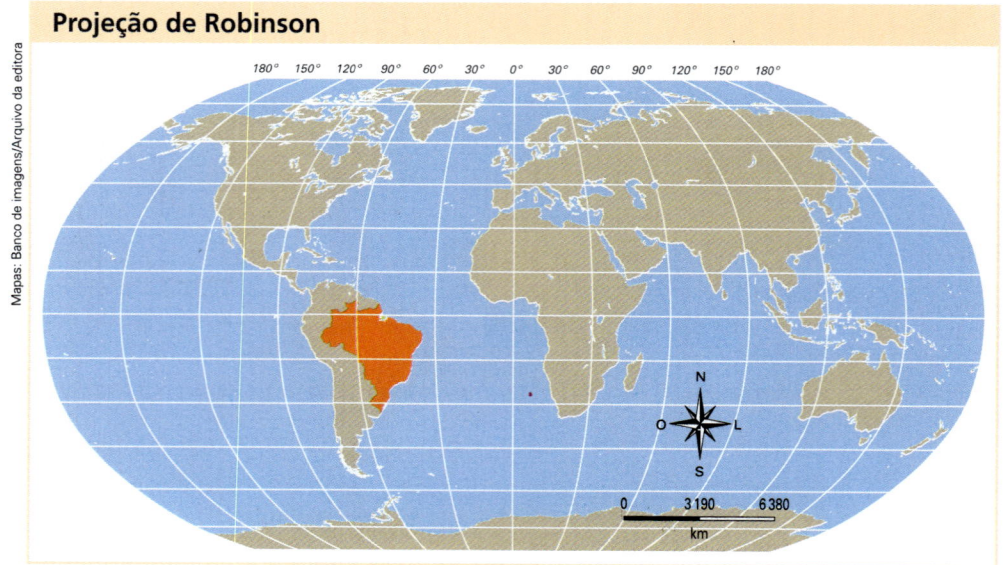

Essa projeção foi desenvolvida em 1961 pelo geógrafo e cartógrafo americano Arthur H. Robinson (1915-2004). Segundo o IBGE: "É uma projeção afilática (não é conforme nem equivalente nem equidistante) e pseudocilíndrica (não possui nenhuma superfície de projeção, porém apresenta características semelhantes às da projeção cilíndrica)". Observe o planisfério político na projeção de Robinson numa escala um pouco maior nas páginas 6 e 7 do *Atlas*.

Fonte: IBGE. *Atlas geográfico escolar*. 7. ed. Rio de Janeiro, 2016. p. 24.

ATIVIDADES

COMPREENDENDO CONTEÚDOS

1. Aponte as diferenças fundamentais entre mapa, carta e planta.

2. Explique para que serve a escala e como ela pode aparecer em uma representação cartográfica.

3. Aponte as distorções verificadas nas seguintes projeções: Mercator, Peters e azimutal.

DESENVOLVENDO HABILIDADES

4. Observe as representações cartográficas do Rio de Janeiro nas páginas 48 e 49. Imagine que você está na esquina das ruas Marquês de Olinda e Muniz Barreto e quer pegar o metrô.
   a) Quantos metros aproximadamente você teria de caminhar até a Estação Botafogo?
   b) Qual das representações observadas permite responder a essa pergunta?

5. Retome a planta da página 29 e continue sua viagem imaginária por São Paulo. Agora você está na Estação da Luz e decide conhecer o Teatro Municipal. Você poderia ir de metrô, mas resolveu ir a pé.
   a) Qual é o caminho mais rápido entre esses dois pontos de interesse cultural?
   b) Que distância aproximadamente você caminharia? É possível ir a pé ou é necessário pegar o metrô?
   c) Caso decidisse ir de metrô, como faria?

6. Observe um trecho da folha de Macapá (AP) na Carta Topográfica do Brasil e compare-o com o trecho da folha de Garuva (SC) na página 44.   **DIALOGANDO COM MATEMÁTICA**

Fonte: IBGE. Ministério do Planejamento e Orçamento. Macapá (AP). Folha NA-22-Y-D-VI. Rio de Janeiro, 1995.

a) Constate que em Macapá a distância reta entre o início da rodovia 010 e a Colônia Penal é de 4 centímetros. Na realidade, essa distância é de 4 quilômetros. Com esses dados, descubra em que escala essa carta foi construída.

b) Que diferença você observa ao comparar esse trecho da folha de Macapá com o trecho da folha de Garuva?

c) Na folha de Garuva, identifique a porção do espaço representado mais favorável à prática da agricultura mecanizada ou à instalação de indústrias e explique o porquê de sua opção.

d) Uma pessoa que queira localizar um endereço na cidade de Macapá pode utilizar essa carta? Caso considere que não possa, qual seria a opção? Para auxiliar na reflexão, veja novamente as representações cartográficas do Rio de Janeiro nas páginas 48 e 49.

CAPÍTULO 3

MAPAS TEMÁTICOS E GRÁFICOS

Gerhard Mercator em gravura feita em 1574 pelo pintor Frans Hogenberg.

Você já se deu conta da quantidade de vezes que se deparou com diversos tipos de mapas e gráficos? Se ainda não, fique atento e procure reparar neles. Você vai perceber que os mapas, principalmente os temáticos, assim como os gráficos, estão muito presentes em nosso dia a dia. Eles representam com imagens e números os diversos fenômenos socioespaciais, como o crescimento populacional (veja o gráfico de barras), a previsão do tempo (veja o mapa), a taxa de desemprego (veja o gráfico de linha), a produção e o consumo de energia, as formas do relevo, os tipos de clima, a taxa de inflação (veremos a seguir), entre muitos outros exemplos.

Gráficos e mapas são importantes para facilitar as ações planejadas por governos e outros agentes sociais sobre os serviços públicos, a produção agrícola, a organização de parques industriais e de sistemas de transportes, bem como de muitos outros aspectos que estruturam o espaço geográfico. Se ficar atento, perceberá que diariamente nos deparamos com variados tipos de mapas temáticos e gráficos nos noticiários televisivos, na internet e em livros, jornais e revistas. Para entendê-los e extrair deles todas as informações dos fenômenos representados, é importante que nos familiarizemos com esse tipo de linguagem, aprendendo a decodificar seus símbolos e convenções. É o que faremos a seguir.

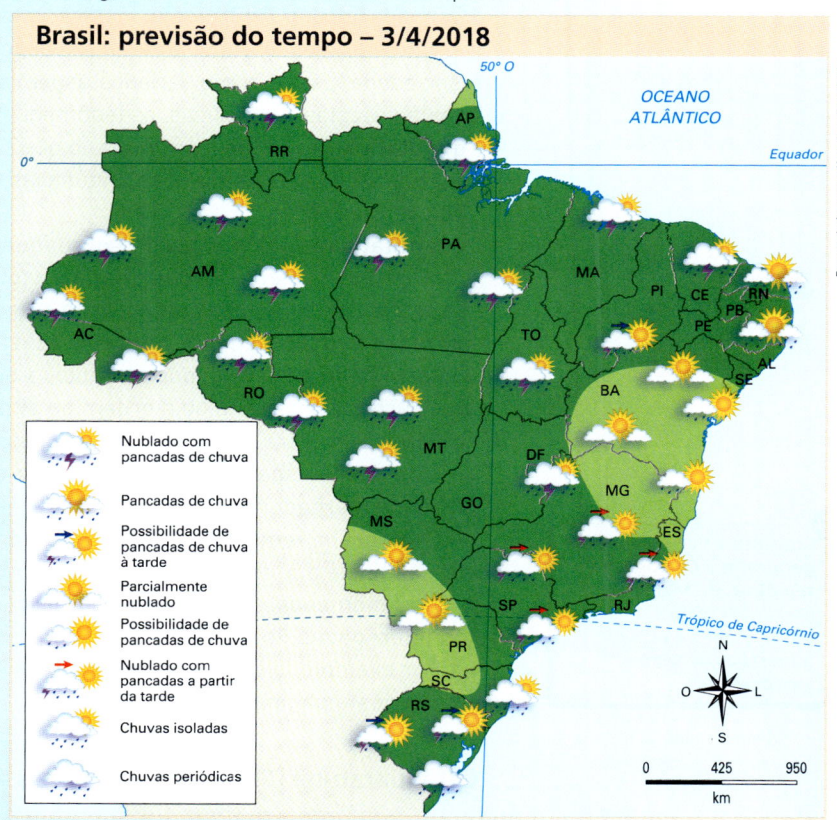

Fonte: INPE. Centro de previsão de tempo e estudos climáticos. Mapas Brasil. Previsão do tempo. 2 abr. 2018. Disponível em: <http://tempo.cptec.inpe.br>. Acesso em: 2 abr. 2018.

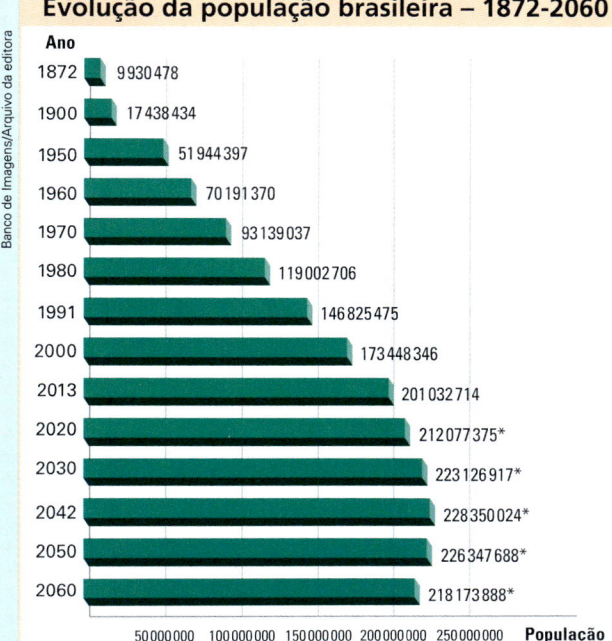

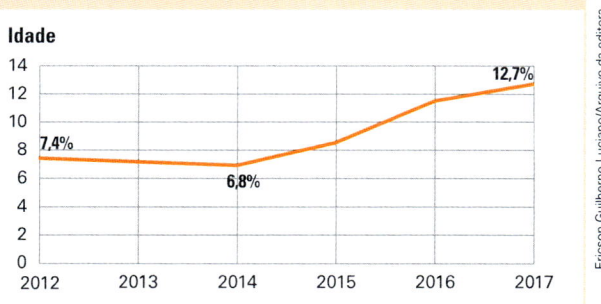

Fonte: GOMES, Irene. Desemprego recua em dezembro, mas taxa média do ano é a maior desde 2012. *Agência IBGE Notícias*. 31 jan. 2018. Disponível em: <https://agenciadenoticias.ibge.gov.br/agencia-noticias/2012-agencia-de-noticias/noticias/19759-desemprego-recua-em-dezembro-mas-taxa-media-do-ano-e-a-maior-desde-2012.html>. Acesso em: 2 abr. 2018.

Fonte: PRATES, Marco. Como será o Brasil em 2060, segundo o IBGE. *Exame*. 29 ago. 2013. Disponível em: <https://exame.abril.com.br/brasil/como-sera-o-brasil-em-2060-segundo-o-ibge>. Acesso em: 2 abr. 2018.

*Projeção.

CAPÍTULO 3 • MAPAS TEMÁTICOS E GRÁFICOS

1. CARTOGRAFIA TEMÁTICA

Todo mapa "responde" a certas perguntas sobre os elementos nele representados. A primeira pergunta que geralmente fazemos ao observar um mapa é: onde se localiza determinado fenômeno? Como vimos no início da unidade, para respondê-la, o mapa apresenta uma rede de coordenadas. A segunda pergunta é: qual é o tamanho do fenômeno representado? Como também já vimos, para isso toda representação cartográfica tem uma escala.

Os mapas podem, entretanto, mostrar mais do que a localização dos fenômenos e sua proporção. Podem mostrar diversos aspectos da existência humana em sua vida em sociedade, assim como variados aspectos da natureza. Podem representar, em diferentes escalas geográficas, os fenômenos sociais e naturais em sua diversidade:

- **qualitativa**: responde à pergunta "o quê?" e representa os diferentes elementos cartografados – cidades, rios, indústrias, climas, cultivos, etc. – em diversos tipos de mapas;
- **quantitativa**: elucida a dúvida sobre "quanto?" e indica, por exemplo, a população urbana e o tamanho das cidades, o total da produção industrial, entre outros aspectos, permitindo a comparação entre territórios diferentes;
- **de classificação**: registra a ordenação e a hierarquização de um fenômeno num determinado território, por exemplo, a ordem das cidades no mapa da hierarquia urbana brasileira ou a ordem de altitudes no mapa hipsométrico;
- **dinâmica**: mostra a variação de um fenômeno ao longo do tempo e sua movimentação no espaço geográfico: o fluxo de população no território brasileiro, o fluxo de mercadorias no comércio internacional, entre outros.

A Cartografia temática facilita o planejamento de intervenções realizadas pelo poder público e por empresas privadas, porque auxilia a compreender a organização dos fenômenos socioespaciais. É importante lembrar que esses fenômenos estão interligados; logo, a intervenção num aspecto da realidade interfere em outros. Por exemplo: a ocupação de encostas íngremes é perigosa, como se observa no mapa desta página.

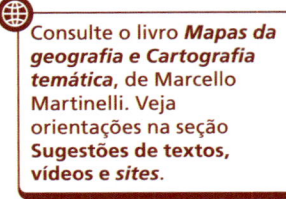

Consulte o livro *Mapas da geografia e Cartografia temática*, de Marcello Martinelli. Veja orientações na seção **Sugestões de textos, vídeos e *sites***.

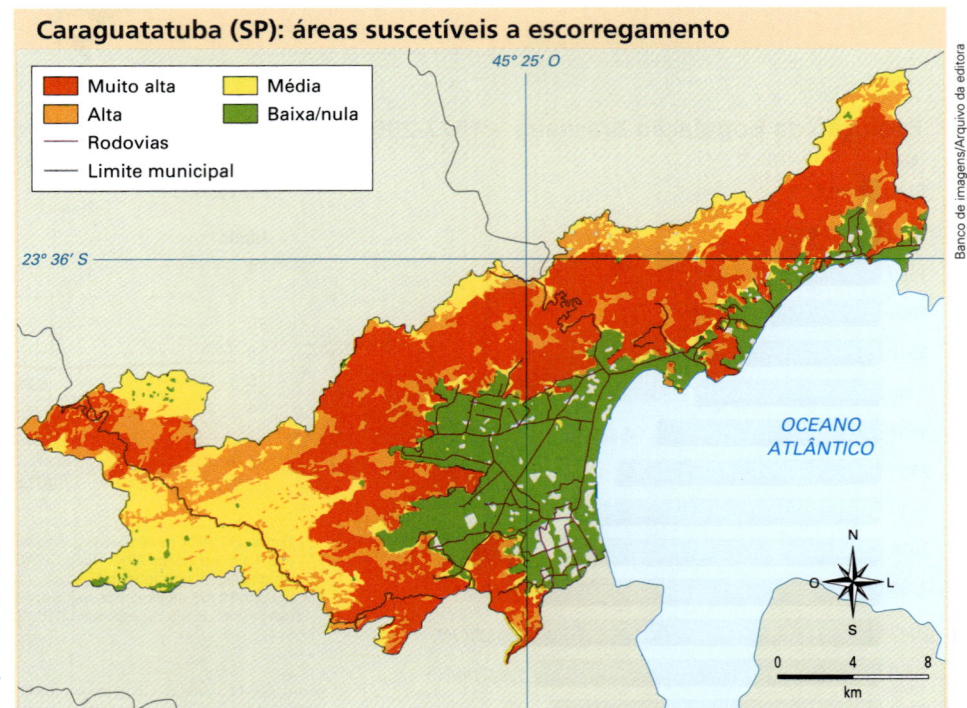

O município de Caraguatatuba, localizado no litoral do estado de São Paulo, tem parte de seu território na planície litorânea e parte na encosta da serra do Mar, onde estão as áreas com maior risco de escorregamento e que, por isso, não devem ser ocupadas.

Fonte: MARCELINO, Emerson Vieira. *Mapeamento de áreas susceptíveis a escorregamento no município de Caraguatatuba (SP) usando técnicas de sensoriamento remoto.* Dissertação de Mestrado do Curso de Pós-Graduação em Sensoriamento Remoto. São José dos Campos: INPE, 2004. p. 178.

Vejamos agora alguns exemplos de mapas temáticos, nos quais podemos observar fenômenos geográficos representados por pontos, linhas e áreas, que podem se materializar cartograficamente de forma qualitativa, quantitativa e ordenada.

Construído sobre uma base cartográfica que mostra os limites políticos da América do Sul, o mapa ao lado evidencia os recursos minerais e energéticos dos países sul-americanos, indicando sua diversidade e distribuição (fenômeno qualitativo), além do tamanho relativo das reservas (fenômeno quantitativo). Para representar **fenômenos pontuais** como esses, o mais adequado é utilizar símbolos com formas, cores e tamanhos diferentes. Cidades (veja o mapa das megacidades e cidades globais na página 14 do *Atlas*), indústrias, portos, aeroportos, hidrelétricas, etc. são outros exemplos de fenômenos pontuais. Vale relembrar, entretanto, que, dependendo da escala, um fenômeno pontual pode virar zonal (área). Por exemplo, num mapa de escala pequena como este, uma cidade é um ponto; mas numa planta de escala grande, a mesma cidade será representada como uma área.

Observe que no mapa também estão cartografadas as principais regiões industriais da América do Sul, um fenômeno zonal. Nessa escala não é possível visualizar regiões industriais menores, como Salvador (BA), Zona Franca de Manaus (AM), Serra Gaúcha (RS), Lima (Peru), etc.

Fonte: CHARLIER, Jacques (Dir.). *Atlas du 21ᵉ siècle édition 2012*. Groningen: Wolters-Noordhoff; Paris: Éditions Nathan, 2011. p. 154. (Original sem data.)

Para cartografar **fenômenos lineares**, como os diferentes tipos de ferrovias (fenômeno qualitativo) mostrados no mapa da França ao lado, utilizam-se linhas diferenciadas por cores. Mas como o mapa mostra esse tema de forma proporcional (fenômeno quantitativo), essas linhas têm larguras e tonalidades diferentes, expressando maior ou menor volume de passageiros e mercadorias transportados por dia. Rodovias, hidrovias, oleodutos, redes de alta-tensão, etc. são outros exemplos de fenômenos lineares.

Observe que nesse mapa também estão cartografados fenômenos pontuais proporcionais: Paris, o maior entroncamento ferroviário do país, Lyon, Bordeaux e outras cidades francesas.

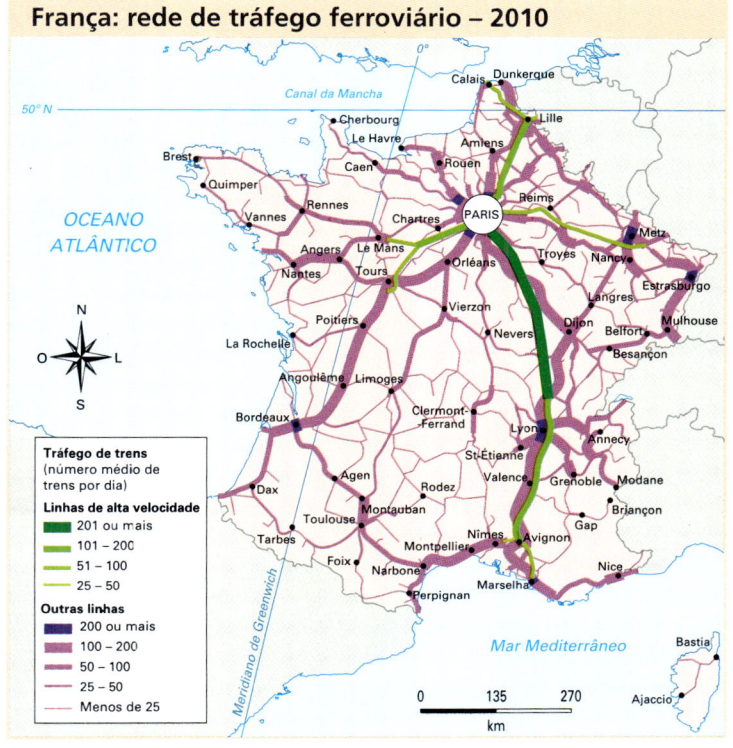

Fonte: CHARLIER, Jacques (Dir.). *Atlas du 21ᵉ siècle édition 2012*. Groningen: Wolters-Noordhoff; Paris: Éditions Nathan, 2011. p. 24.

CAPÍTULO 3 • MAPAS TEMÁTICOS E GRÁFICOS   **59**

O mapa abaixo registra a densidade demográfica da América do Sul, um **fenômeno zonal** que foi ordenado pelas diferentes faixas de quantidade de pessoas por km², cuja distribuição foi destacada com o uso de cores – as áreas são pintadas de modo que se estabeleça uma hierarquia entre as cores (da mais clara para a mais escura, à medida que aumenta a densidade; veja o mapa da densidade demográfica brasileira na página 21 do *Atlas*; aproveite e veja também outro exemplo de fenômeno zonal ordenado no mapa-múndi hipsométrico das páginas 8 e 9 do *Atlas*). Formações vegetais, tipos climáticos, compartimentação do relevo, cultivos agrícolas, reservas indígenas, etc. são outros exemplos de fenômenos zonais.

No entanto, há outros fenômenos zonais que também aparecem registrados em mapas por meio de cores, sem que haja hierarquia entre elas. Veja alguns exemplos nos quais as cores são diferenciadas somente para distinguir as classificações dos fenômenos: tipos de clima na zona tropical (ver página 123); tipos climáticos do mundo (página 134); compartimentação do relevo brasileiro (página 101); formações vegetais do mundo (página 174).

As cidades ou regiões metropolitanas podem ser representadas por pontos simples (fenômeno qualitativo), se o que se pretende é apenas localizá-las no espaço geográfico. Também podemos destacar o tamanho de suas populações (fenômeno quantitativo), como foi feito no mapa ao lado, ou enfatizar a relação hierárquica entre elas (fenômeno ordenado). A relação hierárquica entre as cidades, como mostra o mapa da próxima página, pode ser estabelecida com base em diversos critérios: tamanho da população, infraestrutura de comércio e serviços, influência na rede urbana nacional ou mundial, etc.

Veja que esse mapa também registra um fenômeno pontual proporcional: as maiores aglomerações urbanas da América do Sul.

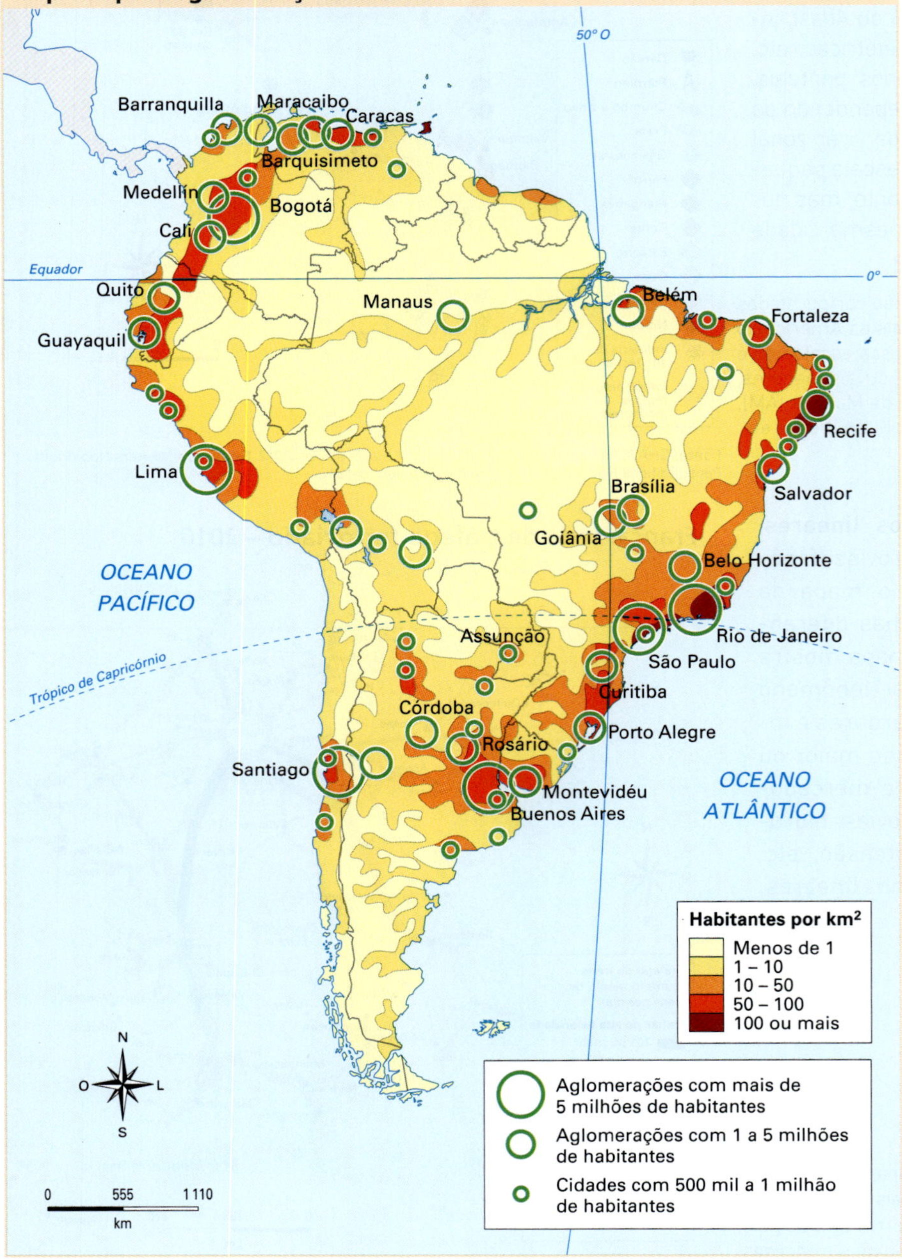

Fonte: CHARLIER, Jacques (Dir.). *Atlas du 21ᵉ siècle édition 2012*. Groningen: Wolters-Noordhoff; Paris: Éditions Nathan, 2011. p. 155. (Original sem data.)

UNIDADE I • FUNDAMENTOS DE CARTOGRAFIA

Também é possível representar cartograficamente **fenômenos dinâmicos** no espaço e no tempo. Por exemplo, pode-se mostrar o grau de destruição da mata Atlântica desde o começo da ocupação do território brasileiro ou a movimentação da população desde o início do processo de industrialização do país.

Os mais conhecidos exemplos de mapas que representam fenômenos dinâmicos são aqueles que mostram a circulação de pessoas ou mercadorias em diversas escalas geográficas. Como vimos anteriormente, além das direções, podem ser registradas as quantidades proporcionais desses fluxos, utilizando para isso diferentes larguras de linhas ou setas. Observe, no mapa abaixo, os maiores fluxos mundiais de petróleo.

Fonte: IBGE. *Atlas geográfico escolar.* 7. ed. Rio de Janeiro, 2016. p. 152.

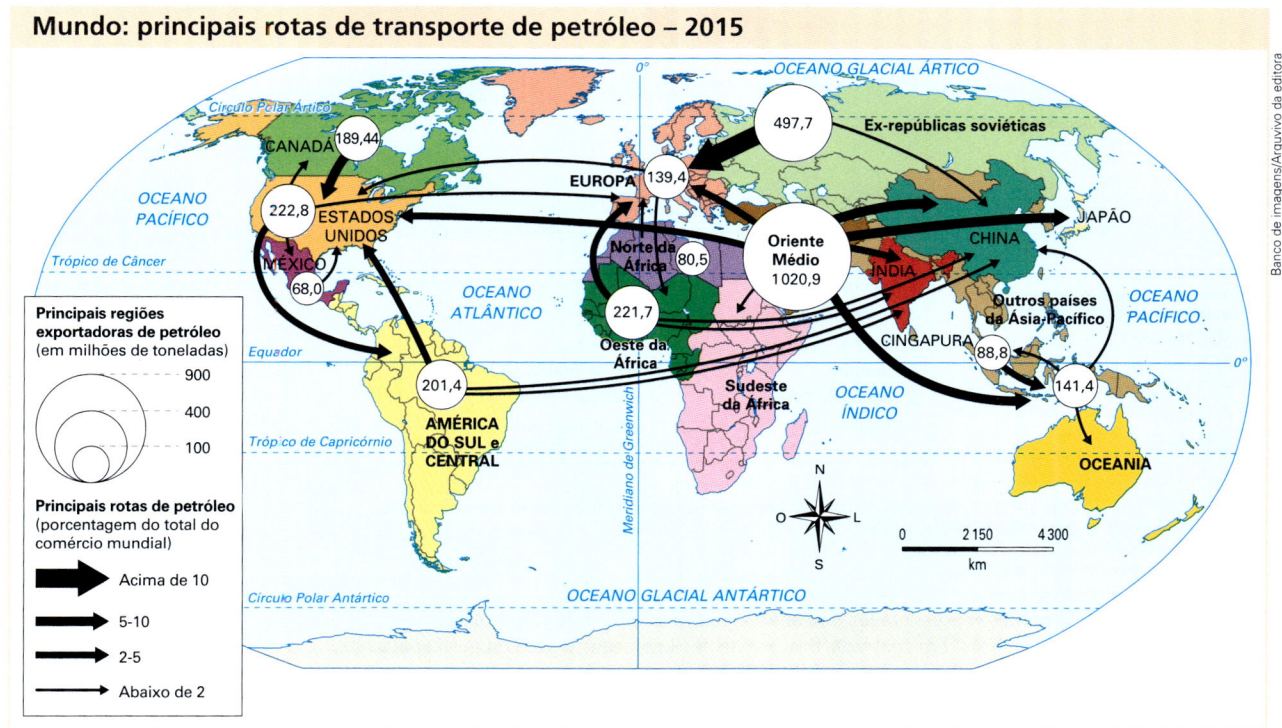

Fonte: ATLAS of the World. 24th ed. New York: Oxford University Press, 2017. p. 97.

Observe que esse mapa registra, além dos fluxos, as maiores regiões exportadoras de petróleo por meio de círculos proporcionais. Perceba que o Oriente Médio é a região que mais exporta petróleo no mundo, com praticamente 1,021 bilhão de toneladas (o maior produtor mundial é a Arábia Saudita, que fica na região), e fornece principalmente para a China e o Japão. Em segundo lugar vêm os países da ex-União Soviética, com quase 498 milhões de toneladas (o segundo produtor mundial é a Rússia), que fornecem principalmente para a Europa.

CAPÍTULO 3 • MAPAS TEMÁTICOS E GRÁFICOS **61**

Há um tipo particular de mapa temático em que as áreas dos países são mostradas em tamanhos proporcionais à importância de sua participação no fenômeno representado. Esse tipo de "mapa" – de fato, um cartograma – é chamado de **anamorfose geográfica**. Veja um exemplo a seguir.

Mundo: dinâmica da população – 2030*

Estimativa da população em 2030 (em milhões de habitantes)
- 100
- 50
- 10
- 1

Taxa de crescimento demográfico anual no período 2000-2030 (%)
- Mais de 2
- 1,51 – 2
- 1 – 1,50
- 0 – 0,99
- Menos de 0

1. Guiné Equatorial
2. Cisjordânia e Gaza
3. Bósnia-Herzegovina
4. Áustria
5. Hungria
6. República Tcheca
7. Eslováquia
8. Moldávia
9. Geórgia
10. Armênia
11. Azerbaijão
** Emirados Árabes Unidos
*** República Centro-Africana
**** O Sudão do Sul separou-se do Sudão em 2011.

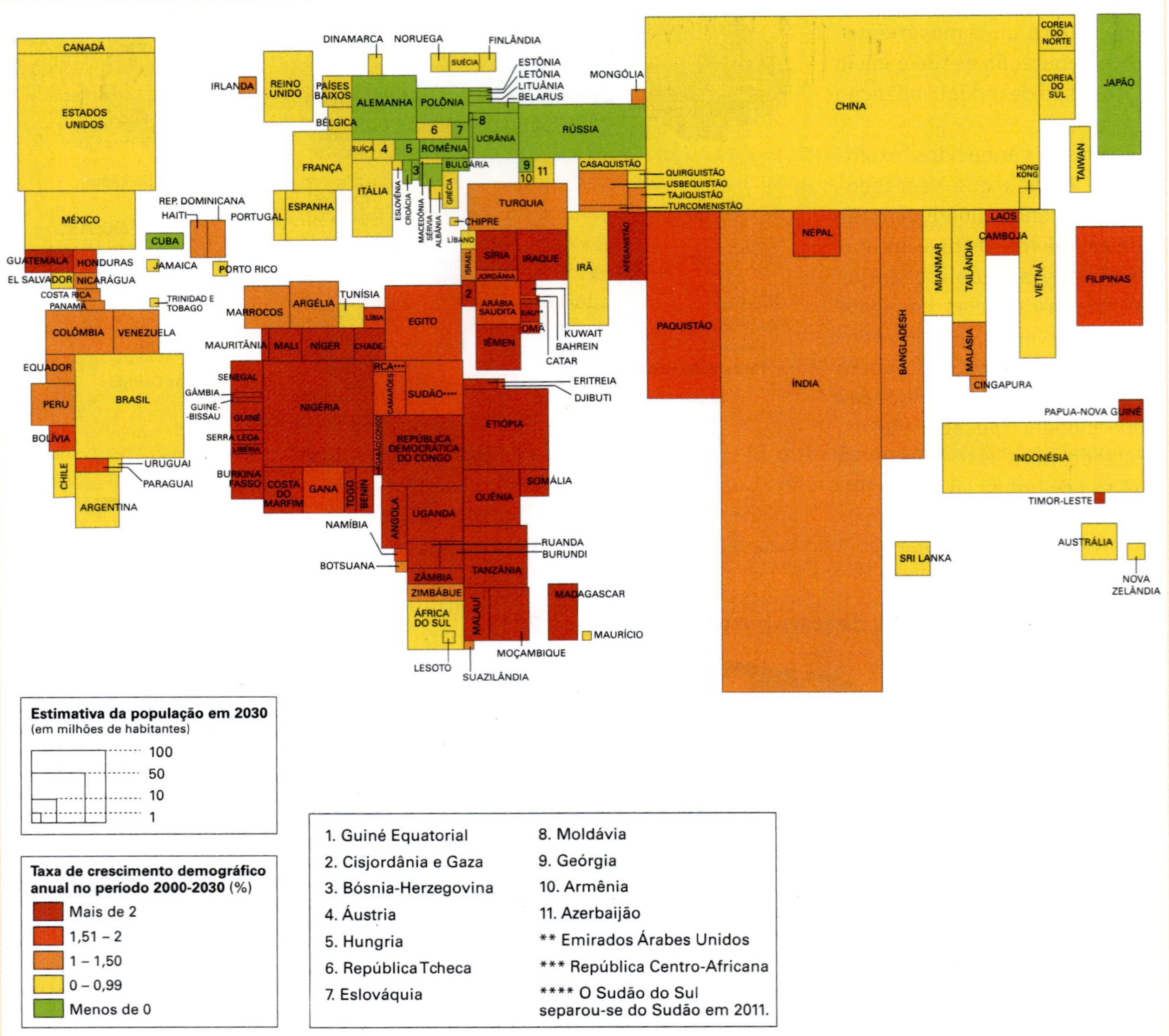

Fonte: INSTITUT FRANÇAIS DES RELATIONS INTERNATIONALES. *Rapport annuel mondial sur le système économique et les estratégies Ramses 2011*. Paris: Ifri/Dunod, 2010. p. 299.

*Estimativa.

Na anamorfose, os elementos representados não aparecem em escala cartográfica e não há fidelidade nas formas territoriais. Em contrapartida, é mais fácil perceber o peso da participação de cada país no fenômeno representado, pois essa participação é proporcional ao tamanho mostrado. Veja outros exemplos de anamorfose na página 13 do *Atlas*.

Consulte os mapas temáticos disponíveis nos portais do **IBGE Mapas temáticos**, da **Seção Cartográfica da ONU**, da **Biblioteca Perry-Castañeda**, da Universidade do Texas (Estados Unidos), e do **Worldmapper**. Veja orientações na seção **Sugestões de textos, vídeos e *sites***.

2. GRÁFICOS  DIALOGANDO COM MATEMÁTICA

Um **gráfico** estabelece relação entre as informações da realidade que podem ser expressas numericamente. Há diversos tipos de gráfico, e eles são utilizados para expressar dados estatísticos de forma mais simples, rápida e clara do que as tabelas.

No sistema de coordenadas cartesianas, desenvolvido pelo filósofo e matemático francês René Descartes (1596-1650), são utilizadas duas variáveis: uma marcada sobre o eixo x (abscissa) e outra sobre o eixo y (ordenada), a partir da origem o. Observe que nos gráficos cada par dessas variáveis x e y define um ponto p.

Observe no gráfico de linha abaixo que indicamos no eixo x os meses do ano (tempo), e no y, os índices de inflação (valores percentuais), conforme os dados da tabela (ao lado do gráfico). Cada mês corresponde a um índice, definindo os diversos pontos p. Qual visualização dos índices mensais de inflação ao longo do ano de 2017 é mais simples e rápida: a do gráfico ou a da tabela?

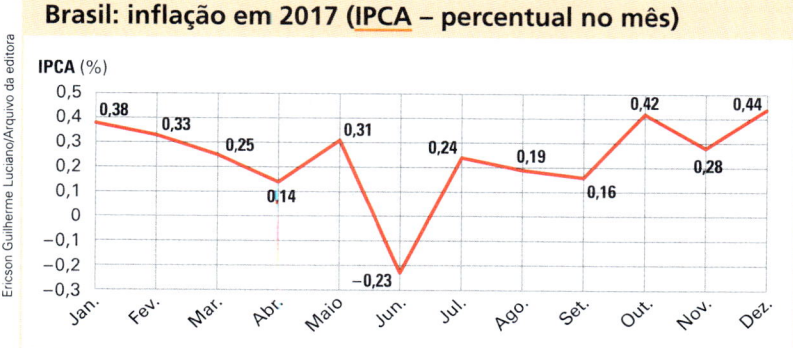

Fonte: IBGE. *Sistema Nacional de Índices de Preços ao Consumidor.* Série histórica do IPCA. Rio de Janeiro, 2017. Disponível em: <ww2.ibge.gov.br/home/estatistica/indicadores/precos/inpc_ipca/defaultseriesHist.shtm>. Acesso em: 3 abr. 2018.

Gráficos de linhas são indicados para representar séries estatísticas cronológicas, como a taxa de inflação ao longo de um ano ou de décadas. Perceba que no gráfico a visualização da variação mensal da inflação é simples e rápida.

IPCA: O Índice Nacional de Preços ao Consumidor Amplo, calculado pelo IBGE e utilizado pelo Banco Central para a fixação das metas de inflação no Brasil, mede a variação mensal de preços ao consumidor para as famílias com rendimento entre um e quarenta salários mínimos, independentemente da fonte de renda. A pesquisa de preços abrange dez regiões metropolitanas – Belém, Belo Horizonte, Curitiba, Fortaleza, Porto Alegre, Recife, Rio de Janeiro, Salvador, São Paulo e Vitória –, além de Brasília e dos municípios de Campo Grande e Goiânia.

Brasil: inflação em 2017 – IPCA (Índices mensais e anual)	
Mês	**Porcentagem**
Janeiro	0,38
Fevereiro	0,33
Março	0,25
Abril	0,14
Maio	0,31
Junho	−0,23
Julho	0,24
Agosto	0,19
Setembro	0,16
Outubro	0,42
Novembro	0,28
Dezembro	0,44
Ano	2,95

Fonte: IBGE. *Sistema Nacional de Índices de Preços ao Consumidor.* Série histórica do IPCA. Rio de Janeiro, 2017. Disponível em: <ww2.ibge.gov.br/home/estatistica/indicadores/precos/inpc_ipca/defaultseriesHist.shtm>. Acesso em: 3 abr. 2018.

Para a elaboração de gráficos cartesianos, além de linhas, podemos utilizar barras ou colunas. O climograma, por exemplo, combina essas duas possibilidades ao utilizar colunas para expressar o índice pluviométrico, e linhas, para a variação da temperatura ao longo do ano. Observe o climograma de Cuiabá, em Mato Grosso.

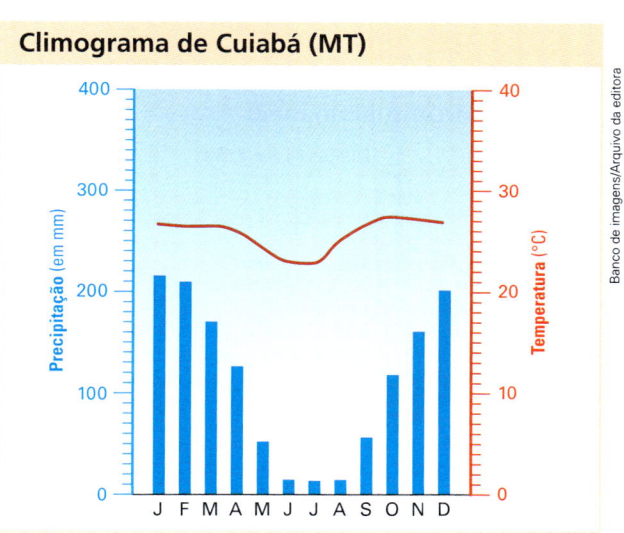

Nesse climograma, as colunas expressam a quantidade de chuva de cada mês, mensurada em milímetros (valores à esquerda do gráfico). A linha mostra a variação da temperatura média (em grau Celsius), mês a mês ao longo do ano (valores à direita).

Fonte: INSTITUTO NACIONAL DE METEOROLOGIA (INMET). Gráficos climatológicos (1931-1960 e 1961-1990). Cuiabá (MT). Disponível em: <www.inmet.gov.br/portal/index.php?r=clima/graficosClimaticos>. Acesso em: 7 maio 2018.

Os índices de inflação no Brasil em 2017 também foram expressos por meio de gráficos de colunas e de barras.

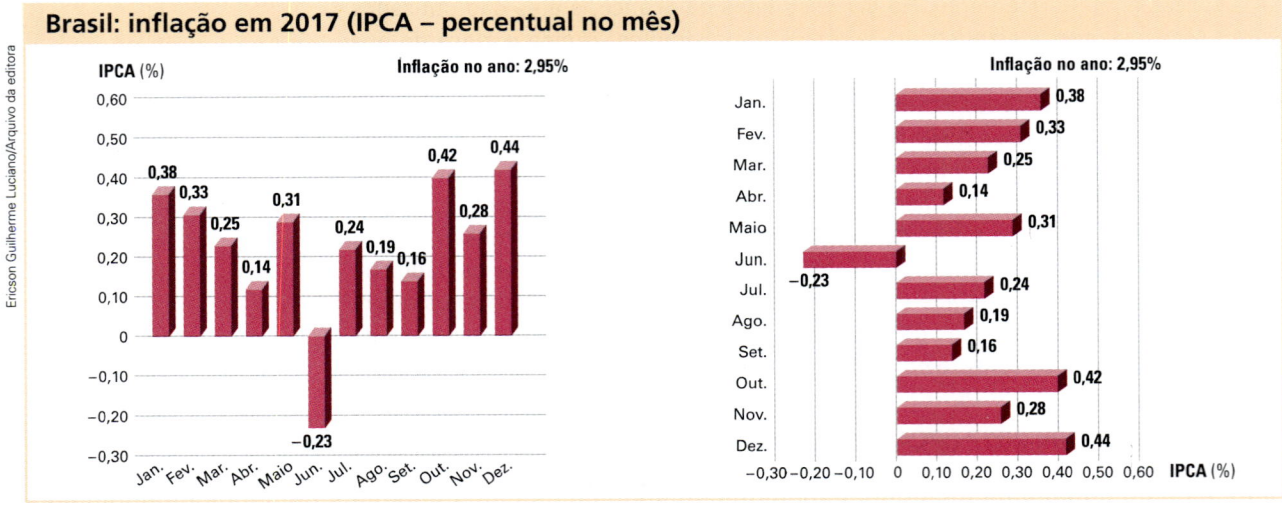

Fonte: IBGE. *Sistema Nacional de Índices de Preços ao Consumidor.* Série histórica do IPCA. Rio de Janeiro, 2017. Disponível em: <ww2.ibge.gov.br/home/estatistica/indicadores/precos/inpc_ipca/defaultseriesHist.shtm>. Acesso em: 3 abr. 2018.

Gráficos de colunas (à esquerda) ou de barras (à direita) podem ser usados para representar qualquer série estatística.

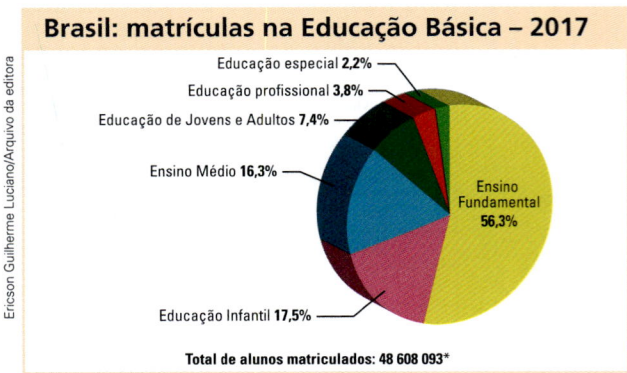

Fonte: elaborado com base em INSTITUTO NACIONAL DE ESTUDOS E PESQUISAS EDUCACIONAIS ANÍSIO TEIXEIRA. *Sinopse Estatística da Educação Básica 2017.* Brasília: Inep, 2018. Disponível em: <http://portal.inep.gov.br/sinopses-estatisticas-da-educacao-basica>. Acesso em: 3 abr. 2018.

* O percentual total passa um pouco de 100% porque há matrículas simultâneas no Ensino Médio e na Educação Profissional, e a maioria dos alunos de Educação Especial está matriculada em classes comuns.

No gráfico de setores, popularmente conhecido como "gráfico de *pizza*", os diferentes valores são representados por "fatias" de um círculo e proporcionais ao total do fenômeno representado. É indicado para ressaltar as partes em que se divide determinado fenômeno (veja o exemplo ao lado). Para traçar cada uma dessas partes, adota-se como ponto de origem o centro do círculo. A soma de todos os valores representados (100%) corresponde ao círculo inteiro (360°). Pode-se descobrir o valor de cada setor aplicando uma regra de três simples e depois construir o gráfico usando um transferidor:

total – 360°
setor – x°

Além dos gráficos citados, que são os mais utilizados, há outros, como o polar, baseado na representação polar ou trigonométrica dos pontos num plano. É ideal para mostrar séries que apresentam determinada periodicidade: o consumo de energia elétrica no mês ou no ano, por exemplo. Observe novamente os índices da inflação brasileira em 2017, agora num gráfico polar, ao lado.

Consulte o livro ***Gráficos e mapas: construa-os você mesmo***, de Marcello Martinelli, e crie gráficos no *site* **Create a Graph**, mantido pelo Departamento de Educação dos Estados Unidos. Veja orientações na seção **Sugestões de textos, vídeos e *sites*.**

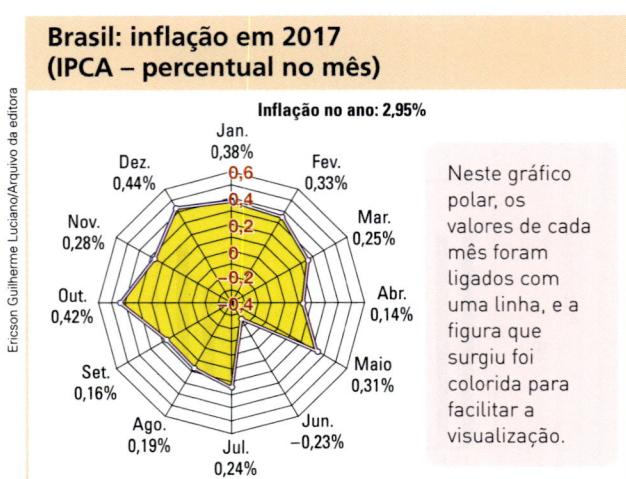

Neste gráfico polar, os valores de cada mês foram ligados com uma linha, e a figura que surgiu foi colorida para facilitar a visualização.

Fonte: IBGE. *Sistema Nacional de Índices de Preços ao Consumidor.* Série histórica do IPCA. Rio de Janeiro, 2017. Disponível em: <ww2.ibge.gov.br/home/estatistica/indicadores/precos/inpc_ipca/defaultseriesHist.shtm>. Acesso em: 3 abr. 2018.

ATIVIDADES

COMPREENDENDO CONTEÚDOS

1. Defina mapa temático e explique qual é a relevância da Cartografia temática.

2. Aponte quais são os métodos de representação da Cartografia temática.

3. O que é anamorfose geográfica? Que fenômeno está representado na anamorfose ao lado? Você já viu alguma semelhante a esta?

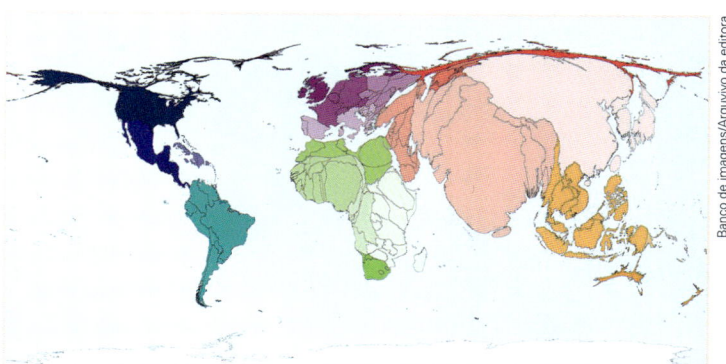

Fonte: WORLD MAPPER. Population year 2018. Disponível em: <https://worldmapper.org/maps/population-year-2018/?_sft_product_cat=population>. Acesso em: 11 abr. 2018. (Cartograma sem título e sem escala.)

DESENVOLVENDO HABILIDADES

4. Com base no que foi estudado no capítulo e na leitura do texto a seguir, extraído do livro *Narraciones*, do escritor argentino Jorge Luis Borges (1899-1986), responda às questões propostas.

Do rigor na ciência

Naquele império, a arte da cartografia alcançou tal perfeição que o mapa de uma só província ocupava toda uma cidade, e o mapa do império, toda uma província. Com o tempo, esses mapas desmedidos não satisfaziam e os colégios de cartógrafos levantaram um mapa do império, que tinha o tamanho do império e coincidia ponto por ponto com ele. Menos apegadas ao estudo da cartografia, as gerações seguintes entenderam que esse extenso mapa era inútil e não sem impiedade o entregaram às inclemências do Sol e dos invernos. [...]

BORGES, Jorge Luis. *Narraciones*. 16. ed. Madrid: Cátedra, 2005. p. 133. (Traduzido pelos autores).

a) Por que um mapa que quisesse representar tudo o que existe num determinado território – seus aspectos políticos, físicos, humanos e econômicos –, além de inviável, seria inútil?

b) Por que, em um produto cartográfico (mapa, carta ou planta), os elementos do espaço geográfico necessariamente devem aparecer reduzidos? Como se garante a proporção entre o fenômeno real e sua representação?

5. Observe novamente cada um dos quatro gráficos que mostram os índices mensais da inflação brasileira em 2017, nas páginas 63 e 64, e compare-os. Em seguida, responda: **DIALOGANDO COM MATEMÁTICA**

- Qual deles é mais fácil de ler e expressa mais claramente os índices de inflação? Justifique sua resposta.

6. Que gráficos são mais indicados para representar as informações da tabela abaixo? Construa, em um papel milimetrado, dois gráficos: um para o total em milhões de toneladas e outro para o percentual sobre o consumo mundial.

Os dez maiores consumidores de energia – 2014		
Países	Total (em milhões de toneladas métricas equivalentes de petróleo)	Percentual (% sobre o consumo mundial)
China	3 052	23,0
Estados Unidos	2 216	16,7
Índia	825	6,2
Rússia	711	5,3
Japão	442	3,3
Alemanha	306	2,3
Brasil	303	2,3
Canadá	280	2,1
Coreia do Sul	268	2,0
França	243	1,8
Outros países	4 662	35,0
Mundo	13 308	100,0

Fonte: THE WORLD BANK. *World Development Indicators 2018*. Washington, D.C., 1º mar. 2018. Disponível em: <http://wdi.worldbank.org/tables>. Acesso em: 3 abr. 2018.

CAPÍTULO 4

TECNOLOGIAS MODERNAS UTILIZADAS PELA CARTOGRAFIA

Satélite do GPS em órbita da Terra. Ilustração da Nasa (sem data no original).

Fonte: Jornal *Hoje em Dia*, 2007.

As tecnologias de informação e comunicação criadas nas últimas décadas (satélites, computadores, câmeras digitais e internet, por exemplo) têm possibilitado a utilização de novas técnicas de coleta e processamento de dados do espaço geográfico. Novos horizontes se abriram para a Cartografia, e os mapas estão cada vez mais precisos. Diversas operações, que no passado eram caras e demoradas, hoje são feitas com muita rapidez e a um custo cada vez menor.

Equipamentos fotogramétricos, imagens captadas por satélites, mapas digitais, sistemas de posicionamento global – como o GPS e o Glonass (estudaremos ambos a seguir) – e sistemas de informações geográficas (SIG) são recursos tecnológicos que têm contribuído para a popularização da Cartografia.

Neste capítulo, vamos estudar as características básicas do sensoriamento remoto, dos sistemas de posicionamento e dos SIG.

A possibilidade de utilizar uma combinação de mapas digitais e informações georreferenciadas para localização de endereços, como faz o Google Maps (um tipo de SIG), e de observar a superfície da Terra por meio de programas de voo virtual, como faz o Google Earth, demonstra um grande avanço tecnológico. Esses programas permitem observar a superfície da Terra desde escalas pequenas (pouco detalhadas) até escalas grandes (ricas em detalhes) com um simples ajuste do *zoom*.

> Consulte os *sites* do **Google Earth** e do **Google Maps Brasil**. Veja orientações na seção **Sugestões de textos, vídeos e *sites***.

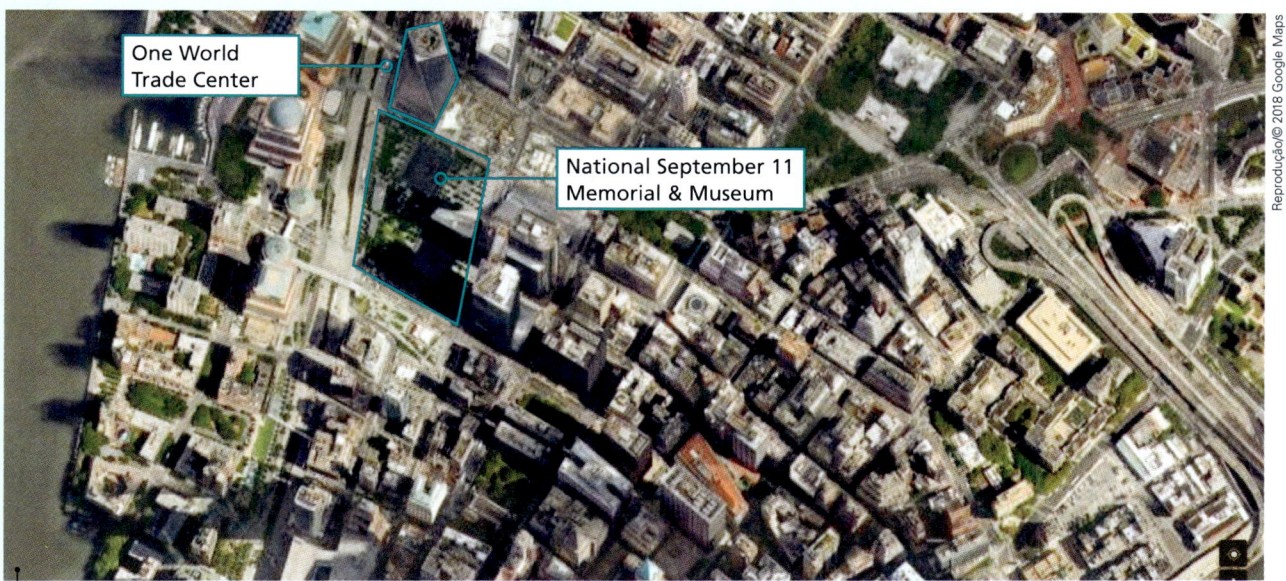

Imagem do Google Earth mostrando o centro financeiro de Nova York (Estados Unidos), em 2018. Nela é possível observar detalhes como o traçado de ruas e a forma das construções. Observe o edifício One World Trade Center e o National September 11 Memorial & Museum, construído em homenagem às vítimas do atentado terrorista de 2001. Duas fontes de água ocupam o lugar das antigas torres gêmeas.

1. SENSORIAMENTO REMOTO

Hz (Hertz): unidade de medida de frequência. Quilo-hertz (kHz), mega-hertz (MHz) e giga-hertz (GHz) são múltiplos do hertz (Hz).

Radiação ionizante: radiação que possui energia suficiente para arrancar elétrons de átomos (ionização) e modificar as moléculas. Em altas doses, pode danificar as células humanas e de outros seres vivos, causando mutações genéticas e doenças, como o câncer, podendo até levar à morte.

Sensoriamento remoto é o conjunto de técnicas de captação e registro de imagens a distância, sem contato direto com o elemento registrado, por meio de diferentes tipos de sensor. O olho humano é um tipo de sensor e serviu de referência para a construção de sensores eletrônicos que equipam satélites, por exemplo.

Em qualquer tipo de sensor, as imagens são captadas por meio da **radiação eletromagnética** que se situa entre o espectro visível e o de micro-ondas. Segundo o Instituto de Física da Universidade Federal do Rio Grande do Sul (IF-UFRGS): "O espectro eletromagnético é a distribuição da intensidade da radiação eletromagnética com relação ao seu comprimento de onda ou frequência." (disponível em: <www.if.ufrgs.br/oei/cgu/espec/intro.htm>. Acesso em: 17 abr. 2018). Como se observa no esquema abaixo, entre todas as ondas do espectro da radiação eletromagnética, os raios gama são os que apresentam a maior frequência e o menor comprimento.

Os **sensores** podem ser **passivos** ou **ativos**. Um sensor é considerado passivo quando só recebe radiação, como as máquinas fotográficas e os imageadores que equipam a maioria dos satélites; e é considerado ativo quando emite ondas e as recebe de volta, como o radar.

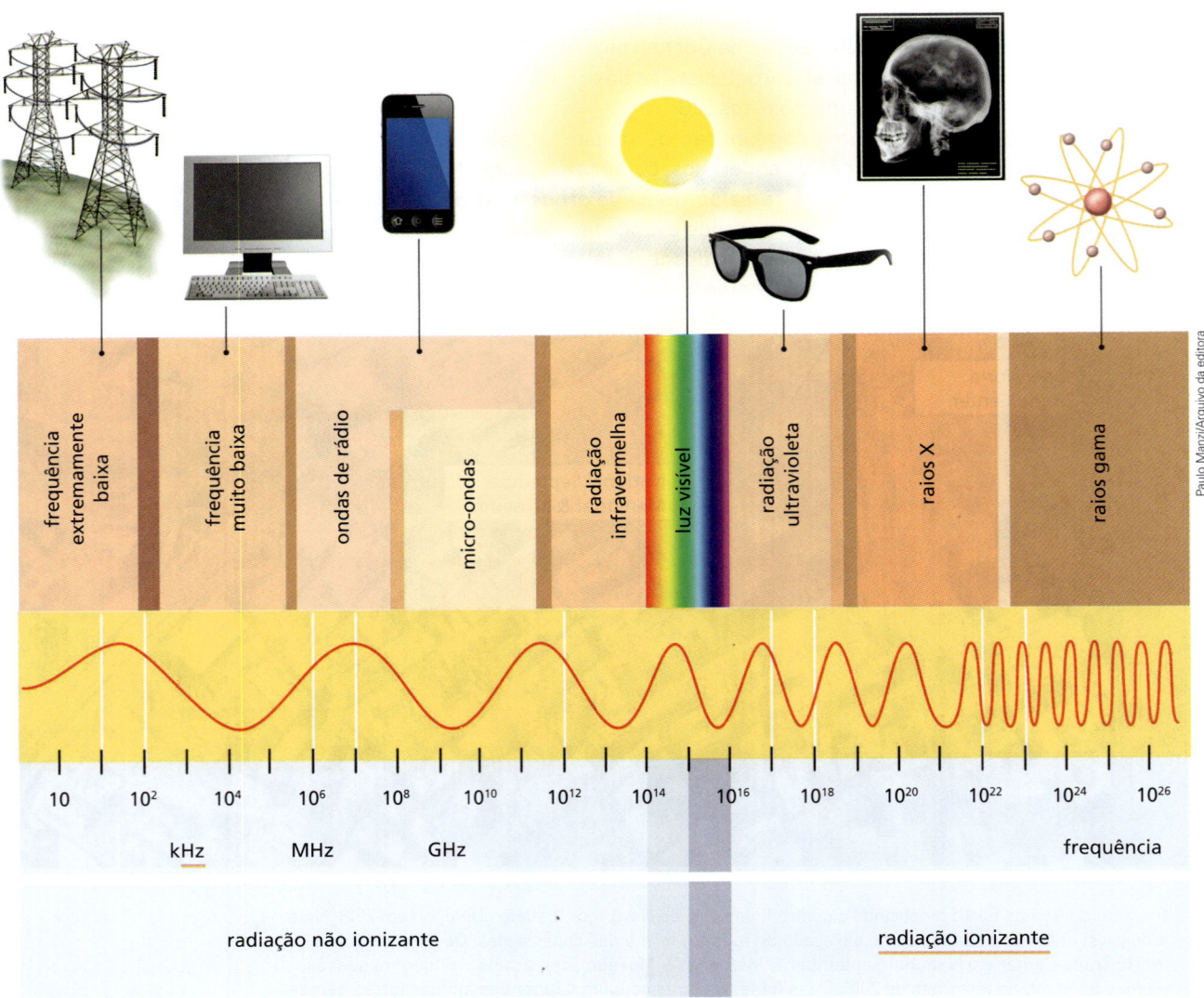

Fonte: SAUSEN, Tania Maria. *Desastres naturais e geotecnologias*: sensoriamento remoto. São José dos Campos: INPE, 2008. p. 13.

A energia solar é refletida pela superfície da Terra como ondas de calor, que podem ser captadas por sensores de satélites, e como ondas visíveis em cores, que podem ser fotografadas por câmeras acopladas a aeronaves, registrando assim seus elementos naturais e sociais. Observe o esquema abaixo.

Esquema de sensoriamento remoto passivo

Fonte: SAUSEN, Tania Maria. *Desastres naturais e geotecnologias*: sensoriamento remoto. São José dos Campos: INPE, 2008. p. 9.

Existe ainda outra possibilidade de sensoriamento remoto: um radar acoplado a um avião ou satélite emite micro-ondas, que são refletidas de volta pela Terra, permitindo o registro de sua superfície pelo mesmo equipamento, como ilustra o esquema abaixo.

As micro-ondas sofrem menos interferência das nuvens do que as ondas do espectro visível e infravermelho, possibilitando fazer imagens de radar mesmo em dias nublados ou à noite, algo impossível para sensores passivos.

As aerofotos e as imagens de satélite e de radar são fundamentais para a produção de mapas, cartas e plantas, pois revelam muitos detalhes dos aspectos físicos e humanos da superfície terrestre, tais como:
- relevo, rios, florestas, desmatamento e incêndios florestais;
- áreas de cultivo, sistemas de transporte, cidades e indústrias;
- dinâmica da atmosfera, como massas de ar, furacões e tornados.

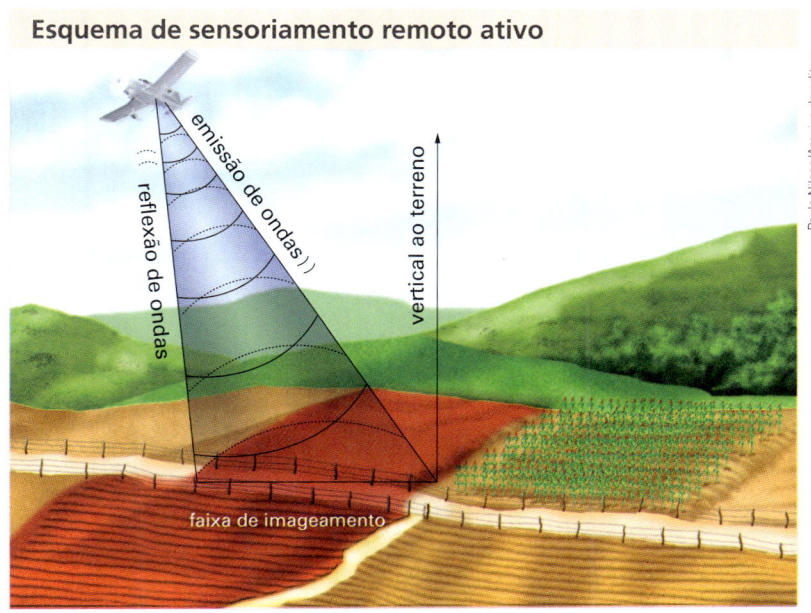

Fonte: FITZ, Paulo Roberto. *Geoprocessamento sem complicação*. São Paulo: Oficina de Texto, 2008. p. 112.

FOTOGRAFIA AÉREA

Embora as primeiras imagens aéreas da superfície da Terra tenham sido tiradas de balões, ainda no século XIX, o sensoriamento remoto só se desenvolveu a partir da Primeira Guerra Mundial (1914-1918), com a utilização de aviões. Nessa época, os interesses militares propiciaram um grande avanço na **aerofotogrametria**, que consiste em captar imagens da superfície terrestre com equipamentos fotográficos especiais acoplados ao piso de um avião. Observe a seguir a ilustração, que mostra esse processo de obtenção de fotografias aéreas.

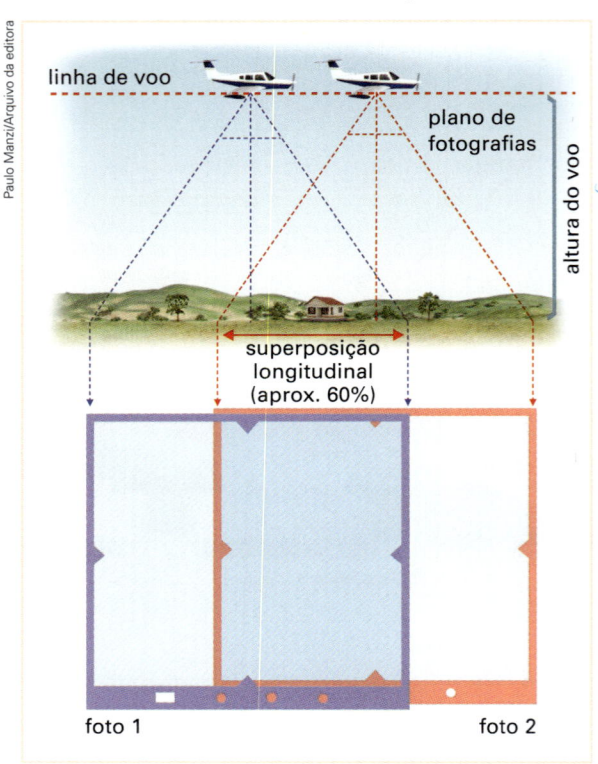

Fonte: IBGE. *Atlas geográfico escolar*. 7. ed. Rio de Janeiro, 2016. p. 27.

Enquanto o avião sobrevoa linhas paralelas, chamadas linhas de voo, previamente estabelecidas, a uma velocidade constante e orientado pelo GPS, a câmera fotográfica acoplada a seu piso vai tirando, na vertical, fotografias do terreno. Essas fotos aéreas registram as coordenadas geográficas da área tomada e são parcialmente sobrepostas, em intervalos regulares. Além de uma sobreposição longitudinal de aproximadamente 60%, como mostra a ilustração, há outra lateral, de aproximadamente 30%. Essas sobreposições são necessárias para obter uma imagem com melhor qualidade na etapa seguinte. Nessa fase do processo de produção de imagens aéreas, as fotos passam por **restituidores**, aparelhos que restituem as informações contidas nas fotografias, corrigindo eventuais imperfeições.

Atualmente, as fotos aéreas são feitas com câmeras digitais, e os equipamentos de restituição e produção de imagens são computadorizados, o que contribui para deixar o processo mais rápido e mais preciso, além de mais barato. A maioria dos mapas topográficos ainda é produzida por meio da aerofotogrametria, porque ela é bastante precisa e detalhada. Entretanto, novos avanços no sensoriamento remoto advieram do uso de satélites e computadores.

Aerofoto na escala de 1: 8 000, obtida por levantamento aerofotogramétrico em 2014, mostra trecho do município de Mairiporã (SP).

IMAGEM DE SATÉLITE

O primeiro satélite artificial, o Sputnik 1 (do russo, 'Satélite 1'), foi lançado em 1957 pelos soviéticos, mas só emitia um sinal sonoro. Ele foi o precursor dos satélites de telecomunicação.

Em 1961, o programa espacial soviético lançou ao espaço a Vostok 1 (do russo, 'Oriente 1'), a primeira missão espacial tripulada. A espaçonave levava a bordo Yuri Gagarin, cosmonauta russo, que foi o primeiro ser humano a observar a Terra do espaço sideral, numa viagem orbital de 1 h 48 min.

Onze anos mais tarde, em 1972, a Nasa lançou o primeiro satélite de observação terrestre, da série **Landsat**. A partir de então, órgãos governamentais, como o United States Geological Survey (USGS), dos Estados Unidos, o Institut National de L'Information Géographique et Forestière (IGN), da França, e o Instituto Nacional de Pesquisas Espaciais (INPE), do Brasil, passaram a ter imagens de todo o planeta à disposição.

O sétimo satélite da série Landsat foi lançado em 1999 e no início de 2018 ainda funcionava; juntando-se a ele, o Landsat 8, mais moderno, foi lançado no início de 2013 e desde então está em operação (o Landsat 9 tem lançamento previsto para o final de 2020).

Além do Landsat, há satélites de diversos países na órbita da Terra rastreando permanentemente sua superfície, como os da série francesa Spot (Sistema Probatório de Observação da Terra), da Agência Espacial Europeia (ESA); o Envisat, também da ESA; o Radarsat, da Agência Espacial Canadense (os dois últimos são equipados com sensores ativos); e o CBERS (sigla em inglês para Satélite Sino-Brasileiro de Recursos Terrestres). Observe, a seguir, uma imagem feita por um desses satélites.

> "A Terra é azul. Que maravilha! É incrível!"
>
> *Yuri Gagarin (1934-1968), cosmonauta russo, manifestando seu espanto com a vista da Terra a 300 quilômetros de altitude. Suas palavras foram transmitidas via rádio para a Estação de Controle em Solo.*

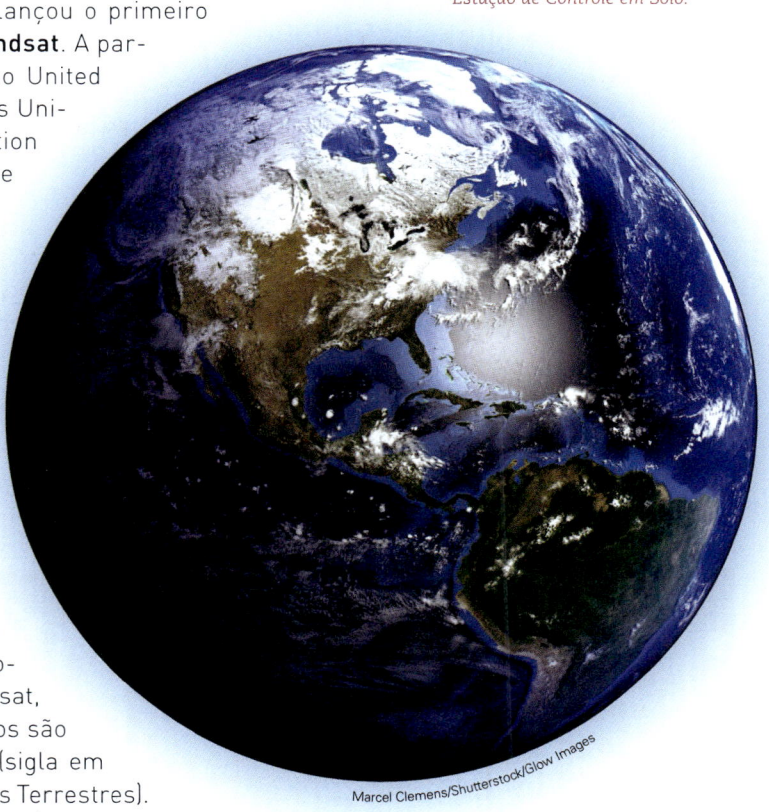

Marcel Clemens/Shutterstock/Glow Images

Nesta imagem, feita pelo satélite CBERS 4 em 2017, é possível observar trechos da Floresta Amazônica no município de Alta Floresta (MT).

Fonte: INSTITUTO NACIONAL DE PESQUISAS ESPACIAIS. Divisão de Geração de Imagens. CBERS 4-MUX 167/111, 26 jun. 2017. Disponível em: <www.dgi.inpe.br/catalogo>. Acesso em: 25 jun. 2018. (Imagem sem escala.)

O **projeto CBERS** é resultado de um acordo tecnológico entre o Brasil e a China. Foi desenvolvido por meio da cooperação entre o INPE e a CAST (sigla em inglês para Academia Chinesa de Tecnologia Espacial), que resultou no lançamento de cinco satélites desde 1999: CBERS 1, 2, 2-B, 3 e 4. No início de 2018, apenas o CBERS 4, lançado em 2014 de uma base chinesa, estava em operação (o CBERS 4-A tem lançamento previsto para o 1º semestre de 2019).

As imagens feitas por satélites são convertidas em dados numéricos e enviadas a uma estação terrestre, onde são processadas por computadores. Com essas informações, podem ser produzidas, com grande rapidez, diversas imagens digitais da superfície do planeta, incluindo os mapas. Usualmente, confeccionam-se mapas temáticos, de escala pequena, nos quais o que mais interessa são os temas representados; os topográficos, de escala grande, como as cartas, em que se exige mais precisão, continuam sendo feitos principalmente com base em fotos aéreas.

A utilização de satélites para sensoriamento remoto apresenta outra grande vantagem: a de registrar a sequência de eventos ao longo do tempo. Imagens de uma mesma área podem ser registradas em intervalos regulares, o que permite acompanhar a ocorrência de muitos fenômenos.

Um dos exemplos mais conhecidos da utilização de imagens de satélites é a **previsão do tempo**. Satélites meteorológicos captam imagens das massas de ar, visíveis por meio das formações de nuvens, em intervalos regulares de tempo. Com essas imagens são feitas animações que auxiliam os meteorologistas a prever chuvas, períodos de seca ou passagem de furacões (fundamental para a atuação da Defesa Civil). Alguns dados obtidos em estações e balões meteorológicos também ajudam os especialistas nessa tarefa. Observe a seguir duas imagens de satélite utilizadas na previsão do tempo.

Imagens do satélite GOES 13, operado pela National Oceanic and Atmospheric Administration (NOAA), dos Estados Unidos, mostram o deslocamento de massas de ar na América do Sul. Ambas as imagens foram feitas no dia 10/1/2016: a primeira, às 8 h, e a segunda, às 16 h. Observe quanto a massa de ar se deslocou em algumas horas. (Imagens sem escala.)

> Consulte os *sites* do **INPE** – páginas do **Satélite Sino-Brasileiro de Recursos Terrestres (CBERS)** e do **Centro de Previsão de Tempo e Estudos Climáticos (CPTEC)** –, da **Empresa Brasileira de Pesquisa Agropecuária (Embrapa)** e da **Agência Espacial Europeia (ESA)**. Veja orientações na seção **Sugestões de textos, vídeos e *sites***.

2. SISTEMAS DE POSICIONAMENTO E NAVEGAÇÃO POR SATÉLITES

Um **sistema global de posicionamento e navegação** é composto de três segmentos:

- **espacial**: constelação de satélites em órbita da Terra;
- **controle terrestre**: estações de monitoramento e antenas de recepção na superfície;
- **usuários**: aparelhos receptores móveis ou acoplados a veículos terrestres, aéreos ou aquáticos.

Esse complexo sistema serve para localizar com precisão um objeto ou pessoa, assim como fornecer sua velocidade (caso esteja em movimento) na superfície terrestre ou num ponto qualquer próximo a ela. Inicialmente, foi projetado para uso militar, mas atualmente apresenta diversos usos civis.

Em 2018 havia dois desses sistemas em operação plena: um americano, o **Navstar/GPS** (Navigation Satellite with Time and Ranging/Global Positioning System), e um russo, o **Glonass** (Global Navigation Satellite System). Ambos começaram a ser desenvolvidos no contexto da Guerra Fria, época da corrida armamentista entre os Estados Unidos e a extinta União Soviética.

O **GPS** começou a ser desenvolvido em 1973 pelo Departamento de Defesa dos Estados Unidos. Em 1978 foi lançado um primeiro satélite experimental; no entanto, somente em 1995, dois anos após o lançamento do 24º satélite, o sistema atingiu a capacidade operacional plena. Em abril de 2018 o GPS dispunha de 31 satélites girando em torno da Terra (há no mínimo 24 satélites em operação e o restante de reserva, acionados para substituir algum que esteja em manutenção). Esses satélites – um deles pode ser visto na imagem de abertura deste capítulo – orbitam o planeta em seis planos distintos (são quatro por plano) a 20 200 quilômetros de altitude, como se pode observar no esquema abaixo, que mostra a **constelação de satélites do GPS**.

> Consulte os *sites* oficiais do **GPS** e do **Glonass** e leia a entrevista com Aleksandr Gurko, presidente do **Glonass**, na qual faz comparações entre os dois sistemas. Veja orientações na seção **Sugestões de textos, vídeos e *sites***.

O **Glonass** começou a ser desenvolvido em 1976, ainda na época da União Soviética, e o primeiro satélite do sistema foi lançado em 1982. Com o fim da antiga superpotência em 1991 e a profunda crise pela qual passou a Rússia ao longo daquela década, o programa ficou paralisado e tornou-se obsoleto. No início dos anos 2000, a Agência Espacial da Rússia (Federal Space Agency) retomou os investimentos no programa: novos satélites foram desenvolvidos e gradativamente lançados ao espaço. Em 2011 o sistema tornou-se plenamente operacional e passou a cobrir todo o planeta. Em abril de 2018, contava com 25 satélites orbitando a Terra (24 em operação) a 19 100 quilômetros de altitude.

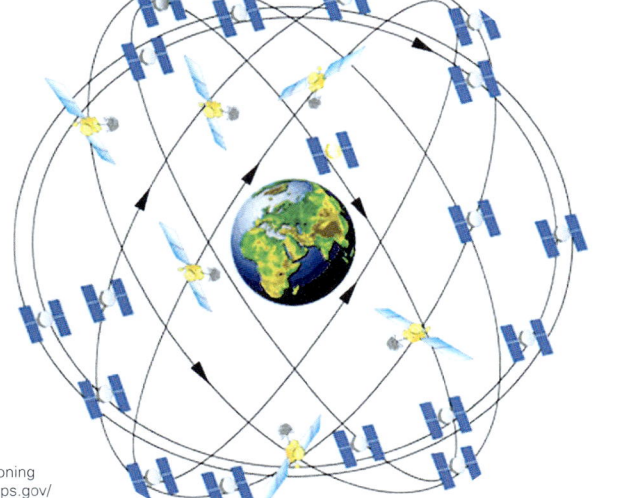

Outros sistemas globais de posicionamento e navegação semelhantes estão sendo desenvolvidos pela China, o **BeiDou** Navigation Satellite System, e pela União Europeia, o **Galileo** Navigation. A previsão é que ambos estejam plenamente operacionais até 2020.

Fonte: GPS.GOV. Official U.S. Government Information About the Global Positioning System (GPS). *Space Segments. Satellite Orbits*. Disponível em: <www.gps.gov/systems/gps/space>. Acesso em: 5 abr. 2018. (Ilustração sem escala.)

Agricultura de precisão: prática agrícola que utiliza tecnologias de georreferenciamento, como GPS, SIG, sensoriamento remoto, para fazer o manejo do solo com mais rigor, buscando aumentar a produtividade e a rentabilidade da propriedade rural.

Os satélites do GPS e do Glonass cumprem órbitas fixas e estão dispostos de modo que, de qualquer ponto da superfície terrestre ou próximo a ela, seja possível receber ondas de rádio de pelo menos quatro deles. Os receptores fixos ou móveis captam essas ondas e calculam as coordenadas geográficas do local em graus, minutos e segundos. Além da latitude e da longitude, obtêm-se a altitude do ponto de leitura – o que facilita a confecção e a atualização de mapas topográficos – e a hora local com exatidão.

Outros usos civis do GPS e do Glonass são observados na agricultura de precisão, nos automóveis e em aplicativos de navegação e geolocalização para celulares, *tablets*, etc.

A agricultura de precisão tem utilizado uma combinação de GPS com SIG. Por exemplo, com mapas digitais que contêm informações sobre a fertilidade do solo e utilizando o GPS, um agricultor pode distribuir a quantidade ideal de adubo em cada pedaço da área cultivada, o que proporciona eficácia e economia. Há tratores que já vêm equipados de fábrica com computador de bordo com SIG instalado e conectado ao GPS. Entretanto, o alto custo dessa tecnologia ainda limita sua maior disseminação na agricultura, principalmente nos países em desenvolvimento.

O GPS também está disponível em alguns automóveis mais caros fabricados no Brasil e no exterior. Os veículos saem de fábrica equipados com computador de bordo conectado ao GPS e com mapas rodoviários e guias de cidades armazenados em sua memória, o que permite ao motorista uma orientação contínua por meio dos satélites do sistema. Essa tecnologia também já é encontrada em aplicativos para celular, como o Waze e o Google Maps.

Órgãos governamentais brasileiros vêm utilizando imagens de satélites e o GPS para identificar com exatidão os limites de fazendas improdutivas a serem desapropriadas para reforma agrária, controlar queimadas em florestas e desmatamentos e demarcar limites fronteiriços, entre outras finalidades.

Outras aplicações práticas do sistema GPS são o planejamento de rotas e o rastreamento de veículos terrestres, marítimos e aéreos. O programa FlightAware, por exemplo, permite o rastreamento de aviões em tempo real.

Consulte o *site* do **Waze** e o da **FlightAware**. Veja orientações na seção **Sugestões de textos, vídeos e *sites*.**

O GPS tem sido utilizado para rastrear veículos de carga e até mesmo automóveis de passeio. Caminhão em empresa de logística em São Paulo (SP) exibe adesivo alertando que é monitorado por satélite. Foto de 2016.

3. SISTEMAS DE INFORMAÇÕES GEOGRÁFICAS

Um **sistema de informações geográficas (SIG)** é composto de uma rede de **equipamentos** (*hardware*) e de **programas** (*software*) que processam **dados georreferenciados**, isto é, situados no território, localizados por coordenadas geográficas e identificados por GPS. Entretanto, o mais importante nesse sistema são as **pessoas**: os técnicos que alimentam o banco de dados, processando-os e produzindo informações a partir deles, assim como os usuários finais que utilizam essas informações para tomada de decisões.

Há diversos SIG no mundo. O mais utilizado é o ArcGIS, do Environmental System Research Institute (Esri), com sede na Califórnia (Estados Unidos). No Brasil, além dos programas estrangeiros, a maioria pagos, como o ArcGIS, os usuários têm à disposição, gratuitamente, o Sistema de Processamento de Informações Georreferenciadas (Spring) e o TerraView, criados pelo INPE.

Os SIG permitem coletar, armazenar, processar, recuperar, correlacionar e analisar diversos dados espaciais, a partir dos quais são produzidas informações geográficas expressas em mapas, gráficos, tabelas, etc.

Os dados espaciais são coletados separadamente e sobrepostos em camadas (*layers*), o que possibilita sua integração/correlação para produzir as informações geográficas para o usuário (veja a ilustração ao lado). Trata-se de poderoso instrumento de apoio ao planejamento territorial, servindo para diversos fins, como proteger florestas e organizar a ocupação e o uso dos solos urbano e rural.

> Consulte o portal do **Sistema de Processamento de Informações Georreferenciadas (Spring)**, do INPE. Veja orientações na seção **Sugestões de textos, vídeos e *sites***.

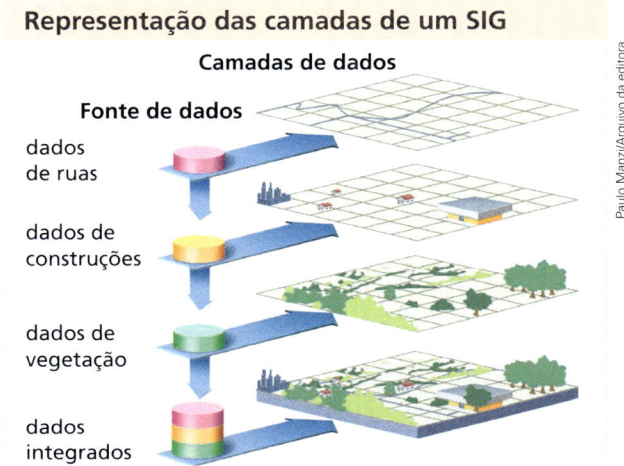

Representação das camadas de um SIG

Camadas de dados

Fonte de dados
- dados de ruas
- dados de construções
- dados de vegetação
- dados integrados

Fonte: NATIONAL GEOGRAPHIC SOCIETY. *Geographic Information System (GIS)*. Washington, D.C., 2018. Disponível em: <www.nationalgeographic.org/photo/new-gis>. Acesso em: 5 abr. 2018.

O monitoramento de queimadas na América do Sul é feito pelo INPE com o *software* TerraView e imagens do satélite Aqua (aqui, feitas entre 12 h e 18 h UTC do dia 14 de junho de 2018). Esse SIG permite sobrepor diversas informações, como limites políticos, focos de queimadas e áreas com risco de fogo (como se vê na imagem).

Fonte: INSTITUTO NACIONAL DE PESQUISAS ESPACIAIS. *Programa queimadas*. Situação atual. São José dos Campos (SP), 2018. Disponível em: <www.inpe.br/queimadas/portal/situacao-atual>. Acesso em: 14 jun. 2018.

> Veja a indicação do livro ***Geoprocessamento sem complicação***, de Paulo Roberto Fitz, na seção **Sugestões de textos e vídeos, filmes e *sites***.

Consulte o portal da **Infraestrutura Nacional de Dados Espaciais (Inde)**. Veja orientações na seção **Sugestões de textos, vídeos e *sites***.

O primeiro SIG da história foi o Canadian Geographic Information System, criado nos anos 1960 pelo governo canadense para processar os dados espaciais coletados pelo Inventário de Terras daquele país. Mas foi a partir dos anos 1980/1990, com o desenvolvimento dos computadores, das imagens de satélites e do GPS, que essa tecnologia teve grande impulso. No Brasil, em 2008, o governo criou a Infraestrutura Nacional de Dados Espaciais (Inde), coordenada pela Comissão Nacional de Cartografia (Concar), para integrar as informações georreferenciadas espalhadas pelos diversos órgãos e instituições do Estado brasileiro, facilitando a distribuição e o acesso a elas.

Os SIG podem ser utilizados para:

- planejar investimentos em obras públicas e avaliar seus resultados;
- planejar a distribuição dos serviços prestados pelo poder público no território municipal e avaliar seus possíveis impactos – sociais e ambientais – e os custos;
- facilitar o levantamento de imóveis no município para o controle da arrecadação de taxas e impostos;
- planejar o sistema de transportes coletivos, buscando melhorar sua oferta e qualidade, e organizar o tráfego urbano;
- cadastrar propriedades, empresas e moradores, com grande número de informações, tornando mais rápidos e eficientes os programas de atendimento;
- mapear áreas de proteção ambiental e monitorar desmatamentos e queimadas.

Para descobrir trajetos via transporte público na cidade de São Paulo (SP), consulte o sistema da **São Paulo Transporte (SPTrans)** – veja também indicações de outras cidades, como Salvador-BA e Porto Alegre-RS. Para manipular mapas interativos, acesse o **SIG IBGE**. Veja orientações na seção **Sugestões de textos, vídeos e *sites***.

Os SIG também têm sido muito utilizados para as pessoas se situarem e se locomoverem nas grandes cidades. Com ele, é possível descobrir a distância entre dois pontos, identificar rotas de circulação e itinerários de ônibus, localizar endereços, etc. (veja a imagem abaixo). A utilização do SIG também é útil para empresas que trabalham com pesquisas de opinião, de comportamento, de intenção de voto, etc. As informações coletadas são rapidamente apresentadas em tabelas, gráficos e mapas integrados, servindo de base para as decisões a serem tomadas. Os SIG têm sido utilizados, ainda, no turismo, tanto no planejamento das atividades de lazer quanto na localização de atrações turísticas em plantas digitais.

Qual é a opção de transporte público para quem desembarca no terminal rodoviário do Tietê, em São Paulo, com a intenção de ir à Universidade de São Paulo – *campus* Butantã? Basta indicar o local de partida e o de chegada no *site* da SPTrans que o sistema mostra o trajeto, o tempo estimado de viagem e o gasto com as passagens.

Agora, você poderia retomar a atividade 5 da página 39 (reveja também a planta da página 29) e descobrir quais meios de transporte teria de usar para ir às atrações turísticas sugeridas, saindo do local onde mora (caso viva no município de São Paulo) ou do terminal rodoviário, ou do aeroporto em que supostamente chegou à cidade.

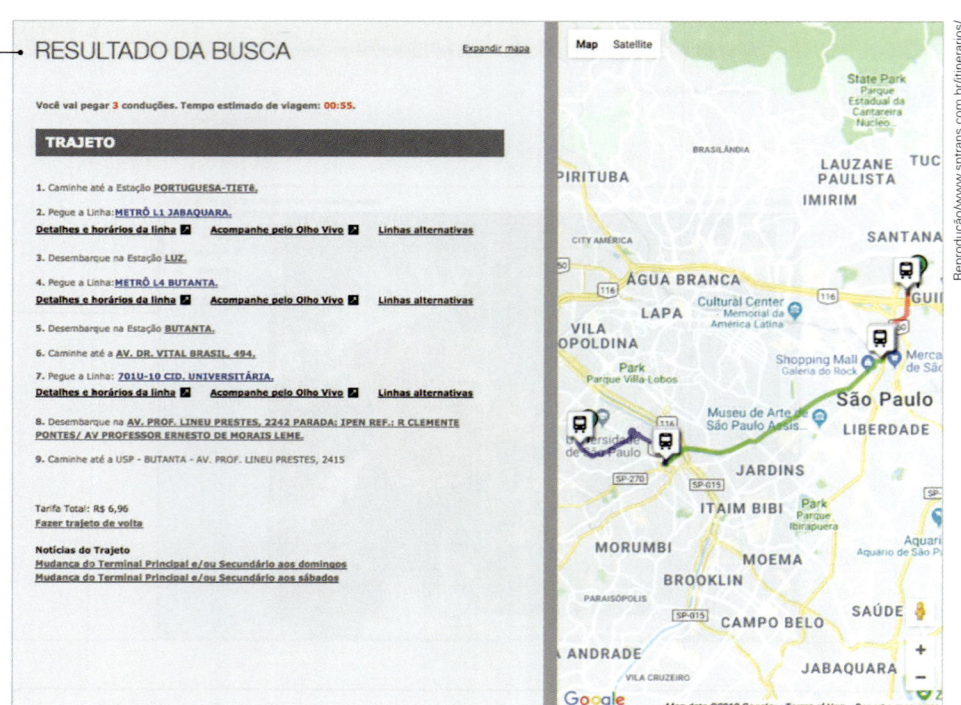

Fonte: PREFEITURA DE SÃO PAULO. SPTrans. *Saiba como ir de ônibus*. São Paulo, 2018.
Disponível em: <www.sptrans.com.br/itinerarios>. Acesso em: 6 abr. 2018.

ATIVIDADES

COMPREENDENDO CONTEÚDOS

1. Observe o espectro de radiação eletromagnética e os esquemas de sensoriamento remoto nas páginas 68 e 69. Depois, responda:
   a) O que você entende por sensoriamento remoto?
   b) Explique seu funcionamento e dê exemplos.

2. Explique o que é, como funciona e qual é a utilidade:
   a) do GPS e do Glonass;
   b) dos SIG.

DESENVOLVENDO HABILIDADES

3. Leia novamente o quadrinho da abertura do capítulo e responda:
   - Com as coordenadas geográficas disponíveis, na realidade, as crianças não conseguiriam encontrar o que procuram. Por quê?

4. Observe a imagem abaixo e responda às perguntas a seguir.

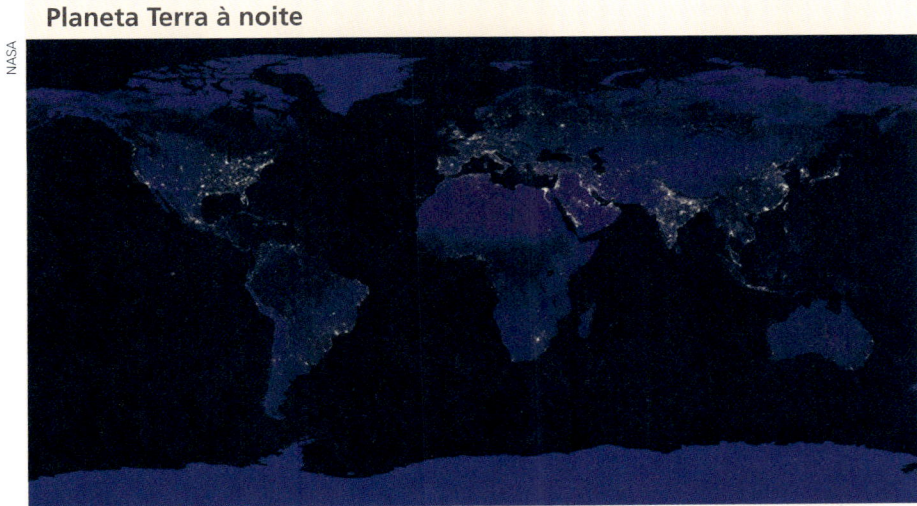

Planeta Terra à noite

Fonte: NASA EARTH OBSERVATORY. Earth at night 2016. Disponível em: <https://earthobservatory.nasa.gov/NaturalHazards/view.php?id=90008>. Acesso em: 6 abr. 2018. (Imagem sem escala.)

Esse mapa é uma montagem de imagens do satélite Suomi NPP VIIRS, da Nasa, feitas em 2016.

   a) De que forma essas imagens foram captadas para compor o mosaico que formou o mapa-múndi?
   b) Observe a tabela da página 65 e correlacione-a com a imagem acima, localizando os países listados (para facilitar a localização, consulte o mapa-múndi político disponível nas páginas 6 e 7 do *Atlas*). Que correlações você encontrou entre as informações da tabela e as da imagem acima?
   c) A imagem acima não é totalmente condizente com a realidade. Por quê?

5. Reveja a imagem de um trecho do município de Alta Floresta, na página 71. Esse município fica no norte de Mato Grosso, próximo à divisa com o Pará, na região amazônica. Em seguida, responda:
   a) O que representam, na imagem, as cores verde e marrom?
   b) Tendo em vista o que foi observado na imagem, descreva um importante uso que se pode fazer das imagens de satélites.

VESTIBULARES
DE NORTE A SUL

TESTES

1. SE **(Uerj)** A ampliação da oferta de alimentos é um dos maiores desafios da humanidade para as próximas décadas.

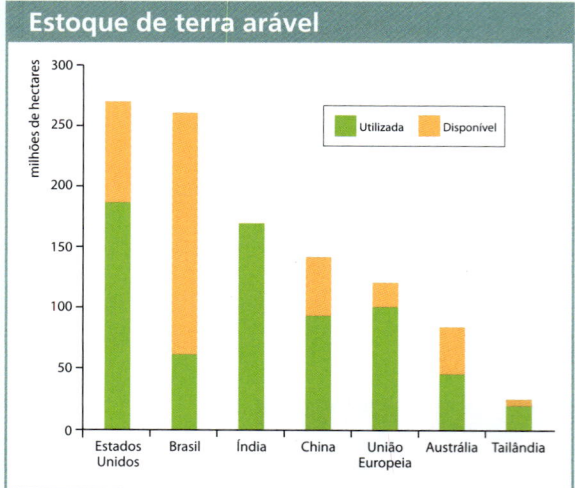

Adaptado de: <dailyreckoning.com>. Acesso em: 14 set. 2015.

Com base na disponibilidade do recurso natural representada no gráfico, o país com maior potencial para expansão do seu setor agropecuário é:
a) Índia
b) China
c) Brasil
d) Estados Unidos

2. SE **(UEMG)** Analise a imagem a seguir:

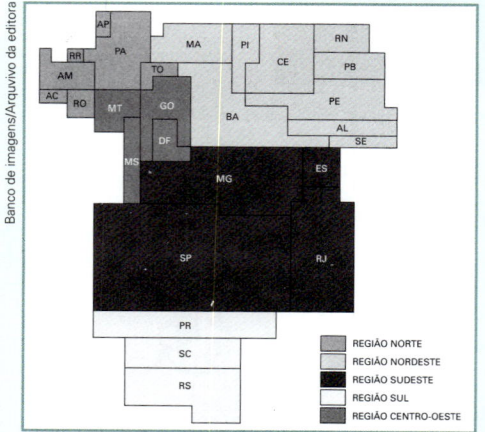

SIMIELLI, Maria Elena. *Geoatlas*. São Paulo: Ática, 2013. p. 9. (Adaptado.)

O objetivo da elaboração dessa representação cartográfica é mostrar
a) o quantitativo de habitantes residentes em cada uma das regiões do IBGE.
b) a superioridade econômica dos estados que compõem o Centro-Sul brasileiro.
c) a desigualdade de gênero existente nas diversas Unidades da Federação do país.
d) a expressividade produtiva das propriedades agroexportadoras nas macrorregiões geoeconômicas.

3. SE **(Fuvest-SP)** Considere os exemplos das figuras e analise as frases a seguir, relativas às imagens de satélites e às fotografias aéreas.

I. Um dos usos das imagens de satélites refere-se à confecção de mapas temáticos de escala pequena, enquanto as fotografias aéreas servem de base à confecção de cartas topográficas de escala grande.
II. Embora os produtos de sensoriamento remoto estejam, hoje, disseminados pelo mundo, nem todos eles são disponibilizados para uso civil.
III. Pelo fato de poderem ser obtidas com intervalos regulares de tempo, dentre outras características, as imagens de satélites constituem-se em ferramentas de monitoramento ambiental e instrumental geopolítico valioso.

Está correto o que se afirma em:
a) I, apenas.
b) II, apenas.
c) II e III, apenas.
d) I e III, apenas.
e) I, II e III.

4. NE **(UFBA)** Cada ponto do espaço geográfico possui uma localização que pode ser rigorosamente determinada.

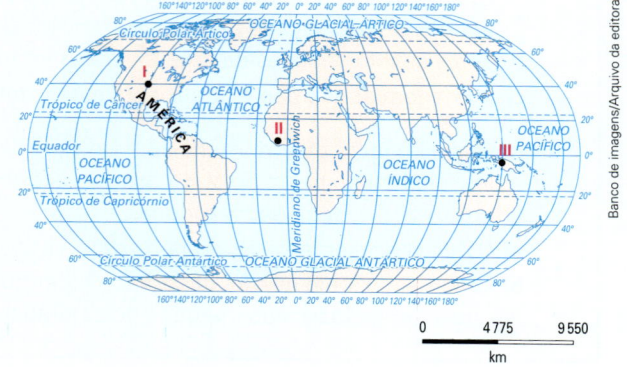

78 UNIDADE I • FUNDAMENTOS DE CARTOGRAFIA

Com base na afirmação, na análise do mapa e nos conhecimentos sobre a localização geográfica dos lugares e suas relações espaciais, pode-se afirmar:

(01) I e II situam-se em hemisférios contrários, em função de suas respectivas posições longitudinais, porém apresentam ambientes climáticos semelhantes.

(02) III apresenta, pela sua posição geográfica, menor grau de latitude em relação a I e maior grau de longitude em relação a II.

(04) A intersecção entre as coordenadas geográficas – latitude e longitude –, medidas em graus, permite a localização de qualquer lugar na superfície terrestre.

(08) O Sistema de Posicionamento Global (GPS) calcula a posição dos satélites por meio de sinais e determina, com exatidão, a localização de qualquer ponto na superfície da Terra, fornecendo a altitude do lugar e as coordenadas geográficas.

(16) As relações entre os diversos lugares do espaço geográfico ocorrem por meio de fluxos e/ou de redes, que se espalham por todo o planeta, em escalas hierárquicas e densidades diferenciadas.

(32) O controle do continente asiático pelo imperialismo europeu, no século XIX, foi dificultado devido ao desconhecimento, por parte dos exploradores, das técnicas e dos equipamentos necessários à orientação geográfica.

5. **S** **(UEL-PR)** Observe a figura a seguir:

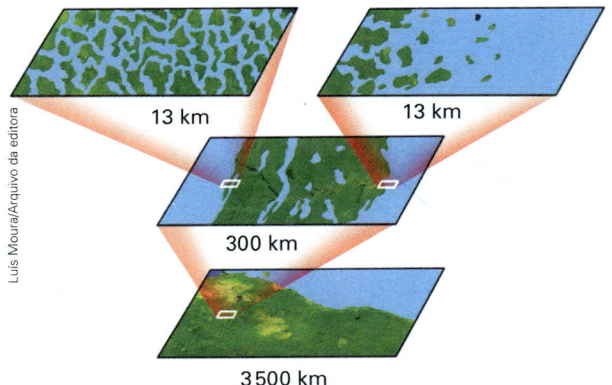

FURLAN, S. A. Técnicas de Biogeografia. In: VENTURI, L. A. B. (Org.). *Praticando geografia*: técnicas de campo e laboratório em geografia e análise ambiental. São Paulo: Oficina de Textos, 2005. p. 99-130.

A figura expressa uma técnica de análise espacial vital para o estabelecimento da análise geográfica e diz respeito a:

a) Diferentes topografias de um mapa.
b) Diferentes estratigrafias paisagísticas.
c) Diferentes quilometragens rodadas.
d) Diferentes escalas espaciais.
e) Diferentes perfis longitudinais.

QUESTÕES

6. **SE** **(Vunesp-SP)** Analise o mapa anamórfico.

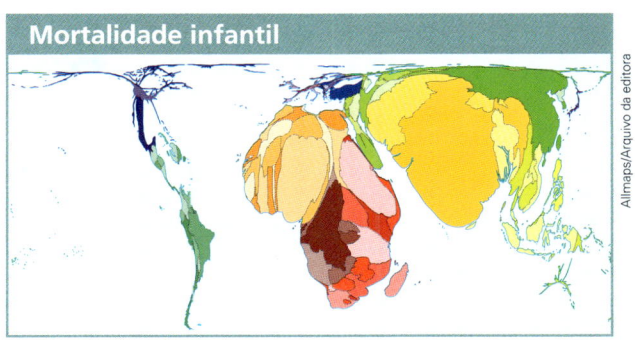

Disponível em: <www.worldmapper.org>. Acesso em: 29 jul. 2014.

Explique essa representação cartográfica e mencione dois exemplos de regiões geográficas mundiais com maiores e dois com menores taxas de mortalidade infantil.

7. **CO** **(UFG-GO)** Analise a figura e o texto apresentados a seguir.

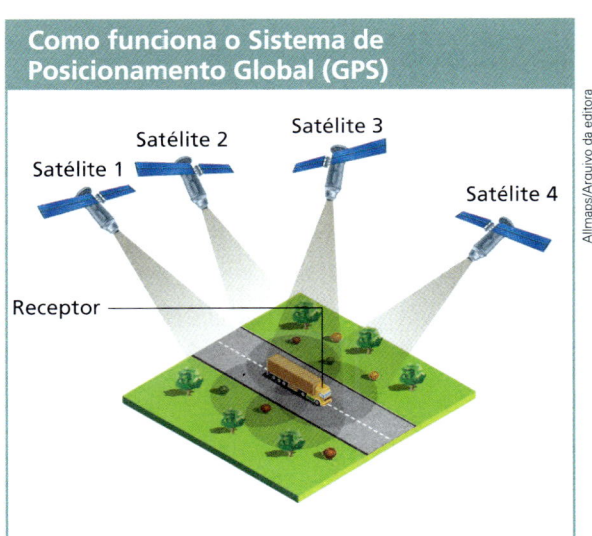

Adaptado de: AGÊNCIA ESPACIAL EUROPEIA. Disponível em: <www.ambiente.gov.ar/archivos/web/geoinformacion/File/como_funciona_GPS_750.jpg>. Acesso em: 7 out. 2011.

Atualmente existem três categorias de equipamentos GPS em uso: o recreacional (ou navegador), o topográfico e o geodésico. Para os dois últimos, é necessário processar as informações antes de usá-las.

Disponível em: <www.ibge.gov.br/home/presidencia/noticias/noticia_visualia.php?id_noticia=1343&id_pagina=1>. Acesso em: 4 nov. 2011. (Adaptado).

Considerando-se o exposto a respeito desse recurso tecnológico:

a) caracterize o funcionamento do sistema GPS (Global Positioning System);
b) indique duas informações que podem ser obtidas por meio de um aparelho GPS.

CAIU NO Enem

1. Quando é meio-dia nos Estados Unidos, o Sol, todo mundo sabe, está se deitando na França. Bastaria ir à França num minuto para assistir ao pôr do sol.

SAINT-EXUPÉRY, A. *O pequeno príncipe*. Rio de Janeiro: Agir, 1996.

A diferença espacial citada é causada por qual característica física da Terra?
a) Achatamento de suas regiões polares.
b) Movimento em torno de seu próprio eixo.
c) Arredondamento de sua forma geométrica.
d) Variação periódica de sua distância do Sol.
e) Inclinação em relação ao seu plano de órbita.

2. Pensando nas correntes e prestes a entrar no braço que deriva da Corrente do Golfo para o norte, lembrei-me de um vidro de café solúvel vazio. Coloquei no vidro uma nota cheia de zeros, uma bola cor rosa-choque. Anotei a posição e data: latitude 49°49' N, longitude 23°49' W.

Tampei e joguei na água. Nunca imaginei que receberia uma carta com a foto de um menino norueguês, segurando a bolinha e a estranha nota.

KLINK, A. *Parati*: entre dois polos. São Paulo: Companhia das Letras, 1998. (Adaptado.)

No texto, o autor anota sua coordenada geográfica, que é
a) a relação que se estabelece entre as distâncias representadas no mapa e as distâncias reais da superfície cartografada.
b) o registro de que os paralelos são verticais e convergem para os polos, e os meridianos são círculos imaginários, horizontais e equidistantes.
c) a informação de um conjunto de linhas imaginárias que permitem localizar um ponto ou acidente geográfico na superfície terrestre.
d) a latitude como distância em graus entre um ponto e o meridiano de Greenwich, e a longitude como a distância em graus entre um ponto e o equador.
e) a forma de projeção cartográfica, usada para navegação, onde os meridianos e paralelos distorcem a superfície do planeta.

3. "Em casa que não entra Sol entra médico."

Esse antigo ditado reforça a importância de, ao construirmos casas, darmos orientações adequadas aos dormitórios, de forma a garantir o máximo conforto térmico e salubridade.

Assim, confrontando casas construídas em Lisboa (ao norte do trópico de Câncer) e em Curitiba (ao sul do trópico de Capricórnio), para garantir a necessária luz do Sol, as janelas dos quartos não devem estar voltadas, respectivamente, para os pontos cardeais:
a) norte / sul.
b) sul / norte.
c) leste / oeste.
d) oeste / leste.
e) oeste / oeste.

4. Um leitor encontra o seguinte anúncio entre os classificados de um jornal:

> **VILA DAS FLORES**
> Vende-se terreno plano medindo
> 200 m². Frente voltada para o
> Sol no período da manhã.
> Fácil acesso.
> (443) 0677-0032

Interessado no terreno, o leitor vai ao endereço indicado e, lá chegando, observa um painel com a planta a seguir, onde estavam destacados os terrenos ainda não vendidos, numerados de I a V:

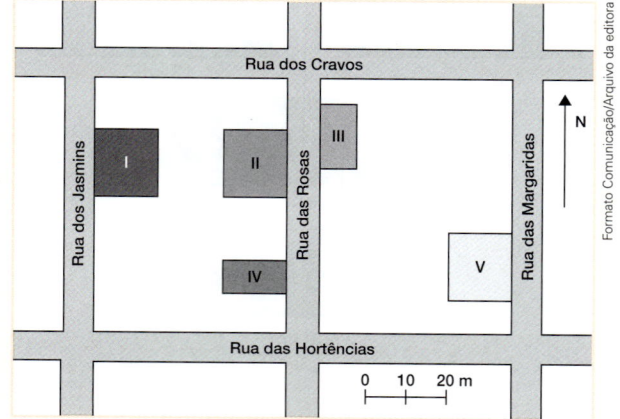

Considerando as informações do jornal, é possível afirmar que o terreno anunciado é o:
a) I.
b) II.
c) III.
d) IV.
e) V.

5. O projeto Nova Cartografia Social da Amazônia ensina indígenas, quilombolas e outros grupos tradicionais a empregar o GPS e técnicas modernas de georreferenciamento para produzir mapas artesanais, mas bastante precisos, de suas próprias terras.

LOPES, R. J. O novo mapa da floresta. *Folha de S. Paulo*, 7 maio 2011 (adaptado).

A existência de um projeto como o apresentado no texto indica a importância da Cartografia como elemento promotor da

a) expansão da fronteira agrícola.
b) remoção de populações nativas.
c) superação da condição de pobreza.
d) valorização de identidades coletivas.
e) implantação de modernos projetos agroindustriais.

6. Existem diferentes formas de representação plana da superfície da Terra (planisfério). Os planisférios de Mercator e de Peters são atualmente os mais utilizados. Apesar de usarem projeções, respectivamente, conforme e equivalente, ambas utilizam como base da projeção o modelo:

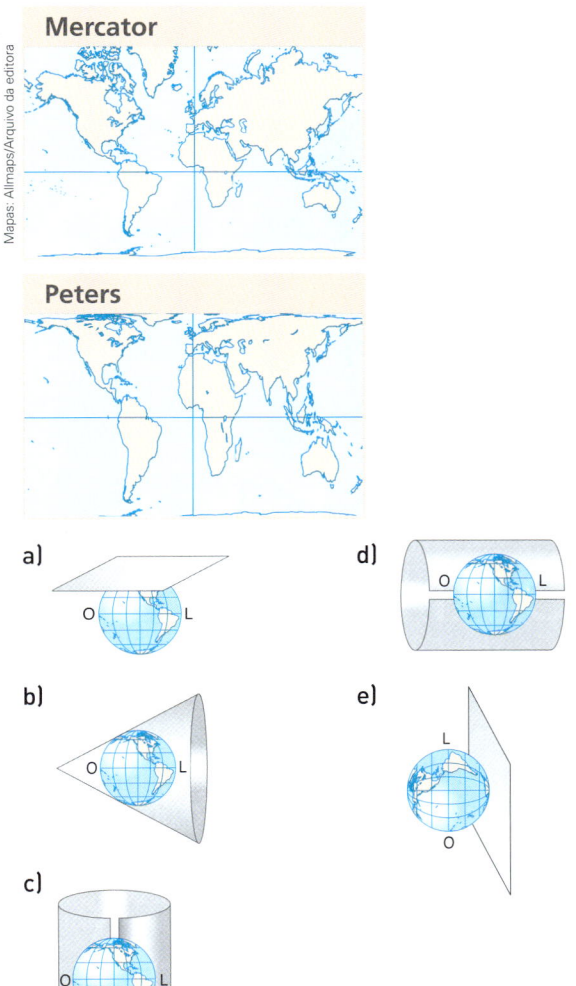

7. As figuras representam a distância real (*D*) entre duas residências e a distância proporcional (*d*) em uma representação cartográfica, as quais permitem estabelecer relações espaciais entre o mapa e o terreno. Para a ilustração apresentada, a escala numérica correta é

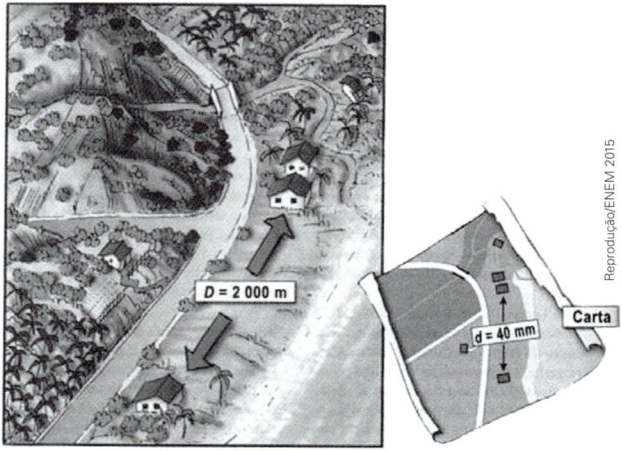

DUARTE, P. A. *Fundamentos de cartografia*. Florianópolis: UFSC, 2002.

a) 1/50
b) 1/5 000
c) 1/50 000
d) 1/80 000
e) 1/80 000 000

8.

Disponível em: <www.unric.org>. Acesso em: 9 ago. 2013.

A ONU faz referência a uma projeção cartográfica em seu logotipo. A figura que ilustra o modelo dessa projeção é:

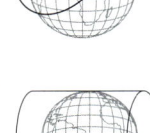

No município onde você mora, o relevo é plano ou há elevações que dificultam, por exemplo, um passeio de bicicleta ou *skate*? Você mora perto de praia ou de floresta, ou mora em um município onde quase não se vê mais vegetação? Chove bastante onde você mora ou é seco na maior parte do ano?

Você sabia que esses e outros elementos da natureza são trabalhados na Geografia física? Durante o estudo desta unidade, procure relacionar os aspectos descritos em cada capítulo às características do município onde mora, para que você possa conhecê-lo melhor. Repare como o ser humano interage constantemente com a natureza, tanto transformando-a conforme suas necessidades quanto adaptando-se àquilo que não há como mudar nela.

UNIDADE 2

GEOGRAFIA FÍSICA E MEIO AMBIENTE

CAPÍTULO 5

ESTRUTURA GEOLÓGICA

Lava escorrendo do vulcão Etna, na Sicília (Itália). Esse vulcão tem 3 280 m de altura, dos quais 3 070 m são constituídos de material oriundo de suas próprias erupções. Foto de 2017.

Desde sua origem, há aproximadamente 4,6 bilhões de anos, o planeta Terra está em constante transformação, tanto em seu interior quanto na superfície. Isso acontece porque o planeta possui muita energia em seu interior e a superfície da crosta terrestre sofre a ação permanente de forças externas, como chuva, vento e o próprio ser humano, que constrói cidades, desmata, refloresta, extrai minérios, faz aterros e represas, desvia rios, etc.

Algumas mudanças de origem natural são facilmente percebidas. Por exemplo, terremotos e erupções vulcânicas são fenômenos que podem provocar alterações imediatas na paisagem. Outras mudanças, como o afastamento dos continentes ou o processo de formação das grandes cadeias montanhosas, denominado orogênese, ocorrem em um intervalo de tempo tão longo que não conseguimos percebê-las em nosso curto período de vida.

Para entender melhor os 4,6 bilhões de anos de idade da Terra, observe a escala geológica do tempo e a ilustração abaixo, em que o tempo geológico é comparado, proporcionalmente, às horas de um relógio. Ao longo deste capítulo você vai perceber que para o estudo desse tema a noção de tempo que temos – o **tempo histórico**, medido em meses, anos, décadas, séculos ou milênios – não é suficiente. Para esse estudo, é preciso pensar em termos de **tempo geológico**, medido em milhões de anos.

Orogênese: do grego *oros*, 'montanha', e *genesis*, 'origem'. Corresponde a processos tectônicos que deformam e elevam a crosta terrestre, dando origem a grandes cadeias montanhosas.

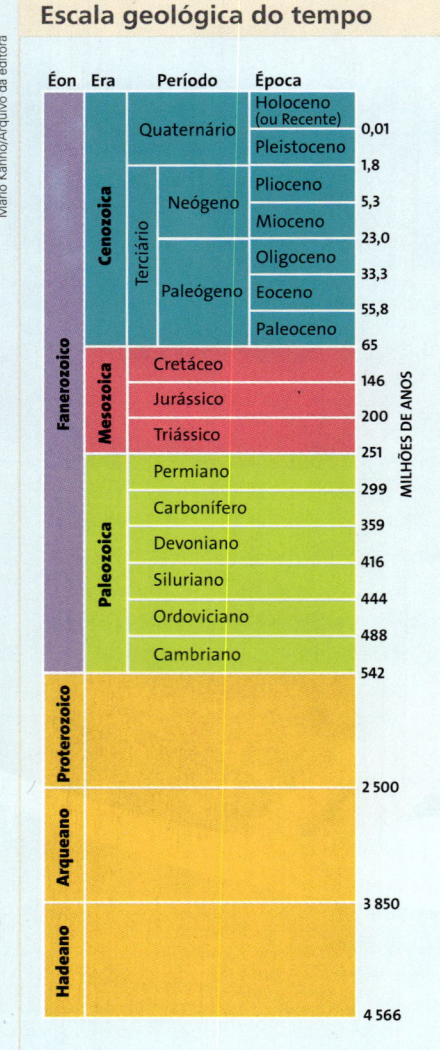

Escala geológica do tempo

Fonte: PETERSEN, James; SACK, Dorothy; GABLER, Robert E. *Fundamentos de Geografia Física*. São Paulo: Cengage Learning, 2014. p. 260. (Ilustração esquemática sem escala.)

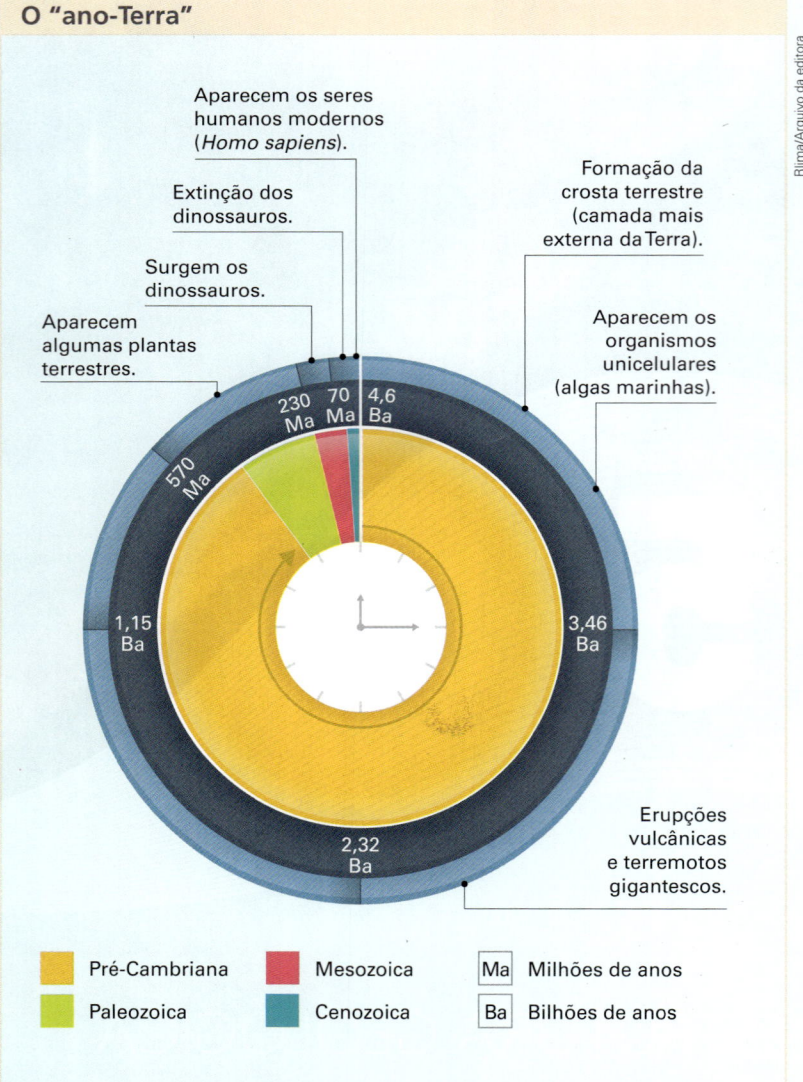

O "ano-Terra"

Fonte: A TERRA. 6. ed. São Paulo: Ática, 1998. p. 10-11.

1. DERIVA CONTINENTAL E TECTÔNICA DE PLACAS

No século XVI, quando foram confeccionados os primeiros mapas-múndi com relativa precisão, observou-se a coincidência entre os contornos da costa leste sul-americana e da costa oeste africana. Surgiram, então, hipóteses de que os continentes não estiveram sempre em suas atuais posições. Entretanto, somente em 1915 o deslocamento dos continentes foi apresentado como tese científica (a teoria da **deriva continental**) por um meteorologista alemão chamado Alfred Wegener (1880-1930). Ele propôs que há cerca de 200 milhões de anos teria existido apenas um continente, a Pangeia (do grego, 'toda a terra'), que em determinado momento começou a se fragmentar.

Alexander du Toit (1878-1948), geólogo que lecionou na Universidade de Johannesburgo, na África do Sul, foi um dos maiores defensores da teoria de Wegener. Ele considerava que a Pangeia se dividiu primeiramente em dois grandes continentes, a Laurásia, no hemisfério norte, e Gonduana, no hemisfério sul, que continuaram a se fragmentar, originando os continentes atuais. Observe as ilustrações, que mostram essa sequência.

Além de se basear na coincidência entre os contornos das costas atlânticas sul-americana e africana, Wegener tinha outro argumento para defender sua teoria: os tipos idênticos de rocha e de fósseis de plantas e animais encontrados nos dois continentes, separados pelo oceano Atlântico, ou seja, por milhares de quilômetros. A presença desses fósseis era a prova que faltava para demonstrar que, no passado, África e América do Sul formaram um único continente. A descoberta de fósseis de plantas tropicais na Antártida também indicava que essa área, atualmente coberta de gelo, já esteve bem mais próxima do equador.

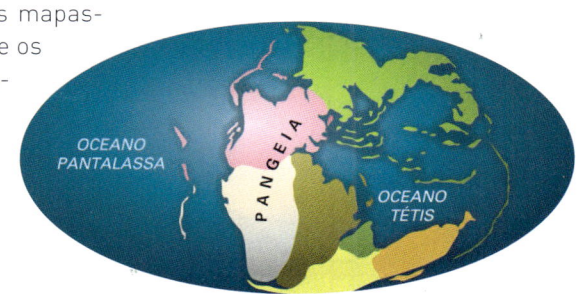

Há 240 milhões de anos (início do Período Triássico).

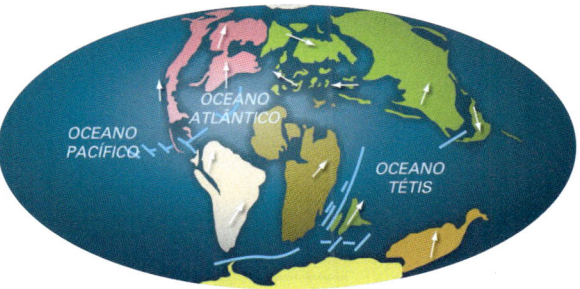

Há 90 milhões de anos (final do Período Cretáceo).

Há 65 milhões de anos (início do Período Terciário)

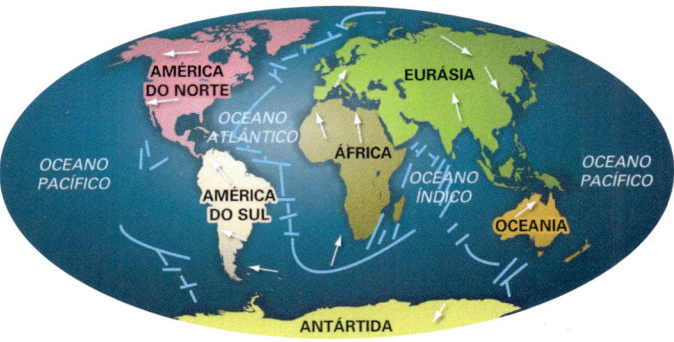

Dias atuais

Fonte: NATIONAL GEOGRAPHIC. *Family Reference Atlas of the World.* 4th ed. Washington, D.C.: National Geographic, 2016. p. 22.

Consulte o *site* do **Instituto Brasileiro de Geografia e Estatística (IBGE)** e o do **Instituto Astronômico e Geofísico (IAG-USP)**. Consulte também o livro ***A deriva dos continentes***, de Samuel Murgel Branco e Fábio Cardinale Branco. Veja orientações na seção **Sugestões de textos, vídeos e *sites***.

Na década de 1960, a exploração de petróleo em alto-mar ajudou a confirmar a expansão do assoalho oceânico, corroborando a teoria da deriva continental e da tectônica de placas. Ao determinar a idade de algumas rochas retiradas do fundo do mar, obteve-se a evidência que faltava para comprovar as duas teorias. À medida que aumentava a distância entre o local onde as amostras foram retiradas e a Dorsal Atlântica (cadeia de montanhas submersa no meio do oceano Atlântico), tanto para leste quanto para oeste, aumentava também a idade das rochas, como se pode observar no mapa da próxima página.

Essa descoberta prova que há uma falha no assoalho oceânico, dividindo-o em duas enormes placas que se afastam uma da outra, provocando o alargamento do fundo do oceano Atlântico e um distanciamento maior entre os continentes localizados em seus dois extremos.

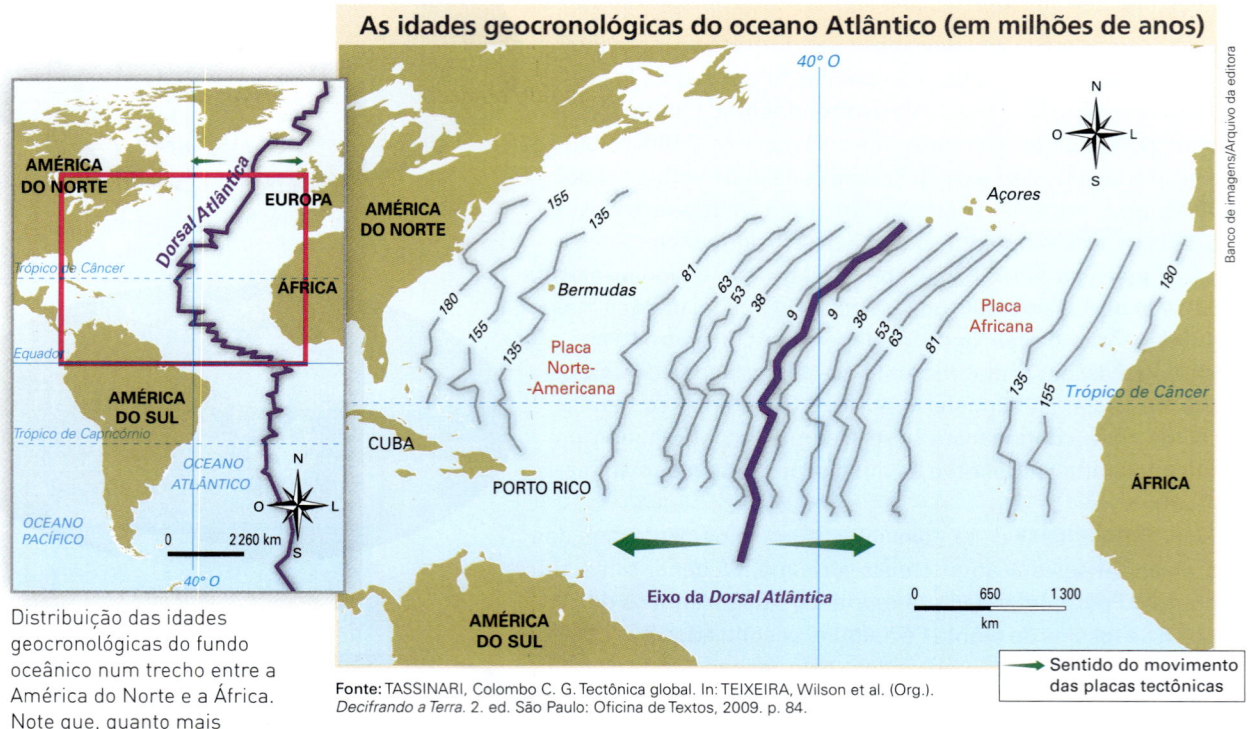

Distribuição das idades geocronológicas do fundo oceânico num trecho entre a América do Norte e a África. Note que, quanto mais próximas da Dorsal Atlântica, menor é a idade das rochas (em milhões de anos).

Fonte: TASSINARI, Colombo C. G. Tectônica global. In: TEIXEIRA, Wilson et al. (Org.). Decifrando a Terra. 2. ed. São Paulo: Oficina de Textos, 2009. p. 84.

Agora, observe o esquema abaixo. Ele representa o **movimento do manto terrestre**.

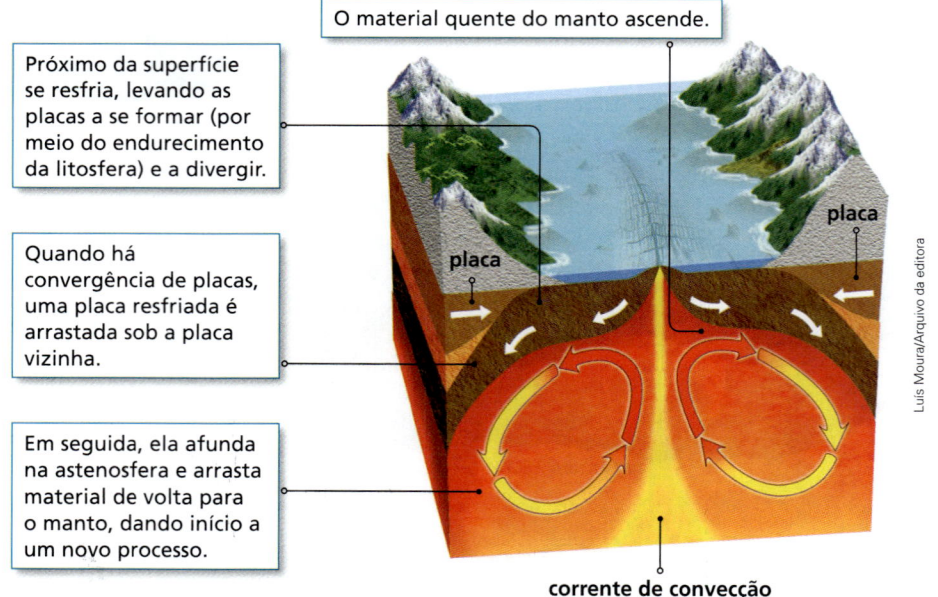

Fonte: PRESS, Frank et al. Para entender a Terra. 4. ed. Porto Alegre: Bookman, 2006. p. 39. (Ilustração esquemática sem escala.)

O material magmático do manto movimenta-se lentamente, formando correntes de convecção, responsáveis pelo deslocamento das placas tectônicas. Ao se mover, as placas podem se chocar (**placas convergentes**), se afastar (**placas divergentes**) ou simplesmente deslizar lateralmente entre si (**placas conservativas**). As ilustrações da página ao lado representam de maneira esquemática o que ocorre com as bordas das placas tectônicas conforme o tipo de contato entre elas.

UNIDADE 2 • GEOGRAFIA FÍSICA E MEIO AMBIENTE

Bordas convergentes

Placas continentais

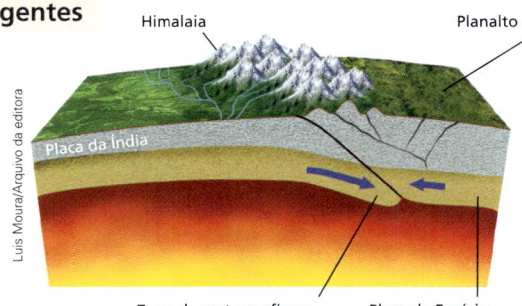

A placa continental penetra sob outra, também continental, resultando em metamorfismo, terremotos e dobramentos.

Placas oceânicas

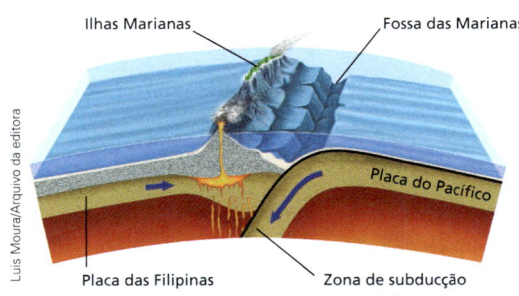

A placa oceânica sobrepõe-se a outra (movimento de subducção) e se forma uma fossa.

Placas oceânica e continental

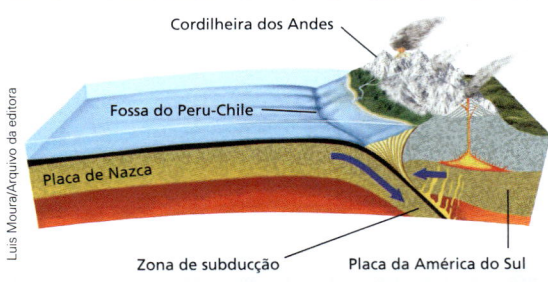

A placa oceânica, que é mais densa, mergulha sob a continental, formando uma zona de subducção no assoalho marinho e uma fossa marinha; na placa continental ocorre o levantamento de montanhas.

Bordas divergentes

Placas oceânicas

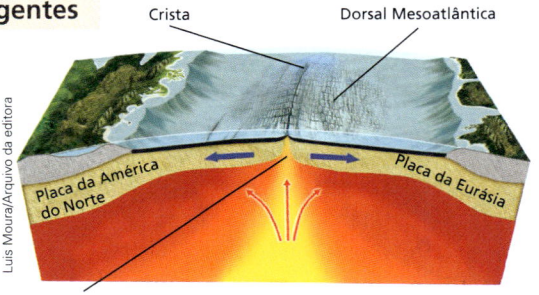

O magma é expelido para a superfície (no caso, o fundo do oceano) e transformado em rocha, constituindo novas bordas, uma de cada lado, que formam as dorsais oceânicas.

Bordas conservativas ou transformantes

Duas placas continentais ou oceânicas

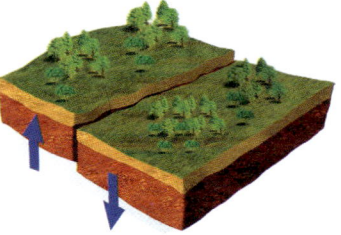

A placa se desloca em relação à outra, em decorrência de movimentos tectônicos, ao longo de uma falha; nesses casos, as bordas se mantêm.

Fonte: PRESS, Frank et al. *Para entender a Terra*. 6. ed. Porto Alegre: Bookman, 2013. p. 32-33. (Ilustrações esquemáticas sem escala.)

Atualmente, a crosta terrestre é constituída por sete grandes placas tectônicas e outras menores (observe sua distribuição geográfica no mapa a seguir). Há milhões de anos, no início de sua movimentação, é provável que as placas fossem em menor número, conforme vimos na página 85.

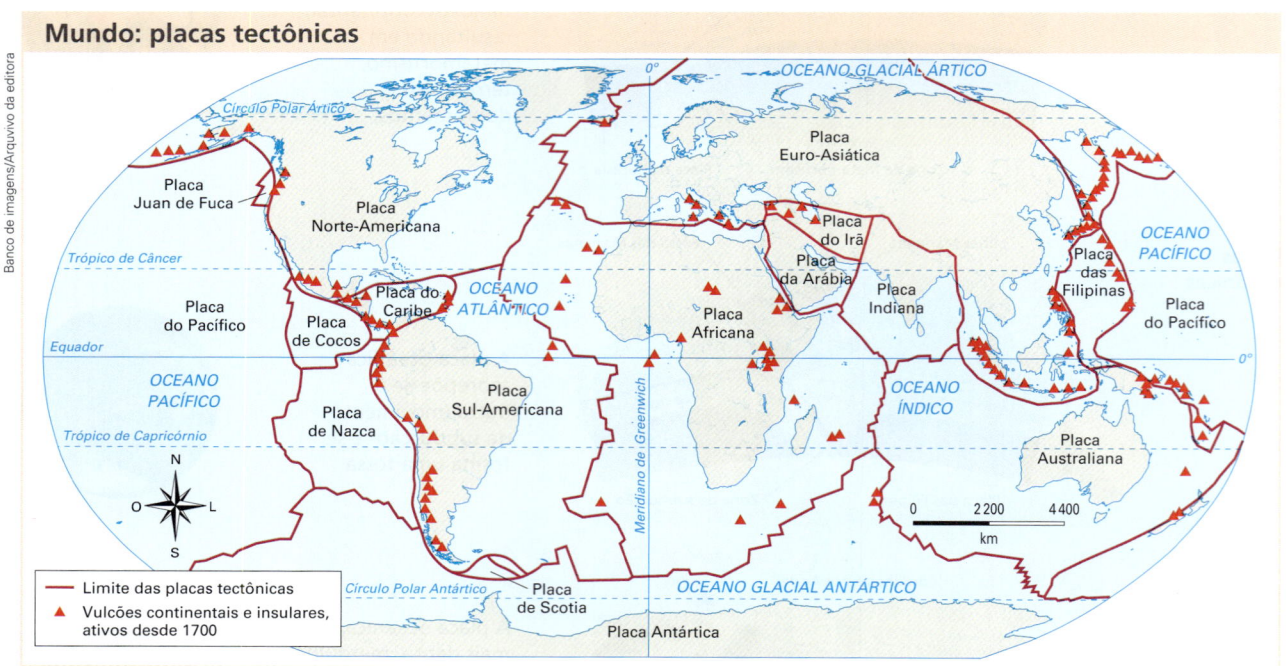

Fonte: OXFORD. *Atlas of the World*. 23rd ed. New York: Oxford University Press, 2016. p. 74.

Observe que as regiões com a maioria dos vulcões ativos, como o que você viu na abertura deste capítulo, estão sobre limites de placas. Isso acontece porque, nessas regiões, a crosta é mais frágil, permitindo o escape de magma, que dá origem aos vulcões. Além disso, em razão do movimento das placas, a crosta fica sujeita a abalos sísmicos.

Como mostram as ilustrações da página anterior, na faixa de contato entre placas convergentes – por exemplo, as placas Sul-Americana e de Nazca –, a placa oceânica, mais densa, mergulha sob a continental. Esse fenômeno, conhecido como **subducção**, dá origem às **fossas marinhas**.

Ao mergulhar em direção ao manto, a placa oceânica é destruída, porque se funde novamente. Já a placa continental, em razão da pressão da placa que mergulhou, soergue-se, dobra-se ou enruga-se. É justamente nessas porções menos rígidas da crosta que ocorrem, pelo menos desde a Era Mesozoica, os movimentos orogenéticos. Foi assim que se originaram as grandes cadeias montanhosas do planeta, formadas pelo enrugamento ou pelo soerguimento de extensas porções da crosta. O encontro das placas Sul-Americana e de Nazca, por exemplo, deu origem à cordilheira dos Andes. As placas tectônicas localizadas no oceano podem formar cadeias montanhosas submersas ao se encontrarem.

Os topos das cadeias oceânicas podem formar arcos de ilhas vulcânicas, como ocorre com o arquipélago do Havaí (Estados Unidos). Imagem de satélite de 2017, fornecida pela Nasa.

Quando os limites convergentes de duas placas são continentais, a mais densa penetra sob a menos densa, porém as placas não vão em direção ao manto, elas se dobram e dão origem a cadeias montanhosas. É o caso do Himalaia, entre as placas Euro-Asiática e Indiana, região de fortes abalos sísmicos e metamorfismo.

Na zona de encontro entre duas placas divergentes, o magma aflora lentamente, formando ao longo de milhares de anos uma cadeia montanhosa chamada **dorsal**. É o caso das placas Norte-Americana e Africana, cujo contato se dá no meio do oceano Atlântico, formando a Dorsal Atlântica, mostrada no mapa da página 86.

Quando as placas deslizam lateralmente entre si, como fazem a placa Norte-Americana e a do Pacífico, não ocorre destruição nem formação de crosta. Trata-se de placas conservativas, que, como o próprio nome sugere, não produzem grandes alterações de relevo, embora provoquem falhas e terremotos, como mostram as fotos desta página.

Francois Gohier/Zuma Press/Easypix Brasil

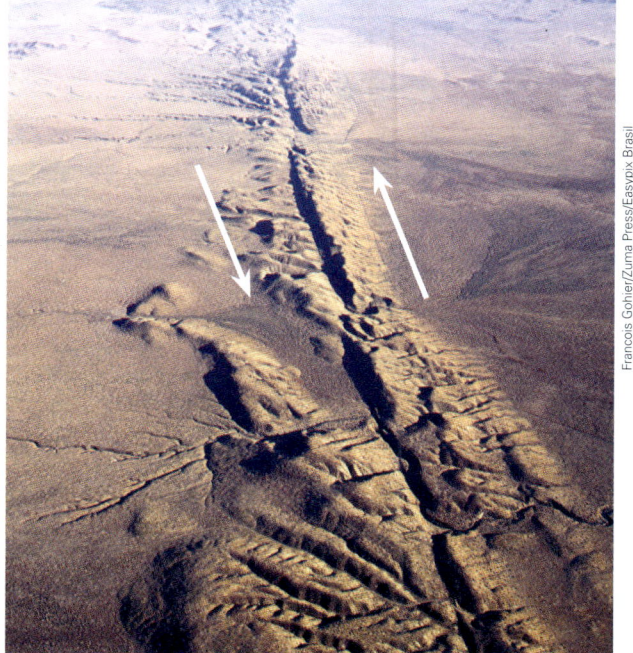

Falha de San Andreas, na Califórnia (Estados Unidos), em 2016. As setas indicam descolamento conservativo das placas. Esta falha é a zona de contato entre a placa Norte-Americana e a do Pacífico.

O vulcanismo e os abalos sísmicos, que também são responsáveis por alterações do relevo, estão associados à tectônica de placas. Ambos têm um grande poder destrutivo (veja no infográfico das páginas 90-91 como se formam os *tsunamis*). No entanto, o avanço das técnicas de detecção, o treinamento da população que vive em áreas de risco e sua rápida retirada pelo governo em caso de erupções vulcânicas e *tsunamis*, bem como o desenvolvimento de novas tecnologias de construção criadas para amenizar o impacto de abalos sísmicos, evitaram a morte de milhares de pessoas nas últimas décadas, em diversos países.

Consulte o *site* do **Global Volcanism Program** e o do **Incorporated Research Institutions for Seismology (Iris)**. Veja orientações na seção **Sugestões de textos, vídeos e *sites***.

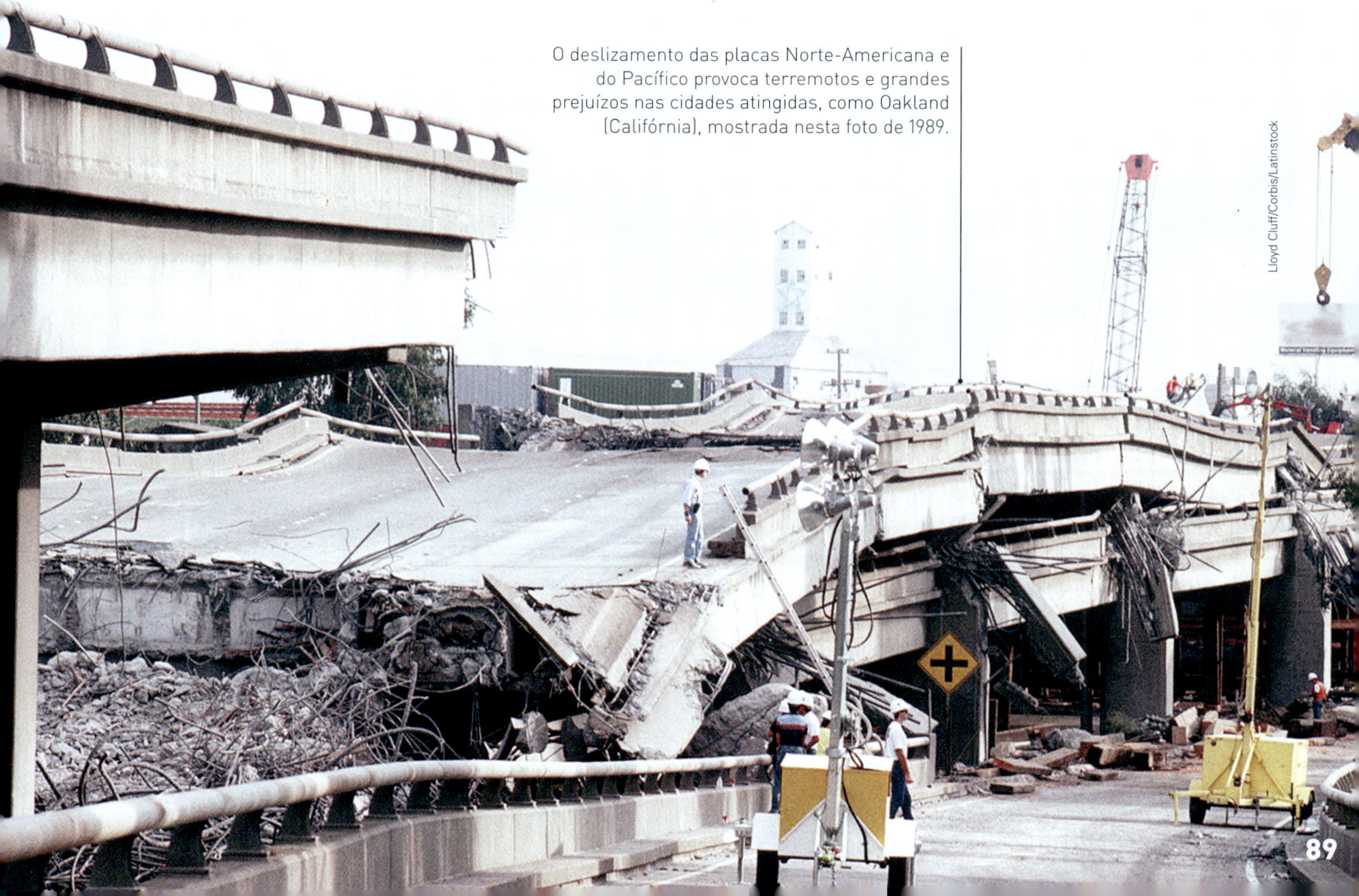
Lloyd Cluff/Corbis/Latinstock

O deslizamento das placas Norte-Americana e do Pacífico provoca terremotos e grandes prejuízos nas cidades atingidas, como Oakland (Califórnia), mostrada nesta foto de 1989.

INFOGRÁFICO

TSUNAMIS

A ocorrência de terremotos ou erupções vulcânicas sob os oceanos pode ocasionar a formação de ondas gigantescas, chamadas *tsunamis* (do japonês, 'onda de porto') ou maremotos.

As ondas são geradas em todas as direções.

GRANDE PROFUNDIDADE DO OCEANO

A propagação de ondas sísmicas liberadas por um terremoto provoca primeiramente um deslocamento vertical de grande volume de água. A partir daí, são formadas ondas que, em alto-mar, têm grande comprimento (até 160 km), alta velocidade (até 800 km/h) e baixa altura (até 0,5 m). Essas ondas podem atravessar o oceano em poucas horas.

deslocamento de grande volume de água

movimento da placa tectônica A

movimento da placa tectônica B

epicentro

hipocentro

falha

ondas sísmicas

A fonte da qual partem as ondas sísmicas é denominada **hipocentro** ou foco, e o ponto da superfície localizado diretamente sobre o foco é o **epicentro**.

Fonte: INSTITUTO DE ASTRONOMIA, GEOFÍSICA E CIÊNCIAS ATMOSFÉRICAS. Universidade de São Paulo. Disponível em: <www.iag.usp.br/siae98/tsunamis/tsunami.htm>. Acesso em: 30 maio 2018.

ESCALA RICHTER

A magnitude (grandeza) de um sismo pode ser medida por um instrumento chamado **sismógrafo**, utilizando-se a Escala Richter, que mede a força de um terremoto em termos de energia liberada. Essa escala é logarítmica, ou seja, de um grau para o grau seguinte a diferença na amplitude das vibrações é de dez vezes. Apesar de não indicar os níveis de estragos causados, é possível estabelecer uma relação entre os graus e seus efeitos sobre objetos e construções.

Menor do que 1: detectado apenas pelo sismógrafo.

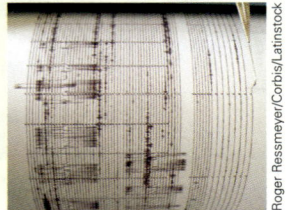

De 2 a 3: pequeno tremor percebido pelas pessoas.

UNIDADE 2 • GEOGRAFIA FÍSICA E MEIO AMBIENTE

Quando chegam ao litoral, as ondas podem atingir mais de 10 m de altura, com imenso volume de água. A partir de então, a água invade o continente e avança por terra, destruindo quase tudo por onde passa.

altura da onda

comprimento da onda

PEQUENA PROFUNDIDADE DO OCEANO
À medida que se aproximam do continente e o mar fica mais raso, as ondas vão desacelerando por causa do atrito com o fundo, diminuindo de comprimento e aumentando de altura (como longe da costa a velocidade das ondas continua alta, as ondas se juntam e a massa de água se acumula).

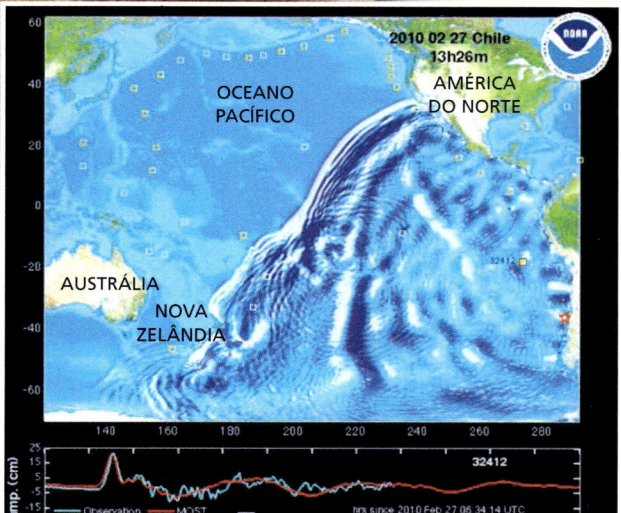

Dependendo da magnitude do terremoto e da localização do epicentro, as consequências podem ser sentidas na outra extremidade do oceano. Nesse mapa, vemos uma simulação que mostra o momento em que a onda chega à Nova Zelândia, cerca de 13 horas após a sua formação. Os *tsunamis* atingem até 800 km/h e, por isso, percorrem grandes distâncias em pouco tempo. O epicentro do terremoto que provocou esse *tsunami* estava próximo à costa do Chile, na outra extremidade do oceano Pacífico.

A sequência de imagens **1**, **2** e **3** mostra um trecho da orla marítima de Kalutara, no Sri Lanka, em 26 de dezembro de 2004, quando o efeito de um terremoto de magnitude 9.0, com epicentro na costa oeste de Sumatra, propagou-se por milhares de quilômetros.

Orla marítima em condições normais, com uma estreita faixa de areia utilizada pelos banhistas.

Momentos antes de elevar-se e atingir a costa, o *tsunami*, em razão do grande comprimento de onda, pode provocar um rebaixamento do nível do mar, que recua significativamente: a diminuição da velocidade na base da onda é mais pronunciada e o topo tende a tomar a dianteira em relação à base.

As ondas gigantes avançam sobre o continente.

De 3 a 5: moderado, podendo causar alguns danos em construções.

De 5 a 7: perigoso, sobretudo em áreas populosas.

Acima de 7: grande poder de destruição.

Ilustração esquemática, sem escala.

Fonte: ASSUMPÇÃO, M.; DIAS NETO, C. H. Sismicidade e estrutura interna da Terra. In: TEIXEIRA, Wilson et al. *Decifrando a Terra*. São Paulo: Oficina de Textos, 2000. p. 52.

CAPÍTULO 5 • ESTRUTURA GEOLÓGICA   91

2. AS PROVÍNCIAS GEOLÓGICAS

As estruturas das terras emersas do planeta podem ser classificadas em três grandes **províncias geológicas**, ou seja, áreas com a mesma origem e formação geológica: **escudos cristalinos**, **dobramentos modernos** e **bacias sedimentares**.

Os **escudos cristalinos** são encontrados nas áreas de consolidação da crosta terrestre e compõem sua formação mais antiga. São constituídos por minerais não metálicos (granito, ardósia, quartzo, argilas, etc.) e metálicos (ferro, manganês, ouro, cobre, etc.), encontrados nos escudos datados do Proterozoico e início da Era Paleozoica.

O Brasil, por exemplo, possui 36% da superfície de seu território em estruturas de escudo cristalino. Observe o mapa desta página e note que os dobramentos fazem parte de estruturas cristalinas antigas. Apenas as formas do relevo são recentes porque resultam de movimentos associados à tectônica de placas que se iniciou na Era Mesozoica. Esse movimento da crosta ocorreu associado aos movimentos orogenéticos da porção oeste de nosso continente, que soergueram as rochas, formando a cordilheira dos Andes, e originaram várias falhas geológicas, com consequente surgimento de escarpas de falhas, das quais uma das mais evidentes é a serra do Mar (observe a foto abaixo).

> Consulte o livro *Minerais, minérios, metais. De onde vêm? Para onde vão?*, de Eduardo Leite do Canto. Veja orientações na seção **Sugestões de textos, vídeos e sites**.

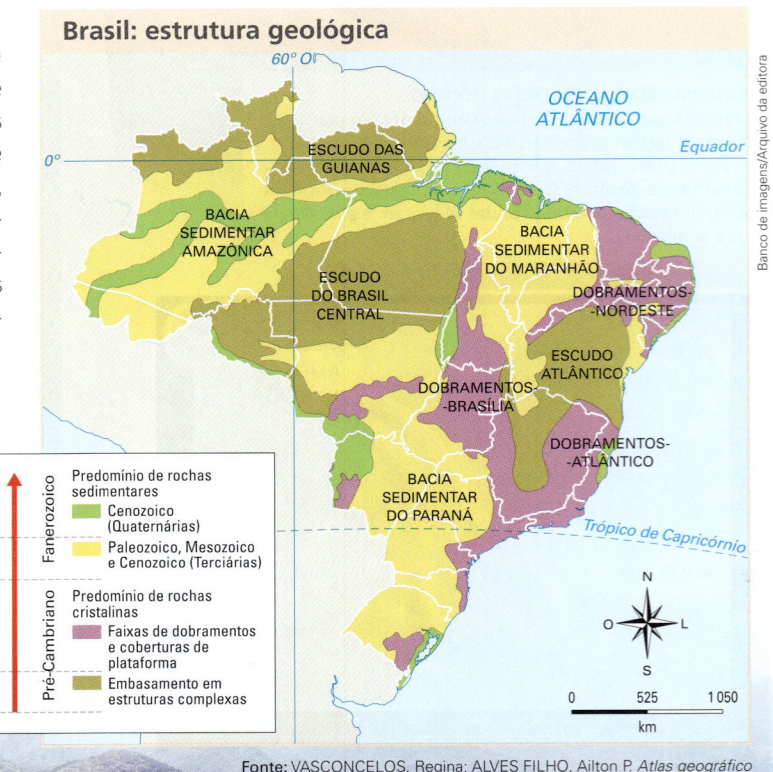

Brasil: estrutura geológica

Fonte: VASCONCELOS, Regina; ALVES FILHO, Ailton P. *Atlas geográfico ilustrado e comentado*. 4. ed. São Paulo: FTD, 2012. p. 30.

Serra do Mar e praias Preta e Barra do Saí, em São Sebastião (SP), 2018.

Como vimos, em consequência da movimentação das placas, a formação de grandes cadeias orogênicas ocorreu no início do Período Terciário (final da Era Mesozoica e início da Cenozoica). Em relação à história geológica do planeta, essas ocorrências são relativamente recentes; por isso, convencionou-se denominá-las **dobramentos modernos** ou **dobramentos terciários**. Tais cadeias, como a cordilheira dos Andes, a do Himalaia, a dos Alpes e as montanhas Rochosas, apresentam elevadas altitudes e forte instabilidade tectônica e podem conter vários tipos de minerais metálicos e não metálicos. Como vemos no mapa da página anterior, o Brasil não possui dobramentos modernos.

As **bacias sedimentares** são depressões do relevo preenchidas por fragmentos minerais de rochas erodidas e por sedimentos orgânicos. No caso de soterramentos ocorridos em antigos mares e lagos, ambientes aquáticos ricos em plâncton e algas, é possível encontrar combustível fóssil, como o petróleo – a plataforma continental brasileira possui grandes depósitos desse combustível. Já no caso do soterramento de antigos pântanos e florestas, ricos em celulose, o combustível fóssil encontrado é o carvão mineral. No Brasil, esses depósitos são pequenos e ocorrem principalmente na região Sul. A estrutura geológica das terras emersas brasileiras é constituída predominantemente por bacias sedimentares, que recobrem 64% de sua superfície.

As principais reservas petrolíferas e carboníferas do planeta datam, respectivamente, das Eras Mesozoica (Período Cretáceo) e Paleozoica (Período Carbonífero). Nas bacias sedimentares ainda pode-se encontrar o xisto betuminoso (rocha sedimentar que possui betume em sua composição e da qual se extrai óleo combustível), além de vários recursos minerais não metálicos amplamente utilizados na construção civil, como argila, areia e calcário.

Extração de petróleo e gás na bacia de Urucu (AM), localizada a cerca de 650 km a sudoeste de Manaus. Foto de 2016.

ATIVIDADES

COMPREENDENDO CONTEÚDOS

1. Explique a teoria de Wegener sobre a deriva continental.
2. Explique a tectônica de placas e relacione-a com a hipótese da deriva continental.
3. Quais são as províncias geológicas do planeta? Como elas se formaram?
4. Destaque a importância econômica das diferentes províncias geológicas para a obtenção de recursos minerais.
5. Caracterize a estrutura geológica do território brasileiro.

DESENVOLVENDO HABILIDADES

6. Observe novamente o relógio que mostra o "ano-Terra", na página 84, e responda: Existe a possibilidade de os seres humanos terem convivido com os dinossauros ao longo da história geológica do planeta, como aparece em filmes de ficção científica? Justifique.

7. Suponha que determinado município esteja localizado em uma formação geológica de escudos cristalinos antigos. O poder público pretende estimular a pesquisa e o aproveitamento econômico dessa área e montar um parque industrial.
    a) Quais recursos minerais poderiam ser encontrados nesse tipo de formação geológica?
    b) Quais indústrias poderiam ser implantadas na hipótese de se confirmar a existência de minérios?

8. Compare esta fotografia com a da abertura deste capítulo e descreva as principais diferenças dos impactos que podem ser causados nas duas situações.

Vulcão submarino em erupção forma uma nova ilha na costa de Nishinoshima, uma pequena ilha desabitada, na cadeia de ilhas Ogasawara, mil quilômetros ao sul de Tóquio, no Japão. Foto de 2013.

CAPÍTULO

6

ESTRUTURAS E FORMAS DO RELEVO

Vista parcial de Ouro Preto (MG), 2018, onde é fácil perceber a influência do relevo sobre a organização do espaço geográfico do município.

Você já pensou sobre como o relevo influencia as atividades agrícolas, os sistemas de transporte e a malha urbana? E como ele influencia seu dia a dia?

Na página anterior, vimos um exemplo de cidade que se formou em topografia íngreme; observe mais dois exemplos dessa influência do relevo na vida das pessoas. Todos eles evidenciam a interação entre a sociedade e a natureza e a transformação do meio ambiente pelo ser humano, e também demonstram como o conhecimento das características do relevo é indispensável ao planejamento das atividades rurais e urbanas.

Em7/Shutterstock

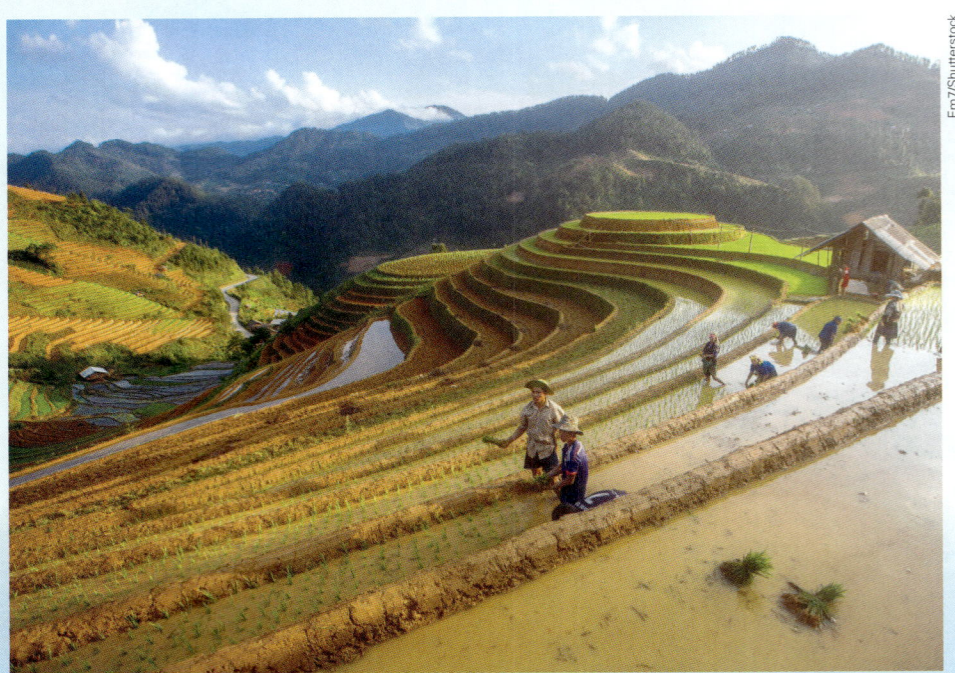

Cultivo de alimentos em terraços seguindo as curvas de nível. Vietnã, 2017.

Vista aérea parcial de Iguape (SP), 2016.

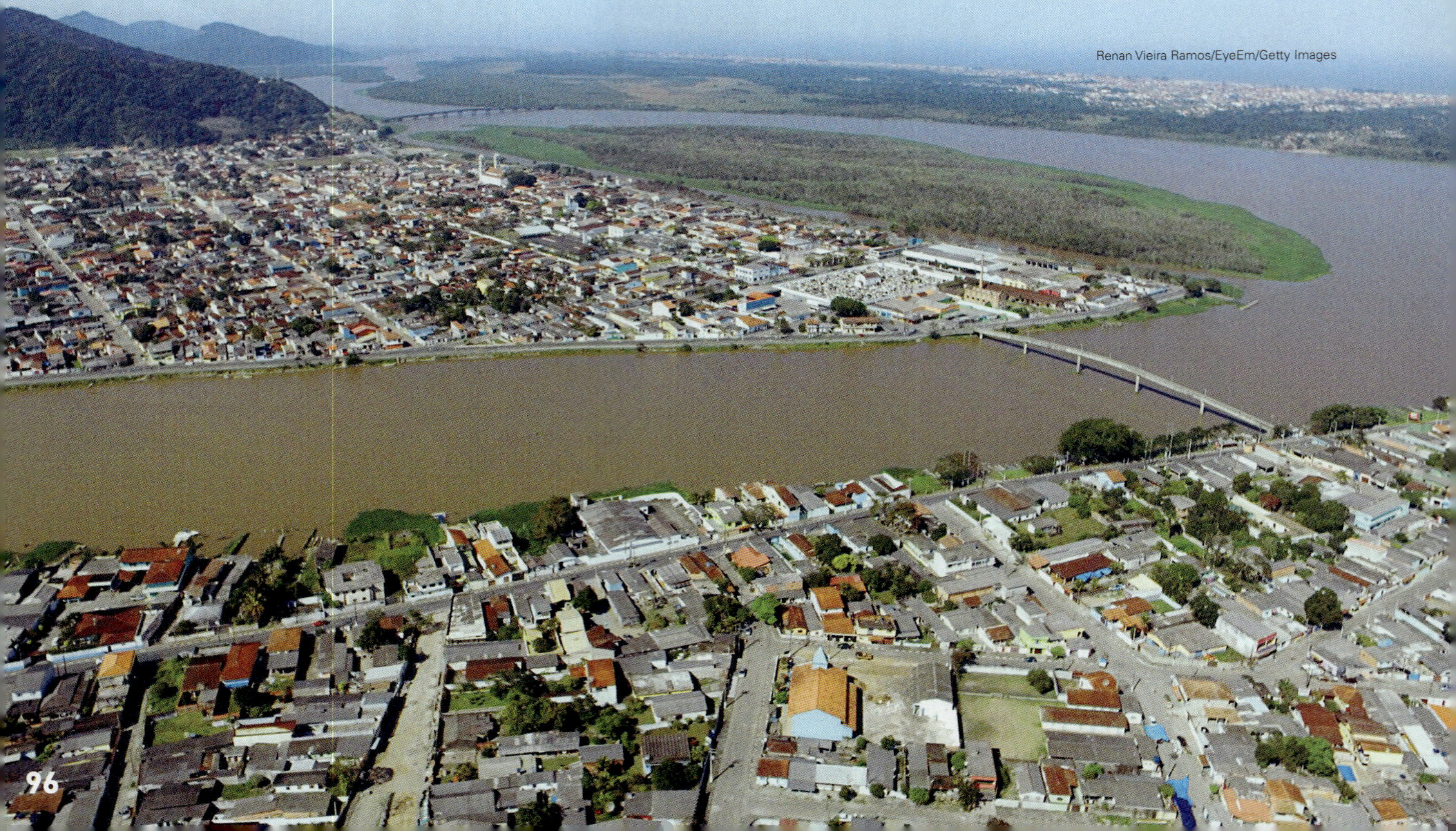
Renan Vieira Ramos/EyeEm/Getty Images

1. GEOMORFOLOGIA

O relevo da superfície terrestre apresenta elevações e depressões de diversas formas e altitudes. É constituído por rochas e solos de diferentes origens, e inúmeros processos o modificam ao longo do tempo. A disciplina que estuda a dinâmica das formas do relevo terrestre é a **geomorfologia**. Observe o planisfério e as imagens a seguir.

Planisfério físico

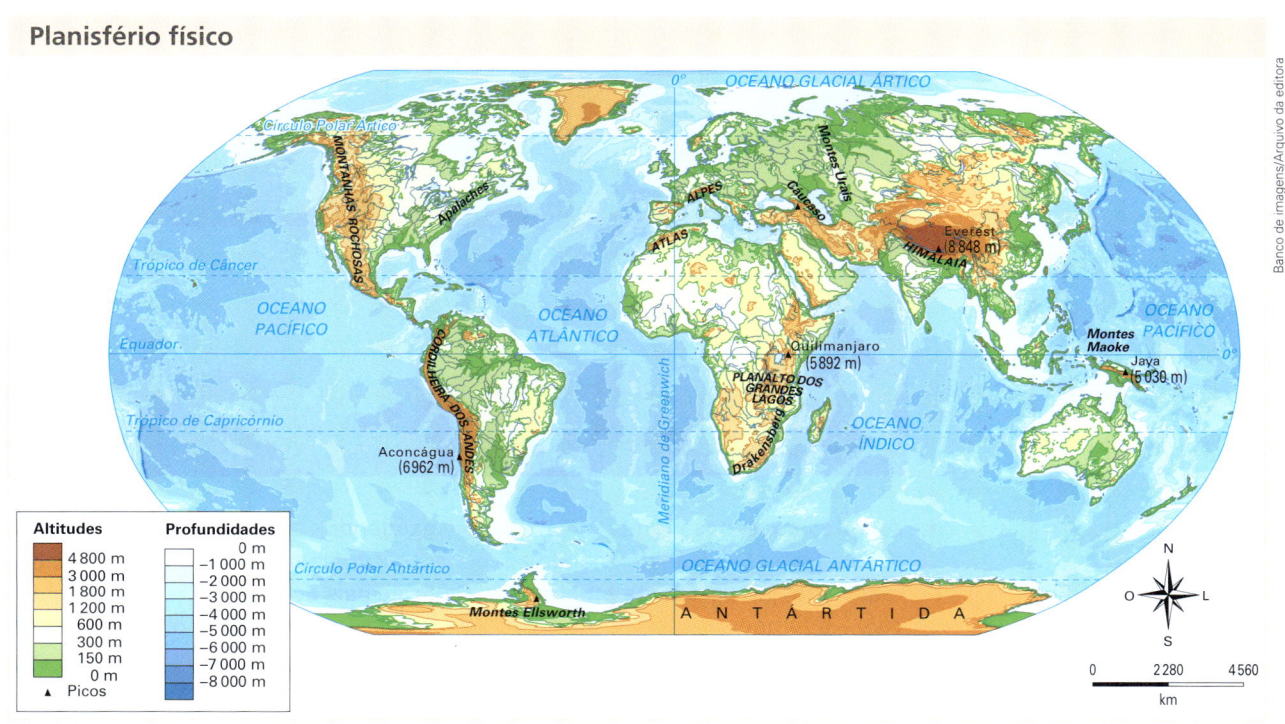

Fonte: IBGE. *Atlas geográfico escolar*. 7. ed. Rio de Janeiro, 2016. p. 33.

Os mapas que indicam altitude de relevo são chamados mapas hipsométricos – a hipsometria é a técnica que representa as diferentes altitudes da superfície por meio de uma variação de cores. Veja no *Atlas* este planisfério físico ampliado (nas páginas 8 e 9) e outro exemplo desse tipo de mapa (na página 17). Em alguns mapas, o relevo submarino também é representado em diferentes tonalidades de azul.

A fisionomia da paisagem terrestre é extremamente variada, como se pode observar nas fotos desta página. Acima, o cânion do rio São Francisco, na divisa entre os estados de Sergipe, Alagoas e Bahia, em 2015; à direita, uma região montanhosa na Patagônia (Argentina), em 2015. Esses são dois exemplos de formações de relevo da superfície da Terra.

CAPÍTULO 6 • ESTRUTURAS E FORMAS DO RELEVO

O relevo é resultado da atuação de **agentes internos** e **externos** na crosta terrestre.

- **Agentes internos**, também chamados **endógenos**, são aqueles impulsionados pela energia contida no interior do planeta. Como vimos no capítulo anterior, esses fenômenos deram origem às grandes formações geológicas existentes na superfície terrestre e continuam a atuar em sua transformação.

DeAgostini/Getty Images

Monte Osorno (Chile), originado pelo vulcanismo, um dos agentes internos que alteram a paisagem terrestre. Foto de 2017.

“Cada um de nós tem seu pedaço no pico do Cauê.”

Carlos Drummond de Andrade (1902-1987), escritor brasileiro, em verso do poema “Itabira”.

- **Agentes externos**, também chamados **exógenos**, atuam na modelagem da crosta terrestre, transformando as rochas, erodindo os solos e dando ao relevo o aspecto que apresenta atualmente. Os principais agentes externos são naturais – a temperatura, o vento, as chuvas, os rios e oceanos, as geleiras, os microrganismos, a cobertura vegetal –, mas há também a ação crescente dos seres humanos, como sugere o verso de Drummond ao tratar do pico do Cauê, localizado em Itabira (MG), cidade natal do poeta.

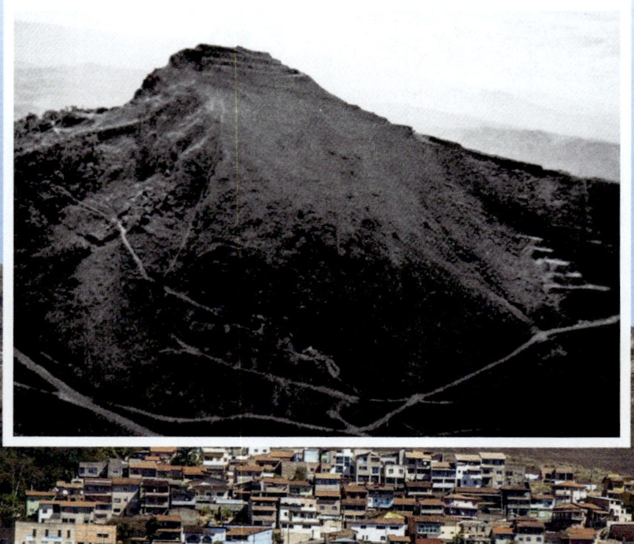

Banco de imagens/Arquivo da editora

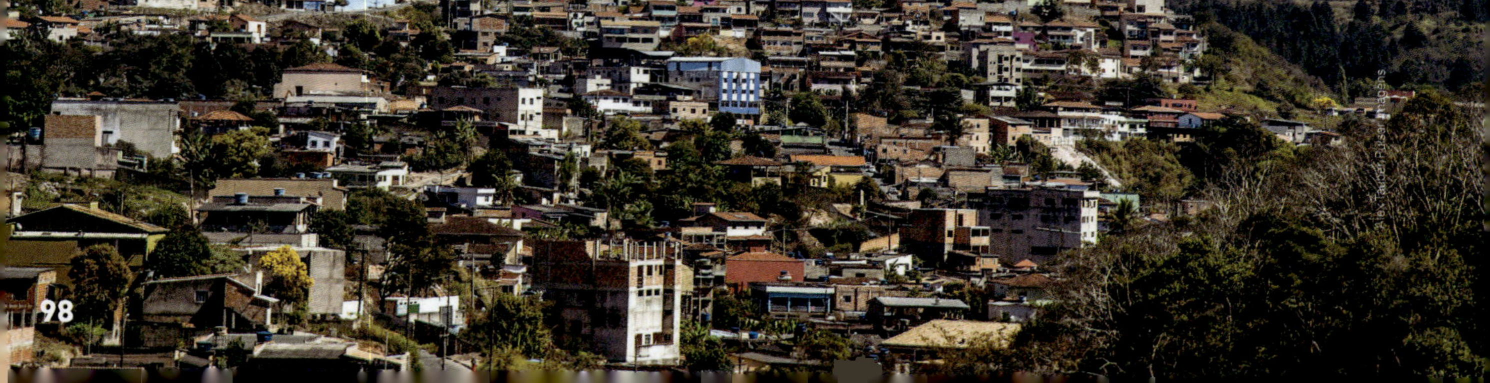

Alex Tauber/Pulsar Imagens

Entre os agentes externos, destaca-se o ser humano. Mineração, aterramento, desmatamento, terraplenagem, canalização e represamento são exemplos de ações humanas que alteram diretamente as formas do relevo, como o que ocorreu com o pico do Cauê, em Itabira, em decorrência de intensa mineração. Veja na foto menor como era o pico na década de 1970, e na maior, ao fundo, o local transformado em cratera, em 2016.

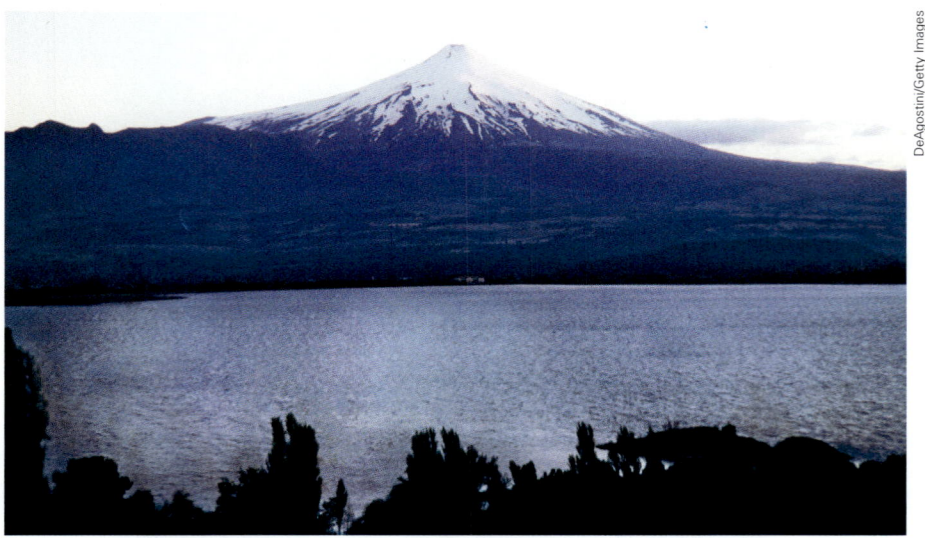

As forças externas naturais são, portanto, modeladoras e atuam de forma contínua ao longo do tempo geológico. Ao agirem na superfície da crosta, provocam a erosão e alteram o relevo por meio de suas três fases: **intemperismo**, **transporte** e **sedimentação**.

- **Intemperismo**: é o processo de desagregação (intemperismo físico) e decomposição (intemperismo químico) sofrido pelas rochas. O principal fator de intemperismo físico é a variação de temperatura (dia e noite; verão e inverno), que provoca dilatação e contração das rochas, fragmentando-as. Já o intemperismo químico resulta, sobretudo, da ação da água sobre as rochas, provocando, com o passar do tempo, uma lenta modificação na composição química dos minerais. Ambos os intemperismos atuam concomitantemente, mas dependendo das características climáticas um pode atuar de maneira mais intensa que o outro.
- **Transporte** e **sedimentação**: o material fragmentado pelo intemperismo está sujeito a **erosão**. Nesse processo, as águas e o vento desgastam a camada superficial de solos e rochas, removendo substâncias que são transportadas para outro local, onde se depositam ou se sedimentam. O relevo se modifica tanto no local de onde o material foi removido como no local onde ele é depositado, que forma ambientes de sedimentação: fluvial (rios), glaciário (gelo e neve), eólico (vento), marinho (mares e oceanos) e lacustre (lagos), entre outros.

A atuação do intemperismo é acentuada ou atenuada conforme características do clima, da topografia, da biosfera, dos minerais que compõem as rochas e do tempo de exposição delas às intempéries. Os diferentes minerais apresentam maior ou menor resistência à ação do intemperismo e da erosão. Em ambientes mais quentes e úmidos, o intemperismo químico é mais intenso, enquanto em ambientes mais secos predomina o intemperismo físico.

As rochas que compõem os escudos cristalinos, por serem de idades geológicas remotas, sofreram por mais tempo a ação do intemperismo e da erosão, o que se reflete em suas formas. As altitudes modestas e as formas arredondadas, como nos montes Apalaches (Estados Unidos), nos alpes Escandinavos (Suécia e Noruega), na serra do Espinhaço (Brasil) e nos montes Urais (Rússia), mostram a ação desses processos modeladores nas formas do relevo.

A exposição ao sol aquece as rochas provocando sua dilatação. Com a chuva e a ação das marés, há queda brusca de temperatura, o que provoca contração e desagregação mecânica de partículas. Foto de costão rochoso na ilha do Farol, em Arraial do Cabo (RJ), em 2015.

A erosão é resultado da ação de algum agente, como chuva, vento, geleira, rio ou oceano, que provoca o transporte de material sólido. Na foto de 2017, dunas nos Lençóis Maranhenses, em Barreirinhas (MA), um exemplo da ação do vento (erosão eólica).

2. A CLASSIFICAÇÃO DO RELEVO BRASILEIRO

Em 1940, foi elaborada uma classificação dos compartimentos do relevo brasileiro considerada até então a mais coerente com a geomorfologia do nosso território. Seu autor foi o geógrafo e geomorfólogo **Aroldo de Azevedo** (1910-1974), que, considerando as cotas altimétricas, definiu **planaltos** como terrenos levemente acidentados, com mais de 200 metros de altitude, e **planícies** como superfícies planas, com altitudes inferiores a 200 metros. Essa classificação divide o Brasil em sete unidades de relevo, com os planaltos ocupando 59% do território e as planícies, os 41% restantes.

Em 1958, **Aziz Ab'Sáber** (1924-2012) publicou um trabalho propondo alterações nos critérios de definição dos compartimentos do relevo. A partir de então, foram consideradas as seguintes definições:

- **Planalto**: área em que os processos de erosão superam os de sedimentação.
- **Planície**: área mais ou menos plana em que os processos de sedimentação superam os de erosão, independentemente das cotas altimétricas.

Essa classificação divide o Brasil em dez compartimentos de relevo, com os planaltos ocupando 75% do território e as planícies, 25%.

Em 1989, **Jurandyr Ross** (1947-) divulgou a mais recente classificação do relevo brasileiro, com base nos estudos e classificações anteriores e na análise de imagens de radar obtidas no período de 1970 a 1985 pelo Projeto Radambrasil, que consistiu em um mapeamento completo e minucioso do país. Além dos planaltos e das planícies, foi detalhado mais um tipo de compartimento:

- **Depressão**: relevo aplainado, rebaixado em relação ao seu entorno; nele predominam processos erosivos.

O território brasileiro possui, ainda, uma grande diversidade de formas e estruturas de relevo, como serras, escarpas, chapadas, tabuleiros, *cuestas* e muitas outras. Para entender a diferença entre **estrutura** e **forma** de relevo, leia o texto abaixo. Em seguida, observe as imagens da página ao lado – repare que os cortes esquemáticos referentes às linhas AB, CD e EF, indicadas no mapa, são representados nos perfis topográficos abaixo dele.

> **Cota altimétrica:** número que exprime a altitude de um ponto em relação ao nível do mar ou a outra superfície de referência.

Consulte o *site* da **Empresa Brasileira de Pesquisa Agropecuária (Embrapa)**. Veja orientações na seção **Sugestões de textos, vídeos e *sites*.**

OUTRAS LEITURAS

AS ESTRUTURAS E AS FORMAS DO RELEVO BRASILEIRO

O território brasileiro é formado por estruturas geológicas antigas. Com exceção das bacias de sedimentação recente, como a do Pantanal Mato-Grossense, parte ocidental da bacia Amazônica e trechos do litoral nordeste e sul, que são do Terciário e do Quaternário (Cenozoico), o restante das áreas tem idades geológicas que vão do Paleozoico ao Mesozoico, para as grandes bacias sedimentares, e ao Pré-Cambriano (Arqueozoico-Proterozoico), para os terrenos cristalinos.

No território brasileiro, as estruturas e as formações litológicas são antigas, mas as formas do relevo são recentes. Estas foram produzidas pelos desgastes erosivos que sempre ocorreram e continuam ocorrendo, e com isso estão permanentemente sendo reafeiçoadas [mudando de forma]. Desse modo, as formas grandes e pequenas do relevo brasileiro têm como mecanismo genético, de um lado, as formações litológicas e os arranjos estruturais antigos, de outro, os processos mais recentes associados à movimentação das placas tectônicas e ao desgaste erosivo de climas anteriores e atuais. Grande parte das rochas e estruturas que sustentam as formas do relevo brasileiro é anterior à atual configuração do continente sul-americano, que passou a ter o seu formato depois da orogênese andina e da abertura do oceano Atlântico, a partir do Mesozoico.

ROSS, Jurandyr L. S. Os fundamentos da geografia da natureza. In: _____ (Org.). *Geografia do Brasil*. 6. ed. São Paulo: Edusp, 2011. p. 45.

Classificação de Jurandyr L. S. Ross

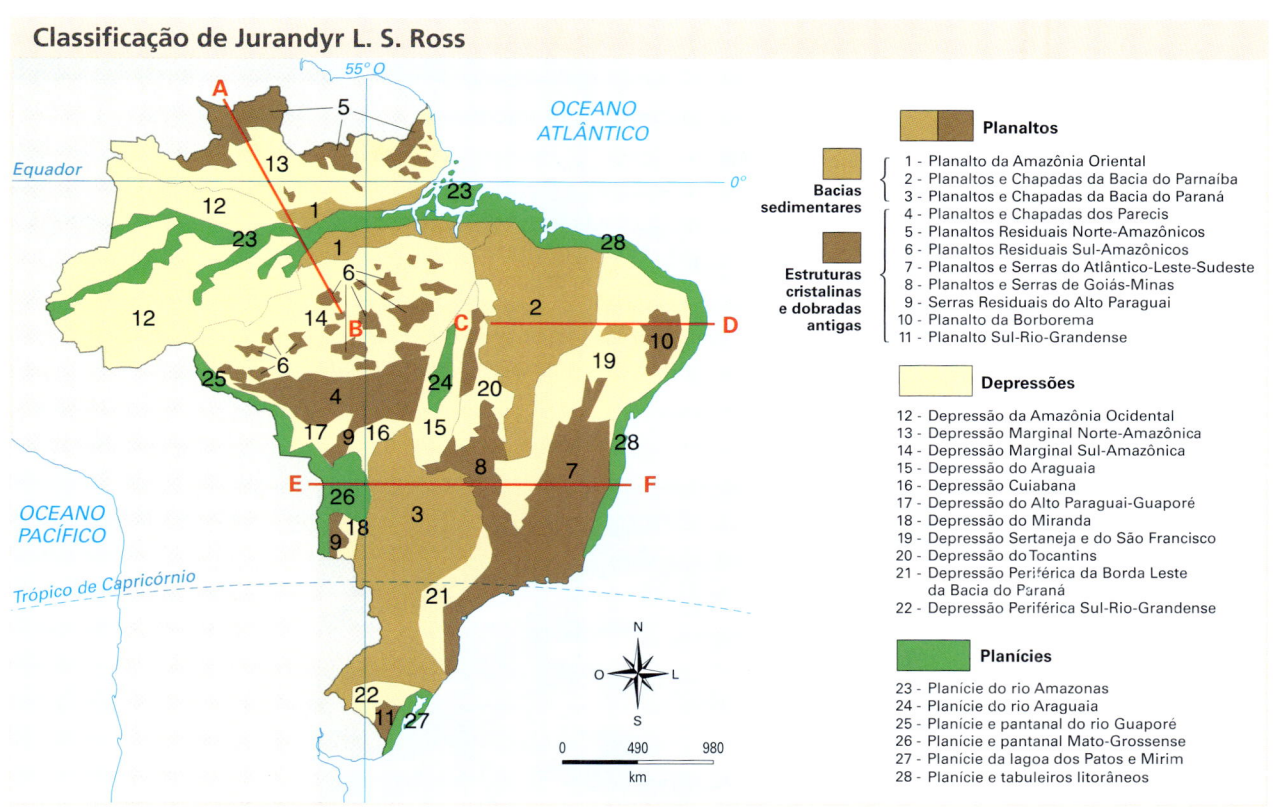

Fonte: ROSS, Jurandyr L. S. (Org.). *Geografia do Brasil*. São Paulo: Edusp, 2011. p. 54, 55 e 63.

Perfis topográficos

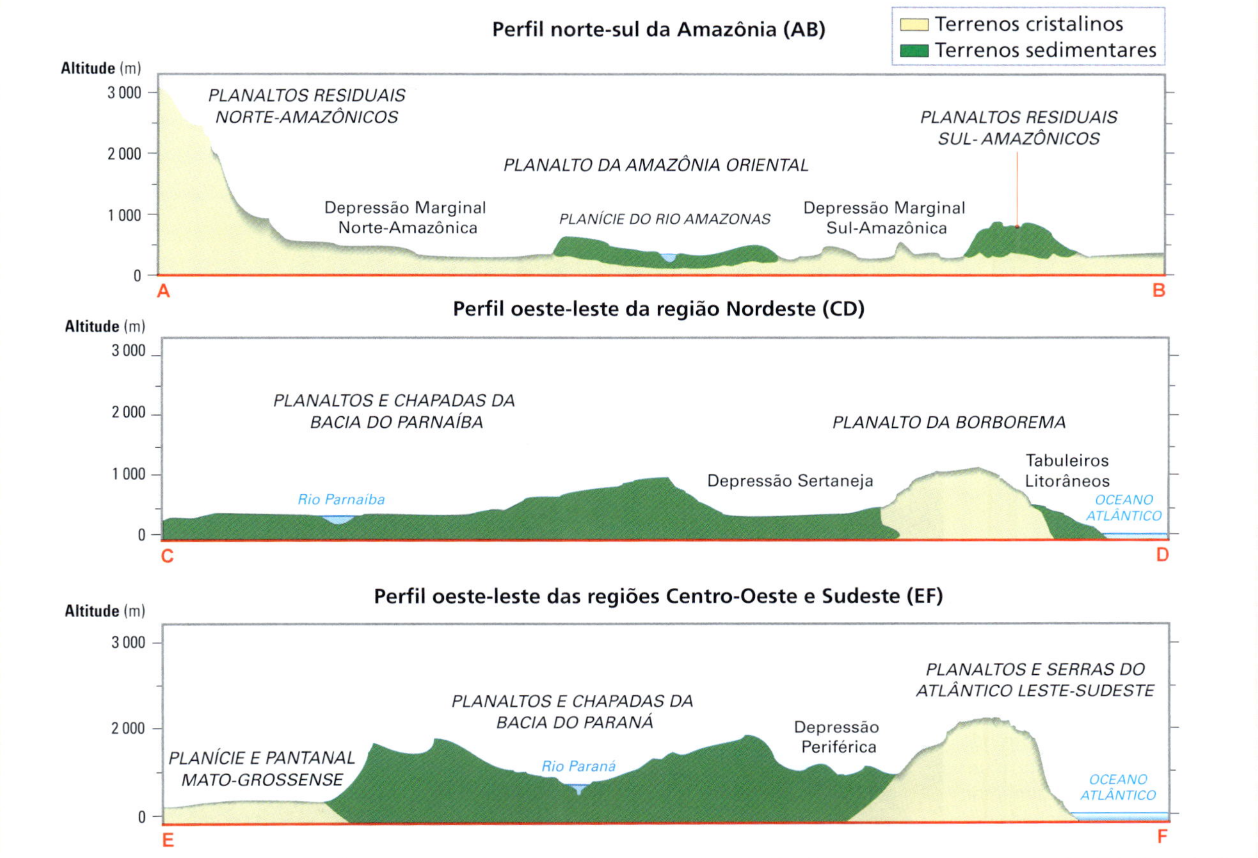

Fonte: ROSS, Jurandyr L. S. (Org.). *Geografia do Brasil*. São Paulo: Edusp, 2011. p. 54, 55 e 63. (Ilustrações sem escala.)

CAPÍTULO 6 • ESTRUTURAS E FORMAS DO RELEVO **101**

PARA SABER MAIS

Bacia sedimentar × planície

Não devemos confundir bacia sedimentar, denominação que se refere à estrutura geológica, com planície, que se refere à forma do relevo. A estrutura sedimentar indica a origem, a formação e a composição de parte da crosta, ocorrida ao longo do tempo geológico. Durante sua formação, enquanto a sedimentação supera os processos erosivos, a bacia sedimentar é sempre uma planície. No entanto, uma bacia sedimentar que no passado foi uma planície pode estar atualmente sofrendo um processo de erosão, de desgaste, e, portanto, corresponder a um planalto ou a uma depressão, como as da Amazônia. Em contrapartida, bacias sedimentares que hoje ainda estão em processo de formação correspondem a planícies. Um exemplo: a planície do Pantanal.

Trecho do Pantanal, em Corumbá (MS), durante o período das cheias, em 2016. Este é um exemplo típico de planície em formação, uma vez que durante as inundações anuais ocorre intensa sedimentação.

Esse relevo de origem sedimentar está sofrendo erosão e, portanto, é um planalto sedimentar, localizado na Chapada dos Guimarães (MT). Foto de 2017.

OUTRAS FORMAS DO RELEVO

Ao estudarmos as formas do relevo brasileiro, encontramos ainda outras categorias:

- **Escarpa**: declive acentuado que aparece em bordas de planalto. Pode ser gerada por um movimento tectônico, que forma escarpas de falha, ou ser modelada pelos agentes externos, que geram escarpas de erosão.
- *Cuesta*: forma de relevo que possui um lado com escarpa abrupta e outro com declive suave. Essa diferença de inclinação ocorre porque os agentes externos atuaram sobre rochas com resistências diferentes.

Escarpa da *cuesta* de Botucatu (SP), em 2014.

- **Chapada**: tipo de planalto cujo topo é aplainado e as encostas são escarpadas. Também é conhecido como planalto tabular.

- **Morro**: em sua acepção mais comum é uma pequena elevação de terreno, uma colina. Em sua classificação dos domínios morfoclimáticos, Ab'Sáber destacou os "mares de morros".

Os estados da região Centro-Oeste e a porção oriental da região Nordeste possuem várias chapadas, como a chapada Diamantina, na Bahia. Foto de 2015.

Paisagem de "mar de morros", em Extrema (MG), 2016, na serra da Mantiqueira. As formas arredondadas indicam predomínio de erosão pluvial.

- **Montanha**: vimos no capítulo 5 como os movimentos orogenéticos (enrugamento, dobra e soerguimento da crosta devido à ação das forças endógenas) deram origem às grandes cadeias montanhosas do planeta. Os dobramentos modernos do Cenozoico são o exemplo mais lembrado, pois são as maiores montanhas existentes, como os Andes e o Himalaia. No Brasil não ocorreram dobramentos modernos, mas sim dobramentos mais antigos que ao longo do tempo geológico foram modelados pelos processos exógenos, dando origem a formas rebaixadas e desgastadas (montanhas antigas), como o monte Roraima e as elevações dos planaltos e serras do Atlântico.

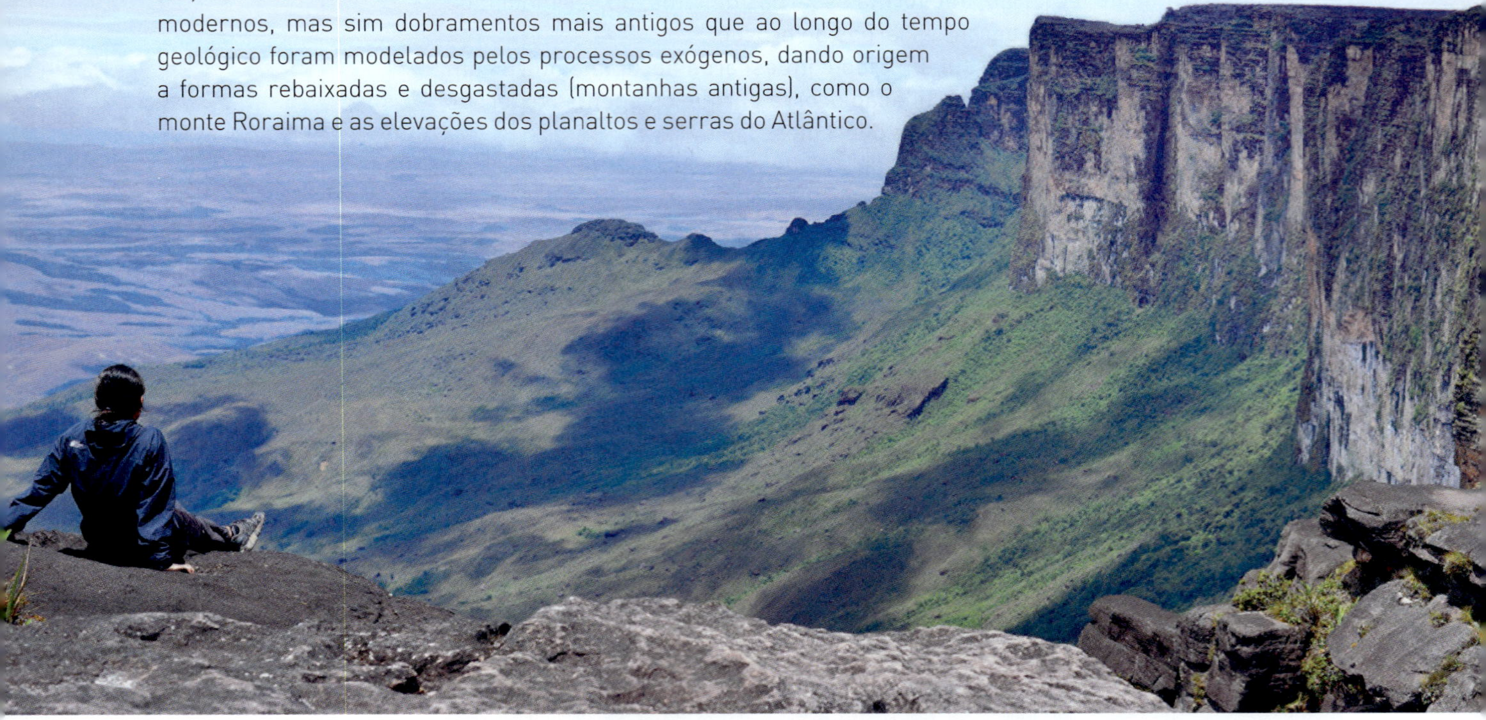

The Visual Explorer/Shutterstock

Monte Roraima, no Parque Nacional Canaima (Venezuela), próximo à fronteira com o Brasil. Foto de 2015. Trata-se de um planalto que se originou do desgaste de montanhas antigas.

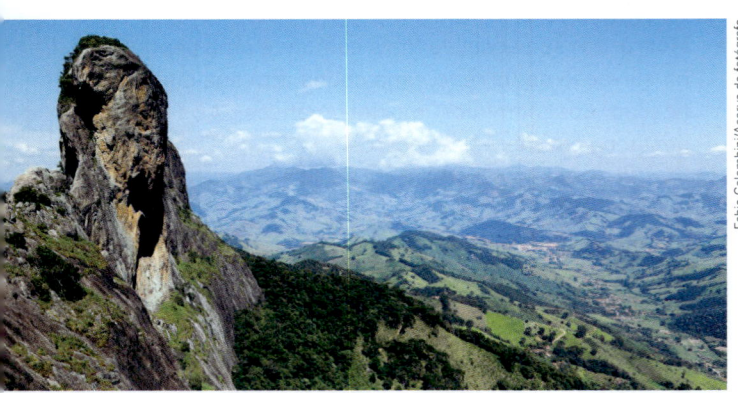

- **Serra**: esse nome é utilizado para designar um conjunto de formas variadas de relevo, como dobramentos antigos e recentes, escarpas de planalto e *cuestas*. Sua definição e uso não são rígidos, sofrendo variação de uma região para outra do país.

Fabio Colombini/Acervo do fotógrafo

Pedra do Baú, na serra da Mantiqueira, em São Bento do Sapucaí (SP), em 2017. As serras da Mantiqueira e do Mar têm origem tectônica e foram bastante moldadas pelos agentes erosivos. Suas escarpas originaram-se de falhas geológicas, e nos planaltos, acima de seus topos e abaixo das escarpas, é possível encontrar os mares de morros.

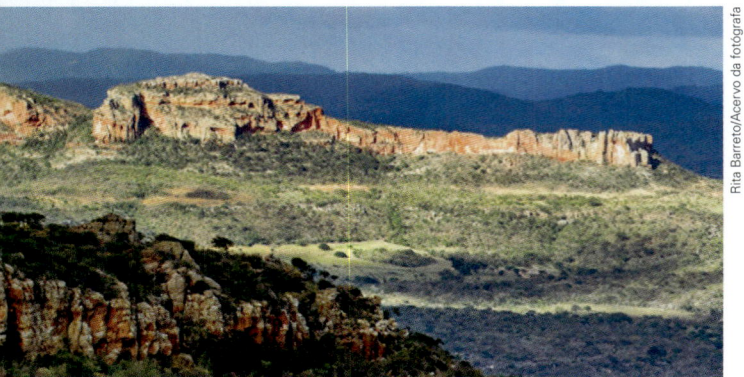

- ***Inselberg*** (do alemão, 'monte ilha'): saliência no relevo encontrada em regiões de clima árido e semiárido. Sua estrutura rochosa foi mais resistente à erosão do que o material que estava em seu entorno.

Rita Barreto/Acervo da fotógrafa

Inselberg no Parque Nacional do Catimbau (PE), em 2018. Algumas vezes, o topo dos *inselbergs* é recoberto por rochas sedimentares, constituindo um testemunho de que havia terrenos mais elevados em seu entorno.

PENSANDO NO Enem

1.

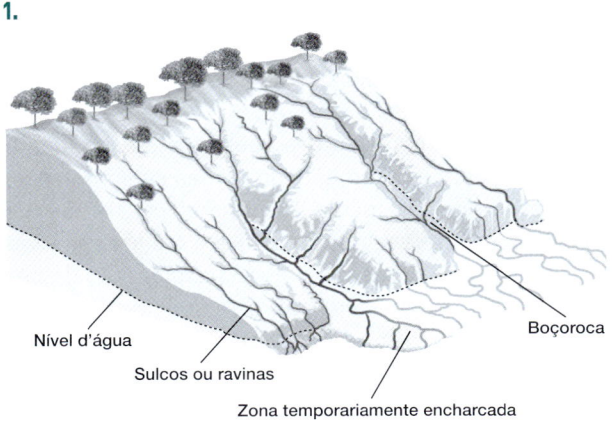

TEIXEIRA, W. et al. (Org.). *Decifrando a Terra*.
São Paulo: Companhia Editora Nacional, 2009.

Muitos processos erosivos se concentram nas encostas, principalmente aqueles motivados pela água e pelo vento. No entanto, os reflexos também são sentidos nas áreas de baixada, onde geralmente há ocupação urbana.

Um exemplo desses reflexos na vida cotidiana de muitas cidades brasileiras é:

a) a maior ocorrência de enchentes, já que os rios assoreados comportam menos água em seus leitos.

b) a contaminação da população pelos sedimentos trazidos pelo rio e carregados de matéria orgânica.

c) o desgaste do solo nas áreas urbanas, causado pela redução do escoamento superficial pluvial na encosta.

d) a maior facilidade de captação de água potável para o abastecimento público, já que é maior o efeito do escoamento sobre a infiltração.

e) o aumento da incidência de doenças como a amebíase na população urbana, em decorrência do escoamento de água poluída do topo das encostas.

Resolução

A erosão é um processo constituído por três etapas: intemperismo, transporte e sedimentação. As partículas das rochas são transportadas pelos agentes erosivos (água das chuvas, rios, ventos e outros) para as partes mais baixas do relevo e, quando o material sedimenta nos rios, provocam assoreamento e maior ocorrência de enchentes. Portanto, a alternativa correta é a **A**.

2. As áreas do planalto do cerrado – como a chapada dos Guimarães, a serra de Tapirapuã e a serra dos Parecis, no Mato Grosso, com altitudes que variam de 400 m a 800 m – são importantes para a planície pantaneira mato-grossense (com altitude média inferior a 200 m), no que se refere à manutenção do nível de água, sobretudo durante a estiagem. Nas cheias, a inundação ocorre em função da alta pluviosidade nas cabeceiras dos rios, do afloramento de lençóis freáticos e da baixa declividade do relevo, entre outros fatores. Durante a estiagem, a grande biodiversidade é assegurada pelas águas da calha dos principais rios, cujo volume tem diminuído, principalmente nas cabeceiras.

CABECEIRAS ameaçadas. *Ciência Hoje*.
Rio de Janeiro: SBPC. v. 42, jun. 2008 (adaptado).

A medida mais eficaz a ser tomada, visando à conservação da planície pantaneira e à preservação de sua grande biodiversidade, é a conscientização da sociedade e a organização de movimentos sociais que exijam:

a) a criação de parques ecológicos na área do pantanal mato-grossense.

b) a proibição da pesca e da caça, que tanto ameaçam a biodiversidade.

c) o aumento das pastagens na área da planície, para que a cobertura vegetal, composta de gramíneas, evite a erosão do solo.

d) o controle do desmatamento e da erosão, principalmente nas nascentes dos rios responsáveis pelo nível das águas durante o período de cheias.

e) a construção de barragens, para que o nível das águas dos rios seja mantido, sobretudo na estiagem, sem prejudicar os ecossistemas.

Resolução

Esse exercício explica a forma como as diferenças de altitude entre a planície do Pantanal e as serras e planaltos que o circundam o tornam uma área inundável. Trata também de seu papel na manutenção do nível das águas, tanto no período chuvoso quanto no de estiagem. As agressões ambientais que acontecem no entorno do Pantanal causam impacto direto em seu interior, destacando-se a redução no volume de água disponível e o assoreamento. Portanto, a alternativa correta é a **D**.

Considerando a Matriz de Referência do Enem, essas questões trabalham a **Competência de área 6 – Compreender a sociedade e a natureza, reconhecendo suas interações no espaço em diferentes contextos históricos e geográficos**, especialmente a **Habilidade 29 – Reconhecer a função dos recursos naturais na produção do espaço geográfico, relacionando-os com as mudanças provocadas pelas ações humanas**.

3. O RELEVO SUBMARINO

Assim como a superfície dos continentes, o fundo do mar possui formas variadas, resultantes da ação de agentes internos e do intenso intemperismo químico. O único agente externo que atua na modelagem do relevo submarino é o movimento das águas – a ação humana, embora existente, é muito limitada, como no caso da exploração de petróleo. Esse movimento ocorre por uma associação de diversos fatores, como ventos, ação do Sol, da Lua, da temperatura e da salinidade.

Os principais componentes do relevo submarino são:

- **Plataforma continental**: é a continuação da estrutura geológica do continente abaixo do nível do mar. Composta predominantemente de rochas sedimentares, é relativamente plana. Por ter profundidade média de 200 metros, recebe luz solar, o que propicia o desenvolvimento de vegetação marinha e muitas espécies animais. As plataformas continentais são áreas favoráveis à exploração de petróleo e gás natural. Suas ilhas são chamadas de costeiras e podem ser de origem vulcânica, sedimentar ou biológica (como é o caso dos atóis).
- **Talude**: é a borda da plataforma continental, marcada por um desnível abrupto de até 2 mil metros. Quando o talude se localiza em área de encontro de placas convergentes, ocorre a formação de fossas marinhas, como podemos observar na figura abaixo, à esquerda, que mostra a margem continental ocidental sul-americana.
- **Região pelágica (ou abissal)**: corresponde à crosta oceânica propriamente dita, que é mais densa e geologicamente distinta da crosta continental. Nessa região, há diversas formas de relevo, como depressões (chamadas bacias), dorsais, montanhas tectônicas, planaltos e fossas marinhas. As ilhas aí existentes são chamadas ilhas oceânicas, como Fernando de Noronha, de origem vulcânica, e o atol das Rocas, de origem biológica.

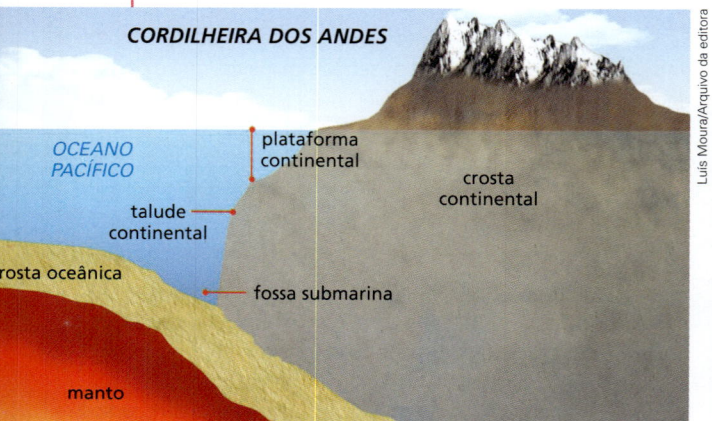

Margem continental ocidental sul-americana, no oceano Pacífico. Na costa oeste da América do Sul, o encontro das crostas oceânica e continental coincide com o encontro das placas Sul-Americana e de Nazca.

Fonte: ROSS, Jurandyr L. S. (Org.). *Geografia do Brasil*. São Paulo: Edusp, 2011. p. 31. (Ilustração esquemática.)

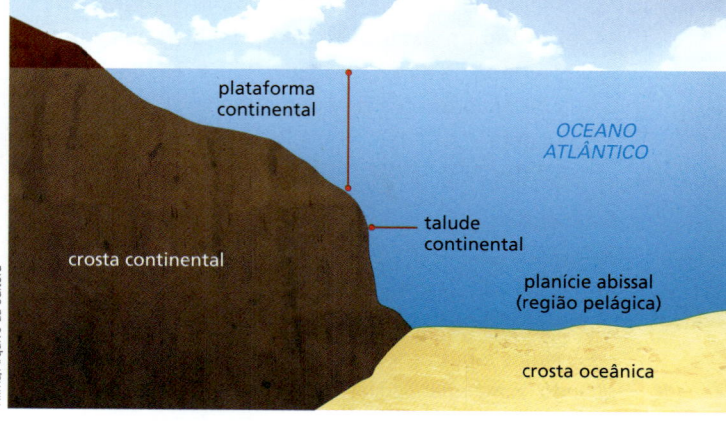

Margem continental oriental sul-americana, no oceano Atlântico. Na costa leste da América do Sul, as crostas continental e oceânica pertencem à mesma placa tectônica, chamada Sul-Americana.

Fonte: ROSS, Jurandyr L. S. (Org.). *Geografia do Brasil*. São Paulo: Edusp, 2011. p. 30. (Ilustração esquemática.)

4. MORFOLOGIA LITORÂNEA

Na faixa de contato do continente com o oceano – o litoral –, o movimento constante da água do mar exerce forte ação construtiva ou destrutiva nas formas de relevo. Atuando no intemperismo, transporte e sedimentação de partículas orgânicas e minerais, a dinâmica das correntes marinhas, das ondas e das marés é responsável pela formação de praias, mangues e cordões arenosos chamados **restingas**.

A mais notável ação erosiva do movimento das águas oceânicas no litoral é a que origina as **falésias**, paredões resultantes do impacto das ondas diretamente contra formações rochosas cristalinas ou sedimentares (conhecidas como barreiras), comuns no Nordeste brasileiro – observe a foto abaixo.

Da morfologia litorânea, podemos destacar:

- **Barra**: saída de um rio, canal ou de uma lagoa para o mar aberto, onde ocorrem intensa sedimentação e formação de bancos de areia ou de outros detritos (veja a foto ao lado).

Zé Paiva/Pulsar Imagens

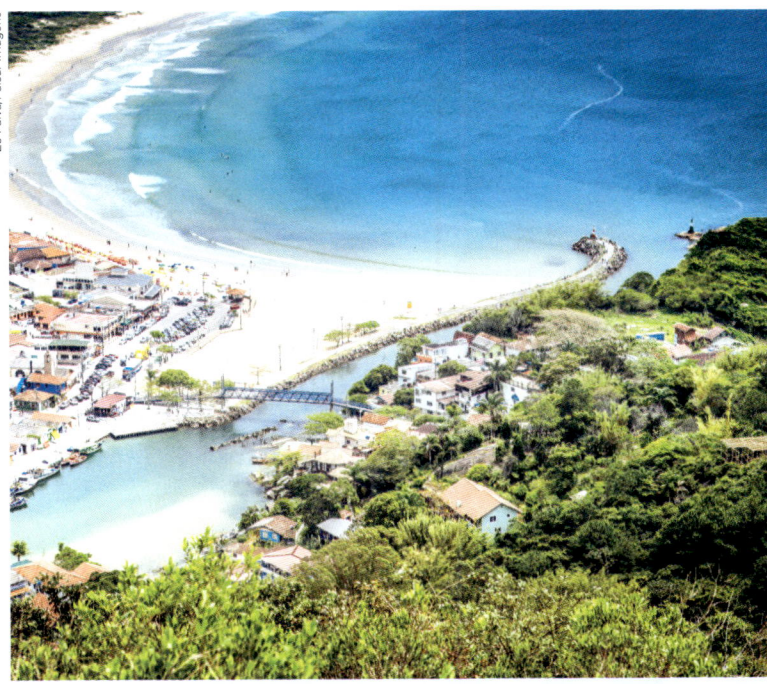

Barra da Lagoa, em Florianópolis (SC), em 2016. Este canal faz a ligação da lagoa da Conceição com o oceano. Em sua margem esquerda foram colocadas pedras para evitar a sedimentação de areia e facilitar a entrada e a saída de embarcações.

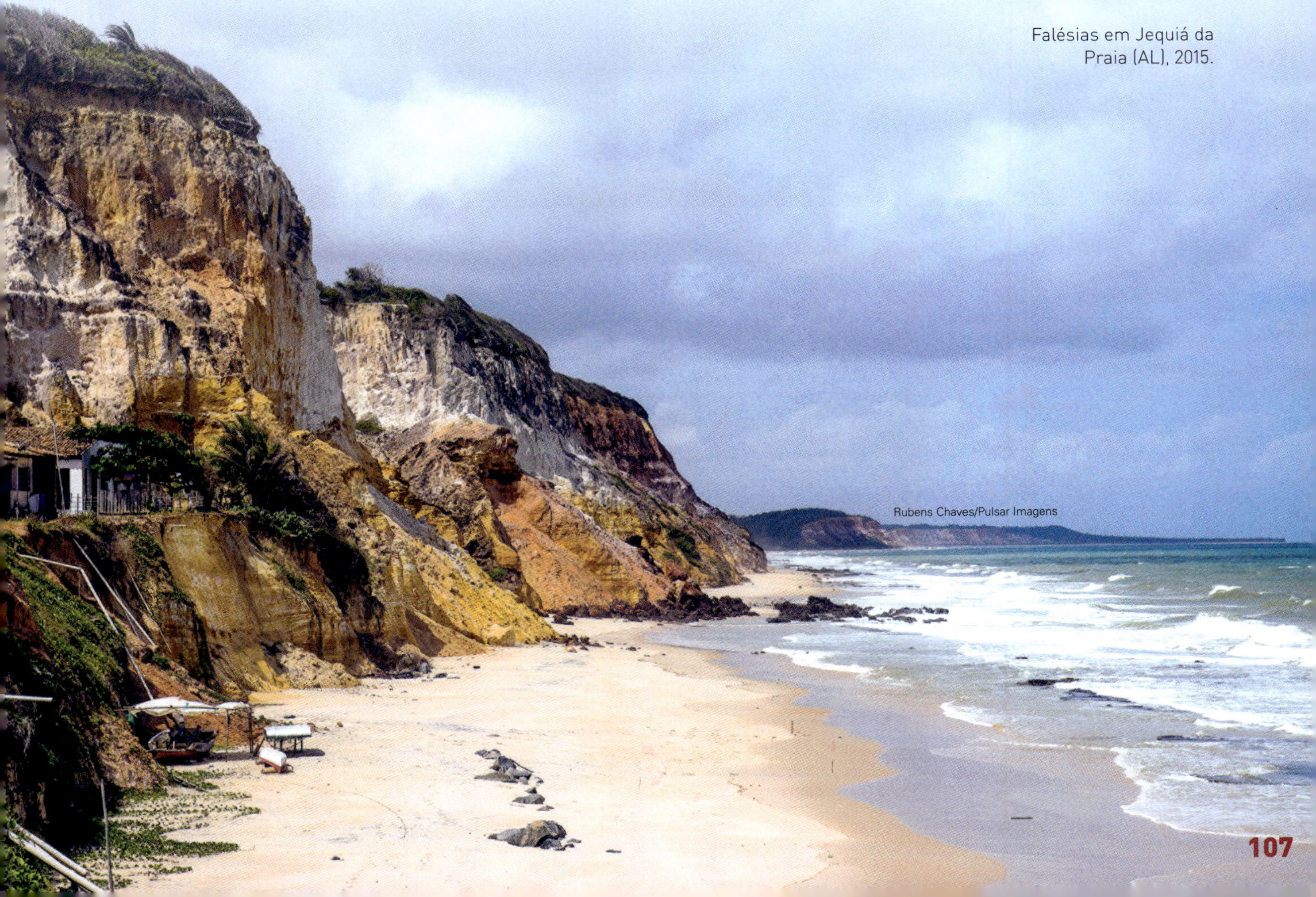

Falésias em Jequiá da Praia (AL), 2015.

Rubens Chaves/Pulsar Imagens

Golfo do México e penínsulas de Iucatã e da Flórida

- **Saco, baía e golfo**: assemelham-se a um arco quase fechado que se comunica com o oceano. O que muda é o tamanho: o saco é o menor (medido em metros) e a baía tem tamanho intermediário, como a famosa baía de Guanabara, no Rio de Janeiro. O golfo, como é o maior (medido em quilômetros; veja o mapa ao lado), pode conter sacos e baías em seu interior. Ao longo do tempo, a comunicação de sacos e baías com o oceano pode ser diminuída por causa da constituição de uma restinga. Se essa restinga continuar a aumentar, pode ocorrer fechamento do arco, formando-se uma lagoa costeira.

Fonte: IBGE. *Atlas geográfico escolar*. 7. ed. Rio de Janeiro, 2016. p. 36.

O golfo do México é delimitado por duas penínsulas: a de Iucatã e a da Flórida.

A lagoa Rodrigo de Freitas, no Rio de Janeiro (RJ), é uma lagoa costeira formada por uma restinga, sobre a qual também se formaram as praias e se desenvolveram os bairros do Leblon e de Ipanema (ao fundo). Foto de 2015.

- **Ponta, cabo e península**: são formas de relevo que avançam do continente para o oceano. A diferença entre elas é a dimensão: pontas são menores que cabos (foto abaixo), que, por sua vez, são menores que penínsulas (mostradas no mapa acima).

Cabo da Boa Esperança (África do Sul), em 2017.

108 UNIDADE 2 · GEOGRAFIA FÍSICA E MEIO AMBIENTE

- **Enseada**: praia com formato de arco. Por possuir configuração aberta, diferencia-se do saco, cuja configuração é bem mais fechada.

Enseada da praia da Armação do Pântano do Sul, em Florianópolis (SC), 2018.

Ricardo Ribas/Tyba

- **Recife**: barreira próxima à praia que diminui ou bloqueia o movimento das ondas. Pode ser de origem biológica, quando constituída por carapaças de animais marinhos, ou arenosa, quando formada por uma restinga que se consolida em rocha sedimentar. Observe a foto ao lado.

Pessoas sobre os recifes de arenito, que originaram o nome da capital de Pernambuco. À esquerda da imagem está a costa da praia de Boa Viagem, em Recife (PE), em 2016.

Hans von Manteuffel/Opção Brasil Imagens

- **Fiordes**: profundos corredores que foram cavados pela erosão glacial e posteriormente rebaixados, o que provocou a invasão das águas do mar. Formaram-se em regiões litorâneas de latitudes elevadas que ficaram recobertas por gelo durante as glaciações, como as costas da Noruega e do sul do Chile, entre outras.

Alguns fiordes avançam cerca de 30 km para o interior dos continentes. Seu leito tem forma de "U", assim como os vales glaciais, que resultam da erosão glacial. Na foto, fiorde na Noruega, em 2015.

mihaiulia/Shutterstock

ATIVIDADES

COMPREENDENDO CONTEÚDOS

1. Explique o que são e como se originam as formas do relevo.
2. Qual é a diferença entre estrutura e forma de relevo?
3. Defina planalto, planície e depressão.
4. O que é plataforma continental? Qual é a sua importância econômica?

DESENVOLVENDO HABILIDADES

5. Leia novamente as páginas 95 e 96, observe as fotografias e responda no caderno:
   a) Como o relevo pode influenciar a organização e a distribuição de diversas atividades humanas? Dê exemplos.
   b) Com base no que você estudou neste capítulo e em seus conhecimentos, elabore uma hipótese para explicar de que forma o relevo condiciona o traçado e o custo de construção de rodovias e ferrovias.

6. Observe abaixo a fotografia de Maricá (RJ) e escreva, no caderno, o nome das formas de relevo que estão presentes na imagem.

Maricá, no Rio de Janeiro (RJ), em 2015.

CAPÍTULO

7

SOLOS

Solo exposto após deslizamento de encosta provocado por causas naturais em Maceió (AL), em 2017.

Você já pensou na importância do solo para a humanidade e outros seres vivos? É nele que:

- a maioria das plantas fixa suas raízes e obtém a água, o ar e os nutrientes utilizados no processo de fotossíntese;
- a água é armazenada, originando as nascentes formadoras dos rios e lagos que abastecem as atividades agrícolas e urbanas;
- fazemos o alicerce de nossas construções e o cultivo, entre outros usos.

O solo é, portanto, um importante recurso natural, que apresenta várias possibilidades de exploração econômica, o que torna sua preservação muito importante para a manutenção do equilíbrio socioambiental.

Garimpo em Poconé (MT), em 2017, um tipo de exploração do solo que causa grandes agressões ambientais.

1. A FORMAÇÃO DO SOLO

Os diferentes **conceitos de solo** estão relacionados às atividades humanas que nele se desenvolvem e às ciências que o estudam. Para a **mineração**, solo é um detrito que deve ser removido e separado dos minerais explorados. Para algumas ciências, como a **Ecologia**, é um sistema vivo, composto de partículas minerais e orgânicas, que possibilita o desenvolvimento de diversos ecossistemas. Para a **Geografia**, em particular a Pedologia, o solo corresponde à parte natural e integrada à paisagem que dá suporte às plantas que nele se desenvolvem. Finalmente, a **Agronomia** define solo como um meio natural no qual o ser humano cultiva plantas, interessando-se pelas características ligadas à produção agrícola.

Pedologia: ciência que estuda a formação, o desenvolvimento e a composição dos solos.

O solo é formado, num processo contínuo, pela desagregação física e decomposição química das rochas, isto é, elas sofrem a ação dos intemperismos físico e químico, já tratados no capítulo 6. Em regiões tropicais úmidas, são necessários, em média, cem anos para a formação de uma camada de apenas 1 centímetro de solo. Em áreas de clima frio e seco, esse período é ainda maior. A esse processo que origina os solos dá-se o nome de **pedogênese** (do grego *pedon*, 'solo', e *genesis*, 'origem').

O solo se organiza em camadas com características diferentes, denominadas horizontes, como se pode perceber ao observar a figura esquemática ao lado. Ela mostra um **perfil de solo bem desenvolvido**, ou seja, a visão que se obtém das diferentes camadas por meio de um corte vertical no terreno. Observe que os horizontes são identificados por letras e vão se diferenciando cada vez mais da rocha-mãe (camada **R**) à medida que aumenta sua distância em relação a ela.

Os horizontes **O**, **A**, **E** e **B** são os mais importantes para a agricultura dada a sua **fertilidade**: quanto mais equilibrada for a disponibilidade de certos elementos químicos, como o potássio, o nitrogênio, o sódio, o ferro e o magnésio, maior é a fertilidade e o potencial de produtividade agrícola do solo. Esses horizontes também são importantes para o ecossistema, por causa da densidade e variedade de vida em seu interior (por exemplo, minhocas, formigas e microrganismos).

O Horizonte orgânico (em decomposição)

A Horizonte mineral com acúmulo de húmus

E Horizonte claro de máxima remoção de argila e/ou óxidos de ferro

B Horizonte de máxima expressão de cor e agregação ou de concentração de materiais removidos de A e E

C Material inconsolidado de rocha alterada, em processo de intemperismo

R Rocha não alterada

Fonte: LEPSCH, Igo F. *Solos*: formação e conservação. 2. ed. São Paulo: Oficina de Textos, 2010. p. 31.

FATORES DE FORMAÇÃO DOS SOLOS

O tipo de rocha matriz, o clima, o relevo, os organismos e a ação do tempo são fatores determinantes para a origem e a evolução dos solos.

- **Rocha matriz**: sob as mesmas condições climáticas, cada tipo de rocha exposta ao intemperismo dá origem a um tipo de solo diferente, dependendo de sua constituição mineralógica, o que definirá também sua fertilidade.

Solo conhecido como "terra roxa", formado pelo intemperismo de basalto, em Santa Cruz do Rio Pardo (SP), em 2015. A palavra "roxa" deriva do italiano *rossa*, que significa 'vermelha'. "*Terra rossa*" era como os imigrantes italianos denominavam esse solo avermelhado, de alta fertilidade.

- **Clima**: a temperatura e a umidade regulam a velocidade, a intensidade, o tipo de intemperismo das rochas, a distribuição e o deslocamento de materiais ao longo do perfil do solo. Quanto mais quente e úmido for o clima, mais rápida e intensa será a decomposição das rochas, pois o aumento da temperatura e da umidade acelera a velocidade das reações químicas. Solos de climas tropicais são mais profundos que de climas temperados (menos quentes) e áridos (menos úmidos).
- **Relevo**: por causa de suas diferentes formas, proporciona desigual distribuição de água da chuva, de luz e de calor, além de favorecer ou não os processos de erosão.
- **Organismos**: compreendem os microrganismos (bactérias, algas e fungos), que são decompositores, e os vegetais e animais. Todos são agentes de conservação do solo. Já o ser humano, por exemplo, pode degradar ou conservar o solo, dependendo do uso que faz dele.
- **Tempo**: período de exposição da rocha matriz às condições da atmosfera. Solos jovens são geralmente mais rasos que os velhos.

2. CONSERVAÇÃO DOS SOLOS

A perda anual de milhares de toneladas de solos agricultáveis, sobretudo em consequência da erosão, é um dos mais graves problemas ambientais, que abrange as maiores áreas na superfície terrestre. Notadamente em países de clima tropical, a principal causa da erosão, que varia de acordo com o uso da terra, é a retirada total da vegetação (muitas vezes feita por meio de queimadas) para implantação de culturas agrícolas e pastagens.

Erosão significa, sob o ponto de vista da Geologia e da Geografia, 'a realização de um conjunto de ações que modelam uma paisagem'. Entretanto, para o pedólogo e o agrônomo, esse termo é usado apenas do ponto de vista da destruição dos solos. Quando resulta de ação humana sobre a natureza, pode comprometer o equilíbrio ambiental.

Os fragmentos da rocha que sofreram intemperismo ficam livres para serem transportados pela água que escorre na superfície (erosão hídrica) ou pelo vento (erosão eólica). No Brasil, o **escoamento superficial** da água é o principal agente erosivo. Como os horizontes **O** e **A** são os primeiros a serem desgastados, a erosão prejudica o ecossistema e a fertilidade natural do solo. Observe a seguir o esquema explicativo de **erosão pluvial**, causada pelas águas das chuvas.

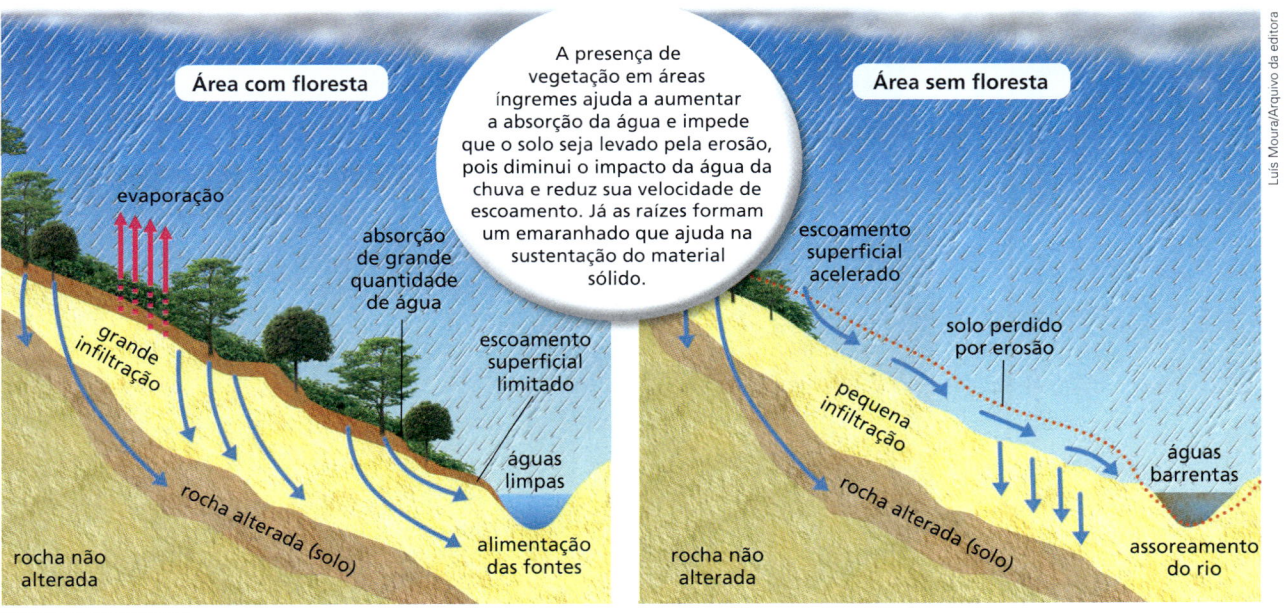

Organizado pelos autores.

Toda atividade agrícola provoca a degradação dos solos ao longo do tempo, mas a intensidade varia, dependendo do tipo de cultura e das técnicas utilizadas (uso de agroquímicos, espaçamento entre fileiras, cobertura do solo, prática de queimadas, entre outras). Outras práticas, entretanto, possibilitam a quebra da velocidade de escoamento das águas das chuvas e, consequentemente, diminuem a erosão. São elas:

- **Terraceamento**: consiste em fazer cortes nas superfícies íngremes para formar degraus – terraços. Esse procedimento possibilita a expansão das áreas agrícolas em regiões montanhosas e populosas, como em alguns países asiáticos: China, Japão, Tailândia e Filipinas. Observe a imagem ao lado.

Agricultura em terraços em Ha Giang (Vietnã), 2015.

> Consulte o *site* da **Empresa Brasileira de Pesquisa Agropecuária (Embrapa)**, onde você encontra a Unidade de Pesquisa Embrapa Solos. Veja orientações na seção **Sugestões de textos, vídeos e *sites*.**

- **Curvas de nível**: prática que consiste em arar o solo e semeá-lo seguindo as cotas altimétricas do relevo (curvas de nível ou isoípsas, que estudamos na unidade 1), o que por si só já reduz a velocidade de escoamento superficial da água da chuva (observe a primeira foto desta página).
- **Cultivo de árvores**: em regiões onde os ventos são fortes e a erosão eólica é intensa, podem-se plantar árvores em linha para formar uma barreira que quebre sua velocidade e, consequentemente, reduza sua capacidade erosiva.
- **Associação de culturas**: em cultivos que deixam boa parte do solo exposta à erosão (como algodão e café), é comum plantar, entre uma fileira e outra, espécies leguminosas (feijão, por exemplo), que recobrem bem o terreno. Além de reduzir a erosão, essa prática favorece o equilíbrio orgânico do solo (observe a segunda foto desta página).

Cultivo de café seguindo as curvas de nível, em Alto Caparaó (MG), em 2015.

Plantação de mandioca, milho e leguminosas em Cunha Porã (SC), 2015.

FERTILIDADE DO SOLO

Alguns cuidados podem manter ou até mesmo melhorar a fertilidade do solo, o que contribui para sua conservação. Entre os mais importantes, destacam-se:

- adequar as culturas aos tipos de solo, respeitando seu limite e sua possibilidade de uso;
- adubar o solo, tanto para corrigir uma deficiência de nutrientes como para repor o que o cultivo retira dele;
- revezar culturas, já que cada uma delas tem exigências diferentes em relação aos nutrientes do solo.

PENSANDO NO Enem

1. Um agricultor adquiriu alguns alqueires de terra para cultivar e residir no local. O desenho a seguir representa parte de suas terras.

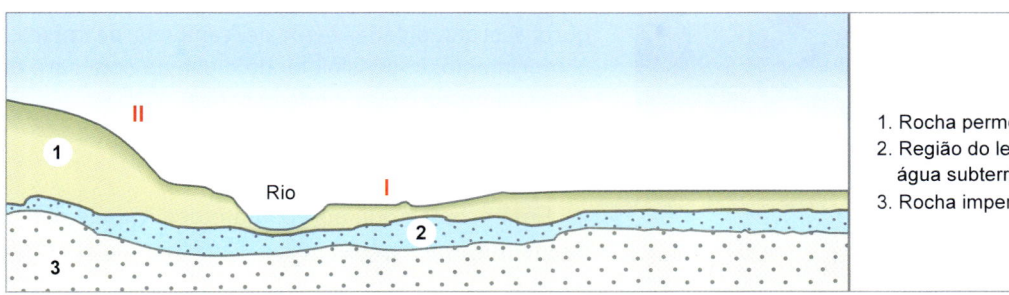

1. Rocha permeável
2. Região do lençol de água subterrâneo
3. Rocha impermeável

Pensando em construir sua moradia no lado I do rio e plantar no lado II, o agricultor consultou seus vizinhos e escutou as frases a seguir. Assinale a frase do vizinho que deu a sugestão mais correta.

a) "O terreno só se presta ao plantio revolvendo o solo com arado."
b) "Não plante neste local, porque é impossível evitar a erosão."
c) "Pode ser utilizado, desde que se plante em curvas de nível."
d) "Você perderá sua plantação quando as chuvas provocarem inundação."
e) "Plante forragem para pasto."

Resolução

A alternativa correta é a **C**. O cultivo respeitando as curvas de nível reduz a velocidade de escoamento das águas pluviais e a intensidade da erosão, que, embora não possa ser totalmente evitada, pode ter sua ação bastante diminuída com a utilização de técnicas que evitem danos maiores nas áreas de agricultura e pecuária. As inundações acontecem nas superfícies planas dos fundos de vale e as encostas com declividade acentuada não são apropriadas para a criação de gado.

2. Um dos principais objetivos de se dar continuidade às pesquisas em erosão dos solos é o de procurar resolver os problemas oriundos desse processo, que, em última análise, geram uma série de impactos ambientais. Além disso, para a adoção de técnicas de conservação dos solos, é preciso conhecer como a água executa seu trabalho de remoção, transporte e deposição de sedimentos. A erosão causa, quase sempre, uma série de problemas ambientais, em nível local ou até mesmo em grandes áreas.

Adaptado de: GUERRA, A. J. T. Processos erosivos nas encostas. In: GUERRA, A. J. T.; CUNHA, S. B. *Geomorfologia:* uma atualização de bases e conceitos. Rio de Janeiro: Bertrand Brasil, 2007.

A preservação do solo, principalmente em áreas de encostas, pode ser uma solução para evitar catástrofes em função da intensidade de fluxo hídrico. A prática humana que segue no caminho contrário a essa solução é:

a) a aração.
b) o terraceamento.
c) o pousio.
d) a drenagem.
e) o desmatamento.

Resolução

A alternativa correta é a **E**. Com o desmatamento, os solos ficam expostos à ação dos agentes erosivos e há grande aumento na velocidade de escoamento das águas pluviais, o que amplia sua capacidade de transportar sedimentos em suspensão.

Considerando a Matriz de Referência do Enem, essas questões trabalham a **Competência de área 6 – Compreender a sociedade e a natureza, reconhecendo suas interações no espaço em diferentes contextos históricos e geográficos** – especialmente a **Habilidade 29 – Reconhecer a função dos recursos naturais na produção do espaço geográfico, relacionando-os com as mudanças provocadas pelas ações humanas** – e a **Habilidade 30 – Avaliar as relações entre preservação e degradação da vida no planeta nas diferentes escalas**.

Voçoroca em Cacequi (RS), em 2015.

Assim como vimos na abertura deste capítulo, este é outro exemplo de deslizamento em encosta provocado por causas naturais. Angra dos Reis (RJ), 2010.

Solo em processo avançado de arenização em Quaraí (RS), em 2017.

VOÇOROCAS

As chuvas fortes também podem originar sulcos no terreno. Se não forem controlados, eles podem se aprofundar a cada nova chuva e, com o escoamento que ocorre no subsolo, resultar em sulcos de enormes dimensões, chamados **voçorocas** (ou **boçorocas**). Em alguns casos, as voçorocas chegam a atingir dezenas de metros de largura e profundidade, além de centenas de metros de comprimento, impossibilitando o uso do solo para atividades tanto agrícolas como urbanas.

MOVIMENTOS DE MASSA

Em encostas que apresentam declividade acentuada, os movimentos de massa são fenômenos naturais, ou seja, fazem parte da dinâmica externa da crosta terrestre e são agentes que participam da modelagem do relevo ao longo do tempo.

Os movimentos de massa devem ser analisados considerando-se basicamente dois fatores: a natureza do material movimentado (solo, detritos ou rocha) e a velocidade do movimento (desde alguns centímetros por ano até mais de 5 km/hora). Mas os movimentos mais frequentes e que mais causam impactos sociais e ambientais são os escorregamentos de solo em encostas.

Esse fenômeno faz parte da dinâmica da natureza e acontece independentemente da intervenção humana, como pode ser observado na fotografia ao lado. Há, entretanto, um grande número de movimentos de massa provocados pela ação antrópica. Geralmente, estão associados ao desmatamento; ao peso acumulado sobre o solo (tanto em áreas urbanas quanto agrícolas), como pedreiras e depósitos de lixo; e à ocupação irregular de encostas, sobretudo em grandes cidades e regiões metropolitanas brasileiras.

CONSERVAÇÃO DOS SOLOS EM FLORESTA

Em uma floresta, as árvores servem de anteparo para as gotas de chuva que escorrem pelos seus troncos, infiltrando-se no subsolo. Além de diminuir a velocidade de escoamento superficial, as árvores evitam o impacto direto da chuva no solo. Como vimos, a retirada da cobertura vegetal prejudica o solo, expondo-o aos fatores de intemperismo e erosão, cujas consequências são graves, como o aumento do processo erosivo e o empobrecimento do solo, o assoreamento de rios e lagos e a extinção de nascentes, entre outros. Essa degradação pode provocar a redução ou o fim das atividades extrativas vegetais e a inviabilização do turismo ecológico (nas esferas ambiental e socioeconômica, pode ser mais vantajoso conservar uma floresta), além da proliferação de pragas e doenças em razão de desequilíbrios nas cadeias alimentares.

ATIVIDADES

COMPREENDENDO CONTEÚDOS

1. Explique sucintamente como os solos são formados, destacando a ação do clima.

2. O solo possui horizontes, que são camadas que se organizam com características diferentes entre a superfície e a rocha matriz. Explique, resumidamente, as características de cada horizonte.

3. Identifique as etapas do desgaste de solos provocado pelo processo erosivo e explique como combatê-lo.

4. Como se formam as voçorocas? Quais são seus impactos no meio ambiente?

5. Por que ocorrem movimentos de massa em encostas? Aponte de que forma a ação humana agrava esse processo e quais são as consequências dele para a sociedade.

DESENVOLVENDO HABILIDADES

6. Vimos que o processo de formação dos solos ocorre lentamente e está associado a alguns fatores, principalmente os relacionados ao clima e às condições de relevo. Em média, cada centímetro de solo leva cerca de 100 anos para se formar.
   Observe a ilustração abaixo, que mostra as camadas do solo. Depois, escreva um texto destacando a importância da conservação dos solos para a agricultura e o meio ambiente, na busca do desenvolvimento sustentável.

Fonte: ANDRADE, Andreia Patrícia. Fatores de formação de solos. *Instituto Federal Santa Catarina*. Disponível em: <http://docente.ifsc.edu.br/andreia.patricia/Materialdidatico/Análise%20do%20solo/Aula2-Fatores%20%20de%20Formação%20de%20Solos.pdf>. Acesso em: 11 abr. 2018.

CAPÍTULO 8

CLIMAS

Paisagem coberta por geada em São Joaquim, na serra Catarinense, em 2016.

Fonte: WATTERSON, Bill. *O mundo é mágico*: as aventuras de Calvin & Haroldo. São Paulo: Conrad Editora do Brasil, 2007. p. 111.

Você sabia que em áreas de maior altitude geralmente faz mais frio que nas áreas próximas ao nível do mar? Sabia que a latitude interfere no clima? Que as localidades situadas no interior dos continentes têm clima diferente das litorâneas?

Neste capítulo, estudaremos a influência desses e de outros fatores no sistema climático do planeta, o que nos permitirá, por exemplo, entender por que a paisagem mostrada na imagem da página anterior ocorre no Brasil, embora estejamos acostumados a associar nosso país a paisagens como a mostrada na foto abaixo.

Praia dos Carneiros, em Tamandaré (PE), 2016.

CAPÍTULO 8 • CLIMAS

> **"Um dia de chuva é tão belo como um dia de sol. Ambos existem; cada um como é."**
>
> *Alberto Caeiro, heterônimo de Fernando Pessoa (1888-1935), poeta e escritor português, em passagem dos "Poemas inconjuntos".*

Consulte os livros *Meteorologia prática*, de Artur Gonçalves Ferreira, e *Vai chover no fim de semana?*, de Ronaldo Rogério de Freitas Mourão. Veja a seção Sugestões de textos, vídeos e *sites*.

A sequência de fotos, feita entre 2015 e 2016, mostra os efeitos na paisagem (o que inclui as pessoas e seus comportamentos) que resultam das diferentes características do tempo no clima temperado, ao longo das quatro estações do ano. Central Park, em Nova York (EUA).

1. TEMPO E CLIMA

Para entender o significado de clima, é importante distingui-lo de tempo atmosférico. O **tempo** corresponde a um estado momentâneo da atmosfera numa determinada área da superfície da Terra, que pode mudar em poucas horas ou mesmo de um instante para o outro por causa de fenômenos como temperatura, umidade, pressão do ar, ventos e nebulosidade. Já o **clima** corresponde ao comportamento do tempo em determinada área durante um período longo, de pelo menos 30 anos. O clima é o padrão da sucessão dos diferentes tipos de tempo que resultam do movimento constante da atmosfera.

Quando afirmamos "hoje o dia está quente e úmido", estamos nos referindo ao tempo. Em contrapartida, se ouvimos alguém nos dizer que no noroeste da Amazônia "é quente e úmido o ano inteiro", a pessoa está se referindo ao clima da região.

É comum fazermos julgamentos sobre o tempo e o clima. Por exemplo, "hoje o tempo está feio" ou "hoje o tempo está bonito". Porém, como nos lembra Fernando Pessoa, cada um tem sua beleza e ambos são importantes para a reprodução dos seres vivos e o desenvolvimento das atividades econômicas, principalmente as agrícolas.

Cada lugar ou região apresenta um clima próprio, porque cada um apresenta um conjunto distinto de **fatores climáticos**, ou seja, características que determinam o clima: latitude, altitude, massas de ar, continentalidade, maritimidade, correntes marítimas, relevo, vegetação e urbanização. A conjugação desses fatores é responsável pelo comportamento da temperatura, da umidade e da pressão atmosférica, que são os **atributos** ou **elementos climáticos** do local. Entretanto, ainda existe uma variação considerável de ano para ano. Há, por exemplo, verões mais chuvosos ou menos chuvosos, invernos rigorosos ou com temperaturas mais amenas.

Primavera

Verão

Outono

Inverno

2. FATORES CLIMÁTICOS

Veja a seguir os principais fatores que determinam o clima de um lugar ou de uma região.

LATITUDE

Como vimos no capítulo 1, por ser esférica, a superfície terrestre é iluminada de diferentes formas pelos raios solares, porque eles a atingem com inclinações distintas. Essa diferença na intensidade de luz incidente sobre a superfície faz com que a temperatura média tenda a ser maior quanto mais próximo ao equador e menor quanto mais próximo aos polos. Observe a ilustração ao lado.

Assim, a **variação latitudinal** é o principal fator de diferenciação das zonas climáticas – polar, temperada e tropical. Porém, em cada uma dessas zonas encontramos variados tipos de clima, explicados pelas diferentes associações entre os demais fatores climáticos. Veja o exemplo no mapa abaixo.

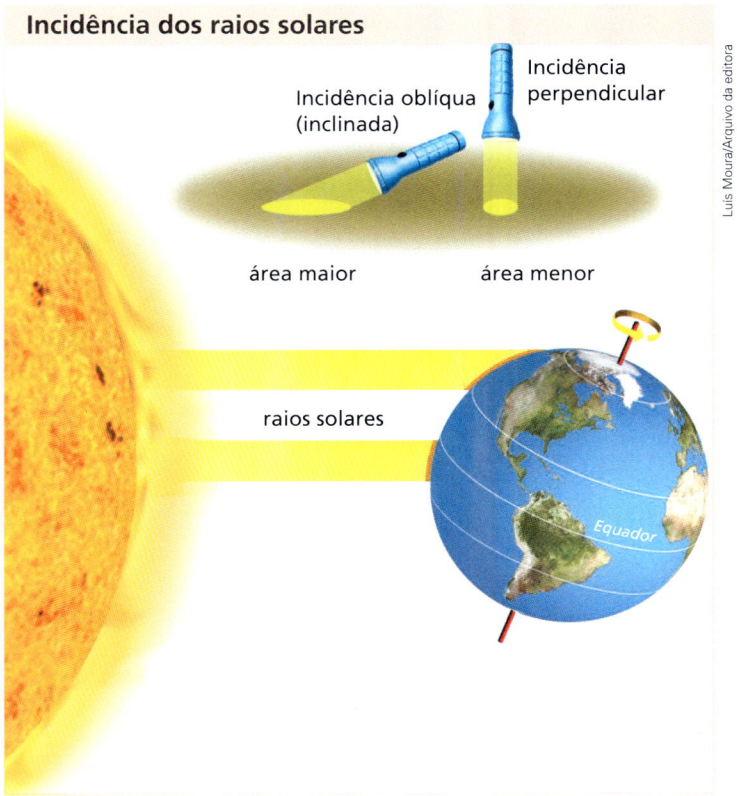

Observe, nas linhas que representam os raios solares, que a área atingida por um mesmo feixe de raios solares é maior quanto mais nos aproximamos dos polos.

Organizado pelos autores. (Ilustração esquemática sem escala.)

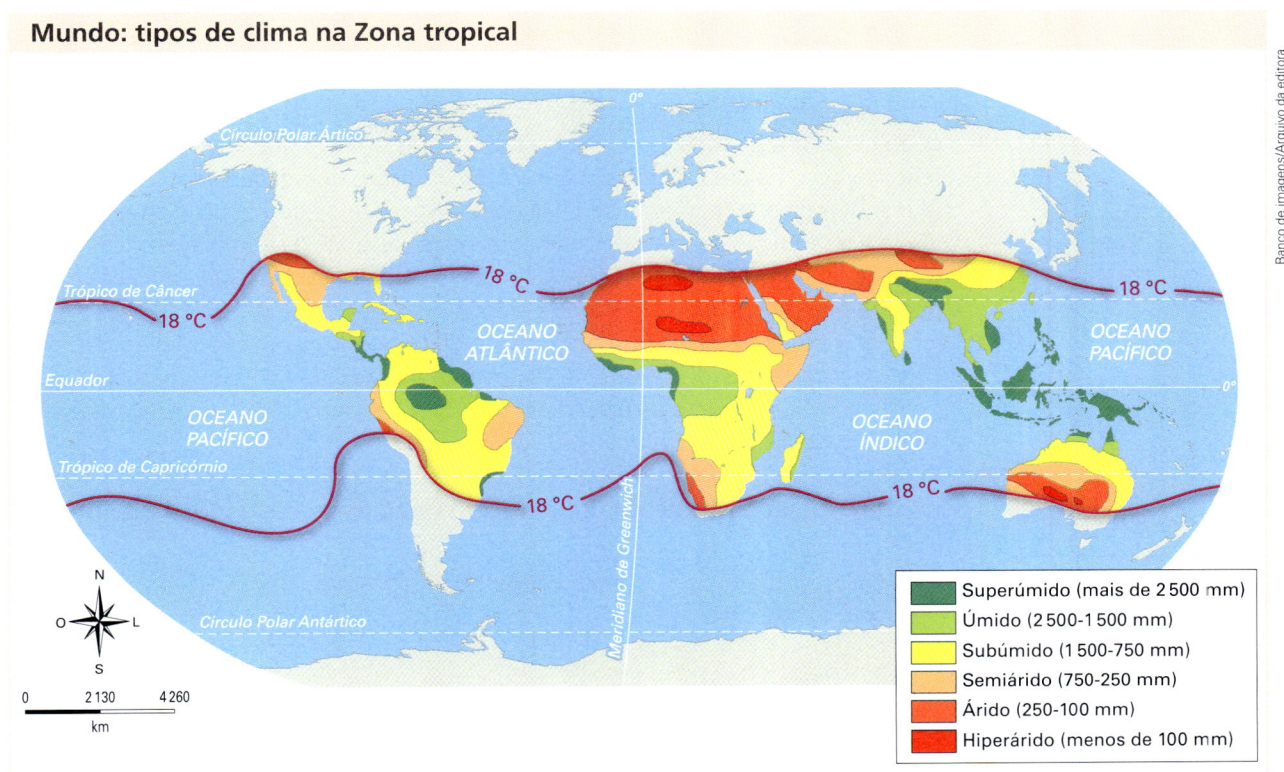

Fonte: CONTI, José Bueno. *Clima e meio ambiente*. São Paulo: Atual, 2011. p. 20-21.

Neste mapa, a Zona tropical é delimitada pela isoterma de 18 °C e não pelos trópicos de Câncer e de Capricórnio.

Isoterma: linha que, numa representação cartográfica, une pontos da superfície terrestre com a mesma temperatura (média anual ou absoluta).

> Consulte o livro **Clima e meio ambiente**, de José Bueno Conti. Veja orientações na seção **Sugestões de textos, vídeos e sites**.

A grande extensão latitudinal do território brasileiro é um importante fator de diferenciação climática. Observe, no mapa e no gráfico a seguir, a variação das temperaturas médias em cidades situadas ao nível do mar, mas em diferentes latitudes. À medida que aumenta a latitude, diminuem as temperaturas médias e aumenta a amplitude térmica anual, que é a diferença entre a maior e a menor temperatura média mensal ao longo do ano.

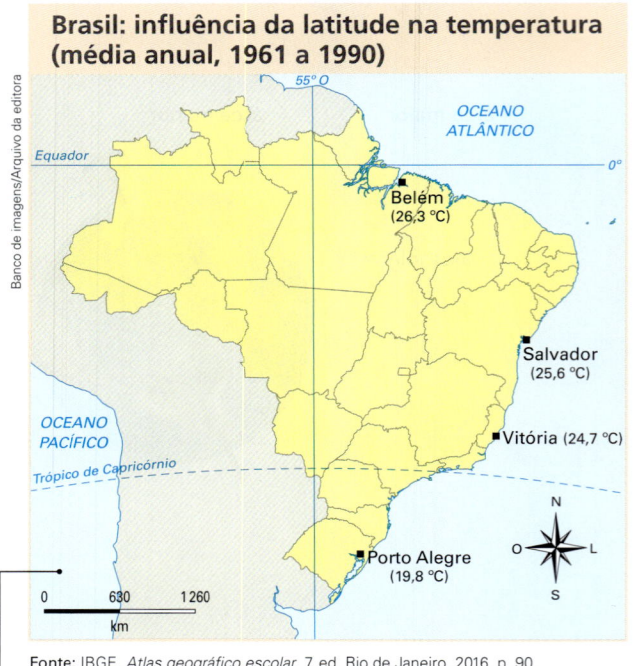

Fonte: IBGE. *Atlas geográfico escolar*. 7. ed. Rio de Janeiro, 2016. p. 90.

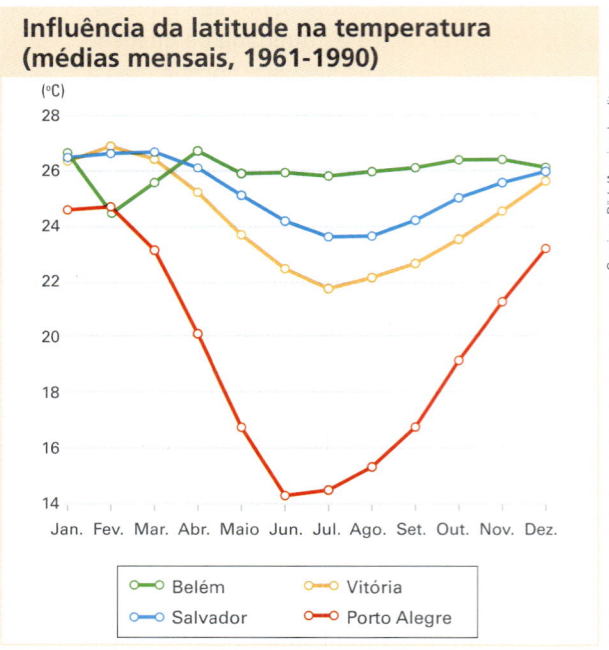

Fonte: INSTITUTO NACIONAL DE METEOROLOGIA (INMET). Gráficos climatológicos (1931-1960 e 1961-1990). Disponível em: <www.inmet.gov.br/portal/index.php?r=clima/graficosClimaticos>. Acesso em: 31 maio 2018.

Outros fatores contribuem para a diferenciação climática do território brasileiro, entretanto o fato de essas cidades estarem ao nível do mar permite uma comparação sem a influência da altitude.

ALTITUDE

Quanto maior for a altitude, menor será a temperatura média do ar. Isso porque, quanto maior a altitude, menor a pressão atmosférica, o que torna o ar mais rarefeito, ou seja, há uma menor concentração de gases, umidade e materiais particulados. Como há menor densidade de gases e partículas de vapor de água e poeira, diminui a retenção de calor nas camadas mais elevadas da atmosfera e, em consequência, a temperatura é menor. Além disso, nas maiores altitudes, a área de superfície que recebe e irradia calor é menor.

O gráfico a seguir mostra a diferença de temperatura média mensal em duas cidades localizadas praticamente à mesma latitude, mas em altitudes diferentes: Vitória (ES) fica próxima do nível do mar, e Belo Horizonte (MG), em região serrana, com altitude média de 850 metros.

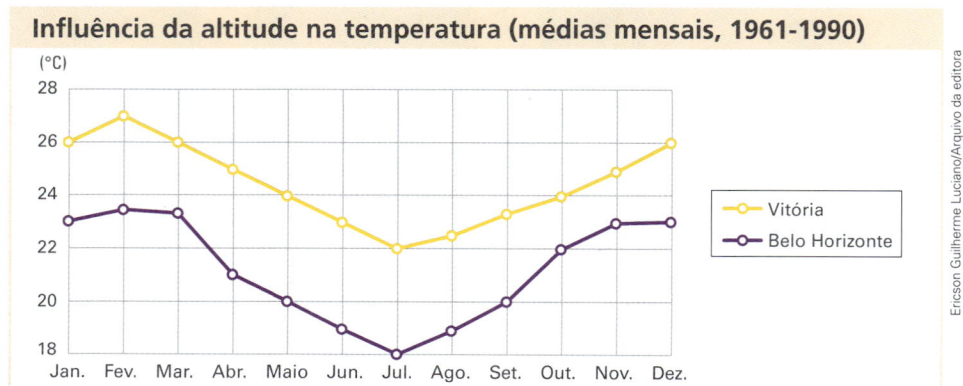

Fonte: INSTITUTO NACIONAL DE METEOROLOGIA (INMET). Gráficos climatológicos (1931-1960 e 1961-1990). Disponível em: <www.inmet.gov.br/portal/index.php?r=clima/graficosClimaticos>. Acesso em: 31 maio 2018.

ALBEDO

O tipo de superfície atingida pelos raios solares também exerce influência na diferença de temperatura atmosférica. O índice de reflexão de uma superfície – o **albedo** – varia de acordo com sua cor. A cor, por sua vez, depende de sua composição química e de seu estado físico. A neve, por ser branca, reflete até 90% dos raios solares incidentes, como pode ser visto no esquema abaixo, enquanto a Floresta Amazônica, por ser verde-escura, reflete até 20%. Quanto menor o albedo, maior a absorção de raios solares, maior o aquecimento e, consequentemente, a irradiação de calor.

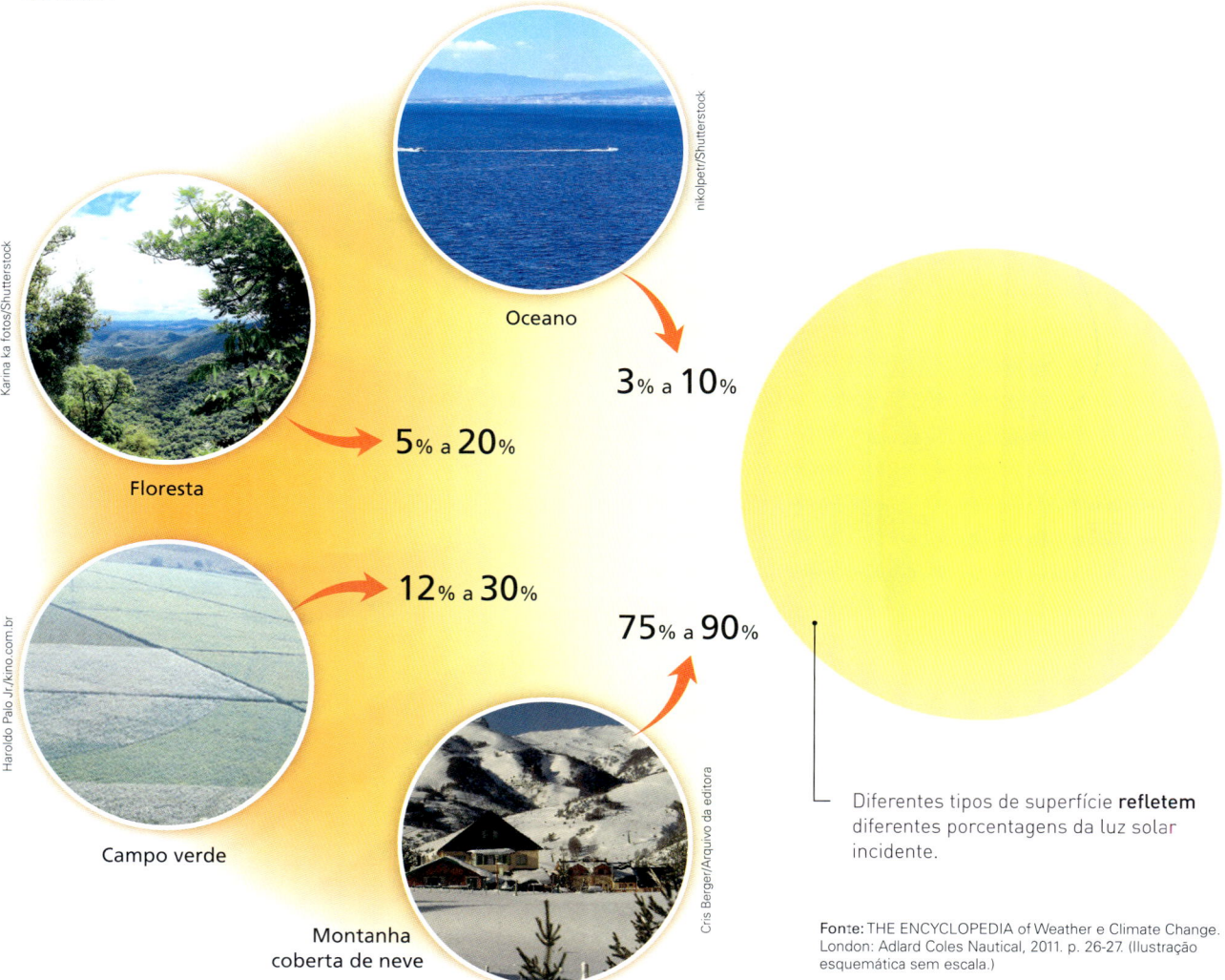

Diferentes tipos de superfície **refletem** diferentes porcentagens da luz solar incidente.

Fonte: THE ENCYCLOPEDIA of Weather e Climate Change. London: Adlard Coles Nautical, 2011. p. 26-27. (Ilustração esquemática sem escala.)

MASSAS DE AR

São grandes porções da atmosfera que possuem características comuns de temperatura, umidade e pressão e podem se estender por milhares de quilômetros. Formam-se quando o ar permanece estável por um tempo sobre uma superfície homogênea (o oceano, as calotas polares ou uma floresta, por exemplo) e se deslocam por diferença de pressão, levando consigo as condições de temperatura e umidade da região em que se originaram. Elas se transformam pela interação com outras massas, com as quais trocam calor e/ou umidade, e são chamadas de:
- **Oceânicas**: são massas de ar úmidas.
- **Continentais**: são massas de ar secas, embora haja também continentais úmidas, como as que se formam sobre grandes florestas.
- **Tropicais e equatoriais**: são massas de ar quentes.
- **Temperadas e polares**: são massas de ar frias.

CONTINENTALIDADE E MARITIMIDADE

A maior ou menor proximidade de oceanos e mares exerce forte influência sobre a umidade relativa do ar e sobre a temperatura. Em áreas que sofrem influência da **continentalidade** (localização no interior do continente, distante do litoral), a amplitude térmica diária é maior do que em áreas que sofrem influência da **maritimidade** (proximidade de oceanos e mares). Isso ocorre porque a água demora mais para se aquecer e para se resfriar do que os continentes. Observe os mapas desta página, que mostram as temperaturas médias no planeta, e veja os exemplos de Bruxelas e Moscou nos climogramas da página ao lado.

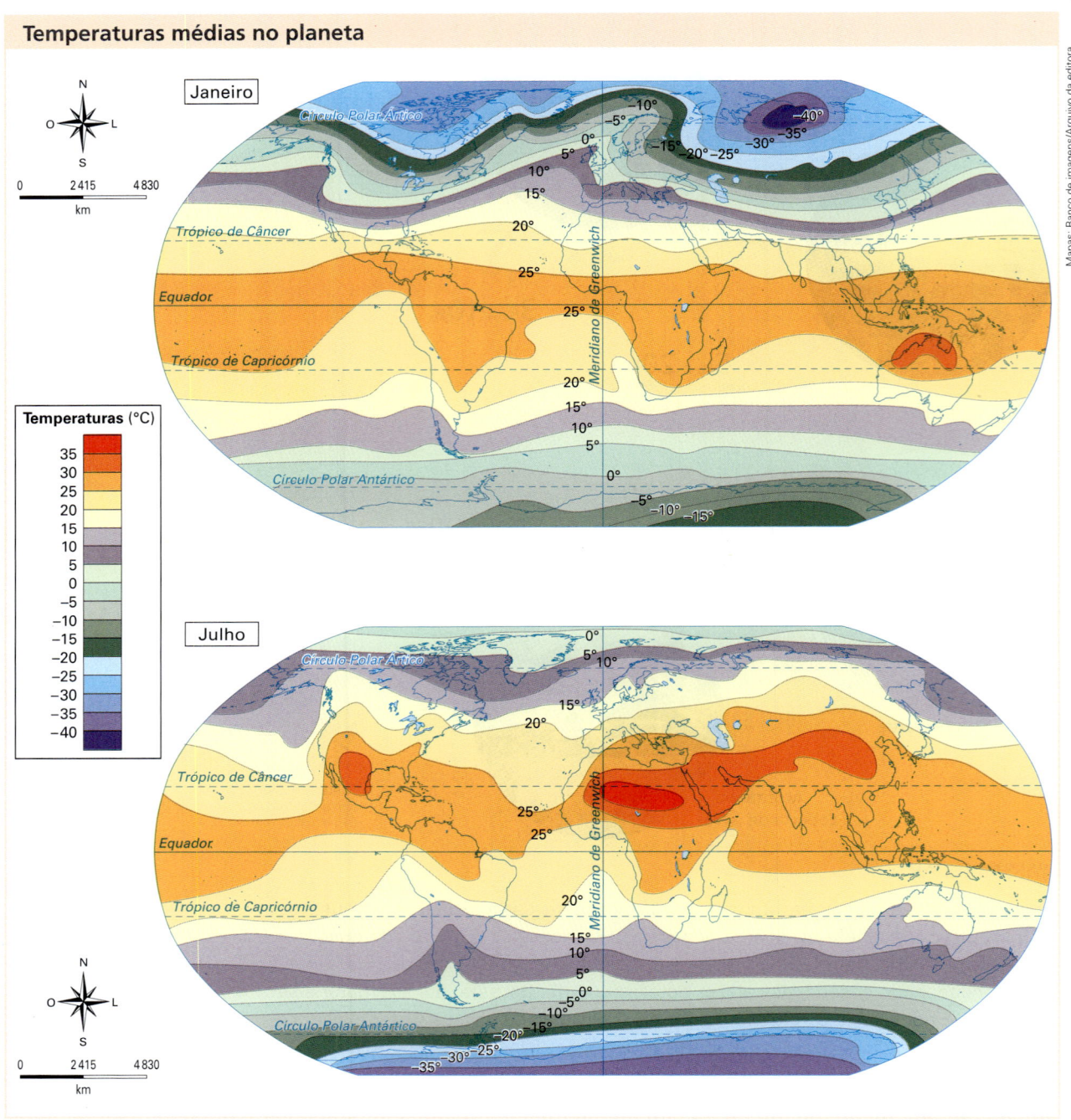

Fonte: SUTTON, Christopher J. *Student Atlas of World Geography*. 8th ed. [s.l.]: McGraw-Hill/Duskin, 2014. p. 10.

A área continental do hemisfério norte é maior que a do sul, o que faz com que, de maneira geral, as oscilações térmicas naquele hemisfério sejam maiores do que as deste último (observe que o hemisfério norte apresenta verões mais quentes e invernos mais frios que os do sul).

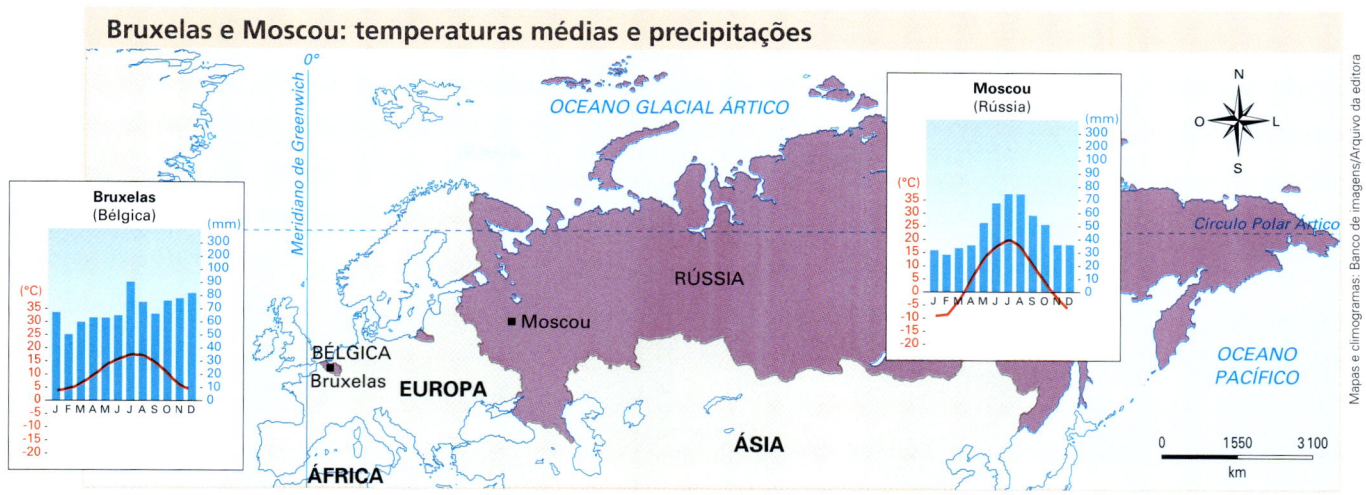

Fonte do mapa: IBGE. *Atlas geográfico escolar.* 7. ed. Rio de Janeiro, 2016. p. 32.

Fonte dos climogramas: CHARLIER, Jarques (Dir.). *Atlas du 21e siécle édition 2012.* Groningen: Wolters-Noordhoff; Paris: Éditions Nathan, 2011. p. 182.

Os climogramas mostram os índices médios mensais de precipitação (barras) e temperatura (linha) de duas cidades europeias: Bruxelas – que sofre forte influência da maritimidade – e Moscou – fortemente influenciada pela continentalidade. Observe que na capital da Rússia a amplitude térmica anual é bem maior que na capital da Bélgica.

CORRENTES MARÍTIMAS

São grandes volumes de água que se deslocam pelo oceano, quase sempre nas mesmas direções, como se fossem "rios" dentro do mar. As correntes marítimas são movimentadas pela ação dos ventos e pela influência da rotação da Terra, que as desloca para oeste – no hemisfério norte, as correntes circulam no sentido horário, e no hemisfério sul, anti-horário. Diferenciam-se em temperatura, salinidade e direção das águas do entorno dos continentes. Causam forte influência no clima, principalmente porque alteram a temperatura atmosférica, e são importantes para a atividade pesqueira: em áreas de encontro de correntes quentes e frias, aumenta a disponibilidade de plâncton, que serve de alimento para cardumes.

Observe que a localização das áreas áridas e semiáridas está condicionada principalmente pela presença de alguma corrente fria. É comum essas correntes provocarem nevoeiros e chuvas no oceano, fazendo com que as massas de ar cheguem ao continente sem umidade.

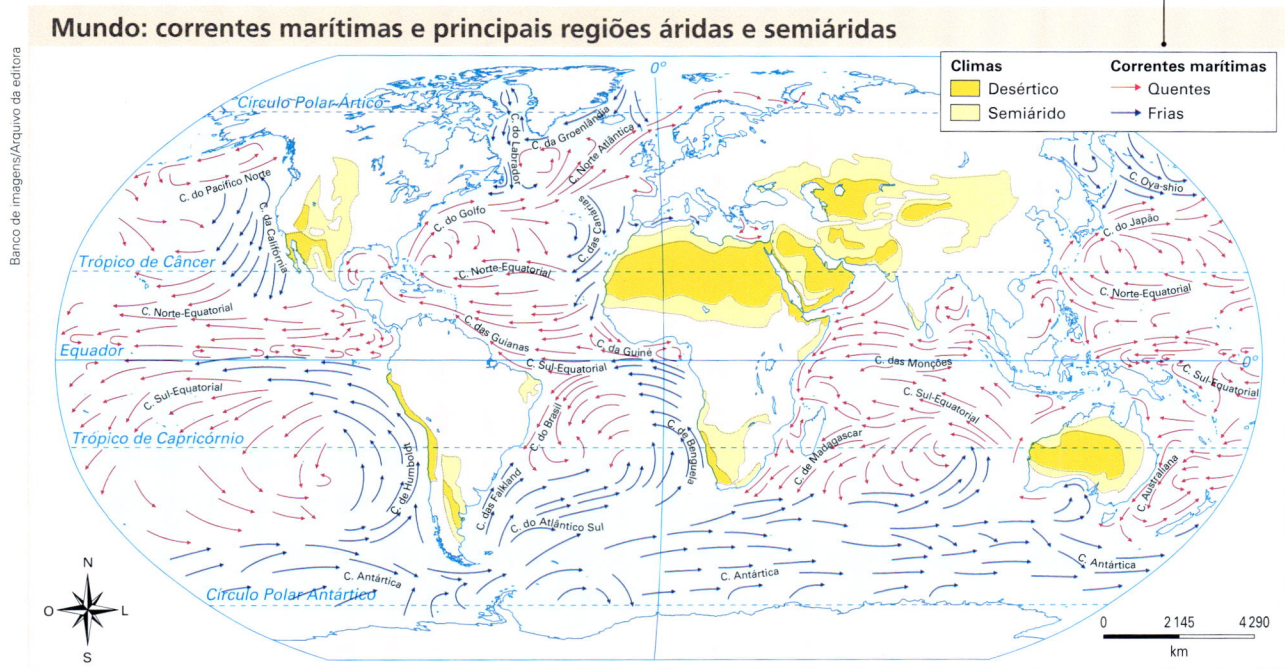

Fonte: IBGE. *Atlas geográfico escolar.* 7. ed. Rio de Janeiro, 2016. p. 58.

A corrente do Golfo, por exemplo, é quente. Ela impede o congelamento do mar do Norte e ameniza os rigores climáticos do inverno em toda a faixa ocidental da Europa. A corrente de Humboldt, no hemisfério sul, e a da Califórnia, no hemisfério norte, são frias. Elas causam queda da temperatura nas áreas litorâneas, o que provoca condensação do ar e chuvas no oceano, fazendo as massas de ar perderem umidade e atingirem o continente secas. Veja na ilustração a seguir os efeitos da corrente de Humboldt.

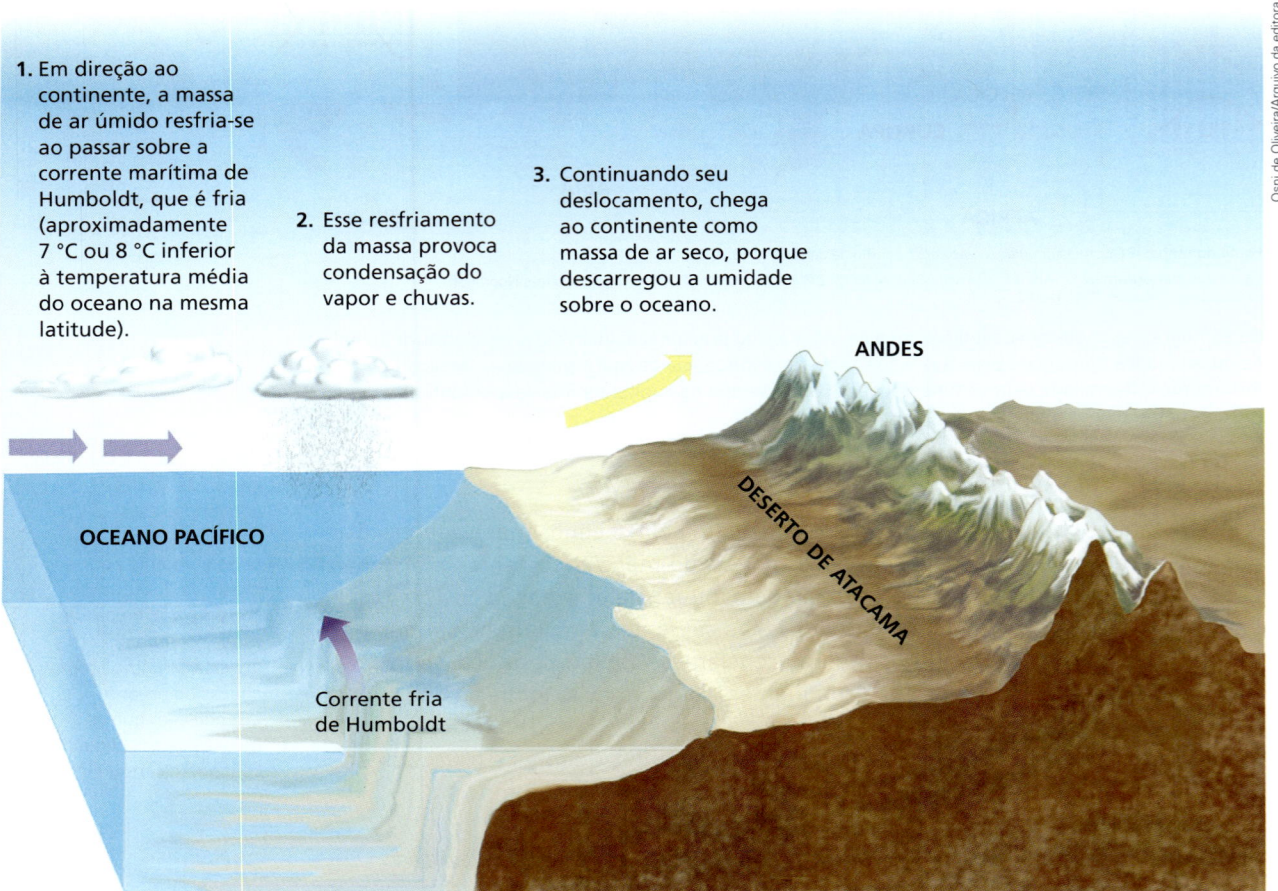

Fonte: OXFORD. Atlas of the World. 23rd ed. New York: Oxford University Press, 2016. p. 326. (Ilustração esquemática sem escala.)

Já as correntes quentes do Brasil (no leste da América do Sul), das Agulhas (no sudeste da África) e a Leste-Australiana (passa pela costa leste da Austrália e da Nova Zelândia) estão associadas a massas de ar quente e úmido, que aumentam a pluviosidade e provocam fortes chuvas de verão no litoral, fato que se acentua quando há presença de serras no continente, que retêm a umidade vinda do mar.

VEGETAÇÃO

Os diferentes tipos de cobertura vegetal influenciam diretamente a absorção e irradiação de calor, além da umidade do ar. Em uma região florestada, as árvores impedem que os raios solares incidam diretamente sobre o solo, diminuindo a absorção de calor e a temperatura. As plantas, por sua vez, retiram umidade do solo pelas raízes e a transferem para a atmosfera através das folhas (transpiração), aumentando a umidade do ar. Isso ajuda a transferir parte da energia solar ao processo de evaporação, diminuindo a quantidade de energia que aquece a superfície e, consequentemente, o ar. Quando ocorre um desmatamento de grandes proporções, portanto, há acentuada diminuição da umidade e elevação significativa das temperaturas médias.

RELEVO

Além de a altitude do relevo influenciar o clima, o próprio relevo facilita ou dificulta a circulação das massas de ar. Na Europa, por exemplo, as planícies existentes no centro do continente facilitam a penetração das massas de ar oceânicas (ventos do oeste), provocando chuvas e reduzindo a amplitude térmica anual. Nos Estados Unidos, as cadeias montanhosas do oeste (serra Nevada, cadeias da Costa) impedem a passagem das massas de ar vindas do oceano Pacífico, o que explica as chuvas que ocorrem na vertente voltada para o mar e a aridez no lado oposto.

No Brasil, a disposição longitudinal das serras no centro-sul do país forma um "corredor" que facilita a circulação da Massa Polar Atlântica e dificulta a circulação da Massa Tropical Atlântica, vinda do oceano (leia o texto e observe no mapa em *Para saber mais*). Não por acaso a vertente da serra do Mar voltada para o Atlântico, em São Paulo, apresenta um dos mais elevados índices pluviométricos do Brasil. Como veremos mais adiante neste capítulo, nessa região predominam as chuvas de relevo.

PARA SABER MAIS

A Massa Polar Atlântica

O relevo plano e baixo da bacia Platina permite que a Massa Polar Atlântica, no inverno do hemisfério sul, atinja o sul da Amazônia ocidental em algumas ocasiões, provocando queda brusca na temperatura, regionalmente conhecida por "friagem". Em 12 de agosto de 1936, no Acre, a temperatura caiu a 7,9 °C, a mais baixa já registrada nesse estado – a média esperada para o período é cerca de 23 °C.

O ramo dessa massa segue pela baixada litorânea e provoca chuvas frontais no litoral nordestino, onde o índice pluviométrico de inverno é maior que o de verão. Já no norte do Paraná, chegando pela calha do rio Paraná, a massa polar provoca geadas.

América do Sul: área de atuação da Massa Polar Atlântica

Fonte: GIRARD, Gisele; ROSA, Jussara Vaz. *Atlas geográfico do estudante*. São Paulo: FTD, 1998. p. 39.

3. ATRIBUTOS OU ELEMENTOS DO CLIMA

Os três atributos climáticos mais importantes são a temperatura, a umidade e a pressão atmosférica.

TEMPERATURA

A temperatura é a intensidade de calor existente na atmosfera. Como vimos, o Sol não aquece o ar diretamente. Seus raios, se não incidirem sobre uma partícula em suspensão (como poeira e vapor de água), atingem a superfície do planeta, que, depois de aquecida, irradia o calor para a atmosfera.

UMIDADE

A umidade é a quantidade de vapor de água presente na atmosfera em determinado momento, resultado do processo de evaporação das águas da superfície terrestre e da transpiração das plantas.

A **umidade relativa**, expressa em porcentagem, é uma relação entre a quantidade de vapor existente na atmosfera num dado momento (**umidade absoluta**, expressa em g/m^3) e a quantidade de vapor de água que essa atmosfera comporta. Quando esse limite é atingido, a atmosfera atinge seu **ponto de saturação** e ocorre a chuva.

Se ao longo do dia a umidade relativa estiver chegando próximo a 100%, há grande possibilidade de ocorrer precipitação. Para chover, o vapor de água tem de se condensar, passando do estado gasoso para o líquido, o que acontece com a queda de temperatura. Em contrapartida, se a umidade relativa for constante ou estiver diminuindo, dificilmente choverá.

É importante destacar que a capacidade de retenção de vapor de água na atmosfera também está associada à temperatura. Quando a temperatura está elevada, os gases estão dilatados e aumenta sua capacidade de retenção de vapor; ao contrário, com temperaturas baixas, os gases ficam mais adensados e é necessária uma menor quantidade de vapor para atingir o ponto de saturação.

As condições de umidade relativa do ar também são importantes para a saúde e determinam a sensação de conforto ou desconforto térmico. Nos dias quentes e úmidos, nosso organismo transpira mais, enquanto nos dias secos se agravam os problemas respiratórios e de irritação de pele.

A precipitação pode ocorrer de várias formas, como a chuva, a neve e o granizo, dependendo das condições atmosféricas.

Chuva em Paraty (RJ), 2017. Durante a ocorrência das chuvas, a umidade relativa do ar é 100%.

A neve é característica de zonas temperadas e frias, quando a temperatura do ar está abaixo de zero. Quando isso ocorre, o vapor de água contido na atmosfera se congela e os flocos de gelo, formados por cristais, precipitam-se.

Já o granizo é constituído de pedrinhas formadas pelo congelamento das gotas de água contidas em nuvens que atingem elevada altitude, chamadas cúmulos-nimbos, que também estão associadas aos temporais com a ocorrência de raios. Esse congelamento acontece quando uma nuvem carregada de gotículas de água encontra uma camada de ar muito fria.

Observe no mapa a seguir a grande variação nos índices de precipitação em nosso planeta.

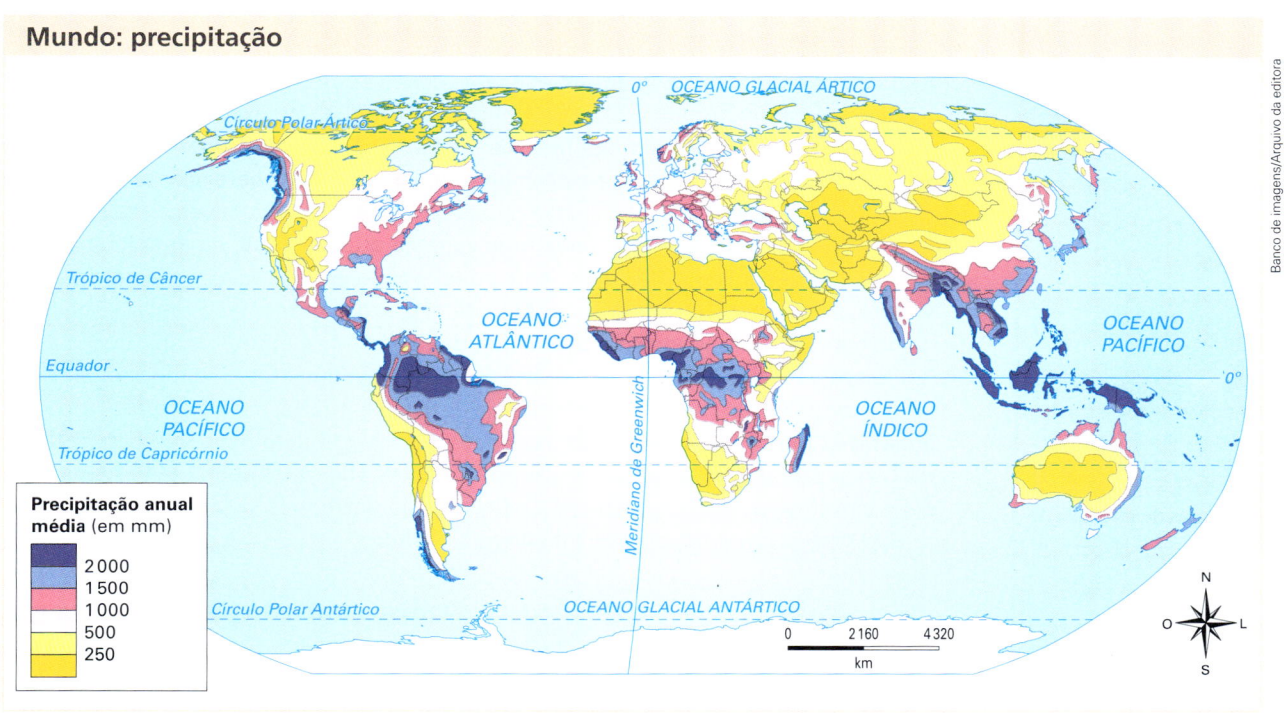

Fonte: SUTTON, Christopher J. *Student Atlas of World Geography*. 8th ed. [s.l.]: McGraw-Hill/Duskin, 2014. p. 6.

Note que, de maneira geral, as maiores médias de precipitação ocorrem nas regiões mais quentes do planeta, na Zona intertropical.

Os cúmulos-nimbos (do latim *cumulus-nimbus*, 'nuvem carregada de chuva') atingem uma altitude aproximada de 10 mil metros, em que a temperatura do ar chega a ser muito baixa, em torno de 50 °C negativos. Na foto, cúmulo-nimbo e chuva com descarga de raios em Santana do Livramento (RS), em 2017.

CAPÍTULO 8 · CLIMAS

PRESSÃO ATMOSFÉRICA

A pressão atmosférica é a medida da força exercida pelo peso da coluna de ar contra uma área da superfície terrestre. Por isso, como podemos observar na ilustração maior reproduzida no final desta página, a pressão atmosférica vai diminuindo com a maior altitude. Além disso, quanto mais elevada a temperatura, maior a movimentação das moléculas de ar e mais elas se distanciam umas das outras – como resultado, mais baixo é o número de moléculas em cada metro cúbico de ar e menor se torna o peso do ar. Portanto, menor a pressão exercida sobre uma superfície. Inversamente, quanto menor a temperatura, maior é a pressão atmosférica.

Como vimos anteriormente, por causa da esfericidade, da inclinação do eixo imaginário e do movimento de translação ao redor do Sol, nosso planeta não é aquecido uniformemente. Isso condiciona os mecanismos da circulação atmosférica do globo terrestre, levando à formação de centros de baixa e de alta pressão, que se alteram continuamente. Observe a ilustração menor, abaixo.

Quando o ar é aquecido, ele fica menos denso e sobe, o que diminui a pressão sobre a superfície e forma uma área de **baixa pressão atmosférica**, também chamada ciclonal, que é receptora de ventos. Ao contrário, quando o ar é resfriado, ele fica mais denso e desce, formando uma zona de **alta pressão**, ou **anticiclonal**, que é emissora de ventos. Esse movimento pode ocorrer entre áreas que distam apenas alguns quilômetros, como o movimento da brisa marítima, ou em escala regional, como o da Massa Equatorial Continental, que atua sobre a Amazônia.

Já em escala planetária temos os ventos alísios, que atuam ininterruptamente, se deslocando das regiões subtropicais e tropicais (alta pressão) para a região equatorial (baixa pressão), e são desviados para oeste pelo movimento de rotação da Terra. Com esse desvio, formam-se os ventos alísios de sudeste no hemisfério sul e os ventos alísios de nordeste no hemisfério norte.

Observe o esquema no início da página ao lado.

Brisa marítima: vento local que durante o dia sopra do oceano para o continente e, à noite, do continente para o oceano, em razão das diferenças de retenção de calor dessas duas superfícies.

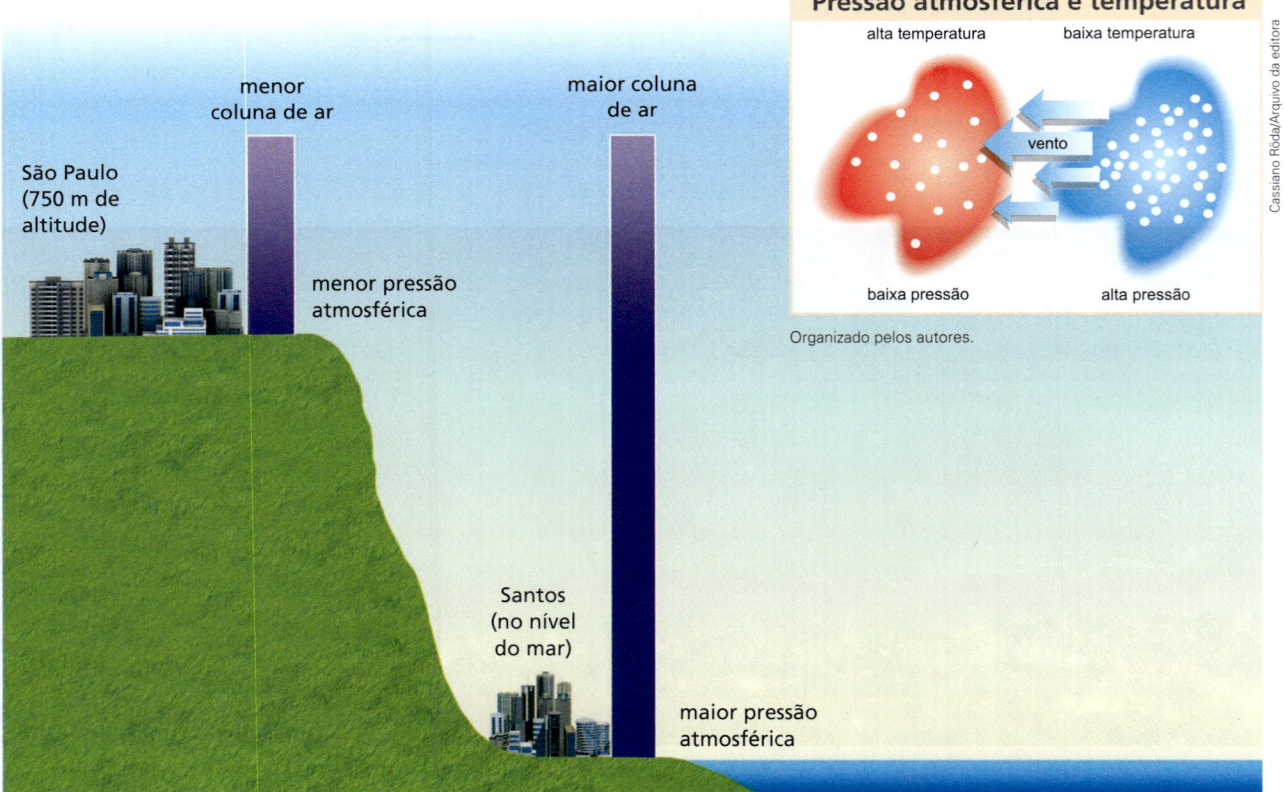

Organizado pelos autores. (Ilustração esquemática sem escala.)

Esquema da circulação atmosférica na Zona intertropical

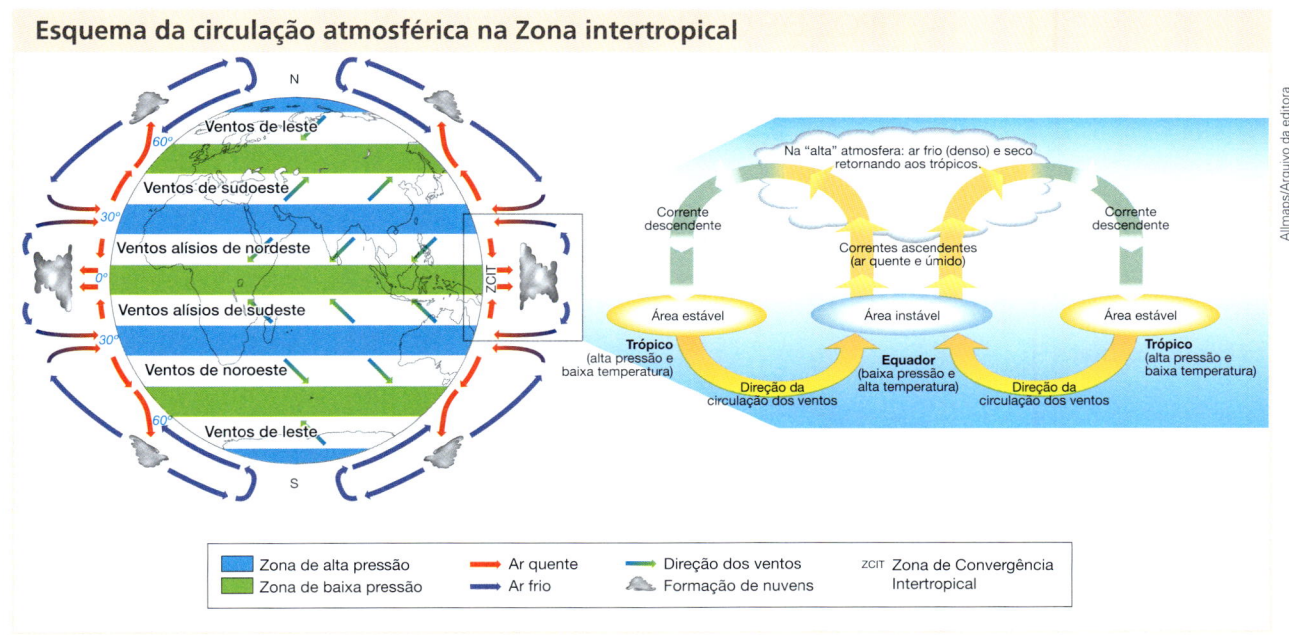

Fonte: OXFORD Atlas of the World. 23rd ed. London: Oxford University Press, 2016. p. 76.

Quando ocorre o deslocamento provocado pela expansão de massas de ar quente e, consequentemente, a formação de frentes quentes, temos uma situação na qual o ar se desloca das áreas de maior temperatura para as de menor, como podemos observar no mapa a seguir.

Mundo: pressão atmosférica e ventos em janeiro

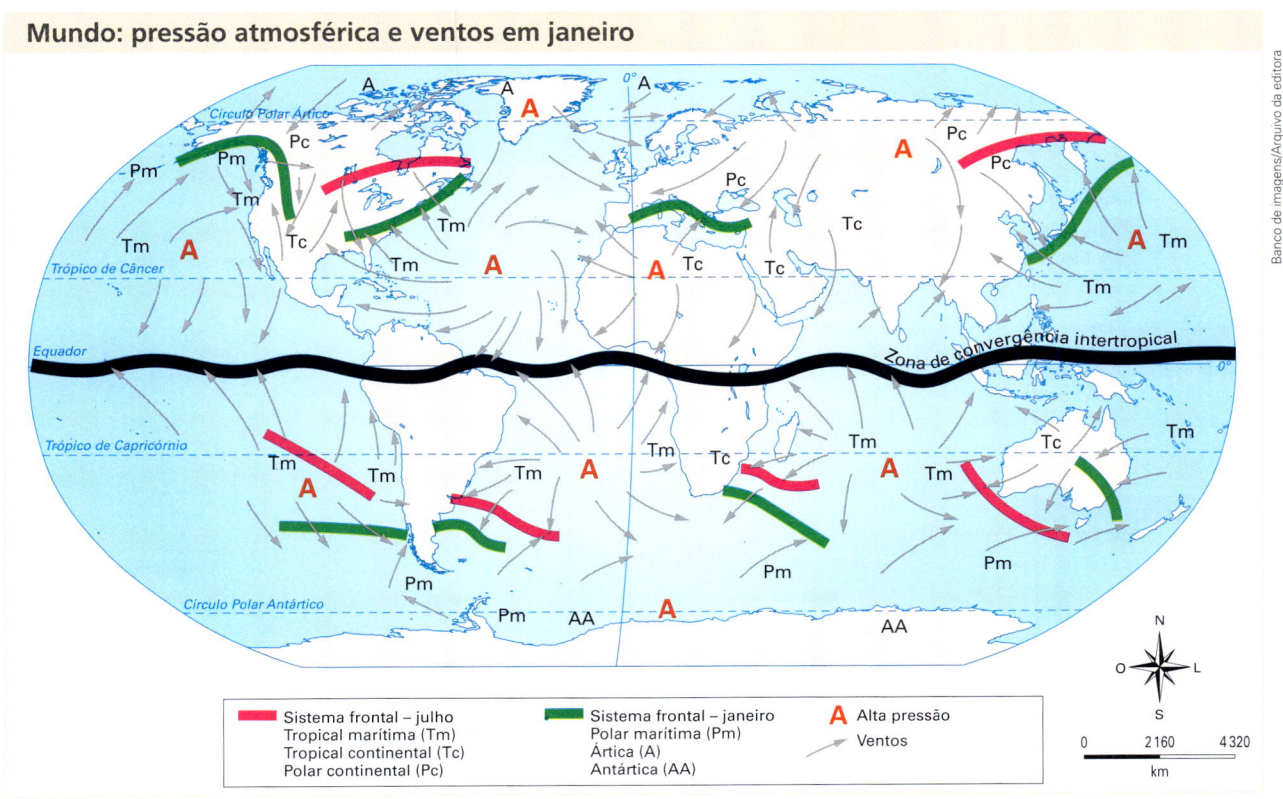

Fonte: COLLEGE Atlas of the World. 2nd ed. Washington, D.C.: National Geographic/Wiley, 2010. p. 32.

Consulte os *sites* da **National Oceanic and Atmospheric Administration (NOAA)**, da **World Meteorological Organization (WMO)** e do **Instituto Astronômico e Geofísico (IAG)**, da Universidade de São Paulo. Veja orientações na seção **Sugestões de textos, vídeos e *sites*.**

4. TIPOS DE CLIMA

As diferentes combinações dos fatores climáticos dão origem a vários tipos de clima. O planisfério abaixo apresenta uma classificação por grandes regiões do planeta; portanto, não fornece informações sobre as diferenças encontradas no interior de cada região, como as decorrentes das variações locais de altitude e de outras características de relevo e dos graus diferenciados de urbanização. Dois dos elementos do clima (temperatura e umidade) estão expressos nos climogramas das cidades destacadas no mapa abaixo.

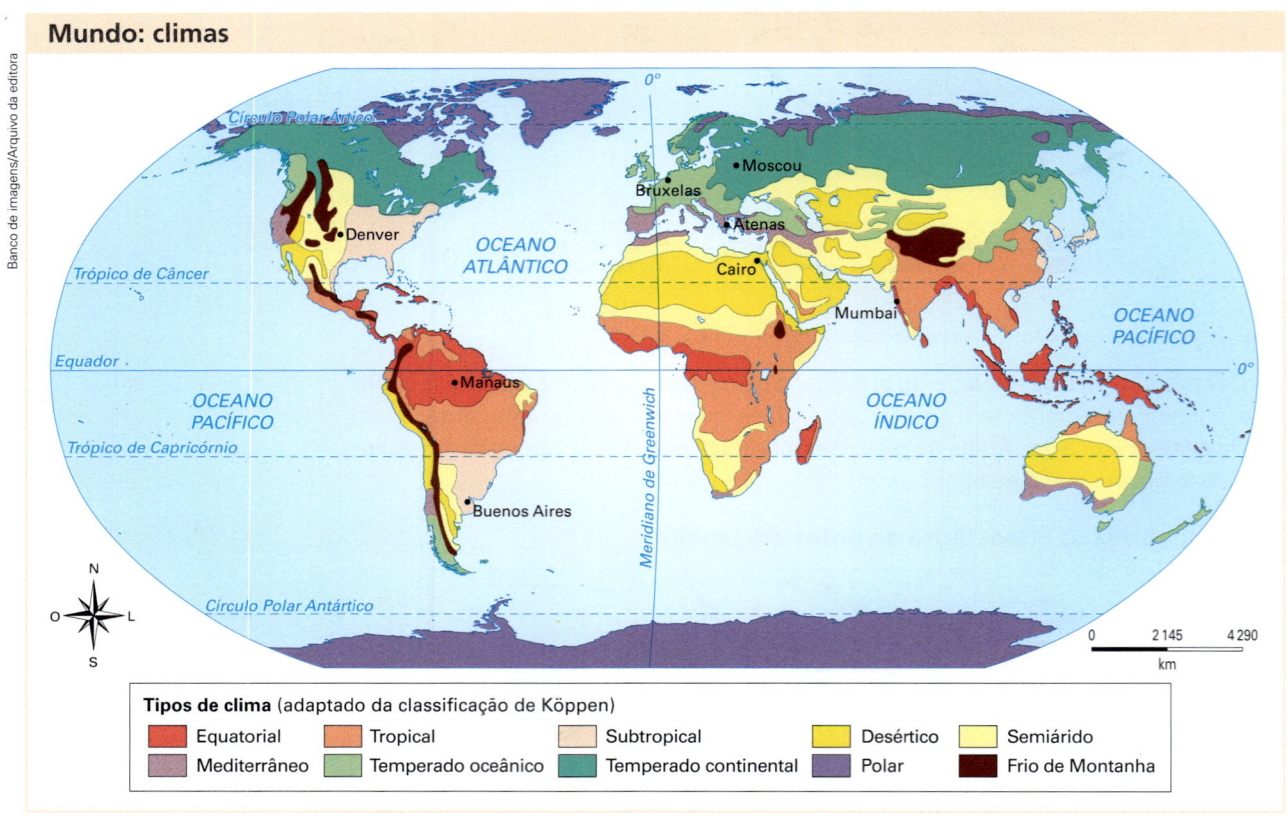

Fonte: IBGE. *Atlas geográfico escolar*. 7. ed. Rio de Janeiro, 2016. p. 61.

Esse mapa foi adaptado da classificação de Köppen, na qual são consideradas as médias de temperaturas e chuvas em um intervalo de pelo menos 30 anos. Os gráficos dos climas temperado oceânico (Bruxelas) e temperado continental (Moscou) estão disponíveis para consulta na página 127.

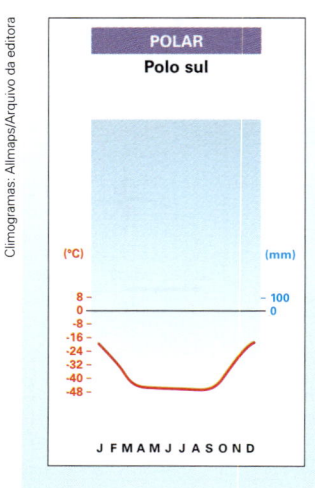
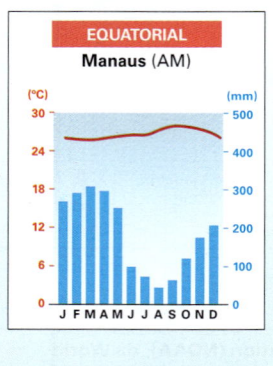
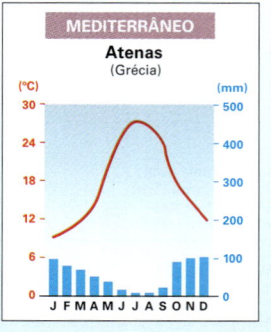
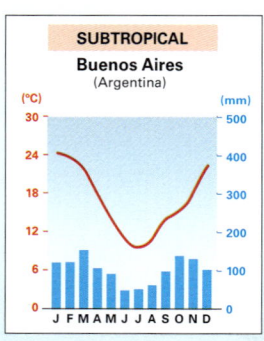

Polar (ou **glacial**): ocorre em regiões de latitudes elevadas, próximas aos círculos polares Ártico e Antártico, onde, por causa da inclinação do eixo terrestre, os raios solares incidem de forma oblíqua e há grande variação na duração do dia e da noite – e, consequentemente, na quantidade de radiação absorvida ao longo do ano. É um clima de baixas temperaturas o ano inteiro, atingindo no máximo 10 °C nos meses de verão (observe o climograma do polo sul na página ao lado).

Temperado: é apenas nas zonas climáticas temperadas e frias desta classificação que encontramos uma definição clara das quatro estações do ano: primavera, verão, outono e inverno. Há uma nítida distinção entre as localidades que sofrem influência da maritimidade ou da continentalidade.

No **clima temperado oceânico**, a amplitude térmica é menor e a pluviosidade, maior (como exemplo, reveja o climograma de Bruxelas na página 127). No **clima temperado continental** as variações de temperatura diária e anual são bastante acentuadas e os índices pluviométricos são menores (reveja o climograma de Moscou na página 127).

Mediterrâneo: regiões que apresentam esse clima têm verões quentes e secos, invernos amenos e chuvosos. Observe sua distribuição nas médias latitudes, em todos os continentes (veja o climograma de Atenas na página ao lado).

Tropical: as áreas de clima tropical apresentam duas estações bem definidas: inverno, geralmente ameno e seco, e verão, geralmente quente e chuvoso (observe o climograma de Mumbai nesta página).

Equatorial: ocorre na zona climática mais quente do planeta. Caracteriza-se por temperaturas elevadas (médias mensais em torno de 25 °C), com pequena amplitude térmica anual, já que as variações de duração entre o dia e a noite e de inclinação de incidência dos raios solares são mínimas. Quanto ao regime das chuvas, o índice supera os 3 000 mm/ano nas áreas mais chuvosas e cai para 1 500 mm/ano nas áreas menos chuvosas (observe o climograma de Manaus na página ao lado).

Subtropical: característico das regiões localizadas em médias latitudes, como Buenos Aires (observe o climograma na página ao lado), nas quais já começam a se delinear as quatro estações do ano. Tem chuvas abundantes e bem distribuídas, verões quentes e invernos frios, com significativa amplitude térmica anual.

Desértico (ou **Árido**): por causa da falta de umidade, caracteriza-se por elevada amplitude térmica diária e sazonal. Os índices pluviométricos são inferiores a 250 mm/ano (observe o climograma do Cairo nesta página).

Semiárido: clima de transição, caracterizado por chuvas escassas e mal distribuídas ao longo do ano. Ocorre tanto em regiões tropicais, onde as temperaturas são elevadas o ano inteiro, quanto em zonas temperadas, onde os invernos são frios (veja o climograma de Denver nesta página).

Climogramas: Allmaps/Arquivo da editora

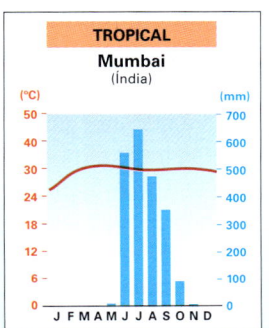
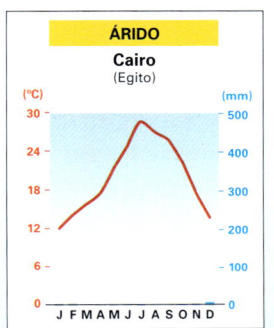
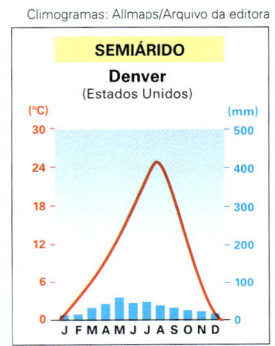

Fonte do climograma de Manaus: INSTITUTO NACIONAL DE METEOROLOGIA (INMET). Gráficos climatológicos (1931-1960 e 1961-1990). Disponível em: <www.inmet.gov.br/portal/index.php?r=clima/graficosClimaticos>. Acesso em: 31 maio 2018.
Fonte dos outros climogramas: ATLAS National Geographic. *A Terra e o Universo*. São Paulo: Abril, 2008. v. 12. p. 26-27.

Os climogramas mostram as médias de temperatura e pluviosidade de um lugar específico e representam as características médias de um tipo climático, que na realidade é diverso. Por exemplo, nem toda a área de clima equatorial apresenta um climograma exatamente igual ao de Manaus, mas também não difere muito dele. Por isso, costuma-se fazer essa generalização de características climáticas de um lugar para uma região.

5. CLIMAS NO BRASIL

Por possuir 92% do território na Zona intertropical do planeta, grande extensão no sentido norte-sul e litoral com forte influência das massas de ar oceânicas, o Brasil apresenta predominância de climas quentes e úmidos. Em apenas 8% do território, ao sul do trópico de Capricórnio, ocorre o clima subtropical, que apresenta maior variação térmica e estações do ano mais bem definidas.

Como podemos observar nos mapas, cinco massas de ar atuam no território brasileiro:

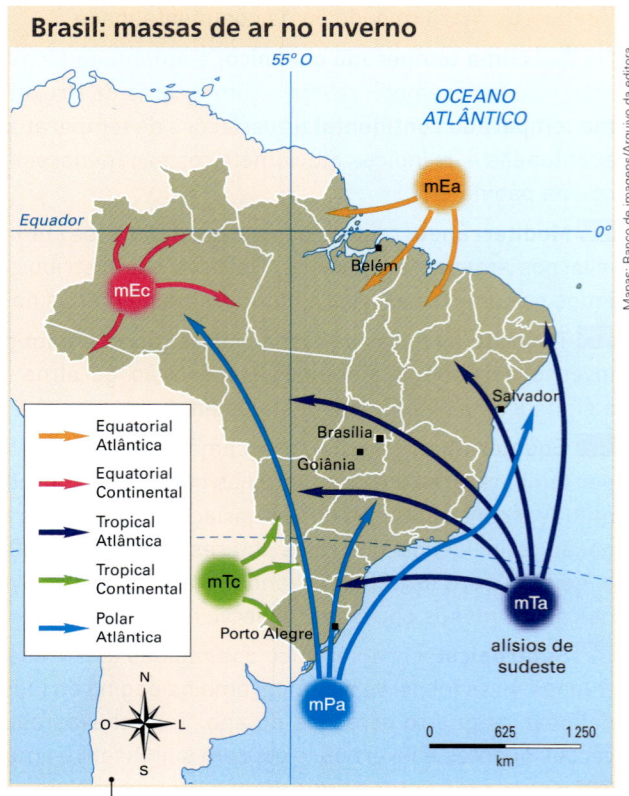

Fonte: GIRARDI, Gisele; ROSA, Jussara Vaz. *Atlas geográfico do estudante*. São Paulo: FTD, 2011. p. 25.

Note que as massas de ar equatoriais e tropicais têm sua ação atenuada no inverno em razão do avanço da Massa Polar Atlântica.

mEa (Massa Equatorial Atlântica): quente e úmida;
mEc (Massa Equatorial Continental): quente e úmida (apesar de continental, é úmida por se originar na Amazônia);
mTa (Massa Tropical Atlântica): quente e úmida;
mTc (Massa Tropical Continental): quente e seca;
mPa (Massa Polar Atlântica): fria e úmida.

Quanto à ação das massas de ar, é possível verificar nos climogramas da página ao lado que:

- em Belém, assim como em grande parte da Amazônia, o clima é quente e úmido o ano inteiro porque lá atuam somente massas quentes e úmidas (mEc e mEa). O índice de chuvas apresenta grande variação entre os meses do ano, mas a umidade relativa do ar permanece elevada mesmo nos períodos em que chove menos;
- em Porto Alegre e em outras áreas de clima subtropical ocorrem verões quentes e invernos frios para o padrão brasileiro, com chuvas bem distribuídas, porque as massas de ar que lá atuam são quentes no verão (mTa) e frias no inverno (mPa) e ambas são úmidas;
- quando a mTa e a mPa se encontram, forma-se uma frente fria e há ocorrência de chuvas.

Consulte o *site* do **Instituto Nacional de Meteorologia (INMET)**. Visite também o *site* do **Centro de Previsão de Tempo e Estudos Climáticos (CPTEC)**. Veja orientações na seção **Sugestões de textos, vídeos e *sites***.

Existem vários mapas de classificação climática, elaborados com diferentes critérios. A classificação climática representada nos mapas a seguir foi elaborada pelo IBGE. Ela foi organizada com base na medição sistemática da temperatura e nos índices pluviométricos em estações meteorológicas espalhadas pelo país.

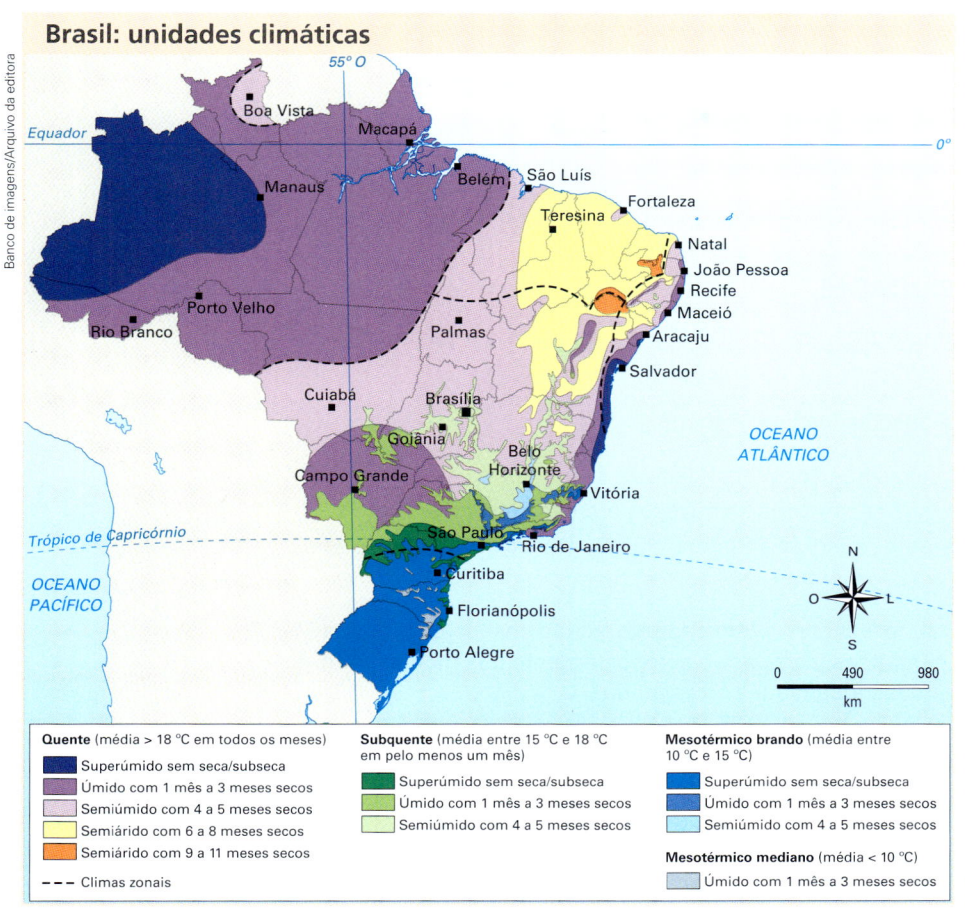

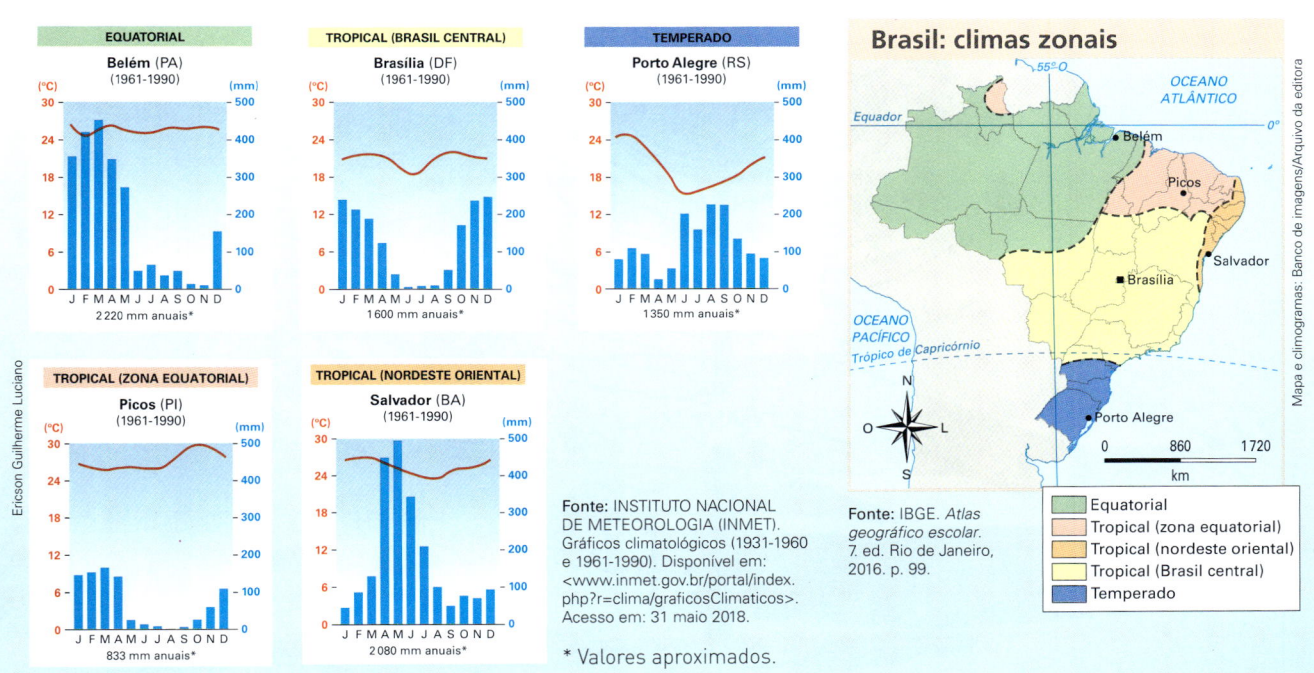

* Valores aproximados.

CAPÍTULO 8 • CLIMAS 137

ATIVIDADES

COMPREENDENDO CONTEÚDOS

1. Qual é a diferença entre tempo e clima? A cena da tirinha da abertura retrata as condições do tempo ou do clima?

2. Explique a influência da latitude e da altitude no clima.

3. Qual é a influência das massas de ar no clima?

4. Relacione as massas de ar com as características do clima no território brasileiro.

DESENVOLVENDO HABILIDADES

Observe novamente os climogramas de Porto Alegre e Brasília, na página 137, e faça as atividades 5 e 6.

5. A que tipo de clima está associado cada gráfico?

6. Compare o regime de chuvas nas duas localidades e responda:
   a) Quais são os meses mais secos e mais chuvosos em cada gráfico?
   b) Qual é, aproximadamente, o índice anual de chuvas em Porto Alegre? E em Brasília?

7. Escolha dois climogramas presentes neste capítulo. Relacione-os com os mapas das classificações climáticas, compare o comportamento das médias mensais de temperatura nas duas localidades e responda:
   a) Quais são os meses mais quentes e os mais frios?
   b) Qual é a amplitude térmica anual em cada cidade?
   c) Qual é o tipo de clima associado a cada uma delas? Descreva as características da temperatura e da umidade no inverno e no verão de cada um deles.

8. Pesquise em um mapa a localização de Cambará do Sul (RS). Considerando o que você aprendeu neste capítulo, explique que fatores climáticos contribuem para que esse município apresente esta paisagem em dias mais frios.

Cambará do Sul, na serra Gaúcha (RS), 2013.

CAPÍTULO 9

OS FENÔMENOS CLIMÁTICOS E A INTERFERÊNCIA HUMANA

Queimada florestal criminosa na Amazônia, no município de Apuí (AM), em 2017. Este é um dos exemplos de agressão ambiental provocada pela ação humana e que, entre outras consequências, provoca alterações climáticas.

Desde sua origem, há cerca de 4,6 bilhões de anos, a Terra sempre sofreu mudanças climáticas. No início, o planeta era uma esfera incandescente que foi se resfriando lentamente. Há aproximadamente 4 bilhões de anos, a crosta terrestre começou a adquirir forma e, com o passar de milhões de anos, se tornou mais espessa. Os vulcões entraram em erupção e começaram a emitir gases, que formaram a atmosfera. O vapor de água se condensou, constituindo os oceanos. Há cerca de 250 milhões de anos, como vimos no capítulo 5, os continentes formavam um único bloco, com condições climáticas muito diferentes das atuais.

As glaciações, as erupções vulcânicas e o El Niño são fenômenos naturais que provocam alterações climáticas em diversas escalas no tempo geológico. Entretanto, a poluição atmosférica e os desmatamentos provocados pela ação humana também têm alterado o clima no planeta. Neste capítulo, vamos estudar as consequências das atividades humanas no sistema climático.

Erupção vulcânica lançando gases na atmosfera no Japão, em 2018. Este tipo de fenômeno natural também provoca alterações climáticas e ambientais.

1. INTERFERÊNCIAS HUMANAS NO CLIMA

A ação humana sobre o clima ocorre em diferentes escalas. Queimadas florestais ou usinas termelétricas, por exemplo, podem lançar grandes quantidades de poluentes na atmosfera. A ação individual de cada habitante é um importante fator para a busca do equilíbrio ambiental.

O EFEITO ESTUFA E O AQUECIMENTO GLOBAL

O efeito estufa é um fenômeno natural e fundamental para a vida na Terra. Ele consiste na retenção do calor irradiado pela superfície terrestre nas partículas de gases e de água em suspensão na atmosfera, evitando que a maior parte desse calor se perca no espaço exterior. Sem esse fenômeno, seria impossível a vida na Terra como a conhecemos hoje (veja o infográfico nas páginas 142 e 143).

A crescente emissão de certos gases que têm capacidade de absorver calor, como o metano, os clorofluorcarbonetos (CFCs) e, principalmente, o dióxido de carbono, faz com que a atmosfera retenha mais calor do que deveria em seu estado natural. O problema, portanto, não está no efeito estufa, mas em sua intensificação, causada pelo desequilíbrio da composição atmosférica. A intensa e permanente queima de combustíveis fósseis e de florestas tem elevado os níveis de dióxido de carbono na atmosfera desde a Primeira Revolução Industrial, com efeitos cumulativos. O gráfico abaixo mostra a participação dos países na emissão de dióxido de carbono.

A Organização Meteorológica Mundial (WMO, na sigla em inglês) e o Programa das Nações Unidas para o Meio Ambiente (Pnuma) criaram, em 1988, o Painel Intergovernamental de Mudanças Climáticas (IPCC, na sigla em inglês), um grupo formado por 2500 cientistas de 130 países, para discutir o aquecimento global provocado pela intensificação do efeito estufa.

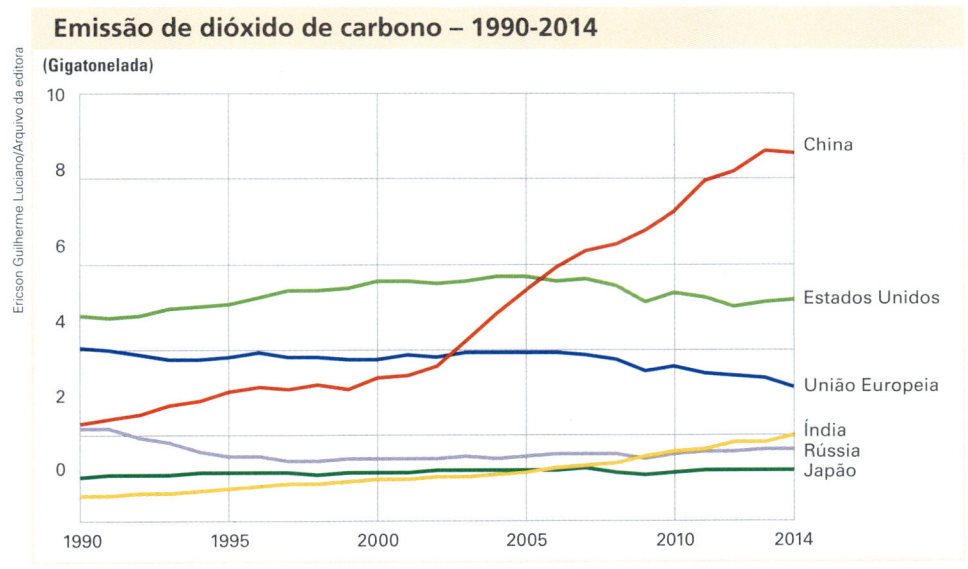

Fonte: INTERNATIONAL ENERGY AGENCY. World Energy Outlook Special Report. *Energy and Climate Change*. Disponível em: <www.iea.org/publications/freepublications/publication/weo-2015-special-report-2015-energy-and-climate-change.html>. Acesso em: 16 abr. 2018.

Segundo o 5º relatório do IPCC, divulgado em 2013, poderá ocorrer um aumento de 4 °C na temperatura do planeta até 2100. O relatório também afirma que a concentração de gases estufa na atmosfera continua aumentando, que o nível do mar está subindo e que a probabilidade de o aquecimento global ser causado por ações humanas é de 95%. Outra possível consequência do aquecimento global é a alteração nos climas e na distribuição das plantas pela superfície do planeta. O aumento da temperatura modifica o metabolismo e a transpiração das plantas, alterando a quantidade de água necessária ao seu desenvolvimento. Disso deve decorrer o aumento da produtividade agrícola em algumas regiões e a diminuição em outras.

> Consulte os *sites* do **Ministério do Meio Ambiente (MMA)** e da **National Oceanic and Atmospheric Administration (NOAA)**. Veja orientações na seção **Sugestões de textos, vídeos e *sites***.

INFOGRÁFICO

EFEITO ESTUFA

O efeito estufa natural mantém a temperatura média do planeta em torno de 15 °C. Se não houvesse retenção de calor na atmosfera, a temperatura média do planeta seria negativa, próxima de –18 °C.

ESTUFA NATURAL
Geralmente, parte do calor emitido pela Terra volta ao espaço e parte continua nela, mantendo a temperatura na superfície. No entanto, a ação humana tem causado um aumento na retenção desse calor, podendo resultar em um aumento da temperatura média do planeta. Veja na sequência ao lado como isso ocorre.

1 Energia solar
Cerca de 30% da energia solar que atinge a atmosfera é refletida em suas camadas superiores e retorna ao espaço.

2 Absorção e conversão
Cerca de 20% da energia total que atinge a Terra é absorvida na superfície e depois irradiada na forma de calor.

O GÁS METANO
O gás metano tem uma capacidade de retenção de calor cerca de vinte vezes superior à do CO_2. Suas principais fontes de emissão são a flatulência de animais, a decomposição de lixo e o cultivo de arroz em terras inundadas. A pecuária de bovinos, ovinos e outros animais e a agricultura de várzea são responsáveis por cerca de 15% da poluição atmosférica mundial.

EMISSÃO DE GASES DO EFEITO ESTUFA

Muitos gases são emitidos em decorrência das atividades humanas, exceto o vapor de água presente naturalmente na atmosfera.

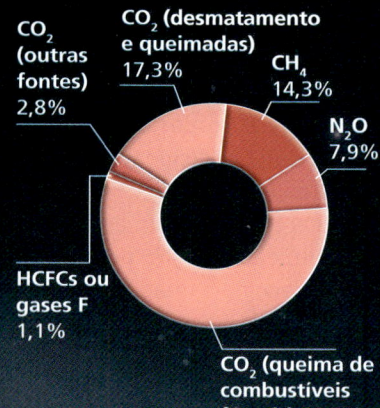

- CO_2 (outras fontes) 2,8%
- CO_2 (desmatamento e queimadas) 17,3%
- CH_4 14,3%
- N_2O 7,9%
- HCFCs ou gases F 1,1%
- CO_2 (queima de combustíveis fósseis) 56,6%

AÇÃO HUMANA

Os principais fatores de emissão de dióxido de carbono na atmosfera são provenientes das queimadas, principalmente em florestas tropicais, e da queima de combustíveis fósseis para obtenção da energia utilizada em transportes, indústrias, serviços e residências.

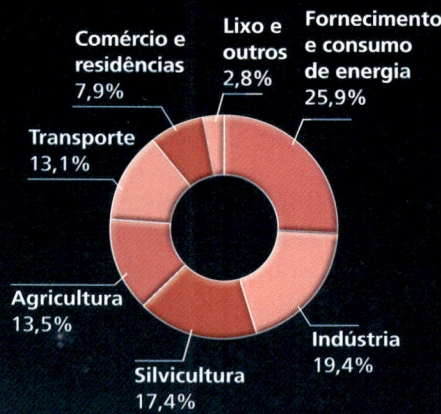

- Comércio e residências 7,9%
- Lixo e outros 2,8%
- Fornecimento e consumo de energia 25,9%
- Transporte 13,1%
- Agricultura 13,5%
- Silvicultura 17,4%
- Indústria 19,4%

AQUECIMENTO GLOBAL

Mesmo os locais mais isolados já apresentam sinais de que a poluição está espalhada por todo o planeta. O arquipélago do Havaí, por exemplo, está localizado distante dos grandes centros urbano-industriais, mas os dados do gráfico mostram aumento da concentração de CO_2 em um lugar isolado como esse.

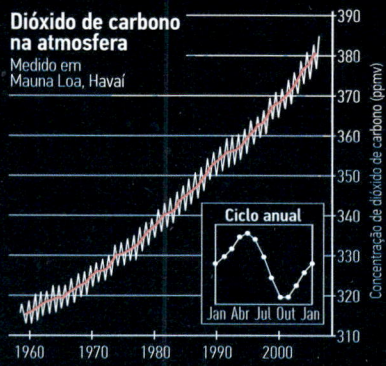

Dióxido de carbono na atmosfera
Medido em Mauna Loa, Havaí

3 Intervenção humana

O dióxido de carbono e outros gases estufa emitidos pelas atividades humanas armazenam o calor irradiado e a energia solar refletida pela Terra. O aumento na concentração de gases estufa aumenta a retenção desse calor nas camadas inferiores da atmosfera e provoca aumento na temperatura média.

CALOR COM CHUVA

O aumento na temperatura média do planeta provoca aumento da evaporação e, portanto, da concentração de vapor de água na atmosfera, o que causa um armazenamento ainda maior de calor.
Na região central das grandes cidades, o aumento da temperatura resultante da "ilha de calor" aumenta a evaporação e provoca índices de chuva maiores que na periferia.

Fonte: elaborado com base em OXFORD Essential World Atlas. 5ª ed. New York: Oxford University Press, 2008. p. 15.

REDUÇÃO DA CAMADA DE OZÔNIO DIALOGANDO COM FÍSICA

De toda a radiação solar que atinge a superfície da Terra, 45% é luz visível, 45% é radiação infravermelha e 10% são raios ultravioleta, cujo aumento de intensidade poderia comprometer as condições de vida no planeta e a própria sobrevivência da espécie humana.

Acima dos 15 km de altitude, há uma grande concentração de ozônio na atmosfera, o que forma uma espécie de escudo ou filtro natural, com cerca de 30 km de espessura, contra a ação dos raios ultravioleta.

Desde a década de 1980, os satélites meteorológicos vêm fornecendo imagens que mostram a destruição da camada de ozônio, principalmente sobre a Antártida. O principal responsável por essa destruição é o gás CFC (clorofluorcarbono), usado como fluido de refrigeração em geladeiras e aparelhos de ar-condicionado e como solvente nas embalagens de aerossóis e nas espumas plásticas.

Em 1987, 120 países assinaram o Protocolo de Montreal (Canadá), um acordo de redução do uso de CFC, culminando em sua total substituição até 1996 por outras substâncias inofensivas ao ozônio. Além de um grande buraco na camada de ozônio sobre a Antártida, foram detectados miniburacos sobre o polo norte. A preocupação era se a circulação atmosférica não faria esses buracos aumentarem, atingindo regiões mais habitadas. Governos e indústrias, sob pressão da sociedade civil, criaram iniciativas para colocar em prática os acordos firmados pelo Protocolo de Montreal. Como mostra a imagem a seguir, desde então houve uma significativa redução de tamanho no buraco e já há projeções de que a camada de ozônio pode ser completamente recomposta até meados deste século.

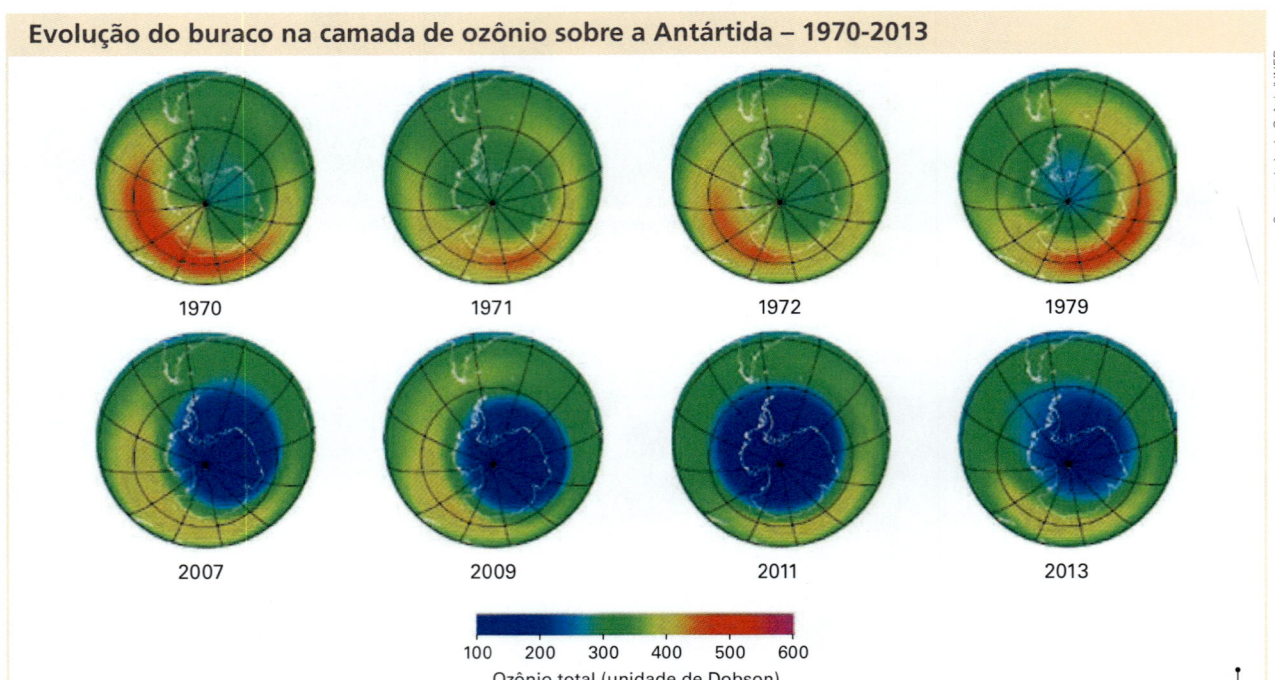

Evolução do buraco na camada de ozônio sobre a Antártida – 1970-2013

Fonte: UNITED NATIONS ENVIRONMENT PROGRAMME (UNEP). *Synthesis of the 2014 Reports of the Scientific, Environmental Effects, and Technology & Economic Assessment Panels of the Montreal Protocol*. October 2015. Disponível em: <http://ozone.unep.org/en/Assessment_Panels/SynthesisReport2014.pdf>. Acesso em: 16 abr. 2018.

A escala de cores mostra a concentração de ozônio na atmosfera (unidade de Dobson), variando de 100 a 600 unidades. Na sequência de imagens é possível observar o aumento da área onde houve diminuição da concentração de ozônio na atmosfera (área em azul, popularmente conhecida como buraco na camada de ozônio).

Verifique que o ano de 2011 apresentou o maior "buraco" na camada de ozônio, mas em 2013 ele havia reduzido um pouco. A redução é explicada pela diminuição no lançamento de gases que agridem a camada de ozônio. O Programa das Nações Unidas para o Meio Ambiente prevê que ela estará totalmente recomposta por volta de 2070.

ILHAS DE CALOR

A ilha de calor é uma das mais evidentes demonstrações da ação humana como fator de mudança climática. O fenômeno resulta da elevação das temperaturas médias nas áreas urbanizadas das grandes cidades, em comparação com áreas vizinhas. Observe os fatores de sua ocorrência e sua representação gráfica nas imagens desta página.

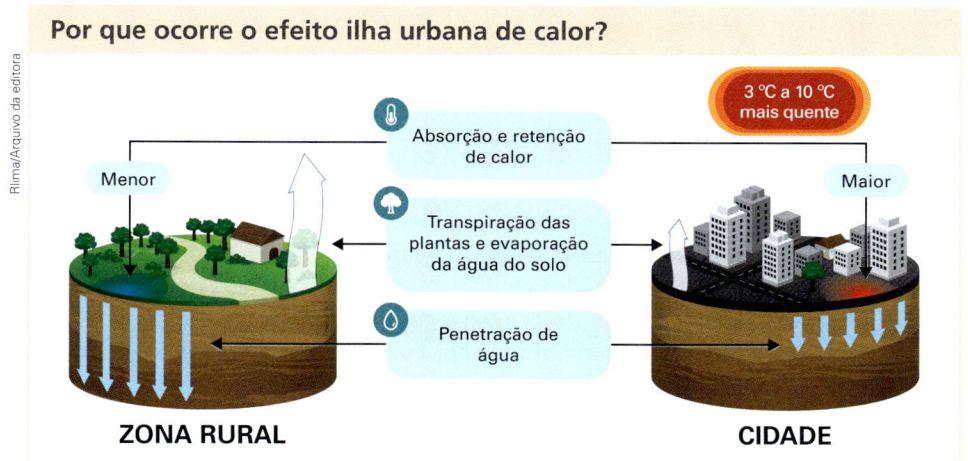

Fonte: PIVETTA, Marcos. Ilha de calor na Amazônia. *Pesquisa Fapesp*, ed. 200, out. 2012. Disponível em: <http://revistapesquisa.fapesp.br/2012/10/11/ilha-de-calor-na-amazonia>. Acesso em: 31 maio 2018.

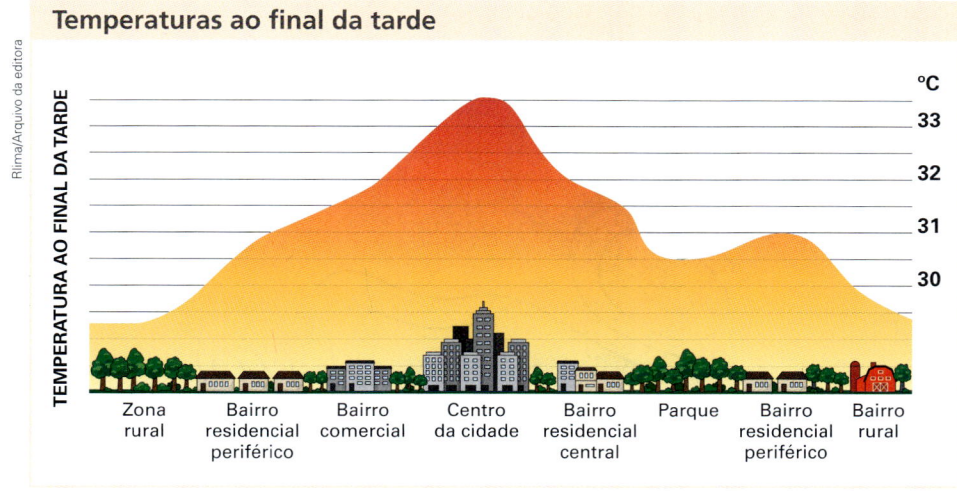

Fonte: OLIVEIRA, Bruno Silva. Ilhas de calor em centros urbanos. *Instituto Nacional de Pesquisas Espaciais*. Disponível em: <www.dsr.inpe.br/vcsr/files/16a-Ilhas_de_calor_em_centros_urbanos.pdf>. Acesso em: 16 abr. 2018.

A diferença de temperatura entre o centro das grandes cidades e as áreas periféricas pode chegar até 10 °C. Isso ocorre por causa das diferenças de irradiação de calor entre as áreas impermeabilizadas e as áreas verdes. A substituição da vegetação por elementos urbanos faz aumentar significativamente a irradiação de calor para a atmosfera. Além disso, nas zonas centrais das grandes cidades é muito maior a concentração de gases e materiais particulados lançados por veículos automotores, que produzem um efeito estufa localizado e aumentam a retenção de calor. A isso se soma o calor liberado pelos motores dos veículos, o que acentua o fenômeno da ilha de calor. Nas grandes metrópoles, os veículos atingem milhões de unidades.

A formação de ilhas de calor facilita a ascensão do ar, formando uma zona de baixa pressão. Isso faz com que os ventos soprem, pelo menos durante o dia, para essa área central. No caso das grandes metrópoles com elevados índices de poluição, os ventos que sopram de zonas industriais periféricas rumo às zonas centrais concentram ainda mais poluentes. Nessas cidades, do alto dos prédios ou quando se está chegando por uma estrada, pode-se ver nitidamente uma "cúpula" acinzentada recobrindo-as.

AS CHUVAS ÁCIDAS — DIALOGANDO COM QUÍMICA

A combinação de gás carbônico e água presentes na atmosfera produz ácido carbônico, que dá às chuvas uma pequena acidez. O fenômeno das chuvas ácidas de origem antrópica, entretanto, causa graves problemas por resultar da elevação anormal dos níveis de acidez da atmosfera, em consequência do lançamento de poluentes produzidos, sobretudo, por atividades urbano-industriais. Trata-se de mais um fenômeno atmosférico causado, em escala local e regional, pela emissão de poluentes das indústrias, dos meios de transporte e de outras fontes de combustão. Os principais causadores desse fenômeno são o dióxido de nitrogênio e o trióxido de enxofre – que é a combinação do dióxido de enxofre, emitido pela queima de combustíveis fósseis, e do oxigênio, já presente na atmosfera.

O trióxido de enxofre lançado na atmosfera se combina com água em suspensão e transforma-se em ácido sulfúrico. Já o dióxido de nitrogênio, em ácido nítrico e nitroso. Esses três ácidos têm elevada capacidade de corrosão.

Cerca de 90% do dióxido de enxofre é eliminado pela queima do carvão e do petróleo. Já pelo menos 70% do dióxido de nitrogênio é emitido pelos veículos automotores. Enquanto a concentração do primeiro está gradativamente diminuindo na atmosfera, a do segundo está aumentando por causa da maior utilização do transporte rodoviário.

Os países que mais colaboram para a emissão desses gases são os industrializados do hemisfério norte. Por isso, as chuvas ácidas ocorrem com mais intensidade nessas nações, principalmente no nordeste da América do Norte e na Europa ocidental, como se pode ver no mapa abaixo.

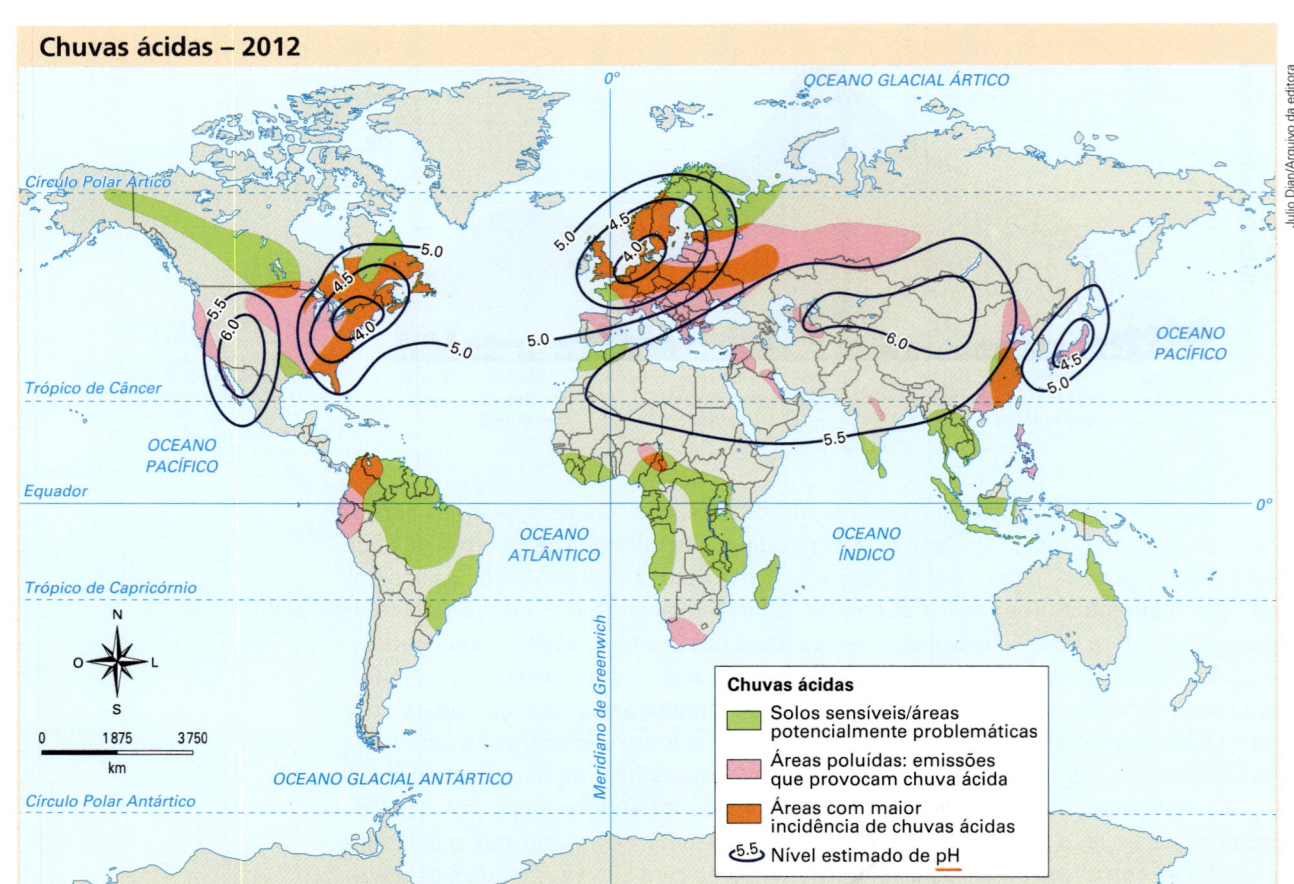

Fonte: SUTTON, Christopher J. *Student Atlas of World Geography*. 8th ed. [s.l.]: McGraw-Hill/Duskin, 2014. p. 95.

pH: expressão quantitativa para acidez ou alcalinidade de uma solução química. A escala pH varia de 0 a 14 (o pH 7 é neutro; o pH menor que 7 é ácido; e o pH maior que 7 é alcalino ou básico). Portanto, quanto menor o pH, maior a acidez.

A ação corrosiva da chuva ácida foi detectada no século XVIII e sua intensidade vem aumentando. Além de causar corrosão de metais e deterioração de monumentos históricos – alguns extremamente valiosos, como os monumentos gregos de Atenas –, as chuvas ácidas provocam impactos, muitas vezes, a centenas de quilômetros das fontes poluidoras.

Outra consequência das chuvas ácidas é a destruição da cobertura vegetal, mais intensa quanto mais próximo das fontes poluidoras. Essa tragédia ecológica é muito comum em países desenvolvidos. Entretanto, esse fenômeno ocorre no Brasil de forma significativa na região metropolitana de São Paulo, nas cidades mineiras onde se produz aço e no Rio Grande do Sul, próximo às termelétricas movidas a carvão (reveja o mapa de chuvas ácidas na página anterior).

O caso mais grave, porém, aconteceu nas décadas de 1980 e 1990 em Cubatão, município da Região Metropolitana da Baixada Santista (SP). Em alguns pontos da escarpa da serra do Mar, nas proximidades das principais fontes poluidoras, parte da vegetação de pequeno e médio porte desapareceu. As árvores resistiram à poluição, mas, com a morte dos vegetais de pequeno porte, o solo ficou exposto, o que favoreceu a ocorrência de escorregamentos e agravou o desmatamento das encostas. Nos últimos anos, a diminuição da emissão de poluentes pelas indústrias do polo petroquímico e siderúrgico de Cubatão permitiu a reconstituição da vegetação nas encostas afetadas pelo processo.

Como vamos estudar também no capítulo 12, a preocupação com os impactos ambientais, como os que vimos neste capítulo, vem desde a Conferência das Nações Unidas sobre o Homem e o Meio Ambiente, realizada na Suécia (Estocolmo) em 1972. As questões lá apontadas afloraram novamente na Conferência das Nações Unidas sobre o Meio Ambiente e Desenvolvimento realizada no Rio de Janeiro em 1992, na Rio + 10, realizada em Johannesburgo em 2002, e de forma mais tímida na Rio + 20, no Rio de Janeiro, em 2012.

Mesmo quando os países não chegaram a um acordo, como ocorreu num importante encontro realizado em Copenhague pelo Quadro das Nações Unidas sobre Mudança do Clima (COP 15), houve consenso mundial sobre a necessidade de compatibilizar crescimento econômico e conservação do meio ambiente para as futuras gerações, o que significa a defesa de um desenvolvimento sustentável.

Estátua de bronze corroída pela chuva ácida em Montevidéu (Uruguai), em 2015.

Vista parcial de emissão de poluentes por indústrias químicas, em Cubatão (SP), com a serra do Mar ao fundo (foto de 2017). Note que a poluição tende a ficar concentrada no vale porque a serra dificulta sua dispersão.

2. FENÔMENOS NATURAIS

No transcorrer da história geológica, o planeta passou por várias mudanças em sua estrutura física, como a deriva continental, e seus sistemas climáticos, como a ocorrência de vários períodos glaciais – o último terminou há cerca de 11 mil anos.

Os fenômenos naturais provocam grandes alterações no clima de nosso planeta, tanto em escala local quanto global.

INVERSÃO TÉRMICA

As inversões térmicas acontecem em escala local por apenas algumas horas, mais frequentes nos meses de inverno, em períodos de penetração de massas de ar frio. São mais comuns no final da madrugada e no início da manhã. Durante esse período, ocorre o pico da perda de calor do solo por irradiação; portanto, as temperaturas são mais baixas. Quando a temperatura próxima ao solo cai abaixo de 4 °C, o ar, frio e pesado, fica retido em baixas altitudes. Esse fenômeno ocorre preferencialmente em áreas conhecidas como "fundo de vale", que permitem o aprisionamento do ar frio. Camadas mais elevadas da atmosfera são ocupadas com ar relativamente mais quente, que não consegue descer. Como resultado, a circulação atmosférica local fica bloqueada por certo tempo, com o ar frio permanecendo embaixo e o ar quente acima – daí o nome inversão térmica. Logo após o nascer do sol, à medida que o solo e o ar próximo a ele vão se aquecendo, o fenômeno vai gradativamente se desfazendo. O ar aquecido passa a subir e o ar resfriado, a descer, recuperando o padrão habitual da circulação atmosférica e desfazendo a inversão térmica.

Esse fenômeno é mais comum em áreas onde o solo ganha bastante calor durante o dia e o irradia com intensidade à noite, como as grandes cidades. Por apresentarem extensa área construída, desmatada e impermeabilizada por cimento e asfalto, absorvem grande quantidade de calor durante o dia; à noite, no entanto, perdem calor rapidamente. No meio urbano isso vem acompanhado de um problema extra: com a concentração do ar frio nas camadas mais baixas da atmosfera, ocorre também a retenção de poluentes, uma séria questão ambiental. É importante destacar que, em regiões onde o ar não é poluído, a ocorrência de inversão térmica não provoca nenhum impacto ambiental.

Durante o período de inversão térmica, a concentração de poluentes atmosféricos aumenta e, por vezes, há proibição de circulação de veículos nos centros urbanos. A foto mostra o fenômeno no inverno de 2017, em São Paulo (SP).

EL NIÑO

O El Niño é um fenômeno climático natural que ocorre em escala planetária e se manifesta aproximadamente a cada dois ou sete anos, em intervalos variados. Ele resulta de um aquecimento (de 3 °C a 7 °C acima da média) das águas do oceano Pacífico nas proximidades da linha do equador, como podemos observar nos esquemas a seguir.

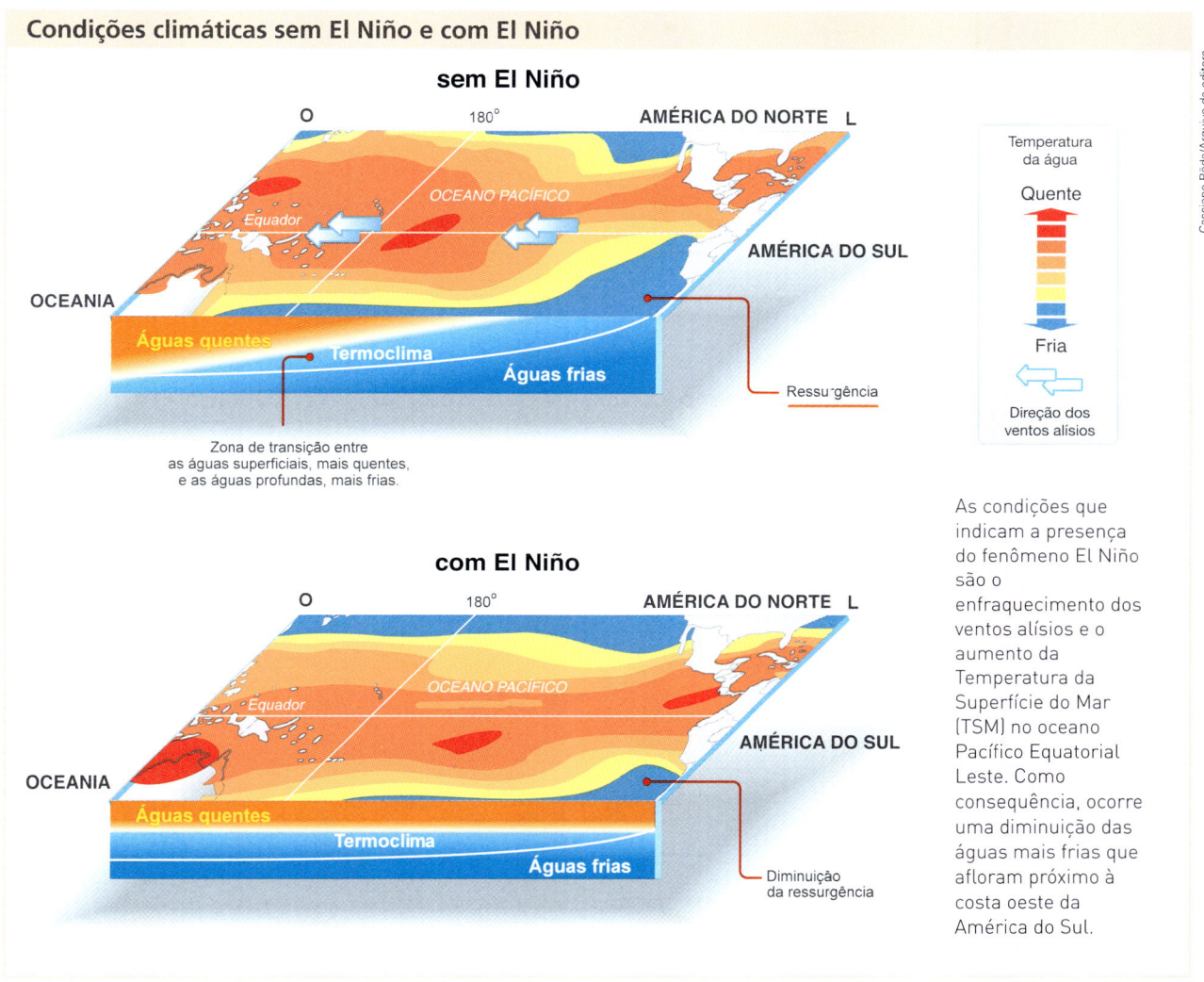

As condições que indicam a presença do fenômeno El Niño são o enfraquecimento dos ventos alísios e o aumento da Temperatura da Superfície do Mar (TSM) no oceano Pacífico Equatorial Leste. Como consequência, ocorre uma diminuição das águas mais frias que afloram próximo à costa oeste da América do Sul.

Fonte: CENTRO DE PREVISÃO DE TEMPO E ESTUDOS CLIMÁTICOS (CPTEC/INPE). Disponível em: <http://enos.cptec.inpe.br/animacao/pt>. Acesso em: 23 abr. 2018.

Nos anos em que o fenômeno ocorre, a América do Sul sofre ainda a ação de uma massa de ar quente e úmida periódica que atua no sentido noroeste-sudeste. No Brasil, essa massa de ar desvia a umidade da Massa Equatorial Continental, a responsável pelas chuvas na Caatinga, em direção ao sul do país. A consequência é a ocorrência de enchentes no Brasil meridional e de seca na região do clima semiárido nordestino e extremo norte do país, principalmente em Roraima. Outra consequência é o desvio da Massa Polar Atlântica para o oceano Atlântico antes de atingir a região Sudeste, o que atenua a queda normal de temperaturas no inverno.

Existe outro fenômeno que ocorre com menor frequência. Denominado **La Niña**, provoca um resfriamento das águas superficiais do Pacífico na costa peruana, o que também altera as zonas de alta e baixa pressão, provocando mudanças na direção dos ventos e das massas de ar. As causas que determinam o aparecimento desses dois fenômenos naturais são desconhecidas. Observe os mapas da página a seguir.

Ressurgência: processo pelo qual a água fria sobe à superfície.

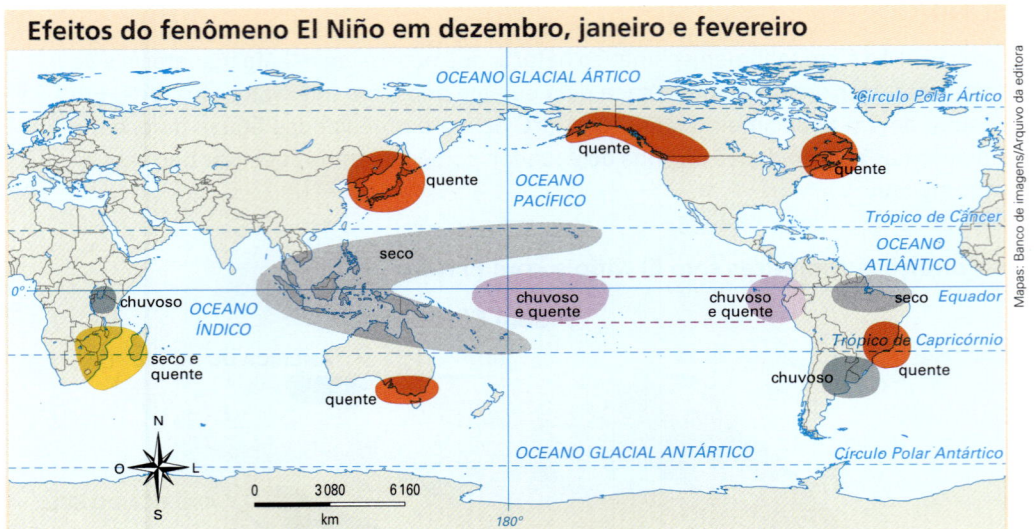

Fonte: CENTRO DE PREVISÃO DE TEMPO E ESTUDOS CLIMÁTICOS (CPTEC/INPE). Disponível em: <http://enos.cptec.inpe.br/img/DJF_el.jpg>. Acesso em: 16 abr. 2018.

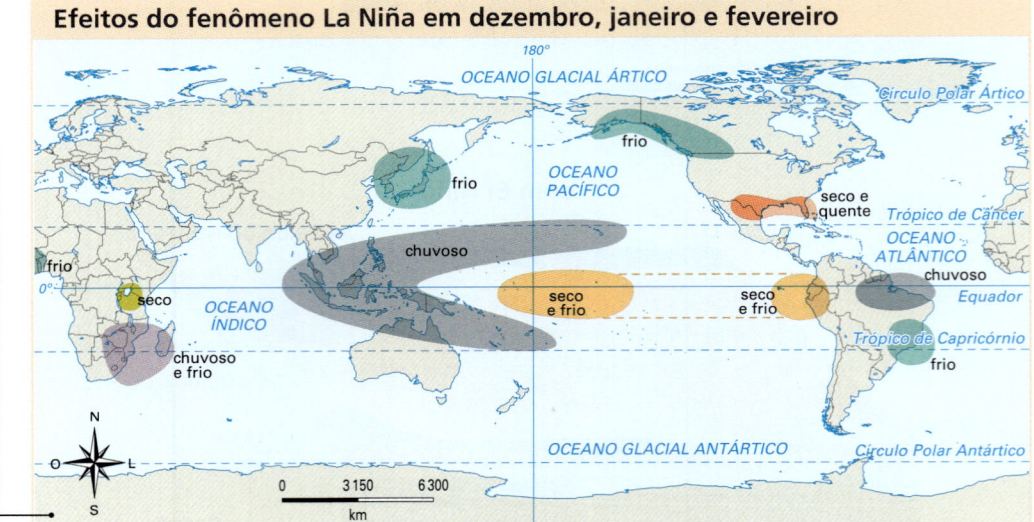

Fonte: CENTRO DE PREVISÃO DE TEMPO E ESTUDOS CLIMÁTICOS (CPTEC/INPE). Disponível em: <http://enos.cptec.inpe.br/img/DJF_la.jpg>. Acesso em: 16 abr. 2018.

A ocorrência de secas e períodos chuvosos na região semiárida do Nordeste brasileiro entre os meses de dezembro e fevereiro tem sua explicação associada, respectivamente, à ocorrência dos fenômenos El Niño e La Niña.

Atualmente, a ocorrência de El Niño e de La Niña pode ser prevista com seis a nove meses de antecedência. Existe, no oceano Pacífico, um conjunto de boias que monitoram a temperatura da superfície do mar e indicam os primeiros sinais da formação do fenômeno. No caso do Brasil, o monitoramento permite adotar medidas para enfrentar os problemas gerados pela alteração climática e amenizar os impactos socioambientais provocados por esses fenômenos, como:

- assistência para evitar a desestruturação da produção agrícola provocada por períodos longos de estiagens no Nordeste e enchentes no Sul;
- adoção de medidas emergenciais para minimizar o êxodo rural e seus impactos na vida dos migrantes e na organização interna das cidades;
- medidas de prevenção contra a ocorrência de incêndios em áreas de preservação ambiental;
- medidas de prevenção e assistência à população da região Sul que reside em áreas sujeitas a ocorrência de enchentes;
- fornecimento de água e cestas básicas à população afetada pela seca no Sertão nordestino.

Consulte o *site* do **Centro de Previsão de Tempo e Estudos Climáticos (CPTEC)**. Veja orientações na seção **Sugestão de textos, vídeos e *sites***.

3. PRINCIPAIS ACORDOS INTERNACIONAIS

O PROTOCOLO DE KYOTO E O MDL

Está comprovado que alguns ciclos de aquecimento e resfriamento da Terra ocorrem naturalmente. Embora não se saiba se hoje vivemos um período interglacial, que provoca uma elevação natural da temperatura, há consenso de que a ação humana provoca o aquecimento global.

Por causa da gradativa elevação da temperatura, o que acarreta diversos problemas ambientais, tem-se tentado enfrentar o problema. Em 1997, na Convenção da ONU sobre Mudanças Climáticas, em Kyoto (Japão), foi firmado um acordo chamado **Protocolo de Kyoto** para a redução da emissão de gases do efeito estufa. Ele entrou oficialmente em vigor no dia 16 de fevereiro de 2005, após ratificação da Rússia, e definia uma redução média nas emissões de 5,2%, com base nos níveis de 1990. Essa meta deveria ter sido atingida em 2012 e foi estendida para 2020 na Conferência das Partes (COP 18). Para os principais países emissores, o índice fixado foi maior (membros da União Europeia, 8%; Estados Unidos, 7%; Japão, 6%). Já para os países em desenvolvimento não foram estabelecidos níveis de redução.

As principais estratégias para redução do nível de emissões de gases são: a reforma dos setores de energia e transportes; o aumento na utilização de fontes de energia renováveis; a limitação das emissões de metano no tratamento e destino final do lixo; a proteção das florestas e outros sumidouros de carbono.

Entre 1990 e 2001, o IPCC divulgou três relatórios sobre as mudanças climáticas, nos quais apontava a ocorrência do aquecimento global, mas não era conclusivo quanto às causas do fenômeno. O quadro mudou a partir de fevereiro de 2007, quando foi divulgado o quarto relatório do IPCC, o qual divulgava que a emissão de gases é a grande responsável pelo aquecimento global e que esse fenômeno causa consequências ambientais, sociais e econômicas. Alguns cientistas discordam dessa avaliação e, por isso, são chamados de céticos.

O gráfico desta página mostra três possíveis cenários quanto à elevação da temperatura média do planeta. Observe que, se não forem feitos cortes drásticos na emissão de CO_2, deve haver uma grande elevação do aquecimento global.

O Protocolo de Kyoto contém um interessante mecanismo de desenvolvimento limpo, proposto pela diplomacia brasileira, que permite ajustes de metas que atendem a interesses tanto de países desenvolvidos quanto de países em desenvolvimento. Trata-se de um mecanismo de compensação, chamado **Mecanismo de Desenvolvimento Limpo (MDL)**. Esse mecanismo permite que um país desenvolvido que não consiga se adaptar no prazo estabelecido pelo Protocolo de Kyoto financie um país em desenvolvimento na produção de vegetais que utilizem o carbono liberado por ele.

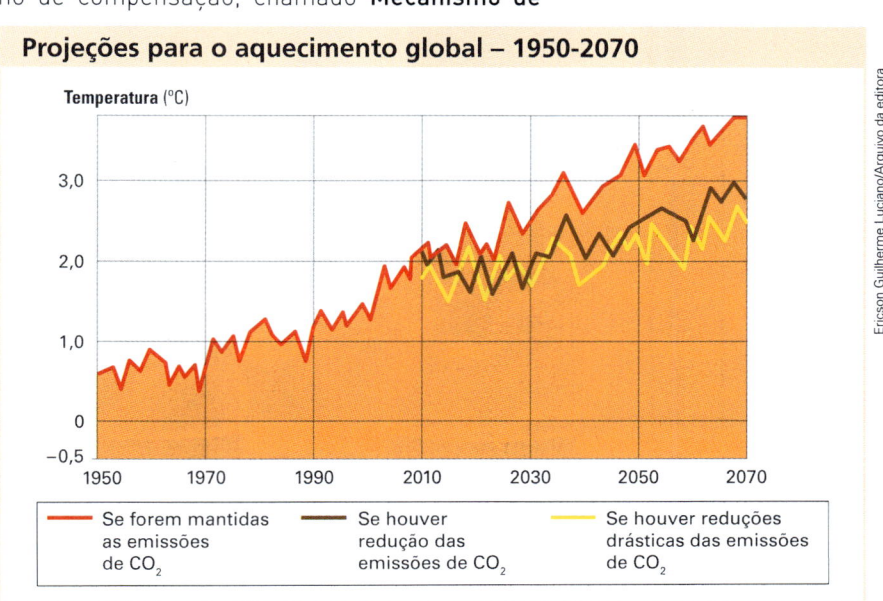

Fonte: OXFORD Atlas of the World. 23rd ed. London: Oxford University Press, 2016. p. 81.

AS CONFERÊNCIAS DAS PARTES

A Organização das Nações Unidas (ONU) realiza, anualmente, algumas Conferências das Partes (COP, na sigla em inglês), onde se discutem ações práticas para execução de algum acordo internacional. Esses encontros recebem o nome da cidade onde são realizados – as partes são os países signatários do Acordo.

Por exemplo, a cada dois anos realiza-se a Conferência das Partes da Convenção sobre Diversidade Biológica. Em 2010 aconteceu a COP 10 sobre o tema em Nagoya (Japão), no qual mais de 200 países chegaram a um acordo e assinaram um importante Tratado – o Protocolo de Nagoya –, que reconheceu o direito dos países e comunidades, como as indígenas, sobre sua biodiversidade.

Já para implementação do que foi acordado na Convenção-Quadro sobre Mudança do Clima das Nações Unidas, desde 1995 são realizados encontros anuais sobre o tema, e a COP 21, realizada em Paris (França), em 2015, provocou grande repercussão na imprensa. Nesse encontro, que contou com representantes de 195 países, pela primeira vez as partes chegaram a um acordo sobre ações que deveriam ser implantadas para dar continuidade ao Protocolo de Kyoto.

Em 2016, o Acordo de Paris foi ratificado por 175 países e, assim, entrou em vigor a primeira legislação internacional na qual todos os países têm obrigações a cumprir para minimizar os efeitos do aquecimento global, destacando-se a meta de limitá-lo a 1,5 °C até o final do século. No entanto, em 2017, os Estados Unidos, que são o segundo maior emissor de CO_2 do planeta, anunciaram sua retirada do Acordo, sob alegação de que sua manutenção criaria reflexos negativos no crescimento da economia.

Em 2017, durante a COP 23, realizada em Bonn, na Alemanha, os países participantes mantiveram o consenso sobre a necessidade de implementar os avanços conquistados com o Acordo de Paris. Na foto, dia da Conferência que contou com a participação de povos originários das ilhas Fiji.

ATIVIDADES

COMPREENDENDO CONTEÚDOS

1. Como se forma o fenômeno El Niño? Que consequências ele provoca no Brasil?

2. O que é inversão térmica? Explique como esse fenômeno agrava o problema da poluição em áreas urbanas.

3. Defina ilha de calor e efeito estufa.

4. Explique o que é chuva ácida e quais são suas consequências.

DESENVOLVENDO HABILIDADES

5. Explique como o Mecanismo de Desenvolvimento Limpo (MDL) funciona e por que o cultivo de plantas que possam ser usadas para a produção de energia apresenta uma dupla vantagem ambiental.

6. Observe a charge a seguir e escreva um texto expondo sua opinião sobre a importância das ações individuais e coletivas para melhorar as condições socioambientais em escala local e global. Para a elaboração do texto, você pode seguir o roteiro abaixo.

Fonte: Armandinho. Disponível em: <http://tirasbeck.blogspot.com.br/>. Acesso em: 22 abr. 2018.

a) Escreva um parágrafo introdutório explicando por que o aquecimento global tem se tornado um problema que vem preocupando a comunidade internacional.
b) Em seguida, crie um ou dois parágrafos com exemplos de problemas sociais e ambientais que ocorrem em escalas local e global.
c) Para finalizar, crie um parágrafo de conclusão apresentando ações individuais e coletivas que podem ser adotadas para combater os problemas que você apontou como exemplo.

7. Com a orientação do(a) professor(a), reúnam-se em grupos e elaborem cartazes com as principais ideias dos textos criados. Depois, façam uma exposição para conscientização dos demais colegas da escola.

CAPÍTULO
10

HIDROGRAFIA

Cataratas do Iguaçu, em Foz do Iguaçu (PR), em foto de 2016. Localizado na divisa entre Brasil e Argentina, o Parque Nacional do Iguaçu é banhado por densa rede hidrográfica.

A distribuição das reservas de água no planeta é muito desigual. Enquanto em alguns desertos o índice de chuvas chega próximo de zero, ele supera 3 mil milímetros por ano em algumas regiões tropicais. Além disso, quase 96% da água está nos oceanos e mares e, portanto, só pode ser utilizada após dessalinização, processo bastante caro. Em relação à água doce, somente cerca de 1/3 está disponível na superfície e no subsolo; o restante é constituído por geleiras e neves, portanto, de difícil utilização. Observe o gráfico ao lado.

Neste capítulo, estudaremos temas importantes para compreender a distribuição e a disponibilidade de água na superfície da Terra: o que são aquíferos e como eles se formam; quais são os impactos ambientais que eles sofrem; como se formam e quais são as características dos rios e das bacias hidrográficas.

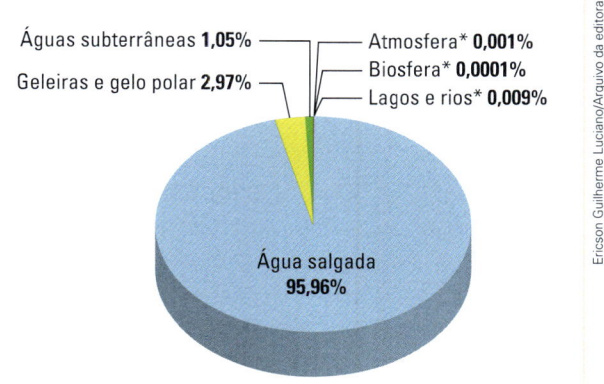

Disponibilidade de água doce

Águas subterrâneas **1,05%**
Geleiras e gelo polar **2,97%**
Atmosfera* **0,001%**
Biosfera* **0,0001%**
Lagos e rios* **0,009%**
Água salgada
95,96%

Ericson Guilherme Luciano/Arquivo da editora

Fonte: GROTZINGER, John; JORDAN, Tom. *Para entender a Terra*. 6. ed. Porto Alegre: Bookman, 2013. p. 476.

* As proporções dos dados referentes às águas dos lagos e rios, atmosfera e biosfera, devido aos pequenos percentuais, não estão representadas fielmente nesse gráfico.

A água chamada "doce" na verdade também contém sais dissolvidos, mas numa proporção muito menor do que a água dos oceanos e mares.

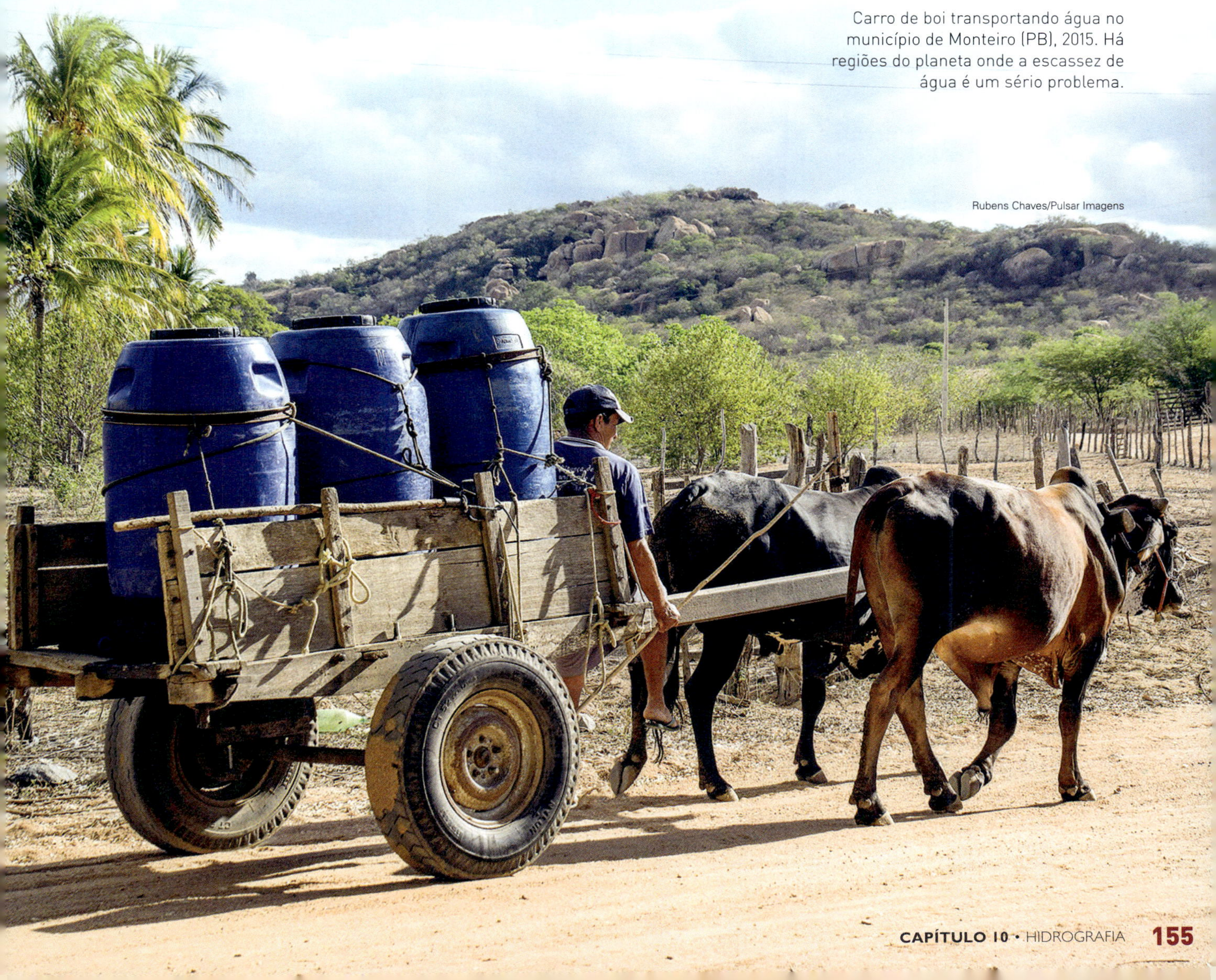

Carro de boi transportando água no município de Monteiro (PB), 2015. Há regiões do planeta onde a escassez de água é um sério problema.

Rubens Chaves/Pulsar Imagens

1. AS ÁGUAS SUBTERRÂNEAS

No estudo das águas correntes, paradas, oceânicas e subterrâneas, é importante considerar, de início, a água que provém da atmosfera. Ao entrar em contato com a superfície, a água das chuvas pode seguir três caminhos: escoar, infiltrar no solo ou evaporar. Por meio da evaporação, ela retorna à atmosfera. Já a água que se infiltra no solo e a que escoa pela superfície dirigem-se, pela ação da gravidade, às depressões ou às partes mais baixas do relevo, alimentando córregos, rios, lagos, oceanos ou aquíferos.

Nos períodos mais chuvosos, o **nível freático** dos aquíferos se eleva, e, na época de estiagem, abaixa. Ao cavar um poço, encontra-se água assim que o nível freático é atingido.

Observe as ilustrações a seguir.

Aquífero: zona encharcada do subsolo, ou seja, camada de solo cujos poros encontram-se saturados de água. Os aquíferos podem ser profundos ou mais próximos da superfície.

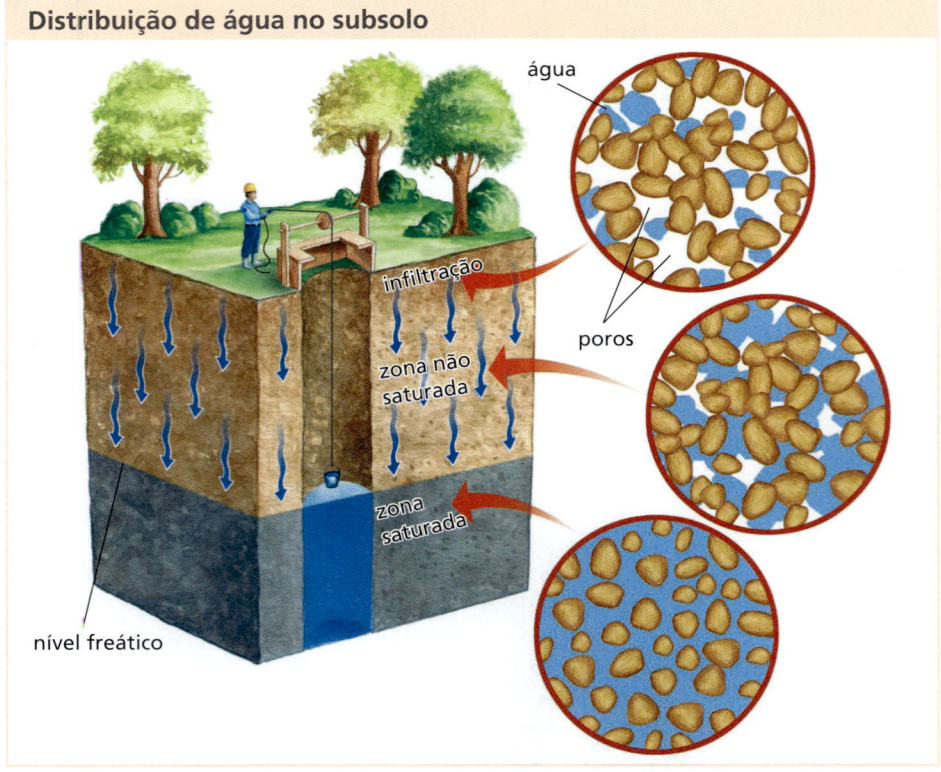

Distribuição de água no subsolo

Fonte: KARMANN, Ivo. Ciclo da água. In: TEIXEIRA, Wilson et al. (Org.). *Decifrando a Terra*. 2. ed. São Paulo: Oficina de Textos, 2009. p. 193. (Ilustração esquemática sem escala.)

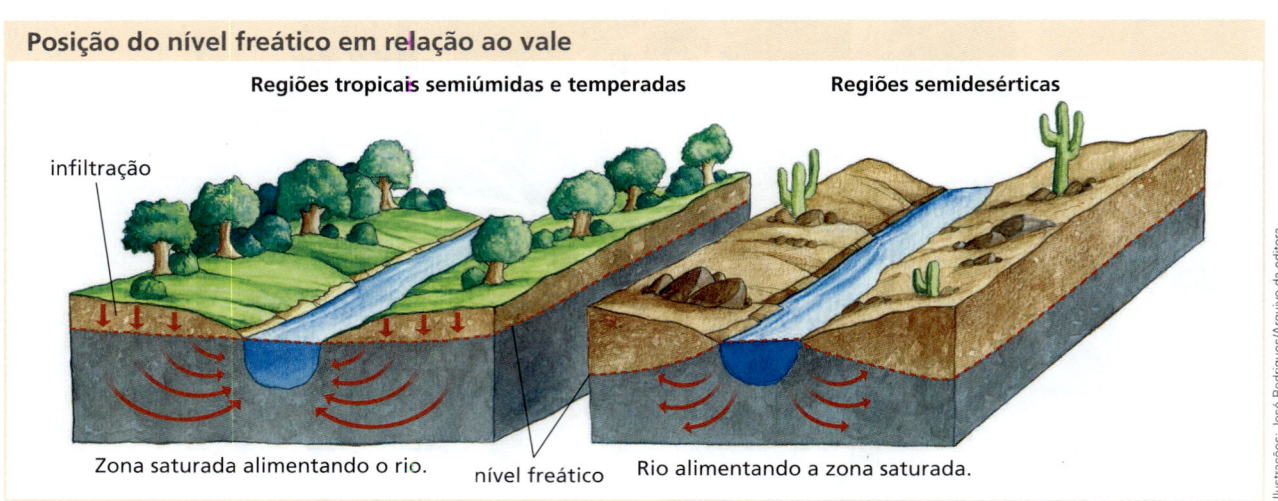

Posição do nível freático em relação ao vale

Fonte: KARMANN, Ivo. Ciclo da água. In: TEIXEIRA, Wilson et al. (Org.). *Decifrando a Terra*. 2. ed. São Paulo: Oficina de Textos, 2009. p. 194. (Ilustração esquemática sem escala.)

Quando o nível freático atinge a superfície, aparecem as nascentes dos rios. Em algumas regiões, principalmente nas tropicais semiúmidas e nas temperadas, o lençol freático abastece os rios em época de estiagem (nesse caso, os rios são chamados efluentes). Em outras, como nas regiões semidesérticas, são os rios que abastecem de água o solo quando chega a época da estiagem (rios influentes).

A água subterrânea é muito importante para a vegetação e para o abastecimento humano. Em regiões de clima árido e semiárido, ela pode ser o principal recurso hídrico disponível para a população e, às vezes, o único. Estima-se que metade da população mundial utilize a água subterrânea para suas necessidades diárias de consumo.

Por exemplo, segundo a Agência Nacional de Águas (ANA)[1], a população da Arábia Saudita, Dinamarca e Malta é abastecida exclusivamente por águas subterrâneas, enquanto França, Itália, Alemanha, Suíça, Áustria, Holanda, Marrocos e Rússia têm 70% de seu abastecimento obtido dessa forma. Em diversos municípios do Brasil, como Ribeirão Preto (SP), Maceió (AL), Mossoró (RN) e Manaus (AM), entre outros, as águas subterrâneas são amplamente utilizadas.

O aquífero Grande Amazônia é um reservatório de água subterrânea que ocupa áreas do Brasil, do Equador, da Colômbia e do Peru. Tem uma extensão de 3 950 000 km² e engloba os aquíferos Solimões, Içá e Alter do Chão, com uma extensão três vezes maior que o aquífero Guarani e, segundo estimativas, com mais que o dobro de seu volume de água. Observe o mapa.

> Consulte o *site* da **Associação Brasileira de Águas Subterrâneas (ABAS)**. Veja orientações na seção **Sugestões de textos, vídeos e *sites***.

Fonte: ORGANIZAÇÃO DOS ESTADOS AMERICANOS. *Aquífero Guarani*: programa estratégico de ação. [S.l.; s.n.], jan. 2009. p. 129, 141 e 143; MARQUES, L. Aquíferos, o declínio invisível. *Jornal da Unicamp*. Disponível em: <www.unicamp.br/unicamp/ju/artigos/luiz-marques/aquiferos-o-declinio-invisivel>. Acesso em: 21 jun. 2018.

---

[1] BRASIL. Ministério do Meio Ambiente. Secretaria de Recursos Hídricos. *Águas subterrâneas*: um recurso a ser conhecido e protegido. Brasília, 2007. p. 7.

PENSANDO NO Enem

1. O aquífero Guarani se estende por 1,2 milhão de km² e é um dos maiores reservatórios de águas subterrâneas do mundo. O aquífero é como uma "esponja gigante" de arenito, uma rocha porosa e absorvente, quase totalmente confinada sob centenas de metros de rochas impermeáveis. Ele é recarregado nas áreas em que o arenito aflora à superfície, absorvendo água da chuva. Uma pesquisa realizada em 2002 pela Embrapa apontou cinco pontos de contaminação do aquífero por agrotóxico, conforme a figura:

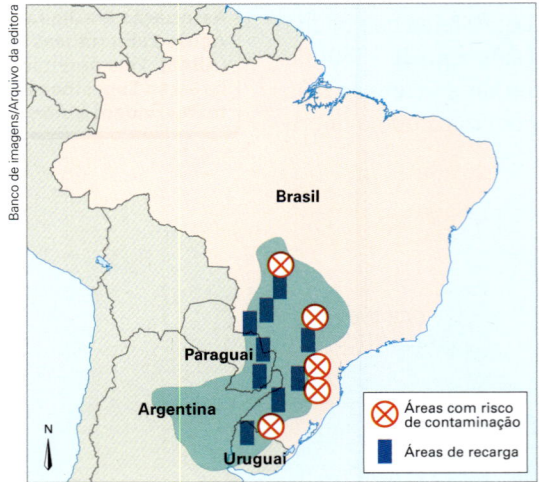

Considerando as consequências socioambientais e respeitando as necessidades econômicas, pode-se afirmar que, diante do problema apresentado, políticas públicas adequadas deveriam:
a) proibir o uso das águas do aquífero para irrigação.
b) impedir a atividade agrícola em toda a região do aquífero.
c) impermeabilizar as áreas onde o arenito aflora.
d) construir novos reservatórios para a captação da água na região.
e) controlar a atividade agrícola e agroindustrial nas áreas de recarga.

Resolução

O aquífero Guarani estende-se por diferentes províncias e estruturas geológicas. Consequentemente, suas águas apresentam grande variação de composição química, sendo potáveis em algumas áreas e impróprias para abastecimento ou irrigação em outras. Além das diferenças naturais em sua composição, as águas do aquífero podem ser contaminadas pelas águas das chuvas que nele infiltram, daí a necessidade de controle das condições ambientais, evitando a contaminação dos solos por atividades agrícolas, industriais, instalação de lixões e quaisquer outras fontes de poluição. A alternativa correta, portanto, é a **E**.

2. O artigo 1º da Lei Federal n. 9 433/1997 (Lei das Águas) estabelece, entre outros, os seguintes fundamentos:
I. a água é um bem de domínio público;
II. a água é um recurso natural limitado, dotado de valor econômico;
III. em situações de escassez, os usos prioritários dos recursos hídricos são o consumo humano e a dessedentação de animais;
IV. a gestão dos recursos hídricos deve sempre proporcionar o uso múltiplo das águas.

Considere que um rio nasça em uma fazenda cuja única atividade produtiva seja a lavoura irrigada de milho e que a companhia de águas do município em que se encontra a fazenda colete água desse rio para abastecer a cidade. Considere, ainda, que, durante uma estiagem, o volume de água do rio tenha chegado ao nível crítico, tornando-se insuficiente para garantir o consumo humano e a atividade agrícola mencionada.

Nessa situação, qual das medidas adiante estaria de acordo com o artigo 1º da Lei das Águas?
a) Manter a irrigação da lavoura, pois a água do rio pertence ao dono da fazenda.
b) Interromper a irrigação da lavoura, para se garantir o abastecimento de água para consumo humano.
c) Manter o fornecimento de água apenas para aqueles que pagam mais, já que a água é um bem dotado de valor econômico.
d) Manter o fornecimento de água tanto para a lavoura quanto para o consumo humano, até o esgotamento do rio.
e) Interromper o fornecimento de água para a lavoura e para o consumo humano, a fim de que a água seja transferida para outros rios.

Resolução

Segundo o inciso III da Lei das Águas, em situações de escassez os usos prioritários dos recursos hídricos são o consumo humano e a dessedentação de animais. Portanto, em caso de estiagem deve-se priorizar o abastecimento humano em detrimento da produção agrícola. A alternativa correta é a **B**.

Considerando a Matriz de Referência do Enem, essas questões trabalham a **Competência de área 6 – Compreender a sociedade e a natureza, reconhecendo suas interações no espaço em diferentes contextos históricos e geográficos**, especialmente a **Habilidade 27 – Analisar de maneira crítica as interações da sociedade com o meio físico, levando em consideração os aspectos históricos e/ou geográficos**, a **Habilidade 28 – Relacionar o uso das tecnologias com os impactos socioambientais em diferentes contextos histórico-geográficos** e a **Habilidade 29 – Reconhecer a função dos recursos naturais na produção do espaço geográfico, relacionando-os com as mudanças provocadas pelas ações humanas**.

O POÇO E A FOSSA

Onde não há **saneamento básico** (água encanada e sistema de coleta de esgotos), as residências costumam ser abastecidas com água de poços e o esgoto é despejado em fossas. Os poços são cavidades circulares construídas para atingir um aquífero, podendo ser cavados manualmente ou por meio de equipamentos que atinjam grandes profundidades. Quando a água do poço chega à superfície do solo sem necessidade de bombeamento, esse poço é chamado **artesiano**.

Podemos encontrar três tipos de fossas: a fossa negra, a fossa seca e a fossa séptica. Das três, a fossa séptica, graças às suas paredes impermeabilizadas, é a mais salubre, pois é a que oferece menos risco de poluir os aquíferos. A fossa negra é a mais condenável, pois geralmente é aberta a pequenas distâncias (entre 1,5 m e 20 m) dos lençóis freáticos ou dos poços, permitindo a contaminação da água. A fossa seca tem as mesmas características da fossa negra, mas é construída a uma distância superior a 20 metros em relação ao lençol freático.

As fossas sépticas constituem um aparelho sanitário por meio do qual os microrganismos presentes nos dejetos humanos transformam a matéria orgânica em substâncias minerais. Essas substâncias podem, então, entrar em contato com o solo e com o lençol freático sem o risco de contaminação.

Os poços até podem ser abertos próximos às fossas, mas eles devem ser perfurados em um local do terreno mais alto, e a distância entre o poço e a fossa deve ser de, no mínimo, 10 m. Quando a fossa é negra ou seca, ou, ainda, se é uma fossa séptica que apresenta vazamento, a água da chuva infiltra no solo, atravessa a fossa e depois atinge o poço, poluindo-o.

Fonte: HIRATA, Ricardo. Recursos hídricos. In: TEIXEIRA, Wilson et al. (Org.). *Decifrando a Terra*. São Paulo: Oficina de Textos, 2009. p. 437. (Ilustração esquemática sem escala.)

As paredes impermeabilizadas das fossas sépticas evitam a contaminação dos solos e dos aquíferos, o que só acontece em casos de vazamento, como mostra a ilustração.

Poço para obtenção de água na zona rural de Restinga Seca (RS), 2016. Se houver alguma fossa nas proximidades, o poço pode ter sua água contaminada.

Consulte os *sites* da **Companhia de Desenvolvimento dos Vales do São Francisco e do Parnaíba (Codevasf)** e da **Companhia de Saneamento Ambiental do Distrito Federal (Caesb)**. Veja orientações na seção **Sugestões de textos, vídeos e *sites***.

OUTRAS LEITURAS

IMPACTOS SOBRE AS ÁGUAS SUBTERRÂNEAS

No Brasil, os problemas mais comuns das águas subterrâneas estão relacionados com a superexploração, a impermeabilização do solo e a poluição.

a) Superexplotação

A superexplotação, ou seja, quando a extração de água ultrapassa o volume infiltrado, pode afetar o escoamento básico dos rios, secar nascentes, influenciar os níveis mínimos dos reservatórios, provocar subsidência (afundamento) dos terrenos, induzir o deslocamento de água contaminada, salinizar, provocar impactos negativos na biodiversidade e até mesmo exaurir completamente o aquífero.

Em áreas litorâneas, a superexplotação de aquíferos pode provocar a movimentação da água do mar no sentido do continente, ocupando os espaços deixados pela água doce (processo conhecido como intrusão da cunha salina).

b) Poluição das águas subterrâneas

[...] As fontes mais comuns de poluição e contaminação direta das águas subterrâneas são:

- **Deposição de resíduos sólidos no solo**: descarte de resíduos provenientes das atividades industriais, comerciais ou domésticas em depósitos a céu aberto, conhecidos como lixões. Nessas áreas, a água de chuva e o líquido resultante do processo de degradação dos resíduos orgânicos (denominado chorume) tendem a se infiltrar no solo, carregando substâncias potencialmente poluidoras, metais pesados e organismos patogênicos (que provocam doenças).

- **Esgotos e fossas**: o lançamento de esgotos diretamente sobre o solo ou na água, os vazamentos em coletores de esgotos e a utilização de fossas construídas de forma inadequada constituem as principais causas de contaminação da água subterrânea.

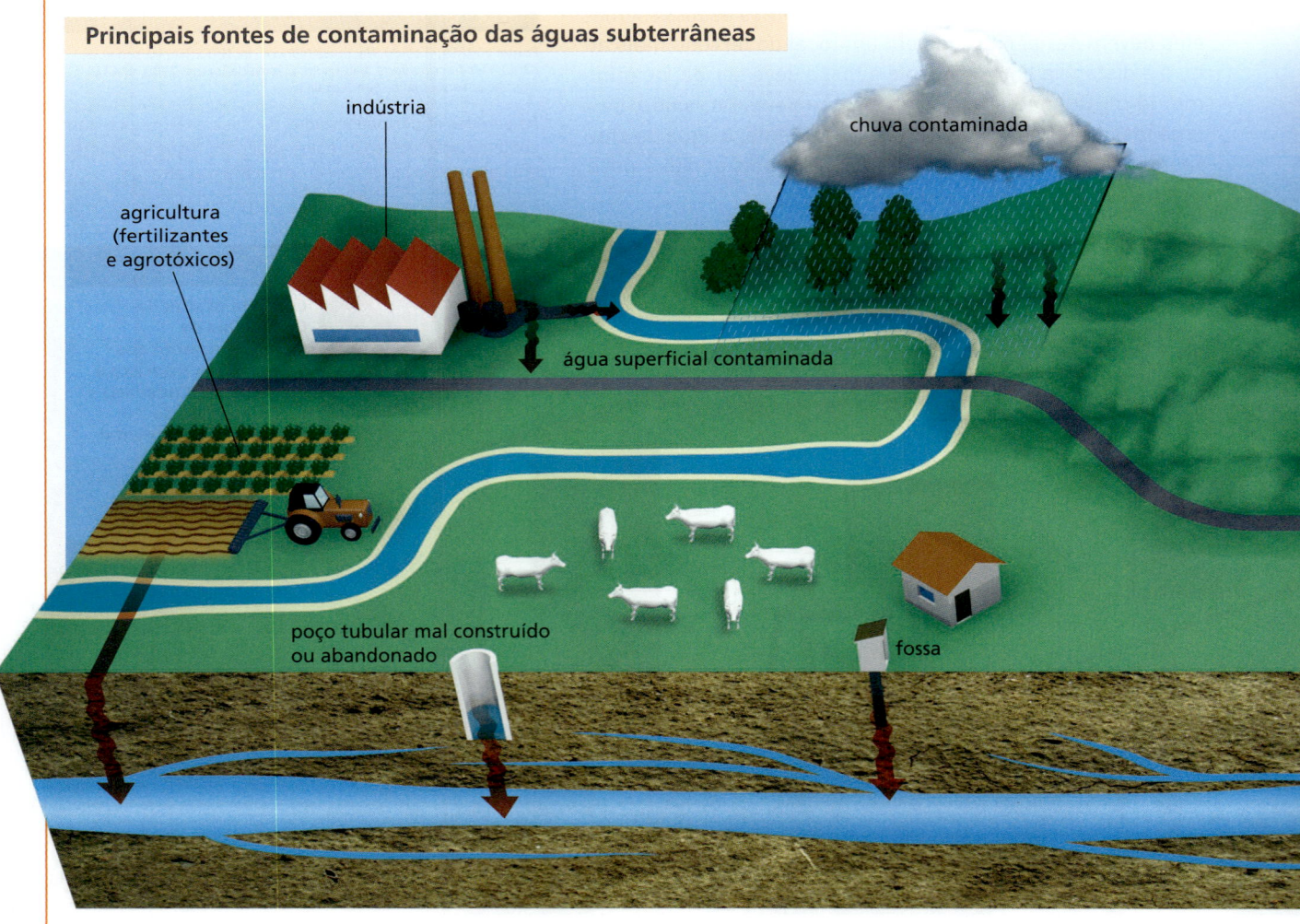

Principais fontes de contaminação das águas subterrâneas

- **Atividades agrícolas**: fertilizantes e agrotóxicos utilizados na agricultura podem contaminar as águas subterrâneas com substâncias como compostos orgânicos, nitratos, sais e metais pesados. A contaminação pode ser facilitada pelos processos de irrigação mal manejados em que, ao se aplicar água em excesso, tende-se a facilitar que esses contaminantes atinjam os aquíferos.
- **Mineração**: a exploração de alguns minérios, com ou sem utilização de substâncias químicas em sua extração, produz rejeitos líquidos e/ou sólidos que podem contaminar os aquíferos.
- **Vazamento de substâncias tóxicas**: vazamentos de tanques em postos de combustíveis, oleodutos e gasodutos, além de acidentes no transporte de substâncias tóxicas, combustíveis e lubrificantes.
- **Cemitérios**: fontes potenciais de contaminação da água, principalmente por microrganismos.

[...]

c) Impermeabilização

O crescimento das cidades causa diversos impactos ao meio ambiente, com reflexos diretos na qualidade e quantidade da água. A impermeabilização do solo [...] reduz a capacidade de infiltração da água no solo.

Como a água não encontra locais para infiltrar, acaba escoando pela superfície, adquirindo velocidade nas áreas de declive acentuado, em direção às partes baixas do relevo. Os resultados desse processo são bastante conhecidos: redução do volume de água na recarga dos aquíferos, erosão dos solos, enchentes e assoreamento dos cursos de água.

BRASIL. Ministério do Meio Ambiente. Secretaria de Recursos Hídricos e Ambiente Urbano. *Águas subterrâneas*: um recurso a ser conhecido e protegido. Brasília, 2007. p. 18-20. Disponível em: <www.mma.gov.br/estruturas/167/_publicacao/167_publicacao28012009044356.pdf>. Acesso em: 22 abr. 2018.

Assoreamento: preenchimento de um leito fluvial, de um lago, uma represa ou uma zona portuária com sedimentos.

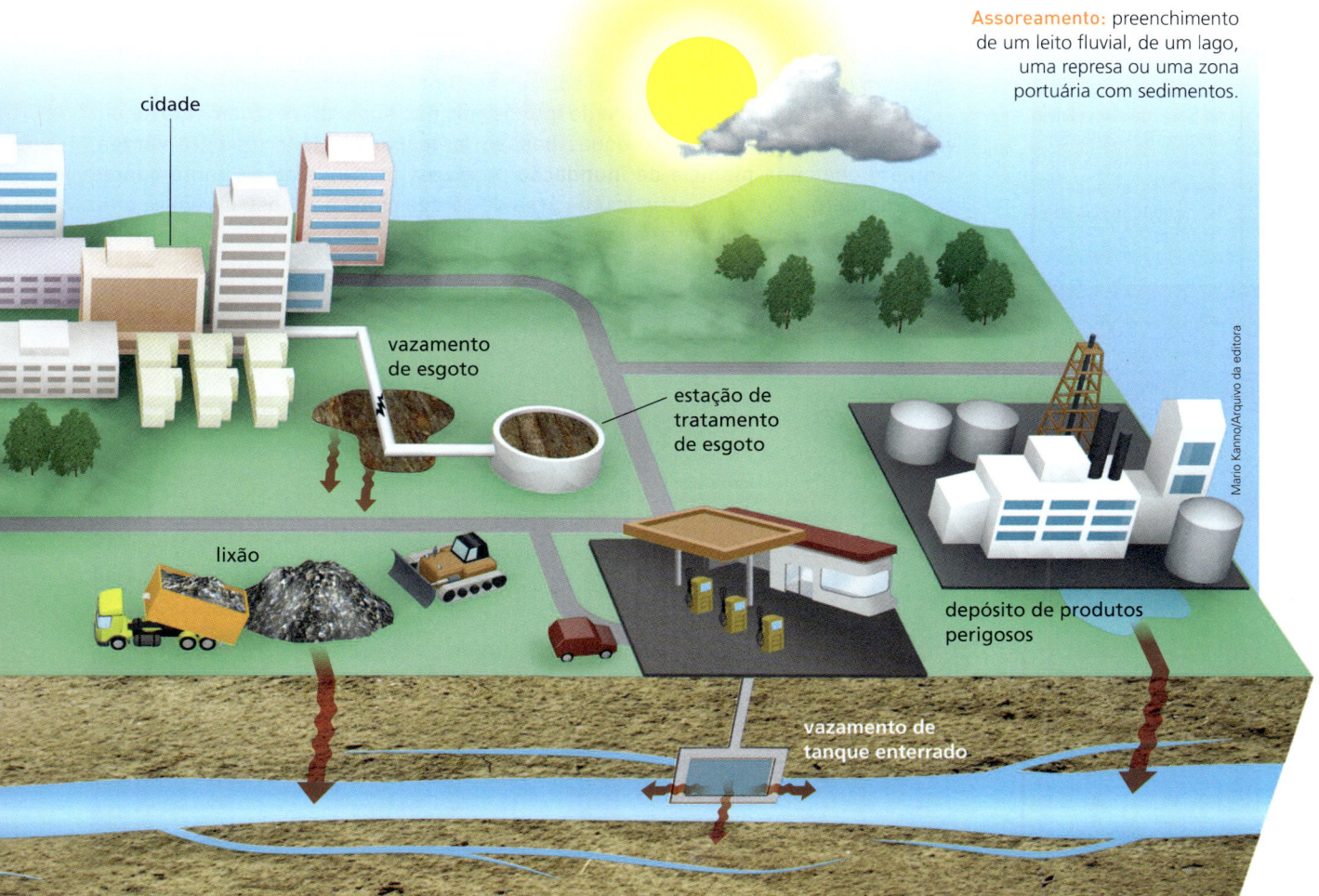

Fonte: BRASIL. Ministério do Meio Ambiente. Secretaria de Recursos Hídricos e Ambiente Urbano. *Águas subterrâneas*: um recurso a ser conhecido e protegido. Brasília, 2007. p. 18-20. Disponível em: <www.mma.gov.br/estruturas/167/_publicacao/167_publicacao28012009044356.pdf>. Acesso em: 22 abr. 2018. (Ilustração esquemática sem escala.)

2. REDES DE DRENAGEM E BACIAS HIDROGRÁFICAS

Organizado pelos autores.

Inundação na várzea do rio São João, em Silva Jardim (RJ), 2018. Em relevos planos, como o desta foto, as superfícies de inundação são mais extensas.

Os maiores rios são pequenos córregos nas proximidades de suas nascentes. À medida que avançam para a foz, isto é, de seu alto curso (ou **montante**) para o baixo curso (ou **jusante**), vão recebendo água de seus afluentes. Com isso, ocorre um aumento gradativo no volume de água, aprofundando e/ou alargando o leito do rio.

O leito do rio é o trecho recoberto pelas águas, sendo sua largura variável conforme a quantidade de água existente no canal ao longo do ano. As margens são as partes laterais que demarcam o leito fluvial. Tomando-se o sentido do escoamento das águas, ou seja, olhando em direção à jusante, distinguimos a margem direita e a margem esquerda. Observe a ilustração ao lado.

A variação na quantidade de água no leito do rio ao longo do ano recebe o nome de **regime**. Quando o nível de água do rio está baixo, é a chamada **vazante**; quando o volume de água é elevado, ocorre a **cheia**; e, se as águas subirem muito, alagando áreas no entorno do rio, ocorrem as **enchentes**.

Se a variação do nível das águas depende exclusivamente da chuva, dizemos que o rio tem regime **pluvial**; se depende do derretimento de neve, o regime é **nival**; se depende de geleiras, é **glacial**. Muitos rios apresentam regime **misto** ou **complexo**, como no Japão, onde são alimentados pela chuva e pelo derretimento da neve das montanhas. No Brasil, apenas o rio Solimões-Amazonas tem esse regime, pois uma pequena quantidade de suas águas provém do derretimento de neve da cordilheira dos Andes, no Peru, onde se localiza sua nascente. Todos os demais rios brasileiros possuem regime pluvial simples, associado aos tipos climáticos regionais.

No período das cheias, a **calha** de muitos rios não suporta o escoamento de um volume maior de chuvas e as águas passam a ocupar um leito maior, a **várzea**, também chamada **planície de inundação**. A várzea pertence ao rio tanto quanto suas margens. Portanto, ocupar uma área de várzea significa construir sobre uma parte integrante do rio onde podem ocorrer inundações periódicas.

As porções mais altas do relevo, sejam regiões serranas, planálticas, sejam simples colinas, funcionam como **divisores de águas**, que delimitam as **bacias hidrográficas**. Por elas converge toda a água das chuvas que escoa ao longo das **vertentes** (encostas do relevo) em direção aos seus pontos mais baixos, os fundos dos vales, onde se localizam os córregos e os rios. Assim, as bacias hidrográficas são constituídas pelas vertentes e pela rede de rios principais, afluentes e subafluentes, cujo conjunto forma uma rede de drenagem. Observe abaixo a ilustração que representa uma bacia hidrográfica.

Rede de drenagem: traçado dos rios e demais cursos de água sobre o relevo.

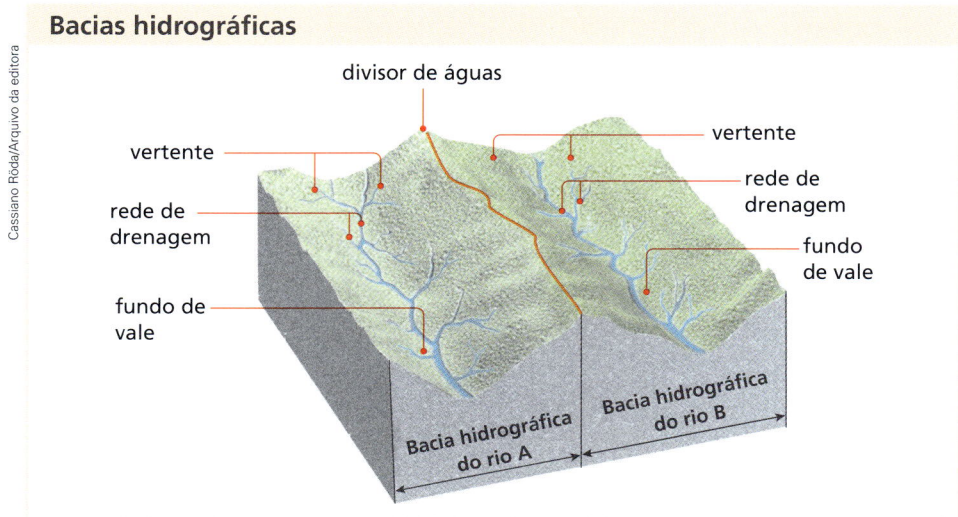

Fonte: GROTZINGER, John; JORDAN, Tom. *Para entender a Terra*. 6. ed. Porto Alegre: Bookman, 2013. p. 510.

O volume de água de uma bacia hidrográfica depende dos solos, das rochas e principalmente do clima da região. Na Amazônia, por exemplo, onde as longas estiagens são raras, os rios de maior porte são **perenes** e **caudalosos**, o que significa que nunca secam, porque possuem grande volume de água. Em áreas de clima semiárido, os rios muitas vezes são **intermitentes** (ou **temporários**), secando no período de estiagem. Há, ainda, principalmente nos desertos, os cursos de água **efêmeros**, que se formam somente durante a ocorrência de chuvas; quando as chuvas cessam, tais rios secam rapidamente. Se um rio atravessa um deserto e é perene, isso indica que chove bastante na região de sua nascente e em seu alto curso, e que a captação de suas águas ocorre fora da região árida. O rio Nilo, por exemplo, nasce no lago Vitória, na região equatorial africana, onde chove muito; por esse motivo consegue atravessar o deserto do Saara e desembocar no mar Mediterrâneo. No Brasil, o rio São Francisco nasce na serra da Canastra (MG), uma área de clima tropical com significativa captação de água, que permite ao rio atravessar o Sertão nordestino, onde o clima é semiárido, e desembocar no oceano Atlântico.

Trecho do rio Nilo, no Egito, em foto de 2015. Como as nascentes do rio e seus maiores afluentes se localizam em região de clima equatorial com elevado índice de chuvas, ele consegue atravessar o deserto sem secar.

Barco entrando na eclusa da barragem de Barra Bonita (SP), 2017. Observe, na parte final da eclusa, o paredão em nível superior, ao qual a barcaça será elevada.

A inter-relação existente entre os elementos da natureza é bastante evidente no interior das bacias hidrográficas. Qualquer modificação que ocorra nessas bacias, como escorregamentos de terra, sulcos ou outras formas de erosão nas vertentes, desmatamento, aumento das manchas urbanas, etc., altera a quantidade de água que se infiltra no subsolo e alimenta os aquíferos, e altera também a quantidade de sedimentos que são transportados para o leito dos rios. Como resultado, o processo de assoreamento pode ser intensificado ou reduzido e as superfícies de inundação podem ser ampliadas ou diminuídas. Outro problema que pode afetar os rios é a contaminação de suas águas por minérios, como aconteceu com o rio Doce, no município de Mariana (MG), em 2015, após o rompimento de duas barragens utilizadas para reter rejeitos sólidos e água durante o processo de mineração (veja o infográfico das páginas 168 e 169).

As bacias hidrográficas não são importantes apenas para a irrigação agrícola e o fornecimento de água potável à população. Os rios de planalto que apresentam grande desnível ao longo de seu curso também podem ser aproveitados para a produção de hidreletricidade, com a construção de barragens. Caso se queira propiciar a navegação nesses rios, é preciso construir **eclusas** para que as embarcações possam passar de um nível a outro. Veja a foto ao lado.

Os **rios de planície**, bem como os lagos, são facilmente navegáveis, desde que não se formem bancos de areia em seu leito (comum em áreas onde o solo está exposto à erosão) e não ocorra grande diminuição do nível das águas. Essas condições desfavoráveis podem impedir a navegação de embarcações com maior calado (a parte da embarcação que fica abaixo do nível da água).

Os **lagos** são depressões do relevo preenchidas por água (observe a foto abaixo). Podem ser temporários ou permanentes e ter diversas origens: movimentos tectônicos provocando o surgimento de depressões, movimento de geleiras escavando vales, meandros que ficaram isolados do curso de um rio, pequenas depressões de várzeas, crateras de vulcões, etc. Em regiões de estrutura geológica antiga, como no território brasileiro, a maioria das depressões já foi preenchida por sedimentos e tornaram-se bacias sedimentares.

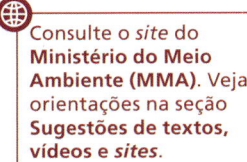

Consulte o *site* do **Ministério do Meio Ambiente (MMA)**. Veja orientações na seção **Sugestões de textos, vídeos e *sites*.**

Ao fim de um período de glaciação, as depressões escavadas pelo lento movimento das geleiras são preenchidas pelas águas da chuva e dos rios, formando lagos glaciais, muito comuns no Canadá e nos países escandinavos. Na foto de 2015, lago glacial em Alberta, no Canadá.

BACIAS HIDROGRÁFICAS BRASILEIRAS

Em razão de sua grande extensão territorial e da predominância de climas úmidos, o Brasil possui uma extensa e densa rede hidrográfica. Os rios brasileiros têm diversos usos, como o abastecimento urbano e rural, a irrigação, o lazer e a pesca. O transporte fluvial, embora ainda pouco utilizado, vem adquirindo cada vez mais importância no país, sobretudo na bacia Platina, onde foi construída a hidrovia Tietê-Paraná. Em regiões planálticas, nossos rios apresentam um grande potencial hidrelétrico (capacidade de geração de energia).

A seguir, veja as características da hidrografia brasileira.

- O Brasil não possui lagos tectônicos. Há somente lagos de várzea (temporários, muito comuns no Pantanal) e lagunas ou lagoas costeiras (formadas por restingas, como estudamos no capítulo 6), além de centenas de represas e açudes resultantes da construção de barragens.
- Todos os rios brasileiros, com exceção do Amazonas, possuem regime simples pluvial.
- Todos os rios do país são exorreicos (do grego *exo*, 'fora'), ou seja, possuem drenagem que se dirige ao oceano, para fora do continente. Mesmo os rios endorreicos (do grego *endo*, 'dentro'), que correm para o interior do continente, têm como destino final de suas águas o oceano, como acontece com o Tietê, o Paranaíba e o Iguaçu, entre outros afluentes do rio Paraná, que deságuam no mar (no estuário do rio da Prata, entre o Uruguai e a Argentina).
- Considerando-se os rios de maior porte, só encontramos regimes temporários no Sertão nordestino, onde o clima é semiárido. No restante do país, os grandes rios são perenes.
- Predominam os rios de planalto, muitos dos quais escoam por áreas de elevado índice pluviométrico.
- Em vários pontos do país há corredeiras, cascatas e, em algumas áreas, rios subterrâneos (atravessando cavernas), o que favorece o turismo. Quedas-d'água de grande porte desapareceram nos últimos cinquenta anos com a construção de represas de hidrelétricas, como as cataratas de Sete Quedas, no rio Iguaçu, que foram inundadas com a construção da usina de Itaipu.
- Na região amazônica, os rios têm grande importância como vias de transporte, com destaque aos rios Solimões/Amazonas, Madeira, Tapajós e Araguaia/Tocantins.

Estuário: foz de rio em encontro com o mar aberto, ocorrendo influência das marés e mistura de água salina do oceano com a água doce proveniente do continente; a foz em estuário é livre, sem formação dos braços que caracterizam os deltas.

Foz em estuário do rio Jucuruçu, em Prado (BA), em 2017. A maioria dos rios brasileiros possui esse tipo de foz, ou seja, deságua livremente no mar.

Fonte: AGÊNCIA NACIONAL DE ÁGUAS (ANA). Divisões hidrográficas do Brasil. Disponível em: <www3.ana.gov.br/portal/ANA/panorama-das-aguas/divisoes-hidrograficas>. Acesso em: 31 maio 2018.

O mapa ao lado apresenta as principais bacias hidrográficas brasileiras. Conheça a seguir suas características mais importantes.

- **Bacia do rio Amazonas** (ou **Amazônica**): a maior bacia hidrográfica do planeta. Ocupa mais da metade do território brasileiro e tem suas vertentes delimitadas pelos divisores de água da cordilheira dos Andes, pelo planalto das Guianas e pelo planalto Central. Seu rio principal nasce no córrego Apacheta, no Peru, onde o curso de água recebe ainda outros nomes; passa a ser denominado Solimões da fronteira brasileira até o encontro com o rio Negro e, a partir daí, recebe o nome de Amazonas. É o rio mais extenso (6 992 km no total, segundo o Instituto Nacional de Pesquisas Espaciais – INPE) e de maior volume de água do planeta. Sua vazão representa cerca de 18% da água doce que todos os rios do planeta lançam no oceano. Esse fato é explicado pela presença de afluentes nos dois hemisférios (norte e sul), o que permite dupla captação das cheias de verão.

  Os afluentes de planalto do rio Amazonas possuem o maior potencial hidrelétrico disponível do país, com destaque aos rios Madeira e Tapajós. Ao atingirem as terras baixas, tornam-se rios navegáveis. O rio Amazonas, que corre no centro da planície, é inteiramente navegável. Segundo o INPE, em território brasileiro, da divisa com o Peru até a foz, o rio Amazonas tem um desnível de apenas 1 centímetro por quilômetro.

- **Bacia do rio Tocantins-Araguaia**: no Bico do Papagaio, região que abrange parte dos estados do Tocantins, do Pará e do Maranhão, o rio Tocantins recebe seu principal afluente, o Araguaia, onde se encontra a ilha do Bananal, a maior ilha fluvial do mundo. O rio Tocantins é utilizado para escoar parte da produção de grãos (principalmente soja) das regiões próximas e nele foi construída a usina hidrelétrica de Tucuruí, uma das maiores do país.

> Consulte a indicação do filme *No rio das Amazonas*. Veja orientações na seção **Sugestões de textos, vídeos e *sites***.

Encontro das águas dos rios Solimões e Negro, em Manaus (AM), em 2015. Ao se juntarem, eles formam o rio Amazonas.

- **Bacias do Paraná, Paraguai e Uruguai**: são subdivisões da **bacia do rio da Prata** (ou **Platina**), a segunda maior bacia hidrográfica do planeta. Seus rios mais importantes são:
- **Paraná**: principal rio da bacia Platina, é formado pelos rios Grande e Paranaíba, na junção dos estados de São Paulo, Minas Gerais e Mato Grosso do Sul. Possui o maior potencial hidrelétrico instalado do país. Cerca de 600 km a jusante, delimita a fronteira entre o Brasil e o Paraguai (foto abaixo). Deságua no oceano Atlântico, no estuário do rio da Prata.
- **Paraguai**: segundo dos grandes rios da bacia Platina, nasce em Mato Grosso, atravessa o relevo plano do Pantanal e avança pelo Paraguai até encontrar o rio Paraná. O Paraguai e o trecho final do Paraná formam uma via naturalmente navegável.
- **Uruguai**: percorre a fronteira Brasil-Argentina e a Uruguai-Argentina até desembocar no rio da Prata.
- **Bacia do rio São Francisco**: o rio São Francisco nasce na serra da Canastra, em Minas Gerais, atravessa o sertão semiárido e desemboca no oceano Atlântico, entre os estados de Sergipe e Alagoas. Tem poucos afluentes e é aproveitado para irrigação e navegação (entre Pirapora-MG e Juazeiro-BA), além de gerar grande quantidade de energia hidrelétrica.
- **Bacia do rio Parnaíba**: como parte dessa bacia está localizada em região de clima semiárido, apresenta pequena vazão média ao longo do ano. Possui afluentes temporários e, em seu baixo curso, alguns são perenes.
- **Bacias atlânticas ou costeiras**: o Brasil possui cinco conjuntos, ou agrupamentos de rios, chamados bacias hidrográficas do Atlântico: Nordeste Ocidental, Nordeste Oriental, Leste, Sudeste e Sul. As bacias que compõem cada um desses conjuntos não possuem ligação entre si; elas foram agrupadas por sua localização geográfica ao longo do litoral. O rio principal de cada uma delas tem sua própria bacia hidrográfica. Por exemplo, as bacias do Sudeste são formadas pelo agrupamento das bacias dos rios Paraíba do Sul, Doce e Ribeira de Iguape.

Vista aérea do rio Paraná em Foz do Iguaçu (PR), 2015. As bacias dos rios Paraná, Paraguai e Uruguai formam a bacia Platina.

Ernesto Reghran/Pulsar Imagens

INFOGRÁFICO

O ROMPIMENTO DAS BARRAGENS EM MINAS GERAIS

O rompimento das barragens do Fundão e de Santarém, em 5 de novembro de 2015, foi um grande desastre socioambiental. Ambas as barragens foram construídas para reter rejeitos sólidos e água durante o processo de mineração.

Quadrilátero Ferrífero (MG)

Fonte: SERVIÇO GEOLÓGICO DO BRASIL. Excursão virtual pela Estrada Real no Quadrilátero Ferrífero. Disponível em: <www.cprm.gov.br/publique/media/gestao_territorial/geoparques/estrada_real/mapa_geologico.html>. Acesso em: 23 abr. 2018.

Percurso da lama

Fonte: INFOGRÁFICO: entenda como foi o rompimento da barragem em MG. *G1*, 6 nov. 2015. Disponível em: <http://g1.globo.com/minas-gerais/noticia/2015/11/infografico-entenda-como-foi-o-rompimento-das-barragens-em-mg.html>. Acesso em: 22 abr. 2018.

As barragens do Fundão e de Santarém localizam-se no município de Mariana (MG), em uma região do estado conhecida como Quadrilátero Ferrífero, onde há intensa exploração de minério de ferro, além de ouro e manganês.

Um "mar de lama" atingiu o rio Doce, que deságua no oceano Atlântico, no estado do Espírito Santo. Observe o percurso da lama desde Mariana até atingir o oceano.

O rompimento das barragens causou uma imensa enxurrada de lama e provocou a destruição do distrito de Bento Rodrigues, no município de Mariana, e de outras localidades, deixando 19 mortos, centenas de pessoas desabrigadas e milhares de pessoas, em vários municípios de Minas Gerais e do Espírito Santo, sem acesso a água potável. Com o desastre, grande parte da população ficou dependente de ajuda governamental e da sociedade. As empresas responsáveis foram processadas e responderam por crime penal e ambiental. Como foram condenadas, ainda terão de indenizar as vítimas e pagar multas aos órgãos públicos de controle ambiental.

Casas soterradas pela lama no distrito de Bento Rodrigues (Mariana, MG), 2015.

Peixes mortos no rio Doce, em Resplendor (MG), 2015.

Mancha de lama que atingiu o oceano pela foz do rio Doce, em Linhares (ES), 2015. Ao chegar ao oceano, essa lama comprometeu o ecossistema marinho.

Os impactos ambientais foram devastadores, destacando-se:
- a destruição de toda a vegetação do entorno dos rios afetados pelo soterramento;
- o ressecamento da lama que soterrou as várzeas, tornando o terreno estéril, uma vez que não contém matéria orgânica;
- em todos os rios atingidos, com destaque para o rio Doce, a fauna e a flora aquáticas foram extintas, o que provocou impacto em toda a cadeia alimentar;
- a deposição da lama provocou assoreamento dos rios, desvio dos seus cursos e soterramento de diversas nascentes.

CAPÍTULO 10 • HIDROGRAFIA

ATIVIDADES

COMPREENDENDO CONTEÚDOS

1. Como se dá o abastecimento de água em um rio? Como se formam as nascentes?

2. Defina bacia hidrográfica e rede de drenagem.

3. Explique o que é assoreamento e quais são as suas consequências.

4. Por que os rios, especialmente em trechos de planície, possuem um leito maior e um leito menor? Mencione as consequências de não se levar em consideração esse fato na ocupação das várzeas de muitos rios, principalmente nas cidades.

5. Quais são as principais formas de aproveitamento econômico dos rios brasileiros?

DESENVOLVENDO HABILIDADES — DIALOGANDO COM LÍNGUA PORTUGUESA

6. Com a orientação do(a) professor(a), organizem-se em grupos e leiam novamente o infográfico sobre o rompimento das barragens em Minas Gerais, nas páginas 168-169. Nele, vocês podem observar que o desastre provocou impactos ambientais, sociais e econômicos de grande porte (reveja, abaixo, uma das imagens, ampliada, que mostra a mancha de lama que atingiu o oceano pela foz do rio Doce, em Linhares).

Com as informações obtidas pela leitura, façam uma pesquisa na internet, discutam a respeito do assunto e, depois, produzam um texto dissertando sobre a importância das ações preventivas para evitar esse e outros tipos de desastres ambientais e sobre as indenizações às quais as pessoas afetadas têm direito. O texto deve apresentar a opinião do grupo a respeito dos tópicos destacados nos itens a seguir.

a) Existem órgãos de fiscalização ambiental nas esferas municipal, estadual e federal, além do controle realizado pelas empresas privadas que são proprietárias das barragens.
- Vocês acham que somente a mineradora Samarco foi responsável pelo desastre? Por quê?
- O que poderia ser feito para que o controle e a fiscalização fossem eficientes?

b) Após o acidente, os moradores e trabalhadores das áreas atingidas tiveram direito a uma indenização.
- Quais as perdas materiais que devem ser ressarcidas?
- Por que os familiares de pessoas mortas no acidente e os trabalhadores que não conseguem mais exercer suas atividades têm direito a indenização?

Marcello Lourenço/Tyba

CAPÍTULO 11

BIOMAS E FORMAÇÕES VEGETAIS: CLASSIFICAÇÃO E SITUAÇÃO ATUAL

Parque Nacional da Serra dos Órgãos, em Teresópolis (RJ), 2017. As formações vegetais estão intimamente relacionadas a outros aspectos naturais, como clima e relevo, por exemplo.

As formações vegetais são tipos de vegetação facilmente identificáveis na paisagem e que ocupam extensas áreas. É o elemento mais evidente na classificação dos biomas. Estes, por sua vez, são sistemas em que solo, clima, relevo, fauna e demais elementos da natureza interagem entre si formando tipos semelhantes de cobertura vegetal, como as Florestas Tropicais, as Florestas Temperadas, as Pradarias, os Desertos e as Tundras. Em escala planetária, os biomas são unidades que evidenciam grande homogeneidade nas características de seus elementos.

Assim, há Florestas Tropicais na América, África, Ásia e Oceania que, embora semelhantes, possuem comunidades ecológicas com exemplares distintos. Alguns desses exemplares são chamados de endêmicos, ou seja, não ocorrem em nenhuma outra área do mundo. Entre outros fatores, isso se explica pela separação dos continentes: o afastamento físico fez com que as espécies vivessem evoluções paralelas, apesar de distintas, processo que é chamado **especiação**. Observe dois exemplos nas fotografias desta página.

Neste capítulo, estudaremos os principais biomas – no planeta e no território brasileiro –, as principais agressões do ser humano às formações vegetais e questões sobre o Direito Ambiental.

As plantas e os animais de um mesmo bioma não estão presentes, necessariamente, em diferentes regiões do planeta. O chimpanzé (na foto maior, de 2017) é encontrado na Floresta Tropical de Uganda, mas não compõe a fauna das Florestas Tropicais sul-americanas. Por outro lado, várias espécies endêmicas de nosso continente não são encontradas nas florestas africanas, como é o caso do mico-leão-dourado (na foto menor, de 2016), originário da Mata Atlântica brasileira.

1. PRINCIPAIS CARACTERÍSTICAS DAS FORMAÇÕES VEGETAIS

DIALOGANDO COM BIOLOGIA

A formação vegetal é o elemento mais evidente na classificação dos ecossistemas e biomas, por isso, e dependendo da escala utilizada em sua representação, são feitas grandes generalizações. Observe novamente o mapa de climas brasileiros elaborado pelo IBGE, na página 137, e veja que ele delimita doze diferentes regimes de temperaturas e chuvas em nosso país.

Os elementos climáticos, em especial a temperatura e a umidade, são determinantes para o tipo de vegetação de uma área. Eles definem diversas características das plantas, necessárias à adaptação aos diferentes climas. Com base nessas características é possível classificar as plantas em:

- **perenes** (do latim *perenne*, 'perpétuo, imperecível'): plantas que apresentam folhas durante o ano todo;
- **caducifólias**, **decíduas** (do latim *deciduus*, 'que cai, caduco') ou **estacionais**: plantas que perdem as folhas em épocas muito frias ou secas do ano;
- **esclerófilas** (do grego *sklerós*, 'duro, seco, difícil'): plantas com folhas duras, que têm consistência de couro (coriáceas);
- **xerófilas** (do grego *xêrós*, 'seco, descarnado, magro'): plantas adaptadas à aridez;
- **higrófilas** (do grego *hygrós*, 'úmido, molhado'): plantas, geralmente perenes, adaptadas a muita umidade;
- **tropófilas** (do grego *trópos*, 'volta, giro'): plantas adaptadas a uma estação seca e outra úmida;
- **aciculifoliadas** (do latim *acicula*, 'alfinete, agulhinha'): possuem folhas em forma de agulhas, como os pinheiros. Quanto menor a superfície das folhas, menos intensa é a transpiração e maior é a retenção de água pela planta;
- **latifoliadas** (do latim *lato*, 'largo, amplo'): plantas de folhas largas, que permitem intensa transpiração; são geralmente nativas de regiões muito úmidas.

Os índices termopluviométricos, associados a outros fatores de variação espacial menor e que também influem no tipo de vegetação – como maior ou menor proximidade de cursos de água, os diferentes tipos de solo, a topografia e as variações de altitude –, determinam a existência de diferentes ecossistemas não contemplados nos mapas-múndi. Todas as formações vegetais têm grande importância para a preservação dos variados biomas e ecossistemas da Terra. Estudaremos a seguir as mais expressivas. Para começar, observe o infográfico das páginas a seguir.

Xerófila.

Aciculifoliada.

Perene.

Esclerófila.

Tropófila. Latifoliada. Caducifólia. Higrófila.

CAPÍTULO 11 • BIOMAS E FORMAÇÕES VEGETAIS: CLASSIFICAÇÃO E SITUAÇÃO ATUAL

INFOGRÁFICO

COBERTURA VEGETAL ORIGINAL

O mapa-múndi de vegetação a seguir retrata a cobertura original dos biomas. Apesar de não mostrar o intenso desmatamento, ele nos ajuda a compreender a dinâmica da natureza na distribuição e na organização da cobertura vegetal. Veja a localização dos biomas neste mapa e observe suas principais características nas fotos.

Mundo: vegetação

- Floresta Equatorial e Tropical
- Floresta Subtropical e Temperada
- Floresta Boreal (Taiga)
- Savana (Brasil — Cerrado e Caatinga)
- Estepes e Pradarias
- Vegetação Mediterrânea
- Vegetação de Altitude
- Tundra
- Deserto (quente ou frio)

Fonte: SIMIELLI, Maria Elena. *Geoatlas*. 34. ed. São Paulo: Ática, 2013. p. 26.

Mata Atlântica em Tapiraí (SP), em 2015.

Tundra na Groenlândia, em 2016.

Taiga com coníferas na Finlândia, em 2015, durante o verão.

Estepe nos Pampas na Argentina, em 2016.

Deserto do Atacama no Chile, em 2015.

Vegetação de Altitude em trecho da cordilheira do Himalaia, no Nepal, em 2016.

Floresta Negra (Temperada) na Alemanha, em 2016.

Vegetação Mediterrânea em Cote d'Azur, no sul da França, em 2015.

Savana no Parque Nacional Kruger, na África do Sul, em 2017.

TUNDRA

Vegetação rasteira, de ciclo vegetativo extremamente curto. Por encontrar-se em regiões subpolares, desenvolve-se apenas durante os três meses de verão, nos locais onde ocorre o degelo. O rio na Groenlândia que você observa na foto da página 174, por exemplo, se forma nessa estação, com o derretimento da neve. As espécies típicas são os musgos, nas baixadas úmidas, e os líquens, nas porções mais elevadas do terreno, onde o solo é mais seco, aparecendo raramente pequenos arbustos.

FLORESTA BOREAL (TAIGA)

Formação florestal típica da Zona temperada. Ocorre nas altas latitudes do hemisfério norte, em regiões de climas temperados continentais, como Canadá, Suécia, Finlândia e Rússia. Neste último país, cobre mais da metade do território e é conhecida como **Taiga**. É uma formação bastante homogênea, na qual predominam coníferas do tipo pinheiro, como as que aparecem na foto da página 174. As coníferas são espécies adaptadas à ocorrência de neve no inverno; são aciculifoliadas e com árvores em forma de cone, o que facilita o deslizamento da neve por suas copas. Essa formação florestal foi largamente explorada para ser usada como lenha e para a fabricação de papel e móveis. Atualmente, a madeira é obtida de árvores cultivadas (silvicultura).

FLORESTA SUBTROPICAL E TEMPERADA

Esta formação florestal caducifólia, típica dos climas temperados e subtropicais, é encontrada em latitudes mais baixas e sob maior influência da maritimidade. Estendia-se por grandes porções da Europa centro-ocidental, mas por causa de atividades agropecuárias, atualmente subsiste na Ásia (veja a foto ao lado), na América do Norte e em pequenas extensões da América do Sul e da Oceania. Na Europa, restam apenas pequenas extensões, como a floresta Negra, na Alemanha (veja a foto da página 175), e a floresta de Sherwood, na Inglaterra.

Floresta Temperada em Yinchuan (China), em 2015. Esta formação vegetal é caducifólia e as folhas são pequenas, para reter umidade.

FLORESTA EQUATORIAL E TROPICAL

Nas regiões tropicais quentes e úmidas, encontramos florestas que se desenvolvem graças aos elevados índices pluviométricos. São, por isso, formações higrófilas e latifoliadas, extremamente heterogêneas, que se localizam em baixas latitudes na América, na África e na Ásia (observe a foto da Floresta Amazônica, ao lado, e a da Mata Atlântica, na página 174). Nessas regiões predominam climas tropicais e equatoriais e espécies vegetais de grande e médio portes, como o mogno, o jacarandá, a castanheira, o cedro, a imbuia e a peroba, além de palmáceas, arbustos, briófitas e bromélias. As Florestas Tropicais possuem a maior biodiversidade do planeta, com muitas espécies ainda desconhecidas.

Floresta Amazônica em Xapuri (AC), 2015, em região bastante úmida, onde se observa vegetação com folhas largas e grandes.

MEDITERRÂNEA

Desenvolve-se em regiões de clima mediterrâneo, que apresentam verões quentes e secos e invernos amenos e chuvosos. É encontrada em pequenas porções da Califórnia (Estados Unidos, onde é conhecida como **Chaparral**), do Chile, da África do Sul e da Austrália. As maiores ocorrências estão no sul da Europa – onde foi largamente desmatada para o cultivo de oliveiras (espécie nativa dessa formação vegetal) e videiras (nativas da Ásia) – e no norte da África. Reveja a foto da página 175, que mostra esse tipo de vegetação no sul da França.

PRADARIAS

Compostas basicamente de gramíneas, são encontradas principalmente em regiões de clima temperado continental. Desenvolvem-se na Rússia e Ásia central, nas Grandes Planícies norte-americanas, nos Pampas argentinos (veja a foto da página 174), no Uruguai, na região Sul do Brasil e na Grande Bacia Artesiana (Austrália). Muito usada como pastagem, essa formação é importante por enriquecer o solo com matéria orgânica.

ESTEPES

Nessas formações a vegetação é herbácea, como nas Pradarias, porém mais esparsa e ressecada. As Estepes desenvolvem-se em uma faixa de transição entre climas tropicais e desérticos, como na região do Sahel, na África, e entre climas temperados e desérticos, como na Ásia central. Essa vegetação foi muito degradada por atividades econômicas, como o pastoreio.

DESERTO

Bioma cujas espécies vegetais estão adaptadas à escassez de água em regiões de índice pluviométrico inferior a 250 mm anuais, como nos desertos da América, África, Ásia e Oceania. Apresenta espécies vegetais xerófilas, destacando-se as cactáceas. Algumas dessas plantas são suculentas (armazenam água no caule) e não possuem folhas ou evoluíram para espinhos, reduzindo a perda de água pela evapotranspiração. No Saara, em lugares em que a água aflora à superfície, surgem os oásis, como podemos observar na foto abaixo.

Oásis no deserto do Saara, na Líbia, em 2017.

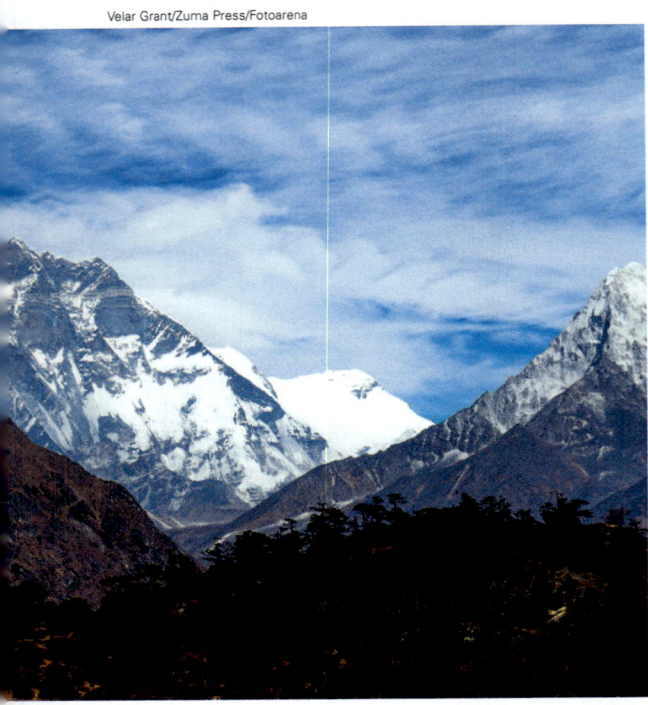

Velar Grant/Zuma Press/Fotoarena

Vegetação de Altitude no monte Everest, Nepal, em 2016.

SAVANA

Em regiões onde o índice de chuvas é elevado, porém concentrado em poucos meses do ano, podem desenvolver-se as Savanas, formação vegetal complexa que apresenta estratos arbóreo, arbustivo e herbáceo. As Savanas são encontradas em grandes extensões da África, na América do Sul (no Brasil, corresponde ao domínio dos Cerrados) e em menores porções na Austrália e na Índia. Sua área de abrangência tem sido muito utilizada para a agricultura e a pecuária, o que acentuou sua devastação, como tem ocorrido no Brasil central. No continente africano, esse bioma abriga animais de grande porte, como leões, elefantes, girafas, zebras, antílopes e búfalos (veja a foto da página 175).

VEGETAÇÃO DE ALTITUDE

Em regiões montanhosas há uma grande variação altitudinal da vegetação, como mostra a ilustração a seguir. À medida que aumenta a altitude e diminui a temperatura, os solos ficam mais rasos e a vegetação, mais esparsa. Nessas condições, surgem as florestas nas áreas mais baixas e, nas mais altas, os campos de altitude, como mostra a foto ao lado.

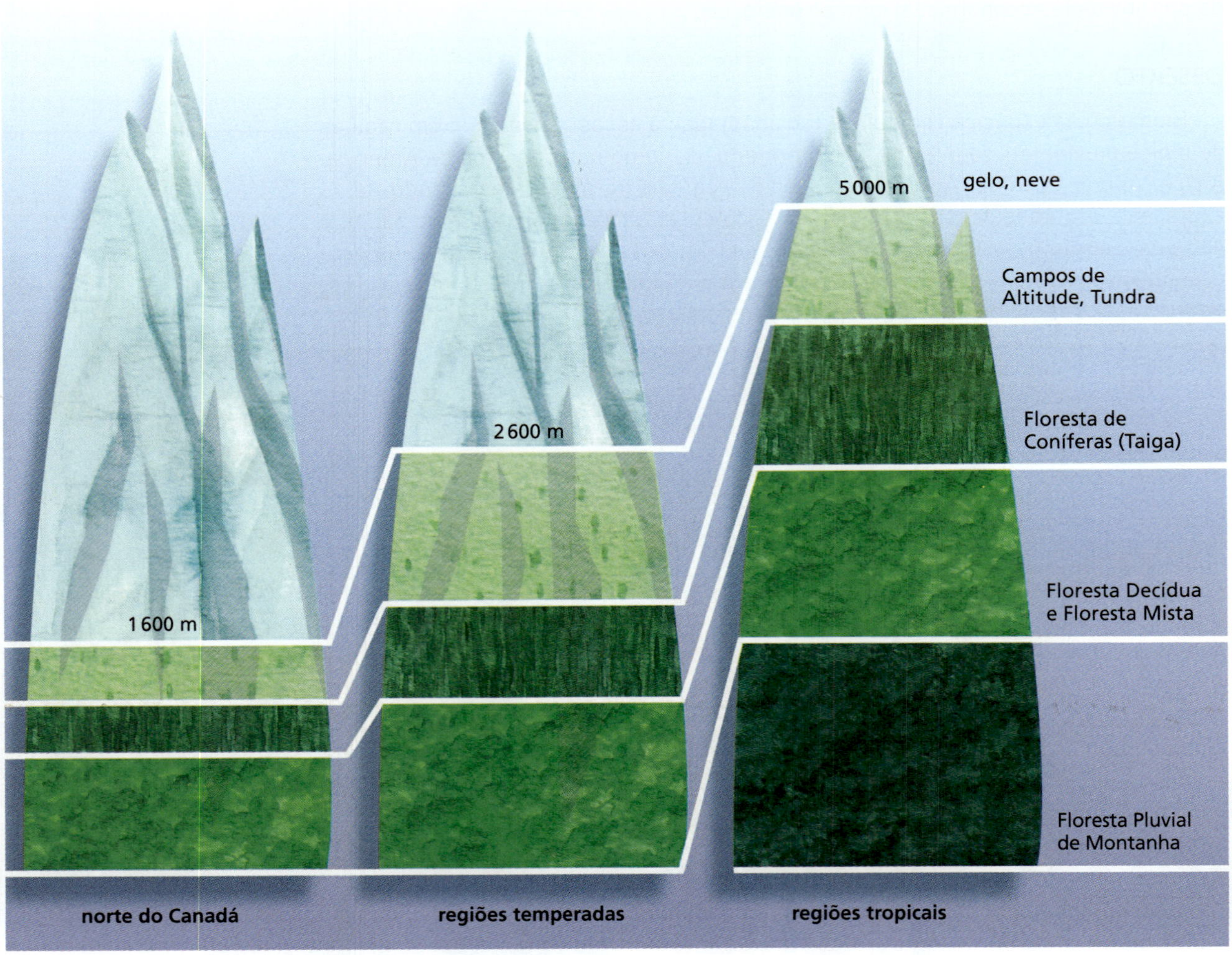

José Rodrigues/Arquivo da editora

Fonte: ATLANTE Zanichelli 2009. Bologna: Zanichelli, 2008. p. 177.

2. A VEGETAÇÃO E OS IMPACTOS DO DESMATAMENTO

Impacto ambiental é um desequilíbrio provocado pela ação dos seres humanos sobre o meio ambiente ou por acidentes naturais, como a erupção de um vulcão (que pode provocar poluição atmosférica), o choque de um meteoro (destruição de espécies animais e vegetais), um raio (incêndio numa floresta), etc.

Quando os ecossistemas sofrem impactos ambientais, geralmente a vegetação é o primeiro elemento a ser atingido, pois é reflexo das condições naturais de solo, relevo e clima do lugar em que ocorre.

Atualmente, todas as formações vegetais, em maior ou menor grau, encontram-se modificadas. Em muitos casos, sobraram apenas alguns redutos em que a vegetação original é encontrada, nos quais, embora com pequenas alterações, ainda preserva suas características principais. Essa devastação deve-se basicamente a interesses econômicos. Veja o mapa da página 16 do *Atlas*, que evidencia o impacto da ação humana sobre as formações vegetais entre 1990 e 2015.

A primeira consequência do desmatamento é o comprometimento da biodiversidade, por causa da diminuição ou, muitas vezes, da extinção de espécies vegetais e animais, muitas delas ainda nem descobertas e estudadas.

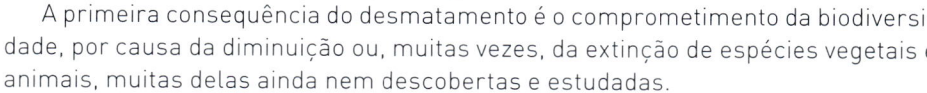

Desmatamento em reserva florestal na Indonésia, em 2016.

Biomassa: quantidade total de matéria viva de um ecossistema, geralmente expressa em massa por unidade de área ou de volume.

Na Floresta Amazônica, há uma grande quantidade de espécies endêmicas. Parte desse patrimônio genético é conhecida pelas várias etnias indígenas que ali habitam. No entanto, a maioria dessas comunidades nativas está sofrendo um processo de integração à sociedade urbano-industrial que tem levado à perda do patrimônio cultural desses povos, dificultando a preservação dos seus conhecimentos. Outro ponto importante que afeta os interesses nacionais dos países onde há florestas tropicais, incluindo o Brasil, é a biopirataria, por meio da qual muitas empresas assumem práticas ilegais para garantir o direito de explorar, futuramente, uma possível matéria-prima para a indústria farmacêutica e de cosméticos, entre outras.

No Brasil, os incêndios ou queimadas de florestas, que consomem uma quantidade incalculável de biomassa todos os anos, são provocados para o desenvolvimento de atividades agropecuárias, muitas vezes em grandes projetos que recebem incentivos governamentais e, portanto, sob o amparo da lei. Podem também ser resultado de práticas criminosas ou ainda de acidentes, incluindo naturais.

As consequências socioambientais das interferências humanas em regiões de florestas são várias. Uma das principais é o aumento do processo erosivo, o que leva a um empobrecimento dos solos, podendo ampliar ou formar áreas desertificadas em regiões de clima árido, semiárido e subúmido. Leia o texto da página seguinte sobre a desertificação no Brasil.

Lula Sampaio/Opção Brasil Imagens

Os incêndios florestais provocam uma série de impactos na fauna, na flora, no solo e na atmosfera. Na foto, de 2016, queimada na Amazônia, em Novo Airão (AM).

OUTRAS LEITURAS

TERRAS SECAS

"Doutor, pode ver o que está acontecendo com a minha plantação?", perguntou um agricultor do município de São Domingos de Cariri, na Paraíba, ao geógrafo Bartolomeu Israel de Souza durante um trabalho de campo no estado.

Souza, pesquisador da Universidade Federal da Paraíba (UFPB), acompanhou o senhor até seu pequeno cultivo para poder responder à convocação. "Eu molho, molho, mas não adianta!", reclamou o agricultor, apontando para uma área de terra seca e sem vida.

Souza, então, se ofereceu para recolher uma amostra do solo e verificar, em análise laboratorial, o problema. A questão, no entanto, já lhe era clara: salinização, um dos principais fatores por trás da desertificação.

Desertificação significa a degradação progressiva de terras em ambientes áridos, semiáridos e subúmidos secos (no Brasil, há apenas os dois últimos). O resultado do processo são áreas com nenhuma ou pouca vegetação, erosão acentuada e, muitas vezes, infertilidade.

Daí a reclamação do agricultor paraibano: em uma região desertificada, irrigar a terra não é suficiente para que se consiga cultivá-la. Ele e outros pequenos produtores são os principais prejudicados, pois perdem parte importante de sua subsistência.

Sem ter de onde tirar sustento para suas famílias, muitos migram para cidades maiores – dentro do Nordeste ou em outras regiões –, dependendo exclusivamente da ajuda financeira do governo e com pouca ou nenhuma perspectiva de recuperação de sua propriedade.

Dedo humano

A Organização das Nações Unidas (ONU) estima que, ao menos em 100 países, 1 bilhão de pessoas seja ameaçado pelo processo de degradação de terras secas. E 24 milhões delas já sofrem os efeitos do fenômeno – a maior parte na África, continente mais afetado.

No Brasil, moradores de parte do 1,1 milhão de quilômetros quadrados suscetíveis à desertificação já veem todos os dias a imagem do solo seco e rachado sem potencial produtivo. A seriedade do problema levou a ONU a declarar esta a Década para os Desertos e a Luta contra a Desertificação.

Engana-se, no entanto, quem pensa que o cenário da desertificação se parece com desertos como o Saara africano ou o Atacama, no Chile. "Esses são biomas equilibrados, resultado de processos naturais que duraram milhares de anos", explica Souza. "Terras desertificadas, por outro lado, são resultado principalmente da ação humana, em um espaço de tempo muito mais curto, insuficiente para o ambiente se reequilibrar."

As atividades humanas que podem deflagrar, causar ou acentuar o processo de desertificação são muitas – vão desde o desmatamento, passando pelo pastejo excessivo até formas de irrigação danosas.

O fenômeno começou a ser percebido no Brasil na década de 1970, quando foram lançados os primeiros estudos sobre o problema – antes apontado como exclusivamente africano. [...]

[...]

FRAGA, Isabela. Terras secas. *Ciência Hoje*. ed. 280, abr. 2011. Disponível em: <www.cienciahoje.org.br/revista/materia/id/497/n/terras_secas>. Acesso em: 23 abr. 2018.

Área em processo de desertificação em Acari (RN), em 2014.

3. BIOMAS E FORMAÇÕES VEGETAIS DO BRASIL

Nosso país apresenta grande variedade de ecossistemas. Essa variedade relaciona-se à grande diversidade da fauna e da flora brasileiras, das quais muitas espécies são nativas do Brasil, como a jabuticaba, o amendoim, o abacaxi e a castanha-do-pará. No entanto, esses ecossistemas já sofreram grandes impactos negativos desde o início da colonização, com o desenvolvimento das atividades econômicas e a consequente ocupação do território, como se pode constatar ao comparar os dois mapas desta página.

Consulte os livros *A ferro e fogo: a história e a devastação da Mata Atlântica brasileira*, de Warren Dean, e *Brasil: paisagens naturais: espaço, sociedade e biodiversidade nos grandes biomas brasileiros*, de Marcelo Leite. Veja orientações na seção **Sugestões de textos, vídeos e sites**.

Fonte: SIMIELLI, Maria Elena. *Geoatlas*. 34. ed. São Paulo: Ática, 2013. p. 120.

Fonte: SIMIELLI, Maria Elena. *Geoatlas*. 34. ed. São Paulo: Ática, 2013. p. 121.

AS CARACTERÍSTICAS DAS FORMAÇÕES VEGETAIS BRASILEIRAS

As principais formações vegetais no território brasileiro são:

- **Floresta Amazônica** (floresta pluvial equatorial): é a maior floresta tropical do mundo, totalizando cerca de 40% das florestas pluviais tropicais do planeta. No Brasil, ela se estende por 3,7 milhões de km² e 10% dessa área constitui unidades de conservação, que estudaremos a seguir. Cerca de 15% da vegetação da Floresta Amazônica foi desmatada, sobretudo a partir da década de 1970 com a construção de rodovias e a instalação de atividades mineradoras, garimpeiras, agrícolas e de exploração madeireira. Em razão do predomínio das planícies e dos planaltos de baixa altitude, a topografia não provoca modificações profundas na fisionomia da floresta, que apresenta três estratos de vegetação:
  - **caaigapó** (do tupi-guarani, 'mata molhada') ou **igapó**: desenvolve-se ao longo dos rios, numa área permanentemente alagada. Em comparação com os outros estratos da floresta é o que possui menor quantidade de espécies e é constituído por árvores de menor porte, incluindo palmeiras e plantas aquáticas, destacando-se a vitória-régia;
  - **várzea**: área sujeita a inundações periódicas, com a vegetação de médio porte raramente ultrapassando os 20 m de altura, como o pau-mulato e a seringueira. Como se situa entre as matas de igapó e de terra firme, possui características de ambas;
  - **caaetê** (do tupi-guarani, 'mata seca') ou **terra firme**: área que nunca inunda, na qual se encontra vegetação de grande porte, com árvores chegando aos 60 m de altura, como a castanheira-do-pará e o cedro. O entrelaçamento das copas das árvores forma um dossel que dificulta a penetração da luz, propiciando um ambiente não exposto ao sol e úmido no interior da floresta.

Luciana Whitaker/Pulsar Imagens

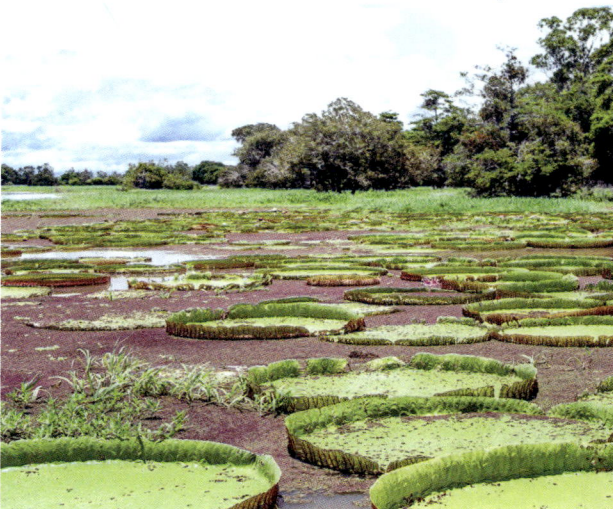

Vitórias-régias no rio Jari, Santarém (PA), 2017, em mata de igapó.

Vista aérea da Floresta Amazônica e do rio Solimões em Tefé (AM), em 2017. Nas partes planas da floresta as várzeas são extensas, favorecendo a formação de lagos.

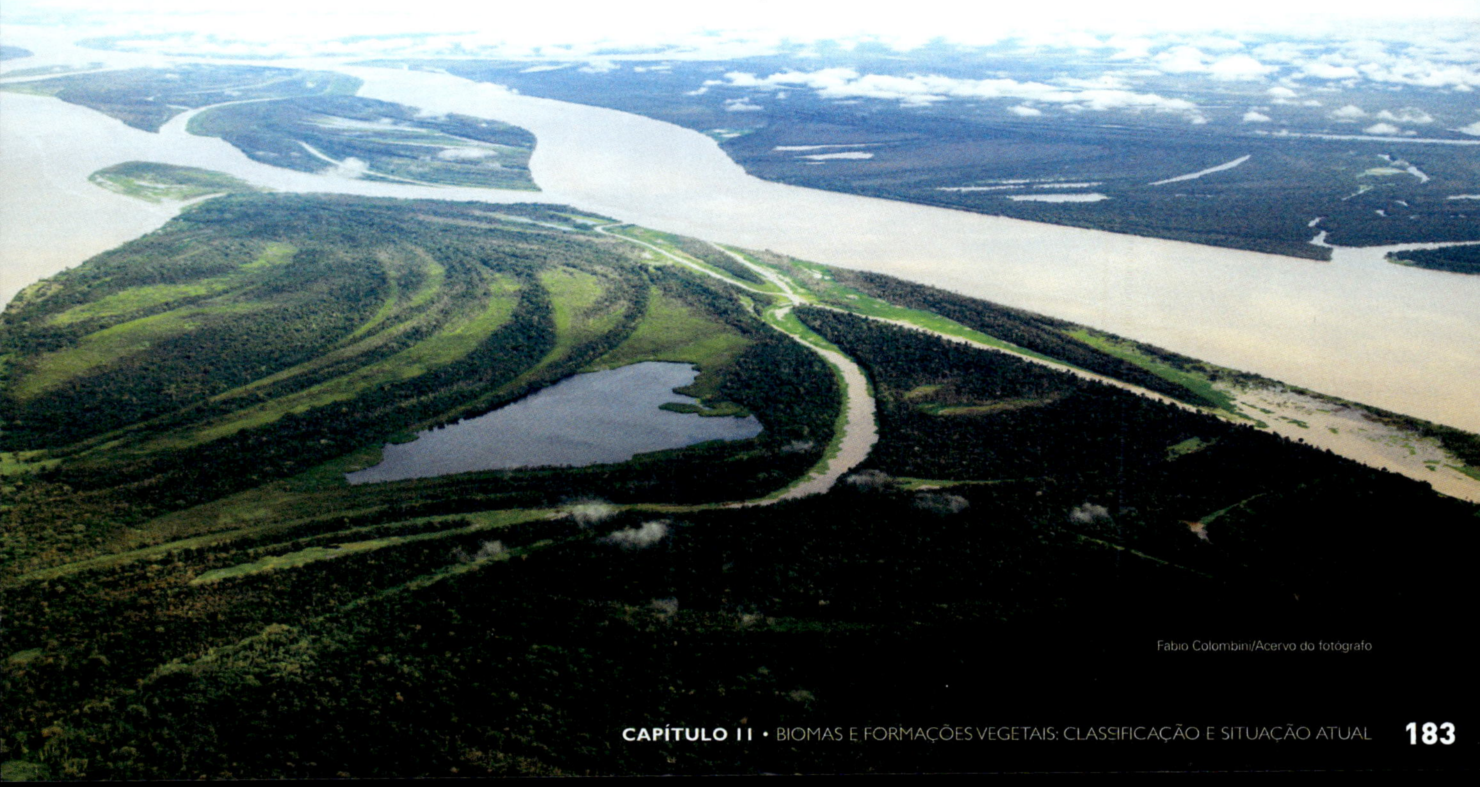

Fabio Colombini/Acervo do fotógrafo

Interior da Mata Atlântica em Três Barras (RS), em 2015.

- **Mata Atlântica** (floresta pluvial tropical): originalmente cobria uma área de 1 milhão de km², estendendo-se ao longo do litoral desde o Rio Grande do Norte até o Rio Grande do Sul e alargando-se para o interior em Minas Gerais e São Paulo. É um dos biomas mais importantes para a preservação da biodiversidade brasileira e mundial, mas é também o mais ameaçado. Restam apenas 7% de sua área original e, desses remanescentes, quatro quintos estão localizados em propriedades privadas. As unidades de conservação abrangendo esse bioma constituem apenas 2%.
- **Mata de Araucárias** ou **Mata dos Pinhais** (floresta pluvial subtropical): nativa do Brasil, é uma floresta na qual predomina a araucária (*Araucaria angustifolia*), também conhecida como pinheiro-do-paraná ou pinheiro brasileiro, espécie adaptada a climas de temperaturas moderadas a baixas no inverno, solos férteis e índice pluviométrico superior a 1000 mm anuais. Nesse bioma é comum a ocorrência de erva-mate, além de grande variedade de espécies valorizadas pela indústria madeireira, como os ipês. Originariamente, essa floresta dominava vastas extensões dos planaltos da região Sul e pontos altos da serra da Mantiqueira nos estados de São Paulo, Rio de Janeiro e Minas Gerais. Foi desmatada, sobretudo, para a retirada de madeira utilizada na fabricação de móveis.
- **Mata dos Cocais**: esta formação vegetal se localiza no estado do Maranhão, encravada entre a Floresta Amazônica, o Cerrado e a Caatinga, caracterizando-se como mata de transição entre formações bastante distintas. É constituída por palmeiras, com grande predominância do babaçu e ocorrência esporádica de carnaúba; desde o período colonial, a região é explorada economicamente pelo extrativismo de óleo de babaçu e cera de carnaúba. Atualmente, porém, vem sendo desmatada para o cultivo de grãos destinados à exportação, com destaque para a soja.

Araucárias na serra catarinense, em São Joaquim, em 2015.

Mata dos Cocais em Nazária (PI), em 2015. Na foto, podemos observar amplo predomínio do babaçu na constituição da mata.

- **Caatinga**: vegetação xerófila, adaptada ao clima semiárido do Sertão nordestino, na qual predominam arbustos caducifólios e espinhosos; ocorrem também cactáceas, como o xique-xique e o mandacaru. A palavra "caatinga" significa, em tupi-guarani, 'mata branca', cor predominante da vegetação durante a estação seca. No verão, em razão da ocorrência de chuvas, brotam folhas verdes e flores. Sua área original era de 740 mil km^2, mas já teve 50% de sua área devastada e menos de 1% faz parte de unidades de conservação.
- **Cerrado**: originalmente cobria cerca de 2 milhões de km^2 do território brasileiro, mas cerca de 40% de sua área foi desmatada. É constituído por vegetação caducifólia, predominantemente arbustiva, de raízes profundas, galhos retorcidos e casca grossa (que dificulta a perda de água). Duas das espécies mais conhecidas são o pequizeiro e o buriti. A vegetação próxima ao solo é composta de gramíneas, que secam no período de estiagem. É uma formação adaptada ao clima tropical típico, com chuvas abundantes no verão e inverno seco, desenvolvendo-se, sobretudo, no Centro-Oeste brasileiro e em porções significativas do estado de Roraima. Nas regiões Sudeste e Nordeste do país aparecem em manchas isoladas, cercadas por outro tipo de vegetação. Em regiões mais úmidas, essa formação se torna mais densa e com árvores maiores, caracterizando o chamado "cerradão".
- **Pantanal**: estende-se, em território brasileiro, por 140 mil km^2 dos estados de Mato Grosso do Sul e Mato Grosso, em planícies sujeitas a inundações. No Pantanal há vegetação rasteira, floresta tropical e até mesmo vegetação típica do Cerrado nas regiões de maior altitude. Por isso caracteriza-se não como uma formação vegetal, mas como um complexo que agrupa várias formações, com fauna muito rica. Esse bioma vem sofrendo diversos problemas ambientais, decorrentes principalmente da ocupação em regiões mais altas, onde nasce a maioria dos rios. A agricultura e a pecuária provocam erosão dos solos, assoreamento e contaminação dos rios por agrotóxicos.

Caatinga em Olho D'Água do Casado (AL), em 2016. Essa foto foi tirada no período de seca, quando a vegetação está sem folhagem.

Cerrado no Parque Estadual da Serra dos Pireneus (GO), em 2015, no período de chuvas.

Vista aérea do Pantanal durante o período das cheias, em Poconé (MT), em 2017. Ao fundo, podemos observar a serra do Amolar, que faz a divisa entre os estados de Mato Grosso e Mato Grosso do Sul.

PARA SABER MAIS

Matas de galeria e capão

Podemos encontrar pequenas formações florestais em meio a outros tipos de vegetação, tais como:

- **Mata de galeria** ou **mata ciliar**: tipo de formação vegetal que acompanha o curso de rios do Cerrado, onde é muito frequente, e da Caatinga. Nas áreas próximas às margens dos rios perenes, o solo é permanentemente úmido, criando condições para o desenvolvimento dessa mata, mais densa do que o bioma onde está encravada.
- **Capão**: em localidades que correspondem a pequenas depressões, com baixos índices de chuvas, o nível hidrostático (ou lençol freático) aflora ou chega muito próximo à superfície. Aí se desenvolvem os capões, formações arbóreas geralmente arredondadas em meio à vegetação mais rala ou rasteira.

Mata ciliar no rio Paraíba do Sul, em Resende (RJ), em 2017. Essa formação é muito importante para a conservação dos rios. Quando chove, a mata funciona como um filtro da água que escoa pela superfície. Quando a mata é retirada, a sedimentação ocorre no leito dos rios, provocando assoreamento e outros problemas ambientais.

- **Campos naturais**: formações rasteiras ou herbáceas constituídas por gramíneas que atingem até 60 cm de altura. Sua origem pode estar associada a solos rasos ou temperaturas baixas em regiões de altitudes elevadas, áreas sujeitas à inundação periódica ou ainda a solos arenosos. Os campos mais expressivos do Brasil localizam-se no Rio Grande do Sul, na chamada Campanha Gaúcha – apropriados inicialmente como pastagem natural, atualmente são amplamente cultivados tanto dessa forma quanto para a produção agrícola mecanizada. Destacam-se, ainda, os campos inundáveis da ilha de Marajó (PA) e do Pantanal (MT e MS), utilizados, respectivamente, para criação de gado bubalino e bovino, além de manchas isoladas na Amazônia, com destaque ao estado de Roraima, e nas regiões serranas do Sudeste.

Pampa em Santana do Livramento (RS), em 2017. O relevo suave, com as coxilhas, favorece a criação de gado e a agricultura mecanizada.

- **Vegetação litorânea**: a restinga e os manguezais são consideradas formações vegetais litorâneas. A restinga se desenvolve no cordão arenoso formado junto à costa, com predominância de vegetação rasteira, chamada de pioneira por possibilitar a fixação do solo e permitir a ocupação posterior de arbustos e algumas árvores. Os manguezais são nichos ecológicos responsáveis pela reprodução de grande número de espécies de peixes, moluscos e crustáceos. Desenvolvem-se nos estuários, e a vegetação – arbustiva e arbórea – é halófila (adaptada ao sal da água do mar), podendo apresentar raízes que, durante a maré baixa, ficam expostas. As principais ameaças à preservação dessas formações vegetais são o avanço da urbanização, a pesca predatória, a poluição dos estuários e o turismo desordenado, incentivando a instalação de aterros.

Mangue no período de maré baixa em Cairu (BA), em 2015.

PARA SABER MAIS

Os domínios morfoclimáticos

Em 1965, o geógrafo Aziz Ab'Sáber (1924-2012) estabeleceu uma classificação dos domínios morfoclimáticos brasileiros, na qual cada domínio corresponde a uma diferente associação das condições de relevo, clima e vegetação. Trata-se de uma síntese do que foi estudado isoladamente nos capítulos anteriores. Assim, por exemplo, o domínio equatorial amazônico é formado por terras baixas (relevo), florestadas (vegetação) e equatoriais (clima). Observe o mapa ao lado.

Compare esse mapa com o da vegetação nativa do Brasil, na página 182. Você perceberá que há uma relativa correspondência entre formações vegetais e domínios morfoclimáticos. Isso ocorre porque a vegetação é a face mais visível dos domínios.

Fonte: AB'SÁBER, Aziz. *Os domínios de natureza no Brasil*: potencialidades paisagísticas. São Paulo: Ateliê Editorial, 2003. s.p.

4. A LEGISLAÇÃO AMBIENTAL E AS UNIDADES DE CONSERVAÇÃO

A expressão "meio ambiente" envolve todas as dimensões que tornam a vida das pessoas mais saudável e equilibrada, como a qualidade do ar e o conforto acústico. Essa expressão, portanto, engloba tanto o meio ambiente natural quanto o cultural. Pense no lugar em que você mora: nele há muita poluição e barulho, ou ele corresponde a um meio ambiente ecologicamente equilibrado?

A legislação brasileira relativa ao meio ambiente é ampla e bem elaborada. Os problemas ambientais que observamos com frequência, amplamente divulgados pelos meios de comunicação, não resultam da limitação da legislação, mas da ineficiência de ações educativas e de fiscalização.

HISTÓRICO DAS LEIS AMBIENTAIS BRASILEIRAS

Ao longo dos períodos colonial e imperial de nossa história, foram elaboradas algumas leis voltadas à proteção do meio ambiente, mas elas tinham abrangência restrita, como a proteção ao pau-brasil e a algumas espécies animais. Já no período republicano, em 1911, foi criada a primeira reserva florestal do país, onde atualmente se encontra o estado do Acre; em 1921 foi criado o Serviço Florestal do Brasil, que hoje é o Instituto do Meio Ambiente e dos Recursos Naturais Renováveis (Ibama); e em 1934 foi aprovada a primeira versão do Código Florestal, que estudaremos neste capítulo.

Durante o período da ditadura militar (1964-1985), foram criados projetos de ocupação humana e econômica das regiões Norte e Centro-Oeste que provocaram grandes impactos negativos ao meio ambiente. Esses projetos previam a expansão da agricultura e a criação de gado em áreas de floresta e a prática de garimpo, mineração e extração de madeira, instituída com a abertura das rodovias de integração (veja a foto abaixo).

Como os impactos, principalmente na Floresta Amazônica, trouxeram repercussão negativa em escala mundial, em 1974 o governo brasileiro promoveu mudanças de estratégia, implantando ações de proteção ambiental: combate à erosão, criação das Estações Ecológicas e Áreas de Proteção Ambiental, metas para o zoneamento industrial e criação da Secretaria Especial do Meio Ambiente.

> Consulte o *site* do **Instituto Brasileiro do Meio Ambiente e dos Recursos Naturais Renováveis (Ibama).** Veja orientações na seção **Sugestões de textos, vídeos e *sites*.**

Construção da rodovia Transamazônica em Altamira (PA), em 1972. A abertura das rodovias de integração provocou grandes impactos ambientais e sociais.

Em 1979, foi criado o Conselho Nacional do Meio Ambiente (Conama), que instituiu, em 1981, a Política Nacional do Meio Ambiente (PNMA, Lei n. 6 938). Essa lei promoveu um grande avanço ao apresentar as bases para a proteção ambiental e conceituar expressões como "meio ambiente", "poluidor", "poluição" e "recursos naturais". A PNMA busca a preservação e a recuperação das áreas ambientalmente degradadas, visando garantir condições de desenvolvimento social e econômico, a segurança nacional e a proteção da dignidade da vida humana. A partir de sua publicação se instituiu que o meio ambiente é um bem público a ser resguardado e protegido, em prol da coletividade.

Em 1986, o Conama publicou uma resolução sobre o tema, em que se destaca a exigência de elaboração do Estudo de Impacto Ambiental (EIA), de caráter técnico e detalhista, e do seu respectivo Relatório de Impacto Ambiental (Rima), menos detalhado e acessível aos que não são especialistas na área. Esses dois documentos são necessários para o licenciamento e a autorização expedidos pelo Ibama para a realização de qualquer obra ou atividade que provoque impactos ambientais.

Outro grande destaque na evolução do Direito Ambiental brasileiro foi atingido com a Constituição Federal de 1988, a primeira de nossa história a dedicar um capítulo a esse tema e a incorporar o conceito de desenvolvimento sustentável. Ela estabelece, no artigo 225, que "Todos têm direito ao meio ambiente ecologicamente equilibrado, bem de uso comum do povo e essencial à sadia qualidade de vida, impondo-se ao poder público e à coletividade o dever de defendê-lo e preservá-lo para as presentes e futuras gerações". O parágrafo terceiro desse mesmo artigo estipula que: "As condutas e atividades consideradas lesivas ao meio ambiente sujeitarão os infratores, pessoas físicas ou jurídicas, a sanções penais e administrativas, independentemente da obrigação de reparar os danos causados".

A previsão de sanções penais significa a criminalização das atividades prejudiciais ao meio ambiente, o que foi regulamentado somente dez anos depois, em 1998, com a Lei n. 9 605. Conhecida como Lei dos Crimes Ambientais, ela define os crimes contra a fauna e a flora, além dos relacionados à poluição, ao ordenamento urbano, ao patrimônio cultural e outros. Quem comete agressões ambientais como desmatamento, poluição do ar ou de águas, ou falsificação de Relatório de Impacto Ambiental, é punido com multa, proibição de exercício de certas atividades e até mesmo prisão.

Derramamento de petróleo em rio, em Vila do Conde (PA), em 2015. Após a promulgação da Lei dos Crimes Ambientais e a instituição de multas pesadas e da responsabilidade penal dos envolvidos, os acidentes ambientais têm sido menos frequentes e a ação de recuperação ambiental, mais eficiente.

O CÓDIGO FLORESTAL

O Código Florestal foi criado em 1934 e reformulado duas vezes: em 1965 e em 2012 (Lei n. 12 561/12). Neste ano houve muitos embates entre ambientalistas – que queriam ampliar as áreas de preservação e a obrigação de recompor o que foi desmatado irregularmente – e grandes proprietários – que queriam autorização para ampliar as áreas de agricultura e pecuária sem recompor os biomas. Esta é uma das mais importantes leis ambientais do país e estabelece as normas de ocupação e uso do solo em todos os biomas brasileiros. Os incisos II e III do artigo 1º, parágrafo 2º, merecem destaque, pois definem as áreas de preservação e as reservas legais:

- **Áreas de Preservação Permanente (APPs)**: só podem ser desmatadas com autorização do Poder Executivo Federal e em caso de uso para utilidade pública ou interesse social, como a construção de uma rodovia. São as margens de rios, lagos ou nascentes, várzeas, encostas íngremes, mangues e outros ambientes (observe a ilustração abaixo). A principal função das APPs é preservar a disponibilidade de água, a paisagem, o solo e a biodiversidade.
- **Reservas Legais**: em cada um dos sete biomas brasileiros, os proprietários de terras são obrigados a preservar uma parte de vegetação nativa. Na Amazônia, são obrigados a manter 80% da propriedade com floresta nativa, índice que cai para 35% no Cerrado localizado dentro da Amazônia e 20% em todas as demais regiões e biomas do país. É importante notar que o Código Florestal rege apenas as propriedades que podem ser utilizadas para atividades agrícolas, e não se aplica, portanto, no interior das unidades de conservação, como os parques e as reservas ecológicas, como estudaremos a seguir, que têm legislação própria que cuida de sua preservação.

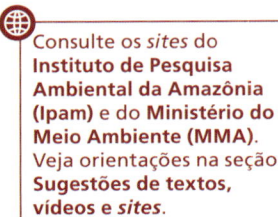

Consulte os *sites* do **Instituto de Pesquisa Ambiental da Amazônia (Ipam)** e do **Ministério do Meio Ambiente (MMA)**. Veja orientações na seção **Sugestões de textos, vídeos e *sites***.

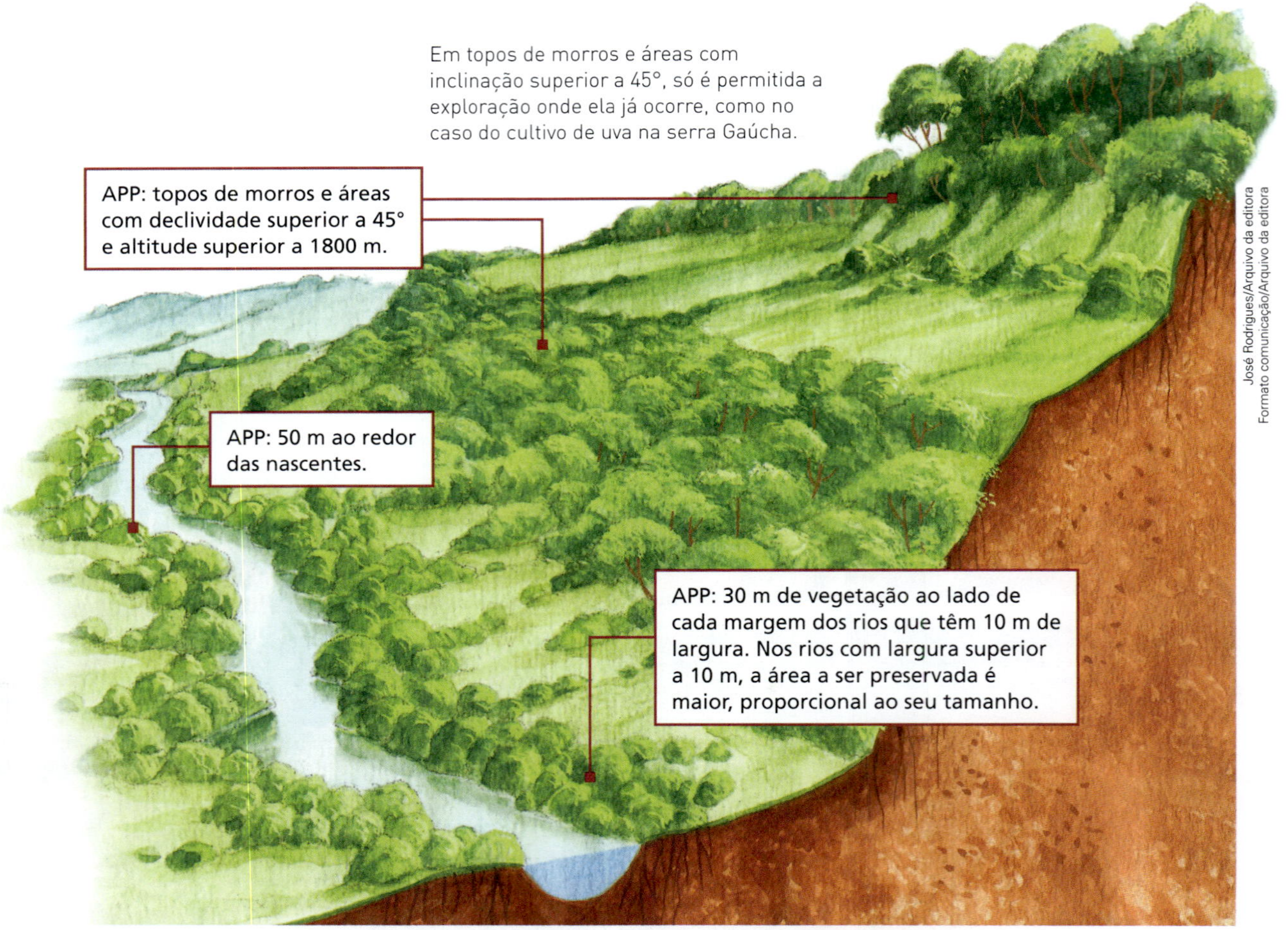

Em topos de morros e áreas com inclinação superior a 45°, só é permitida a exploração onde ela já ocorre, como no caso do cultivo de uva na serra Gaúcha.

APP: topos de morros e áreas com declividade superior a 45° e altitude superior a 1800 m.

APP: 50 m ao redor das nascentes.

APP: 30 m de vegetação ao lado de cada margem dos rios que têm 10 m de largura. Nos rios com largura superior a 10 m, a área a ser preservada é maior, proporcional ao seu tamanho.

Organizado pelos editores.

AS UNIDADES DE CONSERVAÇÃO

As **unidades de conservação** são doze áreas de preservação agrupadas conforme a restrição ao uso. As unidades classificadas como de restrição total são denominadas **Unidades de Proteção Integral**, como o Parque Nacional da Serra dos Órgãos, por exemplo, que aparece na imagem de abertura deste capítulo. Aquelas cujo nível de restrição é menor e têm uso voltado ao desenvolvimento cultural, educacional e recreacional são denominadas **Unidades de Uso Sustentável**. Observe-as na tabela e no mapa a seguir. Depois, conheça os principais objetivos da criação das unidades de conservação, apresentados em *Outras leituras*, na próxima página.

Unidades de conservação conforme a restrição ao uso	
Unidades de Proteção Integral	**Unidades de Uso Sustentável**
Estação Ecológica	Área de Proteção Ambiental
Reserva Biológica	Área de Relevante Interesse Ecológico
Parque Nacional	Floresta Nacional
Monumento Natural	Reserva Extrativista
Refúgio de Vida Silvestre	Reserva de Fauna
	Reserva de Desenvolvimento Sustentável
	Reserva Particular do Patrimônio Natural

Fonte: BRASIL. Presidência da República Federativa. Lei n. 9 985/2000. Institui o Sistema Nacional de Unidades de Conservação da Natureza (SNUC). Disponível em: <www.planalto.gov.br/ccivil_03/leis/l9985.htm>. Acesso em: 19 abr. 2018.

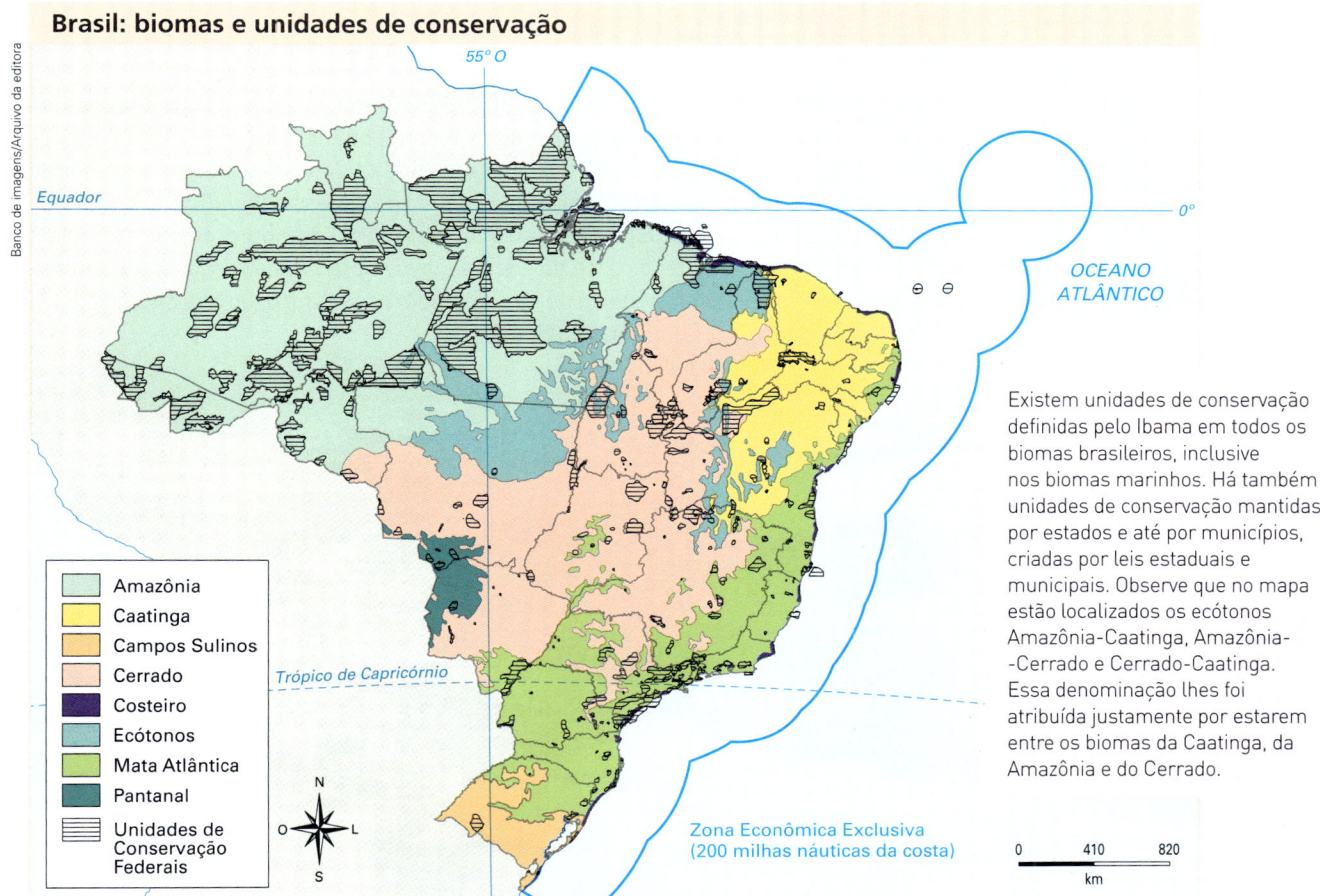

Brasil: biomas e unidades de conservação

Existem unidades de conservação definidas pelo Ibama em todos os biomas brasileiros, inclusive nos biomas marinhos. Há também unidades de conservação mantidas por estados e até por municípios, criadas por leis estaduais e municipais. Observe que no mapa estão localizados os ecótonos Amazônia-Caatinga, Amazônia-Cerrado e Cerrado-Caatinga. Essa denominação lhes foi atribuída justamente por estarem entre os biomas da Caatinga, da Amazônia e do Cerrado.

Fonte: IBGE. Mapa de Biomas do Brasil. Disponível em: <ftp://geoftp.ibge.gov.br/informacoes_ambientais/vegetacao/mapas/brasil/biomas.pdf>; SISTEMA NACIONAL DE INFORMAÇÕES FLORESTAIS (SNIF). Sistema Nacional de Unidades de Conservação. Disponível em: <www.florestal.gov.br/snif/recursos-florestais/sistema-nacional-de-unidades-de-conservacao>. Acessos em: 23 abr. 2018.

OUTRAS LEITURAS

OBJETIVOS DAS UNIDADES DE CONSERVAÇÃO

O Código Florestal, com várias outras leis que se seguiram, serviu de base para a criação do Sistema Nacional de Unidades de Conservação da Natureza, que têm como propósitos:

I. contribuir para a manutenção da diversidade biológica e dos recursos genéticos no território nacional e nas águas jurisdicionais;

II. proteger as espécies ameaçadas de extinção no âmbito regional e nacional;

III. contribuir para a preservação e a restauração da diversidade de ecossistemas naturais;

IV. promover o desenvolvimento sustentável a partir dos recursos naturais;

V. promover a utilização dos princípios e práticas de conservação da natureza no processo de desenvolvimento;

VI. proteger paisagens naturais e pouco alteradas de notável beleza cênica;

VII. proteger as características relevantes de natureza geológica, geomorfológica, espeleológica, arqueológica, paleontológica e cultural;

VIII. proteger e recuperar recursos hídricos e edáficos;

IX. recuperar ou restaurar ecossistemas degradados;

X. proporcionar meios e incentivos para atividades de pesquisa científica, estudos e monitoramento ambiental;

XI. valorizar econômica e socialmente a diversidade biológica;

XII. favorecer condições e promover a educação e interpretação ambiental, a recreação em contato com a natureza e o turismo ecológico;

XIII. proteger os recursos naturais necessários à subsistência de populações tradicionais, respeitando e valorizando seu conhecimento e sua cultura e promovendo-as social e economicamente.

BRASIL. Presidência da República Federativa. Lei n. 9 985/2000. Institui o Sistema Nacional de Unidades de Conservação da Natureza (SNUC). Disponível em: <www.planalto.gov.br/ccivil_03/leis/l9985.htm>. Acesso em: 23 abr. 2018.

> Consulte os *sites* do **Fundo Mundial para a Natureza (WWF)**, do **Greenpeace** e do **SOS Mata Atlântica**. Veja orientações na seção **Sugestões de textos, vídeos e *sites***.

É importante destacar que a criação de leis, decretos e normas voltados à questão ambiental ao longo da história brasileira é consequência do aumento da importância do tema no mundo e no Brasil. Essa evolução deu-se de forma lenta, mas contínua. Como veremos no próximo capítulo, esse processo foi influenciado pelas conquistas obtidas em âmbito internacional nas diversas conferências mundiais voltadas ao meio ambiente, e parte da sociedade civil brasileira cumpriu um importante papel ao pressionar os governos e legisladores em aprovar leis eficazes e incluir o tema na própria Constituição do país.

A degradação ambiental compromete a qualidade de vida das gerações atuais e futuras. Na foto, poluição na praia das Pedrinhas, em São Gonçalo, na baía de Guanabara (RJ), em 2016.

PENSANDO NO Enem

A Lei Federal n. 9985/2000, que instituiu o sistema nacional de unidades de conservação, define dois tipos de áreas protegidas. O primeiro, as unidades de proteção integral, tem por objetivo preservar a natureza, admitindo-se apenas o uso indireto dos seus recursos naturais, isto é, aquele que não envolve consumo, coleta, dano ou destruição dos recursos naturais. O segundo, as unidades de uso sustentável, tem por função compatibilizar a conservação da natureza com o uso sustentável de parcela dos recursos naturais. Nesse caso, permite-se a exploração do ambiente de maneira a garantir a perenidade dos recursos ambientais renováveis e dos processos ecológicos, mantendo-se a biodiversidade e os demais atributos ecológicos, de forma socialmente justa e economicamente viável.

Considerando essas informações, analise a seguinte situação hipotética.

Ao discutir a aplicação de recursos disponíveis para o desenvolvimento de determinada região, organizações civis, universidade e governo resolveram investir na utilização de uma unidade de proteção integral, o Parque Nacional do Morro do Pindaré, e de uma unidade de uso sustentável, a Floresta Nacional do Sabiá. Depois das discussões, a equipe resolveu levar adiante três projetos:

- o projeto I consiste em pesquisas científicas embasadas exclusivamente na observação de animais;
- o projeto II inclui a construção de uma escola e de um centro de vivência;
- o projeto III promove a organização de uma comunidade extrativista que poderá coletar e explorar comercialmente frutas e sementes nativas.

Nessa situação hipotética, atendendo-se à lei mencionada acima, é possível desenvolver tanto na unidade de proteção integral quanto na de uso sustentável:

a) apenas o projeto I.
b) apenas o projeto III.
c) apenas os projetos I e II.
d) apenas os projetos II e III.
e) todos os três projetos.

Resolução

O projeto I envolve apenas observação de animais por pequena quantidade de pesquisadores e não provoca consumo, coleta, dano ou destruição dos recursos naturais, sendo, portanto, o único permitido em Unidades de Proteção Integral. Os projetos II e III compatibilizam a conservação da natureza com o uso sustentável de parcela dos recursos naturais, sendo permitidos apenas em Unidades de Uso Sustentável. A resposta correta, portanto, é A.

Considerando a Matriz de Referência do Enem, essa questão trabalha a **Competência de Área 6 – Compreender a sociedade e a natureza, reconhecendo suas interações no espaço em diferentes contextos históricos e geográficos** e a **Habilidade 29 – Reconhecer a função dos recursos naturais na produção do espaço geográfico, relacionando-os com as mudanças provocadas pelas ações humanas**.

Desmatamento de área de Floresta Amazônica no norte do estado de Mato Grosso para cultivo de soja. Foto de 2015.

ATIVIDADES

COMPREENDENDO CONTEÚDOS

1. Explique por que as formações vegetais do planeta apresentam fisionomias diferenciadas. Dê exemplos.

2. Cite os principais impactos ambientais provocados pelo desmatamento, sobretudo nas florestas tropicais.

3. Quais são as principais características das formações desérticas?

4. Identifique os principais tipos de florestas e descreva suas características gerais.

5. Explique por que o território brasileiro possui grande diversidade de formações vegetais.

6. Qual foi a importância da instituição, em 1981, da Política Nacional do Meio Ambiente?

7. Quais são os principais pontos da Lei dos Crimes Ambientais?

8. Segundo o Código Florestal, o que são as Áreas de Preservação Permanente (APPs)?

DESENVOLVENDO HABILIDADES

9. Leia o texto atentamente e, em seguida, faça o que se pede.

A evolução da floresta

O solo foi menos determinante que a chuva e a temperatura no estabelecimento da Mata Atlântica. Exceto pelas faixas litorâneas de dunas, seus solos tiveram origens graníticas, basálticas e gnáissicas antigas, altamente intemperizados e, consequentemente, de baixa fertilidade. Chuva abundante e clima quente formaram solos profundos e argilosos, ricos em ferro e, por isso, tipicamente avermelhados. Possuem pouca capacidade de reter água ou nutrientes e apenas de má vontade os concedem às plantas. Em algumas formações, inibem a penetração das raízes e, quando os lavradores os expõem à luz solar e à chuva, podem tornar-se mais ácidos, prejudicando ainda mais as trocas de nutrientes [...].

DEAN, Warren. *A ferro e fogo*: a história e a devastação da Mata Atlântica brasileira. São Paulo: Companhia das Letras, 1996. p. 27.

Granito, basalto e gnaisse: tipos de rocha.

- Escreva, com base no texto, alguns exemplos das interações que ocorrem entre os elementos da natureza.

10. Durante as discussões sobre a elaboração do texto-base do Código Florestal Brasileiro, que foi aprovado com pequenas modificações, foram apresentadas opiniões contrárias e a favor do texto. Pesquise opiniões contrárias e a favor e, com a orientação do(a) professor(a), a classe deve se organizar em dois grupos: um que concorda com as opiniões a favor, e outro, com as contrárias.

a) Nessa análise, os grupos devem considerar dois preceitos constitucionais: a função social da propriedade e o direito de todos de viver em um ambiente ecologicamente equilibrado.

b) Após discutir os textos pesquisados, os integrantes de cada grupo devem construir sua argumentação para o debate. Para isso:
- exponham e discutam no grupo suas opiniões sobre os aspectos que consideram positivos e negativos na opinião escolhida, defendendo seu ponto de vista.
- façam o mesmo com a opinião do outro grupo, preparando argumentos para rebatê-los durante o debate. No entanto, lembrem-se de que devem respeitar as opiniões alheias.
- elaborem uma síntese dos tópicos principais que deverão considerar durante o debate.

c) Antes de começar, definam estratégias para o debate:
- Todos participarão?
- Haverá um representante?
- Quais regras serão estabelecidas?
- Quanto tempo será definido para apresentação de cada grupo?

CAPÍTULO 12

AS CONFERÊNCIAS EM DEFESA DO MEIO AMBIENTE

Sede da ONU em Nova York, nos Estados Unidos, em 2018. Aqui são organizadas conferências mundiais sobre problemas como segurança, agricultura e alimentação, desenvolvimento humano e meio ambiente, entre outros, que acontecem em diversos países.

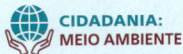
CIDADANIA: MEIO AMBIENTE

Atualmente o debate sobre o meio ambiente faz parte da agenda mundial. A maioria das pessoas e organizações considera que o enfrentamento dos problemas ambientais – poluição do ar e das águas, contaminação dos solos, erosão, desmatamentos, entre outros – e suas consequências envolvem a necessidade de vincular as três esferas do desenvolvimento sustentável: desenvolvimento humano, crescimento econômico e preservação ambiental. Apesar disso, interesses de países e empresas, fragilidades legais ou dificuldades de aplicação das leis restringem a contemplação dessas esferas.

Como foi a evolução histórica das interferências humanas nos ecossistemas? Será que é viável expandir o modelo de consumo dos países desenvolvidos para toda a população do planeta? O que foi discutido nas conferências mundiais sobre meio ambiente? Neste capítulo vamos estudar esses assuntos, o que nos ajudará a entender e acompanhar a discussão de temas socioeconômicos e ambientais recorrentes na imprensa.

Indígenas, quilombolas e pescadores, que frequentemente têm os seus direitos violados, protestam no Palácio do Planalto, em Brasília (DF), em 2016.

Pedro Ladeira/Folhapress

1. INTERFERÊNCIAS HUMANAS NOS ECOSSISTEMAS

Desde que os mais distantes antepassados do *Homo sapiens* atual surgiram na Terra, há mais de 1 milhão de anos, a espécie humana vem transformando a natureza. No início, essa transformação causava impacto ambiental irrelevante, seja pelo fato de haver uma pequena população vivendo no planeta, seja por não dispor de técnicas que lhe permitissem fazer grandes transformações no espaço geográfico.

Com o passar do tempo, alguns grupos humanos começaram a cultivar alimentos e a domesticar animais, fixando-se em determinados lugares, processo chamado de sedentarização. Com a revolução agrícola, em aproximadamente 10000 a.C., e o surgimento das primeiras cidades, há mais ou menos 4500 anos, o impacto sobre a natureza aumentou gradativamente, por causa do maior consumo de energia e matérias-primas.

Mas a população mundial ainda era pequena. Desde o surgimento do ser humano, a população mundial demorou milhares de anos para atingir os 170 milhões de habitantes, no início da Era Cristã. Depois, precisou de "apenas" 1700 anos para quadruplicar, atingindo os 700 milhões às vésperas da Revolução Industrial. A partir daí, passou a crescer num ritmo acelerado, como mostra o gráfico desta página.

Isso levou muitas pessoas a concluir que o crescente aumento dos impactos ambientais na época contemporânea era resultado apenas do acelerado crescimento demográfico. Entretanto, além do aumento populacional, ocorreram avanços técnicos – sobretudo a partir da Revolução Industrial, nos séculos XVIII e XIX –, que aumentaram cada vez mais a capacidade de transformação da natureza e, portanto, os impactos ambientais.

É importante destacar que o maior crescimento da população nas próximas décadas estará mais concentrado nas regiões de baixo desenvolvimento econômico da Ásia e da África, onde o nível de consumo da população é muito menor do que em países e regiões mais desenvolvidos. Dessa forma, a melhoria da qualidade de vida da população nessas regiões, que já está em curso, tenderá a pressionar ainda mais a extração de recursos da natureza.

É importante destacar também que os ecossistemas têm grande capacidade de regeneração e recuperação ante eventuais impactos esporádicos, descontínuos ou localizados, muitos dos quais decorrentes da própria natureza. Contudo, a agressão causada pelas atividades humanas é contínua, e não dá tempo de o ambiente se regenerar. Portanto, é urgente a necessidade de se rediscutir o modelo de desenvolvimento e de consumo, a desigual distribuição de riqueza e o padrão tecnológico existentes no mundo atual.

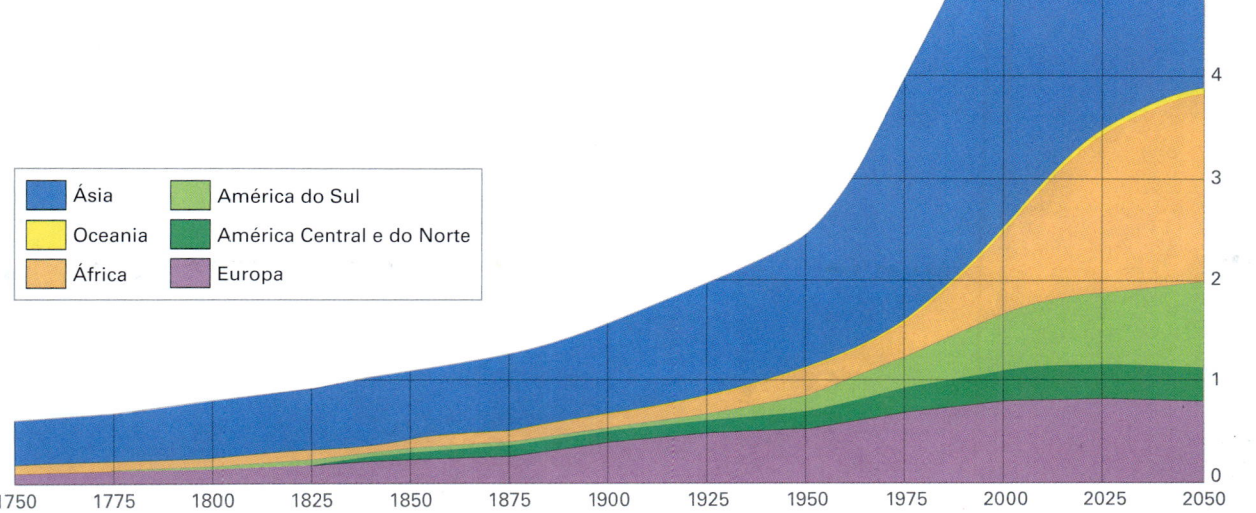

Crescimento da população mundial – 1750-2050

(Em bilhões)

- Ásia
- Oceania
- África
- América do Sul
- América Central e do Norte
- Europa

Fonte: OXFORD Atlas of the World. 24th ed. London: Oxford University Press, 2017. p. 89.

2. A IMPORTÂNCIA DA QUESTÃO AMBIENTAL

Ao final da década de 1960, o mundo estava polarizado entre dois blocos políticos e econômicos antagônicos: o capitalista, sob a influência dos Estados Unidos (que comandava o "primeiro mundo"), e o socialista (ou "segundo mundo"), sob a influência da União Soviética. Nessa época, os problemas ambientais começavam a ser enfrentados no primeiro mundo, sobretudo na Europa, e os países do segundo mundo ainda buscavam acelerar seu processo de industrialização promovendo grandes agressões ambientais. Entre os países em desenvolvimento (na época também conhecidos como "terceiro mundo"), em sua maioria capitalistas, também imperava um modelo de crescimento econômico bastante agressivo ao meio ambiente.

No início da década de 1970, as principais correntes de pensamento sobre as causas da degradação ambiental culpavam a busca incessante do crescimento econômico e a "explosão demográfica" pelo aumento da exploração dos recursos naturais, pela poluição e pelo desmatamento. Em 1971 foi publicado um estudo chamado *Limites do crescimento*, realizado por um grupo de cientistas, empresários e políticos de vários países que se reuniam com a intenção de estudar os problemas mundiais. Esse grupo ficou conhecido como Clube de Roma e seu estudo analisou cinco variáveis: tecnologia, população, nutrição, recursos naturais e meio ambiente, concluindo que o planeta entraria em colapso até o ano 2000 caso fossem mantidas as tendências de produção e consumo vigentes. Para evitar o colapso, sugeriam a redução tanto do crescimento populacional quanto do crescimento econômico, política que ficou conhecida como "crescimento zero".

Imediatamente, os países em desenvolvimento – os que mais necessitavam de crescimento econômico para promover as melhorias da qualidade de vida da população – contestaram essa política acusando-a de ser muito simplista e considerar que todos os países eram homogêneos quanto ao consumo de energia e matérias-primas. Embora tenha sido muito criticada, a política do "crescimento zero" tornou pública a noção de que o desenvolvimento poderia ser limitado pela disponibilidade finita dos recursos naturais do planeta.

Qualquer modelo de desenvolvimento que impeça a satisfação das necessidades básicas de moradia, alimentação, saúde, vestimentas e educação aos seres humanos é insustentável tanto do ponto de vista social quanto ambiental, uma vez que a manutenção da pobreza dificulta o enfrentamento das questões ambientais. É necessário redefinir os objetivos e as estratégias de desenvolvimento, o que pressupõe um padrão menos dispendioso de consumo entre a parcela mais rica da população mundial e novos paradigmas para a sociedade como um todo.

Na foto de 2017, milhares de peixes mortos por contaminação das águas do rio Confuso, no Paraguai.

3. A INVIABILIDADE DO MODELO CONSUMISTA DE DESENVOLVIMENTO

Os países desenvolvidos abrigam em torno de um quinto da população mundial, ou cerca de 1,4 bilhão de habitantes. No entanto, eles respondem pelo consumo de mais da metade de todos os recursos (matérias-primas, energia e alimentos) produzidos ou extraídos da natureza. Caso esse padrão de consumo fosse estendido aos dois terços da humanidade que atualmente vivem em condições de pobreza ou miséria, a demanda por matérias-primas e energia e a produção de lixo levariam as agressões ambientais a patamares insustentáveis, como vem ocorrendo em vastas áreas rurais e urbanas do território chinês.

Por mais de duas décadas, a China apresentou os mais elevados índices de crescimento econômico do mundo, com grande incremento na produção industrial (segundo o Banco Mundial, seu PIB cresceu em média 10,6% ao ano no período 1990-2000 e 8,2% entre 2009-2015). Embora venha desacelerando o ritmo de crescimento nos últimos anos (em 2017 seu PIB cresceu 6,9%), o índice de crescimento permanece elevado e sua demanda por matérias-primas e fontes de energia ainda é grande. Consequentemente, a produção de resíduos que poluem o ar, a água e o solo também é elevada – em 2008, a China tornou-se o maior emissor de dióxido de carbono na atmosfera, superando os Estados Unidos.

Como a preservação do meio ambiente reduziria a competitividade de sua economia, até o final do século passado, o governo chinês permitiu que os níveis de poluição atingissem patamares insustentáveis. Embora atualmente a China seja um dos países que mais investem na busca de energias renováveis e não poluentes e em preservação ambiental, algumas regiões ainda apresentam sérios problemas de abastecimento de água e poluição atmosférica.

> Consulte os *sites* do **Programa das Nações Unidas para o Meio Ambiente (PNUMA)** e do **Ministério do Meio Ambiente (MMA)**. Veja orientações na seção **Sugestões de textos, vídeos e *sites***.

A China transformou-se também num grande importador de matérias-primas e fontes de energia, contribuindo para a elevação do preço de muitos produtos primários no mercado internacional e interferindo no meio ambiente de países distantes de seu território, especialmente africanos.

O exemplo chinês nos mostra que a grande questão que se coloca hoje em dia para todos os países é a busca de um modelo de desenvolvimento que seja social e ecologicamente sustentável, isto é, que não cause tantos impactos ao meio ambiente mundial e que promova melhor distribuição da riqueza. Para atingir um modelo de desenvolvimento social ecologicamente sustentável, no entanto, seria necessário, como veremos a seguir, um novo modelo de sociedade. Essa discussão esteve presente em várias conferências mundiais sobre meio ambiente, população e desenvolvimento. A seguir, vamos estudar algumas delas.

Embora venha investindo em preservação ambiental, a China é um dos países que mais poluem suas águas, além de prejudicar as nascentes com o desmatamento. Na foto, poluição de rio em Bozhou, em 2018.

4. ESTOCOLMO-72

Como vimos, os impactos ambientais são decorrência de modelos de desenvolvimento que encaram a natureza e seus complexos e frágeis ecossistemas apenas como inesgotáveis fontes de energia e de matérias-primas, além de receptáculo dos resíduos poluentes produzidos pelas cidades, indústrias e atividades agrícolas. Todos esses impactos foram provocados porque a natureza era vista apenas como fonte de lucros.

A humanidade progrediu tanto em termos tecnológicos que passou a ver a natureza como algo à parte. Já nos séculos XVIII e XIX, os impactos ambientais provocados pela crescente industrialização eram muito grandes. Entretanto, ainda eram localizados e atingiam basicamente os trabalhadores, as camadas mais pobres da população. Os proprietários das fábricas moravam distante das regiões fabris e tinham como se refugiar das diversas formas de poluição. Com o passar do tempo, em virtude da crescente expansão do processo de industrialização e urbanização, os impactos ambientais foram aumentando, até que, após a Segunda Guerra Mundial (1939-1945), passaram a ter consequências globais.

Para debater tais problemas, foi realizada, de 5 a 16 de junho de 1972, a Conferência das Nações Unidas sobre o Homem e o Meio Ambiente, em Estocolmo (Suécia). Nesse encontro, foram rediscutidas as polêmicas sobre o antagonismo entre desenvolvimento e meio ambiente apresentadas em 1971 pelo Clube de Roma.

A Declaração de Estocolmo, documento elaborado ao final do encontro, composto por uma lista de 26 princípios, estipulou ações para que os países buscassem resolver os conflitos inerentes entre as práticas de preservação ambiental e o crescimento econômico. Ficou estabelecido o respeito à soberania das nações, isto é, a liberdade de os países em desenvolvimento buscarem o crescimento econômico e a justiça social explorando de forma sustentável seus recursos naturais.

Outras decisões importantes desse encontro foram a criação do Programa das Nações Unidas para o Meio Ambiente (PNUMA) e a instituição do dia 5 de junho, data do seu início, como Dia Internacional do Meio Ambiente.

Ao longo da década de 1970, após a Conferência, vários países passaram a criar órgãos de defesa do meio ambiente e legislações de controle da poluição ambiental – em vários países, poluir passou a ser crime.

Na Conferência das Nações Unidas sobre o Homem e o Meio Ambiente, em Estocolmo, 1972, os Estados Unidos foram representados pela artista de cinema Shirley Temple.

Plenário da Conferência das Nações Unidas sobre o Homem e o Meio Ambiente na cidade de Estocolmo, em 1972.

5. O DESENVOLVIMENTO SUSTENTÁVEL

Em 1983, a Assembleia Geral da ONU indicou a então primeira-ministra da Noruega, Gro Harlem Brundtland, para presidir a Comissão Mundial sobre o Meio Ambiente e o Desenvolvimento. Em 1987, foi publicado um estudo denominado *Nosso futuro comum*, mais conhecido como *Relatório Brundtland*. Esse estudo, que defendia o desenvolvimento para todos, buscava um equilíbrio entre as posições antagônicas surgidas na Estocolmo-72 e criou a noção de desenvolvimento sustentável, "aquele que atende às necessidades do presente sem comprometer a possibilidade de as gerações futuras atenderem às suas próprias necessidades". Já as sociedades sustentáveis estariam baseadas em igualdade econômica, justiça social, preservação da diversidade cultural, da autodeterminação dos povos e da integridade ecológica. Isso obrigaria pessoas e países a mudanças não apenas econômicas, mas sociais, morais e éticas. A Constituição Federal brasileira de 1988 foi promulgada um ano após a publicação desse relatório e incorporou em seu texto o conceito de desenvolvimento sustentável, como vimos no capítulo anterior.

O estabelecimento de um modelo de desenvolvimento sustentável envolve ações individuais e coletivas nas escalas local, regional, nacional e mundial. Na foto, de 2018, pessoas protestam em Toulouse (França) contra o armazenamento de lixo nuclear.

PARA SABER MAIS

Educação ambiental

Um passo importante para a busca de um novo modelo de conscientização com relação ao consumo excessivo de energia e matérias-primas, que gera desperdício, foi dado em 1999, com a promulgação da Lei n. 9 795, que dispõe sobre a Educação Ambiental e institui a Política Nacional de Educação Ambiental.

A partir daquele ano, o tema meio ambiente foi fortalecido, tanto por seu tratamento particular dado pelas disciplinas escolares quanto por sua presença nos projetos interdisciplinares desenvolvidos nas escolas de Ensino Fundamental e Médio. Leia seus artigos iniciais:

Artigo 1º – Entendem-se por educação ambiental os processos por meio dos quais o indivíduo e a coletividade constroem valores sociais, conhecimentos, habilidades, atitudes e competências voltadas para a conservação do meio ambiente, bem de uso comum do povo, essencial à sadia qualidade de vida e sua sustentabilidade.

Artigo 2º – A educação ambiental é um componente essencial e permanente da educação nacional, devendo estar presente, de forma articulada, em todos os níveis e modalidades do processo educativo, em caráter formal e não formal.

[...]

Artigo 5º – São objetivos fundamentais da educação ambiental:

I. o desenvolvimento de uma compreensão integrada do meio ambiente em suas múltiplas e complexas relações, envolvendo aspectos ecológicos, psicológicos, legais, políticos, sociais, econômicos, científicos, culturais e éticos;

II. a garantia de democratização das informações ambientais;

III. o estímulo e o fortalecimento de uma consciência crítica sobre a problemática ambiental e social;

IV. o incentivo à participação individual e coletiva, permanente e responsável, na preservação do equilíbrio do meio ambiente, entendendo-se a defesa da qualidade ambiental como um valor inseparável do exercício da cidadania;

[...]

BRASIL. Presidência da República Federativa. Lei n. 9 795, de 27 de abril de 1999. Dispõe sobre a educação ambiental, institui a Política Nacional de Educação Ambiental e dá outras providências. Disponível em: <www.planalto.gov.br/ccivil_03/Leis/L9795.htm>. Acesso em: 24 abr. 2018.

6. RIO-92

Biodiversidade: total de espécies da flora e da fauna encontradas em um ecossistema. Quanto maior o número de espécies, maior a biodiversidade.

A Conferência das Nações Unidas sobre Meio Ambiente e Desenvolvimento, também conhecida como Cúpula da Terra, Rio-92 ou Eco-92, foi realizada em 1992 no Rio de Janeiro e reuniu representantes de 178 países, além de milhares de membros de Organizações Não Governamentais (ONGs) em uma conferência paralela. Esse encontro, que na fase preparatória teve como base o Relatório Brundtland, definiu uma série de resoluções, visando alterar o atual modelo consumista e excludente de desenvolvimento para outro, social e ecologicamente mais sustentável.

O objetivo fundamental era tentar minimizar os impactos ambientais no planeta, garantindo, assim, o futuro das próximas gerações. Na busca pelo desenvolvimento sustentável, foram elaboradas duas convenções, uma sobre biodiversidade, outra sobre mudanças climáticas; uma declaração de princípios relativos às florestas e um plano de ação, como podemos ler a seguir.

Chegada do navio Gaia no Rio de Janeiro (RJ), para a Eco-92.

- **Convenções**: têm como agente financiador o Fundo Global para o Meio Ambiente – GEF (do inglês, Global Environment Facility), criado em 1990 e dirigido pelo Banco Mundial, com apoio técnico e científico dos Programas das Nações Unidas para o Desenvolvimento (Pnud) e para o Meio Ambiente (PNUMA). Essas convenções tratavam de:
  - **biodiversidade**: em vigor desde 1993, buscava frear a destruição da fauna e da flora, concentradas principalmente nas florestas tropicais, as mais ricas em biodiversidade, preservando a vida no planeta.
  - **mudanças climáticas**: em vigor desde 1994, estabeleceu medidas para diminuir a emissão de poluentes pelas indústrias, automóveis e outras fontes poluidoras. Nessa convenção, foi assinado o Protocolo de Kyoto (Japão, 1997).
- **Declaração de princípios relativos às florestas**: é uma série de indicações sobre manejo, uso sustentável e outras práticas voltadas à preservação desses biomas.
- **Plano de ação**: mais conhecido como **Agenda 21**, é um programa para a implantação de um modelo de desenvolvimento sustentável em todo o mundo durante o século XXI. Como requer volumosos recursos, os países desenvolvidos comprometeram-se a contribuir com 0,7% de seus PIBs para essa finalidade. Para fiscalizar a aplicação da Agenda 21, foi criada a Comissão de Desenvolvimento Sustentável, que agrega 53 países-membros, entre os quais o Brasil. Muitos países, contudo, não estão cumprindo o compromisso, com raras exceções, como os países nórdicos.

7. RIO + 10

Dez anos depois, a Cúpula Mundial sobre o Desenvolvimento Sustentável, conhecida como Rio + 10, foi realizada em Johannesburgo, África do Sul, em 2002, reunindo delegações de 191 países. O principal objetivo do encontro foi realizar um balanço dos resultados práticos obtidos depois da Rio-92.

Nesse encontro, foram discutidos quatro temas, escolhidos como mais importantes para a busca do desenvolvimento sustentável:
- erradicação da pobreza;
- mudanças no padrão de produção e consumo;
- utilização sustentável dos recursos naturais;
- possibilidades de se compatibilizar os efeitos da globalização com a busca do desenvolvimento sustentável.

Desde o início das discussões, ficou acordado entre os participantes que na ocasião não seriam discutidos os temas das duas convenções assinadas na Rio-92 (biodiversidade e mudanças climáticas), mas sim os mecanismos que possibilitassem ampliar sua implantação na prática. Essa intenção ficou descrita no documento final do encontro: Plano de Implementação da Agenda 21, no qual se propõem alterações nos padrões mundiais de produção e consumo, com utilização racional dos recursos naturais e busca de modelos sustentáveis que utilizem menor quantidade de energia e produzam menos resíduos poluentes.

Porém, o Plano de Implementação da Agenda 21 acabou se restringindo a um conjunto de diretrizes que cada país signatário pode ou não realizar na prática. Como não há nenhum órgão internacional de controle, os acordos realizados nas conferências da ONU constituem o consenso mínimo sobre os temas abordados após as nações presentes apresentarem suas posições.

Segundo o próprio documento oficial do encontro, "[...] na prática, os documentos aprovados em Johannesburgo apenas representam um conjunto de diretrizes e princípios para as nações, cabendo a cada país transformá-las em leis nacionais para garantir a sua realização".

> Consulte o *site* do **Rio + 10 Brasil**. Veja orientações na seção **Sugestões de textos, vídeos e *sites*.**

A Cúpula Mundial sobre o Desenvolvimento Sustentável, realizada em Johannesburgo (África do Sul), em 2002, contou com a participação de crianças e jovens de diversos países.

8. RIO + 20

Vinte anos depois da Rio-92, a Conferência das Nações Unidas sobre Desenvolvimento Sustentável foi realizada novamente no Rio de Janeiro em junho de 2012.

Inicialmente, havia a expectativa de que fossem realizadas ações concretas para colocar em prática os temas discutidos durante a Rio-92, como a implantação da Agenda 21 em escala global e outros também ligados ao desenvolvimento sustentável, na busca de maior justiça social, crescimento econômico e preservação ambiental. Entretanto, o documento final, chamado *O futuro que queremos*, ficou restrito a uma série de declarações e não vinculou nenhuma obrigação aos países participantes.

A novidade foi a proposta de criação do conceito de **economia verde**, mas após muitas críticas e discussões teóricas não se chegou a um consenso sobre o seu conteúdo. Muitas outras decisões importantes, como a criação de um mecanismo de financiamento ao desenvolvimento sustentável e a concretização de um acordo para a proteção do alto-mar, foram adiadas para os próximos encontros.

Leia a seguir, em *Outras leituras*, um trecho de uma reportagem publicada na época do encontro sobre as dificuldades de implementação de medidas discutidas nele.

Reprodução/http://www.rio20.gov.br/

OUTRAS LEITURAS

CONFERÊNCIA REPETE PROMESSAS E ADIA AÇÕES PARA 2015

A Conferência das Nações Unidas sobre Desenvolvimento Sustentável terminou como começara: num tom melancólico e sem surpresas.

Num mundo vitimado pela crise econômica, os 114 líderes reunidos no Riocentro contentaram-se em repetir as promessas feitas em 1992 e adiar de novo ações que a ciência aponta como urgentes.

A presidente Dilma Rousseff, em seu discurso de encerramento, destacou como um dos grandes resultados do encontro o "resgate do multilateralismo" – algo repetido em toda reunião internacional que não acaba em um fracasso óbvio.

"O Futuro que Queremos", de 53 páginas, fixa 2015 como data mágica da sustentabilidade global. É quando entrariam em vigor os Objetivos de Desenvolvimento Sustentável, ideia que deve ganhar definições a partir de 2013.

Os objetivos são o principal processo internacional lançado pela Rio+20, que também prometeu adotar um programa de dez anos para rever os padrões de produção e consumo da humanidade.

Outras decisões esperadas, como um mecanismo de financiamento ao desenvolvimento sustentável e um acordo global sobre a proteção do alto-mar, foram adiadas.

"É como trocar as cadeiras de lugar no deque do Titanic", disse Kumi Naidoo, diretor-executivo do Greenpeace, resumindo a reunião.

Para o ex-presidente da Costa Rica José Maria Figueres os diplomatas no Rio estão desconectados da realidade. "Não são mais negociadores, são 'no-goal-tiators'", afirmou, num jogo de palavras em inglês ("*no goal*" significa sem objetivos).

Para Dilma, a Rio+20 é o "alicerce" do avanço. "Não é o limite, nem tampouco o teto do nosso avanço."

ANGELO, Claudio; MENCHEN, Denise; RODRIGUES, Fernando. Conferência repete promessas e adia ações para 2015. *Folha de S.Paulo*. São Paulo, 23 jun. 2012. Cotidiano, p. 11. Disponível em: <www1.folha.uol.com.br/fsp/cotidiano/50535-conferencia-repete-promessas-e-adia-acoes-para-2015.shtml>. Acesso em: 24 abr. 2018.

ATIVIDADES

COMPREENDENDO CONTEÚDOS

1. Qual foi a proposta levantada pelos países industrializados durante a Conferência Estocolmo-72? Como reagiram os países em desenvolvimento?

2. Explique o significado da expressão "desenvolvimento sustentável".

3. O que é a Agenda 21?

4. Por que é inviável expandir os padrões de consumo dos países desenvolvidos a todos os habitantes do planeta?

DESENVOLVENDO HABILIDADES

5. Leia o texto e responda às questões a seguir.

Desenvolvimento Sustentável (DS)

[...]

Acredita-se que isso tudo seja possível, e é exatamente o que propõem os estudiosos em Desenvolvimento Sustentável (DS), que pode ser definido como: "equilíbrio entre tecnologia e ambiente, relevando-se os diversos grupos sociais de uma nação e também dos diferentes países na busca da equidade e justiça social".

Para alcançarmos o DS, a proteção do ambiente tem que ser entendida como parte integrante do processo de desenvolvimento e não pode ser considerada isoladamente; é aqui que entra uma questão sobre a qual talvez você nunca tenha pensado: qual a diferença entre **crescimento** e **desenvolvimento**? A diferença é que o **crescimento** não conduz automaticamente à igualdade nem à justiça sociais, pois não leva em consideração nenhum outro aspecto da qualidade de vida a não ser o acúmulo de riquezas, que se faz nas mãos apenas de alguns indivíduos da população. O **desenvolvimento**, por sua vez, preocupa-se com a geração de riquezas sim, mas tem o objetivo de distribuí-las, de melhorar a qualidade de vida de toda a população, levando em consideração, portanto, a qualidade ambiental do planeta.

O DS tem seis aspectos prioritários que devem ser entendidos como metas:

1. a satisfação das necessidades básicas da população (educação, alimentação, saúde, lazer, etc.);

2. a solidariedade para com as gerações futuras (preservar o ambiente de modo que elas tenham chance de viver);

3. a participação da população envolvida (todos devem se conscientizar da necessidade de conservar o ambiente e fazer cada um a parte que lhe cabe para tal);

4. a preservação dos recursos naturais (água, oxigênio, etc.);

5. a elaboração de um sistema social garantindo emprego, segurança social e respeito a outras culturas (erradicação da miséria, do preconceito e do massacre de populações oprimidas, como, por exemplo, os índios);

6. a efetivação dos programas educativos.

Na tentativa de chegar ao DS, sabemos que a Educação Ambiental é parte vital e indispensável, pois é a maneira mais direta e funcional de se atingir pelo menos uma de suas metas: a participação da população.

MENDES, Marina Ceccato. Desenvolvimento sustentável. FGV Online. Disponível em: <http://ead2.fgv.br/ls5/centro_rec/docs/desenvolvimento_sustentavel_duec.doc>. Acesso em: 20 abr. 2018.

a) Segundo o texto, qual é a diferença entre crescimento e desenvolvimento?

b) Por que a erradicação da miséria, citada na meta 5, é um dos componentes para a busca do desenvolvimento sustentável?

6. O desenvolvimento sustentável também depende diretamente da participação ativa e consciente de todos os cidadãos. Todos nós podemos adotar atitudes que sejam compatíveis com a preservação dos recursos naturais.

CIDADANIA E NATUREZA

a) Com a orientação do professor, reúna-se em grupos e pesquisem algumas atitudes que todas as pessoas podem tomar no dia a dia para contribuir com o desenvolvimento sustentável.

b) Complementem o trabalho expondo como vocês têm contribuído para a construção de uma sociedade sustentável e como essas ações podem ser colocadas em prática também na escola.

c) Organizem o material da pesquisa em cartazes e, na data combinada, apresentem aos colegas da classe.

VESTIBULARES DE NORTE A SUL

TESTES

1. S (UPF-RS)

A Terra é um sistema vivo, com sua dinâmica evolutiva própria. Montanhas e oceanos nascem, crescem e desaparecem, num processo dinâmico. Enquanto os vulcões e os processos orogênicos trazem novas rochas à superfície, os materiais são intemperizados e mobilizados pela ação dos ventos, das águas e das geleiras. Os rios mudam seus cursos, e fenômenos climáticos alteram periodicamente as condições de vida e o balanço entre as espécies.

Cordani; Taioli. In: Almeida e Rigolin, 2008. p. 39.

Sobre a dinâmica interna da Terra afirma-se:

I. Os _____ compreendem os deslocamentos e deformações das rochas que constituem a crosta terrestre.

II. Os _____ ocorrem quando as rochas sofrem uma série de deformações quando submetidas a um esforço proveniente do interior da Terra.

III. Os _____ ocorrem quando as rochas são submetidas a um esforço interno de grande intensidade no sentido vertical ou inclinado.

IV. Os _____ são montanhas que se formam da erupção de material magmático em estado de fusão. Um dos maiores desastres causados por esse fenômeno ocorreu em 1883 em Sonda, no arquipélago da Indonésia, tirando do mapa uma parte da ilha, destruindo cidades e vilas e matando milhares de pessoas.

V. Uma das manifestações mais temidas e destruidoras dos movimentos da crosta terrestre são os _____, que são causados pela ruptura das rochas provocada por acomodações geológicas de camadas internas da crosta ou pela movimentação das placas tectônicas.

A alternativa que completa corretamente as afirmativas é:

a) Movimentos tectônicos; dobramentos; falhamentos; vulcões; terremotos.

b) Terremotos; falhamentos; dobramentos; vulcões; movimentos tectônicos.

c) Vulcões; falhamentos; terremotos; movimentos tectônicos; dobramentos.

d) Movimentos tectônicos; falhamentos; dobramentos; terremotos; vulcões.

e) Terremotos; vulcões; falhamentos; dobramentos; movimentos tectônicos.

2. NE (UFC-CE) Sobre as características geológicas, geomorfológicas e pedológicas da Amazônia e suas influências nas demais características físicas da região, é **correto** afirmar que:

a) As *cuestas* e as chapadas são as feições geomorfológicas predominantes na região.

b) Os terrenos sedimentares de idades geológicas diferentes são predominantes na Amazônia.

c) A elevada profundidade dos solos permite a existência de uma vegetação regional densa e homogênea.

d) A atividade vulcânica ocorrida no Terciário favoreceu o desenvolvimento de solos basálticos de elevada fertilidade.

e) A região, que se situa entre as placas Nazca e Sul-Americana, é limitada, a leste e a oeste, pelas elevadas cadeias de montanhas de origem cenozoica.

3. CO (UEG-GO) A superfície da Terra não é homogênea, apresentando uma grande diversidade de desníveis, seja na crosta continental ou oceânica. No decorrer do tempo, esses desníveis sofrem alterações exercidas por forças endógenas e exógenas. Sobre o assunto, é correto afirmar:

a) as forças endógenas, como temperatura, ventos, chuvas, cobertura vegetal e ação antrópica, entre outras, modelam o relevo terrestre, dando-lhe o aspecto que apresenta hoje.

b) aterros, desmatamentos, terraplanagens, canais e represas são exemplos da ação exógena provocada pela força das enchentes e dos tsunamis, independentemente da ação do homem.

c) a forma inicial do relevo terrestre tem sua origem na ação de forças exógenas, enquanto o modelamento feito ao longo de milhões de anos é produto de forças endógenas que atuam na superfície.

d) vulcanismo, terremotos e maremotos são movimentos provocados pelo tectonismo proveniente da ação das forças endógenas que também constituíram as cadeias orogênicas e os escudos cristalinos.

4. SE **(UFSJ-MG)** Observe o mapa abaixo.

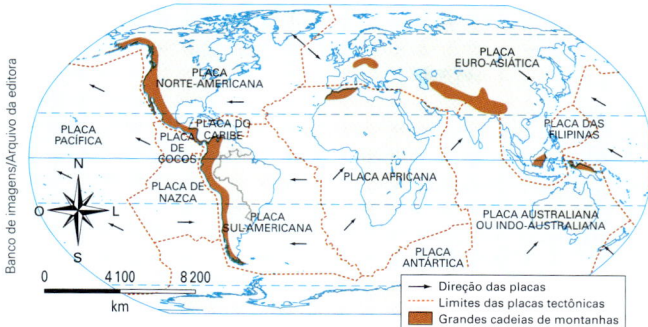

A partir do mapa, é **correto** afirmar que:

a) a divergência das Placas Sul-Americana e Africana é responsável pela expansão do assoalho marinho no oceano Pacífico.

b) os terremotos ocorrem com frequência nos limites das placas tectônicas, como, por exemplo, na costa leste da América do Sul.

c) grandes dobramentos modernos são formados na convergência das placas Euro-Asiática e Indo-Australiana.

d) o movimento das placas tectônicas indica que a crosta terrestre não é estática e apresenta maior instabilidade no interior dessas placas.

5. S **(Udesc)** Sobre o litoral brasileiro, pode-se afirmar:

I. A Lagoa Rodrigo de Freitas, no Rio de Janeiro, é uma lagoa costeira formada por uma restinga.

II. Enseada é uma praia com aspecto côncavo.

III. A região pelágica é o relevo submarino propriamente dito, onde se encontram depressões e montanhas tectônicas vulcânicas.

IV. Recife é uma barreira de origem biológica ou arenosa próxima à praia, diminuindo ou mesmo bloqueando a ação das ondas.

V. Barra é uma saída para o mar aberto.

Assinale a alternativa correta.

a) Somente as afirmativas III, IV e V são verdadeiras.
b) Somente as afirmativas I e II são verdadeiras.
c) Somente as afirmativas I e III são verdadeiras.
d) Somente as afirmativas II, IV e V são verdadeiras.
e) Todas as afirmativas são verdadeiras.

6. N **(Uepa)** O crescimento econômico no mundo é responsável por transformações no espaço geográfico e é gerador de fortes impactos ambientais. A respeito desses impactos, é correto afirmar que:

a) a concentração de indústrias na China movidas a carvão mineral e petróleo e a emissão de gás carbônico liberado pelos veículos são responsáveis pelas emissões de milhões de toneladas de gases poluentes na atmosfera.

b) em grande parte das cidades do mundo a urbanização e a impermeabilização dos solos reduzem as cheias fluviais e preservam a qualidade das águas evitando assim a contaminação dos rios.

c) o crescimento rápido e desordenado das cidades no mundo contribui para o aumento da poluição atmosférica e, ao mesmo tempo, melhora o acesso à água de qualidade às populações de baixa renda.

d) o aumento anormal do CO_2 liberado pelas indústrias, veículos e desmatamento reduz o efeito estufa e contribui para níveis menores de aquecimento global no planeta.

e) a grande concentração de pessoas e os incentivos governamentais para a ampliação de atividades produtivas agrícolas e industriais, ao longo dos rios, têm contribuído para a redução da poluição dos recursos hídricos no planeta.

7. NE **(UFPE)** Dois pesquisadores estavam realizando um trabalho de campo com finalidades voltadas ao meio ambiente e se defrontaram com a paisagem mostrada a seguir. Examine-a atentamente.

Fonte: <www.google.com.br/imgres?>

Com relação às características observadas pelos pesquisadores, é correto afirmar que:

0-0) o espaço natural está sendo usado pelo homem, para atender às suas necessidades de maneira ecossustentável e correta, portanto.

1-1) o plantio realizado na área está correto, pois se mostra realizado no sistema de plantio em curvas de nível.

2-2) os processos erosivos demonstram, de maneira inequívoca, que o uso dos solos está sendo realizado de maneira condenável, do ponto de vista técnico-científico.

3-3) a erosão linear, que se observa na área discretamente colinosa, reflete, sobretudo, a existência local de rochas ígneas mais frágeis, que são vulneráveis ao intemperismo físico.

4-4) está dominando, na paisagem, um tipo de erosão, comum em ambientes onde a cobertura vegetal foi retirada, denominado "erosão em sulcos"; a aceleração dessa modalidade erosiva pode gerar o voçorocamento no solo.

8. SE **(Fuvest-SP)** Observe os mapas.

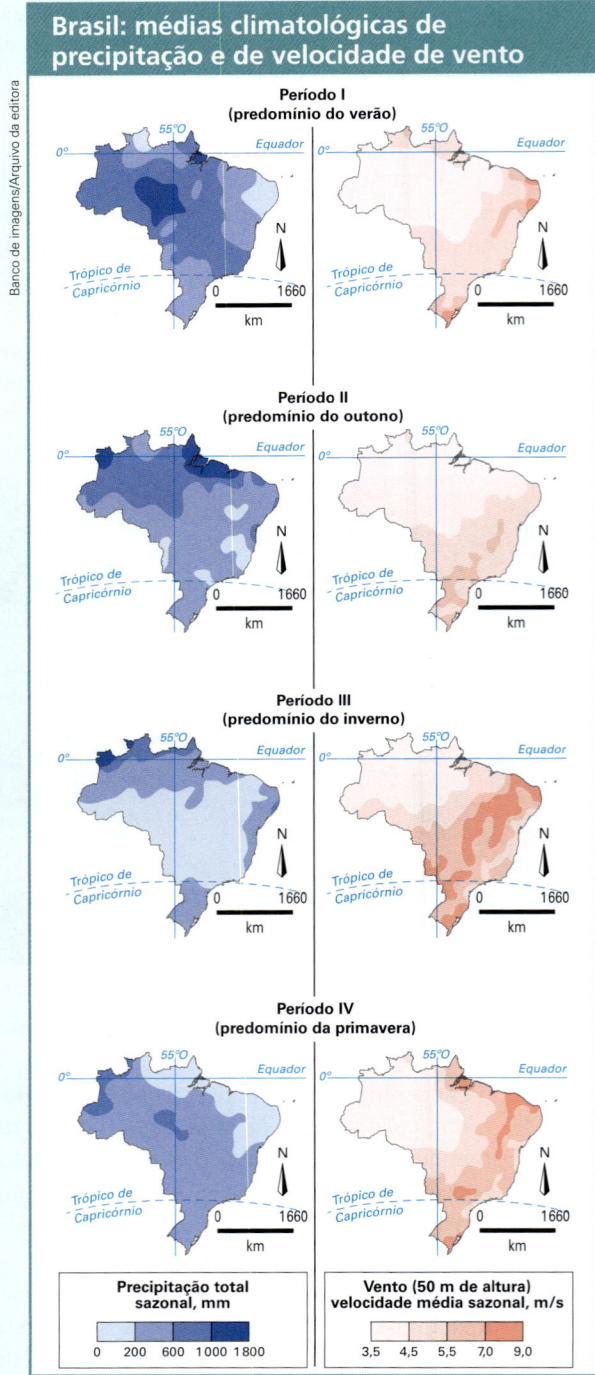

Ministério de Minas e Energia, 2001, Adaptado.

Os períodos do ano que oferecem as melhores condições para a produção de energia hidrelétrica no Sudeste e energia eólica no Nordeste são aqueles em que predominam, nessas regiões, respectivamente,

a) primavera e verão.
b) verão e outono.
c) outono e inverno.
d) verão e inverno.
e) inverno e primavera.

9. SE **(Fuvest-SP)**

Figura 1

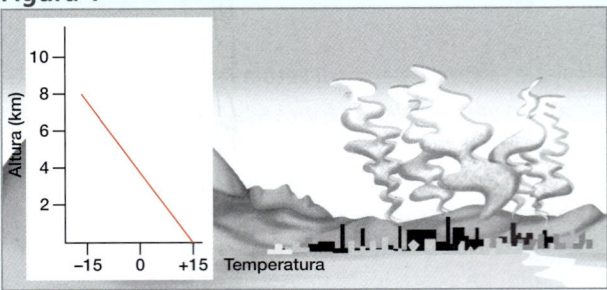

Figura 2

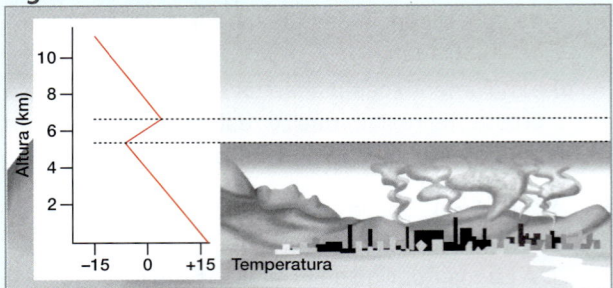

Disponível em: <www.cetesb.sp.gov.br>. Acesso em: 20 jun. 2009.

Em algumas cidades, pode-se observar no horizonte, em certos dias, a olho nu, uma camada de cor marrom. Essa condição afeta a saúde, principalmente, de crianças e de idosos, provocando, entre outras, doenças respiratórias e cardiovasculares.

Disponível em: <http://tempoagora.uol.com.br/noticias>. Acesso em: 20 jun. 2009. Adaptado.

As figuras e o texto anteriores referem-se a um processo de formação de um fenômeno climático que ocorre, por exemplo, na cidade de São Paulo. Trata-se de

a) ilha de calor, caracterizada pelo aumento de temperaturas na periferia da cidade.
b) zona de convergência intertropical, que provoca o aumento da pressão atmosférica na área urbana.
c) chuva convectiva, caracterizada pela formação de nuvens de poluentes que provocam danos ambientais.
d) inversão térmica, que provoca concentração de poluentes na baixa camada da atmosfera.
e) ventos alísios de sudeste, que provocam o súbito aumento da umidade relativa do ar.

10. NE **(UFPB)** As águas subterrâneas são importantes reservatórios encontrados abaixo da superfície terrestre, em rochas porosas e permeáveis. Esses reservatórios, denominados de aquíferos, encontram-se em diferentes profundidades e sua exploração vem aumentando consideravelmente nos últimos anos. Considerando o exposto e a literatura sobre as águas subterrâneas, é correto afirmar:
a) As águas subterrâneas são sempre potáveis e livres de qualquer tipo de contaminação oriunda da superfície.
b) O uso excessivo da água subterrânea na agricultura pode elevar o nível do aquífero e comprometer a fertilidade do solo.
c) Os aquíferos podem ser explorados, sem a necessidade de autorização do órgão competente, por qualquer cidadão, desde que seja o proprietário do terreno.
d) O rompimento de tanques de combustíveis e de fossas residenciais é incapaz de contaminar os aquíferos, pois a profundidade impede o contato desses contaminantes.
e) As atividades agrícolas desenvolvidas na superfície, como a adubação excessiva e o uso de agrotóxicos, podem contaminar os aquíferos.

11. SE **(Vunesp-SP)** Para o geógrafo Aziz Nacib Ab'Sáber, o domínio morfoclimático e fitogeográfico pode ser entendido como um conjunto espacial extenso, com coerente grupo de feições do relevo, tipos de solo, formas de vegetação e condições climático-hidrológicas.

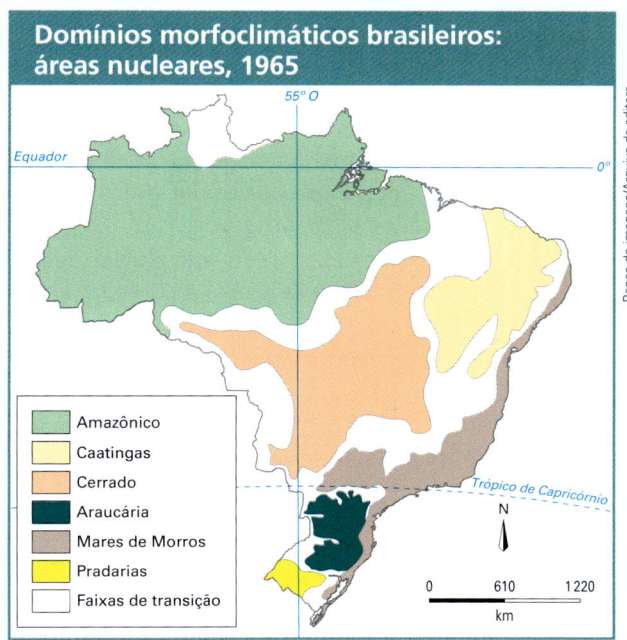

Adaptado de: AB'SÁBER, Aziz Nacib. *Os domínios de natureza no Brasil*, 2003.

São características do domínio morfoclimático dos Mares de Morros:
a) relevo com morros residuais; solos litólicos; vegetação formada por cactáceas, bromeliáceas e árvores; clima semiárido.
b) relevo com topografia mamelonar; solos latossólicos; floresta latifoliada tropical; climas tropical e subtropical úmido.
c) relevo de chapadas e extensos chapadões; solos latossólicos; vegetação com arbustos de troncos e galhos retorcidos; clima tropical.
d) relevo de planaltos ondulados; manchas de terra roxa; vegetação de pinhais altos, esguios e imponentes; clima temperado úmido de altitude.
e) relevo baixo com suaves ondulações; terrenos basálticos; vegetação herbácea; clima subtropical.

QUESTÕES

12. CO **(UEG-GO)** O relevo terrestre evolui em consequência da atuação de processos internos e externos. Com base nessa afirmação, cite e explique a dinâmica de um processo (agente) interno e outro externo na modelagem do relevo.

13. NE **(UFC-CE)** A cobertura vegetal é influenciada pelo clima. Assim, os grandes conjuntos vegetacionais se espacializam, principalmente de acordo com o tipo climático dominante. A partir do tema, responda o que se pede a seguir.
a) Mencione duas características das florestas equatoriais.
b) Cite uma característica fisionômica da vegetação da caatinga.
c) Cite dois elementos do clima que favorecem a maior riqueza de diversidade de espécies vegetais.
d) Mencione uma consequência negativa do desmatamento das florestas associada aos solos e à água.

14. S **(Udesc)** A cúpula mundial sobre Desenvolvimento Sustentável, realizada em 2002, na África do Sul, também denominada RIO+10 (dez anos depois do evento Rio 92, que originou o documento agenda 21), contou com a participação de 189 países, que avaliaram os avanços e as dificuldades em torno das questões sociais, econômicas e ambientais do planeta de acordo com as metas e os compromissos da agenda 21. Porém essa cúpula estabeleceu que um desses compromissos é essencial e prevê atingir, até 2015, 50% das pessoas sem acesso aos seus benefícios.

Comente o objetivo e o compromisso da agenda 21 e a que acesso se refere.

CAIU NO Enem

1.

Disponível em: <http://BP.blogspot.com>. Acesso em: 24 ago. 2011.

Na imagem, visualiza-se um método de cultivo e as transformações provocadas no espaço geográfico. O objetivo imediato da técnica agrícola utilizada é

a) controlar a erosão laminar.
b) preservar as nascentes fluviais.
c) diminuir a contaminação química.
d) incentivar a produção transgênica.
e) implantar a mecanização intensiva.

2. Suponha que o universo tenha 15 bilhões de anos de idade e que toda a sua história seja distribuída ao longo de 1 ano — o calendário cósmico — de modo que cada segundo corresponda a 475 anos reais e, assim, 24 dias do calendário cósmico equivaleriam a cerca de 1 bilhão de anos reais. Suponha, ainda, que o universo comece em 1º de janeiro a zero hora no calendário cósmico e o tempo presente esteja em 31 de dezembro às 23h59min59,99s.

A escala a seguir traz o período em que ocorreram alguns eventos importantes nesse calendário.

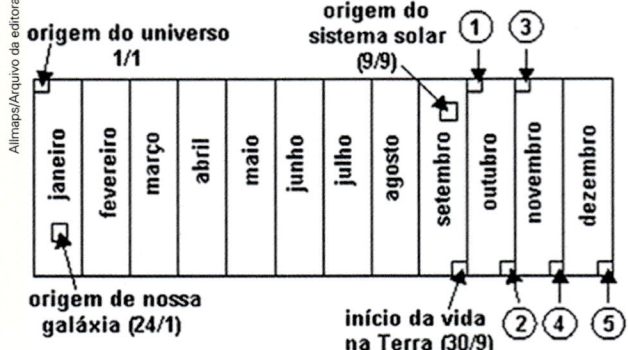

3.

Se a arte rupestre representada fosse inserida na escala, de acordo com o período em que foi produzida, ela deveria ser colocada na posição indicada pela seta de número

a) 1.   b) 2.   c) 3.   d) 4.   e) 5.

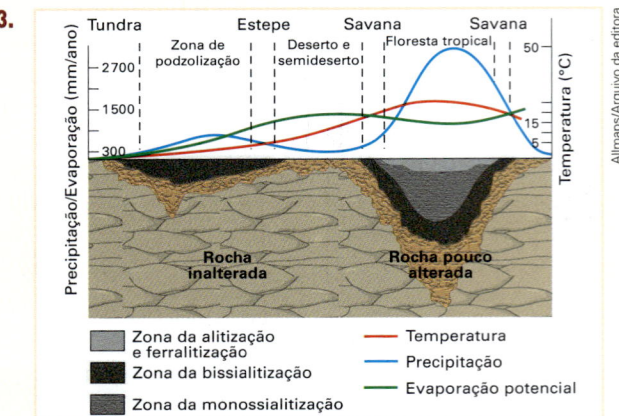

TEIXEIRA, W. et al. *Decifrando a Terra*. São Paulo: Nacional, 2009. (Adaptado.)

O gráfico relaciona diversas variáveis ao processo de formação dos solos. A interpretação dos dados mostra que a água é um dos importantes fatores de pedogênese, pois nas áreas

a) de clima temperado ocorrem alta pluviosidade e grande profundidade de solos.
b) tropicais ocorre menor pluviosidade, o que se relaciona com a menor profundidade das rochas inalteradas.
c) de latitudes em torno de 30° ocorrem as maiores profundidades de solo, visto que há maior umidade.
d) tropicais a profundidade do solo é menor, o que evidencia menor intemperismo químico da água sobre as rochas.
e) de menor latitude ocorrem as maiores precipitações, assim como a maior profundidade dos solos.

4. Umidade relativa do ar é o termo usado para descrever a quantidade de vapor de água contido na atmosfera.

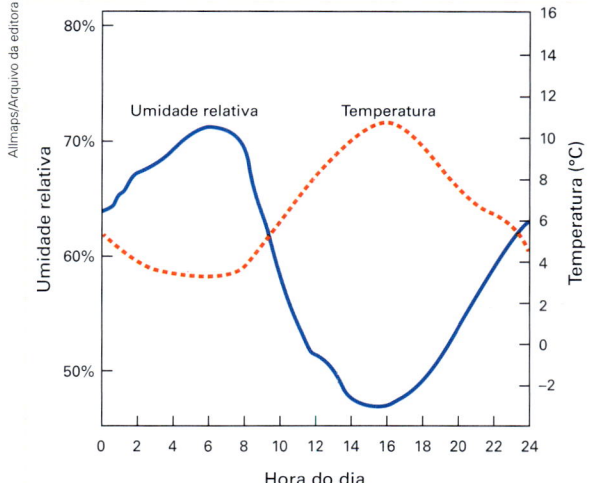

Ela é definida pela razão entre o conteúdo real de umidade de uma parcela de ar e a quantidade de umidade que a mesma parcela de ar pode armazenar na mesma temperatura e pressão quando está saturada de vapor, isto é, com 100% de umidade relativa. O gráfico representa a relação entre a umidade relativa do ar e sua temperatura ao longo de um período de 24 horas em um determinado local.

Considerando-se as informações do texto e do gráfico, conclui-se que

a) a insolação é um fator que provoca variação da umidade relativa do ar.
b) o ar vai adquirindo maior quantidade de vapor de água à medida que se aquece.
c) a presença de umidade relativa do ar é diretamente proporcional à temperatura do ar.
d) a umidade relativa do ar indica, em termos absolutos, a quantidade de vapor de água existente na atmosfera.
e) a variação da umidade do ar se verifica no verão, e não no inverno, quando as temperaturas permanecem baixas.

5.

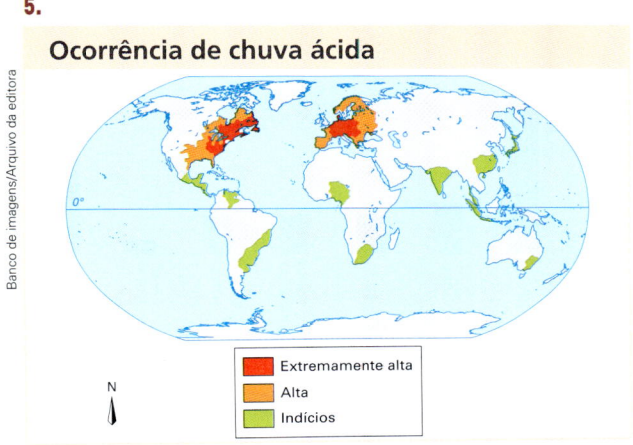

Disponível em: <http://img15.imageshack.us>. (Adaptado.)

A maior frequência na ocorrência do fenômeno atmosférico apresentado na figura relaciona-se a
a) concentrações urbano-industriais.
b) episódios de queimadas florestais.
c) atividades de extrativismo vegetal.
d) índices de pobreza elevados.
e) climas quentes e muito úmidos.

6. As florestas tropicais úmidas contribuem muito para a manutenção da vida no planeta, por meio do chamado sequestro de carbono atmosférico. Resultados de observações sucessivas, nas últimas décadas, indicam que a floresta amazônica é capaz de absorver até 300 milhões de toneladas de carbono por ano. Conclui-se, portanto, que as florestas exercem importante papel no controle

a) das chuvas ácidas, que decorrem da liberação, na atmosfera, do dióxido de carbono resultante dos desmatamentos por queimadas.
b) das inversões térmicas, causadas pelo acúmulo de dióxido de carbono resultante da não dispersão dos poluentes para as regiões mais altas da atmosfera.
c) da destruição da camada de ozônio, causada pela liberação, na atmosfera, do dióxido de carbono contido nos gases do grupo dos clorofluorcarbonos.
d) do efeito estufa provocado pelo acúmulo de carbono na atmosfera, resultante da queima de combustíveis fósseis, como carvão mineral e petróleo.
e) da eutrofização das águas, decorrente da dissolução, nos rios, do excesso de dióxido de carbono presente na atmosfera.

7. Desde a sua formação, há quase 4,5 bilhões de anos, a Terra sofreu várias modificações em seu clima, com períodos alternados de aquecimento e resfriamento e elevação ou decréscimo de pluviosidade, sendo algumas em escala global e outras em nível menor.

ROSS, J. S. (Org.). *Geografia do Brasil*.
São Paulo: Edusp, 2003. (Adaptado.)

Um dos fenômenos climáticos conhecidos no planeta atualmente é o *El Niño*, que consiste

a) na mudança da dinâmica da altitude e da temperatura.
b) nas temperaturas suavizadas pela proximidade com o mar.
c) na modificação da ação da temperatura em relação à latitude.
d) no aquecimento das águas do oceano Pacífico, que altera o clima.
e) na interferência de fatores como pressão e ação dos ventos do oceano Atlântico.

UNIDADE 2 · GEOGRAFIA FÍSICA E MEIO AMBIENTE

8. O ecossistema urbano é criado pelo homem e consome energia produzida por ecossistemas naturais, alocando-a segundo seus próprios interesses. Caracteriza-se por um elevado consumo de energia, tanto somática (aquela que chega às populações pela cadeia alimentar) quanto extrassomática (aquela que chega pelo aproveitamento de combustíveis), principalmente após o advento da tecnologia de ponta. Cada vez mais aumenta o uso de energia extrassomática nas cidades, o que ocasiona a produção de seu subproduto, a poluição. A poluição urbana mais característica é a poluição do ar.

Almanaque Brasil Socioambiental. São Paulo: Instituto Socioambiental, 2008.

Os efeitos da poluição atmosférica podem ser agravados pela inversão térmica, processo que ocorre muito no sul do Brasil e em São Paulo. Esse processo pode ser definido como

a) processo no qual a temperatura do ar se apresenta inversamente proporcional à umidade relativa do ar, ou seja, ar frio e úmido ou ar quente e seco.

b) precipitações de gotas d'água (chuva ou neblina) com elevada temperatura e carregadas com ácidos nítrico e sulfúrico, resultado da poluição atmosférica.

c) inversão da proteção contra os raios ultravioleta provenientes do Sol, a partir da camada mais fria da atmosfera, que esquenta e amplia os raios.

d) fenômeno em que o ar fica estagnado sobre um local por um período de tempo e não há formação de ventos e correntes ascendentes na atmosfera.

e) fenômeno no qual os gases presentes na atmosfera permitem a passagem da luz solar, mas bloqueiam a irradiação do calor da Terra, impedindo-o de voltar ao espaço.

9. Segundo a análise do Prof. Paulo Canedo de Magalhães, do Laboratório de Hidrologia da COPPE, UFRJ, o projeto de transposição das águas do rio São Francisco envolve uma vazão de água modesta e não representa nenhum perigo para o Velho Chico, mas pode beneficiar milhões de pessoas. No entanto, o sucesso do empreendimento dependerá do aprimoramento da capacidade de gestão das águas nas regiões doadora e receptora, bem como no exercício cotidiano de operar e manter o sistema transportador.

Embora não seja contestado que o reforço hídrico poderá beneficiar o interior do Nordeste, um grupo de cientistas e técnicos, a convite da SBPC, numa análise isenta, aponta algumas incertezas no projeto de transposição das águas do rio São Francisco. Afirma também que a água por si só não gera desenvolvimento e será preciso implantar sistemas de escoamento de produção, capacitar e educar pessoas, entre outras ações.

Ciência Hoje, v. 37, n. 217, jul. 2005. (Adaptado.)

Os diferentes pontos de vista sobre o megaprojeto de transposição das águas do rio São Francisco quando confrontados indicam que

a) as perspectivas de sucesso dependem integralmente do desenvolvimento tecnológico prévio da região do semiárido nordestino.

b) o desenvolvimento sustentado da região receptora com a implantação do megaprojeto independe de ações sociais já existentes.

c) o projeto deve limitar-se às infraestruturas de transporte de água e evitar induzir ou incentivar a gestão participativa dos recursos hídricos.

d) o projeto deve ir além do aumento de recursos hídricos e remeter a um conjunto de ações para o desenvolvimento das regiões afetadas.

e) as perspectivas claras de insucesso do megaprojeto inviabilizam a sua aplicação, apesar da necessidade hídrica do semiárido.

10. A urbanização afeta o funcionamento do ciclo hidrológico, pois interfere no rearranjo dos armazenamentos e na trajetória das águas.

CHRISTOFOLETTI, A. Aplicabilidade do conhecimento geomorfológico nos projetos de planejamento. In: GUERRA, A. J. T.; CUNHA, S. B. (Org.). *Geomorfologia*: uma atualização de bases e conceitos. Rio de Janeiro: Bertrand Brasil, 1995.

Os efeitos da urbanização sobre os corpos hídricos apresentados no texto resultam em

a) circulação difusa da água pela superfície, provocada pelas edificações urbanas.

b) redução da quantidade da água do rio, em virtude do aprofundamento do seu leito.

c) alteração do mecanismo de evaporação, dada a pouca profundidade do lençol freático.

d) redução da capacidade de infiltração da água no solo, em decorrência da sua impermeabilização.

e) assoreamento no curso superior dos rios, trecho de maior declividade, em função do transporte e deposição dos sedimentos.

11.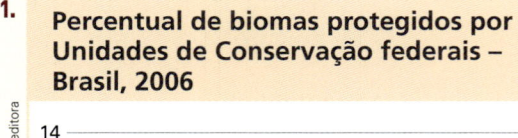

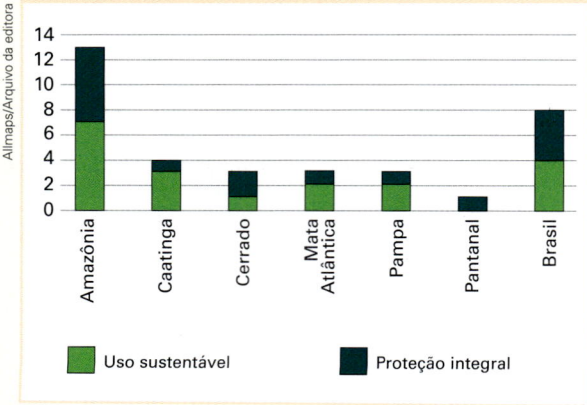

MINISTÉRIO DO MEIO AMBIENTE. Cadastro Nacional de Unidades de Conservação.

Analisando-se os dados do gráfico apresentado, que remetem a critérios e objetivos no estabelecimento de Unidades de Conservação no Brasil, constata-se que

a) o equilíbrio entre Unidades de Conservação de proteção integral e de uso sustentável já atingido garante a preservação presente e futura da Amazônia.
b) as condições de aridez e a pequena diversidade biológica observadas na Caatinga explicam por que a área destinada à proteção integral desse bioma é menor que a dos demais biomas brasileiros.
c) o Cerrado, a Mata Atlântica e o Pampa, biomas mais intensamente modificados pela ação humana, apresentam proporção maior de unidades de proteção integral que de unidades de uso sustentável.
d) o estabelecimento de Unidades de Conservação deve ser incentivado para a preservação dos recursos hídricos e a manutenção da biodiversidade.
e) a sustentabilidade do Pantanal é inatingível, razão pela qual não foram criadas unidades de uso sustentável nesse bioma.

12. A abertura e a pavimentação de rodovias em zonas rurais e regiões afastadas dos centros urbanos, por um lado, possibilita melhor acesso e maior integração entre as comunidades, contribuindo com o desenvolvimento social e urbano de populações isoladas. Por outro lado, a construção de rodovias pode trazer impactos indesejáveis ao meio ambiente, visto que a abertura de estradas pode resultar na fragmentação de hábitats, comprometendo o fluxo gênico e as interações entre espécies silvestres, além de prejudicar o fluxo natural de rios e riachos, possibilitar o ingresso de espécies exóticas em ambientes naturais e aumentar a pressão antrópica sobre os ecossistemas nativos.

BARBOSA, N. P. U.; FERNANDES, G. W. A destruição do jardim. *Scientific American Brasil*. Ano 7, n. 80, dez. 2008. (Adaptado.)

Nesse contexto, para conciliar os interesses aparentemente contraditórios entre o progresso social e urbano e a conservação do meio ambiente, seria razoável

a) impedir a abertura e a pavimentação de rodovias em áreas rurais e em regiões preservadas, pois a qualidade de vida e as tecnologias encontradas nos centros urbanos são prescindíveis às populações rurais.
b) impedir a abertura e a pavimentação de rodovias em áreas rurais e em regiões preservadas, promovendo a migração das populações rurais para os centros urbanos, onde a qualidade de vida é melhor.
c) permitir a abertura e a pavimentação de rodovias apenas em áreas rurais produtivas, haja vista que nas demais áreas o retorno financeiro necessário para produzir uma melhoria na qualidade de vida da região não é garantido.
d) permitir a abertura e a pavimentação de rodovias, desde que comprovada a sua real necessidade e após a realização de estudos que demonstrem ser possível contornar ou compensar seus impactos ambientais.
e) permitir a abertura e a pavimentação de rodovias, haja vista que os impactos ao meio ambiente são temporários e podem ser facilmente revertidos com as tecnologias existentes para recuperação de áreas degradadas.

13. Em 2003, deu-se início às discussões do Plano Amazônia Sustentável, que rebatiza o Arco do Desmatamento, uma extensa faixa que vai de Rondônia ao Maranhão, como Arco do Povoamento Adensado, a fim de reconhecer as demandas da população que vive na região. A Amazônia Ocidental, em contraste, é considerada nesse plano como uma área ainda amplamente preservada, na qual se pretende encontrar alternativas para tirar mais renda da floresta em pé do que por meio do desmatamento. O mapa apresenta as três macrorregiões e as três estratégias que constam do Plano.

Estratégias:
  I. Pavimentação de rodovias para levar a soja até o rio Amazonas, por onde será escoada.
  II. Apoio à produção de fármacos, extratos e couros vegetais.
  III. Orientação para a expansão do plantio de soja, atraindo os produtores para áreas já desmatadas e atualmente abandonadas.

Considerando as características geográficas da Amazônia, aplicam-se às macrorregiões Amazônia Ocidental, Amazônia Central e Arco do Povoamento Adensado, respectivamente, as estratégias

a) I, II e III.
b) I, III e II.
c) III, I e II.
d) II, I e III.
e) III, II e I.

UNIDADE 3

O capitalismo é um sistema econômico antigo. Você já parou para pensar que ele nem sempre funcionou como atualmente? Algumas de suas características mais importantes vêm de seus primórdios; outras são de seu momento atual. Quais características permaneceram e quais são novas? Por exemplo, imagine as viagens transoceânicas de transporte de pessoas ou mercadorias no início do capitalismo comercial, época da Expansão Marítima (século XVI): Como será que era ficar entre quarenta e cinquenta dias dentro de um navio em viagem de Portugal ao Brasil, trecho que hoje é percorrido de avião em oito ou nove horas? Só isso já dá uma boa pista sobre a principal diferença entre o capitalismo do passado e o do presente, não é mesmo?

MUNDO CONTEMPORÂNEO: ECONOMIA, GEOPOLÍTICA E SOCIEDADE

CAPÍTULO 13

O DESENVOLVIMENTO DO CAPITALISMO

Bolsa de Valores de Nova York – New York Stock Exchange (NYSE), nos Estados Unidos, em 1950 e 2018. Observe a evolução tecnológica e a redução do número de operadores.

O capitalismo é um sistema econômico que, desde sua origem, se expandiu econômica e territorialmente: primeiro foi o colonialismo, depois o imperialismo e, nos dias atuais, a globalização. Esse sistema econômico apresentou dinamismo ao longo da história e se transformou à medida que os desafios à sua expansão surgiram. Com o tempo, sobrepôs-se a outros sistemas econômicos, até se tornar hegemônico, predominando em quase todos os países. Considerando seu processo de desenvolvimento, costuma-se dividir o capitalismo em quatro etapas: comercial, industrial, financeira e informacional.

Quais são as características mais importantes de cada uma das etapas do desenvolvimento do capitalismo? O que diferencia a etapa atual das anteriores? Como as mudanças ocorridas nesse sistema econômico promovem transformações socioespaciais? Essas e outras questões serão abordadas ao longo deste capítulo.

A queda do Muro de Berlim, na foto de 1989 (Alemanha), e o fim da União Soviética (URSS), em 1991, marcaram o colapso do socialismo. Na China, embora o Partido Comunista continue no poder, o Estado tenha forte capacidade planejadora e seja proprietário de muitas empresas, o sistema econômico funciona seguindo a lógica da economia de mercado. Em escala bem menor, ocorre o mesmo no Vietnã. Restaram como países socialistas Cuba, Laos e Coreia do Norte, economias pequenas e bastante isoladas no cenário mundial.

1. CAPITALISMO COMERCIAL DIALOGANDO COM HISTÓRIA

A primeira etapa do capitalismo estendeu-se do fim do século XV até o século XVIII e foi caracterizada pela expansão marítima das potências econômicas da Europa ocidental daquela época (Portugal, Espanha, Inglaterra, França e Países Baixos[1]), que buscavam novas rotas de comércio, sobretudo para as Índias. Veja o infográfico nas páginas 218 e 219.

Essas potências econômicas tinham como objetivo acabar com a hegemonia das cidades-Estados de Veneza e Gênova, que, antes da unificação italiana (ocorrida entre 1848 e 1870 e que deu origem à atual Itália), constituíam Estados independentes e eram os principais controladores do comércio com o Oriente via Mediterrâneo. Trata-se do período das **Grandes Navegações** e descobrimentos, das conquistas territoriais e também da escravização e do genocídio de milhões de nativos da América e da África. Os países europeus que comandaram esse processo – com destaque para Portugal e Espanha – colonizaram as terras recém-conquistadas por meio de projetos de exploração agrícola e mineral. Observe, abaixo, as principais expedições marítimas dessa época.

Genocídio: do grego *génos*, 'tronco, família', e do latim *cidium*, 'ação de quem mata ou o seu resultado'. Extermínio físico de um grupo nacional, étnico ou religioso.

As grandes expedições – séculos XV e XVI

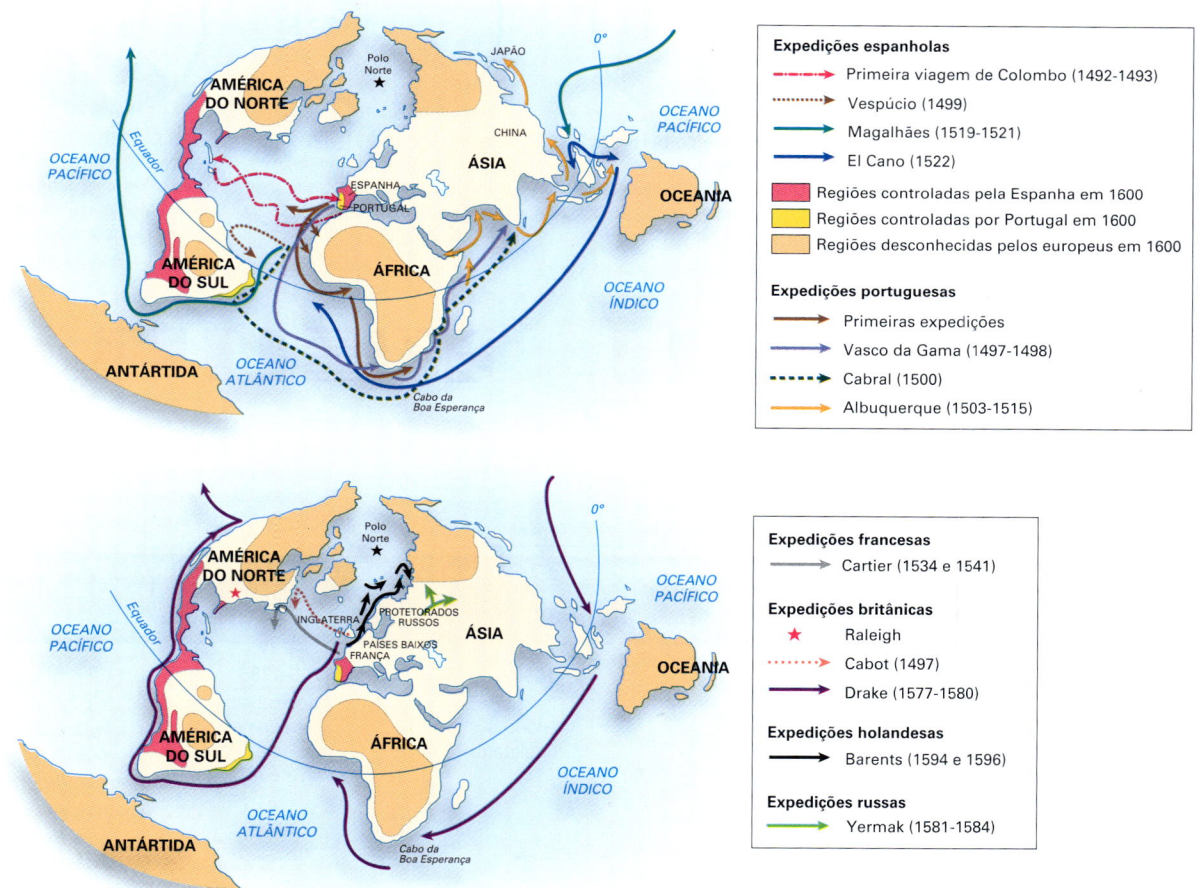

Fonte: DUBY, Georges. *Atlas histórico mundial*. Barcelona: Larousse, 2007. p. 40-41. (Mapas sem escala.)

---

[1] Os Países Baixos são um Estado nacional constituído de doze províncias. Duas delas, a Holanda do Norte e a Holanda do Sul, tiveram papel fundamental na formação desse Estado, que, por isso, também é conhecido como Holanda. Os Países Baixos integram o Reino dos Países Baixos, formado em 1648, do qual também fazem parte Aruba, Curaçao e Saint Martin, como Estados autônomos, e Bonaire, Saba e Santo Eustáquio, como municipalidades, todos ilhas do Caribe.

INFOGRÁFICO

EVOLUÇÃO DO CAPITALISMO

Sistema econômico que se desenvolveu na Europa com a crise do feudalismo e se expandiu econômica e territorialmente a partir do século XVI. Desde então, passou por diversas etapas com características específicas de relações de produção e trabalho, de tecnologias empregadas e de doutrinas que orientam seu funcionamento. É também chamado de economia de mercado.

Etapas: COMERCIAL | INDUSTRIAL

Doutrinas: MERCANTILISMO | LIBERALISMO

Surgiu com os Estados nacionais absolutistas e vigorou durante o capitalismo comercial. Os adeptos dessa doutrina defendiam o protecionismo e a intervenção do Estado na economia. Seus objetivos principais eram fortalecer o Estado e aumentar a riqueza nacional por meio do acúmulo de metais preciosos (ouro e prata) e da obtenção de *superavits* comerciais. Seus teóricos defendiam que a riqueza era proveniente do comércio (circulação).

Os adeptos dessa doutrina criticavam o absolutismo e o mercantilismo; no plano político, defendiam a democracia representativa, a independência dos três poderes e a liberdade do indivíduo; e, no econômico, o direito à propriedade, a livre-iniciativa e a concorrência. Eram contrários à intervenção do Estado na economia e favoráveis à livre ação das forças do mercado. Para seus teóricos, a riqueza era gerada pela indústria (produção).

Teóricos:

Thomas Mun (1571-1641)
Economista inglês, um dos principais teóricos da doutrina mercantilista.

Jean-Baptiste Colbert (1619-1683)
Ministro das Finanças de Luís XIV, responsável pela aplicação das políticas mercantilistas na França.

Adam Smith (1723-1790)
Economista escocês, um dos mais importantes teóricos do liberalismo clássico e um de seus fundadores.

David Ricardo (1772-1823)
Economista inglês, tido como sucessor de Smith, contribuiu ativamente para a formulação da teoria econômica.

Potências:

Bandeiras: Shutterstock/Glow Images

Processos/fatos marcantes:

- **1494** Tratado de Tordesilhas
- Grandes Navegações (expansão marítima europeia)
- Colonialismo: partilha e exploração da América; comércio com Ásia e África
- Início do processo de independência das colônias americanas
- **1776** Independência dos Estados Unidos
- Ocupação da África: interiorização

1500 — 1600 — 1700 — 1750 — 1800

Auge da Revolução Comercial
- **1498** Viagem de Vasco da Gama às Índias via Atlântico
- Mundialização do comércio
- Utilização do trabalho escravo na América
- Acumulação primitiva de capitais na Europa
- **1688** Revolução Gloriosa (Inglaterra)

Primeira Revolução Industrial
- **1765-1785** Aperfeiçoamento da máquina a vapor por James Watt (Inglaterra)
- Utilização do carvão mineral
- Indústrias inovadoras: têxtil, siderúrgica e naval
- Disseminação do trabalho assalariado

Para saber mais, consulte os livros **O que é capital?**, de Ladislau Dowbor, **O que é capitalismo?**, de Afrânio Mendes Catani, e **História da riqueza do homem: do feudalismo ao século XXI**, de Leo Huberman. Veja indicações na seção **Sugestões de textos, vídeos e sites**.

FINANCEIRO
KEYNESIANISMO

Os adeptos dessa doutrina criticavam o pensamento econômico clássico e o princípio da "mão invisível", do suposto equilíbrio espontâneo do mercado; por isso, defendiam a intervenção do Estado na economia para evitar crises de superprodução, como a que começou em 1929, após a quebra da Bolsa de Valores de Nova York. Propunham o aumento dos gastos públicos como mecanismo para estimular o crescimento econômico e a geração de empregos.

INFORMACIONAL
NEOLIBERALISMO

Os adeptos dessa doutrina buscam aplicar os princípios do liberalismo clássico ao capitalismo atual. Diferentemente dos anteriores, os teóricos neoliberais não creem na regulação espontânea do sistema. Visando disciplinar a economia de mercado, aceitam uma intervenção mínima do Estado para assegurar a estabilidade monetária e a livre concorrência. Também defendem a abertura econômica/financeira e a privatização de empresas estatais.

John Keynes (1883-1946) Economista inglês. O mais importante até meados do século XX, influenciou as políticas de recuperação da crise iniciada em 1929.

Joan Robinson (1903-1983) Economista inglesa, seguiu as propostas keynesianas e aperfeiçoou algumas delas.

Alexander Rüstow (1885-1963) Economista alemão, crítico do liberalismo clássico e criador do termo neoliberalismo (1938).

Milton Friedman (1912-2006) Economista americano, Nobel de Economia (1976) e um dos continuadores das propostas neoliberais; assessorou os governos Reagan (1911-2004) e Thatcher (1925-2013).

Bandeiras: Shutterstock/Glow Images

1822 Independência do Brasil

1884-1885 Congresso de Berlim: partilha da África entre as potências europeias

Pós-Segunda Guerra Independência das colônias e surgimento dos países em desenvolvimento

1990-2000 Emergência da China como potência e surgimento das economias emergentes

› Imperialismo: partilha e exploração das colônias africanas e asiáticas › Globalização: expansão de capitais produtivos e especulativos

1850 — 1900 — 1950 — 2000

› Segunda Revolução Industrial   › Terceira Revolução Industrial ou Revolução Técnico-Científica

- Utilização do petróleo e da eletricidade
- Indústrias inovadoras: petroquímica, elétrica e automobilística
- Expansão mundial do processo de industrialização
- Monopólios e oligopólios

1914-1918 Primeira Guerra Mundial

1886 Construção do primeiro carro com motor a gasolina por Gottlieb Daimler (Alemanha)

1929 Quebra da Bolsa de Valores de Nova York

1939-1945 Segunda Guerra Mundial

- Crescentes investimentos em P&D e agregação de valor aos produtos
- Ampliação do meio técnico-científico-informacional
- Indústrias inovadoras: informática, robótica, telecomunicações e biotecnologia
- Industrialização de países em desenvolvimento e expansão das transnacionais**

1946 Construção do Eniac*, primeiro computador, desenvolvido pela Electronic Control Company (Estados Unidos)

1980-1990 Crises financeiras em diversos países

1999 Criação do G-20

2008-2015 Crise financeira atinge gradativamente o mundo: Estados Unidos → União Europeia → países emergentes

Neoliberalismo em xeque Desglobalização?

* Electrical Numerical Integrator and Computer. ** Adotaremos o termo *transnacional*, conforme proposto pela Conferência das Nações Unidas sobre Comércio e Desenvolvimento (Unctad), para definir as empresas que têm sede em um país e filiais em diversos outros. Muitas vezes essas empresas também são chamadas de multinacionais.

Organizado pelos autores.

O MERCANTILISMO

DIALOGANDO COM HISTÓRIA

Na época das Grandes Navegações, o comércio proporcionou alta concentração de capitais no interior dos Estados europeus que comandavam esse processo expansionista. Por isso, a primeira etapa desse sistema econômico é chamada capitalismo comercial. A economia funcionava de acordo com a doutrina mercantilista (veja o infográfico nas páginas anteriores), cujos teóricos defendiam a intervenção do governo nas relações comerciais, a fim de gerar a prosperidade nacional e aumentar a força dos Estados, nos quais o poder político estava centralizado nas mãos dos monarcas. Nesse período, a riqueza e o poder de um país eram medidos pela quantidade de metais preciosos acumulados.

Durante o mercantilismo, o acúmulo de riquezas nos países europeus, principalmente na Inglaterra, que emergiu como principal potência no fim desse período, foi fundamental para a eclosão da Revolução Industrial. Esse fato marcou o começo de uma nova etapa do capitalismo. Veja o mapa ao lado, que mostra as principais rotas de comércio entre Europa, África e América.

Colônias de potências europeias – fins do século XVII

O comércio triangular
- Produtos europeus para a África
- Transporte de africanos escravizados para o mundo colonial
- Produtos tropicais para a Europa

Territórios
- Ingleses
- Espanhóis
- Franceses
- Holandeses
- Portugueses

Fonte: LEBRUN, François (Dir.). *Atlas historique*. Paris: Hachette, 2000. p. 28. (Mapa sem escala.)

O mapa mostra as regiões colonizadas nos primórdios da expansão marítima e o chamado "comércio triangular": produtos europeus para a África, africanos escravizados para as colônias americanas e produtos tropicais destas para a Europa.

Nova Orleans transformou-se em um importante centro portuário e comercial por causa de sua estratégica localização: no golfo do México e na foz do rio Mississípi (sul dos Estados Unidos). Desde a época do mercantilismo a cidade faz comércio com a Europa, a África e o restante da América. A litogravura mostra parte do porto de Nova Orleans em 1884.

2. CAPITALISMO INDUSTRIAL

Nas primeiras décadas do século XVIII, o Reino Unido da Grã-Bretanha comandou uma grande transformação no sistema de produção de mercadorias, na organização das cidades e do campo e nas condições de trabalho, o que caracterizou a **Revolução Industrial**. Um de seus aspectos mais importantes foi o aumento da capacidade de transformação dos recursos naturais, por meio da utilização de máquinas hidráulicas e a vapor, que intensificou a produção de bens e possibilitou ampliar o mercado consumidor em escala mundial.

Esse período também foi marcado pela aceleração da circulação de pessoas e mercadorias, em virtude da expansão das redes de transporte terrestre, como o trem (a locomotiva a vapor foi criada em 1804), e marítimo, como o barco a vapor (inventado também nessa época). Observe nos mapas abaixo a expansão das ferrovias na Europa.

O comércio não era mais a atividade central do sistema, embora continuasse importante para fechar o ciclo produção-consumo. Nessa nova fase, o lucro decorria sobretudo da produção de mercadorias realizada por assalariados, a relação de trabalho típica do capitalismo, o que permitiu a gradativa expansão do mercado consumidor. Isso valia para os países industrializados, porque na periferia do sistema o trabalho escravo ainda predominou por muito tempo.

Máquina a vapor produzida por James Watt em 1788 e, atualmente, em exposição no Museu Victoria e Albert, em Londres (Reino Unido). Seu motor a vapor era movido a carvão mineral e foi um marco da Revolução Industrial. No início, era usado para retirar água das minas de carvão e fabricar tecidos, depois passou a ser utilizado em outras indústrias e nos transportes, até ser substituído por motores a combustão interna (movidos a derivados de petróleo) e elétricos.

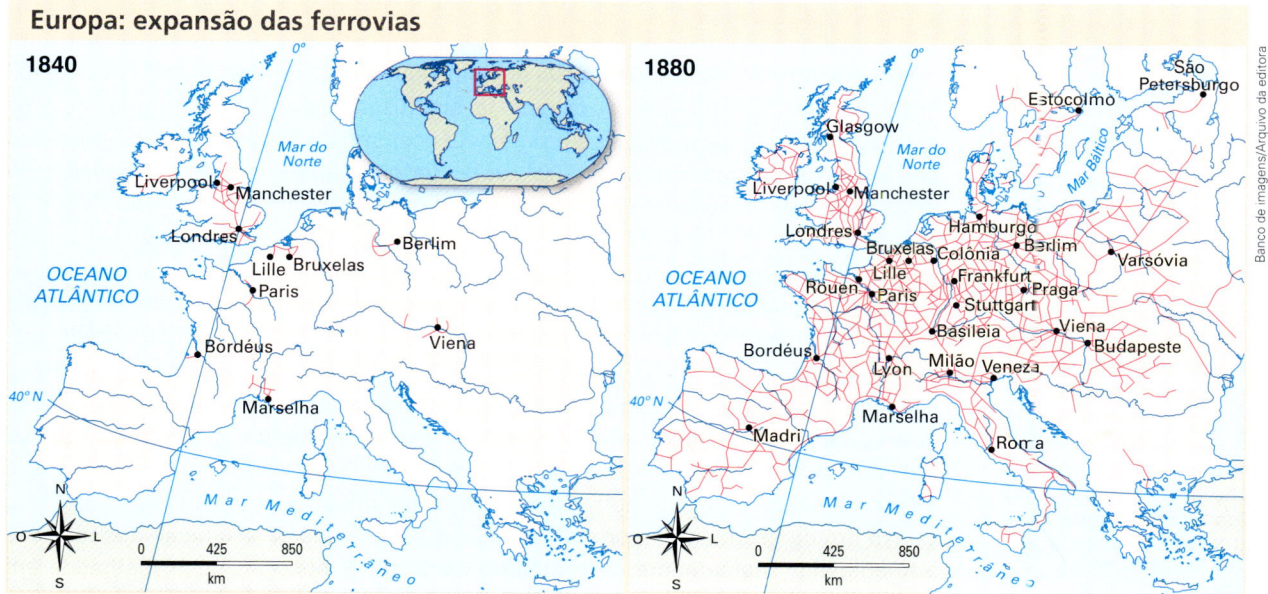

Fonte: LEBRUN, François (Dir.). *Atlas historique*. Paris: Hachette, 2000. p. 38.

O trem a vapor foi o meio de transporte típico do capitalismo industrial. A rápida expansão das ferrovias, principalmente na Europa ocidental, impulsionou sua utilização e possibilitou a interligação de diversos lugares.

A EXPANSÃO DA INDÚSTRIA

Após se consolidar no Reino Unido da Grã-Bretanha, no século XIX, a industrialização se expandiu pela Europa, América e Ásia. Primeiro, atingiu a França, a Prússia (Alemanha), o Piemonte-Lombardia (Itália) e os Estados Unidos. Depois, chegou ao Japão, à Rússia e, mais tarde, no século XX, aos atuais países emergentes. Observe o esquema a seguir.

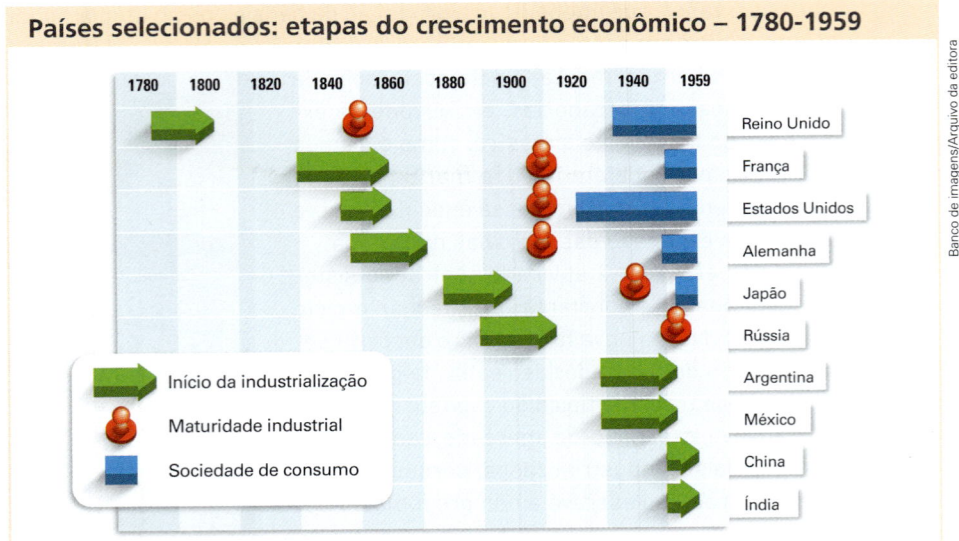

Fonte: ROSTOW, W. W. *Etapas do desenvolvimento econômico*. 6. ed. Rio de Janeiro: Zahar, 1978. p. 12.

O Reino Unido foi o primeiro país a se industrializar, mas foram os Estados Unidos que constituíram a primeira sociedade de consumo da história. O Brasil iniciou seu processo de industrialização na mesma época de Argentina e México.

O LIBERALISMO

Na etapa industrial, o Estado interferia cada vez menos na produção e no comércio. A partir de então, caberia a ele:
- nos limites de seu território, garantir a livre-iniciativa e a concorrência entre as empresas, além do direito à propriedade privada;
- no comércio internacional, apoiar as empresas nacionais na concorrência com as de outros países e protegê-las no mercado interno contra a concorrência desleal.

Consolidou-se, assim, uma nova doutrina econômica: o liberalismo (veja o infográfico neste capítulo). Essa nova visão foi sintetizada pelos representantes da economia política clássica, principalmente pelo economista britânico Adam Smith. Em seu livro *A riqueza das nações* (1776), defendia que cada indivíduo, ao buscar seu próprio interesse econômico, contribuiria para o bem coletivo de modo mais eficiente. Por isso era contrário à intervenção do Estado na economia e apoiava a "mão invisível" do mercado.

Os princípios liberais aplicados ao comércio internacional adotavam a redução, e até a abolição, das barreiras tarifárias para a livre circulação de mercadorias. Assim, o livre-comércio convinha principalmente aos Estados cuja industrialização já estava bastante consolidada, como o Reino Unido. Entretanto, era comum a prática de medidas protecionistas à indústria nascente. Mesmo os Estados Unidos, país de forte tradição liberal, só passaram a defender o liberalismo no comércio internacional quando já tinham estruturado uma indústria competitiva.

No fim do século XIX, a produtividade e a capacidade de produção das fábricas aumentavam rapidamente, aprofundava-se a especialização do trabalhador em uma única etapa da produção e intensificava-se a fabricação em série. Era o início da **Segunda Revolução Industrial**, momento em que o capitalismo ingressou em sua etapa financeira e monopolista, marcada pela origem de muitas das atuais grandes corporações e pela expansão imperialista.

Consulte dicionários de economia *on-line* nos *sites* **Verbetes de economia política e urbanismo** e **Economia Net**. Veja orientações na seção **Sugestões de textos, vídeos e *sites***.

3. CAPITALISMO FINANCEIRO

Uma das características mais importantes do crescimento acelerado da economia capitalista na segunda metade do século XIX foi a formação de grandes empresas industriais e comerciais, além do aumento do número de bancos e outras empresas financeiras. A concorrência acirrada favoreceu as grandes empresas, acarretando fusões e incorporações que resultaram na formação de monopólios ou oligopólios em muitos setores da economia. Por ser intrínseco à economia capitalista, esse processo continua acontecendo, e grandes corporações da atualidade foram fundadas nessa época, como mostra a tabela.

Monopólio: situação em que uma única empresa domina a oferta de determinado produto ou serviço. Os preços são fixados por uma empresa monopolista, e não pelas leis de mercado, garantindo-lhe superlucros. A maioria dos países criou leis para impedir a formação de monopólios.

Oligopólio: conjunto de empresas que domina determinado setor da economia. Em geral, impõe preços abusivos e elimina a concorrência, mediante aquisição de pequenas empresas. Em setores oligopolizados é comum as empresas atuarem de forma cartelizada, estabelecendo acordos que visam à ampliação de suas margens de lucro.

Grandes corporações industriais e financeiras da atualidade e ano de fundação

Empresa	País-sede	Fundação
Citicorp	Estados Unidos	1812
Siemens	Alemanha	1847
Nestlé	Suíça	1866
Deutsche Bank	Alemanha	1879
Mitsubishi Bank	Japão	1880
Royal Dutch/Shell	Reino Unido/Países Baixos	1890
General Electric	Estados Unidos	1892
Fiat	Itália	1899
General Motors	Estados Unidos	1916
Matsushita	Japão	1918

Fonte: LOWE, Janet. *O império secreto*. Rio de Janeiro: Berkeley, 1993. p. 38-39.

Nesse período, foram introduzidas novas tecnologias no processo produtivo e criados os primeiros laboratórios de pesquisa das atuais grandes corporações industriais. Os Estados Unidos e a Alemanha foram os pioneiros, e a ciência passou a ser cada vez mais posta a serviço das empresas. A siderurgia avançou significativamente, assim como a indústria mecânica, em razão do aperfeiçoamento da fabricação do aço. Na indústria química, a descoberta de novos elementos e materiais permitiu ampliar as possibilidades para novos setores, como o petroquímico.

A descoberta da eletricidade beneficiou as indústrias e a sociedade como um todo ao possibilitar o aumento da produtividade e a melhora das condições de vida. O desenvolvimento do motor a combustão interna e a consequente utilização de combustíveis derivados de petróleo trouxeram novas perspectivas para as indústrias automobilísticas e aeronáuticas, promovendo sua expansão e a dinamização dos transportes.

O crescente aumento da produção e a industrialização, já presente em diversos países, acirraram a concorrência entre as empresas. Era cada vez mais necessário garantir novos mercados consumidores e melhores oportunidades de investimentos, além de acesso a fontes de energia e de matérias-primas.

Avião Voisin Delagrange (1909). Nessa época, aviões e carros transmitiam às pessoas as sensações de modernidade e liberdade.

AS EXPANSÕES IMPERIALISTAS

Foi nesse momento do capitalismo que ocorreu a expansão imperialista europeia na África e na Ásia. Desde sua origem na Europa, o capitalismo foi ampliando sua área de atuação no planeta. Na Conferência de Berlim (1884-1885), as potências industriais da Europa partilharam o continente africano entre elas. Na mesma época, extensas áreas do continente asiático também foram ocupadas. Observe os mapas desta página.

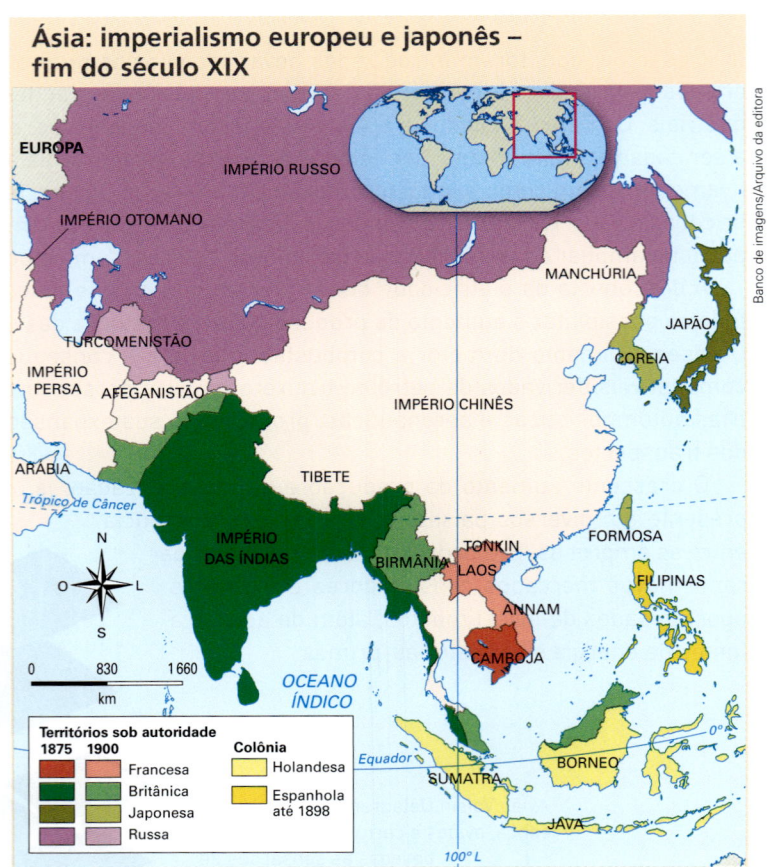

A conquista e a exploração do continente africano pelos países europeus não foram pacíficas. Vários povos ofereceram resistência. O Reino da Etiópia, por exemplo, resistiu à dominação italiana e conseguiu manter sua soberania. Em muitos casos, no entanto, houve total desestruturação social, com o consequente desaparecimento de importantes reinos.

O grande crescimento demográfico da China no século XIX atraiu as potências imperialistas que buscavam mercado consumidor, mas a maior ocupação territorial britânica na Ásia ocorreu na Índia. Os entrepostos comerciais estabelecidos nas principais cidades de seu litoral destruíram a importante indústria têxtil local e arrasaram sua economia.

Como vimos no esquema da página 222, no fim do século XIX também emergiram potências industriais fora da Europa, com destaque para o Japão, na Ásia, e os Estados Unidos, na América.

A expansão imperialista japonesa, como a europeia, foi marcada pela ocupação e anexação de territórios. Iniciou-se com a tomada de Formosa, na China, após a vitória na Guerra Sino-Japonesa (1894-1895), seguida pela ocupação da península da Coreia, entre outros territórios (observe o segundo mapa da página anterior).

Já o imperialismo dos Estados Unidos sobre a América Latina foi um pouco diferente. Os americanos exerciam controle indireto sobre os países e patrocinavam golpes de Estado, principalmente na América Central e no Caribe, apoiando a ascensão de ditadores nacionais alinhados com seus interesses.

O MERCADO DE CAPITAIS

Nessa etapa do capitalismo, os bancos assumiram um papel de financiadores da produção. Muitos compraram indústrias para ampliar seus investimentos e, ao mesmo tempo, indústrias incorporaram ou criaram bancos para lhes dar suporte financeiro. Por esse motivo, tornou-se cada vez mais difícil distinguir o capital industrial (também o agrícola, o comercial e o de serviços) do capital bancário. Uma melhor denominação passou a ser, então, **capital financeiro**.

Nessa época começou a se consolidar, sobretudo nos Estados Unidos, um vigoroso mercado de capitais. As empresas deixaram de ser familiares e tornaram-se sociedades anônimas de capital aberto. Isso permitiu a formação das grandes corporações da atualidade, cujas ações estão distribuídas entre muitos acionistas. Em geral, essas grandes empresas têm um acionista majoritário, que pode ser uma pessoa, uma família, uma fundação, um banco ou uma holding, e o restante das ações é negociado em Bolsas de Valores.

Ação: documento que representa uma parcela do patrimônio de determinada empresa. Assim, o detentor (pessoa física ou jurídica) de um conjunto de ações é dono de uma fração da empresa que emitiu esses títulos de propriedade. O controlador da empresa é aquele que possui a maior parte de suas ações.
Holding: conjunto de empresas dominadas por uma empresa principal que detém a maioria ou parte significativa das ações de suas subsidiárias e geralmente atua em vários setores da economia, formando um conglomerado. Simboliza o estágio mais avançado do processo capitalista de concentração de capitais.

A expansão do mercado de capitais é uma das marcas do capitalismo financeiro. É nas Bolsas de Valores que se negociam as ações de empresas de capital aberto. Na foto, painel eletrônico mostra o valor das ações das empresas listadas na Bolsa de Valores de Tóquio, em 4 de janeiro de 2016.

O KEYNESIANISMO

O mercado passou a ser cada vez mais dominado por grandes empresas. Portanto, o liberalismo permanecia mais como ideologia capitalista, porque, na prática, a livre concorrência, característica da etapa industrial do capitalismo, era limitada. O Estado, por sua vez, passou a intervir na economia como agente produtor ou empresário, mas, sobretudo, como planejador e coordenador. Essa atuação se intensificou após a crise econômica iniciada em 1929.

Observe no gráfico que, no início dessa crise, tanto o comércio internacional como a produção industrial sofreram quedas significativas, levando à elevação do desemprego. Porém, o momento crítico ocorreu somente em 1932.

Em 1933, Franklin Roosevelt, então presidente dos Estados Unidos, pôs em prática um plano de combate à crise que se estendeu até 1939. Chamado **New Deal** (em inglês, 'novo acordo'), foi um clássico exemplo da intervenção do Estado na economia.

Com base em um audacioso plano de construção de obras públicas e de estímulos à produção, o New Deal foi fundamental para a recuperação da economia americana e, posteriormente, do restante do mundo, como mostra o gráfico.

Depressão: crise econômica em que os indicadores de atividade em diversos setores pioram: queda da produção industrial, agrícola e de serviços; elevação do desemprego; diminuição dos lucros; aumento das falências. Quando a crise se arrasta por poucos meses, diz-se que a economia está em recessão, mas, quando se prolonga por alguns anos, caracteriza uma depressão.

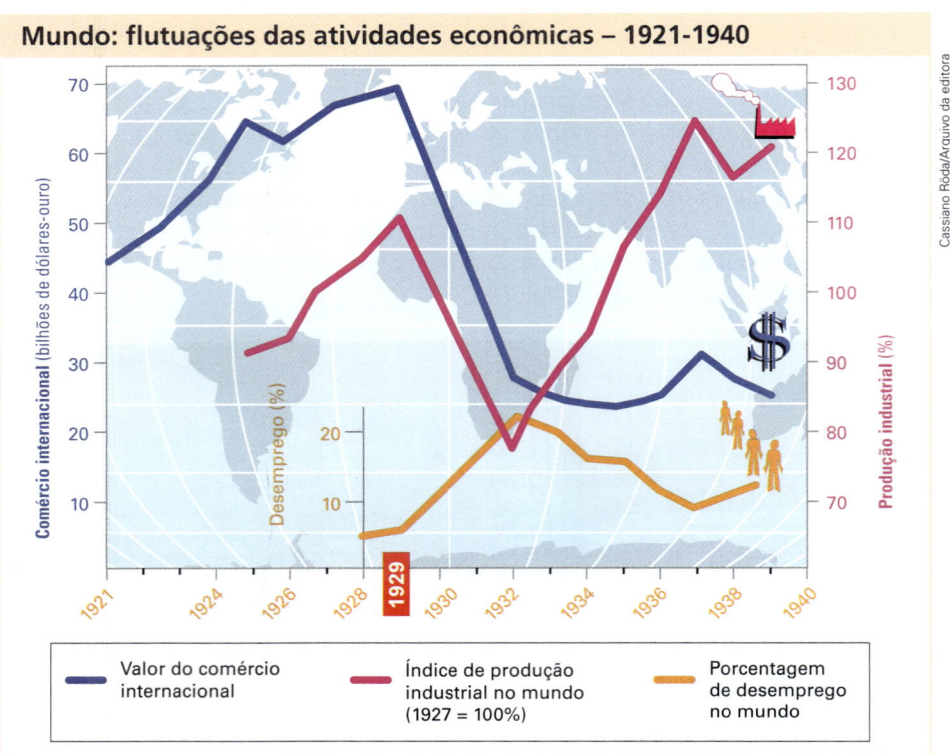

Fonte: ARRUDA, J. J. Nova História moderna e contemporânea. Bauru: Edusc, 2004. p. 104.

A política de intervenção estatal em uma economia oligopolizada ficou conhecida como keynesianismo, em homenagem ao economista John Keynes, seu principal teórico e defensor (reveja o infográfico neste capítulo). Esse período representou uma contraposição ao liberalismo clássico, que até então permanecia como ideologia capitalista dominante. Keynes sistematizou essa política econômica em seu livro mais importante, *Teoria geral do emprego, do juro e da moeda*. Publicado em 1936, foi escrito durante a depressão que sucedeu a quebra da Bolsa de Valores de Nova York.

Botão de propaganda política do *New Deal* com a imagem do presidente Franklin Roosevelt sob a frase "para um novo acordo".

Superada a crise, com a retomada do crescimento da economia, principalmente após a Segunda Guerra Mundial (1939-1945), começaram a se consolidar os grandes **conglomerados**. As empresas foram crescendo, diversificando os setores e os mercados de atuação e transformaram-se em conglomerados, hoje mais conhecidos como **corporações**. Dessa forma, expandiram-se pelo mundo e transformaram-se em empresas **multinacionais** ou **transnacionais**. Oriundas da tendência expansionista do capitalismo, essas corporações se caracterizam por desenvolver uma estratégia de atuação internacional partindo de uma base nacional, onde se localiza a sede, da qual controlam as filiais espalhadas por outros países (você estudará a expansão das transnacionais no próximo capítulo).

> O filme *Tucker: um homem e seu sonho* mostra como funciona um setor cartelizado, dominado por grandes corporações. Veja a indicação na seção **Sugestões de textos, vídeos e *sites***.

A DESCOLONIZAÇÃO

A independência dos países da África e da Ásia foi marcada por violentos conflitos entre colonizadores e colonizados e por divisões internas nas sociedades que lutavam pela libertação.

O desfecho da Segunda Guerra Mundial agravou o processo de decadência das antigas potências europeias, que já vinha ocorrendo desde o fim da Primeira Guerra Mundial. Aos poucos, elas foram perdendo seus domínios coloniais na Ásia e na África (observe o mapa abaixo e veja também os mapas das páginas 18 e 19 do *Atlas*, que mostram a perda das possessões europeias no continente africano). Além disso, com a destruição provocada pela guerra, o centro de poder mundial foi deslocado para as duas superpotências – Estados Unidos e União Soviética –, as grandes vencedoras desse conflito bélico.

Do ponto de vista econômico, o pós-Segunda Guerra foi marcado por uma acentuada mundialização da economia capitalista, sob o comando das transnacionais. Foi nessa época que se originaram as profundas transformações econômicas observadas, sobretudo a partir do fim dos anos 1970, com a Terceira Revolução Industrial e o processo de globalização da economia.

Fonte: CHALIAND, Gerard; RAGEAU, Jean-Pierre. *Atlas du millénaire*: la mort des empires 1900-2015. Paris: Hachette Littératures, 1998. p. 163.

CAPÍTULO 13 • O DESENVOLVIMENTO DO CAPITALISMO **227**

4. CAPITALISMO INFORMACIONAL

Com o início da **Terceira Revolução Industrial**, também conhecida como **Revolução Técnico-Científica** ou **Informacional**, o capitalismo, como propõe o sociólogo espanhol Manuel Castells (1942-), atingiu seu período informacional, no qual o conhecimento ganha importância sem precedentes. Essa nova etapa começou a se desenvolver logo após a Segunda Guerra, mas se intensificou a partir dos anos 1970 e 1980, quando diversas tecnologias contribuíram para aumentar a produtividade econômica e acelerar os fluxos materiais e imateriais – de capitais, mercadorias, informações e pessoas –, o que caracteriza a **globalização**.

A GLOBALIZAÇÃO

Royalty: compensação financeira (taxa de licenciamento) ou parte do lucro paga ao detentor de uma propriedade intelectual ou um direito qualquer. Por exemplo, pagam-se *royalties* para o licenciamento de uso de uma tecnologia (máquina, remédio, desenho industrial, etc.) desenvolvida por uma pessoa, empresa ou instituição e protegida por uma patente, ou para explorar petróleo em um território, entre outras situações.

Produtos e serviços têm uma nova característica – o crescente teor **informacional**. Mas o conhecimento também se incorpora ao território, constituindo o que o geógrafo Milton Santos chamou de **meio técnico-científico-informacional**, que aparece predominantemente nos países desenvolvidos e nas regiões mais modernas dos países emergentes, e é a base para os fluxos da globalização.

Os países na vanguarda da Revolução Informacional são aqueles que lideram a Pesquisa e Desenvolvimento (P&D), com destaque para os Estados Unidos (observe a tabela abaixo). Em 2015, foi investido um montante de cerca de 500 bilhões de dólares em P&D nos Estados Unidos (no Brasil foram cerca de 20 bilhões de dólares). Esse investimento foi feito por órgãos do governo, como a Nasa e o Departamento de Defesa, por universidades e outras instituições de pesquisa e por empresas privadas.

Países selecionados: pesquisa e desenvolvimento (P&D)				
País*	Investimento em P&D (% do PIB) 2005-2015**	Pesquisadores (por milhão de hab.) 2005-2015**	Artigos publicados em revistas científicas 2013	Receita com *royalties* e licenças (milhões de dólares) 2016
Estados Unidos	2,79	4232	435212	124454
Japão	3,28	5231	109258	39013
Alemanha	2,88	4431	105378	17596
Reino Unido	1,70	4471	103051	17116
Coreia do Sul	4,23	7087	59206	6622
China	2,07	1177	362973	1161
Brasil	1,17	698	51136	651
Rússia	1,13	3131	39715	548
Índia	0,63	216	88942	525
Argentina	0,59	1202	8269	160
África do Sul	0,72	437	10251	109
México	0,55	242	13470	7

Fonte: THE WORLD BANK. *World Development Indicators 2018*. Washington, D.C., 1º mar. 2018. Disponível em: <http://wdi.worldbank.org/tables>. Acesso em: 25 abr. 2018.

* Posição segundo as receitas com *royalties* e licenças.
** Dados do ano mais recente disponível no período para cada país.

As duas revoluções industriais anteriores foram impulsionadas pelo desenvolvimento de novas fontes de energia – a primeira, por carvão mineral, e a segunda, por petróleo e eletricidade. A revolução ora em curso é impulsionada pelo conhecimento, embora, evidentemente, a energia continue sendo fator crucial.

As primeiras indústrias da era das chaminés desenvolveram-se em torno das bacias carboníferas. Atualmente, as empresas da era informacional estão próximas a universidades e outras instituições de pesquisa, onde se desenvolvem os **parques tecnológicos**. Nesses novos centros industriais, concentram-se as empresas de informática (*hardware* e *software*), internet, robótica, biotecnologia, entre outras de alta tecnologia. Na foto, sede do Google, em Mountain View, no Vale do Silício, Califórnia (Estados Unidos), em 2015.

Desde os primórdios da espécie humana, as sociedades produzem conhecimentos diversos. Por exemplo, uma ferramenta, como um arado puxado por um animal, implicou algum conhecimento para fabricá-la e utilizá-la. O que mudou hoje, então? Atualmente, o conhecimento é o principal responsável pelo desenvolvimento, pela produção e utilização de bens e serviços. Por isso, quanto mais avançados eles forem, mais incorporam conhecimentos, que são a base da atual Revolução Técnico-Científica.

Da década de 1970 em diante ocorreu uma revolução nas unidades de produção, nos serviços e nas residências. Parte dessa revolução deve-se ao *chip*, uma pequena peça de silício que possibilitou a construção de computadores cada vez menores, mais rápidos e baratos. O desenvolvimento de satélites, *modems* e cabos de fibra óptica, entre outras tecnologias, tem permitido obter grandes avanços nas telecomunicações. Essas tecnologias têm facilitado o gerenciamento de dados e acelerado a circulação, em escala mundial, de bens, serviços, capitais, informações e, evidentemente, de pessoas, especialmente daquelas que comandam esse processo ao redor do mundo.

Estrutura-se um mundo cada vez mais integrado por meios de transporte e telecomunicações. Por isso, podemos dizer que vivemos em um capitalismo informacional-global. Entretanto, como você estudará no próximo capítulo, a globalização e seus fluxos abarcam o espaço geográfico de forma bastante desigual.

O NEOLIBERALISMO

O neoliberalismo (reveja o infográfico neste capítulo) é uma doutrina econômica que se desenvolveu desde o final dos anos 1930, mas só foi praticada nos Estados Unidos sob a presidência de Ronald Reagan (1981-1989), e no Reino Unido com o governo da primeira-ministra Margaret Thatcher (1979-1990). Especialmente na década de 1990, as políticas neoliberais se disseminaram por meio de organismos controlados por esses países, como o Fundo Monetário Internacional (FMI) e o Banco Mundial, e atingiram os países em desenvolvimento.

Ao assumir a presidência dos Estados Unidos, Ronald Reagan (Partido Republicano), em seu discurso de posse proferido em 20 de janeiro de 1981, afirmou: "Na atual crise, o governo não é a solução de nossos problemas; o governo é o problema". Ele se referia à crise capitalista dos anos 1970, que evidenciava certo esgotamento das políticas keynesianas e era agravada pelos choques do petróleo (elevação dos preços do barril em 1973 e 1979). O governo Reagan foi marcado por redução do papel regulador do Estado na economia, por cortes de impostos – que beneficiavam especialmente os mais ricos –, supostamente para estimular o investimento e a produção, e por imposição da doutrina neoliberal aos países em desenvolvimento.

O neoliberalismo, no plano internacional, tinha o objetivo de reduzir as barreiras dos fluxos globais de mercadorias e capitais (abertura econômica e financeira), o que beneficiou principalmente os países desenvolvidos e suas corporações transnacionais. Entretanto, alguns países emergentes, como a Índia, os chamados Tigres Asiáticos, o México, o Brasil e, sobretudo, a China, também se beneficiaram ao receber investimentos produtivos e ampliar sua participação no comércio mundial.

Hipoteca: contrato por meio do qual um imóvel é dado como garantia de pagamento de uma dívida contraída. Se a dívida não for paga, o credor pode executar a hipoteca e assumir a propriedade total do imóvel.

Subprime: do inglês *subprime mortgage*, 'hipotecas de segunda linha', ou *subprime loan*, 'empréstimos de segunda linha'. Crédito de alto risco concedido a um tomador que não oferece garantias suficientes para obter taxas de juros mais próximas da *prime rate*, taxa oferecida pelo Tesouro dos Estados Unidos quando vende seus bônus, títulos de primeira linha considerados de risco zero. Quanto menor o risco do empréstimo, mais próxima é sua taxa de juros da *prime rate*; quanto maior o risco, mais distante. O *subprime*, portanto, é um empréstimo ou hipoteca cujo risco de calote é alto, por isso a taxa de juros cobrada é elevada.

> Para saber mais sobre esse assunto, consulte o livro ***O abc da crise***, de Sérgio Sister, e o artigo ***A crise financeira sem mistérios***, de Ladislau Dowbor. Veja também a indicação do filme ***Grande demais para quebrar***, que aborda os bastidores da crise e a quebra do banco Lehman Brothers. Veja indicação na seção **Sugestões de textos, vídeos e sites**.

A CRISE FINANCEIRA

A ampliação dos fluxos de capitais, principalmente o financeiro, e a falta de controle governamental sobre o mercado acarretaram uma grave crise econômica. Nos Estados Unidos, a crise teve seu auge em setembro de 2008, com a falência do Lehman Brothers, centenário banco de investimento. A mais grave crise desde 1929 originou-se no sistema financeiro americano e em pouco tempo se espalhou pelo mundo, atingindo a economia de diversos países.

Dessa forma, o neoliberalismo foi posto em xeque, como fica evidente no discurso de posse do primeiro mandato do presidente dos Estados Unidos, Barack Obama (1961-), do Partido Democrata, proferido no dia 20 de janeiro de 2009: "Tampouco a pergunta diante de nós é se o mercado é uma força do bem ou do mal. Seu poder para gerar riqueza e expandir a liberdade não tem igual, mas esta crise nos fez lembrar de que, sem um olhar atento, o mercado pode sair do controle – e que uma nação não pode prosperar por muito tempo se favorece apenas os prósperos". Trata-se de um discurso muito diferente do feito por Ronald Reagan 28 anos antes.

Como Obama admitiu na ocasião, o principal desencadeador da crise econômica foi a fiscalização deficiente do mercado, principalmente financeiro, por parte do Estado. Com o propósito de corrigir essa falha, em junho de 2009 o governo dos Estados Unidos lançou um plano de regulação, considerado a maior intervenção estatal na economia desde os anos 1930. Entre outras medidas, esse plano assegurou extensos poderes ao Federal Reserve (ou Fed, o Banco Central dos Estados Unidos) para regular o sistema financeiro do país. Para isso foi criada uma agência para supervisionar os bancos. Também foi criada a Agência de Proteção dos Consumidores, cujo objetivo era coibir práticas abusivas do setor financeiro, como ocorreu no caso das hipotecas. A crise financeira iniciou-se em 2008 no mercado imobiliário *subprime*, no momento em que milhares de pessoas não conseguiam pagar suas hipotecas e perderam suas casas.

Em um país de forte tradição liberal, é natural que essa regulação sofresse resistência da oposição, do Partido Republicano e, principalmente, das empresas financeiras, que não teriam mais total liberdade de atuação no mercado. Com a eleição de Donald Trump (1946-), pelo Partido Republicano, em 2016, muitas das medidas reguladoras criadas por Obama começaram a ser desfeitas.

A partir de 2010, a crise financeira foi amenizada nos Estados Unidos, mas atingiu mais fortemente a Europa, sobretudo as economias mais endividadas da zona do euro, como Grécia, Portugal, Itália e Espanha. Muitos governos aumentaram demasiadamente sua dívida pública, às vezes muito além do tamanho do PIB. Na Grécia, por exemplo, a dívida cresceu tanto que se tornou impagável: em 2011, chegou a 356 bilhões de euros, o que correspondia a 172% do PIB. Essa situação obrigou o governo a recorrer à ajuda da chamada *Troika* – Banco Central Europeu, FMI e União Europeia – para honrar seus compromissos. Porém, com o agravamento da crise em 2014, a dívida atingiu 181% do PIB, levando o país a novamente recorrer à ajuda da *Troika*.

O Banco Lehman Brothers, fundado em 1850, era o quarto maior dos Estados Unidos pouco antes de falir em 15 de setembro de 2008. Estava muito envolvido no mercado *subprime* e, com o início da crise, não teve dinheiro para honrar seus compromissos. Na foto, seu edifício-sede, em Nova York, poucos meses antes de sua quebra.

Em contrapartida aos empréstimos, esses organismos impuseram uma série de cortes de despesas públicas e gastos sociais, como redução no valor das aposentadorias, o que provocou manifestações populares, como mostra a foto ao lado.

Observe na tabela abaixo que em praticamente todos os países listados houve, em maior ou menor grau, um aumento do endividamento público. Isso ocorreu por causa do:

- salvamento de bancos e outras empresas financeiras, como nos Estados Unidos;
- aumento dos juros cobrados pelos credores para a rolagem da dívida, como nos países do Mediterrâneo;
- estímulo à recuperação da economia, em quase todos os países, incluindo o Brasil.

A crise financeira provocou redução no crescimento do PIB de alguns países e recessão em outros, com o consequente aumento do desemprego, isto é, transformou-se em uma crise econômica mais ampla, como se pode constatar pelos dados das tabelas da próxima página. Embora tenha se iniciado no mercado financeiro, é a sociedade como um todo que acaba sofrendo as consequências, sobretudo as pessoas mais pobres, com aumento da carga de impostos, corte de benefícios sociais, redução da renda familiar (decorrente do desemprego) e piora nas condições de vida.

A Grécia foi o país europeu mais atingido pela crise econômica a partir de 2009 por causa de seus graves desequilíbrios macroeconômicos. Diversos setores sociais passaram a organizar protestos contra a austeridade da política econômica implantada na tentativa de superar a crise. Na foto, manifestação em frente ao parlamento grego em Atenas, em 2015. O cartaz diz: "Pare Merkel, comece a democracia!". Angela Merkel, chefe de governo da Alemanha, país mais poderoso da União Europeia, simboliza para os gregos a imposição da austeridade econômica.

Países selecionados: dívida pública				
País* (moeda)	2008		2016	
	Dívida absoluta (bilhões)	Dívida relativa (% do PIB)	Dívida absoluta (bilhões)	Dívida relativa (% do PIB)
Grécia (euro)	265	109	319	182
Itália (euro)	1 671	102	2 218	133
Portugal (euro)	128	72	241	130
Estados Unidos (dólar)	10 839	74	19 948	107
Espanha (euro)	440	39	1 107	99
Brasil (real)	1 924	62	4 908	78
Índia (rúpia)	41 964	75	105 642	70
Alemanha (euro)	1 669	65	2 140	68
Argentina (peso)	604	53	4 366	54
China (yuan)	8 638	27	33 052	44

Fonte: INTERNATIONAL MONETARY FUND. *World Economic Outlook Database*. October 2017 Edition.
Disponível em: <www.imf.org/external/pubs/ft/weo/2017/02/weodata/index.aspx>. Acesso em: 12 abr. 2018.

* Posição segundo a dívida relativa em 2016.

DESGLOBALIZAÇÃO?

Como estudaremos no capítulo 14, a crise iniciada em 2008 provocou a diminuição do fluxo de capitais pelo mundo, inclusive um encolhimento de muitos bancos dos Estados Unidos, da Europa e do Japão, que são os mais globalizados, e o crescimento de bancos da China, com atuação mais concentrada em seu território. No capítulo 22 veremos que o comércio mundial está crescendo mais lentamente do que sua média histórica.

Esse cenário de baixo crescimento econômico, de aumento do desemprego na maioria dos países, como mostram os dados das tabelas a seguir, e da consequente redução do consumo de bens e serviços, tem levado a uma reversão da integração mundial. Isso tem aprofundado a tendência de maior controle do fluxo de capitais e de pessoas, além do crescente protecionismo comercial, agravado com a eleição de Donald Trump nos Estados Unidos, em 2016, e a aprovação do *Brexit*, no mesmo ano. Esses fatos têm levado muitos analistas a mencionar a existência de um processo de "desglobalização".

Brexit: junção de *Britain* e *exit*, define a saída (*exit*, em inglês) do Reino Unido da Grã-Bretanha e Irlanda do Norte (*Britain*) da União Europeia. Esse processo foi deflagrado com a aprovação da saída num plebiscito realizado em 2016 e deve ser concluído em 2019.

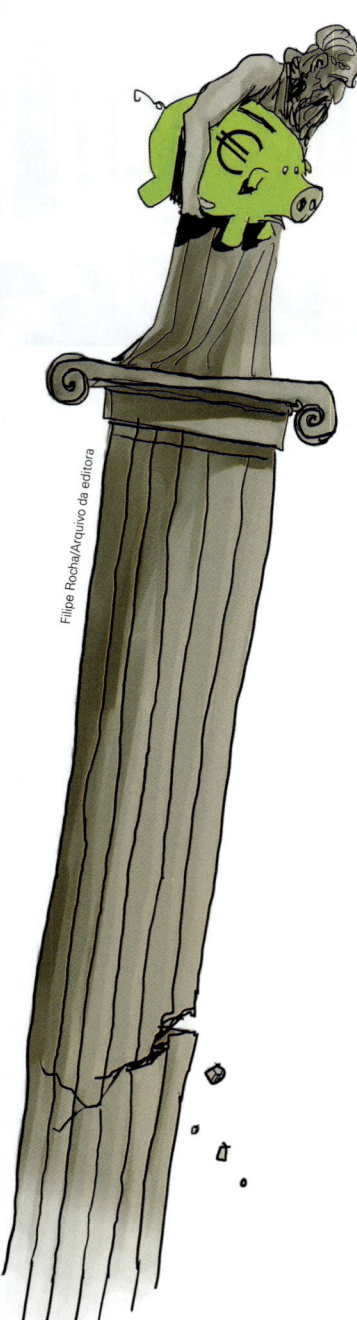

Países selecionados: crescimento do PIB (%)						
País*	2008	2009	2010	2012	2014	2016
China	9,6	9,2	10,6	7,9	7,3	6,7
Índia	3,9	8,5	10,3	5,5	7,5	7,1
Argentina	4,1	–5,9	10,1	–1,0	–2,5	–2,2
Brasil	5,1	–0,1	7,5	1,9	0,5	–3,6
Alemanha	0,8	–5,6	3,9	0,7	1,9	1,9
Estados Unidos	–0,3	–2,8	2,5	2,2	2,6	1,5
Portugal	0,2	–3,0	1,9	–4,0	0,9	1,4
Itália	–1,1	–5,5	1,7	–2,8	0,1	0,9
Espanha	1,1	–3,6	0,0	–2,9	1,4	3,2
Grécia	–0,3	–4,3	–5,5	–7,3	0,4	0,0

Fonte: INTERNATIONAL MONETARY FUND. *World Economic Outlook Database*. October 2017 Edition. Disponível em: <www.imf.org/external/pubs/ft/weo/2017/02/weodata/index.aspx>. Acesso em: 12 abr. 2018.

* Posição segundo a taxa de crescimento do PIB em 2010.

Países selecionados: desemprego (%)						
País*	2008	2009	2010	2012	2014	2016
Espanha	11,2	17,9	19,9	24,8	24,4	19,6
Grécia	7,8	9,6	12,7	24,4	26,5	23,6
Portugal	7,6	9,4	10,8	15,5	13,9	11,1
Estados Unidos	5,8	9,3	9,6	8,1	6,2	4,9
Brasil	8,9	9,6	8,6	7,4	6,8	11,3
Itália	6,7	7,7	8,3	10,7	12,6	11,7
Argentina	7,9	8,7	7,8	7,2	7,3	8,5
Alemanha	7,4	7,7	6,9	5,4	5,0	4,2
China	4,2	4,3	4,1	4,1	4,1	4,0

Fonte: INTERNATIONAL MONETARY FUND. *World Economic Outlook Database*. October 2017 Edition. Disponível em: <www.imf.org/external/pubs/ft/weo/2017/02/weodata/index.aspx>. Acesso em: 12 abr. 2018.

* Posição segundo a taxa de desemprego em 2010. Não há dados disponíveis para a Índia.

A questão é: a tendência de "desglobalização" veio para ficar ou é transitória? A maioria dos analistas concorda que se trata de uma situação passageira. Assim que a crise for plenamente superada, a expansão econômica e a integração mundial devem ser retomadas. Além disso, as bases tecnológicas da globalização, estabelecidas pela revolução técnico-científica, estão aí e, embora em ritmo mais lento, continuam a se expandir.

ATIVIDADES

COMPREENDENDO CONTEÚDOS

1. Com base no que foi estudado ao longo do capítulo e na observação do infográfico das páginas 218 e 219, monte um quadro-resumo que contemple os seguintes itens:
   a) As etapas do desenvolvimento capitalista: embaixo de cada uma delas, descreva em poucas palavras os motivos do nome que as designa.
   b) As doutrinas econômicas associadas a cada etapa: liste suas características essenciais.
   c) As potências econômicas mais importantes de cada período.

2. Estabeleça uma breve comparação entre as três Revoluções Industriais, mostrando:
   a) os novos ramos industriais de cada uma delas;
   b) as fontes de energia mais importantes;
   c) as novas tecnologias desenvolvidas.

DESENVOLVENDO HABILIDADES

3. Analise a opinião de dois economistas – Moisés Naím, ex-diretor do Banco Mundial e editor-chefe da revista *Foreign Policy*, e Joseph Stiglitz, ex-economista-chefe do Banco Mundial e professor da Universidade de Colúmbia. Em seguida, responda às questões propostas.

   Que lições podemos tirar desta crise? De que forma ela vai mudar o capitalismo?

   Moisés Naím: O senso comum diz que a crise vai brecar ou desacelerar a globalização. E que também o capitalismo será drasticamente afetado pela crise e que ele seria substituído por alguma forma de socialismo. Essas visões estão erradas. A globalização vai prosseguir e até mesmo florescer – isso só não vai acontecer para quem pensa que a globalização é um fenômeno restrito ao comércio e a investimentos internacionais. Não há dúvida de que o capitalismo financeiro – na forma em que ele é regulado – vai mudar. De agora em diante, os bancos e as instituições financeiras terão de operar com controles muito maiores. Mas experimente dizer a milhões de indianos ou chineses, que mal começaram a produzir, a vender e a comprar, que o capitalismo é ruim.

   Joseph Stiglitz: A principal lição é entender que o sistema financeiro precisa de supervisão, como defende o governo americano – mas isso não é o bastante. Nós não queremos apenas saber que os bancos estão com problemas, precisamos interromper o processo antes que seja tarde demais. E isso significa mais regulação. Os bancos têm assumido riscos inadmissíveis de forma repetida. Essa não é a primeira crise: precisamos nos lembrar de que os bancos americanos já foram resgatados na Coreia do Sul, Argentina, Tailândia, Indonésia e Rússia. E o fato é que nós continuamos a resgatá-los. Se essa fosse a primeira vez, você poderia dizer: "Bem, isso foi um acidente". Mas acontece que esse é um padrão de mau comportamento. As regras do jogo têm de mudar.

   EXAME. São Paulo, ano 43, ed. 942, n. 8, 6 maio 2009, p. 30.

   a) Explique sucintamente a origem da crise financeira que atingiu vários países a partir de 2008.
   b) As análises dos economistas são concordantes ou conflitantes entre si? E com o trecho do discurso de posse de Barack Obama em 2009 (página 230)? O que mudou com a eleição de Donald Trump?
   c) Você concorda com as avaliações de Naím e Stiglitz? Produza um texto argumentativo defendendo seu ponto de vista.

4. Analise as tabelas que mostram o endividamento de países da zona do euro e de outros países selecionados (na página 231), assim como suas respectivas taxas de crescimento do PIB e de desemprego (na página 232). Reflita sobre a crise econômica iniciada em 2008 com base nas questões a seguir.
   a) Avalie se todos os países:
      - aumentaram sua dívida pública;
      - entraram em recessão;
      - tiveram aumento nas taxas de desemprego.
   b) A crise econômica atingiu igualmente todos os países? Justifique sua resposta.

Michael Mahovlich/Masterfile/Latinstock

CAPÍTULO
14

A GLOBALIZAÇÃO E SEUS FLUXOS

Vista aérea do Aeroporto Internacional de Atlanta, no estado da Geórgia, Estados Unidos, em 2016. Nesse ano, segundo dados da Airports Council International, foi o aeroporto mais movimentado do mundo.

Como já estudamos, a globalização é consequência do avanço tecnológico nos três setores da economia, sobretudo da modernização dos sistemas de transportes e telecomunicações, responsáveis pela aceleração dos fluxos de pessoas, mercadorias, capitais e informações.

A globalização, fruto da atual Revolução Técnico-Científica, seria inviável sem um meio geográfico preparado para lhe dar suporte. Porém, como você verá a seguir, os fluxos da globalização não abarcam o espaço geográfico mundial como um todo. Os lugares que receberam e recebem mais investimentos em infraestrutura, caracterizando o que Milton Santos chamou de meio técnico-científico-informacional, são os mais atingidos.

Cabe indagar, portanto: Por que isso ocorre? O que diferencia a atual expansão capitalista das etapas anteriores? A crise está provocando uma "desglobalização"? É o que estudaremos a seguir.

Dubai (Emirados Árabes Unidos) é um dos lugares onde o meio técnico-científico-informacional mais se desenvolveu. A foto, de 2016, registra os modernos arranha-céus da cidade, com destaque para o Burj Khalifa, o edifício mais alto do mundo, com 160 andares e 828 metros de altura.

1. GLOBALIZAÇÃO

A palavra **globalização** (do inglês *globalization*) começou a ser empregada nos anos 1980 por consultores de administração das principais universidades americanas. Inicialmente, servia para definir estratégias de expansão global para empresas transnacionais. A partir dos anos 1990, foi amplamente divulgada pela mídia e passou a fazer parte do dia a dia de países, empresas, instituições multilaterais, trabalhadores e população em geral. No entanto, continuava um conceito um tanto incompreendido. Apesar de ter suas origens mais imediatas ligadas à expansão econômica ocorrida após a Segunda Guerra Mundial e à Revolução Técnico-Científica, iniciada nos anos 1970, a globalização é a continuidade de um longo processo histórico que remonta aos primórdios do capitalismo. Assim, a globalização está para o atual período informacional do capitalismo assim como o colonialismo esteve para a etapa comercial e o imperialismo para a industrial e financeira.

Quando a mundialização capitalista teve início, com as Grandes Navegações, o planeta era composto de vários "mundos" – europeu ocidental, russo, chinês, árabe, asteca, tupi, zulu, aborígine, etc. –, e, muitas vezes, os habitantes de um "mundo" não sabiam da existência dos de outros. Nessa época, começaram os processos de integração e de interdependência planetária. Ao atingir o atual período informacional, o capitalismo integrou países e regiões do planeta em um sistema único, formando o chamado **sistema-mundo**.

A globalização é um fenômeno que apresenta várias dimensões: econômica, mais evidente e perceptível; social; cultural; política, entre outras. Contudo, todas elas se materializam no espaço geográfico em suas diversas escalas: mundial, nacional, regional e local. Os lugares estão conectados a uma **rede de fluxos**, controlada por poucos centros de poder econômico e político. No entanto, não são todos os lugares que estão integrados ao sistema-mundo. Os fluxos da globalização se dão em rede, mas seus nós mais importantes são os lugares que dispõem dos maiores mercados consumidores e das melhores infraestruturas – hotéis, bancos, Bolsas de Valores, sistemas de telecomunicação, estações rodoferroviárias, terminais portuários, aeroportos (como mostra o cartograma abaixo), etc.

O cartograma abaixo, feito com o *software* ArcGIS 10.1, reproduz as rotas aéreas que conectam diferentes aeroportos no mundo. Além das linhas (rotas), a imagem mostra os nós (principais aeroportos), formando uma rede aérea global. Observe que os principais aeroportos estão concentrados nos Estados Unidos, na Europa e no leste da Ásia.

Mundo: rede aérea – 2013

Fonte: KOSSOWSKY, David. 2013 Global Flight Network. In: *Esri Map Book Volume 29*. Redlands, California: Esri Press, 2014. p. 12-13. (Original sem escala.)

A ATUAL EXPANSÃO CAPITALISTA

Hoje em dia, ao contrário do que ocorreu nas demais etapas do capitalismo, a expansão desse sistema econômico não se dá predominantemente pela invasão e ocupação territorial. Durante o colonialismo e o imperialismo era fundamental controlar o território onde os recursos naturais seriam explorados, daí as ocupações. A maioria dos conflitos regionais contemporâneos envolve problemas como pobreza e falta de oportunidades econômicas, muitas vezes, com um pano de fundo étnico-nacionalista, como você verá no capítulo 17.

Entretanto, ainda ocorrem conflitos que geram ocupação. A invasão do Iraque pelos Estados Unidos em 2003, por exemplo, foi movida por interesses geopolíticos e econômicos no Oriente Médio, relacionados, sobretudo, ao controle do petróleo. A invasão militar, contudo, foi muito criticada, principalmente porque não foi aprovada pelo Conselho de Segurança da ONU. Em diversos países ocorreram manifestações contrárias a essa ação bélica, inclusive nos Estados Unidos.

Durante a crise, iniciada em 2008, eclodiram diversos movimentos contra o capitalismo, a ganância do sistema financeiro, a corrupção e a desigualdade social, como o Occupy Wall Street e os Indignados – este reuniu milhares de manifestantes em diversas cidades da Espanha.

Com uma ou outra exceção, na era da globalização, a expansão capitalista é silenciosa, sutil e ainda mais eficaz. Trata-se de uma "invasão" de mercadorias, capitais, serviços, informações e viajantes. As novas "armas" são a sedução pelo consumo de bens e serviços, além da agilidade e eficiência das telecomunicações, dos transportes e do processamento de informações.

A "guerra" acontece nas Bolsas de Valores, de mercadorias e de futuros em todos os mercados do mundo e em todos os setores da economia. As estratégias e táticas são estabelecidas nas sedes das corporações transnacionais, dos bancos globais, das corretoras de valores e de outras instituições. Entretanto, muitas vezes, essas estratégias e táticas dos dirigentes das grandes empresas, principalmente do setor financeiro, mostraram-se arriscadas, gananciosas e/ou fraudulentas. Isso ficou bastante evidente na crise do mercado imobiliário/financeiro que começou nos Estados Unidos em 2008.

A formação de uma opinião pública mundial também é resultado da revolução informacional e da globalização. Por meio da internet, ONGs organizaram em 2011 o Occupy Wall Street, com variantes regionais em diversas cidades do mundo. Na foto, de 2015, ativistas comemoram o quarto aniversário do movimento, em seu local de origem, Nova York (Estados Unidos).

Mark Apollo/Pacific Press/LightRocket/Getty Images

2. FLUXO DE CAPITAIS ESPECULATIVOS E PRODUTIVOS

Capital especulativo: capital alocado nos mercados de títulos financeiros, ações, moedas ou mesmo de mercadorias, com o objetivo de obter lucros rápidos e elevados. Na fase atual do capitalismo, é possível rastrear todos os mercados do mundo em busca dos títulos que oferecem as maiores taxas de juros, das ações com maior potencial de valorização, das moedas mais desvalorizadas, das mercadorias mais baratas, etc. Esse capital é de curto prazo, isto é, entra na economia nacional e sai dela em curtos intervalos de tempo.

Bit: contração de *binary digit* (do inglês, 'dígito binário'), define a menor unidade de informação digital armazenada ou transmitida.

Título da dívida pública: título emitido e garantido pelo governo de um país, estado ou município, para obter recursos no mercado, com o objetivo de financiar o *deficit* orçamentário ou obter receita para investimentos em infraestrutura, educação, saúde, etc. Pode ser comprado por investidores do próprio país ou por estrangeiros.

A "invasão" mais típica da globalização é a dos **capitais especulativos**, que se movimentam com grande rapidez pelo sistema financeiro mundial conectado *on-line*. Os avanços tecnológicos na informática e nas telecomunicações tornaram o dinheiro virtual, isto é, dados numéricos transformados em *bites* exibidos nas telas dos computadores.

A quantia de capitais especulativos que circula pelo sistema financeiro mundial é desconhecida por causa de sua alta fluidez e do baixo controle exercido por muitos governos. No entanto, ao acompanhar o patrimônio dos maiores bancos do mundo, é possível inferir que se trata de muito dinheiro, na casa dos trilhões de dólares (observe o gráfico desta página). Parte desses recursos pertence a milhões de pequenos poupadores espalhados pelo mundo, sobretudo nos países desenvolvidos, que guardam seu dinheiro num banco ou investem em fundos de pensão para garantir suas aposentadorias. Essa vultosa soma é transferida de um mercado para outro, de um país para outro, sempre em busca das mais altas taxas de juros dos títulos da dívida pública ou da maior rentabilidade das ações, das moedas, etc. Os administradores desses capitais – como bancos de investimentos e corretoras de valores –, em geral, não estão interessados em investir na produção, cujo retorno é demorado, mas em especular.

Pode-se, por exemplo, investir em ações de forma produtiva, esperando que a empresa obtenha lucros para receber dividendos pela valorização; ou investir de forma especulativa, comprando ações na baixa e vendendo-as assim que houver valorização, embolsando a diferença e realizando o lucro financeiro.

Os capitais especulativos prejudicam as economias à medida que, quando algum mercado se torna instável ou menos atraente, os investidores transferem seus recursos rapidamente, e os países onde o dinheiro estava aplicado entram em crise financeira ou são atingidos pelo aprofundamento dela. Isso aconteceu, por exemplo, com o México (1994), os países do Sudeste Asiático (1997), a Rússia (1998), o Brasil (1999), a Argentina (2001) e a Grécia (2010-2015).

Grande parte dos capitais especulativos, assim como uma parcela dos produtivos, direciona-se para as Bolsas de Valores e de mercadorias espalhadas pelo mundo (na tabela da próxima página estão listadas as maiores), investindo em ações ou mercadorias.

Fonte: BANKS AROUND THE WORLD. *Top 100 Banks in the World*. 15 mar. 2018. Disponível em: <www.relbanks.com/worlds-top-banks/assets>. Acesso em: 19 mar. 2018.

O valor de mercado de uma Bolsa de Valores é dado pela soma de todas as ações das empresas nela listadas. Com a crise financeira de 2008/2009, as ações negociadas nas Bolsas mundiais se desvalorizaram drasticamente. Como mostra a tabela abaixo, depois de atingir o pico de valorização em maio de 2008, as Bolsas sofreram fortes quedas, reduzindo seus respectivos valores de mercado. Após a máxima desvalorização, atingida em fevereiro de 2009, as ações começaram a se recuperar. No final de 2011, sofreram novas quedas, em razão do agravamento da crise na Europa. Em janeiro de 2018, todas as Bolsas tinham recuperado ou superado o valor de mercado pré-crise, com exceção da brasileira.

As dez maiores Bolsas de Valores e a BM&FBovespa – 2018

Ranking (Jan. 2018)	Valor de mercado (bilhões de dólares)				
	Maio 2008	Fev. 2009	Dez. 2010	Dez. 2011	Jan. 2018
1º NYSE (Estados Unidos)	15 071	8 701	13 394	11 796	22 755
2º Nasdaq (Estados Unidos)	3 484	1 959	3 889	3 845	10 823
3º Japan Exchange Group (Japão)	4 329	2 563	3 828	3 325	6 520
4º Xangai Stock Exchange (China)	2 611	1 632	2 716	2 357	5 569
5º Hong Kong Exchanges (China)	2 355	1 197	2 711	2 258	4 756
6º Euronext* (Europa)	3 910	1 677	2 930	2 447	4 694
7º LSE Group** (Reino Unido)	3 556	2 000	3 613	3 266	4 627
8º Shenzen Stock Exchange (China)	628	420	1 311	1 055	3 721
9º BSE India Limited (Índia)	1 279	560	1 632	1 007	2 405
10º Deutsche Boerse (Alemanha)	2 007	818	1 430	1 185	2 398
19º BM&FBovespa (Brasil)	1 577	596	1 546	1 229	1 096
Total WFE	56 910	28 860	54 970	48 395	89 983

Fonte: WORLD FEDERATION OF EXCHANGES. Monthly Reports. *Domestic Market Capitalization*. Maio 2008/Jan. 2018. Disponível em: <www.world-exchanges.org/home/index.php/statistics/monthly-reports>. Acesso em: 19 mar. 2018.

* Inclui Bélgica, Inglaterra, França, Holanda e Portugal.
** Inclui a London Stock Exchange e a Borsa Italiana.

Capital produtivo: dinheiro investido na produção de bens ou serviços ou em infraestrutura. O investimento pode ser realizado diretamente, na forma de abertura de uma nova empresa ou filial de alguma já constituída, ou indiretamente, via aplicação de capital em ações nas Bolsas de Valores.

A circulação dos **capitais produtivos** é mais lenta porque são investimentos de longo prazo, por isso menos suscetíveis às oscilações repentinas do mercado. Esses capitais são aplicados em determinado território e possuem uma base física (fábrica, usina hidrelétrica, rede de lojas, etc.). Estão em busca de lucros, que podem resultar de custos de produção menores em relação ao país de origem, proximidade dos mercados consumidores e facilidades em driblar barreiras protecionistas. Observe no primeiro gráfico da próxima página os países que mais recebem investimentos produtivos.

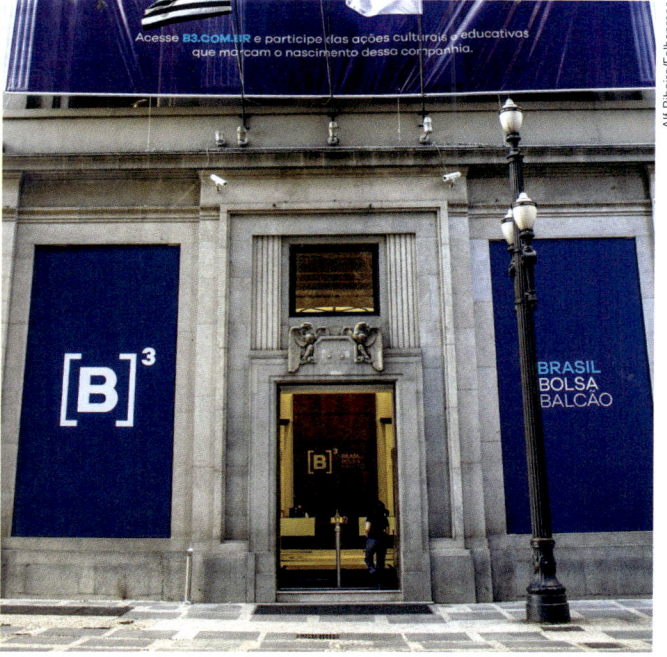

Escritório da Bolsa brasileira em São Paulo (SP), em 2017. O símbolo [B]³, que aparece na fachada do prédio, é o nome da empresa resultante da fusão entre BM&FBovespa e a Cetip (Central de Custódia e Liquidação Financeira de Títulos), ocorrida naquele ano. No entanto, o nome BM&FBovespa continua sendo usado, como aparece na tabela acima. Em maio de 2008, essa bolsa era a 10ª colocada em valor de mercado; em janeiro de 2018, caiu para a 19ª posição.

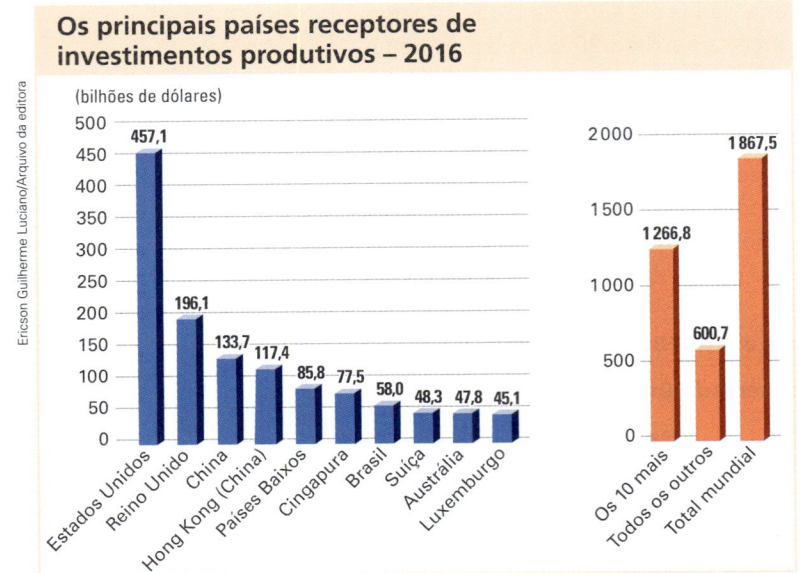

Fonte: UNITED NATIONS CONFERENCE ON TRADE AND DEVELOPMENT. World Investment Report: Annex Tables. Disponível em: <www.unctad.org/en/Pages/DIAE/World%20Investment%20Report/Annex-Tables.aspx>. Acesso em: 17 jul. 2018.

O gráfico abaixo mostra que desde meados dos anos 1990 os investimentos produtivos no mundo aumentaram, até atingir o pico de 1360 bilhões de dólares em 2000. Em 2001, houve uma queda acentuada, principalmente nos Estados Unidos, por causa dos ataques terroristas de 11 de setembro e dos escândalos na Bolsa de Valores de Nova York.

A partir de 2003, os investimentos produtivos mundiais voltaram a crescer, até atingir o recorde histórico de quase 2 trilhões de dólares em 2007. Contudo, com a crise financeira, iniciada em 2008, caíram acentuadamente, atingindo 1179 bilhões de dólares em 2009. A partir daí houve uma breve recuperação dos investimentos estrangeiros diretos, mas, com o agravamento da crise em vários países da Europa, estes voltaram a cair. Como se pode verificar, os países em desenvolvimento, com destaque para a China, aumentaram sua participação no fluxo mundial de investimentos produtivos, mas, após a crise, os Estados Unidos recuperaram a primeira posição.

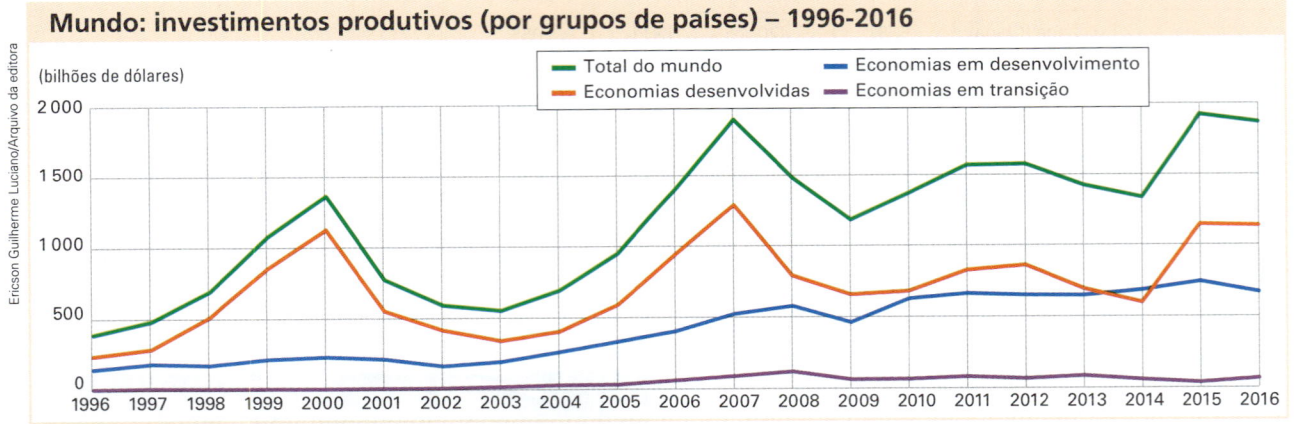

Fonte: UNITED NATIONS CONFERENCE ON TRADE AND DEVELOPMENT. World Investment Report: Annex Tables. Disponível em: <www.unctad.org/en/Pages/DIAE/World%20Investment%20Report/Annex-Tables.aspx>. Acesso em: 17 jul. 2018.

A EXPANSÃO DAS TRANSNACIONAIS

As **transnacionais**, ou **multinacionais**, são empresas que desenvolvem uma estratégia de atuação internacional a partir de seu país-sede. O governo do país de origem de cada uma dessas empresas em geral lhes dá suporte econômico e político na concorrência internacional. Isso porque, embora grande parte das operações se dê fora do país-sede, as decisões estratégicas, o controle acionário e mesmo a maior parte dos investimentos em P&D permanecem no território onde está sua base. Além disso, a maior parte dos lucros obtidos pelas filiais do exterior é enviada ao país-sede, contribuindo para seu enriquecimento.

Segundo a Conferência das Nações Unidas sobre Comércio e Desenvolvimento (Unctad), em 1990, o patrimônio das filiais de todas as transnacionais espalhadas pelo mundo era de 4,6 trilhões de dólares; em 2015, esse valor tinha subido para 105,8 trilhões de dólares. No mesmo período, o valor das vendas dessas empresas no exterior passou de 5,1 trilhões de dólares para 36,7 trilhões de dólares, e o número de empregados fora do país-sede aumentou de 21,5 milhões para 79,5 milhões de pessoas. Esses números revelam uma grande expansão das empresas transnacionais no período marcado pela globalização da economia.

De acordo com a Unctad, em 2016, a Royal Dutch Shell era a maior transnacional do mundo, considerando o valor do seu patrimônio no exterior, e também uma das mais internacionalizadas. Observe nesta página a lista das maiores transnacionais do mundo, segundo seu patrimônio no exterior, e o gráfico com as maiores corporações mundiais, considerando o faturamento.

As seis maiores transnacionais e outras selecionadas (segundo o patrimônio no exterior) – 2016

Posição/empresa/país-sede*	Patrimônio no exterior (bilhões de dólares)	Patrimônio total (bilhões de dólares)	Índice de transnacionalidade (%)**
1º Royal Dutch Shell (Países Baixos)	349,7	411,3	74,3
2º Toyota Motor (Japão)	303,7	436,0	60,2
3º BP (Reino Unido)	235,1	263,3	74,9
4º Total SA (França)	233,2	243,5	80,9
5º Anheuser-Busch InBev (Bélgica)	208,0	258,4	82,1
6º Volkswagen (Alemanha)	197,3	431,9	60,3
8º General Electric (Estados Unidos)	178,5	365,2	56,8
14º Apple Computer (Estados Unidos)	126,8	321,7	47,9
24º Nestlé (Suíça)	106,3	129,5	92,5
44º China National Offshore Oil	66,7	179,2	23,8
61º General Motors (Estados Unidos)	53,7	221,7	32,7
99º Vale SA (Brasil)	37,4	99,2	50,5

Fonte: UNITED NATIONS CONFERENCE ON TRADE AND DEVELOPMENT. *World Investment Report 2017*: Annex Table 24. The World's Top 100 Non-financial MNEs, Ranked by Foreign Assets, 2016. Disponível em: <http://unctad.org/en/Pages/DIAE/World%20Investment%20Report/Annex-Tables.aspx>. Acesso em: 20 mar. 2018.

* Entre as 100 empresas da lista da Unctad aparece apenas uma sediada no Brasil, a Vale.
** O índice de transnacionalidade, expresso em porcentagem, é a média de três índices: porcentagem do patrimônio no exterior sobre o patrimônio total, das vendas no exterior sobre as vendas totais e dos empregados no exterior sobre o total de empregados. Quanto maior o índice de transnacionalidade, mais internacionalizada é a empresa.

No *site* da **Fortune Global 500**, consulte um mapa dinâmico que mostra a distribuição das 500 maiores empresas do mundo e sua posição no *ranking*. Veja orientações na seção **Sugestões de textos, vídeos e *sites***.

Segundo a Unctad, a indústria alimentícia suíça Nestlé está entre as mais internacionalizadas do mundo: em 2016, seu índice de transnacionalidade era de 92,5%. Ela também é uma das maiores corporações do mundo por faturamento, segundo a revista *Fortune*.

A maioria das empresas transnacionais está sediada nos países desenvolvidos, principalmente nos Estados Unidos. Entretanto, já há muitas sediadas em países emergentes, sobretudo na China. Entre essas multinacionais estão evidentemente as maiores corporações, como mostra a *Global 500*, pesquisa anual da revista *Fortune* que lista as quinhentas maiores empresas do mundo por faturamento.

Em 2016, o Brasil tinha sete empresas entre as quinhentas maiores do mundo: Petrobras, Itaú Unibanco Holdings, Banco do Brasil, Bradesco, JBS, Vale e Ultrapar Holdings.

Fonte: FORTUNE. *Global 500 2016*. Fortune.com, 2017. Disponível em: <http://fortune.com/global500/>. Acesso em: 17 abr. 2018.

As seis maiores corporações e outras selecionadas (segundo o faturamento) – 2016

> Consulte o *site* da escola de negócios **Fundação Dom Cabral (FDC)** e assista ao filme *A corporação*. Veja orientações na seção **Sugestões de textos, vídeos e *sites*.**

As transnacionais continuam se expandindo pelo mundo e algumas cresceram tanto que possuem um faturamento maior do que o PIB da maioria dos países do mundo, o que lhes assegura muito poder econômico e político. Poder econômico para controlar e manipular mercados visando ao aumento de seus lucros; poder político para influenciar governos em benefício de seus interesses.

Os dirigentes das transnacionais têm várias possibilidades para expandir sua atuação global:

- Construir novas unidades (filiais) no exterior ou ampliar as já existentes: isso ocorreu, por exemplo, quando a maior montadora de automóveis do mundo, a Toyota, construiu fábricas no Brasil (em 1998 instalou uma unidade produtiva em Indaiatuba-SP e, em 2012, concluiu a instalação de uma segunda em Sorocaba-SP).
- Adquirir empresas estatais em processos de privatização: isso foi muito comum nos anos 1990, fase áurea do neoliberalismo. A espanhola Telefónica, por exemplo, comprou a Telecomunicações de São Paulo S.A. (Telesp), então a maior empresa do grupo Telebras, privatizada no governo de Fernando Henrique Cardoso (1995-2003).
- Adquirir empresas privadas no exterior: por exemplo, em 1997, a italiana Magnetti Marelli, do Grupo Fiat, comprou a Cofap, uma empresa privada brasileira de autopeças. Em 2009, expandindo-se ainda mais, a Fiat comprou parte da montadora americana Chrysler, que estava à beira da falência, e em 2013 arrematou o restante da empresa.

Tanto empresas de países desenvolvidos como as de países emergentes têm ampliado os negócios além de suas fronteiras. Por exemplo, a mineradora Vale (privatizada em 1997, permaneceu sob controle de sócios brasileiros), em seu processo de expansão mundial, comprou em 2007 a canadense Inco, maior produtora mundial de níquel.

A China é o país emergente que mais vem se expandindo pelo mundo. Dirigentes de companhias controladas pelo governo chinês estão comprando empresas privadas e estatais pelo mundo todo. A maioria das corporações chinesas não se pauta apenas pelo interesse econômico imediato – a busca de lucros e a remuneração dos acionistas –, como uma companhia privada qualquer, mas também por interesses estratégicos de longo prazo. Muitas delas buscam garantir o fornecimento de energia e matérias-primas ao país, um dos maiores importadores de produtos primários do mundo. Isso explica o apoio do governo chinês à expansão de suas empresas, especialmente na África, na Ásia e na América Latina, onde há países com grandes reservas de recursos naturais. Portanto, a tendência é que cada vez mais empresas transnacionais de países emergentes, privadas ou estatais, ganhem espaço no mundo globalizado.

Confinamento de gado para abate em fazenda do frigorífico JBS em Kersey, estado do Colorado (Estados Unidos), em 2015. Fundado em 1953, em Anápolis (GO), após se consolidar no mercado interno, iniciou seu processo de internacionalização. Em 2007, ao comprar o frigorífico americano Swift & Company, tornou-se a maior empresa de carne bovina do mundo. Segundo o *Ranking FDC das multinacionais brasileiras 2017*, da Fundação Dom Cabral, era uma das empresas brasileiras mais globalizadas: seu índice de internacionalização era de 53,6%, com filiais em 20 países.

3. FLUXO DE INFORMAÇÕES

Nos primórdios da comunicação de massa, a difusão das informações era apenas local. Com o passar do tempo – e, principalmente, com os avanços tecnológicos –, sua área de abrangência foi se ampliando até atingir a escala planetária. Na atualidade, quase o mundo todo está interligado por cabos de fibras ópticas, como mostra o mapa a seguir, e os satélites de comunicação permitem conectar pessoas de qualquer lugar que tenha uma antena parabólica para captar ondas de rádio, televisão e telefonia celular.

O mundo está cada vez mais conectado, mas, como se observa, há claramente um centro principal de controle das informações: os Estados Unidos.

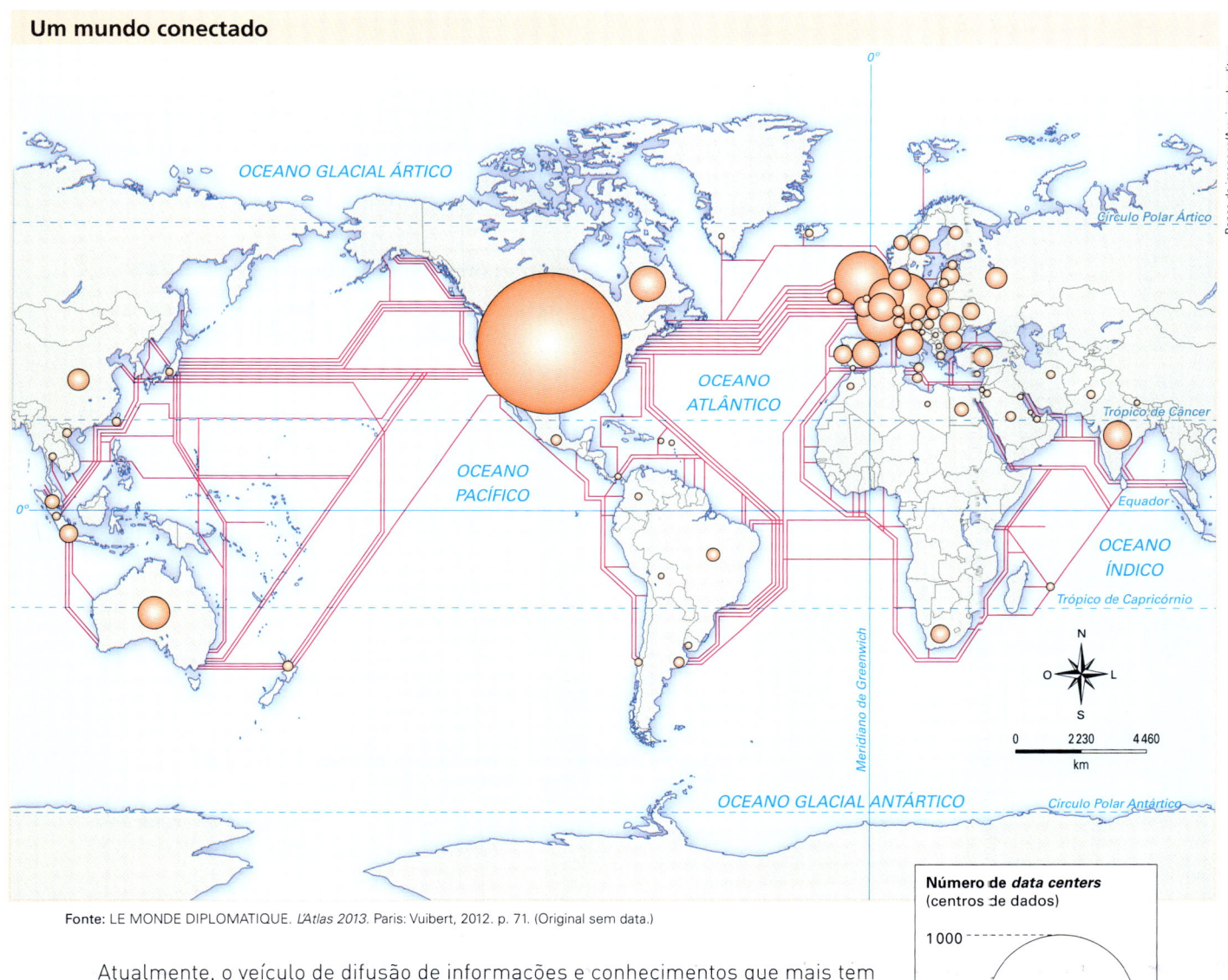

Um mundo conectado

Fonte: LE MONDE DIPLOMATIQUE. *L'Atlas 2013*. Paris: Vuibert, 2012. p. 71. (Original sem data.)

Atualmente, o veículo de difusão de informações e conhecimentos que mais tem crescido é a internet, um dos principais símbolos da atual Revolução Informacional. Porém, ainda não é toda a humanidade que tem acesso às informações disponíveis na rede. Segundo dados do Internet World Stats, em dezembro de 2017, 4,2 bilhões de pessoas estavam conectadas. Mesmo representando uma quantidade enorme de usuários, esse número correspondia a 54,4% da população mundial daquele ano. Ou seja, em 2017, pouco mais da metade da humanidade tinha acesso à internet.

A primeira tabela desta página mostra que a maioria dos internautas, em números absolutos, encontra-se em países mais populosos, com destaque para a China. Já os índices de conexão mais elevados, em números relativos, estão em países desenvolvidos, com destaque para a Islândia, como mostra a segunda tabela.

A Islândia possui mais pessoas conectadas em termos relativos: 96,5% de sua população é usuária da internet, mas isso representa muito pouco em termos absolutos por causa de sua minúscula população.

Já a China, apesar de o índice relativo de conexão ser mais baixo (54,6% do total de habitantes), possui um grande número de internautas em razão de sua enorme população.

Na Índia, o índice relativo de conexão é ainda mais baixo (34,1%), mas o número de internautas também é grande. Em menor escala, isso ainda ocorre no Brasil. Já os Estados Unidos apresentam números muito elevados tanto em termos absolutos quanto relativos.

Apesar da difusão desigual, a internet tem ampliado as possibilidades de contato entre as pessoas e pode-se afirmar que está gestando uma incipiente cidadania global. Por exemplo, nos anos 1990, os movimentos antiglobalização eram organizados por meio de trocas de mensagens na internet, assim como os movimentos Occupy e Indignados, contra o sistema financeiro em 2011/2012.

Os maiores usuários de internet (em números absolutos) – dez. 2017		
Posição/país	Total de usuários (milhões)	Usuários em relação à população do país (%)
1º China	772	54,6
2º Índia	462	34,1
3º Estados Unidos	312	95,6
4º Brasil	149	70,7
5º Indonésia	143	53,7
6º Japão	119	93,3
7º Rússia	109	76,1
Mundo	4 157	54,4

Fonte: INTERNET WORLD STATS. *Top 20 Countries with the Highest Number of Internet Users*. Miniwatts Marketing Group, dez. 2017. Disponível em: <www.internetworldstats.com/top20.htm>. Acesso em: 28 abr. 2018.

Os maiores usuários de internet (em números relativos) – dez. 2013-dez. 2017*		
Posição/país	Total de usuários (milhões)	Usuários em relação à população do país (%)
1º Islândia	0,3	96,5
2º Alemanha	79,1	96,2
3º Estados Unidos	312,3	95,6
4º Noruega	4,9	95,0
5º Suécia	9,2	94,8
6º Reino Unido	63,1	94,7
7º Canadá	33,0	94,7

Fonte: INTERNET WORLD STATS. *Alphabetical List of Countries*. Miniwatts Marketing Group, dez. 2013/dez. 2017. Disponível em: <www.internetworldstats.com/list2.htm>. Acesso em: 28 abr. 2018.

* Dado mais recente disponível no período indicado.

4. FLUXO DE TURISTAS

Outro importante aspecto da globalização é a crescente movimentação nacional e internacional de turistas, com os impactos econômicos e culturais associados a ela. Um dos fatores que explicam o aumento da circulação de turistas pelo mundo e o consequente surgimento de novos lugares turísticos é o enorme avanço tecnológico da indústria aeronáutica: hoje os aviões são maiores, mais rápidos, econômicos, seguros e confortáveis.

Antes de 1800, o turismo era circunscrito a poucos lugares da Europa ocidental e do nordeste da América do Norte. Apenas no século XX, sobretudo após a Segunda Guerra, ele se tornou um fenômeno global, com a multiplicação de lugares turísticos pelo planeta.

Os turistas podem viajar por motivos variados, como lazer e recreação, negócios e estudos. Em 2016, os países que constam do relatório da Organização Mundial do Turismo (OMT) receberam 1,2 bilhão de turistas, que gastaram 1,2 trilhão de dólares. Entretanto, a maioria da população do planeta não participa da movimentação mundial de turistas, pelo fato de não ter renda suficiente.

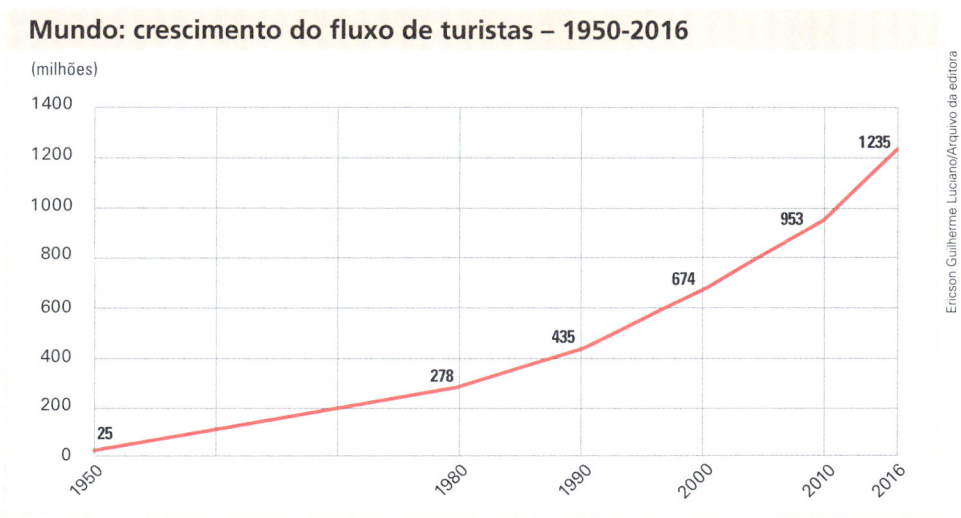

Fonte: WORLD TOURISM ORGANIZATION. *Tourism Highlights, 2017 edition*. Madrid, 2017.
Disponível em: <www.e-unwto.org/doi/pdf/10.18111/9789284419029>. Acesso em: 17 abr. 2018.

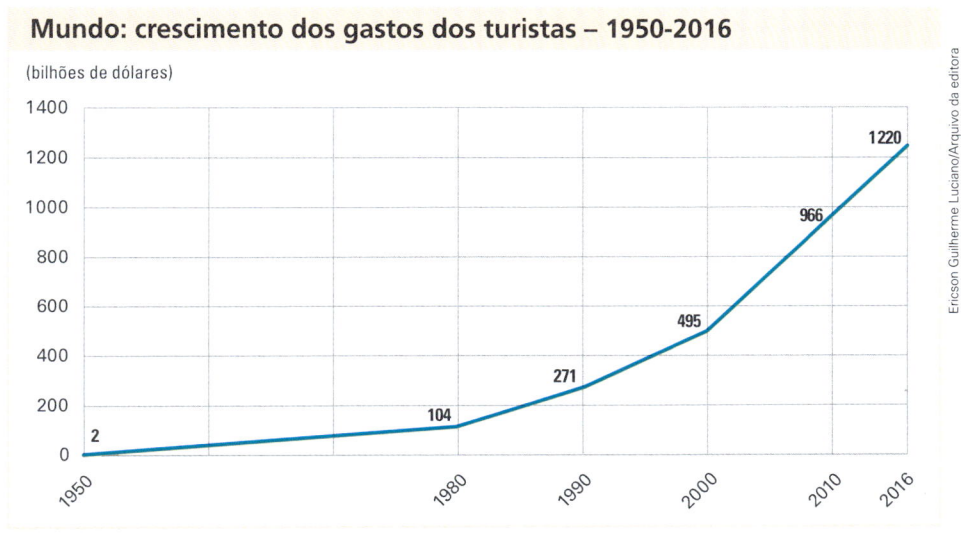

Fonte: WORLD TOURISM ORGANIZATION. *Tourism Highlights, 2017 edition*. Madrid, 2017.
Disponível em: <www.e-unwto.org/doi/pdf/10.18111/9789284419029>. Acesso em: 17 abr. 2018.

Como se pode observar nos gráficos abaixo, o turismo se concentra em poucos países e regiões, em territórios que oferecem mais atrativos e apresentam melhor infraestrutura para receber os viajantes. Em 2016, por exemplo, os dez maiores receptores de turistas hospedaram 513 milhões de pessoas, o que corresponde a 41,5% do total de viajantes; por outro lado, os 52 países da África hospedaram 57,8 milhões de turistas, pouco mais do que a Itália sozinha.

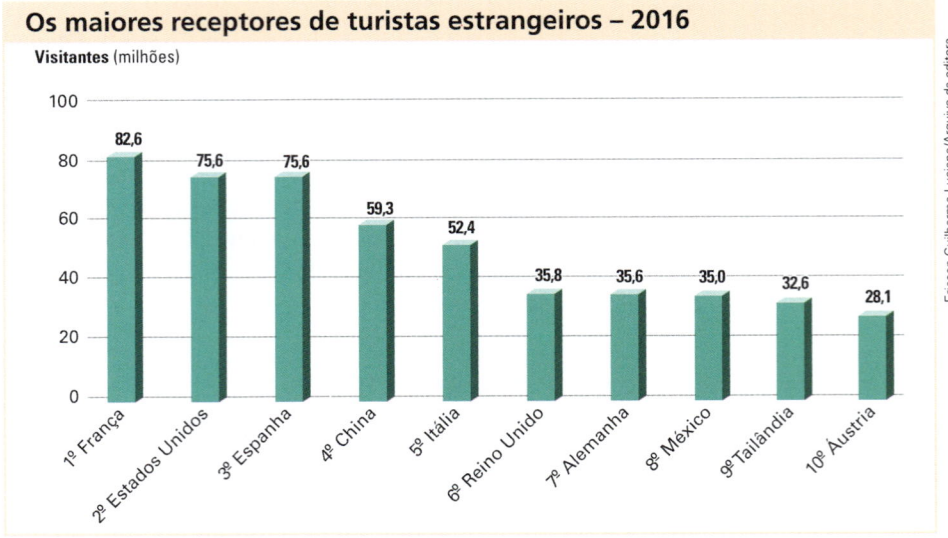

Fonte: WORLD TOURISM ORGANIZATION. Tourism Highlights, 2017 edition. Madrid, 2017. Disponível em: <www.e-unwto.org/doi/pdf/10.18111/9789284419029>. Acesso em: 17 abr. 2018.

Em 2016, o Brasil recebeu 6,6 milhões de turistas estrangeiros.

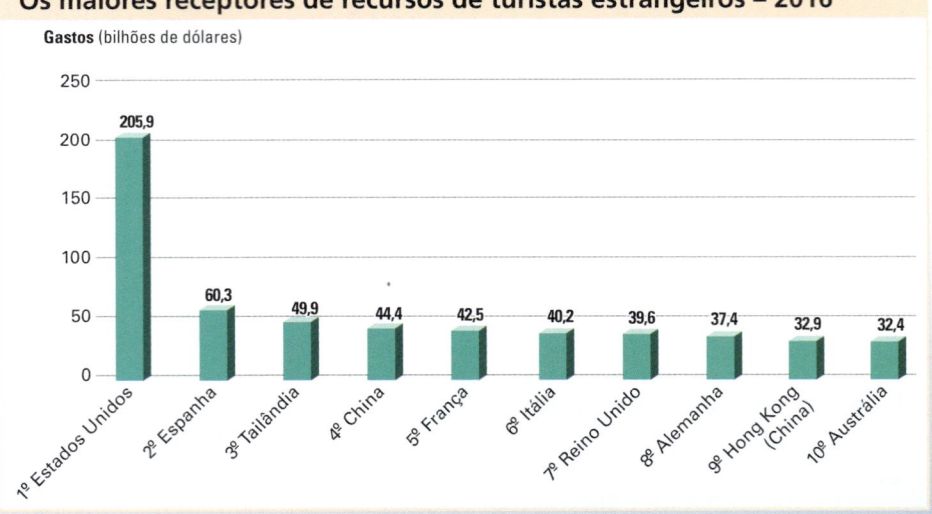

Fonte: WORLD TOURISM ORGANIZATION. Tourism Highlights, 2017 edition. Madrid, 2017. Disponível em: <www.e-unwto.org/doi/pdf/10.18111/9789284419029>. Acesso em: 17 abr. 2018.

Em 2016, o Brasil recebeu 6 bilhões de dólares trazidos por turistas estrangeiros.

Turistas passeiam no Deserto do Saara, no Marrocos, em 2018. Em 2016, segundo a OMT, este foi o país africano que mais recebeu turistas: 10,3 milhões de pessoas ou 17,8% do total de visitantes no continente.

5. MUNDIALIZAÇÃO DA SOCIEDADE DE CONSUMO

Há um componente, mais visível e mais antigo da globalização, que é a presença de mercadorias estrangeiras em quase todos os países. Com a intensificação dos fluxos comerciais, diferentes produtos circulam por uma moderna e intrincada rede de transportes, cobrindo grandes extensões da superfície terrestre, sobretudo nos países desenvolvidos e emergentes. Paralelamente, tem se expandido a prestação de diversos tipos de serviço ao redor do planeta (vamos estudar o comércio e os serviços na unidade 5).

Com isso, ocorre uma globalização do consumo: a difusão de uma cultura de massas que se origina, sobretudo, nos Estados Unidos, a nação mais influente do planeta. Essa "invasão" cultural é difundida pelas grandes empresas globais e pelos meios de comunicação mundializados. O *American Way of Life* (do inglês, 'estilo de vida americano') difunde-se por meio de anúncios de agências de publicidade; filmes de Hollywood e séries produzidas por canais de televisão; notícias de diversas redes; revistas de negócios; músicas, videoclipes e *videogames*; esportes.

O inglês é a língua da indústria cultural e dos negócios globalizados e é também o idioma mais utilizado na internet (26,3%), seguido pelo chinês (20,8%), cuja participação aumentou por causa do crescimento da renda da população chinesa, a mais numerosa do planeta. O português é o quinto idioma mais usado pelos internautas, com 4,3%.

As redes de restaurantes *fast-food* (do inglês, 'comida rápida') também disseminam o "estilo de vida americano". Como veremos no capítulo 18, foi nos Estados Unidos que começou, com Henry Ford (1863-1947), a produção em série de automóveis. Esse processo de produção, o fordismo, atingiu outros setores industriais. O *fast-food* representa a chegada do fordismo na alimentação.

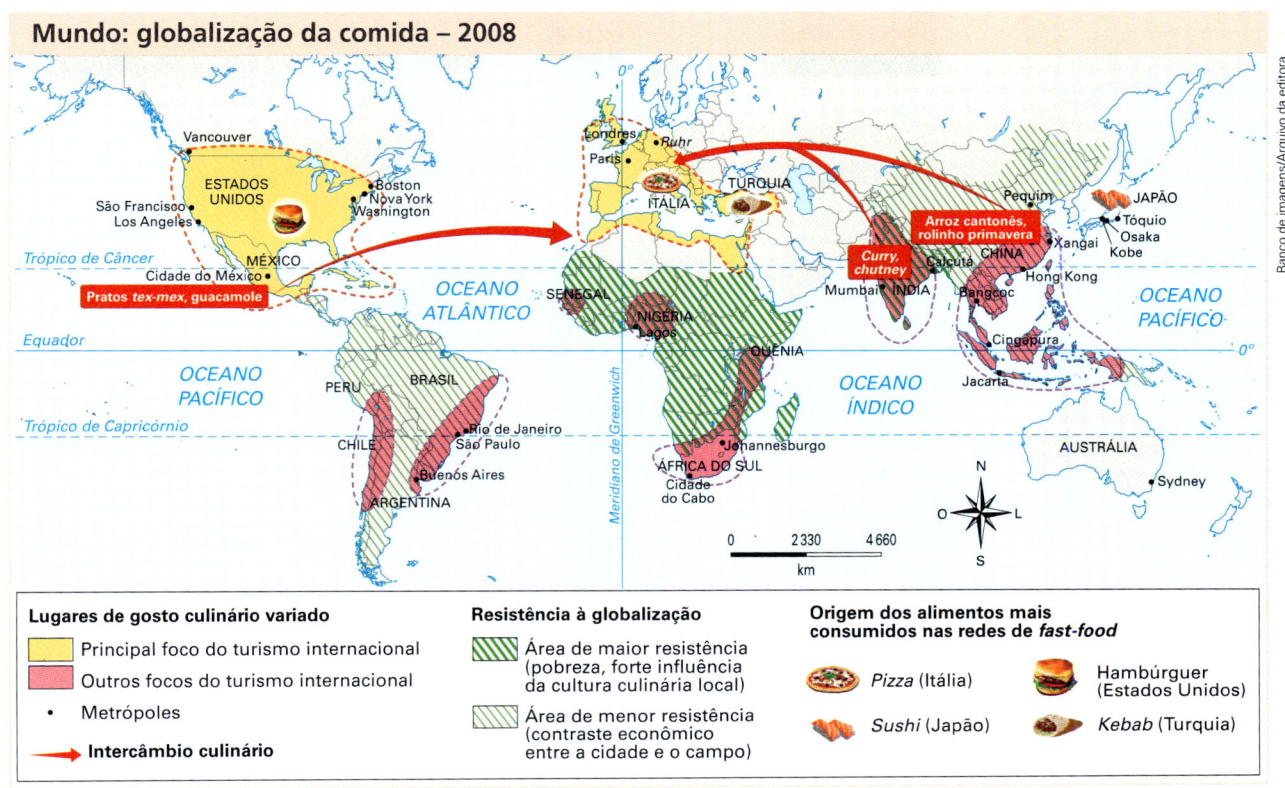

Fonte: LE MONDE DIPLOMATIQUE. *El atlas de las mundializaciones.* Valencia: Fundación Mondiplo, 2011. p. 134-135.

Observe no mapa que as regiões mais pobres do mundo e com forte tradição culinária local têm maior resistência à comida globalizada.

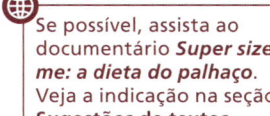
Veja o documentário **Encontro com Milton Santos ou O mundo global visto do lado de cá**, que apresenta críticas à globalização na perspectiva dos países da periferia do capitalismo. Para saber mais sobre a globalização, consulte os livros **Globalização a olho nu: o mundo conectado**, de Clóvis Brigagão e Gilberto Rodrigues, e **A globalização em xeque: incertezas para o século XXI**, de Bernardo de Andrade Carvalho. Veja indicações na seção **Sugestões de textos, vídeos e sites**.

Se possível, assista ao documentário **Super size me: a dieta do palhaço**. Veja a indicação na seção **Sugestões de textos, vídeos e sites**.

Entretanto, a comida globalizada não provém somente dos Estados Unidos, embora a maioria das grandes redes de restaurantes seja daquele país. O hambúrguer, alimento mais comum dessas redes, incluindo o da maior e mais onipresente delas – o McDonald's – tem origem nos Estados Unidos. Mas também estão sediadas em território americano redes globais de restaurantes *fast-food* que servem alimentos originários de outros países, como a *pizza* (Itália) e o *taco* (México). Esses dados evidenciam que o *fast-food* é tipicamente americano como processo de produção de alimento – industrializado e padronizado –, mas não necessariamente como tipo de alimento oferecido.

Apesar do poder da indústria cultural americana, muitos setores, em diversos lugares do mundo, resistem. No caso da alimentação, em 1986, após manifestação contra a instalação de um restaurante da rede McDonald's em uma praça de Roma (Itália), nascia o movimento *slow food*, em nítida contraposição ao *fast-food* e a tudo o que ele representa. Em 1989, em Paris (França), foi oficialmente constituído o Movimento Internacional Slow Food, sediado na cidade de Bra (Itália), que hoje tem adeptos em diversos países, incluindo o Brasil.

Feira de queijos organizada pelo Slow Food em Bra, região do Piemonte (Itália), em 2017.

OUTRAS LEITURAS

O CARACOL CONTRA A CORPORAÇÃO

Para impedir que o patrimônio cultural gastronômico de várias regiões do mundo seja destruído pela ação dos alimentos industrializados, enlatados, congelados e sem personalidade, em 1991* surgiu na Itália o movimento Slow Food. O movimento é mais que uma reação à massificação e globalização da culinária representada pelas cadeias internacionais de *fast-food*, especialmente a rede internacional de lanchonetes McDonald's, que na virada da década de 1990 forçava sua presença aos italianos.

Em vez de engolir o Big Mac, os italianos reagiram. Mas o Slow Food abriga um conceito maior: valorizar o processo cultural que determinou a receita de cada alimento, de cada prato, disseminar o respeito pela qualidade dos ingredientes e desenvolver nos consumidores a percepção de que cada ambiente natural deixa sua marca nos produtos alimentícios. O símbolo do movimento Slow Food é o caracol, um bichinho lento, porém determinado.

CIAFFONE, Andréa. Turismo e gastronomia: o verdadeiro sabor da descoberta. In: FUNARI, Pedro Paulo; PINSKY, Jaime (Org.). *Turismo e patrimônio cultural*. 3. ed. São Paulo: Contexto, 2003. p. 118.

* Na realidade, fundado em 1986 conforme o próprio Slow Food (disponível em: <www.slowfood.com/about-us/our-history/>, acesso em: 2 jun. 2018).

De acordo com a apresentação em sua página na internet, o Slow Food foi criado "como resposta aos efeitos padronizantes do *fast-food*; ao ritmo frenético da vida atual; ao desaparecimento das tradições culinárias regionais; ao decrescente interesse das pessoas na sua alimentação, na procedência e sabor dos alimentos e em como nossa escolha alimentar pode afetar o mundo".

ATIVIDADES

COMPREENDENDO CONTEÚDOS

1. O que você entende por empresa transnacional? Explique por que as multinacionais se expandiram pelo mundo, principalmente após a Segunda Guerra Mundial, e avalie se esse processo continua ocorrendo nos dias atuais.

2. Com suas palavras, defina a globalização. Discuta se os fluxos da globalização atingem igualmente todos os lugares do mundo e relacione esse fato com o meio técnico-científico-informacional.

3. Explique como ocorre a expansão dos capitais produtivos e especulativos pelo mundo.

4. Em sua opinião, de que forma está se criando uma cultura massificada no mundo? Você identifica resistências a esse processo? Dê exemplos.

DESENVOLVENDO HABILIDADES

5. As empresas transnacionais, ou multinacionais, são um dos principais agentes da globalização; são as grandes responsáveis pelo fluxo de capitais produtivos, pela mundialização da produção. Em grupo, troquem ideias sobre a expansão mundial das empresas transnacionais. Listem os possíveis benefícios que essas corporações trazem e os problemas que causam aos países onde se instalam.

   Depois, individualmente, escreva um pequeno texto que responda às questões a seguir:
   a) Qual é sua opinião sobre essas empresas? E a do grupo?
   b) Como você observa a atuação delas em seu cotidiano?
   c) Você identifica por parte dessas empresas um apelo ao consumo direcionado ao público adolescente?

6. Leia o texto a seguir e discuta-o com seus colegas de grupo, procurando:
   a) explicar o que é "globesidade".
   b) relacionar esse fato com os dados apresentados no item "Mundialização da sociedade de consumo" (páginas 247-248), destacando o papel das redes internacionais de *fast-food* e de outras indústrias alimentícias nesse processo.
   c) refletir sobre algumas formas de frear o crescimento da obesidade entre a população, especialmente entre os mais jovens, destacando o papel dos governos e dos cidadãos-consumidores.

CIDADANIA: ALIMENTAÇÃO E SAÚDE

DIALOGANDO COM EDUCAÇÃO FÍSICA E BIOLOGIA

Epidemia de "globesidade"

Estima-se que um quinto da população mundial esteja com excesso de peso. Entre esses, há 300 milhões que são considerados obesos. Pior: esses números têm aumentado nas últimas décadas.

Essas informações abriram a palestra "Atualização da epidemia global de obesidade", proferida pela professora Mary Schmidl, do Departamento de Nutrição e Ciência dos Alimentos da Universidade de Minnesota, nos Estados Unidos. [...]

"É uma doença que está em todas as faixas etárias, grupos étnicos e classes sociais. Ela também atinge tanto homens como mulheres. Essa espécie de onipresença motivou a criação do termo 'globesidade' (*globesity*, em inglês)", contou.

Segundo Mary, não há um vilão único para a epidemia. [...]

A pesquisadora apontou exemplos. A indústria e os comerciantes de alimentos estariam habituando os consumidores a porções cada vez maiores. Garrafas de refrigerante, hambúrgueres, pacotes de salgadinhos, caixas de cereais, entre outros produtos industrializados, têm aumentado de tamanho nos Estados Unidos desde a década de 1970. [...]

Os governos também têm a sua parte de culpa. As políticas públicas teriam muito ainda a avançar. Uma ideia é sobretaxar alimentos menos saudáveis e estimular o consumo de vegetais. "Se o governo estipulasse um imposto de US$ 0,01 para cada onça (28,3 gramas) de refrigerante vendido, só na cidade de Nova York seriam arrecadados US$ 1,2 bilhão por ano", disse.

A pesquisadora também coloca parte da responsabilidade nos próprios consumidores. Segundo ela, cada um teria que ter um compromisso com a sua saúde, não só procurando melhorar a qualidade e adequar a quantidade dos alimentos consumidos como também criar hábitos de fazer exercícios físicos. [...]

Mary também propõe a rotulagem de alimentos explicitando a sua caloria e composição nutricional (o que já ocorre no Brasil) e a proibição das máquinas automáticas de guloseimas [...].

REYNOL, Fábio. Epidemia de "globesidade". Agência de notícias da Fundação de Amparo à Pesquisa do Estado de São Paulo (Fapesp), 9 dez. 2009. Disponível em: <http://agencia.fapesp.br/epidemia_de_globesidade/11471/>. Acesso em: 17 abr. 2018.

CAPÍTULO

15

O DESENVOLVIMENTO HUMANO

Vista aérea de Mumbai (Índia), em 2015. Observe a desigualdade social evidenciada nessa paisagem urbana. Em primeiro plano aparece Dharavi, que com cerca de 750 mil habitantes é a maior favela da Índia e uma das maiores do mundo.

As expressões "subdesenvolvimento" e "terceiro mundo" foram empregadas desde o fim da Segunda Guerra Mundial para classificar os países cuja maioria da população apresenta precárias condições de vida. Porém, com o tempo, tornaram-se pejorativas, e nenhum governo quer seu país classificado como tal. Em relatórios de instituições internacionais, como a ONU e o Banco Mundial, não se usa a expressão "país subdesenvolvido", e sim "país em desenvolvimento", em oposição a "país desenvolvido".

Na atualidade, é muito difícil agrupar os mais de duzentos países do mundo em apenas duas ou três categorias. Há grande heterogeneidade entre essas nações do ponto de vista social e econômico, especialmente no interior do grupo considerado em desenvolvimento, como veremos a seguir. E há ainda os países que até o início dos anos 1990 adotavam o modelo econômico socialista, como os que pertenciam à União Soviética ou recebiam sua influência geopolítica. Como agrupá-los?

Neste capítulo, vamos estudar a origem e as principais características desse complexo problema; a classificação dos países de acordo com a renda, segundo o Banco Mundial, e o Índice de Desenvolvimento Humano (IDH), segundo o Programa das Nações Unidas para o Desenvolvimento (Pnud). Por fim, estudaremos os Objetivos de Desenvolvimento do Milênio, conjunto de ações que visam superar a pobreza extrema em escala mundial.

1. HETEROGENEIDADE DOS PAÍSES EM DESENVOLVIMENTO

Entre as décadas de 1940 e 1960, várias guerras e guerrilhas de **libertação nacional** eclodiram na África e na Ásia. Em decorrência delas, houve um processo generalizado de descolonização nos dois continentes.

Nasceram vários países independentes, todos caracterizados por profundos problemas socioeconômicos: altas taxas de natalidade e mortalidade, baixa expectativa de vida, subnutrição, analfabetismo e muitos outros associados à **pobreza extrema**.

Estatísticas e avaliações de organismos internacionais, como a ONU e o Banco Mundial, sempre demonstraram que a maioria dos povos que habitam essas ex-colônias tem um padrão de vida muito inferior ao considerado mínimo em termos de alimentação, moradia, saneamento básico, saúde, educação e trabalho.

A gravidade desses problemas levou governos e instituições internacionais a terem consciência das desigualdades entre os países e, como tentativa de compreender essa realidade, foram criados os conceitos de "subdesenvolvimento" e "terceiro mundo".

O conceito de "terceiro mundo" foi utilizado pela primeira vez pelo demógrafo francês Alfred Sauvy (1898-1990) em um artigo intitulado "Três Mundos, um planeta", publicado em 1952. No período da Guerra Fria (1947-1989), em uma tentativa de regionalização do espaço geográfico mundial, era comum classificar os Estados nacionais em um dos "três mundos": o primeiro formado por países capitalistas desenvolvidos, liderados pelos Estados Unidos; o segundo, composto dos países socialistas, liderados pela União Soviética; e o terceiro, integrado pelos países subdesenvolvidos, capitalistas em sua maioria, mas também por alguns socialistas não alinhados com a superpotência socialista. As nações do terceiro mundo localizavam-se na Ásia, na África e na América Latina. Com o fim da União Soviética e, portanto, da Guerra Fria, no início dos anos 1990, o segundo mundo deixou de existir e as expressões primeiro e terceiro mundos perderam o sentido.

Os países atualmente chamados "em desenvolvimento" apresentam profundas desigualdades sociais e regionais e IDH menor do que o dos países desenvolvidos. Muitos dos Estados africanos e asiáticos (que conquistaram sua independência na segunda metade do século XX) e das nações latino-americanas (independentes desde o século XIX) apresentam diversos problemas socioeconômicos.

As desigualdades sociais são muito acentuadas e bem visíveis nas paisagens dos países em desenvolvimento. A foto, de 2017, mostra a Villa 31, em Buenos Aires (Argentina), cortada por uma rodovia. Essa *villa miseria*, como os argentinos chamam suas favelas, onde vivem cerca de 40 mil pessoas, fica próxima ao centro da capital argentina (ao fundo).

Grande parte dessas nações não conseguiu diversificar sua economia e continua exportando produtos agrícolas e minerais, como na época do colonialismo. Entretanto, nesse grupo, há condições socioeconômicas extremamente diversas. Por isso existem outras classificações em seu interior, como "países emergentes" e "países menos desenvolvidos".

De acordo com o glossário do G-20 (Grupo dos 20), "**países emergentes**" são aqueles que estão em rápido processo de crescimento econômico e industrialização, que estão avançando da condição de países em desenvolvimento para a de países desenvolvidos. Segundo a FTSE, empresa britânica especializada na classificação de países e empresas, os emergentes situam-se entre as economias desenvolvidas e as chamadas "economias de fronteira", que, no jargão do meio empresarial, são consideradas menos desenvolvidas do que os países emergentes.

Entretanto, não há uma classificação consensual dos países incluídos na categoria "emergente". O Banco Mundial não elabora uma lista das economias emergentes. A ONU, por meio de sua agência para o comércio e o desenvolvimento, a Unctad, lista 37 países nessa categoria, entre os quais se destacam: Brasil, México, Argentina e Chile (América Latina); China, Índia, Coreia do Sul e Indonésia (sul e leste da Ásia); Turquia e Arábia Saudita (Oriente Médio); Rússia, Polônia, Hungria e Romênia (Europa oriental); África do Sul, Egito e Nigéria (África). No mundo dos negócios, é comum que muitos desses países também sejam considerados economias emergentes. Veja abaixo o mapa da FTSE.

Segundo a ONU, os "**países menos desenvolvidos**" apresentam graves problemas socioeconômicos e os piores índices de desenvolvimento humano; são os mais vulneráveis, os mais pobres do mundo. Estão classificados nessa categoria 48 países: 34 localizados na África, 13 na Ásia/Pacífico e um na América (Haiti). Como veremos, são os países que despertam mais atenção por parte dos Objetivos de Desenvolvimento do Milênio.

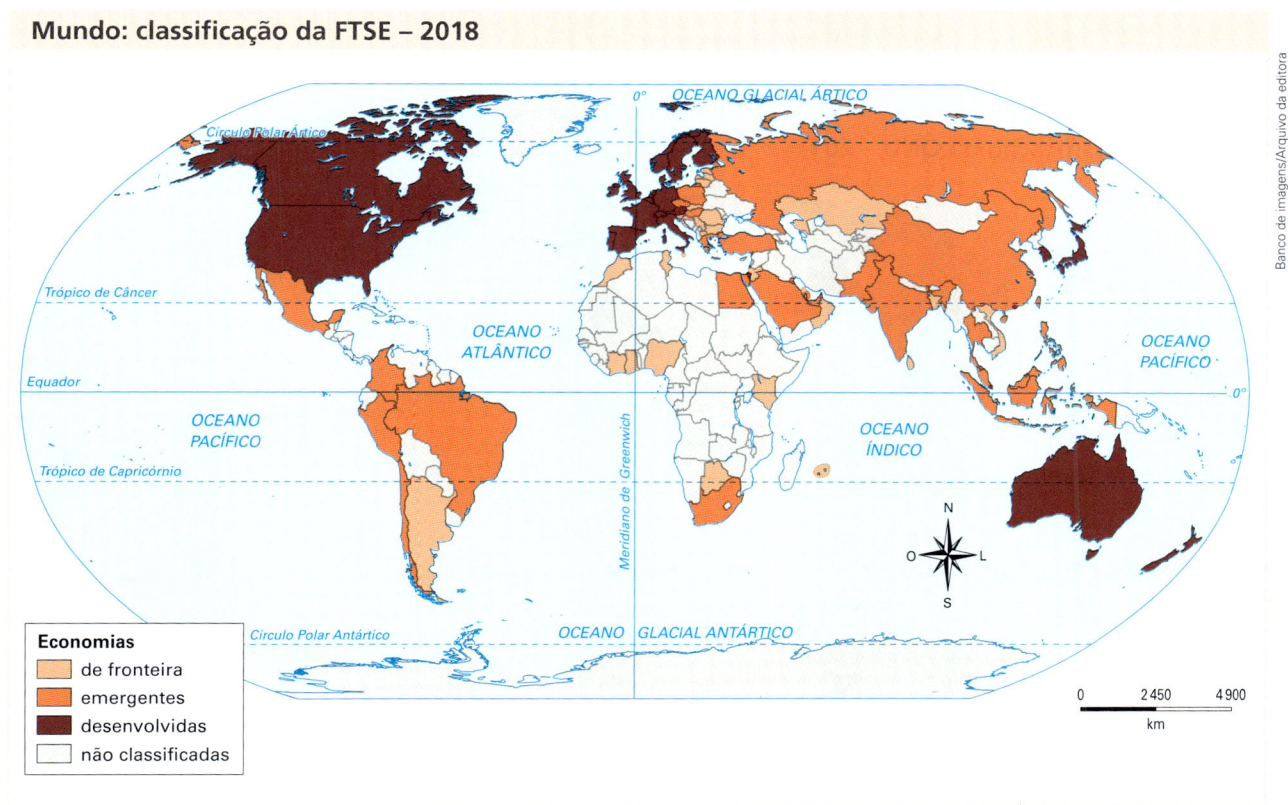

Fonte: FTSE. *FTSE Classification of Markets*. London, mar. 2018. Disponível em: <www.ftse.com/products/downloads/FTSE-Country-Classification-Update_latest.pdf>. Acesso em: 30 abr. 2018.

Alguns dos antigos países socialistas têm feito reformas de cunho capitalista. Por esse motivo, a ONU os classifica como "**economias em transição**". Observe o mapa abaixo.

Reconhecendo a dificuldade de classificação dos países, a ONU faz a seguinte ressalva: "As designações 'desenvolvido', 'em transição' e 'em desenvolvimento' foram adotadas por conveniência estatística e não necessariamente expressam um julgamento sobre o estágio alcançado por um país em particular no processo de desenvolvimento.".

Veja alguns exemplos da dificuldade de classificar países tão diversos em três ou quatro categorias.

- A **Coreia do Sul**, país com índice de desenvolvimento humano muito elevado e uma das economias mais modernas e competitivas do mundo, ainda aparece no grupo das economias em desenvolvimento na classificação dessa publicação da ONU, conforme mostra o mapa. Na lista da Unctad, agência da própria ONU, aparece como economia emergente. Já segundo a FTSE, a Coreia do Sul é classificada como economia desenvolvida. Ou seja, dependendo da fonte, o país aparece em cada uma das três categorias.
- A **Romênia**, país do antigo bloco socialista, embora tenha Índice de Desenvolvimento Humano elevado, é um dos mais atrasados da Europa. No entanto, por ser membro da União Europeia, aparece no grupo das economias desenvolvidas no mapa da ONU. Aparece também como economia emergente na lista da Unctad. De acordo com a classificação da FTSE, no entanto, a Romênia aparece como "economia de fronteira".
- No mapa da ONU, os antigos países socialistas que ingressaram na União Europeia, como a **Polônia** e a **Hungria**, não são classificados como "economias em transição", e sim como "economias desenvolvidas". Já a **Rússia**, herdeira da antiga superpotência, é considerada uma "economia em transição". A FTSE, por sua vez, assim como a Unctad, classifica esses três países como "economias emergentes". Observe que, na visão do meio empresarial, nenhum dos antigos países socialistas aparece como economia desenvolvida.
- Há divergências entre a lista dos países emergentes da Unctad e a do mundo dos negócios, expressa por empresas de classificação, como a FTSE.

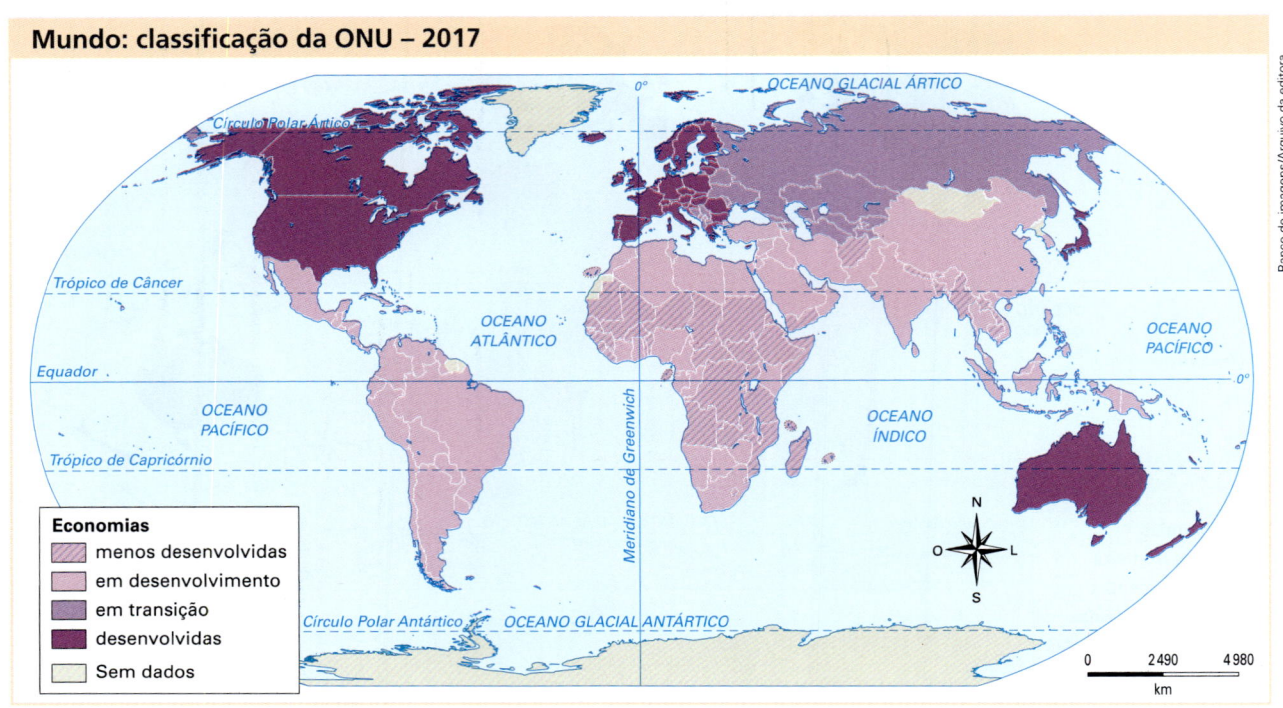

Fonte: UNITED NATIONS. *World Economic Situation and Prospects 2017*. New York, 2017. p. 153-157. Disponível em: <www.un.org/development/desa/dpad/wp-content/uploads/sites/45/publication/2017wesp_full_en.pdf>. Acesso em: 20 abr. 2018.

DIFERENÇAS SOCIOECONÔMICAS

O *Atlas do desenvolvimento global 2013*, do Banco Mundial, faz o seguinte comentário no mapa em que classifica os países em baixa, média e alta renda: "Economias de baixa e média renda são muitas vezes definidas como **economias em desenvolvimento**. Não se pretende com isso concluir que todas as economias deste grupo estão vivenciando desenvolvimento similar ou que as outras economias são superiores ou atingiram o estágio final de desenvolvimento.".

Por sua vez, os países de alta renda são em geral definidos como **economias desenvolvidas**, como vimos no mapa da ONU, na página anterior, mas há exceções, como a Arábia Saudita, país de alta renda que não é considerado desenvolvido. Observe a tabela abaixo.

País	Rendimento Nacional Bruto* *per capita* (dólares)	Crescimento vegetativo (% média anual) 2000-2016	Mortalidade de crianças com até 5 anos (‰)	Acesso à eletricidade (% da população)
Renda alta (maior que 12 235 dólares)				
Noruega	82 390	1	3	100
Estados Unidos	56 810	0,8	7	100
Alemanha	43 940	0	4	100
Japão	37 930	0	3	100
Coreia do Sul	27 600	0,5	3	100
Arábia Saudita	21 720	2,8	13	100
Renda média-alta (entre 3 956 e 12 235 dólares)				
Argentina	11 970	1,1	11	100
Rússia	9 720	−0,1	8	100
Romênia	9 480	−0,8	9	100
México	9 040	1,4	15	99,2
Brasil	8 840	1,1	15	99,7
China	8 250	0,5	10	100
África do Sul	5 480	1,4	43	86,0
Renda média-baixa (entre 1 006 e 3 955 dólares)				
Nigéria	2 450	2,6	104	57,7
Índia	1 670	1,4	43	79,2
Renda baixa (1 005 dólares ou menos)				
Sudão do Sul	820	3,8	91	4,5
Haiti	780	1,5	67	37,9
R. D. do Congo	430	3,2	94	13,5

Fonte: THE WORLD BANK. *World Development Indicators 2017*. Washington, D.C., 2018.
Disponível em: <http://wdi.worldbank.org/tables>. Acesso em: 20 abr. 2018.

* O Rendimento Nacional Bruto (RNB) é diferente do Produto Interno Bruto (PIB). Enquanto o PIB mostra a produção interna de um país gerada por todos os setores de sua economia, o RNB mostra essa produção mais os rendimentos que entram em seu território menos os que saem. Por exemplo: dinheiro enviado ao exterior ou recebido de fora, pagamento ou recebimento de *royalties*, de empréstimos, etc. Se um país recebe mais rendimentos do que envia ao exterior, terá um RNB maior que o PIB; se, ao contrário, mais envia ao exterior do que recebe, terá um RNB menor que o PIB.

Consulte o portal do **Banco Mundial**. Veja orientações na seção **Sugestões de textos, vídeos e *sites*.**

A pobreza extrema

De acordo com o Banco Mundial, mesmo nos países por ele designados "em desenvolvimento", há um elevado percentual de pessoas pobres e extremamente pobres na população, sobretudo na África subsaariana e no sul da Ásia, regiões onde se concentra a maioria dos "países menos desenvolvidos".

As pessoas consideradas pobres são aquelas que vivem com renda inferior a 3,10 dólares PPC por dia – portanto, abaixo da **linha de pobreza internacional**. As extremamente pobres são aquelas que sobrevivem com menos de 1,90 dólar PPC por dia, no limite da miséria.

Observe na tabela abaixo que, desde 1990, houve uma redução da pobreza extrema em todas as regiões do mundo, com exceção da África subsaariana; esta foi a única região onde a pobreza extrema aumentou no período, embora tenha reduzido um pouco entre 2002 e 2013. Já a China, país mais populoso, foi o que mais reduziu os índices de miséria desde a década de 1990, como resultado do seu acelerado crescimento econômico. Visualize essas informações nas anamorfoses da página 13 do *Atlas*.

PPC: sigla para Paridade do Poder de Compra, método utilizado para estabelecer comparações entre o PIB (e a renda *per capita*) dos países, com base em levantamento internacional de preços feito pelo Banco Mundial e pela Organização de Cooperação e Desenvolvimento Econômico (OCDE). Esse programa compara preços de diversos países. Com base nisso, a paridade do poder de compra é calculada para ajustar os respectivos PIBs. O dólar americano (US$) ajustado pela PPC é mais adequado para comparar os PIBs dos países do que o dólar corrente, usado pelo Banco Mundial (que considera só a variação da taxa de câmbio), pois este último não mostra com precisão as diferenças de capacidade de compra e de padrão de vida da população de cada país.

Mundo: regiões com maiores contingentes de pessoas extremamente pobres (milhões)			
Região	1990	2002	2013
África subsaariana	276	391	389
Sul da Ásia	505	552	256
Leste da Ásia e Pacífico	966	535	71
América Latina e Caribe	71	71	34
Europa e Ásia central	9	29	10
Oriente Médio e norte da África	14	10*	7**
Mundo em desenvolvimento	1 840	1 588	766

Fonte: THE WORLD BANK. *World Development Indicators 2017*. Washington, D.C., 2018. Disponível em: <http://wdi.worldbank.org/tables>. Acesso em: 20 abr. 2018.

*Dado de 1999.
**Dado de 2008.

A pobreza é desigual entre os países, mesmo nas regiões onde se concentram mais pessoas pobres. Compare, por exemplo, a extrema pobreza da África do Sul com a da República Democrática do Congo, ambos situados na África subsaariana. Observe na tabela da próxima página o percentual de pobreza extrema em alguns países (para saber o total aproximado de pessoas vivendo na miséria, calcule a porcentagem sobre a população total).

A oposição entre países desenvolvidos, de um lado, e países em desenvolvimento, de outro, divide a maior parte dos Estados em dois grupos, como se formassem dois mundos dissociados. Além de não apreender as peculiaridades socioeconômicas e culturais de cada nação, essa classificação transmite a ideia de que o "subdesenvolvimento" é um estágio para o desenvolvimento, quando a maioria dos países desenvolvidos da atualidade não foi considerada subdesenvolvida no passado. Por isso, a ONU, em seus documentos, usa a expressão "combate à **pobreza**", e não "ao subdesenvolvimento".

Assista ao filme *Quem quer ser um milionário?*, que trata da questão social na Índia. Veja mais orientações na seção **Sugestões de textos, vídeos e *sites***.

Países selecionados*: população abaixo da linha internacional de pobreza extrema		
País (ano da pesquisa sobre pobreza)	População total (milhões de habitantes) 2015	% da população vivendo com menos de 1,90 dólar PPC por dia
Rússia (2012)	144	0,0
Romênia (2012)	20	0,0
Argentina (2014)	43	1,7
China (2013)	1 371	1,9
México (2014)	127	3,0
Brasil (2014)	208	3,7
África do Sul (2011)	55	16,6
Índia (2011)	1 311	21,2
Sudão do Sul (2009)	12	42,7
Nigéria (2009)	182	53,5
Haiti (2012)	11	53,9
República Democrática do Congo (2012)	77	77,1

Fonte: THE WORLD BANK. *World Development Indicators 2017*. Washington, D.C., 2018. Disponível em: <http://wdi.worldbank.org/tables>. Acesso em: 20 abr. 2018.

* No relatório do Banco Mundial só constam dados de países em desenvolvimento; não há dados para a Arábia Saudita.

Desde as Grandes Navegações houve transferência de riqueza das colônias para as metrópoles, fruto da exploração colonialista e depois imperialista, criando as condições para um desenvolvimento econômico desigual entre os países. A diferença de renda no mundo (considerando a renda *per capita* dos países e regiões) não era muito evidente no início da expansão colonial, mas foi aumentando progressivamente ao longo do desenvolvimento do capitalismo e tornou-se muito acentuada no final do século XX. Acompanhe essa evolução na tabela abaixo e veja o mapa sobre renda *per capita* no mundo, na página 12 do *Atlas*.

Regiões selecionadas: renda *per capita* (dólares de 1990)					
Região	1500	1870	1950	1998	Aumento entre 1500 e 1998 (%)
Europa ocidental	774	1 974	4 594	17 921	2 215
Mundo anglo-saxão*	400	2 431	9 288	26 146	6 437
Japão	500	737	1 926	20 413	3 983
Ásia (exceto Japão)	572	543	635	2 936	413
América Latina	416	698	2 554	5 795	1 293
África	400	444	852	1 368	242
Mundo	**565**	**867**	**2 114**	**5 709**	**910**

Fonte: MADDISON, 2006. In: THE WORLD BANK. *World Development Report 2009*. Washington, D.C., 2009. p. 109.

* Estados Unidos, Canadá, Austrália e Nova Zelândia.

Países selecionados: distribuição de renda			
País (ano da pesquisa)	Percentual sobre o total do rendimento nacional		Índice de Gini*
	10% mais pobres	10% mais ricos	
Ucrânia (2015)	4,2	21,6	25,5
Noruega (2014)	3,5	21,6	26,8
Romênia (2013)	3,6	21,6	27,5
Alemanha (2013)	3,3	24,9	31,4
Japão (2008)	2,7	24,8	32,1
Índia (2011)	3,6	29,8	35,2
Rússia (2015)	2,8	29,7	37,7
Estados Unidos (2013)	1,7	30,2	41,0
R. D. do Congo (2012)	2,1	32,0	42,1
China (2012)	2,0	31,4	42,2
Argentina (2014)	1,6	30,8	42,7
Nigéria (2009)	2,0	32,7	43,0
México (2014)	1,9	39,7	48,2
Brasil (2015)	1,1	40,5	51,3
África do Sul (2011)	0,9	51,3	63,4

Fonte: THE WORLD BANK. *World Development Indicators 2017*. Washington, D.C., 2018. Disponível em: <http://wdi.worldbank.org/tables>. Acesso em: 22 abr. 2018.

* O coeficiente de desigualdade recebe esse nome em homenagem ao seu criador, o estatístico italiano Corrado Gini (1884-1965). Varia de zero, que indica plena igualdade, a cem, situação de máxima desigualdade, indicando como a renda está distribuída em um país. A Ucrânia é o que apresenta a melhor distribuição de renda, e a África do Sul, a pior. Alguns países, como a Arábia Saudita, não fornecem esse dado ao Banco Mundial.

Entretanto, o rápido crescimento econômico que vem ocorrendo em diversos países em desenvolvimento desde os anos 1990 tem alterado essa situação. Países emergentes, como China, Brasil, Rússia, Índia e México, entre outros, são, em muitos aspectos (PIB, produção industrial, recursos naturais e potencial do mercado interno), mais ricos do que muitos países classificados como desenvolvidos. Porém, apesar de as elites desses países terem alto padrão de vida, o IDH de suas populações é inferior ao dos países desenvolvidos (veja tabela da página 260). Além disso, a infraestrutura produtiva (energia, telecomunicações, portos, rodovias, etc.) muitas vezes apresenta problemas.

Os países do golfo Pérsico produtores de petróleo, como Arábia Saudita e Emirados Árabes Unidos, estão no grupo das nações de alta renda *per capita*. Entretanto, como a riqueza desses países se concentra nas mãos de uma minoria, eles não são considerados desenvolvidos. O Brasil, país de renda média-alta, tem uma das piores distribuições de renda do mundo, de acordo com dados do Banco Mundial. A tabela ao lado mostra como, de maneira geral, a riqueza se distribui de forma muito mais desigual nos países em desenvolvimento.

Embora minoritárias, nos países desenvolvidos também há pessoas socioeconomicamente marginalizadas. Na foto, morador de rua em Tóquio (Japão), em 2015.

2. ÍNDICE DE DESENVOLVIMENTO HUMANO (IDH)

O economista indiano Amartya Sen (1933-), professor da Universidade de Harvard, um dos criadores do IDH e ganhador do prêmio Nobel de Economia em 1998, define o desenvolvimento como um processo de expansão das liberdades reais dos seres humanos, o que inclui o acesso a bons serviços públicos e garantias de direitos civis, entre outras conquistas.

Analisar o desenvolvimento de um país apenas do ponto de vista macroeconômico, como tradicionalmente tem sido feito, significa obter uma visão parcial e limitada da realidade. Para conhecer as condições de vida de uma população, é preciso considerar não apenas os indicadores econômicos (como renda *per capita* e PIB), mas também os indicadores sociais (expectativa de vida, mortalidade infantil e analfabetismo, por exemplo) e políticos (respeito aos direitos humanos, participação política da população, entre outros), além da sustentabilidade ambiental. Por isso, desde 1990, o Programa das Nações Unidas para o Desenvolvimento (Pnud) calcula e divulga o IDH de quase todos os países (veja no esquema abaixo a composição desse índice e observe a posição de alguns desses países na tabela da próxima página).

Durante muito tempo, a pobreza foi encarada apenas como uma limitação na renda das pessoas, mas atualmente deve ser considerada como uma privação das capacidades humanas básicas, como propõe Amartya Sen. Ela está relacionada à restrição à cidadania e aos direitos humanos, daí a importância de programas de complementação de renda e de investimentos em melhorias dos serviços públicos, como saúde, educação e saneamento básico. Por isso, complementando o IDH, em 2010, o Pnud criou o Índice de Pobreza Multidimensional (IPM), que mede a pobreza da população de um país pela intensidade de privações, e não apenas pela renda.

Macroeconômico: refere-se à macroeconomia, ramo da economia que se ocupa do estudo do comportamento do sistema econômico como um todo em suas grandes variações estatísticas: PIB, nível de renda e emprego, etc.

Consulte o *site* do **Programa das Nações Unidas para o Desenvolvimento (Pnud)**. Veja orientações na seção **Sugestões de textos, vídeos e *sites***.

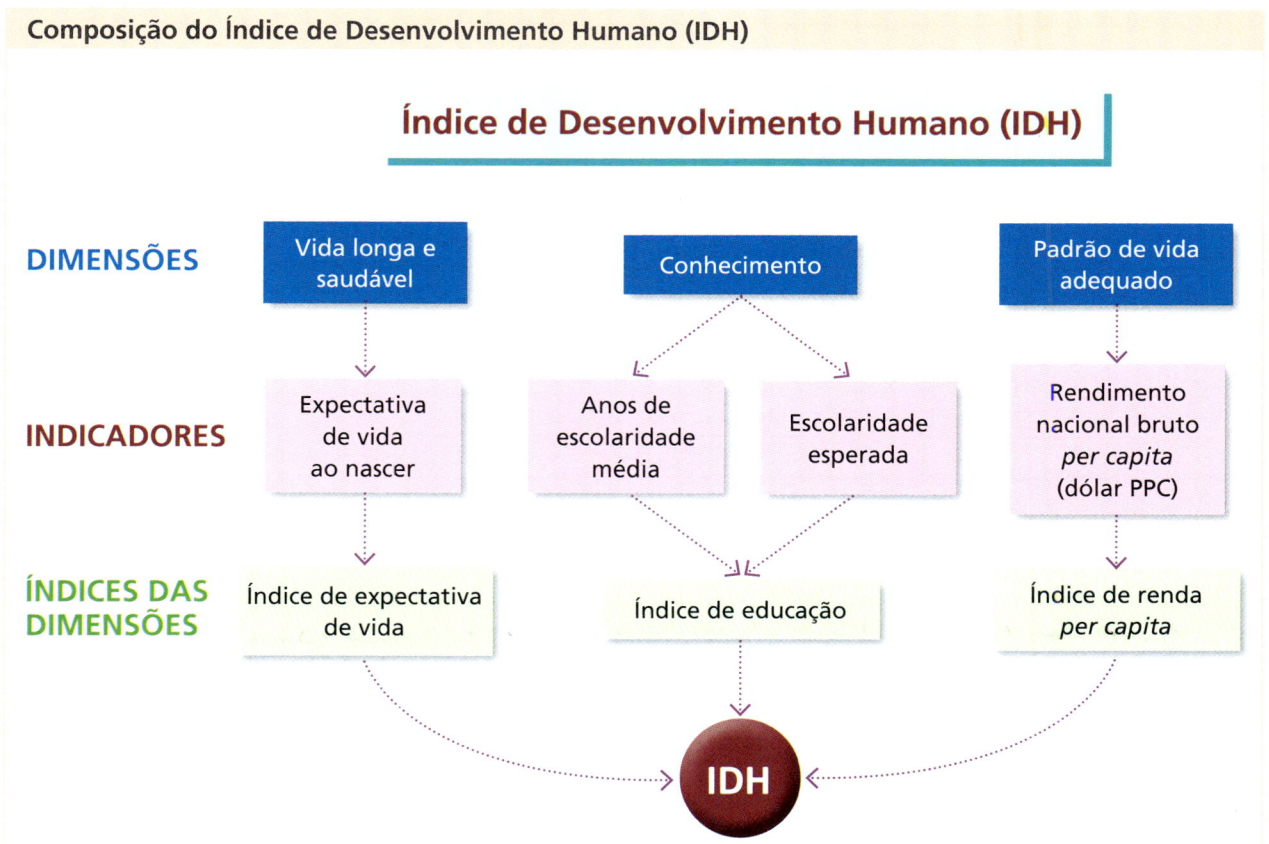

Fonte: UNDP. *Human Development Reports*. Human Development Index (HDI). New York, 2016.
Disponível em: <http://hdr.undp.org/en/content/human-development-index-hdi>. Acesso em: 22 abr. 2018.

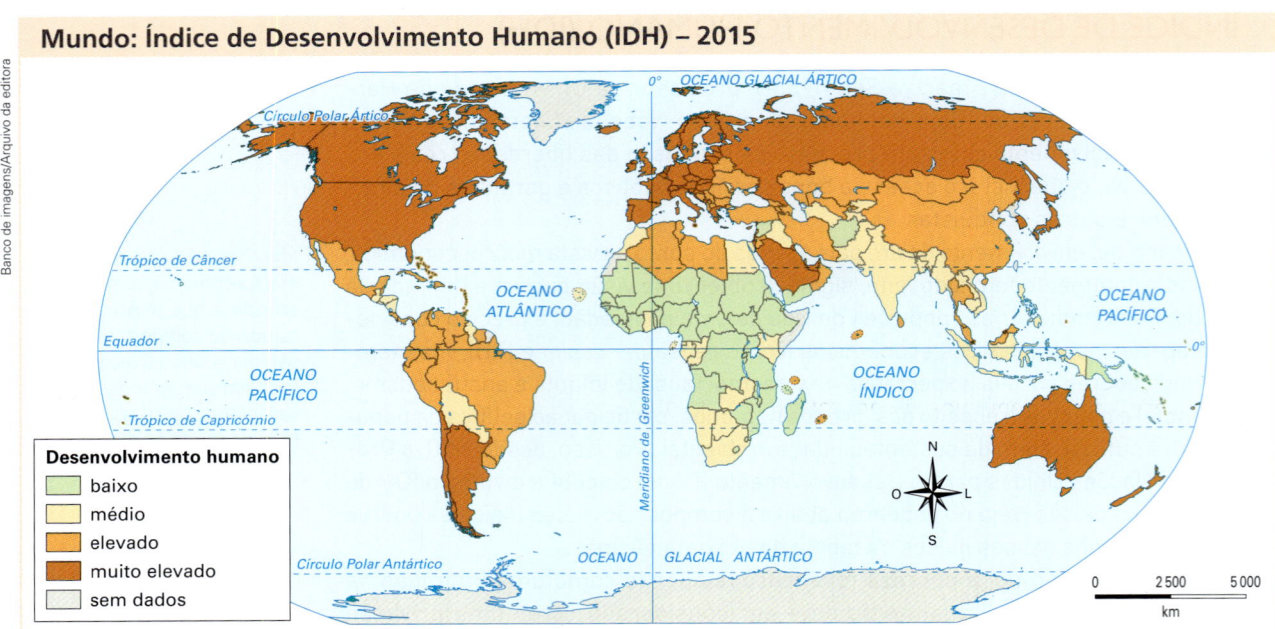

Fonte: UNDP. *Human Development Report 2016.* New York: United Nations Development Programme, 2016. p. 198-201.

Países selecionados: Índice de Desenvolvimento Humano (IDH) – 2015				
Posição/país	IDH	Expectativa de vida ao nascer (anos)	Escolaridade média/ escolaridade esperada* (anos)	Rendimento nacional bruto *per capita* (dólar PPC de 2011)
Desenvolvimento humano muito elevado				
1º Noruega	0,949	81,7	12,7 / 17,7	67 614
4º Alemanha	0,926	81,1	13,2 / 17,1	45 000
10º Estados Unidos	0,920	79,2	13,2 / 16,5	53 245
17º Japão	0,903	83,7	12,5 / 15,3	37 268
18º Coreia do Sul	0,901	82,1	12,2 / 16,6	34 541
38º Arábia Saudita	0,847	74,4	9,6 / 16,1	51 320
45º Argentina	0,827	76,5	9,9 / 17,3	20 945
Desenvolvimento humano elevado				
77º México	0,762	77,0	8,6 / 13,3	16 383
79º Brasil	0,754	74,7	7,8 / 15,2	14 145
90º China	0,738	76,0	7,6 / 13,5	13 345
Desenvolvimento humano médio				
119º África do Sul	0,666	57,7	10,3 / 13,0	12 087
131º Índia	0,624	68,3	6,3 / 11,7	5 663
Desenvolvimento humano baixo				
152º Nigéria	0,527	53,1	6,0 / 10,0	5 443
163º Haiti	0,493	63,1	5,2 / 9,1	1 657
176º R. D. do Congo	0,435	59,1	6,1 / 9,8	680
181º Sudão do Sul	0,418	56,1	4,8 / 4,9	1 882

Fonte: UNDP. *Human Development Report 2016.* New York: United Nations Development Programme, 2016. p. 198-201.

* Número de anos de escolaridade que uma criança em idade de entrada na escola pode esperar receber se as taxas de matrícula por idades permanecerem as mesmas ao longo de sua vida escolar.

3. ÍNDICE DE PERCEPÇÃO DA CORRUPÇÃO

Com poucas exceções, os países em desenvolvimento, principalmente os "países menos desenvolvidos", são, ou foram por longo período, governados por ditaduras ou regimes democráticos pouco consolidados, sob o comando de elites em geral indiferentes ao bem-estar social do restante da população. Nessas circunstâncias, o governo deixa de cumprir muitas de suas atribuições básicas e dedica-se a satisfazer aos interesses da família, da classe social ou do grupo étnico detentor do poder. A apropriação do aparelho estatal por um setor da sociedade é mais comum nos países menos desenvolvidos, sobretudo na África subsaariana. Em casos extremos, uma pessoa chega a comandar todo um país. O sociólogo espanhol Manuel Castells chama essa apropriação de "Estado predatório" (veja o exemplo a seguir, sobre a atual República Democrática do Congo).

Em países em desenvolvimento que atingiram certo grau de industrialização, como muitos dos emergentes, é comum um grupo social ou partido político se apropriar do aparelho de Estado. Nesse caso, costumam ocorrer diversos tipos de favorecimento, como a concessão de subsídios e de incentivos fiscais a grupos econômicos ligados ao poder instituído, muitas vezes em detrimento de investimentos sociais que poderiam beneficiar a maioria da população.

O desvio das funções do governo, a relação não republicana entre o Estado e o capital, entre o governo e o partido político, a impunidade de funcionários públicos desonestos e o desrespeito à cidadania intensificaram a corrupção, um grave problema nos países em desenvolvimento, especialmente nos mais pobres. Na maioria deles, a corrupção no setor público está fortemente arraigada, em razão da falta de transparência dos governos, da fragilidade do sistema jurídico e da impunidade, e consome vultosos recursos que poderiam ser investidos na solução dos problemas sociais.

Subsídio: benefício concedido pelo governo a pessoas, empresas ou setores da economia. Esse benefício pode ser instituído na forma de pagamento da diferença entre o preço de custo (mais alto) e o preço de mercado (mais baixo) de determinado bem, pode ocorrer na forma de empréstimos a juros abaixo da taxa de mercado ou, ainda, como isenção de impostos.

Incentivo fiscal: subsídio concedido pelos governos (federal, estaduais ou municipais) em operações ou atividades que queiram incentivar, geralmente na forma de redução ou mesmo isenção de impostos.

PARA SABER MAIS

"Estado predatório"

O Zaire, atual **República Democrática do Congo**, foi governado pelo ditador Mobutu Sese Seko, ex-sargento do exército colonial belga, entre 1965 e 1997. Durante seu governo, Mobutu acumulou uma fortuna avaliada em 6 bilhões de dólares, segundo dados do Banco Mundial e do FMI. Em 1997, Laurent Kabila, líder guerrilheiro que lutava contra o regime de Mobutu, ocupou Kinshasa, a capital do país, e tomou o poder. Mobutu fugiu para o Marrocos, onde morreu no mesmo ano. Kabila instaurou uma nova ditadura, dando origem a uma guerra civil que provocou a morte de milhares de pessoas. Em 2001, Laurent Kabila foi assassinado e o governo foi assumido por seu filho, Joseph Kabila. Em 2006, nas primeiras eleições livres do país, Kabila elegeu-se presidente, reelegendo-se em 2011. Rica em recursos minerais, a República Democrática do Congo é um dos países mais pobres do mundo: ocupa a 176ª posição no IDH, segundo o relatório de 2016 do Pnud, e tem 77% da população sobrevivendo na extrema pobreza.

No antigo Zaire, Mobutu possuía duas residências privativas, além do palácio presidencial, e mantinha residências na Europa, como a vila mostrada na foto de 1997, em Savigny (Suíça).

Como é impossível mensurar com precisão essa prática, a Transparência Internacional (ONG com sede em Berlim, Alemanha) criou o Índice de Percepção da Corrupção (IPC), elaborado anualmente com base em pesquisas e entrevistas feitas por diversas entidades junto a setores da sociedade mundial e de cada país.

Com base no IPC, os países são classificados segundo o grau de corrupção percebido no setor público, variando de zero (altamente corrupto) a cem (altamente honesto).

Como se pode observar no gráfico abaixo, a corrupção existe em todos os países – desenvolvidos, emergentes e menos desenvolvidos. No entanto, como veremos a seguir, ela é muito mais grave no último grupo, onde estão os "Estados frágeis".

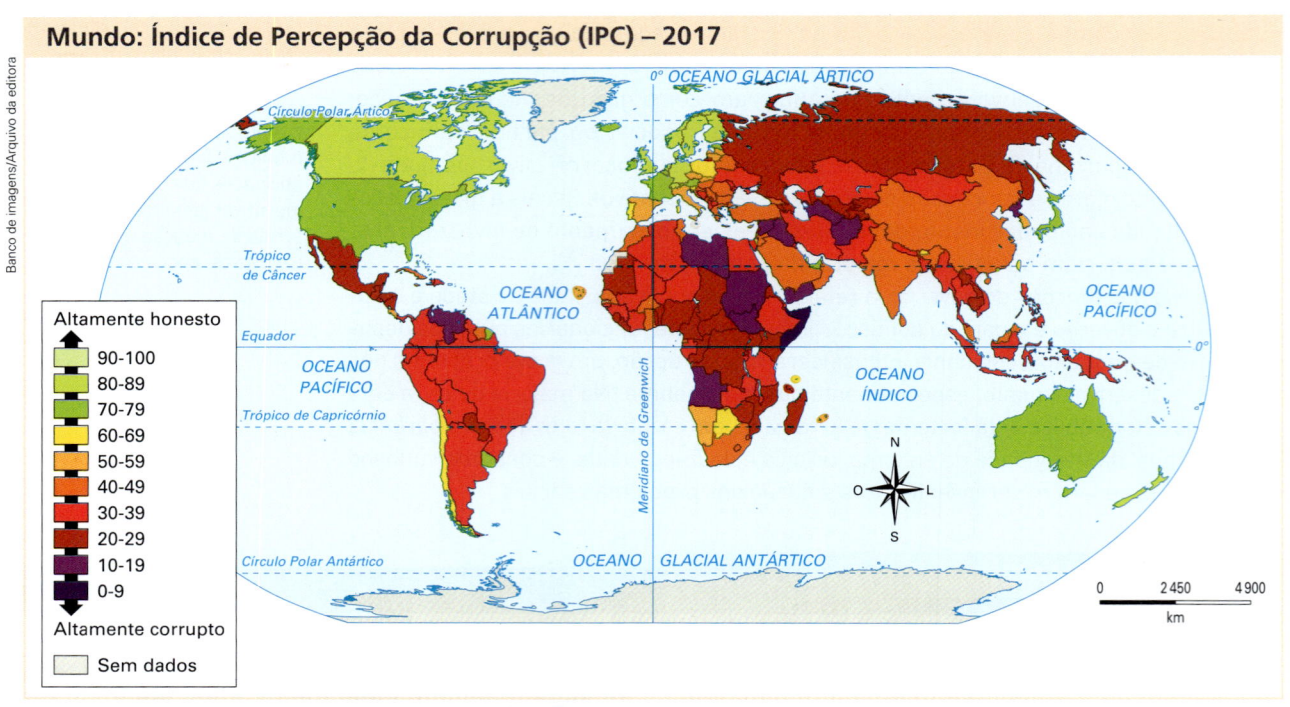

Fonte: TRANSPARENCY INTERNATIONAL. *Corruption Perception Index 2017*. Berlim, 2018. Disponível em: <www.transparency.org/news/feature/corruption_perceptions_index_2017>. Acesso em: 22 abr. 2018.

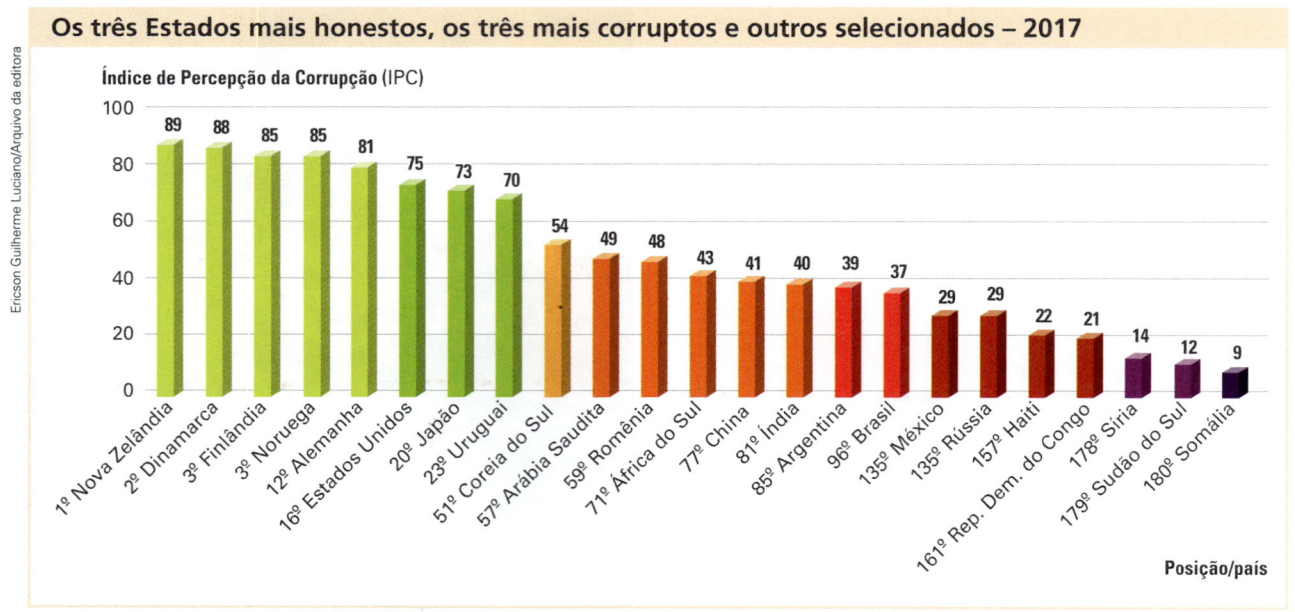

Fonte: TRANSPARENCY INTERNATIONAL. *Corruption Perception Index 2017*. Berlim, 2018. Disponível em: <www.transparency.org/news/feature/corruption_perceptions_index_2017>. Acesso em: 22 abr. 2018.

De acordo com o *Dicionário de Política* de Norberto Bobbio, corrupção é "o fenômeno pelo qual um funcionário público é levado a agir de modo diverso dos padrões normativos do sistema, favorecendo interesses particulares em troca de recompensa". O Ministério Público Federal lista 18 tipos de corrupção definidos em lei (consulte o esquema abaixo).

O combate à corrupção exige um Poder Judiciário independente e atuante, a punição exemplar dos responsáveis (corruptos e corruptores) e, sobretudo, a consciência de que essa prática é um crime contra toda a sociedade, exigindo mudança de postura de todos os cidadãos. A pesquisa "Corrupção na política: eleitor – vítima ou cúmplice?", feita pelo Ibope em 2006, mostrou que 75% dos entrevistados, caso tivessem oportunidade, cometeriam ao menos uma das práticas de corrupção apontadas na sondagem.

CIDADANIA: COMBATE À CORRUPÇÃO

DIALOGANDO COM SOCIOLOGIA

Tipos de corrupção

Consulte o portal **Ministério Público Federal (MPF) Combate à Corrupção** e saiba como esses tipos de corrupção são definidos em lei. Veja orientações na seção **Sugestões de textos, vídeos e *sites***.

Advocacia administrativa: utilização indevida do cargo exercido por funcionário público para defender interesses de terceiros perante a administração pública.

Concussão: exigência de dinheiro ou qualquer outra vantagem indevida, mediante influência do cargo exercido, para o próprio funcionário público ou para outros.

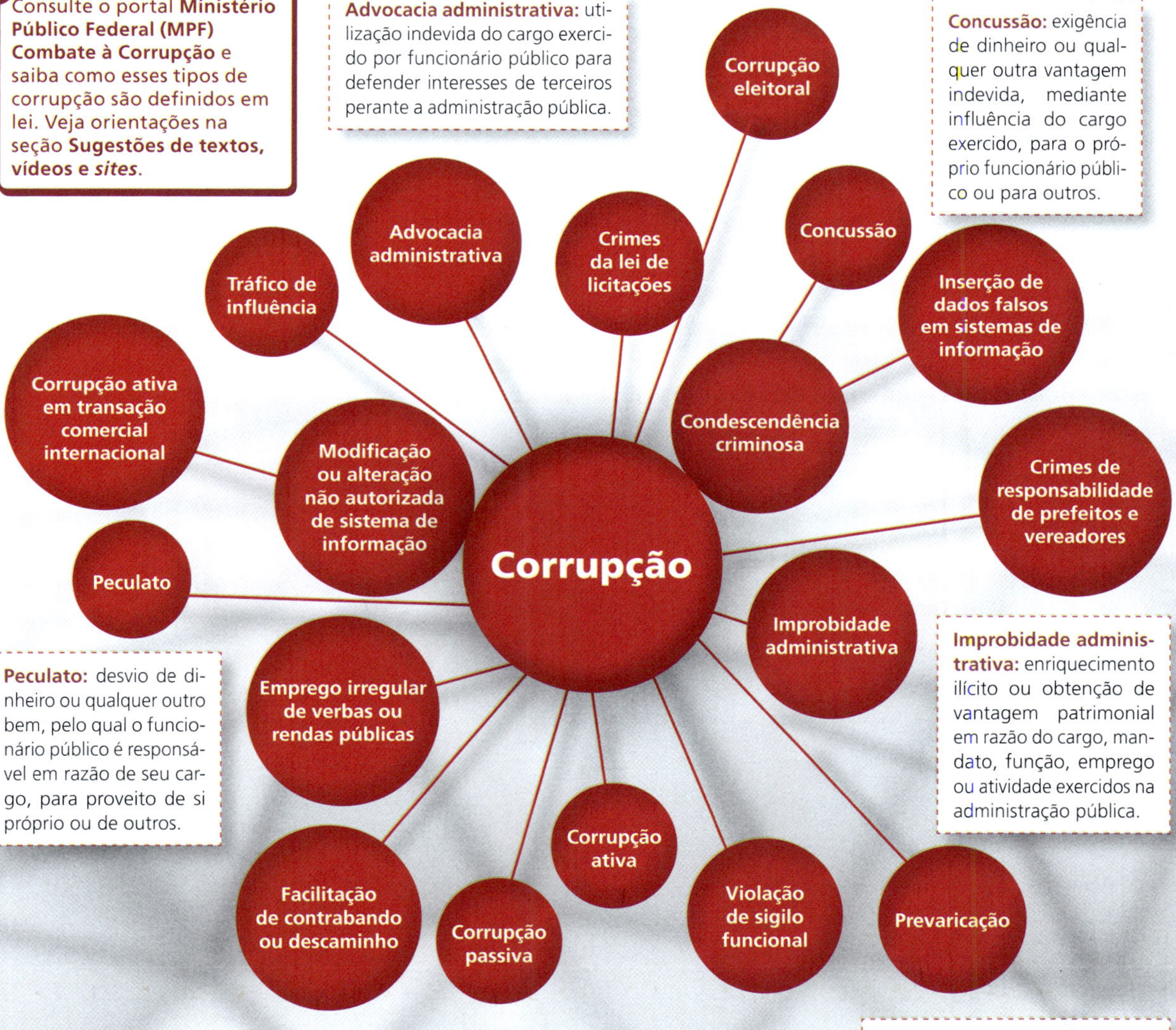

Tipos de corrupção (esquema):
- Corrupção eleitoral
- Advocacia administrativa
- Tráfico de influência
- Crimes da lei de licitações
- Concussão
- Inserção de dados falsos em sistemas de informação
- Corrupção ativa em transação comercial internacional
- Modificação ou alteração não autorizada de sistema de informação
- Condescendência criminosa
- Crimes de responsabilidade de prefeitos e vereadores
- Peculato
- **Corrupção** (centro)
- Improbidade administrativa
- Emprego irregular de verbas ou rendas públicas
- Facilitação de contrabando ou descaminho
- Corrupção passiva
- Corrupção ativa
- Violação de sigilo funcional
- Prevaricação

Peculato: desvio de dinheiro ou qualquer outro bem, pelo qual o funcionário público é responsável em razão de seu cargo, para proveito de si próprio ou de outros.

Improbidade administrativa: enriquecimento ilícito ou obtenção de vantagem patrimonial em razão do cargo, mandato, função, emprego ou atividade exercidos na administração pública.

Prevaricação: não assumir as responsabilidades do cargo público, retardando ou deixando de praticar um dever ou praticando-o contra dispositivos legais, visando satisfazer interesses pessoais.

> "A corrupção mina as instituições democráticas, retarda o desenvolvimento econômico e contribui para a instabilidade governamental."
>
> "Ação da UNODC contra a corrupção e o crime econômico", documento da United Nations Office on Drugs and Crime (UNODC).

Fonte: MPF Combate à Corrupção. *Tipos de corrupção*. Brasília, 2018. Disponível em: <www.combateacorrupcao.mpf.mp.br/tipos-de-corrupcao>. Acesso em: 22 abr. 2018.

4. ÍNDICE DE FRAGILIDADE DOS ESTADOS

Outro problema que várias nações menos desenvolvidas enfrentam, sobretudo as africanas e as asiáticas, são as **guerras**, a maioria delas **civis**, que as desagregam social e economicamente. De acordo com a Irin, agência britânica de notícias e análises humanitárias, dos 38 conflitos armados em andamento em 2017, vinte ocorriam na Ásia (oito no Oriente Médio), catorze na África (doze na região subsaariana), dois na América Latina e dois na Europa. Essas guerras atingiam principalmente os países que a The Fund for Peace (ONG com sede em Washington, D.C., Estados Unidos) chama de "**Estados frágeis**". Esse conceito define as nações em que o Estado apresenta tal grau de desestruturação que não consegue cumprir sua missão de garantir paz, segurança e coesão social aos habitantes de seu território. Ele é medido pelo **Índice de Fragilidade dos Estados (IFE)**, composto de doze indicadores sociais, econômicos, políticos e militares. As notas para cada um desses indicadores variam de um a dez, e a média final compõe um único indicador. Quanto mais próximo de 120, maior a fragilidade do Estado e a desagregação social; quanto mais próximo de zero, mais sustentável é o Estado e mais coesa é a sociedade. O Sudão do Sul é o Estado mais vulnerável, e a Finlândia, o mais sustentável.

Dos quinze Estados com maior Índice de Fragilidade, dez são da África subsaariana, quatro da Ásia e um do Caribe. Observe o gráfico da página ao lado e perceba que não é mera coincidência que países como o Sudão do Sul e a Somália apareçam nos primeiros postos nesse *ranking* e nos últimos no gráfico da página 262, que retrata o **Índice de Percepção da Corrupção (IPC)**. Há uma forte correlação entre o IPC e o IFE (compare o mapa abaixo com o da página 262). Quanto mais a corrupção é disseminada em um país, mais desagregada é a sociedade, maior seu grau de vulnerabilidade e mais elevado seu IFE. Esses indicadores também se correlacionam fortemente com o IDH.

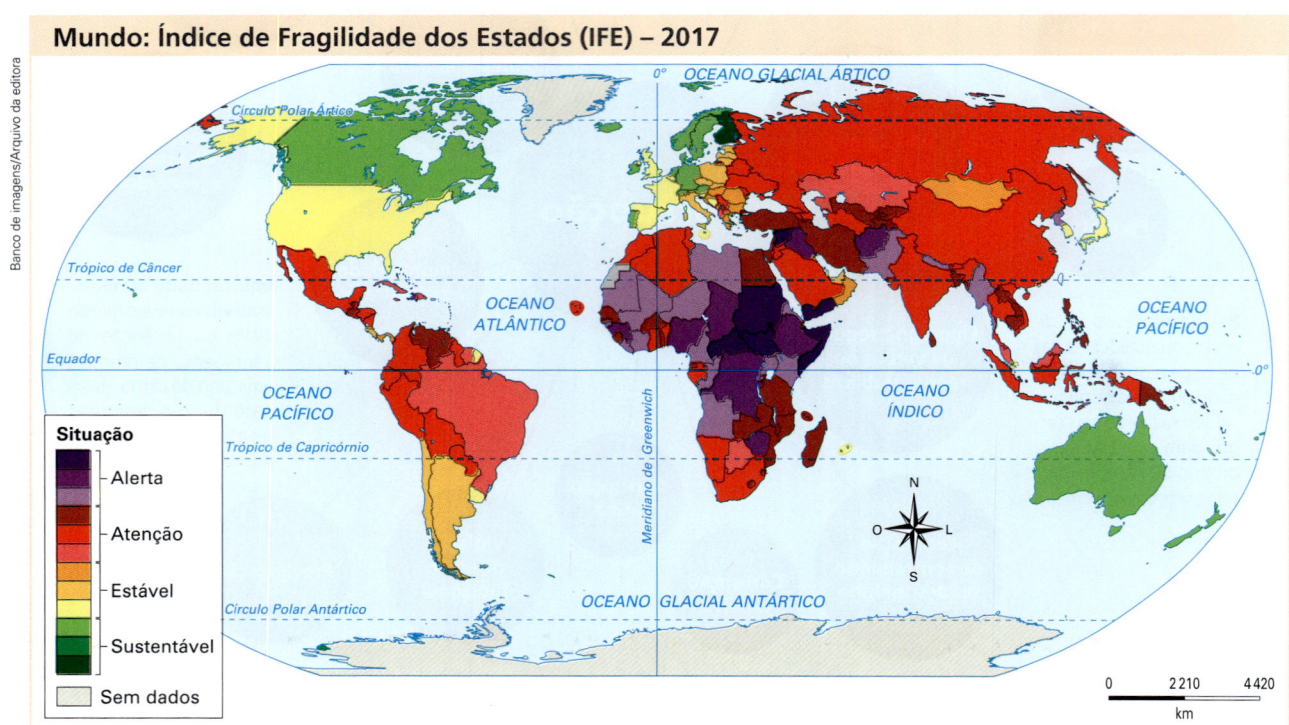

Fonte: THE FUND FOR PEACE. *Fragile States Index Annual Report 2017*. Washington, D.C., 10 maio 2017. Disponível em: <http://fundforpeace.org/fsi/2017/05/14/fragile-states-index-2017-annual-report/951171705-fragile-states-index-annual-report-2017/>. Acesso em: 29 abr. 2018.

> Assista à conferência *A língua das armas*, proferida pelo botânico congolês Corneille Ewango, na qual relata os problemas enfrentados durante a guerra civil na República Democrática do Congo, e ao filme *Hotel Ruanda*, que trata da guerra civil ruandesa. Veja indicações na seção **Sugestões de textos, vídeos e sites**.

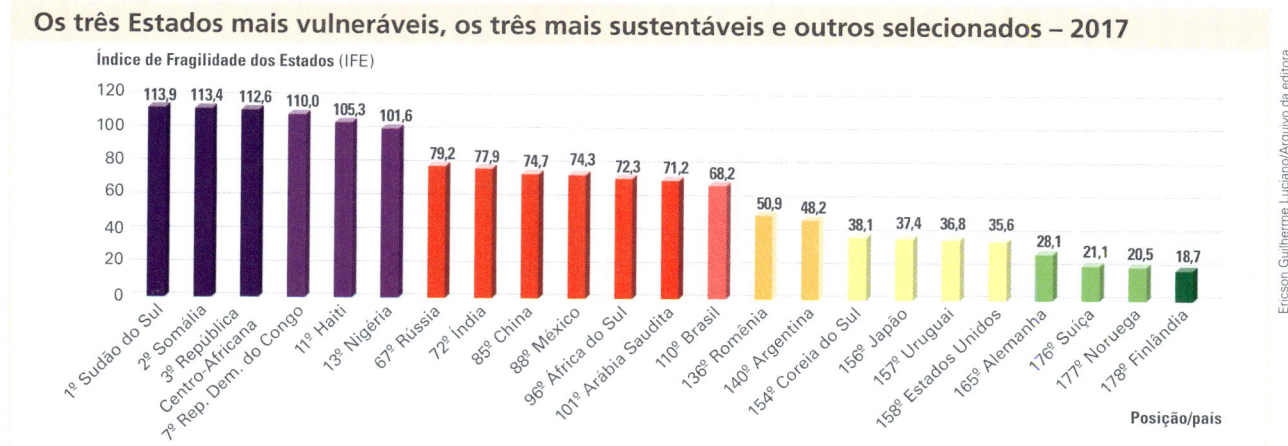

Fonte: THE FUND FOR PEACE. *Fragile States Index Annual Report 2017*. Washington, D.C., 10 maio 2017. Disponível em: <http://fundforpeace.org/fsi/2017/05/14/fragile-states-index-2017-annual-report/951171705-fragile-states-index-annual-report-2017/>. Acesso em: 29 abr. 2018.

Muitos dos Estados mais pobres e vulneráveis do mundo, como é o caso do Sudão do Sul, têm elevadas despesas militares, muitas vezes superiores aos investimentos sociais, como em saúde. Em 2015, de acordo com dados do Banco Mundial, esse país da África Subsaariana comprometeu 10,9% do PIB com despesas militares e apenas 2,7% com saúde. É exatamente o oposto do que ocorre nos países mais sustentáveis. No mesmo ano, a Noruega gastou 1,5% de seu PIB com despesas militares e 9,7% com saúde.

Entretanto, o percentual gasto com armas nas maiores potências econômicas mundiais representa muito dinheiro em razão do tamanho de seus PIBs. Naquele ano, os Estados Unidos gastaram 3,3% de seu PIB com armas, o correspondente a cerca de 600 bilhões de dólares, o que equivale a 60 vezes o PIB do Sudão do Sul.

Note como a situação dos países mais pobres é perversa: têm um PIB pequeno e gastam proporcionalmente mais com armas, sobrando menos para investimentos sociais. É importante lembrar que os países "menos desenvolvidos" não produzem armamentos, por isso importam dos países desenvolvidos e de alguns emergentes. Apenas os Estados Unidos são responsáveis por 31% das exportações mundiais de armas.

Em muitos "países menos desenvolvidos" e com graves problemas institucionais, a falta de perspectivas econômicas leva muitos jovens, principalmente do sexo masculino, a serem aliciados por grupos armados. Como constataremos ao estudar os conflitos mundiais no capítulo 17, o desemprego/ócio é um forte indutor da entrada de jovens em movimentos rebeldes.

Para superar a falta de perspectivas econômicas e o desalento que impera em muitos países pobres, deve-se romper o **círculo vicioso pobreza-guerra-pobreza**, principalmente nos "Estados frágeis". Essa não é uma tarefa fácil, por causa dos interesses dos grupos que detêm o poder nesses países e dos exportadores de armas. Porém, a tomada de consciência internacional nesse sentido mobilizou os países do mundo a estabelecer os **Objetivos de Desenvolvimento do Milênio** (observe o infográfico nas páginas a seguir).

Como vimos no gráfico, o Sudão do Sul é o Estado mais vulnerável em todo o planeta. O grau de vulnerabilidade é tão acentuado que desarticulou a produção de alimentos no país. Na foto de 2017, sul-sudaneses carregam comida doada pelo Programa Mundial de Alimentos, maior organização de ajuda humanitária envolvida no combate à fome no mundo.

INFOGRÁFICO

OBJETIVOS DE DESENVOLVIMENTO DO MILÊNIO: INFORME DE 2015

Na Cúpula do Milênio, realizada em 2000 na sede da ONU, em Nova York, foi lançada uma ambiciosa proposta para reduzir a pobreza mundial e melhorar os indicadores de desenvolvimento humano dos países de África, Ásia e América Latina, onde vive a maioria das pessoas pobres do mundo. Os Objetivos de Desenvolvimento do Milênio (ODM) constam da *Declaração do Milênio das Nações Unidas*, documento assinado pelos países-membros da ONU (na ocasião eram 189). Cada um deles assumiu os oito compromissos a serem postos em prática até o ano de 2015. Esses objetivos e alguns dos resultados alcançados são apresentados a seguir.

O então secretário-geral da ONU, Kofi Annan (1938-), diplomata ganês, discursa na sede das Nações Unidas durante a abertura da Cúpula do Milênio, em 6 de setembro de 2000.

1 Erradicar a extrema pobreza e a fome

2 Atingir o ensino básico universal

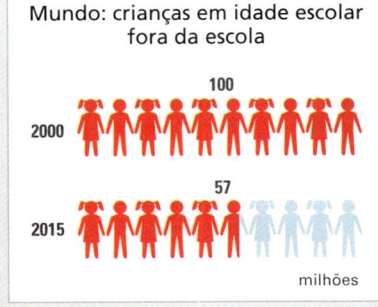
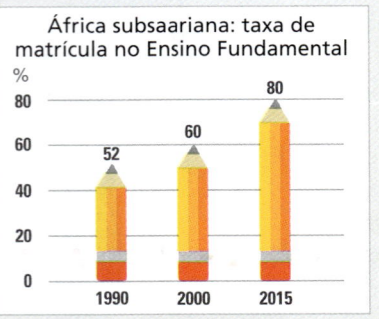

3 Promover a igualdade entre os sexos e a autonomia das mulheres

* Em 2015, o Banco Mundial atualizou a linha internacional da pobreza extrema para 1,90 dólar por dia.

Para ver uma análise de alguns dos desafios globais, como os desequilíbrios entre os países, consulte o livro ***Compreender o mundo***, de Pascal Boniface. Veja indicação na seção **Sugestões de textos, vídeos e *sites***.

4 Reduzir a mortalidade na infância

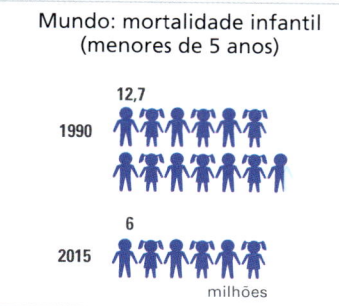
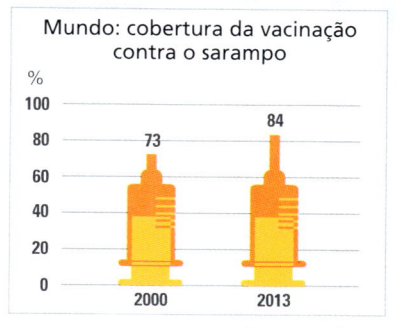

5 Melhorar a saúde materna

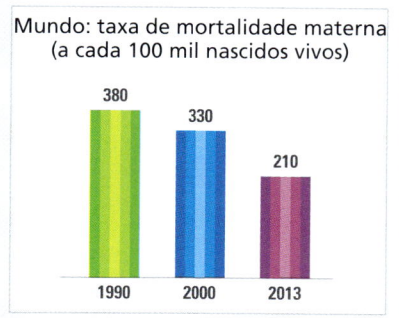
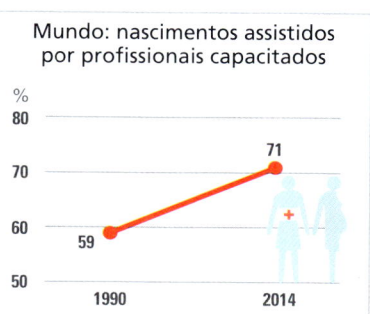

6 Combater o HIV/Aids, a malária e outras doenças

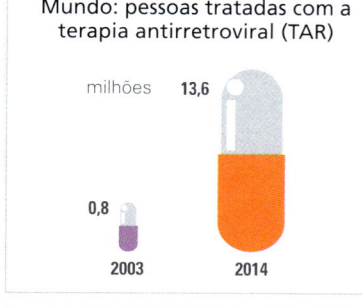
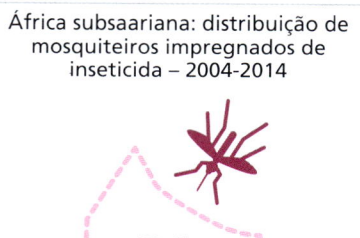

7 Garantir a sustentabilidade ambiental

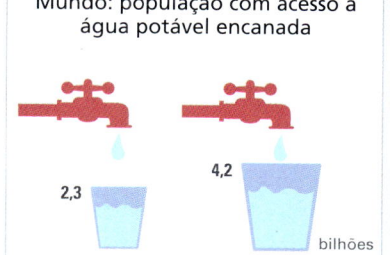

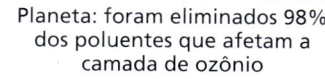

8 Estabelecer uma parceria mundial para o desenvolvimento

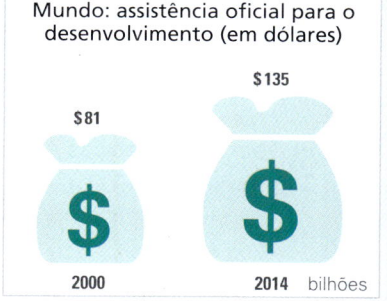

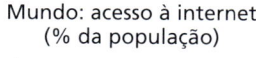
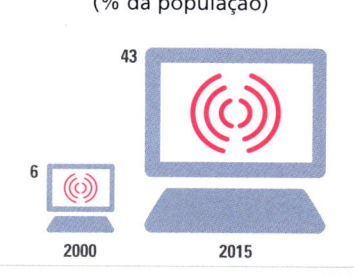

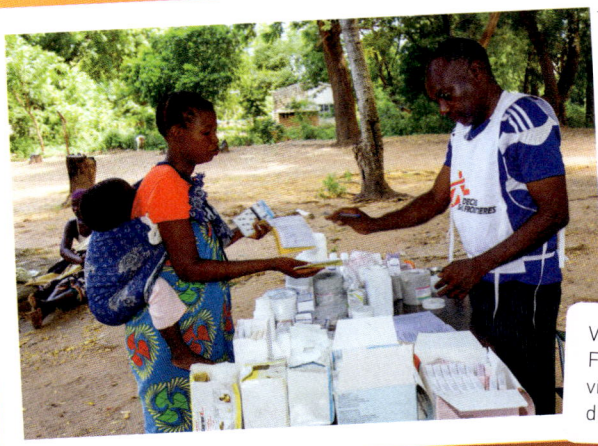

Voluntário da organização humanitária Médicos Sem Fronteiras distribui medicamentos contra malária às vítimas de inundação ocorrida em 2015 no Malauí, um dos países mais pobres da África.

Fonte: NACIONES UNIDAS. *Objetivos de Desarrollo del Milenio*: informe de 2015. Nueva York, 2015. Disponível em: <www.undp.org/content/dam/undp/library/MDG/spanish/UNDP_MDG_Report_2015.pdf>. Acesso em: 22 abr. 2018. (Traduzido pelos autores).

ATIVIDADES

COMPREENDENDO CONTEÚDOS

1. Releia a tabela da página 260 e responda: uma renda *per capita* mais elevada sempre corresponde a um IDH mais elevado? Dê exemplos.

2. Observe a tabela da página 258 e estabeleça uma comparação entre os países desenvolvidos e os países em desenvolvimento.

3. Identifique as correlações entre os dados observados nas tabelas dos itens anteriores e cite medidas que podem melhorar a condição de vida de uma sociedade.

4. Com base na análise do infográfico das páginas 266 e 267, responda: O que são os Objetivos de Desenvolvimento do Milênio (ODM)? Houve avanço nos objetivos propostos para 2015?

DESENVOLVENDO HABILIDADES

5. Organizem-se em grupos e façam as atividades propostas.

    DIALOGANDO COM SOCIOLOGIA E HISTÓRIA

    a) Observem os mapas das páginas 260 e 262. Qual é a correlação que se pode estabelecer entre eles?
    b) Discutam as questões a seguir sobre o tema **corrupção**. Para isso, considerem a correlação dos dados de IPC e de IDH feita no item a) e as informações do esquema da página 263.
    - O que é corrupção?
    - Por que ela existe?
    - Em que regiões do mundo estão os países com maior índice de corrupção?
    - Quais são as consequências da corrupção na sociedade?
    - O que é possível fazer para combatê-la?
    c) Para fundamentar a argumentação do grupo, façam uma pesquisa sobre a corrupção no mundo e registrem as principais ideias levantadas. Por fim, apresentem as conclusões do grupo à sala.

6. Correlacione as informações do mapa abaixo com as da tabela da página 256.

    DIALOGANDO COM SOCIOLOGIA

    a) Em quais regiões do mundo estão os maiores contingentes de mulheres analfabetas e de pessoas que vivem na pobreza extrema? Que correlações podem ser estabelecidas entre essas duas informações?
    b) Relacione esses fatos com a terceira meta dos Objetivos de Desenvolvimento do Milênio (ODM). Caso não se lembre dela, reveja o infográfico nas páginas 266 e 267.

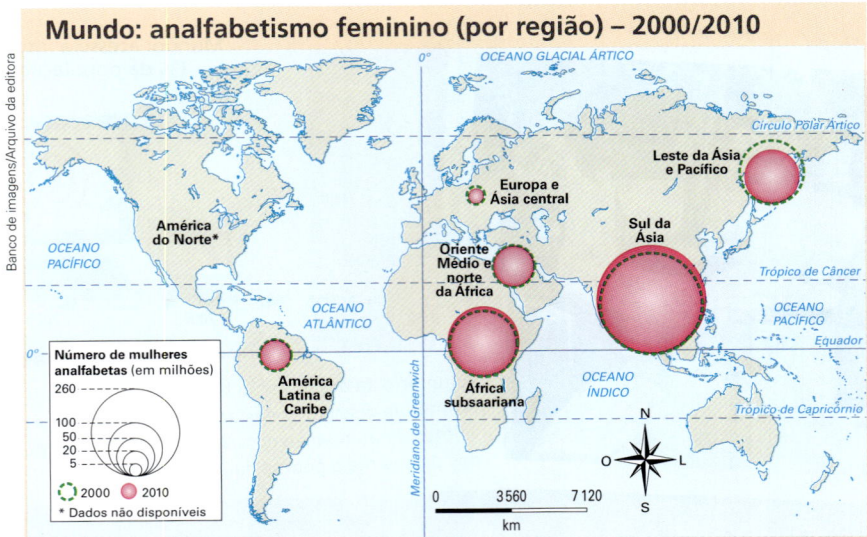

Fonte: LE MONDE DIPLOMATIQUE. *L'Atlas 2013*. Paris: Vuibert, 2012. p. 871.

CAPÍTULO 16

A ORDEM INTERNACIONAL

Porta-aviões nuclear USS Ronald Reagan chegando à base naval dos Estados Unidos na cidade de Yokosuka (Japão), em outubro de 2015.

Desde o fim da Segunda Guerra Mundial, o mundo vem passando por importantes transformações geopolíticas e econômicas. O período da Guerra Fria (1947-1991) foi marcado pelo antagonismo geopolítico-ideológico entre os Estados Unidos da América (EUA) e a União das Repúblicas Socialistas Soviéticas (URSS), pela bipolarização de poder entre essas duas superpotências e pelo temor de uma guerra nuclear (observe a foto).

Em 1989, o Muro de Berlim, que dividia em duas a antiga capital alemã, foi derrubado por seus cidadãos; em 1991, a União Soviética se fragmentou territorialmente e cada uma de suas quinze repúblicas se tornou independente, fato que selou o fim do bloco socialista. Desde então, vivemos o período pós-Guerra Fria, que na atualidade tende para uma situação de multipolaridade.

As mudanças continuam: a China despontou como grande potência econômica e principal credora dos Estados Unidos; os países emergentes, entre os quais se destacam a Índia e o Brasil, vêm ganhando importância e têm procurado aumentar sua influência no mundo.

Para entender essas transformações, é necessário conhecer a ordem internacional – arranjo geopolítico e econômico que regula as relações entre as nações em determinado período histórico. Por isso vamos estudar a ordem internacional desde o fim da Segunda Guerra até os dias atuais.

Mísseis balísticos intercontinentais com capacidade de transportar bombas nucleares, em parada militar na Praça Vermelha, Moscou (União Soviética), em 1969.

1. ORDEM GEOPOLÍTICA — DIALOGANDO COM HISTÓRIA

Durante a Segunda Guerra, a União Soviética e os Estados Unidos lutaram do mesmo lado com o objetivo de derrotar as forças do Eixo nazifascista (Alemanha, Japão e Itália). No fim da guerra, os países do Eixo foram derrotados e, ao mesmo tempo, Reino Unido e França se enfraqueceram econômica, militar e politicamente. O antagonismo ideológico entre Estados Unidos e União Soviética, que seguiam linhas político-econômicas diferentes, acabou por deteriorar essa relação, que se transformou em confronto indireto. A União Soviética, apesar da vitória na guerra, sofreu grandes perdas humanas e enormes prejuízos materiais: mais de 20 milhões de pessoas morreram, a maioria civis, e boa parte de sua infraestrutura urbana e industrial foi destruída. Por isso o país estabeleceu como metas a reconstrução e a busca do equilíbrio bélico com o rival. Já os Estados Unidos, que ingressaram no conflito apenas em 1941, além de perderem relativamente poucos combatentes, mantiveram intacta sua infraestrutura e ainda aumentaram a produtividade industrial, acumulando vultosas reservas.

Emergiam, portanto, duas superpotências no cenário mundial: a União Soviética e os Estados Unidos. A hegemonia americana consolidou-se no **bloco capitalista**, ou **ocidental**. Paralelamente, os soviéticos expandiram seu território e sua área de influência a um conjunto de países que posteriormente compôs o **bloco socialista**, ou **oriental**.

> O filme *O dia seguinte* materializa a frase de Albert Einstein. Veja orientações na seção **Sugestões de textos, vídeos e *sites***.

A emergência do conflito Leste-Oeste se caracterizou pelo antagonismo geopolítico-militar e pela propaganda ideológica. Ao mesmo tempo que buscava ampliar sua área de influência, cada superpotência tentava conter a expansão da outra, em uma época marcada pela **bipolarização do poder**. Esse conflito ficou conhecido como **Guerra Fria**. Nesse período, Estados Unidos e União Soviética travaram acirrada corrida armamentista.

O cientista político francês Raymond Aron (1905-1983) definiu bem essa situação: "Guerra Fria, paz impossível, guerra improvável.". A paz era impossível porque as superpotências apresentavam um grande antagonismo. A guerra era improvável porque, se ocorresse e culminasse em enfrentamento nuclear, não haveria vencedores, podendo levar ao fim da humanidade ou, ao menos, da civilização como a conhecemos hoje. Daí a famosa resposta do físico Albert Einstein (1879-1955), ao ser indagado sobre como seria a Terceira Guerra Mundial: "Não sei como será a Terceira Guerra Mundial, mas sei que a Quarta será com paus e pedras".

Em 1947, ano considerado um dos marcos do início da Guerra Fria, os Estados Unidos lançaram as bases da **Doutrina Truman** e do **Plano Marshall**. Naquele ano, o presidente Harry Truman (1884-1972), que governou entre 1945 e 1953, propôs a concessão de créditos para a Grécia e a Turquia. Com isso, pretendia sustentar governos pró-ocidente naqueles países e lançava a doutrina que levou seu nome.

Fonte: LEBRUN, François (Dir.). *Atlas historique*. Paris: Hachette, 2000. p. 50. (Mapa sem escala.)

* Atuais Coreia do Norte e Coreia do Sul.

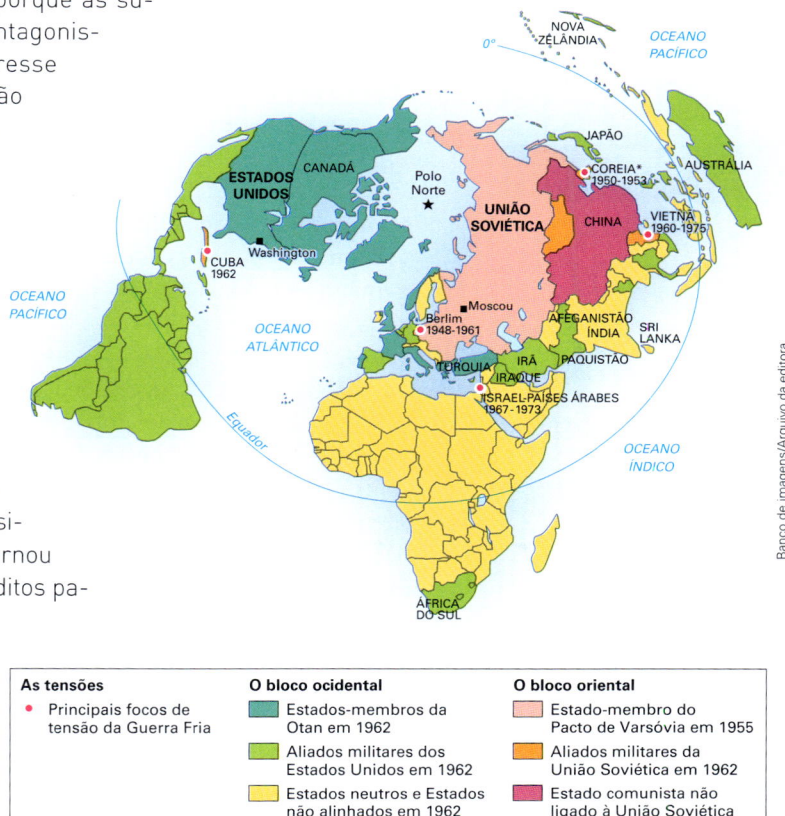

Mundo da Guerra Fria: conflito Leste-Oeste

As tensões
- Principais focos de tensão da Guerra Fria

O bloco ocidental
- Estados-membros da Otan em 1962
- Aliados militares dos Estados Unidos em 1962
- Estados neutros e Estados não alinhados em 1962

O bloco oriental
- Estado-membro do Pacto de Varsóvia em 1955
- Aliados militares da União Soviética em 1962
- Estado comunista não ligado à União Soviética

CAPÍTULO 16 • A ORDEM INTERNACIONAL

O objetivo geopolítico da Doutrina Truman era conter o **socialismo**, isto é, isolar a União Soviética e impedir a expansão de sua área de influência. Complementando essa doutrina, o então Secretário de Estado dos Estados Unidos, George Marshall (1880-1959), idealizou um plano de ajuda econômica para acelerar a recuperação dos países da Europa ocidental e estimular a indústria e a agricultura dos Estados Unidos – o Plano Marshall.

Para administrar e distribuir os recursos do Plano Marshall, em 1948 foi criada a Organização Europeia de Cooperação Econômica (OECE). Entre 1948 e 1952 foram transferidos 13,3 bilhões de dólares a dezesseis países europeus (103,4 bilhões de dólares em valores de 2014). Os principais beneficiados foram: Reino Unido (24%), França (20%), Alemanha Ocidental (11%) e Itália (10%). Grande parte desse dinheiro foi usada para comprar máquinas e equipamentos, matérias-primas, fertilizantes e alimentos, entre outros bens. A maioria dos produtos era adquirida dos próprios americanos, porque parte desse dinheiro correspondia a uma doação vinculada à compra de produtos de empresas dos Estados Unidos; a outra parte dele correspondia a empréstimo. Em 1961, a OECE passou a se chamar **Organização de Cooperação e Desenvolvimento Econômico (OCDE)**, porque países não europeus foram admitidos e novos objetivos foram estabelecidos. Desde então a OCDE foi se expandindo e em 2018 contava com 35 países-membros.

Ao consolidar as economias capitalistas da Europa ocidental, o Plano Marshall buscava atingir dois objetivos: conter a expansão da influência soviética e recuperar mercados para produtos e capitais americanos. Observe ao lado uma charge publicada na época.

> Saiba quais são os 35 membros da **Organização de Cooperação e Desenvolvimento Econômico (OCDE)** consultando seu *site*. Veja orientações na seção **Sugestões de textos, vídeos e *sites***.

AS ALIANÇAS MILITARES

No início da Guerra Fria, muita gente nos Estados Unidos acreditava que, se a União Soviética estendesse sua zona de influência para além do Leste Europeu e da China (que aderiu ao socialismo em 1949), todos os países, sucessivamente, acabariam caindo nas "garras" do inimigo. Esse pressuposto geopolítico ficou conhecido como **efeito dominó**. Para contê-lo, o governo dos Estados Unidos criou várias alianças militares: na Europa ocidental (Otan – Organização do Tratado do Atlântico Norte), no Sudeste Asiático (Otase – Organização do Tratado do Sudeste da Ásia) e no Oriente Médio (Pacto de Bagdá), além de acordos bilaterais com alguns países, como o Japão e a Coreia do Sul. Com isso, delimitou sua zona de influência e estabeleceu um cinturão de isolamento em torno da superpotência rival, que ficou conhecido como **cordão sanitário**. Observe o primeiro mapa da próxima página.

A **Otan**, com sede em Bruxelas (Bélgica), foi a mais importante dessas organizações militares, criada em 1949 como resposta ao **bloqueio a Berlim Ocidental**. Este, por sua vez, foi implantado pela União Soviética entre junho de 1948 e maio de 1949 como reação à introdução do marco (moeda que circulava na parte ocidental da Alemanha) nesse setor da cidade. Os aliados capitalistas abasteceram Berlim Ocidental pelo ar, por meio de uma "ponte aérea", furando o bloqueio terrestre imposto pela União Soviética (observe no segundo mapa da próxima página que a cidade encontrava-se isolada na Alemanha Oriental). Depois de onze meses, o bloqueio foi suspenso, mas esse acontecimento foi a primeira grave crise da Guerra Fria.

Outra consequência importante do bloqueio a Berlim foi a criação da República Federal da Alemanha (RFA), ou Alemanha Ocidental, cuja capital foi instalada na cidade de Bonn, em maio de 1949. A RFA era constituída das zonas de ocupação dos Estados Unidos, Reino Unido e França. Isso aconteceu porque, com o fim da Segunda Guerra, a Alemanha foi dividida entre os vencedores em quatro zonas de ocupação: americana, britânica, francesa e soviética. O mesmo aconteceu com Berlim, sua antiga capital. Os setores americano, britânico e francês de Berlim, embora dentro do território da Alemanha Oriental (socialista), permaneceram ligados à Alemanha Ocidental (capitalista).

Nesta charge, intitulada "Enquanto a sombra se expande", publicada pelo *The New York Times* em 14 de março de 1948, o cartunista americano Edwin Marcus (1885-1961) criticava o atraso na aprovação dos recursos do Plano Marshall pelo Congresso. A imagem retrata um cidadão, que simboliza a Europa ocidental, acuado entre a "ameaça comunista" (representada pelo urso, símbolo da União Soviética) e o atraso do Plano Marshall.

Mundo da Guerra Fria: alianças militares e cordão sanitário

Essa projeção azimutal polar evidencia claramente a estratégia de contenção embutida na Doutrina Truman. Observe que a União Soviética ficou cercada pelas alianças militares constituídas pelos Estados Unidos e seus aliados.

Fonte: CHALIAND, Gerard; RAGEAU, Jean-Pierre. *Atlas du millénaire*: la mort des empires 1900-2015. Paris: Hachette Littératures, 1998. p. 41. (Mapa sem escala.)

A resposta soviética veio em outubro daquele mesmo ano, com a criação da República Democrática Alemã (RDA) em sua respectiva zona de ocupação. A capital da Alemanha Oriental, como ficou mais conhecida a RDA, passou a ser a parte oriental de Berlim, no setor soviético, como mostra o mapa ao lado.

Até a década de 1960, muitos berlinenses deixaram o setor oriental em busca de melhores condições de vida no setor ocidental. Para acabar com esse êxodo e reafirmar a soberania sobre seu setor da cidade, as autoridades orientais construíram o **Muro de Berlim**, um dos símbolos mais significativos do mundo bipolar e das tensões da Guerra Fria. Ao dividir Berlim, o muro de concreto materializava no território de uma cidade todo o antagonismo dessa época: o conflito Leste-Oeste, ou capitalismo *versus* socialismo.

Alemanha – após a Segunda Guerra Mundial

Fonte: DUBY, Georges. *Atlas historique mondial*. Paris: Larousse, 2001. p. 103.

Na noite de 13 de agosto de 1961, o lado ocidental de Berlim foi isolado com arame farpado e a circulação de pessoas passou a ser impedida por soldados. A partir de então, começou a ser erguido um muro de 159 quilômetros de extensão. A foto, de 1962, mostra o muro nas proximidades do portão de Brandenburgo (ao fundo), mesmo local onde se comemorou sua queda, em 1989.

Quando a Alemanha Ocidental ingressou na Otan, em 1955, a resposta soviética veio com a criação de uma aliança militar sob seu comando: o **Pacto de Varsóvia**, assinado no mesmo ano, na capital da Polônia. Assim a União Soviética delimitava sua própria zona de influência. Com isso, a **"cortina de ferro"** – expressão criada em 1946 por Winston Churchill (1874-1965), então primeiro-ministro britânico – passou a dividir a Europa ocidental da Europa oriental. Observe-a no mapa ao lado.

Desde o fim da Guerra Fria, a importância das alianças militares tem diminuído, o que fez com que muitas delas desaparecessem, como o Pacto de Varsóvia, extinto em 1991, ou fossem reestruturadas. A mais importante delas, a Otan, reduziu seu arsenal militar, ganhou mais mobilidade, flexibilidade e novas atribuições. Algumas de suas novas funções são garantir a paz na Europa e dar suporte a intervenções regionais. Além disso, vem ganhando novos membros, inclusive alguns que pertenceram ao antigo Pacto de Varsóvia, chegando a 29 países em 2017 (observe o mapa abaixo).

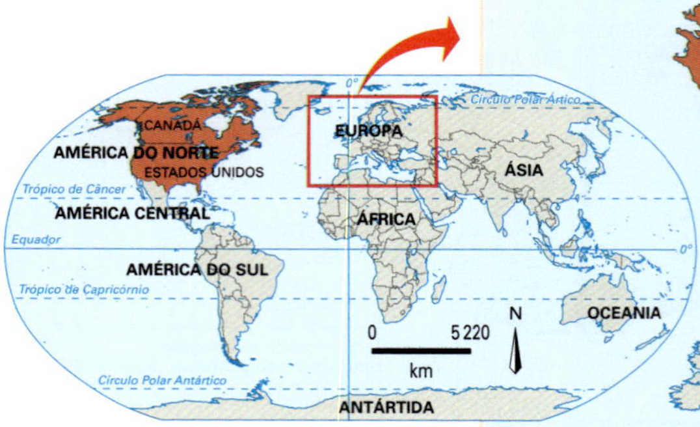

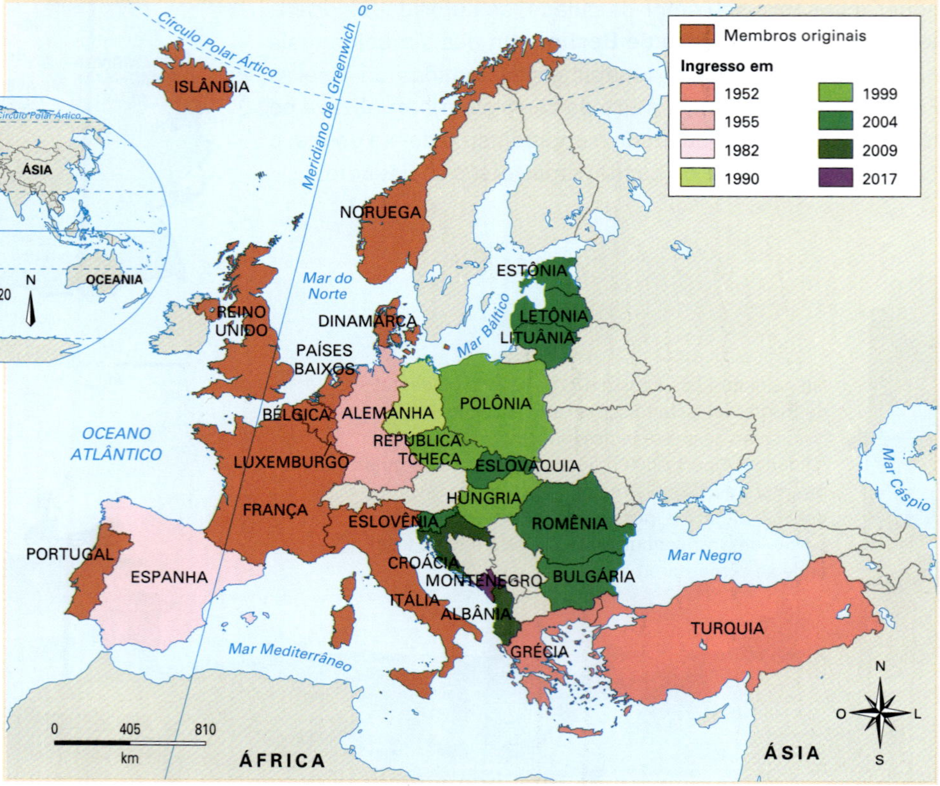

A ONU E A CRISE DE LEGITIMIDADE

DIALOGANDO COM SOCIOLOGIA

A **Organização das Nações Unidas (ONU)** foi criada ao final da Segunda Guerra Mundial com o objetivo de preservar a paz e a segurança no mundo, além de promover a cooperação internacional para resolver questões econômicas, sociais, culturais e humanitárias. Em 1945, representantes de 51 Estados, reunidos na Conferência de São Francisco (Estados Unidos), aprovaram uma Carta de Princípios que deveria nortear as ações da entidade no mundo após a Segunda Guerra. Sediada em Nova York, a ONU apresenta vários órgãos, dos quais os mais importantes são a **Assembleia Geral** e o **Conselho de Segurança**, além de diversas agências.

A Assembleia Geral, que congrega as delegações dos países-membros (193 em 2018), organiza uma reunião anual (podendo haver sessões de emergência), mas não decide sobre questões de segurança e cooperação internacional, limitando-se a fazer recomendações.

O Conselho de Segurança das Nações Unidas (CSNU) é o órgão de maior poder dessa organização. É composto de delegados de quinze países-membros, dos quais cinco são permanentes e dez eleitos a cada dois anos. O poder desse órgão se concentra entre os cinco membros permanentes, que têm prerrogativa de veto: qualquer decisão só é posta em prática se houver consenso entre Estados Unidos, Reino Unido, França, China e Rússia (que substituiu a extinta União Soviética).

O CSNU pode investigar disputas e conflitos internacionais ou no interior de um país, propor soluções visando a acordos de paz e adotar sanções que vão desde o corte das comunicações ou das relações diplomáticas até o bloqueio econômico e as intervenções militares.

O episódio da invasão do Iraque, em 2003, exemplifica as divisões no interior do CSNU. Os Estados Unidos, com o apoio do Reino Unido, optaram por invadir o território iraquiano sem a autorização do CSNU, com o objetivo de derrubar o ditador Saddam Hussein (1937-2006). Sabendo que não teria o apoio necessário dos membros do CSNU, os Estados Unidos, sob o governo de George W. Bush (2001-2009), resolveram apostar no **unilateralismo** e ignoraram o órgão. Tal atitude desgastou a ONU e, por extensão, o **multilateralismo** construído desde sua criação, porque lhe tirou a prerrogativa de decidir sobre intervenções militares.

Consulte o *site* da **Organização das Nações Unidas (ONU)**. Veja orientações na seção **Sugestões de textos, vídeos e *sites***.

O Conselho de Segurança pode autorizar o uso da força militar, como ocorreu na ocupação do Afeganistão, sob a liderança dos Estados Unidos, em 2001. A alocação das forças de paz da ONU, como a Missão das Nações Unidas para a Estabilização da República Democrática do Congo (Monusco), enviada àquele país em 2010 e desde 2018 comandada por um general brasileiro, também deve passar por aprovação do CSNU. Nesta imagem, soldados guatemaltecos integrados à Monusco fazem treinamento em Sake (Rep. Dem. do Congo), em 2016.

A REPRESENTATIVIDADE DO CSNU

A composição do Conselho de Segurança não expressa a correlação de forças do mundo atual, e sim a de quando a ONU foi criada, resultante do desfecho da Segunda Guerra. Por isso, em 2004, Brasil, Alemanha, Japão e Índia formaram um grupo para tentar acelerar sua reforma. Em 2005, esse grupo apresentou à Assembleia Geral um projeto que previa a expansão do número de membros permanentes.

Diante da falta de consenso, o projeto não foi acatado, mas o governo brasileiro não desistiu de seu propósito. Por ser territorial, populacional e economicamente o maior país da América Latina, é um candidato natural a uma vaga permanente, caso o CSNU seja ampliado. O governo brasileiro tem estabelecido articulações diplomáticas nesse sentido, mas as resistências são imensas.

Mesmo que os Estados Unidos, que têm procurado se manter neutros nesse debate, e os outros membros permanentes venham a concordar com a ampliação do CSNU, os postulantes ainda enfrentarão problemas, já que o ingresso depende da aprovação de dois terços dos Estados-membros da ONU.

Na América Latina, o México e possivelmente a Argentina, apesar da parceria no Mercosul, poderiam questionar a adesão do Brasil.

Na África, também há outros pretendentes, tais como o Egito e a Nigéria, que podem concorrer com a África do Sul.

Na Ásia, o conflito indo-paquistanês poderia se acirrar porque o Paquistão não se conformaria com a entrada da Índia, seu inimigo histórico. Ainda na Ásia, a China tende a vetar a entrada do Japão por não querer vê-lo fortalecido política e militarmente na região.

Na Europa, a situação da Alemanha é desconfortável, porque os italianos também são pretendentes a uma vaga no Conselho e não querem ser preteridos.

Cada aspirante terá de angariar o máximo de apoio para conseguir alcançar seu objetivo, principalmente na região em que se localiza. O Brasil já obteve apoio de todos os membros permanentes do CSNU, com exceção dos Estados Unidos, que ainda não se posicionaram. Como mostra o texto a seguir, a China e a Rússia apoiam a aspiração do Brasil, assim como a dos outros dois membros do **Brics** (saiba mais sobre esse grupo no infográfico das páginas 282 e 283).

OUTRAS LEITURAS

VII CÚPULA DO BRICS – DECLARAÇÃO DE UFÁ

[...] 4. Em nosso encontro, enfatizamos que o ano de 2015 marca o 70º Aniversário da Fundação das Nações Unidas. Reafirmamos nosso forte compromisso com as Nações Unidas, enquanto organização universal multilateral incumbida do mandato de ajudar a comunidade internacional a preservar a paz e a segurança internacionais, impulsionar o desenvolvimento global e promover e proteger os direitos humanos. A ONU desfruta de composição universal e tem um papel central nos assuntos globais e no multilateralismo. Afirmamos a necessidade de abordagens multilaterais abrangentes, transparentes e eficazes para enfrentar desafios globais. [...] Recordamos o *Documento Final da Cúpula Mundial* de 2005 e reafirmamos a necessidade de uma reforma abrangente das Nações Unidas, inclusive de seu Conselho de Segurança, com vistas a torná-lo mais representativo e eficiente, de modo que possa responder melhor aos desafios globais. China e Rússia reiteram a importância que atribuem ao *status* e papel de Brasil, Índia e África do Sul em assuntos internacionais e apoiam sua aspiração de desempenhar um papel maior nas Nações Unidas. [...]

BRASIL. Ministério das Relações Exteriores. VII Cúpula do BRICS – Declaração de Ufá – Ufá, Rússia, 9 de julho de 2015. Disponível em: <www.itamaraty.gov.br/pt-BR/notas-a-imprensa/10465-vii-cupula-do-brics-declaracao-de-ufa-ufa-russia-9-de-julho-de-2015>. Acesso em: 23 abr. 2018.

2. ORDEM ECONÔMICA

Em 1944, americanos e britânicos, preocupados com a recuperação econômica de um mundo devastado pela Segunda Guerra Mundial, convocaram a **Conferência de Bretton Woods** (Estados Unidos). Apesar da participação de governos de várias nações, incluindo o da União Soviética e o do Brasil, quem definia as regras do plano eram os Estados Unidos e, em menor grau, o Reino Unido. Os representantes dos 44 países participantes temiam a ocorrência de uma crise econômica, como a dos anos 1930, e lançaram um plano que visava garantir a reconstrução e a estabilidade da economia mundial após o término da guerra. Nessa reunião, estabeleceu-se um novo padrão monetário, o **dólar-ouro**, em substituição ao ouro, padrão vigente até então. Na prática, isso significava que a emissão de dólares deveria ser lastreada em ouro, tornando-a uma moeda de reserva garantida pelo Banco Central dos Estados Unidos (Federal Reserve Board). Observe, no gráfico desta página, quanto a economia dos Estados Unidos se sobrepunha às demais em 1950. Observe também o gráfico "Maiores potências econômicas – 2016 e 2050", na página 283, e perceba as mudanças ocorridas desde então.

No fim da década de 1960, porém, a economia dos Estados Unidos começou a perder a hegemonia no mundo capitalista. Desse período em diante, o país teve de enfrentar a concorrência da Europa ocidental e do Japão – já recuperados – e administrar problemas macroeconômicos. Perda de competitividade industrial, sucessivos *déficits* orçamentários, desequilíbrios na balança comercial, elevados gastos com a corrida armamentista e com a Guerra do Vietnã (1964-1975) são alguns deles. Essa situação levou o governo a emitir moeda sem lastro em ouro, o que provocou inflação e, consequentemente, desvalorização do dólar em relação a outras moedas fortes, pondo fim ao padrão dólar-ouro em 1971. Desde então, a cotação do dólar continuou a cair, atingindo, em 1995, seu patamar mais baixo.

Na segunda metade da década de 1990, com o elevado crescimento econômico dos Estados Unidos, o dólar teve uma relativa valorização diante de seus competidores, mas, com a crise econômica mundial de 2008/2009, sofreu nova desvalorização. A retomada do crescimento a partir de 2010 promoveu a tendência de alta diante de outras moedas. Veja as cotações do dólar na tabela da página a seguir.

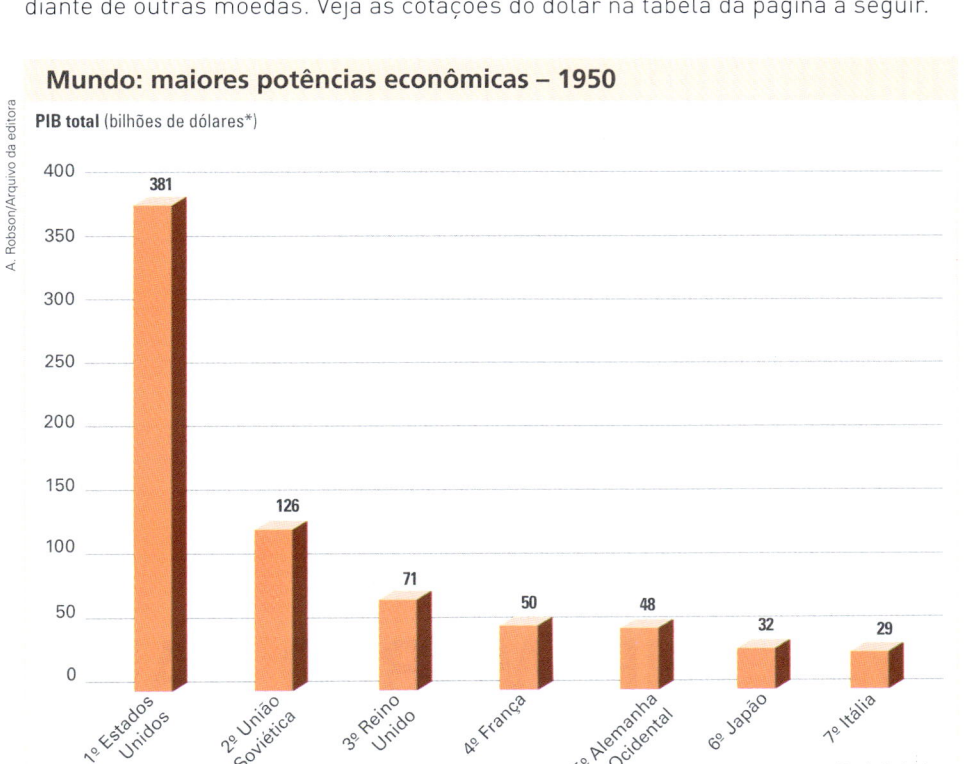

Mundo: maiores potências econômicas – 1950

PIB total (bilhões de dólares*)

- 1º Estados Unidos: 381
- 2º União Soviética: 126
- 3º Reino Unido: 71
- 4º França: 50
- 5º Alemanha Ocidental: 48
- 6º Japão: 32
- 7º Itália: 29

Fonte: KENNEDY, Paul. *Ascensão e queda das grandes potências*: transformação econômica e conflito militar de 1500 a 2000. 2. ed. Rio de Janeiro: Campus, 1989. p. 353.

* Dólares de 1964.

Cotação do dólar (conversão de um dólar para outras moedas)					
Moedas (país/região)	1960 (média anual)	1995 (cotação 18 mar.)	2000 (cotação 21 nov.)	2009 (cotação 21 nov.)	2018 (cotação 23 abr.)
Libra esterlina (Reino Unido)	0,63	0,35	0,70	0,61	0,72
Iene (Japão)	358,20	89,10	110,00	88,92	108,60
Marco (Alemanha)	4,10	1,40	—	—	—
Euro* (União Europeia)	—	—	1,18	0,67	0,82

Fonte: FMI. *Exame*, 29 mar. 1995 (1960 e 1995); BANCO CENTRAL DO BRASIL. *Conversão de moedas*. Brasília, 23 abr. 2018. Disponível em: <www4.bcb.gov.br/pec/conversao/conversao.asp>. Acesso em: 23 abr. 2018.

* A moeda da União Europeia foi instituída em 1999 apenas para transações bancárias. Em 2002, as notas de euro começaram a circular e as moedas nacionais, como o marco alemão, deixaram de existir. O Reino Unido não aderiu à moeda única e continuou usando a libra esterlina.

Balanço de pagamentos: somatório de todas as transações econômicas realizadas por um país. Contém os resultados da balança comercial (exportações – importações), da balança de serviços (viagens, transportes, seguros, lucros e dividendos, juros, *royalties*, assistência técnica, etc.), dos investimentos, dos empréstimos, dos capitais de curto prazo, da remessa de dinheiro enviada por emigrantes, etc.

Plano Colombo: plano de desenvolvimento criado em duas conferências, realizadas em 1950 e 1951 na cidade de Colombo (Sri Lanka), visando à recuperação econômica dos países do Sul e do Sudeste da Ásia que foram devastados na Segunda Guerra Mundial. Contava com a participação de Estados Unidos, Canadá, Japão, Reino Unido, Austrália e Nova Zelândia como contribuintes, e de vinte países da Ásia como receptores.

Durante a Conferência de Bretton Woods, foram constituídos dois organismos até hoje muito atuantes: o **Banco Internacional de Reconstrução e Desenvolvimento (Bird)** e o **Fundo Monetário Internacional (FMI)**, ambos com sede em Washington, D.C., e controlados pela potência hegemônica.

Ao Bird coube, inicialmente, financiar a reconstrução dos países devastados pela guerra e, posteriormente, financiar em longo prazo projetos voltados ao desenvolvimento dos países-membros (189 em 2018). Em 1960 foi criada a **Associação Internacional de Desenvolvimento (AID)** – composta em 2018 por 173 países –, que concede assistência técnica e empréstimos sem juros aos 75 países mais pobres do mundo (39 dos quais na África subsaariana). A AID, o Bird e mais três instituições compõem o **Grupo Banco Mundial**.

O FMI foi criado para zelar pela estabilidade financeira mundial mediante duas atribuições básicas: garantir empréstimos aos países que tenham dificuldade para fechar seu balanço de pagamentos e assegurar a estabilidade nas taxas de câmbio, sempre tendo o dólar como padrão de referência.

Assim, esses organismos ficaram responsáveis por viabilizar a reconstrução do bloco capitalista após a Segunda Guerra, garantir o crescimento da economia mundial e evitar novas crises, como a que eclodiu em 1929.

No entanto, o acirramento das tensões da Guerra Fria foi o que, de fato, garantiu a reconstrução do mundo ocidental sob a influência dos Estados Unidos. Além do Plano Marshall, direcionado à Europa, foi elaborado o Plano Colombo, voltado ao estímulo do desenvolvimento de países do Sul e do Sudeste da Ásia. Esses planos de ajuda econômica possibilitaram o fluxo de produtos e capitais americanos e, alinhados com a Doutrina Truman, a contenção do expansionismo soviético.

Para complementar as medidas econômicas idealizadas em Bretton Woods, em 1947 foi constituído o Acordo Geral de Tarifas e Comércio (GATT, do inglês *General Agreement on Tariffs and Trade*). Com sede em Genebra (Suíça), seu objetivo principal era combater medidas protecionistas e estimular o comércio mundial. O GATT, assim como o Bird e o FMI, sempre atuou em cooperação com a ONU. Desde 1995, quando passou a denominar-se **Organização Mundial do Comércio (OMC)**, tem procurado aumentar sua influência nas questões comerciais mundiais, como veremos no capítulo 22.

Logo do Banco Mundial com as siglas em inglês das duas instituições que compõem o Grupo: *International Bank for Reconstruction and Development* (*IBDR*; em português, Bird) e *International Development Association* (*IDA*; em português, AID).

DO G-6 AO G-20

O **G-6** (Grupo dos 6) teve sua origem em um encontro realizado em 1975 entre representantes das principais potências capitalistas da época: França (o país anfitrião), Estados Unidos, Alemanha, Reino Unido, Itália e Japão. Em 1977, o Canadá passou a integrar o grupo, que se transformou em **G-7**. Em 1997, a Rússia também foi admitida como membro, e o grupo passou a ser chamado de **G-8**. No entanto, em 2014, após a anexação da Crimeia, a Rússia foi expulsa.

Atualmente, o G-7 está descaracterizado. Além de o grupo não mais reunir as maiores economias do planeta, o cenário econômico mundial está muito mais complexo do que na época em que foi constituído. Com a crise financeira mundial de 2008/2009, um novo fórum ganhou projeção: o **G-20**, composto dos ministros das finanças e presidentes de bancos centrais dos dezenove países representados no mapa abaixo. O vigésimo membro é a União Europeia, representada pelos presidentes do Conselho Europeu e do Banco Central Europeu. Como se pode observar, o G-20 congrega também as principais economias emergentes.

Os países-membros do G-20 englobam cerca de dois terços da população do planeta, 80% do PIB mundial e 75% do comércio internacional. A reunião inaugural do fórum aconteceu em dezembro de 1999, em Berlim (Alemanha), e desde então vêm ocorrendo reuniões anuais. Em novembro de 2008, foi convocada uma reunião extraordinária, em Washington, que visava buscar alternativas para a crise financeira. Nessa reunião, os países do G-20 estiveram, pela primeira vez, representados por seus chefes de Estado e de governo.

Os encontros seguintes se destinaram a encontrar soluções para a crise, assunto que ainda permeou a cúpula realizada em 2014, em Brisbane (Austrália). Na cúpula de 2016, realizada em Pequim, a presidência chinesa do G-20 propôs o aprofundamento da cooperação e a adoção de políticas econômicas mais bem coordenadas para alcançar um crescimento sustentável.

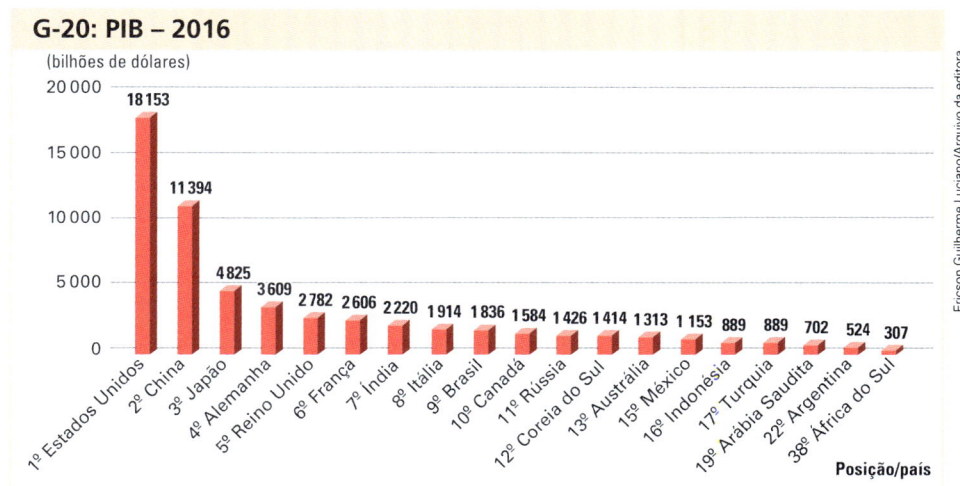

Fonte: THE WORLD BANK. *World Development Indicators database*. Washington, D.C., 17 abr. 2017.
Disponível em: <https://data.worldbank.org/products/wdi>. Acesso em: 23 abr. 2018.

A Espanha, apesar de ser a 5ª economia da Europa e a 14ª do mundo, não é membro do G-20 porque está numa região super-representada.

Fonte: G-20. China 2016. *About G-20*. Disponível em: <http://g20chn.org/English/aboutg20/AboutG20/201511/t20151127_1609.html>. Acesso em: 23 abr. 2018.

3. NOVA ORDEM INTERNACIONAL

Com o fim do mundo **bipolar** da Guerra Fria, a tendência era que a ordem internacional fosse **multipolar**, porque Japão e Alemanha tinham se recuperado da destruição sofrida na Segunda Guerra Mundial e despontaram como potências econômicas. A recuperação japonesa foi tão consistente que nos anos 1980 muitos analistas acreditavam que o país alcançaria os Estados Unidos e talvez até se transformasse na maior potência econômica do mundo. Paralelamente a isso, Alemanha e França lideraram a formação da União Europeia, cujo objetivo principal era recuperar e fortalecer as economias de seus membros após a Segunda Guerra. Com o passar do tempo, entretanto, nenhum deles se mostrou à altura de desafiar a hegemonia dos Estados Unidos.

A ORDEM UNIPOLAR

O Japão, mesmo no auge de seu poder econômico, era uma potência com limitações geopolíticas. Por causa da derrota sofrida na Segunda Guerra e da Constituição elaborada no período de ocupação dos Estados Unidos, renunciou à posse de armas nucleares e mesmo de forças armadas com capacidade de intervenção externa. O país possui apenas forças de autodefesa, e parte de sua segurança está a cargo dos Estados Unidos. Além disso, desde meados da década de 1990, o Japão vem apresentando baixo crescimento econômico, reduzindo seu tamanho em relação aos Estados Unidos, como mostra o gráfico abaixo.

A Alemanha, embora seja uma grande potência econômica e tenha recuperado sua plena soberania e se fortalecido economicamente após a reunificação de 1990, também apresenta limitações geopolíticas: suas forças armadas estão sob o controle da Otan, organização sempre comandada por um general americano.

A Rússia, apesar de herdeira do poderoso arsenal nuclear soviético, mergulhou em profunda crise econômica nos anos 1990, da qual começou a se recuperar somente nos anos 2000.

A China, apesar de vir crescendo a taxas elevadas desde o início dos anos 1980, antes de almejar o posto de potência mundial tinha muitos problemas internos a resolver, como garantir o crescimento econômico sustentado e gerar empregos para sua enorme população.

Em razão disso, na década de 1990, muitos especialistas em relações internacionais argumentavam que o mundo bipolar da Guerra Fria tinha sido substituído por um **mundo unipolar**, no qual reinava apenas uma superpotência com poder econômico, tecnológico e geopolítico-militar incontestável: os Estados Unidos.

Essa tese se fortaleceu com a reafirmação do poder militar americano após a eleição de George W. Bush, em janeiro de 2001, e, sobretudo, após os ataques de 11 de setembro daquele ano. Esse atentado levou os Estados Unidos a invadir o Afeganistão e, dois anos depois, o Iraque. Esta última guerra ocorreu sem a aprovação no CSNU, como vimos, reforçando o unilateralismo americano. Essas medidas refletiam a chamada **Doutrina Bush**, que consistia em desencadear ataques preventivos contra países que, segundo o Pentágono, poderiam abrigar ou apoiar terroristas e ameaçar a segurança e a integridade dos Estados Unidos.

Japão e China: tamanho das economias em relação aos Estados Unidos – 1985-2016

Fonte: ECONOMIST INTELLIGENCE UNIT. In: China v Japan: bubble trouble? *The Economist*, 30 dez. 2009. Disponível em: <www.economist.com/node/15096188>. Acesso em: 24 abr. 2018; *THE WORLD BANK. *World Development Indicators 2017*. Washington, D.C., 2018. Disponível em: <http://wdi.worldbank.org/tables>. Acesso em: 24 abr. 2018.

Para sustentar essas duas guerras, segundo o Stockholm International Peace Research Institute (Sipri), entre 2000 e 2010 as despesas militares americanas aumentaram 83%. Em 2016, tirando os próprios Estados Unidos, apenas dezenove países tinham um PIB maior que o orçamento militar americano. No governo de Barack Obama (2009-2017), com o fim da Guerra no Iraque, em 2011, e a retirada das tropas da Otan do Afeganistão (a maior delas era americana), em 2014, as despesas militares dos Estados Unidos reduziram significativamente, como se pode constatar no gráfico ao lado.

A ORDEM MULTIPOLAR

Com a eclosão da crise mundial em 2008, a elevação do endividamento público do governo dos Estados Unidos e a necessidade de corte de gastos houve mudanças significativas no cenário descrito anteriormente.

Durante o governo do democrata Barack Obama, os Estados Unidos abandonaram o unilateralismo exacerbado da Doutrina Bush e apostaram no multilateralismo, na negociação e no diálogo. Como vimos acima, foi no governo Obama que se resolveram as duas guerras em que os Estados Unidos estavam diretamente envolvidos desde o início dos anos 2000.

A eleição do republicano Donald Trump, em 2016, porém, marcou a retomada de uma política externa unilateralista, além de isolacionista e protecionista. Não por acaso, o *slogan* de sua campanha eleitoral, reafirmado em seu discurso de posse, foi "America first": "De hoje em diante, uma nova visão governará nosso país. A partir deste momento, vai ser a América primeiro.".

O relativo enfraquecimento dos Estados Unidos, o fortalecimento econômico da China (reveja o gráfico da página anterior) e a emergência do G-20 e do grupo conhecido como Brics (veja o infográfico nas páginas a seguir) fizeram com que a tese de unipolaridade fosse superada. Embora os Estados Unidos continuem com mais poder do que os outros países e, com a eleição de Trump, até retomem um discurso belicista, as relações entre as potências consolidadas e emergentes caminham para uma situação de mais equilíbrio e até mesmo de maior interdependência. Previsões são sempre sujeitas à prova de realidade, mas indicam um cenário de mudanças na correlação de forças em futuro próximo, revelando a emergência de novas potências no mundo. Países do Brics, principalmente a China, são os que têm maior potencial para ocupar uma vaga entre as grandes potências de um **mundo multipolar** em construção.

Outro indicador das mudanças na correlação de poder econômico das atuais potências é o fato de os Estados Unidos terem se tornado o país mais endividado do mundo e serem justamente a China e o Japão seus maiores credores. Observe o segundo gráfico desta página e perceba que outros três membros do Brics, com destaque para o Brasil, estão entre os maiores compradores de títulos públicos do Tesouro dos Estados Unidos.

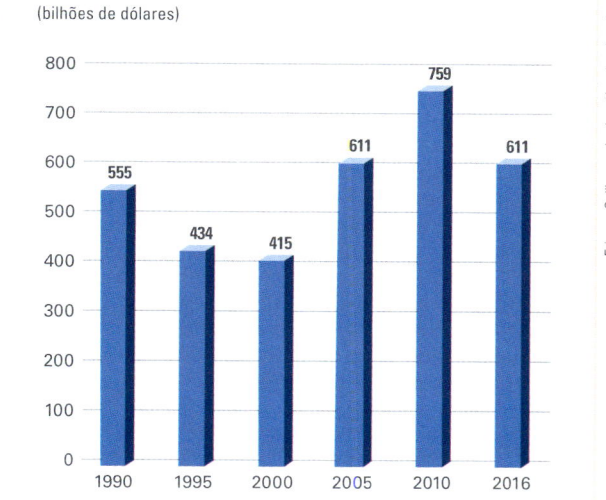

Fonte: STOCKHOLM INTERNATIONAL PEACE RESEARCH INSTITUTE. *Sipri Military Expenditure Database. Solna (Sweden)*, 2018. Disponível em: <www.sipri.org/databases/milex>. Acesso em: 24 abr. 2018.

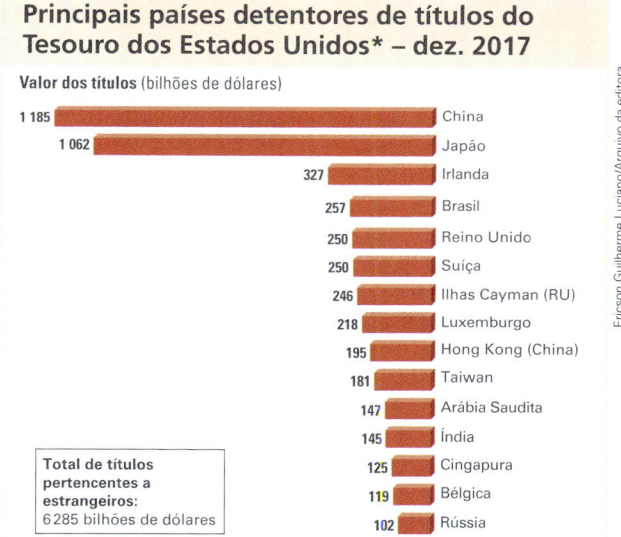

Fonte: U. S. DEPARTMENT OF THE TREASURY/FEDERAL RESERVE BOARD. *Major Foreign Holders of Treasury Securities*. Washington, D.C., 16 abr. 2018. Disponível em: <http://ticdata.treasury.gov/Publish/mfhhis01.txt>. Acesso em: 24 abr. 2018.

* Foram listados apenas os países que detêm mais de 100 bilhões de dólares de títulos.

INFOGRÁFICO

BRICS

O Bric surgiu em um estudo do Banco Goldman Sachs publicado em 2003 com o objetivo de orientar interessados em investir nas principais economias emergentes. Com base em uma série de dados – tamanho do PIB, taxa de crescimento econômico, renda *per capita*, tamanho da população, participação no consumo global e movimentação financeira –, os autores desse estudo projetaram que China, Índia, Brasil e Rússia deverão estar entre as seis maiores potências econômicas do mundo em 2050. Em 2016, eles já estavam entre as onze maiores, mas a principal mudança será a China assumir o lugar dos Estados Unidos como maior economia do mundo.

Conheça a seguir alguns dados e informações sobre esses países e o grupo que compõem.

> Para uma análise de algumas questões importantes das relações internacionais, consulte os livros *O que são relações internacionais?*, de Gilberto Marcos Antonio Rodrigues, e *Compreender o mundo*, de Pascal Boniface. Veja indicações na seção **Sugestões de textos, vídeos e sites**.

A sigla

Brics corresponde às letras iniciais de Brasil, Rússia, Índia, China e África do Sul. A sigla original era Bric e foi criada em um estudo coordenado pelo economista Jim O'Neill do Banco Goldman Sachs. Acabou ganhando *status* na política internacional contemporânea por reunir as principais economias emergentes.

O grupo

O Brics não é um bloco econômico nem uma aliança política ou militar. Em razão dos pontos em comum e dos interesses convergentes entre seus membros, acabou tornando-se um fórum de discussões.

Brics – 2016

População (milhões de hab.)
- China: 1 379
- Índia: 1 324
- Brasil: 208
- Rússia: 144
- África do Sul: 56

PIB (bilhões de dólares) e posição mundial
- China: 11 394 (2º)
- Índia: 2 220 (7º)
- Brasil: 1 836 (9º)
- Rússia: 1 426 (11º)
- África do Sul: 307 (38º)

Crescimento anual médio do PIB* (%)
- China: 9,9
- Índia: 7,5
- Brasil: 3,2
- Rússia: 3,8
- África do Sul: 3,0

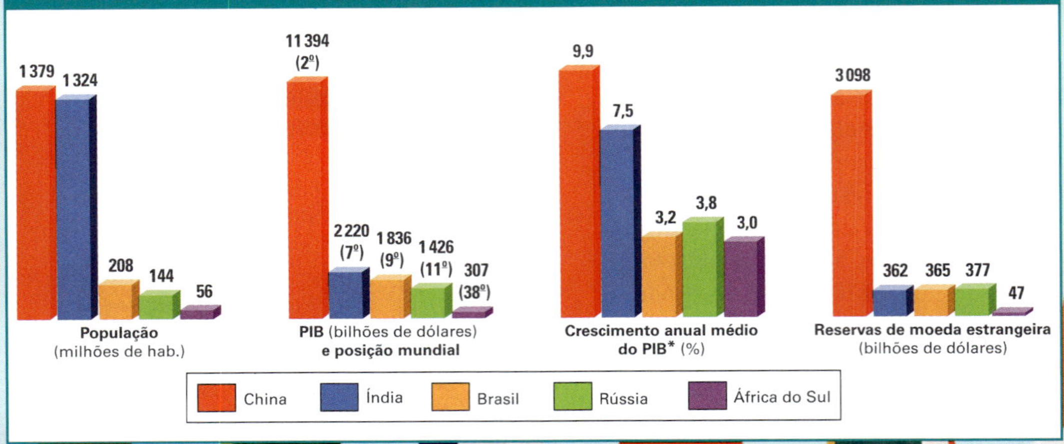

Reservas de moeda estrangeira (bilhões de dólares)
- China: 3 098
- Índia: 362
- Brasil: 365
- Rússia: 377
- África do Sul: 47

Fonte: THE WORLD BANK. *World Development Indicators 2017*. Washington, D.C., 2018. Disponível em: <http://wdi.worldbank.org/tables>. Acesso em: 24 abr. 2018.

* 2000-2016.

Na foto, os chefes de Estado e de governo reunidos na IX Cúpula, realizada em 2017, em Xiamen (China): Michel Temer (Brasil), Vladimir Putin (Rússia), Xi Jinping (China), Jacob Zuma (África do Sul) e Narendra Modi (Índia).

Alguns destaques das Cúpulas do Brics

- **I Cúpula:** Ecaterimburgo (Rússia), 2009 (antes do ingresso da África do Sul). A essa reunião compareceram os chefes de Estado e de governo dos quatro países do Bric. Origem do grupo.
- **III Cúpula:** Sanya (China), 2011. A África do Sul foi convidada a integrar o grupo, que se tornou, então, Brics.
- **VI Cúpula:** Fortaleza (Brasil), 2014. Foi assinado um acordo para a criação do Novo Banco de Desenvolvimento, com o objetivo de financiar projetos de infraestrutura nos membros do grupo e em países em desenvolvimento.
- **VII Cúpula:** Ufá (Rússia), 2015. Foi oficializada a fundação do New Development Bank (NDB), conhecido como banco do Brics, com sede em Xangai (China).

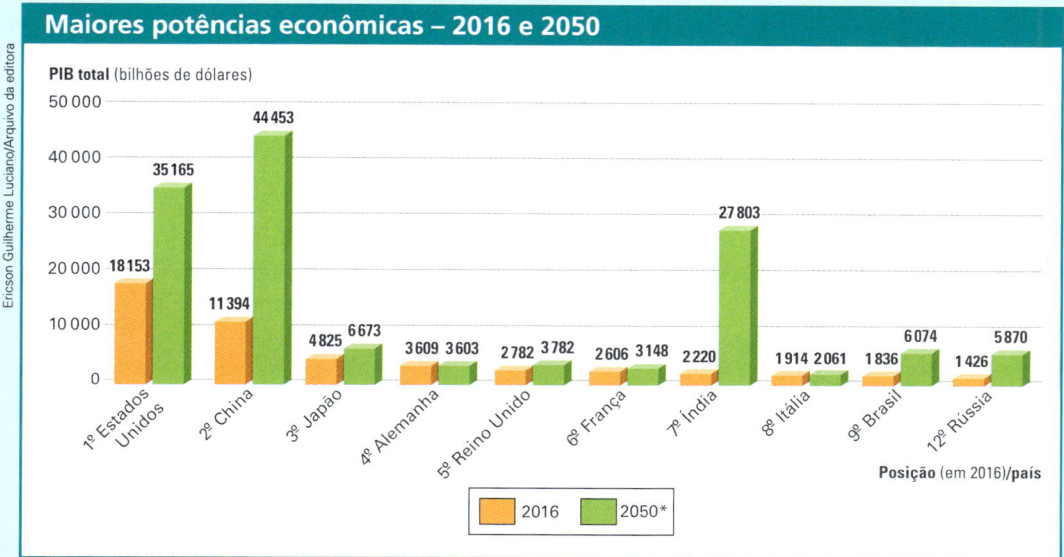

Fonte: THE WORLD BANK. *World Development Indicators database*. Washington, D.C., 17 abr. 2017. Disponível em: <https://data.worldbank.org/products/wdi>. Acesso em: 24 abr. 2018; GOLDMAN SACHS. Dreaming with BRICs: the Path to 2050. *Global Economics*, New York, n. 99, p. 4, 1º out. 2003. Disponível em: <www.goldmansachs.com/our-thinking/archive/archive-pdfs/brics-dream.pdf>. Acesso em: 24 abr. 2018.

* Projeção.

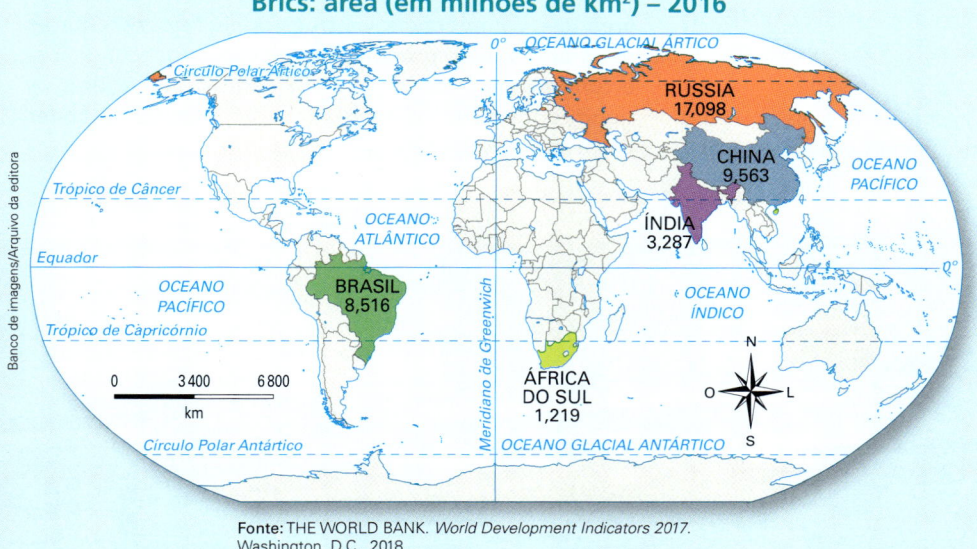

Fonte: THE WORLD BANK. *World Development Indicators 2017*. Washington, D.C., 2018. Disponível em: <http://wdi.worldbank.org/tables>. Acesso em: 24 abr. 2018.

Para obter mais informações sobre esse grupo de países, consulte o livro **Os Brics e a ordem global**, de Andrew Hurrel, e os *sites* do **Centro de Estudos e Pesquisas Brics** e do **Brics – Ministério das Relações Exteriores**. Veja orientações na seção **Sugestões de textos, vídeos e *sites***.

CAPÍTULO 16 • A ORDEM INTERNACIONAL 283

PENSANDO NO Enem

1. O G-20 é o grupo que reúne os países do G-7, os mais industrializados do mundo (EUA, Japão, Alemanha, França, Reino Unido, Itália e Canadá), a União Europeia e os principais emergentes (Brasil, Rússia, Índia, China, África do Sul, Arábia Saudita, Argentina, Austrália, Coreia do Sul, Indonésia, México e Turquia). Esse grupo de países vem ganhando força nos fóruns internacionais de decisão e consulta.

ALLAN, R. Crise global. Disponível em: <http://conteudoclippingmp.planejamento.gov.br>. Acesso em: 31 jul. 2010.

Entre os países emergentes que formam o G-20, estão os chamados BRICs (Brasil, Rússia, Índia e China), termo criado em 2001 para referir-se aos países que:

a) apresentam características econômicas promissoras para as próximas décadas.
b) possuem base tecnológica mais elevada.
c) apresentam índices de igualdade social e econômica mais acentuados.
d) apresentam diversidade ambiental suficiente para impulsionar a economia global.
e) possuem similaridades culturais capazes de alavancar a economia mundial.

Resolução

Como vimos, o G-20 vem ganhando importância no cenário econômico mundial e, entre os representantes dos emergentes nesse fórum, estão os países do grupo Bric (Brasil, Rússia, Índia e China). O consultor Jim O'Neill e seus colaboradores criaram esse acrônimo em 2001 (o estudo foi publicado em 2003), quando fizeram uma série de projeções e constataram que esses quatros países apresentavam as economias mais promissoras para as próximas décadas (como se constata no gráfico da página anterior, as estimativas vão até 2050). A resposta correta é a alternativa **A**.

Em 2011, a África do Sul, que, apesar de ser uma economia modesta perto dos outros quatro, é um país emergente importante regionalmente, foi convidada a integrar o fórum, que ganhou o "S" (de *South Africa*), e o grupo passou a se chamar Brics. Portanto, quando essa questão foi cobrada no Enem de 2010, a África do Sul ainda não tinha entrado no grupo e o "s" era usado apenas como plural de Bric.

2. Embora o aspecto mais óbvio da Guerra Fria fosse o confronto militar e a cada vez mais frenética corrida armamentista, não foi esse o seu grande impacto. As armas nucleares nunca foram usadas. Muito mais óbvias foram as consequências políticas da Guerra Fria.

HOBSBAWM, E. Era dos extremos: o breve século XX: 1914-1991. São Paulo: Cia. das Letras, 1999.

O conflito entre as superpotências teve sua expressão emblemática no(a):

a) formação do mundo bipolar.
b) aceleração da integração regional.
c) eliminação dos regimes autoritários.
d) difusão do fundamentalismo islâmico.
e) enfraquecimento dos movimentos nacionalistas.

Resolução

O período da Guerra Fria foi marcado pelo conflito geopolítico e ideológico entre as duas superpotências – União Soviética *versus* Estados Unidos. Cada uma delas procurava delimitar sua zona de influência ao mesmo tempo que buscava ampliar seu sistema político-econômico sobre a área da outra. Essa situação caracterizou o mundo bipolar, marcado pelo conflito Leste-Oeste. De fato, como aponta o texto do historiador inglês Eric Hobsbawm, esse foi o aspecto mais importante da Guerra Fria. Portanto, a resposta correta é a alternativa **A**.

Ambas as questões do Enem contemplam a **Competência de área 2 – Compreender as transformações dos espaços geográficos como produto das relações socioeconômicas e culturais de poder** – e a **Habilidade 7 – Identificar os significados histórico-geográficos das relações de poder entre as nações**.

Grobler du Preez/Shutterstock

Vista de parte da cidade de Bloemfontein, capital judiciária da África do Sul, o mais recente membro do Brics (foto de 2016). Esse país possui três capitais, as outras duas são: Pretória (executiva) e Cidade do Cabo (legislativa).

ATIVIDADES

COMPREENDENDO CONTEÚDOS

1. Caracterize sucintamente o período da Guerra Fria e explique a ligação entre o Plano Marshall e a Doutrina Truman.

2. O que foi o conflito Leste-Oeste? Quais eram os principais símbolos da ordem mundial bipolar?

3. O que é a ONU? Discorra sobre sua origem e estrutura de poder.

4. Por que a representação atual do CSNU é anacrônica?

5. O que são o Bird e o FMI? Explique o papel dessas instituições no período pós-Segunda Guerra Mundial.

DESENVOLVENDO HABILIDADES

6. Leia os trechos a seguir, o primeiro extraído do editorial da revista *Política Externa* e o segundo, do livro *Compreender o mundo*, de Pascal Boniface. Depois, faça os procedimentos propostos.

Cartas dos editores

Há diversas indicações de que se cristaliza entre os estudiosos das relações internacionais o conceito de que chega ao fim a curta era da unipolaridade que parecia haver sucedido a da bipolaridade quando, em 1989, com a queda do Muro de Berlim, ficou estabelecido, simbolicamente, o fim da Guerra Fria entre Estados Unidos e União Soviética.

O crescimento econômico de países até agora considerados no máximo emergentes, que vem sendo a locomotiva do desenvolvimento global no século XXI, é o principal indicador desse ainda incompletamente definido novo arranjo de forças, que alguns chamam de multipolar, outros de não polar. [...]

POLÍTICA EXTERNA. São Paulo: Paz e Terra, v. 17, n. 1, p. 5, jun./ago. 2008. Disponível em: <http://politicaexterna.com.br/revistas/vol-17-no-1/>. Acesso em: 24 abr. 2018.

Introdução

[...] Na verdade, o mundo não é unipolar, pois em um mundo globalizado potência alguma pode impor sua agenda às outras. Nem mesmo uma superpotência pode, sozinha, decidir, e muito menos resolver, os grandes desafios internacionais. No entanto, o mundo também não é multipolar: não há nada equivalente ao poderio norte-americano, embora ele seja menos nítido após os dois mandatos de George W. Bush.

O mundo, portanto, não é nem unipolar nem multipolar, ele é globalizado. Pode-se dizer mesmo que está em via de multipolarização, com o enfraquecimento relativo dos Estados Unidos (o que pode, no entanto, reverter) e, sobretudo, a emergência lenta e constante de outros polos de potência que, embora não estejam ainda em condições de se medir com os Estados Unidos, têm o próprio espaço, a própria margem de manobra e dispõem de peso crescente no processo internacional de decisão.

No início dos anos 1970, refletindo sobre a geopolítica mundial, Nixon e Kissinger[1] distinguiam cinco polos de potência: os Estados Unidos, a URSS, a Europa, o Japão e a China. Se trocarmos hoje a URSS pela Rússia e levarmos em conta modificações eventuais de hegemonia no interior desse clube, veremos que a situação não evoluiu muito. Seria possível, eventualmente, juntar a Índia a essa lista, mas essa seria, antes, uma perspectiva futura do que uma realidade imediata. [...]

BONIFACE, Pascal. *Compreender o mundo*. São Paulo: Senac, 2011. p. 14-15.

a) Identifique, ao longo do capítulo, elementos para corroborar as ideias defendidas nos dois textos.
   - Há concordância entre eles?
   - Afinal, qual é a ordem internacional pós-Guerra Fria: unipolar ou multipolar?
   - Qual é a posição do Brasil nessa nova ordem?

b) Produza um pequeno texto dissertativo sintetizando sua reflexão e dê um título a seu ensaio.

---

[1] Richard Nixon (1913-1994) foi Presidente dos Estados Unidos entre 1969 e 1974; Henry Kissinger (1923-) foi Secretário de Estado dos Estados Unidos entre 1973 e 1977.

CAPÍTULO 17

CONFLITOS ARMADOS NO MUNDO

Militares fazem juramento em Phnom Penh (Camboja) antes do embarque para se integrarem à Missão das Nações Unidas para a Estabilização da República Centro-Africana (Minusca), em 2015. Os "capacetes ou boinas azuis", como são conhecidos os soldados das forças de paz da ONU, têm como missão proteger civis em conflitos como o que assolava esse país da África subsaariana em 2018.

A guerra é um fenômeno complexo que abrange numerosos fatores. Eclode por motivos diversos e, muitas vezes, envolve grupos étnicos diferentes de um ou mais países, dois ou mais Estados beligerantes, forças de ocupação estrangeira e grupos guerrilheiros, que, por sua vez, podem usar métodos terroristas.

Neste capítulo, estudaremos a diferença entre guerrilha e terrorismo, além de alguns conceitos importantes para a compreensão do tema. Veremos os conflitos armados mais significativos no mundo, recentes ou em andamento. Aprofundaremos a análise de alguns conflitos que apresentam causas múltiplas e interligadas: a guerra no Afeganistão, os conflitos entre árabes e judeus motivados por disputas de território, entre outros. Analisaremos também a "Primavera Árabe", que, na Síria, em vez de levar à democracia, provocou uma guerra civil (veja a foto abaixo) a qual acabou ajudando a fortalecer o grupo terrorista Estado Islâmico, formado durante a guerra no Iraque.

> Consulte o livro **Compreender o mundo**, de Pascal Boniface. Veja orientações na seção **Sugestões de textos, vídeos e *sites*.**

Pessoas caminham por rua em Douma, cidade próxima de Damasco (Síria), durante visita de profissionais da mídia internacional. Como se observa na foto de abril de 2018, essa cidade foi quase toda destruída pelos ataques das forças do governo contra a milícia rebelde que a controlava.

Ali Hashisho/Reuters/Fotoarena

CAPÍTULO 17 • CONFLITOS ARMADOS NO MUNDO

1. CONFLITOS ARMADOS: UMA VISÃO GERAL

Os conflitos armados sempre existiram: nos primórdios, ocorriam entre tribos e, com o passar do tempo, entre Estados. Existem também as **guerras civis**, que são enfrentamentos bélicos entre grupos rivais no interior de um país. Atualmente, porém, é raro ocorrerem guerras no território dos países com IDH mais elevado.

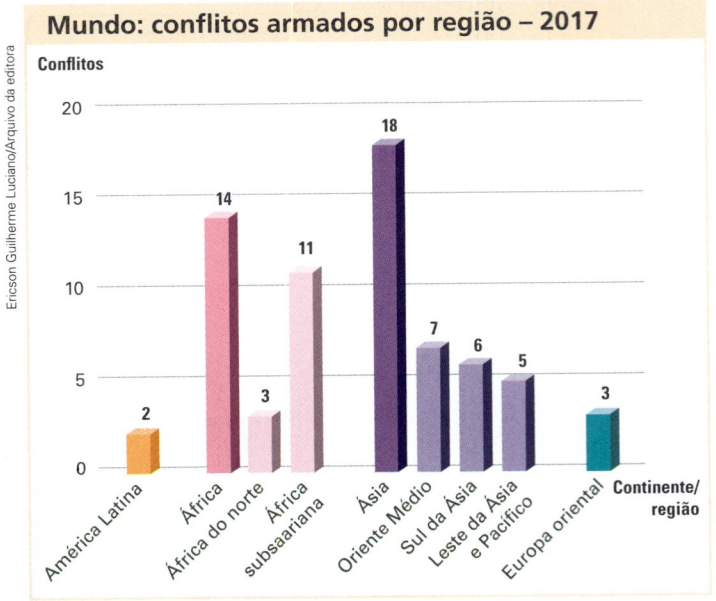

A maioria dos conflitos bélicos está associada à pobreza, à injustiça social e à falta de oportunidades econômicas, principalmente para os jovens, ou ao extremismo de grupos terroristas.

Logo que a Guerra Fria terminou, aumentaram os conflitos armados no mundo (foram 50 em 1990). Em 1993, o então secretário-geral da Otan, Manfred Wörner, afirmou: "Desde a dissolução do comunismo soviético, nós nos encontramos diante de um paradoxo: há um recuo da ameaça, mas também um recuo da paz". A partir daí, os conflitos bélicos deixaram de se inserir na lógica bipolar da Guerra Fria e passaram a ter motivações diversas. Com o passar do tempo, houve uma redução no número de guerras, e a maioria delas ocorre em países pobres da África e da Ásia. Observe as imagens.

Fonte: IRIN. *Mapped*: a World at War, London, 4 abr. 2017. Disponível em: <www.irinnews.org/maps-and-graphics/2017/04/04/updated-mapped-world-war>. Acesso em: 25 abr. 2018.

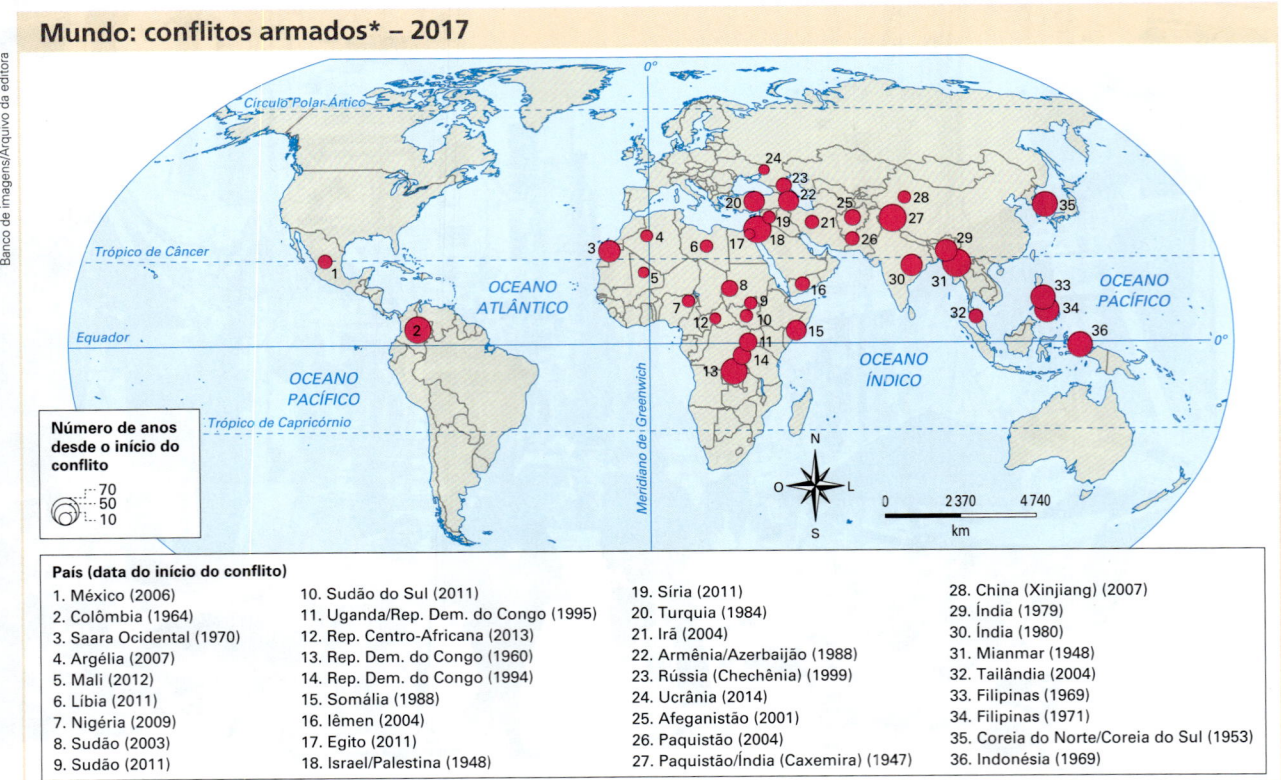

Fonte: IRIN. *Mapped*: a World at War, London, 4 abr. 2017. Disponível em: <www.irinnews.org/maps-and-graphics/2017/04/04/updated-mapped-world-war>. Acesso em: 25 abr. 2018.

* O mapa registra os conflitos que, independentemente do ano de início, continuavam ocorrendo em abril de 2017. Há países com mais de um conflito em andamento.

2. GUERRILHA, TERRORISMO E TERRORISMO DE ESTADO

O *Dicionário de política*, de Norberto Bobbio, define **terrorismo** como a "prática política de quem recorre sistematicamente à violência contra as pessoas ou as coisas, provocando o terror". Quando uma organização pratica um atentado terrorista, seja instalando uma bomba em local público, seja arremessando um caminhão contra uma multidão, está querendo intimidar, disseminar o medo em uma comunidade ou um país para atingir algum fim: difusão de uma ideologia, autonomia político-territorial, autoafirmação étnica ou religiosa, entre outros.

É importante também distinguir guerrilha de terrorismo, embora, muitas vezes, um grupo guerrilheiro possa utilizar-se de táticas terroristas. A **guerrilha** se caracteriza por ser um conflito que opõe formações irregulares de combatentes, de um lado, e forças armadas regulares de um Estado instituído, de outro. É típica de países que apresentam injustiças políticas e socioeconômicas muito acentuadas, de modo que parte de sua população está disposta a lutar por mudanças ou apoiar o grupo que se proponha a tomar essa iniciativa. Também foi comum na resistência ao colonialismo europeu, especialmente na África. Segundo o *Dicionário de política*: "A destruição das instituições existentes e a emancipação social e política das populações são, de fato, os objetivos precípuos dos grupos que recorrem a este tipo de luta armada". Em geral, os **grupos guerrilheiros** atacam alvos militares e pontos estratégicos do Estado instituído ou das forças de ocupação, preocupando-se em fazer o mínimo de vítimas civis e em conquistar a simpatia e o apoio de parte da população. Já os terroristas, em seu objetivo de causar pânico, são indiferentes à quantidade de vítimas civis e não se interessam em dialogar com a população nem obter seu apoio.

Há vários exemplos históricos de grupos guerrilheiros em diversos países, principalmente na América Latina, África e Ásia, continentes marcados por exploração colonial, pobreza, injustiça social e concentração do poder político.

Na América Latina, em 2017, o grupo armado mais antigo eram as Forças Armadas Revolucionárias da Colômbia (Farc), em luta contra o Estado colombiano desde sua criação, em 1964. No início, as Farc constituíam uma guerrilha rural inspirada na Revolução Cubana (1959), que lutava contra as injustiças sociais e, por isso, obtinha apoio de parte da população, sobretudo dos camponeses mais pobres. Com o tempo, entretanto, as Farc passaram a ser consideradas um grupo terrorista em razão de seus métodos violentos, englobando sequestros de civis e até envolvimento com o narcotráfico, que se tornou sua principal fonte de renda. Por esses motivos, deixaram de ter o apoio da população colombiana. A partir de 2002, com a eleição do presidente Álvaro Uribe, o governo passou a combatê-las mais intensamente, com recursos e armas fornecidos pelos Estados Unidos por meio de um acordo batizado de Plano Colômbia.

Em 2008 as Farc sofreram um duro golpe: em uma operação das forças armadas do governo na floresta, foram mortos três de seus mais importantes líderes. Em outra operação, quinze reféns que estavam em poder do grupo foram resgatados. Na foto, helicóptero chega a uma base militar em Pereira (Colômbia) trazendo o corpo de Iván Ríos, um dos líderes das Farc.

Juan Manuel Santos (à esquerda) e Rodrigo Londoño (à direita) assinam acordo de paz no Teatro Colón, em Bogotá (Colômbia), em 24 de novembro de 2016. Esse aperto de mão selou, sob aplausos, o fim de um conflito que durou 52 anos e provocou a morte de mais de 220 mil pessoas.

Em 2012, teve início em Havana (Cuba) um longo processo de negociação de um acordo de paz, concluído apenas no final de 2016. Em novembro daquele ano, o presidente da Colômbia, Juan Manuel Santos, e o líder das Farc, Rodrigo Londoño, assinaram o segundo acordo de paz (o primeiro fora rejeitado pela população em plebiscito realizado em outubro). Em dezembro de 2016, esse novo acordo foi referendado pelo Congresso da Colômbia. A partir de então, começou sua implementação com o gradativo desmantelamento militar das Farc – a ONU ficou responsável por recolher as armas e monitorar o cessar-fogo. Com isso os ex-guerrilheiros foram integrados à vida civil. Em 2017, o grupo se transformou em partido político e a sigla **Farc**, embora mantida, passou a ter novo significado: **Força Alternativa Revolucionária do Comum**. Como partido político, cujo símbolo é uma rosa vermelha, a Farc já participou das eleições legislativas de março de 2018.

Na África, em diversos países, grupos guerrilheiros lutaram contra o colonialismo, como o Movimento Popular de Libertação de Angola (MPLA, fundado em 1956) e a União Nacional para a Independência Total de Angola (Unita, fundada em 1966), que combateram a dominação portuguesa. Após a independência política obtida em 1975, entretanto, o conflito armado em Angola se inseriu na lógica da Guerra Fria. O MPLA se consolidou no poder com o apoio da União Soviética, e a Unita, apoiada por Estados Unidos e África do Sul, passou a lutar contra o governo. A guerra civil em Angola se estendeu até 2002, quando foi selado um acordo de paz. A Unita deixou de ser um grupo guerrilheiro e se transformou em partido de oposição ao MPLA, no poder até hoje (2018).

Há grupos guerrilheiros que adotam táticas terroristas contra um Estado nacional, tentando separar parte do território ou expulsar tropas de ocupação. São exemplos os grupos chechenos, na Rússia, e os curdos, na Turquia. É o caso também dos atuais grupos palestinos, que reivindicam territórios ocupados por Israel.

PARA SABER MAIS

Curdistão

O Curdistão (do persa *Kordestan*, 'terra dos curdos') é uma região que abrange parte dos territórios de vários Estados, com destaque para Turquia e Iraque, abrigando uma população de aproximadamente 26 milhões de habitantes.

Na Turquia, onde vive a maioria do grupo étnico curdo (cerca de 15 milhões, 20% da população do país), foi criado o mais atuante grupo guerrilheiro que luta por um Estado curdo independente, o **Partido dos Trabalhadores do Curdistão** (PKK, em curdo). Esse grupo também atua no norte do Iraque.

Desde 1984, o PKK vem promovendo diversos ataques contra alvos turcos. As forças armadas da Turquia, por sua vez, revidam com violentos contra-ataques. Desde o início desse conflito, morreram mais de 30 mil pessoas, a maioria delas da etnia curda.

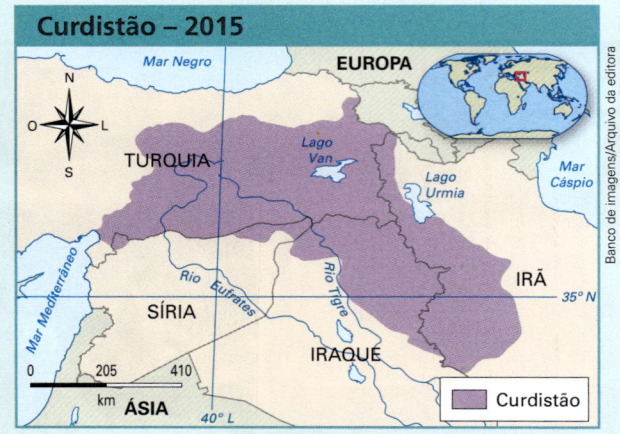

Fonte: SMITH, Dan. *The Penguin State of the Middle East Atlas*. New York: Penguin Books, 2016. p. 93.

Finalmente, há grupos que se utilizam do fundamentalismo religioso como justificativa para espalhar o terror. Esse é o caso da Al-Qaeda, que combate a hegemonia da sociedade cristã ocidental, representada principalmente pelos Estados Unidos, em nome da preservação de certos preceitos do islamismo. É também o caso do Estado Islâmico, que controla partes dos territórios da Síria.

Observe no mapa a seguir a representação dos principais **ataques terroristas** perpetrados pela Al-Qaeda. Como veremos, o Estado Islâmico é mais recente, tendo se fortalecido apenas após o início da guerra na Síria.

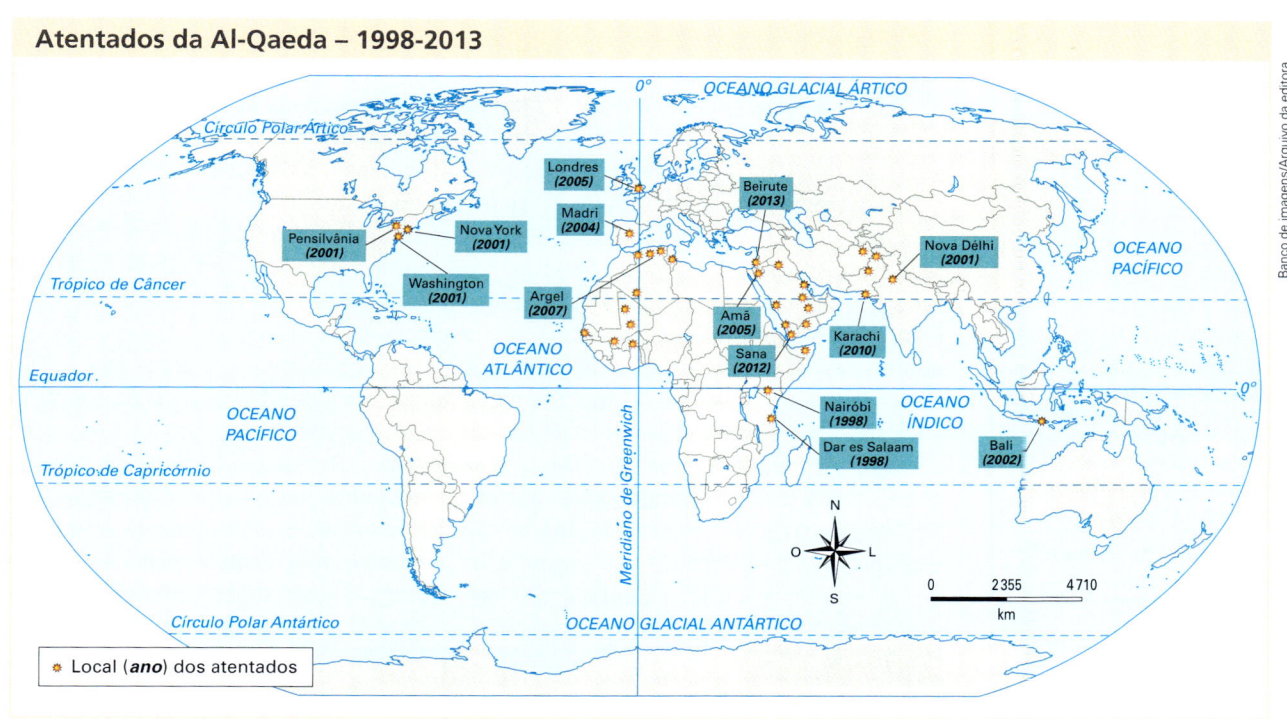

Fonte: CATTARUZZA, Amaël. *Atlas des guerres et conflits*. Paris: Autrement, 2014. p. 39.

O terrorismo também pode ser praticado pelo Estado, como aconteceu na África do Sul, enquanto vigorou o regime *apartheid* (do africâner, 'separação'). Após a independência política em 1961, o Partido Nacional, controlado pelos descendentes de imigrantes holandeses e alemães, chegou ao poder. A partir de então, a minoria branca (menos de 10% da população) oficializou o *apartheid*. Essa minoria controlava o aparelho estatal, as empresas e as terras, e explorava a maioria negra, que vivia confinada em guetos, coagida pela violência e sem possibilidade de exercer direitos políticos mínimos. Como movimento de resistência a essa dominação, setores intelectualizados da população negra organizaram o Congresso Nacional Africano (CNA).

Em 1994, quando Nelson Mandela (da etnia xhosa) foi eleito presidente da República pelo CNA, após 27 anos de reclusão, o *apartheid* foi extinto do ponto de vista jurídico-institucional. No entanto, a herança da histórica discriminação imposta aos negros, da falta de oportunidades e das desigualdades socioeconômicas permaneceu.

O CNA ocupa o poder na África do Sul desde o fim do *apartheid*, quando se transformou em partido político. O país vem sendo governado por presidentes negros, que têm colocado em prática políticas de ação afirmativa iniciadas com Mandela. Jacob Zuma (da etnia zulu), eleito presidente em 2009 e reeleito em 2014, foi pressionado a renunciar ao cargo em fevereiro de 2018 sob acusação de corrupção, entre outros crimes, sendo substituído por seu vice, Cyril Ramaphosa (da etnia venda).

CIDADANIA: COMBATE AO RACISMO

Ação afirmativa: expressão originada nos Estados Unidos, nos anos 1960, no contexto do movimento pelos direitos civis, cujo objetivo principal era assegurar oportunidades iguais para todas as pessoas, independentemente de sua origem étnico-racial. Em geral, são medidas temporárias adotadas pelo Estado para compensar ou mitigar desigualdades socioeconômicas ou políticas provocadas por discriminação de cunho étnico-racial, religioso, de gênero, etc., ocorridas no passado ou no presente, garantindo a igualdade de oportunidades e a inclusão social. É uma forma de reparação da discriminação ocorrida ao longo da História, como a imposta aos negros nos Estados Unidos e no Brasil, devido à escravidão, ou na África do Sul, devido ao *apartheid*.

O TERRORISMO DA AL-QAEDA E A GUERRA NO AFEGANISTÃO

A **Al-Qaeda** (do árabe, 'a base') foi responsável pelo maior atentado terrorista da História, ocorrido em 11 de setembro de 2001 contra os Estados Unidos (veja a foto abaixo). Após esse atentado, transformou-se no mais atuante e temido grupo terrorista do mundo, até o surgimento do Estado Islâmico.

A Al-Qaeda foi oficialmente criada em 1988, mas começou a se formar já no início dos anos 1980. Na época, o milionário saudita **Osama bin Laden** (1957-2011) ajudou a recrutar voluntários e a formar os *mujahedins* (do árabe, 'combatentes') para lutar no Afeganistão contra a ocupação soviética (1979-1989). Bin Laden não aceitava a presença estrangeira em países muçulmanos: em 1984 ele próprio foi lutar nessa guerra e permaneceu até o fim.

Os *mujahedins* receberam apoio financeiro de Bin Laden, da Arábia Saudita e de outros países árabes, e até mesmo dos Estados Unidos, já que esse conflito ainda se inseria na lógica bipolar da Guerra Fria. Além disso, os americanos forneceram armas e treinamento militar aos combatentes no Afeganistão.

Com a expulsão dos soviéticos, instaurou-se uma luta pelo poder no Afeganistão, até a vitória, em 1996, do movimento Talibã (do pashtun, 'estudantes'), grupo fundamentalista formado pela etnia majoritária no país (observe o gráfico abaixo). O Talibã foi organizado no Paquistão, nas *madrassas* (do árabe, 'escolas religiosas') destinadas ao estudo do Alcorão, o livro sagrado do islamismo. Nessa época, Bin Laden voltou ao Afeganistão, montou o quartel-general da Al-Qaeda no país e criou diversos centros de treinamento de terroristas; o regime Talibã passou a oferecer suporte à causa antiamericana. Alguns anos antes, Bin Laden tornara-se inimigo dos Estados Unidos quando estes, durante a primeira guerra contra o Iraque, em 1990/1991, deixaram tropas e aviões em alerta na Arábia Saudita. Como vimos, ele era contra a presença de estrangeiros em território muçulmano, principalmente em seu país natal, onde se encontram as cidades sagradas de Meca e Medina.

> Consulte o *site* do **Escritório de luta contra o terrorismo**, da ONU, que mostra ações da organização contra o terrorismo. Veja orientações na seção **Sugestões de textos, vídeos e *sites***.

Afeganistão: grupos étnicos – 2017

- Pashtuns 42%
- Tajiques 27%
- Usbeques 9%
- Hazaras 8%
- Aimaks 4%
- Turcomanos 3%
- Outros grupos étnicos 7%

Fonte: WORLDATLAS. Ethnic Groups of Afghanistan. 25 abr. 2017. Disponível em: <www.worldatlas.com/articles/ethnic-groups-of-afghanistan.html>. Acesso em: 25 abr. 2018.

Dezenove terroristas (catorze deles sauditas) sequestraram quatro aviões em aeroportos dos Estados Unidos para utilizá-los nos ataques a importantes símbolos do poder americano. Dois deles atingiram as torres gêmeas do World Trade Center (Nova York), símbolos do poder econômico, provocando o desabamento dos edifícios e a morte de 2973 pessoas. O terceiro avião atingiu uma ala do Departamento de Defesa (Washington, D.C.), símbolo do poder militar. O quarto avião, que supostamente se dirigia à Casa Branca ou ao Capitólio, símbolos do poder político, caiu em uma área rural do estado da Pensilvânia.

Na Primeira Guerra do Golfo, o Iraque, então governado por Saddam Hussein (1937-2006), invadiu o Kuwait para se apoderar de seus campos de petróleo e ameaçou invadir a Arábia Saudita. Por isso, os Estados Unidos decidiram intervir no conflito para expulsar as tropas iraquianas do território kuwaitiano e defender o da Arábia Saudita, maior produtor de petróleo e importante aliado na região (Bin Laden também era inimigo do regime saudita por causa dessa aliança com os Estados Unidos).

Após os ataques de 11 de setembro, os Estados Unidos exigiram do Afeganistão a entrega de Bin Laden. Como o governo do Talibã não cedeu, em outubro de 2001, as forças armadas dos Estados Unidos, apoiadas pelos britânicos, iniciaram um ataque aéreo contra o país. Paralelamente, apoiaram a Aliança do Norte, grupo guerrilheiro composto de diversas etnias que tinham em comum a oposição ao Talibã. Com o apoio americano, a Aliança do Norte foi conquistando porções do território afegão até tomar a capital, Cabul, em novembro de 2001, e o Talibã acabou deposto. O líder moderado da etnia pashtun, Hamid Karzai, foi escolhido para formar o governo interino.

Fonte: IBGE. Atlas geográfico escolar. 7. ed. Rio de Janeiro, 2016. p. 47.

Em 2002 foi instituída a Missão de Assistência das Nações Unidas no Afeganistão (Unama), e em 2004 foram realizadas eleições diretas, nas quais Hamid Karzai foi eleito presidente. Seu segundo mandato estendeu-se até 2014, quando o economista Ashraf Ghani, seu antigo ministro das Finanças, ganhou as eleições presidenciais.

Apesar da derrota do Talibã, o governo afegão não controlava o país integralmente, mas apenas Cabul e algumas regiões próximas da capital. A rearticulação do Talibã e da Al-Qaeda na fronteira com o vizinho Paquistão e a intensificação dos combates e dos atentados terroristas, principalmente em Cabul, levaram o governo dos Estados Unidos e seus aliados a aumentar o contingente de tropas no Afeganistão. Em 2002, o Conselho de Segurança da ONU aprovou o envio da Força Internacional de Assistência à Segurança (Isaf, sigla em inglês), comandada pela Otan, composta de pouco mais de 5 mil militares. Em 2010, esse contingente chegou a superar os 130 mil soldados. No entanto, com o plano de retirada das tropas posto em prática pelo governo dos Estados Unidos e seus aliados, o número de militares na região caiu significativamente (veja a tabela na página a seguir).

Malala Yousafzai nasceu em Mingora (Paquistão), em 1997. Em 2007 essa região foi ocupada pelos Talibãs, que dois anos depois proibiram as meninas de ir à escola. Malala, então com 11 anos, passou a denunciar as atrocidades da milícia em um blogue chamado "Diário de uma estudante paquistanesa". Quando tinha 15 anos, voltando da escola, levou um tiro na cabeça disparado por um membro do Talibã. Sobreviveu a essa tentativa de silenciá-la, mudou-se com a família para Birmingham (Reino Unido) e tornou-se um símbolo da luta pelos direitos das mulheres. Em 2013, em discurso na Assembleia de Jovens da ONU (foto), defendeu que todas as crianças tenham acesso à escola. No mesmo ano, criou o Malala Fund para ajudar na educação de meninas (saiba mais em: <www.malala.org>, acesso em: 7 jun. 2018). Em 2014, com apenas 17 anos, ganhou o prêmio Nobel da Paz.

Com a retirada das tropas da Isaf-Otan em 31 de dezembro de 2014, o Exército Nacional do Afeganistão assumiu a segurança do país. Embora continuasse contando com o suporte da Otan por meio da missão "Apoio Decidido", que começou a atuar em 1º de janeiro de 2015, passou a ter um efetivo bem menor, como se pode constatar na tabela abaixo. Com a rearticulação do Talibã, que voltou a receber apoio de parte da população, decepcionada com os resultados da intervenção ocidental, e a formação de milícias locais sob a liderança de "senhores da guerra" de diversas etnias, grande parte do território afegão continuava fora do controle do Exército Nacional. No início de 2018, o país permanecia dividido, e os confrontos continuavam: os ataques terroristas, sobretudo os patrocinados pelo Talibã, eram constantes na capital, Cabul.

Osama bin Laden estava na lista dos dez terroristas mais procurados pelo FBI (sigla de Federal Bureau of Investigation, em inglês) desde 1998, quando foi acusado de ser um dos responsáveis por explosões de bombas em embaixadas dos Estados Unidos na Tanzânia e no Quênia, nas quais morreram mais de duzentas pessoas. Após os atentados de 2001, o governo dos Estados Unidos chegou a oferecer 25 milhões de dólares de recompensa por informações que pudessem levar à sua captura. Durante todo esse tempo, Bin Laden permaneceu escondido em diversos lugares, até ser descoberto em um casarão na cidade de Abbottabad, próximo a Islamabad, capital do Paquistão. Nesse local, ele foi morto por forças especiais da Marinha dos Estados Unidos em maio de 2011. A partir dessa data, a Al-Qaeda passou a ser liderada pelo médico egípcio **Ayman al-Zawahiri** (1951-), até então o número 2 de sua hierarquia (veja o cartaz ao lado).

A Al-Qaeda é uma organização terrorista diferente dos grupos tradicionais. Não possui uma base territorial fixa; atua em rede, com células espalhadas por diferentes países, as quais se articulam para um ataque e depois se desfazem; e possui franquias com atuação regional, como na guerra civil síria. Células da Al-Qaeda foram responsáveis por diversos ataques terroristas após o 11 de Setembro de 2001. Reveja o mapa da página 291 e observe que a Al-Qaeda cometeu atentados não apenas nos países desenvolvidos, mas também em países em desenvolvimento, incluindo alguns de população muçulmana, o que a fez perder influência no mundo islâmico.

Fonte: FBI Federal Bureau of Investigation. U.S. Department of Justice. Washington, D.C., 2018. Disponível em: <www.fbi.gov/wanted/wanted_terrorists/ayman-al-zawahiri>. Acesso em: 25 abr. 2018.

O cartaz *Most wanted terrorist* (do inglês, 'terrorista mais procurado'), disponível no *site* do FBI, mostra a foto e a descrição de Ayman al-Zawahiri. O Departamento de Estado dos Estados Unidos oferece uma recompensa de até 25 milhões de dólares por informações que possam levar à captura do terrorista.

Afeganistão: presença de militares estrangeiros		
País	Missão Isaf (nov. 2010)	Missão Apoio Decidido (maio 2017)
Estados Unidos	90 000	6 941
Reino Unido	9 500	500
Alemanha	4 341	980
França	3 850	0
Itália	3 688	1 037
Demais países*	19 551	4 118
Total	130 930	13 576

Fonte: NORTH ATLANTIC TREATY ORGANIZATION. *Nato and Afghanistan*. 23 maio 2017. Disponível em: <www.nato.int/cps/en/natolive/107995.htm>. Acesso em: 24 abr. 2018.

* 43 países, em 2010; 35, em 2017.

O TERRORISMO DO ESTADO ISLÂMICO E AS GUERRAS NO IRAQUE E NA SÍRIA

Em 2003, tropas americanas e britânicas ocuparam o Iraque e depuseram seu presidente, Saddam Hussein, com a justificativa de que o país teria produzido armas de destruição em massa e, como o Afeganistão, daria suporte à Al-Qaeda. Nenhuma dessas suposições foi comprovada, e a guerra custou cerca de 1 trilhão de dólares e a vida de milhares de soldados e civis. Em 2011, durante o governo de Barack Obama, os últimos soldados, dos 140 mil que chegaram a ocupar o território iraquiano, deixaram o país, pondo fim ao conflito.

A saída das tropas, no entanto, não trouxe a paz ao Iraque. Ao contrário, atualmente, o país está fragmentado e em guerra civil. Os curdos querem se separar e formar um novo Estado, parte do território ficou por um tempo sob o controle do Estado Islâmico e houve um acirramento dos conflitos entre sunitas e xiitas pelo controle do poder.

As origens mais remotas do Estado Islâmico datam do início da intervenção dos Estados Unidos no Iraque. Entre os grupos armados de resistência à ocupação destacou-se um, chamado **al-Tawhid**. Em 2004, os líderes desse grupo rebelde fizeram uma aliança com Osama bin Laden, e desse acordo nasceu a **Al-Qaeda do Iraque**. Em 2006, o grupo mudou o nome para **Estado Islâmico do Iraque**, embora tenha continuado como uma franquia da Al-Qaeda.

Com a saída das forças de ocupação, o conflito entre as duas correntes do islamismo se agravou. Segundo a publicação *The World Factbook 2018*, cerca de 98% da população iraquiana é muçulmana: entre 64% e 69% são xiitas e entre 29% e 34%, sunitas. Os xiitas, embora majoritários, eram marginalizados durante o regime de Saddam Hussein, mas, com as mudanças políticas provocadas pela intervenção americana, acabaram assumindo a maior fatia de poder e passaram a discriminar os sunitas. Isso contribuiu para o crescimento do Estado Islâmico do Iraque, composto por sunitas. A eclosão da guerra civil na Síria possibilitou a esse grupo ampliar ainda mais seus territórios, como veremos a seguir.

Na Síria, a "Primavera Árabe" (veja o *Para saber mais* na página a seguir) encontrou forte resistência do ditador Bashar al-Assad (1965-), no poder desde 2000. Essa resistência acabou provocando uma violenta guerra civil. Os protestos contra o governo foram duramente reprimidos, o que levou setores contrários ao governo Assad a formar o chamado **Exército Livre da Síria**, dando início aos combates em 2011, que continuavam em 2018.

Além da crise econômica, da repressão política e do descontentamento popular, a guerra civil síria tem um componente religioso: 74% da população é seguidora do islamismo sunita, mas a elite dirigente é alauita, uma corrente do islamismo xiita, seguida por 13% dos sírios. Por isso, o governo Assad é aliado dos xiitas do Irã, embora também tenha o apoio dos russos. De outro lado, o Exército Livre da Síria, composto de setores islâmicos moderados, tem recebido apoio militar dos Estados Unidos. Há também setores islâmicos fundamentalistas que lutam contra o governo, como a **Frente Al-Nusra**, criada em 2010 como franquia da Al-Qaeda na Síria.

Sunitas e xiitas: O conflito entre essas duas correntes do islamismo originou-se na sucessão de Maomé (571-632). Após sua morte, um grupo de seguidores indicou Abu Bakr, discípulo do profeta, como o primeiro califa (do árabe *khalifa*, 'sucessor'). Outro grupo queria indicar seu primo Ali Ibn Abi Talib. Xiita vem do árabe *shi'atu Ali*, que significa 'partidários de Ali'. Os sunitas seguem o livro *Sunnah* (do árabe 'Caminho'), deixado por Maomé, e não defendem a sucessão baseada na linhagem do profeta.

Apenas Iraque, Irã e Bahrein têm predominância de xiitas; nos demais países muçulmanos predominam os sunitas. O conflito entre essas duas correntes do islamismo está presente na luta pelo poder no Iraque e na Síria e na disputa pela liderança político-religiosa no mundo muçulmano entre os dois estados teocráticos mais poderosos: Arábia Saudita (90%-95% de sunitas) e Irã (90%-95% de xiitas).

Fonte: PEW RESEARCH CENTER. The Changing Global Religious Landscape. *Religion & Public Life*, 5 abr. 2017. Disponível em: <www.pewforum.org/2017/04/05/the-changing-global-religious-landscape/>. Acesso em: 25 abr. 2018.

Mundo islâmico – 2015
Mundo: 1,8 bilhão de muçulmanos
sunitas – 85%
xiitas – 15%

PARA SABER MAIS

"Primavera Árabe"

Mohamed Bouazizi, então com 26 anos, vendia frutas nas ruas de Sidi Bouzid, cidade a 260 quilômetros ao sul de Túnis, capital da Tunísia. Em 17 de dezembro de 2010, ele se recusou a pagar propina a fiscais e teve suas mercadorias confiscadas. Foi à sede do governo municipal tentando reaver seus produtos, mas não foi sequer recebido. Indignado e humilhado, comprou gasolina e ateou fogo em seu próprio corpo. Esse ato desesperado foi o estopim de enormes protestos contra o abuso de poder de regimes ditatoriais e corruptos, em movimentos que se espalharam por diversos países do norte da África e do Oriente Médio ao longo de 2011 (observe o mapa abaixo).

Apesar de terem se iniciado no inverno do hemisfério norte, esses protestos ficaram conhecidos na mídia ocidental como "Primavera Árabe". Esse termo é um paralelo com a "Primavera de Praga", movimento de resistência à ocupação soviética que clamava por reformas liberalizantes, ocorrido em 1968 na antiga Tchecoslováquia. Assim como a homônima da época da Guerra Fria, embora em um contexto completamente diferente, a "Primavera Árabe" também clamou por abertura política e democracia. Veja o mapa das páginas 10 e 11 do *Atlas* e conheça os sistemas políticos que vigoram em cada país atualmente.

Moradores de Sidi Bouzid (Tunísia) passam em frente a um cartaz de Mohamed Bouazizi em 17 de dezembro de 2011, dia que marcou o primeiro ano de sua morte e o início dos protestos. O cartaz informa: "Revolução por liberdade e dignidade".

Manifestação contra Assad em Damasco (Síria), em março de 2012. A revolta da população contra o governo deu início à guerra civil que se estendia até 2018.

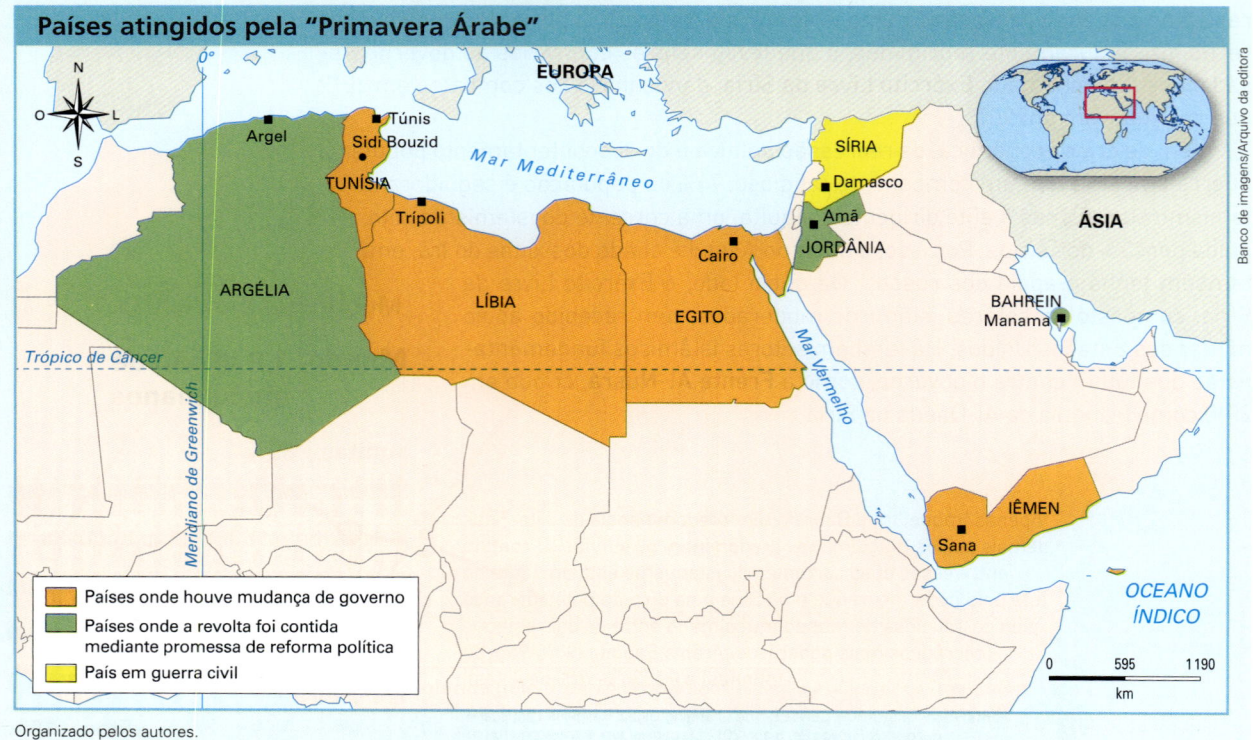

Organizado pelos autores.

Em 2013, o Estado Islâmico do Iraque atravessou a fronteira e interveio na guerra civil síria. Em seguida, num claro sinal de desrespeito à hierarquia da Al-Qaeda, seu líder, **Abu Bakr al-Baghdadi**, anunciou a fusão entre o Estado Islâmico do Iraque e a Frente Al-Nusra. Também declarou que, a partir de então, operariam em conjunto, com o nome de Estado Islâmico do Iraque e da Síria, conhecido por **Isis** (sigla em inglês). Isso levou à intervenção direta de Ayman al-Zawahari, líder máximo da Al-Qaeda, reafirmando a subordinação da Al-Nusra a essa organização e não ao Isis.

Essa disputa de poder provocou o rompimento definitivo entre a Al-Qaeda e o Isis. Com isso, os dois grupos tornaram-se rivais e passaram a lutar pelo controle de territórios na Síria. Após o rompimento, ocorrido no início de 2014, o Isis passou a se autodenominar **Estado Islâmico** (EI ou IS, na sigla em inglês).

Recém-saído de longas guerras nos territórios do Afeganistão e do Iraque, os Estados Unidos não enviaram tropas para combater o Estado Islâmico em terra. Os americanos e a coalizão que os apoia se limitaram a fazer bombardeios pontuais sobre alvos do Estado Islâmico, além de darem suporte material e logístico ao Exército iraquiano e às milícias xiitas e curdas. Graças a esses combatentes em terra, todo o território controlado pelo Estado Islâmico no Iraque, com destaque para a cidade de Mosul, já foi recuperado. Na Síria, com o apoio russo, as forças de Bashar al-Assad também retomaram a maior parte do território antes controlado pelo EI. Como se pode observar no mapa a seguir, no início de 2018 o grupo terrorista já tinha perdido a maior parte de seu território e controlava apenas uma pequena região da Síria, sobretudo na fronteira com o Iraque.

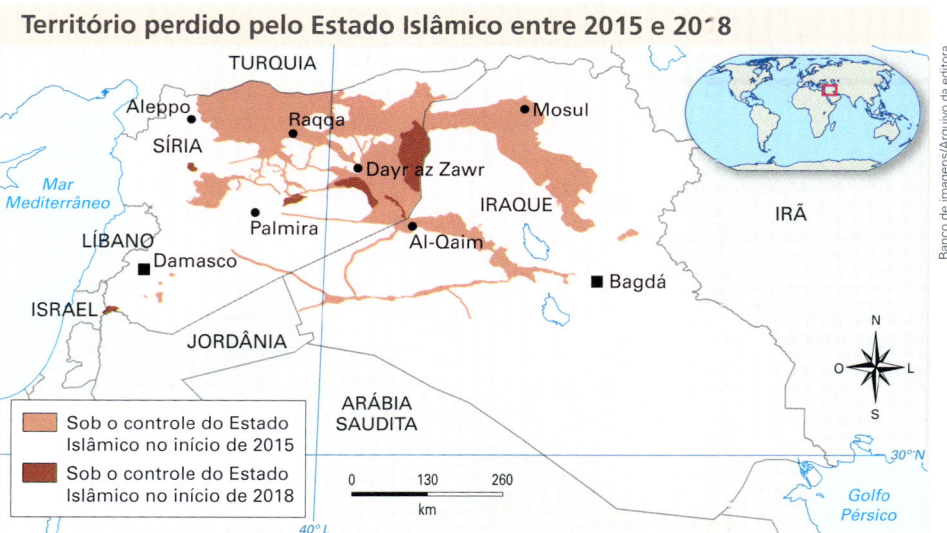

Observe que o Estado Islâmico perdeu as duas cidades mais importantes que ficaram anos sob seu controle: Raqqa, na Síria, que era considerada sua capital, e Mosul, no norte do Iraque. Perceba que o EI prosperou em dois "Estados frágeis", desmantelados por guerras prolongadas.

Fonte: IHS Conflict Monitor. In: BBC News. How much Territory IS Has Lost since January 2015. 28 mar. 2018. Disponível em: <www.bbc.com/news/world-middle-east-27838034>. Acesso em: 26 abr. 2018.

A cidade de Mosul (Iraque) foi bastante destruída durante os combates para sua retomada do Estado Islâmico. Após a expulsão do EI, em meados de 2017, começou o imenso trabalho de retirada dos escombros e reconstrução da infraestrutura urbana, como mostra a foto do início de 2018.

Paris sob ataque terrorista

Os conflitos armados no Oriente Médio acabaram transbordando para cidades ocidentais situadas a milhares de quilômetros de distância, como Paris (França). Em 7 de janeiro de 2015, em um atentado terrorista contra o semanário satírico *Charlie Hebdo*, os irmãos Said e Chérif Kouachi fuzilaram doze pessoas. Era uma vingança contra os cartunistas por terem satirizado o profeta Maomé em suas charges. Enquanto fugiam, bradaram que pertenciam à Al-Qaeda. Dias depois, a célula do grupo terrorista denominada Al-Qaeda na Península Arábica, baseada no Iêmen, reivindicou o atentado. Os irmãos Kouachi foram perseguidos e acabaram mortos pela polícia. Ambos eram cidadãos franceses.

Dois dias depois, Amedy Coulibaly, também cidadão francês, invadiu um mercado judaico, fez cinco reféns e acabou matando quatro deles (no dia anterior havia matado uma policial). Coulibaly foi morto durante a invasão policial na tentativa de resgatar os reféns. Em vídeo divulgado após sua morte, afirmou ser soldado do Estado Islâmico e justificou sua ação como represália aos ataques ocidentais contra o grupo.

Na noite de 13 de novembro de 2015, novos ataques terroristas foram perpetrados em Paris. Na casa de espetáculos Bataclan, durante o *show* de uma banda de *rock* americana, três terroristas fuzilaram dezenas de pessoas. Dois deles morreram ao detonar bombas presas em seus corpos, e o terceiro foi alvejado pela polícia. No entorno do estádio Stade de France três homens-bomba se explodiram enquanto acontecia a partida entre França e Alemanha. Outro se explodiu em frente a um restaurante. Em outro restaurante e em três bares, terroristas passaram de carro atirando nas pessoas. O cidadão belga Abdelhamid Abaaoud, apontado como mentor desses atos, foi morto pela polícia alguns dias depois.

Dos onze terroristas identificados na ação de 13 de novembro, nove morreram e dois fugiram. Um deles, Salah Abdeslam, apontado como o responsável pela logística dos atentados, foi preso pela polícia belga em 18 de março de 2016, em Bruxelas; o outro, Mohamed Abrini, foi preso em 8 de abril, na mesma cidade.

Os ataques na capital francesa provocaram a morte de 130 pessoas e deixaram mais de 350 feridos. No dia seguinte, o EI divulgou um vídeo assumindo a responsabilidade pelos atentados, além de fazer mais ameaças.

O grupo terrorista reivindicou a autoria desses atentados como retaliação aos ataques aéreos dos Estados Unidos e aliados, como a França, contra seus redutos na Síria e no Iraque.

> Para saber mais sobre o Estado Islâmico e os atentados terroristas em Paris, consulte o artigo **Terrorismo, religião, liberdade de expressão... confusão!** Veja orientações na seção **Sugestões de textos, vídeos e *sites*.**

A maioria das vítimas dos atentados sucumbiu na casa de *shows* Bataclan: 89 pessoas morreram e dezenas ficaram feridas. A foto mostra policiais, bombeiros e pessoal de resgate na rua da Bataclan, logo após os atentados.

François Guillot/Agência France-Presse

3. GUERRAS ÉTNICO-RELIGIOSAS E NACIONALISTAS

Guerras étnicas opõem povos diferentes na disputa pelo controle do poder dentro de um país. Podem também ser **separatistas** quando opõem um grupo étnico minoritário e um governo na luta pela independência de parte do território. Como veremos a seguir, há vários exemplos desse tipo de guerra, mas, antes de entrar nesse assunto, é importante conhecer alguns conceitos que serão usados.

> Para saber mais sobre esses conceitos e conhecer alguns conflitos étnicos, consulte o livro *Diversidade étnica, conflitos regionais e direitos humanos*, de Tulio Vigevani e outros autores. Veja orientações na seção **Sugestões de textos, vídeos e *sites***.

PARA SABER MAIS

Etnia, povo, nação e população

A palavra **etnia** (do grego *éthnos*, 'povo') define um grupo humano que tem características culturais próprias. É possível distinguir uma etnia de outra com base em suas diferenças religiosas, linguísticas, de costumes e tradições. Em sentido antropológico, povo e etnia são sinônimos. Neste capítulo essas palavras são utilizadas com esse sentido.

A palavra **povo**, entretanto, é sinônimo de **cidadãos** no sentido jurídico-político e refere-se à população que habita o território sob jurisdição de um Estado e tem um conjunto de direitos e deveres.

A palavra **população** define todos os habitantes de um território, independentemente de suas diferenças culturais e de terem ou não cidadania. População é um termo de conotação quantitativa, que inclui, por exemplo, os residentes estrangeiros não naturalizados.

A palavra **nação**, no sentido antropológico, também é muito usada como sinônimo de etnia ou povo. É comum a afirmação de que a União Soviética era formada por várias nações, etnias ou povos, assim como no Brasil se fala de nações, etnias ou povos indígenas.

Nação também pode ter uma conotação político-territorial e, como conceito jurídico-político, é sinônimo de **Estado**.

Quando uma nação (em sentido antropológico) ou etnia busca controlar um território e constituir-se como Estado, ou defende algum programa de autoafirmação de sua nacionalidade, está empenhada em um projeto político chamado **nacionalismo**.

Os habitantes do Parque Indígena do Xingu (MT) pertencem a diferentes etnias ou nações e são culturalmente distintos da maioria da população brasileira, mas não têm um projeto político de criação de um Estado próprio. Na foto de 2016, ritual Kuarup na aldeia da etnia Yawalapiti em homenagem ao cacique Piracumã Yawalapiti, falecido no ano anterior. O Kuarup marca o final do luto pela morte de entes queridos.

O SEPARATISMO NA ANTIGA UNIÃO SOVIÉTICA

Na década de 1990, ao mesmo tempo que muitos Estados se empenharam em estabelecer acordos de maior integração econômica, social e política entre si, em outros ocorreu a desintegração territorial, caso da antiga União Soviética. Em alguns dos países que se formaram dessa desintegração, novos movimentos separatistas foram organizados por **minorias étnicas** que também anseiam por autonomia, como os chechenos, na Rússia, e os ossétios e abkházios, na Geórgia. Esses separatismos estão associados a movimentos **nacionalistas** que buscam controlar um território e formar um Estado soberano. Em alguns desses casos, são utilizados métodos terroristas tanto por parte dos grupos minoritários como pelo Estado que os oprime.

A princípio, pode parecer que esses movimentos separatistas estão na contramão da História, já que a tendência do mundo globalizado é de crescente integração. Antes da independência, entretanto, a limitação à soberania dos Estados na então União Soviética, cujo governo era controlado pelos russos, era imposta pelo controle político exercido por Moscou. Com a fragmentação, ocorreu um rearranjo territorial, e cada novo Estado independente pôde decidir se pleitearia ou não sua adesão a algum bloco econômico, por exemplo, à União Europeia. A limitação da soberania dentro desse bloco resulta de um acordo entre os Estados-membros em troca de vantagens socioeconômicas, porém seu ordenamento jurídico e suas singularidades culturais e regionais são mantidos.

A União Soviética era um dos principais exemplos de países multiétnicos. No início dos anos 1990, antes de sua dissolução, chegou a possuir a terceira população do planeta (cerca de 290 milhões de habitantes), composta de cerca de 140 etnias, algumas das quais articuladas em fortes movimentos nacionalistas que aspiravam à independência. Em 1991, com a fragmentação político-territorial, cada uma das quinze antigas repúblicas soviéticas se transformou em um novo Estado, como mostra o mapa desta página. Observe que, em geral, a etnia majoritária em cada um deles dá nome ao país: por exemplo, Cazaquistão quer dizer 'terra dos cazaques', uma das etnias da Ásia central; Lituânia é o país dos lituanos, uma das etnias da região do mar Báltico.

Ex-União Soviética: divisão territorial – 1989

Após a Revolução Russa de 1917, formou-se a União das Repúblicas Socialistas Soviéticas (URSS), que chegou a ter quinze repúblicas distribuídas em um território de 22 milhões de quilômetros quadrados. Após sua fragmentação, em 1991, cada uma dessas repúblicas se tornou um país independente. A Rússia é o maior deles, com 17 milhões de quilômetros quadrados e 144 milhões de habitantes (2016).

Fonte: CHARLIER, Jacques (Dir.). *Atlas du 21ᵉ siècle édition 2012*. Groningen: Wolter-Noordhoff; Paris: Éditions Nathan, 2011. p. 95.

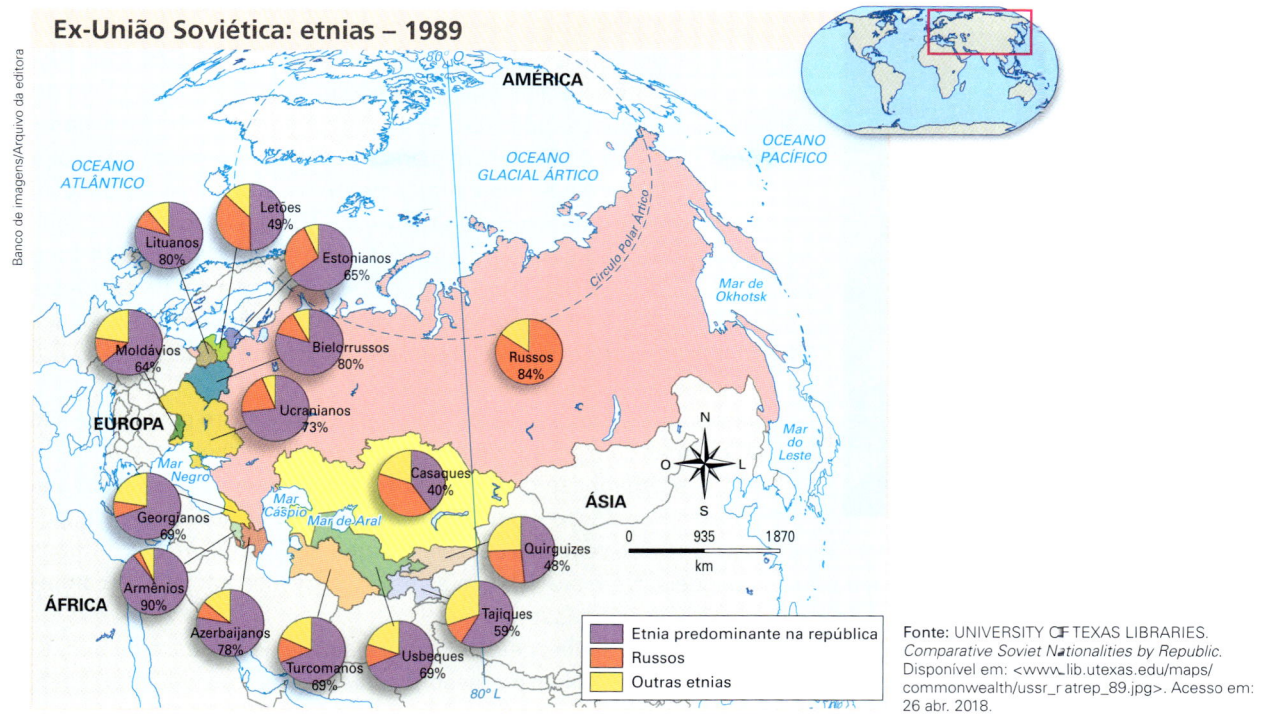

A Rússia, entretanto, continua sendo um país multiétnico, ainda sujeito à ação de movimentos separatistas, como o que houve na Chechênia (observe o mapa a seguir), uma república localizada no Cáucaso, região extremamente diversificada do ponto de vista étnico-religioso. Os chechenos são muçulmanos, e os russos, cristãos ortodoxos. A Guerra da Chechênia (1994-1996) ocorreu porque o governo russo não reconheceu o movimento nacionalista, que buscava a divisão de parte de seu território, e atacou militarmente os separatistas. Conflitos voltaram a ocorrer no fim de 1999, resultando em nova intervenção de Moscou e em nova guerra.

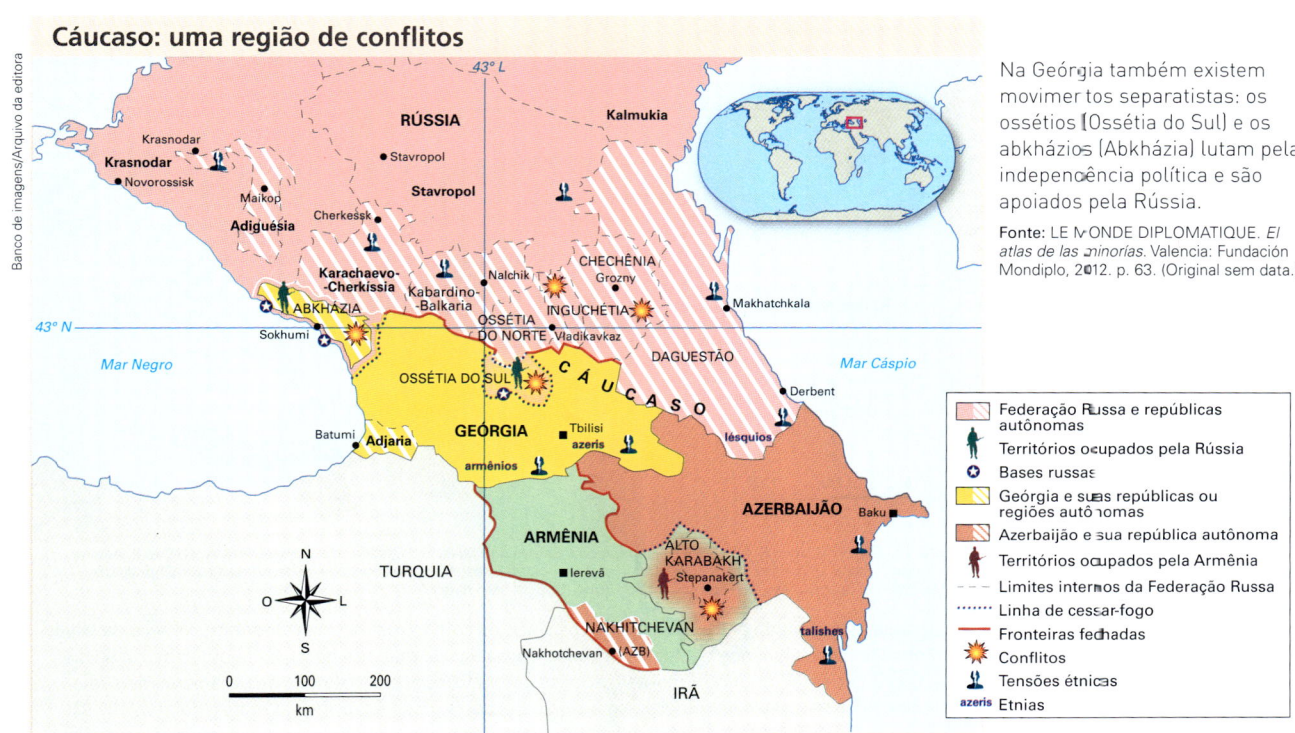

Na Geórgia também existem movimentos separatistas: os ossétios (Ossétia do Sul) e os abkházios (Abkházia) lutam pela independência política e são apoiados pela Rússia.

Fonte: LE MONDE DIPLOMATIQUE. *El atlas de las minorías*. Valencia: Fundación Mondiplo, 2012. p. 63. (Original sem data).

CAPÍTULO 17 • CONFLITOS ARMADOS NO MUNDO

Russos se reúnem na praça Vermelha, em Moscou, em 18 de março de 2016, durante comemoração do segundo aniversário de anexação da Crimeia. Vladimir Putin, presidente da Rússia e responsável pela retomada desse território, aparece discursando no telão.

Os russos também têm seus movimentos separatistas, como o do leste da Ucrânia e o da Crimeia, península situada no mar Negro. Esse território ucraniano foi ocupado pela Rússia no início de 2014 (veja o mapa a seguir). Em 16 de março daquele ano foi organizado um referendo, não reconhecido internacionalmente, no qual a população da Crimeia, majoritariamente de etnia russa, deveria aprovar ou não a integração da Crimeia à Rússia. Após 97% da população ter votado pelo sim, em 21 de março o parlamento russo aprovou a anexação da Crimeia. Esse território era parte da Rússia até 1954, mas foi cedido à administração da Ucrânia pelo então secretário-geral do Partido Comunista da União Soviética (PCUS), Nikita Kruschev, que era ucraniano.

Nessa época, tanto a Rússia como a Ucrânia eram parte da União Soviética, mas com a fragmentação da antiga superpotência, em 1991, a Crimeia permaneceu como território da Ucrânia, embora habitada por russos. Por isso, o Kremlin não considera que houve uma ocupação de território ucraniano e se recusa a devolvê-lo, apesar da pressão dos Estados Unidos e da União Europeia. Nem a ONU nem a comunidade internacional reconheceram a Crimeia como território russo.

Essa península é estratégica, pois nela se localiza a base naval russa de Sebastopol, que abriga a frota do mar Negro e assegura acesso ao mar Mediterrâneo. Além de ocupar a Crimeia, Vladimir Putin apoiou os russos étnicos que vivem no leste da Ucrânia, perto da fronteira, e querem se integrar ao território da Rússia. Após a anexação da Crimeia, os conflitos no leste da Ucrânia entre rebeldes pró-Rússia e as forças armadas ucranianas se intensificaram e causaram a morte de cerca de 9 300 pessoas, segundo dados da ONU (2016).

Fonte: BESEMERES, John F. *A Difficult Neighbourhood*: Essays on Russia and East-Central Europe since World War II. Acton: Australian National University Press, 2016. Disponível em: <http://press-files.anu.edu.au/downloads/press/n2065/html/ch10.xhtml?referer=&page=18#>. Acesso em: 26 abr. 2018. (Original sem data).

A Ucrânia está dividida entre seus históricos vínculos com a Rússia, que remontam à época da União Soviética, e a possibilidade de adesão à União Europeia. De maneira geral, os falantes de russo, de sua porção oriental, preferem manter os laços com a Rússia, e os falantes de ucraniano, de sua porção ocidental, preferem integrar-se à União Europeia. Esse é o principal motivo da atual divisão política na Ucrânia. O país é a nova fronteira entre Leste e Oeste, uma reminiscência da Guerra Fria.

OS CONFLITOS ÉTNICO-RELIGIOSOS NA ÁFRICA SUBSAARIANA

Na África ocorrem diversos conflitos que opõem diferentes etnias, muitas das quais forçadas a coexistir dentro do território de um mesmo Estado. Isso acontece porque os limites fronteiriços foram traçados, de forma geral, pelas potências imperialistas europeias. Conheça alguns exemplos:

- hauçás × ibos, na Guerra de Biafra (1967-1970) – os ibos lutaram sem sucesso pela separação dessa região da Nigéria, país que possui mais de 250 grupos étnicos, e os hauçás, a etnia majoritária, com 29% da população total, são mais influentes politicamente;
- muçulmanos × cristãos e animistas, na Nigéria – com a criação do grupo terrorista Boko Haram (do hauçá, 'educação ocidental é pecado'), em 2002, vêm aumentando os conflitos religiosos, pois 50% da população é muçulmana, 40% é cristã e 10% é animista;
- separatismo da etnia tigrínia, na Etiópia – resultou na independência da Eritreia em 1993 (veja o mapa abaixo);
- hutus × tútsis, na guerra civil de Ruanda (1994) – provocou a morte de cerca de 1 milhão de pessoas, dos quais 90% eram tútsis, etnia minoritária no país;
- muçulmanos × cristãos e animistas, no Sudão, desde sua independência em 1956.

Animismo: religião cosmocêntrica na qual impera a crença de que a natureza tem alma (do latim *anima*) e os espíritos habitam animais e elementos naturais.

Sudão e Sudão do Sul

O conflito no Sudão, um dos mais longos da África, opôs muçulmanos, no poder desde a independência, em 1956, e rebeldes separatistas cristãos e animistas baseados no sul do país. Os enfrentamentos vinham ocorrendo desde a época da independência, mas se intensificaram a partir de 1983, quando foi fundado o Movimento de Libertação do Povo Sudanês (SPLM, em inglês). Após duas décadas de guerra, o saldo foi de cerca de dois milhões de mortos e quatro milhões de refugiados. Em 2002, o governo e os separatistas do SPLM iniciaram uma negociação que culminou em um acordo de paz, firmado em 2005, e na independência da porção meridional do país, seis anos depois. Como resultado desse processo, em 2011 foi criado o Sudão do Sul. O governo do Sudão acabou aceitando a autonomia do novo país mediante acordos para a divisão da renda das abundantes reservas de petróleo disponíveis na porção sul e a fixação das novas fronteiras, incluindo a desmilitarização de Abyei, região fronteiriça reivindicada pelos dois países, monitorada pela Força de Segurança Interina das Nações Unidas para Abyei (Unisfa, em inglês).

A exploração do petróleo no Sudão e no Sudão do Sul foi concedida a companhias estrangeiras, com a preponderância da China National Petroleum Corporation. A China tem investido maciçamente em países africanos para garantir seu abastecimento de combustíveis fósseis.

Antes de se resolver o antigo conflito armado com o SPLM, entretanto, eclodiu uma nova guerra. Em 2003, outros dois grupos guerrilheiros iniciaram em Darfur um novo movimento separatista, argumentando que o governo islâmico não dava atenção à região. Depois de tentativas fracassadas de firmar um acordo de paz, em 2007 o Conselho de Segurança da ONU aprovou o envio de militares e de pessoal de apoio civil da Operação Híbrida União Africana/Nações Unidas em Darfur (Unamid, em inglês), que começaram a chegar à região em 2008, onde permaneciam em 2018.

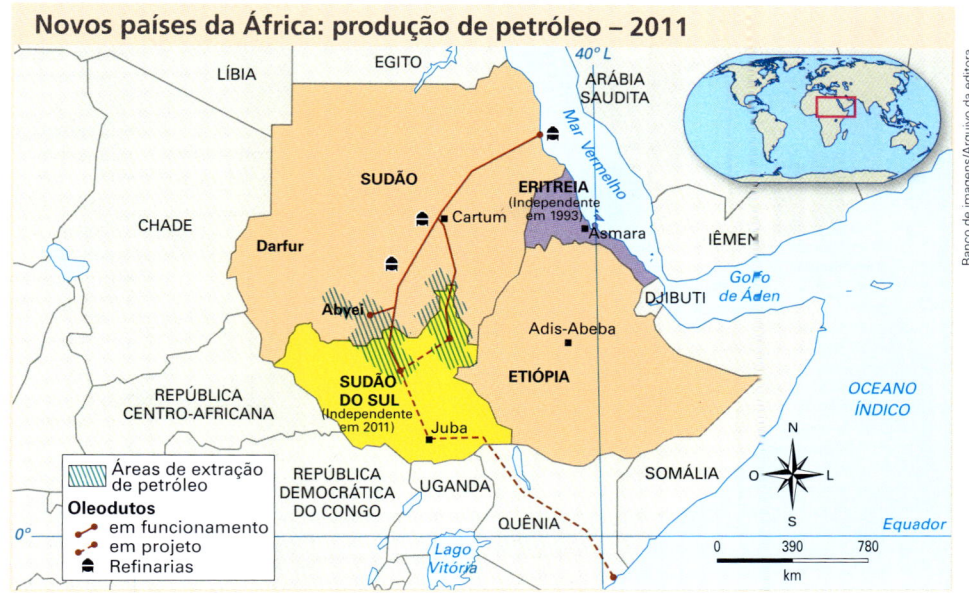

Fonte: LE MONDE DIPLOMATIQUE. *L'Atlas 2013*. Paris: Vuibert, 2012. p. 157.

De 2005 a 2011, outra força de manutenção da paz atuou no país, a Missão das Nações Unidas no Sudão (UNMIS, em inglês), que auxiliou no acordo entre o governo e o SPLM. Com a independência do Sudão do Sul, em 2011, essa operação de paz foi extinta e a ONU criou a Missão das Nações Unidas no Sudão do Sul (UNMISS) para auxiliar na consolidação do novo país, que, apesar das grandes reservas de petróleo, está entre os mais pobres do mundo. Não é por acaso que o Sudão do Sul era considerado o Estado mais frágil do mundo em 2017 (reveja o mapa na página 264).

Grande parte das guerras recentes é veiculada na mídia como conflito étnico ou religioso. Entretanto, mais do que as diferenças étnicas ou religiosas, as principais causas dos numerosos conflitos nos países "menos desenvolvidos" são a pobreza e a falta de oportunidades econômicas, especialmente para os jovens. O que mais contribui para o ingresso num grupo rebelde é o desemprego/ócio, mais até do que a crença na causa defendida (veja o gráfico a seguir). Além disso, líderes gananciosos e corruptos, que se apropriam do aparelho estatal em detrimento do restante da sociedade (o "Estado predatório", que vimos no capítulo 15), muitas vezes, instrumentalizam as diferenças étnicas ou religiosas para se perpetuarem no poder. Em suma: quanto maior a fragilidade do Estado, maior a probabilidade de eclosão de conflitos internos e, consequentemente, menores as oportunidades econômicas.

> Consulte o *site* das **Forças de Manutenção da Paz das Nações Unidas**. Veja orientações na seção **Sugestões de textos, vídeos e *sites***.

OUTRAS LEITURAS

CÍRCULOS VICIOSOS DE CONFLITO: QUANDO TENSÕES DE SEGURANÇA, JUSTIÇA E DE EMPREGO SE DEPARAM COM INSTITUIÇÕES DEFICIENTES

O desemprego entre os jovens é constantemente citado nas pesquisas de percepção dos cidadãos como um motivo para a união tanto dos movimentos rebeldes quanto das gangues urbanas [...] [veja o gráfico]. A exclusão política e a desigualdade que afetam os grupos regionais, religiosos ou étnicos estão associadas a riscos mais elevados de guerra civil [...] [veja a tabela].

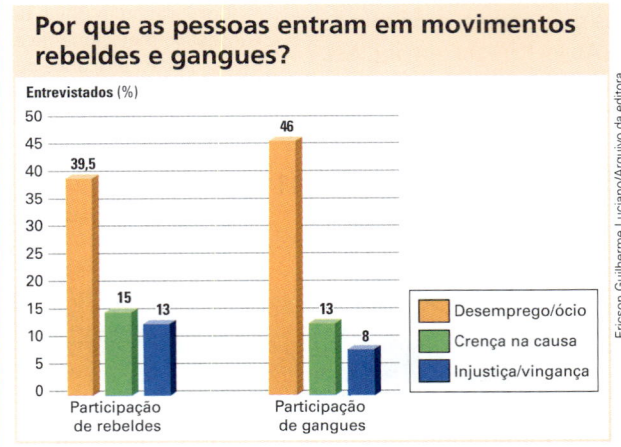

Por que as pessoas entram em movimentos rebeldes e gangues?

- Participação de rebeldes: Desemprego/ócio 39,5; Crença na causa 15; Injustiça/vingança 13
- Participação de gangues: Desemprego/ócio 46; Crença na causa 13; Injustiça/vingança 8

Causas dos conflitos: tensões de segurança, econômicas e políticas		
Tensões	**Internas**	**Externas**
Segurança	• Legados de violência e trauma	• Invasão, ocupação • Apoio externo a rebeldes nacionais • Efeitos secundários de conflitos transfronteiriços • Terrorismo transnacional • Redes internacionais de crimes
Econômicas e sociais	• Baixa renda, baixo custo de oportunidade de rebelião • Desemprego entre os jovens • Impactos sociais de violência sexual • Riqueza de recursos naturais • Corrupção grave • Rápida urbanização	• Choques econômicos, incluindo preços dos alimentos • Mudança climática
Políticas	• Competição étnica, religiosa ou regional • Discriminação real ou percebida • Abusos de direitos humanos	• Percepção de injustiça e desigualdade global no tratamento de grupos diferentes

BANCO MUNDIAL. *Relatório sobre o desenvolvimento mundial de 2011: conflito, segurança e desenvolvimento*. Washington, D.C., 2011. p. 6-7.

OS CONFLITOS ENTRE ÁRABES E JUDEUS E A QUESTÃO PALESTINA

Os judeus (ou hebreus, como eram chamados na época) viveram no território hoje conhecido por Palestina desde a Antiguidade até o início da Era Cristã. Nessa época, parte do atual Oriente Médio esteve sob o domínio dos romanos, que expulsaram os judeus. Estes se dispersaram por vários lugares, principalmente pela Europa central e oriental.

Após a longa ocupação romana, do século VII até meados do século XIX, a Palestina foi ocupada quase exclusivamente por árabes, que ficaram conhecidos nesse território como palestinos. No entanto, esse povo já vivia na região antes de ser arabizado e islamizado, pois sua ascendência remonta aos egípcios, fenícios e outros povos da Antiguidade. Durante a expansão imperialista europeia no século XIX, a região caiu sob o domínio do Reino Unido e passou a receber imigrantes judeus. Embora esse povo considere essa terra (a antiga Canaã) como sua porque lá estão enterrados seus ancestrais, o mesmo argumento serve aos palestinos, que vivem ali há muitas gerações. A ascensão do nazismo na Alemanha, em 1933, fez com que o movimento migratório se intensificasse e, com isso, iniciasse um conflito, pois árabes e judeus tiveram de compartilhar e disputar o mesmo território.

Em 1947, depois de muita pressão das organizações judaicas, a ONU dividiu esse território em dois Estados: um para abrigar o povo judeu, e outro para o povo palestino (observe o mapa de 1947, acima). **Israel**, o Estado judeu, foi proclamado oficialmente em 1948. No entanto, os países árabes vizinhos, principalmente Egito, Síria e Jordânia, não aceitaram o novo Estado e atacaram-no militarmente, tentando impedir seu estabelecimento. Israel venceu essa guerra e ampliou seu território, apropriando-se de parte do que havia sido delimitado como Estado da Palestina (observe o mapa de 1949).

Foi nesse contexto que nasceu a **Organização para a Libertação da Palestina (OLP)**. Fundada em 1964, era uma frente de vários grupos com atuação moderada e controlada pelos países árabes. Mas quando a Fatah (do árabe, 'conquista'), grupo guerrilheiro liderado por Yasser Arafat, tornou-se hegemônica na organização, esta passou a cometer diversos atentados terroristas contra Israel. Isso aconteceu principalmente a partir de 1969, quando Arafat se tornou o presidente da OLP.

O conflito bélico que provocou as maiores transformações territoriais na região, entretanto, foi a Guerra dos Seis Dias (5 a 10 de junho de 1967), que novamente opôs Israel aos países árabes vizinhos. Após vencê-los de forma arrasadora nessa guerra-relâmpago, Israel ampliou significativamente seu território, como mostra o mapa acima. Observe que o povo palestino ficou sem Estado, dando início à chamada **Questão Palestina**.

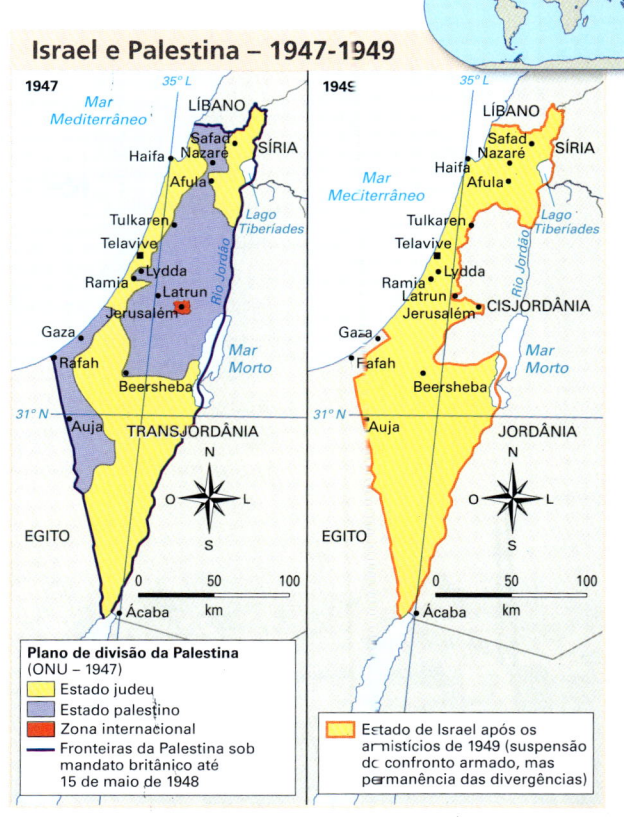

Fonte: VARROD, Pierre (Dir.). *Atlas géopolitique et culturel*: dynamiques du monde contemporain. Paris: Dictionaires Le Robert, 2003. p. 144.

Fonte: VARROD, Pierre (Dir.). *Atlas géopolitique et culturel*: dynamiques du monde contemporain. Paris: Dictionaires Le Robert, 2003. p. 144.

Os desdobramentos dessa guerra agravaram a tensão entre os países árabes e Israel. A partir de então, as ações terroristas da OLP também se intensificaram. Os Estados árabes perderam vastos territórios, dando origem a um novo conflito bélico. A Guerra do Yom Kippur, que tem esse nome porque os árabes atacaram Israel em um dos mais importantes feriados judaicos, o "Dia do Perdão", eclodiu em 6 de outubro de 1973. Depois de vinte dias de combates, essa guerra foi novamente vencida por Israel. Com isso, o novo presidente do Egito, Anuar Sadat (1918-1981), ao perceber que não poderia vencer o inimigo no campo de batalha, aproximou-se dos Estados Unidos, pois até então era aliado da União Soviética, e buscou um acordo de paz com Israel.

Em 1979, Israel concordou em devolver a península do Sinai ao Egito em troca de reconhecimento político e de um pacto de não agressão. O acordo foi assinado pelos representantes dos dois países em Camp David (Estados Unidos). Essa negociação de paz marcou, pela primeira vez, o reconhecimento de Israel por um governo árabe, além de quebrar a coalizão que até então havia lutado contra o Estado judeu. Esse fato levou ao assassinato de Anuar Sadat, em 1981, durante uma parada militar no Cairo, por grupos extremistas que não aceitavam negociar com os israelenses.

Em 1982, Israel invadiu o Líbano para expulsar os guerrilheiros da OLP, que utilizavam o território do país vizinho como base. Depois de um acordo, a OLP transferiu seu quartel-general para Túnis (Tunísia). Entretanto, Israel não se retirou integralmente do território libanês e manteve ocupada uma estreita faixa no sul do país para proteger sua fronteira norte. No lugar da OLP foi organizada uma guerrilha apoiada por Irã e Síria, o Hezbollah, que passou a atacar soldados israelenses que patrulhavam a zona de fronteira. Em 2002, Israel se retirou do sul do Líbano e o Hezbollah continuou atuando em território libanês.

Em 2011, com a eclosão da guerra na Síria, o Hezbollah passou a apoiar o governo de Bashar al-Assad. Na foto, membros do Hezbollah carregam caixão de militante morto na Guerra da Síria, em funeral ocorrido na cidade de Chaat, Vale de Bekaa (Líbano), em 2014.

Desde o fim dos anos 1980, a OLP abdicou da luta armada e do terrorismo e se tornou uma organização política empenhada na construção do Estado Palestino. Isso favoreceu novas rodadas de negociações. No entanto, a maior pressão para as negociações avançarem veio da **intifada** (do árabe, 'levante'), que teve início em 1987.

Em 1993, foram iniciadas as negociações de paz entre Israel e a OLP, com a assinatura dos acordos de Oslo (Noruega), que culminaram no reconhecimento recíproco e no início do processo de devolução aos palestinos da maior parte da Faixa de Gaza e de diversas cidades da Cisjordânia, como Belém e Hebron. Ao mesmo tempo, foi criada, sob a presidência de Yasser Arafat, a **Autoridade Nacional Palestina (ANP)**, embrião do futuro Estado Palestino, para administrar esses territórios. Esses fatos puseram fim à primeira intifada.

Na foto, Yasser Arafat acena para a população em Ramallah, Cisjordânia, em 2003, um ano antes de morrer em um hospital de Paris. Nascido em Jerusalém, em 1929, Arafat simbolizou o movimento de resistência palestina. Com sua morte, a direção da OLP ficou nas mãos de Mahmoud Abbas, que em 2005 foi eleito presidente da ANP. Em agosto de 2015, Abbas renunciou à liderança da OLP, mas continuou como presidente da ANP, cargo em que permanecia em 2018.

Em 1994, a Jordânia também reconheceu o Estado de Israel, firmando um acordo de utilização conjunta das águas do rio Jordão. Em 2015, ainda permanecia pendente um acordo sobre as colinas de Golã, que pertenciam à Síria até serem ocupadas por Israel na Guerra dos Seis Dias.

Em 2000, Israel ofereceu à ANP o controle integral de Gaza e de 90% da Cisjordânia, mas não aceitou que a capital do futuro Estado Palestino fosse em Jerusalém oriental nem que os refugiados que viviam nos países vizinhos retornassem, como pleiteavam os palestinos. A ANP recusou a oferta, então o governo israelense retomou a instalação de colônias na Cisjordânia para inviabilizar a devolução desse território. Em consequência, eclodiu a segunda intifada e, ao mesmo tempo, intensificaram-se as ações terroristas dos grupos Hamas, Jihad Islâmica e Brigadas dos Mártires de Al-Aqsa (vinculado à Fatah), que passaram a cometer ataques suicidas em território israelense. Em resposta, Israel iniciou a construção de uma cerca de segurança, isolando as comunidades judaicas das palestinas. Em 2004, após a morte de Arafat, ainda houve tentativas de retomada das negociações, ainda que frustradas.

Em 2005, Israel retomou negociações com os palestinos, representados por Mahmoud Abbas, e iniciou a retirada das colônias judaicas da Faixa de Gaza (8 mil colonos viviam em meio a 1,2 milhão de palestinos), transferindo integralmente esse território para o controle da ANP (observe o mapa ao lado). Esses fatos esvaziaram a segunda intifada.

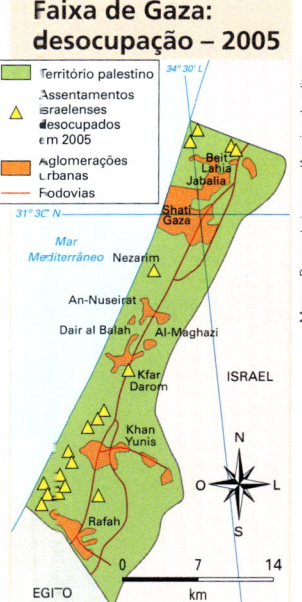

Fonte: ENCEL, Frédéric. Atlas géopolitique d'Israel. Paris: Autrement, 2008. p. 67.

Ao mesmo tempo que desocupava Gaza, Israel expandia os assentamentos de colonos judeus na Cisjordânia e ampliava a cerca de segurança, com a justificativa de impedir a entrada de terroristas palestinos. Embora o governo israelense defenda que essa barreira seja uma proteção temporária, os palestinos temem que ela acabe definindo o limite entre Israel e o futuro Estado Palestino. A cerca abrange 7% de territórios da Cisjordânia ocupados por colônias judaicas e reivindicados pelos palestinos para a constituição de seu futuro Estado (observe o mapa ao lado).

Tem sido muito difícil um acordo de paz no longo conflito israelo-palestino porque há radicais dos dois lados tentando boicotá-lo. Do lado palestino, atuam três organizações que têm sido responsáveis por ataques terroristas contra a população israelense: o Hamas, a Jihad Islâmica e as Brigadas dos Mártires de Al-Aqsa. Esses grupos são contrários a qualquer concessão a Israel e acreditam que os judeus devem ser expulsos da Palestina.

Segundo o Banco Mundial, em 2016, Israel tinha uma população de 8,5 milhões de habitantes e ocupava uma área de 22 mil quilômetros quadrados (equivalente ao estado de Sergipe), o que dava uma densidade demográfica de 395 habitantes/km². Já a Autoridade Palestina tinha uma população de 4,6 milhões de habitantes e ocupava uma área de 6 mil quilômetros quadrados nos territórios de Gaza e Cisjordânia (equivalente ao Distrito Federal), com uma densidade demográfica de 756 habitantes/km², uma das mais altas concentrações populacionais do mundo.

Fonte: SMITH, Dan. The Penguin State of the Middle East Atlas. 3rd ed. New York: Penguin Books, 2016. p. 79.

Issam Rimawi/Anadolu Agency/Getty Images

A maior parte da barreira construída pelo governo israelense consiste em uma cerca de tela e arame, mas nas áreas por ele consideradas mais perigosas – proximidades de cidades palestinas, como Tulkaren e Jerusalém – é composta de um muro de concreto com mais de 8 metros de altura. Na foto, protesto contra o muro organizado pela Juventude Palestina e outras entidades, em Al-Ram, norte de Jerusalém, em 2015.

Do lado de Israel, há os setores da direita, do partido Likud e principalmente dos partidos ortodoxos, que abrigam fundamentalistas religiosos, contrários a qualquer concessão aos palestinos. Esses setores da sociedade israelense acreditam que a "terra prometida" pertence exclusivamente ao povo judeu. São contrários, por exemplo, à retirada dos colonos que vivem em Gaza e na Cisjordânia, em territórios oficialmente devolvidos por Israel aos palestinos.

Além disso, a capacidade militar israelense é muito superior à dos palestinos, e a retaliação às agressões de militantes dos grupos palestinos quase sempre fere e mata muito mais civis desse povo. Segundo dados da ONG israelense de direitos humanos B'Tselem (expressão em hebraico que significa 'à imagem de [Deus]', também usada como sinônimo de 'dignidade humana'), de 2000 a 2018, 9 480 palestinos perderam a vida nesses conflitos, contra 1 246 israelenses. Veja dados detalhados na tabela abaixo.

Conflito israelo-palestino: vítimas – 2000-2018				
Vítimas \ Local	Gaza	Cisjordânia	Israel	Todos os territórios
Palestinos				
Mortos pelas forças de segurança de Israel	7 121	2 177	108	9 406
Mortos por civis israelenses	4	63	7	74
Total de mortos	7 125	2 240	115	9 480
Israelenses				
Soldados das forças de segurança mortos por palestinos	147	164	117	428
Civis mortos por palestinos	39	254	525	818
Total de mortos	186	418	642	1 246

Fonte: B'TSELEM: The Israeli Information Center for Human Rights in the Occupied Territories. Statistics, 29 set. 2000 a 29 mar. 2018. Disponível em: <www.btselem.org/statistics>. Acesso em: 27 abr. 2018.

Veja a indicação do filme *Promessas de um novo mundo*. Verifique orientações na seção **Sugestões de textos, vídeos e *sites***.

Outro fato que dificulta a vida da população palestina nos territórios ocupados é o controle de sua circulação pelas forças de segurança de Israel. O deslocamento entre Gaza e a Cisjordânia passa pelo território do Estado judeu, e boa parte da população palestina trabalha em empresas israelenses. Assim, os palestinos, ao entrarem em Israel ou passarem por alguma barreira montada na Cisjordânia ou em Gaza, têm de enfrentar longas filas e apresentar documentos, o que torna seu cotidiano sofrido e humilhante (veja a foto menor, abaixo).

A Questão Palestina, a histórica luta desse povo pela criação de seu Estado nacional, até 2018 não tinha sido resolvida, e, como consequência, milhões de palestinos continuavam vivendo espalhados por vários países do Oriente Médio. Como mostra o gráfico acima, 5,9 milhões de refugiados palestinos vivem em Gaza, na Cisjordânia e em países árabes vizinhos, com destaque para a Jordânia. Entretanto, em uma conquista simbólica e politicamente importante, em novembro de 2012, a Assembleia Geral da ONU elevou a Autoridade Palestina à condição de Estado observador não membro. Em uma votação na qual obtiveram 138 votos a favor (inclusive o do Brasil) e oito contra (entre os quais Israel e Estados Unidos), os palestinos tiveram seu *status* político elevado nas Nações Unidas: a Palestina agora está num estágio que antecede o reconhecimento como Estado independente de fato e membro pleno da Organização.

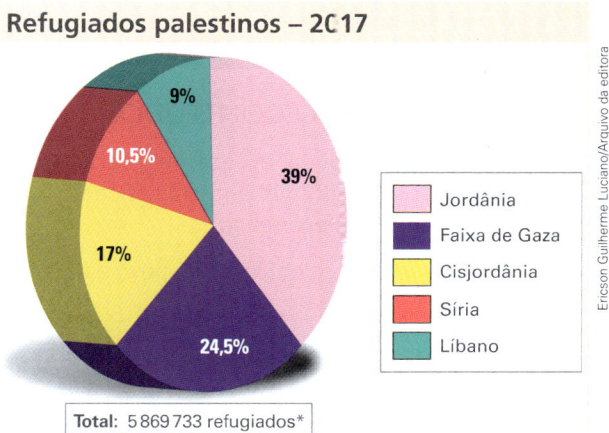

Refugiados palestinos – 2017

- Jordânia: 39%
- Faixa de Gaza: 24,5%
- Cisjordânia: 17%
- Síria: 10,5%
- Líbano: 9%

Total: 5 869 733 refugiados*

Fonte: UNITED NATIONS RELIEF AND WORKS AGENCY FOR PALESTINE REFUGEES IN THE NEAR EAST (UNRWA). *UNRWA Fields of Operation Map 2017*. 7 nov. 2017. Disponível em: <www.unrwa.org/resources/about-unrwa/unrwa-fields-operations-map 2017>. Acesso em: 27 abr. 2018.

* Indica apenas os refugiados na área de atuação da Agência das Nações Unidas de Assistência aos Refugiados da Palestina no Oriente Médio (UNRWA, em inglês), onde está a maioria deles, mas há palestinos vivendo em outros territórios, como nos países do golfo Pérsico.

Soldados das forças de segurança de Israel checam os documentos dos trabalhadores palestinos na entrada do assentamento de Tekoa, ao sul de Jerusalém, em 2016.

Criança palestina no que restou da casa de sua família em Gaza, após a operação *Protective Edge* (do inglês, 'Limite Protetor'), realizada em meados de 2014. Nesse ataque aéreo, em reação ao lançamento de mísseis contra o território israelense feito pelo Hamas, 2 202 palestinos morreram e centenas de casas foram destruídas.

ATIVIDADES

COMPREENDENDO CONTEÚDOS

1. "Uma guerra pode apresentar características múltiplas, dificultando sua classificação". Explique a frase e dê exemplos.

2. Qual é a diferença entre etnia, povo e nação?

3. Aponte as principais semelhanças e diferenças entre a Al-Qaeda e o Estado Islâmico.

4. Elabore uma síntese sobre os conflitos entre árabes e judeus e a Questão Palestina.

DESENVOLVENDO HABILIDADES

5. Para responder às questões, siga o passo a passo.

   a) Releia o gráfico e a tabela da página 304. Anote as principais ideias no caderno.

   b) Estabeleça correlações entre as informações das duas frases abaixo e o mapa de IDH, na página 260, e o das missões de paz da ONU, a seguir. Anote as conclusões de sua análise.

   - De acordo com o *Relatório de Desenvolvimento Humano 2016* do Pnud, dos 41 países que em 2015 apresentavam baixo IDH, 35 estavam localizados na África subsaariana, três na Ásia/Pacífico, dois no Oriente Médio e um na América Latina/Caribe.
   - De acordo com a ONU, de suas catorze forças de manutenção da paz em atividade no início de 2018, seis operavam na África subsaariana, uma no norte da África, três no Oriente Médio, uma no sul da Ásia, uma no sul da Europa, uma no Mediterrâneo e uma na América Latina/Caribe.

Fonte: UNITED NATIONS PEACEKEEPING. *Peacekeeping Operations*, New York, 2018. Disponível em: <https://peacekeeping.un.org/en>. Acesso em: 27 abr. 2018.

   c) Agora, responda às questões:
   - É possível estabelecer correlação entre pobreza e guerra civil, como sugerem os textos e os mapas analisados? Por quê?
   - Por que ocorrem tantos conflitos armados no continente africano, sobretudo na África subsaariana?
   - Qual é a situação dos jovens africanos nesse contexto?

VESTIBULARES
DE NORTE A SUL

TESTES

1. SE **(UERJ) A rota até os Jihadistas**

Componentes produzidos por 51 empresas caem em poder do Estado Islâmico

Mais de 50 empresas de 20 países, entre elas uma brasileira, foram identificadas na cadeia de suprimentos dos dispositivos explosivos improvisados usados pelo Estado Islâmico em centenas de atentados terroristas. Além de mercadorias controladas, itens tão simples quanto ligas de alumínio, celulares ou fertilizantes, que podem parecer inofensivos à primeira vista, estariam na lista dos mais de 700 componentes encontrados em um levantamento realizado ao longo de 20 meses pelo Instituto de Pesquisa de Conflito Armado.

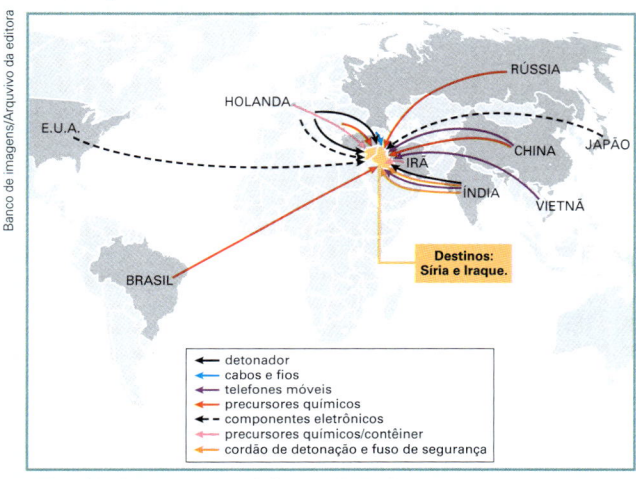

VIVIAN OSWALD. Adaptado de O Globo, 26/02/2016.

A estratégia de ação do Estado Islâmico mencionada na reportagem apresenta semelhança com a seguinte prática das corporações empresariais contemporâneas:

a) padronização das tecnologias.
b) incorporação dos fornecedores.
c) desterritorialização da produção.
d) superexploração da mão de obra.

2. CO **(UFG-GO)** A "globesidade" é um termo criado pela Organização Mundial da Saúde para se referir a um processo de modificações sociais e biológicas do indivíduo, decorrentes do avanço do processo da globalização. Essas modificações devem-se, respectivamente,

a) à melhoria da qualidade dos serviços de saneamento e aos maus hábitos alimentares.
b) ao crescimento acelerado da população urbana e à inversão da pirâmide alimentar.
c) à melhoria da qualidade dos serviços de saneamento e à ingestão de gorduras insaturadas.
d) ao crescimento acelerado da população urbana e à ingestão de gorduras saturadas.
e) ao processo de modernização da agricultura e ao comprometimento da longevidade nas áreas rurais.

3. S **(UFRGS)** Leia o trecho da música *Disneylândia*, da banda Titãs.

Armênios naturalizados no Chile
Procuram familiares na Etiópia.
Casas pré-fabricadas canadenses
Feitas com madeira colombiana.
Multinacionais japonesas
Instalam empresas em Hong-Kong
E produzem com matéria-prima brasileira
Para competir no mercado americano.

Literatura grega adaptada
Para crianças chinesas da comunidade europeia.
Relógios suíços falsificados no Paraguai
Vendidos por camelôs no bairro mexicano de Los
[Angeles.
Turista francesa fotografada seminua com o
[namorado árabe
Na Baixada Fluminense.

O trecho acima retrata a dinâmica resultante do processo de
a) globalização.
b) empobrecimento.
c) migração.
d) enriquecimento.
e) independência.

4. SE **(PUC-MG)** As representações cartográficas não são neutras. Ao longo da história, a cartografia foi utilizada como instrumento estratégico de dominação e de disseminação de uma visão ideológica acerca do mundo. No ano de 1945 foi criada a ONU – Organização das Nações Unidas, uma organização internacional com sede em Nova Iorque. Com objetivo de promover a paz mundial, promovendo o direito internacional, o desenvolvimento social e econômico, e os direitos humanos; a organização serviu também para legitimar a nova ordem internacional que se esboçava a partir de então. O símbolo da ONU, representado a seguir, foi elaborado a partir de uma projeção cartográfica cuidadosamente selecionada, de forma a destacar o novo contexto geopolítico que se consolidava a partir de então. A análise desse símbolo permite concluir:

a) A projeção escolhida procurou reforçar uma visão eurocêntrica do mundo, aspecto essencial num contexto em que a reconstrução do continente europeu tornava-se prioritária na agenda mundial.

b) A projeção deu grande destaque ao continente africano, a partir de então escolhido como área prioritária de ação da Organização das Nações Unidas, em virtude do grande número de conflitos políticos e problemas sociais e econômicos.

c) A utilização de uma projeção polar, elaborada a partir do polo norte, destacou a centralidade de uma região que assumiu, a partir de então, uma importância geopolítica estratégica, em razão da hegemonia de duas novas superpotências.

d) A projeção foi produzida a partir de uma visão terceiro-mundista, visto que os continentes mais pobres ganharam destaque no centro da projeção cartográfica.

5. **(UEM-PR)** O Sistema Mundo, que emerge no fim do século XIX, distingue-se das "economias mundo" dos séculos anteriores. É planetário e nenhuma população se subtrai às impulsões. Traduz-se na aceleração das descobertas científicas e das inovações tecnológicas, no desenvolvimento das trocas internacionais.

> DOLLFUS, O. 1994, p. 31, apud SENE, E. de. *Globalização e espaço geográfico*. 3. ed. São Paulo: Contexto, 2007, p. 40-4.

Sobre o Sistema Mundo e sobre a atual etapa do capitalismo, é **correto** afirmar que:

01) As dimensões econômicas, sociais, culturais e políticas se materializam no espaço geográfico em suas diversas escalas: do mundial ao local. Atualmente, os lugares estão conectados por uma rede de fluxos controlados a partir de poucos centros de poder econômico, cultural e político. Consequentemente, todos os lugares estão integrados ao Sistema Mundo.

02) A intensificação do fluxo de informações, que passaram a ser processadas e difundidas com maior rapidez, permitiu um grande crescimento de fluxos financeiros e o surgimento de novas modalidades de investimentos especulativos de curto prazo, conhecidos como *hot money*, que se movimentam pelo sistema financeiro mundial.

04) Nos países centrais impulsionados pelo crescimento econômico, houve intensificação dos fluxos de mercadorias entre países que concentram a maior parte do comércio no mundo, em razão do aumento da capacidade de transporte, de armazenamento e de abastecimento.

08) A formação de blocos econômicos corresponde a uma regionalização dentro do espaço mundial, e também a uma forma de aumentar as relações em escala global, o que possibilita aos países enfrentar melhor a concorrência no mercado mundial.

16) Com o grande desenvolvimento econômico dos países africanos e dos latino-americanos associado ao fenômeno da globalização, as fronteiras dos países hegemônicos se tornaram mais permeáveis à entrada de pessoas e de produtos daqueles países, exceto produtos de alta intensidade tecnológica, restritos aos países mais avançados. Este fato provoca alterações na clássica Divisão Internacional do Trabalho (DIT).

6. **(ESPM-SP)** Em relação à crise político-territorial entre Ucrânia e Rússia, podemos afirmar que

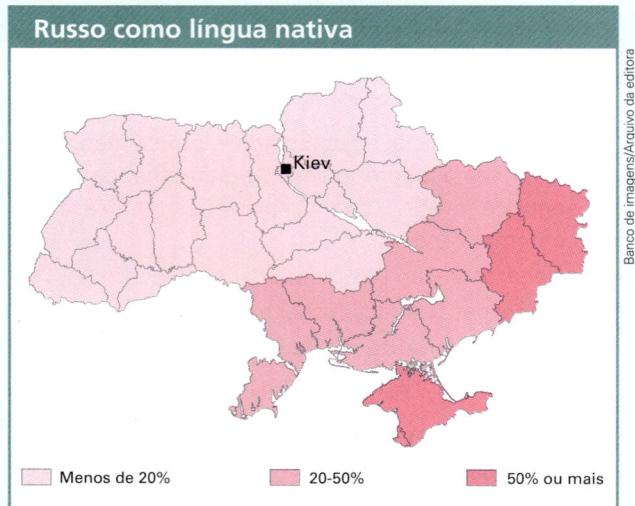

Fonte: <http://noticias.bol.uol.com.br/ultimas-noticias/internacional.htm>. Acesso: 05 ago. 2014.

a) A Rússia é contrária à saída da Ucrânia da União Europeia.

b) A porção ocidental da Ucrânia é majoritariamente russa e desejosa de ingressar na União Europeia.

c) A Rússia pretende instalar ogivas nucleares na Crimeia e a Ucrânia é contra.

d) A porção leste da Ucrânia é área de atuação de separatistas russos.

e) As grandes jazidas de petróleo da parte ocidental da Ucrânia, onde reside a maioria da população russa, é o fator de tensão maior.

7. NE **(UECE)** O "banco do Brics" ou o New Development Bank – NDB – é uma iniciativa dos países que compõem esse grupo. Dentre os seus objetivos está o auxílio aos países em desenvolvimento. Uma de suas mais importantes iniciativas foi a recente

a) compra de campos de petróleo e gás no Brasil e no Oriente Médio.

b) criação de uma linha de crédito para o financiamento da agroindústria em Cuba e na América Latina.

c) ajuda financeira às vítimas do furacão Matthew no Haiti.

d) concessão de empréstimos para projetos sobre energias renováveis.

8. S **(PUC-RS)** Leia o texto e observe o mapa abaixo.

O Oriente Médio é uma região de grande instabilidade política, onde encontramos um emaranhado de culturas diferenciadas, antagonismos religiosos, múltiplas formas de organização política e econômica. Nesse contexto, merecem uma análise mais cuidadosa, por sua gravidade e persistência, os conflitos entre árabes e judeus, mesmo após a resolução da ONU (Organização das Nações Unidas) que, em 1947, dividiu o território em dois Estados – Israel e Palestina. Contemporaneamente, os conflitos armados têm se intensificado, sem levar em conta os limites territoriais estabelecidos na criação dos dois Estados.

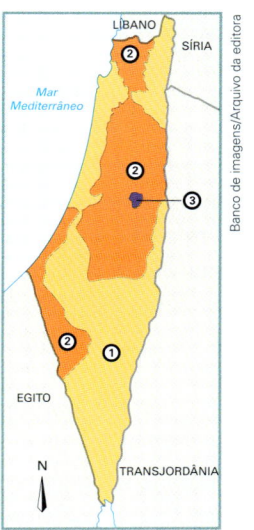

Considerando a proposta original de organização territorial promulgada pela ONU em 1947, a legenda correta para o mapa é:

a) (1) Estado judeu – (2) Estado palestino – (3) Zona Internacional

b) (1) Estado judeu – (2) Estado palestino – (3) Telavive

c) (1) Estado palestino – (2) Estado judeu – (3) Jerusalém

d) (1) Zona Internacional – (2) Estado palestino – (3) Estado judeu

e) (1) Jerusalém – (2) Telavive – (3) Zona Internacional

QUESTÕES

9. S **(UFPR)** O termo globalização tem sido usado para designar um fenômeno que trouxe profundas transformações à economia, à cultura e à organização geopolítica internacional. Explique esse fenômeno, apontando alguns dos seus impactos em nível mundial.

10. SE **(UFRJ)**

O conceito de **hegemonia mundial** refere-se especificamente à capacidade de um Estado exercer funções de liderança e governo sobre um sistema de nações soberanas. [...] Esse poder é algo maior e diferente da **dominação** pura e simples. É o poder associado à dominação, ampliada pelo exercício da **liderança intelectual e moral**.

ARRIGHI, G. *O longo século XX*.

Na atualidade, os Estados Unidos da América são considerados a potência hegemônica mundial. Essa hegemonia se manifesta em aspectos econômicos, militares e culturais. Apresente duas manifestações da hegemonia dos Estados Unidos da América no campo cultural.

11. SE **(UFES)**

Ucrânia protesta contra inclusão de clubes da Crimeia no futebol russo

Timur Ganeev, especial para *Gazeta Russa*. 30 ago. 2014.

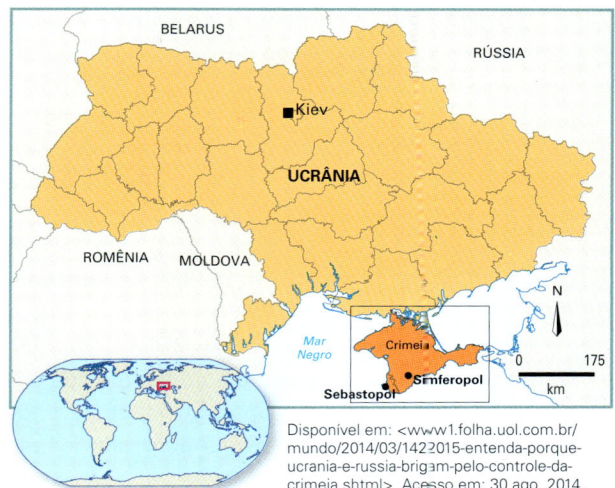

Disponível em: <www1.folha.uol.com.br/mundo/2014/03/1422015-entenda-porque-ucrania-e-russia-brigam-pelo-controle-da-crimeia.shtml>. Acesso em: 30 ago. 2014.

Uefa anunciou que não vai reconhecer os jogos de times da península disputados como membros da União de Futebol da Rússia

Em agosto de 2014, três clubes de futebol da Crimeia – que foi incorporada à Rússia – estrearam no campeonato nacional russo. Em resposta ao ato, a União das Associações Europeias de Futebol (Uefa) anunciou que não vai reconhecer os jogos dos clubes da Crimeia disputados sob os auspícios da União de Futebol da Rússia (RSF), mas ao mesmo tempo não impôs sanções contra o país.

Disponível em: <http://br.rbth.com/esporte/2014/08/27/ucrania_protesta_contrainclusao_de_clubes_da_crimeia_no_futebol_russ_27099.html>. Acesso em: 30 ago. 2014.

A crise, no final de 2013, que levou ao separatismo verificado entre comunidades situadas na região Sul da Ucrânia, representa um fenômeno político e cultural. Com base nesse fato,

a) explique o conceito de **Estado Nacional** e como ele se diferencia do conceito **Nação**;
b) indique qual desses dois conceitos é manifestado pelos habitantes da Crimeia em relação à Ucrânia.

12. NE (UFBA)

O Oriente Médio é uma das regiões mais fascinantes do planeta. Habitado desde tempos imemoriais, é estratégico, do ponto de vista econômico, principalmente por causa do petróleo. É também importante cenário geopolítico e militar, porque serve de passagem entre a Europa, a África e a Ásia. Com essas características, o Oriente Médio tornou-se um dos centros nevrálgicos da Guerra Fria. A criação do Estado de Israel, em 1948, agitou um passado milenar [...].

ALMEIDA, 2009, p. 159.

Com base na análise do mapa e do texto e nos conhecimentos sobre as principais atividades econômicas e o aumento das tensões ocorridas nessa região,

a) mencione a posição geográfica do Oriente Médio e indique dois dos principais países detentores de reservas petrolíferas da região;
b) aponte duas razões para que o Irã seja considerado uma peça central no xadrez geopolítico do Oriente Médio;
c) destaque dois conflitos recentes ocorridos nessa região, que tiveram grande repercussão mundial.

13. SE (Unicamp-SP)

O meio geográfico em via de constituição (ou de reconstituição) tem uma substância científico-tecnológico-informacional. Não é um meio natural, nem meio técnico. A ciência, a tecnologia e a informação estão na mesma base de todas as formas de utilização e funcionamento do espaço, da mesma forma que participam da criação de novos processos vitais e da produção de novas espécies (animais e vegetais). [...] Atualmente, apesar de uma difusão mais rápida e mais extensa do que nas épocas precedentes, as novas variáveis não se distribuem de maneira uniforme na escala do planeta. A geografia assim recriada é, ainda, desigualitária.

SANTOS, M. *Técnica, espaço e tempo*. p. 51.

a) Considerando que a ciência, a tecnologia e a informação estão na base do funcionamento do espaço, cite dois países que podem ser considerados centros hegemônicos da economia mundial. Justifique suas escolhas.
b) Como a África subsaariana se situa em relação ao espaço geográfico mundializado? Qual a razão dessa situação?

14. SE (UFU-MG)

Desde o início de sua ofensiva, em 9 de junho de 2014, o grupo jihadista Estado Islâmico avançou de forma exponencial. Beneficiado pela fraqueza e sectarismo do estado iraquiano e pela guerra civil na Síria, os radicais ganharam reforços e conquistaram novos territórios, propagaram o terror a partir da dizimação de minorias étnicas e chocaram o mundo com a execução de vítimas inocentes. Hoje lideranças mundiais debatem uma coalização capaz de parar os radicais, que avançam cada vez mais fortes e atrozes.

Disponível em: <http://noticias.terra.com.br/mundo/desvende-o-estado-islamico/>. Acesso em: 25 fev. 2015.

a) O que é o Estado Islâmico e como surgiu?
b) Qual é o principal objetivo do Estado Islâmico?

CAIU NO Enem

1. Do ponto de vista geopolítico, a Guerra Fria dividiu a Europa em dois blocos. Essa divisão propiciou a formação de alianças antagônicas de caráter militar, como a Otan, que aglutinava os países do bloco ocidental, e o Pacto de Varsóvia, que concentrava os do bloco oriental. É importante destacar que, na formação da Otan, estão presentes, além dos países do oeste europeu, os Estados Unidos e o Canadá. Essa divisão histórica atingiu igualmente os âmbitos político e econômico que se refletia pela opção entre os modelos capitalista e socialista.

   Essa divisão europeia ficou conhecida como:
   a) Cortina de Ferro.
   b) Muro de Berlim.
   c) União Europeia.
   d) Convenção de Ramsar.
   e) Conferência de Estocolmo.

2. Os 45 anos que vão do lançamento das bombas atômicas até o fim da União Soviética não foram um período homogêneo único na história do mundo. [...] dividem-se em duas metades, tendo como divisor de águas o início da década de [19]70. Apesar disso, a história deste período foi reunida sob um padrão único pela situação internacional peculiar que o dominou até a queda da União Soviética.

   HOBSBAWM, Eric J. Era dos extremos. São Paulo: Companhia das Letras, 1996.

   O período citado no texto e conhecido por Guerra Fria pode ser definido como aquele momento histórico em que houve:
   a) corrida armamentista entre as potências imperialistas europeias ocasionando a Primeira Guerra Mundial.
   b) domínio dos países socialistas do sul do globo pelos países capitalistas do norte.
   c) choque ideológico entre a Alemanha nazista/União Soviética stalinista, durante os anos 1930.
   d) disputa pela supremacia da economia mundial entre o ocidente e as potências orientais, como a China e o Japão.
   e) constante confronto das duas superpotências que emergiram da Segunda Guerra Mundial.

3. Segundo Samuel Huntington (autor do livro *O choque das civilizações e a recomposição da ordem mundial*), o mundo está dividido em nove "civilizações", conforme o mapa a seguir.

   Na opinião do autor, o ideal seria que cada civilização principal tivesse pelo menos um assento no Conselho de Segurança das Nações Unidas.

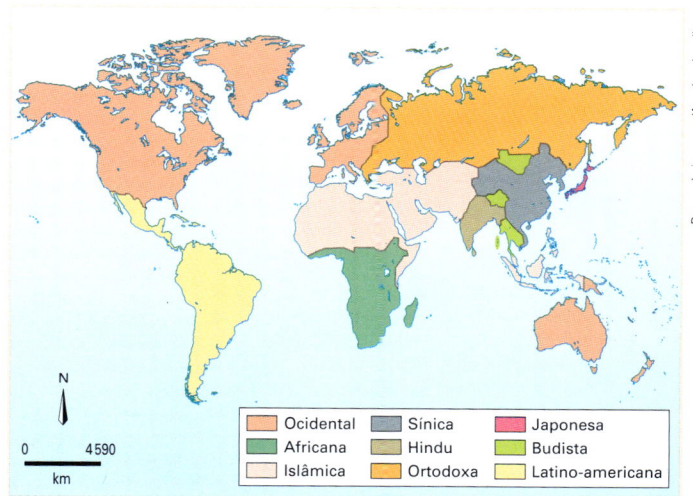

   Sabendo que apenas Estados Unidos, China, Rússia, França e Inglaterra são membros permanentes do Conselho de Segurança e analisando o mapa anterior, pode-se concluir que:
   a) atualmente apenas três civilizações possuem membros permanentes no Conselho de Segurança.
   b) o poder no Conselho de Segurança está concentrado em torno de apenas dois terços das civilizações citadas pelo autor.
   c) o poder no Conselho de Segurança está desequilibrado, porque seus membros pertencem apenas à civilização ocidental.
   d) existe uma concentração de poder, já que apenas um continente está representado no Conselho de Segurança.
   e) o poder está diluído entre as civilizações, de forma que apenas a África não possui representante no Conselho de Segurança.

4. O fim da Guerra Fria e da bipolaridade, entre as décadas de 1980 e 1990, gerou expectativas de que seria instaurada uma ordem internacional marcada pela redução de conflitos e pela multipolaridade.

   O panorama estratégico do mundo pós-Guerra Fria apresenta
   a) o aumento de conflitos internos associados ao nacionalismo, às disputas étnicas, ao extremismo religioso e ao fortalecimento de ameaças como o terrorismo, o tráfico de drogas e o crime organizado.
   b) o fim da corrida armamentista e a redução dos gastos militares das grandes potências, o que

se traduziu em maior estabilidade nos continentes europeu e asiático, que tinham sido palco da Guerra Fria.

c) o desengajamento das grandes potências, pois as intervenções militares em regiões assoladas por conflitos passaram a ser realizadas pela Organização das Nações Unidas (ONU), com maior envolvimento de países emergentes.

d) a plena vigência do Tratado de Não Proliferação, que afastou a possibilidade de um conflito nuclear como ameaça global, devido à crescente consciência política internacional acerca desse perigo.

e) a condição dos EUA como única superpotência, mas que se submetem às decisões da ONU no que concerne às ações militares.

5.

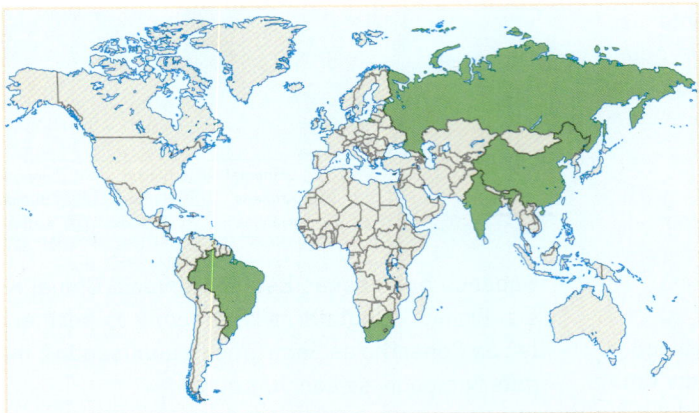

Disponível em: <www.ipta.gov.br>. Acesso em: 2 ago. 2013.

Na imagem, é ressaltado, em tom mais escuro, um grupo de países que na atualidade possuem características político-econômicas comuns, no sentido de

a) adotarem o liberalismo político na dinâmica dos seus setores públicos.
b) constituírem modelos de ações decisórias vinculadas à social-democracia.
c) instituírem fóruns de discussão sobre intercâmbio multilateral de economias emergentes.
d) promoverem a integração representativa dos diversos povos integrantes de seus territórios.
e) apresentarem uma frente de desalinhamento político aos polos dominantes do sistema-mundo.

6. Palestinos se agruparam em frente a aparelhos de televisão e telas montadas ao ar livre em Ramalah, na Cisjordânia, para acompanhar o voto da resolução que pedia o reconhecimento da chamada Palestina como um Estado observador não membro da Organização das Nações Unidas (ONU). O objetivo era esperar pelo nascimento, ao menos formal, de um Estado palestino. Depois da aprovação da resolução, centenas de pessoas foram à praça da cidade com bandeiras palestinas, soltaram fogos de artifício, fizeram buzinaços e dançaram pelas ruas. Aprovada com 138 votos dos 193 da Assembleia-Geral, a resolução eleva o *status* do Estado palestino perante a organização.

Palestinos comemoram elevação de *status* na ONU com bandeiras e fogos. Disponível em: <http://folha.com>. Acesso em: 4 dez. 2012 (adaptado).

A mencionada resolução da ONU referendou o(a)

a) delimitação institucional das fronteiras territoriais.
b) aumento da qualidade de vida da população local.
c) implementação do tratado de paz com os israelenses.
d) apoio da comunidade internacional à demanda nacional.
e) equiparação da condição política com a dos demais países.

Você já imaginou como seria a vida, caso não existissem indústrias? Mesmo quem vive longe de parques industriais ou nunca viu uma fábrica de perto certamente já consumiu algum produto industrializado. Ou seja, as indústrias exercem influência em áreas muito além de onde estão instaladas. Os sistemas de transporte possibilitam que os produtos atravessem fronteiras e oceanos para que sejam consumidos a centenas, às vezes, a milhares de quilômetros de distância do lugar onde foram fabricados. Nesta unidade, vamos estudar o processo industrial no mundo e analisar alguns dos mais importantes países industrializados.

UNIDADE

4

INDÚSTRIA NO MUNDO

CAPÍTULO
18

A GEOGRAFIA DAS INDÚSTRIAS

Vista panorâmica das empresas de alta tecnologia no parque tecnológico Vale do Silício, no norte da Califórnia (Estados Unidos), em 2017. Em primeiro plano, conjunto de edifícios do Googleplex, sede mundial do Google na cidade de Mountain View.

A indústria se caracteriza pela transformação de matérias-primas em produtos para outras indústrias e para as atividades primárias (agropecuárias e extrativistas) e terciárias (comércio e serviços), e também em bens de consumo para a população em geral. Nesse processo transformador, utiliza máquinas e ferramentas, consome energia e emprega trabalhadores.

Apesar de as grandes concentrações industriais estarem restritas a poucas regiões do planeta, como é possível verificar no mapa a seguir, a indústria estabelece uma rede em escala local, regional, nacional e mundial, que envolve o fornecimento de matérias-primas, transportes, comércio, energia, comunicações, mobilidade da mão de obra e outros.

Existem indústrias de diversos tipos e em diferentes estágios de desenvolvimento tecnológico. Algumas empregam tecnologia inovadora e abastecem o mercado mundial, enquanto outras usam técnicas tradicionais e fornecem apenas para o mercado local. De qualquer forma, todas elas impulsionam a economia e dinamizam as atividades primárias e terciárias da região e do país onde estão instaladas.

Quais foram os primeiros países a se industrializar? Por quê? Que fatores influenciaram a distribuição das indústrias no mundo? O que mudou na produção e na localização da indústria com a atual Revolução Técnico-Científica? O que são o fordismo e o toyotismo? Essas questões serão discutidas neste capítulo e terão continuidade nos seguintes. Para começar, observe o infográfico das próximas páginas sobre a classificação das indústrias.

Mundo: principais polos industriais

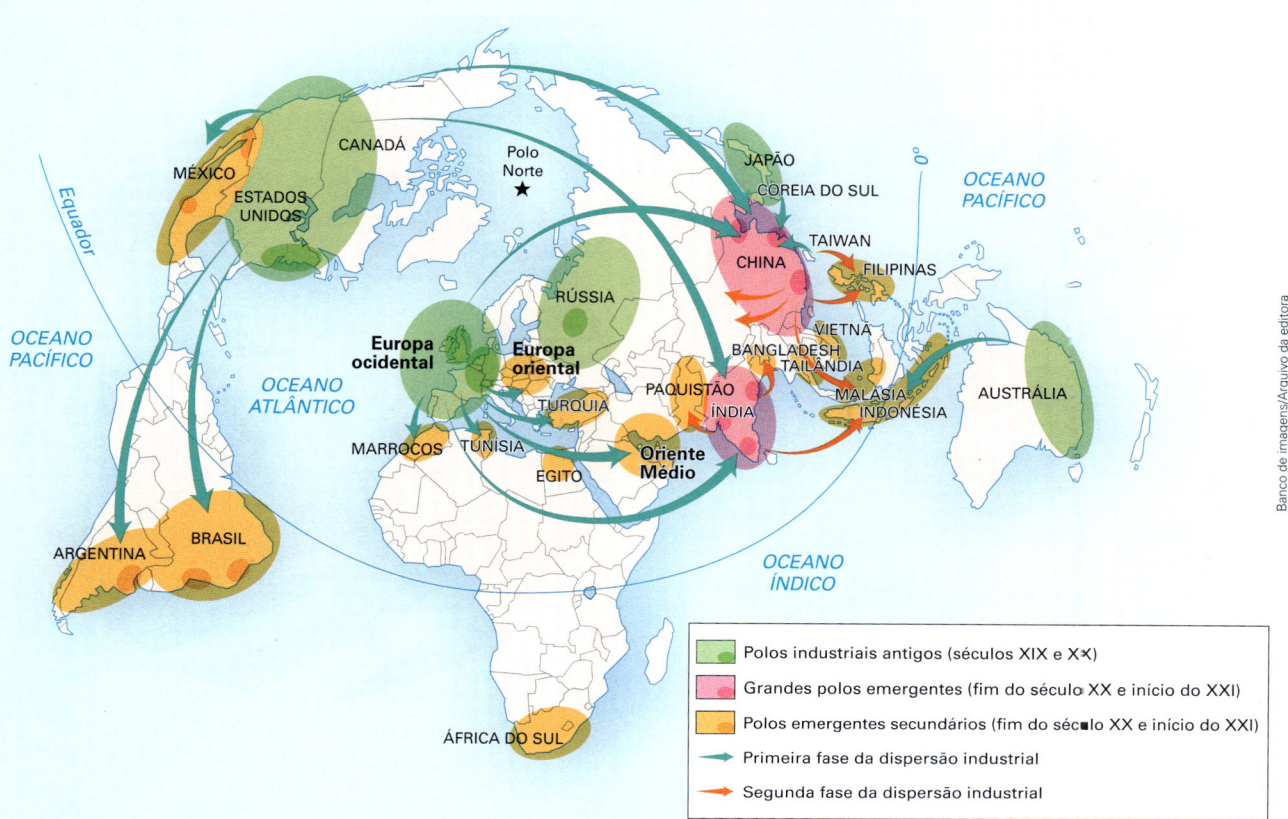

Fonte: LE MONDE DIPLOMATIQUE. L'Atlas 2013. Paris: Vuibert, 2012. p. 48. (Mapa sem escala.)

CAPÍTULO 18 • A GEOGRAFIA DAS INDÚSTRIAS

INFOGRÁFICO

CLASSIFICAÇÃO DAS INDÚSTRIAS

Segundo a Classificação Nacional de Atividades Econômicas (CNAE) do IBGE, todas as atividades desenvolvidas na economia brasileira estão agrupadas em 21 grandes categorias, que vão de **A** a **U**. Essa classificação segue padrões estatísticos internacionais para permitir comparações com outros países.

A CNAE classifica a produção industrial brasileira em duas grandes categorias: **B – indústrias extrativas**, organizadas em 5 setores, e **C – indústrias de transformação**, distribuídas em 24 setores. O que comumente é chamado de indústria da construção civil o IBGE denominou **F – construção**.

Há outra classificação, mais sintética, com base na qual o IBGE coleta dados e divulga os **Indicadores da produção industrial**. Nesta todos os setores das indústrias de transformação da CNAE estão agrupados em três categorias: **bens intermediários**, **bens de capital** e **bens de consumo**.

> Consulte a classificação completa da **Classificação Nacional de Atividades Econômicas (CNAE)** e o **Glossário de termos de economia industrial**. Veja orientações na seção **Sugestões de textos, vídeos e *sites***.

Sistema de transportes

INDÚSTRIAS DE BENS INTERMEDIÁRIOS

Fabricam produtos semiacabados a serem utilizados como matérias-primas por outros setores industriais. São também chamadas de **indústrias pesadas** por transformarem grandes quantidades de matéria-prima. Tendem a se localizar próximo às fontes de recursos naturais ou de portos e ferrovias, o que facilita a recepção de matérias-primas e o escoamento da produção.

INDÚSTRIAS DE BENS DE CAPITAL

São responsáveis por equipar as indústrias em geral, assim como a agropecuária, o comércio, os serviços e toda a infraestrutura do país. Tendem a se localizar em áreas onde há outros setores industriais, nas proximidades de empresas consumidoras de seus produtos, ou seja, em grandes regiões urbano-industriais.

Siderúrgica ArcelorMittal no Polo Industrial Tubarão, no município de Serra (ES), em 2016. A siderurgia (fabricação de aço) é um dos cinco subsetores da metalurgia.

- Siderurgia
- Celulose e papel
- Petroquímica
- Cimento, etc.

Linha de produção de tratores agrícolas na fábrica da Massey Ferguson em Canoas (RS), em 2015.

Máquinas e equipamentos para:
- Indústrias em geral
- Transportes
- Agricultura
- Geração de energia, etc.

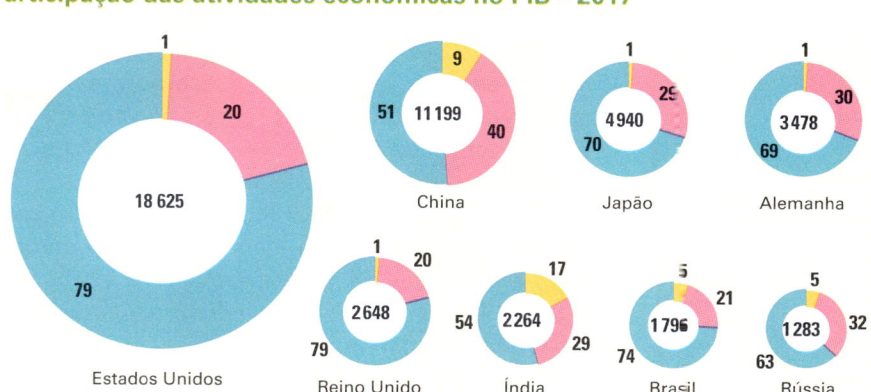

Participação das atividades econômicas no PIB – 2017

De forma geral, quanto mais industrializada e moderna uma economia, maior a participação das atividades terciárias na composição do seu PIB e menor a das atividades primárias. No entanto, as atividades terciárias também abarcam muitos empregos precários e de baixa remuneração, sobretudo em países em desenvolvimento.

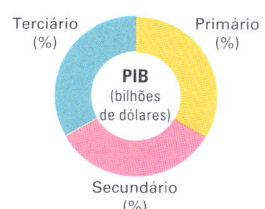

Fonte: THE WORLD BANK. *World Development Indicators 2017*. Washington, D.C., 2018. Disponível em: <http://wdi.worldbank.org/tables>. Acesso em: 30 abr. 2018.

INDÚSTRIAS DE BENS DE CONSUMO → MERCADO CONSUMIDOR

Também chamadas de **indústrias leves**, são as mais dispersas espacialmente: estão localizadas em grandes, médios e pequenos centros urbanos ou mesmo na zona rural de diversos países. Porém, concentram-se preferencialmente em regiões urbano-industriais, onde há maior disponibilidade de mão de obra e mais facilidade de acesso ao mercado consumidor.

Com os avanços tecnológicos nos transportes e o barateamento dos fretes, o mercado consumidor se globalizou e está no mundo todo. Entretanto, ainda é maior onde a população possui renda mais elevada: nos países desenvolvidos e nas regiões mais modernas dos países emergentes.

Indústria de confecção de roupas de bebê em Amparo (SP), em 2015.

Loja de eletrodomésticos no centro de Juazeiro do Norte (CE), em 2017.

- Não duráveis: alimentos, bebidas, remédios, etc.
- Semiduráveis: vestuário, acessórios, calçados, etc.
- Duráveis: móveis, eletrodomésticos, automóveis, etc.

- Lojas de roupas, sapatos, eletrodomésticos, automóveis, etc.
- Depósitos de materiais de construção
- Supermercados
- Farmácias, etc.

CAPÍTULO 18 • A GEOGRAFIA DAS INDÚSTRIAS

1. IMPORTÂNCIA DA INDÚSTRIA

Não é tão simples mensurar a real contribuição do setor industrial para a economia de um país. Por exemplo, nos países industrializados mais avançados, ou mesmo em diversos países em desenvolvimento, a maior contribuição para o PIB provém do comércio e dos serviços, não do setor industrial. Nos países desenvolvidos, a contribuição do comércio e dos serviços totaliza, em média, 75% do PIB; a da indústria, em torno de 25%; e a da agropecuária, 1%. Nos Estados Unidos, por exemplo, segundo o Banco Mundial, em 2016, o comércio e os serviços contribuíram com 79% do PIB – a mais alta taxa do mundo –; a indústria, com 20%; e a agropecuária, com 1% (reveja dados para outros países no infográfico das páginas 320 e 321). Entretanto, sem a indústria, não existiria a maior parte das atividades terciárias e primárias.

O gráfico a seguir mostra que, embora haja países muito pobres, como Serra Leoa, em que o setor industrial tem uma participação muito reduzida no PIB, há nações emergentes, como a Tailândia, onde essa participação é muito elevada, até maior do que em muitos países desenvolvidos.

Fonte: THE WORLD BANK. *World Development Indicators 2017.* Washington, D.C., 2018.
Disponível em: <http://wdi.worldbank.org/tables>. Acesso em: 30 abr. 2018.

Esse percentual, no entanto, não revela se, nesses países, a atividade industrial é:
- moderna ou tradicional, isto é, se emprega máquinas tecnologicamente avançadas e se conta com elevada participação de produtos de alta tecnologia;
- competitiva, isto é, se tem alta ou baixa participação na pauta de exportações, principalmente de produtos de alta e média tecnologia;
- diversificada ou dependente de um único setor, como nos países produtores de petróleo;
- sustentável do ponto de vista social e ambiental.

A contribuição da indústria para o PIB, considerada de forma isolada, é insuficiente para mostrar a importância quantitativa e qualitativa das atividades secundárias em um país. Por isso, a Organização das Nações Unidas para o Desenvolvimento Industrial (Unido) coleta outros dados que revelam a importância da indústria e seu grau de desenvolvimento tecnológico em diversos países. Observe a tabela da próxima página.

Os seis países com maior participação no valor da produção industrial mundial e outros selecionados – 2015

País	Participação em porcentagem:			
	da produção industrial do país no valor da produção industrial mundial*	do país no comércio mundial de produtos industrializados	dos produtos industrializados no total das exportações do país	dos produtos de alta/média tecnologia nas exportações de industrializados do país
China	23,5	18,4	96,6	58,8
Estados Unidos	16,3	8,0	75,1	65,3
Japão	9,0	4,7	90,8	79,9
Alemanha	6,3	9,8	88,8	74,1
Índia	3,3	1,8	93,3	33,9
Coreia do Sul	3,1	4,3	97,3	76,2
Brasil	2,1	0,9	58,8	41,5
Reino Unido	1,9	3,0	76,0	69,0
México	1,7	2,8	87,2	80,1
Rússia	1,7	1,3	45,5	28,0
Tailândia	0,9	1,6	88,8	62,7
Argentina	0,7	0,2	46,0	46,1
África do Sul	0,4	0,4	68,6	49,1
Nigéria	0,4	0,1	15,7	19,0

Fonte: UNITED NATIONS INDUSTRIAL DEVELOPMENT ORGANIZATION. *Industrial Development Report 2018.* Viena: Unido, 2017. p. 205-209.

* Veja os 16 países mais industrializados no gráfico da página 329.

> Consulte o *site* da Organização das Nações Unidas para o Desenvolvimento Industrial (Unido). Veja orientações na seção **Sugestões de textos, vídeos e *sites***.

Como mostra a tabela, a China superou os Estados Unidos e se tornou a maior potência industrial do mundo. Além da mão de obra barata e razoavelmente qualificada, que historicamente foi sua maior vantagem competitiva, o país tem incorporado avanços tecnológicos à produção, aumentando sua competitividade no mercado internacional. Na foto de 2017, fábrica robotizada da Guangzhou Automobile Group Motor Co. (GAC Motor), em Guangzhou (China).

Linha de montagem de carros em fábrica da General Motors (GM) em Michigan (Estados Unidos), em 2015. Os Estados Unidos vêm perdendo participação na produção industrial mundial. Como vimos na tabela da página anterior, perderam para a China a posição de maior potência industrial do planeta.

Para entender a importância da atividade industrial para a agropecuária, basta pensar que a agricultura moderna utiliza máquinas, sistemas de irrigação, adubos e diversos outros insumos produzidos industrialmente. Já sua importância para o comércio é notada observando todas as lojas existentes nas cidades, que não teriam mercadorias para vender caso não existisse a indústria de bens de consumo. O mesmo raciocínio pode ser aplicado à maioria das atividades de prestação de serviços: não seriam possíveis o funcionamento e a manutenção de diversos aparelhos, o fornecimento de energia elétrica e de água, as telecomunicações, os transportes, entre outros, se a indústria de bens de capital não produzisse os equipamentos necessários para a execução desses serviços. E, ainda, para uma indústria funcionar, são necessários serviços de administração, limpeza, transporte, segurança, manutenção, alimentação, etc. Esses exemplos mostram que a indústria é fundamental na economia de diversos países e está fortemente inter-relacionada com o comércio, os serviços e a agropecuária, como vimos no infográfico das páginas 320 e 321.

A crescente automação, principalmente nos países desenvolvidos e em alguns emergentes, tem reduzido relativamente o número de pessoas empregadas na indústria. Quanto mais avançada uma economia, mais trabalhadores são empregados no comércio e nos serviços. Ao observar a tabela a seguir, pode-se constatar que em quase todos os países a indústria é uma atividade essencialmente masculina, ao passo que o comércio e os serviços empregam predominantemente mão de obra feminina.

País	Indústria		Comércio e serviços	
	Homem	Mulher	Homem	Mulher
China	29,8	16,3	45,9	51,3
Estados Unidos	25,9	7,0	72,0	92,2
Japão	35,1	15,5	61,0	81,2
Alemanha	39,7	13,8	58,6	85,2
Índia	26,3	18,2	33,6	21,2
Coreia do Sul	33,1	13,5	61,0	81,3
Brasil	29,1	10,9	52,6	78,2
Reino Unido	28,1	7,6	70,2	91,7
México	30,2	16,6	50,5	79,7
Rússia	37,6	16,4	54,1	78,4
Tailândia	25,2	19,1	38,3	48,5
Argentina	36,0	8,3	60,8	91,4
África do Sul	36,7	12,2	55,3	84,1
Nigéria	14,1	15,5	48,3	69,8

Países selecionados: distribuição da população economicamente ativa (%)* – 2016

Fonte: THE WORLD BANK. *World Development Indicators 2017*. Washington, D.C., 2018. Disponível em: <http://wdi.worldbank.org/tables>. Acesso em: 30 abr. 2018.

* O percentual de empregados na agropecuária corresponde ao número que falta para completar 100%, tanto para homens como para mulheres.

2. DISTRIBUIÇÃO DAS INDÚSTRIAS

OS FATORES LOCACIONAIS

Fatores locacionais são diversas características de determinado lugar que favorecem a instalação de indústrias. No momento de optar por uma localidade para situar uma indústria, os empresários consideram quais fatores são mais importantes para aumentar a taxa de lucro de seu investimento. Os principais fatores locacionais para indústrias, de modo geral, são:

- **fontes de matéria-prima**: minerais, agropecuárias, etc.;
- **fontes de energia**: petróleo, gás natural, eletricidade, etc.;
- **disponibilidade de mão de obra**: pouco qualificada (de baixa remuneração) ou muito qualificada (de alta remuneração);
- **pesquisa e desenvolvimento (P&D)**: parques tecnológicos, incubadoras, universidades, centros de P&D;
- **mercado consumidor**: relacionado à quantidade de pessoas e ao poder aquisitivo;
- **logística**: disponibilidade e custos competitivos de transporte e armazenagem;
- **rede de telecomunicações**: telefonia fixa e móvel, internet, etc.;
- **complementaridade industrial**: proximidade de indústrias afins;
- **incentivos fiscais**: redução ou isenção de impostos concedida pelo Estado nas três esferas de poder.

Durante a Primeira Revolução Industrial (fim do século XVIII a meados do século XIX), como o carvão mineral era a principal fonte de energia, as jazidas carboníferas eram um dos fatores locacionais mais importantes para as fábricas. Durante a Segunda Revolução Industrial (final do século XIX), com a crescente utilização de outras fontes de energia e a modernização dos meios de transporte de carga e de passageiros, as jazidas de carvão perderam importância como fator locacional.

Após o petróleo ser descoberto, a indústria petroquímica foi um dos setores que mais cresceram. Nas primeiras décadas do século XX, quando começaram a ser implantadas, as petroquímicas se concentravam perto das reservas de petróleo, mas a construção de oleodutos e de grandes navios petroleiros levou à sua dispersão espacial.

Hoje, a maioria das refinarias de petróleo se localiza nas proximidades dos grandes centros consumidores, porque é mais barato transportar o petróleo bruto do que seus derivados – gasolina, nafta, querosene e outros.

Em contrapartida, a proximidade das jazidas de minérios, como ferro, manganês e outros, constitui um dos principais fatores para a localização das indústrias siderúrgicas, como as do Quadrilátero Ferrífero (Minas Gerais), porque é mais barato transportar as chapas de aço do que o minério bruto.

Logística: termo de origem militar, envolve aspectos táticos e estratégicos das operações das Forças Armadas no campo de batalha. Atualmente, em economia, é utilizado para definir o planejamento, a execução e o controle do fluxo de mercadorias e serviços, assim como da infraestrutura de transportes e armazenagem, buscando melhorar a circulação e reduzir custos.

Ricardo Moraes/Reuters/Latinstock

Mina de ferro no município de Mariana, na região do Quadrilátero Ferrífero (MG). Apesar do rompimento da barragem de Fundão, que lançou milhões de toneladas de rejeitos de mineração no rio Doce e provocou uma tragédia socioambiental (reveja o infográfico das páginas 168 e 169), minas vizinhas, como a desta foto (feita em 10 nov. 2015, cinco dias após o vazamento), continuavam em operação.

Com a mobilidade do capital e das mercadorias pelo mundo, a logística ganhou importância determinante na alocação dos investimentos produtivos no espaço geográfico e tornou-se um dos principais fatores de competitividade. Observe, no gráfico a seguir, o índice de desempenho em logística de alguns países selecionados entre os 160 que constam no documento do Banco Mundial.

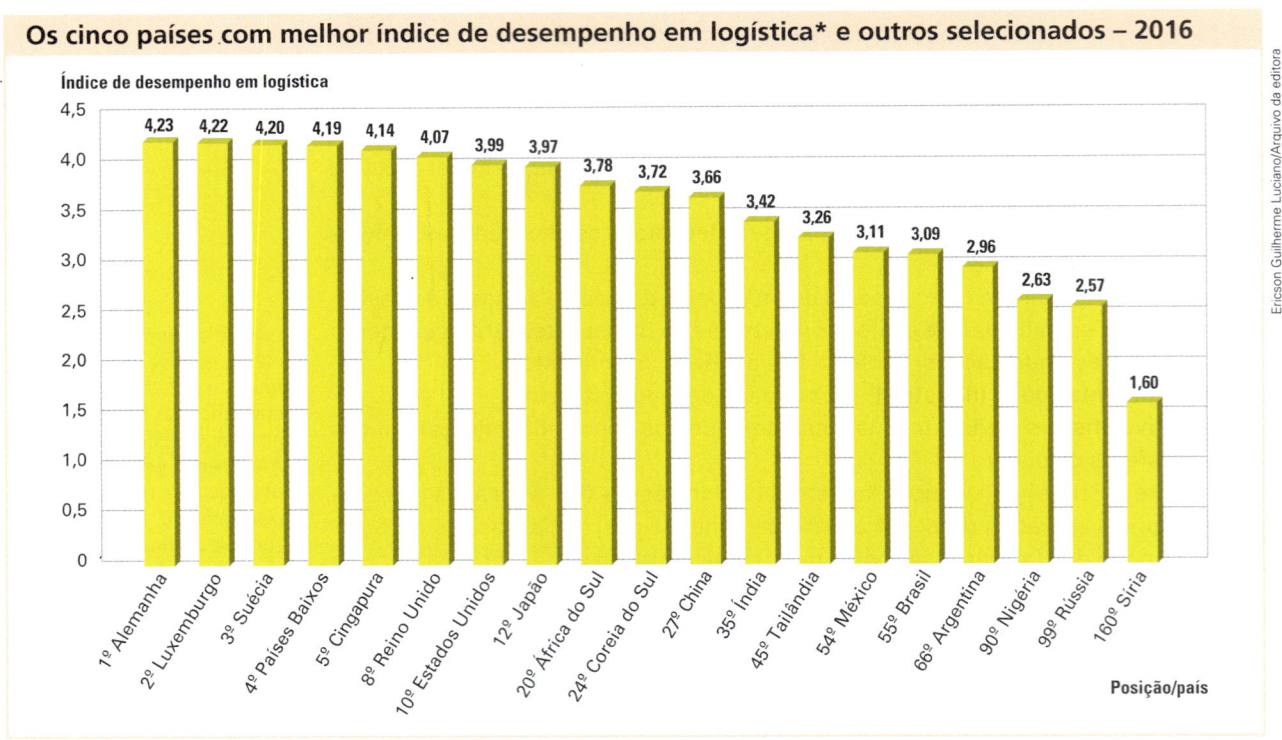

Fonte: THE WORLD BANK. Logistics Performance Index. *LPI Global Ranking 2016*. Disponível em: <http://lpi.worldbank.org/international/global>. Acesso em: 30 abr. 2018.

* Média dos índices de seis dimensões do comércio internacional: eficiência alfandegária, qualidade da infraestrutura de transporte, embarque a preços competitivos, qualidade dos serviços de logística, capacidade de controlar/rastrear remessas e pontualidade na entrega. Quanto mais próximo de 5, melhor é a logística do país; quanto mais perto de 0, pior.

Com o desenvolvimento tecnológico e o consequente barateamento dos transportes, as indústrias, mesmo as que utilizam muita matéria-prima, já não precisam se localizar perto das reservas. O Japão, por exemplo, grande produtor de aço, importa todo o minério de ferro e o carvão utilizados em suas indústrias. As siderúrgicas japonesas localizam-se em áreas onde os navios carregados de minérios podem atracar.

Muitas vezes, a instalação de uma fábrica ou de um distrito industrial estimula o crescimento das cidades em seu entorno. Em outros casos, as cidades atraem as indústrias, que, por sua vez, promovem seu crescimento e as transformam em polos de atração de novos estabelecimentos fabris. Isso ocorreu principalmente até meados do século XX, no entanto, as indústrias têm saído das grandes cidades, como veremos a seguir.

Além desses fatores, há outro que vem ganhando importância na escolha de onde implantar uma nova fábrica: os **incentivos fiscais**. Estados e municípios concedem isenções de impostos às empresas que pretendem se instalar em seus territórios. Em geral, essas concessões são dadas às indústrias com capacidade multiplicadora, isto é, que atraem outras fábricas. Estas, no entanto, não obtêm incentivos, e isso acaba compensando o que foi concedido à empresa principal. Muitas vezes, entretanto, esses incentivos, isoladamente, não atraem indústrias. É comum também a oferta de terrenos para a instalação de unidades produtivas, em geral com a infraestrutura básica já implantada. Os governos fazem essas concessões para aumentar a geração de empregos e a arrecadação de impostos, entre outros benefícios.

DESCONCENTRAÇÃO DA ATIVIDADE INDUSTRIAL

Com a globalização e a Revolução Técnico-Científica, os avanços nos transportes e nas telecomunicações fizeram as indústrias não mais precisarem se instalar próximas ao **mercado consumidor**: para as grandes corporações, o mercado consumidor é o mundo todo. A Nike, por exemplo, produtora de material esportivo, está sediada nos Estados Unidos, mas contrata empresas terceirizadas para produzir seus tênis, bolas, uniformes, entre outros itens, em países de mão de obra barata, sobretudo da Ásia, de onde seus produtos são exportados para o mundo inteiro. Do mesmo modo, isso vale para empresas que produzem bens mais sofisticados tecnologicamente, como a também americana Apple, que terceiriza sua produção de celulares, *tablets* e computadores para a taiwanesa Foxconn, que, por sua vez, produz a maior parte desses equipamentos na China, aproveitando-se dos baixos custos de produção.

O maior patrimônio da Apple, da Nike e de outras empresas globais é sua respectiva marca, que vai estampada em seus produtos. No capitalismo informacional, a marca, o produto simbólico, é mais valiosa que o produto material. É ela que assegura o mercado para as grandes empresas na competição globalizada, mas é a terceirização que lhes assegura altos lucros. Veja no gráfico ao lado a composição de preço de um celular da Apple.

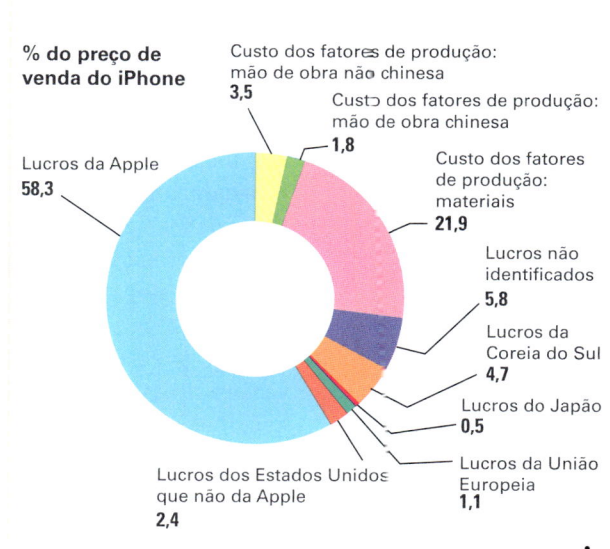

Fonte: PROGRAMA DAS NAÇÕES UNIDAS PARA O DESENVOLVIMENTO. *Relatório de Desenvolvimento Humano 2014.* Nova York: Pnud, 2014. p. 115.

"Os dados disponíveis a partir de 2010 mostram que a Apple é, de longe, o maior beneficiário da produção do iPhone. A mão de obra chinesa, embora se beneficie do acesso ao emprego, aufere menos de 2 por cento do valor final da venda." (Pnud, 2014).

Uma das fábricas da Foxconn no Foxconn Zhengzhou Science Park, em Zhengzhou (China), em 2017. Nesse parque industrial, a empresa possui 94 linhas de produção do iPhone, operadas por 350 mil trabalhadores, que têm capacidade de montar 350 unidades do aparelho por minuto, podendo chegar a 500 mil por dia. Para facilitar a exportação, esse complexo fabril fica ao lado do Aeroporto Internacional Zhengzhou Xinzheng.

Apple Park, nova sede da Apple na cidade de Cupertino, no Vale do Silício (Estados Unidos), em 2018. Inaugurada em 2017, abriga cerca de 12 mil trabalhadores envolvidos com P&D, *marketing*, vendas e toda a administração mundial da empresa. O edifício, que lembra um disco voador, foi projetado pelo renomado arquiteto inglês Norman Foster (1935-). É todo coberto de painéis solares que abastecem 75% da energia que consome.

CAPÍTULO 18 • A GEOGRAFIA DAS INDÚSTRIAS

Esses exemplos evidenciam que, para as indústrias trabalho-intensivas, a mão de obra barata é um fator fundamental, mais importante do que a proximidade do mercado consumidor.

O crescimento econômico e populacional das grandes cidades tem aumentado os custos de produção em razão da alta no preço dos imóveis, dos impostos e da mão de obra, além dos crescentes congestionamentos de trânsito. Por causa disso, nas últimas décadas, a distribuição das indústrias no espaço geográfico tem se **reorganizado**, nas escalas nacional e mundial. A desconcentração industrial resulta da necessidade de buscar custos menores e foi viabilizada pela modernização dos sistemas de transportes, de telecomunicações e dos métodos de gestão.

Com a globalização, uma indústria automobilística japonesa pode conceber um projeto em um centro de P&D localizado no Japão ou nos Estados Unidos, desenvolvê-lo em um desses países, na Europa ou na China, realizar a produção das diversas peças em uma dúzia de países, de acordo com as vantagens que ofereçam, escolher alguns deles para realizar a montagem final e garantir suas vendas em escala mundial. Observe o mapa a seguir.

Globaliza-se, assim, não só o mercado como também a produção. Essa dinâmica atual permite maior especialização da atividade industrial nos mais diversos países e a consequente intensificação das trocas comerciais em escala planetária.

O que não é produzido num país é procurado em outro. Da mesma forma, o aumento da produção necessita da ampliação do mercado, que de nacional passa a ser mundial.

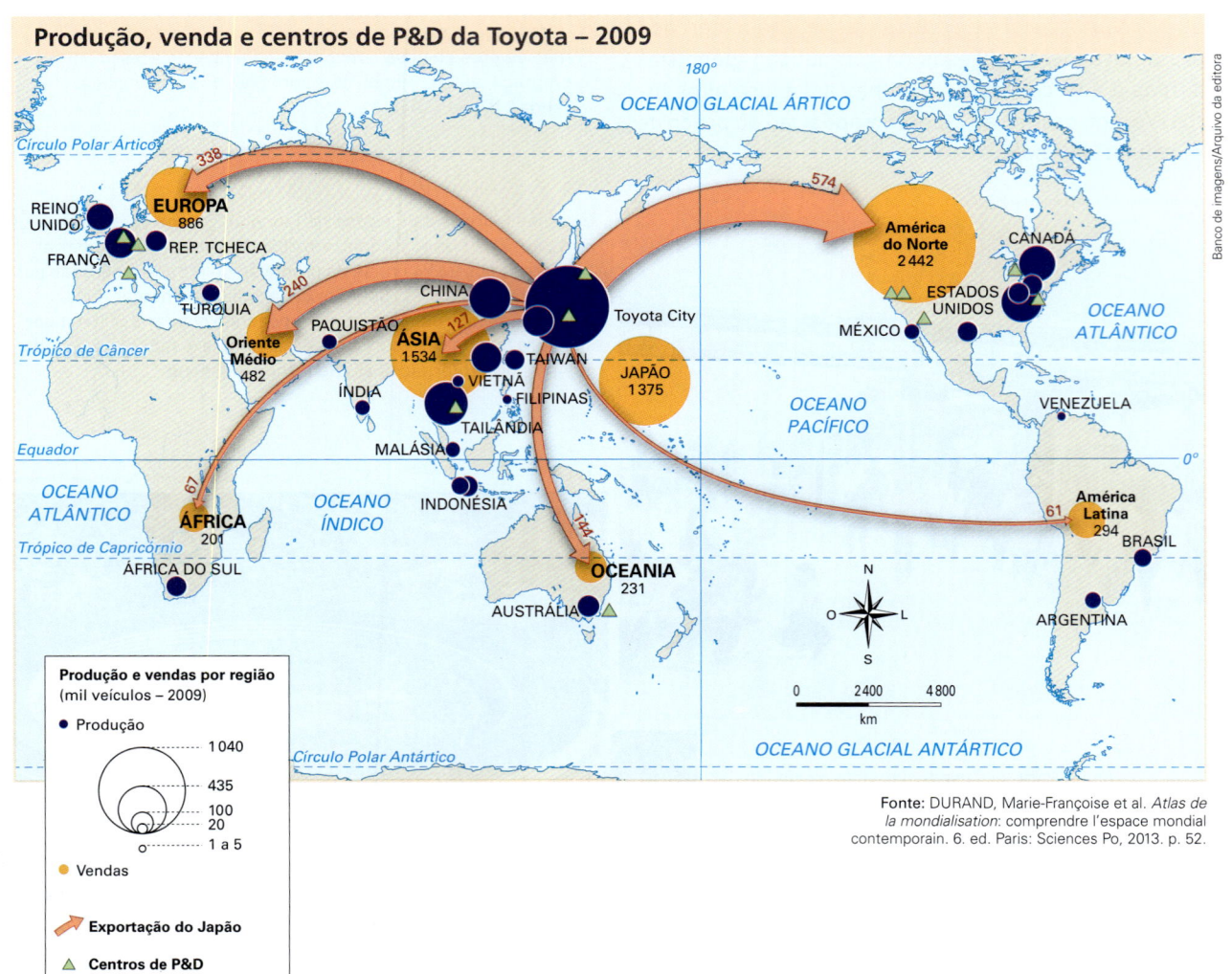

Fonte: DURAND, Marie-Françoise et al. *Atlas de la mondialisation*: comprendre l'espace mondial contemporain. 6. ed. Paris: Sciences Po, 2013. p. 52.

Apesar da desconcentração em curso, o fenômeno industrial ainda está distribuído de maneira bastante desigual, predominando em algumas poucas regiões do espaço geográfico mundial: em 2015, 79% do valor da produção industrial do mundo concentrava-se em apenas 16 países. Como mostram o mapa que observamos na abertura deste capítulo e o gráfico abaixo, as maiores aglomerações industriais ocorrem principalmente nos países desenvolvidos (que têm perdido participação) e nas principais economias emergentes (que têm ganhado participação, com destaque para a China).

É importante lembrar, no entanto, que em um mapa-múndi com escala muito pequena, como o que aparece na abertura, não é possível visualizar detalhes do espaço geográfico. Por isso, não aparecem concentrações industriais menores, por exemplo, na Nigéria, em Angola e em Botsuana, na África; na Colômbia e no Peru, na América do Sul; e na Zona Franca de Manaus, no Brasil.

Trabalhador caminha em frente a uma refinaria de petróleo em Port Harcourt (Nigéria), em 2015. A Nigéria é um dos países que mais recebem investimentos estrangeiros, sobretudo da China, em indústrias extrativas.

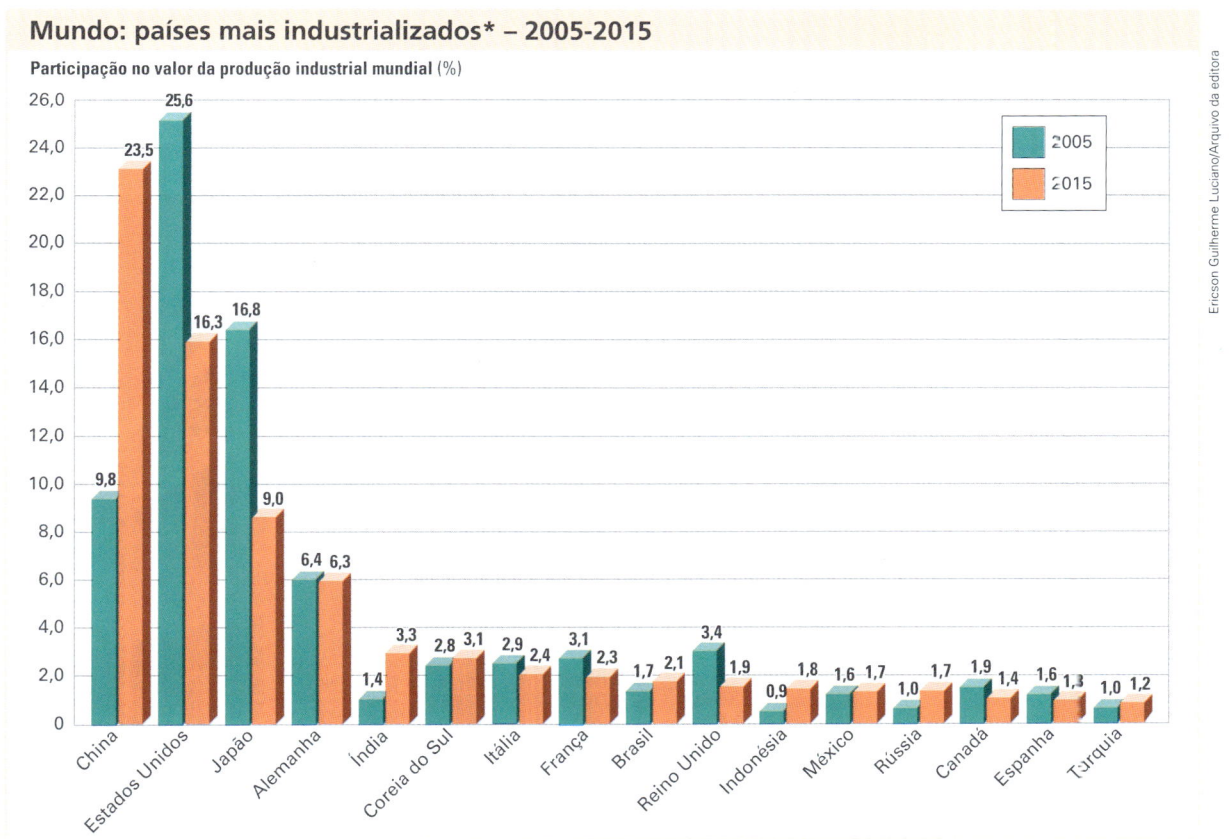

Fonte: UNITED NATIONS INDUSTRIAL DEVELOPMENT ORGANIZATION. *Industrial Development Report 2011*. Viena: Unido, 2011. p. 192-198; UNITED NATIONS INDUSTRIAL DEVELOPMENT ORGANIZATION. *Industrial Development Report 2018*. Viena: Unido, 2017. p. 205-209.

* Foram listados os países com participação superior a 1%.

OS PARQUES TECNOLÓGICOS

Outro fator importante para a escolha da localização industrial, principalmente as indústrias de alta tecnologia, é a existência de mão de obra com elevado nível de qualificação.

Não por acaso, as empresas de semicondutores (*microchips*), informática (equipamentos, programas e sistemas), telecomunicações, novos materiais, biotecnologia, entre outras, se concentram nos **parques tecnológicos** ou **parques científicos** (também chamados de **tecnopolos**). Utilizaremos esses termos indistintamente ao longo dos próximos capítulos.

OUTRAS LEITURAS

O QUE É UM PARQUE CIENTÍFICO OU TECNOLÓGICO?

De acordo com a Associação de Parques Científicos do Reino Unido (UKSPA), um parque científico é um apoio a empresas e uma iniciativa de transferência de tecnologia que:

- Incentiva e apoia a criação e a incubação de empresas inovadoras, de alto crescimento e de base tecnológica.
- Oferece um ambiente em que grandes empresas transnacionais podem desenvolver interações estreitas e específicas com um centro local de produção de conhecimentos, trazendo benefícios mútuos.
- Possui ligações formais e operacionais com centros de produção de conhecimentos, tais como universidades, institutos de ensino superior e centros de pesquisa.

UNESCO – United Nations Educational, Scientific and Cultural Organization. Science Policy and Capacity-Building. *Concept and Definition*. Disponível em: <www.unesco.org/new/en/natural-sciences/science-technology/university-industry-partnerships/science-and-technology-park-governance/concept-and-definition>. Acesso em: 1º maio 2018. (Traduzido pelos autores.)

> Consulte o *site* da **Associação Internacional de Parques Científicos (Iasp)**. Veja orientações na seção **Sugestões de textos, vídeos e *sites***.

Centro de pesquisa da Qualcomm, empresa americana que produz *chips* para celulares no Cambridge Business Park, tecnopolo situado em Cambridge (Reino Unido), em 2017.

Os parques tecnológicos são o exemplo mais representativo da geografia industrial do capitalismo informacional. Esses novos centros industriais e de serviços se relacionam à Terceira Revolução Industrial, assim como as bacias carboníferas se relacionavam à Primeira ou as jazidas petrolíferas, à Segunda.

Os tecnopolos constituem os pontos de interconexão da rede mundial de produção de conhecimentos e os principais centros irradiadores das inovações que caracterizam a revolução tecnológica iniciada nas últimas décadas do século XX. Muitas das atuais empresas inovadoras se desenvolveram em uma incubadora, no interior de um parque tecnológico.

De acordo com a Unesco, em 2017 havia mais de 400 parques tecnológicos de diversos tamanhos espalhados pelo mundo, com destaque para os Estados Unidos, com mais de 150 tecnopolos, o Japão, com cerca de 110, e a China, com aproximadamente 100. Observe o mapa a seguir, que mostra os principais parques tecnológicos do mundo.

Cada tecnopolo representado no mapa recebe pontos de 1 a 4 para os itens a seguir, conforme sua disponibilidade quantitativa e qualitativa:

- universidades e centros de pesquisa que formam trabalhadores qualificados e geram desenvolvimento tecnológico;
- empresas que oferecem competência técnica e estabilidade econômica;
- empresas empreendedoras;
- capital de risco.

O Vale do Silício alcançou a pontuação máxima, e Gauteng, na África do Sul, ficou com a pontuação mínima. Entre esses extremos, estão 42 tecnopolos, entre os quais: Boston, Estados Unidos (15); Bangalore, Índia (13); Cambridge, Reino Unido (12); Tóquio, Japão (11); São Paulo, Brasil (9); Incheon, Coreia do Sul (8).

Ao longo dos próximos capítulos analisaremos os parques tecnológicos mais importantes.

Incubadora de empresas: estrutura destinada à criação e ao desenvolvimento de empresas, sobretudo micro e pequenas, do setor industrial ou de serviços, com o objetivo de reduzir o insucesso do novo negócio e estimular a inovação. Em geral, a incubadora dispõe de instalações para abrigar temporariamente a empresa selecionada. No Brasil, cerca de 90% das incubadoras estão vinculadas a uma universidade ou centro de pesquisa, muitas das quais funcionando no próprio *campus* universitário.

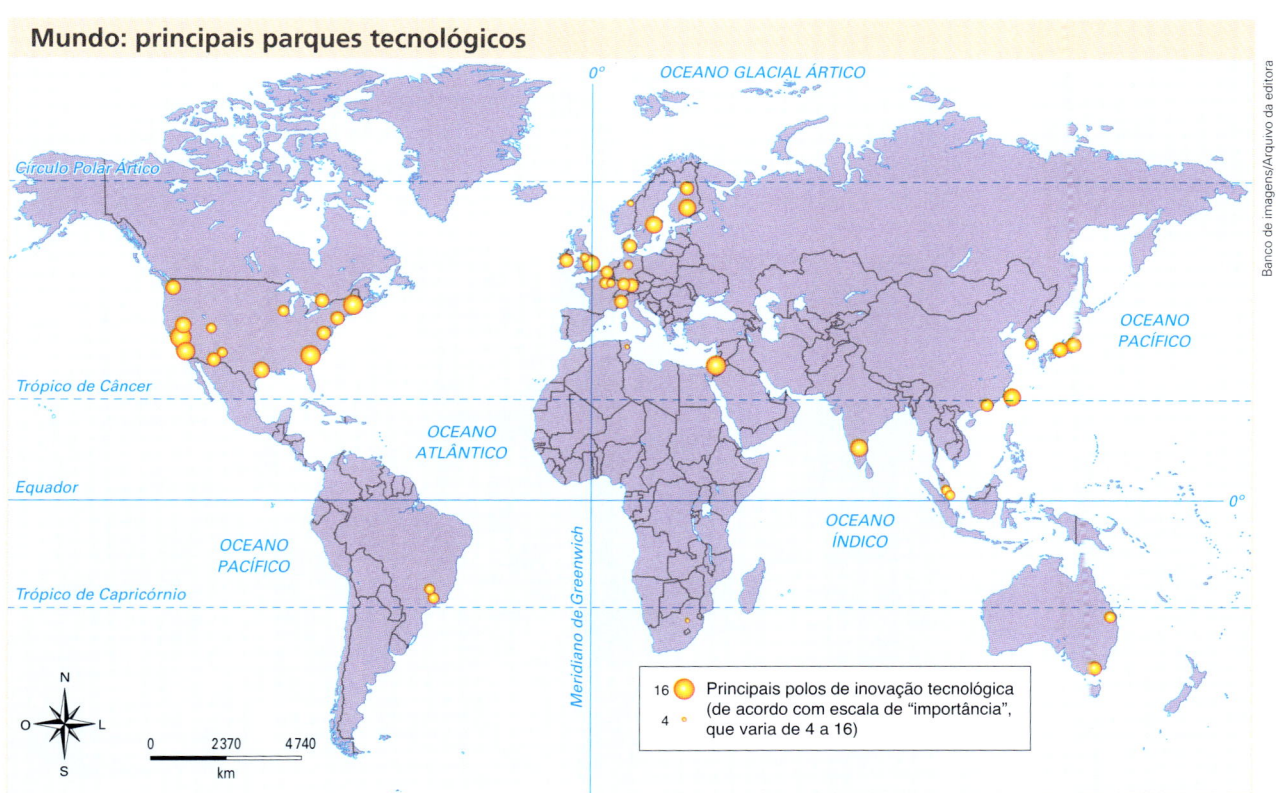

Fonte: CHARLIER, Jacques (Dir.). *Atlas du 21ᵉ siècle édition 2012*. Groningen: Wolters-Noordhoff; Paris: Éditions Nathan, 2011. p. 196. (Original sem data).

3. ORGANIZAÇÃO DA PRODUÇÃO INDUSTRIAL

A PRODUÇÃO FORDISTA

> "Nós tivemos como objetivo principal durante todos esses anos oferecer às pessoas um transporte de qualidade mais confiável ao menor custo possível."
>
> Henry Ford (1863-1947), em discurso publicado na Ford News em 1938.

Em 1911, o engenheiro **Frederick Taylor** (1856-1915) publicou o livro *Os princípios da administração científica*, no qual defendia um sistema de organização científica do trabalho. Esse sistema consistia em controlar os tempos e os movimentos dos trabalhadores e fracionar as etapas do processo produtivo, de forma que cada operário desenvolvesse tarefas ultraespecializadas e repetitivas, com o objetivo de aumentar a produtividade no interior das fábricas. Esses novos procedimentos organizacionais aplicados à indústria ficaram conhecidos como **taylorismo**.

O industrial **Henry Ford** inovou os métodos de produção ao pôr o taylorismo em prática em sua empresa, a Ford Motor, fundada em 1903, no estado de Michigan (Estados Unidos). Em 1913, desenvolveu seu próprio método de racionalização da produção ao introduzir esteiras rolantes nas **linhas de montagem**: as peças chegavam até os operários, que executavam sempre as mesmas tarefas referentes à produção de cada parte do carro.

O **fordismo** distingue-se do taylorismo por apresentar uma visão abrangente da economia, não ficando restrito a mudanças organizacionais no interior das fábricas. Ford percebeu que a produção em grande escala exigia consumo em massa, o que pressupunha a fabricação de produtos mais baratos, porém de boa qualidade (leia ao lado a frase em que ele defende isso).

Para viabilizar a expansão do consumo, a solução encontrada foi a intervenção do Estado na economia, nos moldes do keynesianismo (reveja o infográfico, nas páginas 218 e 219). Esse novo arranjo assentava-se no combate ao desemprego e no constante aumento dos salários, para que os trabalhadores tivessem maior poder de compra. Os empresários obtinham maiores lucros com a expansão do mercado e os aumentos salariais eram compensados pelo crescimento da produtividade. O Estado, por sua vez, arrecadava mais impostos com a expansão econômica, tendo mais recursos para investir. Estavam criadas as condições para a melhoria do padrão de vida dos trabalhadores e o desenvolvimento da **sociedade de consumo**.

A partir dos anos 1950, consolidou-se em vários países da Europa ocidental, mas também nos Estados Unidos, no Canadá, no Japão e na Austrália, em maior ou menor grau, o Estado de bem-estar. Assim, o **modelo fordista-keynesiano** criou as condições para o crescimento contínuo das economias capitalistas no pós-Segunda Guerra, principalmente nos países desenvolvidos.

Estado de bem-estar: (do inglês, *Welfare state*) arranjo político-econômico baseado na empresa privada e na livre-iniciativa, mas com forte participação do Estado na concessão de benefícios sociais. Instituído sobretudo na Europa ocidental após a Segunda Guerra por governos de partidos social-democratas, socialistas e trabalhistas, visava garantir um padrão de vida adequado – saúde, educação, moradia, previdência social, etc. – ao conjunto da sociedade, evitando conflitos sociais.

A padronização das peças e a fabricação de um único produto em grande quantidade são alguns dos princípios fundamentais do fordismo. Na foto, final da linha de produção do Ford T, provavelmente em 1914. Produzido entre 1908 e 1926, o Ford T foi um dos primeiros carros fabricados em série.

O crescimento econômico nos países desenvolvidos desacelerou-se em meados dos anos 1970. A produtividade já não crescia em ritmo suficiente para atender à pressão dos sindicatos por aumentos salariais e à elevação dos custos sociais do Estado de bem-estar. Os governos passaram a emitir moeda para financiar a elevação de seus gastos, e as empresas, a repassar aos preços o aumento dos custos de produção. O resultado foi a elevação da inflação: em 1975, chegou perto de 10% ao ano nos Estados Unidos e a cerca de 13% nos países da Europa ocidental.

A partir do fim daquela década, os governos dos países industrializados passaram a adotar políticas de contenção da inflação. Elevaram as taxas de juros, o que levou muitas pessoas e empresas a deixar seu capital aplicado nos bancos, em vez de investir na produção. Em consequência disso, os índices de crescimento econômico baixaram.

Com essas crises, houve uma tendência de redução dos lucros das empresas, e o modelo fordista-keynesiano passou a ser questionado. Para superar essa situação, desde o final dos anos 1970 os governos começaram a introduzir novas políticas macroeconômicas, e as empresas, a promover transformações tecnológicas e organizacionais.

A PRODUÇÃO FLEXÍVEL

Como resposta à crise do modelo de produção fordista, as empresas passaram a introduzir máquinas e equipamentos tecnologicamente mais avançados, como os robôs, e novos métodos de organização da produção. Essas inovações ficaram conhecidas como **produção flexível**, em contraposição à rigidez do fordismo. Muitos também chamam essas inovações de **toyotismo**, porque começaram a ser desenvolvidas na fábrica da Toyota Motor, em Toyota City (Japão).

Entretanto, enquanto o toyotismo esteve mais associado aos métodos organizacionais no interior das fábricas, a produção flexível corresponde ao contexto mais amplo no qual se inserem as relações de trabalho e as políticas econômicas. Ela está associada ao neoliberalismo, enquanto a produção fordista estava associada ao keynesianismo. O desenvolvimento dessa nova organização da produção gerou relações de trabalho diferentes, outros processos de fabricação e novos produtos. A palavra de ordem passou a ser competitividade e, para aumentá-la, as indústrias buscaram racionalizar a produção, cortando custos e introduzindo processos produtivos tecnologicamente mais avançados. A mesma busca de elevação da produtividade se verificou nos serviços e na agropecuária. Tudo isso visando aumentar os lucros das empresas.

> Veja a indicação dos filmes *Tempos modernos* e *No Amor* na seção **Sugestões de textos, vídeos e sites**.

Sede da central sindical britânica Trades Union Congress (TUC), em Londres (Reino Unido) em 2015. Fundada em 1868, contava em 2018 com 49 sindicatos filiados e representava 5,5 milhões de trabalhadores. A escultura de bronze na entrada do edifício é do escultor inglês Bernard Meadows (1915-2005) e representa o espírito do sindicalismo, no qual o mais forte ajuda o mais fraco.

Economia de escala: típica da época fordista; mercadorias sem grande variedade de modelos ou cores eram feitas em grande quantidade com o objetivo de baixar custos de produção. Os ganhos de produtividade vinham da grande escala de produção e da fragmentação do trabalho.

Economia de escopo: típica da época toyotista; as mercadorias apresentam grande variedade de modelos e cores e são feitas no sistema de produção flexível, como o *just-in-time* (do inglês, 'no momento certo'). Os ganhos de produtividade decorrem dessa flexibilidade.

Para saber mais sobre as mudanças no mundo do trabalho, consulte o livro *O trabalho na economia global*, de Paulo Sérgio do Carmo. Veja indicação na seção **Sugestões de textos, vídeos e sites**.

A economia de escala, desenvolvida no interior de grandes fábricas com sistemas de produção rígidos, foi complementada pela economia de escopo, desenvolvida em fábricas enxutas e mais flexíveis, em que a produção pode se descentralizar mais facilmente. Ao mesmo tempo, disseminou-se a prática da **terceirização**, que consiste em repassar para outras empresas atividades de suporte e serviços, ou até mesmo a própria produção.

O responsável pelo desenvolvimento do toyotismo foi o engenheiro mecânico **Taiichi Ohno**. Ele entrou na Toyota em 1943 determinado a implantar mudanças no sistema de produção, com o objetivo de reduzir desperdícios (leia a frase abaixo). Aposentou-se em 1978 como vice-presidente da empresa.

Essas inovações reduziram significativamente os defeitos de fabricação, pois o controle passou a ser feito pela própria equipe de trabalho ao longo do processo de produção, e não apenas no fim, como no fordismo. Além disso, foram introduzidas máquinas cada vez mais sofisticadas e, finalmente, os robôs.

Outros métodos de organização da produção desenvolvidos por Taiichi Ohno se disseminaram na indústria, como o *just-in-time*, que busca estabelecer uma sintonia fina entre a fábrica, os fornecedores e os consumidores. A organização da produção pressupõe um abastecimento contínuo dos insumos (peças e matérias-primas) e um escoamento planejado, para reduzir os estoques.

Com a crescente automação das fábricas, muitos operários passaram a trabalhar em outros setores e alguns perderam seus postos de trabalho definitivamente, caracterizando o **desemprego estrutural**. Com essas mudanças, o mercado de trabalho tem exigido trabalhadores mais qualificados e versáteis, outra característica da produção flexível.

> **"O objetivo mais importante do Sistema Toyota tem sido aumentar a eficiência da produção pela eliminação consistente e completa de desperdícios."**
>
> *Taiichi Ohno (1912-1990), no livro O Sistema Toyota de produção, lançado em 1988.*

Nos anos 1950, Taiichi Ohno começou a introduzir inovações na Toyota (a foto mostra a linha de produção da empresa em 1952). A linha de produção foi substituída por equipes de trabalho ou células de produção.

Linha de produção do Prius, carro híbrido que possui um motor a gasolina e outro elétrico, produzido na fábrica da Toyota Motor em Toyota City (Japão), em 2017. Esse ano marcou o 20º aniversário de lançamento do Prius, o primeiro veículo híbrido produzido em série no mundo.

PENSANDO NO Enem

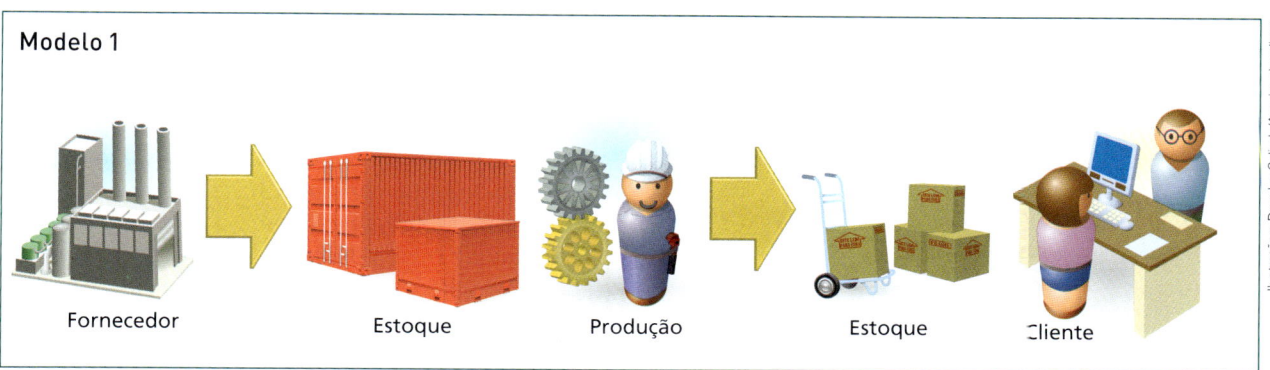

Modelo 1

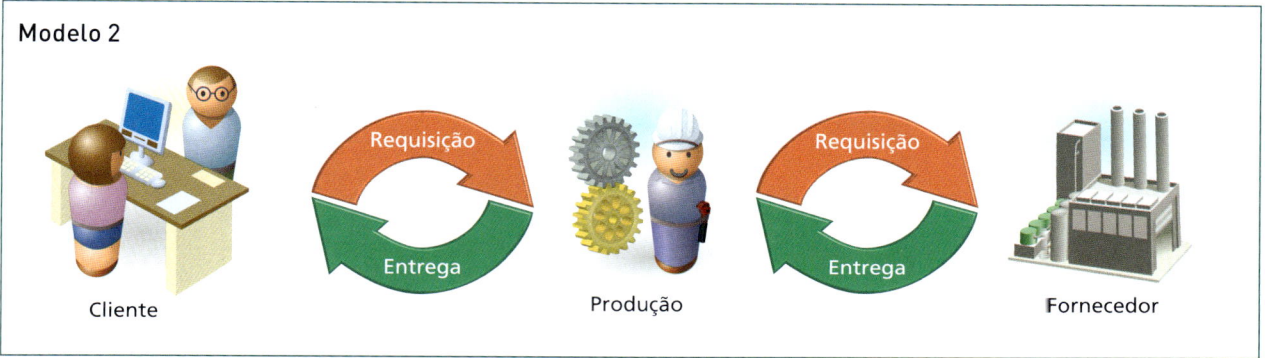

Modelo 2

Disponível em: <http://ensino.univales.br>. Acesso em: 11 maio 2013 (adaptado).

Na imagem, estão representados dois modelos de produção. A possibilidade de uma crise de superprodução é distinta entre eles em função do seguinte fator:
a) Origem da matéria-prima.
b) Qualificação da mão de obra.
c) Velocidade de processamento.
d) Necessidade de armazenamento.
e) Amplitude do mercado consumidor.

Resolução

O modelo 1 representa a produção fordista e o modelo 2, a produção flexível. O que caracteriza este último modelo de produção, orientado pelo *just-in-time*, é a inexistência de estoques, tanto de matérias-primas e peças como de produtos acabados a serem vendidos no mercado consumidor. Por isso, esse modelo é menos suscetível a uma crise de superprodução. Portanto, a resposta correta é a alternativa **D**.

A questão contempla a **Competência de área 4 – Entender as transformações técnicas e tecnológicas e seu impacto nos processos de produção, no desenvolvimento do conhecimento e na vida social** e suas habilidades correspondentes – com destaque para a **Habilidade 16 – Identificar registros sobre o papel das técnicas e tecnologias na organização do trabalho e/ou da vida social**.

Alguns princípios do fordismo, como a ultraespecialização do trabalhador, ainda são mantidos em países da periferia do capitalismo. No entanto, os salários são baixos e os direitos trabalhistas não são plenamente respeitados, principalmente em empresas que necessitam de muita mão de obra, como indústrias de vestuário e calçado. Na foto, operárias em fábrica de roupas em Huaibei (China), em 2015.

4. EXPLORAÇÃO DO TRABALHO E DA NATUREZA

Paralelamente ao toyotismo, estão se difundindo novas relações de trabalho, caracterizadas pelos salários baixos e direitos trabalhistas restritos ou inexistentes. A maioria desses empregos tem sido criada em países em desenvolvimento, onde ainda em grande parte se mantém o método de produção fordista, baseado na superexploração dos trabalhadores. No entanto, como estudaremos nos capítulos 20 e 21, em muitos deles, como a China, a Índia e o Brasil, também há indústrias modernas e a introdução do toyotismo.

Também em diversos países desenvolvidos a flexibilização **da legislação trabalhista**, com a redução dos salários e dos benefícios sociais e previdenciários, tem levado ao enfraquecimento do movimento sindical. Vários fatores contribuem para tal situação: a competição das novas tecnologias e dos novos processos produtivos, a desconcentração da produção industrial e a concorrência dos trabalhadores mal remunerados, numerosos nos países em desenvolvimento.

Entretanto, para milhões de trabalhadores da periferia do sistema capitalista, que estavam fora do processo de produção, as condições de vida melhoraram. A vida na cidade, em geral, é melhor do que na zona rural. Isso é particularmente verdadeiro na China, cuja economia atraiu grande volume de investimentos estrangeiros por causa dos baixos custos de sua mão de obra (veja o gráfico ao lado). Segundo o Banco Mundial, o número de chineses que viviam na pobreza extrema caiu de 756 milhões (67% da população total), em 1990, para 19 milhões (1,4% da população), em 2014. Em menor escala, isso também ocorreu no Brasil, no México, na Índia e em outros países emergentes.

Além de permitir a exploração do trabalhador, durante muito tempo, a **legislação ambiental** dos países em desenvolvimento era, em sua maior parte, frágil. Esse fato permitia produzir a custos menores e contribuía para atrair indústrias poluidoras. Embora isso ainda aconteça na atualidade, a crescente preocupação mundial com o desenvolvimento sustentável tem pressionado os dirigentes das fábricas a desenvolver métodos de produção que causem menos impactos ambientais. Vem se firmando a ideia de que o desenvolvimento sustentável pode contribuir para aumentar a produtividade das empresas e, consequentemente, a competitividade e os lucros, além de reforçar a imagem positiva resultante da certificação com um "**selo verde**".

Países selecionados: custos* dos trabalhadores industriais – 2016

- Suíça: 60,36
- Noruega: 48,62
- Alemanha: 43,18
- Estados Unidos: 39,03
- Reino Unido: 28,41
- Cingapura: 26,75
- Japão: 26,46
- Coreia do Sul: 22,98
- Argentina: 16,77
- Grécia: 15,70
- Polônia: 8,53
- Brasil: 7,98
- China**: 4,11
- México: 3,91
- Índia**: 1,69

(Dólares/hora)

Fonte: THE CONFERENCE BOARD. *International Labor Comparisons Program*, abr. 2018. Disponível em: <www.conference-board.org/ilcprogram>. Acesso em: 1º maio 2018.

* Inclui o salário recebido pelo trabalhador, benefícios sociais – previdência social, assistência médica, auxílio refeição, etc. – e impostos.

** O dado da China é de 2013 e o da Índia, de 2014.

> Veja a indicação do vídeo *A história das coisas* na seção **Sugestões de textos, vídeos e *sites***.

ATIVIDADES

COMPREENDENDO CONTEÚDOS

1. O que é indústria? Como as indústrias são comumente classificadas?

2. O que são fatores locacionais? Eles têm a mesma importância para todo tipo de indústria? Justifique.

3. Explique como acontece atualmente o processo de desconcentração industrial no espaço geográfico nacional e no mundial.

4. Defina parque tecnológico e apresente os fatores locacionais mais importantes que explicam seu desenvolvimento em determinado lugar do território.

5. Explique as diferenças mais importantes entre a produção fordista e a toyotista.

DESENVOLVENDO HABILIDADES

6. Para uma reflexão sobre a relação entre produção industrial e consumo, meio ambiente e sociedade, faça os procedimentos propostos abaixo.
   a) Leia o texto a seguir para saber o que é rótulo ecológico.
   b) Pesquise por outros selos verdes e explique a diferença entre o selo da Associação Brasileira de Normas Técnicas (ABNT) e a maioria dos existentes no mercado. Para isso, navegue em *sites* como os indicados ao lado ou de ONGs ambientalistas. Anote no caderno as informações encontradas.
   c) Elabore um texto sucinto sobre o significado do "selo verde" e a importância da rotulagem ecológica para consumidores, empresas e meio ambiente.

> Você pode consultar os *sites* da **Associação Brasileira de Normas Técnicas (ABNT)**, do **IBD Certificações**, do **FSC Brasil** e do **Instituto Chico Mendes**. Veja orientações na seção **Sugestões de textos, vídeos e *sites***.

Rótulo ecológico ABNT

O programa ABNT de Rotulagem Ambiental foi desenvolvido em 1995 pela ABNT Certificadora. É uma metodologia voluntária de certificação que atesta o desempenho ambiental de produtos ou serviços, que são avaliados com base em critérios múltiplos previamente definidos. É concedido pela ABNT Certificadora, entidade de terceira parte, assegurando a imparcialidade e atestando a credibilidade do rótulo que é colocado nos produtos ou serviços.

A atribuição do Rótulo Ecológico (Selo Verde) é similar a uma premiação, uma vez que os critérios são elaborados visando à excelência ambiental para a promoção e melhoria dos produtos e processos. Sua eficiência e credibilidade se devem ao fato de levar em conta os impactos ao longo de todo ciclo de vida dos produtos, ao contrário de outras certificações ambientais. No processo da ABNT, a redução dos impactos negativos é verificada desde a extração da matéria-prima, passando pelo processamento, transporte, uso e indo até a destinação final dos materiais e produtos.

Além da questão ambiental, o programa estabelece também critérios de adequação ao uso, para garantir que os produtos têm a qualidade necessária, além de serem ambientalmente amigáveis, e também alguns critérios que estão focados em aspectos sociais. [...]

ABNT. Rótulo Ecológico ABNT. Disponível em: <www.abntonline.com.br/sustentabilidade/Rotulo/rotulo>. Acesso em: 1º maio 2018.

Pete Saloutos/Corbis/Latinstock

CAPÍTULO 19

ECONOMIAS DESENVOLVIDAS: A INDUSTRIALIZAÇÃO PRECURSORA

Para alimentar seu gigantesco parque industrial, movimentar seu sistema de transportes e gerar energia termelétrica, os Estados Unidos tornaram-se o maior produtor e consumidor mundial de derivados de petróleo. Na foto de 2015, refinaria de petróleo em Los Angeles (Califórnia).

O Reino Unido, a França e os Estados Unidos foram os primeiros países a se industrializar, no final do século XVIII e início do XIX. Logo foram seguidos por Alemanha, Itália e Japão, que se industrializaram na segunda metade do século XIX. Neste capítulo, estudaremos: o Reino Unido, o precursor, quinto PIB mundial; os Estados Unidos, o maior PIB do planeta, embora tenha perdido a posição de maior potência industrial para a China; o Japão e a Alemanha, terceira e quarta economias, respectivamente (dados do Banco Mundial, 2016).

O Reino Unido, apesar de ter sido o berço da Revolução Industrial, teve sua economia ultrapassada por países que se industrializaram posteriormente. Por que o país não conseguiu acompanhar o ritmo de crescimento econômico de seus concorrentes?

Os Estados Unidos se industrializaram pouco depois de sua antiga metrópole e atualmente são a maior potência mundial, não só do ponto de vista econômico como também do científico-tecnológico e geopolítico-militar. Como começou a supremacia americana, que, apesar da perda relativa de poder, ainda se mantém neste século XXI?

A história industrial alemã é marcada pelo envolvimento em guerras. Mesmo derrotada na Primeira e na Segunda guerras, recuperou-se e, em pouco tempo, emergiu novamente como potência econômica, dotada de uma indústria moderna e competitiva. Por que esse país se industrializou só depois do Reino Unido e da França? O que explica sua rápida recuperação econômica no pós-Guerra?

O Japão, primeira potência industrial a se desenvolver na Ásia, também foi arrasado na Segunda Guerra, do mesmo modo que a Alemanha, com a qual se aliou. Em menos de três décadas, tornou-se a segunda economia mundial. Entretanto, desde os anos 1990, reduziu drasticamente o ritmo de crescimento e acabou superado pela China. O que mudou para interromper seu ciclo de crescimento anterior?

Para responder a essas perguntas, é necessário analisar o processo de industrialização desses países. É o que faremos adiante.

A Alemanha é o maior fabricante de automóveis da Europa (quarto do mundo), e esse produto é um dos mais importantes em sua pauta de exportações. Na foto de 2015, sede mundial da Volkswagen em Wolfsburg (Baixa Saxônia).

1. REINO UNIDO

OS FATORES DE INDUSTRIALIZAÇÃO

Parlamento: nos países regidos por uma Constituição, é o conjunto das assembleias ou câmaras legislativas (no caso do Brasil, o parlamento é composto de Senado Federal e Câmara dos Deputados), nas quais se reúnem os representantes eleitos pelo povo para criar leis em âmbito nacional e fiscalizar o Poder Executivo.

O Reino Unido, muitas vezes chamado de Grã-Bretanha (leia o *Para saber mais* para entender a diferença), foi o primeiro país a reunir as condições necessárias para o início do processo de industrialização. Trata-se de um dos países que mais acumularam riquezas durante o período do capitalismo comercial.

Foi na Inglaterra que ocorreu a primeira revolução burguesa da história, chamada **Revolução Gloriosa** (1688). A assinatura da Declaração dos Direitos (1689) limitava o poder político da monarquia, transferindo-o para o Parlamento – no qual a burguesia estava representada e podia participar das decisões políticas do país. A Inglaterra tornou-se a primeira monarquia parlamentar do mundo, fator político que foi essencial para a eclosão da Revolução Industrial, quase um século mais tarde.

PARA SABER MAIS

As origens do Reino Unido da Grã-Bretanha e Irlanda do Norte

Das quatro unidades políticas que compõem o Reino Unido da Grã-Bretanha e Irlanda do Norte (observe o mapa), a maior, mais populosa e mais industrializada é a Inglaterra; por isso, muitas vezes esse território é tido como sinônimo de Grã-Bretanha ou Reino Unido. Veja, a seguir, uma sucinta cronologia da formação desse Estado.

- **1707** – União da Inglaterra (que já havia anexado Gales em 1282) com a Escócia: Reino Unido da Grã-Bretanha.

- **1801** – Após rebelião nacionalista na Irlanda, os ingleses anexaram a ilha: Reino Unido da Grã-Bretanha e Irlanda.

- **1921** – A Irlanda (católica) conquistou a independência, com exceção de seis condados no norte dessa ilha (maioria protestante): Reino Unido da Grã-Bretanha e Irlanda do Norte.

Fonte: OXFORD. *Atlas of the World.* 24th ed. New York: Oxford University Press, 2017. p. 63, 165.

Ancorado em medidas protecionistas e em sua poderosa frota naval, o Reino Unido se tornou a maior potência mercantil do mundo na fase final do capitalismo comercial. Com os capitais acumulados foi possível investir gradativamente na ampliação da rede de ferrovias e hidrovias, na extração de carvão e na instalação de indústrias. Esses fatores propiciaram grandes avanços técnicos nas indústrias têxteis, siderúrgicas e navais, ramos mais tradicionais e importantes da Primeira Revolução Industrial.

As principais condições econômicas e políticas favoráveis à Revolução Industrial no Reino Unido foram sendo criadas ao longo da História: acúmulo de capitais, disponibilidade de matérias-primas e de energia com suas grandes reservas de **carvão mineral** (veja no mapa ao lado), avanços técnicos e o controle do Estado pela burguesia. A força de trabalho foi suprida pelos camponeses que migraram para as cidades.

Esses migrantes converteram-se em mão de obra barata e superexplorada. A partir de então, começou de fato a se estabelecer uma relação capitalista de produção baseada no **trabalho assalariado**, o que proporcionou lucros crescentes aos industriais.

Reino Unido: carvão

No mapa estão representadas as reservas originais de carvão mineral (ou hulha). Atualmente esse combustível fóssil está praticamente esgotado no Reino Unido.

Fonte: CHARLIER, Jacques (Dir.). *Atlas du 21e siècle édition 2012*. Groningen: Wolters-Noordhoff; Paris: Éditions Nathan, 2011. p. 37. (Original sem data.)

CIDADANIA: COMBATE AO TRABALHO INFANTIL

PARA SABER MAIS

Trabalho de crianças e adolescentes

Nos primórdios da Revolução Industrial, o capital reproduzia-se à custa da superexploração dos trabalhadores e não havia leis que os protegessem, principalmente os menores de idade, os mais vulneráveis. Nessa época, era comum encontrar crianças e adolescentes trabalhando em fábricas insalubres, de modo a comprometer seu desenvolvimento físico e intelectual. Desde 1973, a Convenção 138 da Organização Internacional do Trabalho (OIT) definiu uma idade mínima de admissão ao emprego, a fim de combater o trabalho infantil. A maioria dos Estados criou legislações específicas para regular esse tema (no Brasil: Decreto n. 4.134, de 15/2/2002). Assim, menores de 16 anos não podem trabalhar e, a partir dessa idade, o trabalho não pode trazer riscos à saúde, à segurança e à moralidade dos adolescentes. Além disso, eles devem ter formação adequada e específica no ramo em que vão ser empregados.

Consulte o *site* do **Programa Internacional para a Eliminação do Trabalho Infantil (Ipec)** da OIT. Veja orientações na seção **Sugestões de textos, vídeos e *sites***.

Na foto, crianças e adolescentes em uma fábrica de chapéus em Bedworth (Reino Unido), em 1900.

SETORES INDUSTRIAIS E SUA DISTRIBUIÇÃO

No centro da Grã-Bretanha, em torno de minas de carvão, foram construídas usinas siderúrgicas e indústrias têxteis. As siderúrgicas viabilizaram a produção de locomotivas e de navios a vapor, que, por sua vez, atraiu as indústrias de material ferroviário e naval. Isso explica o grande dinamismo das regiões carboníferas britânicas durante a Primeira Revolução Industrial. Futuramente, mudanças no padrão tecnológico e energético levariam essas regiões e suas indústrias pioneiras à decadência.

Outro fator essencial de atração das indústrias foi a existência de portos marítimos e fluviais. Muitas cidades portuárias desenvolveram um importante parque industrial, como Liverpool e, principalmente, Londres. A capital foi um dos maiores centros industriais do Reino Unido em razão de abrigar indústrias menos dependentes de matérias-primas e apresentar disponibilidade de mão de obra, de mercado consumidor e de rede de transportes. Durante a Primeira Revolução Industrial, a cidade tornou-se também o maior entroncamento ferroviário, aumentando sua capacidade de polarização. Posteriormente, na Segunda Revolução, muitas indústrias que não dependiam do carvão – automobilísticas, aeronáuticas, químico-farmacêuticas, etc. – foram se instalando em torno da metrópole. A partir daí, essa região metropolitana se converteu no maior entroncamento rodoviário do país e em uma das maiores confluências de rotas aéreas do mundo.

Com o passar dos anos, muitos industriais transferiram seus estabelecimentos da região metropolitana de Londres, no intuito de baixar os custos de produção. Mesmo assim, a cidade manteve sua condição de principal centro comercial e financeiro do Reino Unido e um dos mais importantes do planeta.

No contexto da atual revolução tecnológica, a reorganização das indústrias britânicas atinge o país de forma bastante desigual, setorial e regionalmente. Há setores que entraram em decadência, como a indústria têxtil, a siderúrgica e a naval. Há outros, entretanto, bastante dinâmicos, como o aeronáutico, o automobilístico, o químico-farmacêutico e o de biotecnologia. Essas novas e modernas indústrias em geral se situam nas pequenas cidades do centro-sul da Inglaterra, onde se destaca o importante **parque tecnológico de Cambridge** (reveja a foto na página 330), com suas empresas de alta tecnologia.

Hanley, cidade industrial situada no centro da Grã-Bretanha, sem data. Essa foto evidencia nitidamente o motivo da origem da expressão "regiões negras", para se referir às áreas industriais britânicas dos séculos XVIII e XIX. A paisagem era escurecida pela fumaça das chaminés.

Londres (Reino Unido), em 2015. Como se observa na foto, na capital britânica convivem o moderno, como os prédios do distrito financeiro (ao fundo), e o antigo, como o castelo à beira do rio Tâmisa.

Em torno da Universidade de Cambridge começou a ser instalado, na década de 1970, um parque tecnológico concentrando empresas de setores típicos da Terceira Revolução Industrial. A cidade contou com fatores muito semelhantes aos do Vale do Silício (Estados Unidos): centros de pesquisa de renome, mão de obra com alto nível de qualificação, disponibilidade de capitais de risco e desenvolvimento de empresas inovadoras. Surgiram outros polos de alta tecnologia no Reino Unido, como na região oeste de Londres, conhecida como Corredor Oeste ou Corredor M4. Observe no mapa a distribuição das principais regiões industriais do Reino Unido.

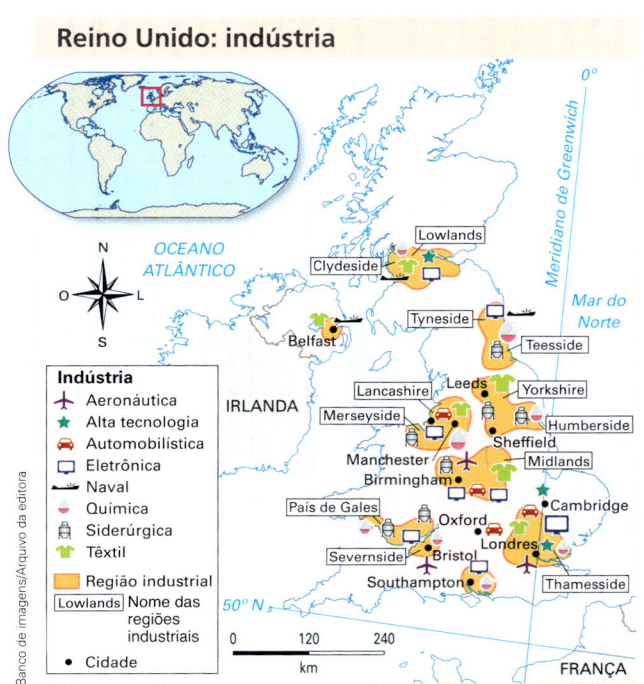

Fonte: CHARLIER, Jacques (Dir.). *Atlas du 21ᵉ siècle édition 2012*. Groningen: Wolters-Noordhoff; Paris: Éditions Nathan, 2011. p. 67. (Original sem data.)

A produção de carvão no Reino Unido declinou (a maioria das minas se esgotou) e seu consumo foi substituído por gás natural, petróleo e eletricidade. Embora seja produtor de petróleo, sua produção (933 mil barris/dia em 2016, 21º produtor mundial) é insuficiente para abastecer o consumo interno, havendo necessidade de importação, sobretudo da Noruega. O Reino Unido também é importador de gás natural, cujo consumo foi o que mais aumentou, principalmente para a produção de eletricidade em termelétricas.

O país perdeu competitividade diante do aumento da concorrência em um mundo globalizado. A economia britânica enfrentou a concorrência tanto de economias mais competitivas, com sistemas de produção flexível, como a japonesa e a coreana, quanto de economias emergentes, que utilizam mão de obra barata, como a chinesa e a indiana. Sua participação no valor da produção industrial mundial caiu de 3,4%, em 2005, para 1,9%, em 2015.

A gestão da primeira-ministra Margaret Thatcher, do Partido Conservador, entre 1979 e 1990, foi marcada por políticas neoliberais que visavam reduzir o papel do Estado na economia e aumentar a competitividade das empresas britânicas. Nesse processo, muitas empresas estatais foram privatizadas, entre as quais a petrolífera British Petroleum (BP). Essas privatizações reduziram a contribuição das estatais para o PIB britânico de 9%, em 1979, para 3,5%, em 1990. A BP é a maior corporação do Reino Unido e a 12ª do mundo, de acordo com a *Fortune Global 500 2017*.

Entre as grandes corporações britânicas, ainda se destacam a Vodafone (telecomunicações), a GlaxoSmithKline (farmacêutica), a Rio Tinto Group (mineração) e a BAE Systems (aeroespacial e material bélico), todas entre as quinhentas maiores empresas do mundo.

> Veja indicação do filme *Ou tudo ou nada*, que trata da questão da desindustrialização do centro da Grã-Bretanha, na seção **Sugestões de textos, vídeos e *sites***.

A POTÊNCIA PIONEIRA PERDE PODER

Embora o Reino Unido tenha crescido economicamente após a Segunda Guerra Mundial, não acompanhou o ritmo de desenvolvimento de outras potências econômicas e, por isso, foi perdendo posições no cenário internacional.

Observe no gráfico abaixo o crescimento do PIB do Reino Unido no pós-Segunda Guerra e compare-o com o dos demais países. Até o final dos anos 1980 ele cresceu bem menos do que seus competidores.

No período 1990-2016, o país superou o Japão, a Alemanha e a França, mas ficou atrás dos Estados Unidos e da China.

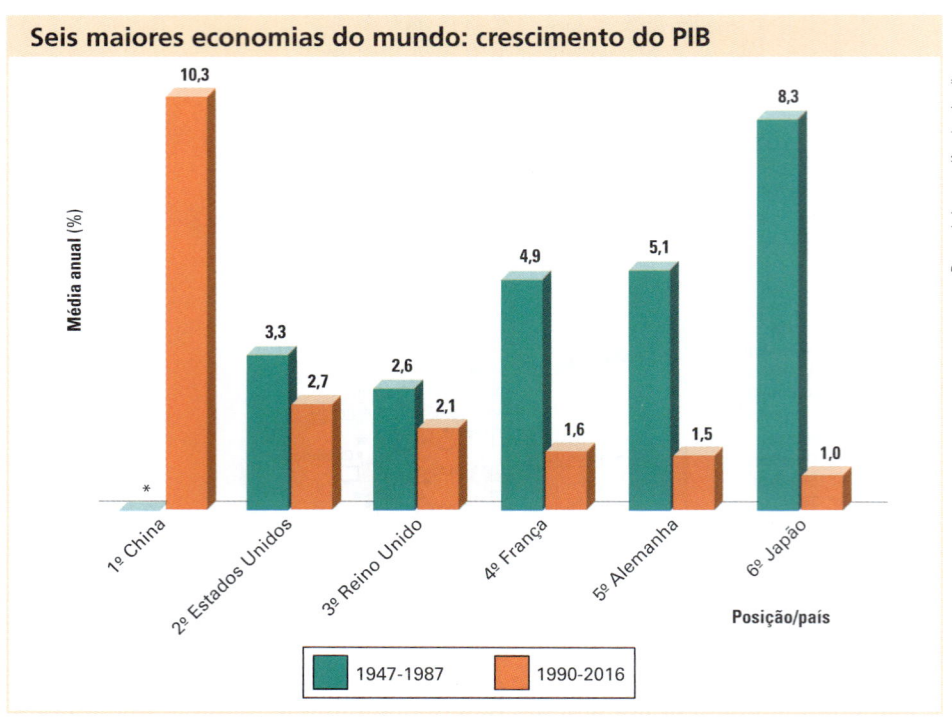

Fonte: THE ECONOMIST: One Hundred Years of Economic Statistics. In: FRIEDMAN, George; LEBARD, Meredith. *EUA x Japão*: guerra à vista. Rio de Janeiro: Nova Fronteira, 1993. p. 130; THE WORLD BANK. *World Development Indicators 2017*. Washington, D.C., 2018. Disponível em: <http://wdi.worldbank.org/tables>. Acesso em: 3 maio 2018.

* Sem dados.

Assim, o Reino Unido, que já foi a maior potência industrial do planeta, foi perdendo posições e, em 2016, era a quinta economia mundial, bem atrás das duas maiores potências, principalmente da maior delas, sua ex-colônia. Veja indicadores comparativos das seis maiores economias mundiais.

Seis maiores economias do mundo: indicadores econômicos – 2016				
Posição segundo o PIB/país	PIB (bilhões de dólares)	PIB *per capita* (dólares)	Crescimento econômico anual (%) 2000-2016	Número de empresas na *Fortune Global 500*
1º Estados Unidos	18 357	56 810	1,7	133
2º China	11 374	8 250	9,9	109
3º Japão	4 817	37 930	0,7	51
4º Alemanha	3 625	43 940	1,2	29
5º Reino Unido	2 779	42 360	1,4	21
6º França	2 590	38 720	1,1	29

Fonte: THE WORLD BANK. *World Development Indicators 2017*. Washington, D.C., 2018. Disponível em: <http://wdi.worldbank.org/tables>; FORTUNE. *Global 500 2017*. Disponível em: <http://fortune.com/global500>. Acesso em: 3 maio 2018.

> Para saber mais sobre as potências mundiais, consulte o livro *Compreender o mundo*, de Pascal Boniface. Veja indicação na seção **Sugestões de textos, vídeos e *sites***.

2. ESTADOS UNIDOS

OS FATORES DA INDUSTRIALIZAÇÃO

Quando ainda era colônia britânica, os Estados Unidos receberam um grande fluxo de imigrantes, principalmente no norte das 13 colônias (observe o mapa). Esses imigrantes foram se fixando na faixa litorânea. Nessa região, conhecida como Nova Inglaterra, desenvolviam uma agricultura diversificada (policultura) em pequenas propriedades, nas quais predominava o trabalho familiar.

> Consulte o *site* do **Poder Executivo dos Estados Unidos**. Veja orientações na seção **Sugestões de textos, vídeos e *sites***.

Fonte: CHALIAND, Gerard; RAGEAU, Jean-Pierre. *Atlas du millénaire*: la mort des empires 1900-2015. Paris: Hachette Littératures, 1998. p. 85; ENCICLOPÉDIA do estudante: História geral. São Paulo: Moderna, 2008. v. 4. p. 202.

O Alasca fica no extremo norte da América, descontinuado do território principal dos Estados Unidos pelo Canadá. O estado do Havaí fica em um arquipélago no oceano Pacífico.

Cidades como Nova York, Boston e Filadélfia começavam a crescer em ritmo acelerado dando início a uma atividade manufatureira. Gradativamente, foi se estruturando um mercado interno, com o predomínio do trabalho familiar no campo e do trabalho assalariado nas cidades. Esse fator criou condições para a crescente expansão das manufaturas, das casas de comércio e dos bancos.

Nas colônias do Norte, organizou-se uma **colonização de povoamento**, enquanto nas do Sul imperava a **colonização de exploração**, estruturada sobre uma sociedade estratificada e sobre a exploração do trabalho escravizado. A economia sulista baseava-se em *plantations*: grandes propriedades monocultoras nas quais se cultivava principalmente o algodão para exportação e utilizava o trabalho de africanos escravizados. A riqueza estava concentrada nas mãos dos fazendeiros escravagistas e dos comerciantes britânicos e o mercado interno era limitado.

Já nas colônias do Norte, os negócios se expandiam com rapidez e os capitais se concentravam nas mãos da burguesia nascente. Com o tempo, os capitalistas e outros setores da sociedade nortista desenvolveram interesses próprios. O resultado desse conflito de interesses levou a uma guerra entre a colônia e a metrópole e à independência política.

Manufatureira: que se refere à manufatura, estágio intermediário entre o artesanato e a indústria moderna, que se desenvolveu na Europa a partir do século XVI. Nas manufaturas, há a divisão do trabalho, ou seja, o processo produtivo é dividido em etapas complementares, com a utilização de máquinas rústicas, movidas a energia muscular.

O jornalista e escritor uruguaio Eduardo Galeano (1940-2015) refletiu sobre por que o Reino Unido não manteve um controle mais rígido sobre as treze colônias, região onde surgiram o separatismo e a industrialização. Leia o texto a seguir.

OUTRAS LEITURAS

A IMPORTÂNCIA DE NÃO NASCER IMPORTANTE

As treze colônias do Norte tiveram, pode-se bem dizer, a dita da desgraça. Sua experiência histórica mostrou a tremenda importância de não nascer importante. Porque no norte da América não tinha ouro, nem prata, nem civilizações indígenas com densas concentrações de população já organizada para o trabalho, nem solos tropicais de fertilidade fabulosa na faixa costeira que os peregrinos ingleses colonizaram. A natureza tinha-se mostrado avara, e também a história: faltavam metais e mão de obra escrava para arrancá-los do ventre da terra. Foi uma sorte. No resto, desde Maryland até Nova Escócia, passando pela Nova Inglaterra, as colônias do Norte produziam, em virtude do clima e pelas características dos solos, exatamente o mesmo que a agricultura britânica, ou seja, não ofereciam à metrópole uma produção complementar. Muito diferente era a situação das Antilhas e das colônias ibéricas de terra firme. Das terras tropicais brotavam o açúcar, o algodão, o anil, a terebintina; uma pequena ilha do Caribe era mais importante para a Inglaterra, do ponto de vista econômico, do que as 13 colônias matrizes dos Estados Unidos.

Essas circunstâncias explicam a ascensão e a consolidação dos Estados Unidos como um sistema economicamente autônomo, que não drenava para fora a riqueza gerada em seu seio. Eram muito frouxos os laços que atavam a colônia à metrópole; em Barbados ou Jamaica, em compensação, só se reinvestiam os capitais indispensáveis para repor os escravos na medida em que se iam gastando. Não foram fatores raciais, como se vê, os que decidiram o desenvolvimento de uns e o subdesenvolvimento de outros; as ilhas britânicas das Antilhas não tinham nada de espanholas nem portuguesas. A verdade é que a insignificância econômica das 13 colônias permitiu a precoce diversificação de suas manufaturas. A industrialização norte-americana contou, desde antes da independência, com estímulos e proteções oficiais. A Inglaterra mostrava-se tolerante, ao mesmo tempo em que proibia estritamente que suas ilhas antilhanas fabricassem até mesmo um alfinete.

GALEANO, Eduardo. *As veias abertas da América Latina*. Rio de Janeiro: Paz e Terra, 1986. p. 146.

A maioria dos primeiros imigrantes era de origem britânica, seguidores de religiões protestantes, que haviam rompido com a Igreja católica a partir da Reforma (século XVI). As religiões protestantes favoreciam o desenvolvimento capitalista, uma vez que não condenavam moralmente a riqueza, porque esta era fruto do trabalho, de uma vida austera.

Fatores de ordem natural também foram fundamentais no processo de industrialização dos Estados Unidos. Há grandes reservas de carvão nas bacias sedimentares próximas aos Apalaches, nos estados da Pensilvânia e de Ohio, e importantes jazidas de minério de ferro nos escudos próximos ao lago Superior, nos estados de Minnesota e de Wisconsin. O país apresenta grandes e diversificadas reservas minerais e energéticas, como mostram a tabela abaixo e o mapa da próxima página.

A farta e bem distribuída rede hidrográfica foi outra característica natural que favoreceu o desenvolvimento dos Estados Unidos. A existência, no nordeste do país, dos Grandes Lagos, com desníveis consideráveis, possibilitou construir grandes barragens e usinas hidrelétricas para gerar energia.

Estados Unidos: produção energética – 2016		
Energia	% da produção mundial	Posição no mundo
Eletricidade (usinas nucleares)	32,3	1ª
Gás natural	20,7	1ª
Petróleo	12,4	3ª
Carvão mineral	9,2	3ª
Eletricidade (usinas hidrelétricas)	6,8	4ª

Fonte: INTERNATIONAL ENERGY AGENCY. *Key World Energy Statistics 2017*. Disponível em: <www.iea.org/publications/freepublications/publication/KeyWorld2017.pdf>. Acesso em: 3 maio 2018.

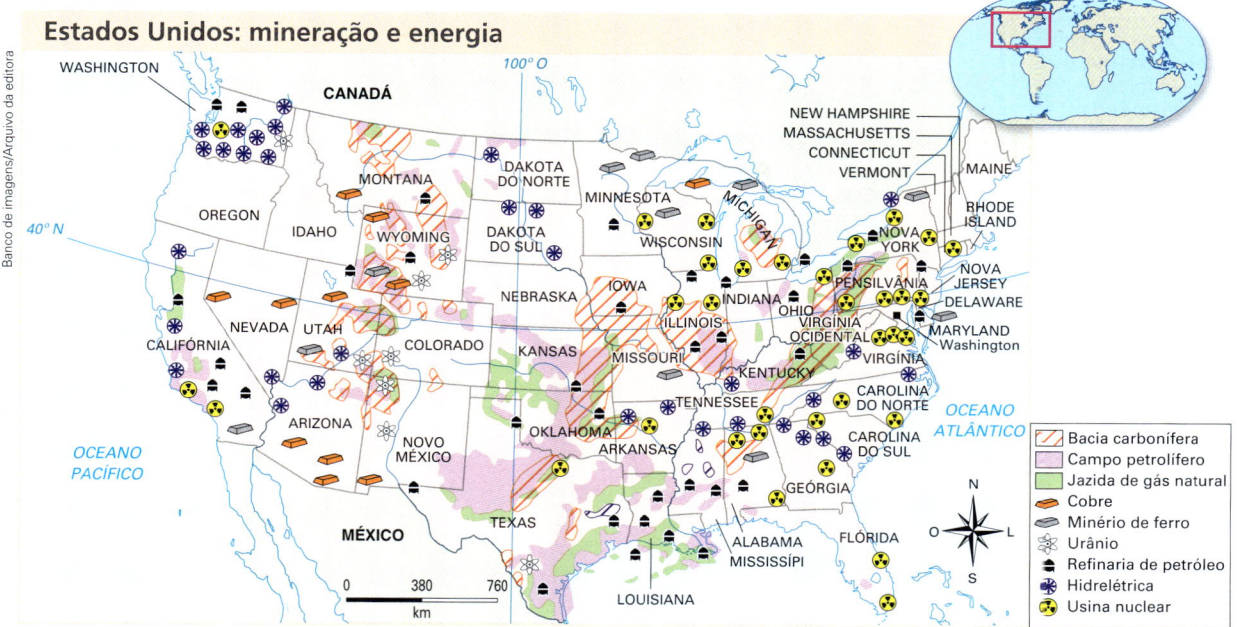

Fonte: CHARLIER, Jacques (Dir.). *Atlas du 21ᵉ siècle édition 2012*. Groningen: Wolters-Noordhoff; Paris: Éditions Nathan, 2011. p. 140. (Original sem data.)

Ao lado das turbinas hidráulicas, construíram-se eclusas e canais artificiais que permitiram a ligação do interior do continente com o oceano Atlântico pelos rios São Lourenço, no Canadá, e Hudson, nos Estados Unidos. Observe ao lado o mapa da hidrovia dos Grandes Lagos.

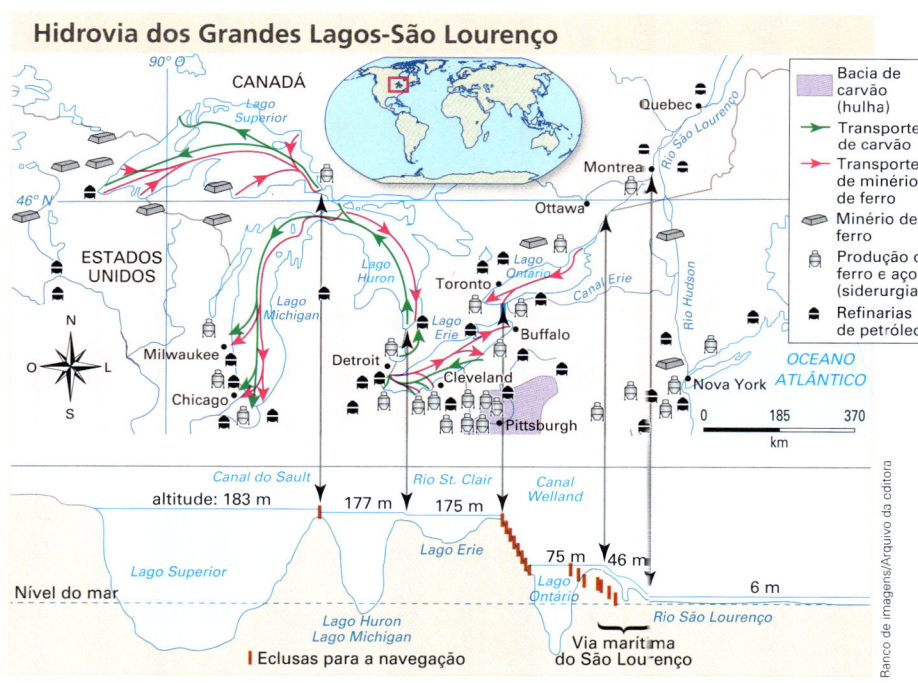

Fonte: CHARLIER, Jacques (Dir.). *Atlas du 21ᵉ siècle édition 2012*. Groningen: Wolters-Noordhoff; Paris: Éditions Nathan, 2011. p. 143. (Original sem data.)

Arrancada industrial

As diferenças entre a sociedade nortista e a sociedade sulista vieram à tona após a independência. As elites aristocráticas do Sul, na tentativa de manter o poder e a escravidão, declararam sua separação (secessão) da federação americana e criaram os Estados Confederados da América. Essa atitude provocou a **Guerra de Secessão**, ou Guerra Civil Americana (1861-1865).

A vitória da burguesia do Norte garantiu a unidade territorial do país. Interessada em ocupar os territórios tomados dos povos nativos (à custa de um grande genocídio) e aumentar o mercado consumidor para os bens produzidos por suas indústrias, a elite nortista estimulou a **imigração**. Em 1862, foi elaborada a Lei Lincoln (*Homestead Act*), segundo a qual as famílias que migrassem para o oeste do país receberiam 65 hectares de terra para se fixar.

> Veja indicação do filme *Um sonho distante*, que aborda a imigração, na seção **Sugestões de textos, vídeos e *sites***.

Embora essa lei tenha garantido a ocupação das terras do oeste, o que mais contribuiu para atrair imigrantes e ampliar o mercado interno do país foi a aceleração de seu processo de industrialização. Entre 1890 e 1929, mais de 22 milhões de imigrantes, predominantemente europeus, se fixaram no país. Observe o gráfico.

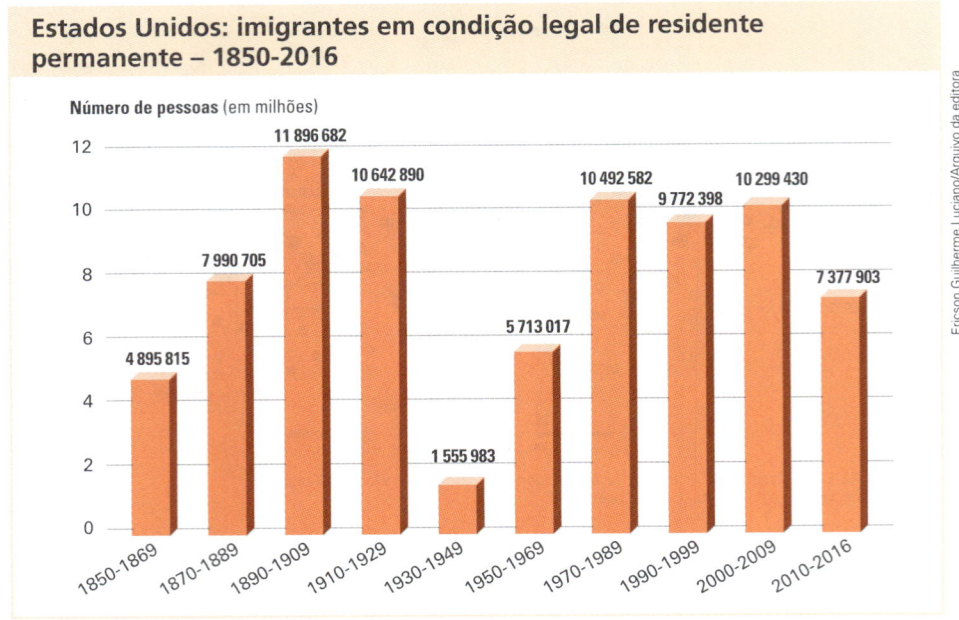

Estados Unidos: imigrantes em condição legal de residente permanente – 1850-2016

Período	Número de pessoas
1850-1869	4 895 815
1870-1889	7 990 705
1890-1909	11 896 682
1910-1929	10 642 890
1930-1949	1 555 983
1950-1969	5 713 017
1970-1989	10 492 582
1990-1999	9 772 398
2000-2009	10 299 430
2010-2016	7 377 903

Fonte: U. S. DEPARTMENT OF HOMELAND SECURITY. *Yearbook of Immigration Statistics 2016*. Washington, D.C., 28 dez. 2017. Disponível em: <www.dhs.gov/immigration-statistics/yearbook/2016#>. Acesso em: 3 maio 2018.

A depressão econômica dos anos 1930 e a Segunda Guerra Mundial reduziram drasticamente a entrada de pessoas no país, mas após a guerra esse fluxo voltou a aumentar e atingiu seu pico nos anos 2000. Entre 1850 e 2016, os Estados Unidos foram o país que mais recebeu imigrantes, cerca de 81 milhões de pessoas.

Outra medida que ampliou o mercado consumidor interno foi a abolição da escravidão em 1863. A partir de então, o trabalho assalariado disseminou-se e, pouco a pouco, foi se estruturando uma sociedade de consumo, que se consolidou após a Primeira Guerra Mundial.

Xilogravura do alemão Ernst von Hesse-Wartegg (1851-1918) que retrata o interior do Castle Garden, em 1885. Localizado em Manhattan, Nova York, abrigou o primeiro centro oficial de imigração dos Estados Unidos. Entre 1855 e 1890 passaram por lá mais de 8 milhões de imigrantes europeus. Atualmente, o prédio é um monumento nacional e se chama Castle Clinton, em homenagem a Dewitt Clinton, governador do estado de Nova York (1817-1822).

SETORES INDUSTRIAIS E SUA DISTRIBUIÇÃO

Nordeste: pioneirismo e decadência

O nordeste dos Estados Unidos foi a primeira região a se industrializar e é ainda a que mais abriga indústrias no país, apesar da desconcentração recente. Observe o mapa.

Fonte: CHARLIER, Jacques (Dir.). *Atlas du 21ᵉ siècle édition 2012*. Groningen: Wolters-Noordhoff; Paris: Éditions Nathan, 2011. p. 141. (Original sem data.)

As grandes siderúrgicas, como a United States Steel, a maior do país, sediada em Pittsburgh, concentraram-se no estado da Pensilvânia em razão da disponibilidade de carvão, da facilidade de recepção do minério de ferro e da proximidade dos centros consumidores. Apesar do fechamento de fábricas e da transferência de usinas para outros lugares, Pittsburgh ainda é conhecida como a "capital do aço" (localize-a no mapa acima).

A região metropolitana de Detroit, no estado de Michigan, foi o grande centro da indústria automobilística. Sua localização em posição central facilitou a recepção de matérias-primas e de peças e a distribuição dos produtos acabados (localize-a no mapa acima). Abrigando fábricas das "três grandes" – General Motors (GM), Ford e Chrysler – e diversas fábricas de autopeças, a cidade tornou-se a "capital do automóvel". No entanto, as grandes montadoras americanas perderam competitividade, principalmente em relação aos concorrentes asiáticos, situação agravada pela crise financeira de 2008/2009.

Siderúrgica da United States Steel, em Pittsburgh (Estados Unidos). Em 2016, segundo a World Steel Association, a empresa produziu 14,2 milhões de toneladas de aço (24ª posição no mundo). Hoje, as maiores siderúrgicas são asiáticas, com destaque para a ArcelorMittal, com produção de 95,5 milhões de toneladas (sua sede fica em Luxemburgo, mas seu presidente e maior acionista é o indiano Lakshmi Mittal).

Durante a crise, a GM, que por décadas foi a maior montadora do mundo, para não falir, foi estatizada pelo governo, que passou a controlar 61% de suas ações (em 2015, já tinha vendido todas elas). A Chrysler vendeu 60% de suas ações ao Grupo Fiat para evitar a falência. A Ford, sediada em Dearborn (Michigan), não enfrentou os mesmos problemas de suas concorrentes nacionais.

Detroit já não é mais a "capital do automóvel" porque muitas de suas antigas fábricas de carros e autopeças faliram ou se mudaram. A cidade e sua região metropolitana vêm enfrentando o desemprego crescente, o empobrecimento da população e a deterioração urbana.

No entanto, não foram apenas as indústrias automobilísticas que enfrentaram problemas de competitividade. Como vimos na tabela da página 344, em 2016 os Estados Unidos tinham 133 corporações na lista da revista *Fortune*, o que correspondia a 26,6% das quinhentas maiores do mundo. Mas, em 2001, chegou a ter 197 empresas nessa lista, 39,4% do total, um recorde. De lá para cá, sobretudo empresas da China têm ocupado esse espaço.

Diversos outros ramos industriais estão espalhados por inúmeras cidades do nordeste dos Estados Unidos, a região de maior concentração urbano-industrial do planeta. Ali, a história mostrou ser verdadeira a frase: "Indústria atrai indústria". Surgiu, assim, um grande cinturão industrial (*manufacturing belt*), que se estende por várias cidades às margens dos Grandes Lagos, na região dos Apalaches e na costa leste (observe o mapa da página anterior). Em virtude da crise de diversos setores presentes no *manufacturing belt* e da decadência industrial, muitos têm chamado essa região de *rust belt* (em inglês, 'cinturão da ferrugem').

O *manufacturing belt* chegou a concentrar, no início do século XX, mais de 75% da produção industrial do país, mas hoje ela é inferior a 50%, principalmente por causa do processo de desconcentração industrial (como vimos no capítulo 18). Uma das causas do aumento do custo da produção na região é o crescimento das cidades do nordeste americano, que se agruparam em gigantescas megalópoles, como a **Boswash**, que se estende de Boston a Washington, passando por Nova York. Novos centros industriais foram construídos no sul e no oeste do país, e centros mais antigos nessas mesmas regiões se expandiram, acarretando uma dispersão industrial. Reveja no mapa das indústrias, na página anterior, as regiões de expansão industrial ao sul e a oeste do território, detalhadas no texto a seguir.

Megalópole: aglomeração urbana formada pela integração de duas ou mais metrópoles. Ela se forma quando os fluxos de pessoas, capitais, mercadorias, informações e serviços entre duas ou mais metrópoles estão integrados por modernas redes de transporte e de telecomunicação. Pode haver espaços agrícolas entre elas, portanto, não é necessário que todas as cidades estejam conurbadas, fenômeno mais comum nas metrópoles.

Veja indicação do filme *Tucker: um homem e seu sonho*, que aborda a indústria automobilística, na seção **Sugestões de textos, vídeos e *sites***.

Sede da GM, um dos maiores símbolos do capitalismo americano, em Detroit, Michigan, em 2015. Fundada em 1908, cresceu incorporando empresas como Cadillac, Pontiac e Chevrolet, até se transformar na maior montadora do mundo. Em 2016 tinha sido superada pela Toyota (Japão), Volkswagen e Daimler (Alemanha).

Sul: petróleo e corrida espacial

A industrialização do sul ganhou impulso no início do século XX, após a descoberta de enormes lençóis petrolíferos na região, principalmente no Texas. Durante a Guerra Fria, o desenvolvimento do programa espacial e de defesa favoreceu a expansão industrial. Em Huntsville (Alabama), foi construído um dos centros da Nasa, a agência espacial dos Estados Unidos, e uma fábrica de aviões militares e mísseis da Boeing, a maior indústria aeronáutica do mundo.

Em Houston, no Texas, localiza-se o importante Centro Espacial Johnson, sede da Nasa, e importantes indústrias aeronáuticas e petrolíferas. Na Flórida, em Cabo Canaveral, localiza-se o Centro Espacial John F. Kennedy, base de lançamento de foguetes.

Centro de controle das missões espaciais da Nasa no Johnson Space Center, em Houston (Estados Unidos), em 2018.

Oeste: inovação tecnológica

A última região dos Estados Unidos a se industrializar foi o oeste. Em Seattle, estado de Washington, há uma importante concentração da indústria aeronáutica (sede da Boeing); em Portland, Oregon, de indústrias metalúrgicas, como a de alumínio, entre outras. Mas o estado mais importante do oeste é a Califórnia, com um parque industrial bastante diversificado, localizado principalmente no eixo São Francisco-Los Angeles-San Diego, a segunda megalópole do país, a **San-San** (observe o mapa ao lado e reveja o da página 349).

No oeste há setores tradicionais, mas, pelo fato de ter ocorrido uma industrialização relativamente recente, ligada a importantes universidades e centros de pesquisa, é onde se localiza a maioria das indústrias de alta tecnologia dos Estados Unidos, principalmente no tecnopolo do Vale do Silício.

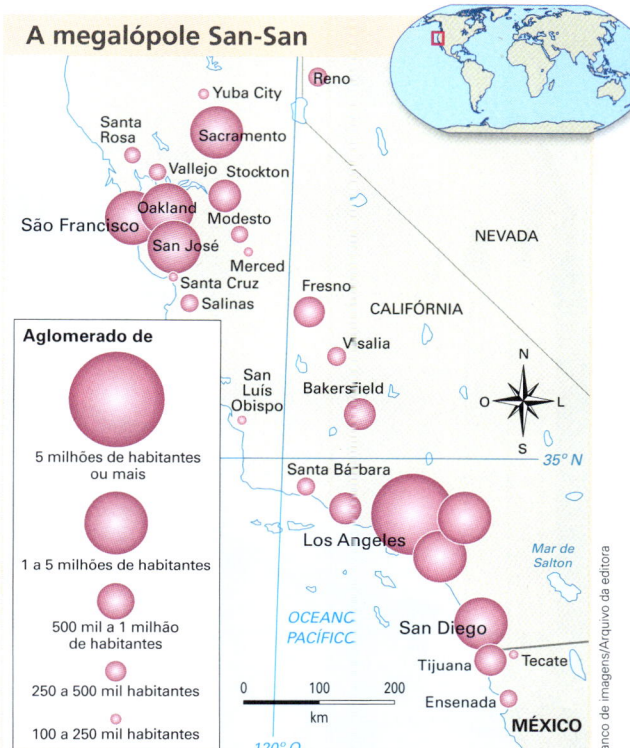

Fonte: CHARLIER, Jacques (Dir.). *Atlas du 21ᵉ siècle édition 2012*. Groningen: Wolters-Noordhoff; Paris: Éditions Nathan, 2011. p.144. (Original sem data.)

Principais parques tecnológicos

O **Vale do Silício** (*Silicon Valley*), no norte da Califórnia, foi o primeiro parque tecnológico implantado no mundo. Ainda é o mais importante e serviu de modelo para muitos dos que surgiram posteriormente em diversos países. Abrange as cidades de Palo Alto, San José e Cupertino, entre outras localizadas em torno da Baía de São Francisco.

Essa região é chamada de Vale do Silício porque se baseou nas indústrias de **semicondutores**, que produzem *microchips* (ou microprocessadores), cuja matéria-prima mais importante é o **silício**, e na indústria de informática, tanto de computadores e periféricos (*hardware*) como de sistemas e programas (*software*).

A Guerra Fria deu um grande impulso para o desenvolvimento dessa região em razão da corrida armamentista e aeroespacial. O governo dos Estados Unidos, além de subsidiar as pesquisas nos laboratórios de universidades e empresas, garantia mercado para a produção regional, comprando parte do que era produzido.

A criação do Stanford Industrial Park (1951), no *campus* da universidade de mesmo nome (observe a foto abaixo), teve importante papel no desenvolvimento desse parque tecnológico, pois atraiu indústrias de alta tecnologia. Outras universidades da região também contribuíram para a formação de mão de obra qualificada e a produção de pesquisa avançada, entre as quais a Universidade da Califórnia (Berkeley e São Francisco).

Além disso, a existência de empreendedores, de capitais de risco para bancar projetos inovadores e de um ambiente favorável aos investimentos e à geração de novas empresas contribuiu para o crescimento do Vale do Silício.

Muitas empresas dos setores de microeletrônica e informática, que atualmente estão entre as maiores do mundo, foram criadas na região. Por exemplo, Intel e AMD (semicondutores); Apple e HP (computadores); Oracle e Adobe (programas e sistemas); Google e Facebook (internet), entre outras menos conhecidas. Grandes empresas do setor que têm sede em outros lugares dos Estados Unidos, como a Microsoft, em Redmond (estado de Washington), ou mesmo em outros países, também têm filiais nessa região. Observe o mapa pictórico a seguir.

Chip é uma placa de silício de alta pureza (concentração acima de 99%), na qual são impressos microcircuitos, responsáveis pelo processamento de dados. Na foto, microprocessador de alta *performance* AMD Ryzen, produzido em 2018. A sede da AMD e seu centro de P&D estão no Vale do Silício, mas seus *chips*, como o da foto, são feitos na China.

A Universidade Stanford, fundada em 1891 e sediada em Palo Alto, Califórnia, é uma das mais importantes dos Estados Unidos. Na foto de 2015, vista da Torre Hoover, inaugurada no aniversário de 50 anos da universidade.

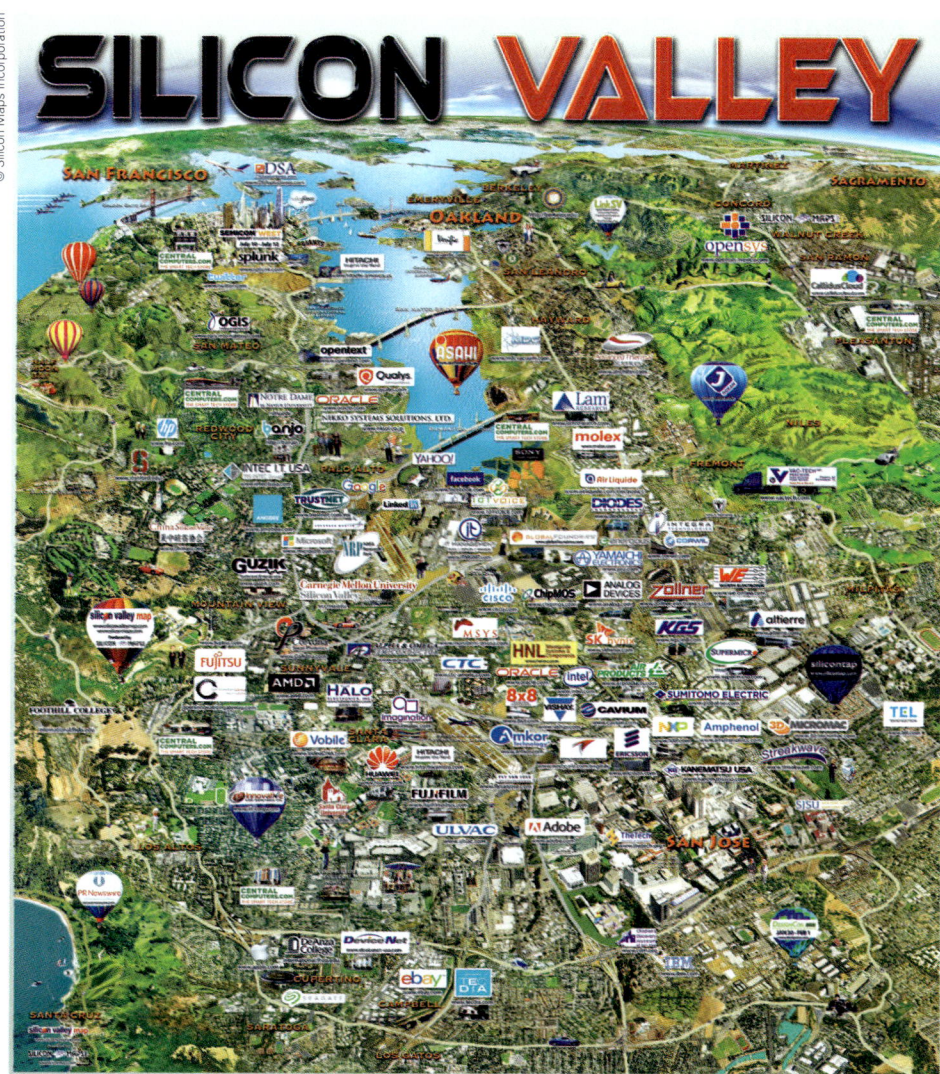

Calendário 2018 da Silicon Valley Map.

> Observe o mapa **Principais empresas do Vale do Silício** (Google Maps). Veja indicação na seção **Sugestões de textos, vídeos e *sites***.

Como mostra o mapa da página 331, além do Vale do Silício, há diversos outros tecnopolos nos Estados Unidos. O tecnopolo da região metropolitana de **Boston** (Massachusetts), por exemplo, se desenvolveu a partir dos anos 1960, também vinculado à indústria bélica e ao setor de informática. Mais recentemente, têm se desenvolvido novos setores de alta tecnologia na região, com destaque para os de biotecnologia (novos remédios e terapias) e de equipamentos médicos.

A região de Boston passou por um processo de reconversão industrial: os modernos prédios dos setores ligados à nova economia informacional, muitas vezes, foram erguidos no lugar de antigas fábricas da era industrial. Diferentemente de outras cidades do nordeste americano, essa região se transformou em tecnopolo porque dispõe do fator mais importante da Revolução Informacional: conhecimento científico-tecnológico avançado. Isso porque conta com professores e pesquisadores da Universidade Harvard e do Instituto Tecnológico de Massachusetts (MIT), duas das instituições de ensino e pesquisa mais conceituadas do mundo.

> Para saber mais sobre a situação dos Estados Unidos no mundo, consulte o livro ***Colosso: ascensão e queda do império americano***, de Niall Ferguson. Veja indicação na seção **Sugestões de textos, vídeos e *sites***.

3. ALEMANHA

O processo de industrialização na Alemanha e seu próprio desenvolvimento capitalista sempre tiveram uma estreita ligação com a questão territorial – unificação tardia, guerras, perdas territoriais. Economia e Geografia sempre estiveram fortemente interligadas ao longo da história alemã. Observe a linha do tempo e as imagens a seguir.

ALEMANHA: QUESTÃO TERRITORIAL E INDUSTRIALIZAÇÃO

DIALOGANDO COM HISTÓRIA

1815 – Confederação com 39 unidades políticas. Nesse arranjo político-territorial, a independência política das unidades é mantida e há uma assembleia de representantes de cada uma delas com o intuito de tomar decisões de interesse comum.

1861 – Início do processo de unificação político-territorial, sob o comando da Prússia, marcado por guerras contra seus vizinhos.

1871 – Final da Guerra Franco-Prussiana: unificação política da Alemanha.

Imperialismo tardio e guerras

1914-1918 – Primeira Guerra Mundial. A expansão imperialista tardia levou ao enfrentamento com o Reino Unido e a França, resultando na Primeira Guerra, da qual a Alemanha saiu derrotada e perdeu territórios.

1939-1945 – Segunda Guerra Mundial. As sanções do Tratado de Versalhes e a Crise de 1929 criaram as condições políticas para a ascensão de Adolf Hitler (1889-1945). A Alemanha nazista lançou-se à conquista de territórios, dando início à Segunda Guerra. O país sofreu uma nova derrota militar, além de perdas humanas e territoriais, destruição material e fragmentação política.

Formação do Estado

Alemanha: unificação – 1861-1871

- Prússia em 1861
- Estados integrados à Alemanha do Norte em 1867
- Estados integrados ao Império Alemão em 1871
- Alsácia e Lorena: territórios franceses integrados ao Império em 1871
- Limites do Império Alemão proclamado em 1871 ao final da Guerra Franco-Prussiana
- Cidade

Fonte: DUBY, Georges. *Atlas histórico mundial*. Barcelona: Larousse, 2007. p. 237; LEBRUN, François. *Atlas historique*. Paris: Hachette, 2000. p. 42.

FATORES DA INDUSTRIALIZAÇÃO

- Unificação política e integração econômica: instituição de uma moeda única, padronização das leis e criação de um amplo mercado interno.
- Fim do século XIX: liderava, com os Estados Unidos, os avanços tecnológicos da Segunda Revolução Industrial.
- Energia e transporte: jazidas de carvão e transporte hidroviário possibilitaram concentração industrial na confluência dos rios Ruhr e Reno.
- Capitais: uma das principais rotas do comércio desde o fim da Idade Média, concentrou capitais nas mãos de comerciantes e banqueiros.
- Mão de obra: parte da população migrou do campo para as cidades e empregou-se como trabalhadora assalariada.

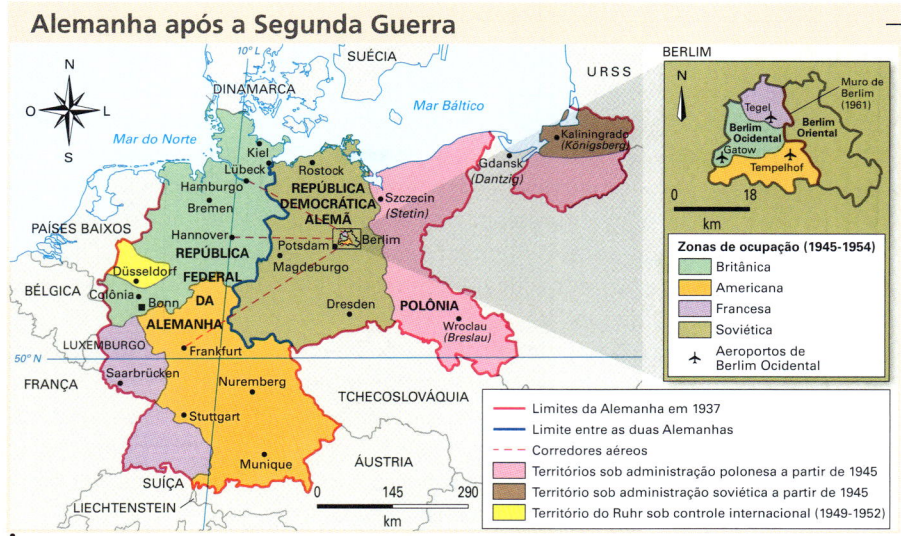

Alemanha após a Segunda Guerra

Fonte: DUBY, Georges. *Atlas histórico mundial*. Barcelona: Larousse, 2007. p. 299.

A foto, de 1º de julho de 1945, mostra Berlim destruída pela guerra e sob a ocupação soviética. Civis carregando seus pertences passam em frente a prédio em ruínas e placas de ruas escritas em russo.

Tratado de Potsdam. A Alemanha foi partilhada pelos países vitoriosos em quatro zonas de ocupação e perdeu territórios.

Alemanhas após a Segunda Guerra

1945 — Perdas territoriais e ocupação

1949 — Divisão político-territorial: criação da República Federal da Alemanha (Ocidental) e da República Democrática Alemã (Oriental).

1990 — Reunificação política. As Alemanhas Ocidental e Oriental se reunificaram política e territorialmente e o novo país seguiu o modelo ocidental.

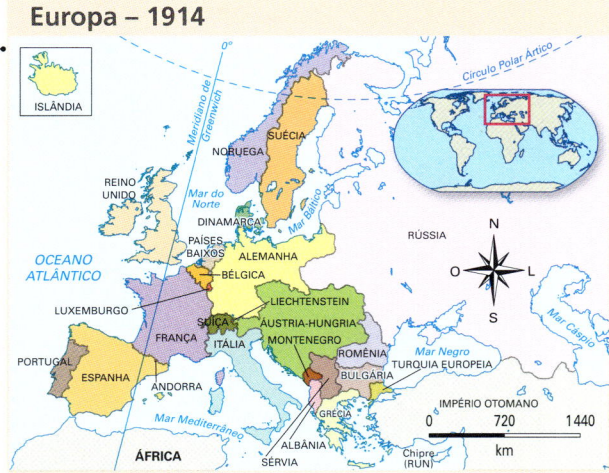

Fonte: CHARLIER, Jacques (Dir.). *Atlas du 21ᵉ siècle édition 2012*. Groningen: Wolters-Noordhoff; Paris: Éditions Nathan, 2011. p. 49.

Observe nos mapas que a França avançou sobre a fronteira alemã após a Primeira Guerra – esse território compreende Alsácia e Lorena; perceba também que a Alemanha ficou dividida pelo "corredor polonês".

Linha do tempo esquemática, sem escala.

SETORES INDUSTRIAIS E SUA DISTRIBUIÇÃO

As indústrias alemãs foram reconstruídas, em sua maioria, nos mesmos lugares onde estavam antes da Segunda Guerra. A região de maior concentração continuou sendo a confluência dos rios Ruhr e Reno, pelas mesmas razões do passado: reservas de carvão, rede de transporte, mão de obra e mercado consumidor. Porém, após a guerra, o parque industrial se modernizou rapidamente e houve ganhos significativos de produtividade em relação ao parque industrial britânico e ao francês. Além disso, antes da guerra, a Alemanha já dispunha de mão de obra qualificada, e maiores investimentos em educação contribuíram para elevar ainda mais a produtividade dos trabalhadores.

Como vimos no capítulo 18, segundo o Índice de Desempenho em Logística 2016, do Banco Mundial, a logística alemã é a melhor do mundo (reveja o gráfico na página 326). Uma densa e moderna rede de transportes (hidroviários, ferroviários e rodoviários), armazéns e centros de distribuição interliga os principais polos industriais aos maiores portos do país – Hamburgo e Bremen – e ao porto de Roterdã, nos Países Baixos (o quarto mais bem posicionado nesse índice).

A produção industrial alemã, apesar de ter havido certa dispersão, ainda está fortemente concentrada no estado da **Renânia do Norte-Vestfália** (observe os mapas abaixo). Conforme se pode observar, cidades renanas como Colônia, Essen, Düsseldorf e Dortmund, entre outras, formam uma das maiores concentrações urbano-industriais do mundo.

> Para saber mais sobre as transformações político-territoriais, consulte o livro *Alemanha: da divisão à reunificação*, de Serge Cosseron, e assista ao filme *Adeus, Lenin!*, que trata das mudanças provocadas na Alemanha Oriental após a queda do Muro de Berlim. Veja orientações na seção **Sugestões de textos, vídeos e sites**.

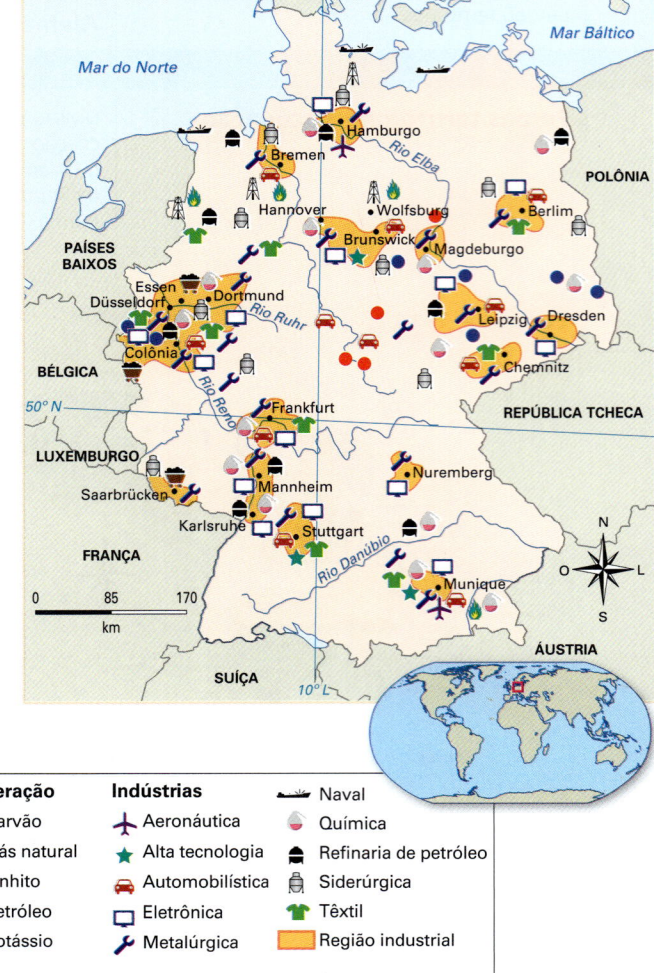

Fonte: CHARLIER, Jacques (Dir.). *Atlas du 21ᵉ siècle édition 2012*. Groningen: Wolters-Noordhoff; Paris: Éditions Nathan, 2011. p. 73. (Original sem data.)

É possível perceber que existem praticamente todos os ramos industriais na região do Ruhr, mas alguns merecem destaque, como o siderúrgico, o químico e o eletroeletrônico.

A reconstrução e a diversificação dos *konzern* (trustes), constituídos desde o fim do século XIX, possibilitaram a formação dos grandes conglomerados que atuam em vários setores. O grupo ThyssenKrupp, por exemplo, atua nos setores siderúrgico, metalúrgico, mecânico, naval, de construção civil, entre outros, produzindo aço, máquinas industriais, elevadores, autopeças, submarinos, etc.

Embora haja maior concentração nas cidades do estado da Renânia do Norte-Vestfália, o parque industrial alemão está espalhado pelo território, e algumas cidades de outros estados merecem atenção especial.

Observe os mapas da página anterior e leia, a seguir, a descrição dos principais polos industriais.

- **Stuttgart (Baden-Württemberg)**: apresenta importante concentração de indústrias mecânicas, principalmente automobilística; nessa cidade está também sediado o Grupo Daimler, segunda maior corporação da Alemanha;
- **Hamburgo (Hamburgo)**: localizada na foz do rio Elba, é o maior porto da Alemanha e concentra, entre outras, importantes indústrias navais, como a ThyssenKrupp Marine Systems, e companhias de navegação, como a Hamburg Süd;
- **Wolfsburg (Baixa-Saxônia)**: localizada próxima à antiga fronteira com a ex-Alemanha Oriental, a cidade abriga a sede do Grupo Volkswagen, a maior corporação alemã (6ª da lista da *Fortune Global 500 2017*) e a segunda maior produtora mundial de automóveis.

Como a Alemanha é um país que está na vanguarda tecnológica em diversos setores, há muitos tecnopolos em seu território. A seguir veremos os mais importantes.

Principais parques tecnológicos

Munique (Baviera) é um centro industrial antigo que, com o tempo, se transformou no mais importante parque tecnológico da Alemanha, onde se concentram empresas dos setores eletrônico, automobilístico, biotecnológico e aeroespacial. Implantado a partir dos anos 1970, abriga doze importantes universidades e renomados centros de pesquisa, entre os quais treze da Sociedade Max Planck, principal instituição científica da Alemanha. Aí também se localizam as principais indústrias alemãs do setor eletrônico, como a Siemens e a Robert Bosch, além de filiais de grandes empresas de outros países.

Outro importante tecnopolo alemão é o **Chempark** (parque químico) de Leverkusen, no estado da Renânia do Norte-Vestfália. Nele se concentram mais de setenta empresas do setor químico-farmacêutico que atuam em pesquisa e desenvolvimento, produção industrial e prestação de serviços, entre as quais se destaca a Bayer, um dos maiores conglomerados mundiais desse ramo.

Em 1886, Gottlieb Daimler (1834-1900), fundador do grupo que leva seu sobrenome, e Wilhelm Maybach (1846-1929) construíram o primeiro automóvel do mundo ao adaptarem um motor de combustão interna, movido a gasolina, a uma carruagem. Na foto de 1887, Daimler, com seu filho ao volante, passeia pelas ruas de Stuttgart nesse carro pioneiro. Compare-o com um Mercedes-Maybach, carro-conceito de luxo com motor elétrico, apresentado no Salão do Automóvel de Pequim (China), em 2018.

Indústrias do leste

As indústrias da antiga Alemanha Oriental estão localizadas principalmente em torno das cidades de Leipzig, Dresden e da antiga Berlim Oriental. Elas passaram por uma profunda crise após a reunificação política e muitas faliram porque não conseguiram concorrer com as indústrias ocidentais.

O símbolo mais emblemático da defasagem tecnológica e da baixa competitividade das indústrias do leste era um carro chamado Trabant. Após a abertura da fronteira, muitos alemães orientais viajaram de carro à Alemanha Ocidental, território de Mercedes-Benz, BMW, Audi, etc. Resultado: muitos Trabants foram abandonados. Os alemães do leste já não queriam os produtos tecnologicamente defasados que eles mesmos fabricavam.

Na economia planificada da Alemanha Oriental havia pleno emprego, porque o Estado era o único empregador e as empresas, estatais, não se baseavam na concorrência. Após a reunificação, muitas delas foram compradas por empresas ocidentais. Seus novos administradores, para enxugar o quadro de funcionários, demitiram trabalhadores, o que, momentaneamente, elevou os índices de desemprego e agravou os problemas sociais.

Após a reunificação, para impedir que se agravassem as desigualdades socioeconômicas, o governo despendeu vultosos recursos para modernizar a infraestrutura do território da antiga Alemanha Oriental.

Segundo a Organização Mundial do Comércio (OMC), em 2008 a Alemanha exportou 1,462 trilhão de dólares, mas em 2010 o volume das exportações caiu para 1,269 trilhão de dólares (o principal mercado dos produtos alemães são os países da União Europeia, onde então a crise era mais grave).

Naquele ano, o país perdeu para a China a posição de maior exportador do mundo. Nos anos seguintes, a Alemanha recuperou um pouco suas exportações, mas acabou perdendo a segunda posição mundial para os Estados Unidos (veja os maiores exportadores em 2016 na tabela da página 423). Na pauta de exportações alemãs, predominam produtos industriais de alto valor agregado, portanto, muito valorizados.

De acordo com o *Relatório de desenvolvimento industrial 2018*, da Unido, em 2015, 89% das exportações do país eram de bens industrializados, dos quais 74%, produtos de alta/média tecnologia.

Na foto, um Trabant circulando por Berlim Oriental pouco antes da queda do Muro, em 1989. Na atualidade, esses carros são cultuados como símbolo da era comunista.

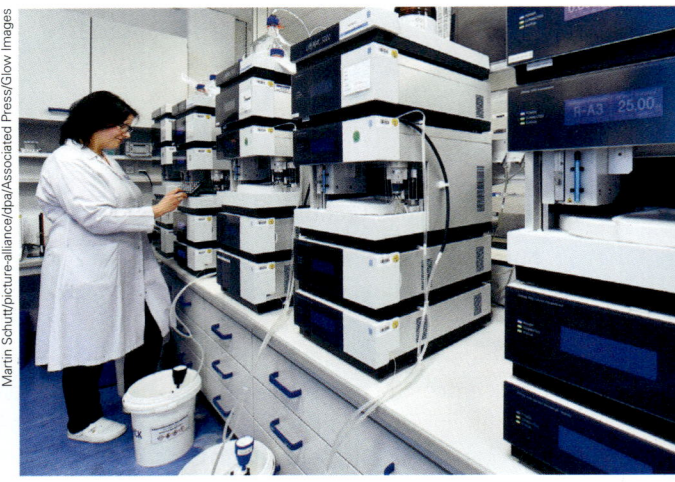

Entre os setores de alta tecnologia nos quais a Alemanha se destaca está a indústria químico-farmacêutica. Na foto de 2017, técnica química trabalha no laboratório da Aeropharm em Rudolstadt (estado da Turíngia). Essa indústria farmacêutica desenvolve e produz colírios e remédios para asma, bronquite e outras doenças respiratórias, exportados para mais de cinquenta países.

4. JAPÃO

OS FATORES DA INDUSTRIALIZAÇÃO

O processo de industrialização e de modernização do Japão teve início em 1868 quando o imperador Mitsuhito (1852-1912) chegou ao poder, pondo fim a um longo período de isolamento durante o Xogunato Tokugawa. O reinado de Mitsuhito, conhecido como **Era Meiji** (do japonês, 'governo ilustrado'), estendeu-se até 1912 e se caracterizou por políticas modernizantes: construção de infraestrutura; investimentos em educação, que foi universalizada e voltada à qualificação de mão de obra; abertura à tecnologia e aos produtos estrangeiros. A Constituição de 1889 estabeleceu o imperador como chefe "sagrado e inviolável" do Estado e também o Parlamento. O xintoísmo (do japonês *shinto*, 'caminho dos deuses') foi declarado religião oficial do Estado e teve um papel cultural fundamental na vida dos japoneses.

O governo também estimulou o desenvolvimento de grandes conglomerados, conhecidos como **zaibatsus** (do japonês *zai*, 'riqueza'; *batsu*, 'grupo'). Esses grupos econômicos surgiram de tradicionais e poderosos clãs de comerciantes e proprietários de terras, como Mitsubishi, Mitsui e Sumitomo, entre outros menores. Com o tempo, esses grupos passaram a atuar em praticamente todos os ramos industriais, além do comércio e das finanças.

Apesar do acelerado processo de industrialização, o país enfrentava problemas estruturais graves: escassez crônica de matérias-primas e de energia e limitação do mercado interno, o que levou o império japonês a se militarizar e se aventurar em busca de territórios na Ásia e no Pacífico.

A expansão territorial iniciou-se com a vitória na Guerra Sino-Japonesa (1894-1895), que garantiu a ocupação de Taiwan. Em 1910 o Japão anexou a Coreia e, em 1931, ocupou a Manchúria, onde instituiu Manchukuo, um Estado fantoche sob o governo do último imperador chinês, Pu Yi.

Com o objetivo de conquistar novos territórios, em 1937 o Japão iniciou um conflito com a China, que se estendeu até a Segunda Guerra. Como mostra o mapa a seguir, essa conflagração mundial marcou a fase de maior expansão territorial nipônica, quando ocupou parte do Sudeste Asiático e diversas ilhas do Pacífico.

Em 1941, os japoneses realizaram um ataque-surpresa à base naval de Pearl Harbor, Havaí (Estados Unidos). Esse ato precipitou a entrada dos americanos na guerra, o que acabou levando os japoneses à derrota. Após os Estados Unidos lançarem bombas atômicas sobre Hiroxima e Nagasáqui, em 6 e 9 de agosto de 1945, respectivamente, o Japão foi forçado a se render.

> **Xogunato Tokugawa:** regime que vigorou no Japão de 1603 a 1868, no qual o poder estava nas mãos dos *xoguns* (do japonês, 'comandantes militares') da família Tokugawa. Essa forma de organização do poder entrou em colapso a partir da chegada de uma esquadra da marinha americana em 1853, fato que marcou o início da abertura do país ao exterior. Hoje o Japão é um país parlamentarista, e o imperador é o chefe de Estado e símbolo da unidade nacional.

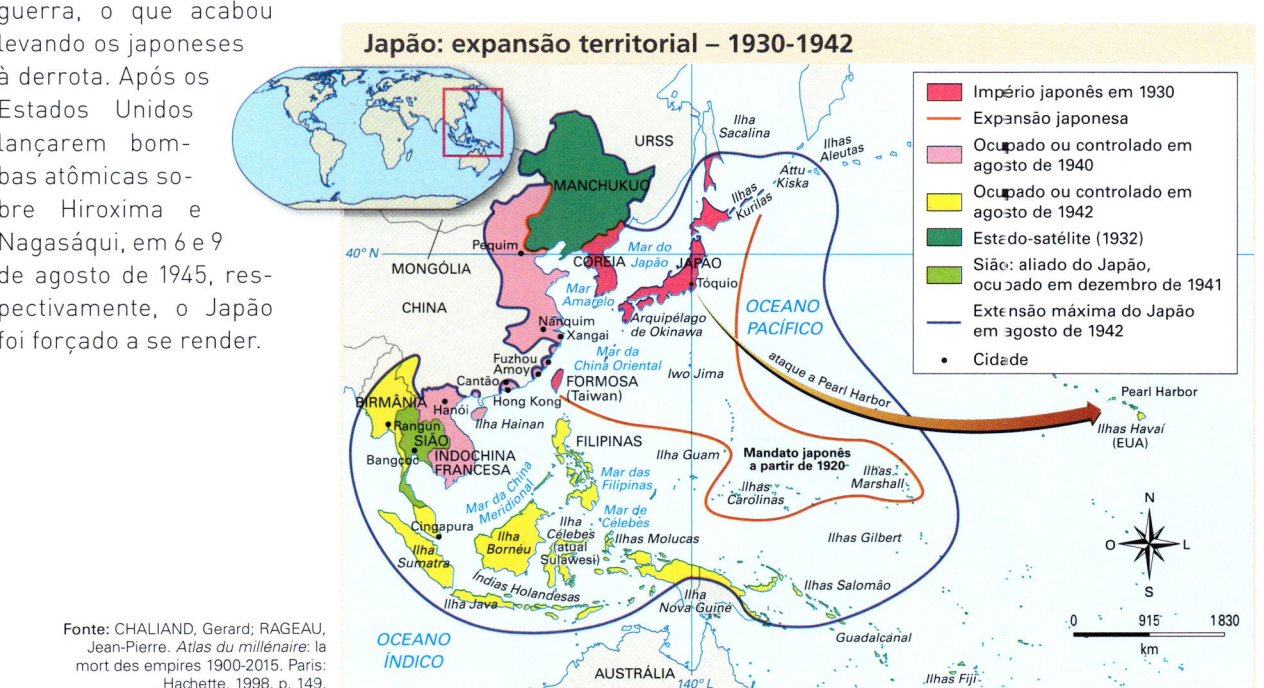

Fonte: CHALIAND, Gerard; RAGEAU, Jean-Pierre. *Atlas du millénaire: la mort des empires 1900-2015*. Paris: Hachette, 1998. p. 149.

Reconstrução após a Segunda Guerra

Durante a ocupação americana (1945-1952) foram impostas reformas ao país com o objetivo de modernizá-lo do ponto de vista político e econômico. Em 1947, foi aprovada uma lei antitruste, o que levou à dissolução dos *zaibatsus*. Com isso, os americanos pretendiam enfraquecer o poder dos grandes grupos e estimular a concorrência na economia japonesa.

A Constituição, redigida e imposta pelos ocupantes em 1947, encerrou sua fase militarista ao proibir a intervenção externa do exército japonês, que foi transformado em força de autodefesa.

A proteção do território nipônico, até mesmo de ataques nucleares, ficou a cargo das forças armadas dos Estados Unidos, com o qual o Japão assinou um tratado de defesa mútua. A Constituição também garantiu a liberdade de culto e estabeleceu a separação entre Estado e religião: o xintoísmo deixou de ser a religião oficial e o ensino público passou a ser laico.

A independência política e a soberania foram restabelecidas em 1952, mas o imperador deixou de ser considerado divindade e passou a colaborar com as reformas. O imperador Hiroito (1901-1989) permaneceu no poder de 1926 até sua morte – período denominado **Era Showa** (do japonês, 'paz brilhante') –, quando foi substituído por seu filho Akihito (1933-), atual imperador do Japão (em 2018).

A recuperação econômica japonesa após a Segunda Guerra foi rápida. Na década de 1960, o país já tinha conquistado o terceiro lugar na economia mundial e atingiu o segundo na década de 1980 (posição que só perdeu para a China em 2010).

Como se pode observar no gráfico da página 344, até o fim dos anos 1980 o Japão foi a economia que mais cresceu. Entretanto, desde a década de 1990 vem apresentando um crescimento muito baixo. Que fatores explicam as altas taxas de crescimento iniciais e, mais recentemente, as baixas?

> Veja indicação do filme *Bem-vindo, Mr. McDonald*, que critica a influência cultural americana no Japão, na seção **Sugestões de textos, vídeos e *sites***.

Vista aérea de uma área industrial de Tóquio em 13 de setembro de 1945. Essa imagem da capital japonesa, destruída na Segunda Guerra, dá a exata medida da impressionante recuperação do país. O Japão moderno e competitivo emergiu literalmente dos escombros da guerra.

Além das intervenções modernizantes, os Estados Unidos elegeram o Japão como o principal ponto de apoio asiático na luta contra o comunismo sino-soviético, estratégia que se fortaleceu, sobretudo, após a Revolução Chinesa de 1949. Assim, o Japão passou a se beneficiar da ajuda financeira dos Estados Unidos, fundamental para a recuperação de sua economia.

> Consulte o *Atlas do Japão* (eletrônico). Veja orientações na seção **Sugestões de textos, vídeos e *sites***.

Diversos outros fatores foram importantes para a rápida recuperação econômica do país e seus crescentes ganhos de produtividade. Entre eles, estão:

- a disponibilidade de mão de obra relativamente barata, disciplinada e qualificada;
- os elevados investimentos estatais em educação, que melhoraram a qualificação da mão de obra e, com a iniciativa privada, em pesquisa e desenvolvimento tecnológico;
- o aumento da competitividade das empresas como resultado da reconstrução da infraestrutura e dos conglomerados em bases mais modernas;
- a introdução de novos métodos organizacionais nas empresas, como o toyotismo, orientado pelo lema *kaizen*: "Hoje melhor do que ontem, amanhã melhor do que hoje";
- a desmilitarização do país e de seu parque industrial, que permitiu investimentos nas indústrias civis de bens intermediários e de capital.

> **Kaizen:** preceito japonês (*kai*, 'mucar'; *zen*, 'para melhor') que orienta a busca permanente de melhoria na vida em geral; aplicado ao sistema produtivo, persegue o aperfeiçoamento contínuo.

Após a Segunda Guerra, em substituição aos *zaibatsus*, que tinham uma *holding* que controlava todas as empresas do grupo (ou seja, possuíam uma "cabeça"), as companhias japonesas reorganizaram-se formando os **keiretsus** (do japonês, 'união sem cabeça'). Essa palavra define bem as redes de empresas integradas que dominam a economia japonesa. As empresas que as formam são independentes, embora muitas vezes uma possua parte das ações da outra e vice-versa.

Um *keiretsu* geralmente se articula em torno de algum grande banco que dá suporte financeiro às empresas da rede. Atualmente, os grandes grupos japoneses – muitos deles antigos *zaibatsus*, como Mitsubishi, Mitsui e Sumitomo – se organizam como *keiretsu*.

É importante destacar que até os anos 1970 a principal vantagem apresentada pelo Japão sobre os concorrentes da Europa ocidental e da América do Norte era o custo baixo da mão de obra (observe a tabela desta página). Porém, com o passar do tempo, os salários foram aumentando em decorrência da elevação da produtividade resultante dos avanços tecnológicos (robotização) e organizacionais (toyotismo) incorporados ao processo de produção. Na década de 1990, os trabalhadores japoneses alcançaram rendimentos entre os mais altos do mundo, mas desde então o baixo crescimento econômico manteve os salários estagnados.

O "milagre japonês" estendeu-se do fim da Segunda Guerra até os anos 1980, quando o país atingiu a segunda posição entre as maiores economias do mundo. Um dos fatores que mais contribuíram para isso foi a importância dada à educação. Na foto, estudantes caminham em rua de Tóquio, em 1988.

Principais potências econômicas: custos* da mão de obra industrial (dólares por hora) – 1975-2016					
País**	1975	1985	1995	2005	2016
Alemanha	5,16	7,85	26,17	38,17	43,18
Estados Unidos	6,19	12,76	17,24	30,13	39,03
Reino Unido	3,25	6,05	13,39	29,69	28,41
Japão	2,95	6,24	23,34	25,23	26,46

Fonte: U. S. DEPARTMENT OF LABOR. *Bureau of Labor Statistics*. International Comparisons Hourly Compensation Costs in Manufacturing, 1975-2009. Disponível em: <www.bls.gov/fls/#compensation>; THE CONFERENCE BOARD. *International Labor Comparisons Program*, abr. 2018. Disponível em: <www.conference-board.org/ilcprogram>. Acesso em: 3 maio 2018.

* Inclui o salário recebido pelo trabalhador, benefícios sociais – previdência social, assistência médica, auxílio-refeição, etc. – e impostos.

** O trabalhador chinês recebia 4,11 dólares por hora em 2013 (único dado disponível).

Carência de recursos naturais

Apesar da escassez de matérias-primas e de fontes de energia, o Japão se transformou em uma potência industrial. Seu território contém pouquíssimas reservas de minérios e de combustíveis fósseis. Com isso, tornou-se um dos maiores importadores de recursos naturais do mundo. Observe o gráfico abaixo.

Conforme dados do *The World Factbook*, em 2016 o país produziu apenas 3 918 barris de petróleo diários (84º produtor mundial) para um consumo de 4 milhões de barris/dia (4º consumidor mundial). Sua produção equivale a apenas 0,1% do consumo interno, tornando-o o quarto maior importador mundial de petróleo.

Apesar de importar 100% do ferro e do carvão mineral que consome, o Japão se destaca como produtor e exportador de aço. De acordo com a World Steel Association, em 2016 o país foi o segundo produtor mundial de aço, com 105 milhões de toneladas (o primeiro foi a China, com 808 milhões de toneladas). Observe no mapa desta página a origem de seus fornecedores.

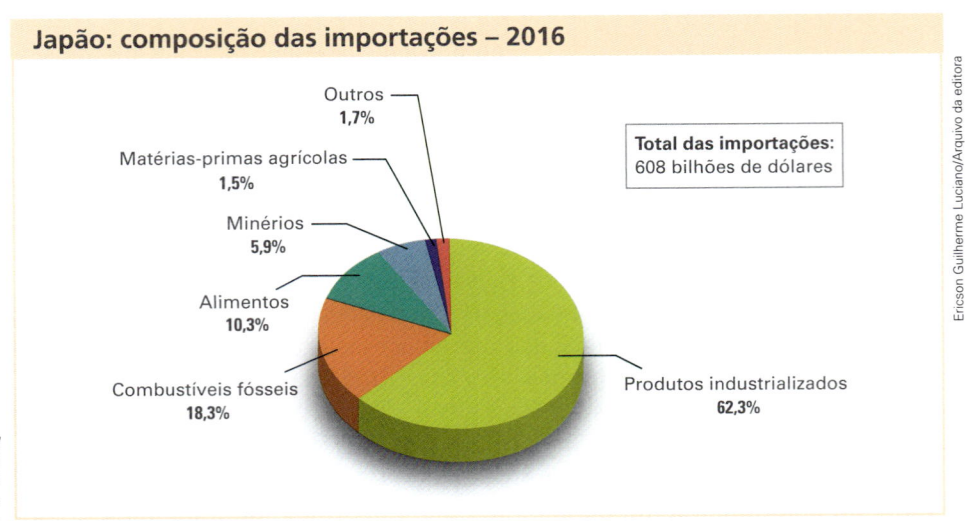

Fonte: THE WORLD BANK. *World Development Indicators 2017*. Washington, D.C., 2018. Disponível em: <http://wdi.worldbank.org/tables>. Acesso em: 3 maio 2018.

Fonte: CHARLIER, Jacques (Dir.). *Atlas du 21ᵉ siècle édition 2012*. Groningen: Wolters-Noordhoff; Paris: Éditions Nathan, 2011. p. 193-194. (Original sem data).

SETORES INDUSTRIAIS E SUA DISTRIBUIÇÃO

O Japão é um país muito industrializado e produtor de uma enorme variedade de bens. Os bens intermediários, de capital e especialmente os de consumo de maior valor agregado, como os que aparecem nas fotos a seguir, são predominantes em suas vendas ao exterior. De acordo com o *Relatório de desenvolvimento industrial 2018*, em 2015, 91% de sua pauta de exportações era composta de bens industrializados, dos quais 80% eram produtos de alta/média tecnologia. Especialmente a partir dos anos 1980, os produtos *made in Japan* ganharam credibilidade em razão do preço competitivo e da qualidade.

A distribuição das indústrias no território japonês foi condicionada também pela dependência em relação ao exterior, tanto para exportar como para importar, somada ao fato de o país ser insular e montanhoso. A insularidade e o ativo comércio exterior favoreceram a indústria naval, uma das mais importantes e estratégicas do país. O governo incentivou seu desenvolvimento e, com o tempo, os investimentos em tecnologia a transformaram na maior e mais competitiva do mundo: em meados dos anos 1980, chegou a responder por quase 60% das encomendas internacionais.

Simon Dawson/Bloomberg/Getty Images

Darren Brode/Shutterstock

Tofudevil/Shutterstock

Charnsitr/Shutterstock

Bens de alto valor agregado, como *tablets*, automóveis, motocicletas e *videogames*, produzidos por empresas japonesas estão espalhados por todos os cantos do mundo.

Com o crescimento da concorrência, o Japão perdeu terreno para seus vizinhos, que têm custos de produção mais baixos. Segundo a *Associação de Construtores Navais do Japão*, em 2016 a China foi responsável por 35,4% das encomendas mundiais de novos navios, a Coreia do Sul, por 30,7%, e o Japão, por 13,4%.

A maior parte do parque industrial japonês situa-se próximo aos grandes portos, nas estreitas planícies litorâneas, onde, além da facilidade de transporte, historicamente a população se concentrou em razão da possibilidade de praticar a agricultura. Com a industrialização, a população foi se instalando em torno dessas cidades portuárias, principalmente na costa do Pacífico, onde hoje se localizam as maiores concentrações urbano-industriais do país, como mostra o segundo mapa da página a seguir.

No sudeste da ilha Honshu, situa-se a segunda aglomeração urbano-industrial do mundo e, no eixo Tóquio-Osaka, o trecho mais importante da megalópole japonesa. Esse cinturão industrial concentra cerca de 80% da produção do país, e as regiões de Tóquio e Osaka, sozinhas, são responsáveis por cerca da metade desse total.

Megalópole japonesa: transporte e indústria

Fonte: CHARLIER, Jacques (Dir.). *Atlas du 21e siècle édition 2012*. Groningen: Wolters-Noordhoff; Paris: Éditions Nathan, 2011. p. 121. (Original sem data.)

Japão: indústria

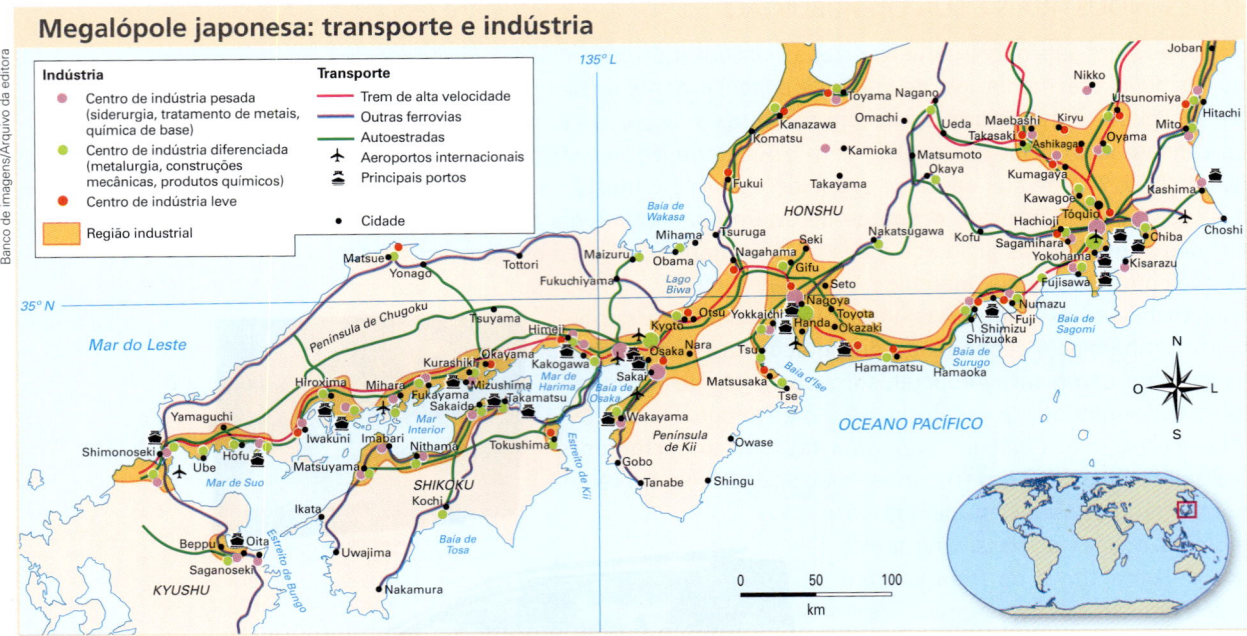

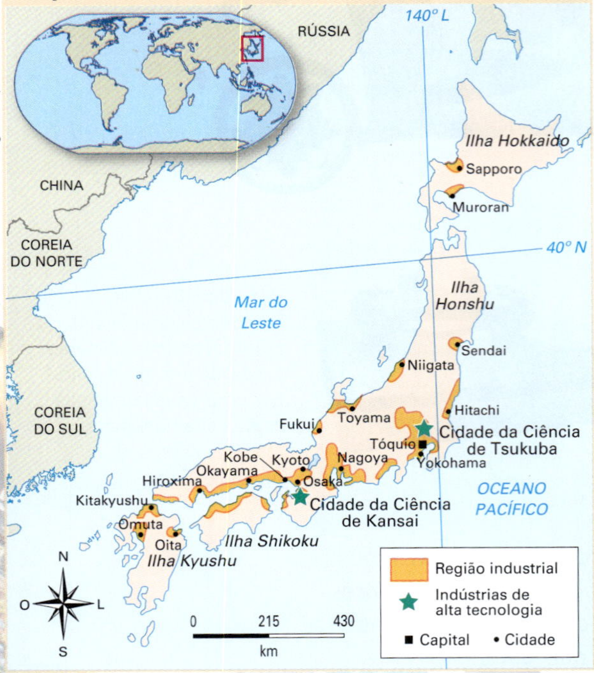

Fonte: CHARLIER, Jacques (Dir.). *Atlas du 21e siècle édition 2012*. Groningen: Wolters-Noordhoff; Paris: Éditions Nathan, 2011. p. 120. (Original sem data.)

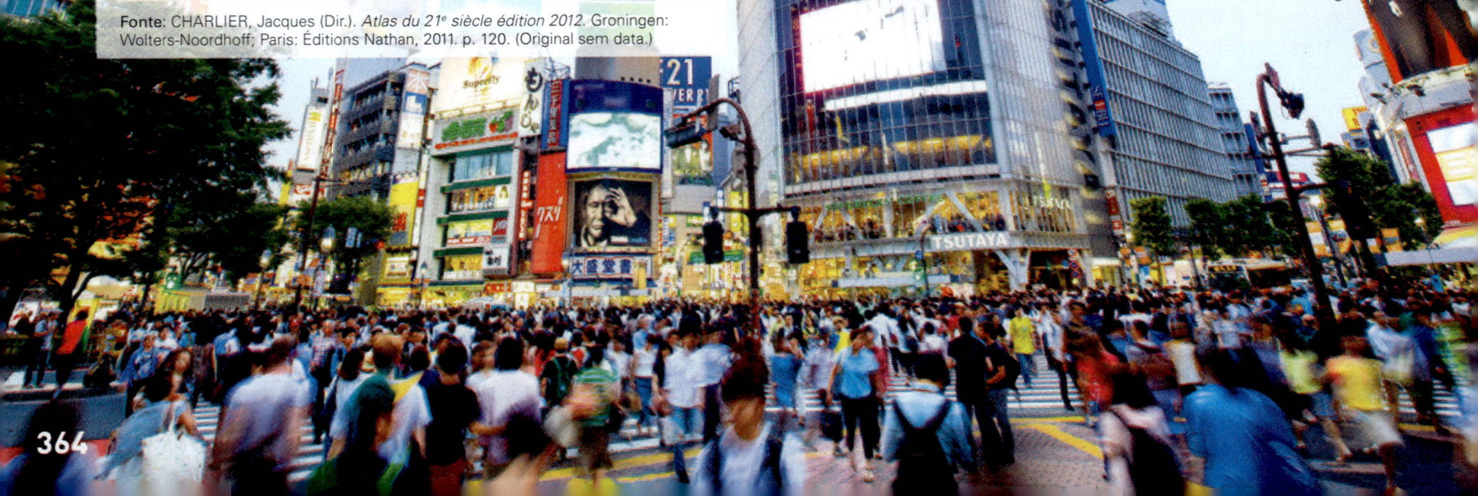

A capital japonesa é a maior aglomeração urbana do mundo e importante cidade global. Na foto, distrito de Shibuya, Tóquio, em 2015.

Principais parques tecnológicos

O Japão, ao lado dos Estados Unidos e dos principais países da União Europeia, é o líder em novas tecnologias na atual Revolução Informacional. O país abriga diversos centros de pesquisa e inúmeras indústrias de alta tecnologia, concentrados principalmente nas duas mais importantes cidades da ciência, como os japoneses denominam seus parques tecnológicos: Tsukuba e Kansai.

A **Cidade da Ciência de Tsukuba** é o principal tecnopolo do país e um dos mais importantes do mundo. Sua implantação começou em 1963 e em 2015 abrigava mais de 300 instituições de pesquisa, entre públicas e privadas, universidades e laboratórios de empresas, nos quais trabalhavam mais de 20 mil pesquisadores. Entre as mais importantes estão a Universidade de Tsukuba, a Agência de Exploração Aeroespacial do Japão e o Instituto Nacional de Ciência e Tecnologia Industrial Avançada.

A **Cidade da Ciência de Kansai** abrange os municípios de Kyoto, Osaka e Nara. Trata-se da segunda região mais industrializada do Japão, e sua implantação teve início nos anos 1980. Porém, diferentemente de Tsukuba, que desde o início foi um empreendimento majoritariamente estatal, em Kansai predominam laboratórios de empresas privadas. Há também importantes universidades e centros de pesquisa públicos e privados geradores de tecnologias inovadoras.

Um dos mais importantes setores de alta tecnologia em que o Japão é líder mundial, e que pressupõe o domínio da microeletrônica e da mecânica, é a robótica. A utilização de robôs, sobretudo na indústria automobilística, foi um dos principais fatores que permitiram aumentar a produtividade e a competitividade do parque industrial japonês. Em 2018, havia dezenas de empresas produzindo robôs industriais, tanto para o mercado interno como para o externo.

Porém, o país vem enfrentando crescente concorrência. Em 2010, 31,4% dos robôs industriais em funcionamento no mundo operavam em fábricas japonesas, mas em 2018 esse percentual reduziu para 12,5%. Como se observa, a China é o país onde a robotização industrial mais cresceu.

Yoshiyuki Sankai, professor da Universidade de Tsukuba e presidente da Cyberdyne, empresa sediada em Tsukuba, apresenta o exoesqueleto HAL (sigla do inglês *Hybrid Assistive Limb*, 'Membro Auxiliar Híbrido') num evento em Yokohama (Japão), em 2017. O HAL foi projetado para auxiliar pessoas que sofreram lesões na coluna a recuperar os movimentos dos membros.

Os robôs não são utilizados apenas nas indústrias e estão cada vez mais presentes nos serviços e em residências. Na foto, robô humanoide dá informações num *shopping center* em Nisshin (Japão), em 2017.

Mundo: maiores estoques de robôs industriais em operação (mil unidades)			
País/região (posição em 2014)	2010	2014	2018**
Japão	332,7	295,8	291,8
América do Norte*	173,2	236,9	323,0
China	37,3	189,4	614,2
Coreia do Sul	79,0	176,8	279,0
Alemanha	148,3	175,8	216,8
Mundo	1 059,2	1 480,8	2 327,0

Fonte: IFR STATISTICAL DEPARTMENT. *World Robotics 2012*. Disponível em: <www.bara.org.uk/pdf/2012/world-robotics/Executive_Summary_WR_2012.pdf>; IFR STATISTICAL DEPARTMENT. *World Robotics 2015*. Disponível em: <www.diag.uniroma1.it/~deluca/rob1_en/2015_WorldRobotics_ExecSummary.pdf>. Acesso em: 4 maio 2018.

* Estados Unidos, Canadá e México.

** Estimativa.

CRISES ECONÔMICAS E PERDA DE ESPAÇO NA ECONOMIA MUNDIAL

O grande sucesso econômico do Japão resultou de uma eficiente combinação de livre mercado com planejamento estatal. Entretanto, no início dos anos 1990, a economia japonesa desacelerou e entrou em um período de estagnação.

O grande acúmulo de riquezas no país levou os agentes econômicos a uma crescente especulação com ações, o que provocou uma enorme alta na Bolsa de Valores de Tóquio.

Os bancos japoneses, que na época chegaram a ocupar oito das dez primeiras posições entre os maiores grupos financeiros do mundo, em 2017 emplacaram apenas um entre os dez maiores: o Mitsubishi UFJ Financial Group (reveja o gráfico na página 238).

A concessão de grandes empréstimos, principalmente para o mercado imobiliário, gerou grande especulação nesse setor. Essa bolha especulativa – financeira e imobiliária – estourou no início dos anos 1990. Os valores das ações e dos imóveis despencaram, provocando o fechamento de empresas e o aumento do desemprego, levando o país à estagnação econômica.

Segundo o Banco Mundial, na última década do século passado, a economia japonesa cresceu 1,3% na média anual e neste século foi pior ainda, cresceu anualmente apenas 0,7% no período 2000-2016 (no auge da crise, em 2009, seu PIB encolheu 5,5%).

Apesar do baixo crescimento desde os anos 1990 e de ter sido um dos países mais atingidos pela crise financeira, o Japão permanece com o terceiro PIB e continua sendo uma das principais potências industriais do mundo. O país possui 51 corporações na lista da Fortune Global 500 2017. No entanto, em 1995 chegou a ter 149 empresas entre as 500 maiores, o que mostra sua perda de espaço na economia mundial, principalmente para a China (reveja o gráfico e a tabela na página 344).

A foto mostra a sede mundial da Toyota, a maior empresa japonesa, em Toyota City, 2015. Em 2016, era a quinta corporação do mundo na lista da Fortune Global 500, faturava 255 bilhões de dólares e empregava 364 mil trabalhadores em fábricas no Japão e em diversos países, entre os quais o Brasil.

ATIVIDADES

COMPREENDENDO CONTEÚDOS

1. Que fatores determinaram o pioneirismo do Reino Unido no processo de industrialização mundial? Ele mantém essa posição de destaque atualmente?

2. Enumere os principais fatores que colaboraram para a industrialização dos Estados Unidos.

3. Onde se localizam as maiores concentrações industriais dos Estados Unidos? Por que, após a Segunda Guerra Mundial, ocorreu uma desconcentração do parque industrial?

4. Por que a grande arrancada industrial da Alemanha aconteceu a partir da unificação político-territorial de 1871?

5. Quais foram as principais causas da rápida recuperação econômica japonesa após a Segunda Guerra?

6. Como se explica a crise econômica japonesa a partir do início dos anos 1990? O país também foi atingido pela crise de 2008/2009?

DESENVOLVENDO HABILIDADES

7. Releia, na página 346, o texto "A importância de não nascer importante", de Eduardo Galeano. Relacione os argumentos do texto do jornalista uruguaio com o trecho do livro *A ética protestante e o espírito do capitalismo*, do sociólogo alemão Max Weber (1864-1920):

   > É verdade que a utilidade de uma vocação, e sua consequente aprovação por Deus, é orientada primeiramente por critérios morais e depois pela escala de importância dos bens produzidos para a coletividade, colocando-se, porém, logo em seguida, um outro, e, do ponto de vista prático, mais importante critério: a "lucratividade" individual. Com efeito, quando Deus, em cujas disposições o puritano via todos os acontecimentos da vida, aponta, para um de Seus eleitos, uma oportunidade de lucro, este deve aproveitá-la com um propósito, e, consequentemente, o cristão autêntico deve atender a esse chamado, aproveitando a oportunidade que lhe é apresentada. [...]
   >
   > Deveis trabalhar para serdes ricos para Deus, e, evidentemente, não para a carne ou para o pecado.
   >
   > WEBER, Max. *A ética protestante e o espírito do capitalismo*. 2. ed. São Paulo: Pioneira Thomson Learning, 2001. p. 89.

   - Com base nas ideias de Galeano e de Weber, elabore um texto sucinto dissertando sobre a importância desses fatores histórico-culturais para o desenvolvimento capitalista dos Estados Unidos.

DIALOGANDO COM HISTÓRIA

8. Leia o trecho a seguir, retirado do ensaio *Antropogeografia*, do geógrafo alemão Friedrich Ratzel, publicado originalmente em 1882.

   > Que território seja necessário à existência do Estado é coisa óbvia.
   >
   > [...]
   >
   > Quando se trata de um povo em via de incremento, a importância do solo pode talvez parecer menos evidente; mas pensemos, ao contrário, em um povo em processo de decadência e verificar-se-á que esta não poderá absolutamente ser compreendida, nem mesmo no seu início, se não se levar em conta o território. Um povo decai quando sofre perdas territoriais. Ele pode decrescer em número, mas ainda assim manter o território no qual se concentram seus recursos; mas se começa a perder uma parte do território, esse é sem dúvida o princípio de sua decadência futura.
   >
   > RATZEL, Friedrich. Geografia do homem (Antropogeografia). In: MORAES, Antonio Carlos Robert (Org.). *Ratzel*. São Paulo: Ática, 1990. p. 73-74.

   - Com base na análise da geografia política e econômica do mundo contemporâneo e considerando o desenvolvimento da própria Alemanha e do Japão após a Segunda Guerra, elabore argumentos para confirmar ou refutar a afirmação de Ratzel.

CAPÍTULO 20

ECONOMIAS EM TRANSIÇÃO: A INDUSTRIALIZAÇÃO PLANIFICADA

Os arranha-céus do Centro Internacional de Negócios de Moscou simbolizam o novo capitalismo russo. Foto de 2015.

Embora as primeiras fábricas da Rússia tenham sido construídas no século XIX, ainda na época do Império Czarista, seu processo de industrialização só se acelerou após a Revolução de 1917, que deu origem à União Soviética. Na China, a industrialização ocorreu somente depois da Revolução de 1949, inicialmente com apoio soviético.

Com o colapso da economia socialista, em 1991, a União Soviética fragmentou-se em 15 países independentes, sendo a Rússia o maior e o mais importante deles. Depois de passar por profunda crise nos anos 1990, o país gradativamente ressurgiu como potência geopolítica, porém agora na condição de economia emergente, segundo classificação do meio empresarial.

O que levou a União Soviética à decadência econômica e à fragmentação político-territorial? Que fatores explicam a retomada do crescimento econômico da Rússia e seu gradativo retorno à condição de potência?

A China foi a economia que mais cresceu desde os anos 1980, a taxas médias de 10% ao ano, o que o líder Deng Xiaoping (1904-1997) chamou de "segunda revolução", esta de cunho capitalista. Isso transformou o país na segunda economia do mundo.

Como explicar as aceleradas transformações pelas quais a China vem passando? Como compreender seu rápido salto à condição de potência mundial? Essas e outras questões sobre a Rússia e a China serão tratadas neste capítulo.

Arranha-céus no centro financeiro de Pudong, em Xangai, um dos símbolos da pujança econômica da China. Foto de 2015.

1. RÚSSIA

A Federação Russa de hoje é herdeira da União das Repúblicas Socialistas Soviéticas (URSS), formada em 1922, após a revolução comunista de 1917. A Revolução Russa, liderada por Vladimir Lenin (1870-1924), derrubou o regime czarista, que dominava a política russa desde 1547. O termo *czar*, do russo, significa 'imperador'; o último *czar* foi Nicolau II, assassinado em 1918.

Com a revolução, foi implantada uma ditadura de partido único, o Partido Comunista da União Soviética (PCUS), cujo cargo máximo era o de secretário-geral, escolhido entre os membros do *politburo*, instalados no Kremlim (veja a foto abaixo). O novo regime se consolidou sob o comando do secretário-geral Josef Stalin (1878-1953), que sucedeu Lenin e governou de 1924 a 1953. Além das mudanças políticas, o regime comunista deu início a uma série de transformações econômicas ao implantar o planejamento centralizado, como mostra o esquema a seguir.

Politburo: palavra russa que designava o Comitê Executivo Superior do PCUS. Seus membros eram indicados em assembleia realizada durante o congresso do PCUS. Esse comitê exercia papel decisivo na vida política da URSS, traçando as linhas principais da política seguida pelo país.

ASCENSÃO E QUEDA DA ECONOMIA PLANIFICADA

DIALOGANDO COM HISTÓRIA

A **economia planificada** foi bem-sucedida no início, no período de reconstrução da infraestrutura da URSS e de sua industrialização. Depois, mostrou muitos problemas e contradições, e acabou entrando em crise. Por que foi bem-sucedida por um tempo e depois entrou em crise?

O PROCESSO DE ESTATIZAÇÃO E PLANIFICAÇÃO DA ECONOMIA

- Meios de produção: fábricas, fazendas, minas, etc., além do comércio e dos serviços, foram estatizados.
- Planos quinquenais: as metas de produção industrial, mineral e agrícola passaram a ser definidas pelo Comitê Estatal de Planejamento (*Gosplan*, sigla em russo).
- Produção industrial: no início teve grande avanço, mas as metas de produtividade não consideravam a qualidade dos produtos (observe a tabela abaixo).
- A economia planificada foi bem-sucedida enquanto o mundo funcionou segundo os padrões tecnológicos da Segunda Revolução Industrial.

Países selecionados: índices anuais de produção manufatureira – 1913-1938					
Ano	URSS	Estados Unidos	Japão	Alemanha	Reino Unido
1913	100,0	100,0	100,0	100,0	100,0
1920	12,8	122,2	176,0	59,0	92,6
1925	70,2	148,0	221,8	94,9	86,3
1929	181,4	180,8	324,0	117,3	100,3
1932	326,1	93,7	309,1	70,2	82,5
1938	857,3	143,0	552,0	149,3	117,6

Fonte: KENNEDY, Paul. *Ascensão e queda das grandes potências*: transformação econômica e conflito militar de 1500 a 2000. 2. ed. Rio de Janeiro: Campus, 1989. p. 290.

O Kremlin (do russo, 'cidadela' ou 'castelo') é um conjunto de edificações no centro de Moscou (Rússia). Foi sede do governo czarista; após a Revolução de 1917 tornou-se o centro do poder soviético e, com o fim da URSS, passou a sediar o governo russo. Foto de 2015.

andreevarf/Shutterstock

PRIORIDADE À INDÚSTRIA DE BASE E INFRAESTRUTURA

- Desde o primeiro plano quinquenal a infraestrutura e as indústrias intermediárias e de bens de capital foram priorizadas.
- O Estado construiu ferrovias, rodovias, portos, hidrelétricas, redes de energia, entre outros equipamentos.
- Indústrias como siderúrgica, petrolífera, bélica e de máquinas e equipamentos tiveram enorme crescimento.

Unidade de produção da Elektrosila, indústria estatal de equipamentos para usinas hidrelétricas em Leningrado (União Soviética), atual São Petersburgo (Rússia). Na foto, de 1946, trabalhadores inspecionam um eixo turbo-gerador de 50 000 KW.

DEFASAGEM TECNOLÓGICA

- A Revolução Técnico-Científica se acelerou nos Estados Unidos e em outros países capitalistas; a União Soviética não conseguiu acompanhá-los e suas indústrias ficaram tecnologicamente defasadas.
- Fatia crescente do orçamento era comprometida com a indústria bélica e aeroespacial, setores em que o país se mantinha inovador e competitivo.
- Na União Soviética essas inovações tecnológicas não migraram para as indústrias civis, como ocorria nos Estados Unidos e na Europa ocidental.
- As indústrias apresentavam baixa produtividade e não eram capazes de abastecer o mercado interno com bens de consumo, gerando descontentamento popular.
- A URSS acabou entrando numa profunda crise econômica, que, ao dar força aos movimentos separatistas, teve consequências políticas graves: provocou a fragmentação territorial do país.

O sucateamento das indústrias na União Soviética aumentava sua defasagem tecnológica em relação às potências capitalistas. As fábricas eram muito poluentes, seus produtos eram de pior qualidade e sua produtividade, menor. Na foto, de 1991, indústria metalúrgica em Chelyabinsk, nas proximidades dos Montes Urais (Rússia).

As filas nas lojas do Estado eram o retrato mais emblemático da falência da economia burocratizada da União Soviética. Na foto, pessoas esperam para comprar peixe, que não era vendido havia duas semanas, em São Petersburgo (Rússia), em 1991.

O FIM DA UNIÃO SOVIÉTICA E O RESSURGIMENTO DA RÚSSIA

> Para saber mais, consulte o livro *O fim da URSS: origens e fracasso da perestroika*, de Jacob Gorender. Veja indicação na seção **Sugestões de textos, vídeos e sites**.

Em 1985, Mikhail Gorbachev (1931-) assumiu o cargo de secretário-geral do PCUS com a difícil missão de implantar reformas econômicas e políticas e tirar o país da crise. Logo que ocupou seu cargo no Kremlim, propôs acordos de paz com os Estados Unidos, com o objetivo de frear a corrida armamentista e conter os gastos militares. Em seguida deu início a uma série de reformas no plano econômico, a *perestroika* (do russo, 'reestruturação'), e no plano político, a *glasnost* (do russo, 'transparência política').

A ***perestroika*** tinha como objetivos principais:
- atrair investimentos estrangeiros e facilitar a formação de empresas mistas;
- assegurar o acesso a novas tecnologias da Terceira Revolução Industrial;
- introduzir processos produtivos e métodos de controle de qualidade nas empresas estatais;
- aumentar a produtividade da economia e a oferta de bens de consumo.

A ***glasnost*** tinha como objetivos principais:
- iniciar a abertura política na União Soviética;
- desmontar o aparelho repressor herdado da "Era Stalin";
- assegurar a liberdade de imprensa e os direitos democráticos;
- fazer concessões aos separatistas para manter a federação coesa.

Buscando manter a coesão territorial do país, Gorbachev tentou firmar um novo **Tratado da União**, estabelecendo um acordo com as repúblicas separatistas e concedendo-lhes maior autonomia no âmbito de uma federação renovada. Isso, porém, era inaceitável para os comunistas ortodoxos russos e, ao mesmo tempo, não contentava os separatistas mais radicais.

Um dia antes de entrar em vigor, o acordo firmado entre Gorbachev e os representantes das repúblicas, os comunistas ortodoxos e os setores conservadores das forças armadas arquitetaram um golpe de Estado e mantiveram Gorbachev em prisão domiciliar. O golpe, que durou de 18 a 20 de agosto de 1991, fracassou por falta de apoio popular, por divisões no Partido Comunista da União Soviética e nas Forças Armadas e por causa da resistência liderada pelo reformista Boris Ieltsin (1931--2007), recém-eleito presidente da República da Rússia (antes da fragmentação política, esse cargo equivalia ao de governador no Brasil).

Golpe de Estado: ação súbita por meio da qual o governo de um Estado é substituído por outro, quase sempre de forma não constitucional. Essa ação é realizada por órgãos do próprio Estado, sendo o golpe militar o tipo mais frequente. Nesse caso, assume o poder um membro das Forças Armadas.

Após o golpe fracassado, Mikhail Gorbachev foi reconduzido ao cargo de presidente da União das Repúblicas Socialistas Soviéticas. No entanto, o poder soviético se enfraquecera, porque as repúblicas, uma a uma, proclamaram a independência política. Fortalecido com a crise, Ieltsin iniciou o gradativo desmonte das instituições da União Soviética, como a proibição de funcionamento do PCUS na Rússia e o confisco de seus bens, contribuindo para o esvaziamento do poder de Gorbachev. No início de dezembro de 1991, a própria Rússia, principal sustentáculo da União Soviética, proclamou sua independência política, em golpe velado de Ieltsin contra Gorbachev.

Peter Turnley/Corbis/Latinstock

Manifestação popular ocorrida em 1989 na cidade de Kaunas (Lituânia), pela independência do país em relação à União Soviética. As primeiras a declarar independência foram as repúblicas bálticas: Estônia, Letônia e Lituânia. Os comunistas ortodoxos sabiam que, no momento em que alguma república conseguisse sua independência, seria o início do fim da potência socialista.

A CEI e a liderança russa

Fonte: SOLONEL, M. (Dir.). *Grand atlas d'aujourd'hui*. Paris: Hachette, 2000. p. 56.

A antiga URSS era composta de 15 repúblicas e se estendia por uma área de cerca de 22 milhões de quilômetros quadrados. A sua fragmentação deu origem a 15 novos Estados independentes, e o maior deles, a Federação Russa, continua sendo o país mais extenso do mundo, com 17 milhões de quilômetros quadrados (25% desse território fica na Europa e 75%, na Ásia).

Com o fim da União Soviética, foi criada a **Comunidade de Estados Independentes (CEI)**, em 21 de dezembro de 1991. Tinha como objetivo gerir a interdependência econômica das repúblicas da ex-potência socialista, que continuou existindo mesmo após se tornarem países independentes (observe o mapa acima). Em 25 de dezembro, com seu poder completamente esvaziado, Gorbachev renunciou ao seu cargo e, no dia seguinte, a bandeira da Federação Russa foi hasteada no Kremlin.

A Rússia ocupou o lugar da antiga União Soviética no cenário internacional, assim como o assento permanente no Conselho de Segurança da ONU. No entanto, perdeu poder no mundo. Vários de seus antigos satélites ingressaram na Otan e na União Europeia. O fracasso da *perestroika* e a conturbada transição para a economia de mercado lançaram o país em profunda recessão. Nos anos 1990, o PIB russo encolheu 4,7% na média anual (o recorde foi em 1994). Nos anos 2000, a economia russa ingressou em um período de crescimento elevado, só interrompido em 2009 pela crise financeira mundial. Nos anos 2010, após breve retomada, passou por nova crise em meados da década. Observe a tabela abaixo e o gráfico da página 377.

> Veja a indicação do filme *Salada russa em Paris*, que retrata o período do governo Ieltsin, na seção **Sugestões de textos, vídeos e *sites***.

Rússia: indicadores econômicos – 1994-2016							
Indicadores	1994	1998	2000	2008	2009	2013	2016
PIB (bilhões de dólares)	297	291	279	1 785	1 314	2 297	1 283
Crescimento anual do PIB (%)	−12,7	−5,3	10,0	5,2	−7,8	1,8	−0,2
PIB *per capita* (dólares)	2 004	1 976	1 906	12 468	9 178	16 023	8 946
Taxa de inflação (%)	307,6	27,7	20,8	14,1	11,7	6,8	7,0
Desemprego (%)	8,1	13,3	10,6	6,2	8,2	5,5	5,5

Fonte: FMI. *World Economic Outlook Database*, out. 2017. Disponível em: <www.imf.org/external/pubs/ft/weo/2017/02/weodata/index.aspx>. Acesso em: 4 maio 2018.

OS FATORES DA INDUSTRIALIZAÇÃO

Recursos naturais

A Rússia, em razão de sua enorme extensão territorial e da diversidade de sua estrutura geológica, é um dos países mais ricos em recursos minerais (como mostra o primeiro mapa da próxima página). Em seu território, há extensas áreas de **bacias sedimentares**, ricas em combustíveis fósseis, e de **escudos cristalinos**, ricos em minerais metálicos, além do imenso **potencial hidráulico**, que possibilitou a construção de grandes usinas hidrelétricas.

De acordo com a publicação *Key World Energy Statistics 2017*, em 2016 o país era o segundo produtor e exportador mundial de petróleo, sendo responsável por 12,6% da produção e 12,2% das exportações globais (só ficou atrás da Arábia Saudita, com, respectivamente, 13,5% e 18,5%). As maiores produções se localizam na bacia do Volga-Ural, na Sibéria ocidental e na oriental.

Segundo a mesma publicação, a Rússia era o segundo produtor de gás natural, com 17,8% do total mundial, atrás apenas dos Estados Unidos (com 20,7%), e o maior exportador, com 23,6% do mercado global. As principais regiões produtoras são Pechora (extremo norte da Rússia europeia) e Sibéria ocidental, mas há importantes reservas também na Sibéria oriental.

Além disso, o país também era importante produtor de carvão mineral: em 2016, foi o sexto produtor e o terceiro exportador mundial. Na parte asiática, estão mais de 80% das reservas e, portanto, há possibilidade de ampliação da produção.

Como gerador de eletricidade, também merece destaque: é o terceiro produtor mundial em usinas termonucleares e o quinto em usinas hidrelétricas. Observe no primeiro mapa da próxima página as reservas de energia e as principais usinas russas.

Com relação às reservas de minérios (extraídos dos escudos cristalinos dos Montes Urais, do planalto central siberiano e da Sibéria ocidental), observe a tabela ao lado.

A riqueza do subsolo russo, especialmente o petróleo e o gás natural, tem sido fator fundamental para recuperar a produção industrial e o crescimento econômico do país, mas o grande mercado interno de consumo também é muito importante. Com a recuperação econômica, após anos de recessão, aflorou uma significativa classe média, o que estimulou o crescimento das indústrias de bens de consumo: automóveis, eletroeletrônicos, vestuário, entre outros, setores que não foram priorizados durante a vigência do controle estatal da economia.

Rússia: produção mineral – 2016

Minério	% da produção mundial	Posição no mundo
Diamante industrial	31,6	1º
Platina	13,4	2º
Níquel	11,4	2º
Alumínio	6,2	2º
Ouro	8,1	3º
Magnésio	4,9	3º
Ferro	4,5	4º

Fonte: U. S. GEOLOGICAL SURVEY. *Mineral Commodity Summaries 2017*. Disponível em: <http://minerals.usgs.gov/minerals/pubs/commodity>. Acesso em: 4 maio 2018.

Tanques de armazenagem de petróleo em área de produção da Gazprom, na península de Yamal, norte da região da Sibéria ocidental (Rússia), no verão de 2016. Nessa região se encontram as maiores reservas de petróleo e gás natural do país. Observe sua localização no primeiro mapa da página ao lado.

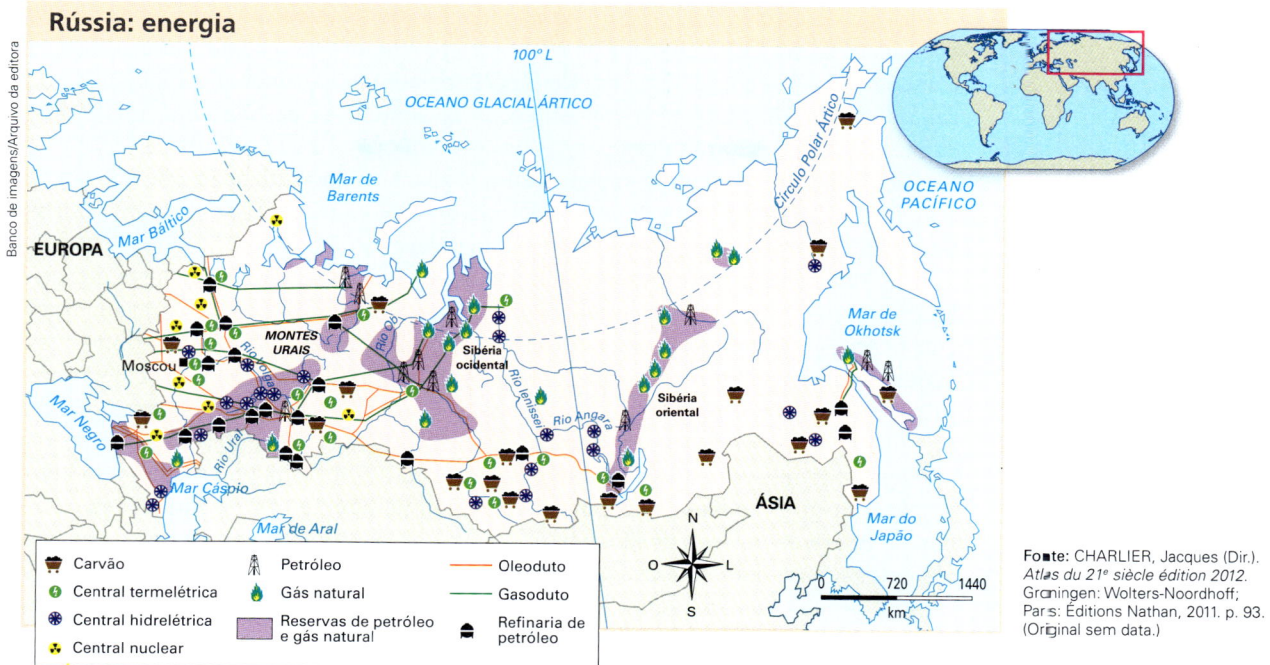

Fonte: CHARLIER, Jacques (Dir.). *Atlas du 21e siècle édition 2012.* Groningen: Wolters-Noordhoff; Paris: Éditions Nathan, 2011. p. 93. (Original sem data.)

SETORES INDUSTRIAIS E SUA DISTRIBUIÇÃO

As duas principais concentrações industriais na Rússia são a região dos Montes Urais e a de Moscou, mas há concentrações menores na Sibéria. Observe o mapa a seguir.

Nas proximidades dos Urais, predominam indústrias de **bens intermediários**, como as de mineração e as siderúrgicas, em razão da disponibilidade do minério de ferro e de carvão mineral. Há também indústrias de **bens de capital**, como as de máquinas e equipamentos. As principais refinarias e petroquímicas do país estão próximas aos grandes lençóis petrolíferos (observe o mapa acima).

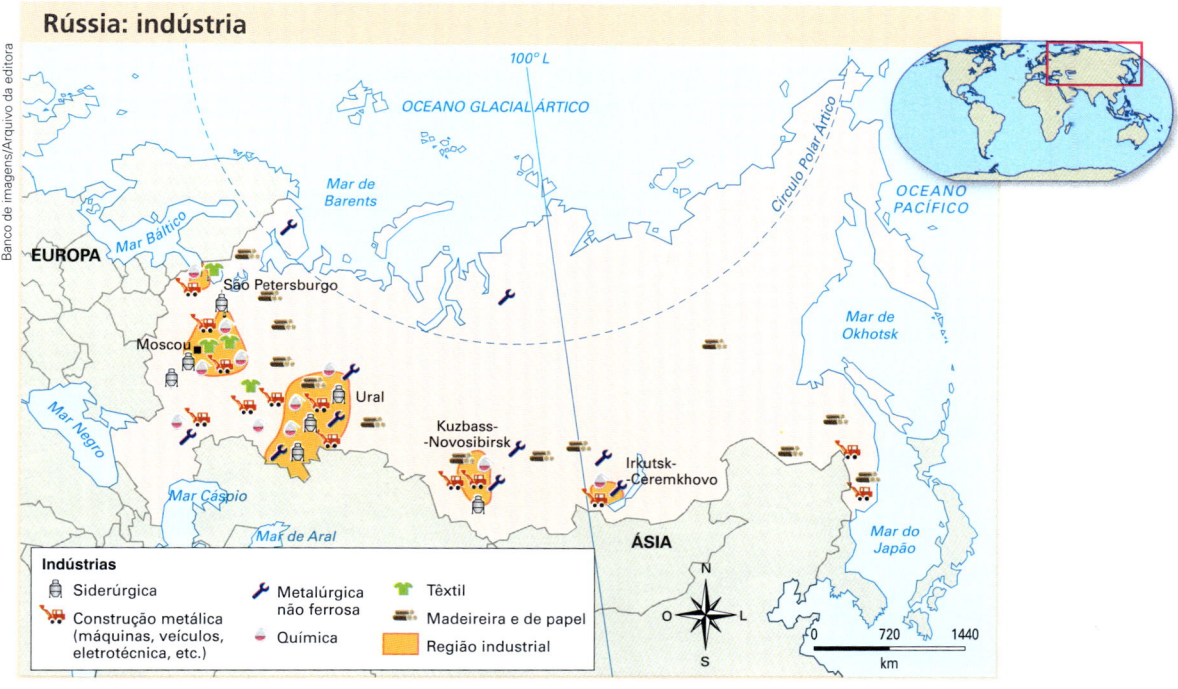

Fonte: CHARLIER, Jacques (Dir.). *Atlas du 21e siècle édition 2012.* Groningen: Wolters-Noordhoff; Paris: Éditions Nathan, 2011. p. 93. (Original sem data.)

Na região de Moscou, predominam indústrias de **bens de consumo** e de bens de capital em razão da localização do mercado consumidor e da boa infraestrutura de transportes e telecomunicações. Na Sibéria ocidental, a grande disponibilidade de recursos minerais explica a concentração de indústrias de bens intermediários, como siderúrgicas e metalúrgicas, principalmente na região do Kuzbass.

Com o fim do socialismo, iniciou-se um processo de **privatização** e de adoção de mecanismos da economia de mercado nas ex-repúblicas soviéticas, além da instauração de um processo de modernização da economia.

Na Rússia, durante o governo de Boris Ieltsin, de 1991 a 1999, uma parte das antigas empresas estatais foi privatizada. Dessas, algumas foram compradas por corporações estrangeiras ou por fundos de investimento, outras tiveram suas ações distribuídas entre os empregados, mas muitas delas acabaram caindo nas mãos de políticos e empresários influentes. Entretanto, como veremos, ainda há muitas empresas controladas, total ou parcialmente, pelo Estado russo.

Depois de um período de profunda crise, com a retomada do crescimento econômico, surgiram **grandes corporações de capital aberto**, isto é, com ações cotadas na Bolsa de Valores de Moscou. É o caso da Gazprom (maior empresa russa e 63ª colocada na lista da *Fortune Global 500 2017*), da Lukoil e da Rosneft Oil. Essas três empresas são responsáveis por extrair petróleo e gás natural em diversos pontos do território russo e também no exterior.

Apesar do avanço do processo de privatização, diversas empresas, principalmente desses setores estratégicos, continuam pertencendo, em parte, ao Estado. Em 2016, a Gazprom, maior produtora de gás natural do planeta, tinha 50,2% de suas ações sob o controle do Estado russo. A Rosneft, maior produtora de petróleo da Rússia, também tinha 50% de suas ações em poder do governo. A Lukoil foi privatizada nos anos 1990.

O presidente Vladimir Putin, ao assumir seu primeiro mandato em 2000, projetava dobrar o PIB do país até o fim daquela década. Como mostra o gráfico da próxima página, a economia russa vinha crescendo com taxas elevadas, até que a crise financeira a atingiu, provocando profunda recessão em 2009. Em 2010, o crescimento foi retomado e, apesar desse percalço, o valor do PIB russo quintuplicou ao longo da década. Com o sucesso econômico, Putin foi reeleito em 2004. Em 2008, não pôde se candidatar a um terceiro mandato consecutivo e foi substituído por Dmitri Medvedev (1965-), eleito com seu apoio. Em retribuição, foi por ele indicado ao cargo de primeiro-ministro. Em 2012, Putin foi eleito presidente para um novo mandato (agora de seis anos) e, mantendo o rodízio de poder com Medvedev, indicou-o ao cargo de primeiro-ministro.

Vista aérea da zona industrial de Tyumen (Rússia), no outono de 2015. Há residências em torno das indústrias e, ao fundo, vê-se uma usina termelétrica que produz energia para abastecer a cidade.

O rápido crescimento econômico nos anos 2000 contribuiu para o aumento do fluxo de investimentos estrangeiros no país, que atingiu 75 bilhões de dólares em 2008. De acordo com a Unctad, os capitais estrangeiros foram atraídos pelo crescimento do mercado interno e pela possibilidade de exploração dos recursos naturais, especialmente no setor energético. No entanto, a crise financeira mundial provocou uma queda dos investimentos externos em 2009. Quando a economia russa estava se recuperando, passou a sofrer as consequências do boicote imposto pelos Estados Unidos e pela União Europeia em resposta à anexação da Crimeia em 2014. Em 2015, o fluxo de investimentos estrangeiros caiu para 11,8 bilhões de dólares e o PIB encolheu 2,8% (observe a tabela abaixo e o gráfico ao lado).

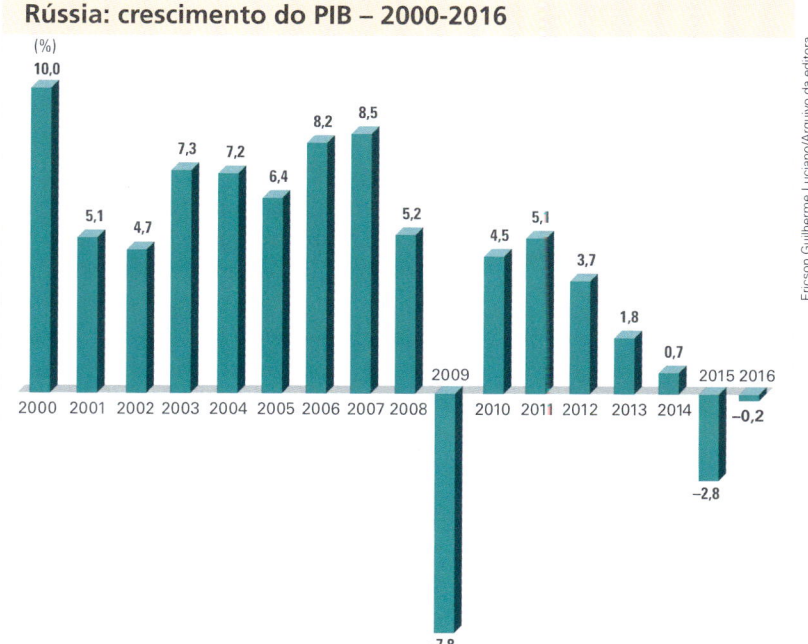

Fonte: FMI. *World Economic Outlook Database*, out. 2017. Disponível em: <www.imf.org/external/pubs/ft/weo/2017/02/weodata/weoselgr.aspx>. Acesso em: 4 maio 2018.

Brics e Estados Unidos: investimentos externos diretos (bilhões de dólares)						
País	2001	2008	2009	2010	2013	2016
Estados Unidos	124,4	306,4	143,6	198,0	201,4	391,1
China	46,8	108,3	95,0	114,7	123,9	133,7
Brasil	22,5	45,1	25,9	83,7	53,0	64,6
Índia	3,4	47,1	35,6	27,4	28,2	44,5
Rússia	2,5	74,8	36,6	31,7	53,4	37,7

Fonte: UNITED NATIONS CONFERENCE ON TRADE AND DEVELOPMENT. *World Investment Report 2002*. New York and Geneva, 2002. p. 303-305; UNITED NATIONS CONFERENCE ON TRADE AND DEVELOPMENT. *World Investment Report 2013*. New York and Geneva, 2013. p. 213-216; UNITED NATIONS CONFERENCE ON TRADE AND DEVELOPMENT. *World Investment Report 2017*. New York and Geneva, 2017. Annex tables. p. 222-225.

Navios de guerra da frota russa no mar Negro ancorados na base de Sebastopol (Crimeia), em 2015. Como vimos no capítulo 17, essa base é estratégica, e, antes mesmo de ocupar toda a Crimeia, a Rússia já a controlava.

2. CHINA

OS FATORES DA INDUSTRIALIZAÇÃO

No início do século XX, sob a liderança de Sun Yat-sen (1866-1925), foi organizado um movimento republicano e nacionalista hostil à dinastia Manchu, que controlava o sistema político imperial chinês desde 1644. Em 1912, a vitória desse movimento deu origem à República da China, que passou a ser governada pelo Partido Nacionalista, o **Kuomintang**, criado por Sun Yat-sen.

Com a chegada de investidores estrangeiros interessados em aproveitar a mão de obra barata e a disponibilidade de matérias-primas, fábricas começaram a ser instaladas nas principais cidades do país, sobretudo em Xangai, dando início a um incipiente processo de industrialização.

Em 1921, sob a influência da Revolução Russa e de um sentimento nacionalista e anticolonial, foi criado o **Partido Comunista Chinês (PCC)**. Entre seus fundadores estava Mao Tsé-tung (1893-1976).

Em 1928, com a morte de Sun Yat-sen, o Kuomintang passou para o controle de Chiang Kai-shek (1887-1975), que se tornou o líder do Governo Nacional da China, embora não controlasse todo o país.

Após curta convivência pacífica, o governo nacionalista colocou o PCC na ilegalidade, iniciando uma guerra civil que se estendeu até 1949, com curtas interrupções para combater os japoneses. A eclosão da guerra civil e a ocupação japonesa logo em seguida interromperam o inicial processo de industrialização.

Em 1934, foi criado o Manchukuo (do japonês, 'Estado da Manchúria'). Com isso, os japoneses instituíram na Manchúria, uma das regiões mais ricas em minérios e combustíveis fósseis da China, um país apenas formalmente independente, cujo governante era Pu Yi (1906-1967), o último imperador chinês.

Depois de 22 anos de guerra civil, os comunistas do Exército de Libertação Popular – formado por voluntários e liderado por Mao Tsé-tung – saíram vitoriosos em 1949, caracterizando a chamada **revolução chinesa**. O território continental do país foi unificado sob o controle dos comunistas que proclamaram a **República Popular da China**. Foi instituído um regime político centralizado sob o controle do Partido Comunista Chinês, cujo líder máximo era o secretário-geral (cargo ocupado por Mao Tsé-tung até sua morte).

> Veja a indicação do filme *O último imperador*, que retrata a história da China durante a vida de Pu Yi, na seção **Sugestões de textos, vídeos e *sites***.

O Palácio Imperial da China, mais conhecido como Cidade Proibida, é um conjunto de edifícios cercado por muros e situado no centro de Pequim (Beijing), capital do país. Do século XIII ao início do XX, foi a sede do poder da China Imperial. Na Cidade Proibida vivia o imperador, sua família e corte, e a entrada do povo não era permitida, daí seu nome. Atualmente, o Palácio Imperial é um museu aberto ao público. Foto de 2017.

Na mesma época foi criada a **República da China**, mais conhecida como **Taiwan**, fundada por membros do Kuomintang, que comandados por Chiang Kai-shek fugiram para a ilha de Formosa. Por isso, até hoje o governo comunista considera Taiwan uma província rebelde.

No início, a República Popular da China seguiu o modelo econômico da União Soviética, que enviou muitos técnicos e assessores para ajudar no desenvolvimento do país. A economia foi estatizada, isto é, as terras foram coletivizadas e o Estado passou a controlar as poucas fábricas existentes, além da exploração dos recursos naturais.

Em 1957, Mao Tsé-tung lançou um ambicioso plano econômico, conhecido como o **Grande Salto para Frente**, que se estendeu até 1961. Esse plano pretendia acelerar a consolidação do socialismo com a criação de um parque industrial amplo e diversificado. A China passou, então, a priorizar investimentos na indústria de base e em obras de infraestrutura. Em razão da burocracia e da má gestão, o Grande Salto para Frente desarticulou completamente a incipiente economia industrial do país. Além disso, a industrialização chinesa inicialmente padeceu dos mesmos problemas do modelo soviético no qual se inspirou: baixa produtividade, produção insuficiente, má qualidade dos produtos e concentração de capitais no setor armamentista.

Com a morte de Mao Tsé-tung, em 1976, após um período de disputa interna pelo poder, Deng Xiaoping (1904-1997) foi indicado ao cargo de secretário-geral do PCC, posição em que permaneceu por 14 anos. Nesse período, introduziu diversas medidas que caracterizaram a reforma econômica, a "segunda revolução", como ele chamava, responsável pela completa transformação do país. Mao foi responsável pela primeira revolução chinesa, a socialista; Deng, pela segunda, a **"socialista de mercado"**. Mas o que isso significa?

A "economia socialista de mercado" e as reformas

A China, depois de viver décadas em estado de letargia, começou a se modernizar. Deng Xiaoping iniciou, em 1978, um processo de reforma econômica no campo e na cidade, paralelamente à abertura da economia ao exterior.

Com isso, buscou-se conciliar o processo de abertura econômica e a adoção de mecanismos da economia de mercado (aceitação da propriedade privada e do trabalho assalariado, estímulo à iniciativa privada e ao capital estrangeiro) com a manutenção, no plano político, da ditadura de partido único. O objetivo era perpetuar a hegemonia do PCC, apoiando-se, porém, em uma economia em crescimento e em moldes capitalistas.

Burocracia: administração dos serviços públicos. A morosidade da administração pública e a existência de diversos níveis burocráticos complicam os processos em andamento e atrasam a tomada de decisões, a obtenção de informações, a regulamentação de pedidos e a tramitação de papéis.

Mesmo com todas as mudanças econômicas, culturais e administrativas instituídas sob a liderança de Deng Xiaoping, a figura de Mao Tsé-tung permanece central na história chinesa. Na foto de 2015, Memorial do Presidente Mao, mais conhecido como Mausoléu de Mao porque aí se encontra seu corpo embalsamado, na praça Tian'anmen, centro de Pequim.

Brian Kinney/Shutterstock

Até hoje não há eleições diretas na China. Em 2012, Xi Jinping (1953-) foi indicado pelo Comitê Central do PCC para o cargo de secretário-geral, sucedendo Hu Jintao (1942-), que ficara no poder de 2002 a 2012. Em 2013, assumiu o cargo de presidente da República (também em substituição a Hu). Xi demonstrou intenção de continuar com a modernização da economia e, embora tenha criticado a corrupção reinante no partido e seu divórcio do povo, a abertura política não está em sua agenda.

O processo de reforma econômica no setor industrial teve início a partir de 1982. Empresas estatais tiveram de se enquadrar à realidade mundial, melhorando a qualidade de seus produtos, baixando seus preços e ficando atentas às demandas do mercado. Além disso, o governo permitiu o surgimento de pequenas empresas e autorizou a criação de empresas mistas, visando atrair o capital estrangeiro.

Outro importante fator foi a criação das chamadas **zonas econômicas especiais**, que tinham como objetivo atrair empresas estrangeiras para áreas capitalistas dentro do território chinês e estimular as exportações. As primeiras zonas criadas foram as de Zhuhai, Shenzhen, Shantou, Xiamen e Hainan. Com o tempo, foram instituídos **portos abertos**, **cidades abertas**, entre outras modalidades de abertura ao exterior (observe o mapa a seguir).

A China concedeu aos investidores estrangeiros liberdade de atuação nessas novas regiões industriais, sobretudo nas zonas econômicas especiais. Consequentemente, desde os anos 1990, o país tem ocupado quase sempre a posição de segundo maior receptor de investimentos produtivos do mundo, atrás apenas dos Estados Unidos, e suas exportações cresceram exponencialmente. Quase todas as transnacionais com atuação global têm filiais na China, mas para se instalar em seu território precisam criar parcerias com empresas nacionais, o que implica transferência tecnológica.

Fonte: CHARLIER, Jacques (Dir.). *Atlas du 21ᵉ siècle édition 2012*. Groningen: Wolters-Noordhoff; Paris: Éditions Nathan, 2011. p. 117. (Original sem data.)

Essas áreas abertas diferem apenas em extensão. Todas foram planejadas para atrair empresas estrangeiras, impulsionar o desenvolvimento industrial/tecnológico e expandir as exportações.

As empresas estrangeiras são atraídas por um conjunto de fatores favoráveis à produção para abastecer tanto o mercado externo como o crescente mercado interno. Veja o esquema explicativo.

1 Baixos salários e mão de obra disciplinada e razoavelmente qualificada, pois a população é numerosa, escolarizada e os sindicatos são proibidos. Na China, paga-se 4,11 dólares por hora em média, ainda bem menos do que ganham trabalhadores de países desenvolvidos e mesmo de alguns emergentes (reveja o gráfico da página 336 e compare os valores).

Trabalhadores inspecionam suportes para células fotovoltaicas na Trina Solar Ltd., em Guangzhou (China), em 2015. Essa empresa é a maior fabricante mundial de células fotovoltaicas para produção de energia solar. Esse é um exemplo de que a China vem investindo em setores de maior conteúdo tecnológico, como as fontes renováveis de energia, e gradativamente elevando os salários.

2 Disponibilidade de moderna infraestrutura nas zonas econômicas especiais, já que o governo tem investido alto em portos, aeroportos, ferrovias, rodovias, telecomunicações, etc.

Boeing 747 da Cargolux, empresa luxemburguesa de carga aérea, decola do Aeroporto Internacional de Hong Kong (China), em 2018. Esse terminal de cargas é um dos mais movimentados do mundo e dá suporte para muitas indústrias chinesas exportarem produtos de baixo peso e alto valor unitário, sobretudo do setor eletrônico.

3 As políticas cambial e tributária do governo chinês favorecem as exportações:
- a cotação do yuan é mantida artificialmente baixa, o que torna os produtos chineses baratos no mercado internacional.
- há redução ou isenção de impostos sobre produtos industrializados, barateando-os.

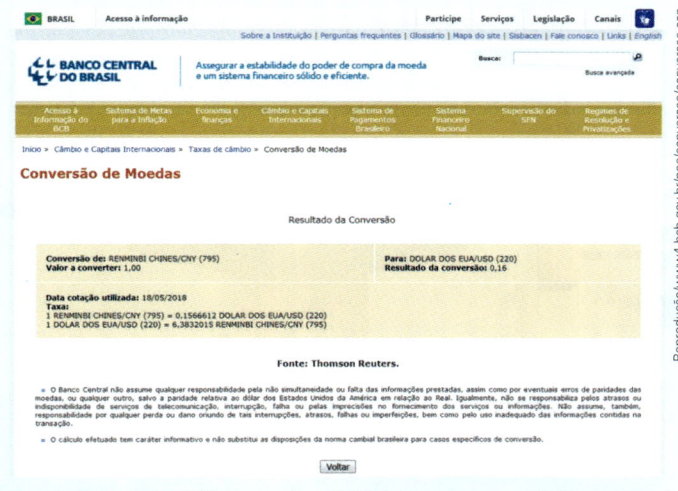

Em 18 de maio de 2018, segundo o BCB, 1 yuan comprava 0,16 centavo de dólar ou 1 dólar comprava 6,38 yuans. Na mesma data, 1 libra esterlina valia 8,59 yuans; 1 euro, 7,51 yuans; e 1 real, 1,70 yuan. Renminbi (do chinês, 'moeda do povo') é o nome oficial da moeda da China desde 1949. Yuan é a unidade básica do renminbi, mas é o nome mais usado para designar a moeda chinesa mundo afora.

4 Nos últimos anos, houve grande crescimento e fortalecimento do mercado interno, pois a renda da população está se elevando e a classe média aumentando.

Pessoas vão às compras no Distrito Comercial de Xidan, em Pequim (China), em 2017. Segundo o Ministério do Comércio da China, as vendas no varejo cresceram 13,9% ao ano (em média) no período 2001-2015 e a projeção é de que cresçam cerca de 10% ao ano no período 2016-2020.

A "FÁBRICA DO MUNDO" E SUAS CONTRADIÇÕES

Desde o início da década de 1980, a China tem sido a economia que mais cresce no mundo, a uma taxa média de 10% ao ano. Em 1980, seu PIB era de 202 bilhões de dólares; em 2016, tinha atingido 11,4 trilhões de dólares (reveja os indicadores econômicos das seis maiores potências na página 344).

Além dos que vimos no esquema da página anterior, outro fator que contribuiu muito para o desenvolvimento chinês foram as enormes reservas de minérios e de combustíveis fósseis em seu subsolo (observe a tabela a seguir e o mapa na página 385).

Entretanto, o rápido crescimento econômico e a constante elevação do consumo interno têm levado a China a importar cada vez mais recursos naturais. Segundo o Banco Mundial, em 2016, do valor de 1,588 trilhão de dólares que o país importou, 34,5% eram alimentos, matérias-primas agrícolas, minérios e combustíveis fósseis.

Segundo a publicação *Key World Energy Statistics 2017*, em 2016 a China era o sexto produtor de petróleo, com 4,6% da produção mundial. No entanto, como essa produção é insuficiente, naquele ano o país era também o segundo importador de petróleo, responsável por 16,3% das importações mundiais (o primeiro foram os Estados Unidos, com 17,1%).

A maior disponibilidade energética da China é o carvão mineral (em 2016, o país era o maior produtor, com 44,6% do total mundial). Foi esse combustível que impulsionou sua industrialização e, em 2016, ainda era responsável por 61,8% do consumo de energia no país. Porém, como é muito poluente, a China tem feito esforços para substituir as termelétricas a carvão. Para isso, tem investido na construção de enormes usinas hidrelétricas – como a de Três Gargantas, a maior do mundo – e em fontes de energia alternativas – como a eólica e a solar. De acordo com a mesma publicação, em 2015 a China era o maior produtor de energia hidrelétrica (28,4% da geração mundial), o maior produtor de energia elétrica a partir de células fotovoltaicas (18,3% do total mundial) e o segundo gerador de energia eólica, com 22,2% do total (o primeiro eram os Estados Unidos, com 23%).

| China: produção mineral – 2016 |||
Mineral	% da produção mundial	Posição no mundo
Magnésio	68,6	1º
Alumínio	53,8	1º
Zinco	37,8	1º
Estanho	35,7	1º
Ouro	14,7	1º
Manganês	18,8	2º
Ferro	15,8	3º
Cobre	9,0	3º

Fonte: U. S. GEOLOGICAL SURVEY. *Mineral Commodity Summaries 2017*. Disponível em: <http://minerals.usgs.gov/minerals/pubs/commodity>. Acesso em: 4 maio 2018.

A China extrai minério de ferro, mas de forma insuficiente para sua gigantesca produção de aço, o que faz do país o maior importador mundial. A foto mostra guindastes descarregando minério de ferro de navio ancorado no porto de Rizhao, na província de Shandong (China), em 2014.

Para garantir acesso a esses recursos, o China Investment Corp, fundo soberano do governo chinês, e grandes empresas do país têm feito altos investimentos em nações em desenvolvimento, especialmente da África subsaariana. Isso fez com que alguns analistas estabelecessem uma correlação entre a expansão econômica da China atual e o imperialismo europeu do século XIX. Porém, os líderes chineses sempre esclareceram que essa expansão é movida pelo que chamam de "desenvolvimento pacífico". Querem apenas fazer negócios e garantir o acesso a recursos naturais, assegurando seu crescimento econômico e contribuindo para o crescimento dos outros países.

A China tem investido em diversos países africanos e isso tem contribuído para o rápido crescimento econômico deles. Por exemplo, segundo o Banco Mundial, no período 2000-2016, Angola cresceu em média 8,7% ao ano; Nigéria, 7,5%; e Namíbia, 5%. Na foto, Xi Jinping, presidente chinês, aperta a mão de Hage Geingob, primeiro-ministro da Namíbia, antes de reunião em Pequim (China), em 2014.

Máquina exportadora

Os baixos custos de produção levaram os produtos industrializados *made in China* a conquistar cada vez mais mercados no mundo. De acordo com dados da OMC, em 1980, no início das reformas econômicas, a China estava em 25º lugar na lista dos maiores exportadores. Trinta e cinco anos depois, o país ocupava a primeira posição. Para ter uma ideia do explosivo crescimento das exportações chinesas, basta compará-lo com o Brasil, que em 1980 estava em 19º lugar na lista dos maiores exportadores. Compare os números da China com os das outras potências exportadoras e os do Brasil.

Fonte: MADDEN, Chris. *Made in China*. Disponível em: <www.cartoonstock.com>. Acesso em: 7 maio 2018.

Os quatro maiores exportadores mundiais e o Brasil			
Posição/país	Exportações (bilhões de dólares) 2015	Exportações (bilhões de dólares) 1980	Crescimento (%) 1980-2015
1º China	2 275	18	12 639
2º Estados Unidos	1 505	226	666
3º Alemanha	1 329	193	689
4º Japão	625	130	481
25º Brasil	191	20	995

Fonte: RELATÓRIO sobre o desenvolvimento mundial 1996. Washington, D.C.: Banco Mundial, 1996. p. 234; WORLD TRADE ORGANIZATION. *World Trade Statistical Review 2016*. Disponível em: <www.wto.org/english/res_e/statis_e/wts2016_e/wts16_toc_e.htm>. Acesso em: 5 maio 2018.

Desde 1980, o governo chinês vem se esforçando para aumentar a quantidade de produtos industrializados na pauta de exportação do país. Naquele ano, 48% das exportações chinesas eram compostas de produtos industrializados; em 2015, esse índice subiu para 96,6%, de acordo com o *Relatório de desenvolvimento industrial 2018*, da Unido. O governo também procura aumentar os produtos de maior valor agregado na pauta de exportações. Para isso, desde meados da década de 1980, vem criando tecnopolos, as chamadas **zonas de desenvolvimento econômico e tecnológico**, que buscam atrair indústrias de alta tecnologia. Como resultado, em 2015, do total das exportações de produtos industrializados, 58,8% eram bens de alta/média tecnologia. Grande parte desses produtos é fabricada nas mais de cinquenta zonas de desenvolvimento econômico e tecnológico situadas predominantemente na costa leste, tais como Xangai, Cantão, Fuzhou, Xiamen e Hainan.

A entrada da China na OMC, em 2001, foi um dos principais acontecimentos da economia internacional no início deste século e reforça sua posição mundial como grande país comerciante. Ao se adequar às regras dessa organização, o país ampliou as possibilidades de negócios para suas empresas exportadoras e também para as empresas estrangeiras que exportam para seu mercado interno.

O rápido crescimento econômico concentrado principalmente nas cidades costeiras intensificou as migrações internas, apesar das restrições do governo central. Por exemplo, a população da cidade de Shenzhen, localizada na província de Guangdong, próxima a Hong Kong, aumentou de 58 mil habitantes, em 1980, para 10,7 milhões, em 2015. De acordo com a ONU, foi a cidade que mais cresceu no mundo nas últimas três décadas.

O governo tem procurado interiorizar a economia, estimulando o desenvolvimento de novos centros industriais, mas é na faixa litorânea que ainda estão as melhores oportunidades de trabalho.

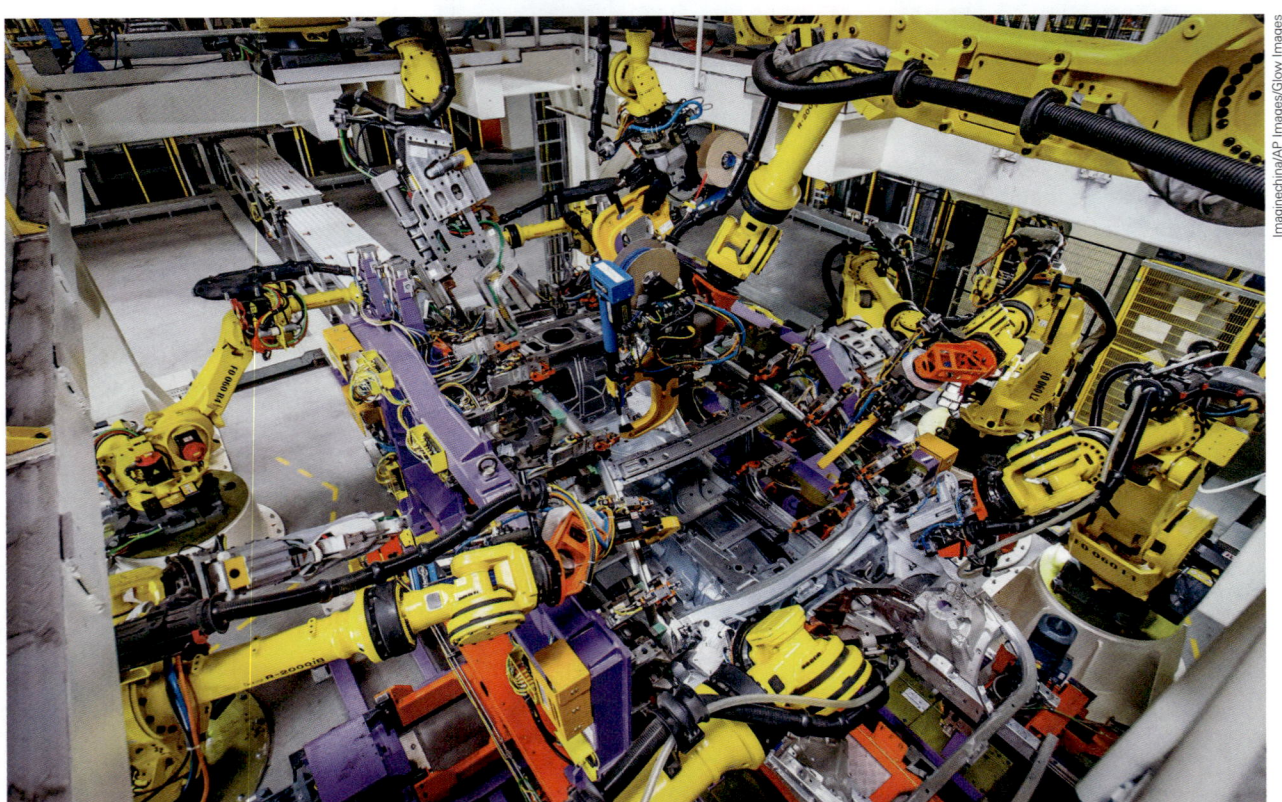

A China tem buscado cada vez mais ancorar seu crescimento econômico no aumento do mercado interno. Na foto de 2016, fábrica da GM Shangai Cadillac, em Xangai (China), construída em parceria com a chinesa Saic Motor com o objetivo de abastecer a crescente demanda interna por carros de luxo.

SETORES INDUSTRIAIS E SUA DISTRIBUIÇÃO

A China apresenta atualmente um parque fabril muito diversificado e já existem **grandes corporações** chinesas entre as maiores do mundo. Em 2016, havia 109 empresas chinesas, a maioria estatal, na lista das quinhentas maiores do mundo. Entre elas, destacam-se nos setores

- elétrico: State Grid (maior empresa do país e segunda na lista da *Fortune Global 500*), China Southern Power Grid;
- petrolífero e petroquímico: Sinopec Group (segunda do país e terceira do mundo), China National Petroleum;
- ferroviário e construção: China State Construction Engineering, China Railway Engineering;
- automobilístico: SAIC Motor, Dongfeng Motor;
- aeroespacial e defesa: Aviation Industry Corp. of China, China Aerospace Science & Technology;
- siderúrgico: China Minmetals, China Baowu Steel Group;
- informática e telecomunicações: Huawei Investment & Holding, Lenovo Group.

Como mostra o primeiro gráfico da próxima página, enquanto as empresas chinesas foram as que mais ganharam terreno no mercado mundial, as japonesas foram as que mais perderam.

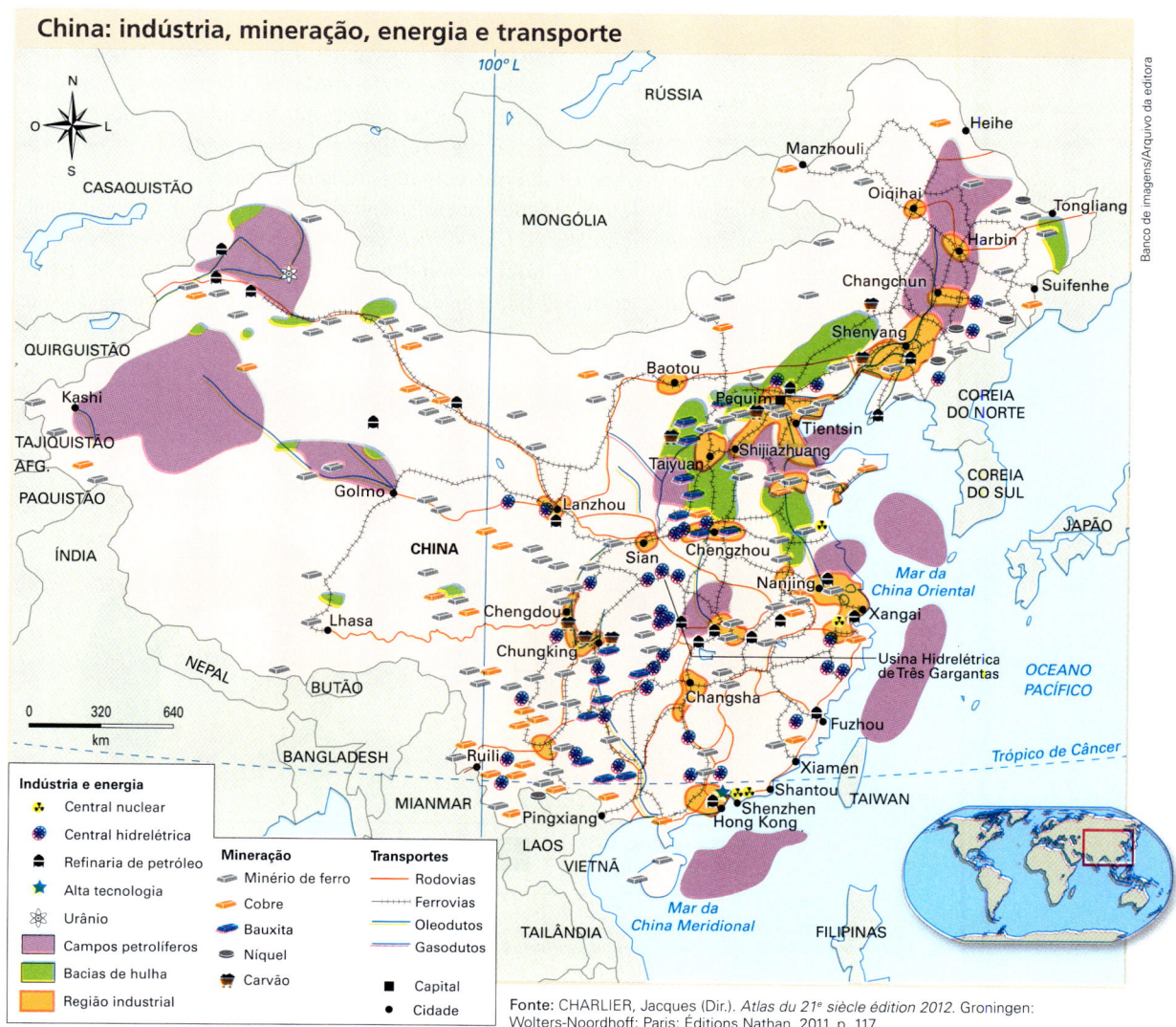

Fonte: CHARLIER, Jacques (Dir.). *Atlas du 21e siècle édition 2012*. Groningen: Wolters-Noordhoff; Paris: Éditions Nathan, 2011. p. 117.

Segundo a Organização Internacional do Trabalho, em 2016 a indústria empregava 24% da população ativa da China. Como se vê, apesar de muito industrializada, a maioria dos trabalhadores chineses está empregada no comércio e serviços (49%), seguido pela agricultura (27%).

Seis países com maior número de empresas na *Fortune Global 500* – 1993/2000/2016

País	1993	2000	2016
1º Estados Unidos	159	185	133
2º China	0	12	109
3º Japão	135	104	51
4º Alemanha	32	34	29
5º França	26	37	29
6º Reino Unido	41	33	21

Fonte: FORTUNE. *Global 500*. v. 130, n. 2. New York: Time Inc. 25 jul. 1994. p. 84-88; FORTUNE. *Global 500*. v. 144, n. 2. New York: Time Inc. 23 jul. 2001. p. 26-36; FORTUNE. *Global 500 2017*. Disponível em: <http://fortune.com/global500>. Acesso em: 3 maio 2018.

Em muitos setores industriais, principalmente nos estratégicos, as empresas chinesas são controladas predominantemente pelo Estado. Entretanto, o setor privado está em crescimento constante e, se considerarmos a economia como um todo, em número de empresas, em empregos oferecidos e em patrimônio, já superou o setor estatal.

O acelerado crescimento econômico da China e sua transformação em **"fábrica do mundo"** modificaram radicalmente as paisagens do país, especialmente as urbanas. As cidades cresceram exponencialmente, fábricas foram erguidas por todos os lados e a poluição atingiu índices alarmantes. Ao mesmo tempo, esse processo tirou milhões de pessoas da pobreza e gerou uma classe média numerosa.

Em 1981, segundo o Banco Mundial, 98% da população chinesa vivia na pobreza, com menos de 2 dólares PPC por dia; em 2013, o percentual de pobres tinha caído para 11%, dessa vez, vivendo com menos de 3,10 dólares PPC por dia (o Banco Mundial atualizou o limite internacional da pobreza).

Esse crescimento acelerado vem diminuindo a pobreza, mas concentrando renda nos estratos mais ricos da sociedade e contribuindo para ampliar as desigualdades sociais, como mostram os gráficos abaixo. De acordo com a publicação *Hurun Global Rich List 2015*, na China vivem 430 pessoas/famílias com uma fortuna igual ou superior a 1 bilhão de dólares; só perde para os Estados Unidos, com 537 bilionários (nesses dois países estão 46,3% dos super-ricos do mundo).

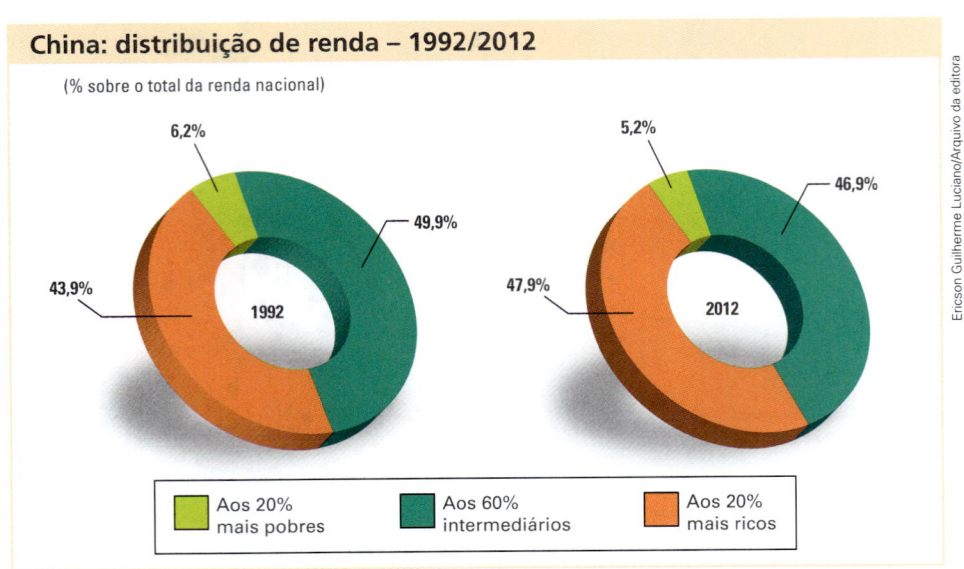

China: distribuição de renda – 1992/2012
(% sobre o total da renda nacional)

1992: Aos 20% mais pobres: 6,2%; Aos 60% intermediários: 49,9%; Aos 20% mais ricos: 43,9%

2012: Aos 20% mais pobres: 5,2%; Aos 60% intermediários: 46,9%; Aos 20% mais ricos: 47,9%

Fonte: BANCO MUNDIAL. *Relatório sobre o desenvolvimento mundial 1996*. Washington, D.C., 1996. p. 214; THE WORLD BANK. *World Development Indicators 2017*. Washington, D.C., 2018. Disponível em: <http://wdi.worldbank.org/tables>. Acesso em: 5 maio 2018.

Para obter mais informações, consulte o livro ***China: o renascimento do império***, de Cláudia Trevisan, e acesse o **Portal oficial do governo chinês**. Veja orientações na seção **Sugestões de textos, vídeos e *sites*.**

ATIVIDADES

COMPREENDENDO CONTEÚDOS

1. Onde se localizam as principais concentrações industriais na Rússia? Relacione com os principais fatores locacionais.

2. Em que setores da economia estão as maiores empresas da Rússia? Por quê?

3. Por que a China é a economia que mais cresce no mundo desde 1980?

4. Liste algumas consequências para a China – sociais, econômicas e ambientais – desse rápido crescimento.

DESENVOLVENDO HABILIDADES

5. É comum atribuir o rápido desenvolvimento econômico chinês à enorme oferta de mão de obra barata. No entanto, é preciso considerar seu nível de qualificação, daí a importância do sistema educacional. Quanto a isso, o economista Welinton dos Santos, em um artigo sobre o Brics, publicado em 2012 no jornal russo *Pravda*, afirmou: "A arma secreta do desenvolvimento da China é a educação".

    CIDADANIA: VALORIZAÇÃO DA EDUCAÇÃO

    - Leia os trechos a seguir e produza um texto argumentativo estabelecendo uma comparação entre a situação chinesa e a brasileira, considerando a educação como fator de desenvolvimento.
    - O que significa dizer que "a arma secreta" do desenvolvimento da China é a educação? Você concorda com isso? E o Brasil, também a utiliza?

    #### Texto 1
    Por mais turbulentos que tenham sido os primeiros trinta anos da Revolução Comunista na China, os reformistas do começo dos anos 1980 herdaram do período sob Mao Tsé-tung um país com uma oferta abundante de mão de obra de qualidade do ponto de vista educacional e de saúde pública, ao menos na comparação com outros países em desenvolvimento, o que serviu de base para a rápida decolagem da economia chinesa. No caso da educação, a prioridade atribuída ao tema já pôde ser percebida nos primeiros anos da Revolução Comunista: a proporção de crianças matriculadas em escolas primárias passou de 25% para cerca de 50% no período de 1953 a 1957, segundo dados oficiais. Mesmo com toda a desvalorização do ensino durante a Revolução Cultural, a taxa de escolarização das crianças chinesas chegou a 96% em 1976, ano da morte de Mao[1]. A taxa de alfabetização entre adultos chineses havia chegado a 66% em 1977, quase o dobro dos 36% da Índia no mesmo ano.

    LYRIO, Mauricio Carvalho. *A ascensão da China como potência*: fundamentos políticos internos. Brasília: Funag, 2010. p. 38-39.

    #### Texto 2
    Em alguns setores da indústria, o Brasil já vive "um apagão de mão de obra", com falta de profissionais qualificados capazes de executar tarefas essenciais ao crescimento do país. Segundo o mais recente levantamento feito pela consultoria Manpower com 41 países ao redor do mundo, o Brasil ocupa a 2ª posição entre as nações com maior dificuldade em encontrar profissionais qualificados, atrás apenas do Japão.

    Entre os empresários brasileiros entrevistados para a pesquisa, 71% afirmaram não ter conseguido achar no mercado pessoas adequadas para o trabalho. Para efeitos de comparação, na Argentina o índice é de 45%, no México, de 43% e na China, de apenas 23%.

    "Se no Japão o maior entrave é o envelhecimento da população, o problema no Brasil é a falta de qualificação profissional", afirmou à BBC Brasil Márcia Almström, diretora de Recursos Humanos da filial brasileira da Manpower.

    BARRUCHO, Luís Guilherme. Conheça os cinco vilões do crescimento do Brasil. *BBC Brasil*, 22 ago. 2012. Disponível em: <www.bbc.com/portuguese/noticias/2012/08/120821_viloes_crescimento_brasil_lgb.shtml>. Acesso em: 5 maio 2018.

---

[1] Segundo o IBGE, no Brasil a taxa de escolarização de crianças era de 80% em 1980 e só em 1998 atingiu 95%, indicador próximo ao que a China atingira vinte anos antes. A taxa de alfabetização entre os adultos brasileiros (pessoas com mais de 15 anos) era de 75% em 1980 e atingiu 90% em 2009. Segundo o Banco Mundial, na mesma época, a taxa da China era de 94% e a da Índia, 63%.

CAPÍTULO 21
ECONOMIAS EMERGENTES: A INDUSTRIALIZAÇÃO RECENTE

Novas fábricas em Jaipur (Índia), em 2017. Esta é a face da modernização de uma das economias que mais crescem no mundo.

Tendo como referência a industrialização ao longo da História, as economias emergentes são consideradas recém-industrializadas porque nelas esse processo teve início cerca de um século e meio depois de iniciado nos países precursores. No entanto, o crescimento fabril foi muito rápido em algumas delas.

Neste capítulo, analisaremos algumas das economias emergentes mais industrializadas entre os países em desenvolvimento. Classificamos os países analisados em três grupos distintos: os latino-americanos, que implantaram o modelo de industrialização por substituição de importações; os Tigres Asiáticos, que estabeleceram o modelo de plataformas de exportações; e os pertencentes ao Fórum de Diálogo Índia, Brasil e África do Sul (Ibas), com características semelhantes às dos países da América Latina.

Vamos estudar detalhadamente os países com produção mais relevante de cada um desses grupos, respectivamente: Brasil, México e Argentina; Coreia do Sul, Taiwan e Cingapura; Índia e África do Sul. O que há em comum e o que há de diferente no processo de industrialização desses três grupos de países? Qual modelo foi o mais bem-sucedido?

Entretanto, vale lembrar que atualmente o processo de industrialização se expandiu para outros países emergentes asiáticos, latino-americanos e africanos, e tem atingido países de outras regiões do mundo, como o Leste Europeu e o Oriente Médio.

Os gráficos a seguir mostram a evolução da participação das economias emergentes mais industrializadas no valor total da produção industrial dos países em desenvolvimento. Em 2016, apenas as cinco principais concentravam 74,2% do valor da produção industrial desse grupo (contra 49,3% em 1990), com grande destaque para a China.

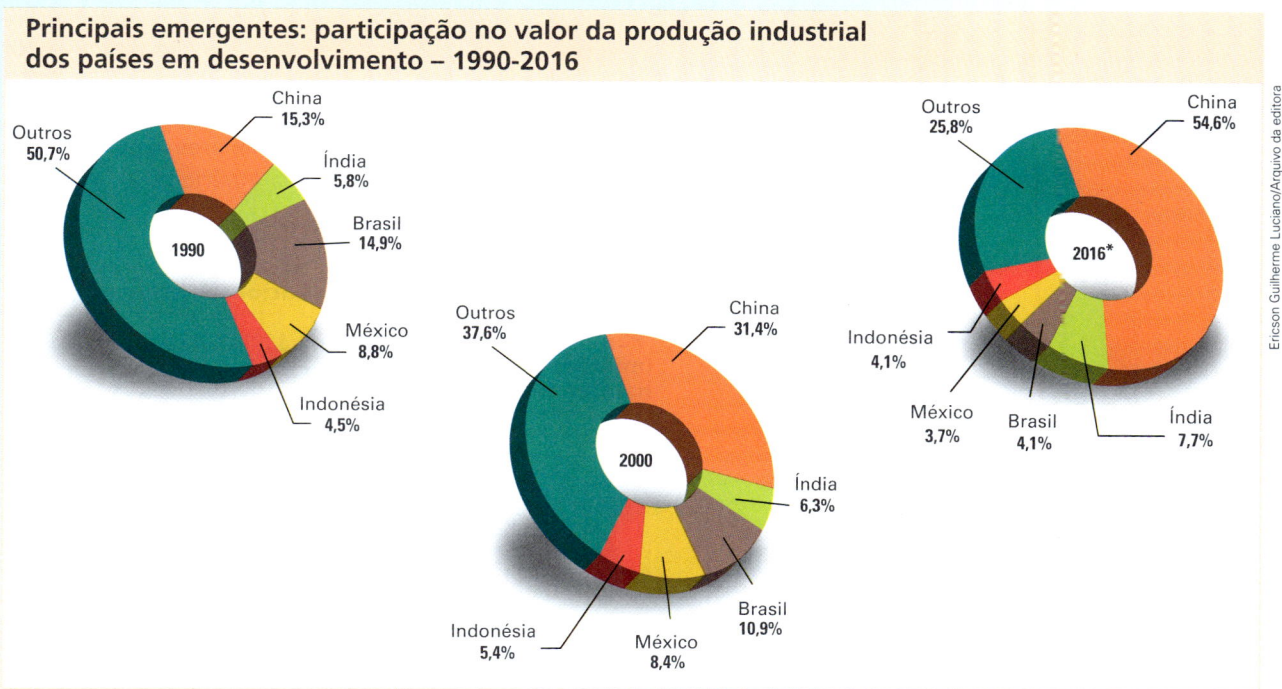

Principais emergentes: participação no valor da produção industrial dos países em desenvolvimento – 1990-2016

Fonte: UNITED NATIONS INDUSTRIAL DEVELOPMENT ORGANIZATION. *Industrial Development Report 2018*. Viena: Unido, 2017. p. 160.

* Estimativa.

A China, muitas vezes, é classificada como economia emergente, mas, por sua peculiaridade demográfica, econômica e geopolítica e em razão da industrialização planejada, foi estudada à parte, no capítulo anterior. A Coreia do Sul não aparece no gráfico porque a Unctad passou a classificá-la como país desenvolvido, mas, por causa de seu modelo de industrialização, vamos analisá-la neste capítulo.

1. AMÉRICA LATINA

OS FATORES DA INDUSTRIALIZAÇÃO

Brasil, México e Argentina são as maiores, mais industrializadas e diversificadas economias da América Latina, por isso vamos analisá-las com mais profundidade neste capítulo. No entanto, outros países da região estão se industrializando também, como Colômbia, Chile e Peru. Observe na tabela a seguir os indicadores das principais economias da América Latina.

O processo de industrialização de Brasil, México e Argentina começou no fim do século XIX, após terem se tornado independentes no início do mesmo século. Até então, eram basicamente exportadores de produtos minerais e agropecuários para os países já industrializados. Com a crise que estourou em 1929 e a depressão econômica decorrente, esses países passaram a exportar muito menos, o que levou à dificuldade de importar bens industrializados. Essa queda no ingresso de mercadorias importadas acelerou a construção de fábricas, voltadas a substituir bens de consumo, em especial aqueles oriundos da Europa. Isso deu origem ao modelo de industrialização que ficou conhecido por **substituição de importações**.

A aristocracia latifundiária, que havia acumulado capital com as exportações de produtos agropecuários, passou a investi-lo na indústria, no comércio e no sistema financeiro, fornecendo empréstimos para a instalação de indústrias, muitas das quais fundadas por imigrantes europeus. Os *estancieros* argentinos (donos de grandes propriedades rurais) ganharam dinheiro exportando carne e trigo; no Brasil, destacavam-se os cafeicultores, conhecidos como barões do café; e, no México, os proprietários das *haciendas* (fazendas), que produziam principalmente agave e café.

Outro agente importante no início da industrialização foi o Estado, que passou a investir em indústrias de bens intermediários (mineração e siderurgia, petrolífera e petroquímica, etc.) e em infraestrutura (transportes, telecomunicações, energia elétrica, etc.). Na América Latina, os maiores símbolos desse modelo foram as estatais petrolíferas: Petrobras (fundada em 1954), Pemex (Petróleos Mexicanos, 1934) e a argentina YPF (Yacimientos Petrolíferos Fiscales, 1922). Em 2017, continuavam controladas total ou parcialmente pelo Estado e eram as maiores empresas nos respectivos países. A Petrobras era a primeira colocada da América Latina na lista *Fortune Global 500 2017* e 75ª do mundo.

Maiores economias da América Latina: indicadores socioeconômicos – 2016			
Posição no mundo segundo o PIB/país	População (milhões de habitantes)	PIB (bilhões de dólares)	PIB *per capita* (dólares)
9º Brasil	207,7	1 836	8 840
15º México	127,5	1 153	9 040
22º Argentina	43,8	525	11 970
36º Colômbia	48,7	307	6 310
43º Chile	17,9	242	13 540
49º Peru	31,8	189	5 950

Fonte: THE WORLD BANK. *World Development Indicators 2017*. Washington, D.C., 2018. Disponível em: <http://wdi.worldbank.org/tables>. Acesso em: 7 maio 2018.

Após a Segunda Guerra Mundial, a industrialização por substituição de importações mostrou suas limitações: carência de maiores volumes de capitais que permitissem continuar o processo, inexistência de setores industriais importantes, como a indústria de bens de capital, e defasagem tecnológica. Foi nessa época que teve início a entrada de capitais estrangeiros.

As filiais de empresas transnacionais promoveram expansão de muitos setores industriais no Brasil, no México e na Argentina: automobilístico, químico-farmacêutico, eletroeletrônico, de máquinas e outros, que até então tinham uma produção limitada ou inexistente. Nos setores tradicionais, também entraram grandes empresas alimentícias e têxteis, juntando-se às nacionais já existentes e, em muitos casos, incorporando-as. Assim, houve um grande avanço no processo de industrialização desses três países, o qual passou a se assentar no tripé capital estatal, nacional e estrangeiro. E, muitas vezes, a entrada de multinacionais contribuiu para o surgimento de novas empresas nacionais, muitas delas complementares às estrangeiras. Por exemplo, a entrada das empresas automobilísticas estimulou o desenvolvimento de muitas indústrias nacionais de autopeças.

Esse modelo vigorou também em outros países latino-americanos, como Colômbia, Chile e Peru, que, embora tenham menor grau de industrialização, vêm apresentando rápido crescimento econômico neste século, maior até do que o das maiores economias da região. Observe o gráfico ao lado.

Com o tempo, a indústria tornou-se um setor muito importante na economia de Brasil, México e Argentina, com uma significativa participação nos respectivos PIB, como mostra o gráfico abaixo.

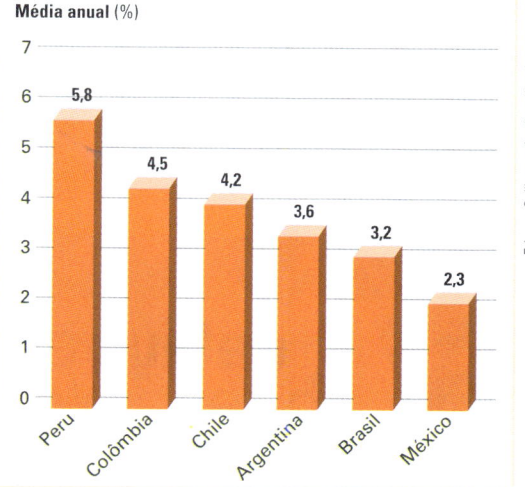

Fonte: THE WORLD BANK. *World Development Indicators 2017.* Washington, D.C., 2018. Disponível em: <http://wdi.worldbank.org/tables>. Acesso em: 7 maio 2018.

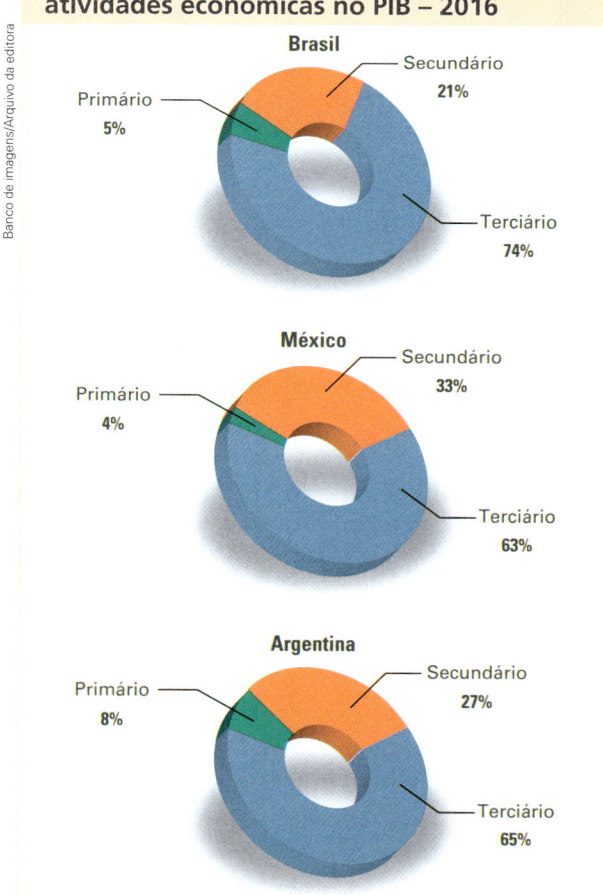

Fonte: THE WORLD BANK. *World Development Indicators 2017.* Washington, D.C., 2018. Disponível em: <http://wdi.worldbank.org/tables>. Acesso em: 7 maio 2018.

A criação das empresas estatais de petróleo foi um marco da atuação do Estado na economia de vários países latino-americanos. Na foto, plataforma de extração de petróleo em águas profundas da estatal Pemex, no golfo do México, nas proximidades de Matamoros (estado de Tamaulipas), em 2017. Considerando o faturamento, essa empresa era a maior do México, a 4ª da América Latina e a 152ª do mundo na lista da *Fortune Global 500 2017*.

Os mais importantes complexos industriais estão concentrados nas **maiores regiões metropolitanas**: no triângulo São Paulo-Rio de Janeiro-Belo Horizonte (Brasil), no eixo Buenos Aires-Rosário (Argentina) e no eixo Cidade do México-Guadalajara e em Monterrey (México). Mas há concentrações industriais também na região de Bogotá (Colômbia) e Santiago (Chile), como mostra o mapa abaixo. Esses países, embora menos importantes do ponto de vista industrial, também são classificados como emergentes.

O modelo de substituição de importações incentivou a produção interna de muitos bens de consumo, como roupas, calçados, eletrodomésticos, carros, entre outros. Ao mesmo tempo, requeria a importação de outros bens que não eram produzidos internamente, como máquinas, e exigia a implantação de infraestrutura, o que demandava mais investimentos. Como a poupança interna era limitada, esse modelo de industrialização dependeu excessivamente de capital estrangeiro, que entrava nesses países por meio da instalação de filiais de multinacionais ou por empréstimos contraídos pelos governos e por empresas privadas nacionais. A riqueza mineral também foi um fator importante para a industrialização de muitos países latino-americanos, com destaque para os combustíveis fósseis, como o petróleo, sobretudo no México, e para os minérios metálicos, principalmente no Brasil. Observe o mapa.

A industrialização promoveu transformações na economia e nas paisagens dos países emergentes. Um dos pilares desse processo foi o capital estrangeiro, disputado por estados, províncias e municípios. A foto acima, de 2014, mostra um cartaz na entrada de Celaya (México), que anuncia: "Celaya é uma boa escolha. Bem-vinda, Honda". Nesse ano, a empresa japonesa inaugurou uma nova fábrica de automóveis nesse município do estado de Guanajuato. Celaya situa-se no eixo industrial Cidade do México-Guadalajara, de forma mais ou menos equidistante entre os dois centros principais.

América Latina: mineração, energia e indústria

Fonte: CHARLIER, Jacques (Dir.). *Atlas du 21ᵉ siècle édition 2012*. Groningen: Wolters-Noordhoff; Paris: Éditions Nathan, 2011. p. 154. (Original sem data.)

Observe que a escala do mapa não permite mostrar regiões industriais menores no Brasil, como a Serra Gaúcha (RS), Camaçari (BA) e Zona Franca de Manaus (AM), e em outros países, como Mendoza (Argentina) e Lima (Peru), entre outras.

CRISES FINANCEIRAS
Anos 1980

No pós-Segunda Guerra, o crescimento econômico de Brasil, México e Argentina foi bastante elevado, estendendo-se até o início dos anos 1980. Como vimos, o desenvolvimento desses países foi, em grande parte, financiado por empréstimos estrangeiros, que a partir dos anos 1970 ficaram mais disponíveis no mercado financeiro internacional. Isso aconteceu porque, nessa época, os países exportadores de petróleo ganharam muito dinheiro com a elevação do preço do barril. Entre 1974 e 1981, os países da Organização dos Países Exportadores de Petróleo (Opep) acumularam em torno de 360 bilhões de dólares, e cerca de metade desses recursos foi depositada em bancos de países desenvolvidos. A grande oferta de dinheiro no mercado financeiro fez as taxas de juros internacionais caírem após 1973, atingindo o ponto mais baixo entre 1975 e 1977. Observe o gráfico a seguir.

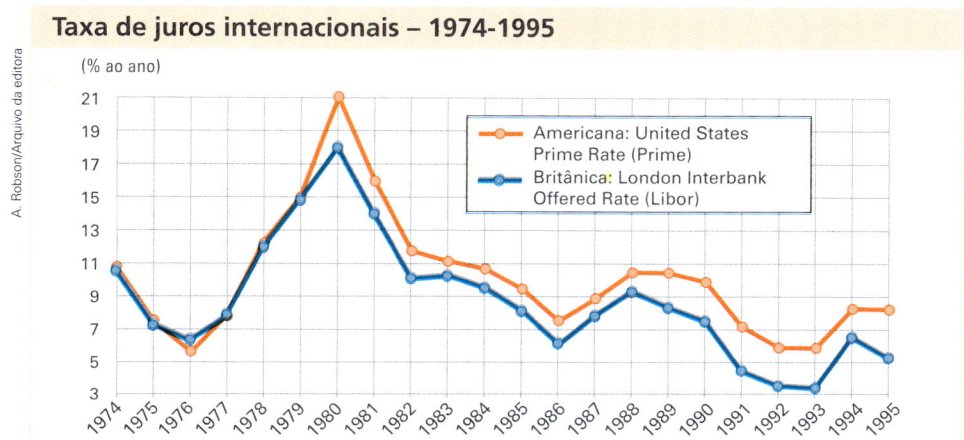

Fonte: LANZANA, A. E. T. O setor externo da economia brasileira. In: PINHO, D. B.; VASCONCELLOS, M. A. S. (Org.). *Manual de Economia.* 5. ed. São Paulo: Saraiva, 1999. p. 507.

A partir dessa época, os países em desenvolvimento, sobretudo os latino-americanos, endividaram-se pesadamente. Por exemplo, segundo o Banco Central, o Brasil tinha uma dívida externa de 8 bilhões de dólares em 1971, que saltou para 25 bilhões em 1975 (acompanhe os valores subsequentes no gráfico abaixo). O problema é que os juros não foram fixados nesse patamar e as taxas para a amortização futura da dívida eram flutuantes, isto é, oscilavam de acordo com o mercado internacional. Depois do primeiro aumento das taxas de juros, provocado pela crise do petróleo de 1973, houve uma segunda elevação bem mais forte, com a crise petrolífera de 1979 (reveja o gráfico acima).

Amortização: pagamento de uma dívida aos poucos ou em prestações.

No fim da década de 1970, em consequência da manutenção de altas taxas de juros para conter a inflação, atrair investimentos e financiar seu *deficit* orçamentário e comercial, os Estados Unidos converteram-se no principal receptor de dinheiro no mundo. Assim, além de sobrarem poucos recursos para os países em desenvolvimento, ainda houve uma elevação de suas dívidas como resultado da alta dos juros no mercado internacional. Como consequência, houve uma explosão do endividamento dos países latino-americanos, como mostra o gráfico ao lado.

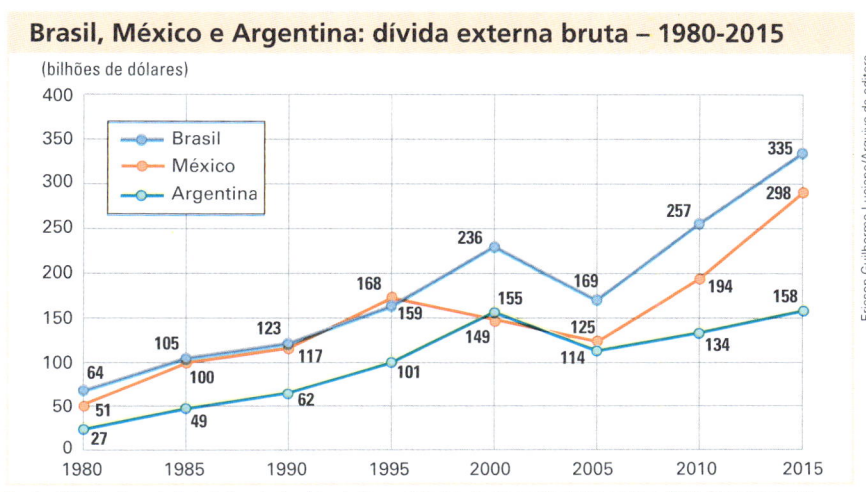

Fonte: CEPAL. *Anuario Estadístico de América Latina y el Caribe.* Santiago: Naciones Unidas, 2011. Disponível em: <ww.cepal.org/es/publicaciones/926-anuario-estadistico-america-latina-caribe-2011-statistical-yearbook-latin-america>; CEPAL. *Estudio Económico de América Latina y el Caribe.* Santiago: Naciones Unidas, 2016. Disponível em: <www.cepal.org/es/publicaciones/40326-estudio-economico-america-latina-caribe-2016-la-agenda-2030-desarrollo>. Acessos em: 18 jun. 2018.

Moratória: situação em que um devedor – pessoa, empresa ou país – suspende o pagamento de suas dívidas por impossibilidade de pagá-las e abre negociações com os credores para a prorrogação do prazo de vencimento e, às vezes, também para a redução da taxa de juros.

O primeiro sinal da crise de endividamento foi dado em 1982, quando o México decretou a moratória de sua dívida externa. Daquele momento em diante, aprofundou-se nesses três países a política do "exportar é o que importa", visando à obtenção de moeda forte, sobretudo dólares, para o pagamento dos juros da dívida.

Ao mesmo tempo, os governos mantinham uma política de contenção de importação de produtos industrializados. Tal medida provocou o sucateamento dos parques produtivos, dada a dificuldade de comprar maquinário necessário à modernização.

A crise da dívida atingiu os países em desenvolvimento em geral, mas em particular os latino-americanos, os mais endividados. Assim, para esses países, os anos 1980 ficaram conhecidos como a "**década perdida**": suas economias sofreram com baixo crescimento e elevada inflação, situação que no caso do Brasil se estendeu pelos anos 1990. Observe a tabela a seguir.

Brasil, México e Argentina: taxa média anual de crescimento do PIB e da inflação (%)						
País	**1980-1990**		**1990-2000**		**2000-2010**	
	PIB	Inflação	PIB	Inflação	PIB	Inflação
Brasil	2,7	284,5	2,7	199,5*	3,7	6,6
México	1,0	70,4	3,1	19,5	2,1	4,5
Argentina	–0,3	389,1	4,3	8,9	5,6	9,8

Fonte: BANCO MUNDIAL. *Relatório sobre o desenvolvimento mundial 1996.* Washington, D.C., 1996. p. 226-227; THE WORLD BANK. *World Development Indicators 2012.* Washington, D.C., 2012. p. 214-215.

* A média brasileira na década é elevada porque a inflação chegou a atingir a taxa anual de 2 489% em 1993 (INPC – Índice Nacional de Preços ao Consumidor, IBGE). Em 1994, ano em que foi introduzido o Plano Real, ainda foi de 929%, mas em 1995 caiu para 22% e, em 1996, para 9%.

Esse modelo econômico provocou forte concentração de renda, sobretudo no Brasil, porque se baseava em baixos salários. Segundo o Banco Mundial, em 1989, os 10% mais ricos da população brasileira se apropriavam de 51,3% da renda nacional, enquanto os 10% mais pobres detinham apenas 0,7%. Paradoxalmente, o modelo que visava a substituir importações, isto é, ter autonomia para suprir o mercado interno, acabou limitando-o.

Anos 1990

A década de 1990 se caracterizou pela estabilização das economias dos países latino-americanos. A inflação foi reduzida após medidas de controle dos gastos públicos, da privatização de empresas estatais e da abertura econômica para produtos e capitais estrangeiros. Entretanto, as crises continuaram ocorrendo, agora no contexto da globalização financeira.

Com os avanços tecnológicos na informática e nas telecomunicações, ampliaram-se as possibilidades de investimentos no mercado mundial, principalmente em ações, títulos da dívida pública e moedas estrangeiras.

Além do mercado acionário, que cresceu de forma significativa, uma das modalidades de **investimento especulativo** mais difundida na atual globalização é a compra e venda de títulos da dívida pública. A emissão desses títulos pelos governos é uma forma de os investidores emprestarem dinheiro a juros ao Estado ao comprar os bônus da dívida pública.

O problema do capital especulativo é sua volatilidade: transfere-se rapidamente de um país para outro e, por isso, gera poucos empregos. Além do mais, tende a fragilizar as economias dos países porque os operadores das empresas financeiras muitas vezes retiram o dinheiro no momento em que a economia do país mais precisa de capital. Essa foi a origem das crises financeiras de diversos países emergentes ao longo da década de 1990, entre os quais o México.

PARA SABER MAIS

A crise mexicana de 1994/1995

O México havia sido o primeiro país a sofrer com a crise da dívida na década de 1980 e foi novamente o primeiro a sucumbir à globalização financeira da década seguinte. Um dos problemas mais graves da economia mexicana era o desequilíbrio crescente em sua balança comercial: em 1992, o *deficit* no comércio exterior foi de 20 bilhões de dólares (a tabela abaixo mostra os números de 1993 a 1995). Para fechar seu balanço de pagamentos, o governo mexicano passou a recorrer a capitais especulativos por meio do aumento da taxa de juros de seus títulos públicos, o que elevou a dívida externa do país. Até 1993 entraram dólares no México, mas nos dois anos seguintes começou a haver evasão de capitais, como mostra a tabela, precipitando a crise.

México: indicadores econômicos – 1993-1995			
Indicadores	**1993**	**1994**	**1995**
Crescimento do PIB (%)	1,9	4,6	–6,6
Inflação (%)	8,0	7,1	52,1
Dívida externa (bilhões de dólares)	130,5	139,8	165,8
Transferência de recursos (bilhões de dólares)*	18,4	–1,8	–2,1
Balança comercial (bilhões de dólares)	–19,5	–18,5	7,1

Fonte: CEPAL. *Balance preliminar de las economías de América Latina y el Caribe 1997*.
Disponível em: <www.cepal.org/es/publicaciones>. Acesso em: 7 maio 2018.

* Os valores positivos indicam entrada de recursos estrangeiros no país; os negativos, transferências ao exterior.

Anos 2000

Como vimos no capítulo 13, a crise financeira iniciada nos Estados Unidos em 2008 se espalhou para diversos países em 2009, atingindo mais fortemente os desenvolvidos, mas também teve consequências nos países emergentes. Observe os dados da tabela abaixo.

Países selecionados: crescimento do PIB (%) – 2005-2016					
Países (posição segundo o desempenho em 2009)	**2005**	**2008**	**2009**	**2010**	**2016**
China	11,3	9,6	9,2	10,6	6,7
Índia	9,3	3,9	8,5	10,3	7,1
Coreia do Sul	3,9	2,8	0,7	6,5	2,8
Brasil	3,2	5,1	–0,1	7,5	–3,6
África do Sul	5,3	3,2	–1,5	3,0	0,3
Estados Unidos	3,3	–0,3	–2,8	2,5	1,5
México	3,0	1,4	–4,7	5,1	2,3
Japão	1,7	–1,1	–5,4	4,2	1,0
Alemanha	0,9	0,8	–5,6	3,9	1,9
Argentina	8,9	4,1	–5,9	10,1	–2,2

Fonte: FMI. *World Economic Outlook Database*. Out. 2017. Disponível em: <www.imf.org/external/pubs/ft/weo/2017/02/weodata/index.aspx>. Acesso em: 7 maio 2018.

> Consulte o *site* da **Comissão Econômica para a América Latina e o Caribe (Cepal)**. Veja orientações na seção **Sugestões de textos, vídeos e *sites*.**

O México, mais uma vez, foi um dos países emergentes mais atingidos por essa nova crise financeira, em razão de sua forte dependência econômica dos Estados Unidos. Desde a criação do Tratado Norte-Americano de Livre-Comércio (Nafta, em inglês), em 1994, cresceu a participação do mercado americano nas exportações mexicanas, atingindo cerca de 80%. Com a crise, os *deficit* comerciais do México, que já vinham se acumulando, aumentaram significativamente. Observe a tabela abaixo.

Brasil, México e Argentina: saldo da balança comercial (bilhões de dólares*) – 2006-2016					
País	2006	2007	2008	2009	2016
Brasil	42	34	16	19	42
México	–14	–18	–27	–12	–24
Argentina	12	11	13	17	2

Fonte: WORLD TRADE ORGANIZATION. *International Trade Statistics 2010*. Disponível em: <www.wto.org/english/res_e/statis_e/its2010_e/its10_appendix_e.pdf>; WORLD TRADE ORGANIZATION. *International Trade Statistics 2017*. Disponível em: <www.wto.org/english/res_e/statis_e/wts2017_e/wts17_toc_e.htm>. Acessos em: 7 maio 2018.

* Dados arredondados.

O Brasil foi um dos países da América Latina menos atingidos pela crise de 2008/2009, em razão dos saldos comerciais favoráveis, como vimos na tabela anterior, e do grande acúmulo de reservas internacionais ao longo dos anos 2000, como mostra a tabela abaixo. Pela primeira vez em uma crise financeira mundial, não houve fuga maciça de capitais do Brasil.

Brasil, México e Argentina: reservas internacionais (bilhões de dólares) – 2000-2016				
País	2000	2008	2009	2016
Brasil	43,4	305,6	238,3	364,9
México	46,4	149,3	95,7	177,9
Argentina	32,9	72,1	47,8	38,4

Fonte: CEPAL. *Anuario Estadístico de América Latina y el Caribe*. Santiago: Naciones Unidas, 2013. Disponível em: <http://repositorio.cepal.org>; THE WORLD BANK. *World Development Indicators 2017*. Washington, D.C., 2017. Disponível em: <http://wdi.worldbank.org/tables>. Acessos em: 7 maio 2018.

Uma das consequências mais graves dessa crise foi a elevação do desemprego no México: segundo o FMI, subiu de 3,6% da população economicamente ativa (PEA), em 2007, para 5,3%, em 2009 (em 2016 era de 3,9%). Na foto, de 2009, dezenas de pessoas esperavam na fila para candidatar-se a uma das 80 vagas de trabalho temporário oferecidas na Subsecretaria de Obras Públicas do Estado de Coahuila.

2. TIGRES ASIÁTICOS

A ORIGEM DOS TIGRES

Coreia do Sul, Taiwan e Cingapura não eram muito diferentes da maioria de seus vizinhos asiáticos até a Segunda Guerra Mundial. Os dois primeiros, de maior extensão territorial, eram países predominantemente agrícolas, cuja maioria da população vivia no campo e praticava uma agricultura tradicional. Todos tinham população pouco numerosa e majoritariamente analfabeta, assim como território reduzido, sem nenhuma reserva importante de recursos minerais ou combustíveis fósseis. O futuro econômico não lhes parecia muito promissor, no entanto, atualmente, apresentam algumas das economias mais dinâmicas e modernas do mundo. Como isso aconteceu?

O modelo econômico bem-sucedido dos primeiros **Tigres Asiáticos** vem sendo adotado em outros países do sudeste da Ásia, que, por isso, são chamados de **Novos Tigres**. Observe na tabela abaixo alguns indicadores desses países e localize-os no mapa ao lado.

Durante a Segunda Guerra, todos esses territórios estiveram ocupados pelos japoneses. Após o conflito mundial, passaram por um acelerado processo de industrialização, favorecido pela lógica da Guerra Fria: fizeram parte de um arco de alianças liderado pelos Estados Unidos e receberam apoio financeiro desse país. Nas décadas de 1980 e 1990, apresentaram alguns dos maiores índices de crescimento econômico do mundo e, desde essa época, estão entre os países que mais têm incorporado novas tecnologias ao processo produtivo.

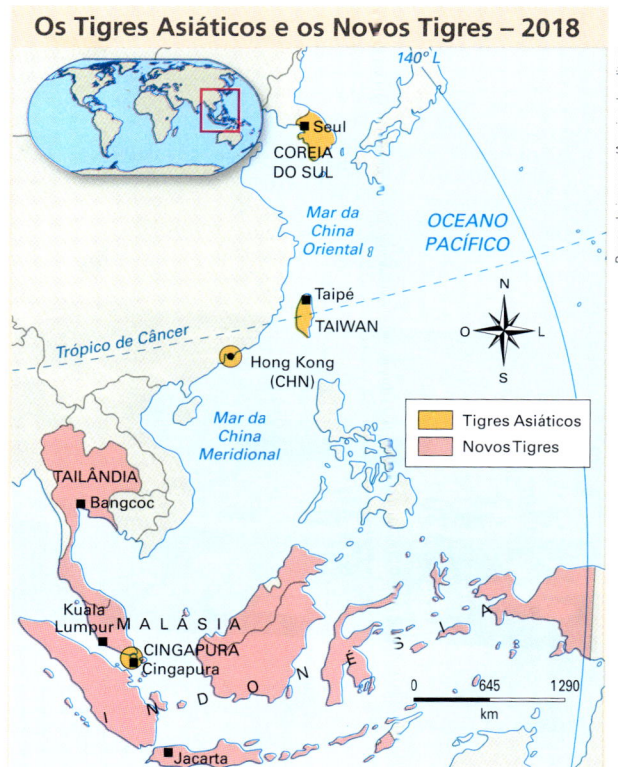

Organizado pelos autores.

Como resultado da implantação do modelo **plataforma de exportações**, houve um enorme crescimento econômico dos Tigres e um aumento igualmente expressivo de sua participação no comércio internacional. Em 1965, no início do processo de industrialização, eles detinham uma participação de 1,5% no comércio mundial; em 2016, segundo a OMC, essa participação atingiu 10,2% (ou 7%, se excluirmos Hong Kong).

Países selecionados: indicadores socioeconômicos – 2016			
Posição no mundo segundo o PIB/país	População (milhões de habitantes)	PIB (bilhões de dólares)	PIB *per capita* (dólares)
12º Coreia do Sul	51,2	1 414	27 600
16º Indonésia	261,1	889	3 400
22º Taiwan*	23,5	530	22 497
29º Tailândia	68,9	388	5 640
37º Malásia	31,2	307	9 860
40º Cingapura	5,6	291	51 880

Fonte: THE WORLD BANK. *World Development Indicators 2017*. Washington, D.C., 2018. Disponível em: <http://wdi.worldbank.org/tables>; FMI. *World Economic Outlook Database*. Out. 2017. Disponível em: <www.imf.org/external/pubs/ft/weo/2017/02/weodata/index.aspx>. Acessos em: 7 maio 2018.

* Taiwan não é reconhecida pela ONU, por isso suas agências e o Banco Mundial não apresentam informações sobre o país: seus dados são do Fundo Monetário Internacional.

QUEM SÃO OS TIGRES?

Hong Kong

Hong Kong foi incorporado ao império britânico em 1842 e, em 1997, foi devolvido à China. Além de ser território chinês, sua produção industrial é insignificante (0,05% do total mundial em 2015); por isso, não vamos analisá-la neste capítulo. Essa região especial chinesa se destaca pelos serviços financeiros (5ª maior bolsa de valores do mundo) e portuários (5º porto mais movimentado do planeta).

Bolsa de Valores de Hong Kong (China), em 2016. Na Ásia, considerando o valor de mercado em 2018, ela só fica atrás da Bolsa de Tóquio (Japão) e da de Xangai (China) na Ásia.

Coreia do Sul

A península da Coreia foi ocupada pelo Japão desde o fim da Guerra Sino-Japonesa (1894-1895) até o fim da Segunda Guerra Mundial (1939-1945). Foi dividida após o conflito, dando origem a dois países: a Coreia do Norte, socialista, e a **Coreia do Sul**, capitalista. Ao fim da guerra entre ambos (1950-1953), a península continuou dividida. Hoje, a Coreia do Norte é um dos países mais isolados do mundo, e a Coreia do Sul é a maior economia dos Tigres e a quarta da Ásia.

Centro cultural de exposições e eventos em Seul (Coreia do Sul), em 2015. Inaugurado em 2014, simboliza o avanço tecnológico sul-coreano.

Cingapura

Cingapura era um entreposto comercial da Companhia Britânica das Índias Ocidentais desde 1824. Esse pequeno arquipélago, depois de pertencer ao Império Britânico, passou a integrar a Federação da Malásia, e sua independência definitiva ocorreu apenas em 1965, quando foi constituída a República de Cingapura. Hoje, essa cidade-Estado é um importante centro industrial, financeiro e portuário.

Área central de Cingapura, em 2015. Na foto se destaca o hotel Marina Bay Sands (ao centro) e o ArtScience Museum (à direita), símbolos da modernidade da cidade-Estado.

Taipé (Taiwan), em 2015. O edifício Taipei 101, o oitavo mais alto do mundo (2018), se destaca na paisagem, com 508 metros de altura e 101 andares.

Taiwan

Taiwan (ou República da China), cuja capital é Taipé, constituiu-se como Estado com a chegada dos membros do Partido Nacionalista (Kuomintang), fugidos da China comunista após a Revolução de 1949. A ONU não reconhece Taiwan, e boa parte dos países, para não criar atrito com a República Popular da China, não mantém relações diplomáticas com os taiwaneses, embora mantenha relações comerciais.

OS FATORES DA INDUSTRIALIZAÇÃO

Após a Segunda Guerra Mundial, foram instituídos regimes políticos centralizadores nos Tigres Asiáticos, e seus dois países mais importantes – Coreia do Sul e Cingapura – eram governados por **ditaduras militares**. Nessa época, o Estado teve papel fundamental no planejamento estratégico para estimular a industrialização e as exportações. Entre outras medidas:

- concedeu incentivos às exportações, como redução de impostos e controle da política cambial;
- adotou medidas protecionistas (como a elevação de tarifas de importação) contra os concorrentes estrangeiros;
- investiu intensamente em educação e concedeu bolsas de estudos no exterior;
- impôs restrições ao funcionamento dos sindicatos;
- promoveu grandes investimentos em infraestrutura de transporte, energia, etc.;
- restringiu o consumo para elevar o nível de poupança interna via medidas fiscais (elevação de impostos) e controle das importações.

A aceleração da industrialização nos Tigres Asiáticos se deve a um conjunto de fatores: elevadas poupanças internas, ajuda financeira recebida dos Estados Unidos, no contexto da Guerra Fria, empréstimos contraídos em bancos no exterior a taxas de juros fixas e mercados para suas exportações industriais.

No início desse processo, a mão de obra nesses países era muito barata (observe na tabela a seguir) e relativamente qualificada e produtiva. Esse baixo custo, associado às medidas governamentais que vimos acima, tornava os produtos dos Tigres muito baratos. Isso lhes garantiu alta competitividade no mercado mundial e, portanto, elevados saldos comerciais.

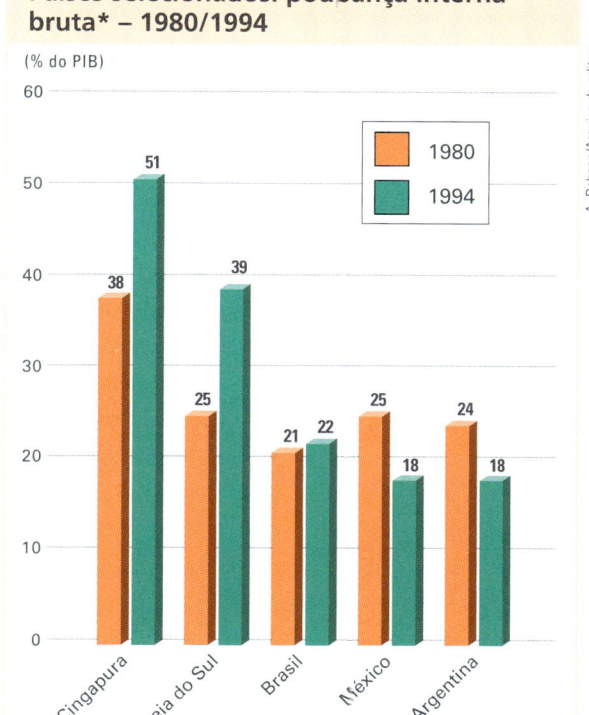

Fonte: BANCO MUNDIAL. *Relatório sobre o desenvolvimento mundial 1996.* Washington, D.C., 1996. p. 230-231.

* Segundo o Banco Mundial: "A poupança interna bruta é calculada deduzindo-se do PIB o consumo total".

Política cambial: instrumento utilizado pelos países para adaptar suas relações comerciais e financeiras no mercado externo às suas necessidades internas. Por exemplo, se o governo desvalorizar a sua moeda, favorecerá o setor de exportação e, ao mesmo tempo, tornará as importações mais caras.

Países selecionados: custos* dos trabalhadores industriais (dólares por hora) – 1975-2016

País	1975	1985	1997	2016
Alemanha	5,16	7,85	28,86	43,18
Estados Unidos	6,19	12,76	23,04	39,03
Cingapura	0,84	2,57	12,16	26,75
Japão	2,95	6,24	22,00	26,46
Coreia do Sul	0,33	1,28	9,24	22,98
Taiwan	0,39	1,50	7,07	9,82
Brasil	**	**	7,03	7,98
México	1,80	1,95	2,62	3,91

Fonte: U. S. DEPARTMENT OF LABOR. Bureau of Labor Statistics. *International Comparisons Hourly Compensation Costs in Manufacturing, 1975-2009.* Disponível em: <www.bls.gov/fls/#compensation>; THE CONFEFENCE BOARD. *International Comparisons Hourly Compensation Costs in Manufacturing, 2016.* Disponível em: <www.conference-board.org/ilcprogram/index.cfm?id=38269>. Acessos em: 7 maio 2018.

* Inclui o salário recebido pelo trabalhador, benefícios sociais – previdência social, assistência médica, auxílio refeição, etc. – e impostos.
** Não há dados disponíveis.

Desde os primórdios de seu processo de industrialização, as sociedades dos Tigres Asiáticos, principalmente a Coreia do Sul, perceberam a importância de investir em **educação**, principalmente no nível básico, como condição fundamental para formar e capacitar trabalhadores e pesquisadores, gerar novas tecnologias e aumentar a produtividade.

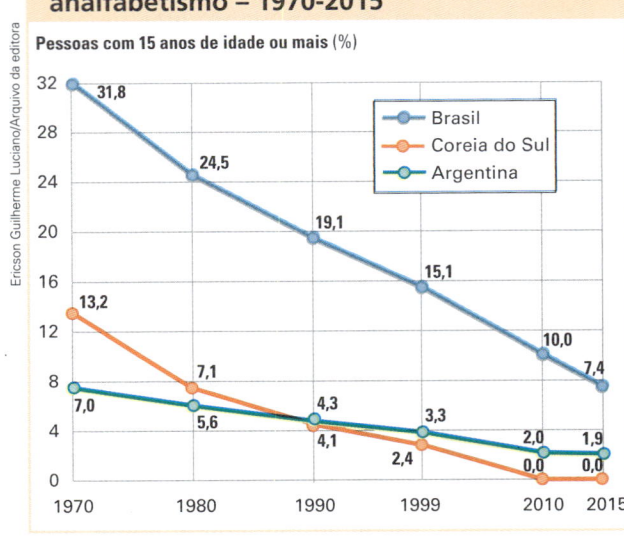

Brasil, Coreia do Sul e Argentina: analfabetismo – 1970-2015

Pessoas com 15 anos de idade ou mais (%)

Ano	Brasil	Coreia do Sul	Argentina
1970	31,8	13,2	7,0
1980	24,5	7,1	5,6
1990	19,1	4,1	4,3
1999	15,1	2,4	3,3
2010	10,0	0,0	2,0
2015	7,4	0,0	1,9

Observe no gráfico as taxas de analfabetismo da Coreia do Sul comparadas com as do Brasil e da Argentina.

Durante muito tempo, esses países foram conhecidos como exportadores de produtos de baixa qualidade e de tecnologia simples, mas atualmente estão vendendo produtos sofisticados de **alto valor agregado**, como navios, automóveis, semicondutores, computadores, *tablets*, *smartphones*, entre outros. Mais recentemente, o aumento da renda *per capita*, como mostra a tabela a seguir, e a elevação salarial, como vimos na tabela da página anterior, resultantes do crescimento da produtividade, ocasionaram uma expansão quantitativa e qualitativa dos mercados internos, sobretudo na Coreia do Sul, o mais populoso deles.

Fonte: PISA 2000. *Relatório Nacional*. Brasília: Inep, 2001. p. 27; PNUD. *Relatório de desenvolvimento humano 2009*. Nova York: Programa das Nações Unidas para o Desenvolvimento; Coimbra: Almedina, 2009. p. 171-172; UNDP. *Human Development Report 2016*. New York: United Nations Development Programme, 2016. p. 230-231.

Países selecionados: renda *per capita* (dólares) – 1980-2016			
País	1980	2000	2016
Cingapura	5 004	23 793	52 961
Coreia do Sul	1 711	11 947	27 535
Taiwan	2 367	14 877	22 497
Argentina	8 106	8 387	12 493
Brasil	1 256	3 779	8 727
México	3 175	6 736	8 562

Fonte: FMI. *World Economic Outlook Database*. Out. 2017. Disponível em: <www.imf.org/external/pubs/ft/weo/2017/02/weodata/index.aspx>. Acesso em: 7 maio 2018.

Deve-se destacar que os Tigres têm investido em novos setores industriais, mais avançados tecnologicamente, transferindo indústrias tradicionais e intensivas em mão de obra para outros países da região, onde o custo da força de trabalho é menor, como a China e os Novos Tigres, que também cresceram aceleradamente, conforme se pode constatar pelos dados da tabela a seguir.

Países selecionados: taxa de crescimento do PIB (média anual, %)			
País	1980-1990	1990-2000	2000-2016
Cingapura	6,4	7,2	5,8
Indonésia	6,1	3,9	5,5
Malásia	5,2	7,0	4,9
Tailândia	7,6	4,1	3,9
Coreia do Sul	9,4	6,2	3,8

Fonte: BANCO MUNDIAL. *Relatório sobre o desenvolvimento mundial 1996*. Washington, D.C., 1996. p. 226-227; THE WORLD BANK. *World Development Indicators 2017*. Washington, D.C., 2018. Disponível em: <http://wdi.worldbank.org/tables>. Acesso em: 7 maio 2018.

Como vimos, a Unctad classifica a Coreia do Sul como país desenvolvido e, nesse processo de transformação socioeconômica, os investimentos em educação, especialmente em formação e valorização dos professores, tiveram papel central. Sala de aula em Seul, em 2015.

Apesar de muitos pontos em comum entre esses países, principalmente quanto ao processo de industrialização, há grandes diferenças quanto à estrutura industrial.

A economia da **Coreia do Sul** é controlada por redes de grandes empresas, denominadas *chaebols*, a exemplo dos *keiretsus* japoneses. Esses conglomerados fabricam uma enorme diversidade de produtos, além de atuarem nos setores financeiro, de comércio e de serviços. Os *chaebols* sul-coreanos cada vez mais vendem seus produtos no mercado internacional e já são responsáveis por importantes inovações tecnológicas. Entre eles, 15 corporações estão na lista da *Fortune Global 500 2017*, destacando-se a Samsung Electronics (a maior empresa do país e 15ª do mundo), a Hyundai Motor, a SK Holdings, a LG Electronics, a Kia Motors e a Hyundai Heavy Industries.

Observe no mapa abaixo que as indústrias se concentram no litoral da Coreia do Sul, nas proximidades de portos, como Busan, o maior do país e um dos maiores do mundo (observe o gráfico na página seguinte). Essa localização favorece a entrada de matérias-primas agrícolas, minerais e fósseis, com presença significativa na pauta de importações – segundo relatório do Banco Mundial, 34,6% em 2016. Favorece também a saída de produtos industrializados, majoritários na pauta de exportações. De acordo com o *Relatório de Desenvolvimento Industrial 2018*, da Organização das Nações Unidas para o Desenvolvimento Industrial (Unido), em 2015, 97,3% das exportações do país eram de produtos industrializados, dos quais 76,2% eram bens de média/alta tecnologia. A Coreia do Sul possui um importante tecnopolo, o Incheon Technopark, que abriga muitas empresas inovadoras (localize-o no mapa abaixo).

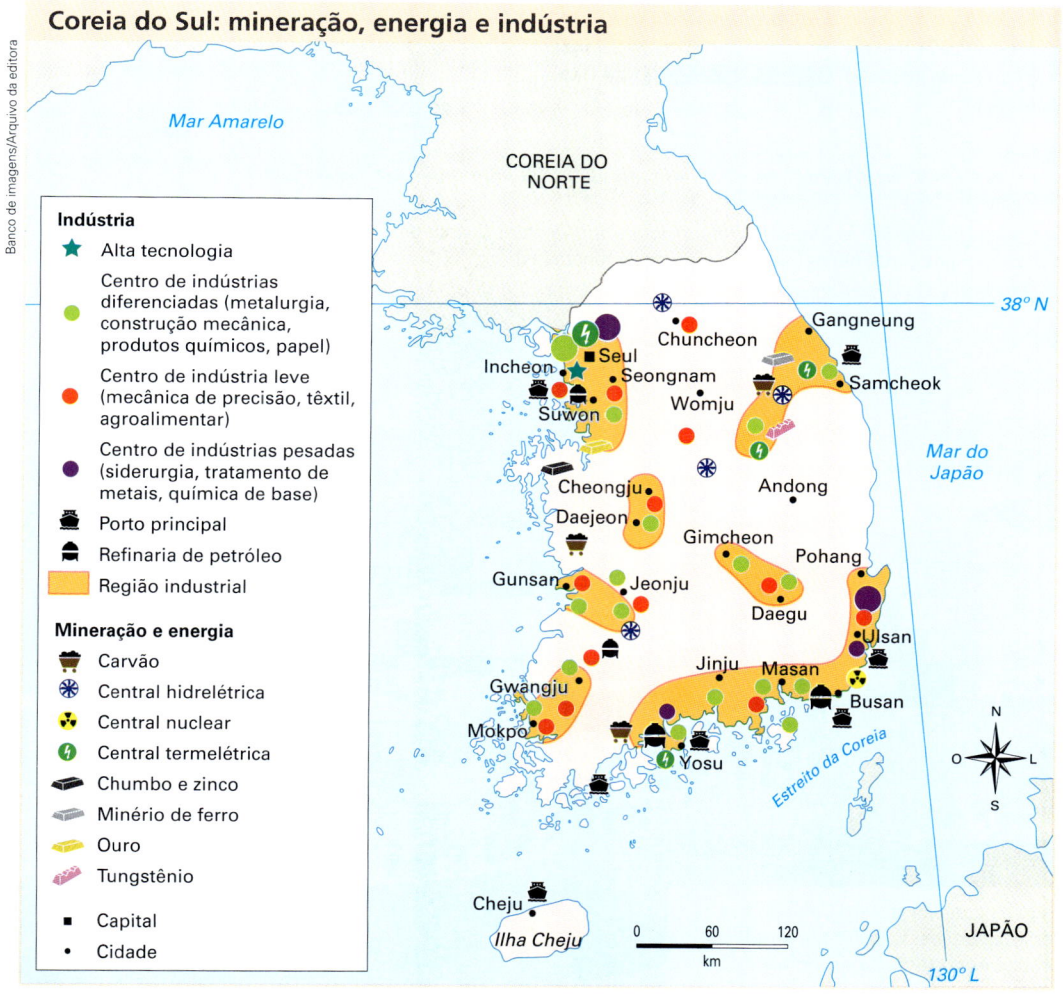

Fonte: CHARLIER, Jacques (Dir.). *Atlas du 21ᵉ siècle édition 2012*. Groningen: Wolters-Noordhoff; Paris: Éditions Nathan, 2011. p. 118. (Original sem data).

Taiwan sedia seis empresas da lista da *Fortune Global 500 2017*; a maior delas é a Hon Hai Precision Industry (a 27ª do mundo). Essa empresa é detentora da marca Foxconn, que produz placas-mãe, *notebooks*, *tablets* e *smartphones* para diversas marcas ocidentais. Estão sediadas no país mais quatro empresas do setor microeletrônico que figuram entre as quinhentas maiores do mundo.

Cingapura transformou-se em um dos maiores entrepostos comerciais do mundo e importante centro financeiro asiático. Em 2016, o país apresentava o melhor índice de desempenho em logística da Ásia e o quinto do mundo, como vimos no capítulo 18, e possuía o segundo porto mais movimentado do planeta (observe o gráfico a seguir). Além disso, tem procurado investir em indústrias de alto valor agregado, como a naval e a eletrônica. Está sediada no país a Flextronics, uma das maiores fabricantes mundiais de componentes eletrônicos.

Mundo: portos mais movimentados – 2015

1º Xangai (China) 36,54
2º Cingapura (Cingapura) 30,92
3º Shenzen (China) 24,20
4º Ningbo-Zhoushan (China) 20,63
5º Hong Kong (China) 20,07
6º Busan (Coreia do Sul) 19,45
7º Qingdao (China) 17,47
8º Guangzhou (China) 17,22
9º Dubai (Emirados Árabes Unidos) 15,60
10º Tianjin (China) 14,11
11º Roterdã (Países Baixos) 12,23
12º Port Klang (Malásia) 11,89
0 5 10 15 20 25 30 35 40
Milhões de TEUs*

Ericson Guilherme Luciano/Arquivo da editora

Fonte: WORLD SHIPPING COUNCIL. *Top 50 World Container Ports*. Washington, D.C., 2018. Disponível em: <www.worldshipping.org/about-the-industry/global-trade/top-50-world-container-ports>. Acesso em: 8 maio 2018.

* Sigla em inglês para *twenty-foot equivalent units* (unidades equivalentes a vinte pés), o tamanho padrão internacional dos contêineres (peso máximo de 24 toneladas).

Delpixel/Shutterstock

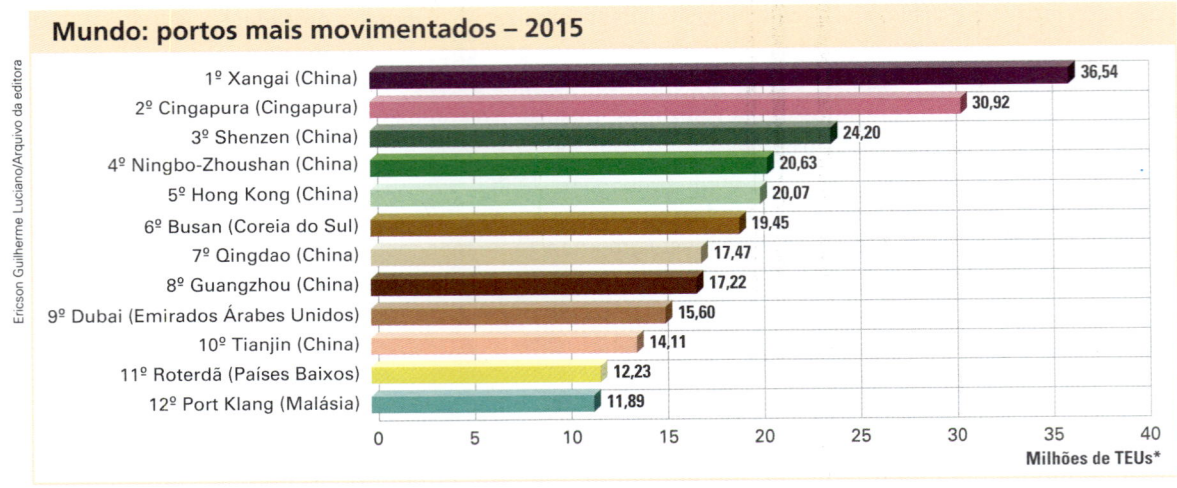

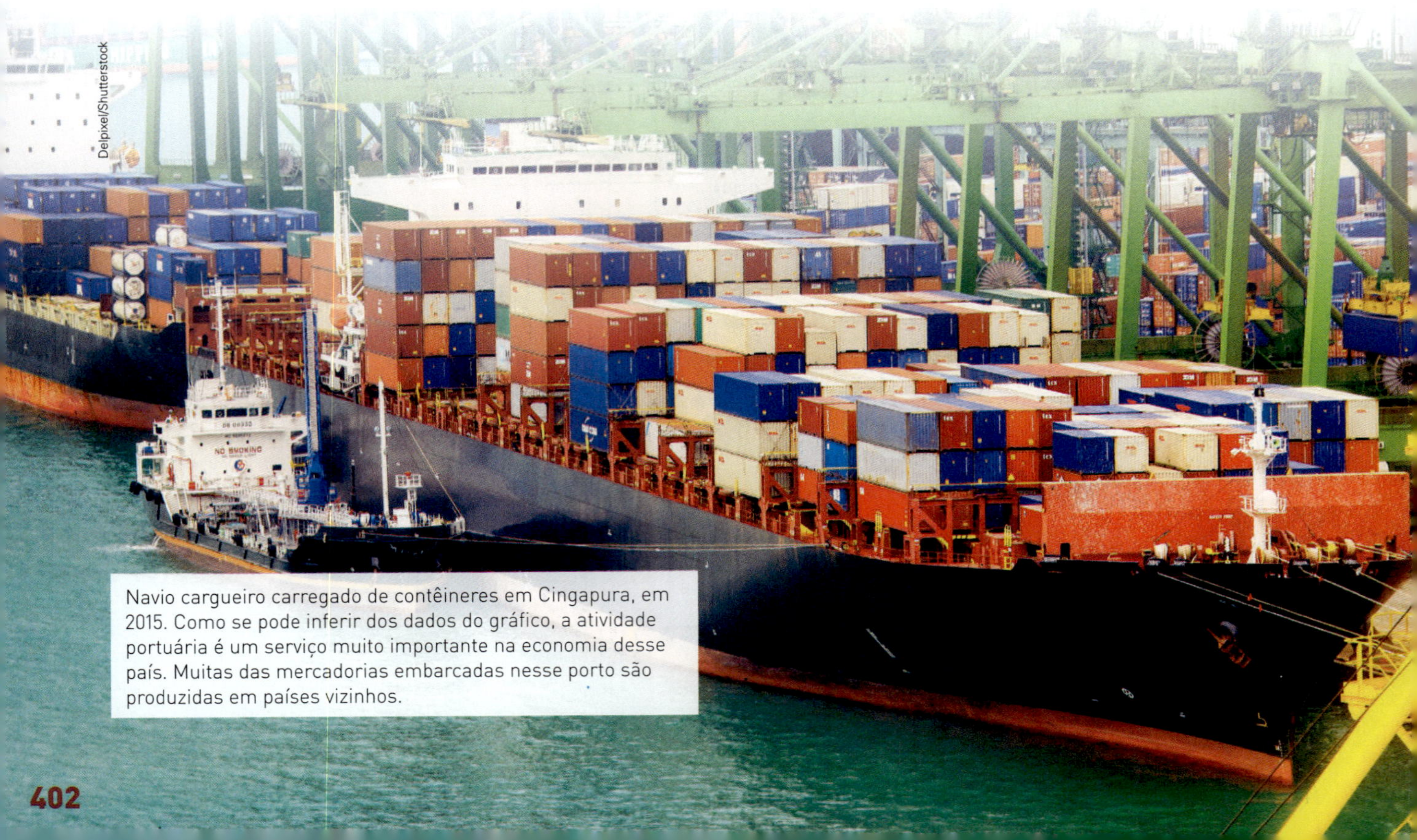

Navio cargueiro carregado de contêineres em Cingapura, em 2015. Como se pode inferir dos dados do gráfico, a atividade portuária é um serviço muito importante na economia desse país. Muitas das mercadorias embarcadas nesse porto são produzidas em países vizinhos.

PARA SABER MAIS

Diferenças entre o modelo asiático e o latino-americano

"A diferença entre o modelo asiático, se se pode chamar assim, e o modelo latino-americano, é que o modelo asiático é construído sobre poupança interna e mercado externo, enquanto o modelo latino-americano é construído sobre poupança externa e mercado interno."

Esta frase de Celso Amorim, ex-Ministro das Relações Exteriores do Brasil, citada pelo embaixador Rubens Ricupero num capítulo do livro *Brasil, México, África do Sul, Índia e China: diálogo entre os que chegaram depois*, sintetiza bem as diferenças estruturais entre o modelo econômico baseado em substituição de importações e o que se apoiou em exportações. Entretanto, não revela que o modelo asiático, ao investir em educação e garantir melhor distribuição de renda, possibilitou ao longo do tempo, mais do que o latino-americano, criar um amplo mercado interno. A exclusão social foi um dos piores problemas do modelo econômico vigente na América Latina.

Outra diferença é que o modelo asiático, ao apoiar o desenvolvimento em poupança interna e construir um Estado eficiente, favoreceu, bem antes dos países da América Latina, maior crescimento econômico com a inflação controlada. A inflação alta foi durante muito tempo um perverso mecanismo de concentração de renda nos países da América Latina, mesmo quando a economia cresceu.

Como vimos, o modelo asiático propiciou ações que asseguraram melhor distribuição da riqueza nacional e maior alta do Índice de Desenvolvimento Humano. Observe as tabelas a seguir.

País* (ano da pesquisa)	% sobre o total do rendimento nacional		Índice de Gini
	10% mais pobres	10% mais ricos	
Coreia do Sul (2012)	2,6	23,8	31,6
Cingapura (1998)	1,9	32,8	42,5
Argentina (2014)	1,6	30,8	42,7
México (2014)	1,9	39,7	48,2
Brasil (2015)	1,1	40,5	51,3

Países selecionados: distribuição de renda

Fonte: THE WORLD BANK. *World Development Indicators 2017*. Washington, D.C., 2018. Disponível em: <http://wdi.worldbank.org/tables>. Acesso em: 8 maio 2018.

* Não há dados sobre Taiwan nos relatórios do Banco Mundial; os de Cingapura são do relatório *World Development Indicators 2012*.

Países selecionados: Índice de Desenvolvimento Humano – 2015

Posição/país*	IDH	Expectativa de vida ao nascer (anos)	Escolaridade média/ escolaridade esperada (anos)	Rendimento nacional bruto *per capita* (dólar PPC de 2011)
Desenvolvimento humano muito elevado				
5º Cingapura	0,925	83,2	11,6 / 15,4	78 162
18º Coreia do Sul	0,901	82,1	12,2 / 16,6	34 541
45º Argentina	0,827	76,5	9,9 / 17,3	20 945
Desenvolvimento humano elevado				
77º México	0,762	77,0	8,6 / 13,3	16 383
79º Brasil	0,754	74,7	7,8 / 15,2	14 145

Fonte: UNDP. *Human Development Report 2016*. New York: United Nations Development Programme, 2016. p. 198-199.

* Não há dados sobre Taiwan nos relatórios da ONU e de suas agências.

3. PAÍSES DO FÓRUM IBAS

O Fórum de Diálogo Ibas (ou IBSA, da sigla em inglês) é uma cooperação firmada em 2003 entre três importantes países emergentes: Índia, Brasil e África do Sul. Seu objetivo é aprofundar a **cooperação Sul-Sul** no âmbito econômico, científico e cultural, além de aumentar o poder de negociação com os países desenvolvidos nos organismos internacionais, como a ONU e a OMC.

Apesar de se localizarem em continentes diferentes, como se pode observar no mapa abaixo, esses países apresentam muitas semelhanças e, por isso, buscam aproximação. Segundo o próprio Fórum: "O Fórum de Diálogo Ibas reúne três grandes sociedades pluralistas, multiculturais e multirraciais de três continentes, como um grupo puramente Sul-Sul de países com a mesma mentalidade, comprometidos com o desenvolvimento sustentável inclusivo e em busca do bem-estar de seus povos, assim como do mundo em desenvolvimento". Observe abaixo alguns indicadores socioeconômicos dos membros do Ibas.

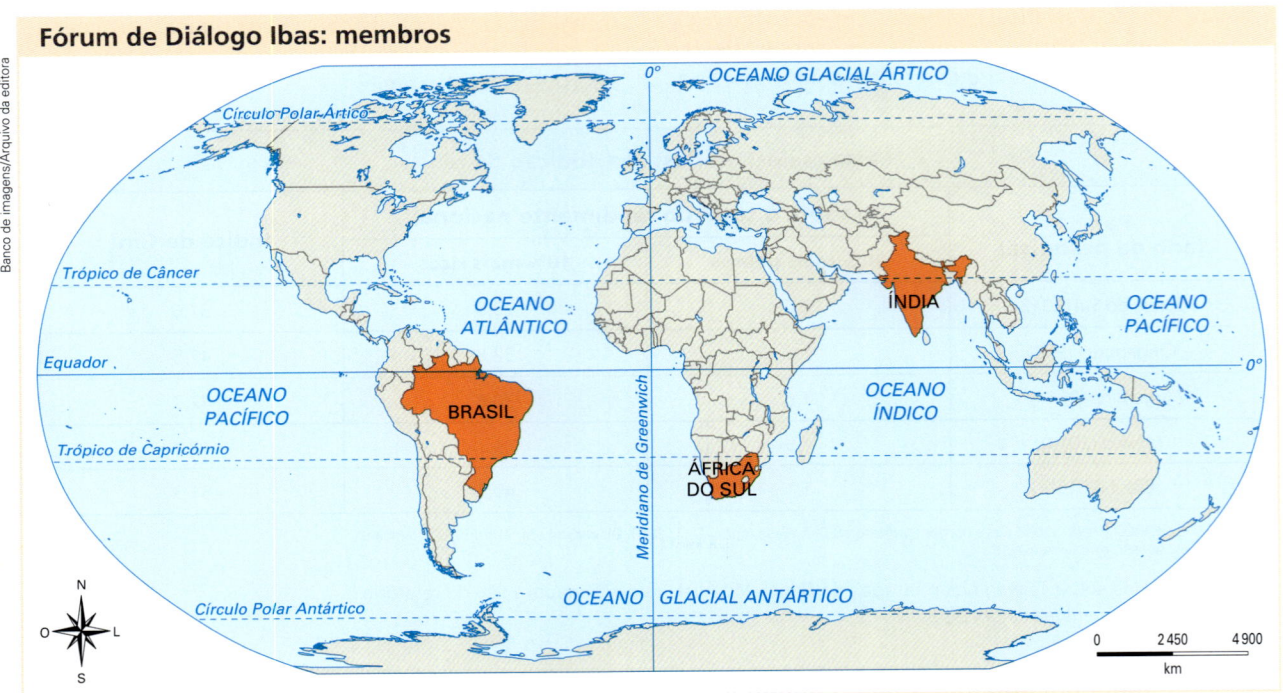

Organizado pelos autores.

Ibas: indicadores socioeconômicos – 2016			
Posição no mundo segundo o PIB/país	População (milhões de habitantes)	PIB (bilhões de dólares)	PIB *per capita* (dólares)
7º Índia	1 324,2	2 220	1 670
9º Brasil	207,7	1 836	8 840
38º África do Sul	55,9	307	5 480

Fonte: THE WORLD BANK. *World Development Indicators 2017*. Washington, D.C., 2017.
Disponível em: <http://wdi.worldbank.org/tables>. Acesso em: 8 maio 2018.

Como já estudamos o Brasil no contexto do grupo dos países latino-americanos, vamos agora estudar o processo de industrialização dos outros dois membros do Fórum Ibas: Índia e África do Sul.

O modelo de industrialização desses dois países emergentes se aproxima do vigente no Brasil: ambos priorizaram a substituição de importações e tiveram (e ainda têm) forte presença do Estado na economia.

ÍNDIA

A Índia é um dos mais importantes países emergentes. Com base em seu gigantesco mercado consumidor (é a segunda população do planeta, superada apenas pela da China), apresenta uma das economias que mais crescem no mundo. Segundo o Banco Mundial, o país cresceu em média 7,5% ao ano no período de 2000 a 2016. Entretanto, iniciou seu processo de industrialização somente após se libertar do domínio britânico.

Depois de longa campanha liderada por Mohandas Gandhi (1869-1948), mais conhecido como Mahatma (do sânscrito, 'grande alma'), o país obteve sua independência política em 1947. O partido Congresso Nacional Indiano (INC, sigla em inglês), de maioria hindu, assumiu o poder, tendo como primeiro-ministro – por ser uma república parlamentarista – outro importante líder do movimento de independência, Jawaharlal Nehru (1889-1964), que governou até sua morte. Seu partido, porém, permaneceu no poder até 1996, quando o Partido do Povo Indiano (BJP, sigla em hindi) venceu as eleições. Desde então esses dois partidos se alternam no poder.

Na Índia, sob o governo de Nehru, o Estado teve forte participação no processo de industrialização, embora também houvesse investimentos britânicos e americanos. Como se tratava de um governo do grupo dos países que não eram alinhados exclusivamente com nenhuma das superpotências, ainda contou com a assistência técnica soviética em diversos setores, como o petroquímico e o militar. O Estado investiu principalmente na indústria de bens intermediários, bélica e em obras de infraestrutura.

As grandes reservas de minérios, como cromo (quarto produtor mundial, em 2016), ferro (quarto) e manganês (sexto), contribuíram para o processo de industrialização, assim como as reservas de combustíveis fósseis, principalmente de carvão mineral, sua principal fonte de energia, e de petróleo. Em 2016, foram extraídos 708 milhões de toneladas de carvão mineral (terceiro produtor mundial) e 734 mil barris de petróleo por dia (25º produtor). Como o consumo diário de petróleo é cerca de cinco vezes maior do que a produção interna, o restante é importado, fazendo do país o terceiro importador mundial desse combustível fóssil.

As maiores concentrações industriais do país estão no nordeste do território, em torno de cidades como Jamshedpur e Kolkata (Calcutá), com destaque para indústrias pesadas. Isso se deve à existência de reservas de recursos minerais e energéticos, como mostra o mapa ao lado. Mas há concentrações industriais em outras regiões, incluindo as de alta tecnologia, como em Bangalore, no sul do país.

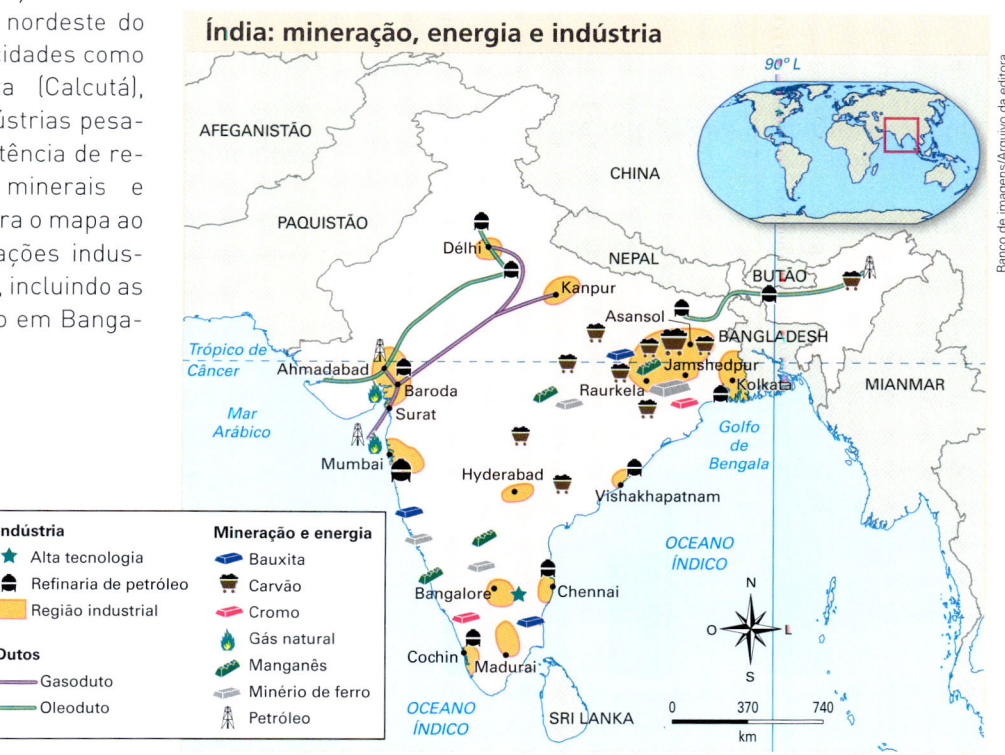

Fonte: CHARLIER, Jacques (Dir.). *Atlas du 21ᵉ siècle édition 2012*. Groningen: Wolters-Noordhoff; Paris: Éditions Nathan, 2011. p. 109. (Original sem data.)

A Tata Motors ganhou notoriedade em 2008 por ter lançado o Nano, o carro mais barato do mundo. Na foto, o presidente da empresa mostra o novo modelo, lançado em Mumbai (Índia), em 19 de maio de 2015, ao preço de 199 mil rúpias (9 440 reais ao câmbio daquele dia).

A Índia possui um parque fabril diversificado, com praticamente todos os setores industriais, e também já abriga algumas empresas entre as maiores do mundo, com destaque para a Indian Oil (maior do país e 168ª do mundo na lista da *Fortune Global 500 2017*). A empresa atua em extração, transporte e refino de petróleo e também no setor petroquímico.

A Indian Oil simboliza a intervenção estatal no processo de industrialização da Índia (como a Petrobras, no Brasil) e até hoje é controlada pelo governo central, que em 2017 detinha 57,3% das ações da empresa.

Além da petroleira, o país tem mais seis empresas na lista da revista *Fortune*, entre as quais a Tata Motors. Essa indústria automobilística, a maior do país, pertence ao Grupo Tata, *holding* que controla mais de cem empresas em diversos países e cujo controle acionário está nas mãos do bilionário Ratan Tata.

País de contrastes

Apesar da modernização em curso, a Índia ainda é um país rural e agrícola. Segundo o Banco Mundial, em 2016, 67% de sua população vivia no campo e as atividades primárias ocupavam a maior parte dos trabalhadores. Embora possua um parque industrial diversificado, esse é o setor que menos emprega. As atividades terciárias ainda ocupam relativamente pouca mão de obra, mas são as que mais crescem, sobretudo os serviços, e já contribuem com mais da metade do PIB. Observe os gráficos abaixo.

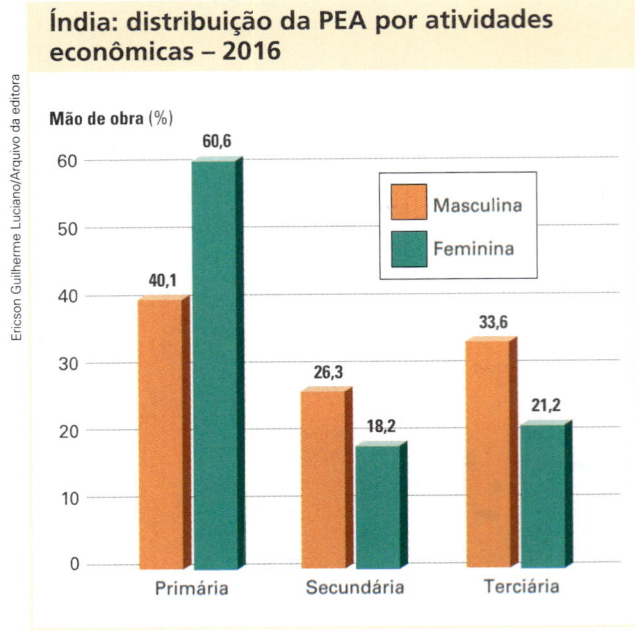

Índia: distribuição da PEA por atividades econômicas – 2016

Mão de obra (%)

Setor	Masculina	Feminina
Primária	40,1	60,6
Secundária	26,3	18,2
Terciária	33,6	21,2

Fonte: THE WORLD BANK. *World Development Indicators 2017*. Washington, D.C., 2018. Disponível em: <http://wdi.worldbank.org/tables>. Acesso em: 8 maio 2018.

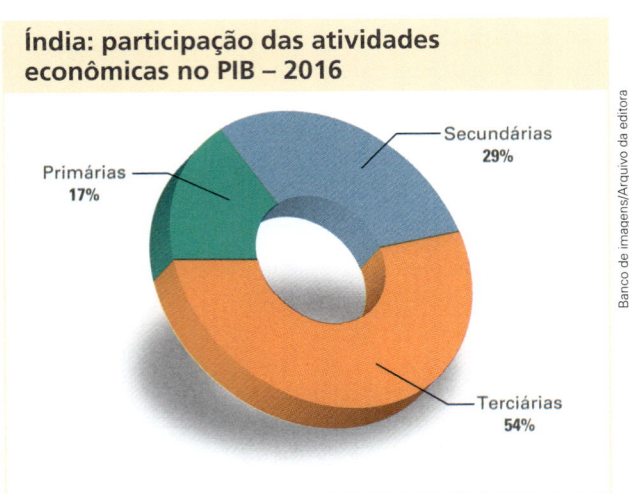

Índia: participação das atividades econômicas no PIB – 2016

- Primárias: 17%
- Secundárias: 29%
- Terciárias: 54%

Fonte: THE WORLD BANK. *World Development Indicators 2017*. Washington, D.C., 2018. Disponível em: <http://wdi.worldbank.org/tables>. Acesso em: 8 maio 2018.

A Índia tem atraído muitos investimentos externos, principalmente capitais americanos e britânicos. Um dos fatores que mais têm contribuído para isso, além da mão de obra barata e cada vez mais qualificada, é o mercado interno em crescimento. Segundo o *World Development Indicators 2017*, 58% dos indianos viviam na pobreza, com menos de 3,10 dólares PPC por dia, e 21% na extrema pobreza, com menos de 1,90 dólar PPC por dia. Porém, mesmo que somente um quarto dos indianos tenha efetivamente capacidade de consumo, em 2016 isso correspondia a 330 milhões de pessoas, o que equivalia a uma vez e meia a população brasileira. Com a modernização e o rápido crescimento econômico, a parcela da população pertencente à classe média vem se ampliando.

Na Índia, o avanço e o atraso, a opulência e a miséria convivem lado a lado, como você pode observar nas imagens abaixo. Enquanto ainda é imensa a legião de pobres, sua economia é uma das que mais crescem no mundo desde a década de 1990 e abriga indústrias e serviços de alta tecnologia, como informática (*software* e *hardware*), tecnologias da informação (TI) e biotecnologia. O país é um dos maiores exportadores mundiais de *softwares* e de produtos da área de TI. Além disso, possui algumas das mais importantes empresas mundiais que atuam nesses setores, concentradas sobretudo em Bangalore (localize-a no mapa da página 405).

Bangalore é um dos mais importantes parques tecnológicos do mundo. A cidade abriga diversas universidades e centros de pesquisa, a maioria do governo indiano, entre os quais se destacam: Universidade de Bangalore, Instituto Indiano de Ciência e Instituto Internacional de Tecnologia da Informação. Em torno deles se desenvolveram diversas empresas nacionais (estatais e privadas) de alta tecnologia – Infosys (*softwares*), Tata Technologies (*softwares*), Wipro Technologies (TI), entre outras – e, ao mesmo tempo, se instalaram na região filiais de praticamente todas as maiores e mais conhecidas corporações transnacionais desses setores. Somando as nacionais e as estrangeiras, há mais de trezentas empresas dos setores de informática e de TI instaladas em Bangalore, que por isso ficou conhecida como o "Vale do Silício" da Índia.

> Veja a indicação do filme *Quem quer ser um milionário?* na seção **Sugestões de textos, vídeos e *sites*.**

Mesmo em Bangalore (Índia), município que abriga o principal parque tecnológico do país, são visíveis os profundos contrastes socioeconômicos e as diferenças de infraestrutura. Em suas paisagens urbanas podem ser vistos prédios modernos, como os do Bagmane Teck Park, um tecnopolo de empresas de *software* (foto acima, de 2015), mas também assentamentos precários e lixo depositado a céu aberto devido à coleta deficiente nos bairros pobres (foto ao lado, de 2017).

ÁFRICA DO SUL

O processo de industrialização da África do Sul foi intensificado depois da independência política do Reino Unido, em 1961. Contou com uma forte participação de capitais estrangeiros, predominantemente britânicos e americanos, distribuídos por vários setores, com destaque para a indústria extrativa. Os capitais estatais concentraram-se na indústria de bens intermediários e em obras de infraestrutura.

Na atualidade, o parque industrial sul-africano é diversificado, como mostra o primeiro mapa abaixo.

Embora a África do Sul seja a segunda maior economia do continente africano e a mais diversificada, além de possuir importantes empresas nacionais estatais e privadas, nenhuma delas consta na lista das 500 maiores do mundo da revista *Fortune*. Tampouco há empresas de outro país africano nessa lista, o que indica baixa concentração de capitais nas empresas e limitação do mercado interno dos países desse continente. Em 2016, o PIB da África do Sul, apesar de corresponder a 20% do produto interno bruto de toda a África subsaariana, que é composta de 47 países, equivalia a somente 14% do PIB brasileiro.

Entre os fatores que contribuíram para a industrialização da África do Sul destacam-se a disponibilidade de mão de obra barata – os trabalhadores negros eram superexplorados – e as enormes reservas minerais e energéticas. Observe o segundo mapa abaixo.

No início do processo de industrialização, esses fatores serviram para atrair investimentos estrangeiros, mas com o aumento da pressão internacional contra o *apartheid*, principalmente a partir dos anos 1980, muitas empresas multinacionais deixaram de investir no país.

> Veja a indicação do filme *Invictus* na seção **Sugestões de textos, vídeos e *sites*.**

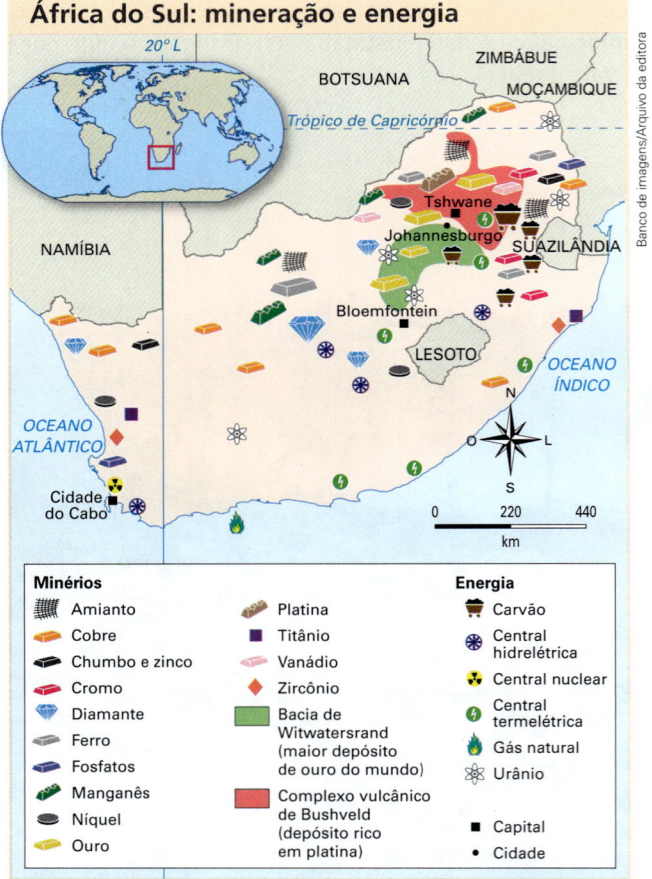

Fonte: CHARLIER, Jacques (Dir.). *Atlas du 21ᵉ siècle édition 2012*. Groningen: Wolters-Noordhoff; Paris: Éditions Nathan, 2011. p. 169. (Original sem data.)

Superação do apartheid

Além das pressões externas, muitos líderes sul-africanos lutaram contra o regime segregacionista, entre os quais o mais conhecido é Nelson Mandela (1918-2013). Ele foi o maior líder do Congresso Nacional Africano (CNA ou ANC, sigla em inglês), como é chamado o mais antigo grupo *antiapartheid*, fundado em 1912, e também o partido político atualmente no poder. Com a introdução do voto secreto e universal em 1994, Mandela, recém-saído da prisão, foi eleito o primeiro presidente negro do país.

Apesar da extinção do regime do *apartheid*, a desigualdade socioeconômica permanece. A África do Sul é um dos países com distribuição de renda mais desigual no mundo: de acordo com o *World Development Indicators 2017*, os 10% mais ricos se apropriam de 51,3% da renda nacional, e os 10% mais pobres, de apenas 0,9%. Segundo o mesmo relatório do Banco Mundial, 34,7% da população vive na pobreza, com menos de 3,10 dólares PPC por dia, e 16,6%, na extrema pobreza, com menos de 1,90 PPC dólar por dia. A maioria da população pobre é composta de negros; por isso, como vimos no capítulo 17, políticas de **ação afirmativa** têm sido instituídas por sucessivos governos desde o fim do *apartheid* para compensar essa desigualdade.

A concentração da renda nacional e a população relativamente pequena (quatro vezes menor do que a brasileira e 24 vezes menor do que a indiana) restringem o mercado interno e inibem uma expansão mais acelerada do PIB sul-africano. Embora nos anos 2000 sua taxa de crescimento econômico tenha aumentado em relação à década anterior, na qual o país estava saindo do *apartheid*, não chegou a apresentar um desempenho tão elevado como o da Índia. Segundo o Banco Mundial, na década de 1990, o PIB da África do Sul cresceu em média 2,1% ao ano, e, no período de 2000 a 2016, 3%.

> Para saber mais sobre a situação dos países africanos e asiáticos, consulte o livro **As relações internacionais da Ásia e da África**, de Paulo Fagundes Vizentini, e acesse os *sites* do **Banco Mundial** e do **Fundo Monetário Internacional (FMI)**. Veja orientações na seção **Sugestões de textos, vídeos e *sites***.

Na África do Sul, desde a extinção do *apartheid*, todos os presidentes eleitos foram negros e filiados ao ANC: Nelson Mandela (1994-1999), Thabo Mbeki (1999-2008), Kgalema Motlanthe (2008-2009, assumiu após renúncia de Mbeki) e Jacob Zuma (2009-2018). Na foto, cartazes pregando o voto no presidente Jacob Zuma no pleito de 7 de maio de 2014, no qual foi reeleito para governar por mais cinco anos. No entanto, em fevereiro de 2018, ele renunciou ao cargo sob acusação de corrupção, entre outros crimes, sendo substituído por seu vice, Cyril Ramaphosa.

ATIVIDADES

COMPREENDENDO CONTEÚDOS

1. Sobre os países emergentes de industrialização recente:
   a) relacione as principais economias que fazem parte do grupo;
   b) classifique-as de acordo com o tamanho do PIB. Qual é a maior delas? Qual é a posição do Brasil?

2. Esclareça os principais fatores que favoreceram a industrialização:
   a) das três maiores economias da América Latina;
   b) dos três maiores Tigres Asiáticos.

3. Explique sinteticamente as bases do processo de industrialização:
   a) da Índia;
   b) da África do Sul.

4. Quais são os setores que mais vêm se destacando na economia indiana? Por quê?

DESENVOLVENDO HABILIDADES

5. Levando em consideração a industrialização dos países emergentes ao longo do tempo, faça os procedimentos.
   a) Releia os gráficos "Principais emergentes: participação no valor da produção industrial dos países em desenvolvimento – 1990-2016", da página 389.
   b) Elabore um texto descritivo que contemple as seguintes questões:
      - O que mudou na participação das principais economias emergentes no valor da produção industrial dos países em desenvolvimento de 1990 a 2016?
      - Qual país mais ganhou participação e qual mais perdeu? Por quê?
      - Como foi o desempenho da Índia e do México?

6. Orientados pelo(a) professor(a), organizem-se em grupos para desenvolver a atividade a seguir.
   a) Nos grupos, cada membro deve:
      - reler o texto "Diferenças entre o modelo asiático e o latino-americano", na página 403;
      - analisar comparativamente os dados das tabelas apresentadas (na página 403 e abaixo) e anotar as conclusões no caderno;
      - observar as duas fotos ao lado;
      - elaborar um texto sobre as diferenças econômicas e sociais entre os dois modelos de desenvolvimento.
   b) Discutam entre vocês:
      - qual modelo foi o mais bem-sucedido? Por quê?
   c) Por fim, apresentem as conclusões do grupo aos demais colegas.

Rio Cheonggyecheon, em Seul (Coreia do Sul), acima (foto de 2016); e rio Tamanduateí, em São Paulo (SP), abaixo (foto de 2017).

País	Países selecionados: indicadores sociais – 2015		
	Pessoas assassinadas (por 100 mil habitantes)	Pessoas que moram em favelas (% da população urbana)	Pessoas que usam instalações sanitárias adequadas (% da população)
Cingapura	0,2	0,0	100,0
Coreia do Sul	0,7	0,0	98,5
Argentina	6,5	16,7	26,5
México	16,3	11,1	45,2
Brasil	26,7	22,3	38,6

Fonte: THE WORLD BANK. *World Development Indicators 2017*. Washington, D.C., 2018. Disponível em: <http://wdi.worldbank.orgR/tables>. Acesso em: 10 maio 2018.

VESTIBULARES DE NORTE A SUL

TESTES

1. SE **(FGV-RJ)** Analise a tirinha a seguir.

A partir da tirinha, é correto afirmar que a linha de montagem fordista
a) estabelece tarefas específicas para cada operário, o que restringe sua percepção sobre o bem final produzido.
b) permite que o operário realize funções variadas, o que elimina o sobretrabalho e garante um salário justo.
c) exige uma qualificação diversificada do operário, o que permite sua participação nas várias etapas do processo produtivo.
d) aumenta a velocidade do processo produtivo, o que estimula a produtividade e a cogestão dos operários.
e) intensifica a participação do fator trabalho, o que garante a inclusão dos trabalhadores nas decisões do processo produtivo.

2. CO **(UFG-GO)** Leia as informações a seguir.

Em meados do século XVIII, James Watt patenteou na Inglaterra seu invento, sobre o qual escreveu a seu pai: "O negócio a que me dedico agora se tornou um grande sucesso. A máquina de fogo que eu inventei está funcionando e obtendo uma resposta muito melhor do que qualquer outra que tenha sido inventada até agora".

Disponível em: <www.ampltd.co.uk/digital_guides/ind-rev-series-3-parts-1-to-3/detailed-listing-part-1.aspx>. Acesso em: 29 out. 2012. (Adaptado.)

A revolução histórica relacionada ao texto, a fonte primária de energia utilizada em tal máquina e a consequência ambiental de seu uso são, respectivamente,
a) puritana, gás natural e aumento na ocorrência de inversão térmica.
b) gloriosa, petróleo e destruição da camada de ozônio.
c) gloriosa, carvão mineral e aumento do processo de desgelo das calotas polares.
d) industrial, gás natural e redução da umidade atmosférica.
e) industrial, carvão mineral e aumento da poluição atmosférica.

3. SE **(Unicamp-SP)** Detroit foi símbolo mundial da indústria automotiva. Chegou a abrigar quase 2 milhões de habitantes entre as décadas de 1960 e 1970. Em 2010, porém, havia perdido mais de um milhão de habitantes. O espaço urbano entrou em colapso, com fábricas em ruínas, casas abandonadas, supressão de serviços públicos essenciais, crescimento da pobreza e do desemprego. Em 2013, foi decretada a falência da cidade. Essa crise urbana vivida por Detroit resulta dos seguintes processos:
a) ascensão do taylorismo; protecionismo econômico e concorrência com capitais europeus; deslocamento de indústrias para cidades vizinhas.
b) consolidação do regime de acumulação fordista; protecionismo econômico e concorrência com capitais europeus; deslocamento de indústrias para outros países.
c) declínio do toyotismo; liberalização econômica e concorrência com capitais asiáticos; deslocamento de indústrias para cidades vizinhas.
d) ascensão do regime de acumulação flexível; liberalização econômica e concorrência com capitais asiáticos; deslocamento de indústrias para outros países.

4. NE (IFCE) São as principais características do Vale do Silício, nos Estados Unidos:

a) localizado no oeste dos Estados Unidos, próximo a importantes centros de pesquisa, forma um complexo industrial com destaque para os ramos típicos da Terceira Revolução Industrial.

b) também conhecido por cinturão (belt), constitui-se na principal área produtora de cereais dos Estados Unidos, sobretudo de milho e trigo, além de pecuária intensiva.

c) formado por erosão glacial, constitui-se numa área de preservação permanente, onde se destacam as faias, as sequoias e as bétulas, espécies típicas da floresta boreal.

d) localizado no nordeste dos Estados Unidos, constitui-se numa área de antiga concentração industrial, destacando-se as indústrias de bens de produção pela abundância de matérias-primas, energia e mão de obra e pela facilidade de transporte.

e) é uma das principais áreas de extração mineral, sobretudo de silício, cobre e ferro, altamente prejudicada pela degradação do meio ambiente.

5. SE (Fuvest-SP)

Níveis *per capita* de industrialização – 1750-1913 (Reino Unido em 1900 = 100)

País	1750	1800	1860	1913
Alemanha	8	8	15	85
Bélgica	9	10	28	88
China	8	6	4	3
Espanha	7	7	11	22
EUA	4	9	21	126
França	9	9	20	59
Índia	7	6	3	2
Itália	8	8	10	26
Japão	7	7	7	20
Reino Unido	10	16	64	115
Rússia	6	6	8	20

Ronald Findlay e Kevin O'Rourke. *Power and Plenty*: Trade, War, and the World Economy in the Second Millennium. Princeton: Princeton University Press, 2007. (Adaptado.)

Com base na tabela, é correto afirmar:

a) A industrialização acelerada da Alemanha e dos Estados Unidos ocorreu durante a Primeira Revolução Industrial, mantendo-se relativamente inalterada durante a Segunda Revolução Industrial.

b) Os países do Sul e do Leste da Europa apresentaram níveis de industrialização equivalentes aos dos países do Norte da Europa e dos Estados Unidos durante a Segunda Revolução Industrial.

c) A Primeira Revolução Industrial teve por epicentro o Reino Unido, acompanhado em menor grau pela Bélgica, ambos mantendo níveis elevados durante a Segunda Revolução Industrial.

d) Os níveis de industrialização verificados na Ásia em meados do século XVIII acompanharam o movimento geral de industrialização do Atlântico Norte ocorrido na segunda metade do século XIX.

e) O Japão se destacou como o país asiático de mais rápida industrialização no curso da Primeira Revolução Industrial, perdendo força, no entanto, durante a Segunda Revolução Industrial.

6. SE (PUC-RJ) Os modelos de industrialização tardia podem ser classificados com base em alguns indicadores. A partir das diversas estratégias de investimentos em capitais industriais, modelos de industrialização tardia podem ser identificados por grupos de países, em momentos diversos da expansão do modelo industrial, por todo planeta, desde a segunda metade do século XX.

No caso do modelo implementado nos Tigres Asiáticos, este se diferencia do modelo latino-americano por ter sido baseado:

a) mais na consolidação do mercado interno e na poupança do que na conquista do mercado internacional.

b) mais na conquista do mercado externo e na substituição de importações do que na consolidação do mercado interno.

c) mais na retração das exportações e no controle das importações do que na retirada de subsídios dos setores de base e militar.

d) mais na conquista do mercado externo e no fortalecimento da poupança interna do que na substituição de importações.

e) mais na eliminação das importações e no crescimento dos investimentos internacionais do que no fortalecimento da poupança.

7. SE (Fuvest-SP)

A economia da Índia tem crescido em torno de 8% ao ano, taxa que, se mantida, poderá dobrar a riqueza do país em uma década. Empresas indianas estão superando suas rivais ocidentais. Profissionais indianos estão voltando do estrangeiro para seu país, vendo uma grande chance de sucesso empresarial.

Adaptado de: Beckett et al., 2007. Disponível em: <www.wsj-asia.com/pdf>. Acesso em: 29 jul. 2014.

O significativo crescimento econômico da Índia, nos últimos anos, apoiou-se em vantagens competitivas, como a existência de

a) diversas zonas de livre-comércio distribuídas pelo território nacional.

b) expressiva mão de obra qualificada e não qualificada.

c) extenso e moderno parque industrial de bens de capital, no noroeste do país.
d) importantes "cinturões" agrícolas, com intenso uso de tecnologia, produtores de commodities.
e) plena autonomia energética propiciada por hidrelétricas de grande porte.

8. NE (UECE) Considerando a classificação industrial segundo a tecnologia, as indústrias ditas germinativas são aquelas que
a) acompanham a produção mundial.
b) empregam os maiores recursos em sua força de trabalho.
c) geram o aparecimento de outras indústrias.
d) utilizam muita tecnologia e pouca força de trabalho.

QUESTÕES

9. S (UFPR) Comparando os dois textos a seguir, aborde as implicações dos conceitos de *flexibilidade*, *internacionalização* e *terceirização*.

Texto 1

A Inditex, um dos maiores grupos de distribuição de moda em nível mundial, conta com mais de 5 000 lojas em 77 países na Europa, América, Ásia e África. Para além da Zara, a maior das suas cadeias comerciais, a Inditex conta com outros formatos: Pull&Bear, Massimo Dutti, Bershka, Stradivarius, Oysho, Zara Home e Uterque. O seu singular modelo de gestão, baseado na inovação e na flexibilidade, e a sua forma de entender a moda [...] permitiram-lhe uma expansão internacional rápida e uma excelente aceitação dos seus diferentes conceitos comerciais.

Disponível em: <www.joinfashioninditex.com/joinfashion/>. Acesso em: 29 jul. 2014.

Texto 2

Fiscais do Ministério do Trabalho flagraram fornecedores da marca de roupas Zara explorando bolivianos em condições análogas à escravidão em três confecções no Estado de São Paulo. De acordo com a SRTE/SP (Superintendência Regional do Trabalho e Emprego de São Paulo), três fornecedoras foram alvo da investigação – duas na capital paulista e uma em Americana (127 km de SP). As duas oficinas da capital – de propriedade de bolivianos, mas que, segundo a SRTE, eram de responsabilidade da Zara – tinham, ao todo, 15 funcionários e foram fechadas pela SRTE. Os 15 trabalhadores receberam uma indenização conjunta no valor de R$ 140 mil. Em uma das oficinas, os fiscais chegaram a encontrar uma adolescente de 14 anos trabalhando. Ela só podia sair da oficina, que também servia como moradia, após autorização da chefia do local.

Disponível em: <www1.folha.uol.com.br/mercado/961047-zara-reconhece-trabalho-irregular-em-3-confeccoes-de-sp.shtml>. Acesso em: 29 jul. 2014.

10. SE (UFSCar-SP) A industrialização norte-americana começou no nordeste do país e se espalhou pela região dos Grandes Lagos, com setores como o siderúrgico, o naval e o automobilístico. Esse foi, durante muito tempo, o padrão espacial predominante nos Estados Unidos. Contudo, com a Revolução Técnico-científica e Informacional, novos padrões de distribuição industrial foram produzidos, gerando um processo de descentralização e de reorganização territorial da atividade produtiva. Considerando o processo descrito, responda:
a) Quais tipos de indústrias caracterizam o novo padrão industrial americano?
b) Onde se localizam essas indústrias e quais fatores justificam tal localização?

11. SE (PUC-SP) A partir da *perestroika*, presenciamos um processo de abertura no Leste Europeu que vem modificar uma divisão de poderes entre as grandes potências, estabelecida desde o final da Segunda Guerra Mundial. A reunificação das duas Alemanhas é parte importante dessas transformações, pois modifica um regime de equilíbrio vigente há quase 50 anos.
a) Em que condições históricas a Alemanha foi dividida?
b) Quais as consequências, para a política mundial, dessa divisão do mundo em dois blocos de poder?

12. SE (UFRJ) Nestes tempos de globalização econômica, a China chama a atenção do mundo em função do seu imenso mercado consumidor e de um sistema político-econômico peculiar, denominado por alguns estudiosos "socialismo de mercado".
Apresente duas razões que justifiquem a utilização do termo "socialismo de mercado" para definir a situação chinesa.

13. S (UFPR)

Com a globalização, ampliaram-se os horizontes geográficos e os incentivos das multinacionais para segmentar suas cadeias produtivas e redistribuir a localização de suas fábricas em diversos países. As etapas de produção que agregam menos valor a um produto podem ser transferidas para países onde os salários são mais baixos, enquanto as etapas que agregam mais valor permanecem em países com níveis salariais mais altos. O Brasil, porém, não tem se beneficiado dessa tendência. Enfrentamos, ao contrário, uma ameaça concreta de desindustrialização.

Adaptado de: GUEDES, P. Olho nos banqueiros e nos políticos! *Revista Época*, 9 abr. 2012.

Caracterize o que é globalização, indique dois países que, nas últimas décadas, vêm se destacando como destino de investimentos industriais e, por fim, explique por que a ascensão desses países põe o Brasil sob o risco de uma desindustrialização.

CAIU NO Enem

1. A evolução do processo de transformação de matérias-primas em produtos acabados ocorreu em três estágios: artesanato, manufatura e maquinofatura.
   Um desses estágios foi o artesanato, em que se:
   a) trabalhava conforme o ritmo das máquinas e de maneira padronizada.
   b) trabalhava geralmente sem o uso de máquinas e de modo diferente do modelo de produção em série.
   c) empregavam fontes de energia abundantes para o funcionamento das máquinas.
   d) realizava parte da produção por cada operário, com uso de máquinas e trabalho assalariado.
   e) faziam interferências do processo produtivo por técnicos e gerentes com vistas a determinar o ritmo de produção.

2. Outro importante método de racionalização do trabalho industrial foi concebido graças aos estudos desenvolvidos pelo engenheiro norte-americano Frederick Winslow Taylor. Uma de suas preocupações fundamentais era conceber meios para que a capacidade produtiva dos homens e das máquinas atingisse seu patamar máximo. Para tanto, ele acreditava que estudos científicos minuciosos deveriam combater os problemas que impediam o incremento da produção.

   Taylorismo e Fordismo. Disponível em: <www.brasilescola.com>. Acesso em: 28 fev. 2012.

   O Taylorismo apresentou-se como um importante modelo produtivo ainda no início do século XX, produzindo transformações na organização da produção e, também, na organização da vida social. A inovação técnica trazida pelo seu método foi a
   a) utilização de estoques mínimos em plantas industriais de pequeno porte.
   b) cronometragem e controle rigoroso do trabalho para evitar desperdícios.
   c) produção orientada pela demanda enxuta atendendo a específicos nichos de mercado.
   d) flexibilização da hierarquia no interior da fábrica para estreitar a relação entre os empregados.
   e) polivalência dos trabalhadores que passaram a realizar funções diversificadas numa mesma jornada.

3. Considere o papel da técnica no desenvolvimento da constituição de sociedades e três invenções tecnológicas que marcaram esse processo: invenção do arco e flecha nas civilizações primitivas, locomotiva nas civilizações do século XIX e televisão nas civilizações modernas.
   A respeito dessas invenções são feitas as seguintes afirmações:
   I. A primeira ampliou a capacidade de ação dos braços, provocando mudanças na forma de organização social e na utilização de fontes de alimentação.
   II. A segunda tornou mais eficiente o sistema de transporte, ampliando possibilidades de locomoção e provocando mudanças na visão de espaço e de tempo.
   III. A terceira possibilitou um novo tipo de lazer que, envolvendo apenas participação passiva do ser humano, não provocou mudanças na sua forma de conceber o mundo.
   Está correto o que se afirma em:
   a) I, apenas.
   b) I e II, apenas.
   c) I e III, apenas.
   d) II e III, apenas.
   e) I, II e III.

4.

   Disponível em: <http://primeira-serie.blogspot.com.br>. Acesso em: 7 dez. 2011 (adaptado).

   Na imagem do início do século XX, identifica-se um modelo produtivo cuja forma de organização fabril baseava-se no(a)
   a) autonomia do produtor direto.
   b) adoção da divisão sexual do trabalho.
   c) exploração do trabalho repetitivo.
   d) utilização de empregados qualificados.
   e) incentivo à criatividade dos funcionários.

5. Uma mesma empresa pode ter sua sede administrativa onde os impostos são menores, as unidades de produção onde os salários são os mais baixos, os capitais onde os juros são os mais altos e seus executivos vivendo onde a qualidade de vida é mais elevada.

SEVCENKO, N. *A corrida para o século XXI:* no *loop* da montanha-russa. São Paulo: Companhia das Letras, 2001 (adaptado).

No texto estão apresentadas estratégias empresariais no contexto da globalização. Uma consequência social derivada dessas estratégias tem sido:

a) o crescimento da carga tributária.
b) o aumento da mobilidade ocupacional.
c) a redução da competitividade entre as empresas.
d) o direcionamento das vendas para os mercados regionais.
e) a ampliação do poder de planejamento dos Estados nacionais.

6. Quanto mais complicada se tornou a produção industrial, mais numerosos passaram a ser os elementos da indústria que exigiam garantia de fornecimento. Três deles eram de importância fundamental: o trabalho, a terra e o dinheiro. Numa sociedade comercial, esse fornecimento só poderia ser organizado de uma forma: tornando-os disponíveis a compra. Agora eles tinham que ser organizados para a venda no mercado. Isso estava de acordo com a exigência de um sistema de mercado. Sabemos que em um sistema como esse, os lucros só podem ser assegurados se se garante a autorregulação por meio de mercados competitivos interdependentes.

POLANYI, K. *A grande transformação:* as origens de nossa época. Rio de Janeiro: Campus, 2000 (Adaptado.)

A consequência do processo de transformação socioeconômica abordado no texto é a

a) expansão das terras comunais.
b) limitação do mercado como meio de especulação.
c) consolidação da força de trabalho como mercadoria.
d) diminuição do comércio como efeito da industrialização.
e) adequação do dinheiro como elemento padrão das transações.

7. Um trabalhador em tempo flexível controla o local do trabalho, mas não adquire maior controle sobre o processo em si. A essa altura, vários estudos sugerem que a supervisão do trabalho é muitas vezes maior para os ausentes do escritório do que para os presentes. O trabalho é fisicamente descentralizado e o poder sobre o trabalhador, mais direto.

SENNETT, R. *A corrosão do caráter:* consequências pessoais do novo capitalismo. Rio de Janeiro: Record, 1999 (adaptado).

Comparada à organização do trabalho característica do taylorismo e do fordismo, a concepção de tempo analisada no texto pressupõe que

a) as tecnologias de informação sejam usadas para democratizar as relações laborais.
b) as estruturas burocráticas sejam transferidas da empresa para o espaço doméstico.
c) os procedimentos de terceirização sejam aprimorados pela qualificação profissional.
d) as organizações sindicais sejam fortalecidas com a valorização da especialização funcional.
e) os mecanismos de controle sejam deslocados dos processos para os resultados do trabalho.

8. O desenvolvimento científico digital-molecular de certa forma desterritorializou as localizações produtivas; os novos métodos de organização do trabalho industrial também vão na mesma direção: *just in time, kamban,* organização flexível.

OLIVEIRA, F. *As contradições do ão:* globalização, nação, região, metropolização. Belo Horizonte: Cedeplar UFMG, 2004.

As mudanças descritas no texto referentes aos processos produtivos são favorecidas pela

a) ampliação da intervenção do Estado.
b) adoção de barreiras alfandegárias.
c) expansão das redes informacionais.
d) predominância de empresas locais.
e) concentração dos polos de fabricação.

9. Tendo encarado a besta do passado olho no olho, tendo pedido e recebido perdão e tendo feito correções, viremos agora a página – não para esquecê-lo, mas para não deixá-lo aprisionar-nos para sempre. Avancemos em direção a um futuro glorioso de uma nova sociedade sul-africana, em que as pessoas valham não em razão de irrelevâncias biológicas ou de outros estranhos atributos, mas porque são pessoas de valor infinito criadas à imagem de Deus.

Desmond Tutu, no encerramento da Comissão da Verdade na África do Sul. Disponível em: <http://td.camara.leg.br>. Acesso em: 17 dez. 2012 (adaptado).

No texto relaciona-se a consolidação da democracia na África do Sul à superação de um legado

a) populista, que favorecia a cooptação de dissidentes políticos.
b) totalitarista, que bloqueava o diálogo com os movimentos sociais.
c) segregacionista, que impedia a universalização da cidadania.
d) estagnacionista, que disseminava a pauperização social.
e) fundamentalista, que engendrava conflitos religiosos.

As atividades terciárias da economia são compostas de comércio e serviços e ambos não existiriam sem as atividades primárias e as secundárias. A indústria produz bens a serem comercializados em lojas de diversos tipos e fornece equipamentos a agropecuaristas, comerciantes e prestadores de serviços. Já a agropecuária e o extrativismo produzem matérias-primas para indústrias, abastecem feiras, açougues e supermercados com alimentos e outros produtos que serão consumidos pela população.

Na maioria dos países, as atividades terciárias são as que mais empregam trabalhadores e as que mais contribuem para a formação do PIB. Além disso, como veremos, assim como existe um comércio internacional de mercadorias, há também um intercâmbio crescente de serviços entre as nações. É por causa da importância do comércio e dos serviços no mundo que vamos estudá-los nesta unidade.

UNIDADE 5

COMÉRCIO E SERVIÇOS NO MUNDO

CAPÍTULO 22

O COMÉRCIO INTERNACIONAL E OS BLOCOS REGIONAIS

O uso de contêineres é crescente no comércio mundial porque torna o transporte de mercadorias mais seguro, rápido e barato. Na foto, o navio MSC Oscar atracado no porto de Hamburgo (Alemanha), em 2017. Esse navio, um dos maiores em sua categoria, transporta mais de 19 mil contêineres de uma única vez.

Com o fim da Segunda Guerra Mundial, exceto em um ano ou outro, o comércio internacional de mercadorias cresceu mais do que o produto mundial bruto (a soma do PIB de todos os países). Logo após o conflito, foi constituído o **Acordo Geral de Tarifas e Comércio (GATT,** sigla em inglês), atual **Organização Mundial do Comércio (OMC),** cujo objetivo era ampliar as trocas entre os países. Desde então, muitos blocos comerciais foram criados e, ao longo deste capítulo, estudaremos os mais importantes.

O comércio internacional é responsável por interligar economias de países muito distantes. No entanto, será que todos os países são favorecidos igualmente pela ampliação do comércio internacional? A criação de normas para aumentar o número de nações beneficiadas pelos fluxos comerciais melhoraria as condições de vida da população dos países em desenvolvimento? Essas questões têm sido debatidas em fóruns internacionais.

Automóveis importados aguardam transporte para concessionárias no pátio de desembarque do porto de Eilat (Israel), em 2015.

1. COMÉRCIO INTERNACIONAL

PRINCIPAIS POLOS COMERCIAIS

Fotos: Shutterstock/Glow Images
Fotomontagem: Cesar Wolf e Fernanda Crevin

Todos os anos, milhares de caminhões, trens, navios e aviões circulam entre países transportando toneladas de mercadorias – produtos industrializados, minerais e agrícolas.

Em 2016, as exportações de mercadorias de todos os países somaram quase 16 trilhões de dólares. O mapa a seguir mostra os principais polos comerciais e os fluxos de mercadorias no mundo. Perceba que há uma preponderância dos fluxos de comércio nos países da Europa ocidental, sobretudo da União Europeia; no Leste Asiático, com destaque para a China e o Japão; e na América do Norte, principalmente nos Estados Unidos.

O GATT, atual OMC, teve papel muito importante na expansão do comércio internacional, assim como os tratados comerciais firmados entre os países, tanto no âmbito dessas organizações como bilateralmente.

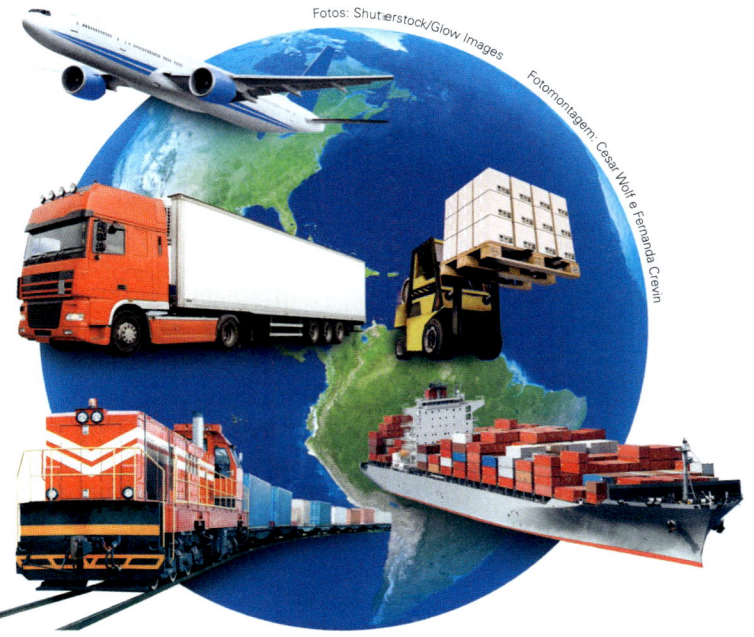

Mundo: comércio de mercadorias – 2016

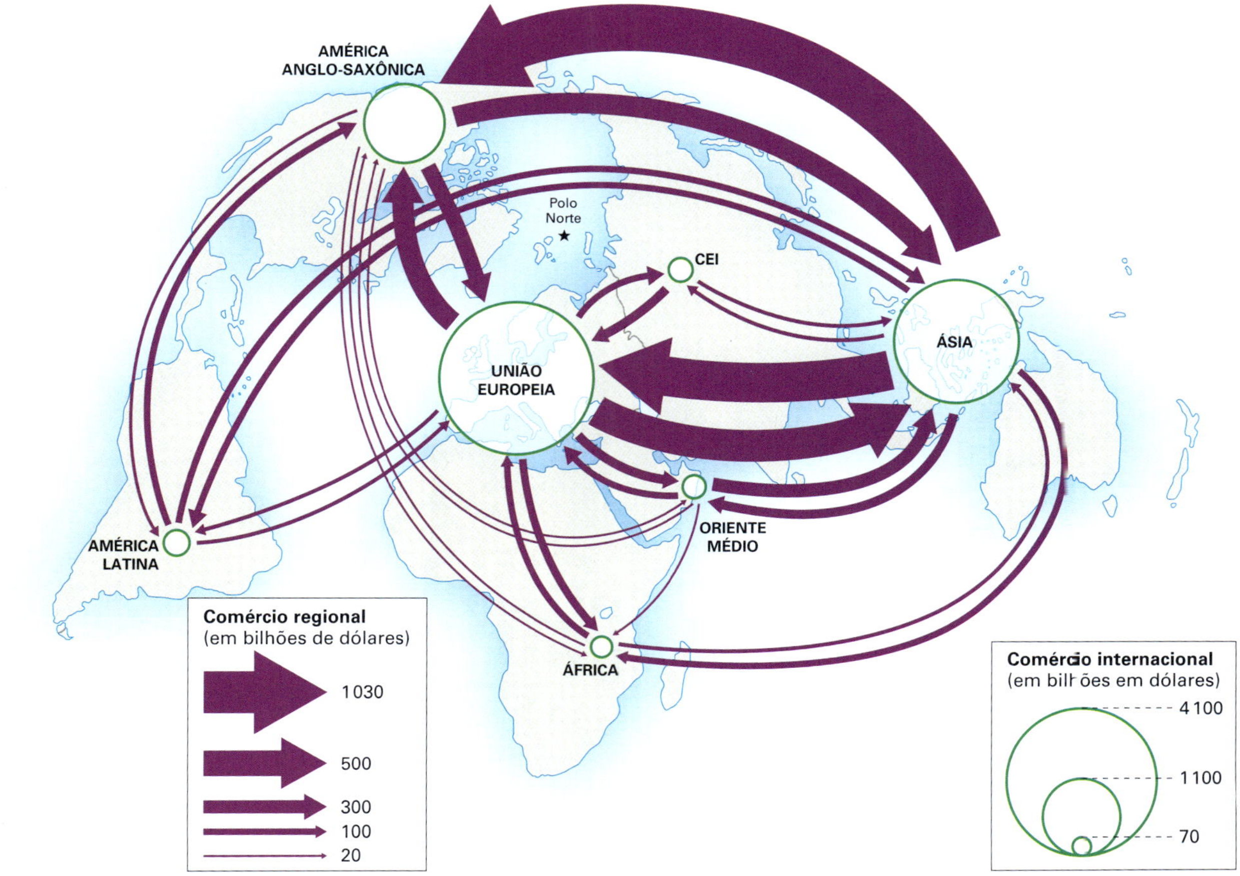

Banco de imagens/Arquivo da editora

Fonte: FNSP. Sciences Po. *Commerce de Merchandises*, 2016. Atelier de Cartographie, 2017. Disponível em: <http://cartotheque.sciences-po.fr/media/Commerce_de_marchandises_2016/2810>. Acesso em: 8 jun. 2018. (Mapa sem escala.)

A OMC E OS ACORDOS COMERCIAIS

Nas relações internacionais, quando dois países estabelecem algum tipo de cooperação, considera-se que fizeram um acordo bilateral; quando três ou mais procuram negociar conjuntamente em algum tema, o acordo é multilateral.

Isso ocorre em diversos setores, mas é mais comum no comércio de mercadorias e na prestação de serviços, e pode envolver desde poucas até quase todas as nações do mundo.

O **multilateralismo comercial** tem sua gênese associada à criação do GATT em 1947, na Conferência de Havana (Cuba), e foi fundamental para a expansão do comércio após a Segunda Guerra Mundial. Esse acordo de tarifas começou a ser instituído em 1948, e dois princípios fundamentais regem a relação entre os signatários. São eles:

- Princípio da **Nação mais favorecida** – proíbe a discriminação entre os signatários, de modo que qualquer vantagem, favor ou privilégio envolvendo tarifas aduaneiras concedido bilateralmente deve ser estendido ao comércio com os demais países.
- Princípio do **Tratamento nacional** – um produto estrangeiro, ao entrar no território do país importador, deve receber o mesmo tratamento concedido ao produto nacional.

Desde a criação do GATT foram realizadas sete rodadas de negociações para estimular o comércio entre os Estados-membros. A **Rodada Uruguai**, lançada em Punta del Leste em 1986, foi a mais abrangente em objetivos a serem alcançados e em número de países envolvidos. Além de ter como meta diminuir as barreiras tarifárias e não tarifárias, como as outras rodadas, pretendia implantar um sistema de solução de controvérsias e incorporar às regras do acordo setores como o agrícola e o de serviços. Nestes, o protecionismo se mantinha preservado por regras especiais que dificultavam a expansão das trocas.

Sede da OMC (WTO, sigla em inglês) em Genebra (Suíça), em 2018. A Rodada de Genebra, lançada em 1947, na origem do GATT, reuniu apenas 23 países. A Rodada Uruguai, que culminou na criação da OMC, reuniu 123 países.

Prevista para durar quatro anos, a Rodada Uruguai extrapolou esse prazo por causa dos empecilhos impostos pelos países desenvolvidos, sobretudo os da União Europeia, cujos representantes relutavam em abrir mão dos subsídios concedidos às exportações de produtos agrícolas. Essa política tem prejudicado a economia dos países em desenvolvimento, principalmente a dos mais pobres. Essa "ajuda" faz que os produtos agrícolas das nações ricas fiquem mais baratos no mercado internacional, o que restringe as exportações dos países em desenvolvimento e dificulta a superação da pobreza.

As negociações da Rodada Uruguai foram conduzidas até abril de 1994, quando foi assinada, no Marrocos, a Declaração de Marrakesh, documento que a concluiu e criou a OMC em substituição ao GATT, que era apenas um acordo. Com isso, a OMC passou a ter mais força para fiscalizar o comércio mundial e fortalecer o multilateralismo. Desde janeiro de 1995, representantes da organização vêm supervisionando os tratados comerciais e mediando disputas entre os países signatários. A partir de então, o número de membros só tem crescido. Em julho de 2016, eram 164 países.

Em 1999, foi realizada a Conferência da OMC em Seattle (Estados Unidos), para iniciar a **Rodada do Milênio**, que deveria levar à total liberalização do comércio internacional. Entretanto, essa rodada fracassou por causa das divergências entre países desenvolvidos e em desenvolvimento. O tema da liberalização voltou a ser discutido na Conferência de Doha (Catar), em 2001. Após essa reunião, teve início uma nova rodada de negociações, a **Rodada Doha**. Naquela ocasião, mais uma vez não houve acordo, em razão da intransigência dos países desenvolvidos. De qualquer forma, a entrada da China em 2001 aumentou a legitimidade da organização.

Em 2003, na Conferência de Cancún (México), liderada pelos países do Ibas (Índia, Brasil e África do Sul), foi organizado um bloco de vinte países em desenvolvimento, batizado de **G-20** (comercial). O objetivo era pressionar os países desenvolvidos a rever seus subsídios ao setor agrícola. Vale lembrar que esse grupo é diferente do G-20 (financeiro), que as potências emergentes querem consolidar no lugar do G-7.

O G-20 comercial concentra-se na agricultura, o tema central da Rodada Doha, e aumentou de tamanho. Em 2018, era composto de 23 países em desenvolvimento, entre eles, quatro países do Brics (China, Brasil, Índia e África do Sul, sendo os três últimos também membros do Ibas), além de outros importantes países emergentes, como México, Argentina, Egito e Indonésia (observe o mapa na página a seguir). Representa cerca de um quinto da produção agrícola e um quarto das exportações primárias do mundo.

Em diversos países houve manifestações contra a OMC durante sua 10ª Conferência Ministerial, realizada em Nairóbi (Quênia), a primeira em um país africano, em dezembro de 2015. Na foto, protesto contra a OMC em Manila (Filipinas).

> Consulte o *site* da **Organização Mundial do Comércio (OMC)**. Veja orientações na seção **Sugestões de textos, vídeos e *sites***.

A Rodada Doha estava prevista para ser concluída em 2005. Entretanto, apesar da articulação dos membros do G-20, a intransigência dos países desenvolvidos na questão dos subsídios agrícolas impediu a efetivação de um acordo até aquela data. Somente dez anos depois, com a aprovação do "Pacote de Nairóbi", durante a 10ª Conferência Ministerial da OMC, houve algum avanço nessa questão. Nesse encontro, foi acordado que os subsídios às exportações de produtos agrícolas deveriam ser eliminados imediatamente para os países desenvolvidos e a partir de 2018 para os países em desenvolvimento. Esse acordo deve contribuir para diminuir as distorções no comércio internacional de produtos agrícolas. Permaneceram, porém, os subsídios para a produção voltada ao mercado interno, mantendo ainda uma proteção à agricultura dos países ricos.

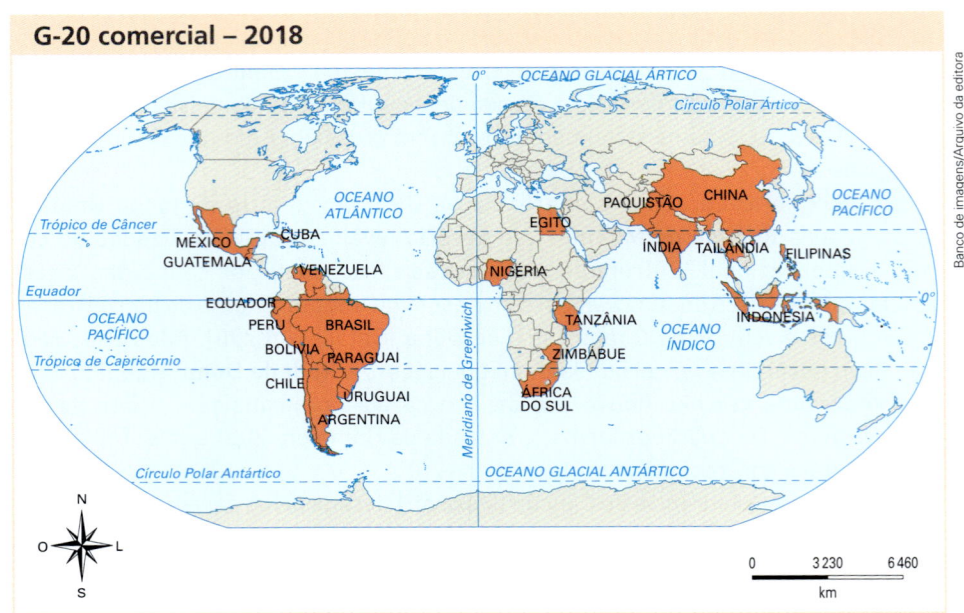

Fonte: WORLD TRADE ORGANIZATION. *Groups in the Negotiations*. Genebra, 2018. Disponível em: <www.wto.org/english/tratop_e/dda_e/negotiating_groups_e.htm>. Acesso em: 10 maio 2018.

A EXPANSÃO DO COMÉRCIO MUNDIAL

Apesar das resistências, os acordos multilaterais da OMC e os arranjos intrablocos ou interblocos têm contribuído para o crescimento do comércio internacional num ritmo mais rápido do que o do produto mundial bruto. Segundo a OMC, as trocas comerciais aumentaram em média 6,2% ao ano no período 1950-2007, ao passo que o PIB mundial cresceu, no mesmo período, 3,8% ao ano. Em 2009, em decorrência da crise financeira, o comércio internacional recuou 12,1% e o PIB mundial encolheu 2,1%. Passada a crise, retomou-se a tendência histórica: no período 2010-2016, as trocas internacionais cresceram 2,8% e o PIB mundial aumentou 2,5%.

Grande parte da expansão do comércio na segunda metade do século XX ocorreu graças aos avanços tecnológicos na área de logística, que permitiram melhorar a infraestrutura de transportes e de armazenagem, embora isso seja desigual no mundo (reveja os países mais bem posicionados no índice de desempenho em logística no gráfico da página 326).

Com a modernização de portos, aeroportos, rodovias e ferrovias, além de silos, depósitos e armazéns, a capacidade de carga foi ampliada e o tempo de deslocamento, reduzido. Hoje em dia, há supernavios que levam milhares de toneladas de mercadorias a granel ou em contêineres, como mostra a foto da página de abertura.

O transporte aéreo, o mais rápido existente, é usado principalmente para o deslocamento de passageiros, mas também para o carregamento de mercadorias leves e de alto valor unitário, como produtos eletrônicos, além de perecíveis, como flores e frutas. A rede de transportes terrestres também foi ampliada e modernizada.

Assim como a produção e a tecnologia, o comércio também está muito concentrado nos países desenvolvidos e em alguns emergentes. A tabela mostra que, em 2016, os dez principais países exportadores de mercadorias foram responsáveis por mais da metade do comércio internacional. Observe-os também na anamorfose, que representa todos os exportadores do mundo.

Os dez maiores exportadores de mercadorias e outros países selecionados – 2016				
Posição/país	Exportações (bilhões de dólares)	Exportações (% do total mundial)	Importações (bilhões de dólares)	Importações (% do total mundial)
1º China	2 098	13,2	1 587	9,8
2º Estados Unidos	1 455	9,1	2 251	13,9
3º Alemanha	1 340	8,4	1 055	6,5
4º Japão	645	4,0	607	3,7
5º Países Baixos	570	3,6	503	3,1
6º Hong Kong (China)	517	3,2	547	3,4
7º França	501	3,1	573	3,5
8º Coreia do Sul	495	3,1	406	2,5
9º Itália	462	2,9	404	2,5
10º Reino Unido	409	2,6	636	3,9
13º México	374	2,3	398	2,5
14º Cingapura	330	2,1	283	1,7
17º Rússia	282	1,8	191	1,2
20º Índia	264	1,7	359	2,2
25º Brasil	185	1,2	143	0,9
38º África do Sul	75	0,5	92	0,6
43º Argentina	58	0,4	56	0,3
Os 10 mais	8 492	53,2	8 569	52,8
Mundo	15 955	100,0	16 225	100,0

Fonte: WORLD TRADE ORGANIZATION. *World Trade Statistical Review 2017*. Genebra, 2018.
Disponível em: <www.wto.org/english/res_e/statis_e/wts_e.htm>. Acesso em: 10 maio 2018.

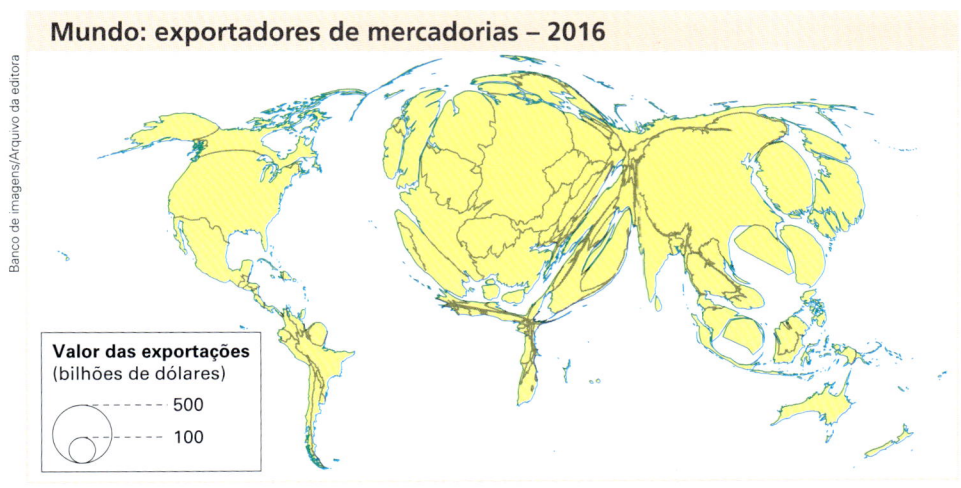

Mundo: exportadores de mercadorias – 2016

Valor das exportações (bilhões de dólares)
500
100

Fonte: UNITED NATIONS CONFERENCE ON TRADE AND DEVELOPMENT. *UNCTAD Handbook of Statistics 2017*. New York and Geneva: United Nations, 2017. p. 16.

PENSANDO NO Enem

Disneylândia

Multinacionais japonesas instalam empresas em Hong Kong
E produzem com matéria-prima brasileira
Para competir no mercado americano
[...]
Pilhas americanas alimentam eletrodomésticos ingleses na Nova Guiné
Gasolina árabe alimenta automóveis americanos na África do Sul
[...]
Crianças iraquianas fugidas da guerra
Não têm visto no consulado americano do Egito
Para entrarem na Disneylândia

ANTUNES, A. Disponível em: <www.radiouol.com.br>. Acesso em: 3 fev. 2013 (fragmento).

Na canção, ressalta-se a coexistência, no contexto internacional atual, das seguintes situações:

a) Acirramento do controle alfandegário e estímulo ao capital especulativo.
b) Ampliação das trocas econômicas e seletividade dos fluxos populacionais.
c) Intensificação do controle informacional e adoção de barreiras fitossanitárias.
d) Aumento da circulação mercantil e desregulamentação do sistema financeiro.
e) Expansão do protecionismo comercial e descaracterização de identidades nacionais.

Resolução

Uma das características da globalização é a intensificação dos fluxos de mercadorias pelo espaço geográfico mundial. Como vimos, a expansão do comércio internacional decorre da expansão dos mercados e da modernização dos sistemas de transporte, além da adoção de acordos multilaterais e da constituição de blocos econômicos regionais. Entretanto, como vimos no capítulo 14, o fluxo de pessoas ainda sofre muitas restrições, como sugere a letra da canção de Arnaldo Antunes (veja a letra completa em <www.arnaldoantunes.com.br/new/>), especialmente por parte dos países desenvolvidos. Assim, a resposta correta é a alternativa **B**.

Essa questão contempla a **Competência de área 2 – Compreender as transformações dos espaços geográficos como produto das relações socioeconômicas e culturais de poder** – e a **Habilidade 8 – Analisar a ação dos estados nacionais no que se refere à dinâmica dos fluxos populacionais e no enfrentamento de problemas de ordem econômico-social.**

Carro da polícia estacionado em frente a hospital em Pretória (África do Sul), onde Nelson Mandela ficou três meses internado em 2013. Corroborando o que afirma a letra da canção utilizada na questão do Enem, esse automóvel da polícia sul-africana foi produzido pela GM, uma montadora americana.

2. BLOCOS ECONÔMICOS REGIONAIS

TIPOS DE BLOCO

Os países podem se organizar em diferentes tipos de blocos: zonas de livre-comércio, uniões aduaneiras, mercados comuns e uniões econômicas e monetárias.

Em uma **zona de livre-comércio**, como o Tratado Norte-Americano de Livre-Comércio (Nafta), que reúne os três países da América do Norte, o objetivo não é muito ambicioso. Busca-se apenas a gradativa liberalização do fluxo de mercadorias e de capitais dentro dos limites do bloco.

Na **união aduaneira**, como o Mercosul, eliminam-se as tarifas alfandegárias nas relações comerciais no interior do bloco e define-se uma Tarifa Externa Comum (TEC), aplicada aos países de fora da união. Assim, quando os integrantes do bloco negociam com outros países, embora haja exceções, utilizam uma tarifa de importação igual para todos.

No **mercado comum**, como a União Europeia (UE), a integração é mais ambiciosa. Busca-se padronizar a legislação econômica, fiscal, trabalhista, ambiental, etc. entre os países que o compõem. Os resultados são a eliminação das barreiras alfandegárias internas, a uniformização das tarifas de comércio exterior e a liberalização da circulação de capitais, mercadorias, serviços e pessoas no interior do bloco.

No caso da União Europeia, o auge da integração ocorreu com a instituição da moeda única, o que exigiu a criação do Banco Central Europeu e a convergência das políticas macroeconômicas. Assim, o bloco atingiu a condição de **união econômica e monetária**, único exemplo no mundo até o ano de 2018, embora continue também funcionando como mercado comum e o estágio mais avançado não englobe todos os países-membros, como veremos a seguir.

Paralelamente à constituição de blocos econômicos, têm sido estabelecidos acordos bilaterais de livre-comércio que integram países isoladamente ou que pertencem a algum bloco. Até 10 de maio de 2018, a OMC recebeu a notificação de 673 tratados de livre circulação de mercadorias e serviços, incluindo a formação de blocos econômicos regionais e arranjos bilaterais, dos quais 459 permaneciam em vigor naquela data.

O mapa a seguir mostra os principais blocos econômicos em vigência, os quais serão analisados com mais detalhe ao longo deste capítulo.

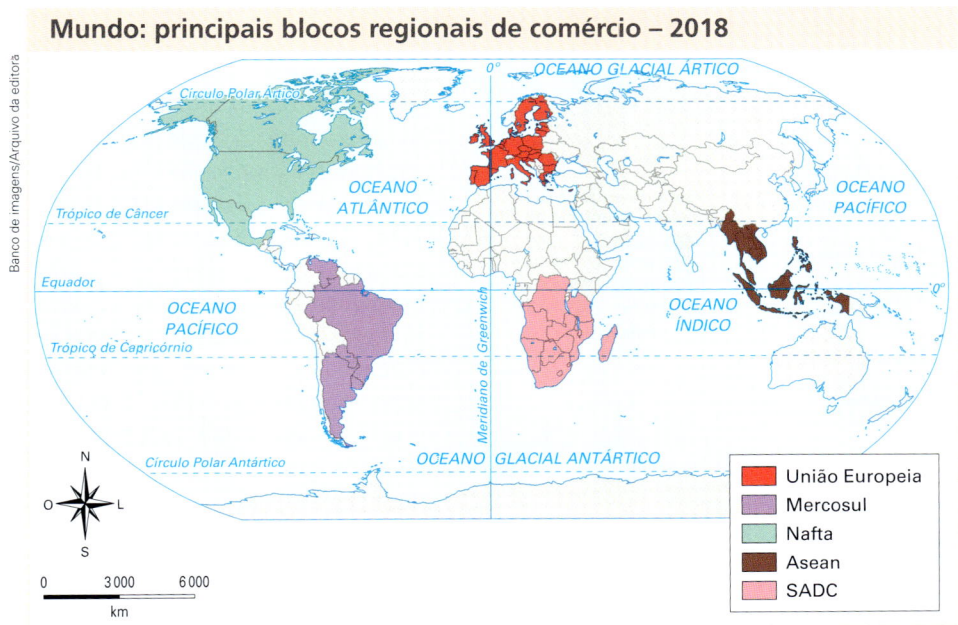

Mundo: principais blocos regionais de comércio – 2018

Fonte: WORLD TRADE ORGANIZATION. *Membership of Plurilateral Regional Trade Agreements*. Genebra, 2018.
Disponível em: <www.wto.org/english/tratop_e/region_e/rta_plurilateral_map_e.htm>. Acesso em: 10 maio 2018.

UNIÃO EUROPEIA

A **União Europeia (UE)** foi criada pelo **Tratado de Roma**, assinado em 25 de março de 1957, e passou a vigorar em 1º de janeiro de 1958, com o nome de **Comunidade Econômica Europeia (CEE)**. O nome atual só foi adotado no início da década de 1990.

Os primeiros países integrantes foram França, Alemanha Ocidental, Itália, Bélgica, Países Baixos e Luxemburgo – grupo chamado "Europa dos Seis". Desde então, o bloco não parou de se expandir, como mostra o mapa abaixo.

Em 2018, além dos 28 membros, havia cinco países candidatos: Albânia, Antiga República Iugoslava da Macedônia, Montenegro, Sérvia e Turquia.

Os objetivos iniciais da CEE eram recuperar os países-membros, enfraquecidos econômica e politicamente após a Segunda Guerra, conter a ameaça do comunismo e, ao mesmo tempo, deter a crescente influência dos Estados Unidos. Esses objetivos foram atingidos gradativamente. Somente em 1986, com a assinatura do Ato Único, acordo que complementou o Tratado de Roma, começou a instauração do mercado comum. Esse documento definiu objetivos precisos para a integração e estabeleceu o ano de 1993 para o fim de todas as barreiras à livre circulação de mercadorias, serviços, capitais e pessoas. Naquele ano, começou a funcionar plenamente o **Mercado Comum Europeu**, e os três primeiros objetivos foram postos em prática.

A livre circulação de pessoas começou a valer em 1995, quando entrou em vigor a Convenção de Schengen, acordo assinado nessa cidade luxemburguesa que prevê a supressão de controle fronteiriço entre os países signatários. No entanto, nem todos os membros da União Europeia aderiram à Convenção de Schengen (Reino Unido e Irlanda não fazem parte). Por outro lado, alguns países que não são membros da UE aderiram a esse acordo de livre circulação de pessoas (Noruega e Suíça fazem parte).

Em 1991, os países-membros do Mercado Comum Europeu assinaram o Tratado de Maastricht, nome da cidade dos Países Baixos onde se realizou o encontro, por meio do qual foram definidas as etapas seguintes da integração e mudada a denominação do bloco para União Europeia. Nesse mesmo tratado, os integrantes do bloco também decidiram adotar uma moeda única, o euro, que começou a circular em 1º de janeiro de 2002.

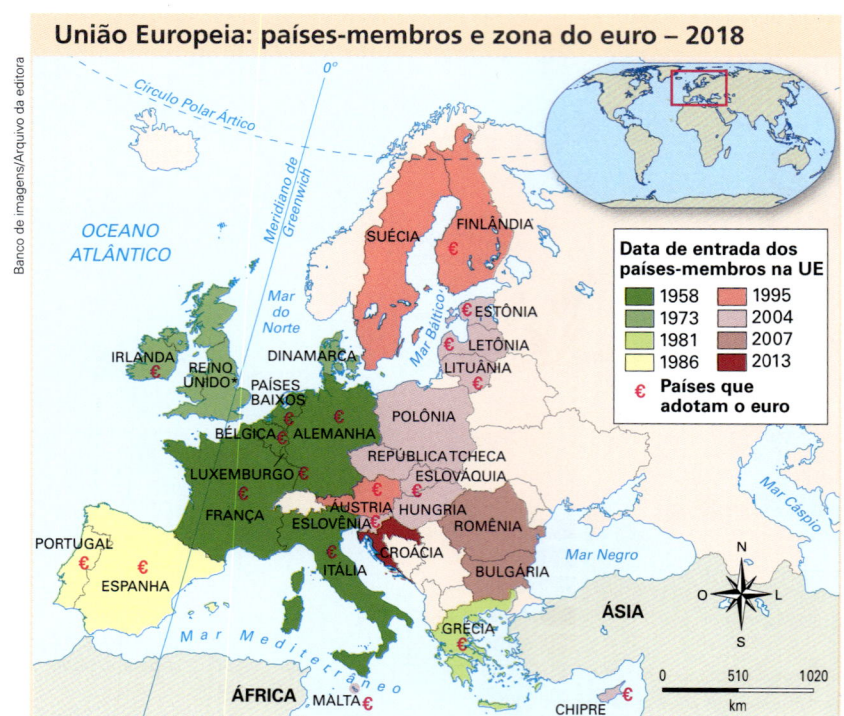

Assim, a UE tornou-se uma união econômica e monetária cuja moeda passou a ser controlada pelo Banco Central Europeu, sediado em Frankfurt (Alemanha). Como mostra o mapa ao lado, porém, não são todos os países-membros que fazem parte da chamada zona do euro. Em 2018, dezenove países da UE adotavam a moeda única; dos nove que não faziam parte da união monetária, dois – Reino Unido e Dinamarca – optaram por manter suas moedas nacionais, e os sete restantes ainda não tinham preenchido as condições jurídicas e econômicas exigidas.

Fonte: UNIÃO EUROPEIA. *Os 28 Estados-membros da UE*. Bruxelas, 2018. Disponível em: <https://europa.eu/european-union/about-eu/countries_pt#tab-0-1>. Acesso em: 10 maio 2018.

*Em processo de saída da União Europeia.

A União Europeia é o maior bloco comercial do planeta: em seus domínios estão cinco países da lista dos dez principais países exportadores – Alemanha, Países Baixos, França, Itália e Reino Unido –, mas há também pequenas economias com um comércio externo reduzido, como Chipre e Malta. Em 2016, segundo a OMC, o comércio exterior do conjunto dos países da UE atingiu em torno de 5,4 trilhões de dólares. Entretanto, 64% desse intercâmbio de mercadorias foi intrabloco.

União Europeia: indicadores socioeconômicos – 2016				
Membros	População (milhões de habitantes)	PIB (bilhões de dólares)	Exportações (bilhões de dólares)	Importações (bilhões de dólares)
28	512	17 024	5 374	5 330

Fonte: THE WORLD BANK. *World Development Indicators 2017*. Washington, D. C., 2018. Disponível em: <http://wdi.worldbank.org/tables>; WORLD TRADE ORGANIZATION. *World Trade Statistical Review 2017*. Genebra, 2018. Disponível em: <www.wto.org/english/res_e/statis_e/wts_e.htm>. Acessos em: 10 maio 2018.

Desde a assinatura do Tratado de Maastricht, o Parlamento europeu se fortaleceu gradativamente. Esse órgão, sediado em Estrasburgo (França), representa os cidadãos dos Estados-membros: seus parlamentares são eleitos diretamente e tomam decisões que afetam toda a UE. O número de representantes é proporcional à população de cada país. Em 2018, de um total de 751 deputados, a Alemanha, o país mais populoso da UE, com 81 milhões de habitantes, possuía 96 parlamentares; no outro extremo, Malta, o menos populoso, com 400 mil moradores, possuía seis.

A UE também dispõe de um poder executivo, a Comissão Europeia, que representa o interesse comum do bloco e tem como principal função pôr em prática as decisões do Conselho e do Parlamento. Sua sede fica em Bruxelas (Bélgica), considerada a capital da UE. O Conselho da União Europeia representa cada um dos Estados-membros e é o principal órgão de tomada de decisões no âmbito do bloco.

Em junho de 2016, o Reino Unido da Grã-Bretanha realizou um plebiscito para decidir se permanecia ou não na UE. A opção pela saída venceu com 52% dos votos, fato que ficou conhecido como **Brexit** (como vimos na página 232, junção de *Britain* e *exit*). Em março de 2017, o país notificou o Conselho da União Europeia de sua intenção de deixar o bloco. A partir daí começaram as negociações entre representantes britânicos e europeus para definir os termos da saída. A previsão é que esse processo seja concluído até março de 2019. Até lá o Reino Unido permanece como membro da UE.

> Consulte o livro *A experiência europeia fracassou? Debate sobre a União Europeia e suas perspectivas*, de Josef Joffe e outros autores, e acesse o portal **União Europeia** para saber mais sobre esse bloco econômico. Veja orientações na seção **Sugestões de textos, vídeos e *sites***.

A proposta de integração europeia foi apresentada pela primeira vez pelo ministro dos Negócios Estrangeiros da França, Robert Schuman (1886-1963), em discurso proferido em 9 de maio de 1950. Anualmente, em 9 de maio, celebra-se o Dia da Europa. Na foto, de 2015, o edifício Berlaymont, sede da Comissão Europeia, o poder executivo da UE, em Bruxelas (Bélgica).

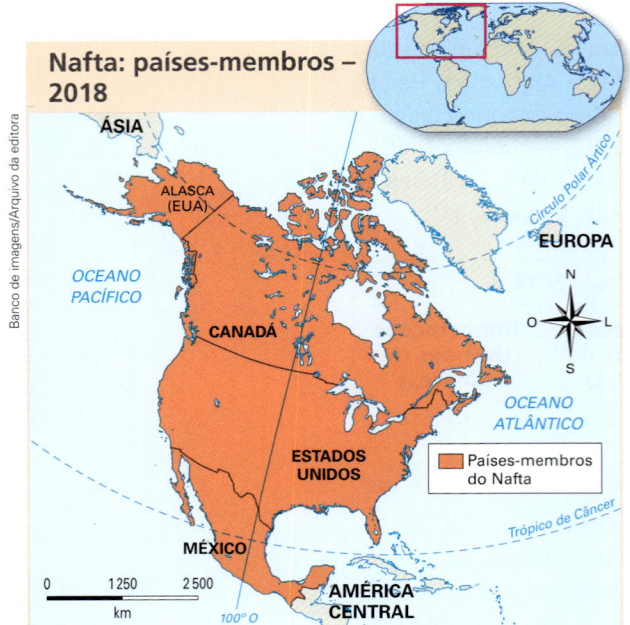

Fonte: NAFTA. *About the Nafta Secretariat*. Disponível em: <www.nafta-sec-alena.org/Home/About-the-NAFTA-Secretariat>. Acesso em: 11 maio 2018.

NAFTA

O **Tratado Norte-Americano de Livre-Comércio** (**Nafta**, sigla em inglês), assinado em 1992 por Estados Unidos, Canadá e México, entrou em vigor em 1º de janeiro de 1994. Cada um dos três países-membros abriga uma Secretaria do Nafta, respectivamente em Washington D.C., Ottawa e Cidade do México.

Historicamente, os Estados Unidos estimularam o multilateralismo e viam com reserva a formação de blocos comerciais por considerá-los uma forma de limitar seus mercados no mundo. O país só concordou com a criação da Comunidade Econômica Europeia, em 1957, porque isso ajudaria a consolidar o capitalismo na Europa ocidental e a conter o avanço do comunismo soviético.

Com a globalização, o aumento da concorrência e a consolidação da tendência de formação de blocos, os Estados Unidos viram no regionalismo comercial um meio de expandir seus interesses econômicos no continente americano e no resto do mundo. Assim, passaram a firmar acordos com diversos países da América, como o Chile, e de outros continentes, como a Austrália, até que em 2015, no governo Barack Obama, firmaram um acordo comercial com onze países do Pacífico, a **Parceria Transpacífico** (**TPP**, sigla em inglês).

A eleição de Donald Trump, porém, mudou a política exterior dos Estados Unidos no campo comercial e o país tornou-se mais unilateralista e protecionista. Cumprindo uma das principais promessas de campanha, Trump retirou os Estados Unidos da TPP e tem ameaçado rever até mesmo o acordo de livre-comércio do Nafta, que, segundo ele, seria prejudicial aos trabalhadores americanos.

O Nafta representa um gigantesco mercado consumidor: em 2016, seu PIB era de 21 trilhões de dólares (maior do que o da UE, com 28 países). Segundo a OMC, em 2016, as exportações conjuntas dos três países do bloco somaram 2,2 trilhões de dólares, e as importações, 3,1 trilhões. Esse enorme *deficit* comercial foi quase todo gerado pelos Estados Unidos, que apresentaram naquele ano uma balança comercial desfavorável no valor de 796 bilhões de dólares. Esse elevado *deficit* é um dos argumentos de Trump para justificar suas medidas protecionistas, especialmente contra a China.

Nafta: indicadores socioeconômicos – 2016				
Membros	**População (milhões de habitantes)**	**PIB (bilhões de dólares)**	**Exportações (bilhões de dólares)**	**Importações (bilhões de dólares)**
3	487	21 095	2 219	3 066

Fonte: THE WORLD BANK. *World Development Indicators 2017*. Washington, D. C., 2018. Disponível em: <http://wdi.worldbank.org/tables>; WORLD TRADE ORGANIZATION. *World Trade Statistical Review 2017*. Genebra, 2018. Disponível em: <www.wto.org/english/res_e/statis_e/wts_e.htm>. Acessos em: 10 maio 2018.

Desde a origem do Nafta, com a gradativa redução das barreiras alfandegárias entre os três países-membros, o comércio intrabloco cresceu intensamente, o que desviou fluxos de mercadorias de outras regiões, sobretudo da União Europeia.

A criação do bloco acentuou a dependência do Canadá e do México em relação aos Estados Unidos, cuja economia, em 2016, correspondia a 87% do produto interno do bloco. Em 1986, alguns anos antes da criação da zona de livre-comércio, 78% das exportações do Canadá e 66% das do México se destinavam aos Estados Unidos; em 2005, esses números subiram para, respectivamente, 84% e 80%.

Com a crise financeira originada nos Estados Unidos em 2008, essa dependência econômica foi muito prejudicial aos outros dois países do Nafta. Segundo o Fundo Monetário Internacional (FMI), em 2009, o PIB mexicano encolheu 4,7%, e o canadense, 2,7%. Esse fato levou esses países a buscar uma diversificação de seus mercados de exportação, o que reduziu um pouco o peso do grande vizinho no comércio exterior de ambos. Veja na tabela os números do Canadá.

Canadá: principais destinos das exportações – 2005-2016		
País ou região	% do total exportado	
	2005	2016
Estados Unidos	84,1	76,0
União Europeia	5,7	7,7
China	1,6	4,0
Japão	2,1	2,1
México	0,7	1,5

Fonte: WORLD TRADE ORGANIZATION. *International Trade Statistics 2006*. Genebra, 2006. Disponível em: <www.wto.org/english/res_e/statis_e/its2006_e/its06_toc_e.htm>; WORLD TRADE ORGANIZATION. *International Trade and Market Access Data*. Genebra, 2018. Disponível em: <www.wto.org/english/res_e/statis_e/statis_e.htm>. Acessos em: 10 maio 2018.

MERCOSUL

O **Mercado Comum do Sul (Mercosul)** começou a se formar em 1985, nos governos de Raúl Alfonsín (1927-2009), da Argentina, e José Sarney (1930-), do Brasil.

Para viabilizar o projeto de integração, os dois países tiveram de deixar de lado sua tradicional rivalidade e seus projetos hegemônicos na América do Sul, vigentes na época em que eram governados por ditaduras militares. Várias reuniões foram realizadas entre representantes dos dois governos ao longo dos anos seguintes até que incorporassem o Paraguai e o Uruguai nas negociações e os quatro assinassem o **Tratado de Assunção**, em 1991.

O objetivo inicial do Mercosul era estabelecer uma zona de livre-comércio entre os países-membros por meio da eliminação gradativa de tarifas alfandegárias e restrições não tarifárias, liberando a circulação da maioria das mercadorias. Alcançada essa meta, em 1994 foi assinado o Protocolo de Ouro Preto e fixou-se uma política comercial conjunta dos países-membros em relação a nações não integrantes do bloco, medida que definiu a Tarifa Externa Comum (TEC) e transformou o Mercosul em união aduaneira. A TEC serve para que todos cobrem um imposto de importação comum, para evitar que algum membro dê tratamento diferenciado a determinado setor e se torne porta de entrada de produtos que depois possam circular livremente dentro do bloco. Entretanto, como há uma lista grande de exceções, isto é, de produtos que não se enquadram na TEC, considera-se que o Mercosul é uma união aduaneira imperfeita.

O Protocolo de Ouro Preto também permitiu criar uma estrutura institucional – composta do Conselho do Mercado Comum e da Comissão de Comércio do Mercosul, entre outros órgãos – para que a integração se aprofunde, chegando ao estágio de mercado comum, terceira e mais avançada etapa do processo de integração.

O Mercosul foi formado em 26 de março de 1991, com a assinatura do Tratado de Assunção, e seu secretariado está sediado em Montevidéu (Uruguai). Na foto, os presidentes Andrés Rodríguez (1923-1997), do Paraguai, Carlos Menem (1930-), da Argentina, Fernando Collor (1949-), do Brasil, e Luis Alberto Lacalle (1941-), do Uruguai, após reunião do Mercosul no Palácio da Alvorada, em Brasília (DF), em 17 de dezembro de 1991.

Em 2006, foi assinado o protocolo de adesão da Venezuela como membro do Mercosul, mas para que isso ocorresse foi necessário que o Parlamento de cada um dos países-membros aprovasse o seu ingresso. Os Parlamentos da Argentina e do Uruguai aprovaram com certa rapidez, mas houve relutância por parte dos Parlamentos brasileiro e paraguaio, que resistiram com o argumento de que o governo de Hugo Chávez (1999-2013) era antidemocrático. O Parlamento paraguaio chegou a frear o processo de adesão venezuelano. De acordo com a Cláusula Democrática que consta nos acordos do Mercosul, não pode ser aceito no bloco um país candidato que não respeite as regras da democracia constitucional e, caso um país-membro a desrespeite, ele é passível de suspensão e até de expulsão do bloco.

Em junho de 2012, o Congresso paraguaio votou o *impeachment* (impedimento) do presidente Fernando Lugo (1951-), que estava politicamente enfraquecido, em rito sumário consumado em menos de 24 horas, praticamente sem lhe garantir o direito de defesa. Como retaliação pelo que foi considerado uma ruptura da ordem democrática, o Paraguai foi temporariamente suspenso do bloco até a realização de novas eleições, ocorridas em abril de 2013 e vencidas por Horacio Cartes (1956-). Aproveitando-se dessa suspensão, os outros três membros do Mercosul, em reunião extraordinária realizada em Brasília (DF), aprovaram o ingresso da Venezuela, o que ocorreu em julho de 2012. No entanto, o país está suspenso desde agosto de 2017, porque o governo de Nicolás Maduro violou a Cláusula Democrática do bloco.

Em julho de 2015, em Brasília, a Bolívia assinou o protocolo de adesão ao Mercosul. Os Parlamentos de Argentina, Uruguai, Paraguai e Venezuela já o ratificaram. Em agosto de 2017, a representação brasileira no Parlamento do Mercosul aprovou a adesão boliviana, mas ainda falta a ratificação do Congresso Nacional.

Apesar da expansão do Mercosul, conflitos comerciais entre o Brasil e a Argentina têm mostrado que deve ser longo o caminho para a instituição do mercado comum.

A crise financeira que eclodiu em 2008 provocou uma queda acentuada do comércio intrarregional em 2009, mas no ano seguinte as trocas comerciais foram retomadas entre os países do bloco e atingiram o pico em 2011. O aumento das exportações para a Argentina levou nosso vizinho a impor barreiras a produtos brasileiros. O agravamento da crise econômica a partir de 2015 reduziu nossas importações. Em 2016, a Argentina representava 73% das exportações brasileiras para o Mercosul, mas absorveu somente 7% do total de nossas vendas ao exterior.

Brasil: comércio exterior com Mercosul e Argentina (bilhões de dólares) – 2000-2016

Ano	Exportações para		Importações de	
	Mercosul	Argentina	Mercosul	Argentina
2000	7,7	6,2	7,8	6,8
2008	21,7	17,6	14,9	13,3
2009	15,8	12,8	13,1	11,3
2011	27,9	22,7	19,4	16,9
2016	18,4	13,4	11,6	9,1

Fonte: MINISTÉRIO DA INDÚSTRIA, COMÉRCIO EXTERIOR E SERVIÇOS. *Balança comercial brasileira*: países e blocos, 2016. Disponível em: <www.mdic.gov.br/comercio-exterior/estatisticas-de-comercio-exterior/balanca-comercial-brasileira-mensal-2>. Acesso em: 11 maio 2018.

Em 2016, o maior parceiro comercial do Brasil era a China, que comprou 19% de nossas exportações, seguida dos Estados Unidos, com 13%, e da Argentina, com 7%. Na foto de 2016, terminal de contêineres do Porto de Paranaguá (PR), o maior do sul do Brasil. O Paraguai também utiliza esse porto para exportar e importar mercadorias.

Como mostra a tabela a seguir, em 2016 o bloco tinha um PIB de aproximadamente 2,7 trilhões de dólares. Sua população era equivalente a 60% daquela do Nafta, mas seu PIB era cerca de oito vezes menor. Em relação ao comércio, o peso proporcional do Mercosul é ainda menor. De acordo com a OMC, em 2016 os países do bloco exportaram mercadorias no valor de 283 bilhões de dólares. Desse total, o Brasil foi responsável por exportações no valor de 185 bilhões de dólares, ou seja, nosso país é responsável por 65% do comércio exterior do Mercosul.

Veja os indicadores desse bloco e compare-os com os do Nafta e da UE.

Mercosul: indicadores socioeconômicos – 2016				
Membros	População (milhões de habitantes)	PIB (bilhões de dólares)	Exportações (bilhões de dólares)	Importações (bilhões de dólares)
5	293	2 677	283	231

Fonte: THE WORLD BANK. *World Development Indicators 2017*. Washington, D. C., 2018. Disponível em: <http://wdi.worldbank.org/tables>; WORLD TRADE ORGANIZATION. *World Trade Statistical Review 2017*. Genebra, 2018. Disponível em: <www.wto.org/english/res_e/statis_e/wts_e.htm>. Acessos em: 10 maio 2018.

O Mercosul é o tratado de livre-comércio mais importante da América Latina, mas há também o **Mercado Comum Centro-Americano** (em vigor desde 1961), a **Comunidade Andina** (desde 1969) e a **Aliança do Pacífico**, o mais recente acordo de livre-comércio criado na região (observe o mapa a seguir).

A Aliança do Pacífico foi estabelecida por meio da Declaração de Lima, assinada em 2011, na capital peruana. Nasceu como zona de livre-comércio (92% dos produtos já circulam com tarifa zero), mas com projeção de se tornar um mercado comum.

Para o México, essa aliança é uma alternativa ao Nafta, no qual a economia dos Estados Unidos tem um peso muito grande; para Chile, Peru e Colômbia, é uma alternativa ao Mercosul. Ao mesmo tempo, é uma ponte para a Ásia-Pacífico, região economicamente mais dinâmica do mundo. Em 2018, os quatro países-membros estavam em negociação com Austrália, Canadá, Nova Zelândia e Cingapura para que estes se tornassem Estados associados à Aliança do Pacífico.

Em 24 de julho de 2018, os presidentes dos países da Aliança do Pacífico e do Mercosul assinaram um plano de ação visando a uma futura integração entre os dois blocos por meio da criação de uma zona de livre comércio.

América Latina: acordos regionais de comércio – 2018

Fonte: WORLD TRADE ORGANIZATION. *Membership of Plurilateral Regional Trade Agreements*. Genebra, 2018. Disponível em: <www.wto.org/english/tratop_e/region_e/rta_plurilateral_map_e.htm>. Acesso em: 10 maio 2018.

* Suspensa do Mercosul desde 5 de agosto de 2017.
** Em processo de adesão ao Mercosul.

Para saber mais sobre o principal acordo comercial sul-americano, consulte a página brasileira do **Mercosul**. Veja orientações na seção **Sugestões de textos, vídeos e *sites***.

Fonte: ASSOCIATION OF SOUTHEAST ASIAN NATIONS. *Member States*.
Disponível em: <www.asean.org/asean/asean-member-states>.
Acesso em: 11 maio 2018.

ASEAN

Há mais de três décadas, a Ásia vem apresentando os maiores índices de crescimento econômico do mundo, e seu comércio intrarregional tem aumentado mais do que as trocas com outros continentes. Apesar dessa crescente interdependência econômica, é o continente no qual menos avançou o processo de formação de blocos regionais de comércio. As rivalidades e desconfianças históricas entre os países asiáticos, sobretudo entre Japão, China, Índia e Coreia do Sul, as maiores economias, têm dificultado uma integração regional mais profunda. Nenhum desses países faz parte do maior e mais antigo bloco comercial do continente, a **Associação das Nações do Sudeste Asiático** (**Asean**, sigla em inglês).

A Asean foi criada com o objetivo de desenvolver o Sudeste Asiático e aumentar a estabilidade política e econômica da região. Foi fundada em 1967 em Bangcoc (Tailândia) por Indonésia, Malásia, Filipinas, Cingapura e Tailândia. Como mostra o mapa ao lado, em 2018 possuía dez países-membros. Sua sede fica em Jacarta (Indonésia).

Como mostram os indicadores da tabela a seguir, a Asean possui um mercado consumidor importante e, sobretudo, uma grande participação no comércio mundial.

Asean: indicadores socioeconômicos – 2016				
Membros	População (milhões de habitantes)	PIB (bilhões de dólares)	Exportações (bilhões de dólares)	Importações (bilhões de dólares)
10	634	2 559	1 141	1 079

Fonte: ASEANSTATS DATABASE. *Asean Member States*: Selected Basic Indicators, 2016. Disponível em: <https://data.aseanstats.org>; WORLD TRADE ORGANIZATION. *World Trade Statistical Review 2017*. Genebra, 2018. Disponível em: <www.wto.org/english/res_e/statis_e/wts_e.htm>. Acessos em: 11 maio 2018.

Foto oficial da 26ª Cúpula da Asean com os chefes de Estado e de governo dos dez países-membros, alguns deles com suas esposas, em Kuala Lumpur (Malásia), em 2015.

PARA SABER MAIS

Apec, CPTPP e RCEP

O **Fórum Econômico da Ásia-Pacífico** (**Apec**, sigla em inglês) foi criado em 1989. Com sede em Cingapura, é composto de vinte países da bacia do Pacífico e por Hong Kong (China). Atualmente é apenas um fórum, mas com o tempo pretende instituir uma zona de livre-comércio entre seus membros. Entretanto, para que isso aconteça, eles terão de superar divergências históricas e profundas disparidades econômicas. Como se observa no mapa abaixo, fazem parte do fórum grandes potências, como os Estados Unidos, a China e o Japão, que têm rivalidades geopolíticas e econômicas, além de países pobres, como o Vietnã e a Papua-Nova Guiné.

Se a Apec se constituísse como um bloco econômico, seria o maior do mundo, superando a União Europeia e o Nafta. Em 2016, segundo dados da *Apec Statistics*, sua população era de 2,9 bilhões (38,5% dos habitantes do planeta), seu PIB conjunto era de 45 trilhões de dólares (58,8% da produção bruta mundial) e suas exportações eram de 8 trilhões de dólares (49,7% do comércio internacional).

Em 2015, doze países que fazem parte da Apec – Austrália, Brunei, Canadá, Chile, Cingapura, Estados Unidos, Japão, Malásia, México, Nova Zelândia, Peru e Vietnã – assinaram um tratado de livre-comércio batizado de **Parceria Transpacífico (TPP)**. Esse acordo era uma tentativa nipo-americana de conter o crescente poder econômico-comercial da China na região da Ásia-Pacífico. No entanto, como vimos, Donald Trump retirou os Estados Unidos da TPP, inviabilizando-a em seu formato original. Com isso, numa clara mensagem contra o protecionismo, em março de 2018 os outros onze países assinaram um novo tratado de livre-comércio, o **Acordo Abrangente e Progressivo para a Parceria Transpacífico** (**CPTPP**, sigla em inglês). A atitude de Trump também abriu caminho para a China negociar a **Parceria Regional Econômica Ampla** (**RCEP**, sigla em inglês). Essa nova zona de livre-comércio vem sendo negociada entre a China e os dez países da Asean, mais o Japão, a Coreia do Sul, a Índia, a Austrália e a Nova Zelândia.

Observe que no fórum Apec há países de diversos tratados de livre-comércio já existentes: os três do Nafta, três da Aliança do Pacífico e sete da Asean.

Fonte: ASIA-PACIFIC ECONOMIC COOPERATION. *Member Economies*. Disponível em: <www.apec.org/About-Us/About-APEC/Member-Economies>. Acesso em: 11 maio 2018.

SADC

Na África, os processos de integração regional são prejudicados pelo grave quadro de desagregação vigente em muitos países do continente: dependência econômica, carência de infraestrutura básica, industrialização incipiente, pobreza, fome, epidemias e guerras civis.

Os blocos econômicos africanos são muito frágeis, refletindo a economia dos países que os compõem.

O mais importante acordo regional de comércio do continente é a **Comunidade de Desenvolvimento da África Austral** (**SADC**, sigla em inglês). Esse bloco foi criado em 1992 para assegurar a cooperação e o desenvolvimento na região austral do continente africano e, em 2018, era composto de quinze países. Em 2008, foi lançada a Área de Livre-Comércio da SADC, e desde então vem se ampliando a lista de produtos que circulam com tarifa zero.

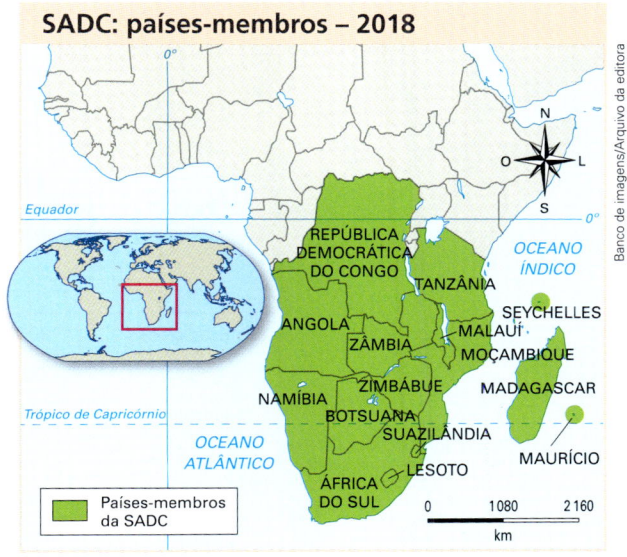

Fonte: SOUTHERN AFRICAN DEVELOPMENT COMMUNITY. *Member States*. Disponível em: <www.sadc.int/member-states>. Acesso em: 11 maio 2018.

O presidente de Botsuana, Ian Khama, discursa em 2015 durante a 35ª Cúpula da SADC, após ser indicado à presidência do bloco. Esse encontro reuniu os chefes de Estado e de governo dos 15 países-membros em sua sede em Gaborone (Botsuana).

A criação da SADC ampliou significativamente o comércio intrabloco. O comércio exterior dos países do bloco também aumentou, mas isso se deveu mais à valorização das matérias-primas no mercado internacional. As vendas ao exterior dos países desse bloco triplicaram nos últimos anos. Segundo a OMC, as exportações conjuntas dos países da SADC eram de 49 bilhões de dólares, em 2001, e atingiram 143 bilhões de dólares, em 2016.

Observe os indicadores econômicos da SADC e compare-os com os da Suécia, uma economia de tamanho médio na União Europeia. Em 2016, esse país tinha uma população de apenas 9,9 milhões de habitantes, mas gerou um PIB de 541 bilhões de dólares e exportou mercadorias no valor de 139 bilhões de dólares.

SADC: indicadores socioeconômicos – 2016				
Membros	População (milhões de habitantes)	PIB (bilhões de dólares)	Exportações (bilhões de dólares)	Importações (bilhões de dólares)
15	333	602	143	168

Fonte: THE WORLD BANK. *World Development Indicators 2017*. Washington, D. C., 2018. Disponível em: <http://wdi.worldbank.org/tables>; WORLD TRADE ORGANIZATION. *World Trade Statistical Review 2017*. Genebra, 2018. Disponível em: <www.wto.org/english/res_e/statis_e/wts_e.htm>. Acessos em: 10 maio 2018.

Essas informações evidenciam que os fluxos de mercadorias não são distribuídos igualmente no espaço geográfico mundial e, com isso, os blocos são muito diferentes em relação a tamanho econômico e capacidade comercial. Apesar de ser o principal acordo regional de comércio da África, a SADC é muito pequena em termos econômicos quando comparada aos principais blocos do mundo.

Desde o fim do século XX, os países africanos em geral e, principalmente, as maiores economias da SADC têm se beneficiado do aumento da demanda mundial por matérias-primas agrícolas e minerais. A China tem investido alto em vários projetos de infraestrutura, produção agrícola e extração mineral em muitos países africanos, o que tem garantido elevadas taxas de crescimento econômico em vários deles, como mostram os dados da tabela a seguir. A crise econômica atingiu os países desse bloco em 2009, mas não com a mesma gravidade dos países desenvolvidos e de alguns emergentes. O principal mercado para o escoamento das exportações dos países africanos é a China, que continuou crescendo. Além disso, nos principais países do continente tem havido um aumento da classe média e, portanto, da capacidade de consumo da população.

Maiores economias da SADC – 2016						
País	PIB (em bilhões de dólares)	Taxa de crescimento do PIB (%)				
		2000	2005	2009	2016	2000-2016 (média anual)
África do Sul	306,9	4,2	5,3	–1,5	0,3	3,0
Angola	99,4	3,1	18,3	2,4	–0,7	8,7
Tanzânia	48,5	4,9	6,5	5,4	7,0	6,7
R. D. do Congo	33,8	–8,1	6,1	2,9	2,4	6,0
Zâmbia	22,6	3,9	7,2	9,2	3,4	7,1
Botsuana	15,2	2,0	4,6	–7,7	4,3	4,6
Moçambique	13,8	1,7	8,7	6,4	3,8	7,5

Fonte: INTERNATIONAL MONETARY FUND. *World Economic Outlook Database*. Out. 2017 Edition. Disponível em: <www.imf.org/external/pubs/ft/weo/2017/02/weodata/index.aspx>; THE WORLD BANK. *World Development Indicators 2017*. Washington, D. C., 2018. Disponível em: <http://wdi.worldbank.org/tables>. Acessos em: 11 maio 2018.

ATIVIDADES

COMPREENDENDO CONTEÚDOS

1. Reveja a tabela e a anamorfose da página 423 e responda:
   a) Quais são os cinco maiores exportadores do mundo? Qual é a posição do Brasil?
   b) O comércio internacional é concentrado em poucos países ou distribuído igualmente pelo mundo?

2. Explique o que é o G-20 comercial e discuta sua importância no âmbito da OMC.

3. Explique a transformação do GATT em OMC. O que mudou?

4. Sobre a União Europeia, o Nafta, o Mercosul e a SADC, responda:
   a) Qual é a diferença entre esses blocos regionais de comércio?
   b) Compare-os, considerando o tamanho da economia e o potencial de comércio.

5. Explique o significado e as consequências da iniciativa de Donald Trump de retirar os Estados Unidos da TPP.

DESENVOLVENDO HABILIDADES

6. Desde o início da Revolução Industrial, o livre-comércio tem sido defendido por economistas influentes, entre os quais o britânico Adam Smith (1723-1790). Entretanto, quase sempre o intercâmbio mundial de mercadorias sofre algum tipo de restrição com a imposição de barreiras tarifárias e não tarifárias. Ou seja, o comércio internacional não é totalmente livre; daí, como vimos, as diversas rodadas de negociação no âmbito da OMC. Leia os argumentos a favor e contra o livre-comércio. Em seguida, organizem-se em grupos para responder às questões.

   Quais são os argumentos a favor e contra o livre-comércio?

   Como principais argumentos a favor do livre-comércio, citam-se:
   – o aumento da quantidade e da variedade de bens disponíveis para consumo;
   – a possibilidade de o país exportar os produtos nos quais é mais eficiente que seus parceiros comerciais;
   – a redução dos custos para a aquisição de insumos produtivos não disponíveis ou de alto custo no país, o que permite à indústria instalada ganhar em produtividade e tornar-se mais competitiva;
   – os ganhos de competitividade e a geração de empregos nos setores domésticos capacitados a competir nos mercados mundiais;
   – a livre alocação dos insumos entre as indústrias;
   – a identificação dos setores e insumos mais competitivos;
   – a eliminação da distorção em preços relativos;
   – o maior acesso a linhas externas de investimento;
   – a correção de eventual viés antiexportação que tenha se consolidado na estrutura da economia.

   Por outro lado, os argumentos clássicos que têm sido levantados contra o livre-comércio são:
   – a proteção à "indústria nascente" (A. Hamilton, F. List);
   – a preservação do emprego;
   – a defesa frente ao comércio desleal;
   – a promoção da segurança nacional;
   – a manutenção de poder de barganha em futuras negociações internacionais;
   – a alegada existência de setores estratégicos; e
   – o controle do nível de importações como meio de promover algum equilíbrio do balanço de pagamentos.

   INSTITUTO DE ESTUDOS DO COMÉRCIO E NEGOCIAÇÕES INTERNACIONAIS. Economia e Comércio Internacional. *Icone Brasil*, 2018. Disponível em: <www.iconebrasil.com.br/biblioteca/perguntas-e-resposta/economia-e-comercio-internacional>. Acesso em: 11 maio 2018.

   a) Com quais argumentos vocês concordam?
   b) Há algum outro argumento favorável ou contrário que poderia ser mencionado?
   c) Pesquisem na internet e descubram exemplos de restrição ao livre-comércio que o Brasil enfrenta em suas exportações e que também impõe a algum produto importado. Por fim, procurem relacioná-los com os argumentos anteriores.

CAPÍTULO 23

OS SERVIÇOS INTERNACIONAIS

Turistas e estudantes no Museu de História Natural de Nova York (Estados Unidos), em 2017.

Embora o comércio de mercadorias tenha maior peso nas trocas internacionais, é cada vez mais intenso o intercâmbio de serviços entre os países. E, assim como a circulação internacional de mercadorias cresceu significativamente, estimulada pela criação do GATT, o intercâmbio de serviços vem sendo ampliado, impulsionado pelo **Acordo Geral sobre Comércio de Serviços** (**GATS**, sigla em inglês).

Será que todos os países e suas respectivas populações são igualmente beneficiados pela ampliação do intercâmbio internacional de serviços ou este também é fortemente concentrado, como ocorre nas trocas de mercadorias?

Turistas contemplam o Rio de Janeiro (RJ) do Morro do Pão de Açúcar, um dos principais pontos turísticos da cidade (foto de 2017). Os serviços relacionados ao turismo estão entre as atividades que mais crescem no mundo.

1. SERVIÇOS E INTERCÂMBIO DE SERVIÇOS

DEFINIÇÃO E INTER-RELAÇÃO COM OUTROS SETORES

O **comércio** é uma atividade econômica que lida com a troca de bens materiais tangíveis, como minérios, petróleo, cereais, vestuário, automóveis e eletrodomésticos. Quando ele é feito entre os diversos países do mundo, como estudamos no capítulo anterior, chamamos de comércio internacional. Esses bens podem ser extraídos da natureza, produzidos pela agropecuária ou transformados pela indústria. Para deslocá-los no espaço geográfico nacional e mundial é essencial a utilização de meios de transporte, e muitas vezes tais produtos são estocados antes de ser comercializados.

Já os **serviços** contemplam uma enorme diversidade de atividades econômicas terciárias, muitas das quais imateriais e intangíveis, isto é, que você não pode pegar e, às vezes, nem ver. É por isso que a revista britânica *The Economist* define "serviços", de forma simplificada, como "produtos da atividade econômica que não se podem derrubar nos próprios pés, que vão de cabeleireiro a *website*", passando por educação, assistência médica, segurança pública, telecomunicações, serviços financeiros, turismo, etc. O intercâmbio internacional de serviços vem crescendo de forma significativa, estimulado pelo avanço tecnológico e pelo aumento da renda nos países emergentes.

Os serviços relacionam-se com os demais setores da economia, como comércio, indústria, agropecuária e extrativismo. O esquema a seguir exemplifica a inter-relação dessas atividades econômicas.

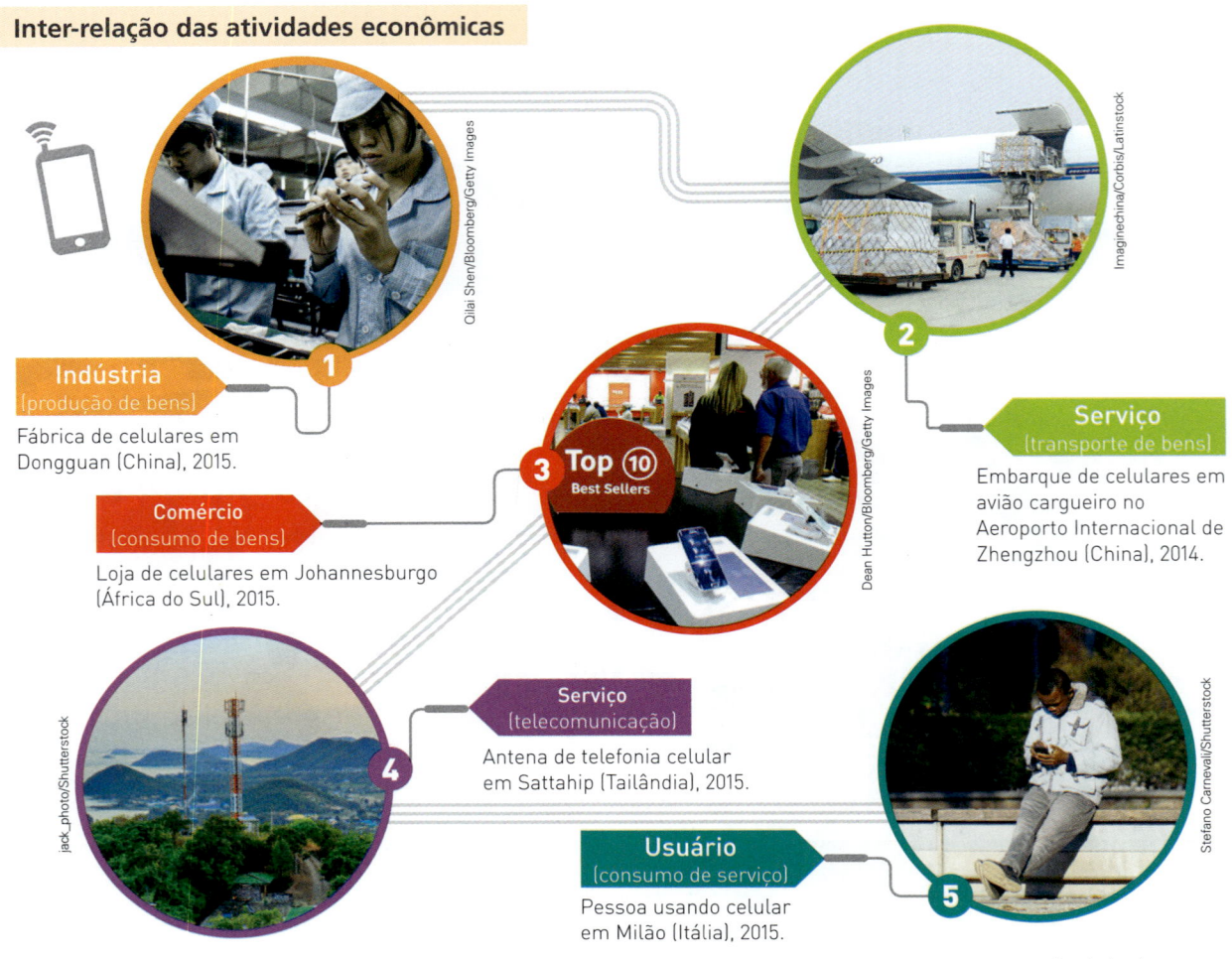

Inter-relação das atividades econômicas

1. **Indústria** (produção de bens) — Fábrica de celulares em Dongguan (China), 2015.
2. **Serviço** (transporte de bens) — Embarque de celulares em avião cargueiro no Aeroporto Internacional de Zhengzhou (China), 2014.
3. **Comércio** (consumo de bens) — Loja de celulares em Johannesburgo (África do Sul), 2015.
4. **Serviço** (telecomunicação) — Antena de telefonia celular em Sattahip (Tailândia), 2015.
5. **Usuário** (consumo de serviço) — Pessoa usando celular em Milão (Itália), 2015.

Organizado pelos autores.

Quando o consumidor vai a uma loja e compra um aparelho celular, está adquirindo um bem de consumo fabricado por alguma indústria eletrônica. Para que esse celular funcione, contudo, é necessário que o usuário contrate um plano de telefone e dados de alguma operadora.

O celular é um produto material, tangível, que podemos pegar na mão e, eventualmente, "derrubar no pé". A conexão dele, no entanto, depende de um serviço prestado pela operadora de telefonia, que é imaterial, intangível. Do mesmo modo, um celular não funciona sem uma antena, infraestrutura produzida por uma indústria e muito presente na paisagem das cidades e das estradas. O centro de operações da empresa de telefonia também se materializa na paisagem, mas ocorre no interior de prédios comerciais. Já as ondas de rádio, que entram e saem do aparelho celular, levando e trazendo voz, textos e imagens, não são visíveis.

Os serviços se distinguem das demais atividades da economia por três características básicas:

- **fluxo** – sua prestação ocorre num fluxo contínuo e só tem início quando solicitada pelo usuário; assim, não há estoque de serviços – como ocorre com mercadorias –, mas, sim, disponibilidade;
- **variedade** – comporta uma enorme diversidade de técnicas de prestação e de qualidade dos serviços oferecidos, assim como de tipos e tamanhos das empresas prestadoras;
- **uso intensivo de recursos humanos** – por comportar muitas atividades interativas, nas quais o prestador e o usuário se relacionam, os serviços, em geral, utilizam grandes contingentes de mão de obra.

Os serviços podem ser classificados em:

- **intermediários** – são os serviços produtivos, encarregados de dar suporte às demais atividades econômicas, como a indústria, o comércio e a agropecuária.
- **finais** – são os serviços de consumo, voltados às atividades individuais, como as domésticas e de entretenimento, e às coletivas, como as de educação e de saúde.

Ainda podem ser classificados como **públicos** quando os serviços são prestados pelo Estado, em suas três esferas, ou por empresas privadas sob concessão estatal. São exemplos de serviços públicos a segurança, o transporte, a educação e a saúde. No entanto, os serviços são, em sua maioria, **privados**, prestados por indivíduos ou empresas de diversos portes.

Veja no infográfico das próximas páginas a classificação dos serviços segundo a Organização Mundial do Comércio.

O policiamento das ruas é um serviço de segurança pública prestado pelo Estado, enquanto os serviços de segurança em bancos, *shoppings* e eventos privados são prestados por empresas especializadas. As fotos, ambas de 2015, registram dois exemplos: à esquerda, policiais fazem ronda na praça Barão do Rio Branco, também conhecida como praça do Marco Zero, no Recife (PE); à direita, segurança privado observa as pessoas no Encontro Internacional de Motociclistas, em São Miguel do Oeste (SC).

INFOGRÁFICO

CLASSIFICAÇÃO DOS SERVIÇOS, SEGUNDO A OMC

A OMC elaborou uma classificação com 12 **setores** e 155 **subsetores** que contemplam praticamente a totalidade dos serviços prestados no mundo. Veja a seguir a lista com os setores e os principais subsetores. A lista completa é bem mais detalhada. Por exemplo, no subsetor 1.A., há outra subdivisão com 10 serviços profissionais: jurídicos, médicos e odontológicos, de engenharia, de arquitetura, de planejamento urbano, entre outros.

1. Serviços de empresas
A. profissionais
B. informática e conexos
C. pesquisa e desenvolvimento
D. imobiliários

2. Serviços de comunicação
A. postais
B. correio
C. telecomunicações
D. audiovisuais

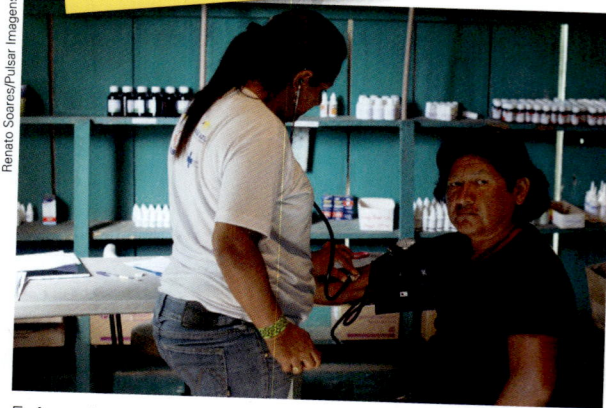
Enfermeira atende no Posto de Saúde kayapó da aldeia moykarakô, em São Félix do Xingu (PA), 2015.

Agência dos Correios no centro histórico de Lençóis (BA), município situado na Chapada Diamantina, 2016.

3. Serviços de construção e serviços relacionados à Engenharia
A. construção de edificação
B. construção de Engenharia Civil
C. instalação e montagem
D. conclusão e acabamento de edificação

4. Serviços de distribuição
A. agentes comissionados
B. comercial de atacado
C. varejista
D. franqueado

5. Serviços educacionais
A. Ensino Primário
B. Ensino Secundário
C. Ensino Superior
D. Ensino de Adultos

Escola Estadual Manuel Fulgêncio em Araçuaí (MG), 2015.

6. Serviços de meio ambiente
A. esgoto
B. disposição de resíduos
C. saneamento e similares

7. Serviços financeiros
A. seguros e serviços relacionados com seguros
B. bancários e outros serviços financeiros

Consulte a lista completa dos setores e dos subsetores de serviços pelos *sites* da **Organização Mundial do Comércio (OMC)** e do **Ministério da Indústria, Comércio Exterior e Serviços.** Veja orientações na seção **Sugestões de textos, vídeos e *sites*.**

8. Serviços de saúde e sociais (exceto os médicos, dentários e veterinários)
A. hospitalares
B. outros serviços de saúde
C. sociais

Fachada da Santa Casa de Misericórdia de Porto Alegre (RS), em 2015. Esse hospital funciona desde 1803.

9. Serviços de turismo e relacionados
A. hotéis e restaurantes
B. agências de viagens e operadoras de turismo
C. guias de turismo

Guia conduz turistas durante passeio na floresta Yanbaru, no Parque Nacional Yanbaru, norte da ilha de Okinawa (Japão), em 2018.

10. Serviços de lazer, cultura e esportes
A. entretenimento (incluindo apresentações de teatro, circo e de grupos musicais)
B. agências de notícias
C. bibliotecas, arquivos, museus e outros serviços culturais
D. desportivos e outros serviços de diversão (exceto serviços audiovisuais)

11. Serviços de transporte
A. marítimo
B. por vias de navegação interiores
C. aéreo
D. espacial
E. ferroviário
F. rodoviário

12. Outros serviços não incluídos anteriormente

Saguão do Aeroporto Internacional de São Paulo, o maior do país, no município de Guarulhos (SP), em 2016.

Fonte: WORLD TRADE ORGANIZATION. Sector-by-Sector Information. *Services Sectoral Classification List.* Disponível em <www.wto.org/english/tratop_e/serv_e/serv_sectors_e.htm>. Acesso em: 14 maio 2018.

Como vimos no capítulo anterior, as atividades terciárias incluem o comércio e os serviços, e as contas nacionais dos países agregam os dois setores num único dado numérico. Muitas vezes, como ocorre no relatório do Banco Mundial, esse dado aparece como "serviços", mas inclui o comércio. Na maioria dos países, são as atividades terciárias as que mais contribuem para a formação do PIB, e, no caso brasileiro, essa contribuição vem aumentando, embora inclua muito emprego precário e mal remunerado.

Observe os dados da tabela e do gráfico.

Países selecionados: participação das atividades econômicas no PIB – 2016				
País	PIB (em bilhões de dólares)	Atividades terciárias (%)	Atividades secundárias (%)	Atividades primárias (%)
Estados Unidos	18 625	79	20	1
China	11 199	52	40	8
Japão	4 940	70	29	1
Alemanha	3 478	69	30	1
Reino Unido	2 648	79	20	1
Índia	2 264	54	29	17
Brasil	1 796	73	21	6
Coreia do Sul	1 411	59	39	2
Rússia	1 283	63	32	5
México	1 047	63	33	4
Argentina	546	66	27	7
África do Sul	296	69	29	2
Etiópia	72	41	21	38
Serra Leoa	4	34	7	59

Fonte: THE WORLD BANK. *World Development Indicators 2017*. Washington, D.C., 2018.
Disponível em: <http://wdi.worldbank.org/tables>. Acesso em: 14 maio 2018.

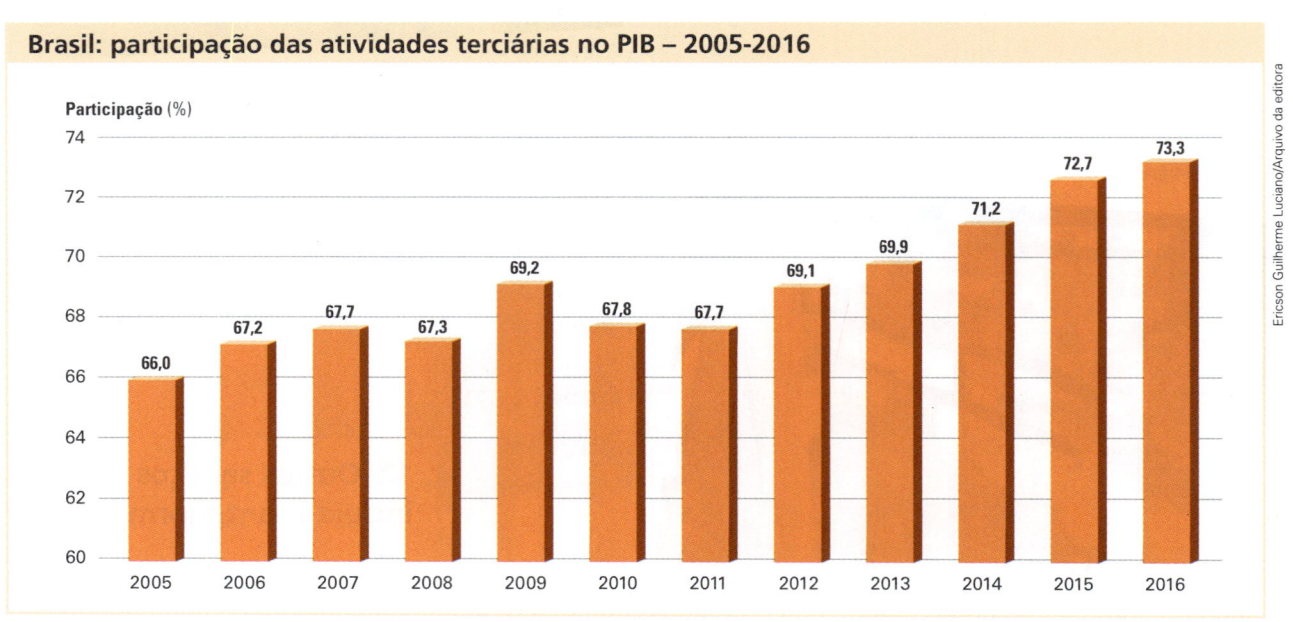

Brasil: participação das atividades terciárias no PIB – 2005-2016

Ano	Participação (%)
2005	66,0
2006	67,2
2007	67,7
2008	67,3
2009	69,2
2010	67,8
2011	67,7
2012	69,1
2013	69,9
2014	71,2
2015	72,7
2016	73,3

Fonte: MINISTÉRIO DA INDÚSTRIA, COMÉRCIO EXTERIOR E SERVIÇOS. Contas Nacionais Trimestrais/IBGE. In: *A importância do setor terciário*. Brasília, maio 2017. Disponível em: <www.mdic.gov.br/index.php/comercio-servicos/a-secretaria-de-comercio-e-servicos-scs/402-a-importancia-do-setor-terciario>. Acesso em: 14 maio 2018.

A CLASSIFICAÇÃO DO INTERCÂMBIO DE SERVIÇOS

Diante do crescimento e da diversidade do intercâmbio de serviços entre os países, o GATS, acordo negociado no contexto da Rodada Uruguai, estabeleceu uma classificação das trocas internacionais de serviços. Para isso, agrupou-os em quatro modos.

Modo 1 – Atividade transfronteiriça

É o serviço prestado para outros países a partir do território de um país, como telecomunicações, *contact center*, ensino a distância, entre outros.

Modo 2 – Consumo no exterior

Serviço prestado no território de um país para consumidores oriundos de outros países. Todas as atividades que envolvem o turismo internacional, como hotéis, restaurantes, aluguel de carros, guias, museus, podem ser classificadas nesse grupo.

Muitas empresas, principalmente dos Estados Unidos e do Reino Unido, instalaram seus centros de teleatendimento ao consumidor na Índia, onde os custos de mão de obra e de telecomunicação são mais baixos e muitas pessoas falam inglês fluente. Na foto, atendentes em *call center* da Avise Techno Solutions em Kolkata (Índia), em 2017.

Modo 3 – Presença comercial

São serviços prestados no território de um país por filiais de empresas de outros países, como as subsidiárias de bancos e de corretoras ou as representantes de construtoras de certos países em territórios estrangeiros.

Modo 4 – Movimento de pessoas

Há, ainda, os serviços prestados no território de um país por profissionais oriundos de outros países, como médicos, professores, consultores de negócios, entre outros.

Em muitas universidades dos Estados Unidos há professores estrangeiros, inclusive brasileiros, dando aulas e desenvolvendo pesquisas. Na foto, de 2016, a professora Viviane Gontijo, que leciona Língua Portuguesa na Universidade de Harvard, em Cambridge (Estados Unidos).

2. INTERCÂMBIO INTERNACIONAL DE SERVIÇOS

O intercâmbio mundial de serviços também é orientado pelos princípios da **Nação mais favorecida** e do **Tratamento nacional**, que, como vimos no capítulo anterior, regem o comércio internacional de mercadorias. De acordo com o princípio da Nação mais favorecida, qualquer vantagem, favor ou privilégio concedidos a serviços ou a prestadores de serviços de um país deve ser estendido imediatamente aos demais países. Conforme o princípio do Tratamento nacional, um prestador de serviços estrangeiro deve receber o mesmo tratamento recebido pelos prestadores do país onde ele vai atuar.

O avanço tecnológico nas telecomunicações e na informática e o aumento da classe média nos países emergentes, especialmente na China, contribuíram para a expansão dos serviços pelo mundo. Em 2016, as exportações mundiais de serviços atingiram 4,8 trilhões de dólares, com destaque para as viagens internacionais e os transportes. Veja o gráfico ao lado.

Assim como ocorre com o comércio de mercadorias, o intercâmbio de serviços também é concentrado em poucos países. Os dez maiores exportadores mundiais de serviços detêm pouco mais da metade do total mundial. Analise a tabela a seguir.

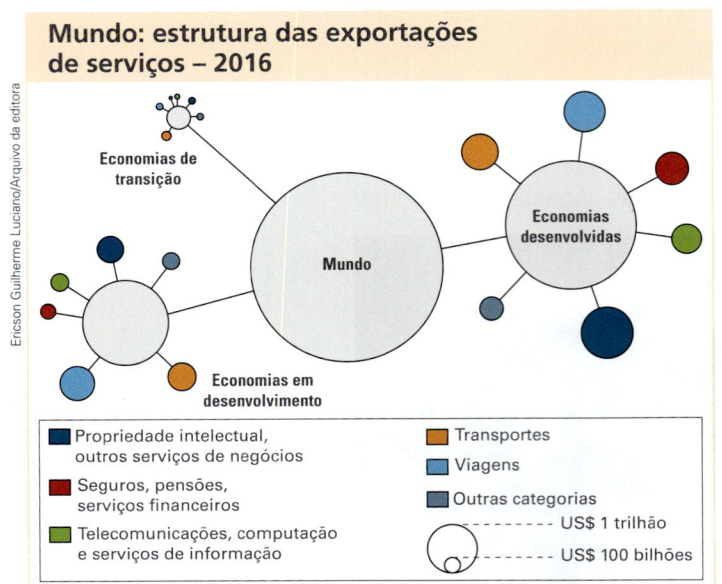

Fonte: UNITED NATIONS CONFERENCE ON TRADE AND DEVELOPMENT. *UNCTAD Handbook of Statistics 2017*. New York and Geneva: United Nations, 2017. p. 38.

Os dez principais exportadores de serviços e outros selecionados – 2016				
Posição/país	**Exportações (bilhões de dólares)**	**Exportações (% do total mundial)**	**Importações (bilhões de dólares)**	**Importações (% do total mundial)**
1º Estados Unidos	733	15,2	482	10,3
2º Reino Unido	324	6,7	195	4,1
3º Alemanha	268	5,6	311	6,6
4º França	236	4,9	236	5,0
5º China	207	4,3	450	9,6
6º Países Baixos	177	3,7	169	3,6
7º Japão	169	3,5	183	3,9
8º Índia	161	3,4	133	2,8
9º Cingapura	149	3,1	155	3,3
10º Irlanda	146	3,0	192	4,1
14º Itália	101	2,1	102	2,2
15º Hong Kong (China)	98	2,0	74	1,6
17º Coreia do Sul	92	1,9	109	2,3
25º Rússia	50	1,0	73	1,6
32º Brasil	33	0,7	61	1,3
38º México	24	0,5	29	0,6
Os 10 mais	2570	53,4	2506	53,3
Mundo	4808	100,0	4694	100,0

Fonte: WORLD TRADE ORGANIZATION. *World Trade Statistical Review 2017*. Genebra, 2018.
Disponível em: <www.wto.org/english/res_e/statis_e/wts_e.htm>. Acesso em: 14 maio 2018.

ATIVIDADES

COMPREENDENDO CONTEÚDOS

1. O que você entende por serviços? Estabeleça comparações entre a prestação de serviços e o comércio de mercadorias.

2. Observe o esquema da página 438 e explique a relação dos serviços com o comércio e a indústria.

DESENVOLVENDO HABILIDADES

3. Observe os dez principais exportadores mundiais de serviços na tabela da página anterior e compare-os com os dez principais exportadores mundiais de mercadorias, na tabela da página 423. Há coincidências entre os países que compõem cada uma delas? Explique a situação da Índia e da Coreia do Sul.

4. Analise a tabela ao lado. Depois, produza um texto que:
   a) descreva a importância da exportação de serviços nas economias da China e da Índia e aponte a mudança no papel desses dois países no mercado mundial;
   b) compare a participação das exportações dos dois com o total mundial e com as exportações dos Estados Unidos;
   c) por fim, descreva a situação do Brasil.

Os oito principais exportadores mundiais de serviços e o Brasil – 2000-2016		
Posição/país	2000	2016
1º Estados Unidos	275	733
2º Reino Unido	100	324
3º Alemanha	80	268
4º França	81	236
5º China	30	207
6º Países Baixos	52	177
7º Japão	68	169
8º Índia	18	161
32º Brasil	9	33
Total mundial	1 435	4 808

Fonte: WORLD TRADE ORGANIZATION. *International Trade Statistics 2001*. Genebra, 2001; *World Trade Statistical Review 2017*. Genebra, 2018. Disponível em: <www.wto.org/english/res_e/statis_e/wts_e.htm>. Acesso em: 14 maio 2018.

5. Reveja a tabela da página anterior, observe a anamorfose e responda às perguntas.

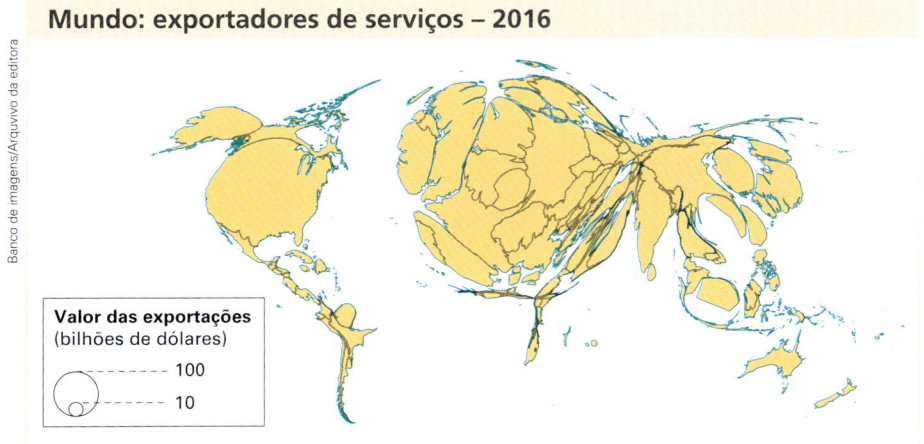

Mundo: exportadores de serviços – 2016

Valor das exportações (bilhões de dólares): 100, 10

Fonte: UNITED NATIONS CONFERENCE ON TRADE AND DEVELOPMENT. *UNCTAD Handbook of Statistics 2017*. New York and Geneva: United Nations, 2017. p. 34.

a) Quais são os dez maiores exportadores mundiais de serviços? Em quais continentes se localizam?

b) De forma geral, em qual continente se concentra a maioria dos grandes exportadores de serviços? Qual é o continente menos representado?

c) Reveja a anamorfose da página 423, verifique em qual continente se concentra a maioria dos grandes exportadores de mercadorias e qual é o menos representado. Ocorre o mesmo padrão observado para os serviços? Como se explica esse padrão?

VESTIBULARES
DE NORTE A SUL

TESTES

1. CO (UEG) Observe a figura a seguir.

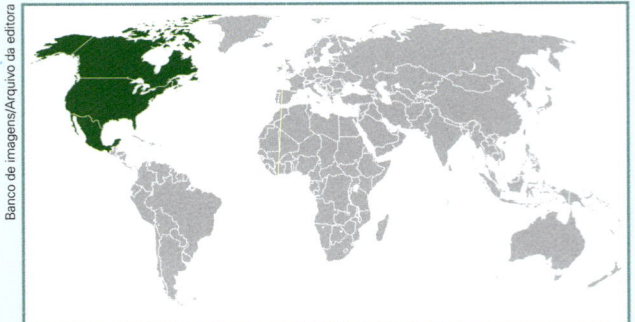

Fonte: <https://commons.wikimedia.org/wiki/File:Map_of_NAFTA.png>.
Acesso em: 17 ago. 2016.

A região em destaque no mapa representa os países-membros do seguinte megabloco econômico:
a) CEE
b) ALCA
c) APEC
d) NAFTA
e) MERCOSUL

2. S (UFRGS) Observe a figura abaixo.

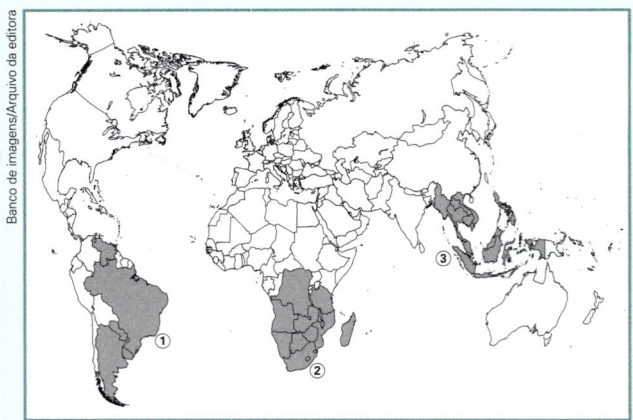

Adaptado de: Organização Mundial do Comércio.

Os blocos regionais, assinalados numericamente de 1 a 3 no mapa, são, respectivamente,
a) Mercosul (Mercado Comum do Sul); APEC (Cooperação Econômica Ásia-Pacífico); Sapta (Acordo Comercial Preferencial do Sul da Ásia).
b) UNASUL (União das Nações Sul-Americanas); Ecowas (Comunidade Econômica dos Estados da África Ocidental); Asean (Associação das Nações do Sudeste Asiático).
c) Mercosul (Mercado Comum do Sul); SADC (Comunidade de Desenvolvimento da África Austral); Asean (Associação das Nações do Sudeste Asiático).
d) Comunidade Andina; União Africana; APEC (Cooperação Econômica Ásia-Pacífico).
e) Mercosul (Mercado Comum do Sul); Ecowas (Comunidade Econômica dos Estados da África Ocidental); APEC (Cooperação Econômica Ásia-Pacífico).

3. S (UEM-PR)

O terciário é o setor mais representativo da Revolução Técnico-Científico Informacional e apresentou uma forte expansão no decorrer do século XX e início do século XXI, em função dos avanços da microeletrônica, promovendo o incremento de atividades de telecomunicações, transportes e serviços financeiros.

Fonte: TERRA, L.; ARAUJO, R.; GUIMARÃES, R. B. *Geografia Conexões Estudos de Geografia do Brasil*. São Paulo: Moderna, 2010.

Sobre o setor terciário é **correto** afirmar que:

01) O desenvolvimento das tecnologias da informação e comunicação gerou uma tendência de transformação de setores inteiros de prestação de serviços, de atendimento ou mesmo de pesquisa, com consequências positivas para países em desenvolvimento, onde mesmo a mão de obra mais qualificada é remunerada com salários mais baixos.

02) Nos países centrais, o setor de serviços que mais cresce está ligado à propaganda e ao *marketing*, e é resultante das estratégias de inovação tecnológica que buscam alcançar maior competitividade, preços melhores e integração com padrões internacionais de qualidade dos produtos.

04) No Brasil, o crescimento do consumo tem levado grandes empresas transnacionais a investirem pesadamente na aquisição ou na formação de redes de comércio varejista. Grandes redes de hipermercados vêm se instalando no país, que é parte do fluxo de investimentos ligados ao consumo de bens duráveis e não duráveis.

08) No mundo das redes digitais, das teleconferências e da transmissão quase ilimitada de dados, os mercados locais perdem sua razão de ser, pois não existem mais motivos para a concentração geográfica das atividades comerciais.

16) Os fluxos da informação têm repercussão na vida social e na organização do espaço geográfico. As atividades geradas neste contexto oferecem oportunidades de negócios inovadores, contudo, como dependem de tecnologias cada vez mais sofisticadas, essas atividades produzem novas singularidades espaciais, recriam aglomerações e reproduzem as desigualdades sociais.

4. **SE** **(Unicamp-SP)** O referendo realizado no Reino Unido em junho de 2016 conduziu ao *Brexit*, após 43 anos de adesão à União Europeia. São potenciais consequências dessa decisão, nos níveis nacional e continental, respectivamente,

a) o pedido da Irlanda do Norte por um novo referendo para decidir sua permanência no Reino Unido e a continuidade da livre circulação da moeda europeia, o euro, no Reino Unido.

b) o pedido da Inglaterra por um novo referendo para decidir sua permanência no Reino Unido e a continuidade da livre circulação da moeda europeia, o euro, no Reino Unido.

c) o pedido da Escócia por um novo referendo para decidir sua permanência no Reino Unido e o comprometimento da livre circulação de cidadãos europeus no Reino Unido.

d) o pedido do País de Gales por um novo referendo para decidir sua permanência no Reino Unido e o comprometimento da livre circulação de cidadãos europeus no Reino Unido.

5. **N** **(Uepa)**

Fonte: Traduzido de http://goncalotcoe.files.wordpress.com/2011/12/keefem20090327.jpg. Acesso em 13/09/2013.

Ao longo da história, as sociedades criaram diferentes formas de se comunicar, as quais foram se intensificando e modernizando de acordo com os avanços da ciência, das técnicas e do domínio do homem sobre a natureza, em seu processo de apropriação, organização e representação do espaço geográfico, dando origem ao atual período técnico-científico informacional.

O modo capitalista de produção tem como principais fundamentos a relação indissociável entre produtor e consumidor, tal relação ocorre pelo funcionamento da sequência invariável entre produção, circulação, distribuição e consumo, pois a comunicação é o vetor que antecipa o consumo, alcançando diversos pontos do planeta. No contexto da citação anterior, é correto afirmar que:

a) a comunicação é o trunfo primordial do capitalismo, pois é a responsável pela disseminação das ideias e valores dos países centrais em direção à periferia, havendo intensa aceitação de consumo na América Latina dos produtos europeus, estadunidenses e japoneses.

b) há pouca interferência direta da comunicação no consumo, pois, no capitalismo, uma significativa população absoluta é suficiente para constituir um grande mercado consumidor nos países periféricos, tornando-os aptos a adquirir os produtos dos países centrais.

c) a comunicação antecede o consumo, ao massificar a necessidade de práticas consumistas, pois, geralmente, os produtos mais sofisticados são inicialmente produzidos e consumidos nas nações ricas para depois serem comercializados nos demais mercados mundiais.

d) a comunicação instantânea, induzida pela atual revolução técnico-científica-informacional, proporciona possíveis realizações de consumo, em várias dimensões, nos diversos lugares do mundo, excluindo a camada mais pobre dos países periféricos de práticas consumistas.

e) a comunicação se prevaleceu da telecomunicação no processo histórico de desenvolvimento pós-industrial, pois antigamente o produto antecipava a comunicação e atualmente o produto não depende de informações, sejam nacionais ou internacionais.

6. **SE** **(PUC-RJ)** Agentes econômicos e Estados têm a clara tendência em afirmar que "turismo é sinônimo de setor econômico" e utilizam, de maneira abusiva, a expressão "indústria do turismo".

Esta visão é bastante limitante do fenômeno do turismo, pois:

a) sobrevaloriza o seu aspecto econômico em detrimento da sua força social.

b) reduz essa dinâmica à sua capacidade de organizar o deslocamento de grupos.

c) considera o desenvolvimento do comércio e serviços pouco importante.

d) desconhece que seus setores indiretos hoje são os que mais produzem empregos indiretos.

e) desqualifica as atividades industriais como geradoras de emprego.

UNIDADE 5 · COMÉRCIO E SERVIÇOS NO MUNDO

QUESTÕES

7. SE **(UFTM-MG)** Analise o mapa ao lado.

De acordo com o mapa e conhecimentos geográficos:

a) descreva o comércio internacional segundo os dados apresentados.

b) identifique e caracterize duas áreas de menor expressão em termos de comércio intrarregional.

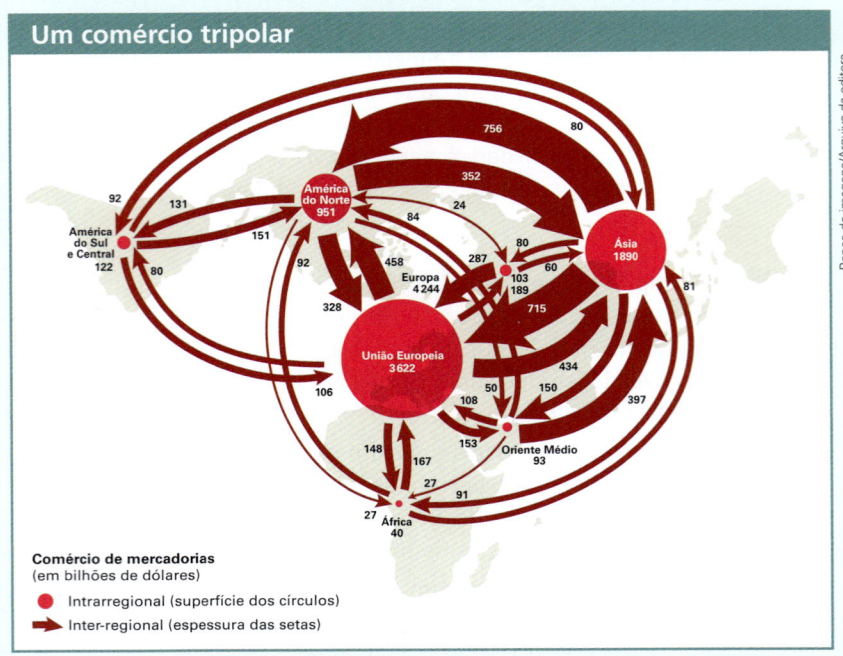

Adaptado de: Marie-Françoise Durand et al. *Atlas da mundialização*: compreender o espaço mundial contemporâneo, 2009.

8. S **(UFPR)** Uma das características geopolíticas e econômicas do mundo atual é a existência de um grande número de associações regionais de países, a exemplo da União Europeia e do Mercosul. Caracterize esses dois blocos, evidenciando as diferenças entre eles.

9. SE **(PUC-RJ)**

Apesar da crise econômica da última década, principalmente em alguns países centrais, o turismo, apesar da retração, continua a dar sustentação às economias de diversas sociedades.

Observando o *ranking* de competitividade nesse setor, faça o que se pede.

Disponível em: <http://www.dinheirovivo.pt/Graficos/Detalhe/CIECO116435.html>. Acesso em: 24 jul. 2013. Adaptado.

a) Indique **duas condições estruturais** dos países melhor ranqueados para que o turismo, mesmo diante da crise mundial, continue em alta.

b) Selecione **duas condições sociais** que reduzem as chances de sucesso desse setor nos países não ranqueados do cartograma.

CAIU NO Enem

1. TEXTO I

Há mais gente vivendo dentro desse círculo do que fora dele.

Disponível em: http://twistedsifter.com. Acesso em: 5 nov. 2013 (adaptado).

TEXTO II

A Índia deu um passo alto no setor de teleatendimento para países mais desenvolvidos, como os Estados Unidos e as nações europeias. Atualmente mais de 245 mil indianos realizam ligações para todas as partes do mundo a fim de oferecer cartões de créditos ou telefones celulares ou cobrar contas em atraso.

Disponível em: <www.conectacallcenter.com.br>. Acesso em: 12 nov. 2013. (adaptado).

Ao relacionar os textos, a explicação para o processo de territorialização descrito está no(a)

a) aceitação das diferenças culturais.
b) adequação da posição geográfica.
c) incremento do ensino superior.
d) qualidade da rede logística.
e) custo da mão de obra local.

2. A diversidade de atividades relacionadas ao setor terciário reforça a tendência mais geral de desindustrialização de muitos dos países desenvolvidos sem que estes, contudo, percam o comando da economia. Essa mudança implica nova divisão internacional do trabalho, que não é mais apoiada na clara segmentação setorial das atividades econômicas.

RIO, G. A. P. A espacialidade da economia. In: CASTRO, I. E.; GOMES, P. C. C.; CORRÊA, R. L. (Org.) Olhares Geográficos: modos de ver e viver o espaço. Rio de Janeiro: Bertrand Brasil, 2012 (adaptado).

Nesse contexto, o fenômeno descrito tem como um de seus resultados a

a) saturação do setor secundário.
b) ampliação dos direitos laborais.
c) bipolarização do poder geopolítico.
d) consolidação do domínio tecnológico.
e) primarização das exportações globais.

3. "As recentes crises entre o Brasil e a Argentina mostram o esgotamento do modelo mercantilista no Mercosul", afirma o diretor-geral do Instituto Brasileiro de Relações Internacionais (Ibri). A imposição argentina de cotas para produtos brasileiros, como os de linha branca, e a ameaça de adoção de salvaguardas comerciais indicam que o Mercosul foi construído sobre bases equivocadas. Segundo o diretor, a noção de que é possível exportar "sem limites" para um determinado parceiro comercial representa uma mentalidade "fenícia", ou seja, uma visão comercial de curto prazo.

JULIBONI, M. Disponível em: <http://exame.abril.com.br>. Acesso em: 7 dez. 2012 (adaptado).

Nas últimas décadas foram adotadas várias medidas que objetivavam pôr fim às desconfianças mútuas existentes entre o Brasil e a Argentina. Os conflitos no interior do bloco têm se intensificado, como na relação analisada, caracterizada pela

a) saturação dos produtos industriais brasileiros, que o mercado argentino tem demonstrado.
b) adoção de barreiras por parte da Argentina, que intenciona proteger o seu setor industrial.
c) tendência de equilíbrio no comércio entre os dois países, que indica estabilidade no curto prazo.
d) política de importação da Argentina, que demonstra interesse em buscar outros parceiros comerciais.
e) estratégia da indústria brasileira, que buscou acompanhar as demandas do mercado consumidor argentino.

4. México, Colômbia, Peru e Chile decidiram seguir um caminho mais curto para a integração regional. Os quatro países, em meados de 2012, criaram a Aliança do Pacífico e eliminaram, em 2013, as tarifas aduaneiras de 90% do total de produtos comercializados entre suas fronteiras.

OLIVEIRA, E. Aliança do Pacífico se fortalece e Mercosul fica à sua sombra. O Globo, 24 fev. 2013 (adaptado).

O acordo descrito no texto teve como objetivo econômico para os países-membros

a) promover a livre circulação de trabalhadores.
b) fomentar a competitividade no mercado externo.
c) restringir investimentos de empresas multinacionais.
d) adotar medidas cambiais para subsidiar o setor agrícola.
e) reduzir a fiscalização alfandegária para incentivar o consumo.

No início do século XX era necessária uma grande quantidade de trabalhadores nas linhas de produção e as indústrias impulsionaram grandes transformações no espaço geográfico. Você consegue imaginar algumas dessas mudanças? Pense no aumento dos fluxos migratórios, de produtos e de serviços, na construção de moradias, no surgimento de novos bairros, no investimento em transportes coletivos e em muitas outras.

UNIDADE

6

BRASIL: INDÚSTRIA, POLÍTICA ECONÔMICA E SERVIÇOS

CAPÍTULO 24

A INDUSTRIALIZAÇÃO BRASILEIRA

Linha de montagem de indústria automobilística em São José dos Pinhais (PR), em 1999. No Brasil, vários setores industriais acompanham a tecnologia de ponta mundial há várias décadas.

Para entendermos o atual estágio de desenvolvimento econômico brasileiro, é necessário conhecer o contexto histórico do processo de industrialização e de desenvolvimento das atividades terciárias no país.

Desde o período colonial, o desenvolvimento econômico brasileiro, e consequentemente a industrialização, foi comandado por grupos e setores que pressionaram os governos a atender a seus interesses políticos e econômicos.

Assim, só é possível entender as etapas da industrialização brasileira se for analisada a conjuntura econômica (brasileira e mundial) e política de cada momento histórico.

Neste capítulo, estudaremos a evolução histórica da industrialização brasileira e, no próximo, a política econômica do país, de 1985 aos dias atuais, a estrutura do parque industrial e a distribuição espacial do comércio e dos serviços pelo território.

Construção da Usina de Belo Monte em Altamira (PA), 2016. Os investimentos em infraestrutura de energia, transportes e comunicações impulsionaram diversos setores da economia. Entretanto, a construção de grandes usinas hidrelétricas sempre envolve questões socioambientais, como inundações de pequeno ou grande porte e deslocamento de povos indígenas e de moradores locais.

Daniel Teixeira/Agência Estado

1. ORIGENS DA INDUSTRIALIZAÇÃO   DIALOGANDO COM HISTÓRIA

A industrialização brasileira teve início, embora de forma incipiente, na segunda metade do século XIX, período em que se destacaram importantes empreendedores, como o barão de Mauá, no eixo São Paulo-Rio de Janeiro, e Delmiro Gouveia, em Pernambuco.

Foi principalmente a partir da Primeira Guerra Mundial (1914-1918) que o país passou por um significativo desenvolvimento industrial e maior diversificação do parque fabril, pois, em virtude do conflito na Europa, houve redução da entrada de mercadorias estrangeiras no Brasil. Observe a tabela abaixo.

> Veja a indicação do livro *A industrialização brasileira*, de Sonia Mendonça. Consulte a indicação dos filmes *Coronel Delmiro Gouveia* e *Mauá, o imperador e o rei*. Veja orientações na seção **Sugestões de textos, vídeos e *sites***.

Brasil: estabelecimentos industriais existentes em 1920, de acordo com a data de fundação das empresas		
Data de fundação	Número de estabelecimentos	Valor da produção (%)
até 1884	388	8,7
1885-1889	248	8,3
1890-1894	452	9,3
1895-1899	472	4,7
1900-1904	1 080	7,5
1905-1909	1 358	12,3
1910-1914	3 135	21,3
1915-1919	5 936	26,3
Data desconhecida*	267	1,6

Fonte: RECENSEAMENTO do Brasil. Rio de Janeiro: IBGE. v. 5. p. 69. In: BAER, Werner. *A economia brasileira*. São Paulo: Nobel, 2015. s.p.

* Corresponde a estabelecimentos industriais existentes em 1920 cuja data de fundação era desconhecida ou não foi informada.

Em 1919, período posterior à Primeira Guerra Mundial, as fábricas brasileiras eram responsáveis por 70% da produção industrial nacional e produziam tecidos, roupas, alimentos e bebidas (indústrias de bens de consumo não duráveis, com predomínio de investimentos de capital privado nacional). No início da Segunda Guerra Mundial (1939), essa porcentagem caiu para 58%, porque houve ingresso de empresas estrangeiras em setores como aço, máquinas e material elétrico.

Apesar da importância dos setores industrial e agrícola na economia brasileira, as atividades terciárias (como o comércio e os serviços) apresentavam índices de crescimento econômico superiores. Isso porque é no comércio e nos serviços que circula toda a produção agrária e industrial.

A agricultura cafeeira – principal atividade econômica nacional até então – exigia a construção de uma eficiente rede de transportes. Assim, as ferrovias foram se desenvolvendo no país para escoar a produção do interior para os portos. Também se estabeleceram um sistema bancário integrado à economia mundial e um comércio para atender às crescentes necessidades nas cidades.

Bonde transportando operários em São Paulo (SP), em 1916. Nessa época, as indústrias utilizavam muitos trabalhadores nas linhas de produção e impulsionaram importantes transformações, como o desenvolvimento de transportes coletivos.

Embora tenha passado por importantes períodos de crescimento, como o da Primeira Guerra, a industrialização brasileira sofreu seu maior impulso apenas a partir de 1929, com a crise econômica mundial decorrente da quebra da Bolsa de Valores de Nova York. Na região Sudeste do Brasil, principalmente, essa crise se refletiu na redução do volume de exportações de café e na perda da importância dessa atividade no cenário econômico, contribuindo para a diversificação da produção agrícola brasileira.

Outro acontecimento que contribuiu para o desenvolvimento industrial brasileiro foi a Revolução de 1930, que tirou a oligarquia agroexportadora paulista do poder e criou novas possibilidades político-administrativas em favor da industrialização, uma vez que o grupo que tomou o poder com Getúlio Vargas era nacionalista e favorável a tornar o Brasil um país industrial. Apesar disso, a agricultura continuou responsável pela maior parte das exportações brasileiras até a década de 1970.

A partir da crise de 1929, as atividades industriais passaram a apresentar índices de crescimento superiores aos das atividades agrícolas, como se pode observar no gráfico desta página. O colapso econômico mundial diminuiu a entrada de mercadorias estrangeiras que poderiam competir com as nacionais, incentivando o desenvolvimento industrial nacional.

Oligarquia: regime político sob o controle de um pequeno grupo de pessoas pertencentes a um partido, classe ou família. O poder é exercido somente por pessoas desse pequeno grupo.

Brasil: participações dos setores no PIB – século XX

Nesse tipo de gráfico, quanto maior a área preenchida, maior a participação do setor no PIB nacional. Segundo o IBGE, no terceiro trimestre de 2017, a participação da agropecuária no PIB era de 5,3%; da indústria, de 21,4%; e do comércio e dos serviços, de 73,3%.

Fonte: ESTATÍSTICAS do século XX. Rio de Janeiro: IBGE, 2003. p. 373. Disponível em: <https://seculoxx.ibge.gov.br/publicacao>. Acesso em: 2 maio 2018.

Vista panorâmica do bairro do Brás, em São Paulo (SP), em 1925, na qual se veem muitas fábricas.

É importante destacar que o cultivo do café permitiu o acúmulo de capitais que serviram para dinamizar e impulsionar a atividade industrial. Os barões do café, que residiam nos centros urbanos, sobretudo na cidade de São Paulo, aplicavam enorme quantidade de capital no sistema financeiro, para cuidar da comercialização da produção nos bancos e investir na Bolsa de Valores. Parte desse capital aplicado ficou disponível para montar indústrias e investir em infraestrutura. Todas as ferrovias, construídas, como vimos, com a finalidade principal de escoar a produção cafeeira para o porto de Santos, interligavam-se na capital paulista e constituíam um eficiente sistema de transporte. Havia também grande disponibilidade de mão de obra imigrante que foi liberada dos cafezais pela crise ou que já residia nas cidades, além de significativa produção de energia elétrica.

A associação desses fatores favoreceu o processo de industrialização, que passou a crescer notadamente na cidade de São Paulo, onde havia maior disponibilidade de capitais, trabalhadores qualificados e uma infraestrutura básica, mas também em algumas regiões dos estados do Rio de Janeiro, Rio Grande do Sul e Minas Gerais.

Na instalação de novas indústrias predominava, com raras exceções, o capital de origem nacional, acumulado em atividades agroexportadoras. A política industrial comandada pelo governo federal era a de substituir as importações, visando à obtenção de um *superavit* cada vez maior na balança comercial e no balanço de pagamentos, para permitir um aumento nos investimentos nos setores de energia e transportes.

Na foto, rua Quinze de Novembro, centro financeiro de São Paulo (SP), em 1922.

Consulte a indicação do *site* da **Fundação Getúlio Vargas/Centro de Pesquisa e Documentação de História Contemporânea do Brasil (FGV/CPDOC)**. Veja orientações na seção **Sugestões de textos, vídeos e *sites***.

2. O GOVERNO VARGAS E A POLÍTICA DE "SUBSTITUIÇÃO DE IMPORTAÇÕES"

Getúlio Vargas governou o país pela primeira vez de 1930 a 1945. Tomou posse com a Revolução de 1930, caracterizada pelo aspecto modernizador. Até então, o mundo capitalista acreditava no liberalismo econômico, ou seja, que as forças do mercado deveriam agir livremente para promover maior desenvolvimento e crescimento econômico. Com a crise, iniciou-se um período em que o Estado passou a intervir diretamente na economia para evitar novos sobressaltos do mercado.

De 1930 a 1956, a industrialização no país caracterizou-se por uma estratégia governamental de criação de indústrias estatais nos setores de bens intermediários e de infraestrutura de transportes e energia. A Companhia Vale do Rio Doce (CVRD) foi uma das importantes indústrias que se destacaram no período, na extração de minerais. Outras de grande destaque foram: a Petrobras, para extração de petróleo e petroquímica; a Companhia Siderúrgica Nacional (CSN); a Fábrica Nacional de Motores (FNM), que, além de caminhões e automóveis, fabricava máquinas e motores; e também a Companhia Hidrelétrica do São Francisco (Chesf), para produção de energia hidrelétrica.

Getúlio Vargas, em São Borja (RS), foto de 1943.

A Petrobras começa a operar no dia 10 de maio de 1954. Vista da refinaria de Mataripe (BA), o principal ativo na época.

Produção de aço no interior da Companhia Siderúrgica Nacional (CSN), em Volta Redonda (RJ), em 1953.

Usina hidrelétrica de Paulo Afonso, localizada no rio São Francisco, na divisa da Bahia com Pernambuco. Foto do início da década de 1950.

Foi necessário um investimento inicial muito elevado para o desenvolvimento desses setores industriais e para a infraestrutura estratégica. Entretanto, por dar retorno a longo prazo, esse investimento não interessava ao capital privado, seja nacional, seja estrangeiro. Por isso, o próprio governo o assumiu.

A ação do Estado foi decisiva para impulsionar e diversificar os investimentos no parque industrial do país, combatendo os principais obstáculos ao crescimento econômico e fornecendo, a preços mais baixos, os bens intermediários e os serviços de que os industriais privados necessitavam. Era uma política de caráter nacionalista.

Embora a expressão **substituição de importações** possa ser utilizada desde que a primeira fábrica foi instalada no país, foi o governo de Getúlio Vargas que iniciou a adoção de medidas cambiais e fiscais que caracterizaram uma política industrial voltada à produção interna de mercadorias.

As duas principais medidas adotadas foram a desvalorização da moeda nacional (réis até 1942 e, em seguida, cruzeiro) em relação ao dólar, o que tornava o produto importado mais caro (desestimulando as importações), e a introdução de leis e tributos que restringiam, e às vezes proibiam, a importação de bens de consumo e de produção que pudessem ser fabricados internamente.

Em 1934, Getúlio Vargas promulgou uma nova Constituição, que incluiu a regulamentação das relações de trabalho, como a criação do salário mínimo, as férias anuais e o descanso semanal remunerado, o que garantiu o apoio da classe trabalhadora. Com base no apoio popular, Vargas aprovou uma nova Constituição em 1937, que o manteve no poder como ditador até ser deposto, ao fim da Segunda Guerra, em 1945, período que ficou conhecido como **Estado Novo**.

A intervenção do Estado possibilitou um forte crescimento da produção industrial, com exceção do período da Segunda Guerra. Durante os seis anos desse conflito, em razão da carência de indústrias de base e das dificuldades de importação, o crescimento industrial brasileiro foi de 5,4%, uma média inferior a 1% ao ano. Veja a tabela ao lado.

Brasil: taxas de crescimento da produção industrial (em %) – 1939-1945	
Metalúrgicas	9,1
Material de transporte	–11,0
Óleos vegetais	6,7
Têxteis	6,2
Calçados	7,8
Bebida e fumo	7,6
Total	5,4

Fonte: BAER, Werner. *A economia brasileira.* São Paulo: Nobel, 2015. s.p.

Observe que houve um significativo crescimento na produção interna em diversos setores que sofreram restrições durante a guerra, mas o setor de transportes, cuja expansão não poderia ocorrer sem a importação de veículos, máquinas e equipamentos, sofreu forte redução.

Pronunciamento de Getúlio Vargas no Palácio do Catete, Rio de Janeiro (RJ), ao instaurar o Estado Novo, em 1937.

> DIALOGANDO COM HISTÓRIA

3. POLÍTICA ECONÔMICA E INDUSTRIALIZAÇÃO BRASILEIRA DO PÓS-GUERRA À DITADURA MILITAR

O final da Segunda Guerra levou muitos países ao enfrentamento dos problemas que aconteceram durante os anos do conflito e que prejudicaram o desenvolvimento de muitas atividades econômicas.

No caso brasileiro, entre o final da Segunda Guerra e o início da ditadura militar (1946-1964), houve alternância de diretrizes na política econômica e de estratégias de desenvolvimento ao longo dos governos que se sucederam nesse período: Dutra, retorno de Getúlio Vargas, Juscelino Kubitschek, Jânio Quadros e João Goulart. No esquema a seguir estudaremos as políticas econômicas desses governos e, na página 460, leremos um texto sobre as três teorias de desenvolvimento – a neoliberal, a desenvolvimentista-nacionalista e a nacionalista radical – que embasavam, na primeira metade do século XX, o debate político sobre as estratégias a serem adotadas para estimular o crescimento econômico.

O GOVERNO DUTRA (1946-1951)

- O general Eurico Gaspar Dutra assumiu a presidência em 1946 e instituiu o Plano Salte, destinando investimentos aos setores de saúde, alimentação, transportes, energia e educação.
- No decorrer do governo Dutra, as reservas de capital acumuladas durante a Segunda Guerra foram utilizadas com:
  a) importação de máquinas e equipamentos para as indústrias têxteis e mecânicas;
  b) reequipamento do sistema de transportes;
  c) incremento da extração de minerais metálicos, não metálicos e energéticos.
- Houve também abertura à importação de bens de consumo, o que contrariava os interesses da indústria nacional.
- Os empresários nacionais defendiam a reserva de mercado.

General Eurico Gaspar Dutra, na inauguração da rodovia Presidente Dutra em São Paulo (SP), em 1951.

O RETORNO DE GETÚLIO E DA POLÍTICA NACIONALISTA (1951-1954)

Getúlio Vargas acena à população durante sua chegada a Araraquara (SP), 1950.

- Em 1951, Getúlio Vargas retornou à presidência eleito pelo povo e retomou seu projeto nacionalista:
  a) investiu em setores que impulsionaram o crescimento econômico – sistemas de transportes, comunicações, produção de energia elétrica e petróleo – e restringiu a importação de bens de consumo;
  b) dedicou-se à criação do Banco Nacional de Desenvolvimento Econômico e Social – BNDES (1952) e da Petrobras (1953).
- O projeto nacionalista de Getúlio acabou sendo derrotado pelos liberais, que argumentavam que:
  a) com a economia fechada ao capital estrangeiro, a modernização e a expansão do parque industrial nacional tornavam-se dependentes do resultado da exportação de produtos primários;
  b) qualquer crise ou queda de preço desses produtos, particularmente do café, resultava em crise na modernização e na expansão do parque industrial.
- Em 1954, em meio à séria crise política, Vargas suicidou-se. Café Filho, seu vice-presidente, assumiu o poder, permanecendo até 1956.

UNIDADE 6 • BRASIL: INDÚSTRIA, POLÍTICA ECONÔMICA E SERVIÇOS

JUSCELINO KUBITSCHEK E O PLANO DE METAS (1956-1961)

- Durante o governo de JK foi implantado o Plano de Metas, com as seguintes estratégias:
  a) investir em agricultura, saúde, educação, energia, transportes, mineração e construção civil para atrair investimentos estrangeiros;
  b) fazer o país crescer "50 anos em 5";
  c) transferir a capital federal do Rio de Janeiro (litoral) para Brasília (centro do país), buscando promover a ocupação do interior do território;
  d) direcionar 73% dos investimentos aos setores de energia e transportes;
  e) facilitar o ingresso de capital estrangeiro, principalmente nos setores automobilístico, químico-farmacêutico e de eletrodomésticos.
- O parque industrial brasileiro passou a contar com significativa produção de bens de consumo duráveis, o que deu continuidade à política de substituição de importações.
- Ao longo do governo JK consolidou-se o tripé da produção industrial nacional, formado pelas indústrias:
  a) de bens de consumo não duráveis, com amplo predomínio do capital privado nacional;
  b) de bens intermediários e bens de capital, que contaram com investimento estatal nos governos de Getúlio Vargas;
  c) de bens de consumo duráveis, com forte participação de capital estrangeiro.
- Com a concentração do parque industrial no Sudeste, as migrações internas intensificaram-se e os maiores centros urbanos registraram crescimento desordenado.
- O crescimento econômico acelerado e o aumento da dívida externa provocaram o aumento da inflação.
- A partir 1959 foram criados diversos órgãos de planejamento com a estratégia de descentralizar investimentos produtivos por todas as regiões do país.

Reynaldo Ceppo/Agência Estado

Migrantes nordestinos chegando à cidade de São Paulo (SP), em 1958.

O GOVERNO JOÃO GOULART E A TENTATIVA DE REFORMAS (1961-1964)

- João Goulart, conhecido como Jango, então vice-presidente, assumiu a Presidência do Brasil após a renúncia do presidente Jânio Quadros, empossado poucos meses antes.
- A renúncia de Jânio agravou os problemas econômicos herdados do governo JK, como a elevada dívida externa e a inflação.
- A posse de Jango, em 7 de setembro de 1961, ocorreu após a instauração do parlamentarismo, que reduziu os poderes do chefe do Executivo (presidente).
- Durante o período parlamentarista do governo João Goulart (até início de 1963), a inflação e o desemprego aumentaram, e as taxas de crescimento reduziram-se.
- Em 6 de janeiro de 1963 houve o retorno ao presidencialismo e foram encaminhadas as reformas de base, com as seguintes diretrizes:
  a) reforma dos sistemas tributário, bancário e eleitoral;
  b) regulamentação dos investimentos estrangeiros e da remessa de lucros ao exterior;
  c) reforma agrária;
  d) maiores investimentos em educação e saúde.
- Tal política foi tachada de comunista pelos setores mais conservadores da sociedade civil e militar, criando as condições para o golpe de 31 de março de 1964.

Acervo Última Hora/Folhapress

Posse de João Goulart na Presidência da República, em 7 de setembro de 1961.

Consulte a indicação do filme **Jânio a 24 Quadros**. Veja orientações na seção **Sugestões de textos, vídeos e sites**.

OUTRAS LEITURAS

FÓRMULAS PARA O CRESCIMENTO

A fórmula neoliberal baseava-se na suposição de que o mecanismo de preços deveria ser respeitado como a determinante principal da economia. As medidas fiscais e monetárias, bem como a política de comércio exterior, deveriam seguir os princípios ortodoxos estabelecidos pelos teóricos e praticantes da política de banco central dos países industrializados. Os orçamentos governamentais deveriam ser equilibrados e as emissões, severamente controladas. O capital estrangeiro deveria ser bem recebido e estimulado como ajuda indispensável para um país farto de capitais. As limitações impostas pelo governo ao movimento internacional do capital, do dinheiro e dos bens deveriam ser reduzidas ao mínimo. [...]

A segunda fórmula era a desenvolvimentista-nacionalista [...]. A nova estratégia deveria visar a uma economia mista, na qual o setor privado receberia novos incentivos, na proporção de um determinado número de prioridades de investimento. Ao mesmo tempo, o Estado interviria mais diretamente, através das empresas estatais e das empresas de economia mista, no sentido de romper os pontos de estrangulamento e assegurar o investimento em áreas nas quais faltasse, ao setor privado, quer a vontade, quer os recursos para se aventurar. Os defensores dessa fórmula reconheciam que o capital privado estrangeiro poderia desempenhar um papel importante, mas insistiam em que só fosse aceito quando objeto de cuidadosa regulamentação pelas autoridades brasileiras.

[...]

A terceira fórmula era a do nacionalismo radical. Merece menos atenção que as outras duas, como fórmula econômica, porque foi apresentada mais dentro de um espírito de polêmica política do que como estratégia cuidadosamente pensada para o desenvolvimento. [...] Os nacionalistas radicais atribuíam o subdesenvolvimento brasileiro a uma aliança natural de investidores particulares e governos capitalistas dentro do mundo industrializado. Essa conspiração procurava limitar o Brasil eternamente a um papel subordinado, como exportador de produtos primários, cujos preços eram mantidos em níveis mínimos, e importador de bens manufaturados, cujos preços eram mantidos em níveis exorbitantes, por organizações monopolistas. [...]

SKIDMORE, Thomas. *Brasil*: de Getúlio Vargas a Castelo Branco (1930-1964). 7. ed. Rio de Janeiro: Paz e Terra, 1982. p. 118-120.

Prédio do Banco Central do Brasil, em Brasília (DF), em 2016. Criado em 31 de dezembro de 1964, o papel do Banco Central é fundamental para o desempenho da economia. Ele é o responsável pela política monetária (variação das taxas de juros) e por outras estratégias de combate à inflação, como quantidade de dinheiro em circulação na economia, operações de crédito e monitoramento das taxas de câmbio, entre outras ações.

Consulte a indicação do *site* do **Banco Central do Brasil**. Veja orientações na seção **Sugestões de textos, vídeos e *sites***.

PENSANDO NO Enem

Os textos a seguir relacionam-se a momentos distintos da nossa história.

A integração regional é um instrumento fundamental para que um número cada vez maior de países possa melhorar a sua inserção num mundo globalizado, já que eleva o seu nível de competitividade, aumenta as trocas comerciais, permite o aumento da produtividade, cria condições para um maior crescimento econômico e favorece o aprofundamento dos processos democráticos.

A integração regional e a globalização surgem assim como processos complementares e vantajosos.

"Declaração de Porto", VIII Cimeira Ibero-Americana, Porto, Portugal, 17 e 18 de outubro de 1998.

Um considerável número de mercadorias passou a ser produzido no Brasil, substituindo o que não era possível ou era muito caro importar. Foi assim que a crise econômica mundial e o encarecimento das importações levaram o governo Vargas a criar as bases para o crescimento industrial brasileiro.

POMAR, W. *Era Vargas – a modernização conservadora.*

É correto afirmar que as políticas econômicas mencionadas nos textos são:

a) opostas, pois, no primeiro texto, o centro das preocupações são as exportações e, no segundo, as importações.
b) semelhantes, uma vez que ambos demonstram uma tendência protecionista.
c) diferentes, porque, para o primeiro texto, a questão central é a integração regional e, para o segundo, a política de substituição de importações.
d) semelhantes, porque consideram a integração regional necessária ao desenvolvimento econômico.
e) opostas, pois, para o primeiro texto, a globalização impede o aprofundamento democrático e, para o segundo, a globalização é geradora da crise econômica.

Resolução

A alternativa correta é a **C**. O primeiro texto destaca a importância da integração regional entre os países e a globalização como processos complementares e vantajosos, que criam condições para um crescimento econômico mais intenso e valorização da democracia. Já o segundo texto destaca a importância da política de substituição de importações para dinamizar o processo de industrialização brasileira, no contexto da crise econômica mundial que se iniciou em 1929.

Essa questão trabalha com a **Competência de área 2 – Compreender as transformações dos espaços geográficos como produto das relações socioeconômicas e culturais de poder** – e a **Habilidade 7 – Identificar os significados histórico-geográficos das relações de poder entre as nações.**

Ricardo Azoury/Olhar Imagem

Assembleia de metalúrgicos da CSN em greve, em Volta Redonda (RJ), 1994. Fundada em 1941, sua construção foi financiada pelos Estados Unidos, após Getúlio Vargas ter ameaçado aproximar-se dos países do Eixo nazifascista, durante a Segunda Guerra Mundial. Em 1993, a CSN foi privatizada.

> Consulte a indicação do filme *Eles não usam black-tie*. Veja orientações na seção **Sugestões de textos, vídeos e *sites***.

4. O PERÍODO MILITAR

Em 1º de abril de 1964, após um golpe de Estado que tirou João Goulart do poder, teve início no país o regime militar, com uma estrutura de governo ditatorial. O Brasil apresentava o 43º PIB do mundo capitalista e uma dívida externa de 3,7 bilhões de dólares. Em 1985, ao término do regime, o Brasil apresentava o 9º PIB do mundo capitalista e sua dívida externa era de aproximadamente 95 bilhões de dólares, ou seja, o país cresceu muito, mas à custa de um pesado endividamento.

O parque industrial se desenvolveu de forma bastante significativa, e a infraestrutura nos setores de energia, transportes e telecomunicações se modernizou. No entanto, embora os indicadores econômicos tenham evoluído positivamente, a desigualdade social aprofundou-se muito nesse período, concentrando a renda nos estratos mais ricos da sociedade. Segundo o IBGE e o Banco Mundial, em 1960 os 20% mais ricos da sociedade brasileira dispunham de 54% da renda nacional; em 1970 passaram a contar com 62% e, em 1989, com 67,5%.

O trecho a seguir retrata uma consequência do modelo econômico adotado pelos governos militares. O êxodo rural iniciado na década de 1950 também contribuiu com esse fato.

OUTRAS LEITURAS

AS DISTORÇÕES DO "MILAGRE BRASILEIRO"

Concomitante ao "paraíso de consumo" que se abria para a classe média dos grandes centros urbanos, onde proliferavam supermercados, *shoppings* e os *outdoors* de construtoras oferecendo inúmeros lançamentos de apartamentos de luxo, crescia também a população marginalizada e miserável. A população favelada de Porto Alegre elevou-se de 30 mil pessoas em 1968 para 300 mil em 1980; a do Rio de Janeiro, de 450 mil em 1965 para 1,8 milhão em 1980; e a de São Paulo, de 42 mil em 1972 para mais de um milhão em 1980.

REZENDE FILHO, Cyro de Barros. *Economia brasileira contemporânea*. São Paulo: Contexto, 1999. p. 140.

Essa frase, de apelo nacionalista, foi utilizada pelos militares para intimidar os opositores ao regime.

Aglomerado de moradias precárias em São Paulo, em 1972.

Entre 1968 e 1973, período conhecido como "milagre econômico", a economia brasileira desenvolveu-se em ritmo acelerado. No gráfico ao lado é possível verificar o crescimento anual do PIB brasileiro entre 1967 e 1975.

Esse ritmo de crescimento foi sustentado por investimentos governamentais em infraestrutura, como energia, transporte e telecomunicações. No entanto, várias obras tinham necessidade, rentabilidade ou eficiência questionáveis, como as rodovias Transamazônica e Perimetral Norte e o acordo nuclear entre Brasil e Alemanha. Além disso, muitos investimentos foram feitos graças à captação de recursos no exterior, com taxa de juros flutuantes, o que elevou a dívida externa.

Brasil: evolução anual do PIB – 1967-1975

(Gráfico: 1967: 4,2; 1968: 9,8; 1969: 9,5; 1970: 10,4; 1971: 11,3; 1972: 11,9; 1973: 14,0; 1974: 8,2; 1975: 5,2)

Fonte: ESTATÍSTICAS históricas do Brasil: séries econômicas, demográficas e sociais de 1550 a 1988. Rio de Janeiro: IBGE, 1990. p. 118-119. Disponível em: <https://biblioteca.ibge.gov.br/visualizacao/livros/liv21431.pdf>. Acesso em: 2 maio 2018.

O capital estrangeiro entrou em setores como o de telecomunicações, a extração de minerais metálicos (projetos Carajás, Trombetas e Jari), a expansão das áreas agrícolas (monoculturas de exportação), as indústrias química e farmacêutica e a fabricação de bens de capital (máquinas e equipamentos) utilizados pelas indústrias de bens de consumo.

Como o aumento dos preços dos produtos (inflação) não era integralmente repassado aos salários, a taxa de lucro dos empresários foi ampliada com a diminuição do poder aquisitivo dos trabalhadores. Aumentava-se, assim, a taxa de reinvestimento dos lucros em setores que gerariam empregos – principalmente para os trabalhadores qualificados –, mas as pessoas pobres eram excluídas, o que deu continuidade ao processo histórico de concentração da renda nacional.

Nesse contexto, pessoas de classe média com qualificação profissional viram seu poder de compra ampliado, quer pela elevação dos salários em cargos que exigiam formação técnica e superior, quer pela ampliação do sistema de crédito bancário, permitindo maior financiamento do consumo. Enquanto isso, trabalhadores sem qualificação tiveram seu poder de compra diminuído e ainda foram prejudicados com a degradação dos serviços públicos, sobretudo os de educação e saúde.

Construção da rodovia Transamazônica em Altamira (PA), em 1972. Essa rodovia foi construída numa época em que não existia preocupação com a sustentabilidade ambiental e sem planejamento eficiente para a promoção do crescimento econômico com justiça social, um dos eixos do desenvolvimento sustentável.

No final da década de 1970, os Estados Unidos promoveram a elevação das taxas de juros no mercado internacional, reduzindo os investimentos destinados aos países em desenvolvimento. Além de sofrer essa redução, a economia brasileira teve de arcar com o pagamento crescente dos juros da dívida externa.

Diante dessa nova realidade, a saída encontrada pelo governo para honrar os compromissos da dívida pode ser sintetizada na frase: "**Exportar é o que importa**". Porém, em um país em desenvolvimento como o Brasil, que quase não investia em tecnologia, era muito difícil tornar seus produtos internacionalmente competitivos.

As soluções encontradas, apesar de favorecerem a venda de produtos no mercado externo, foram desastrosas para o mercado interno:

- redução do poder de compra dos assalariados, conhecida como **arrocho salarial**, para combater o aumento dos preços;
- subsídios fiscais para exportação (cobrava-se menos imposto por um produto exportado do que por um similar vendido no mercado interno);
- negligência com o meio ambiente, levando a diversas agressões ao meio natural;
- desvalorização cambial: a valorização do dólar em relação ao cruzeiro (moeda da época) facilitava as exportações e dificultava as importações.

Assim se explica o aparente paradoxo: a economia cresce, mas o povo empobrece.

Na busca de um maior *superavit* na balança comercial, o governo aumentou os impostos de importação não apenas para bens de consumo, como também para os bens de capital e intermediários. A consequência dessa medida foi a redução da competitividade do parque industrial brasileiro diante do exterior ao longo dos anos 1980. Os industriais não tinham como importar novas máquinas, pois eram caras, o que afetou a produtividade e a qualidade dos produtos. Com isso, as indústrias, com raras exceções, foram perdendo competitividade no mercado internacional e as mercadorias comercializadas internamente tornaram-se caras e tecnologicamente defasadas em relação às estrangeiras.

A frase do então ministro da Fazenda Antônio Delfim Netto (foto de 1982), em resposta à inquietação dos trabalhadores ao ver seus salários arrochados, ficou famosa: "É necessário fazer o bolo crescer para depois reparti-lo". O bolo (a economia) cresceu – o Brasil chegou a ser a 9ª maior economia do mundo capitalista no início da década de 1980. No entanto, a renda permaneceu muito concentrada. Segundo o Censo Demográfico de 1980, naquele ano 33,3% da população recebia até 1 salário mínimo e detinha 7,1% da renda nacional, enquanto 1,7% ganhava mais de 10 salários mínimos e detinha 34,3% da renda.

Assembleia de grevistas na região do ABC (Santo André, São Bernardo e São Caetano, na Grande São Paulo), em 1979. Nas primeiras greves do período ditatorial, os trabalhadores reivindicavam aumento de salários, garantia de emprego, reconhecimento das comissões de fábrica e liberdades democráticas. Para as autoridades, isso era "coisa de comunista" e os movimentos grevistas eram duramente reprimidos.

Os efeitos negativos dessa política se agravaram com a crise mundial, iniciada em 1979. As taxas de juros da dívida externa atingiram, em 1982, o recorde histórico de 14% ao ano. Durante toda a década de 1980 e início da de 1990, a economia brasileira passou por um período em que se alternavam anos de recessão e outros de baixo crescimento, conhecido como **ciranda financeira**: o governo emitia títulos públicos para captar o dinheiro depositado pela população nos bancos. Como as taxas de juros oferecidas internamente eram muito altas, muitos empresários deixavam de investir no setor produtivo – o que geraria empregos e estimularia a economia aumentando o PIB – para investir no mercado financeiro. Na época, essa "ciranda" criava a necessidade de emissão de moeda em excesso, o que elevou os índices de inflação.

O período dos governos militares no Brasil caracterizou-se pela apropriação do poder público por agentes que desviaram os interesses do Estado para as necessidades empresariais. As carências da população ficaram em segundo plano; as prioridades foram o crescimento do PIB e do *superavit* na balança comercial. O objetivo de qualquer governo é aumentar a produção econômica; o problema é saber como atingi-lo sem comprometer os investimentos em serviços públicos, que possibilitam a melhoria da qualidade de vida das pessoas.

Apesar do exposto, durante esse período, o processo de industrialização e de urbanização continuou avançando, resultando em significativa melhora nos índices de natalidade, mortalidade e expectativa de vida. Esse fato deve-se, sobretudo, ao intenso êxodo rural, já que nas cidades havia mais acesso a saneamento básico, a atendimento médico-hospitalar, a remédios e a programas de vacinação em postos de saúde, o que garantiu uma melhora da qualidade de vida de muitas pessoas que migraram para os centros urbanos.

O fim do período militar ocorreu em 1985, depois de várias manifestações populares a favor das eleições diretas para presidente da República. Os problemas econômicos herdados do regime militar foram agravados no governo que se seguiu, o de José Sarney, e só foram enfrentados efetivamente nos anos 1990, como estudaremos no próximo capítulo.

Em 1984, a campanha por eleições diretas para presidente contou com a realização de comícios simultâneos em todas as capitais e grandes cidades brasileiras, reunindo milhões de pessoas. Na foto, vista do comício em Belo Horizonte (MG).

ATIVIDADES

COMPREENDENDO CONTEÚDOS

1. Qual foi a influência do ciclo do café no processo de industrialização brasileiro?

2. Analise resumidamente a política industrial do governo de Getúlio Vargas em seus dois períodos.

3. Sobre o Plano de Metas introduzido pelo governo de Juscelino Kubitschek:
   a) Indique suas principais características.
   b) Discuta as principais consequências desse plano para a economia brasileira.

4. Explique resumidamente o que foi o "milagre econômico" e a política industrial efetivada pelo regime militar.

DESENVOLVENDO HABILIDADES (DIALOGANDO COM ARTE)

5. Como vimos, a industrialização promove uma série de transformações na economia e na sociedade das regiões onde as fábricas são instaladas. Observe ao lado a reprodução de uma pintura de Tarsila do Amaral e escreva um pequeno texto destacando as mudanças que a industrialização provoca na organização do espaço urbano.

6. Observe a fotografia abaixo. Ela retrata as condições de moradia de parcela da população urbana no início do século XX. Com base nela, elabore um texto relatando as condições de vida do trabalhador urbano naquele período. Para a composição do texto:
   a) Utilize elementos da fotografia para exemplificar essas condições.
   b) Considere a condição precária de trabalho a que muitas pessoas estavam submetidas e o papel do poder público na realização de investimentos em moradia popular.
   c) Conclua, respondendo: a realidade mostrada na foto permanece até os dias de hoje ou foi solucionada?

A Gare. 1925. Tarsila do Amaral. Óleo sobre tela, 84,5 cm × 65 cm. Coleção particular, São Paulo, SP.

Cortiço no Rio de Janeiro (RJ) no começo do século XX.

466 UNIDADE 6 • BRASIL: INDÚSTRIA, POLÍTICA ECONÔMICA E SERVIÇOS

CAPÍTULO 25

A ECONOMIA BRASILEIRA APÓS A ABERTURA POLÍTICA

Leilão realizado na Bolsa de Valores em São Paulo (SP) para construção, operação e manutenção de 4 919 km de linhas de transmissão de energia elétrica, realizado pela Agência Nacional de Energia Elétrica (Aneel). Foto de 2017.

No capítulo anterior, tratamos da industrialização e da política econômica até o fim do regime militar e vimos que famílias e empresários tinham grande dificuldade de planejar suas ações futuras. A renda nacional se concentrava aceleradamente, diminuindo a qualidade de vida das camadas mais pobres da população e favorecendo a elite.

Neste capítulo, vamos estudar a política econômica brasileira desde o início da abertura política até os dias atuais e conhecer as consequências da inflação e os fatores que permitiram obter sucesso em seu controle.

Veremos também as reformas estruturais que ampliaram a inserção da economia brasileira no mercado mundial e a estrutura e distribuição do parque industrial, do comércio e dos serviços.

Cédulas emitidas pelo Banco Central do Brasil – 1942-1994

Cruzeiro (Cr$)
1º/11/1942

Cruzeiro Novo (NCr$)
13/2/1967

Cruzeiro (Cr$)
15/5/1970

Cruzado (Cz$)
28/2/1986

Cruzado Novo (NCz$)
16/1/1989

Cruzeiro (Cr$)
16/3/1990

Cruzeiro Real (CR$)
1º/8/1993

Real (R$)
1º/7/1994

Fonte: Banco Central do Brasil. Disponível em: <www.bcb.gov.br/htms/Museu-espacos/cedulabc.asp?idpai=CEDMOEBR>. Acesso em: 3 maio 2018.

De 1942 a 1994 o Brasil teve oito moedas diferentes. Em apenas oito anos, entre 1986 e 1994, o Brasil teve cinco mudanças de moeda.

1. A ABERTURA COMERCIAL, A PRIVATIZAÇÃO E AS CONCESSÕES DE SERVIÇOS

Ao longo da década de 1980, a ciranda financeira e as altas taxas de inflação, com a consequente perda do poder de compra dos salários, levaram a um período de estagnação na produção industrial e ao baixo crescimento econômico (o PIB brasileiro cresceu em média 2,7% nos anos 1980). A necessidade de controlar a inflação e ajustar as contas externas levou os governos – tanto o do general João Baptista Figueiredo (1979-1985) quanto o de José Sarney (1985-1989) – a se preocupar com ajustes de curto prazo na política econômica. Essa prioridade significou uma década inteira sem planejamento econômico de longo prazo, o que levou a uma queda de 5% na participação da produção industrial no PIB brasileiro.

A política econômica do governo de Sarney desenvolveu um incipiente processo de privatização de empresas estatais (dezessete, ao todo), começando a retirar o Estado do setor produtivo para concentrar sua ação na fiscalização e na regulamentação.

Por causa da alta inflação, os preços eram remarcados diariamente e, por isso, as pessoas geralmente faziam suas compras assim que recebiam o salário. Foto de 1988.

No governo seguinte, de Fernando Collor de Mello (1990-1992), o primeiro presidente eleito pela população após o fim da ditadura, foi criado o Plano Collor, que, além do confisco dos depósitos bancários em dinheiro (superiores a 50 mil cruzeiros[1]), se apoiava em outros três pontos:

- privatização de empresas estatais;
- eliminação dos monopólios do Estado em telecomunicações e petróleo e fim da discriminação ao capital estrangeiro;
- abertura da economia ao ingresso de produtos e serviços importados.

Essas medidas tiveram continuidade durante os governos de Itamar Franco (que sucedeu a Fernando Collor) e de Fernando Henrique Cardoso (1995-2002), como veremos adiante.

A abertura do mercado brasileiro aos bens de consumo e de capital exerceu grande influência no processo de industrialização do Brasil. A compra no exterior de máquinas e equipamentos industriais de última geração possibilitou modernizar o parque industrial e aumentar a produtividade, mas, por outro lado, acarretou o desemprego estrutural.

No setor de bens de consumo, a entrada de produtos importados de países que aplicavam elevados subsídios às exportações e pagavam baixíssimos salários (com destaque para a China, nos setores de calçados, têxteis e de brinquedos) provocou a falência de muitas indústrias nacionais, contribuindo para elevar ainda mais o desemprego. De outro lado, a concorrência com mercadorias importadas fez a qualidade de muitos produtos nacionais melhorar e levou a uma significativa redução dos preços.

> Consulte a indicação dos *sites* do **Instituto de Pesquisa Econômica Aplicada (Ipea)** e do **Ministério da Indústria, Comércio Exterior e Serviços**. Veja orientações na seção **Sugestões de textos, vídeos e *sites***.

---

[1] Cerca de R$ 3 238,79 em valores de abril de 2018, usando o Índice Nacional de Preços ao Consumidor (INPC) como indexador.

A abertura econômica propiciou um aumento no número de empresas multinacionais e uma diversificação de marcas, além de uma dispersão espacial das fábricas (por exemplo, até então existiam indústrias automobilísticas apenas em São Paulo e Minas Gerais), como pode ser observado no mapa abaixo.

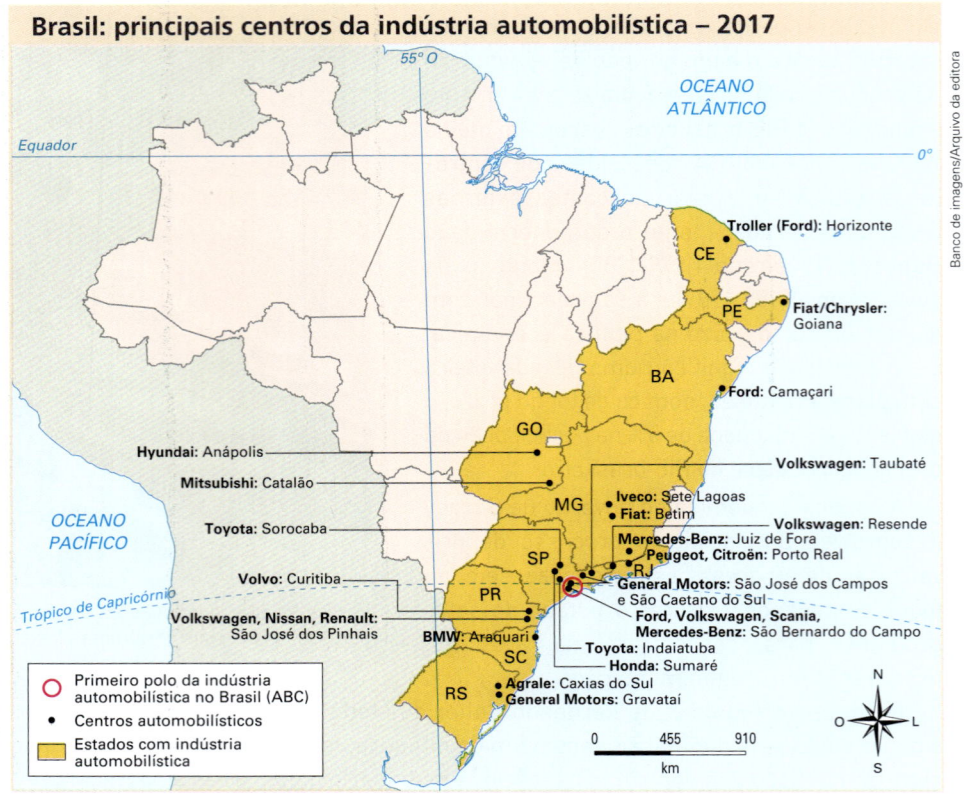

Fonte: Elaborado com base em ASSOCIAÇÃO NACIONAL DOS FABRICANTES DE VEÍCULOS AUTOMOTORES (Anfavea). *Anuário da indústria automobilística brasileira 2018*. Disponível em: <www.virapagina.com.br/anfavea2018>. Acesso em: 3 maio 2018.

A privatização de empresas estatais e a concessão de exploração dos serviços de transporte, energia e telecomunicações a empresas privadas nacionais e estrangeiras apresentaram aspectos positivos e negativos, dependendo da forma como foram realizadas as transferências e dos problemas relacionados à administração e à fiscalização. A maioria das empresas privatizadas, quando eram estatais, dependia de recursos do governo e não pagava diversos tipos de impostos. Ao privatizá-las, os governos federal, estaduais e municipais passavam a arrecadar impostos. Por exemplo, no setor siderúrgico, a única estatal lucrativa era a Usiminas, que, estrategicamente, foi a primeira a ir a leilão, para que os investidores acreditassem na disposição de reforma estrutural do Estado brasileiro.

Na indústria automobilística, embora num primeiro momento tenha havido grande redução no número de trabalhadores por unidade fabril, verificou-se significativo aumento no número de instalações industriais, com a entrada de novas fábricas, que até então não produziam no Brasil (Honda, Toyota, Renault, Peugeot, entre outras), e novos investimentos de outras empresas, que já estavam instaladas antes da abertura às importações, como a construção de uma nova fábrica da Ford em Camaçari (BA), mostrada na foto ao lado, e da Fiat/Crysler em Goiana (PE).

Motores em linha de montagem da Ford em Camaçari (BA), em 2015. Entre outros fatores, a dispersão espacial do parque industrial pelo território foi possibilitada pelos investimentos em infraestrutura e incentivada pelos benefícios fiscais.

Segundo a Associação Nacional dos Fabricantes de Veículos Automotores (Anfavea), em 2017, além dos automóveis de passeio, a indústria automobilística brasileira produziu 728 091 veículos comerciais leves, 28 220 caminhões e 9 102 ônibus, totalizando 766 013 veículos. O aumento no volume de produção iniciado na década de 1990 foi acompanhado por uma redução no número de empregos, que se recuperou somente a partir de 2010. Isso se explica pela modernização da linha de produção e pelo fato de as montadoras que se instalaram recentemente já empregarem tecnologia de ponta. A abertura comercial obrigou as indústrias a buscar uma melhor relação qualidade-preço para seus produtos. Observe os gráficos abaixo.

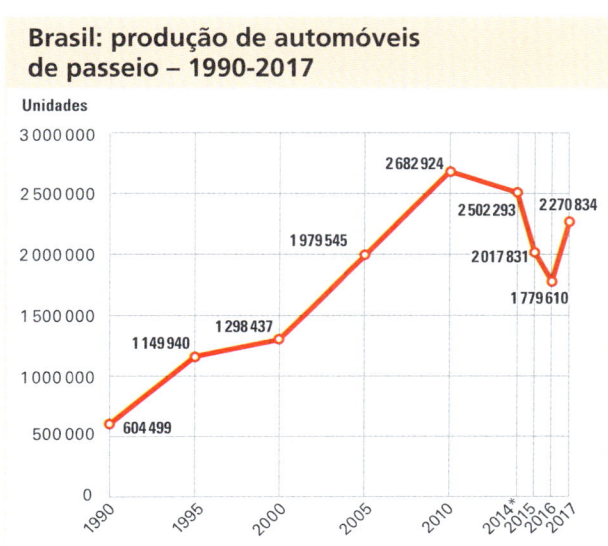

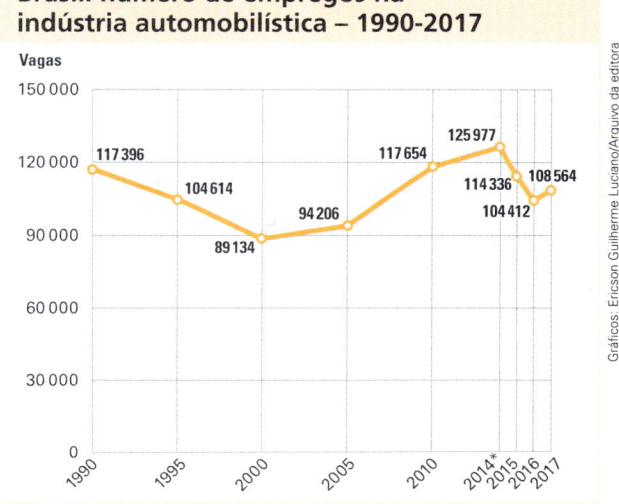

Fonte: ASSOCIAÇÃO NACIONAL DOS FABRICANTES DE VEÍCULOS AUTOMOTORES (Anfavea). *Anuário da indústria automobilística brasileira 2018*. Disponível em: <www.virapagina.com.br/anfavea2018>. Acesso em: 15 maio 2018.

* Entre 2014 e 2016, o país entrou em recessão, com PIB negativo, juros, inflação e taxas de desemprego em alta.

Nos setores de transportes e telecomunicações, além de as empresas serem deficitárias, os sistemas estavam sucateados e o Estado tinha baixa capacidade de investimento para recuperá-los. As rodovias estavam malconservadas e uma linha telefônica era considerada um patrimônio pessoal, chegando a custar 5 mil reais (praticamente 5 mil dólares) no mercado paralelo em 1995. Além disso, as tarifas públicas – energia elétrica, telefonia, pedágios, etc. – estavam muito defasadas. Esses valores eram estabelecidos segundo conveniências políticas e manipulados para que não pressionassem as taxas de inflação.

Com a privatização e a concessão de exploração dos serviços públicos, esses setores receberam investimentos privados, expandiram-se e passaram a operar em condições melhores que anteriormente, à custa de aumento nas tarifas.

O aumento no preço dos pedágios, do pulso telefônico ou da energia elétrica obedece às condições estabelecidas nos contratos de concessão. Para aumentar os preços, as empresas concessionárias devem cumprir metas de investimento, comprovar aumento de custos ou registrar em contrato que o reajuste estará atrelado a algum índice de inflação. Em alguns casos, até o percentual de lucro que as empresas podem obter está estabelecido em contrato. Na foto, praça de pedágio na BR-060 entre Brasília (DF) e Goiânia (GO), em 2015.

Na década de 1990, os governos eram acusados pelos partidos de oposição de vender o patrimônio do Estado e abandonar a infraestrutura nas mãos da iniciativa privada, com prejuízo para a população. Daquela época até os dias atuais, o Estado continua comandando os setores concedidos e privatizados por meio de agências reguladoras: Agência Nacional de Energia Elétrica (Aneel), Agência Nacional de Telecomunicações (Anatel), Agência Nacional do Petróleo, Gás Natural e Biocombustíveis (ANP), Agência Nacional de Transportes Terrestres (ANTT), entre outras.

O setor de energia elétrica, entretanto, constitui um dos casos de má gestão, tanto por parte do governo quanto das empresas concessionárias. Em 2001, foi imposto um racionamento à população e, em 2009 e 2012, ocorreram colapsos no abastecimento que deixaram grande parte do país sem energia elétrica por algumas horas (episódios conhecidos como "apagões").

Outro caso são as empresas de telefonia, que, apesar de promoverem uma grande expansão no serviço, garantindo acesso quase universalizado à população – observe os gráficos abaixo –, não mostraram melhorias técnicas e de atendimento ao consumidor, prestando serviços com qualidade inferior aos prestados por empresas semelhantes nos países desenvolvidos. Não é raro os sistemas dessas empresas entrarem em pane e ocorrer desrespeito às normas legais de atendimento ao cliente. Em razão disso, as agências reguladoras lavram multas, ou até proíbem a expansão do atendimento.

Outro fator problemático é que, geralmente, os salários dos trabalhadores não são indexados, ou seja, não acompanham a inflação, fazendo com que os reajustes das tarifas, ano a ano, comprometam cada vez mais os orçamentos familiares.

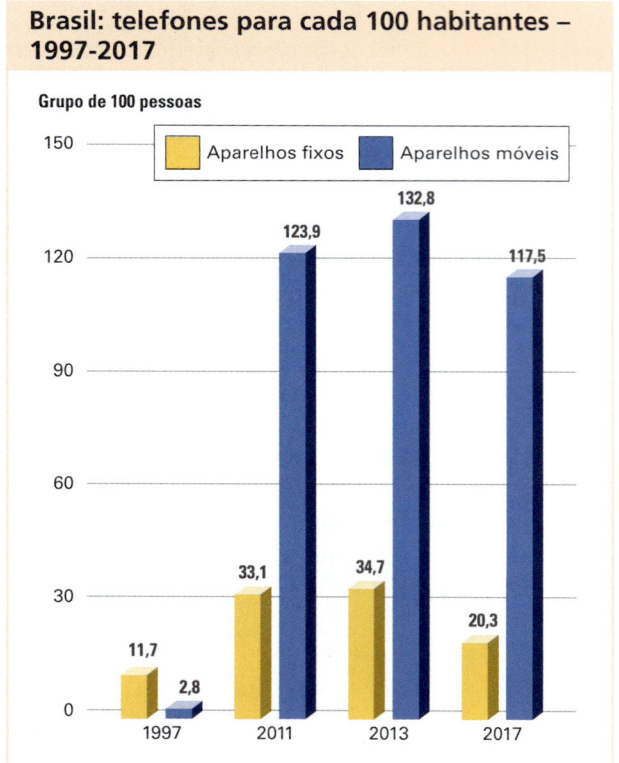

Fonte: AGÊNCIA NACIONAL DE TELECOMUNICAÇÕES (Anatel). *Acessos* – telefonia móvel, 28 jun. 2017. Disponível em: <www.anatel.gov.br/dados/acessos-telefonia-movel>. Acesso em: 3 maio 2018.

A forte expansão no setor de telefonia, no período de 1997 a 2017, demandou investimentos estimados em mais de 20 bilhões de dólares. Como havia interesse do setor privado em investir e o governo não possuía recursos ou preferia dar outro destino ao dinheiro, optou-se por privatizar o setor para atrair investimentos.

Uma das principais críticas ao processo de privatização e concessão refere-se ao destino dado ao dinheiro arrecadado pelo governo nos leilões – direcionado ao pagamento de juros da dívida interna, sem amortização do montante principal – e à desnacionalização provocada por esse processo.

Leilão de privatização do sistema Telebras na Bolsa de Valores do Rio de Janeiro (RJ), em 1998. Até esse ano, o sistema de telefonia brasileiro era monopólio do Estado; a partir daí, porém, passou a receber investimentos do setor privado, o que ampliou bastante a disponibilidade de linhas telefônicas fixas e móveis.

As privatizações e a abertura da economia brasileira possibilitaram o ingresso do capital estrangeiro em setores produtivos anteriormente dominados pelo Estado e por empresas de capital privado nacional. Assim, a partir de 1990, foram obtidos *superavits* à custa de maior desnacionalização da economia. Isso fez a economia brasileira reduzir sua dependência do capital especulativo, o que a tornou mais sólida e mais bem estruturada, mas aumentou a saída de dólares na forma de remessa de lucros e pagamento de *royalties* às matrizes das empresas que se instalaram no país. Em contrapartida, a acelerada modernização de alguns setores da economia fez aumentar a competitividade da nossa produção agrícola e industrial no mercado internacional – embora o Brasil ainda tenha uma economia muito fechada do ponto de vista comercial quando comparada à de outros países, como mostra a tabela da página 423.

Observe o esquema das páginas a seguir, que fornece uma síntese da política econômica brasileira entre os anos de 1992 e 2018.

A partir de 2015, a China tornou-se um grande investidor em infraestrutura e outros setores na economia brasileira. Na foto de 2016, a usina hidrelétrica de Campos Novos no rio Canoas, em Santa Catarina. Essa usina pertence à CPFL, antiga empresa estatal comprada por empresa chinesa.

POLÍTICA ECONÔMICA BRASILEIRA DE 1992 A 2018

Veja a indicação do livro *Economia brasileira*, de Antonio Correia de Lacerda, na seção **Sugestões de textos, vídeos e sites**.

Os governos de Itamar Franco e FHC

- Após a renúncia de Fernando Collor, assumiu seu vice-presidente, Itamar Franco, que comandou o governo brasileiro de outubro de 1992 até o final de 1994, seguido por Fernando Henrique Cardoso, de 1995 até o final de 2002.
- Para combater a inflação foi lançado o **Plano Real** em março de 1994. Ele se baseava na paridade entre a nova moeda, o real, e o dólar, com cotação de R$ 1,00 = US$ 1,00.
- No início do Plano Real, houve aumento de 28% no poder aquisitivo da população de baixa renda por causa da **queda da inflação**.
- A partir de 1997, os ganhos de renda da população de menor poder aquisitivo foram praticamente anulados pelo aumento dos índices de desemprego e de inflação não repassada aos salários (leia o texto e observe a tabela em *Para saber mais*, na página 476, para entender melhor).

Manchete do *Jornal do Commercio*, de Pernambuco, anunciando o Plano Real, em 1º de julho de 1994.

Brasil: inflação (índice acumulado no ano – IPCA*/IBGE) – 1980-2017

Valores destacados: 242,2 (1985); 1 972,9 (1989); 2 477,1 (1993); 22,4 (1995); 12,5 (2002); 5,9 (2008); 5,8 (2012); 5,9 (2013); 6,5 (2014); 10,7 (2015); 6,3 (2016); 2,9 (2017).

Fonte: IBGE. *Séries históricas*. Disponível em: <ww2.ibge.gov.br/home/estatistica/indicadores/precos/inpc_ipca/defaultseriesHist.shtm>. Acesso em: 3 maio 2018.

* IPCA – Índice de Preços ao Consumidor Amplo: é o índice oficial do governo federal para medição das metas inflacionárias.

Brasil: presidência da República – 1992-2018

1992-1994	1995-2002	2003-2010	2011-2016	2016-2018
Itamar Franco	FHC	Lula	Dilma	Temer

O governo de Lula

- Ao longo do governo de Luiz Inácio Lula da Silva (2003-2010), não houve mudanças significativas quanto à política econômica vigente. Destacaram-se:
  a) estabelecimento de metas para a inflação;
  b) responsabilidade fiscal com aumento do *superavit* primário;
  c) manutenção do câmbio flutuante;
  d) garantia de cumprimento dos contratos.
- Além de, em linhas gerais, dar continuidade à política econômica do governo anterior, o governo de Lula tomou medidas que:
  - cessaram as privatizações e concessões de serviços públicos;
  - ampliaram os programas de transferência de renda à população carente;
  - elevaram a dívida interna de R$ 892 bilhões para R$ 1,9 trilhão entre janeiro de 2003 e outubro de 2012.

Durante seu governo, os preços internacionais das *commodities* estavam supervalorizados no mercado internacional, em razão do elevado consumo chinês, o que permitiu aumentar o *superavit* comercial e as reservas internacionais, que superaram o montante da dívida externa.

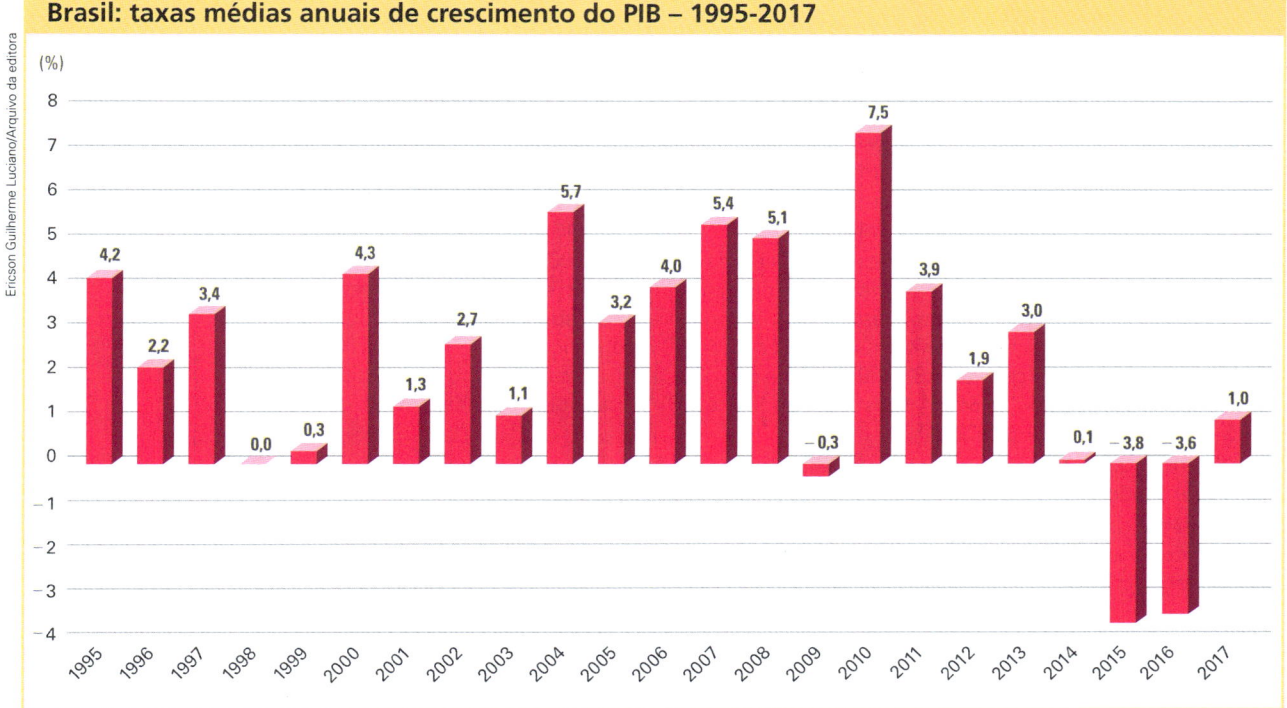

Brasil: taxas médias anuais de crescimento do PIB – 1995-2017

Fonte: BANCO CENTRAL DO BRASIL. *Indicadores econômicos consolidados*. Disponível em: <www.bcb.gov.br/pec/Indeco/Port/indeco.asp>. Acesso em: 3 maio 2018.

Os governos de Dilma e Temer

Em 2011, foi empossada como presidente Dilma Rousseff, ex-ministra de Lula. Ao longo dos governos Lula e Dilma, os investimentos em infraestrutura foram insuficientes para sustentar um crescimento econômico mais acelerado. A necessidade de novos investimentos em transportes, energia e outros setores levou o governo Dilma a retomar, em 2012, a concessão da administração de usinas, aeroportos, portos, rodovias e ferrovias à iniciativa privada.

No segundo mandato, a inflação disparou, mesmo com a economia em recessão, por vários fatores, destacando-se:

a) desequilíbrio fiscal, porque o governo federal gastou mais do que arrecadou em impostos e outras fontes de receita;

b) incentivos tributários a setores selecionados, como a indústria automobilística, o que provocou queda na arrecadação de impostos.

- Em meados de 2016, a inflação anual atingiu o patamar de 10,5%, as taxas de juros estavam em 14,25% ao ano, o desemprego superou 10% da População Economicamente Ativa (PEA) e a economia permanecia em recessão. Em agosto de 2016, a presidente foi afastada pelo Congresso Nacional. Michel Temer, seu vice-presidente, foi empossado e retomou a política econômica anterior à do governo Dilma. Em 2017, a inflação caiu para 2,95% ao ano e em maio de 2018 os juros estavam reduzidos a 6,25% ao ano. No entanto, o desemprego ainda era superior a 10%, por causa do baixo crescimento do PIB (observe o **gráfico**).

PARA SABER MAIS

Como a inflação concentra renda

CIDADANIA: DISTRIBUIÇÃO DE RENDA

Até 1994, a economia brasileira apresentou índices bastante elevados de inflação, mas esses índices nunca foram integralmente repassados aos salários, havendo forte concentração de renda. Por exemplo, se a inflação era de 50%, os salários eram reajustados em 40%, reduzindo o poder aquisitivo dos trabalhadores e aumentando a margem de lucro dos empresários.

Mesmo que o índice de reajuste dos salários fosse de 50%, continuaria havendo transferência ou concentração de renda porque, em 1994, 80% dos trabalhadores brasileiros recebiam até três salários mínimos mensais, e a maioria não tinha como investir e proteger seu salário no mercado financeiro para manter o poder de compra do seu dinheiro.

Várias entidades divulgam índices de inflação, como a Fundação Instituto de Pesquisas Econômicas da Universidade de São Paulo (Fipe/USP), o IBGE e a FGV, entre outras. Cada uma adota uma metodologia de cálculo própria. Por exemplo, pode-se medir a inflação nos distribuidores atacadistas ou no varejo para as diferentes classes de renda mensal, e até mesmo para as diferentes regiões do país.

O índice de inflação é composto de muitas variáveis – alimentação, moradia, transporte, vestuário, educação, saúde, lazer, serviços públicos; portanto, varia para as diferentes faixas de renda. Vamos comparar o efeito da inflação para duas pessoas: uma com salário mensal de R$ 1500 e outra com salário de R$ 15 mil. Para simplificar a comparação e facilitar o entendimento, vamos considerar apenas o efeito do item alimentação nessas duas faixas de renda.

A pessoa que ganha R$ 1500 gasta, aproximadamente, R$ 500, ou 33,3% do seu salário, com alimentação. Quem ganha R$ 15 mil pode gastar, por exemplo, quatro vezes mais (R$ 2 000), e, mesmo assim, despenderia apenas 13,3% da sua renda mensal. Se os gastos com alimentação sofrerem um aumento de 50%, o índice de inflação será de 16,66% para quem ganha R$ 1500 (ou seja, R$ 250 a mais do que gastava: R$ 250/1500 × 100 = 16,66%), mas apenas de 6,66% para quem ganha R$ 15 mil (R$ 1 000/15 000 × 100 = 6,66%).

Como o governo divulgava um único índice de inflação, válido para todas as faixas de renda em todo o território nacional, saía perdendo quem ganhava menos.

Observe na tabela que de 1993 para 1995, com o lançamento do Plano Real, o rendimento médio dos trabalhadores subiu de 742 para 983 reais. Isso significou um aumento de 32% no poder aquisitivo.

Brasil: rendimento médio mensal real do trabalho principal – 1993-2015	
Ano	Pessoas com 15 anos ou mais de idade (rendimento em R$)
1993	742
1995	983
1997	967
1999	886
2001	800
2003	834
2005	922
2007	1 019
2009	1 003
2011	1 241
2013	1 516
2015	1 853

Fonte: IBGE. *Séries estatísticas e séries históricas*. Disponível em: <https://seriesestatisticas.ibge.gov.br/lista_tema.aspx?op=0&no=7>; IBGE. *Pesquisa Nacional por Amostra de Domicílios 2012 a 2015*. Disponível em: <www.ibge.gov.br/estatisticas-novoportal/sociais/populacao/9127-pesquisa-nacional-por-amostra-de-domicilios.html?=&t=o-que-e>. Acessos em: 3 maio 2018.

2. ESTRUTURA E DISTRIBUIÇÃO DA INDÚSTRIA BRASILEIRA

> "Não sou especialista em Brasil, mas uma coisa estou habilitado a dizer: não creiam que mão de obra barata ainda seja uma vantagem."
>
> Peter Drucker (1909-2005), administrador que influenciou o meio acadêmico e empresarial com suas teorias, em palestra proferida em 2005 na ONU.

Em 2015, a indústria de transformação era responsável por 10% do PIB brasileiro. Segundo o IBGE (*Pesquisa Industrial Anual – Empresa*), as atividades mais importantes nesse ano foram:

- 20% fabricação de produtos alimentícios e bebidas
- 10% derivados de petróleo e biocombustíveis
- 8% metalurgia e produtos de metal
- 10% produtos químicos e farmacêuticos
- 6% fabricação de veículos automotores
- 7% máquinas/equipamentos e materiais elétricos
- 2% informática, eletrônicos e ópticos

Fonte: IBGE. *Pesquisa Industrial Anual – Empresa 2015*. Disponível em: <www.ibge.gov.br/estatisticas-novoportal/economicas/industria/9042-pesquisa-industrial-anual.html?=&t=o-que-e>. Acesso em: 14 maio 2018.

Seguindo tendência mundial, o parque industrial se modernizou e ganhou impulso com a instalação de diversos tecnopolos espalhados pelo país. Há parques tecnológicos em todas as regiões, somando 94 (em 2015: 28 em operação, 28 em fase de implantação e 38 em fase de projeto). Os principais estão localizados em:

- Sudeste: São Paulo, Campinas e São José dos Campos (SP); Santa Rita do Sapucaí e Viçosa (MG) e Rio de Janeiro (RJ);

- Nordeste: Recife (PE) – veja imagem no fim da página –; Fortaleza (CE); Campina Grande (PB) e Aracaju (SE);
- Sul: Porto Alegre (RS); Florianópolis (SC) e Cascavel (PR);
- Centro-Oeste: Brasília (DF);
- Norte: Manaus (AM) e Belém (PA).

Alguns aspectos positivos da dinâmica atual da indústria brasileira se destacam:
- grande potencial de expansão do mercado interno, com desconcentração de produção e consumo;
- aumento na produtividade;
- melhora da qualidade dos produtos.

A indústria ainda enfrenta, porém, vários problemas que aumentam os custos e dificultam a maior participação no mercado externo, como:
- preço elevado da energia elétrica;
- flutuação cambial: quando o dólar está alto em relação ao real, isso favorece as exportações de produtos industrializados, porque os exportadores recebem mais, em reais, por unidade vendida; porém, encarece as importações de máquinas e equipamentos para as indústrias. Quando o dólar está baixo, acontece o contrário: isso encarece as exportações, mas barateia as importações;
- problemas de logística, como deficiências e altos preços nos transportes, com predomínio do rodoviário;
- baixo investimento público e privado em desenvolvimento tecnológico;
- insuficiente qualificação da força de trabalho;
- elevada carga tributária;
- barreiras tarifárias e não tarifárias impostas por outros países à importação de produtos brasileiros.

Carga tributária: todos os impostos pagos aos governos municipais, estaduais e federal.

Esses problemas explicam, em parte, a redução da participação percentual do setor industrial na composição do PIB a partir da metade da década passada.

Brasil: número de empregos por gênero de indústrias (mercado formal) – 2006-2015			
Discriminação	**2006**	**2011**	**2015**
Indústria extrativa mineral	183 188	232 588	228 997
Indústria da construção civil	1 438 713	2 810 712	2 853 635
Indústrias de transformação	6 253 684	7 681 193	8 263 436
Indústria (total)	7 875 585	11 161 199	11 346 118

Fonte: IBGE. *Demografia das empresas 2015*. Disponível em: <https://sidra.ibge.gov.br/pesquisa/demografia-das-empresas/tabelas>. Acesso em: 3 maio 2018.

Hans von Manteuffel/Pulsar Imagens

A abertura econômica do país na década de 1990 facilitou a entrada de muitos produtos importados, forçando as empresas nacionais a se modernizar e incorporar novas tecnologias ao processo produtivo para concorrer com as empresas estrangeiras. Como observamos na tabela anterior, apesar da modernização, continua havendo aumento no contingente de trabalhadores na indústria da maior parte dos gêneros. Porém, vimos também que esse aumento não acompanhou o ritmo de ingresso de mão de obra no mercado de trabalho.

Vista aérea do Porto Digital do Recife (PE), em 2017. A associação entre pesquisa tecnológica e empresas públicas e privadas atrai investimentos produtivos para todos os setores da economia.

DESCONCENTRAÇÃO DA ATIVIDADE INDUSTRIAL

Em função de fatores históricos e de novos investimentos em infraestrutura, o parque industrial brasileiro vem se desconcentrando e apresenta maior dispersão espacial dos estabelecimentos industriais em regiões historicamente marginalizadas. A tabela a seguir revela a redução da participação do Sudeste e o aumento das demais regiões no valor da produção industrial. Observe no mapa abaixo a concentração do parque industrial e veja também o mapa "Brasil: Produto Interno Bruto – 2012", na página 22 do *Atlas*, que destaca as diferenças na composição do PIB por setores de atividades entre os estados brasileiros.

Brasil: distribuição regional do valor da transformação industrial – 1970-2015

Região	Participação (%)				
	1970	1980	2000	2010	2015
Sudeste	80,7	72,6	66,1	61,0	58,0
Sul	12,0	15,8	18,2	18,2	19,8
Nordeste	5,7	8,0	8,9	9,3	10,4
Norte e Centro-Oeste	1,6	3,6	6,8	11,5	11,8

Fonte: IBGE. *Pesquisa industrial anual – Empresa 2010/2015*. Disponível em: <www.ibge.gov.br/estatisticas-novoportal/economicas/industria/9042-pesquisa-industrial-anual.html?=&t=o-que-e>. Acesso em: 14 maio 2018; ROSS, J. (Org.). *Geografia do Brasil*. São Paulo: Edusp, 2011. p. 377.

Desde o início do século XX até a década de 1930, o eixo São Paulo-Rio de Janeiro abrangeu mais da metade do valor da produção industrial brasileira; mas mesmo assim a organização espacial das atividades econômicas era dispersa. As atividades econômicas regionais progrediam de forma quase totalmente autônoma. As atividades da região Sudeste, onde se desenvolvia o ciclo do café, quase não interferiam nas atividades econômicas que se fortaleciam no Nordeste (cana, tabaco, cacau e algodão) ou no Sul (carne, indústria têxtil e pequenas agroindústrias de origem familiar) nem sofriam interferência dessas atividades. As indústrias de bens de consumo, a maioria ligada aos setores alimentício e têxtil, escoavam a maior parte da sua produção apenas em escala regional. Somente um pequeno volume era destinado a outras regiões, não havendo significativa competição entre as empresas instaladas nas diferentes regiões do país, consideradas até então **arquipélagos econômicos regionais**.

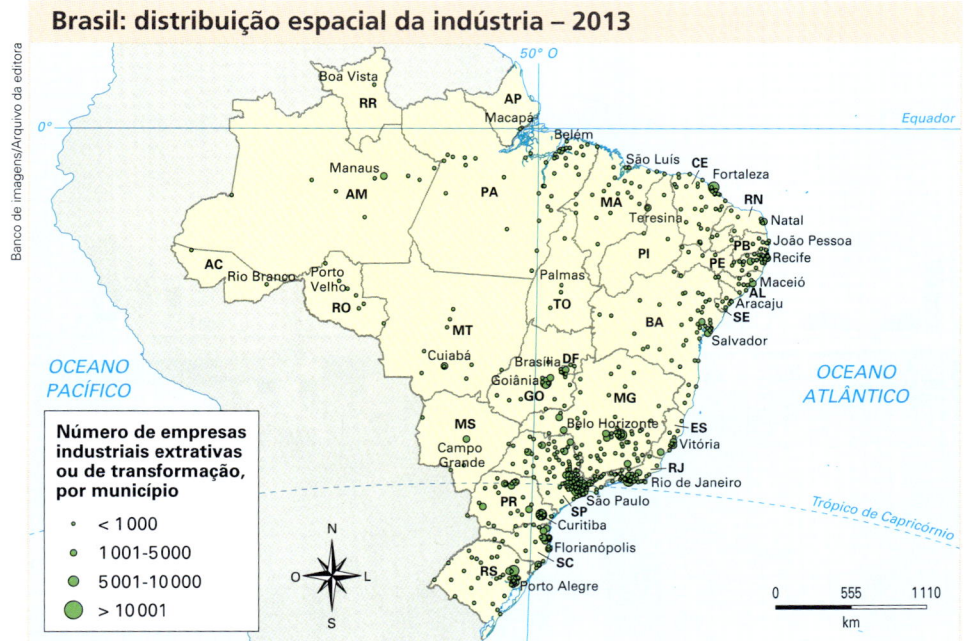

Embora ainda haja grande concentração industrial no Sudeste e no Sul do país, atualmente o parque industrial está se dispersando e já há várias localidades interioranas nas regiões Norte, Centro-Oeste e Nordeste que apresentam mais de cem empresas industriais.

Fonte: IBGE. *Atlas geográfico escolar*. 7. ed. Rio de Janeiro, 2016. p. 136.

A crise do café e o impulso à industrialização, comandado pelo Sudeste, alteraram esse quadro. Os mercados regionais se integraram mais fortemente, comandados pelo centro econômico mais dinâmico do país, o eixo São Paulo-Rio de Janeiro, interligando os arquipélagos econômicos regionais. A participação de produtos industriais do Sudeste nas demais regiões do país aumentou, o que levou muitas indústrias, principalmente nordestinas, à falência.

Além do fator histórico, as atividades industriais tenderam a se concentrar no Sudeste por causa de dois outros motivos:

- a complementaridade industrial: as indústrias de autopeças tendem a se localizar próximo às automobilísticas; as petroquímicas, próximo às refinarias; etc.;
- a concentração de investimentos públicos no setor de infraestrutura industrial: o governo gasta menos concentrando investimentos em determinada região, em vez de distribuí-los pelo território nacional, sobretudo no início do processo de industrialização, quando os recursos eram mais escassos.

A primeira grande ação governamental para dispersar o parque industrial aconteceu em 1968, com a criação da Superintendência da Zona Franca de Manaus (Suframa) e do polo industrial naquela cidade, o que promoveu grande crescimento econômico. Em seguida, estabeleceram-se os Planos Nacionais de Desenvolvimento dos governos Médici (1969-1974) e Geisel (1974-1979), e começaram a ser inauguradas as primeiras usinas hidrelétricas nas regiões Norte e Nordeste. Quando o governo passou a atender ao menos parte das necessidades de infraestrutura das regiões historicamente marginalizadas, começou a haver um processo de dispersão do parque industrial pelo território, não apenas em escala nacional, mas regional.

Não só as indústrias se deslocaram, como também a mão de obra. Os donos das indústrias passaram a buscar mão de obra mais barata e lugares onde os sindicatos não eram tão atuantes.

Seguindo uma tendência já verificada em países desenvolvidos e mesmo no estado de São Paulo – o mais equipado do país quanto à infraestrutura –, tem ocorrido um processo de deslocamento das indústrias em direção às cidades médias em todas as regiões do país, como as que receberam a instalação dos parques tecnológicos, que vimos nas páginas 477 e 478. O desenvolvimento da informática e a modernização da infraestrutura de produção de energia, transporte e telecomunicação criaram condições de especialização produtiva por intermédio da integração regional. Nas regiões, buscam-se, atualmente, a especialização em poucos setores da atividade econômica e a aquisição, em outros mercados (do Brasil ou do exterior), dos bens de consumo que atendam ao cotidiano da população.

Rio São Francisco, na divisa entre as cidades de Juazeiro (BA) e Petrolina (PE), em 2016. Os projetos de agricultura irrigada instalados no Vale do São Francisco tornaram essas cidades um grande polo de atração de investimentos agroindustriais.

3. ESTRUTURA E DISTRIBUIÇÃO ESPACIAL DO COMÉRCIO E DOS SERVIÇOS

Desde o final do século XIX, as atividades terciárias (comércio e serviços) concentram a maior participação no PIB e no número de empregos no país, porque é nelas que circulam todos os bens produzidos nas atividades primárias e secundárias e são prestados os diversos tipos de serviços a pessoas e empresas de todos os setores – observe o gráfico ao lado.

As empresas que exercem as atividades de comércio e serviços possuem grande diversidade e complexidade em termos de tamanho, qualidade, produtividade, número de empregados, faturamento, etc.

No Brasil, segundo o *Atlas Nacional de Comércio e Serviços* (IBGE, 2013), em 2011, 99% das empresas que exerciam atividades terciárias eram micro ou pequenas, envolvendo diversos ramos de atividade que atuam em pequena escala, como salões de beleza, oficinas de costura, pequeno comércio, manutenção de equipamentos domésticos, entre outros. No total, as micro e pequenas empresas ocuparam, naquele ano, 51,6% da mão de obra do setor, o que significa dizer que 1% das empresas que exercem atividades terciárias era de médio e grande portes e ocupava 48,4% da mão de obra. Na maioria das empresas que exercem atividades terciárias, como alguns comércios e prestação de serviços, vigora o uso intensivo de mão de obra familiar e contratada em atividades nas quais há dificuldade de substituição de pessoas por "máquinas". Observe os exemplos nas fotos desta página.

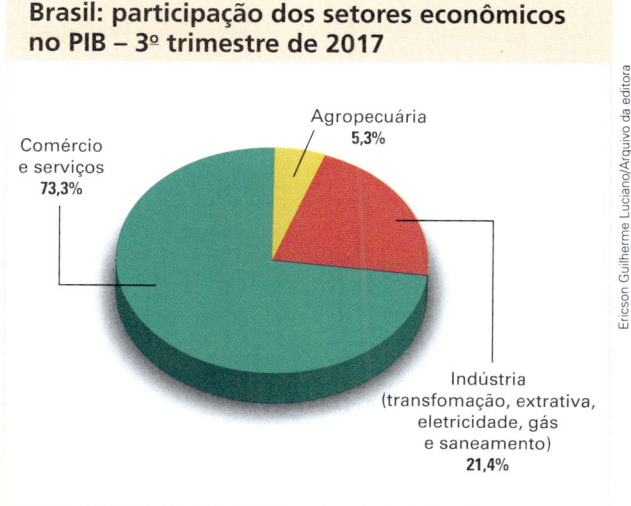

Fonte: IBGE. *Contas Nacionais Trimestrais*. Disponível em: <https://ww2.ibge.gov.br/home/estatistica/indicadores/pib/defaultcnt.shtm>. Acesso em: 3 maio 2018.

Manicure e cabeleireira trabalhando em salão de beleza em São Paulo (SP), em 2018.

Trabalhador em fábrica de móveis em Igrejinha (RS), 2015.

Alguns setores de comércio e serviços podem ser automatizados, substituindo trabalhadores por computadores, câmeras de monitoramento, etc., o que reduz a quantidade de empregos. Isso já acontece, há algum tempo, por exemplo, em bancos e empresas de segurança, entre outros.

Observe a tabela abaixo e perceba que, em 2015, 84,3% das empresas brasileiras atuavam em comércio ou serviços, empregando 70,6% do pessoal ocupado no Brasil.

Brasil: empresas e pessoal ocupado por setor – 2015		
Setores	Empresas (em %)	Pessoal ocupado (em %)
Comércio	44,0	29,3
Serviços	40,3	41,3
Construção civil	5,4	7,1
Indústria	9,5	21,1
Demais	0,8	1,2
Total	100,0	100,0

Fonte: IBGE. *Demografia das empresas 2015*. Disponível em: <https://sidra.ibge.gov.br/tabela/2718#resultado>. Acesso em: 3 maio 2018.

A distribuição espacial das atividades terciárias segue o padrão da distribuição da população pelo território, com concentração espacial no Centro-Sul do país e nas regiões de economia mais dinâmica. Segundo o *Atlas Nacional de Comércio e Serviços*, em 2011, as regiões Sudeste e Sul concentravam:

- 81,1% da receita bruta de prestação de serviços;
- 81,3% do valor dos salários, retiradas e outras remunerações;
- 60,3% do pessoal ocupado.

Ainda segundo esse documento, a receita bruta do comércio brasileiro se concentrava no comércio por atacado nas regiões Norte (47,7%), Sudeste (44,4%) e Centro-Oeste (42,6%). Já o comércio varejista obteve maior representação na região Nordeste (48,2%). Na região Sul, o comércio por atacado (42,8%) e o varejista (42,7%) obtiveram percentuais praticamente equivalentes. No entanto, naquele ano, o comércio varejista foi responsável pelo maior número de pessoas ocupadas em todo o Brasil.

O rendimento médio do trabalho também apresentava diferenças em sua distribuição espacial. A região Sudeste apresentava a maior média, com 2 salários mínimos – acima da média brasileira, que foi de 1,8 –, enquanto as regiões Norte e Sul situaram-se exatamente nessa média (1,8) e as regiões Nordeste e Centro-Oeste ficaram abaixo (1,4 e 1,7, respectivamente).

É interessante destacar que algumas empresas de prestação de serviços que não demandam presença física próxima ao cliente, como telecomunicação e teleatendimento, embora apresentem pequena participação percentual no conjunto total das atividades terciárias, estão se instalando em municípios de regiões distantes das quais se originaram.

Marlon Costa/Futura Press

O comércio atacadista de alimentos está concentrado espacialmente nos médios e grandes centros urbanos e abastece tanto a população em geral como os varejistas espalhados por diversos bairros e outros municípios, onde só há comércio de pequeno e médio portes. Na imagem, interior de comércio atacadista de alimentos em Recife (PE), em 2017.

ATIVIDADES

COMPREENDENDO CONTEÚDOS

1. Quais foram os aspectos positivos e os negativos da abertura da economia brasileira iniciada em 1990?

2. Por que o processo de industrialização brasileiro foi marcado pela concentração industrial na região Sudeste?

3. Observe a imagem abaixo, leia sua legenda e depois responda à questão.

As maiores cidades do interior, assim como a região polarizada por elas, possuem forte poder de atração industrial. Na foto, frigorífico para abate de aves em Mineiros (GO), em 2017.

- Quais fatores têm motivado o recente processo de dispersão do parque industrial brasileiro?

4. Por que o comércio e os serviços seguem o padrão de distribuição da população pelo território brasileiro?

DESENVOLVENDO HABILIDADES

5. Observe a charge abaixo e reveja os gráficos da página 471. Depois, escreva um texto argumentando a favor da ideia central da charge ou contra ela.

Fonte: Charges Bruno. Disponível em: <http://chargesbruno.blogspot.com.br/2012/10/>. Acesso em: 13 maio 2018.

6. Leia novamente o texto "Como a inflação concentra renda", na página 476, relacione-o ao gráfico da página 474 e explique quais são as consequências da inflação sobre:
   a) o poder aquisitivo da população;
   b) a distribuição da renda nacional entre as classes sociais.

VESTIBULARES
DE NORTE A SUL

TESTES

1. SE **(Unesp-SP)**

O processo de desconcentração industrial no estado de São Paulo, iniciado na década de 1970, alterou profundamente seu mapa e território: a mancha metropolitana da capital se expandiu em direção ao Vale do Paraíba, Sorocaba e às regiões de Campinas e Ribeirão Preto, conglomerados urbanos especializados se formaram ao longo de uma densa malha rodoviária e as cidades médias assumiram a liderança do mercado em seu entorno.

(Claudia Izique. *Pesquisa FAPESP*, julho de 2012.)

A transformação da indústria na metrópole de São Paulo pode ser entendida pela modificação do sistema de produção, associada aos avanços em transporte e comunicação. As empresas que participaram desse processo procuravam

a) conseguir mão de obra suficiente para suas atividades, já que na metrópole os trabalhadores não aceitavam mais trabalhar nas fábricas.
b) adquirir matéria-prima para seus produtos, visto que os recursos naturais na metrópole haviam se esgotado.
c) obter novos mercados, já que a influência dos produtos importados no centro da metrópole é muito grande.
d) antecipar mercados, prevendo as futuras necessidades das cidades médias em expansão.
e) reduzir os custos da produção, sabendo que as novas cidades ofereciam incentivos fiscais, terrenos e mão de obra mais baratos.

2. CO **(UFG-GO)** A atual organização espacial do território brasileiro contém disparidades regionais de diferentes ordens. O governo brasileiro implementou, nas últimas décadas, várias estratégias e políticas públicas, objetivando superá-las. Mesmo assim, algumas dessas disparidades persistiram e intensificaram-se. No que se refere à atividade industrial, verifica-se que

a) o processo de desconcentração espacial do setor metalúrgico foi eficaz e conseguiu reduzir a concentração na região Norte com a implantação da Zona Franca de Manaus.
b) a formação das regiões metropolitanas na região Centro-Oeste está associada ao desenvolvimento industrial promovido pelo projeto desenvolvimentista de Juscelino Kubitschek.
c) a descentralização industrial ocorre com maior frequência para o interior dos estados do Sudeste e Sul, desencadeando a chamada guerra fiscal.
d) na região Norte essa atividade está ligada à implantação de numerosos polos agroindustriais durante os governos militares, visando promover a integração nacional.
e) as estratégias desenvolvidas na região Nordeste estão focadas no setor farmacêutico e de cosméticos, baseadas no modelo de substituição de importações.

3. NE **(Uespi)** A partir da década de 1950, verificou-se uma intensificação no processo de industrialização em diversas regiões do planeta. No caso de países latino-americanos, como, por exemplo, o Brasil, a Argentina e o México, em que se baseou, fundamentalmente, a industrialização?

a) Nos recursos minerais e no crescimento populacional.
b) Na farta mão de obra barata e na baixa taxa de crescimento vegetativo.
c) Na internacionalização dos mercados, primeiramente, e nas elevadas taxas de reserva cambial.
d) Nas diversidades regionais e na renda *per capita* da população.
e) Na substituição das importações e, posteriormente, na internacionalização dos mercados.

4. CO **(UFMS)** Sobre a industrialização brasileira, assinale as proposições verdadeiras.

I. A indústria de bens de consumo duráveis, implantada a partir do Plano de Metas de Juscelino Kubitschek, teve significativa participação de iniciativas estrangeiras, com destaque do setor automobilístico.
II. A implantação de uma industrialização, sem prévia reforma agrária, desembocou numa profunda crise agrária, manifestada pela excessiva transferência da população do campo para a cidade.
III. As iniciativas estatais, iniciadas no governo de Getúlio Vargas, concentraram-se no setor de infraestrutura e indústria de base.
IV. Por causa da "vocação agrícola" do Brasil, a nossa industrialização não se completou; temos um parque industrial incompleto e em processo de sucateamento desde meados dos anos 1970.
V. A concentração das indústrias mais dinâmicas na região Sul do país fez com que as demais regiões ficassem subordinadas a ela.

Estão corretas:
a) I, II, III.
b) I, II, III, IV.
c) I, II, IV, V.
d) II, III, IV, V.
e) I, III, V.

5. **S (UEL-PR)** A partir dos anos 1930, o Brasil intensificou seu processo de industrialização e, assim, a indústria superou a agropecuária em termos de participação no PIB. Até os anos de 1980, o Estado atuou de forma decisiva nesse processo.

Com base nos conhecimentos sobre a participação do Estado no processo de industrialização brasileira entre 1930 e 1980, é correto afirmar que o Estado brasileiro:

a) Investiu na chamada indústria de base, construiu infraestrutura nos setores de energia, transporte e comunicação e foi responsável pela criação da legislação trabalhista.

b) Priorizou o transporte ferroviário, estatizou as empresas do setor de bens de consumo, adotou legislação trabalhista mais rígida em relação àquela que vigorou na era Vargas.

c) Estatizou a indústria de bens de consumo duráveis, privatizou as empresas estatais de geração e distribuição de energia elétrica, petróleo e gás natural e revogou a legislação trabalhista do período Vargas.

d) Incentivou, por meio de privatizações, investimentos no setor de infraestrutura de transportes, tais como estradas e hidrovias, e abriu o mercado interno à importação, reduzindo barreiras alfandegárias.

e) Abriu, por meio de parcerias, o mercado interno ao investimento especulativo estrangeiro nas áreas de securidade social, telecomunicações e finanças, facilitando a remessa de recursos financeiros para o exterior.

6. **SE (UFMG)** Nos últimos anos, o Brasil experimentou um amplo processo de privatização da economia. É incorreto afirmar que esse processo:

a) constituiu uma resposta do Estado brasileiro à necessidade de se tornar mais ágil nas questões que lhe competem e, também, às pressões neoliberais, que acompanham a tendência internacionalmente imposta.

b) aumentou o índice de desemprego no país pelo fechamento de postos de trabalho, uma das exigências do capital privado para se tornar competitivo em nível mundial.

c) fortaleceu a presença do Estado brasileiro dentro das fronteiras políticas nacionais em relação tanto ao capital especulativo quanto ao produtivo, que interferem na economia do país.

d) contribuiu para um expressivo aumento da participação do capital estrangeiro na economia brasileira, no setor produtivo e naqueles de prestação de serviços, anteriormente considerados monopólio do Estado.

QUESTÕES

7. **SE (Unicamp-SP)** O texto abaixo descreve alguns aspectos da implantação da indústria automobilística no Brasil.

[...] as montadoras estrangeiras, a começar pelas europeias, aceitaram o convite e instalaram suas fábricas no Brasil, ao lado das empresas já em operação no país: a Fábrica Nacional de Motores (FNM), produzindo inicialmente alguns caminhões, e a Vemag (automóveis e utilitários) [...], ambas de capital nacional. A Vemag foi comprada pela Volkswagen [...], a FNM foi comprada pela Alfa Romeo e posteriormente incorporada à Fiat.

Adaptado de: *Retratos do Brasil*. São Paulo, p. 262.

a) A partir de quando as grandes montadoras estrangeiras vieram para o Brasil e onde se instalaram?

b) Quais as características da industrialização brasileira, a partir desse momento?

8. **SE (UFRRJ)** O mapa a seguir mostra a distribuição dos "shopping-centers" pelo Brasil.

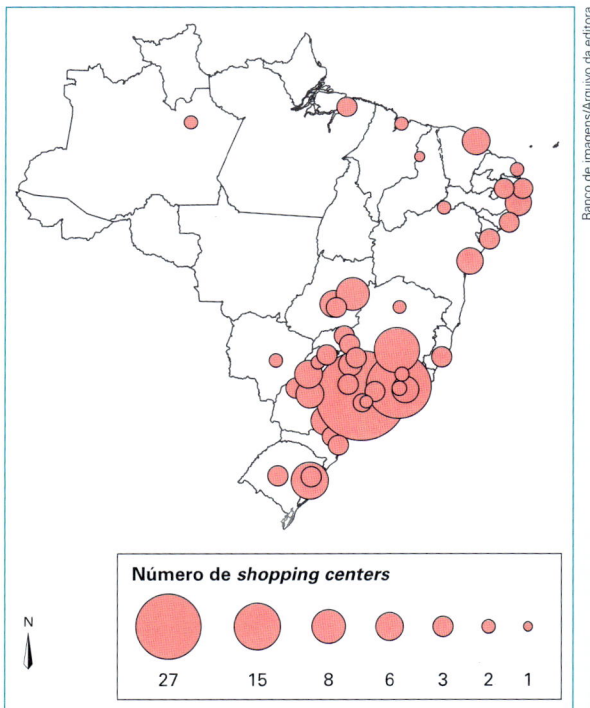

Os centros comerciais são um elo importante na cadeia de distribuição de produtos e serviços, incluindo diferentes atividades de lazer. São também o resultado de grandes investimentos imobiliários, que modificam a estrutura e o dinamismo das cidades.

A partir do mapa e da afirmativa,

a) justifique a maior concentração de "shopping-centers" na Região Centro-Sul;

b) apresente duas modificações na organização das cidades que tenham resultado da construção/instalação de um "shopping-center".

CAIU NO Enem

1. A partir dos anos 70, impõe-se um movimento de desconcentração da produção industrial, uma das manifestações do desdobramento da divisão territorial do trabalho no Brasil. A produção industrial torna-se mais complexa, estendendo-se, sobretudo, para novas áreas do Sul e para alguns pontos do Centro-Oeste, do Nordeste e do Norte.

SANTOS, M.; SILVEIRA, M. L. O Brasil: território e sociedade no início do século XXI. Rio de Janeiro: Record, 2002 (fragmento).

Um fator geográfico que contribui para o tipo de alteração da configuração territorial descrito no texto é:

a) Obsolescência dos portos.
b) Estatização de empresas.
c) Eliminação de incentivos fiscais.
d) Ampliação de políticas protecionistas.
e) Desenvolvimento dos meios de comunicação.

2. Uma pesquisadora francesa produziu o seguinte texto para caracterizar nosso país:

> O Brasil, quinto país do mundo em extensão territorial, é o mais vasto do hemisfério Sul. Ele faz parte essencialmente do mundo tropical, à exceção de seus estados mais meridionais, ao sul de São Paulo. O Brasil dispõe de vastos territórios subpovoados, como o da Amazônia, conhece também um crescimento urbano extremamente rápido, índices de pobreza que não diminuem e uma das sociedades mais desiguais do mundo. Qualificado de "terra de contrastes", o Brasil é um país moderno do Terceiro Mundo, com todas as contradições que isso tem por consequência.

(DROULERS, Martine. Dictionnaire geopolitique des états. Organizado por Yves Lacoste. Paris: Éditions Flamarion, 1995.)

O Brasil é qualificado como uma "terra de contrastes" por

a) fazer parte do mundo tropical, mas ter um crescimento urbano semelhante ao dos países temperados.
b) não conseguir evitar seu rápido crescimento urbano, por ser um país com grande extensão de fronteiras terrestres e de costa.
c) possuir grandes diferenças sociais e regionais e ser considerado um país moderno do Terceiro Mundo.
d) possuir vastos territórios subpovoados, apesar de não ter recursos econômicos e tecnológicos para explorá-los.
e) ter elevados índices de pobreza, por ser um país com grande extensão territorial e predomínio de atividades rurais.

3.

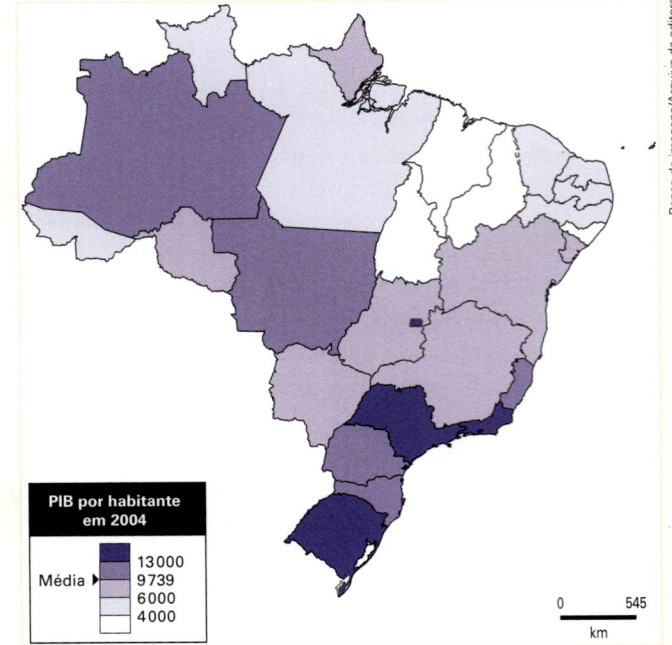

Adaptado de: CIATONNI, A. Géographie. L'espace mondial. Paris: Hatier, 2008.

A partir do mapa apresentado, é possível inferir que nas últimas décadas do século XX registraram-se processos que resultaram em transformações na distribuição das atividades econômicas e da população sobre o território brasileiro, com reflexos no PIB por habitante. Assim,

a) as desigualdades econômicas existentes entre regiões brasileiras desapareceram, tendo em vista a modernização tecnológica e o crescimento vivido pelo país.
b) os novos fluxos migratórios instaurados em direção ao Norte e ao Centro-Oeste do país prejudicaram o desenvolvimento socioeconômico dessas regiões, incapazes de atender ao crescimento da demanda por postos de trabalho.
c) o Sudeste brasileiro deixou de ser a região com o maior PIB industrial a partir do processo de desconcentração espacial do setor, em direção a outras regiões do país.
d) o avanço da fronteira econômica sobre os estados da região Norte e do Centro-Oeste resultou no desenvolvimento e na introdução de novas atividades econômicas, tanto nos setores primário e secundário, como no terciário.
e) o Nordeste tem vivido, ao contrário do restante do país, um período de retração econômica, como consequência da falta de investimentos no setor industrial com base na moderna tecnologia.

UNIDADE 7

ENERGIA E MEIO AMBIENTE

Segundo a Agência Internacional de Energia, até 2035 o consumo mundial de eletricidade deverá aumentar em um terço em relação ao início do século. Até lá, as emissões de CO_2, um dos principais gases responsáveis pelo efeito estufa, deverão crescer 20%. Os combustíveis fósseis devem continuar respondendo por cerca de 80% da energia consumida no planeta, com destaque para a China e a Índia, apesar de esses dois países investirem bastante em fontes renováveis.

Já em outros países emergentes e nos desenvolvidos, a tendência é a participação percentual dos combustíveis fósseis reduzir e a de fontes renováveis e menos poluentes aumentar, com crescimento no consumo de combustíveis derivados de cana-de-açúcar e de milho, energia eólica, solar e outras.

Quais são as consequências ambientais e socioeconômicas do aumento da produção e do consumo de energia no planeta Terra? A resposta para essa e outras questões vamos conhecer nos próximos capítulos.

CAPÍTULO 26
PRODUÇÃO MUNDIAL DE ENERGIA

Captação de energia solar para obtenção de energia elétrica no deserto de Nevada (Estados Unidos), em 2016.

O início do século XXI vem sendo marcado por maiores investimentos dos países no desenvolvimento de fontes de energia menos poluentes. Segundo o relatório do Programa das Nações Unidas para o Meio Ambiente (Pnuma), em 2017, os investimentos em energias renováveis aumentaram em 157 GW a produção mundial, enquanto os combustíveis fósseis (petróleo, carvão mineral e gás natural) tiveram um aumento de 73 GW. O grande destaque é o investimento em energia solar, que naquele ano teve crescimento de 98 GW – só a China aumentou sua produção de energia solar em 57 GW, mais da metade do total mundial.

As fontes renováveis, apesar de estarem apresentando crescimento de produção maior que as demais fontes de energia, foram responsáveis, em 2016, por 10,2% da oferta mundial. Já os combustíveis fósseis foram responsáveis por 80%, e a energia nuclear, por 9,8%. Portanto, a sociedade atual ainda se baseia no uso dos combustíveis fósseis, energia que pode se esgotar e é altamente poluente.

Neste capítulo, vamos estudar as principais fontes de energia utilizadas atualmente para entendermos algumas questões: Qual é a importância estratégica das fontes de energia para a economia, a sociedade e o ambiente? Qual foi a importância do petróleo e do carvão mineral ao longo do século XX e qual é o papel desses combustíveis no mundo atual? Por que o uso da biomassa, da energia solar e da eólica vem crescendo? Quais são as principais formas de obtenção de eletricidade e quais suas vantagens e desvantagens? Qual é o papel das fontes alternativas e da energia nuclear no mundo atual?

> Consulte a indicação de leitura das obras **Energia alternativa: solar, eólica, hidrelétrica e de biocombustíveis**, de Marek Walisiewicz, e **Energia e meio ambiente**, de Samuel Murgel Branco. Veja orientações na seção **Sugestões de textos, vídeos e sites**.

Barragem da usina hidrelétrica de Três Gargantas, no rio Yang-tse, província de Hubei (China), em 2017. Esse é o mais longo rio chinês e a usina é a maior do mundo em energia gerada.

Imaginechina/Associated Press/Glow Images

1. ENERGIA: EVOLUÇÃO HISTÓRICA E CONTEXTO ATUAL

Desde o surgimento das primeiras sociedades, a obtenção e o uso de energia tiveram papel fundamental para o bem-estar das pessoas e o desenvolvimento das atividades econômicas.

À medida que ocorreram progressos técnicos, novas fontes energéticas foram sendo descobertas e tornaram o trabalho humano mais eficiente. Desde a Primeira Revolução Industrial, com o uso crescente de máquinas, a energia proveniente do esforço físico humano e animal vem se tornando menos necessária, sendo substituída por energia gerada com a queima de **combustíveis fósseis**, principalmente, mas também pela movimentação da água e do vento, entre outras.

Atualmente, há fontes de energia classificadas como **renováveis**, que se renovam na natureza, ou seja, que continuam disponíveis depois de utilizadas, e **não renováveis**, que são limitadas, pois demoram milhões de anos para se formar.

A sociedade moderna emprega cada vez mais energia nas atividades industriais, agropecuárias, de serviços e de comércio, além do consumo doméstico. Observe no mapa-múndi a seguir o consumo *per capita* de petróleo e note que ele é maior nos países desenvolvidos do que naqueles em desenvolvimento.

Geralmente o consumo energético residencial nas nações ricas é mais alto porque o número de eletrodomésticos (televisores, aparelhos de ar-condicionado, máquinas de lavar, geladeiras, etc.) é maior. Além disso, nos países de latitudes elevadas, é preciso usar sistemas de aquecimento doméstico e comercial por causa das baixas temperaturas.

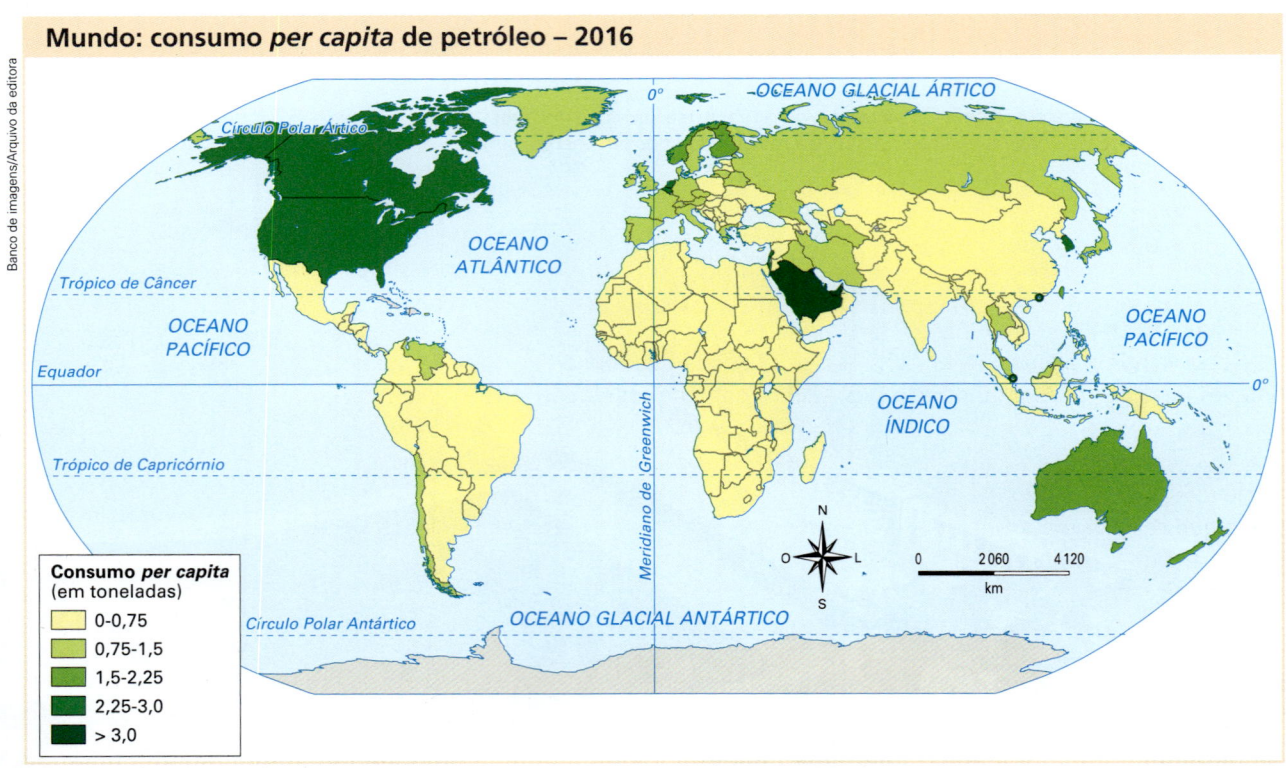

Fonte: BRITISH PETROLEUM (BP). *BP Statistical Review of World Energy 2017*. Disponível em: <www.bp.com/content/dam/bp/en/corporate/pdf/energy-economics/statistical-review-2017/bp-statistical-review-of-world-energy-2017-full-report.pdf>. Acesso em: 16 maio 2018.

Segundo o Banco Mundial, em 2017, mais de dois bilhões de pessoas que viviam em países em desenvolvimento não tinham acesso às modernas fontes de energia e ainda utilizavam lenha para cozinhar.

Consulte o *site* do **Banco Mundial**. Veja orientações na seção **Sugestões de textos, vídeos e *sites***.

As fontes renováveis de energia são obtidas a partir da movimentação das águas e dos ventos, do calor do Sol, da queima de lenha ou dos **biocombustíveis** (feitos sobretudo de vegetais).

Já as fontes não renováveis têm origem nos combustíveis fósseis, como o petróleo, o carvão mineral e o gás natural, e recebem esse nome porque se originam de restos de animais e vegetais soterrados com os materiais sólidos que formam as rochas sedimentares.

Os combustíveis fósseis são a principal fonte de energia usada atualmente no mundo, com destaque para o petróleo. Veja os gráficos a seguir.

> Consulte o *site* da **Agência Internacional de Energia**. Veja orientações na seção **Sugestões de textos, vídeos e *sites***.

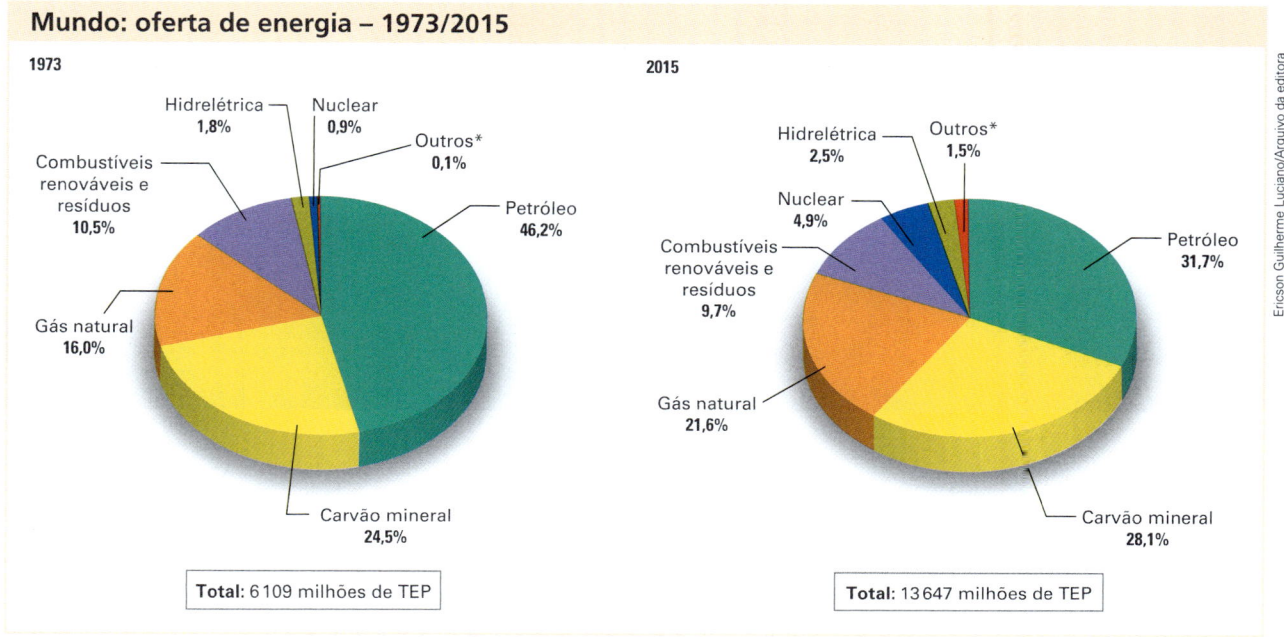

Fonte: INTERNATIONAL ENERGY AGENCY (IEA). *Key World Energy Statistics 2017*. Disponível em: <www.iea.org/publications/freepublications/publication/KeyWorld2017.pdf>. Acesso em: 7 maio 2018.

* Inclui energia geotérmica, solar, eólica, etc.

Em 1973, ocorreu a primeira crise mundial do petróleo, quando o preço desse combustível praticamente quadruplicou em poucos meses.

Observe nos gráficos que, entre 1973 e 2015, o consumo mundial de energia mais do que duplicou, passando de 6,1 para 13,6 milhões de toneladas equivalentes de petróleo (TEP). Veja também que a participação percentual dos combustíveis fósseis (petróleo, carvão mineral e gás natural) representava, em 1973, 86,7%, sendo deste total 46,2% apenas de petróleo; em 2015, era de 81,4%, sendo 31,7% de petróleo, o que revela uma grande dependência mundial em relação a esses combustíveis para a geração de energia.

Essa situação é preocupante, uma vez que essas fontes não renováveis são altamente poluentes e um dia devem se esgotar. É preciso nos adaptarmos a novos tipos de energia e, para isso, são necessárias reformas e reestruturações, principalmente nos sistemas de transporte e na produção industrial, assim como a readequação das usinas termelétricas (hoje acionadas predominantemente pela combustão de petróleo, gás natural ou carvão mineral) a uma nova fonte de **energia primária**.

Essas providências vêm sendo tomadas em diversos países com vistas a diminuir a dependência dos combustíveis fósseis e evitar os **impactos ambientais** decorrentes de seu uso. Apesar disso, novas reservas de petróleo continuam a ser exploradas, como as descobertas no Brasil, na camada pré-sal, que em 2018 produzia 1,7 milhão de barris de petróleo por dia, cerca de 53% da produção nacional. Observe a foto na próxima página.

Saída de plataforma do porto de Itaguaí (RJ), em 2017, que ficará instalada a 240 km da costa do Rio de Janeiro para exploração de petróleo na camada pré-sal.

Em qualquer país, a energia é fundamental para a economia e a geopolítica, por isso é um setor considerado estratégico. A produção industrial, os sistemas de transporte e de telecomunicação, a saúde, a educação, o comércio, a agricultura, ou seja, todas as atividades econômicas dependem de energia.

Sobressaltos no setor energético interferem na posição do país no comércio mundial, já que, na composição dos custos de produção, a energia é um fator que pode tornar a mercadoria mais ou menos competitiva. Por isso, o setor energético geralmente é controlado pelo Estado, que atua diretamente na produção, por meio de empresas estatais ou pela concessão dessa produção a empresas privadas.

Os países almejam a **autossuficiência energética** e baixos custos na produção de energia para não sujeitar as atividades econômicas às oscilações de preço das fontes importadas. A busca por uma matriz energética diversificada constitui estratégia de planejamento adotada por várias nações para evitar desabastecimento ou diminuir os impactos das crises econômicas, como aconteceu com os aumentos do preço do petróleo em 1973, 1980, 1990 e 2007. Até recentemente, o preço era o principal fator que influenciava a decisão pelo uso de determinada fonte de energia. Atualmente, porém, em muitos países, o fato de a fonte de energia ser renovável e limpa também é considerado.

Para atingir a autossuficiência, é necessário racionalizar o uso de energia, tendo em vista as estratégias que causam menos impactos econômicos, sociais e ambientais. Deve-se combater o desperdício de energia, aumentar a eficiência dos equipamentos (residenciais, industriais, de serviços, etc.), promover a reciclagem de materiais, valorizar produtos e serviços que consumam menos energia, reorganizar a localização e o transporte de pessoas e de mercadorias e controlar as emissões de poluentes.

A busca pela maior eficiência energética e pela mitigação das **mudanças climáticas globais**, provocadas pela intensificação do **aquecimento global**, tem levado os países a investir em fontes menos poluentes de energia, como hidrelétrica, nuclear, eólica, solar, geotérmica e de biomassa. A utilização crescente de fontes renováveis de energia é uma das estratégias empregadas para alcançar a sustentabilidade socioambiental.

> Consulte o *site* do **Conselho Mundial de Energia**. Veja orientações na seção **Sugestões de textos, vídeos e *sites***.

2. COMBUSTÍVEIS FÓSSEIS

PETRÓLEO

O petróleo é um hidrocarboneto fóssil de origem orgânica encontrado em bacias sedimentares resultantes do soterramento de antigos ambientes aquáticos. Seus diversos subprodutos apresentam-se em todos os estados de agregação: sólido (asfalto, plásticos, entre outros), líquido (óleos lubrificantes, gasolina e outros combustíveis) e gasoso (gás combustível).

O petróleo é líquido e apresenta maiores facilidades de transporte e eficiência energética do que o carvão mineral, por isso passou a ser consumido em quantidades crescentes. O incremento do consumo foi acompanhado pelo surgimento de centenas de companhias petrolíferas que atuam nas quatro fases econômicas de sua exploração: extração, transporte, refino e distribuição.

Com a invenção do motor a explosão interna e seu uso em veículos, o consumo mundial de petróleo disparou. As empresas do setor petrolífero cresceram no mesmo ritmo do consumo, principalmente nos Estados Unidos e nos países da Europa. Algumas dessas empresas tornaram-se transnacionais e formaram cartéis e oligopólios em escala mundial. Em 1928, as sete maiores empresas do setor formaram um cartel, conhecido como "sete irmãs".

Para controlar o comércio e as demais atividades petrolíferas, diversas empresas estatais, principalmente a partir da década de 1930, passaram a atuar diretamente nas quatro fases econômicas de exploração do petróleo, ou pelo menos em uma delas, segundo as prioridades estabelecidas internamente. Entre os exemplos mais significativos estão a Pemex (México), a PDVSA (Venezuela), a Indian Oil (Índia) e a ENI (Itália). No Brasil, com a criação da Petrobras em 1953, a extração, o transporte e o refino desse recurso foram estatizados. Em 1995, foi extinto o monopólio da Petrobras, uma empresa de capital aberto que tem o governo federal como sócio majoritário (28,67% do capital social, em 2018) e controlador de sua estrutura administrativa; toda a regulamentação do setor petrolífero no Brasil continua sob a responsabilidade do Estado.

Hidrocarboneto: composto químico formado por hidrogênio e carbono. Está presente, entre outros, em combustíveis como o petróleo e o gás natural.

Consulte o *site* da **Organização dos Países Exportadores de Petróleo (Opep)**. Veja orientações na seção **Sugestões de textos, vídeos e *sites***.

A utilização do petróleo como fonte de energia iniciou-se em 1859, na Pensilvânia (Estados Unidos), quando Edwin Drake, um perfurador de poços, encontrou petróleo a apenas 21 metros de profundidade e passou a comercializá-lo para ser utilizado na iluminação pública, pelas indústrias e pelas companhias de trem, em substituição ao carvão. Atualmente, o grande volume de petróleo comercializado, que é transportado sobretudo pelos oceanos, tem levado à construção de navios cada vez maiores. Na foto, tubulação utilizada para carregar e descarregar petróleo nos navios, com petroleiro ao fundo, no mar Mediterrâneo, próximo a Gibraltar (território ultramarino do Reino Unido), em 2016.

Visando desmobilizar o poder das "sete irmãs", foi fundada em 1960 a Organização dos Países Exportadores de Petróleo (Opep), composta inicialmente de Irã, Iraque, Kuwait, Arábia Saudita e Venezuela. Em 2018, esse cartel era composto de 14 países-membros: os fundadores e os Emirados Árabes Unidos, Catar, Argélia, Nigéria, Líbia, Angola, Gabão, Equador e Indonésia. Nesse ano, os países-membros da organização eram responsáveis por 40% da produção mundial de petróleo e detinham 75% das reservas comprovadas.

Em 1973, os países da Opep promoveram um drástico aumento no preço do barril (159 litros) – que passou de 2,70 para 11,20 dólares –, aproveitando-se de uma situação política criada pela guerra do Yom Kippur (estudada na página 306). Esse foi o chamado "primeiro choque do petróleo", que provocou crise econômica em muitos países. Boa parte dos dólares que movimentavam o comércio internacional foi para o Oriente Médio, onde se localizam as maiores reservas e os maiores exportadores do produto.

Nos anos de 1979 e 1980, com a ocorrência da revolução islâmica no Irã e a eclosão da guerra com o Iraque, os países importadores recearam a possibilidade de ingresso de outras nações árabes no conflito. Se isso acontecesse, a oferta mundial de petróleo estaria comprometida, o que levou muitos países a comprar o produto para aumentar seus estoques estratégicos. Com esse brusco aumento da procura, a Opep elevou o preço do barril a 35 dólares.

Essa repentina elevação do preço do petróleo agravou a crise econômica, atingindo de forma mais severa os países importadores de petróleo, notadamente os mais pobres. Para enfrentar esse problema e diminuir a dependência energética, muitos países importadores estabeleceram duas estratégias: aumentar a produção interna e substituir o petróleo por outras fontes de energia.

No mesmo período, vários países produtores de petróleo que não integravam a Opep – principalmente os da antiga União Soviética (com destaque para a Federação Russa), o México e a Noruega – incrementaram sua produção e tornaram-se grandes exportadores. A então União Soviética foi extrair o produto na Sibéria; os Estados Unidos, no Alasca; e o México, o Brasil e os países do mar do Norte, em suas plataformas continentais.

Com a ampliação da produção mundial e a substituição do petróleo por outras fontes de energia, a oferta aumentou em ritmo maior que a procura. Em 1986, a cotação do barril caiu para 14 dólares, o que pôs em dúvida a viabilidade econômica das fontes alternativas, já que ainda compensaria comprar petróleo e a diminuição das emissões de CO_2 ainda não era uma preocupação tão evidente quanto atualmente.

A partir de 1986, disputas internas na Opep dificultaram estabelecer um acordo de preços e cotas de produção entre os países-membros. Os Estados Unidos conseguiram aprofundar a fragilização da organização por meio de favorecimentos comerciais à Arábia Saudita e ao Kuwait, que tiveram suas produções aumentadas.

Desde 1973, as reuniões da Opep são acompanhadas pelos países importadores de petróleo. Na foto, encontro da Organização em Viena (Áustria), em 2015. A sigla em inglês dessa Organização é Opec (Organization of the Petroleum Exporting Countries).

Em dezembro de 1990, o Iraque, economicamente abalado em virtude dos gastos acumulados durante oito anos de guerra com o Irã, invadiu o Kuwait e ameaçou fazer o mesmo com a Arábia Saudita, sob o pretexto de disputa territorial. Na verdade, esses países estavam extrapolando as cotas de produção de petróleo estabelecidas pela Opep e forçando uma queda no preço do barril no mercado mundial.

A fim de defender seus interesses comerciais, os Estados Unidos, liderando uma coalizão de vários países e apoiados pela ONU, além de várias nações árabes, intervieram imediatamente no conflito, como vimos no capítulo 17, enviando tropas ao Oriente Médio. Isso obrigou o Iraque a se retirar do território do Kuwait em janeiro de 1991. Durante o conflito, conhecido como Guerra do Golfo, o barril de petróleo chegou a custar cerca de 23 dólares; com o seu término, o preço voltou a cair, chegando a cerca de 15 dólares. No gráfico abaixo, pode-se observar essa oscilação do preço.

Como estudamos na página 295, em 2003, contrariando resolução da ONU, os Estados Unidos invadiram militarmente o Iraque e derrubaram o regime de Saddam Hussein (1937-2006). A partir dessa ação, passaram a controlar as reservas petrolíferas do país, que estão entre as maiores do mundo (veja no segundo gráfico desta página as principais reservas de petróleo do mundo em 2016).

No início de 2004, o preço do barril do petróleo estava em torno de 30 dólares, mas, com os problemas enfrentados pelas forças de ocupação, chegou a 93 dólares no início de 2008. Em janeiro de 2012, seguindo uma tendência de alta no preço internacional das matérias-primas, estava cotado acima de 110 dólares. Já em 2016 o preço do produto tinha baixado bastante, atingindo 52 dólares, mas a partir de 2018 voltou a subir, sendo cotado a 75 dólares no mês de maio. Isso se deu em razão de uma conjuntura de fatores, como a crise diplomática entre o Irã e a Arábia Saudita, o menor desempenho econômico da China e o aumento das reservas de derivados de petróleo dos Estados Unidos.

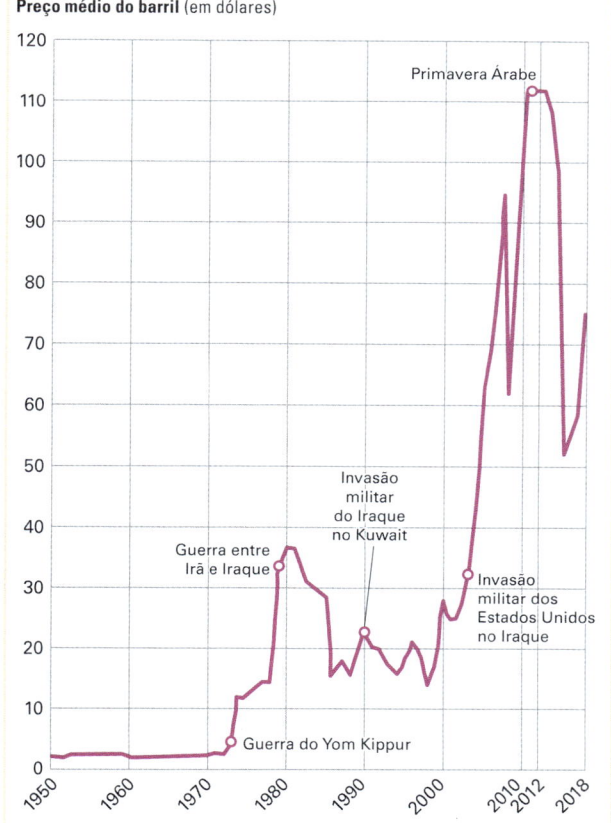

Fonte: BRITISH PETROLEUM (BP). Statistical Review of World Energy 2017. Disponível em: <www.bp.com/content/dam/bp/en/corporate/pdf/energy-economics/statistical-review-2017/bp-statistical-review-of-world-energy-2017-full-report.pdf>; TERRA. A cotação do barril de petróleo. Disponível em: <www.investir-petroleo.pt/artigo/cotacao-barril-petroleo.html>. Acessos em: 16 maio 2018.

* O petróleo tipo Brent é o mais comercializado no mundo.

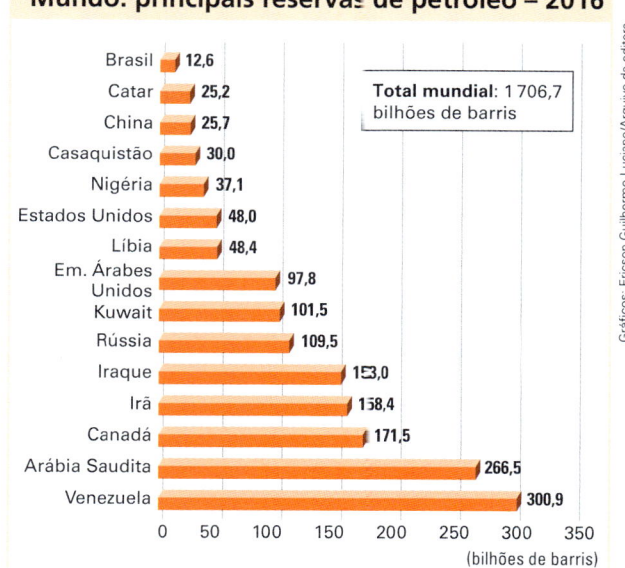

Fonte: BRITISH PETROLEUM (BP). Statistical Review of World Energy 2017. Disponível em: <www.bp.com/content/dam/bp/en/corporate/pdf/energy-economics/statistical-review-2017/bp-statistical-review-of-world-energy-2017-full-report.pdf>. Acesso em: 7 maio 2018.

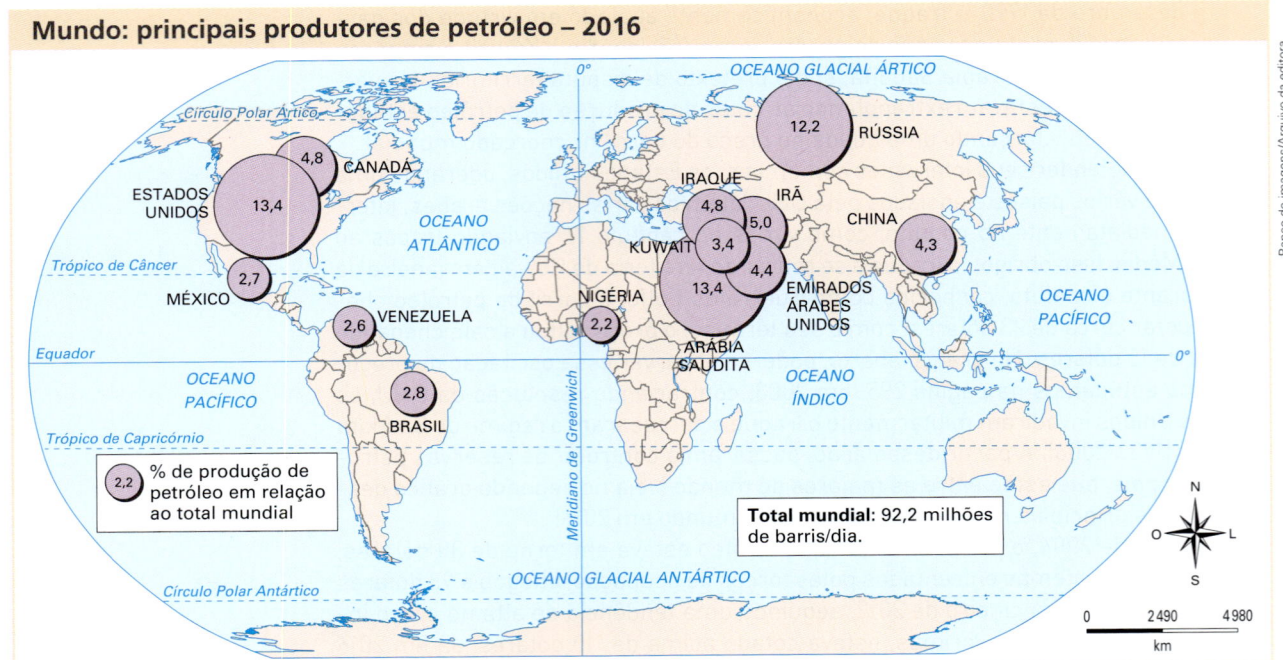

Fonte: BRITISH PETROLEUM (BP). *Statistical Review of World Energy 2017*. Disponível em: <www.bp.com/content/dam/bp/en/corporate/pdf/energy-economics/statistical-review-2017/bp-statistical-review-of-world-energy-2017-full-report.pdf>. Acesso em: 16 maio 2018.

Embora os Estados Unidos fossem, em 2016, o maior produtor mundial de petróleo, juntamente com a Arábia Saudita, também ocupavam a primeira posição entre os importadores.

Observando o mapa acima, a tabela abaixo e os gráficos da página anterior, podemos dividir os países em dois subgrupos: exportadores e importadores. No primeiro, estão os detentores de grandes reservas de petróleo de boa qualidade – portanto, de excedentes exportáveis (Arábia Saudita e Rússia). No segundo, estão os Estados Unidos, a China, entre outros, que, apesar de serem grandes produtores, também são grandes consumidores e dependem de importações para o abastecimento de seu mercado interno.

Mundo: maiores exportadores e importadores de petróleo – 2016			
Exportadores	**Milhões de barris por dia**	**Importadores**	**Milhões de barris por dia**
Arábia Saudita	7,4	Estados Unidos	7,8
Rússia	5,0	China	7,6
Iraque	3,8	Índia	4,3
Canadá	2,7	Japão	3,1
Emirados Árabes Unidos	2,4	Coreia do Sul	2,9
Kuwait	2,1	Alemanha	1,8
Irã	1,9	Espanha	1,3
Venezuela	1,8	Itália	1,2
Nigéria	1,7	França	1,1
Angola	1,6	Países Baixos	1,0
Noruega	1,3	Reino Unido	1,0
México	1,2	Singapura	0,9
Demais países	11,2	Demais países	11,0
Total mundial exportado*	44,1	Total mundial importado*	44,9

Fonte: ORGANIZATION OF THE PETROLEUM EXPORTING COUNTRIES (Opec). *Annual Statistical Bulletin 2017*. Disponível em: <www.opec.org/opec_web/static_files_project/media/downloads/publications/ASB2017_13062017.pdf>. Acesso em: 7 maio 2018.

* Os valores dos totais mundiais estão diferentes, mas constam desta maneira no relatório da Opep.

PENSANDO NO Enem

1. Um dos insumos energéticos que volta a ser considerado como opção para o fornecimento de petróleo é o aproveitamento das reservas de folhelhos pirobetuminosos, mais conhecidos como xistos pirobetuminosos. As ações iniciais para a exploração de xistos pirobetuminosos são anteriores à exploração de petróleo, porém as dificuldades inerentes aos diversos processos, notadamente os altos custos de mineração e de recuperação de solos minerados, contribuíram para impedir que essa atividade se expandisse.

O Brasil detém a segunda maior reserva mundial de xisto. O xisto é mais leve que os óleos derivados de petróleo, seu uso não implica investimento na troca de equipamentos e ainda reduz a emissão de particulados pesados, que causam fumaça e fuligem. Por ser fluido em temperatura ambiente, é mais facilmente manuseado e armazenado.

Internet: <www.petrobras.com.br/pt/>. (Com adaptações.)

A substituição de alguns óleos derivados de petróleo pelo óleo derivado do xisto pode ser conveniente por motivos

a) ambientais: a exploração do xisto ocasiona pouca interferência no solo e no subsolo.
b) técnicos: a fluidez do xisto facilita o processo de produção de óleo, embora seu uso demande troca de equipamentos.
c) econômicos: é baixo o custo da mineração e da produção de xisto.
d) políticos: a importação de xisto, para atender o mercado interno, ampliará alianças com outros países.
e) estratégicos: a entrada do xisto no mercado é oportuna diante da possibilidade de aumento dos preços do petróleo.

Resolução

A alternativa correta é a **E**. A grande volatilidade dos preços do barril de petróleo que ocorre desde a década de 1970 leva muitos países a buscar estratégias de diversificação da matriz energética.

Essa questão trabalha a **Competência de Área 6 – Compreender a sociedade e a natureza, reconhecendo suas interações no espaço em diferentes contextos históricos e geográficos** – e a **Habilidade 29 – Reconhecer a função dos recursos naturais na produção do espaço geográfico, relacionando-os com as mudanças provocadas pelas ações humanas**.

2. A Idade da Pedra chegou ao fim, não porque faltassem pedras; a era do petróleo chegará igualmente ao fim, mas não por falta de petróleo.

Xeque Yamani, ex-ministro do petróleo da Arábia Saudita.
O Estado de S. Paulo, 20 ago. 2001.

Considerando as características que envolvem a utilização das matérias-primas citadas no texto em diferentes contextos histórico-geográficos, é correto afirmar que, de acordo com o autor, a exemplo do que aconteceu na Idade da Pedra, o fim da era do petróleo estaria relacionado:

a) à redução e esgotamento das reservas de petróleo.
b) ao desenvolvimento tecnológico e à utilização de novas fontes de energia.
c) ao desenvolvimento dos transportes e consequente aumento do consumo de energia.
d) ao excesso de produção e consequente desvalorização do barril de petróleo.
e) à diminuição das ações humanas sobre o meio ambiente.

Resolução

A alternativa correta é a **B**. De acordo com as tendências atuais que já se verificam em países desenvolvidos e em alguns emergentes, a produção e o consumo de energia visam à autossuficiência e à redução dos custos e dos impactos ambientais. Em longo prazo, essa estratégia tende a reduzir a participação percentual dos combustíveis fósseis na matriz energética mundial, levando à perda da hegemonia do petróleo antes do esgotamento de suas reservas.

Essa questão trabalha a **Competência de Área 4 – Entender as transformações técnicas e tecnológicas e seu impacto nos processos de produção, no desenvolvimento do conhecimento e na vida social** – e as **Habilidades 17 e 18 – Analisar fatores que explicam o impacto das novas tecnologias no processo de territorialização da produção; Analisar diferentes processos de produção ou circulação de riquezas e suas implicações socioespaciais**.

CARVÃO MINERAL E GÁS NATURAL

O carvão mineral e o gás natural ocupavam, em 2015, respectivamente, a segunda e a terceira posições no consumo mundial de energia: o gás natural supria pouco mais de 21% da necessidade de energia mundial, e o carvão mineral, cerca de 28%. Aproximadamente 60% da energia elétrica produzida no planeta era obtida em usinas termelétricas que utilizavam carvão mineral ou gás natural como fonte primária de energia.

O carvão mineral é a mais abundante fonte de recurso energético fóssil, principalmente nos países do hemisfério norte. E, segundo estimativas, quando o petróleo se esgotar, as reservas de carvão ainda terão uma vida útil muito longa, o que o torna o possível substituto do petróleo em situação de crise e aumento de preço.

O uso do carvão mineral, porém, acarreta sérios impactos ambientais, porque sua queima libera na atmosfera gás carbônico (CO_2), componente que agrava o efeito estufa, e dióxido de enxofre (SO_2), que contribui para a formação da **chuva ácida**.

O carvão mineral é uma rocha metamórfica de origem sedimentar e orgânica, portanto não deve ser confundido com o vegetal, obtido da madeira carbonizada em fornos. No que se refere à sua utilização prática, o carvão mineral é muito mais eficiente, pois possui grande poder calorífero e sua queima libera muito mais energia que a do carvão vegetal, sendo bastante empregado nas siderúrgicas e na produção de energia em usinas termelétricas.

Além de constituir fonte de energia, o carvão mineral é importante matéria-prima da indústria de produtos químicos orgânicos, como piche, asfalto, corantes, plásticos, inseticidas, tintas, náilon, entre outros.

Já o gás natural, além de ser mais barato e facilmente transportável por meio de dutos, apresenta uma queima pouco poluente em comparação ao carvão mineral e ao petróleo. Desde o início da década de 2010, desenvolveu-se tecnologia para sua exploração no xisto betuminoso; principalmente nos Estados Unidos, essa exploração recebeu grandes investimentos até o início de 2016, quando a queda no preço do barril de petróleo tornou a exploração do gás de xisto economicamente inviável.

Trata-se de uma fonte de energia muito versátil, pois pode ser utilizada na geração de energia elétrica (em usinas térmicas), nas máquinas e altos-fornos industriais, nos motores de veículos, nos fogões, entre outros. Em razão disso, vem sendo cada vez mais empregado desde a década de 1980. Segundo a Agência Internacional de Energia, entre 1973 e 2016, a produção mundial de gás natural mais do que dobrou, passando de 1,2 bilhão para 3,6 bilhões de metros cúbicos.

Exploração de carvão mineral na província de Jiangsu (China), em 2016. A China é uma grande consumidora desse recurso energético.

Entre as fontes utilizadas em usinas termelétricas, o gás natural saltou do quarto para o segundo lugar, ficando atrás apenas do carvão mineral, como veremos no gráfico da página 502.

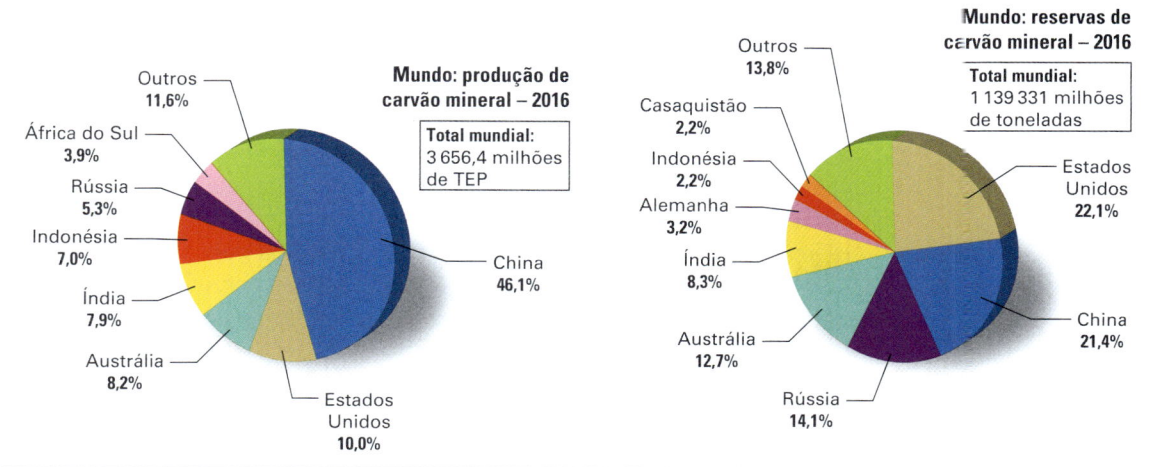

Fonte: BRITISH PETROLEUM (BP). *Statistical Review of World Energy 2017*. Disponível em: <www.bp.com/content/dam/bp/en/corporate/pdf/energy-economics/statistical-review-2017/bp-statistical-review-of-world-energy-2017-full-report.pdf>. Acesso em: 7 maio 2018.

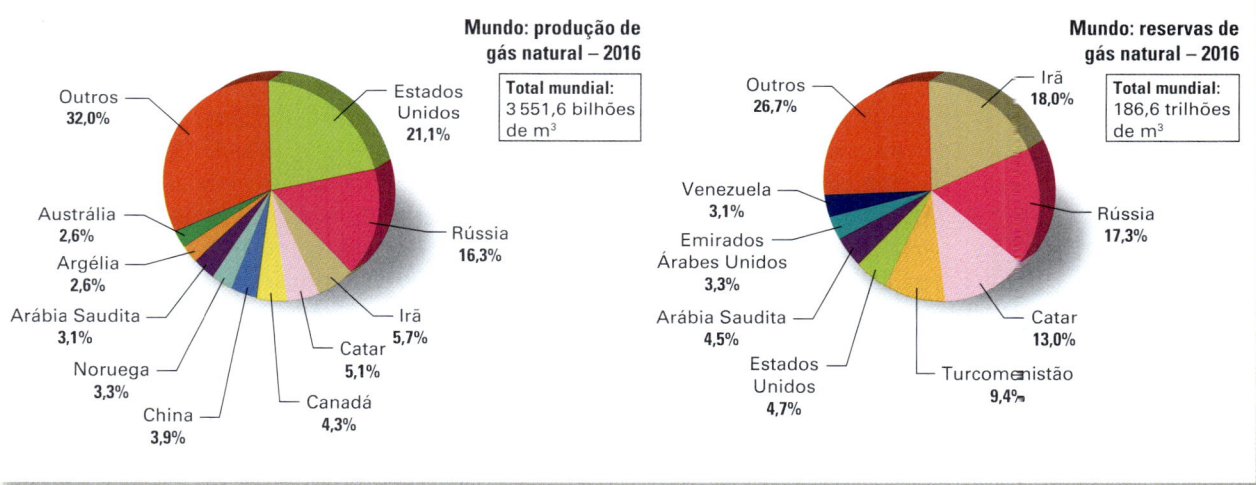

Fonte: BRITISH PETROLEUM (BP). *Statistical Review of World Energy 2017*. Disponível em: <www.bp.com/content/dam/bp/en/corporate/pdf/energy-economics/statistical-review-2017/bp-statistical-review-of-world-energy-2017-full-report.pdf>. Acesso em: 7 maio 2018.

Exploração de gás natural em Colorado (Estados Unidos), em 2017. O país, apesar de ser o quinto colocado em reservas de gás natural, é o maior produtor mundial desse recurso.

3. COMBUSTÍVEL RENOVÁVEL

BIOMASSA

Biomassa é qualquer tipo de matéria orgânica vegetal ou animal, não fóssil, que possibilite a obtenção de energia. Alguns exemplos são a cana-de-açúcar, a beterraba e o milho (dos quais se obtém o etanol); o lixo orgânico (cuja decomposição nos aterros produz biogás); a lenha; o carvão vegetal; e a soja, o dendê, a mamona, entre outros, cujos óleos podem ser transformados em biodiesel.

A utilização de biomassa como fonte de energia remonta ao tempo em que o ser humano controlou o fogo e começou a queimar lenha para se aquecer e cozinhar os alimentos.

Hoje em dia ela é uma das principais alternativas na busca por maior diversificação na matriz energética. O etanol e o biodiesel são combustíveis não tóxicos e biodegradáveis, cuja queima, ao substituir os derivados de petróleo, reduz de 40% a 60% a emissão de gases que intensificam o efeito estufa. Além disso, por serem isentos de enxofre em sua composição, não causam chuva ácida.

As evidências das mudanças climáticas globais têm levado muitos países a acelerar a busca por fontes de energias renováveis e menos poluentes. A produção de biocombustíveis vem apresentando grande possibilidade de crescimento econômico e geração de empregos na agricultura e nas usinas, com efeito multiplicador nos demais setores que integram sua cadeia produtiva (máquinas, equipamentos, fertilizantes, setores de serviços, comércio e transporte).

A expansão da produção e da oferta dos biocombustíveis ainda depende muito do preço do barril de petróleo, que, como vimos, sofre grandes oscilações. Quando o preço do barril está alto, há tendência de busca de fontes mais baratas, e os biocombustíveis ganham competitividade. Além disso, o setor tem recebido incentivo governamental em alguns países, como Estados Unidos, Brasil, Alemanha e França, embora sua produção e consumo sejam mais caros, em alguns casos, do que a utilização de óleo *diesel* e gasolina. Isso ocorre em razão das vantagens que o biocombustível oferece em termos sociais, estratégicos e ambientais, como a geração de empregos, a segurança energética, a redução na emissão de poluentes e o declínio no volume das importações, o que melhora o resultado da balança comercial.

Usina de álcool em Campo Novo do Parecis (MT), em 2016. O Brasil se destaca na produção de biocombustíveis no cenário mundial e, com isso, tende a emitir menor quantidade de gases de efeito estufa na atmosfera.

Mario Friedlander/Pulsar Imagens

Em muitos países, a legislação obriga a mistura de álcool e biodiesel na gasolina e no óleo *diesel* (derivados de petróleo). O Programa das Nações Unidas para o Meio Ambiente mantém a Parceria de Combustíveis e Veículos Ecológicos, que visa estimular pesquisas e ações para diminuir os efeitos nocivos dos combustíveis e veículos no meio ambiente e na saúde humana. Segundo essa instituição, nos países da Europa, até 2020, 10% dos combustíveis usados no setor de transportes deverão ser de origem agrícola, percentual que já é adotado na Colômbia, Venezuela e Tailândia. Na China, é obrigatória a mistura de 10% nas cinco províncias com maior volume de transporte de carga e pessoas. No Brasil, em 2018, misturava-se 27% de álcool à gasolina e 10% de biodiesel ao *diesel* de petróleo.

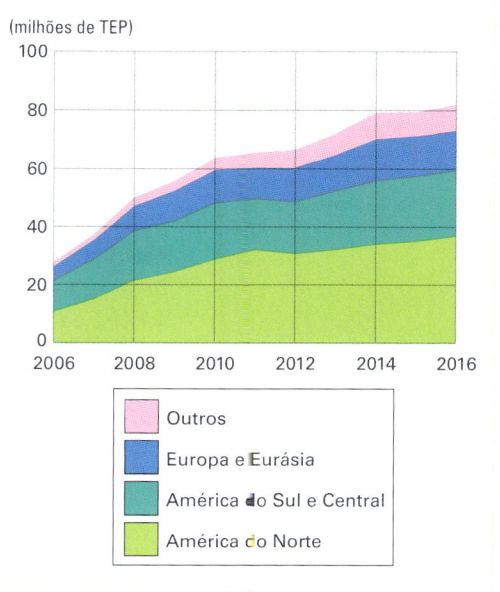

Fonte: BRITISH PETROLEUM (BP). *Statistical Review of World Energy 2017*. Disponível em: <www.bp.com/content/dam/bp/en/corporate/pdf/energy-economics/statistical-review-2017/bp-statistical-review-of-world-energy-2017-full-report.pdf>. Acesso em: 7 maio 2018.

Essas exigências visam à redução nos índices de poluição atmosférica, sobretudo nos centros urbanos, entretanto geraram uma grande demanda por matéria-prima agrícola. Em consequência, surgiram problemas como intensificação do desmatamento, perda da biodiversidade, esgotamento do solo e maior uso de recursos hídricos. A alta no preço de alguns cereais – como o milho – é outra consequência negativa do cultivo de vegetais para a produção de biocombustíveis, o que pode colocar em risco a **segurança alimentar**.

Como o milho é utilizado na alimentação de gado e aves e constitui matéria-prima para produção de diversos tipos de alimento industrializado, há receio de aumento de preços nos alimentos, principalmente carnes, leite e seus derivados, ovos, farinha, amido e outros.

Desde o início deste século, instituições como a ONU vêm divulgando estudos que expressam preocupação com o aumento no consumo de biocombustíveis em escala mundial. Algumas das questões levantadas são:

- A produção de biocombustíveis poderá comprometer a disponibilidade e elevar o preço dos alimentos agravando a subnutrição e a fome pelo mundo?
- Haverá maior degradação dos biomas em consequência da expansão da área cultivada?
- Quais são as consequências socioeconômicas para os pequenos produtores agrícolas?

Se a produção de biocombustíveis for planejada para contemplar o desenvolvimento sustentável, poderá trazer uma maior proporção de resultados positivos. Para isso, é necessário ponderar os benefícios resultantes da redução na emissão de gases poluentes juntamente com a necessidade de preservação dos biomas e da geração de empregos e renda, numa perspectiva de sustentabilidade ambiental e socioeconômica.

Cultivo de milho destinado à produção de ração animal e etanol em Kerpen (Alemanha), em 2015.

CAPÍTULO 26 • PRODUÇÃO MUNDIAL DE ENERGIA

4. ENERGIA ELÉTRICA

A energia elétrica é produzida principalmente em usinas termelétricas, hidrelétricas e termonucleares. Em quaisquer dessas usinas, ela é gerada pelo acionamento de uma turbina, que consiste em um conjunto cilíndrico de aço que gira em torno de seu eixo no interior de um receptáculo imantado. Na turbina, portanto, a energia cinética (de movimento) é transformada em energia elétrica. Nos diferentes tipos de usina, o que difere é a energia primária utilizada para mover as turbinas, como veremos a seguir.

Observe os gráficos. A composição da matriz mundial de produção de energia elétrica passou por modificações significativas no período de 1973 a 2015. Houve forte redução da participação da geração por derivados de petróleo (de 24,8% para 4,1%) e da hidreletricidade (de 20,9% para 16%).

Essas reduções foram compensadas pelo aumento na participação das termelétricas movidas a gás natural, das usinas nucleares e das energias limpas, como a solar, a eólica e a de biomassa.

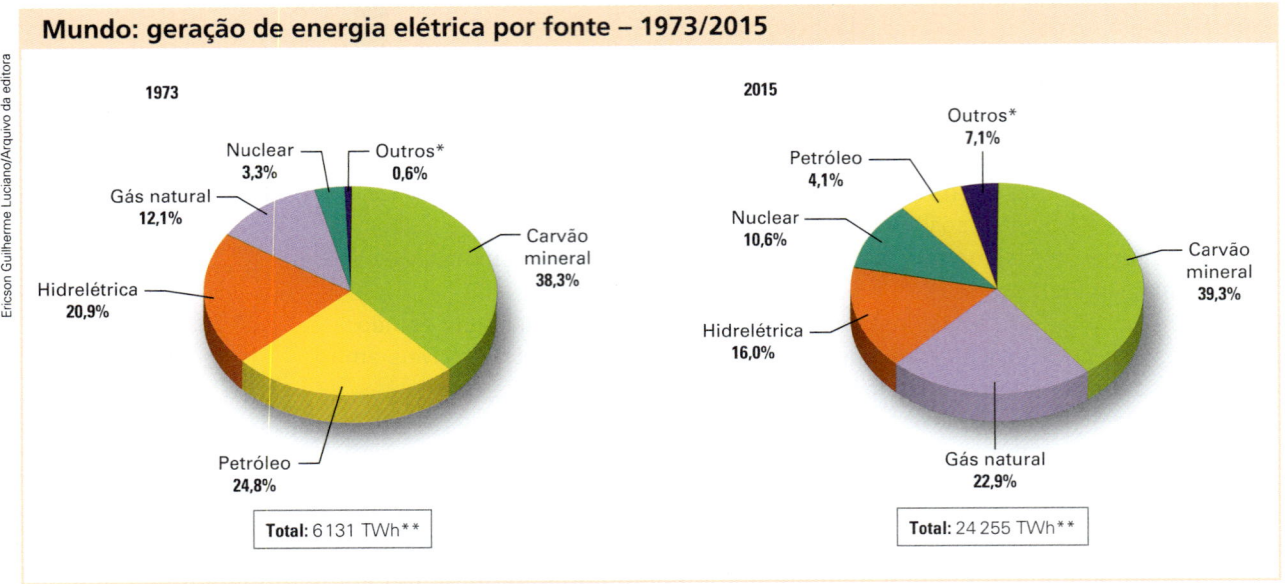

Fonte: INTERNATIONAL ENERGY AGENCY (IEA). *Key World Energy Statistics 2017*. Disponível em: <www.iea.org/publications/freepublications/publication/KeyWorld2017.pdf>. Acesso em: 7 maio 2018.

* Inclui energia geotérmica, solar, eólica, de combustíveis renováveis e lixo.
** Um terawatt-hora (1 TWh) corresponde a um trilhão de watts-hora.

HIDRELETRICIDADE

Os rios que apresentam declividade acentuada em seu curso possuem em geral **potencial hidrelétrico**, principalmente se seu suprimento de água for garantido por clima ou hidrografia favoráveis.

Para gerar eletricidade nesses rios, é necessário construir barragens para criar uma represa. Trata-se de uma forma considerada não poluente, relativamente barata e renovável de obtenção de energia, embora o alagamento de grandes áreas, por causa do represamento da água, cause profundos **impactos socioambientais**, como o desalojamento de populações, o alagamento de vegetação nativa ou de áreas agrícolas, além da alteração na vazão dos rios, entre outros. Por isso, a construção de uma hidrelétrica deve ser precedida de minucioso estudo das consequências ambientais, sociais e arqueológicas, para mensurar sua viabilidade.

Observe nas ilustrações da página a seguir que, em terrenos mais planos, ocorre inundação de extensas áreas e menor eficiência energética. Já em terrenos com maior desnível, a superfície inundada é menor e a eficiência energética, maior.

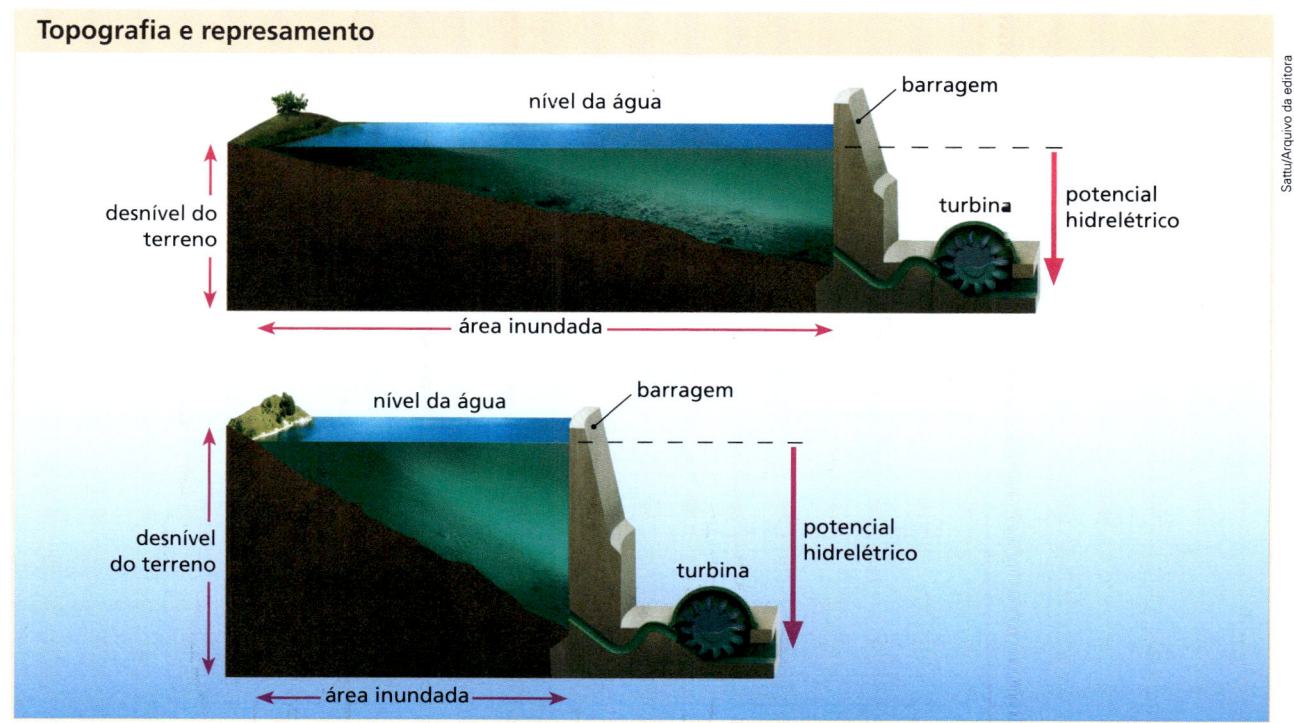

Topografia e represamento

Representação sem escala.
Organizado pelos autores.

Na prática, a produção de energia hidrelétrica depende da energia solar para evaporar a água e, em seu ciclo, ser transportada para áreas mais elevadas do relevo e posterior precipitação. Por isso, países de relevo ondulado, grande extensão territorial (portanto, com maior área de insolação) e muitos rios, em geral, apresentam grande potencial hidrelétrico. É o caso do Brasil, do Canadá, dos Estados Unidos, da China, da Rússia e da Índia.

Observe, na tabela abaixo, que o Brasil ocupa posição importante na produção total de energia hidrelétrica em escala global, destacando-se também entre os países que possuem maior participação da hidreletricidade no total da energia elétrica gerada.

Mundo: produção total anual de energia hidrelétrica – 2015			
Maiores produtores	**Geração (TWh)**	**% da geração mundial**	**% da hidreletricidade no total da eletricidade gerada no país**
China	1 130	28,4	19,3
Canadá	381	9,6	56,8
Brasil	360	9,0	61,9
Estados Unidos	271	6,8	6,3
Rússia	170	4,3	15,9
Noruega	139	3,5	95,9
Índia	138	3,5	10,0
Japão	91	2,3	8,8
Suécia	75	1,9	46,6
Venezuela	75	1,9	63,7
Demais países	1 148	28,8	14,0
Total mundial	3 978	100,0	16,3

Fonte: INTERNATIONAL ENERGY AGENCY (IEA). *Key World Energy Statistics 2017*. Disponível em: <www.iea.org/publications/freepublications/publication/KeyWorld2017.pdf>. Acesso em: 7 maio 2018.

Termelétrica em Yakutsk (Rússia), 2016. Essa usina utiliza o gás natural como fonte primária de energia.

TERMELETRICIDADE

A turbina de uma usina termelétrica é movimentada pela pressão do vapor de água obtido pela queima de carvão mineral, gás, petróleo ou biomassa, que aquece uma caldeira contendo água.

Enquanto a fonte primária de energia das usinas hidrelétricas é a água, disponível no local onde é instalada, a das termelétricas tem de ser extraída e transportada (e por vezes importada), o que encarece a energia produzida. Sua vantagem em relação à hidroeletricidade, além do menor investimento financeiro, é que a localização da usina termelétrica é determinada pelo mercado consumidor, e não pelo relevo e pela hidrografia.

ENERGIA ATÔMICA

Desde o início deste século, em razão do agravamento das mudanças climáticas globais, a utilização das usinas nucleares para obtenção de energia elétrica voltou à agenda internacional como importante alternativa à queima de combustíveis fósseis. Em 2015, as usinas nucleares foram responsáveis pela geração de cerca de 10% de toda a energia elétrica no mundo, como pode ser observado na tabela a seguir.

Como nas termelétricas, o que movimenta a turbina de uma usina nuclear é o vapor de água, que, neste caso, é obtido do aquecimento da água por fissão nuclear, realizada pela quebra de átomos de urânio (observe a ilustração da página ao lado).

Em muitos países, por terem se esgotado as possibilidades de produção hidrelétrica ou pela carência de reservas de combustíveis fósseis, destaca-se a produção de energia em usinas nucleares, mesmo com o custo de produção mais elevado.

Mundo: produção total anual de energia elétrica de origem nuclear – 2015			
Maiores produtores	Geração (TWh)	% da geração mundial	% da energia nuclear no total da eletricidade produzida no país
Estados Unidos	830	32,3	19,3
França	437	17,0	77,6
Rússia	195	7,6	18,3
China	171	6,7	2,9
Coreia do Sul	165	6,4	30,0
Canadá	101	3,9	15,1
Alemanha	92	3,6	14,3
Ucrânia	88	3,4	54,1
Reino Unido	70	2,7	20,9
Espanha	57	2,2	20,6
Demais países*	365	14,2	7,2
Total mundial	2571	100,0	10,6

Fonte: INTERNATIONAL ENERGY AGENCY (IEA). Key World Energy Statistics 2017. Disponível em: <www.iea.org/publications/freepublications/publication/KeyWorld2017.pdf>. Acesso em: 7 maio 2018.

* Somente países em que há geração de energia nuclear.

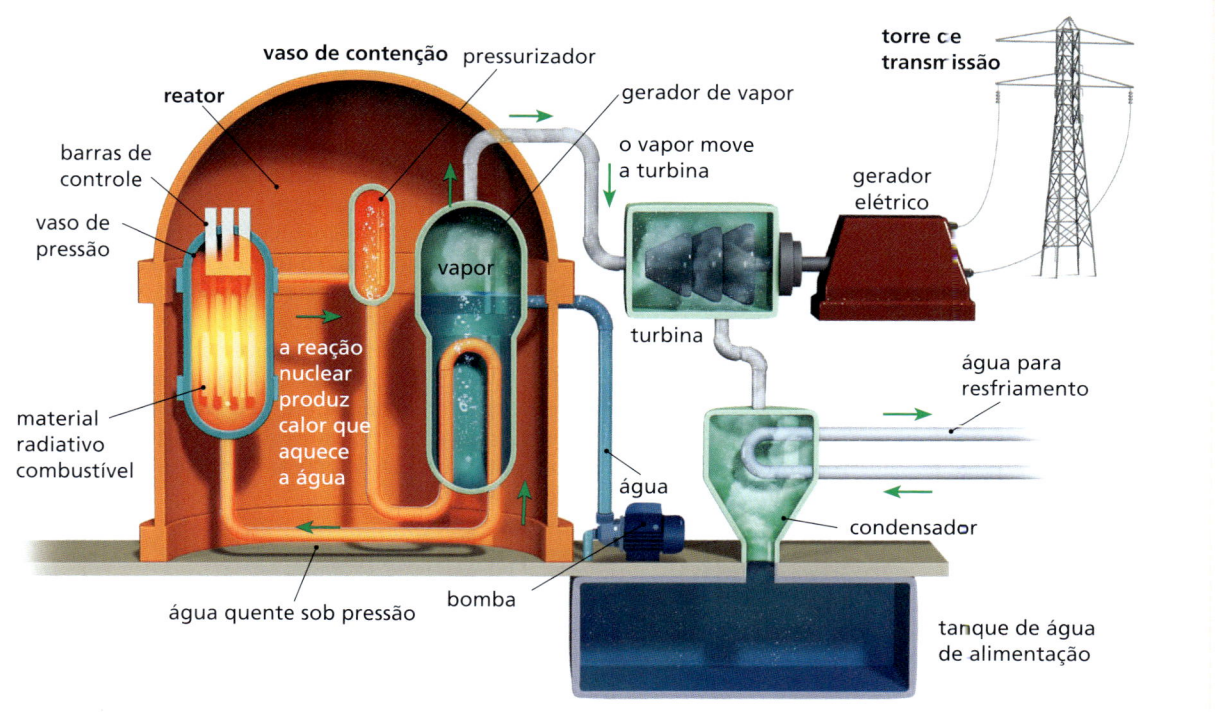

Esquema de funcionamento de uma central térmica nuclear

Fonte: CARDOSO, Eliezer de Moura. *Apostila educativa:* a energia nuclear. 3. ed. Comissão Nacional de Energia Nuclear (Cnen). Disponível em: <www.cnen.gov.br/images/cnen/documentos/educativo/apostila-educativa-aplicacoes.pdf>. Acesso em: 7 maio 2018. (Representação sem escala.)

De forma simplificada, um reator nuclear é um equipamento em que se processa uma reação de fissão nuclear, assim como um reator químico é um equipamento no qual se processa uma reação química. Para gerar energia elétrica, um reator nuclear funciona como uma central térmica, na qual a fonte de calor é o urânio-235, em vez de óleo combustível ou carvão. A grande vantagem de uma central térmica nuclear é a enorme quantidade de energia que pode ser gerada (potência) a partir de pouco volume de material (isótopo 235 do urânio), como mostra a ilustração ao lado.

Equivalência de diferentes materiais utilizados em usinas de geração de eletricidade

urânio — 10 gramas

óleo — 20 toneladas

carvão — 25 toneladas

Fonte: CARDOSO, Eliezer de Moura. *Apostila educativa:* a energia nuclear. 3. ed. Comissão Nacional de Energia Nuclear (Cnen). Disponível em: <www.cnen.gov.br/images/cnen/documentos/educativo/apostila-educativa-aplicacoes.pdf>. Acesso em: 7 maio 2018. (Representação sem escala.)

Apesar de as usinas nucleares apresentarem vantagens em relação aos outros tipos de usina, a opinião pública mundial tem exercido forte pressão contrária à instalação de novas centrais, isso porque elas são potencialmente mais perigosas por utilizarem fontes primárias radiativas e demandarem um alto custo para a destinação final dos seus rejeitos – o lixo atômico.

Em caso de acidentes (como o de Three Mile Island, nos Estados Unidos, em 1979; o de Chernobyl, na ex-União Soviética, atual Ucrânia, em 1986; e o de Fukushima, no Japão, em 2011), a radiatividade leva anos ou mesmo décadas para se dissipar.

Diversas outras formas de obtenção de energia elétrica vêm sendo pesquisadas por vários países. Leia o texto do boxe a seguir e veja o infográfico das páginas 508 e 509.

PARA SABER MAIS

Energia solar

Como a energia solar vai demorar bilhões de anos para se extinguir, a energia que o Sol envia à Terra é considerada inesgotável. Além disso é limpa, não polui e é gratuita. Como seu custo de captação era elevado, apenas recentemente, a partir de meados da década de 2000, seu uso vem se ampliando em ritmo acelerado (observe o gráfico abaixo), embora sua participação na geração total de energia elétrica ainda seja muito pequena tanto no mundo, como vimos no gráfico da página 502, como no Brasil.

Uma parte da produção de energia solar é descentralizada, realizada em propriedades rurais que não têm acesso à rede elétrica, e em residências, empresas e instituições de áreas urbanas, com o objetivo de economizar energia fornecida pela rede convencional.

Para captar a energia que vem do Sol e utilizá-la em grande escala, é necessário o uso de painéis fotovoltaicos. O preço desses painéis foi barateado nos últimos anos, estimulando a instalação de grandes parques solares em alguns países, com destaque, em 2017, para a China, o Japão, a Alemanha e os Estados Unidos – observe o segundo gráfico abaixo. Naquele ano, a China inaugurou o Longyangxia Solar Park, o maior parque solar do mundo. Ele ocupa uma área de 27 km^2, tem cerca de 4 milhões de painéis e capacidade instalada de 850 MW. O Brasil, apesar de ainda estar atrás dos maiores produtores, também vem construindo grandes parques solares, principalmente na região Nordeste, onde a insolação é elevada durante todo o ano (veja a foto da página ao lado).

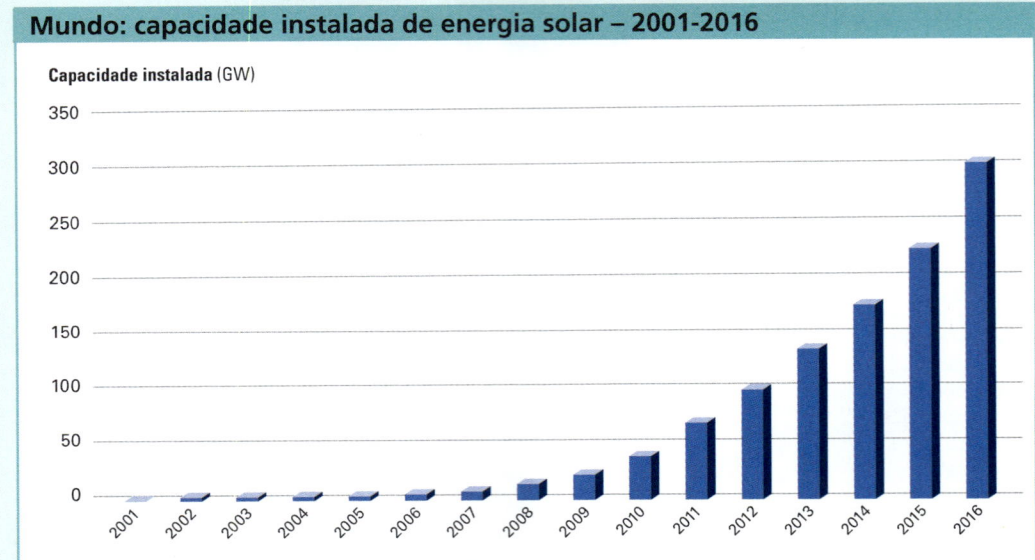

Mundo: capacidade instalada de energia solar – 2001-2016

Fonte: INTERNATIONAL ENERGY AGENCY. *Snapshot of Global Photovoltaic Markets 2016*. Paris, 2017. Disponível em: <www.iea-pvps.org/fileadmin/dam/public/report/statistics/IEA-PVPS_-_A_Snapshot_of_Global_PV_-_1992-2016__1_.pdf>. Acesso em: 7 maio 2018.

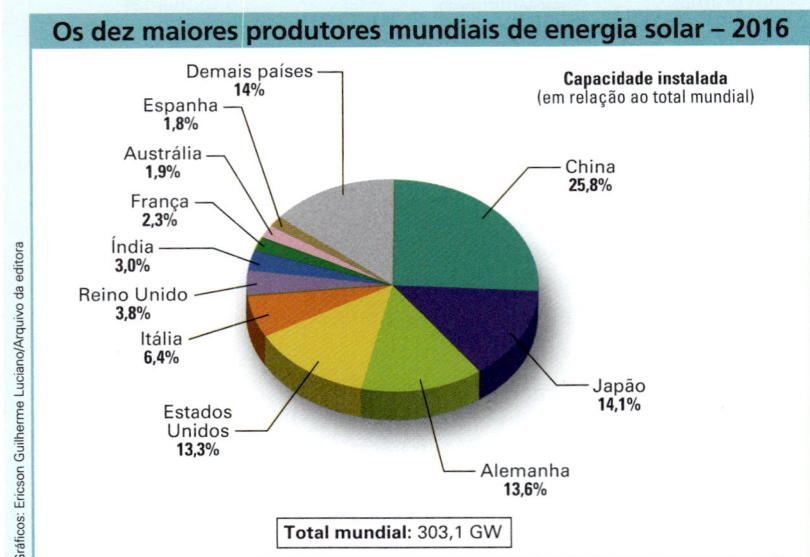

Os dez maiores produtores mundiais de energia solar – 2016

- China 25,8%
- Japão 14,1%
- Alemanha 13,6%
- Estados Unidos 13,3%
- Itália 6,4%
- Reino Unido 3,8%
- Índia 3,0%
- França 2,3%
- Austrália 1,9%
- Espanha 1,8%
- Demais países 14%

Total mundial: 303,1 GW

Fonte: INTERNATIONAL ENERGY AGENCY. *Snapshot of Global Photovoltaic Markets 2016*. Paris, 2017. Disponível em: <www.iea-pvps.org/fileadmin/dam/public/report/statistics/IEA-PVPS_-_A_Snapshot_of_Global_PV_-_1992-2016__1_.pdf>. Acesso em: 7 maio 2018.

Complexo solar na cidade de Bom Jesus da Lapa, no interior da Bahia, em foto de 2017. Nessa data, esse era o maior parque solar do país e gerava energia suficiente para abastecer 166 mil residências por ano.

No Brasil, os programas de habitação popular só têm seus projetos aprovados se as habitações obedecerem a várias regras, como serem construídas em ruas pavimentadas, utilizarem revestimento de cerâmica no banheiro e na cozinha e incluírem a instalação de placas de captação de energia solar. Na foto, conjunto habitacional em Santarém (PA), em 2017.

Energia geotérmica e maremotriz

O grau geotérmico corresponde ao número de metros necessários, no interior da crosta terrestre, para que a temperatura aumente um grau centígrado (°C). Esse gradiente depende de vários fatores, mas na camada superior da crosta terrestre a temperatura aumenta, em média, 1 °C a cada 30 metros de profundidade.

Em alguns países, com destaque para Japão, Nova Zelândia, Itália e Canadá, há regiões em que a água sai da Terra em estado de vapor, com temperaturas muito elevadas, possibilitando canalizá-lo para movimentar as turbinas de uma usina termelétrica e gerar eletricidade.

Também é possível gerar eletricidade aproveitando o movimento das marés, das correntes marítimas e das ondas. Embora a energia do mar seja inesgotável, renovável e não poluente, as tecnologias disponíveis para seu aproveitamento ainda não proporcionaram condições de exploração com preço competitivo.

Vista de usina geotérmica na Islândia em 2016. Esse tipo de energia é menos poluente do que a queima de combustíveis fósseis (os gases expelidos são vapor de água).

INFOGRÁFICO

ENERGIA EÓLICA

A energia eólica é obtida do movimento dos ventos e das massas de ar, que por sua vez resultam das diferenças de temperatura existentes na superfície do planeta. É uma forma limpa e renovável de obtenção de energia, disponível em muitos lugares.

COLHENDO VENTO

A energia dos ventos é captada pelas turbinas eólicas, também chamadas aerogeradores. Cada turbina contém hélices de até três pás, feitas de materiais muito leves, como fibras de vidro e de carbono, e chegam a ter 40 metros de extensão. Entre a **hélice** ❶ e o gerador, há dois eixos interligados: o **eixo principal** ❷, que, por estar conectado à hélice, gira devagar – entre vinte e trinta rotações por minuto –, e o **eixo do gerador** ❸, que, em virtude de um conjunto de engrenagens, atinge mais de mil rotações por minuto.

A rotação mecânica realizada no **gerador** ❹ produz energia elétrica. Isso ocorre porque dentro do gerador há uma bobina metálica (de cobre, em geral) em contato com um ímã que, por indução, produz eletricidade.

O **controlador** ❺ é um componente muito importante na unidade eólica. Ele permite mudar a posição das pás e da turbina toda, de acordo com a velocidade e a direção do vento. Além disso, o controlador liga o gerador sempre que o **anemômetro** ❻ registra a velocidade mínima do vento (pouco mais de 10 quilômetros por hora) e também aciona o freio quando os ventos estão fortes demais (acima de 95 quilômetros por hora).

O sensor de **direção** ❼ do vento é uma peça conectada ao controlador e tem a função de informar a ele quando o vento começa a bater de lado, levando-o a girar a turbina inteira para que ela se coloque de frente para o vento.

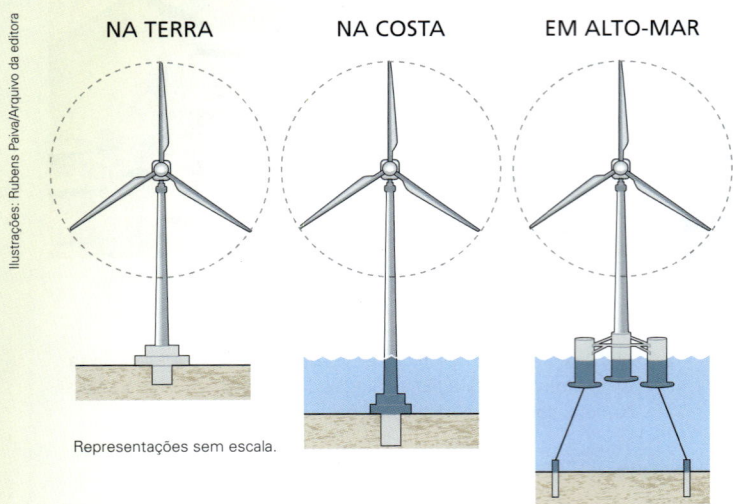

NA TERRA NA COSTA EM ALTO-MAR

Representações sem escala.

Mundo: países com maior capacidade de geração de energia eólica – 2016

(MW)

Total mundial: 486 790 MW

- China: 168 732
- Estados Unidos: 82 184
- Alemanha: 50 018
- Índia: 28 700
- Espanha: 23 074
- Reino Unido: 14 543
- França: 12 066
- Canadá: 11 900
- Brasil: 10 740
- Itália: 9 257
- Demais países: 75 576

Fonte: GLOBAL WINDENERGY COUNCIL. *Global Wind Report 2016*. Disponível em: <www.gwec.net/wp-content/uploads/2017/04/5_Top-10-cumulative-capacity-Dec-2016-1.jpg>. Acesso em: 7 maio 2018.

Problemas socioambientais

Embora não sejam poluentes, as turbinas eólicas também provocam impactos: as hélices emitem ruídos de baixa frequência que incomodam os moradores locais, animais, turistas e outros; quando instaladas em rotas de voo e de migração de pássaros, podem causar interferências e matar muitas aves.

REDE DE DISTRIBUIÇÃO

As unidades eólicas têm uma central de transmissão onde se concentram os fios que saem das turbinas e geradores. Daí a energia parte direto para a rede elétrica (rede de alta-tensão, subestação transformadora, rede geral e usuário final).

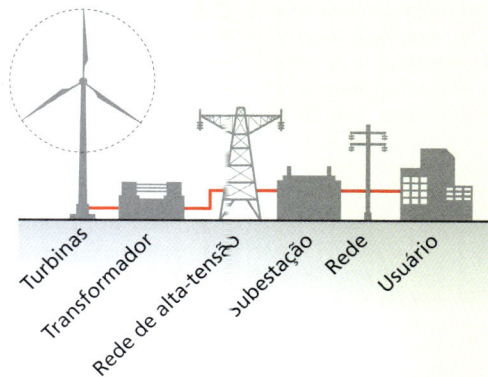

Fonte: AGÊNCIA NACIONAL DE ENERGIA ELÉTRICA (Aneel). *Atlas de energia elétrica no Brasil*. 3. ed. Disponível em: <www2.aneel.gov.br/arquivos/PDF/atlas3ed.pdf>. Acesso em: 7 maio 2018.

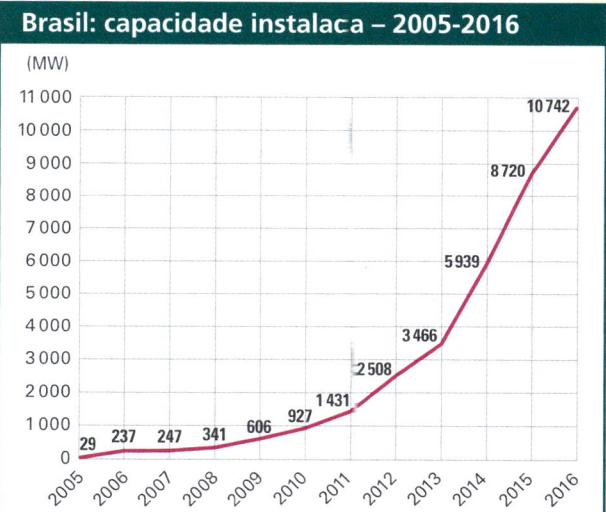

Fonte: GLOBAL WINDENERGY COUNCIL. *Global Wind Report 2016*. Disponível em: <www.gwec.net/wp-content/uploads/2017/04/5_Top-10-cumulative-capacity-Dec-2016-1.jpg>. Acesso em: 7 maio 2018.

NO BRASIL

As usinas eólicas são viáveis em regiões onde a velocidade média dos ventos é superior a 6 metros por segundo. O maior potencial eólico disponível e instalado no país está localizado na região Nordeste.

Brasil: capacidade instalada e acumulada – 2016		
Estado	**Capacidade instalada (MW)**	**Número de usinas – 2016**
Rio Grande do Norte	3 420	125
Bahia	1 898	73
Ceará	1 789	68
Rio Grande do Sul	1 695	72
Piauí	915	33
Pernambuco	651	29
Santa Catarina	239	14
Paraíba	69	13
Sergipe	35	1
Rio de Janeiro	28	1
Paraná	3	1
Total	10 742	430

Fonte: GLOBAL WINDENERGY COUNCIL. *Global Wind Report 2016*. Disponível em: <www.gwec.net/wp-content/uploads/2017/04/5_Top-10-cumulative-capacity-Dec-2016-1.jpg>. Acesso em: 7 maio 2018.

5. ENERGIA E AMBIENTE

Combustíveis fósseis são usados predominantemente nos sistemas de transporte, na produção industrial e na termeletricidade, e sua queima é altamente poluente, com indesejáveis consequências para a saúde, além de acentuar o efeito estufa e causar sérios problemas ambientais, como as chuvas ácidas e a intensificação das ilhas de calor.

A hidreletricidade, a fissão nuclear e as formas de produção energética nas quais são empregados diversos tipos de biomassa também acarretam, em maior ou menor grau, impactos ambientais.

Somente algumas fontes alternativas, como a energia solar, a eólica, a geotérmica e a da variação das marés, causam poucos impactos ambientais. No entanto, seu aproveitamento, embora crescente em vários países, é restrito a locais que apresentam condições favoráveis. Segundo a Agência Internacional de Energia, a participação dessas fontes no consumo mundial, embora ainda baixa, aumentou de 0,1% para 1,5% entre 1973 e 2015.

O consumo de energia nos países desenvolvidos, embora seja elevado, está praticamente estabilizado. Quando há aumento, ocorre no mesmo ritmo do crescimento populacional, ou seja, com índices inferiores a 1% ao ano. Além disso, segundo estimativas da Agência Internacional de Energia, o aumento esperado tende a ser anulado pela eficiência energética cada vez maior dos aparelhos domésticos, pelo consumo cada vez menor de combustível fóssil nos automóveis e máquinas industriais e pelo crescente volume de reciclagem de materiais, entre outras medidas que geram economia de energia.

Já nos países em desenvolvimento, especialmente naqueles de economia emergente, observa-se expressivo aumento do consumo de energia. Isso se dá sobretudo em razão do crescimento econômico, que leva à ampliação na produção e ao maior acesso da população a bens de consumo, como automóveis, eletrônicos e eletrodomésticos.

O maior incremento recente na participação percentual do consumo mundial de energia ocorreu na China e em outros países emergentes, onde a produção industrial vem crescendo em ritmo acelerado. Segundo estimativas, entre 2015 e 2020, os países em desenvolvimento, sobretudo os emergentes, estarão, em termos absolutos, consumindo mais energia do que os desenvolvidos.

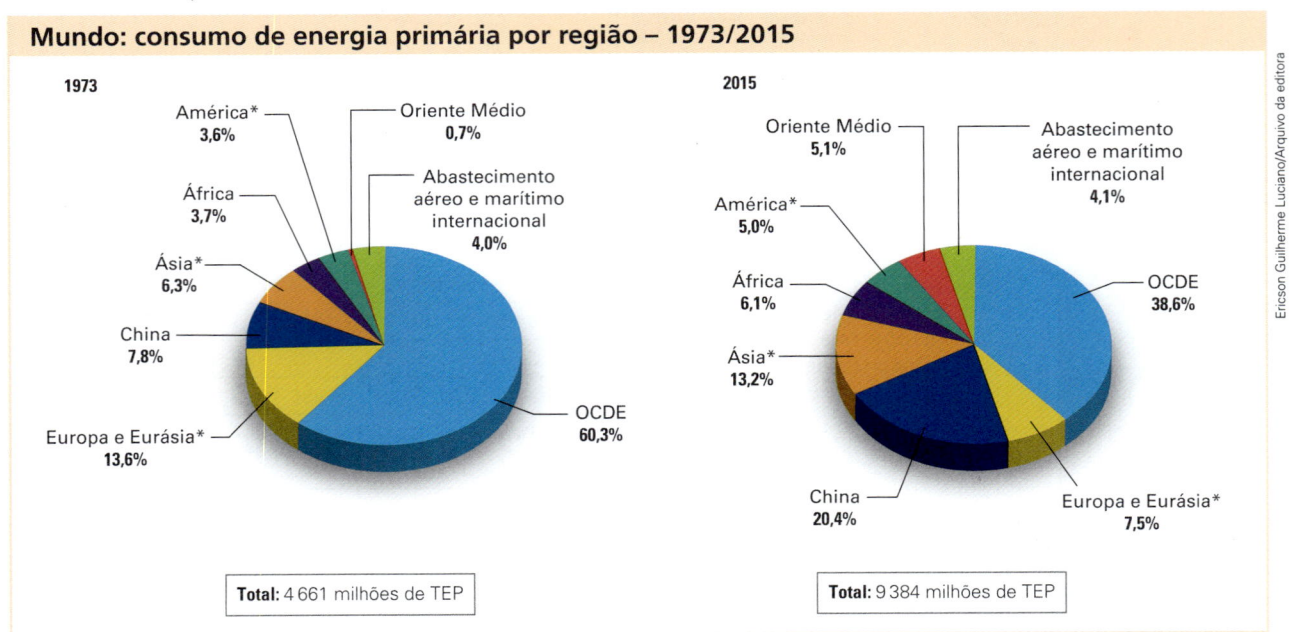

Fonte: INTERNATIONAL ENERGY AGENCY (IEA). *Key World Energy Statistics 2017*. Disponível em: <www.iea.org/publications/freepublications/publication/KeyWorld2017.pdf>. Acesso em: 7 maio 2018.

* Exceto os países que compõem a OCDE e a China.

ATIVIDADES

COMPREENDENDO CONTEÚDOS

1. Por que o setor energético é considerado estratégico?
2. Por que, a partir da década de 1930, começaram a surgir empresas petrolíferas estatais em diversos países?
3. Cite as vantagens da hidreletricidade em comparação com as fontes termelétricas e termonucleares na obtenção de energia elétrica.
4. Quais são as vantagens e possíveis desvantagens da expansão do consumo mundial de biocombustíveis?

DESENVOLVENDO HABILIDADES

5. Observe os gráficos da página 510 e explique por que existem tantas desigualdades no consumo de energia entre os diversos países e regiões do mundo.
6. Leia os textos a seguir, que apresentam opiniões diferentes sobre as vantagens e desvantagens da obtenção de energia elétrica em usinas nucleares. Em seguida, elabore no caderno uma dissertação expressando sua opinião sobre o tema.

> **"A liberação da energia atômica mudou tudo, menos nossa maneira de pensar."**
> Albert Einstein (1879-1955), físico alemão, citado por Carl Seelig na obra biográfica *A documentary biography*.

Por que energia nuclear?

A utilização da energia nuclear vem crescendo a cada dia. A geração nucleoelétrica é uma das alternativas menos poluentes; permite a obtenção de muita energia em um espaço físico relativamente pequeno e a instalação de usinas perto dos centros consumidores, reduzindo o custo de distribuição de energia. Outras fontes de energia, como solar ou eólica, são de exploração cara e capacidade limitada, ainda sem utilização em escala industrial[1]. Os recursos hidráulicos também apresentam limitações, além de provocar grandes impactos ambientais. Por isso, a energia nuclear torna-se mais uma opção para atender com eficácia as necessidades do mundo moderno.

VASCONCELLOS, César Augusto Zen. UNIVERSIDADE FEDERAL DO RIO GRANDE DO SUL. Instituto de Física. Disponível em: <www.cesarzen.com/FIS1057Lista12.pdf>. Acesso em: 7 maio 2018.

Energia nuclear

A energia nuclear é talvez aquela que mais tem chamado atenção quanto aos seus impactos ambientais e à saúde humana. São três os principais problemas ambientais dessa fonte de energia. O primeiro é a manipulação de material radioativo no processo de produção de combustível nuclear e nos reatores nucleares, com riscos de vazamentos e acidentes. O segundo problema está relacionado com a possibilidade de desvios clandestinos de material nuclear para utilização em armamentos, por exemplo, acentuando riscos de proliferação nuclear. Finalmente existe o grave problema de armazenamento dos rejeitos radioativos das usinas. Já houve substancial progresso no desenvolvimento de tecnologias que diminuem praticamente os riscos de contaminação radiativa por acidente com reatores nucleares, aumentando consideravelmente o nível de segurança desse tipo de usina, mas ainda não se apresentam soluções satisfatórias e aceitáveis para o problema do lixo atômico.

JANNUZZI, Gilberto de Martino. Energia: crise e planejamento. *Revista ComCiência*. Sociedade Brasileira para o Progresso da Ciência (SBPC). Disponível em: <www.comciencia.br/reportagens/energiaeletrica/energia12.htm>. Acesso em: 7 maio 2018.

---

[1] Atualmente, o custo de geração de energia solar e eólica tem preço competitivo com as demais fontes e vem recebendo muitos investimentos em geração de eletricidade.

CAPÍTULO 27

PRODUÇÃO BRASILEIRA DE ENERGIA

Plataforma de petróleo no Rio de Janeiro (RJ), em 2015. No Brasil, existe extração de petróleo em terra e no oceano, tanto perto da costa quanto em alto-mar.

O crescimento populacional, o desenvolvimento de novas tecnologias e a elevação do padrão de consumo têm levado a uma maior demanda por energia e à consequente necessidade de aumentar sua produção mundial. Isso agrava alguns impactos ambientais, como poluição, chuva ácida, mudanças climáticas globais, desmatamento e deslocamento ou extinção de diversas espécies de seres vivos.

Essas questões têm gerado uma maior discussão sobre a imperativa busca de novas fontes de energia que atendam tanto às necessidades econômicas quanto às sociais e ambientais.

Neste capítulo, aprofundaremos os conhecimentos sobre a questão energética no Brasil. Entre diversos pontos, veremos que o país se destaca no cenário mundial por apresentar importante participação das fontes renováveis em sua matriz energética.

> Acesse o *site* do **Ministério de Minas e Energia**. Veja orientações na seção **Sugestões de textos, vídeos e *sites***.

Complexo eólico em São Bento do Norte (RN), em 2015. A produção brasileira de energia eólica vem crescendo a cada ano, como estudaremos neste capítulo.

CAPÍTULO 27 • PRODUÇÃO BRASILEIRA DE ENERGIA

1. PANORAMA DO SETOR ENERGÉTICO NO BRASIL

O potencial energético no Brasil é privilegiado se comparado ao de muitos outros países. A utilização de fontes renováveis, como o aproveitamento hidrelétrico, e a obtenção de energia a partir da biomassa são expressivas. Além disso, a produção de petróleo e gás natural, fontes não renováveis, tem aumentado gradualmente.

Entretanto, o país ainda importa energia. Para que o Brasil atinja a autossuficiência energética, são necessários investimentos na produção, na transmissão e na distribuição de energia, além da modernização industrial e dos sistemas de transporte – urbano e de cargas – visando à diminuição de consumo de energia nesses setores.

Em 2016, 41,5% do consumo total da energia gerada no Brasil foi obtido de fontes renováveis: hidráulica, lenha, carvão vegetal, produtos da cana-de-açúcar, além de outras, como gás obtido em aterros sanitários, subprodutos de plantações diversas, eólica, solar, etc. Observe os gráficos a seguir.

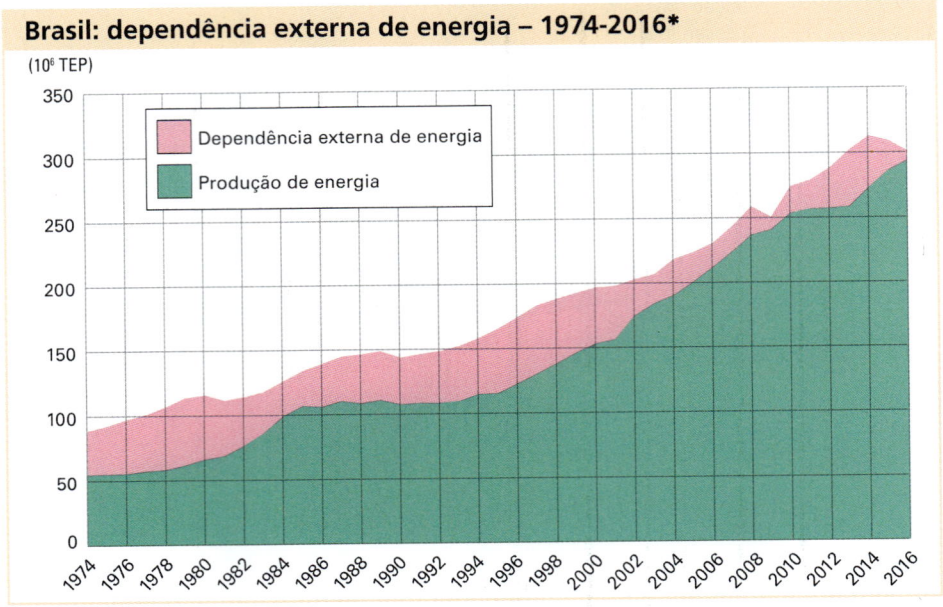

Fonte: EMPRESA DE PESQUISA ENERGÉTICA (EPE). *Balanço Energético Nacional 2017*: ano-base 2016. Disponível em: <https://ben.epe.gov.br/downloads/Relatorio_Final_BEN_2017.pdf>. Acesso em: 11 maio 2018.

* Em 2009, ocorreu uma crise econômica mundial e, entre 2014 e 2016, o país passou por recessão econômica, o que contribuiu para a diminuição, nesses períodos, do consumo e da dependência externa.

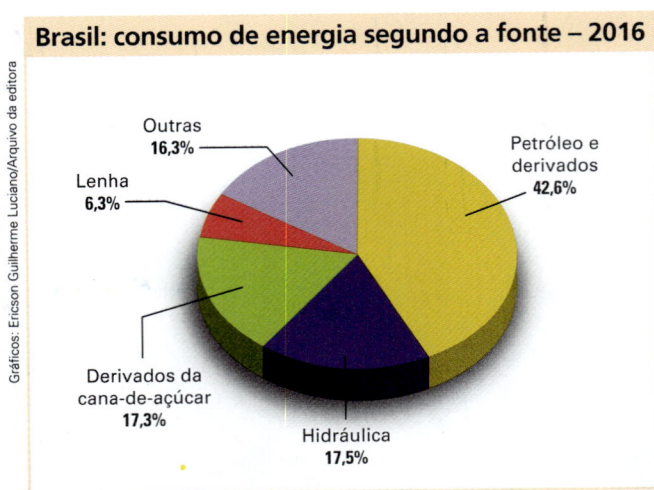

Fonte: EMPRESA DE PESQUISA ENERGÉTICA (EPE). *Balanço Energético Nacional 2017*: ano-base 2016. Disponível em: <https://ben.epe.gov.br/downloads/Relatorio_Final_BEN_2017.pdf>. Acesso em: 11 maio 2018.

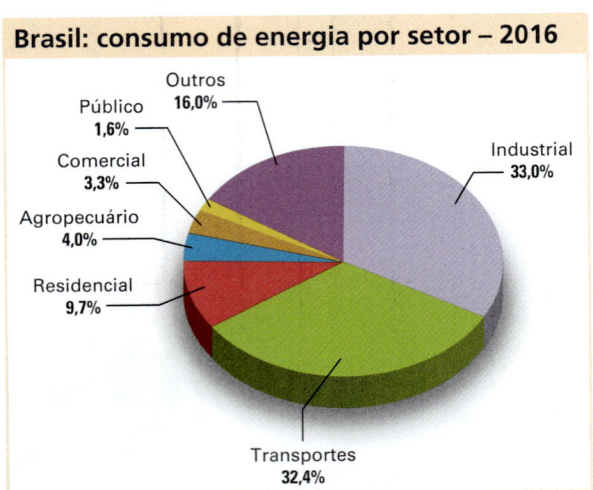

Fonte: EMPRESA DE PESQUISA ENERGÉTICA (EPE). *Balanço Energético Nacional 2017*: ano-base 2016. Disponível em: <https://ben.epe.gov.br/downloads/Relatorio_Final_BEN_2017.pdf>. Acesso em: 11 maio 2018.

2. COMBUSTÍVEIS FÓSSEIS

PETRÓLEO E GÁS NATURAL

Somente dez anos após a formação do cartel das "sete irmãs", em 1938, foi perfurado o primeiro poço de petróleo em território brasileiro, no bairro de Lobato, em Salvador (BA). Esse fato motivou o governo de Getúlio Vargas a criar o Conselho Nacional de Petróleo (CNP) para planejar, organizar e fiscalizar o setor petrolífero.

Em 1953, apoiado por um grande movimento popular e com o *slogan* "O petróleo é nosso", Vargas criou a Petrobras e instituiu o monopólio estatal na extração, no transporte e no refino de petróleo no Brasil.

Em virtude da crise do petróleo de 1973, foi necessário aumentar a produção nacional – que, naquela época, era de apenas 14% do consumo – para diminuir a quantidade do recurso importado e a vulnerabilidade do país em relação às oscilações internacionais do preço do barril.

Com a intenção de aumentar a produção, o governo brasileiro firmou contratos de risco com grupos privados, autorizando que realizassem prospecções no território nacional. Inicialmente, foram selecionadas e abertas para exploração dez áreas nas quais poderia haver petróleo. Caso a empresa incumbida da prospecção encontrasse o recurso, os investimentos feitos seriam reembolsados e ela se tornaria sócia da Petrobras naquela área. Caso não encontrasse, a empresa arcaria com os prejuízos da prospecção. Com a promulgação da Constituição de 1988, esses contratos foram proibidos, e a Petrobras voltou a exercer o monopólio de extração até 1995.

Além disso, nas décadas de 1970 e 1980, o governo passou a incentivar, por meio de vultosos empréstimos a juros subsidiados, indústrias que substituíssem o petróleo por energia elétrica. A participação percentual do petróleo na matriz energética nacional diminuiu de 1979 a 1984, mas depois voltou a apresentar crescimento (veja o gráfico nesta página). Em 2006, a produção brasileira de petróleo (1,8 milhão de barris por dia, naquele ano) passou a abastecer 100% das necessidades nacionais de consumo – em meados de 2017, a produção diária média foi de 2,6 milhões de barris.

A revisão constitucional de 1995 fez romper o monopólio da Petrobras na extração, no transporte, no refino e na importação de petróleo e seus derivados. O Estado passou a ter o direito de realizar leilões e de contratar empresas privadas ou estatais, nacionais ou estrangeiras, que quisessem atuar no setor.

Em 1997, foi criada a Agência Nacional do Petróleo (ANP), uma autarquia vinculada ao Ministério de Minas e Energia com a atribuição de regular, contratar e fiscalizar as atividades ligadas ao petróleo e ao gás natural no Brasil. Licitações, exploração, importação, exportação, transporte, refino, política de preços, reajustes e controle de qualidade, entre outras atribuições, passaram a ser conduzidas pela ANP, cujo presidente é indicado pelo ministro de Minas e Energia e empossado após seu nome ser aprovado pelo Congresso Nacional.

Autarquia: empresa criada pelo governo para exercer alguma atividade pública.

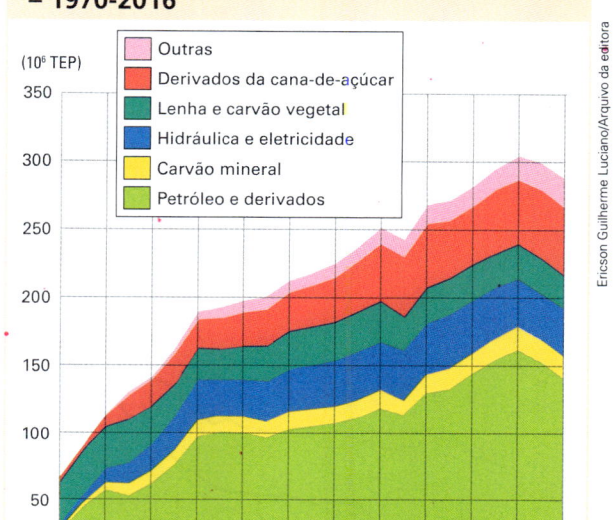

Brasil: oferta interna de energia por fonte – 1970-2016

Fonte: EMPRESA DE PESQUISA ENERGÉTICA (EPE). *Balanço Energético Nacional 2017*: ano-base 2016. Disponível em: <https://ben.epe.gov.br/downloads/Relatorio_Final_BEN_2017.pdf>. Acesso em: 11 maio 2018.

> Acesse os *sites* da **Agência Nacional do Petróleo, Gás Natural e Biocombustíveis (ANP)** e do **Instituto Socioambiental**. Veja orientações na seção **Sugestões de textos, vídeos e *sites***.

Observe o mapa a seguir, com a localização das treze refinarias da Petrobras no Brasil (em 2018 havia também uma nos Estados Unidos e outra no Japão). Para economizar em gastos com o transporte, o petróleo é refinado preferencialmente próximo dos centros industriais e grandes polos consumidores. Isso explica a concentração de refinarias no Centro-Sul (mais de 80% da capacidade de refino do país, que em 2017 era de 2,2 milhões de barris por dia). Embora abrigue importantes centros industriais, até o início de 2017, no Nordeste, havia uma única grande refinaria, localizada na região metropolitana de Salvador (BA). Naquele ano, porém, a Petrobras estava construindo uma em Suape (PE) e ampliando a capacidade de outra menor, no Polo Industrial de Guamaré (RN).

Fonte: PETROBRAS. *Principais operações*. Disponível em: <www.petrobras.com.br/pt/nossas-atividades/principais-operacoes/>. Acesso em: 11 maio 2018.

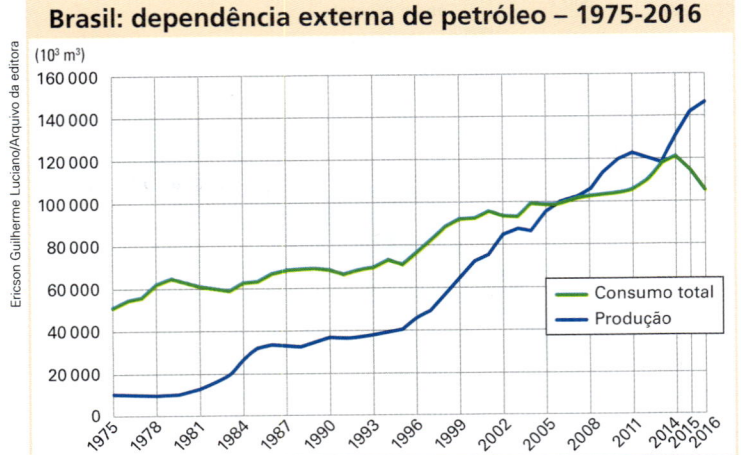

O aumento da produção interna nas últimas décadas, como mostra o gráfico ao lado, se deve à descoberta de uma importante bacia petrolífera, na plataforma continental de Campos, no litoral norte do estado do Rio de Janeiro, que começou a ser explorada em 1976.

Fonte: EMPRESA DE PESQUISA ENERGÉTICA (EPE). *Balanço Energético Nacional 2017*: ano-base 2016. Disponível em: <https://ben.epe.gov.br/downloads/Relatorio_Final_BEN_2017.pdf>. Acesso em: 11 maio 2018.

Observe no gráfico da página anterior que, até por volta de 1999, o Brasil apresentou grande dependência do petróleo importado, em razão do aumento do consumo, apesar da crescente produção. Como vimos, em 2006 a produção superou o consumo, por causa do crescimento da produção interna.

No Brasil, predomina a produção na plataforma continental, sob as águas do oceano Atlântico, apesar de essa extração representar mais custos. No continente, destaca-se a extração em Mossoró (RN), seguida do Recôncavo Baiano. Em 1986, foi descoberta uma pequena jazida continental em Urucu (AM), a sudoeste de Manaus, onde há grandes reservas de gás natural. O gás se tornou importante fonte de energia para o parque industrial da Zona Franca de Manaus.

Em 2008, dirigentes da Petrobras anunciaram a descoberta de enormes reservas de petróleo e gás natural a mais de 5 quilômetros de profundidade e a 300 quilômetros da costa, na camada pré-sal da bacia de Santos (SP). Segundo estimativas, essa camada pode conter mais de 30 bilhões de barris, atribuindo ao país a posição de detentor de uma das maiores reservas mundiais de petróleo de boa qualidade. A expectativa é de que as descobertas na bacia de Santos insiram o Brasil no mesmo patamar dos grandes produtores mundiais. O forte crescimento da produção nessa região colocou o Brasil na 13ª posição mundial de nações produtoras. O Rio de Janeiro se destaca como o estado de maior produção (bacia de Campos). Veja o mapa abaixo e, em seguida, o mapa e o gráfico da página seguinte.

Fonte: PETROBRAS. *Exploração e produção de petróleo e gás*. Disponível em: <www.petrobras.com.br/pt/nossas-atividades/areas-de-atuacao/exploracao-e-producao-de-petroleo-e-gas/>. Acesso em: 11 maio 2018.

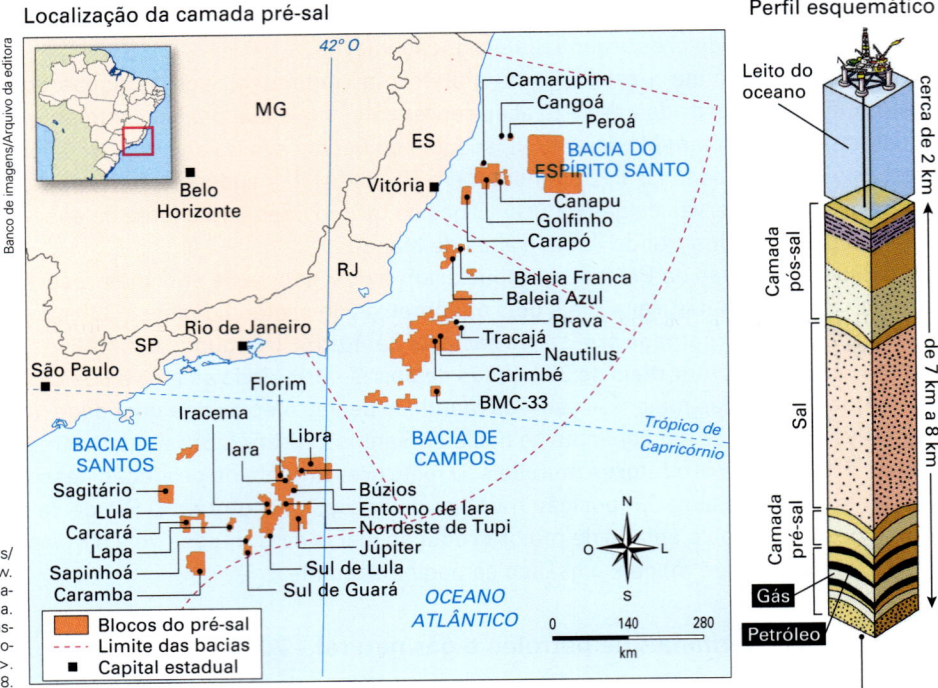

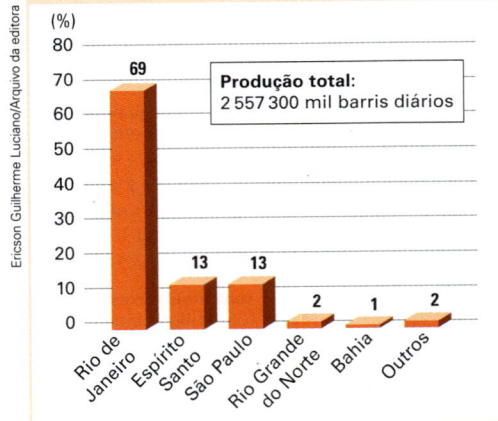

A camada pré-sal é uma formação geológica de aproximadamente 150 milhões de anos, que se constituiu com a separação dos continentes africano e sul-americano ao longo das bacias de Santos, Campos e Espírito Santo, abaixo de uma camada de sal. As maiores reservas petrolíferas conhecidas em área pré-sal no mundo ocorrem no litoral brasileiro, onde passaram a ser conhecidas como "petróleo do pré-sal".

O gás natural é a fonte de energia que vem apresentando grande taxa de crescimento na participação da matriz energética brasileira. O Rio de Janeiro é o maior produtor, seguido por São Paulo e Amazonas (veja o gráfico abaixo), e há uma parcela variável que é importada, principalmente da Bolívia.

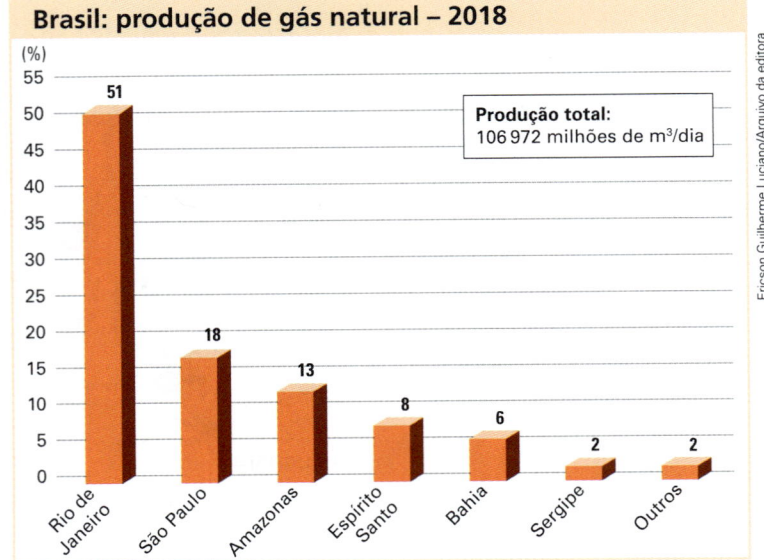

CARVÃO MINERAL

A queima do carvão mineral enriquecido aquece os altos-fornos onde ocorre a depuração do minério de ferro. Nessa etapa, se produz o ferro-gusa, matéria-prima a partir da qual se fabricam o ferro fundido e o aço.

Até 1990, as companhias siderúrgicas brasileiras eram legalmente obrigadas a utilizar uma mistura de 50% de carvão nacional com 50% de carvão importado. Com a revogação dessa obrigação, as empresas passaram a consumir somente o carvão importado, cuja qualidade é superior, e desde 2010 não há mais produção nacional de carvão metalúrgico.

A oferta de energia elétrica por carvão mineral e derivados no Brasil representa apenas pouco mais de 4% do total. Em 2016, 58% do carvão térmico (usado em usinas termelétricas) e 100% do carvão metalúrgico consumidos no país eram importados. Da produção nacional, 33% são consumidos em usinas termelétricas, e o restante em indústrias de celulose, cerâmica, cimento e carboquímicas.

A região Sul do Brasil responde por 100% da produção nacional desse recurso energético por apresentar jazidas com viabilidade econômica, sendo Rio Grande do Sul e Santa Catarina os maiores produtores. Observe o mapa desta página.

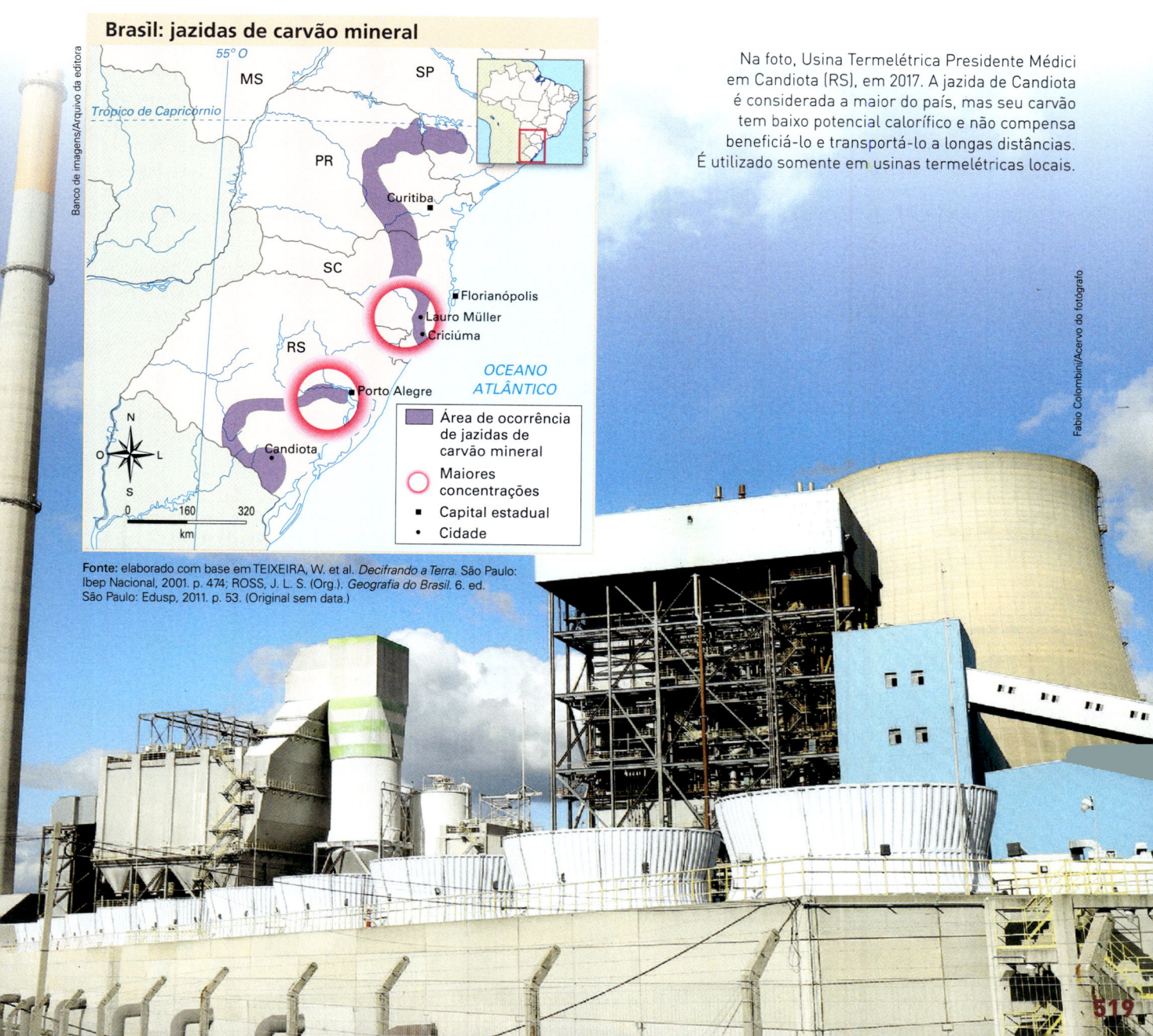

Na foto, Usina Termelétrica Presidente Médici em Candiota (RS), em 2017. A jazida de Candiota é considerada a maior do país, mas seu carvão tem baixo potencial calorífico e não compensa beneficiá-lo e transportá-lo a longas distâncias. É utilizado somente em usinas termelétricas locais.

Fonte: elaborado com base em TEIXEIRA, W. et al. *Decifrando a Terra*. São Paulo: Ibep Nacional, 2001. p. 474; ROSS, J. L. S. (Org.). *Geografia do Brasil*. 6. ed. São Paulo: Edusp, 2011. p. 53. (Original sem data.)

PARA SABER MAIS

O transporte de cargas no Brasil

Como se pode observar no gráfico desta página, na matriz brasileira de transportes de cargas predomina o modal rodoviário. Quando comparado com os modais ferroviário e hidroviário, o rodoviário é o que mais consome energia para transportar a mesma quantidade de carga por determinada distância.

Esse maior consumo de energia se reflete em maiores custos para o frete – prejudicando a atividade econômica e a sociedade em geral –, maior emissão de poluentes, maior risco de acidentes e maiores congestionamentos nas estradas, zonas portuárias e nos centros urbanos. Observe a ilustração da página ao lado, que mostra a comparação entre a capacidade de carga por modal de transporte.

Segundo o Ministério dos Transportes, em 2017, o Brasil apresentava 1,4 milhão de quilômetros de rodovias, dos quais somente 196,6 mil quilômetros eram pavimentados, contra 47,8 mil quilômetros de ferrovias, 21 mil quilômetros de hidrovias e 8,5 mil quilômetros de costas navegáveis. Como o país tem dimensões continentais, o modelo de transporte de cargas seria mais eficiente nas esferas econômica e ambiental se tivesse priorizado os sistemas ferroviário e hidroviário-marítimo, que consomem menos energia.

A opção política pelo sistema rodoviário se iniciou na segunda metade da década de 1920, ao longo do mandato de Washington Luís, cujo *slogan* de governo era: "Governar é abrir estradas". Ainda no século XX, Getúlio Vargas, promovendo a integração das regiões brasileiras, Juscelino Kubitschek, com seu Plano de Metas e a construção de Brasília, e os presidentes militares do período da ditadura, com o programa de integração do Norte e Centro-Oeste às demais regiões, também priorizaram o transporte rodoviário. Isso por causa de uma associação de fatores: é mais rápido e barato construir uma rodovia do que uma ferrovia; o setor rodoviário e as indústrias automobilísticas são grandes geradoras de empregos diretos e indiretos, e, historicamente, houve pressão política de empresas multinacionais, falta de planejamento estratégico de médio e longo prazos e, até 1973, baixos preços do barril de petróleo.

Somente a partir do final do regime militar (principalmente após 1996, com o início do processo de privatização e concessão de exploração de portos, rodovias e ferrovias), os investimentos começaram a ser distribuídos de maneira mais equilibrada entre os vários modais de transporte.

Entretanto, as rodovias apresentam a vantagem da mobilidade, principalmente em trajetos de curta distância, uma vez que as ferrovias dependem de estações, e as hidrovias, de portos, onde há limite no número de trens e embarcações.

A estruturação de uma malha de transportes eficiente envolve a associação entre os modais de transporte utilizados para deslocar as cargas a longas distâncias, conhecida como sistema intermodal ou multimodal. Nesse sistema, a carga é transportada por caminhões em viagens de curta distância até a estação ferroviária ou o porto, e passa a ser transportada por trens ou navios em viagens de grandes distâncias.

Os transportes terrestres e aquáticos são fiscalizados e regulamentados por agências: em 2001, foram criadas a Agência Nacional de Transportes Terrestres (ANTT) e a Agência Nacional de Transportes Aquaviários (Antaq).

Concessão: no caso da infraestrutura e dos serviços públicos (como telefonia, rodovias, etc.), concede-se o direito de exploração por parte de empresas privadas.

> Acesse o *site* da **Agência Nacional de Transportes Terrestres (ANTT)**. Veja orientações na seção **Sugestões de textos, vídeos e *sites***.

Brasil: modal de transportes de cargas – 2018

- Rodoviário: 61,1%
- Ferroviário: 20,7%
- Aquaviário: 13,6%
- Dutoviário: 4,2%
- Aeroviário: 0,4%

Ericson Guilherme Luciano/Arquivo da editora

Fonte: CONFEDERAÇÃO NACIONAL DO TRANSPORTE. *Boletim Estatístico:* jan. 2018. Disponível em: <http://cms.cnt.org.br/Imagens%20CNT/BOLETIM%20ESTATÍSTICO/BOLETIM%20ESTATÍSTICO%202018/Boletim%20Estatístico%20-%2001%20-%202018.pdf>. Acesso em: 11 maio 2018.

Comparativo entre os modais de transporte

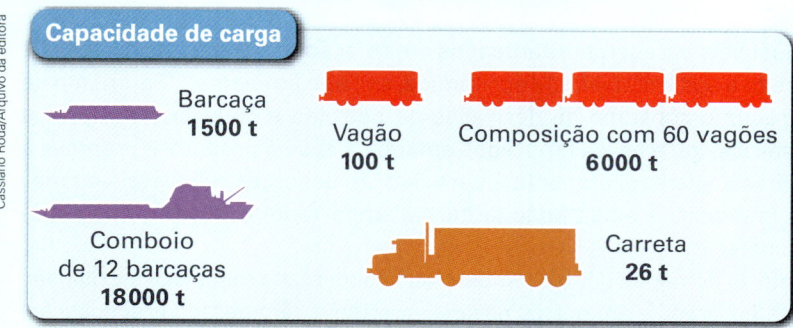

Fonte: AGÊNCIA NACIONAL DE ÁGUAS (ANA). *A navegação interior e os usos múltiplos da água.* Disponível em: <http://arquivos.ana.gov.br/planejamento/planos/pnrh/VF%20Navegacao.pdf>. Acesso em: 11 maio 2018.

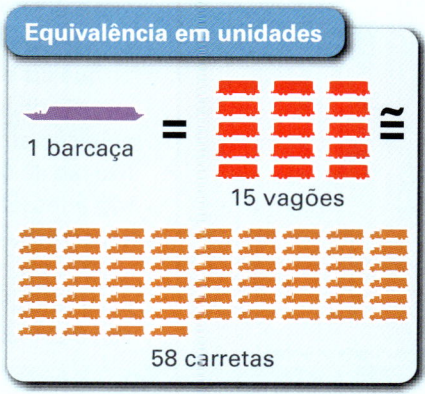

Brasil: transportes multimodal – 2016

- Rodovias federais
- Ferrovias em operação
- Hidrovias
- Portos

Fonte: MINISTÉRIO DOS TRANSPORTES, PORTOS E AVIAÇÃO CIVIL. *Anuário Estatístico de Transportes 2010-2016.* Disponível em: <www.transportes.gov.br/images/bit/Tabelas_Anuário_Estatístico_de_Transportes/10_Mapas/MapaMultimodal.pdf>. Acesso em: 16 maio 2018.

CAPÍTULO 27 • PRODUÇÃO BRASILEIRA DE ENERGIA

3. COMBUSTÍVEIS RENOVÁVEIS

Como vimos no capítulo 26, os biocombustíveis são derivados de biomassa, como cana-de-açúcar, oleaginosas, madeira e outras matérias orgânicas. Os mais comuns são o etanol (álcool de cana, no caso brasileiro) e o biodiesel (oleaginosas), que podem ser usados puros ou adicionados aos derivados de petróleo, como gasolina e óleo *diesel*.

Os biocombustíveis apresentam vantagens em relação aos combustíveis fósseis no que diz respeito à sustentabilidade econômica, social e ambiental. O aumento de sua produção reduz o consumo de derivados de petróleo e consequentemente a poluição atmosférica, gera novos empregos em toda a cadeia produtiva, promove a fixação de famílias no campo, aumenta a participação de fontes renováveis na matriz energética brasileira e ainda pode se tornar importante produto da pauta de exportações do país.

O crescimento da demanda por biocombustíveis no mercado mundial e a expansão da área cultivada no Brasil e em outros países, entretanto, têm gerado preocupação, como estudamos no capítulo anterior. Especula-se que, com o aumento das áreas de monocultura de vegetais para a produção de biocombustíveis, haveria diminuição do cultivo de alimentos e o consequente aumento nos preços. Além disso, critica-se o fato de ocorrer maior desmatamento de vegetação nativa, o que traria grandes prejuízos socioambientais.

Thomaz Vita Neto/Pulsar Imagens

Em 2016, a biomassa (principalmente derivados da cana-de-açúcar e lenha) foi a segunda fonte de energia mais consumida no Brasil, com participação de cerca de 25% na nossa matriz energética, superada apenas por petróleo, com 42,6%. O Brasil apresenta condições muito favoráveis para a produção de etanol e biodiesel, pois tem grande extensão de áreas agricultáveis, com solo e clima favoráveis ao cultivo de oleaginosas e cana. Na foto, cultivo de cana-de-açúcar em José Bonifácio (SP), em 2016.

Marcos André/Opção Brasil Imagens

O Brasil apresenta um enorme estoque de áreas desmatadas e improdutivas, principalmente pastagens abandonadas, que podem ser utilizadas para o cultivo de vários tipos de plantas para produzir energia sem comprometer o abastecimento alimentar ou provocar mais desmatamento. Na foto, solo descoberto em primeiro plano no município de Barra Mansa (RJ), em 2016.

BIODIESEL

O Brasil cultiva várias espécies de plantas oleaginosas que podem ser usadas na produção de biodiesel, com destaque para mamona, palma (dendê), girassol, babaçu, soja e algodão, além de ser o segundo maior produtor mundial de etanol. Nos Estados Unidos – maior produtor mundial desse combustível – utiliza-se o milho na produção a um custo superior ao da cana no Brasil.

A utilização de biodiesel no mercado brasileiro foi regulamentada pela lei n. 11 097, de 2005, que instituiu a obrigatoriedade da mistura do produto ao *diesel* de petróleo em percentuais crescentes. Em 2013, 5% (meta alcançada já em 2009); 6% em julho de 2014; 7% em novembro do mesmo ano; e, em março de 2018, foi sancionada nova lei que elevou a mistura para 10%. Por causa dessa lei, a produção de biodiesel tem aumentado em ritmo acelerado, como mostra o gráfico abaixo.

Brasil: evolução da produção de biodiesel (B100*) – 2005-2016

(milhões de m³)

Ano	Produção
2005	0,0
2006	0,1
2007	0,4
2008	1,2
2009	1,6
2010	2,4
2011	2,7
2012	2,7
2013	2,9
2014	3,4
2015	3,9
2016	3,8

Fonte: AGÊNCIA NACIONAL DO PETRÓLEO, GÁS NATURAL E BIOCOMBUSTÍVEIS (ANP). *Anuário Estatístico Brasileiro do Petróleo, Gás Natural e Biocombustíveis 2017*. Disponível em: <www.anp.gov.br/wwwanp/publicacoes/anuario-estatistico/3819-anuario-estatistico-2017>. Acesso em: 11 maio 2018.

* A mistura de biodiesel ao óleo *diesel* recebe denominações que indicam o percentual utilizado. A mistura de 2%, por exemplo, é chamada B2, e assim sucessivamente, até o biodiesel puro – B100.

Também foi criado o Selo Combustível Social, um programa de transferência de renda para a agricultura familiar dedicada ao biodiesel, com incentivos fiscais e subsídios para pequenas propriedades familiares do Norte e Nordeste, principalmente na região do Semiárido.

Entretanto, até 2017, ainda era limitada a possibilidade de a produção de biodiesel colaborar para a melhoria das condições de vida dos agricultores familiares. Naquele ano, 72% do biodiesel produzido no Brasil foi obtido da soja, e 12%, da gordura animal.

Além de abastecer o mercado interno, parte da produção nacional de biodiesel é exportada, principalmente para a União Europeia.

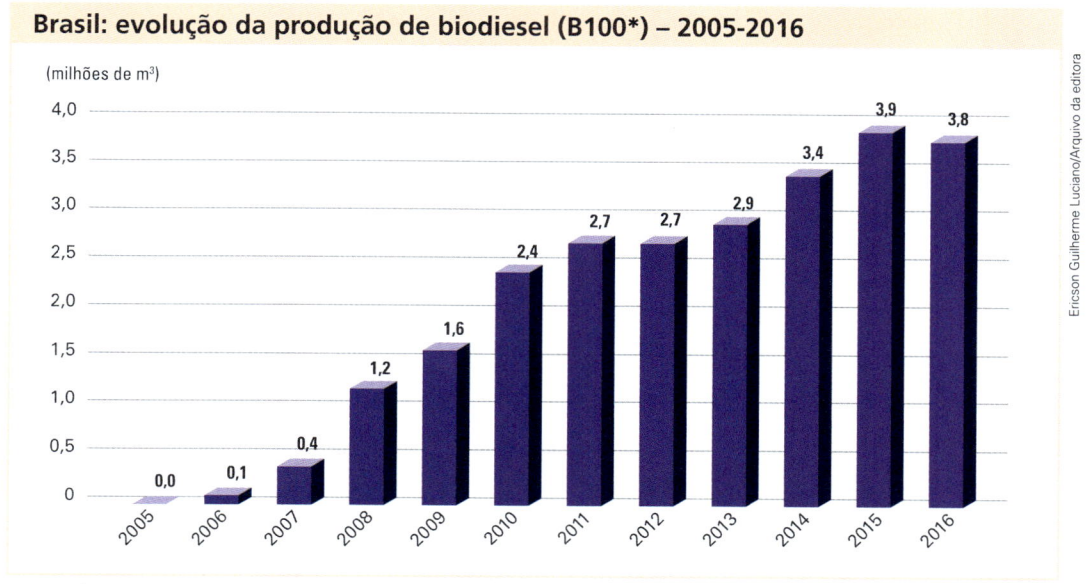

Selo do programa Combustível Social, criado a partir do decreto n. 5 297, de 2004.

ETANOL (ÁLCOOL)

O Programa Nacional do Álcool (Proálcool) foi criado em 1974 como uma tentativa de amenizar a dependência do Brasil em relação ao petróleo. A partir de fins do século XX, o álcool combustível passou a ganhar destaque também por causa de seus benefícios ambientais.

O Proálcool levou a alterações na organização espacial do campo, agravando os problemas relacionados à concentração de terras, como o aumento do número de trabalhadores diaristas, o incentivo à monocultura e o êxodo rural. Embora o etanol seja uma fonte de energia eficiente, o programa foi implantado, em escala nacional, em uma época em que a produção e o consumo apresentavam custos maiores do que os da produção da gasolina – por isso houve a necessidade de subsídios.

A partir de 1989, o governo reduziu os subsídios para a produção, e o consumo de álcool combustível diminuiu, levando o setor a uma crise. A falta de álcool no mercado levou à consequente perda de confiança dos consumidores, que deixaram de comprar veículos com motor a álcool (em 2002, menos de 1% dos veículos fabricados eram movidos a álcool, enquanto em 1982 esse percentual chegou a 90%).

Após o grande desenvolvimento tecnológico obtido no setor e os diversos aumentos no preço do barril de petróleo a partir de 1997, o álcool tornou-se economicamente viável. Depois de 2003, com o lançamento de veículos bicombustíveis, ou *flex*, que funcionam tanto com etanol como com gasolina, ou com ambos misturados, houve novo impulso à produção desse biocombustível no país. A adição de etanol à gasolina também levou a uma maior demanda do produto (observe o gráfico abaixo).

Em 2018, por determinação do Conselho Interministerial do Açúcar e do Álcool (Cima), o etanol é misturado à gasolina na proporção de 20% a 27%, o que garante a manutenção de sua produção. Se esse procedimento não fosse adotado, a qualidade do ar nos grandes centros urbanos pioraria muito.

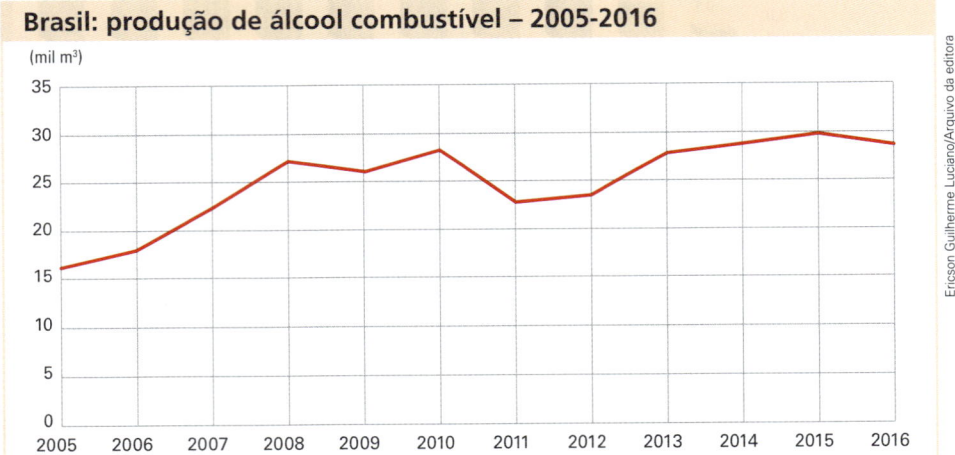

Fonte: AGÊNCIA NACIONAL DO PETRÓLEO, GÁS NATURAL E BIOCOMBUSTÍVEIS (ANP). *Anuário Estatístico Brasileiro do Petróleo, Gás Natural e Biocombustíveis 2017.* Disponível em: <www.anp.gov.br/wwwanp/publicacoes/anuario-estatistico/3819-anuario-estatistico-2017>. Acesso em: 11 maio 2018.

A produção de veículos bicombustíveis contribuiu muito para o aumento do consumo de etanol. Em 2017, 95% dos carros zero-quilômetro vendidos no mercado nacional eram *flex*. Na foto, linha de montagem em indústria automobilística localizada em Resende (RJ), em 2015.

4. ENERGIA ELÉTRICA

PRODUÇÃO DE ENERGIA E REGULAÇÃO ESTATAL

Segundo o banco de informações de geração de energia da Agência Nacional de Energia Elétrica (Aneel), em maio de 2018 o Brasil apresentava 6 674 usinas para produção de energia elétrica em operação, com capacidade de 158 956 MW. Desse total, 1 320 eram hidrelétricas de diversos tamanhos; 3 008 eram térmicas que utilizavam gás natural, biomassa, óleo *diesel* e carvão mineral; 522 eram eólicas; 1 881 eram solares; e duas, nucleares.

Desde o início desta década o Brasil está passando por um lento, mas contínuo crescimento da produção de energia eólica, com destaque para o Ceará e o Rio Grande do Sul. Em 2018, as usinas eólicas do Brasil respondiam por 8% (12 790 MW) da eletricidade produzida no país.

Entretanto, o uso de fontes de energia limpa e renovável tende a crescer: no início daquele ano, havia 115 usinas eólicas em construção no país – com potência total de 2 596 MW.

As usinas hidrelétricas, que têm a maior capacidade instalada de produção no país, produzem energia mais barata e com menos impactos ambientais, quando comparadas às usinas termelétricas e termonucleares (observe no gráfico da próxima página a capacidade hidrelétrica instalada por unidade federativa).

Até o fim da década de 1980, as hidrelétricas produziam aproximadamente 90% da eletricidade consumida no país, mas em 2018 essa participação tinha recuado para cerca de 63%, principalmente por causa da construção de usinas termelétricas movidas a gás natural e biomassa (observe no gráfico da próxima página as fontes utilizadas para a produção de energia elétrica no Brasil).

Parque eólico em Caetité (BA), em 2015. Embora a oferta de energia eólica seja reduzida, esse percentual vem aumentando consideravelmente a cada ano.

> Acesse o *site* da **Agência Nacional de Energia Elétrica (Aneel)**. Veja a seção **Sugestões de textos, vídeos e *sites*.**

O maior potencial hidrelétrico brasileiro está na bacia do rio Paraná, da qual, em 2018, cerca de 70% da disponibilidade já havia sido aproveitada. Já nas bacias do Amazonas, somente 1% é aproveitado. Em Rondônia, no rio Madeira, duas usinas de médio porte estavam em construção em 2018: Santo Antônio (licitada em 2007) e Jirau (licitada em 2008), cada uma com cerca de 3 mil MW de potência. Nesse mesmo ano estava sendo construída a usina de Belo Monte, no rio Xingu, a maior delas, com potência de 11 233 MW (cerca de 2/3 da capacidade de Itaipu).

O setor elétrico brasileiro (envolvendo geração, transmissão e distribuição de eletricidade), que era quase totalmente controlado por empresas estatais federais e estaduais, começou a ser privatizado a partir de 1995. Naquele ano, o Governo Federal iniciou a privatização de parte das empresas controladas pela Eletrobras por intermédio do Programa Nacional de Desestatização, criado em 1990. Em 1996 foi criada a Aneel, órgão regulador e fiscalizador do setor. Após o processo de privatização, as empresas de energia elétrica, incluindo algumas estatais não privatizadas, como a Cemig (cujo sócio majoritário é o governo de Minas Gerais), competem entre si para vender a energia produzida.

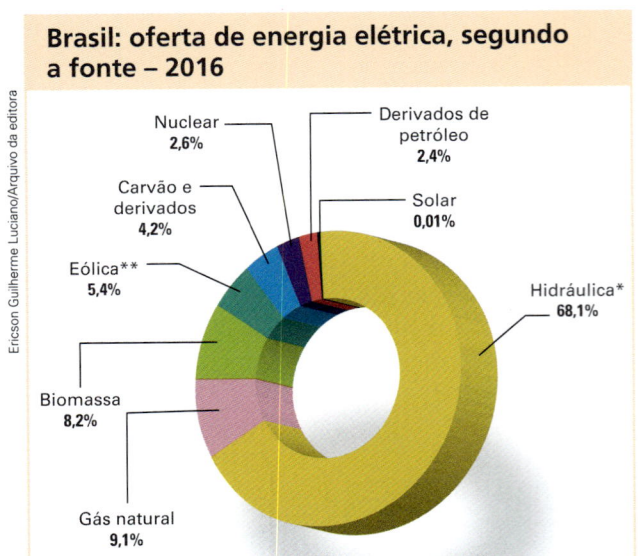

Fonte: EMPRESA DE PESQUISA ENERGÉTICA (EPE). *Balanço Energético Nacional 2017*: ano-base 2016. Disponível em: <https://ben.epe.gov.br/downloads/Relatorio_Final_BEN_2017.pdf>. Acesso em: 11 maio 2018.

* Inclui a energia hidrelétrica importada.

** O relatório da EPE e o banco de informações da Aneel apresentam discrepância em relação aos dados de energia eólica, mas ambos são fontes primárias.

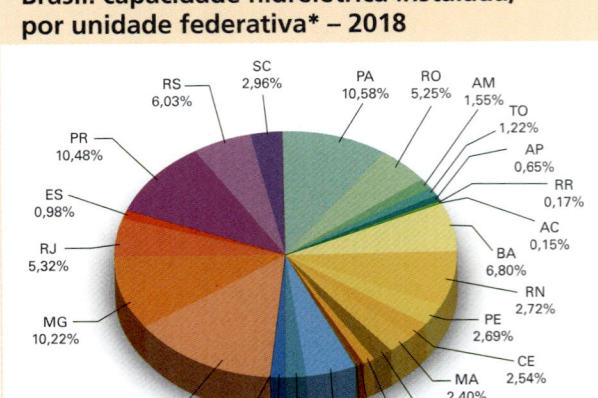

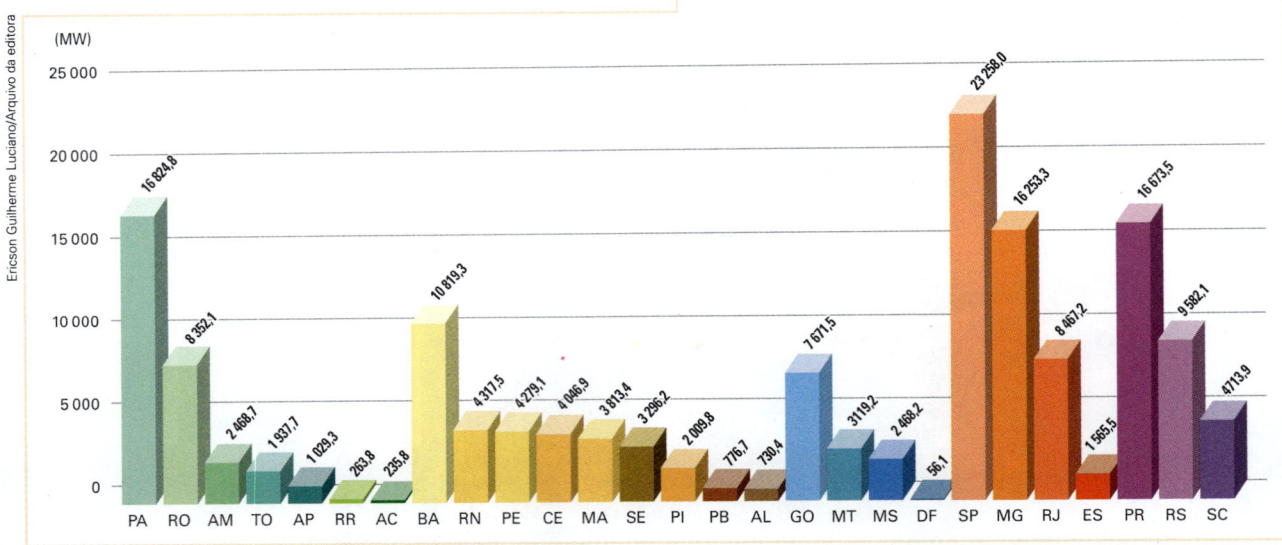

Fonte: AGÊNCIA NACIONAL DE ENERGIA ELÉTRICA (Aneel). *Banco de informações de geração*. Disponível em: <www2.aneel.gov.br/aplicacoes/ResumoEstadual/ResumoEstadual.cfm>. Acesso em: 11 maio 2018.

* Usinas de divisa computadas em um dos estados.

DIVERSIFICAÇÃO DA MATRIZ ENERGÉTICA

A instalação de termelétricas visa diversificar a matriz energética brasileira e evitar novas crises, como as que ocorreram em 2001, 2009, 2011 e 2013, que provocaram diversos "apagões" em várias regiões do país. As usinas hidrelétricas, que produzem energia mais barata e menos poluente, permanecem prioritárias no abastecimento, mas as termelétricas podem ser acionadas em períodos de pico no consumo ou quando é necessário preservar o nível de água nas represas.

A instalação de usinas termelétricas ocorre principalmente próximo a gasodutos. Observe a localização dos principais gasodutos no mapa abaixo.

A utilização de gasodutos barateia o transporte e permite uma melhor distribuição geográfica das usinas termelétricas. Na foto, trabalho de manutenção em gasoduto localizado em São José dos Campos (SP), em 2015.

Fonte: PETROBRAS. *Principais operações*. Disponível em: <www.petrobras.com.br/pt/nossas-atividades/principais-operacoes/>. Acesso em: 16 maio 2018.

A opção pela diversificação da matriz energética que priorizava as usinas menores difere bastante da política adotada durante a década de 1970 e o início da de 1980, quando foi dado um grande impulso ao setor energético por meio da construção de grandes usinas. Depois das crises do petróleo de 1973 e 1979, a produção de hidreletricidade passou a receber numerosos investimentos, por se tratar de uma fonte mais barata e que provoca menor impacto ambiental que o petróleo.

Na década de 1970, o governo estabeleceu como prioridade a construção de usinas com grandes represas, pois à época não era exigida a aprovação dos projetos pelos órgãos ambientais, o que passou a existir somente a partir de 1986. É o caso de Itaipu, a maior usina hidrelétrica brasileira, no rio Paraná (localizada na fronteira do Paraná com o Paraguai). No Norte, as principais usinas são Tucuruí, no rio Tocantins, e Balbina, no rio Uatumã, ao norte de Manaus. No Nordeste, merecem destaque Sobradinho e Xingó, no rio São Francisco.

A construção dessas hidrelétricas apresenta aspectos técnicos questionáveis, porque exigiu que grandes áreas fossem alagadas, o que causou danos sociais e ambientais irreversíveis, como extinção de espécies endêmicas (que são nativas de áreas específicas), inundação de sítios arqueológicos, alteração da dinâmica de erosão e sedimentação do solo, desalojamento de populações que vivem em cidades, em reservas indígenas ou em comunidades quilombolas, entre outros.

Atualmente, as grandes hidrelétricas em construção na Amazônia (Jirau, Santo Antonio e Belo Monte, em 2018) utilizam tecnologia em suas estruturas que dispensa a construção de grandes barragens e, consequentemente, há redução de área inundada. São conhecidas como **usinas a fio d'água**. Entretanto, como a quantidade de água represada é pequena, a produção de energia nessas usinas pode ficar comprometida em caso de período prolongado de seca.

O provável esgotamento das possibilidades de construção de grandes usinas hidrelétricas na região Sudeste e os investimentos feitos no Sistema Interligado Nacional levaram à descentralização da geração de energia para regiões que estiveram marginalizadas ao longo do século XX. Esse fato tem favorecido o investimento em novas fontes de energia (leia o texto da página a seguir) e o desenvolvimento das atividades econômicas em regiões historicamente desprovidas de infraestrutura básica. Como vimos no capítulo 25, está ocorrendo uma desconcentração do parque industrial, principalmente em direção às regiões Sul, Nordeste e Norte.

Às margens do rio Paraná, está localizada a usina de Itaipu, que abastece a região brasileira mais industrializada e que, por causa da demanda elevada, conseguiu exercer maior pressão política na alocação de recursos investidos em infraestrutura. Na foto, vista aérea da usina de Itaipu no rio Paraná, em Foz do Iguaçu (PR), em 2015.

PARA SABER MAIS

O programa nuclear

O programa nuclear brasileiro teve início em 1969, quando o Brasil adquiriu a usina de Angra I de uma empresa americana, com capacidade de produção de 626 MW (5% da capacidade de Itaipu), sem que essa aquisição fosse acompanhada de transferência de tecnologia. A usina foi instalada na praia de Itaorna (do tupi-guarani, 'pedra podre'), em Angra dos Reis, sobre uma falha geológica, ou seja, uma área potencialmente sujeita a movimentos tectônicos (o que o topônimo criado pelos indígenas já alertava). Foi apelidada de "vaga-lume", tal a incidência de problemas técnicos que desde sua inauguração obrigaram a sucessivos desligamentos. Sua construção se iniciou em 1972, mas o fornecimento de eletricidade só teve início treze anos depois, em 1985. Meses mais tarde, entretanto, foi interditada, e só voltou a funcionar em 1987, sempre de forma intermitente. Somente a partir de 1995 seu funcionamento se regularizou.

Em 1975, o Brasil assinou um acordo nuclear com a Alemanha por intermédio de uma empresa local. Inicialmente foi prevista a construção de oito usinas, com transferência de tecnologia. Após consumir bilhões de dólares em compra e armazenagem de equipamentos, transferência de tecnologia, salários e outras despesas fixas, uma dessas usinas, Angra II, que deveria começar a funcionar em 1983, só ficou pronta em 2001, com capacidade de produção de 1350 MW. A construção de Angra III, que deverá ter 1405 MW de potência, foi paralisada durante muitos anos, mas as obras foram retomadas e estimava-se que a usina entraria em operação comercial no final de 2018. Em 2014, a participação das usinas Angra I e II na produção nacional de energia elétrica representava apenas 2,5% do total. No entanto, o estado do Rio de Janeiro é altamente dependente do fornecimento dessas usinas.

Com a crise de abastecimento de energia enfrentada em 2001, a redução do custo de produção de energia em usinas termonucleares e os compromissos assumidos pelo país no Acordo de Kyoto, o governo de Fernando Henrique Cardoso incluiu a expansão do parque nuclear em suas estratégias de investimento, mas sem definição de novas usinas.

Acesse os *sites* da **Comissão Nacional de Energia Nuclear** e das **Indústrias Nucleares do Brasil**. Veja orientações na seção **Sugestões de textos, vídeos e *sites***.

As usinas de Angra I (à esquerda), Angra II (à direita) e Angra III (ao fundo), em Angra dos Reis (RJ), em foto de 2015.

ATIVIDADES

COMPREENDENDO CONTEÚDOS

1. Por que foram criadas as agências reguladoras (ANP, Aneel, ANTT, Antaq)?
2. Quais foram as estratégias utilizadas pelo governo brasileiro para enfrentar as crises de petróleo de 1973 e de 1979?
3. Comente a participação da termeletricidade na matriz energética brasileira.
4. Relacione os aspectos ambientais e socioeconômicos referentes ao consumo de etanol e de biodiesel como combustível.
5. Quais as consequências da implantação do sistema rodoviário como principal meio de transporte de cargas e passageiros no Brasil?

DESENVOLVENDO HABILIDADES

6. Observe os gráficos a seguir e responda às questões.

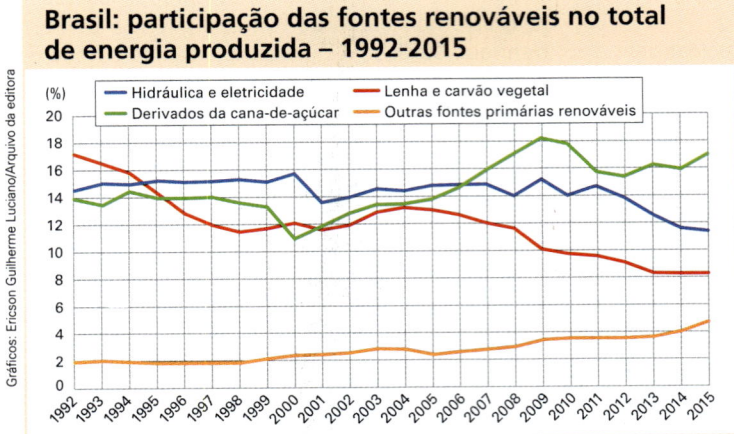

Fonte: IBGE. *Indicadores de Desenvolvimento Sustentável 2017*. Disponível em: <https://sidra.ibge.gov.br/pesquisa/ids/tabelas>. Acesso em: 11 maio 2018.

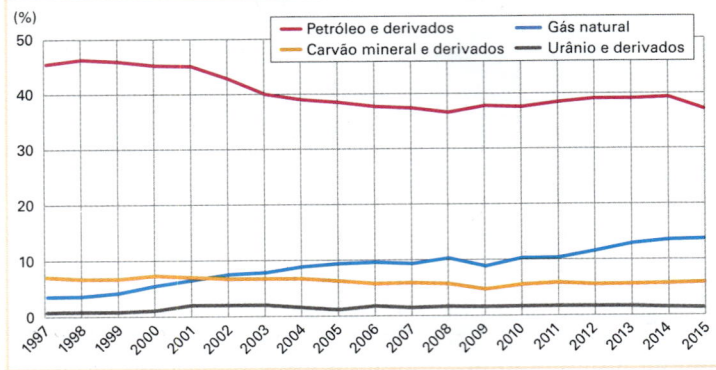

Fonte: IBGE. *Indicadores de Desenvolvimento Sustentável 2017*. Disponível em: <https://sidra.ibge.gov.br/pesquisa/ids/tabelas>. Acesso em: 11 maio 2018.

a) Quais são as fontes renováveis que apresentaram maior participação no total de energia ofertada no Brasil nas últimas décadas?
b) Quais fontes não renováveis apresentaram menor participação?
c) Como você explica essa mudança nas participações das fontes renováveis e não renováveis no total de energia ofertada no Brasil nas últimas décadas? Você diria que está ocorrendo uma substituição?

VESTIBULARES
DE NORTE A SUL

TESTES

1. **(UEM-PR)** Sobre fontes de energia e consumo energético global assinale o que estiver correto.
   - 01) A indústria automobilística confirmou a supremacia do uso do petróleo no século XX. A maior produção mundial do petróleo concentra-se no hemisfério sul.
   - 02) A produção de carvão mineral encontra-se principalmente no hemisfério norte, com alguma produção na Austrália e na África do Sul.
   - 04) O gás natural deverá ter maior participação como fonte de energia, por suas vantagens econômicas e ambientais.
   - 08) A crise que atinge algumas fontes de energias convencionais e a preocupação ambiental abriram caminhos para fontes alternativas como a biomassa, a energia eólica, a energia solar, a energia mareomotriz e a geotérmica.
   - 16) A maior parte da eletricidade consumida no mundo é produzida em usinas hidrelétricas.

2. **(Fatec-SP)** As fontes de energia que utilizamos são chamadas de renováveis e não renováveis. As renováveis são aquelas que podem ser obtidas por fontes naturais capazes de se recompor com facilidade em pouco tempo, dependendo do material do combustível.

   As não renováveis são praticamente impossíveis de se regenerarem em relação à escala de tempo humana. Elas utilizam-se de recursos naturais existentes em quantidades fixas ou que são consumidos mais rapidamente do que a natureza pode produzi-los.

   A seguir, temos algumas formas de energia e suas respectivas fontes.

Formas de energia	Fontes
Solar	Sol
Eólica	Ventos
Hidráulica (usina hidrelétrica)	Rios e represas de água doce
Nuclear	Urânio
Térmica	Combustíveis fósseis e carvão mineral
Maremotriz	Marés e ondas do oceano

   Assinale a alternativa que apresenta somente as formas de energias renováveis.
   - a) solar, térmica e nuclear.
   - b) maremotriz, solar e térmica.
   - c) hidráulica, maremotriz e solar.
   - d) eólica, nuclear e maremotriz.
   - e) hidráulica, térmica e nuclear.

3. **(Uern)** Segundo dados do Banco Mundial, 1 estadunidense consome tanta energia quanto 2 europeus, 55 indianos e 900 nepaleses. Em outubro de 2011, a população mundial chegou à casa dos 7 bilhões de habitantes. Caso a população mundial continue crescendo pode-se
   - a) adotar o modelo de consumo do mundo desenvolvido, porque é totalmente voltado para a sustentabilidade.
   - b) causar preocupação, porque a pressão sobre os recursos naturais será muito alta, principalmente por parte das nações desenvolvidas.
   - c) adotar uma postura consumista, já que cada vez mais preocupa-se com as questões ambientais.
   - d) continuar consumindo, porque os produtos são biodegradáveis, não oferecendo nenhum risco para o ambiente.

4. **(UFPE)** Ao longo de sua história, o homem utilizou diferentes fontes de energia: a dos próprios músculos, o fogo, a tração animal e tantas outras formas. Foi a partir do século XVIII que ele passou a usar as chamadas fontes de energia modernas. Com relação a esse assunto, analise as proposições a seguir.
   - O carvão mineral foi a fonte de energia que exerceu importante papel na Primeira Revolução Industrial, mantendo-se como fonte de energia básica até a primeira metade do século XX, quando foi suplantado pelo petróleo.
   - Para muitos estudiosos, uma fonte alternativa de energia para o século XXI, abundante nas áreas de clima tropical e subtropical, é a hulha.
   - A descoberta recente, pela Petrobras, de grandes reservas de petróleo e gás natural, no campo de Tupi, na bacia de Santos, poderá, segundo o Governo brasileiro, tornar o país um grande exportador de petróleo. Contudo, essa reserva localiza-se em uma profundidade ainda não explorada economicamente pela empresa.
   - A região da Bretanha, na França, em função da pouca amplitude das marés, faz uso de uma fonte de energia renovável, representada pelos ventos.
   - Além da cana-de-açúcar, outras fontes da biomassa tropical podem ser utilizadas para a produção de combustíveis para motores, a exemplo do dendê, da mamona, do babaçu, da celulose, entre outros.

5. **(Fatec-SP)** Um ano depois do terremoto seguido de tsunami que atingiu o Japão em 11 de março de 2011, causando o comprometimento da usina de Fukushima, a energia nuclear voltou a ser debatida pelos cientistas, ecologistas e pela sociedade civil que vêm destacando vantagens e desvantagens deste tipo de energia.

Sobre a energia nuclear é correto afirmar que
a) requer grandes espaços e estoques para seu funcionamento, mas sua tecnologia é barata e acessível a todos os países.
b) provoca grandes impactos sobre a biosfera e necessita de grandes estoques de combustível para produzir energia.
c) é considerada energia limpa e renovável, mas depende da sazonalidade climática e dos efeitos de fenômenos tectônicos.
d) apresenta mínima interferência no efeito estufa, mas um de seus maiores problemas é o destino final do lixo nuclear.
e) consome o urânio, que é considerado abundante em todos os continentes, mas produz gases de enxofre e particulados.

6. **N** (Uepa) O uso de energia e de tecnologias modernas de uso final levou a mudanças qualitativas na vida humana, proporcionando tanto o aumento da produtividade econômica quanto do bem-estar da população.
No entanto, para que tal se concretize tem que ser observado de que forma o homem se apropria dos recursos naturais geradores de energia para que essa apropriação não se transforme em um ato de violência socioambiental. Nesse contexto é verdadeiro afirmar que:
a) no Brasil são modestos os recursos naturais que podem ser apropriados para o fornecimento de energia, principalmente a água, por isso a matriz energética brasileira é a termoeletricidade, considerada uma forma limpa e não agressora ao meio ambiente.
b) historicamente, o Brasil procurou depender de recursos energéticos não agressivos ao meio ambiente, a exemplo do urânio que é beneficiado para fins de produção de energia atômica de uso doméstico. Este tipo de energia é produzido nas Usinas de Angra I e II no Rio de Janeiro.
c) o uso de combustíveis fósseis no fornecimento de energia, a exemplo do Petróleo, tem aumentado no país devido principalmente ao crescimento da frota de carros e à diminuição significativa da produção de etanol obtido da cana-de-açúcar. Este último fato tem estreita relação com a dizimação de canaviais no Nordeste brasileiro devido à propagação de pragas agrícolas.
d) a região Amazônica vive atualmente a eminência da construção da Usina Hidrelétrica de Belo Monte, no Rio Xingu. Impactos ambientais são de várias ordens e têm sido motivo de muitas discussões, a exemplo da redução da vazão do rio, do processo de desterritorialização de vários grupos indígenas e de perdas de parte da floresta e de sua biodiversidade. Se o cenário da Hidrelétrica de Tucuruí agregou violações de direito e desastres ambientais, em Belo Monte não será diferente.
e) apesar de ser comum a presença de problemas ambientais e sociais em construções de hidrelétricas, a de Tucuruí (Rio Tocantins) representou uma exceção, pois raros foram os problemas causados com a sua construção. O único a acontecer esteve ligado à saúde das mulheres, uma vez que sua construção estimulou a imigração, a urbanização da região, e o nível de doenças sexualmente transmissíveis aumentaram, especialmente a Aids.

QUESTÕES

7. **SE** (UFJF-MG) A economia mundial é fortemente dependente de fontes de energia não renováveis.
a) Cerca de 80% de toda a energia do planeta vem das reservas de:
b) A exploração e o uso de fontes não renováveis provocam grandes danos ao meio ambiente. Cite e explique um impacto provocado pelo uso de fontes não renováveis de energia.
c) As fontes renováveis de energia também têm limitações na sua exploração. Cite e explique por que uma das fontes alternativas de energia não pode ser utilizada em todos os lugares.

8. **NE** (UFBA)
O Brasil, por sua grandeza territorial, possui uma diversidade geográfica e climática significativa. A latitude, o relevo, as bacias hidrográficas, as características do solo, entre outros fatores, criam uma série de possibilidades, entre outras coisas, para o planejamento energético da matriz brasileira. Sendo bem exploradas, essas características singulares podem fazer do Brasil um país independente das energias fósseis a longo prazo. Através do investimento tecnológico e em infraestrutura, é possível utilizarmos fontes renováveis como a biomassa (etanol e biodiesel), eólica, solar e hidrelétrica.
[...] Finalmente, a natureza oferece as condições ou cria as dificuldades que, na verdade, podem ser oportunidades para o crescimento e desenvolvimento do país.

WALTZ, 2010, p. 31.

Com base no texto e nos conhecimentos sobre a matriz energética brasileira, uma das mais equilibradas entre as grandes nações,
a) justifique a recente expansão hidrelétrica da Região Norte e cite dois exemplos do atual aproveitamento da Bacia Amazônica;
b) destaque duas características naturais do Nordeste brasileiro, que podem ser aproveitadas para geração de energia alternativa e limpa;
c) indique duas características ambientais da Bacia Hidrográfica do Paraná.

CAIU NO Enem

1. Suponha que você seja um consultor e foi contratado para assessorar a implantação de uma matriz energética em um pequeno país com as seguintes características: região plana, chuvosa e com ventos constantes, dispondo de poucos recursos hídricos e sem reservatórios de combustíveis fósseis.

De acordo com as características desse país, a matriz energética de menor impacto e risco ambientais é a baseada na energia

a) dos biocombustíveis, pois tem menos impacto ambiental e maior disponibilidade.
b) solar, pelo seu baixo custo e pelas características do país favoráveis à sua implantação.
c) nuclear, por ter menos risco ambiental a ser adequada a locais com menor extensão territorial.
d) hidráulica, devido ao relevo, à extensão territorial do país e aos recursos naturais disponíveis.
e) eólica, pelas características do país e por não gerar gases do efeito estufa nem resíduos de operação.

2.

SOBRADINHO

O homem chega, já desfaz a natureza
Tira gente, põe represa, diz que tudo vai mudar
O São Francisco lá pra cima da Bahia
Diz que dia menos dia vai subir bem devagar
E passo a passo vai cumprindo a profecia do beato que
dizia que o Sertão ia alagar.

SÁ E GUARABYRA. Disco *Pirão de peixe com pimenta*. Som Livre, 1977 (adaptado).

O trecho da música faz referência a uma importante obra na região do rio São Francisco. Uma consequência socioespacial dessa construção foi

a) a migração forçada da população ribeirinha.
b) o rebaixamento do nível do lençol freático local.
c) a preservação da memória histórica da região.
d) a ampliação das áreas de clima árido.
e) a redução das áreas de agricultura irrigada.

3. A usina hidrelétrica de Belo Monte será construída no rio Xingu, no município de Vitória de Xingu, no Pará. A usina será a terceira maior do mundo e a maior totalmente brasileira, com capacidade de 11,2 mil megawatts. Os índios do Xingu tomam a paisagem com seus cocares, arcos e flechas. Em Altamira, no Pará, agricultores fecharam estradas de uma região que será inundada pelas águas da usina.

BACOCCINA, D.; QUEIROZ, G.; BORGES, R. Fim do leilão, começo da confusão. *IstoÉ Dinheiro*. Ano 13, n. 655, 28 abr. 2010 (adaptado).

Os impasses, resistências e desafios associados à construção da Usina Hidrelétrica de Belo Monte estão relacionados

a) ao potencial hidrelétrico dos rios no norte e nordeste quando comparados às bacias hidrográficas das regiões Sul, Sudeste e Centro-Oeste do país.
b) à necessidade de equilibrar e compatibilizar o investimento no crescimento do país com os esforços para a conservação ambiental.
c) à grande quantidade de recursos disponíveis para as obras e à escassez dos recursos direcionados para o pagamento pela desapropriação das terras.
d) ao direito histórico dos indígenas à posse dessas terras e à ausência de reconhecimento desse direito por parte das empreiteiras.
e) ao aproveitamento da mão de obra especializada disponível na região Norte e o interesse das construtoras na vinda de profissionais do Sudeste do país.

4. Empresa vai fornecer 230 turbinas para o segundo complexo de energia à base de ventos, no sudeste da Bahia. O Complexo Eólico Alto Sertão, em 2014, terá capacidade para gerar 375 MW (megawatts), total suficiente para abastecer uma cidade de 3 milhões de habitantes.

MATOS, C. "GE busca bons ventos e fecha contrato de R$ 820mi na Bahia". *Folha de S.Paulo*, 2 dez. 2012.

A opção tecnológica retratada na notícia proporciona a seguinte consequência para o sistema energético brasileiro:

a) Redução da utilização elétrica.
b) Ampliação do uso bioenergético.
c) Expansão de fontes renováveis.
d) Contenção da demanda urbano-industrial.
e) Intensificação da dependência geotérmica.

5. Nos últimos decênios, o território conhece grandes mudanças em função de acréscimos técnicos que renovam a sua materialidade, como resultado e condição, ao mesmo tempo, dos processos econômicos e sociais em curso.

SANTOS, M.; SILVEIRA, M. L. *O Brasil*: território e sociedade do século XXI. Rio de Janeiro: Record, 2004 (adaptado).

A partir da última década, verifica-se a ocorrência no Brasil de alterações significativas no território, ocasionando impactos sociais, culturais e econômicos sobre comunidades locais, e com maior intensidade, na Amazônia Legal, com a

a) reforma e ampliação de aeroportos nas capitais dos estados.
b) ampliação de estádios de futebol para a realização de eventos esportivos.
c) construção de usinas hidrelétricas sobre os rios Tocantins, Xingu e Madeira.
d) instalação de cabos para a formação de uma rede informatizada de comunicação.
e) formação de uma infraestrutura de torres que permitem a comunicação móvel na região.

6. A soma do tempo gasto por todos os navios de carga na espera para atracar no porto de Santos é igual a 11 anos – isso, contando somente o intervalo de janeiro a outubro de 2011. O problema não foi registrado somente neste ano. Desde 2006 a perda de tempo supera uma década.

Folha de S.Paulo, 25 dez. 2011 (adaptado).

A situação descrita gera consequências em cadeia, tanto para a produção quanto para o transporte. No que se refere à territorialização da produção no Brasil contemporâneo, uma dessas consequências é a

a) realocação das exportações para o modal aéreo em função da rapidez.
b) dispersão dos serviços financeiros em função da busca de novos pontos de importação.
c) redução da exportação de gêneros agrícolas em função da dificuldade para o escoamento.
d) priorização do comércio com países vizinhos em função da existência de fronteiras terrestres.
e) estagnação da indústria de alta tecnologia em função da concentração de investimentos na infraestrutura de circulação.

7. O potencial brasileiro para gerar energia a partir da biomassa não se limita a uma ampliação do Proálcool. O país pode substituir o óleo *diesel* de petróleo por grande variedade de óleos vegetais e explorar a alta produtividade das florestas tropicais plantadas. Além da produção de celulose, a utilização da biomassa permite a geração de energia elétrica por meio de termelétricas a lenha, carvão vegetal ou gás de madeira, com elevado rendimento e baixo custo. Cerca de 30% do território brasileiro é constituído por terras impróprias para a agricultura, mas aptas à exploração florestal. A utilização de metade dessa área, ou seja, de 120 milhões de hectares, para a formação de florestas energéticas, permitiria produção sustentada do equivalente a cerca de 5 bilhões de barris de petróleo por ano, mais que o dobro do que produz a Arábia Saudita atualmente.

VIDAL, José Walter Bautista. Desafios internacionais para o século XXI. Seminário da Comissão de Relações Exteriores e de Defesa Nacional da Câmara dos Deputados, ago. 2002. (Adaptado).

Para o Brasil, as vantagens da produção de energia a partir da biomassa incluem:

a) implantação de florestas energéticas em todas as regiões brasileiras com igual custo ambiental e econômico.
b) substituição integral, por biodiesel, de todos os combustíveis fósseis derivados do petróleo.
c) formação de florestas energéticas em terras impróprias para a agricultura.
d) importação de biodiesel de países tropicais, em que a produtividade das florestas seja mais alta.
e) regeneração das florestas nativas em biomas modificados pelo homem, como o Cerrado e a Mata Atlântica.

8. A Lei Federal n. 11097/2005 dispõe sobre a introdução do biodiesel na matriz energética brasileira e fixa em 5% [em 2016 estava em 8%], em volume, o percentual mínimo obrigatório a ser adicionado ao óleo *diesel* vendido ao consumidor. De acordo com essa lei, biocombustível é "derivado de biomassa renovável para uso em motores a combustão interna com ignição por compressão ou, conforme regulamento, para geração de outro tipo de energia que possa substituir parcial ou totalmente combustíveis de origem fóssil".

A introdução de biocombustíveis na matriz energética brasileira:

a) colabora na redução dos efeitos da degradação ambiental global produzida pelo uso de combustíveis fósseis, como os derivados do petróleo.
b) provoca uma redução de 5% na quantidade de carbono emitido pelos veículos automotores e colabora no controle do desmatamento.
c) incentiva o setor econômico brasileiro a se adaptar ao uso de uma fonte de energia derivada de uma biomassa inesgotável.
d) aponta para pequena possibilidade de expansão do uso de biocombustíveis, fixado, por lei, em 5% do consumo de derivados do petróleo.
e) diversifica o uso de fontes alternativas de energia que reduzem os impactos da produção do etanol por meio da monocultura da cana-de-açúcar.

Para analisar as condições de vida de um povo, é preciso conhecer seus indicadores sociais, econômicos, culturais e políticos. Alguns deles revelam desigualdades entre grupos sociais – característica que, de forma mais ou menos intensa, atinge todas as nações do planeta.

Nesta unidade vamos refletir sobre diversos temas ligados às condições de vida e às dinâmicas das populações do Brasil e do mundo. Os direitos humanos são universais? Os estudos com base nos indicadores sociais tendem a melhorar ou piorar a vida da população? A resposta para essas e outras perguntas poderá ser encontrada nos próximos capítulos.

UNIDADE

8

POPULAÇÃO

CAPÍTULO 28

CARACTERÍSTICAS DA POPULAÇÃO MUNDIAL

Rua em Istambul (Turquia), em 2015. Essa aglomeração urbana é uma das mais populosas do mundo.

A dinâmica da população varia bastante entre os países. Nas economias desenvolvidas o crescimento demográfico é inexpressivo, sendo até mesmo negativo em alguns locais. Nos países em desenvolvimento e emergentes ocorrem as mais variadas situações: em algumas nações, o elevado crescimento populacional compromete a busca pelo desenvolvimento sustentável; em outras, a população tende a se estabilizar nas próximas décadas, como é o caso do Brasil.

Neste capítulo, estudaremos as teorias sobre o crescimento populacional e sua influência no desenvolvimento dos países, além de alguns conceitos importantes para o entendimento do tema, como população, povo, etnia e direitos humanos.

Segundo o Fundo de População das Nações Unidas (UNFPA), em 2017, o planeta Terra era habitado por 7,5 bilhões de pessoas, distribuídas de maneira distinta pelos países e pelas regiões.

Observe no mapa abaixo que existem regiões com elevada concentração de habitantes e outras em que a ocupação humana é esparsa.

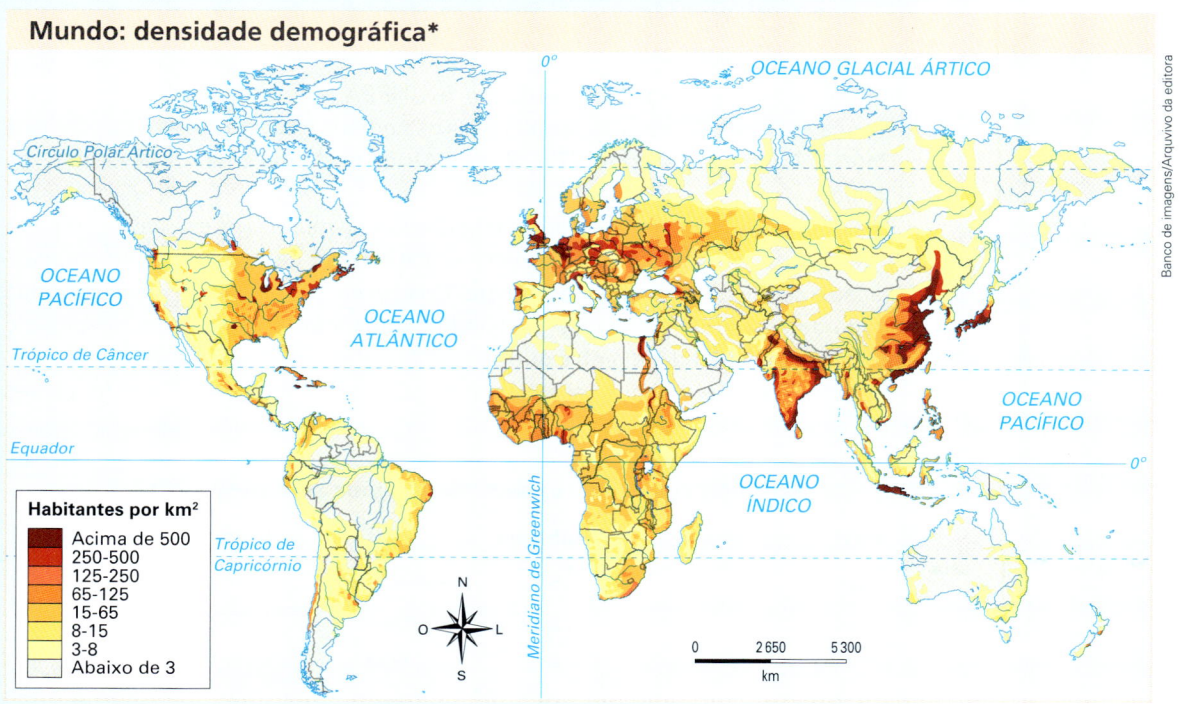

Fonte: OXFORD Atlas of the World. 23rd ed. London: Oxford University Press, 2016. p. 85-86. (Original sem data).

* Densidade demográfica corresponde ao número de habitantes por quilômetro quadrado. Esse número, embora revele áreas de maior ou menor concentração populacional, não indica as características socioeconômicas e outros aspectos que permitiriam avaliar as condições de vida da população.

CAPÍTULO 28 • CARACTERÍSTICAS DA POPULAÇÃO MUNDIAL **537**

1. POPULAÇÃO MUNDIAL

Em 2013, segundo o relatório *World Development Indicators 2017*, do Banco Mundial, aproximadamente 11% da população vivia em condições de pobreza extrema. A maior parte estava em países em desenvolvimento da África subsaariana e da Ásia meridional.

Muitos países apresentaram um expressivo crescimento econômico e as condições de vida de suas populações melhoraram, principalmente durante a segunda metade do século XX e o início do século XXI. De acordo com o Banco Mundial, em 1990 cerca de 1,9 bilhão de pessoas viviam em condições de pobreza extrema (com menos de US$ 1,90 por dia). Esse número foi reduzido quase pela metade, apesar do crescimento populacional do período (veja o gráfico abaixo).

Mundo: pessoas vivendo abaixo da linha internacional de pobreza extrema – 1990/2013

Fonte: WORLD BANK. *World Development Indicators 2017.* p. 35. Disponível em: <https://data.worldbank.org/products/wdi>. Acesso em: 23 maio 2018.

* Sem dados em 2013.

No período de 2010 a 2020, segundo o UNFPA, nos países desenvolvidos a esperança de vida média era de 76 anos para os homens e 82 anos para as mulheres; na América Latina e no Caribe, 72 e 79; e na África ocidental e na África central, 56 e 58 anos.

Tais diferenças se explicam pela deficiência ou, muitas vezes, pela completa falta de acesso a água potável; a coleta e tratamento de esgoto; a alimentação, educação e condições de habitação adequadas e, principalmente, a bons programas de saúde destinados à população, incluindo campanhas de vacinação, hospitais e maternidades de qualidade, entre outros.

Observe, na tabela abaixo, a expectativa de vida ao nascer em alguns países selecionados.

Países selecionados: expectativa de vida ao nascer – 2017					
País	**Homens**	**Mulheres**	**País**	**Homens**	**Mulheres**
Japão	81	87	Arábia Saudita	73	76
Itália	81	85	Brasil	72	79
Alemanha	79	84	Egito	69	74
Estados Unidos	77	82	Haiti	61	66
México	75	80	Moçambique	57	61
Argentina	73	80	Guiné-Equatorial	57	59

Fonte: FUNDO DE POPULAÇÃO DAS NAÇÕES UNIDAS (UNFPA). *Situação da população mundial 2017.* Disponível em: <www.unfpa.org.br/novo/index.php/situacao-da-populacao-mundial>. Acesso em: 23 maio 2018.

2. CONCEITOS BÁSICOS

POPULAÇÃO E POVO

População é o conjunto de pessoas que reside em determinada área. Ela pode ser caracterizada de acordo com vários aspectos, como gênero, faixa etária, religião, etnia, idioma, local de moradia, atividade econômica praticada, entre outros. As condições de vida e o comportamento da população, no entanto, são retratados por meio de **indicadores sociais**: taxas de natalidade e mortalidade, expectativa de vida, índices de analfabetismo, participação na renda, etc.

No Brasil, população e povo são conceitos que têm **distinção jurídica**:

- **população** brasileira é o conjunto de todos os habitantes do país; engloba, por exemplo, estrangeiros residentes, com direitos assegurados por tratados internacionais e na própria Constituição Federal;
- **povo** brasileiro é composto de habitantes natos e estrangeiros naturalizados que, de forma regulamentada, têm direitos e deveres de participação na vida política do país.

Quando nos referimos à população de um país, também podemos considerar os conceitos de populoso e povoado. Um país é considerado **populoso** quando o número absoluto de habitantes é alto; ele é considerado **povoado** quando o número de habitantes por quilômetro quadrado é elevado.

Um país não oferece melhores ou piores condições de vida aos seus cidadãos simplesmente pelo fato de ser pouco ou muito povoado. O que conta é a análise das condições de vida da população e do acesso aos direitos humanos universais estabelecidos pela ONU, e não apenas a análise dos números demográficos.

Brasil: densidade demográfica – 2010

Fonte: IBGE. *Atlas geográfico escolar.* 7. ed. Rio de Janeiro, 2016. p. 114.

O Brasil é o quinto país mais populoso do planeta, com cerca de 209 milhões de habitantes (em maio de 2018, segundo o IBGE). No entanto, é considerado um país pouco povoado, pois tem aproximadamente 24 habitantes por quilômetro quadrado. Veja esse mapa ampliado na página 21 do *Atlas*.

Como você já viu, a população pode ser classificada de acordo com o gênero (feminino e masculino), a faixa etária (crianças, jovens, adultos, idosos), a etnia ou a cor e a raça (como utiliza o IBGE), o local de moradia (urbana e rural), a atividade econômica, entre outros aspectos. Na foto, jovens em Calgary (Canadá), em 2016.

DIREITOS HUMANOS UNIVERSAIS

O texto abaixo, que trata da importância dos direitos humanos fundamentais, foi escrito, em 1998, pelo jurista Dalmo de Abreu Dallari, quando se comemoravam os cinquenta anos da Declaração Universal dos Direitos Humanos.

A humanidade é constituída de pessoas de diversas etnias e modos de vida, além de diferentes condições sociais, econômicas, culturais e psicológicas. Todos, no entanto, devem ter garantidos os direitos humanos estabelecidos pela ONU.

Celebração religiosa vodu na floresta de Kpasse em Ouidá (Benin), em 2015. Realizada anualmente, a cerimônia atrai milhares de devotos e turistas. O direito à liberdade de religião é estabelecido no Artigo 18º da Declaração Universal dos Direitos Humanos.

OUTRAS LEITURAS

O QUE SÃO DIREITOS HUMANOS

Direitos humanos: noção e significado

Para entendermos com facilidade o que significa direitos humanos, basta dizer que tais direitos correspondem às necessidades essenciais da pessoa humana. Trata-se daquelas necessidades que são iguais para todos os seres humanos e que devem ser atendidas para que a pessoa possa viver com a dignidade que deve ser assegurada a todas as pessoas. Assim, por exemplo, a vida é um direito humano fundamental, porque sem ela a pessoa não existe. Então a preservação da vida é uma necessidade de todas as pessoas humanas. Mas, observando como são e como vivem os seres humanos, vamos percebendo a existência de outras necessidades que são também fundamentais, como a alimentação, a saúde, a moradia, a educação, e tantas outras coisas.

Pessoas com valor igual, mas indivíduos e culturas diferentes

Não é difícil reconhecer que todas as pessoas humanas têm aquelas necessidades e por esse motivo, como todas são iguais – uma não vale mais do que a outra, uma não vale menos do que a outra –, reconhecemos também que todos devem ter a possibilidade de satisfazer aquelas necessidades.

Um ponto deve ficar claro, desde logo: a afirmação da igualdade de todos os seres humanos não quer dizer igualdade física nem intelectual nem psicológica. Cada pessoa humana tem sua individualidade, sua personalidade, seu modo próprio de ver e de sentir as coisas. Assim, também os grupos sociais têm sua cultura própria, que é resultado de condições naturais e sociais. [...]

Em tal sentido as pessoas são diferentes, mas continuam todas iguais como seres humanos, tendo as mesmas necessidades e faculdades essenciais. Disso decorre a existência de direitos fundamentais, que são iguais para todos.

DALLARI, Dalmo de Abreu. *Direitos humanos e cidadania*. São Paulo: Moderna, 1998. p. 7-8.

NAÇÃO E ETNIA

O conceito de nação é muito importante nos estudos da geografia da população. Esse conceito será aqui utilizado, em seu sentido **antropológico**, como sinônimo de etnia, definindo um grupo de pessoas que apresenta uma história comum e vivencia um padrão cultural que lhe assegura uma identidade coletiva. Assim, a população de um país pode conter várias nações ou etnias, como é bastante evidente na Rússia, na Índia, na China e na Indonésia. Podemos dizer, portanto, que há países multinacionais ou multiétnicos.

É importante destacar que na população de um país, mesmo que as pessoas tenham ideais comuns e formem realmente uma nação, existe a necessidade da ação do **Estado** para intermediar os conflitos de interesses.

> "O senhor... mire, veja: o mais importante e bonito, do mundo, é isto: que as pessoas não estão sempre iguais, ainda não foram terminadas – mas que elas vão sempre mudando. Afinam ou desafinam, verdade maior. É o que a vida me ensinou. Isso que me alegra montão."
>
> João Guimarães Rosa (1908-1967), escritor brasileiro, na obra Grande Sertão: Veredas.

O Brasil é composto de diversas nações indígenas minoritárias – os Kaiapó, os Munduruku, os Kadiwéu, os Guarani, além de outras 305 etnias (sem contar os mais de cem povos isolados sobre os quais a Funai afirma ainda não haver informações objetivas). Em sentido antropológico, muitas vezes a palavra povo também é utilizada como sinônimo de nação e etnia, daí falar em povo kaiapó, povo guarani, etc. A Funai, por exemplo, utiliza a expressão "povos indígenas" em seus textos e em suas atividades. Na foto, adolescentes da etnia aparai durante uma festa na aldeia Bona, em Laranjal do Jari (AP), em 2015.

PARA SABER MAIS

Compreendendo os indicadores

Quanto mais acentuadas são as diferenças sociais e a concentração de renda, maior é a distância entre a média dos indicadores socioeconômicos da população e a realidade em que vive a maioria dos cidadãos.

No Brasil, como mostra o gráfico ao lado, o número de filhos por mulher varia bastante em relação às faixas de alfabetização, em todas as regiões. Portanto, diante de uma tabela, gráfico, texto ou mapa contendo quaisquer indicadores sociais, temos de considerar como está distribuída a renda, e, com isso, quais são as condições de vida da população do país, para podermos avaliar a confiabilidade da média obtida.

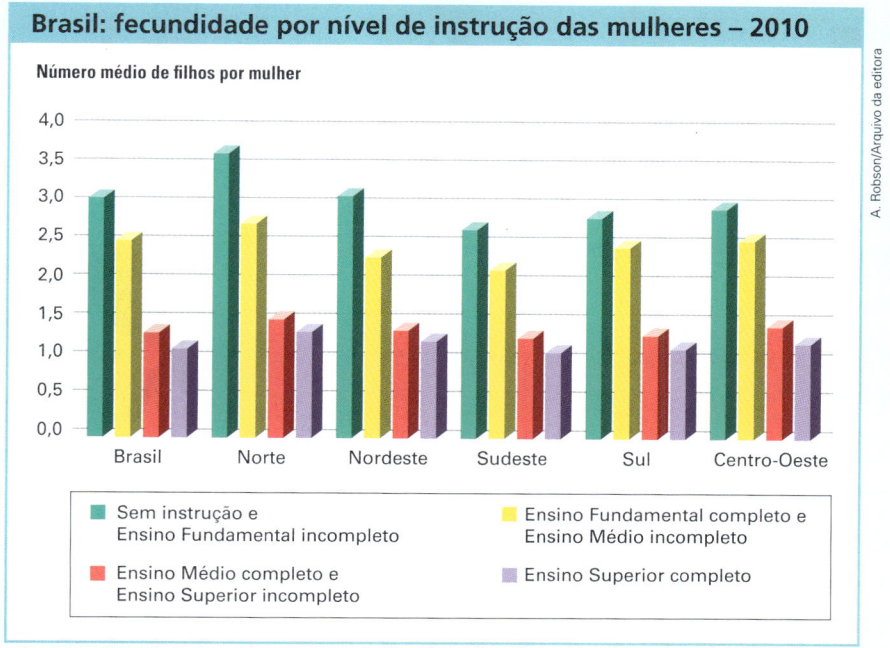

Fonte: IBGE. Censo demográfico 2010. Disponível em: <https://ww2.ibge.gov.br/home/presidencia/noticias/imprensa/ppts/00000010423010212012303616946440.pdf>. Acesso em: 30 abr. 2018.

3. QUESTÃO DE GÊNERO

Em muitos países ainda existe forte discriminação de gênero, isto é, não são oferecidas às **mulheres** as mesmas condições de vida e oportunidades que aos **homens** em relação a educação, segurança, atuação no mercado de trabalho e participação política.

Nos países desenvolvidos, tem havido grande avanço na redução das desigualdades de gênero, decorrente de mais de um século de lutas, mobilizações e manifestações. Embora em nível menor, o avanço também vem ocorrendo em países emergentes como Brasil, Argentina, Chile e África do Sul. Entretanto, em alguns outros emergentes e em muitos países em desenvolvimento, principalmente na África subsaariana e no Oriente Médio, as mulheres ainda sofrem grande discriminação e apresentam taxas de escolarização, participação política e condições de emprego bem inferiores às da população masculina, além de serem submetidas a frequentes maus-tratos.

A participação das mulheres no mercado de trabalho e no sistema de educação é uma das condições mais importantes para a busca do desenvolvimento sustentável e do terceiro item dos **Objetivos de Desenvolvimento do Milênio** estabelecidos pela ONU: promover a igualdade entre os sexos e a autonomia das mulheres (reveja o infográfico das páginas 266 e 267).

Observe o mapa abaixo e leia o texto da próxima página.

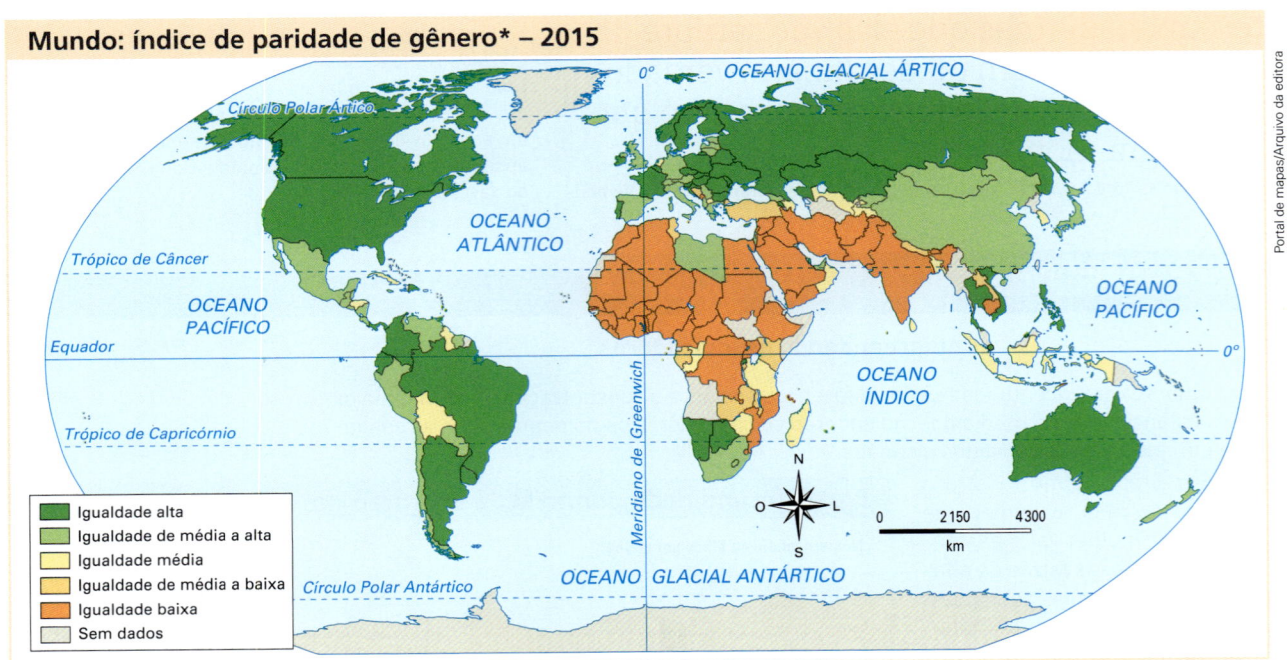

Fonte: UNDP. *Human Development Report 2016.* New York: United Nations Development Programme, 2017. p. 212-215. Disponível em: <www.undp.org/content/undp/en/home/librarypage/hdr/2016-human-development-report.html>. Acesso em: 30 abr. 2018.

* A classificação é realizada de acordo com a diferença entre os valores do IDH de cada gênero. Os países com igualdade alta apresentam diferença menor que 2,5%.

Nas sociedades em que educação, trabalho e renda de homens e mulheres ocorrem em igualdade de condições, todos os demais indicadores socioeconômicos melhoram. Isso acontece porque, com poucas exceções, cerca de 50% da população é do sexo feminino e, portanto, quando essa metade da população passa a participar da vida social e econômica em igualdade de condições, há crescimento econômico e desenvolvimento social. Na foto, pesquisadora realiza estudos botânicos em laboratório na Cidade do México (México), em 2017.

OUTRAS LEITURAS

CULTURA, GÊNERO E DIREITOS HUMANOS

[...] A cultura – padrões herdados de significados compartilhados e de entendimentos comuns – influencia o modo como as pessoas regem suas vidas e oferece uma lente por meio da qual podem interpretar sua sociedade. As culturas afetam a forma como as pessoas pensam e agem, mas não produzem uniformidade de pensamento ou de comportamento.

As culturas devem ser vistas em seu contexto mais amplo: elas influenciam e são influenciadas por circunstâncias externas e, em resposta a elas, se modificam. As culturas não são estáticas; as pessoas estão continuamente envolvidas em remodelá-las, embora alguns aspectos da cultura continuem a influenciar escolhas e estilos de vida por períodos muito longos.

Os costumes, normas, comportamentos e atitudes culturais são tão variados quanto ambíguos e dinâmicos. É arriscado generalizar e é particularmente perigoso julgar uma cultura pelas normas e valores de outra. Tal simplificação excessiva pode levar à presunção de que todo membro de uma cultura pensa de forma idêntica. Isso não somente se trata de uma percepção equivocada, mas ignora um dos acionadores da mudança cultural, que são as múltiplas expressões da resistência interna, a partir das quais as transições emergem. O movimento em direção à igualdade de gênero é um bom exemplo desse processo em funcionamento.

[...] Contudo, a desigualdade de gênero continua disseminada e arraigada em muitas culturas. [...] Algumas normas e tradições culturais e sociais perpetuam a violência associada ao gênero, e tanto os homens como as mulheres podem aprender a fazer "vista grossa" ou aceitar a situação. [...]

O poder opera dentro das culturas por meio da coerção que pode ser visível, oculta nas estruturas do governo e da legislação, ou estar enraizada nas percepções que as pessoas têm delas mesmas. As relações de poder são, portanto, o cimento que liga e molda a dinâmica de gênero e fundamenta o raciocínio e a maneira como as culturas interagem e se manifestam. Práticas como o casamento de crianças (que é uma das principais causas da fístula obstétrica e da mortalidade materna) e a mutilação ou excisão genital feminina (que tem consequências gravíssimas para a saúde) continuam a existir em muitos países apesar de haver leis proibindo-as. [...]

Os avanços na igualdade de gênero nunca vieram sem um embate cultural. As mulheres da América Latina, por exemplo, tiveram sucesso ao dar visibilidade à violência associada ao gênero e assegurar uma legislação adequada, contudo sua aplicação continua a ser um problema.

FUNDO DE POPULAÇÃO DAS NAÇÕES UNIDAS (UNFPA). *Relatório sobre a situação da população mundial 2008*. Disponível em: <www.unfpa.org.br/Arquivos/swop2008.pdf>. Acesso em: 30 abr. 2018.

> Consulte a indicação dos *sites* da **ONU Mulheres Brasil** e dos **Direitos das mulheres na mídia mundial**. Veja orientações na seção **Sugestões de textos, vídeos e *sites***.

Manifestação feminista pela diversidade e contra o patriarcado em Barcelona (Espanha), no Dia Internacional da Mulher, em 2016. Muitos avanços na paridade de gêneros são atribuídos à luta das mulheres no mundo todo.

4. CRESCIMENTO DEMOGRÁFICO

Segundo a ONU, do início dos anos 1970 até 2017, o crescimento da população mundial caiu de 2,1% para 1,2% ao ano, o percentual de mulheres em idade reprodutiva que utilizam algum método anticoncepcional aumentou de 10 para 63 e o número médio de filhos por mulher (taxa de fecundidade) caiu de 6 para 2,5. Ainda assim, esse ritmo continua elevado e, caso se mantenha, a população do planeta saltará de mais de 7,5 bilhões, em 2017, para 9,7 bilhões em 2050.

Os países em desenvolvimento abrigavam 6,2 bilhões de pessoas em 2017 e, em 2050, deverão ter 7,9 bilhões. Já nos países desenvolvidos o crescimento nesse mesmo período será bem menor, com a população absoluta aumentando de 1,25 para 1,28 bilhão de pessoas e, caso não se considerasse o ingresso de imigrantes, haveria redução para 1,15 bilhão de habitantes.

Apenas na China e na Índia, com 1,40 e 1,33 bilhão de habitantes, respectivamente, como mostra a tabela da página ao lado, viviam 37% da população mundial em 2017. Já a proporção de pessoas que vivem nos países desenvolvidos diminuirá de 17%, em 2017, para 14%, em 2050, por causa da redução em seu ritmo de **crescimento vegetativo**.

O uso de métodos contraceptivos, como os que aparecem nesta foto, proporcionou uma queda no número médio de filhos por mulher entre a segunda metade do século XX e o início do século XXI.

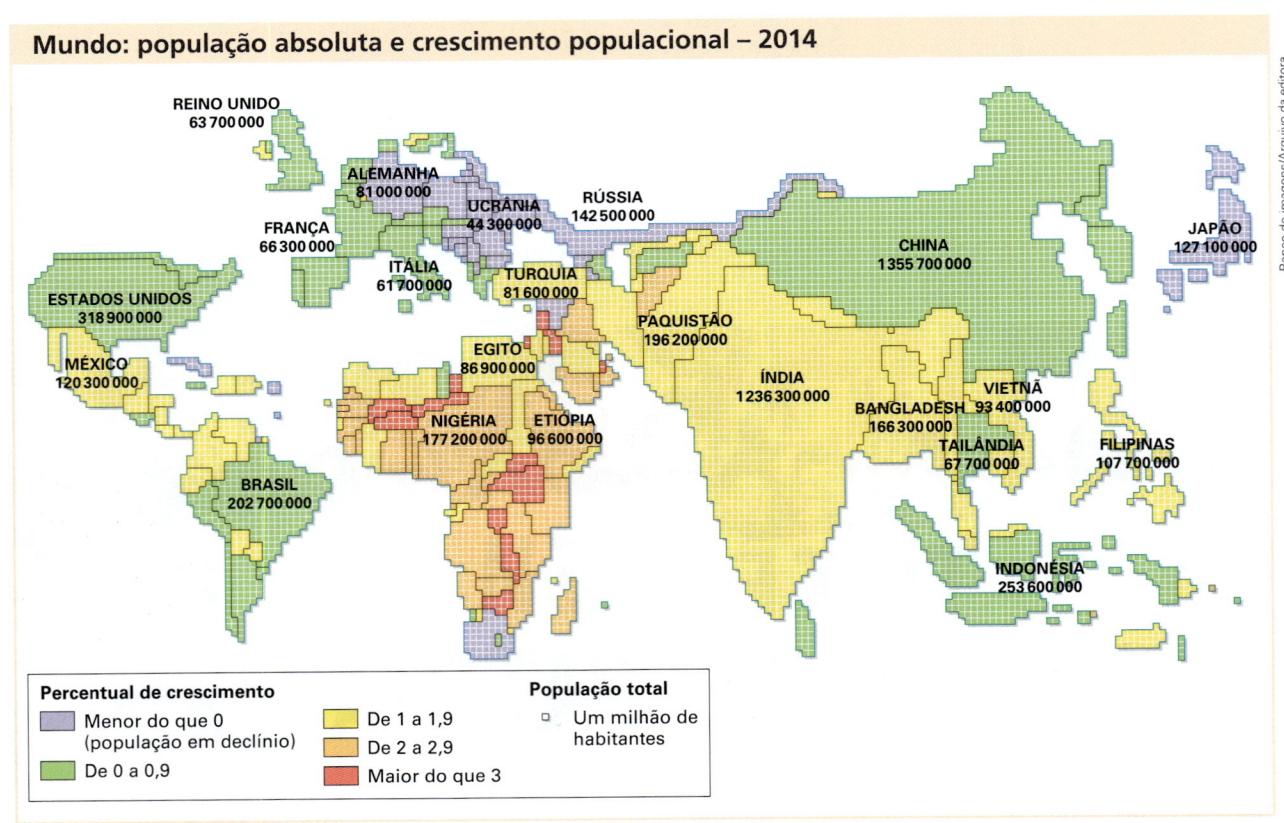

Fonte: NATIONAL GEOGRAPHIC. *Family Reference Atlas of the World*. 4th ed. Washington, D.C., 2016. p. 49.

Reveja no gráfico da página 197 uma projeção para o crescimento da população mundial até 2050 e perceba o grande aumento da população da Ásia e da África, como também mostra o mapa acima.

Enfermeiras cuidam de bebês recém-nascidos em maternidade na província de Hubei (China), em 2016. A China tem a maior população do mundo.

Os dez países mais populosos – 2017	
País	**Milhões de pessoas**
China	1 409
Índia	1 339
Estados Unidos	324
Indonésia	264
Brasil	209
Paquistão	197
Nigéria	190
Bangladesh	164
Rússia	143
México	129

Fonte: FUNDO DE POPULAÇÃO DAS NAÇÕES UNIDAS (UNFPA). *Situação da população mundial 2017.*
Disponível em: <www.unfpa.org.br/novo/index.php/situacao-da-populacao-mundial>. Acesso em: 30 abr. 2018.

O crescimento demográfico de uma determinada área (seja bairro, cidade, estado, país, grupo de países, continente) está ligado a dois fatores: ao **crescimento natural** e ao **saldo migratório**. O primeiro, também denominado **crescimento vegetativo**, corresponde à diferença entre nascimentos (natalidade) e óbitos (mortalidade) verificada em uma população; o segundo corresponde à diferença entre a entrada e a saída de pessoas da área considerada. Tendo como referência essas duas taxas, o crescimento populacional poderá ser positivo ou negativo.

TEORIAS DEMOGRÁFICAS

Muitas teorias foram elaboradas para se entender e analisar a dinâmica e as condições de vida da população mundial e compreender a influência dessa dinâmica no desenvolvimento dos países. A seguir, vamos estudar três delas, a teoria malthusiana, formulada no fim do século XVIII, a neomalthusiana e a reformista, que datam do pós-Segunda Guerra Mundial.

Malthusiana

A partir do século XVIII, com o desenvolvimento do capitalismo, o crescimento populacional passou a ser encarado como um fator positivo, uma vez que, quanto mais pessoas, mais consumidores. Nessa época, foi publicada a primeira teoria demográfica de grande repercussão, formulada pelo economista inglês Thomas Robert Malthus (1766-1834), que será analisada a seguir.

Em 1798, Malthus publicou sua obra *Ensaio sobre a população*, na qual desenvolveu uma teoria demográfica que se apoiava basicamente em dois postulados:

- Se não ocorressem guerras, epidemias, desastres naturais, entre outros eventos, a população tenderia a duplicar a cada 25 anos. Cresceria, portanto, em progressão geométrica (2, 4, 8, 16, 32...) e constituiria um fator variável, que aumentaria sem parar.
- O crescimento da produção de alimentos ocorreria apenas em progressão aritmética (2, 4, 6, 8, 10...) e possuiria certo limite de produção, por depender de um fator fixo: a própria extensão territorial dos continentes.

Ao considerar esses dois postulados, Malthus concluiu que o ritmo de crescimento populacional seria mais acelerado do que o da produção de alimentos. Previu também que um dia as possibilidades de aumento da área cultivada estariam esgotadas, pois todos os continentes estariam plenamente ocupados pela agropecuária e, no entanto, a população mundial ainda continuaria crescendo. A consequência disso seria a falta de alimentos e, para evitar esse flagelo, Malthus propunha que as pessoas só tivessem filhos se possuíssem terras cultiváveis para poder alimentá-los.

Atualmente, verifica-se que suas previsões não se concretizaram: o ritmo de crescimento da população do planeta desacelerou e a produção de alimentos aumentou em virtude da elevação da produtividade (quantidade produzida por área) obtida com o desenvolvimento tecnológico.

Essa teoria, quando foi elaborada, parecia muito consistente. Os erros de previsão estão ligados principalmente às limitações tecnológicas da época para a coleta de dados, já que Malthus chegou às suas conclusões partindo da observação do comportamento demográfico em uma determinada região, com população predominantemente rural, e o considerou válido para todo o planeta no decorrer da história. Não previu os efeitos decorrentes da urbanização na evolução demográfica e do progresso tecnológico aplicado à agricultura.

Desde que Malthus apresentou sua teoria, são comuns os discursos que relacionam de forma simplista a ocorrência da fome no mundo ao crescimento populacional. Observe a fotografia a seguir.

A absoluta falta de renda degrada a condição humana e exige ações efetivas do governo – nas esferas federal, estadual e municipal – para garantir melhores condições de vida aos mais pobres e aos desempregados: programas assistenciais, como os de renda mínima, fornecimento de merenda e transporte escolar, aposentadoria rural, habitação e saúde, seguro-desemprego e outros. Na foto, catadores em lixão a céu aberto em São Félix do Xingu (PA), em 2016.

Neomalthusiana

Em 1945, com o término da Segunda Guerra, foi realizada a Conferência de São Francisco (Estados Unidos), na qual foram discutidas estratégias de desenvolvimento para evitar a eclosão de um novo conflito militar em escala mundial. Havia apenas um ponto de consenso entre os participantes: a paz depende da harmonia entre os povos e, portanto, da diminuição das desigualdades econômicas.

Para explicar a situação de desigualdade entre os países, estudiosos identificaram na herança colonial e na desigualdade das relações comerciais a gênese da questão. Por isso, passaram a propor amplas reformas nas relações econômicas, em escala planetária. Nesse contexto histórico, foi formulada a teoria demográfica neomalthusiana, uma tentativa de explicar a ocorrência da fome e do atraso no desenvolvimento em muitos países. Ela era defendida por setores das sociedades e dos governos dos países desenvolvidos e por alguns setores dos países em desenvolvimento, com o objetivo de se esquivarem das questões socioeconômicas centrais daquela época.

Essa teoria pregava que uma numerosa população jovem, resultante das elevadas taxas de natalidade que eram constatadas em quase todos os países então chamados subdesenvolvidos, necessitaria de grandes investimentos sociais em educação e saúde. Com isso, sobrariam menos recursos para ser investidos em infraestrutura e nos setores agrícola e industrial. Ainda segundo os neomalthusianos, quanto maior o número de habitantes de um país, menor a renda *per capita* e a disponibilidade de capital a ser utilizado pelos agentes econômicos.

Verifica-se que essa teoria, embora com postulados diferentes daqueles utilizados por Malthus, chega à mesma conclusão: o crescimento populacional é o responsável pela ocorrência da pobreza. Seus defensores passaram a propor, então, programas de **controle de natalidade** nos países em desenvolvimento mediante a disseminação de métodos anticoncepcionais. Tratava-se de uma tentativa de enfrentar problemas socioeconômicos com programas de controle da natalidade e de acobertar os efeitos danosos dos baixos salários e das péssimas condições de vida que vigoram naqueles países.

Além disso, era muito simplista afirmar que, naquela época, os então chamados países subdesenvolvidos desperdiçavam em investimentos sociais recursos que deveriam ser destinados ao setor produtivo.

Uma população jovem numerosa só se torna empecilho ao crescimento das atividades econômicas nos países em desenvolvimento quando não são realizados investimentos sociais, principalmente em educação e saúde. Mais pessoas com acesso à educação e com renda alta significa trabalhadores mais bem qualificados e um maior mercado consumidor, o que estimula o desenvolvimento econômico. Esse é um dos motores do elevado crescimento econômico chinês desde 1980. Na foto, sala de aula em Fuyang (China), em 2018.

A situação de alguns países, como a Alemanha (onde foi criado o primeiro sistema educacional do mundo, no início do século XIX), o Japão (onde a contribuição da educação foi decisiva para a rápida recuperação após a Segunda Guerra) e, mais recentemente, a Coreia do Sul (que atualmente é considerada um país desenvolvido), entre outros, evidencia que investimentos sociais, especialmente em educação, são um poderoso motor do desenvolvimento econômico.

Reformista

Na mesma Conferência de São Francisco, representantes dos países então chamados subdesenvolvidos elaboraram a teoria reformista, que chega a uma conclusão inversa à das duas teorias mencionadas: uma população jovem numerosa, em virtude de elevadas taxas de natalidade, não seria a causa, mas a consequência do subdesenvolvimento.

Em países com elevado desenvolvimento humano, o controle da natalidade ocorreu de maneira simultânea à melhoria das condições de vida. Além disso, o planejamento familiar foi transmitido espontaneamente de uma geração a outra, à medida que foram se alterando os modos de vida e os projetos pessoais dos membros das famílias. Ao longo do tempo, as famílias do século XX passaram a ter menos filhos.

A falta de investimentos em educação gera um imenso contingente de mão de obra de baixa qualificação. Esses jovens e adultos tentam, muitas vezes sem sucesso, ingressar no mercado de trabalho e, como não conseguem vagas, passam a sobreviver do subemprego. Tal realidade tende a rebaixar o nível médio de produtividade por trabalhador, assim como os salários dos que estão empregados, além de empobrecer enormes parcelas da população desses países. Para que a dinâmica demográfica entre em equilíbrio, é necessário enfrentar as questões sociais e econômicas.

Subemprego: todo tipo de trabalho e prestação de serviços remunerados mas sem registro em carteira de trabalho, como o de vendedores ambulantes, guardadores de carros, trabalhadores domésticos, boias-frias, etc., que compõe a economia informal, aquela que não aparece nas cifras oficiais, pois não conta com nenhum tipo de registro e não recolhe impostos.

O acesso ao lazer também é um importante fator para a melhora nas condições de vida da população. Na foto, famílias passeiam em praia de Mumbai (Índia), em 2018.

Os defensores da corrente reformista afirmam que a tendência de controle espontâneo da natalidade é facilmente verificável ao se comparar a taxa entre as famílias pobres e as de maior poder aquisitivo (veja o gráfico abaixo). À medida que as famílias melhoram suas condições de vida – educação, assistência médica, acesso à informação, etc. –, tendem a ter menos filhos.

O cotidiano de milhões de famílias, principalmente nos países em desenvolvimento, transcorre em condições de extrema pobreza e a maioria não tem consciência das determinações econômicas e sociais às quais está submetida, vivendo de subempregos, em moradias precárias, subalimentada e sem acesso a informações e serviços de planejamento familiar.

A teoria reformista é a mais abrangente das três, por analisar os problemas econômicos, sociais e demográficos de forma integrada, partindo de situações concretas do cotidiano das pessoas. Os investimentos em educação são fundamentais para a melhoria de todos os indicadores sociais.

No mundo inteiro, quanto maior a escolaridade e a qualidade de vida da mulher, menores tendem a ser o número de filhos e a taxa de mortalidade infantil.

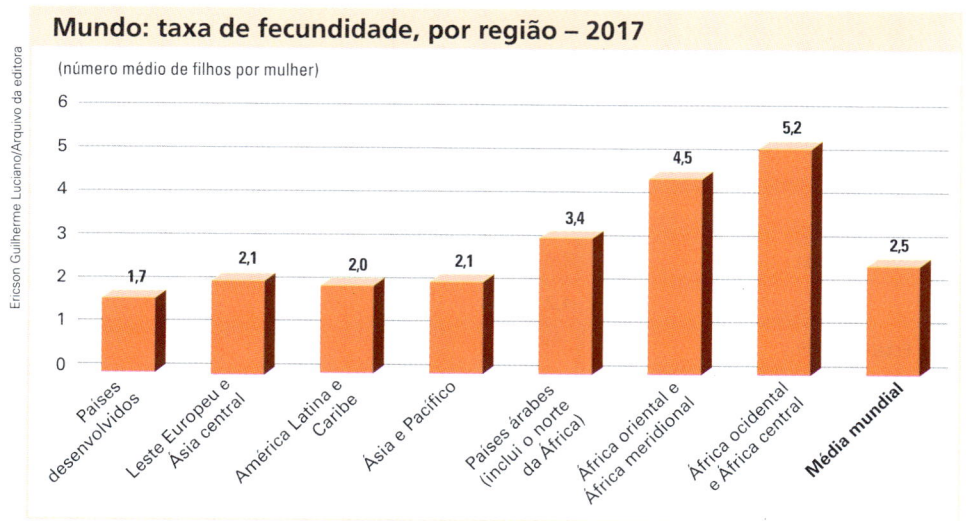

Fonte: FUNDO DE POPULAÇÃO DAS NAÇÕES UNIDAS (UNFPA). *Situação da população mundial 2017*. Disponível em: <www.unfpa.org.br/novo/index.php/situacao-da-populacao-mundial>. Acesso em: 30 abr. 2018.

Acesse o *site* da **Fundo de População das Nações Unidas (UNFPA)**. Consulte a seção **Sugestões de textos, vídeos e *sites***.

Moradias precárias no morro da Mineira, no Rio de Janeiro (RJ), em 2015. A falta de saneamento básico e de outras obras de infraestrutura dificulta a melhoria nos indicadores socioeconômicos.

5. REPOSIÇÃO DA POPULAÇÃO

Segundo a ONU, a taxa média de fecundidade necessária para a reposição da população sem que haja decréscimo é de 2,1 filhos por mulher. Os números da tabela desta página mostram que, enquanto em muitos países a taxa supera esse valor, em outros ela é inferior. Nesses países a natalidade e a entrada de imigrantes são incentivadas, ou suas populações tendem a diminuir.

Caso a projeção da ONU se mantenha, entre 2010 e 2050 a população de 31 países menos desenvolvidos (Níger, Afeganistão e outros) vai duplicar ou aumentar ainda mais, enquanto em 45 países desenvolvidos ou emergentes (Alemanha, Rússia e outros), a população vai decrescer no mesmo período.

Atualmente, o que se verifica na média mundial é uma queda dos índices de natalidade e mortalidade, embora em alguns países as taxas ainda se mantenham muito elevadas. O êxodo rural e suas consequências no comportamento demográfico de uma população crescentemente urbana auxiliam a explicar essa queda – veja no esquema da página ao lado algumas dessas consequências.

Países selecionados: taxas de crescimento da população e de fecundidade – 2017		
País	Crescimento da população (% ao ano)	Fecundidade (média de filhos por mulher)
Níger	3,8	7,2
Ruanda	2,5	3,8
Arábia Saudita	2,6	2,5
Índia	1,2	2,3
Estados Unidos	0,7	1,9
Rússia	0,1	1,8
Brasil	0,9	1,7
Países Baixos	0,3	1,7
China	0,5	1,6
Japão	– 0,1	1,5
Romênia	– 0,5	1,5
Espanha	– 0,2	1,4

Fonte: FUNDO DE POPULAÇÃO DAS NAÇÕES UNIDAS (UNFPA). *Situação da população mundial 2017*. Disponível em: <www.unfpa.org.br/novo/index.php/situacao-da-populacao-mundial>. Acesso em: 30 abr. 2018.

Alunos assistem a aula em uma escola islâmica, em Bosso (Níger), em 2015. Observe na tabela acima que, no Níger, a taxa de fecundidade, em 2017, era bastante alta, com média de 7,2 filhos por mulher, e que o crescimento da população também é elevado: 3,8% ao ano.

A vida nas cidades

Alguns aspectos que contribuíram para a queda dos índices de natalidade e de mortalidade das populações no meio urbano são:

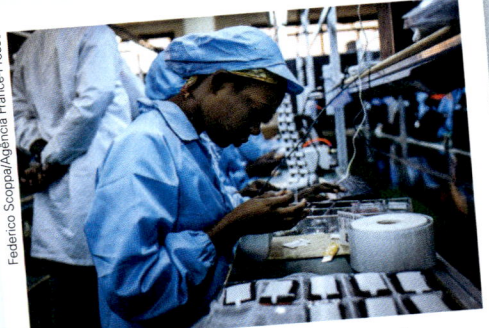

Mulher trabalha em linha de produção de celulares em Brazzaville (Congo), em 2015.

1. Taxa de fecundidade mais baixa
No meio urbano, aumenta o percentual de mulheres que trabalham fora de casa e que desenvolvem uma carreira profissional. Essas mulheres podem optar por priorizar suas carreiras e adiar a maternidade ou, ainda, por não ter filhos.

2. Custo de vida mais alto
Nas cidades, o custo de vida é mais alto, pois inclui gastos maiores com alimentação, moradia, transporte, educação, etc., o que leva muitas famílias a ter menos filhos, ou nenhum.

Jovens estudantes caminham em direção à escola em Quito (Equador), em 2015.

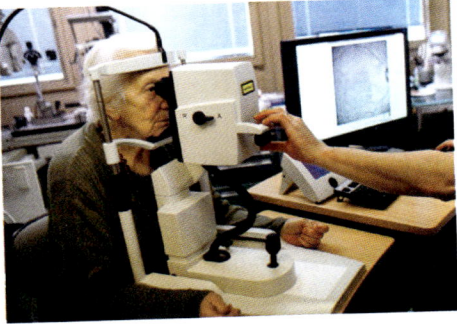

Idosa realiza exames oftalmológicos em Genebra (Suíça), em 2015.

3. Elevada expectativa de vida ao nascer
Com a urbanização, principalmente nos países em desenvolvimento, as pessoas têm mais acesso a saneamento básico, hospitais, farmácias e postos de saúde, fazendo com que a expectativa de vida seja maior do que no campo.

4. Planejamento familiar
Com a urbanização, as pessoas passaram a ter mais informação e acesso a pílulas anticoncepcionais e outros métodos contraceptivos, o que permitiu a realização de um planejamento familiar.

Mulheres grávidas aguardam para realização de exame pré-natal em Hyderabad (Índia), em 2016.

Paisagem urbana de Kuala Lumpur (Malásia), em 2016.

PENSANDO NO Enem

1. Um fenômeno importante que vem ocorrendo nas últimas quatro décadas é o baixo crescimento populacional na Europa, principalmente em alguns países como Alemanha e Áustria, onde houve uma brusca queda na taxa de natalidade. Esse fenômeno é especialmente preocupante pelo fato de a maioria desses países já ter chegado a um índice inferior ao "nível de renovação da população", estimado em 2,1 filhos por mulher. A diminuição da natalidade europeia tem várias causas, algumas de caráter demográfico, outras de caráter cultural e socioeconômico.

OLIVEIRA, P. S. Introdução à sociologia.
São Paulo: Ática, 2004. (adaptado).

As tendências populacionais nesses países estão relacionadas a uma transformação:

a) na estrutura familiar dessas sociedades, impactada por mudanças nos projetos de vida das novas gerações.
b) no comportamento das mulheres mais jovens, que têm imposto seus planos de maternidade aos homens.
c) no número de casamentos, que cresceu nos últimos anos, reforçando a estrutura familiar tradicional.
d) no fornecimento de pensões de aposentadoria, em queda diante de uma população de maioria jovem.
e) na taxa de mortalidade infantil europeia, em contínua ascensão, decorrente de pandemias na primeira infância.

Resolução

A alternativa correta é a **A**. A redução das taxas de fertilidade em vários países da Europa e de outros continentes está relacionada a uma série de fatores, entre os quais se destacam o custo de criação dos filhos e a maior participação das mulheres no mercado de trabalho.

O acesso à educação é uma das principais estratégias que promovem a inclusão social, tema relacionado às questões do Enem desta seção. Na foto, sala de aula no colégio estadual Senhor do Bonfim, em Salvador (BA), em 2018.

2. Qual dos *slogans* a seguir poderia ser utilizado para defender o ponto de vista dos reformistas?

a) "Controle populacional já, ou país não resistirá"
b) "Com saúde e educação, o planejamento familiar virá por opção!"
c) "População controlada, país rico!"
d) "Basta mais gente, que o país vai pra frente!"
e) "População menor, educação melhor!"

Resolução

A alternativa correta é a **B**. A teoria reformista afirma que a melhoria nas condições de vida da população promove redução no número de filhos por mulher porque, entre outros fatores, os avanços obtidos na escolaridade e no acesso ao sistema de saúde permitem melhor planejamento familiar e redução no número de gravidezes não planejadas.

3. Qual dos *slogans* a seguir poderia ser utilizado para defender o ponto de vista neomalthusiano?

a) "Controle populacional – nosso passaporte para o desenvolvimento"
b) "Sem reformas sociais o país se reproduz e não produz"
c) "População abundante, país forte!"
d) "O crescimento gera fraternidade e riqueza para todos"
e) "Justiça social, sinônimo de desenvolvimento"

Resolução

A alternativa correta é a **A**. A teoria neomalthusiana propõe o controle da natalidade como fator de redução da pobreza. De acordo com a teoria, a redução no número de filhos por mulher favorece o acesso da população aos serviços básicos de educação e de saúde e melhores condições de consumo de bens para as famílias.

Essas questões trabalham a **Competência de área 5 – Utilizar os conhecimentos históricos para compreender e valorizar os fundamentos da cidadania e da democracia, favorecendo uma atuação consciente do indivíduo na sociedade** – e a **Habilidade 25 – Identificar estratégias que promovam formas de inclusão social.**

ATIVIDADES

COMPREENDENDO CONTEÚDOS

1. Explique a diferença entre população, povo e etnia.

2. Por que os indicadores demográficos não refletem as condições de vida do conjunto da população?

3. Que fatores influenciam o crescimento populacional?

4. Por que, com a urbanização, há uma queda nos índices de natalidade e mortalidade?

5. Sobre as teorias demográficas:
    a) Compare a teoria de Malthus com a neomalthusiana, citando os pontos convergentes e divergentes.
    b) Faça uma síntese da teoria reformista.

DESENVOLVENDO HABILIDADES

6. Reveja o mapa da página 537 para resolver as atividades a seguir.
    a) Qual é o tema do mapa? Descreva brevemente o fato geográfico representado.
    b) O indicador representado no mapa revela as condições de vida da população mundial?
    c) Escreva um texto no caderno dissertando sobre exemplos de países e regiões cuja situação socioeconômica ilustre sua resposta anterior.

7. Releia o texto "Cultura, gênero e direitos humanos", da página 543, observe a fotografia abaixo e responda às questões propostas.
    a) O que é cultura?
    b) Por que é possível afirmar que a cultura de um povo é sempre dinâmica? Dê exemplos.
    c) Você concorda com a frase: "Os avanços na igualdade de gênero nunca vieram sem um embate cultural."? Explique.

Celebração do final do ano escolar na vila de Framin (Papua-Nova Guiné), em 2017. A diversidade cultural deve ser valorizada para que a memória dos distintos povos seja preservada.

CAPÍTULO 29

FLUXOS MIGRATÓRIOS E ESTRUTURA DA POPULAÇÃO

Vista parcial do bairro de Chinatown, em Londres (Reino Unido), em 2015, quando o presidente chinês visitou o país.

O deslocamento de pessoas dos países em desenvolvimento e emergentes em direção aos desenvolvidos corresponde a uma pequena parcela do total de migrantes do planeta. A maior parte da migração ocorre dentro dos próprios países da periferia do capitalismo.

Quando o lugar de origem é pobre, o deslocamento tende a melhorar o rendimento e as condições de vida da família migrante. Em contrapartida, o deslocamento pode ocasionar que o migrante seja hostilizado pelos habitantes do novo lugar de residência, ou ainda, em caso de perda de emprego ou de adoecer, que o migrante sofra a falta de apoio familiar ou de amigos.

Você já pensou sobre o que leva uma pessoa ou uma família a migrar? Todos os deslocamentos de pessoas ocorrem livremente? Qual é a importância do estudo da estrutura da população de um território para seu planejamento socioeconômico? Ao longo deste capítulo, estudaremos esses e outros assuntos relacionados ao tema.

Campo de refugiados em Tessalônica (Grécia), em 2016. Migrantes sírios, iraquianos e de outras nacionalidades aguardam autorização para se deslocarem pelos Estados da Europa, após fugirem de zonas de conflito armado em seus países de origem.

1. MOVIMENTOS POPULACIONAIS

O deslocamento de pessoas entre países, regiões e cidades é um fenômeno antigo, amplo e complexo, envolve as mais variadas classes sociais e culturas. Os motivos que levam a tais deslocamentos são diversos e apresentam consequências positivas e negativas, dependendo das condições e dos contextos socioeconômicos, culturais e ambientais em que ocorrem.

Existem causas religiosas, naturais, político-ideológicas, psicológicas, além dos conflitos bélicos, entre outras, associadas a esses movimentos populacionais. O que se verifica ao longo da história é que predominam os fatores de ordem econômica. Nas áreas de **repulsão** populacional, muitas vezes observam-se crescente desemprego, subemprego e baixos salários; já nas áreas de **atração** populacional, vislumbram-se melhores perspectivas de trabalho e salário e, portanto, melhores condições de vida. É o caso da emigração em direção aos países-membros da Organização para Cooperação e Desenvolvimento Econômico (OCDE), com destaque para Estados Unidos, Canadá, Japão, alguns países da Europa ocidental e Austrália. Observe o infográfico das páginas 558-559.

Os movimentos populacionais são geralmente classificados em:
- **voluntário** – quando o movimento é livre;
- **forçado** – como nos casos de escravidão e de perseguição religiosa, étnica ou política;
- **controlado** – quando o Estado controla numérica ou ideologicamente a entrada e/ou a saída de migrantes.

Qualquer deslocamento de pessoas acarreta consequências demográficas, como o aumento no número de habitantes nas áreas de atração e a diminuição nas de repulsão. Há ainda as influências em relação à língua, à religião, à culinária, à arquitetura, às artes e tradições em geral, que costumam ser positivas, pois os movimentos migratórios promovem a troca e o enriquecimento cultural por causa dos diferentes valores em contato.

Em 2015, segundo dados da ONU, cerca de 244 milhões de pessoas residiam fora de seu país de origem, o que superava o total da população brasileira daquele ano (204 milhões) e equivalia a cerca de 3% da população mundial, percentual que duplicou desde 1970.

> **"Não somos generosos. Somos humanitários."**
> *David Blunkett (1947-), Ministro do Interior da Grã-Bretanha em 2012, referindo-se ao fato de seu país dar asilo a imigrantes.*

Imigrantes africanos de diferentes origens realizam festa de rua para convocar a união entre as diversas etnias que emigraram para a Sicília (Itália). Foto de 2018.

A maioria dos migrantes internacionais tem origem nos países de renda média e a maior parte deles passa a viver em países de renda elevada. Segundo o *International Migration Report 2017*, mais de 60% dos imigrantes vivem na Ásia (80 milhões) e na Europa (78 milhões). Em seguida vêm a América do Norte (58 milhões), a África (25 milhões), a América Latina e o Caribe (10 milhões) e a Oceania (8 milhões). Por países, como veremos, o que mais recebe imigrantes são os Estados Unidos (quase 50 milhões).

Em muitos casos, os emigrantes são responsáveis por importante ingresso de dinheiro em seu país de origem, com a intenção de ajudar suas famílias ou de ter poupança que lhes permita regressar no futuro. No entanto, os países de onde saem enfrentam a perda de trabalhadores, muitos deles qualificados, que poderiam contribuir para o crescimento econômico e para a melhoria das condições de vida da população local.

No fim de 2016, havia no mundo 65,6 milhões de pessoas deslocadas de seu lugar de origem por perseguição, sendo que 40,3 milhões desse total eram pessoas **refugiadas** em seu próprio país de origem. Segundo o Acnur, a agência da ONU para os refugiados, "Os refugiados são pessoas que escaparam de conflitos armados ou perseguições. Com frequência, sua situação é tão perigosa e intolerável que devem cruzar fronteiras internacionais para buscar segurança nos países mais próximos, e então se tornarem um 'refugiado' reconhecido internacionalmente, com o acesso à assistência dos Estados, do Acnur e de outras organizações. São reconhecidos como tal, precisamente porque é muito perigoso para eles voltar ao seu país e necessitam de um asilo em algum outro lugar. Para estas pessoas, a negação de um asilo pode ter consequências vitais". Veja o gráfico ao lado.

Assista aos filmes *Bem-vindo* e *Jean Charles*. Consulte também os *sites* do **Alto Comissariado das Nações Unidas para Refugiados (Acnur)** e da **Organização Internacional para as Migrações**. Veja orientações na seção **Sugestões de textos, vídeos e *sites*.**

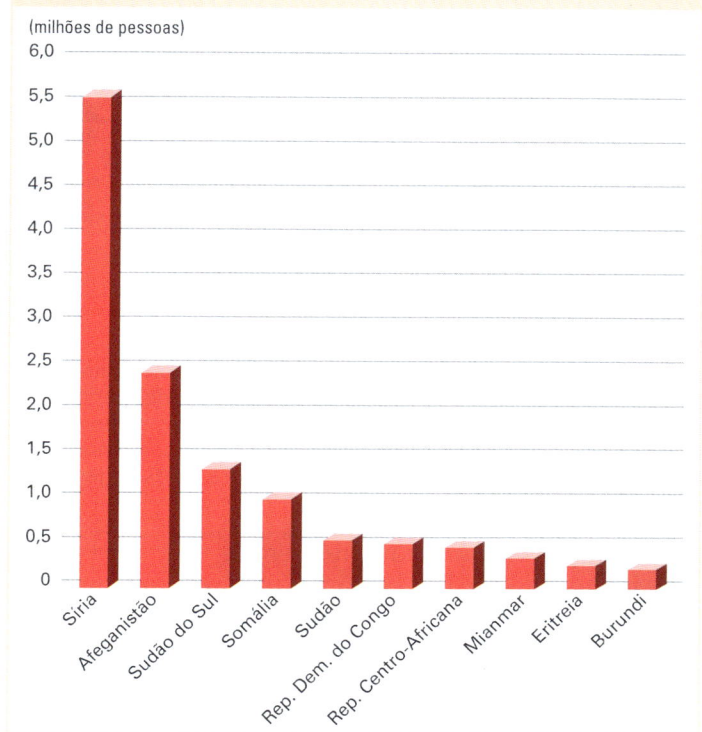

Mundo: principais países de origem dos refugiados – final de 2016
(milhões de pessoas)

Fonte: LA AGENCIA DE LA ONU PARA LOS REFUGIADOS (Acnur). *Tendencias globales: desplazamiento forzado en 2016*. Disponível em: <www.acnur.org/5ab1316b4.pdf>. Acesso em: 28 jun. 2018.

Famílias congolesas no campo de refugiados Kyangwali, administrado pela ONU em Uganda. Foto de 2018.

INFOGRÁFICO

INDO E VINDO

A tendência de crescimento demográfico acelerado em países menos desenvolvidos e a redução no ritmo de crescimento populacional nos países desenvolvidos e em muitos em desenvolvimento devem aumentar o fluxo de migrantes em busca de melhores condições de vida.

Refugiados sírios desembarcam na capital da ilha grega de Lesbos, Mitilene, em 2016.

Guillaume Pinon/NurPhoto/Getty Images

Renda do país de origem e do país de destino

Atualmente, os dois principais movimentos migratórios internacionais ocorrem de países em desenvolvimento para outros países em desenvolvimento, em geral da mesma região, e de países em desenvolvimento para países desenvolvidos. Os migrantes que se deslocam de países em desenvolvimento, principalmente dos mais pobres, para os desenvolvidos têm rendimento maior do que a média vigente em seu país de origem.

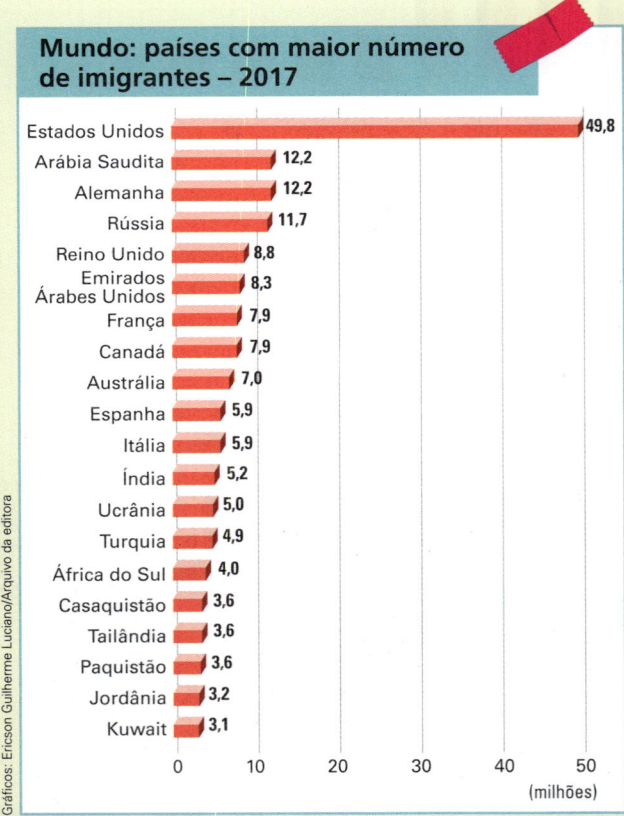

Mundo: países com maior número de imigrantes – 2017

País	Milhões
Estados Unidos	49,8
Arábia Saudita	12,2
Alemanha	12,2
Rússia	11,7
Reino Unido	8,8
Emirados Árabes Unidos	8,3
França	7,9
Canadá	7,9
Austrália	7,0
Espanha	5,9
Itália	5,9
Índia	5,2
Ucrânia	5,0
Turquia	4,9
África do Sul	4,0
Casaquistão	3,6
Tailândia	3,6
Paquistão	3,6
Jordânia	3,2
Kuwait	3,1

Fonte: UNITED NATIONS. *International Migration Report 2017*: Highlights. Disponível em: <www.un.org/en/development/desa/population/migration/publications/migrationreport/docs/MigrationReport2017_Highlights.pdf>. Acesso em: 4 maio 2018.

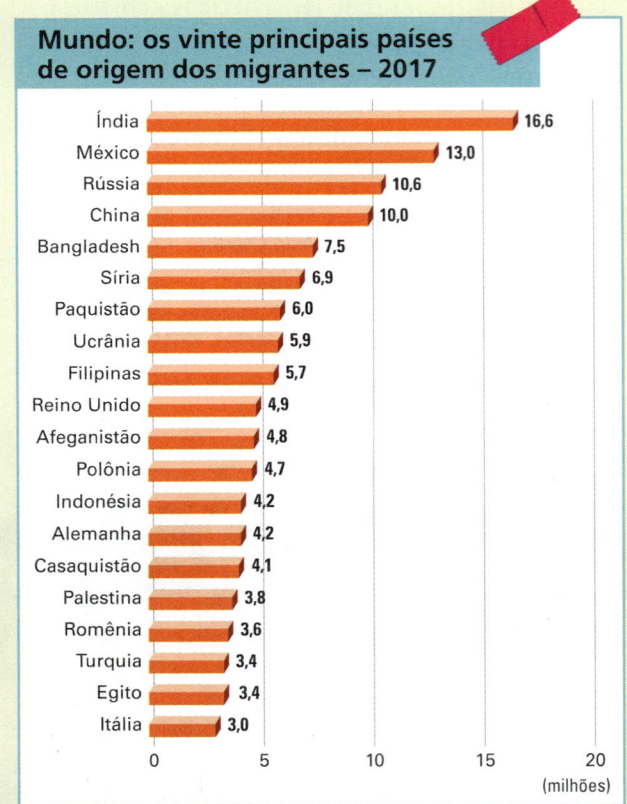

Mundo: os vinte principais países de origem dos migrantes – 2017

País	Milhões
Índia	16,6
México	13,0
Rússia	10,6
China	10,0
Bangladesh	7,5
Síria	6,9
Paquistão	6,0
Ucrânia	5,9
Filipinas	5,7
Reino Unido	4,9
Afeganistão	4,8
Polônia	4,7
Indonésia	4,2
Alemanha	4,2
Casaquistão	4,1
Palestina	3,8
Romênia	3,6
Turquia	3,4
Egito	3,4
Itália	3,0

Fonte: UNITED NATIONS. *International Migration Report 2017*: Highlights. Disponível em: <www.un.org/en/development/desa/population/migration/publications/migrationreport/docs/MigrationReport2017_Highlights.pdf>. Acesso em: 4 maio 2018.

Gráficos: Ericson Guilherme Luciano/Arquivo da editora

Mundo: principais rotas migratórias – 2017

África
Ásia
Europa
América Latina e Caribe (ALC)
América do Norte (AM)
Oceania
Desconhecida
Região de origem → Região de destino
África → África 19 milhões
Europa ← África 9 milhões
Ásia → Ásia 63 milhões
ALC → AM 26 milhões
Europa → AM 8 milhões
Europa → Ásia 7 milhões
Europa → Europa 41 milhões
AM ← Ásia 17 milhões
Europa ← Ásia 20 milhões

Fonte: UNITED NATIONS. *International Migration Report 2017*: Highlights. Disponível em: <www.un.org/en/development/desa/population/migration/publications/migrationreport/docs/MigrationReport2017_Highlights.pdf>. Acesso em: 4 maio 2018.

Brasil: percentual de não naturais em relação à unidade da Federação – 2015

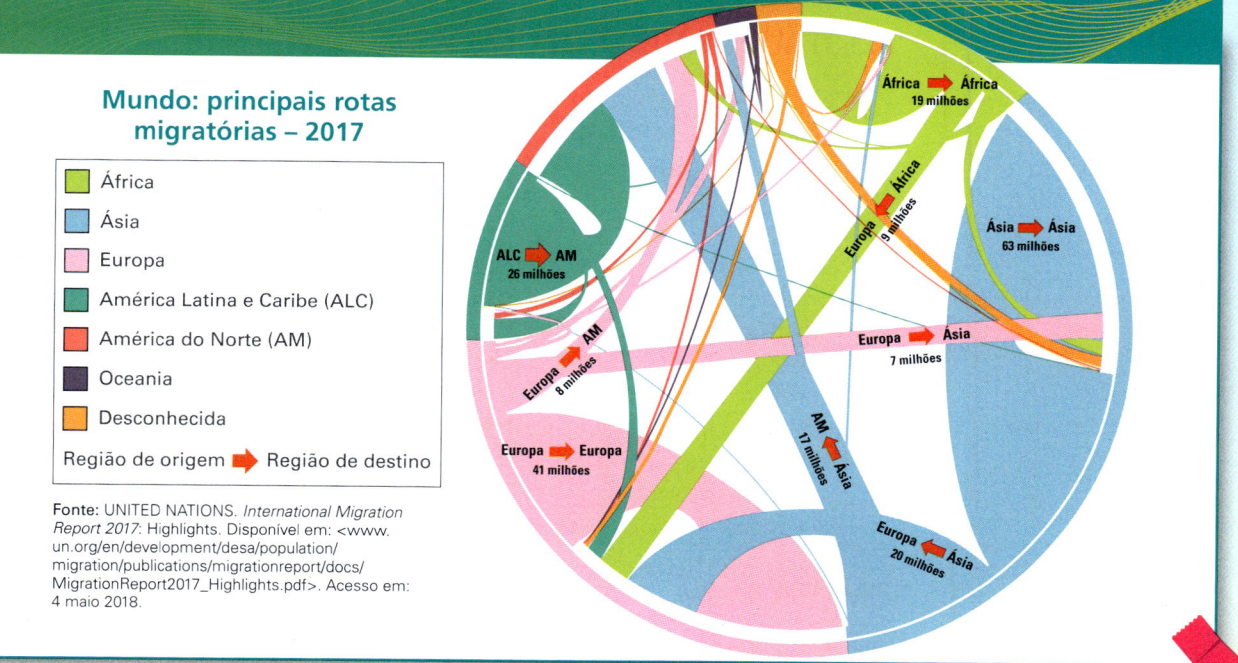

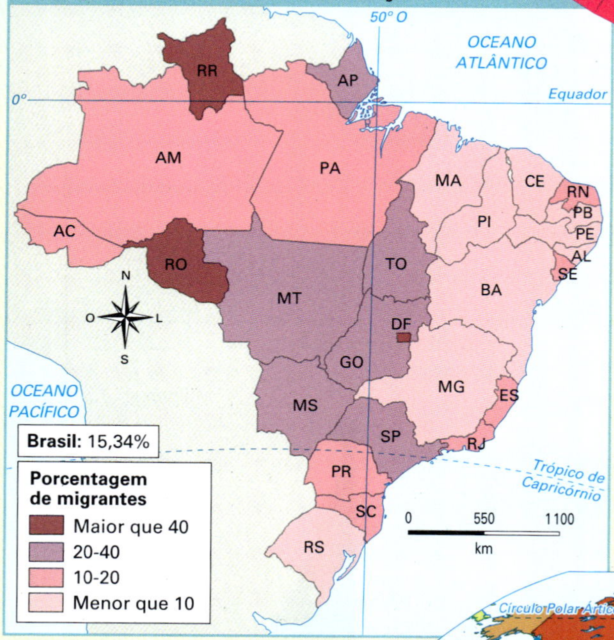

50° O
OCEANO ATLÂNTICO
Equador
0°
RR
AP
AM
PA
MA
CE
RN
PB
PE
AL
SE
PI
AC
RO
TO
BA
MT
DF
GO
MG
ES
MS
SP
RJ
PR
SC
RS
OCEANO PACÍFICO
Trópico de Capricórnio
0 550 1 100
km
Brasil: 15,34%
Porcentagem de migrantes
Maior que 40
20-40
10-20
Menor que 10

Fonte: IBGE. *Pesquisa Nacional por Amostra de Domicílios 2015*. Síntese de indicadores. Disponível em: <https://sidra.ibge.gov.br/tabela/1852#resultado>. Acesso em: 21 maio 2018.

No Brasil

Dados do IBGE, de 2015, revelaram que os maiores percentuais de população não natural, em relação à população total, foram encontrados nas regiões Centro-Oeste e Norte do país, destacando-se Rondônia, Roraima, Mato Grosso, Mato Grosso do Sul, Goiás e Distrito Federal.

Mapas: Banco de imagens/Arquivo da editora

Mundo: percentual de migrantes em relação ao total nacional – 2017

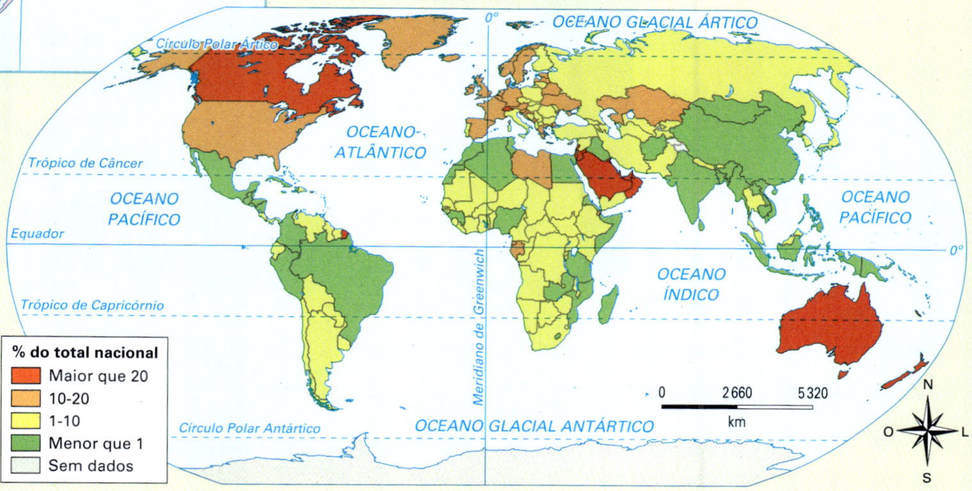

OCEANO GLACIAL ÁRTICO
Círculo Polar Ártico
OCEANO ATLÂNTICO
Trópico de Câncer
OCEANO PACÍFICO
Equador
OCEANO PACÍFICO
OCEANO ÍNDICO
Trópico de Capricórnio
Meridiano de Greenwich
Círculo Polar Antártico
OCEANO GLACIAL ANTÁRTICO
0°
0 2 660 5 320
km
% do total nacional
Maior que 20
10-20
1-10
Menor que 1
Sem dados

Fonte: UNITED NATIONS. *International Migration 2017*. Disponível em: <www.un.org/en/development/desa/population/migration/publications/wallchart/docs/MigrationWallChart2017.pdf>. Acesso em: 4 maio 2018.

2. ESTRUTURA DA POPULAÇÃO

A estrutura da população mundial deve ser analisada considerando-se seus diversos aspectos. A distribuição por sexo, número, idade, ocupação, renda, educação, saúde e outros indicadores que expressam os aspectos quantitativos e qualitativos da organização social são importantes para ações de planejamento de investimentos, tanto governamental quanto privado.

Para fins didáticos, vamos dividir o estudo da estrutura da população em quatro categorias, que nos mostram informações sobre demografia, atividade econômica e qualidade de vida:

- número, sexo e faixa etária dos habitantes: esses dados, obtidos pelo censo demográfico, são expressos por um gráfico chamado **pirâmide etária**;
- distribuição da **população economicamente ativa (PEA)** nos setores de atividades econômicas (primárias, secundárias e terciárias);
- distribuição da renda e do consumo;
- crescimento econômico e desenvolvimento social.

PIRÂMIDE ETÁRIA

A pirâmide etária, ou pirâmide de idades, é um gráfico que mostra o número de habitantes (em números absolutos ou relativos) e sua distribuição por sexo e idade. Pode retratar dados da população mundial, de um país, estado ou município. Sua simples visualização permite inferir informações referentes à natalidade e à expectativa de vida da população.

Pirâmides etárias de países selecionados*

Se a base da pirâmide é estreita e o seu topo é largo, pode-se concluir que a população recenseada apresenta baixa taxa de natalidade e alta expectativa de vida, características de países com **maior nível de desenvolvimento**, ou seja, economias desenvolvidas, como a Alemanha, e algumas emergentes que estão em fase de transição demográfica, como o México.

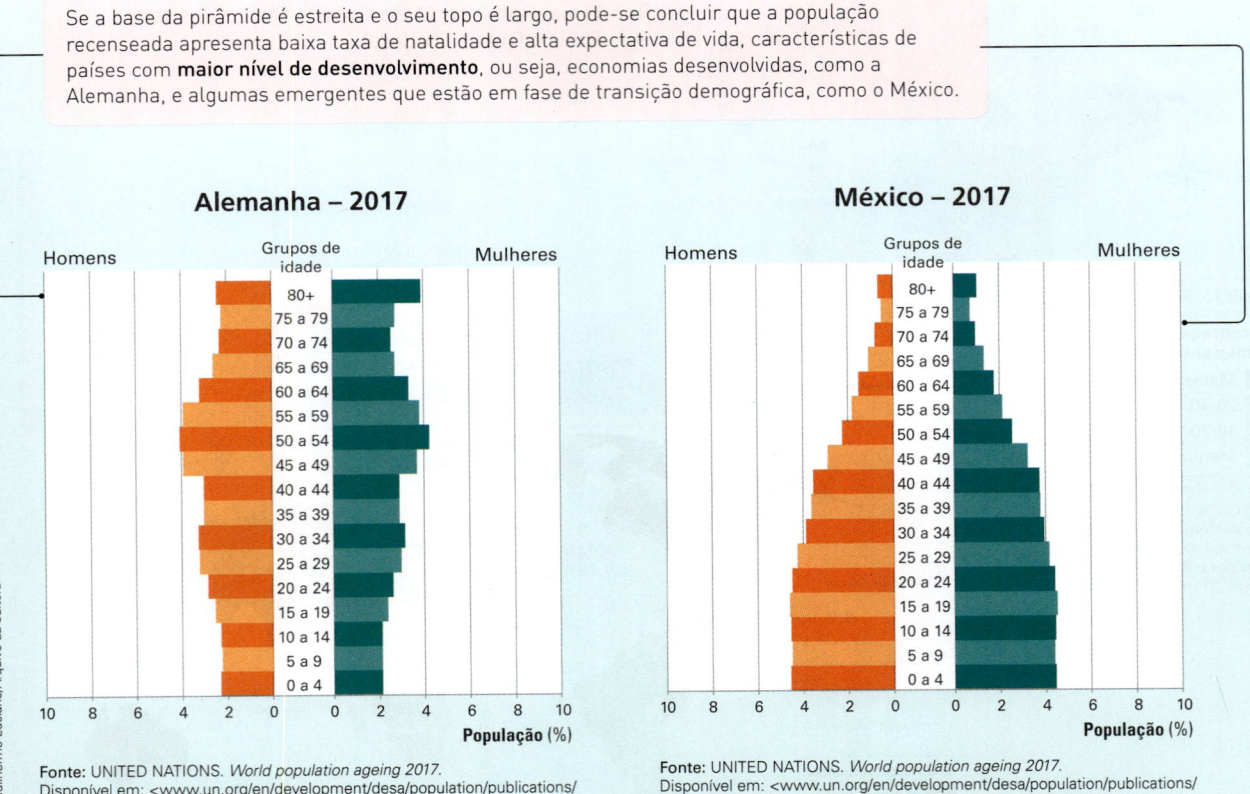

Fonte: UNITED NATIONS. *World population ageing 2017*. Disponível em: <www.un.org/en/development/desa/population/publications/pdf/ageing/WPA2017_Report.pdf>. Acesso em: 5 maio 2018.

* As pirâmides da Alemanha, do México e de Uganda expressam a participação dos grupos de idades em porcentagem, e a pirâmide da Rússia, em números absolutos. Essas são duas formas de expressar a participação que não alteram o formato dos gráficos.

Até a década de 1960, era possível classificar o nível de desenvolvimento de um país observando-se apenas sua pirâmide etária. Os países em desenvolvimento – como a Argentina e o Uruguai – apresentavam, com poucas exceções, altas taxas de natalidade e baixa expectativa de vida, caracterizando uma pirâmide com aspecto triangular. No entanto, com o intenso processo de urbanização e melhores resultados do planejamento familiar, muitos países em desenvolvimento – como o Brasil – passaram a apresentar alta redução das taxas de natalidade e significativo aumento na esperança de vida.

Desse modo, não se pode mais caracterizar as condições de desenvolvimento de um país apenas pela análise de sua pirâmide etária. Essa classificação exige um estudo mais complexo, que considere vários indicadores sociais e econômicos, como vem sendo feito pela ONU desde 1990, com o **Índice de Desenvolvimento Humano** (vamos estudar o IDH da população brasileira no capítulo 31). Ao observar uma pirâmide etária, é necessário considerar, ainda, a história da população recenseada, para conhecer a causa de alguma configuração incomum no gráfico. Observe as pirâmides etárias apresentadas nesta página e na página ao lado.

Se a pirâmide apresenta um aspecto triangular, o percentual de jovens no conjunto da população é alto. A base larga indica que a taxa de natalidade é alta. O topo estreito indica uma pequena participação percentual de idosos no conjunto total da população e, portanto, que a expectativa de vida é baixa. Alta taxa de natalidade e baixa expectativa de vida caracterizam países com **menor nível de desenvolvimento**. Esse é o caso, por exemplo, de Uganda.

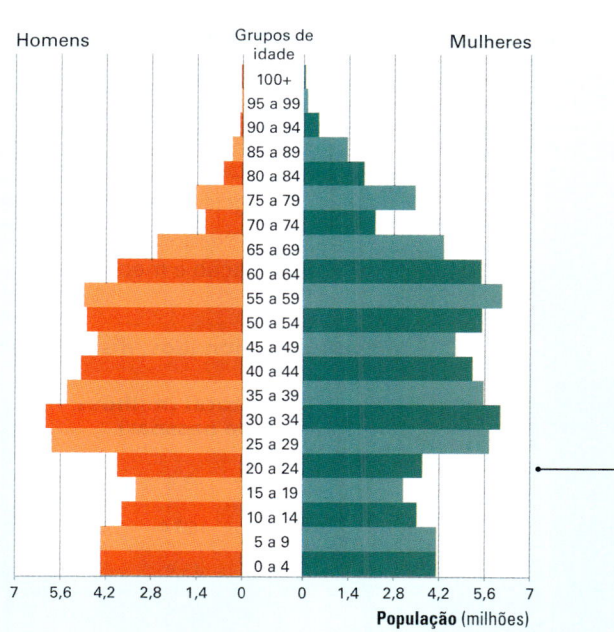

Uganda – 2017

Fonte: UNITED NATIONS. *World population ageing 2017*. Disponível em: <www.un.org/en/development/desa/population/publications/pdf/ageing/WPA2017_Report.pdf>. Acesso em: 5 maio 2018.

Rússia – 2016

Fonte: INDEX MUNDI. Russia age structure. Disponível em: <www.indexmundi.com/russia/age_structure.html>. Acesso em: 5 maio 2018.

Durante a Segunda Guerra Mundial (1939-1945), a Rússia sofreu muitas baixas de jovens com idade aproximada de vinte anos. Ademais, sua natalidade foi pequena nesse período. Esses aspectos da história desse país podem ser observados na irregularidade das barras de sua pirâmide etária e, sobretudo, na diferença entre o número de homens e de mulheres.

POPULAÇÃO ECONOMICAMENTE ATIVA

As atividades **secundárias** (industriais e de construção civil) e **terciárias** (comércio, serviços e administração pública) tradicionalmente são classificadas como urbanas, e as atividades **primárias** (agrícolas, garimpo, pesca artesanal), como rurais.

A modernização da produção agrícola e dos sistemas de transporte e de telecomunicação, verificada atualmente em diversas regiões, favoreceu a industrialização e a oferta de serviços no campo. Nas agroindústrias, as atividades secundárias (operação e manutenção das máquinas) e terciárias (informática, *marketing*, etc., muitas vezes realizadas em escritórios localizados nas cidades) têm empregado maior número de pessoas do que as primárias (preparo do solo, plantio e colheita).

Também o setor industrial passou por muitas transformações ao longo das últimas décadas. Até o fim dos anos 1970 e o começo dos 1980, a maioria dos funcionários das indústrias trabalhava na linha de montagem. Atualmente, nas indústrias de alta tecnologia, a linha de montagem tem elevados índices de robotização e informatização e, por isso, utiliza um número reduzido de trabalhadores.

Já as atividades administrativas, jurídicas, de publicidade, vendas, alimentação, segurança, limpeza e várias outras empregam um número crescente de mão de obra. Assim, a maioria dos empregados das indústrias de alta tecnologia está, na realidade, prestando serviços.

Em razão dessa crescente inter-relação das atividades econômicas, muitos institutos de pesquisa que coletam dados em escala mundial têm agrupado as atividades econômicas em três setores: agropecuária, indústria e serviços, como podemos observar na tabela abaixo.

A observação dos dados da tabela permite chegar a algumas conclusões sobre a economia de cada país. Se o número de trabalhadores na agropecuária for elevado, correspondendo, por exemplo, a 25% da PEA, isso indica que a produtividade do setor é baixa, já que provavelmente um quarto dos trabalhadores abastece a si mesmo e aos outros 75% alocados em outras atividades. A relação na PEA é, nesse caso, de um trabalhador agrícola para três em outros setores. De outro lado, se o número de trabalhadores for baixo, 5%, por exemplo, a produtividade no setor será alta, já que eles abastecem a si mesmos e aos outros 95%; a relação é de um trabalhador agrícola para cada 19 em outros setores. Pode-se afirmar que esse país apresenta uma atividade agropecuária com elevada utilização de fertilizantes, sistemas de irrigação e mecanização.

> Acesse o *site* da revista eletrônica **ComCiência** e conheça diversos artigos sobre o mercado de trabalho e a população negra no Brasil. Veja orientações na seção **Sugestões de textos, vídeos e *sites*.**

Países selecionados: distribuição da PEA nos setores de atividade – 2017

País	PEA total (milhões de pessoas)	Setor (%)		
		agropecuário	industrial	de serviços
Reino Unido	33,5	0,6	19,0	80,4
Estados Unidos	160,4	0,9	18,9	80,2
Alemanha	45,9	0,6	30,1	69,3
Japão	67,8	1,0	29,7	69,3
Arábia Saudita	12,3	2,6	44,2	53,2
Brasil	110,2	15,7	13,3	71,0
Indonésia	126,1	13,9	40,3	45,9
China	907,5	28,3	29,3	42,4
Índia	521,9	47,0	22,0	31,0
Congo	31,3	21,1	33,0	45,9

Fonte: CIA. *The World Factbook*. Disponível em: <www.cia.gov/library/publications/resources/the-world-factbook>. Acesso em: 5 maio 2018.

DISTRIBUIÇÃO DA RENDA

Não basta consultar a pirâmide etária e saber quantas crianças atingirão a idade escolar no próximo ano para planejar o número de vagas nas escolas da rede pública. Também é necessário saber como será a distribuição dessas crianças nas redes pública e privada, o que envolve a análise da qualidade do ensino oferecido pelo Estado, das condições econômicas dos estudantes e do suporte que deve ser oferecido – material escolar, merenda, transporte e outros. Se o governo ignora a distribuição da renda nacional em seu planejamento, as políticas públicas tendem a fracassar.

A análise dos indicadores de distribuição de renda mostra que nos países em desenvolvimento e em alguns emergentes há grande concentração do rendimento nacional bruto em mãos de pequena parcela da população, enquanto nos desenvolvidos ela está mais bem distribuída. O que ocasiona isso?

Além dos baixos salários que vigoram nos países em desenvolvimento e em alguns emergentes e da dificuldade de acesso à propriedade regular (urbana ou rural), há basicamente dois fatores que explicam a concentração de renda: o **sistema tributário** – os impostos pesam mais para os mais pobres – e a **inflação** – quase sempre não repassada integralmente aos salários, como vimos no capítulo 25.

Observe nos gráficos abaixo como está distribuída a carga tributária nas três esferas do governo brasileiro (municipal, estadual e federal) e a comparação desta com a carga de outros países.

Observe que houve maior concentração de recursos nos cofres da União (governo federal). A carga tributária brasileira, além de ser uma das mais elevadas do mundo, como você verá no próximo gráfico desta página, está mal distribuída entre as três esferas de governo, e os serviços públicos continuam insuficientes quantitativa e qualitativamente.

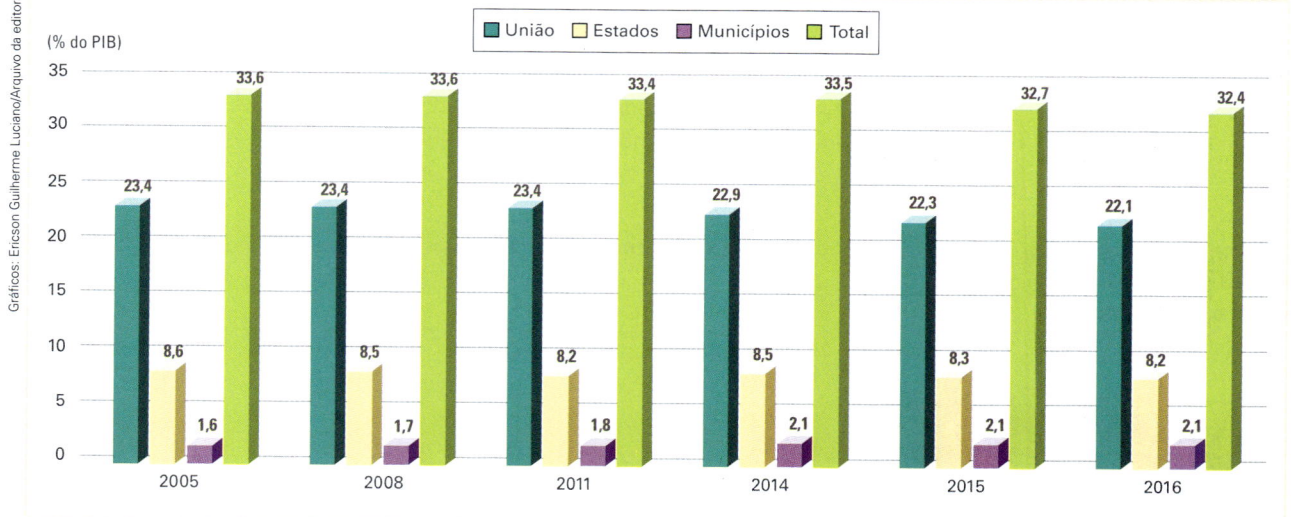

Fonte: RECEITA FEDERAL. *Carga tributária no Brasil 2016*: análise por tributos e bases de incidência. Disponível em: <http://idg.receita.fazenda.gov.br/dados/receitadata/estudos-e-tributarios-e-aduaneiros/estudos-e-estatisticas/carga-tributaria-no-brasil/carga-tributaria-2016.pdf>. Acesso em: 5 maio 2018.

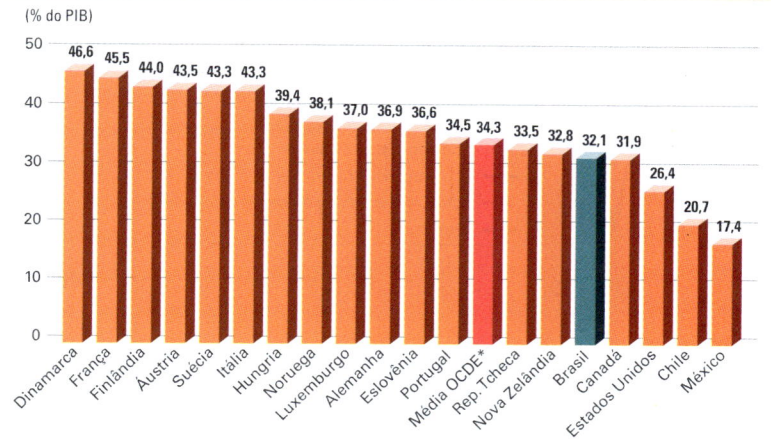

Fonte: RECEITA FEDERAL. *Carga tributária no Brasil 2016*: análise por tributos e bases de incidência. Disponível em: <http://idg.receita.fazenda.gov.br/dados/receitadata/estudos-e-tributarios-e-aduaneiros/estudos-e-estatisticas/carga-tributaria-no-brasil/carga-tributaria-2016.pdf>. Acesso em: 5 maio 2018.

* Média dos países da OCDE que constam do gráfico.

Outro fator preponderante é que, nos países em desenvolvimento, os **serviços públicos** em geral são muito precários. Filhos de trabalhadores de baixa renda dificilmente têm acesso a sistemas eficientes de educação, constituindo, na maioria dos casos, mão de obra com baixa qualificação e mal remunerada, o que dificulta o rompimento do círculo vicioso da pobreza.

Acrescente-se a isso o **desemprego estrutural**, ou seja, a redução de postos de trabalho em virtude das novas formas de organização da produção. Essa é uma tendência verificada especialmente em países cujas empresas investem em informatização e robótica, o que fragiliza a ação dos sindicatos e diminui a força dos empregados em processos de negociação salarial.

Em razão de sua importância, o assunto tem dominado as últimas discussões em encontros do G-20, do Fórum Econômico Mundial (reunião de lideranças empresariais, políticas, sindicais e científicas que ocorre anualmente na cidade de Davos, na Suíça) e de várias cúpulas ligadas à ONU, que influenciam as diretrizes econômicas, os financiamentos gerenciados pelo FMI e pelo Banco Mundial e as determinações da OMC.

CRESCIMENTO ECONÔMICO E DESENVOLVIMENTO SOCIAL

O grande crescimento do PIB mundial ocorrido nas últimas décadas é resultado do desenvolvimento de novas tecnologias aplicadas à produção agrícola e industrial e às atividades terciárias. Embora a evolução da população mundial tenha se mantido constante, o crescimento do PIB apresentou grandes variações anuais, como se observa no gráfico abaixo.

A partir da década de 1970, mais e mais governos passaram a vincular as questões ambientais à análise dos problemas sociais, o que amplia a abordagem das teorias demográficas estudadas no capítulo anterior. No enfoque encaminhado pela ONU, população, meio ambiente e desenvolvimento devem ser analisados conjuntamente por serem variáveis cada vez mais interdependentes.

Durante a Conferência das Nações Unidas sobre Meio Ambiente e Desenvolvimento, realizada no Rio de Janeiro em 1992 (foto), houve um consenso de que questões ambientais, econômicas e sociais estão intimamente vinculadas. Esse foi o encaminhamento ratificado na Conferência Mundial sobre População e Desenvolvimento, realizada no Cairo em 1994, e na Cúpula do Milênio, em 2000, quando foram estabelecidas oito metas – os Objetivos de Desenvolvimento do Milênio –, que deveriam ser atingidas até 2015. Nem todas, porém, foram alcançadas igualmente em todos os países e regiões do mundo.

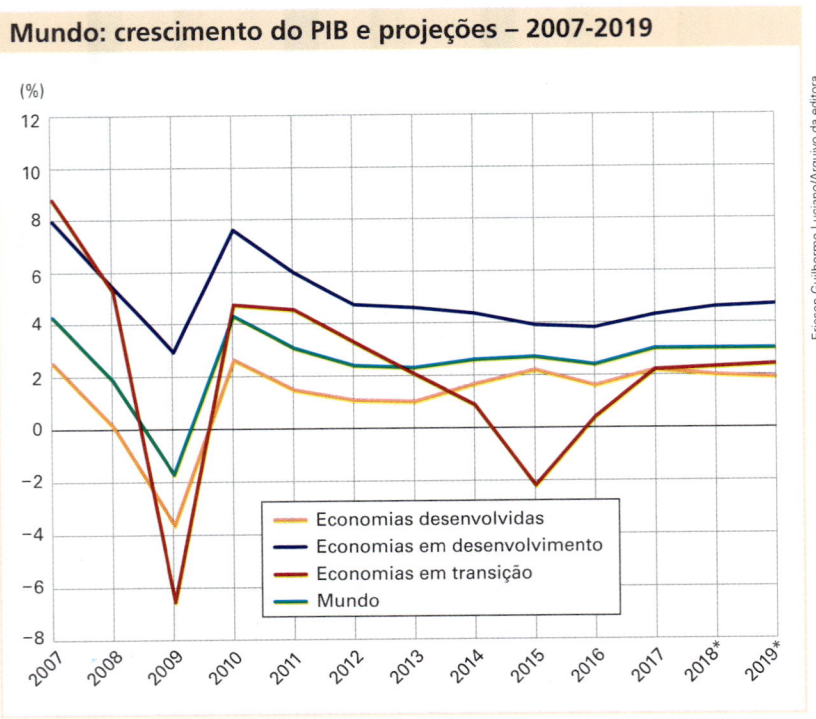

Fonte: UNITED NATIONS. *World Economic Situation Prospects 2018*. Disponível em: <www.un.org/development/desa/dpad/wp-content/uploads/sites/45/publication/WESP2018_Full_Web-1.pdf>. Acesso em: 21 maio 2018.

* Estimativas.

ATIVIDADES

COMPREENDENDO CONTEÚDOS

1. Explique quais são as principais causas e os principais efeitos dos movimentos populacionais.

2. Observando novamente o infográfico das páginas 558 e 559 e as fotos abaixo, como você justificaria as principais rotas migratórias no mundo atual, considerando os países que acolhem imigrantes e as regiões de partida?

Aeroporto de Mogadíscio (Somália), em 2016. No fluxo migratório mundial, a Somália é considerada um país de repulsão populacional.

Aeroporto de Valência (Espanha), em 2015. Os países da União Europeia são considerados polos de atração populacional.

3. De que maneira as informações das pirâmides etárias e da distribuição da renda podem auxiliar no planejamento e na introdução de políticas públicas? Dê um exemplo.

4. Explique de que maneira o sistema tributário pode ser utilizado como mecanismo de distribuição da renda nacional.

DESENVOLVENDO HABILIDADES

5. Releia a epígrafe da página 556 e redija um texto dissertativo considerando sua ideia principal e a importância do respeito aos direitos humanos, com destaque ao direito à nacionalidade.

6. Observe novamente as pirâmides etárias das páginas 560 e 561 e responda às questões.
    a) O que se pode concluir ao comparar a base e o topo das pirâmides da Alemanha e de Uganda?
    b) Em qual pirâmide há maior percentual de população adulta, que concentra a PEA dos países? Que consequências econômicas isso pode acarretar?

CAPÍTULO 30

FORMAÇÃO E DIVERSIDADE CULTURAL DA POPULAÇÃO BRASILEIRA

Pessoas caminham pelo calçadão da rua Jerônimo Coelho, no centro comercial de Florianópolis (SC), em 2015.

A população do Brasil foi formada após a ocupação portuguesa, principalmente de povos nativos ou indígenas, africanos e europeus. Nesse período, a maior parte dos africanos tinha origem etnolinguística banto e iorubá, enquanto os europeus eram oriundos especialmente de Portugal, mas, em menor número, também da França, dos Países Baixos, do Reino Unido, entre outros.

Desde meados do século XIX até os dias atuais, a população brasileira teve influência de variados povos que imigraram em épocas diferentes para o país em busca de melhores condições de vida. São exemplos os europeus, como italianos, espanhóis, alemães e poloneses; os asiáticos vindos do Japão, da Coreia do Sul e de países do Oriente Médio; os latino-americanos vindos principalmente da Bolívia, do Chile e do Haiti; além dos africanos de distintas nacionalidades, como moçambicanos, guineenses, angolanos e cabo-verdianos.

Neste capítulo, vamos estudar a formação e a diversidade étnico-cultural da população brasileira, os principais períodos de ingresso de imigrantes e as correntes migratórias internas e internacionais na atualidade (até 2018).

> Conheça o livro **História dos índios no Brasil**, de Manuela Carneiro da Cunha, e os *sites* da **Fundação Nacional do Índio (Funai)** e do **Museu do Índio**. Veja orientações na seção **Sugestões de textos, vídeos e *sites***.

Procissão do Círio de Nazaré, em Belém (PA), em 2017. A religião católica, predominante no país, é uma herança cultural da colonização portuguesa. Entre os primeiros imigrantes portugueses estavam os padres jesuítas, com a missão de evangelizar os povos originários.

1. PRIMEIROS HABITANTES

A quantidade de indígenas que ocupava o que é hoje o território brasileiro antes da chegada dos portugueses ainda não é consenso entre os pesquisadores. O historiador Ronaldo Vainfas afirma, no livro *Brasil: 500 anos de povoamento*, que as estimativas variam entre 1 milhão e 6,8 milhões de nativos pertencentes a várias etnias. As etnias com maiores populações e que ocupavam as maiores extensões territoriais eram a jê e a tupi-guarani.

É inquestionável, entretanto, que, de 1500 aos dias atuais, os indígenas sofreram intenso genocídio. No passado, as causas principais foram as doenças trazidas pelos europeus, para as quais os nativos não tinham imunidade, e os conflitos com os colonizadores. Havia ainda as guerras entre diferentes nações indígenas, que se intensificavam quando alguns grupos fugiam das regiões ocupadas pelos europeus em direção a terras de outros povos, ou quando alguns grupos se aliavam militarmente a portugueses, franceses e holandeses para lutar contra nações inimigas. Muitos povos também sofreram etnocídio, pois passaram a adotar hábitos dos colonizadores, como falar outra língua, professar uma nova religião e alterar o próprio modo de vida, como a vestimenta e a alimentação.

Etnocídio: destruição da cultura de um povo.

De acordo com a Funai e o Censo demográfico do IBGE, em 2010, a população de origem indígena estava reduzida a 817 mil indivíduos (0,4% da população total do país), distribuídos entre 505 terras indígenas e algumas áreas urbanas e concentrados principalmente nas regiões Norte e Centro-Oeste. Essas estimativas revelaram também que há pelo menos 107 referências de grupos isolados, isto é, que não estabeleceram contato com a sociedade brasileira.

Somente a partir da metade do século passado verificou-se uma tendência de aumento desse contingente, principalmente em razão da demarcação de terras indígenas, que em 2018 ocupavam 12,5% do território brasileiro.

A Constituição Federal assegura aos indígenas o direito à terra: "Art. 231. São reconhecidos aos índios sua organização social, costumes, línguas, crenças e tradições, e os direitos originários sobre as terras que tradicionalmente ocupam, competindo à União demarcá-las, proteger e fazer respeitar todos os seus bens". Apesar disso, a invasão de terras indígenas é uma realidade que esses povos continuam enfrentando até os dias atuais.

Em 2010, 39% dos indígenas viviam em áreas urbanas e 61%, na zona rural. A taxa de crescimento da população indígena, de 3,5% ao ano, era bem superior à média da população não indígena, de 0,8%. Entre as 305 etnias existentes no país, os Yanomami ocupavam a terra indígena mais populosa, com 25,7 mil habitantes, distribuídos entre os estados do Amazonas e de Roraima. A etnia ticuna (AM) é a mais numerosa, com 46 mil pessoas distribuídas por várias terras esparsas, seguida dos Guarani Kaiowá (MS), com 43 mil membros. Os grupos indígenas isolados não foram contabilizados no Censo 2010 em razão da política de preservação cultural. Na foto, mulheres indígenas da etnia krahô fazem cestos com folhas de buriti em Itacajá (TO), em 2016.

POVOS INDÍGENAS: CONDIÇÕES DE VIDA

A criação de parques e terras indígenas, onde ficam asseguradas as condições de vida em comunidade dos povos nativos, constitui o reconhecimento do direito de existência de culturas distintas, com valores e costumes próprios. O princípio que embasa a demarcação dessas terras é o fato de que os indígenas foram os primeiros habitantes desse território.

Esse tipo de garantia é importante por causa da visão de mundo de diversas nações indígenas. A terra é considerada a base do grupo por ser o lugar onde reproduzem a cultura, desenvolvem sua organização social e jazem seus ancestrais. Observe o mapa ao lado e leia o texto a seguir.

Fonte: FUNAI. *Povos indígenas*. Disponível em: <http://mapas2.funai.gov.br/portal_mapas/pdf/terra_indigena.pdf>. Acesso em: 21 maio 2018.

OUTRAS LEITURAS

BRASIL TEM QUASE 900 MIL INDÍGENAS

O Censo 2010 investigou pela primeira vez o número de etnias indígenas [comunidades definidas por afinidades linguísticas, culturais e sociais], encontrando 305 etnias: 250 dentro das terras indígenas, 300 fora delas. [...] Também foram identificadas 274 línguas [...].

Mesmo com alta na taxa de alfabetização, a população indígena ainda tem nível educacional mais baixo que o da população não indígena, especialmente na área rural. [...]

Nas terras indígenas, somente 67,7% dos indígenas de 15 anos ou mais de idade são alfabetizados. Para os indígenas residentes fora das terras, a taxa de alfabetização é de 85,5%.

A proporção de indígenas com registro de nascimento (67,8%) é menor que a de não indígenas (98,4%). As crianças indígenas residentes nas áreas urbanas têm proporções de registro em cartório (90,6%) mais próximas às dos não indígenas (98,5%). Entre as crianças residentes na área rural, cuja quantidade é 3,5 vezes maior do que na área urbana, a proporção de registrados é de 61,6%.

[...]

Somente 12,6% dos domicílios são do tipo "oca ou maloca", enquanto, no restante, predominava o tipo "casa". Mesmo nas terras indígenas, ocas e malocas não são muito comuns: em apenas 2,9% das terras, todos os domicílios são desse tipo e, em 58,7% das terras, elas não foram observadas. [...]

GOVERNO DO BRASIL. Brasil tem quase 900 mil índios de 305 etnias e 274 idiomas. Disponível em: <www.brasil.gov.br/governo/2012/08/brasil-tem-quase-900-mil-indios-de-305-etnias-e-274-idiomas>. Acesso em: 21 maio 2018.

Escola indígena em aldeia kaiapó em São Félix do Xingu (PA), em 2016.

2. FORMAÇÃO DA POPULAÇÃO BRASILEIRA

> Consulte o livro *África e Brasil africano*, de Marina de Mello e Souza. Veja a seção **Sugestões de textos, vídeos e *sites***.

Desde o século XVI, início da colonização, os portugueses foram se fixando no Brasil. Entre 1532 e 1850, os africanos foram trazidos forçadamente para o território brasileiro. Depois de 1870, a imigração de europeus, asiáticos e latino-americanos foi ampliada e, com isso, o país foi sendo povoado e novas famílias se formaram. Os descendentes de todos esses povos compõem o povo brasileiro atual. Leia o texto a seguir.

OUTRAS LEITURAS

O POVO BRASILEIRO

Surgimos da confluência, do entrechoque e do caldeamento do invasor português com índios silvícolas e campineiros e com negros africanos, uns e outros aliciados como escravos.

Nessa confluência, que se dá sob a regência dos portugueses, matrizes raciais díspares, tradições culturais distintas, formações sociais defasadas se enfrentam e se fundem para dar lugar a um povo novo [...], num novo modelo de estruturação societária. Novo porque surge como uma etnia nacional, diferenciada culturalmente de suas matrizes formadoras, fortemente mestiçada, dinamizada por uma cultura sincrética e singularizada pela redefinição de traços culturais dela oriundos. Também novo porque se vê a si mesmo e é visto como uma gente nova, um novo gênero humano diferente de quantos existam. Povo novo, ainda, porque é um novo modelo de estruturação societária, que inaugura uma forma singular de organização socioeconômica, fundada num tipo renovado de escravismo e numa servidão continuada ao mercado mundial. Novo, inclusive, pela inverossímil alegria e espantosa vontade de felicidade, num povo tão sacrificado, que alenta e comove a todos os brasileiros. [...]

Essa unidade étnica básica não significa, porém, nenhuma uniformidade, mesmo porque atuaram sobre ela três forças diversificadoras. A ecológica, fazendo surgir paisagens humanas distintas onde as condições do meio ambiente obrigaram a adaptações regionais. A econômica, criando formas diferenciadas de produção, que conduziram a especializações funcionais e aos seus correspondentes gêneros de vida. E, por último, a imigração, que introduziu, nesse magma, novos contingentes humanos, principalmente europeus, árabes e japoneses. Mas já o encontrando formado e capaz de absorvê-los e abrasileirá-los, apenas estrangeirou alguns brasileiros ao gerar diferenciações nas áreas ou nos estratos sociais onde os imigrantes mais se concentram.

RIBEIRO, Darcy. *O povo brasileiro*: a formação e o sentido do Brasil. São Paulo: Companhia das Letras, 1995. p. 9-21.

Memorial da Imigração Japonesa em Assaí (PR), em 2015. Boa parte dos imigrantes japoneses se instalou no interior de São Paulo e no norte do Paraná.

COMO A POPULAÇÃO BRASILEIRA SE IDENTIFICA

Segundo o IBGE, como é possível observar nos gráficos a seguir, o percentual de pessoas que se consideram brancas tem caído e o número das que se consideram pretas caiu de 1950 a 1980 e voltou a aumentar em 2010. Já a autoidentificação como parda está crescendo desde a década de 1950. Isso pode indicar que o processo de aceitação e de valorização da identidade afrodescendente da população brasileira tem se ampliado nas últimas décadas.

Os dados dos gráficos são levantados pelo IBGE e refletem a forma como as pessoas se identificam. Nem sempre os pardos se declararam como tal, havendo muitos que se declaravam como brancos. Além disso, como você viu na página 569, o Censo 2010 foi o primeiro a oferecer a opção "indígena" como autoidentificador. Existem ainda muitas pessoas que, por particularidades culturais, não se identificam com nenhuma das cinco opções oferecidas para enquadramento da resposta (branca, preta, amarela, parda e indígena).

A espécie humana é única, não existem raças. O conceito de raça (além do de cor, que seria expressão fenotípica de um indivíduo), como aparece nas pesquisas, mapas e relatórios do IBGE, não tem embasamento biológico; ele corresponde a uma construção social ao longo da história. O texto das páginas a seguir explica o uso de alguns conceitos importantes acerca desse tema, como raça, cor e racismo.

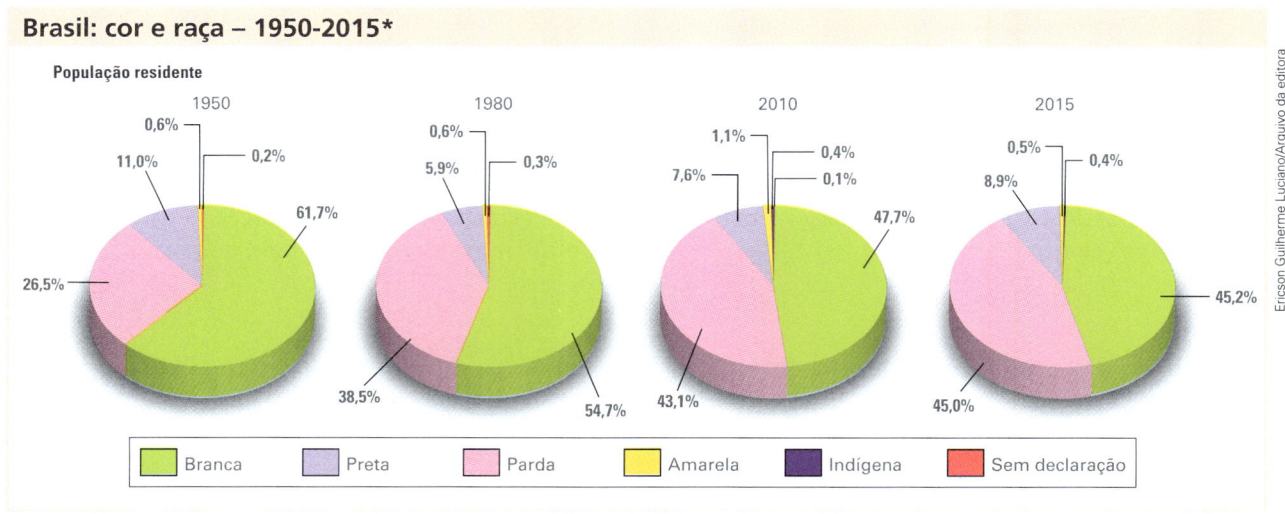

Fonte: IBGE. *Anuário estatístico do Brasil 1998*. Rio de Janeiro, 1999. v. 58; IBGE. *Censo demográfico 2010*. Disponível em: <http://biblioteca.ibge.gov.br/visualizacao/periodicos/95/cd_2010_indigenas_universo.pdf>; IBGE. *Pesquisa Nacional por Amostra de Domicílios 2015*. Disponível em: <www.ibge.com.br/home/estatistica/populacao/trabalhoerendimento/pnad2015/brasil_defaultxls.shtm>. Acessos em: 17 maio 2018.

* A Pnad contabilizou a população indígena somente em 2010 e 2015.

Família em momento de lazer no zoológico Parque Dois Irmãos, no Recife (PE), 2018.

OUTRAS LEITURAS

RAÇA, COR E RACISMO: ALGUMAS CONCEITUAÇÕES NECESSÁRIAS

Raça é, antes de tudo, um artifício teórico. Reconhecer seu estatuto como construção social significa, primeiramente, entender que a noção de raça foi historicamente adotada como ferramenta de exclusão e hierarquização de povos e culturas, tendo sido mobilizada por setores da elite para legitimar ações escravistas, eugênicas e colonialistas. Depois, com a emergência dos movimentos sociais, raça foi retomada como instrumento de luta política – uma bandeira pelo reconhecimento de direitos e de redistribuição de recursos. Hoje, falar de raça não significa evocar sua histórica e infeliz definição, muito menos fazer apologia de seus maus usos, e sim reconhecer sua importância como conceito analítico para iluminar desigualdades, valorizar identidades, enfrentar o racismo e promover transformações na sociedade. [...]

A percepção racial torna-se altamente influenciada pelo contexto sociocultural e econômico em que se encontram os sujeitos: ser branco ou negro não é – e nunca foi – um produto objetivamente apreendido pela aferição de medidas, como a concentração de melanina na pele, a análise da origem biogeográfica do material genético ou a descrição de traços fenotípicos caucasianos ou negroides. [...]

Por entender que raça é dotada de uma realidade social e culturalmente construída, a noção de cor também deve ser problematizada. Em seu sentido usual, a cor é empregada para designar a classificação racial dos sujeitos sem, no entanto, se comprometer com a "raça" em si. [...] Analisar o que significa pertencer a uma cor "branca", "preta" ou "amarela" remete a uma ideologia que opera por trás dessas categorias, conferindo-lhes sentido; logo, o conceito de cor inevitavelmente evoca a noção de raça. Daí decorre que cor é raça. [...] se a noção de cor é, no fundo, um sinônimo de raça, por que continuar operando com a primeira? Porque cor é uma categoria nativa, tradicionalmente utilizada para diferenciar cidadãos livres de escravos, colonizadores europeus de povos nativos, imigrantes asiáticos de negros descendentes de povos trazidos da África, etc. Em suma, porque foi o principal conceito utilizado nas relações raciais do Brasil para classificar pessoas [...].

Por vezes, teóricos defendem a substituição do conceito de raça ou de cor pelo de etnia. Essa preferência estaria amparada na noção de que o termo "etnia" transmitiria uma ideia de pertencimento ancestral, remetendo a origem e interesses comuns [...]. Dentro dessa perspectiva, etnia poderia abranger os variados grupos indígenas que habitam nosso país, mas não se mostraria suficiente como conceito para abarcar as relações raciais que envolvem, por exemplo, as populações branca e negra. Devido a razões históricas, brancos e negros compartilharam diversas características culturais em um território que, embora fosse o mesmo, sempre esteve atravessado de hierarquias sociais, para as quais o conceito de raça é pródigo em enumerar, discutir e problematizar.

Além dessas reflexões, é fundamental que o conceito de racismo também seja explorado em alguns detalhes. Entende-se o racismo como um fenômeno social dotado de três principais dimensões: em primeiro lugar, racismo é uma corrente teórica, defendida historicamente pelos partidários da eugenia, para justificar desigualdades entre os povos ao atribuir um espectro hierárquico de moral e valores que seriam explicados por suas supostas "naturezas". Para tanto, o racismo, para efetivar suas práticas de dominação, criou primeiramente o seu objeto – a raça como ferramenta de opressão.

Segundo, racismo também é um conjunto de preconceitos, discriminações e violências dirigidas às pessoas em razão de suas diferenças étnico-raciais; este, o sentido mais corriqueiro de racismo, está presente nas ofensas, injúrias e violências orientadas por concepções prévias calcadas no preconceito racial.

Por fim, o terceiro sentido de racismo diz respeito a uma questão estrutural acerca das desigualdades entre as raças, resultante das formas historicamente injustas de tratar os diferentes povos; ao se constatar, a título de ilustração, que a população negra alcança piores níveis de escolaridade, pode-se concluir que há racismo na área educacional, haja vista que existe uma situação estrutural que produz e sustenta essa disparidade.

MACHADO, T. de S.; OLIVEIRA, A. S. de; SENKEVICS, A. S. A cor ou raça nas estatísticas educacionais: uma análise dos instrumentos de pesquisa do Inep. In: *Série Documental*: textos para discussão 41. Brasília: MEC/Inep, 2016. p. 8-12.

Manifestação do Orgulho Crespo na avenida Paulista, região central de São Paulo (SP), em 2015. Além de incentivar a autoestima da população negra e a valorização de sua identidade, a marcha tinha o objetivo de combater a discriminação e o racismo.

3. IMIGRAÇÃO INTERNACIONAL (FORÇADA E LIVRE)

Como a Coroa portuguesa não fazia registros oficiais do tráfico de pessoas escravizadas, não existem dados precisos sobre o número de africanos que ingressaram no Brasil, quais foram os anos de maior fluxo, por qual porto entraram e de que lugar da África vieram. Segundo as estimativas expostas no livro *Brasil: 500 anos de povoamento*, ingressaram no país pelo menos 4 milhões de africanos entre 1550 e 1850, a maioria proveniente do golfo de Benin e das regiões que atualmente compreendem os territórios de Angola (ao sul do continente, costa ocidental) e Moçambique (também ao sul, costa oriental).

Observe, nos gráficos abaixo, que a participação brasileira no total de escravizados por destino mundial é muito grande, o mesmo ocorrendo com Rio de Janeiro e São Paulo em relação à quantidade de escravizados para o Brasil.

Entre as correntes imigratórias livres especificadas no gráfico da próxima página, a mais importante foi a portuguesa, que se estendeu até os anos 1980 e voltou a acontecer depois da crise econômica mundial iniciada em 2008, com a vinda de profissionais qualificados em busca de emprego. Além de serem numericamente mais significativos, os imigrantes portugueses espalharam-se por todo o território nacional.

Até 1883, a segunda maior corrente de imigrantes livres foi a italiana, que nessa época se dirigiu aos cafezais do Sudeste; a terceira, a alemã, que se concentrou no Sul, em colônias; e a quarta, a espanhola, que se dirigiu a várias cidades do Sudeste e Sul do país. A partir de 1850, a expansão dos cafezais pelo Sudeste e a necessidade de efetiva colonização da região Sul levaram o governo brasileiro a criar medidas de incentivo à vinda de imigrantes europeus para substituir a mão de obra escravizada. Algumas das medidas adotadas e divulgadas na Europa foram o financiamento da passagem e a suposta garantia de emprego, com moradia, alimentação e pagamento anual de salários.

Embora atraente, essa propaganda governamental revelou-se enganosa e escondia uma realidade perversa: a escravidão por dívida. A saída do imigrante da fazenda somente seria permitida quando a dívida fosse quitada. Como não tinha condições de pagar o que devia, ele ficava aprisionado no latifúndio, vigiado por capangas. Essa prática, de escravidão por dívida, é comum até hoje em vários estados do Brasil, sobretudo na região Norte.

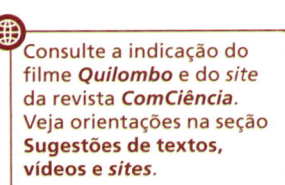

Consulte a indicação do filme *Quilombo* e do *site* da revista *ComCiência*. Veja orientações na seção **Sugestões de textos, vídeos e sites**.

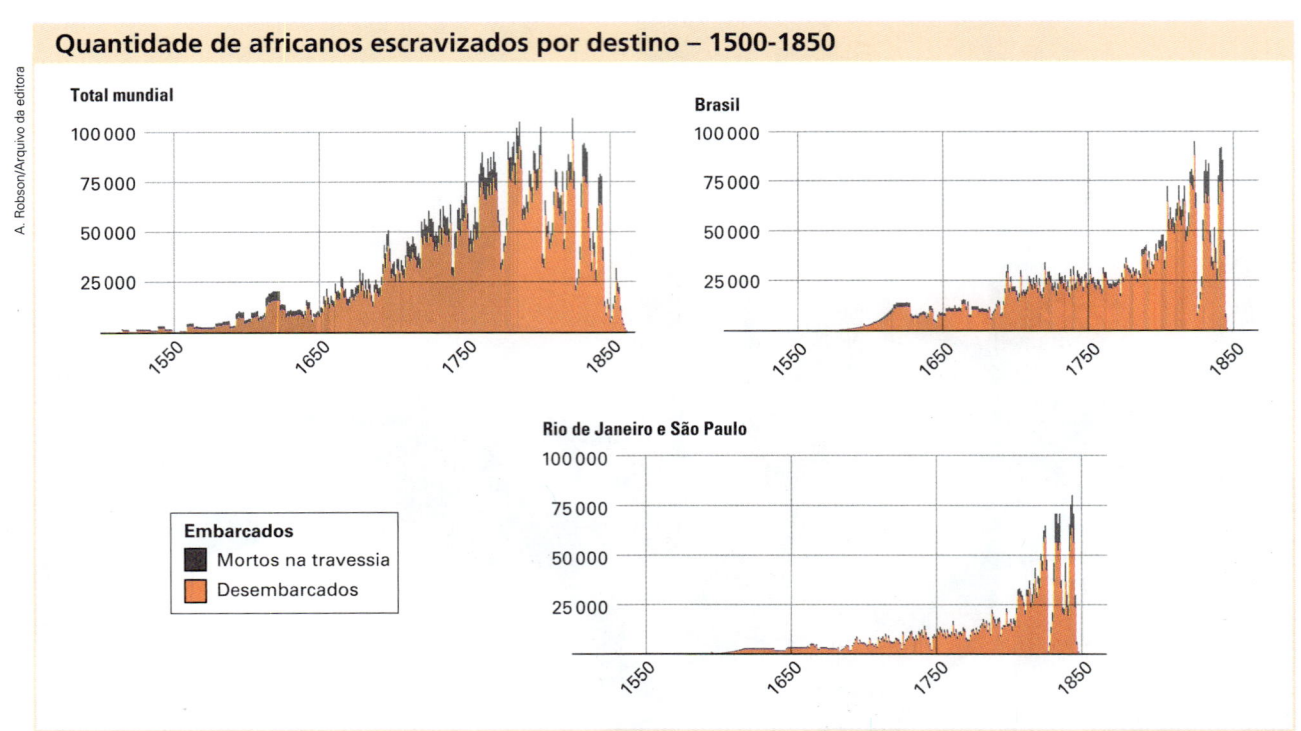

Fonte: MILLANI, C. R. S. et al. *Atlas da política externa brasileira*. Ciudad Autónoma de Buenos Aires: Clasco; Rio de Janeiro: Eduerj, 2014. p. 25.

Além dos cafezais da região Sudeste, outra grande área de atração de imigrantes europeus, com destaque para portugueses, italianos e alemães, foi o Sul do país. Nessa região, os imigrantes ganhavam a propriedade da terra, onde fundaram colônias de povoamento.

Os espanhóis não fundaram colônias; em vez disso espalharam-se pelos grandes centros urbanos de todo o Centro-Sul brasileiro, principalmente nos estados de São Paulo e Rio de Janeiro.

Em 1908, aportou em Santos a primeira embarcação trazendo colonos japoneses. O destino de quase todos foram as lavouras de café do oeste do estado de São Paulo e do norte do Paraná; alguns se instalaram no vale do Ribeira (SP) e ao redor de Belém (PA). Da década de 1980 até 2008/2009, porém, alguns descendentes de japoneses passaram a fazer o caminho inverso de seus ancestrais, emigrando em direção ao Japão como trabalhadores, e a ocupar postos de trabalho menos procurados por cidadãos japoneses, geralmente em linhas de produção industrial. Essas pessoas são conhecidas como decasséguis (do japonês *deru*, 'sair', e *kasegu*, 'para trabalhar'). Com a crise econômica mundial que se iniciou em 2008 e o aumento do desemprego no Japão, esse fluxo se estagnou, e muitos decasséguis retornaram ao Brasil.

As correntes imigratórias de menor expressão numérica incluem judeus, espalhados pelo Brasil e oriundos de diversos países, principalmente europeus; árabes sírios e libaneses, também distribuídos pelo país; chineses e coreanos, mais concentrados em São Paulo; eslavos, sobretudo poloneses, lituanos e russos, mais concentrados em Curitiba e outras cidades paranaenses. Há também sul-americanos, como argentinos, uruguaios, paraguaios, bolivianos, venezuelanos e chilenos, a maioria na Grande São Paulo; e haitianos e pessoas de vários países africanos, com destaque para Angola, Cabo Verde e Nigéria.

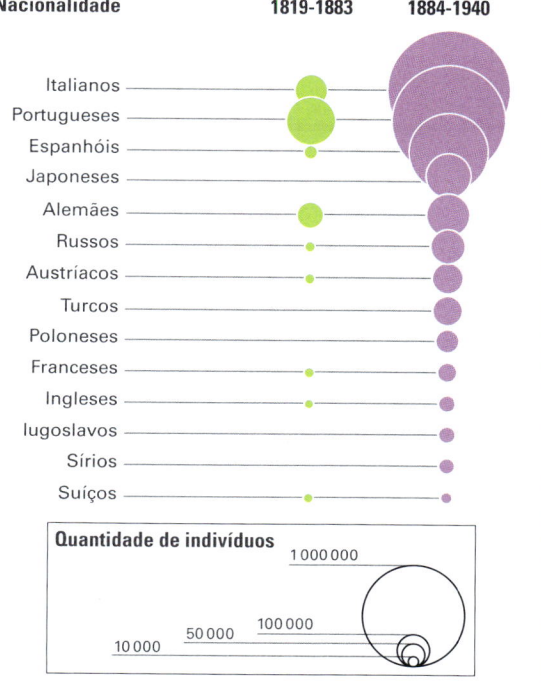

Fonte: MILLANI, C. R. S. et al. *Atlas da política externa brasileira*. Ciudad Autónoma de Buenos Aires: Clasco; Rio de Janeiro: Eduerj, 2014. p. 25.

Assista ao filme *Gaijin: os caminhos da liberdade*. Veja orientações na seção **Sugestões de textos, vídeos e *sites***.

Jogadores do Camarões conquistam o campeonato na 2ª Copa dos Refugiados, em 2015, após vitória contra o time do Congo. A Copa dos Refugiados é realizada anualmente em São Paulo (SP). Esse município abriga uma grande comunidade de imigrantes e refugiados oriundos do continente africano. Há restaurantes, feiras de artesanato, lojas de roupas e outros comércios onde é possível conhecer um pouco da cultura de países como Angola, Cabo Verde, Nigéria e Moçambique.

4. MIGRAÇÃO (MOVIMENTOS INTERNOS)

Assista ao filme *O homem que virou suco*. Veja orientações na seção **Sugestões de textos, vídeos e *sites***.

Segundo dados do IBGE, em 2015, 38% dos habitantes do Brasil não eram naturais do município em que moravam, e cerca de 15% deles não eram procedentes da unidade da federação em que viviam.

Esses dados revelam que predominam os movimentos migratórios dentro do estado de origem. Atualmente há um crescimento dos fluxos urbano-urbano e intrametropolitano, isto é, aumenta o número de pessoas que migram de uma cidade para outra no mesmo estado ou em determinada região metropolitana em busca de melhores condições de vida. Analisando a história brasileira, percebemos que, desde o século XVI, os movimentos migratórios estão associados a fatores econômicos. Quando o ciclo da cana-de-açúcar no Nordeste decaiu, por exemplo, se intensificou o do ouro em Minas Gerais, e muitas pessoas foram atraídas para este estado. Esses grandes deslocamentos provocam um intenso processo de urbanização na nova centralidade econômica do país.

Mais tarde, com o ciclo do café e o processo de industrialização, o eixo São Paulo-Rio de Janeiro se tornou o grande polo de atração de migrantes, que saíam da região de origem em busca de emprego ou de melhores salários. Somente a partir da década de 1970, por causa do processo de desconcentração da atividade industrial e da criação de políticas públicas de incentivo à ocupação das regiões Norte e Centro-Oeste, a migração para o Sudeste começou a apresentar significativa queda.

Se determinada região do país começa a receber investimentos produtivos, públicos ou privados, que aumentem a oferta de emprego, em pouco tempo ela se torna polo de atração de pessoas. É o que acontece atualmente com os municípios de médio porte em várias regiões do país.

Municípios médios e grandes do interior do estado de São Paulo, como Campinas, Ribeirão Preto, São José dos Campos, Sorocaba e São José do Rio Preto, e alguns menores apresentam índices de crescimento econômico maiores do que os da capital, o que gera atração populacional. Isso se deve ao desenvolvimento dos sistemas de transporte, energia e telecomunicações.
Na foto, vista parcial de Sorocaba, em 2017.

Rubens Chaves/Pulsar Imagens

5. EMIGRAÇÃO

Como vimos no capítulo anterior, os movimentos de população sempre estão associados a fatores de repulsão e de atração e, muitas vezes, os emigrantes saem contrariados de seu país de origem. A partir da década de 1980, o fluxo imigratório do Brasil começou a se tornar negativo, ou seja, o número de emigrantes tornou-se maior do que o de imigrantes.

Do início da década de 1980 até a crise mundial que começou em 2008, muitos brasileiros se mudaram para Estados Unidos, Japão e países da Europa (sobretudo Portugal, Reino Unido, Espanha e França), entre outros destinos, em busca de melhores condições de vida. Os principais motivos para a evasão eram os salários muito baixos pagos no Brasil, comparados aos desses países, e os índices elevados de desemprego e subemprego no país.

Enquanto perdurou a crise econômica mundial iniciada em 2008, o Brasil passou a receber muitos imigrantes de países latino-americanos, com destaque para Bolívia, Peru e Paraguai. Além disso, muitos brasileiros que moravam no exterior voltaram para o país. Dessa forma, naqueles anos, o Brasil deixou de ser um país onde predominava a emigração e passou a receber imigrantes em maior número, mesmo durante o período recessivo entre 2014 e 2017 e a crise econômica que se seguiu a ele.

Há também um grande número de brasileiros estabelecidos no Paraguai (como mostra o gráfico abaixo), quase todos produtores rurais que para ali se dirigiram em busca de terras baratas e de uma carga tributária menor do que a brasileira. Na foto de 2018, produtor brasileiro comemora a colheita de soja em Amambay (Paraguai), na divisa com o Brasil.

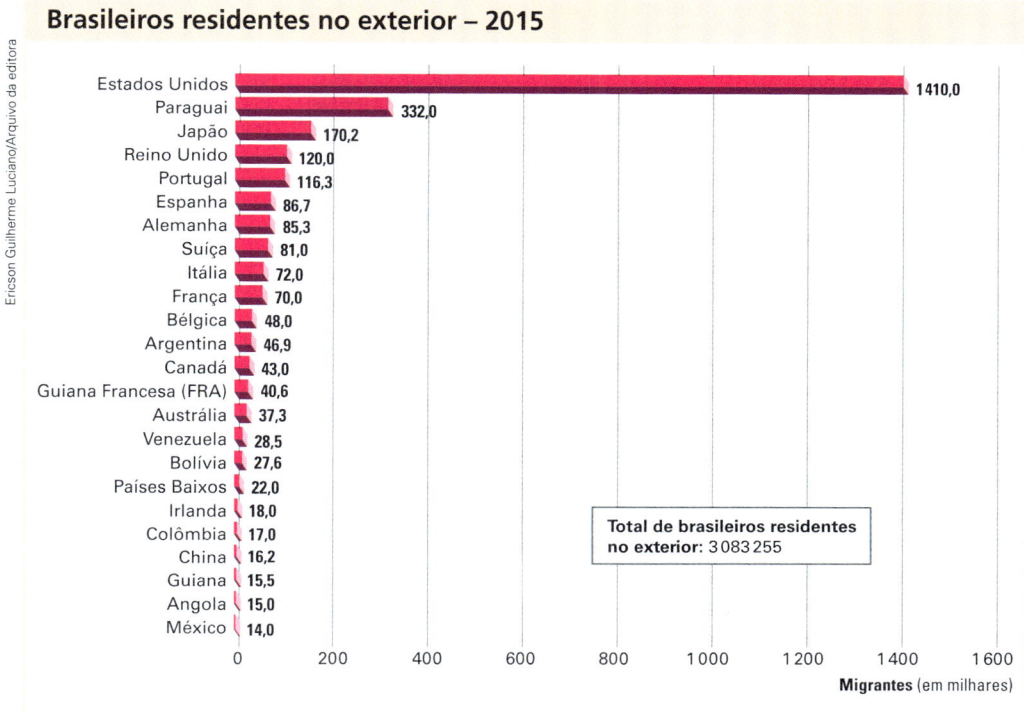

Brasileiros residentes no exterior – 2015

- Estados Unidos: 1 410,0
- Paraguai: 332,0
- Japão: 170,2
- Reino Unido: 120,0
- Portugal: 116,3
- Espanha: 86,7
- Alemanha: 85,3
- Suíça: 81,0
- Itália: 72,0
- França: 70,0
- Bélgica: 48,0
- Argentina: 46,9
- Canadá: 43,0
- Guiana Francesa (FRA): 40,6
- Austrália: 37,3
- Venezuela: 28,5
- Bolívia: 27,6
- Países Baixos: 22,0
- Irlanda: 18,0
- Colômbia: 17,0
- China: 16,2
- Guiana: 15,5
- Angola: 15,0
- México: 14,0

Migrantes (em milhares)

Total de brasileiros residentes no exterior: 3 083 255

Fonte: BRASIL. Ministério das Relações Exteriores. Disponível em: <www.brasileirosnomundo.itamaraty.gov.br/a-comunidade/estimativas-populacionais-das-comunidades/Estimativas%20RCN%202015%20-%20Atualizado.pdf>. Acesso em: 17 maio 2018.

ATIVIDADES

COMPREENDENDO CONTEÚDOS

1. Por que a demarcação de terras indígenas contribui para a preservação da identidade cultural de diversos povos nativos?

2. Quais foram as principais correntes migratórias para o Brasil? Caracterize-as.

3. Por que os brasileiros emigram? Quais são os principais países de destino dos emigrantes brasileiros?

DESENVOLVENDO HABILIDADES

4. Pesquise em jornais, revistas e na internet notícias que mostrem as regiões brasileiras e os países que mais atraem ou repelem os movimentos populacionais. Em seguida, faça o que se pede.
   a) Destaque as causas de repulsão e os fatores de atração dos migrantes nos lugares mencionados nas notícias que você encontrou.
   b) A região onde você mora está entre esses lugares de atração ou de repulsão?
   c) Faça uma breve entrevista com familiares ou pessoas que morem em seu bairro que tenham migrado. Procure saber:
   - qual é o lugar de origem da pessoa;
   - há quanto tempo não vive no local de origem;
   - quais foram os motivos do deslocamento.
   d) Escreva um pequeno texto dissertativo relacionando os resultados da pesquisa com as motivações encontradas nas notícias.

CIDADANIA: COMBATE AO RACISMO

5. Releia o texto das páginas 572 e 573 para responder às seguintes questões:
   a) Quais são as três dimensões do racismo levantadas no texto?
   b) Que implicações esse fenômeno social traz para a população brasileira, especialmente para os jovens?

6. Leia o texto a seguir e responda às questões.

Constituição da República Federativa do Brasil

Art. 5º – Todos são iguais perante a lei, sem distinção de qualquer natureza, garantindo-se aos brasileiros e aos estrangeiros residentes no País a inviolabilidade do direito à vida, à liberdade, à igualdade, à segurança e à propriedade, nos termos seguintes:

I. homens e mulheres são iguais em direitos e obrigações, nos termos desta Constituição;

[...]

VI. é inviolável a liberdade de consciência e de crença, sendo assegurado o livre exercício dos cultos religiosos e garantida, na forma da lei, a proteção aos locais de culto e às suas liturgias;

[...]

XLII. a prática de racismo constitui crime inafiançável e imprescritível, sujeito à pena de reclusão, nos termos da lei;

[...]

BRASIL. Constituição da República Federativa do Brasil de 1988. Disponível em: <www.planalto.gov.br/ccivil_03/constituicao/constituicao.htm>. Acesso em: 23 maio 2018.

a) Como a Constituição, a lei máxima do país, encara o racismo?
b) Com base em sua experiência cotidiana no lugar onde vive e nas informações que recebe pelos meios de comunicação, responda: O artigo 5º está sendo integralmente respeitado? Cite exemplos e os apresente aos colegas.

inviolabilidade: qualidade ou caráter daquilo que não pode ser quebrado, transgredido ou forçado.
crime inafiançável: crime para o qual a lei não permite que o acusado realize um pagamento para responder ao processo em liberdade.
crime imprescritível: na legislação brasileira, alguns tipos de crime têm um prazo máximo para serem julgados antes que seus processos sejam anulados. Esses crimes são chamados de prescritíveis. Alguns crimes, mais graves, são imprescritíveis: seus processos não podem ser anulados depois de prazo nenhum.

CAPÍTULO 31

ASPECTOS DA POPULAÇÃO BRASILEIRA

Alunos reunidos para uma festa em escola pública na comunidade ribeirinha de Anumã, em Santarém (PA), em 2017.

Ernesto Reghran/Pulsar Imagens

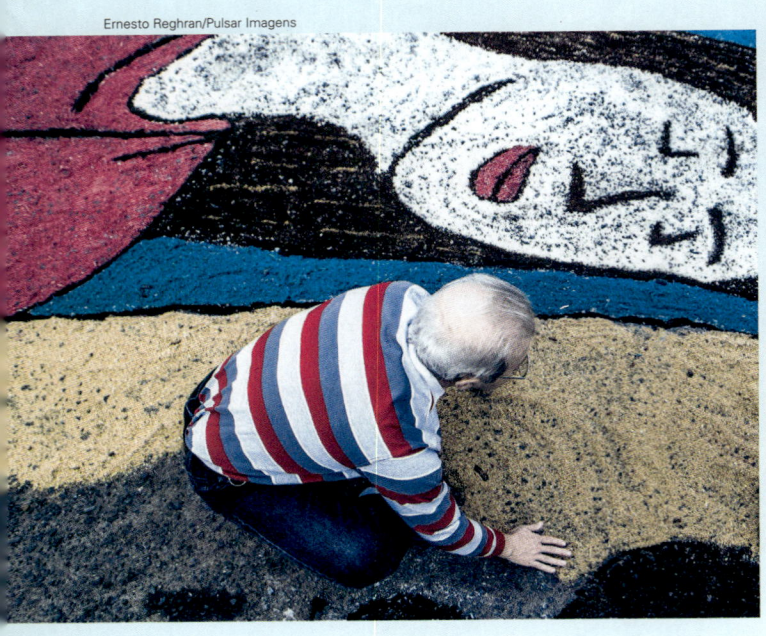

Nas últimas décadas, o Brasil vem passando por significativas mudanças estruturais em sua composição demográfica, com uma tendência ao envelhecimento populacional. Isso ocorre, sobretudo, em razão da redução da taxa de fecundidade e do aumento da expectativa de vida. Essas transformações provocam grandes impactos na sociedade e na economia.

Você já imaginou, por exemplo, quais são os efeitos socioeconômicos da redução do número de jovens e do aumento da quantidade de idosos no conjunto da população?

Neste capítulo, vamos estudar as causas e as consequências da redução da fecundidade e do aumento da expectativa de vida, a estrutura da população de acordo com a idade e o sexo, a distribuição da população economicamente ativa (PEA) e o Índice de Desenvolvimento Humano (IDH) no Brasil.

Abaixo, idosos praticam atividades físicas em praça pública no bairro de Copacabana, no Rio de Janeiro (RJ), em 2017. Acima, idoso participa de decoração de rua para procissão católica de *Corpus Christi* em Londrina (PR), em 2016. O Brasil vem apresentando gradual envelhecimento da população.

João Prudente/Opção Brasil Imagens

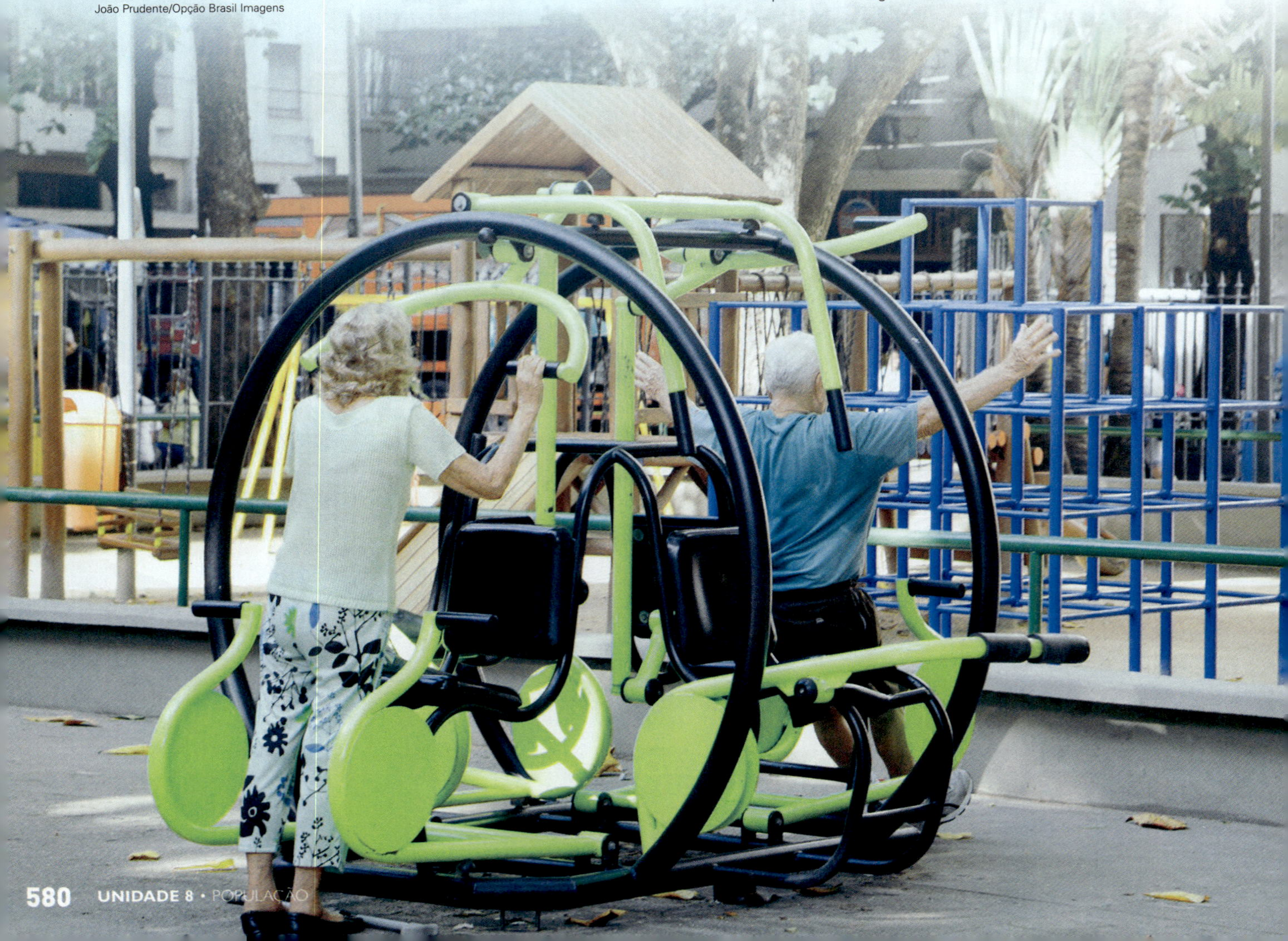

1. CRESCIMENTO VEGETATIVO DA POPULAÇÃO BRASILEIRA

A sociedade brasileira vem passando por expressivas mudanças em seu perfil demográfico. Até a década de 1990, as taxas de fecundidade eram altas, o que contribuía para que a maior parte da população fosse jovem. Nos últimos anos, a quantidade de filhos por mulher diminuiu de forma expressiva (veja o gráfico abaixo), gerando reflexos diretos no crescimento populacional.

Segundo os *Indicadores de desenvolvimento sustentável 2017*, do IBGE, em 2016 a taxa de fecundidade da mulher brasileira era de 1,7, inferior aos 2,1 considerados pela ONU como nível de reposição. Essa é a média de filhos por mulher necessária para manter a população estável. Como vimos no capítulo 28, a redução do número de filhos por mulher é consequência de uma série de fatores, como urbanização, desenvolvimento de métodos contraceptivos, melhoria dos índices de educação, adoção de políticas públicas visando ao planejamento familiar, maior ingresso das mulheres no mercado de trabalho e mudanças nos valores socioculturais, com destaque para a emancipação feminina.

Entre 1950 e 1980, a população brasileira cresceu em média 2,8% ao ano, índice que projetava sua duplicação a cada 25 anos. Já de 2010 a 2015, o crescimento populacional caiu para 0,8% ao ano, e a projeção para a população duplicar aumentou para 87 anos.

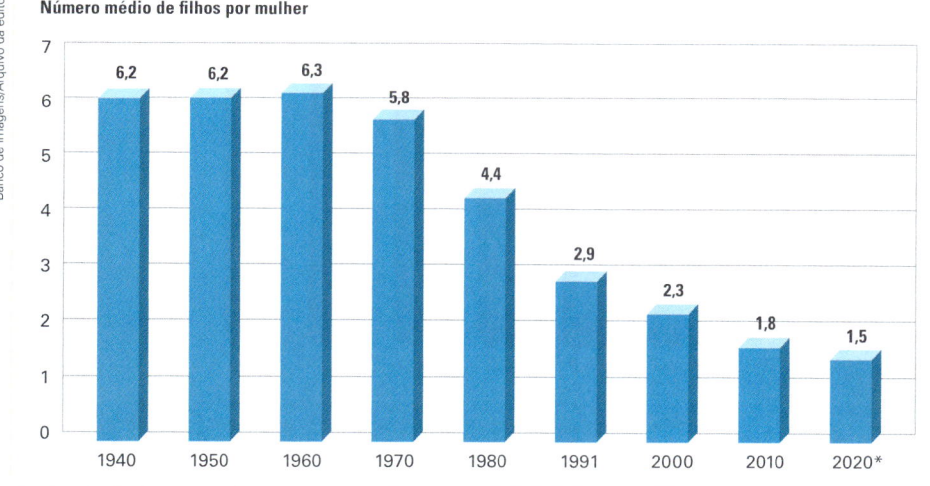

Fonte: IBGE. *Séries estatísticas*. Disponível em: <https://seriesestatisticas.ibge.gov.br/series.aspx?no=10&op=0&vcodigo=POP263&t=taxa-fecundidade-total>; ERVATTI, Leila Regina; BORGES, Gabriel Mendes; JARDIM, Antonio de Ponte (Org.). *Mudança demográfica no Brasil no início do século XXI*. Subsídios para as projeções da população. Rio de Janeiro: IBGE, 2015. Disponível em: <https://biblioteca.ibge.gov.br/visualizacao/livros/liv93322.pdf>. Acessos em: 18 maio 2018.

* Projeção.

Na foto, família passeia no centro de Taubaté (SP), em 2017. Observe no gráfico acima que, da década de 1940 para a de 2010, o número médio de filhos por mulher diminuiu de 6,2 para 1,8.

Paralelamente à redução acentuada da natalidade, a esperança de vida ao nascer tem aumentado, como mostra o primeiro gráfico desta página. Esse aumento se dá em razão da melhoria das condições de vida da população e dos avanços na área da medicina e da saúde pública. Por causa desse movimento paralelo, dizemos que o Brasil encontra-se em um período de **transição demográfica**, que se intensificou a partir dos anos 1980.

O segundo gráfico mostra que o número de crianças no total da população brasileira tem diminuído, enquanto o de jovens, adultos e idosos tem aumentado, em consequência da redução da fecundidade e do aumento da esperança de vida. Nas próximas décadas, o número de idosos continuará crescendo, enquanto o de crianças e de jovens cairá.

Essas alterações na composição etária da população indicam que o Brasil ingressou num período especial conhecido como **janela** ou **bônus demográfico**. Ele ocorre quando há predomínio de adultos no conjunto total da população em relação a crianças (0 a 14 anos) e idosos (65 anos ou mais). Isso aumenta o número de pessoas em idade produtiva e diminui a quantidade de dependentes, favorecendo o desenvolvimento econômico.

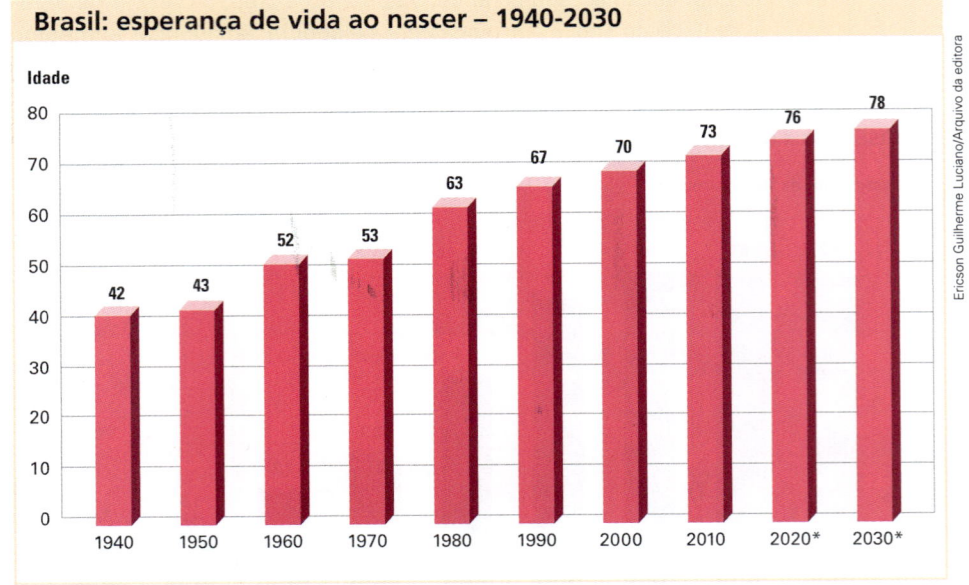

Fonte: IBGE. *Séries estatísticas.* Disponível em: <https://seriesestatisticas.ibge.gov.br/series.aspx?no=10&op=0&vcodigo=POP321&t=revisao-2008-projecao-populacao-esperanca-vida>. Acesso em: 23 maio 2018.

* Projeção.

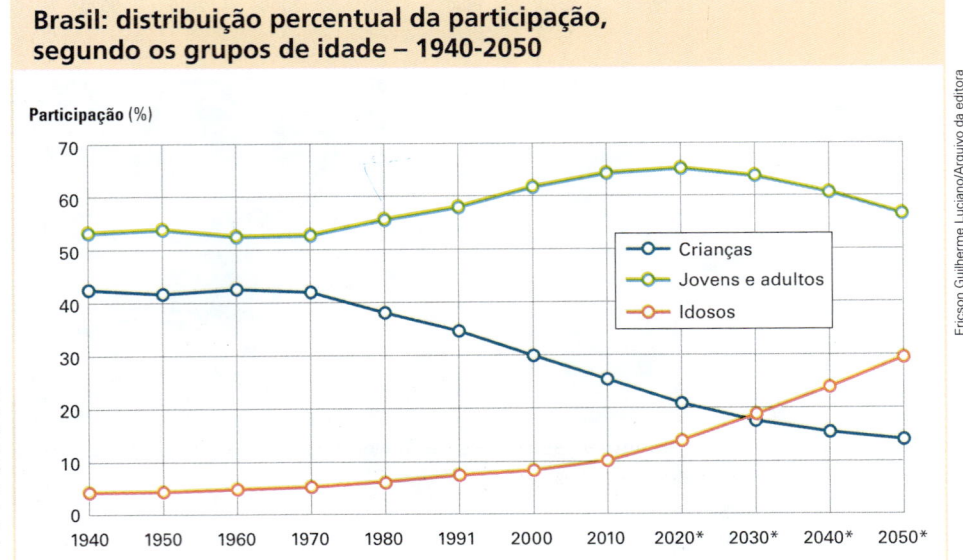

Fonte: SIMÕES, Celso Cardoso da Silva. *Relações entre as alterações históricas na dinâmica demográfica brasileira e os impactos decorrentes do processo de envelhecimento da população.* Rio de Janeiro: IBGE, 2016. Disponível em: <https://biblioteca.ibge.gov.br/visualizacao/livros/liv98579.pdf>. Acesso em: 23 maio 2018.

* Projeção.

Entretanto, o país não está aproveitando esse período de bônus demográfico de forma eficiente. Setores de saúde pública e educação básica, por exemplo, que poderiam criar condições estruturais melhores para o crescimento econômico, recebem poucos investimentos. O mesmo ocorre em setores de infraestrutura, como o de transportes. Estima-se que o percentual de brasileiros em idade produtiva deva aumentar até por volta de 2020 e depois comece a diminuir, conforme demonstra o último gráfico da página anterior.

Observando o gráfico a seguir, percebemos que o crescimento vegetativo no Brasil vem diminuindo, especialmente por causa do menor número de nascimentos. Em termos percentuais, a taxa de mortalidade brasileira já atingiu um patamar equivalente ao de países desenvolvidos, próximo a 6‰. Isso significa que seis habitantes morrem a cada grupo de mil ao ano. Segundo as projeções, a partir de 2042 a população brasileira deverá parar de crescer e passará a sofrer redução, porque o número de óbitos provavelmente será maior do que o de nascimentos.

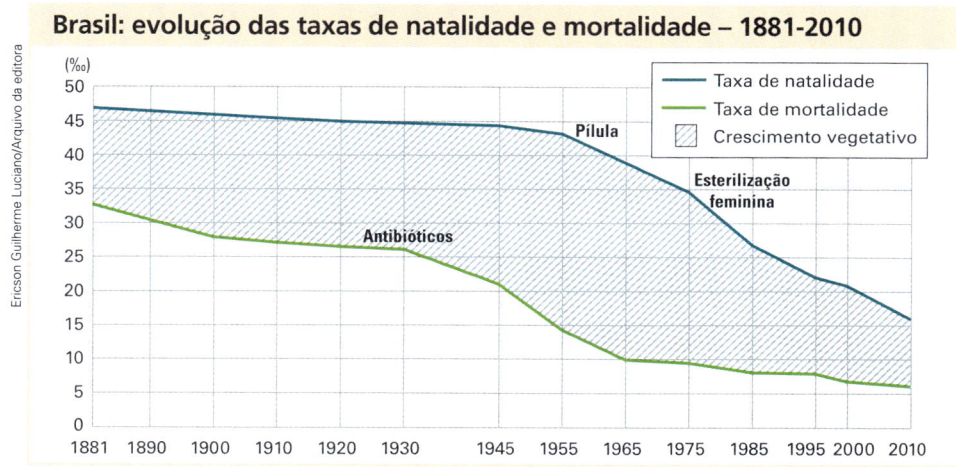

Fonte: SIMÕES, Celso Cardoso da Silva. *Relações entre as alterações históricas na dinâmica demográfica brasileira e os impactos decorrentes do processo de envelhecimento da população*. Rio de Janeiro: IBGE, 2016. Disponível em: <https://biblioteca.ibge.gov.br/visualizacao/livros/liv98579.pdf>. Acesso em: 23 maio 2018.

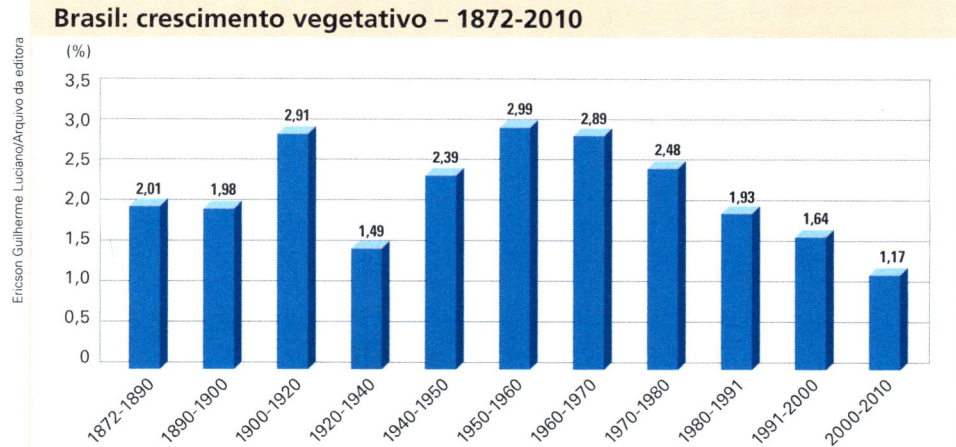

Fonte: SIMÕES, Celso Cardoso da Silva. *Relações entre as alterações históricas na dinâmica demográfica brasileira e os impactos decorrentes do processo de envelhecimento da população*. Rio de Janeiro: IBGE, 2016. Disponível em: <https://biblioteca.ibge.gov.br/visualizacao/livros/liv98579.pdf>. Acesso em: 23 maio 2018.

Conhecer essas mudanças no comportamento demográfico possibilita aos governos estabelecer planos de investimentos em áreas essenciais, como educação, saúde e previdência social, adequados ao perfil populacional. Por exemplo, saber que a população idosa vai aumentar expressivamente em relação à PEA leva à necessidade de o governo monitorar as regras da previdência social, uma vez que haverá menos trabalhadores contribuindo e um número maior de pessoas utilizando o sistema previdenciário (aposentados e pensionistas). Além disso, o crescimento da população com idade acima de 60 anos exige, cada vez mais, maiores investimentos no sistema de saúde, pois em geral os idosos requerem mais cuidados médicos.

PARA SABER MAIS

Esperança de vida e mortalidade infantil

A esperança de vida ao nascer e a taxa de mortalidade infantil são importantes indicadores da qualidade de vida da população de um país. Essas taxas podem revelar como está a qualidade do ensino, do saneamento básico e dos serviços de saúde, como campanhas de vacinação, atenção ao pré-natal, aleitamento materno e nutrição, entre outros.

É importante observar que, no Brasil, os contrastes regionais são muito acentuados. Em 2016, na região Sul, a expectativa de vida ao nascer era 4,7 anos maior do que na região Nordeste. Embora tenha caído de 115‰ para 13‰ entre 1970 e 2016, a mortalidade infantil no Brasil ainda é alta se comparada com a de outros países com nível de desenvolvimento semelhante. Segundo o Banco Mundial, em 2015, na Argentina essa taxa era de 11‰ e no Chile, 7‰. Com relação aos países desenvolvidos, a distância é ainda maior: Luxemburgo e Japão, 2‰. Nesses países, os fatores da mortalidade infantil independem de políticas de infraestrutura social; já no caso do Brasil, o percentual de mortes associadas à carência de serviços públicos essenciais ainda é elevado.

Brasil: esperança de vida ao nascer – 2016

Regiões	Total (em anos)
Norte	72,2
Nordeste	73,1
Sudeste	77,5
Sul	77,8
Centro-Oeste	75,1
Brasil	75,7

Fonte: IBGE. SIDRA. *Banco de tabelas estatísticas*. Disponível em: <https://sidra.ibge.gov.br/tabela/3825#resultado>. Acesso em: 18 maio 2018.

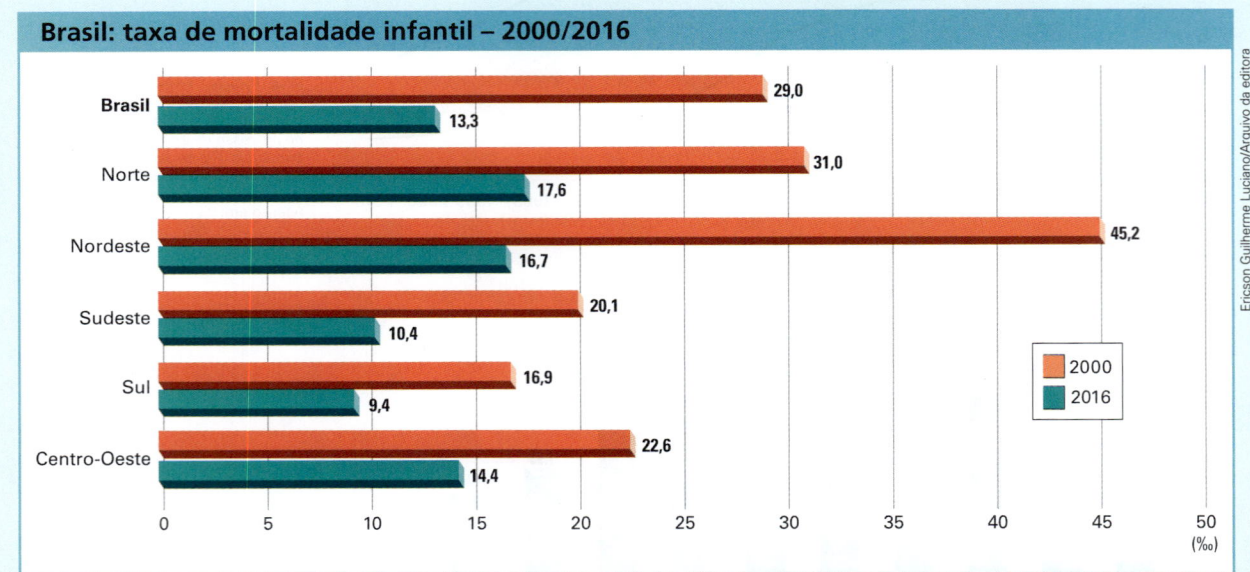

Fonte: IBGE. SIDRA. *Banco de tabelas estatísticas*. Disponível em: <https://sidra.ibge.gov.br/tabela/1174>. Acesso em: 18 maio 2018.

Observe que, apesar da grande queda no índice de mortalidade infantil nas regiões Nordeste e Norte, elas continuam a apresentar as maiores taxas do país.

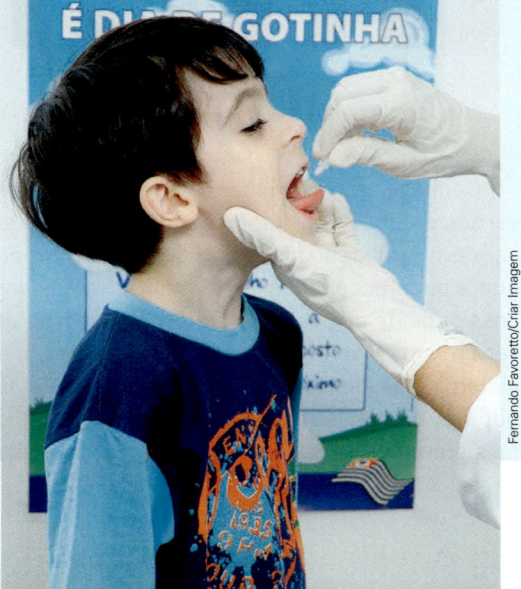

Campanha de vacinação contra poliomielite em São Paulo (SP), em 2016. Os avanços nos serviços públicos de saúde contribuíram para a diminuição da mortalidade infantil.

2. ESTRUTURA DA POPULAÇÃO BRASILEIRA

O aumento da esperança de vida da população brasileira ao nascer e a queda das taxas de natalidade e mortalidade vêm provocando mudanças na pirâmide etária. Está ocorrendo um significativo estreitamento em sua base, que corresponde aos mais jovens, e o alargamento do meio para o topo, por causa do aumento da participação percentual de adultos e idosos.

Quanto à distribuição da população brasileira por gênero, o país se enquadra nos padrões mundiais: nascem cerca de 105 homens para cada 100 mulheres. No entanto, a taxa de mortalidade infantil e juvenil masculina é mais elevada, e a expectativa de vida dos homens é mais baixa do que a das mulheres.

Em razão disso, é comum as pirâmides etárias apresentarem uma parcela ligeiramente maior de população feminina. Segundo o IBGE, em 2015, o Brasil tinha 99,4 milhões de homens (48,5%) e 105,5 milhões de mulheres (51,5%).

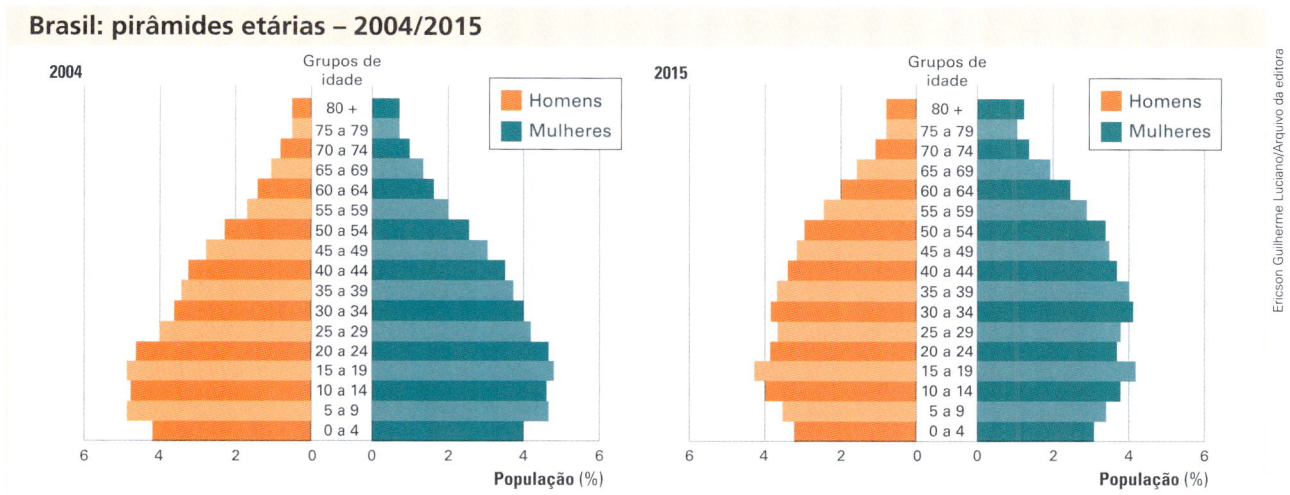

Fonte: IBGE. *Pesquisa Nacional por Amostra de Domicílios 2015*. Disponível em: <www.ibge.gov.br/estatisticas-novoportal/sociais/populacao.html>. Acesso em: 18 maio 2018.

Mulheres produzem tapeçaria artesanal em Diamantina (MG), em 2015. Muitas pessoas idosas, apesar de aposentadas, continuam a trabalhar para aumentar a renda da família.

MORTALIDADE DE JOVENS E ADULTOS

Um aspecto demográfico da população brasileira que se torna cada vez mais preocupante é o aumento das mortes de adolescentes e adultos jovens do sexo masculino por causas violentas, como assassinatos (tema que será aprofundado no capítulo 32) e acidentes automobilísticos decorrentes de excesso de velocidade, imprudência ou uso de drogas. Isso provoca impactos na distribuição etária da população e na proporção entre os sexos, além de trazer implicações socioeconômicas, com a diminuição da qualidade de vida da população em geral (em decorrência da insegurança generalizada) e o aumento de gastos com prevenção e coibição da violência, vigilância à venda de drogas, entre outros.

Segundo o IBGE, se não ocorressem mortes prematuras da população masculina, a esperança de vida média dos brasileiros seria maior em dois ou três anos. Como podemos observar no gráfico abaixo, o predomínio de mulheres na população total vem aumentando. Em 2000, havia 98,7 homens para cada grupo de 100 mulheres. Em 2010, esse índice reduziu para 97,9 homens para cada grupo de 100 mulheres.

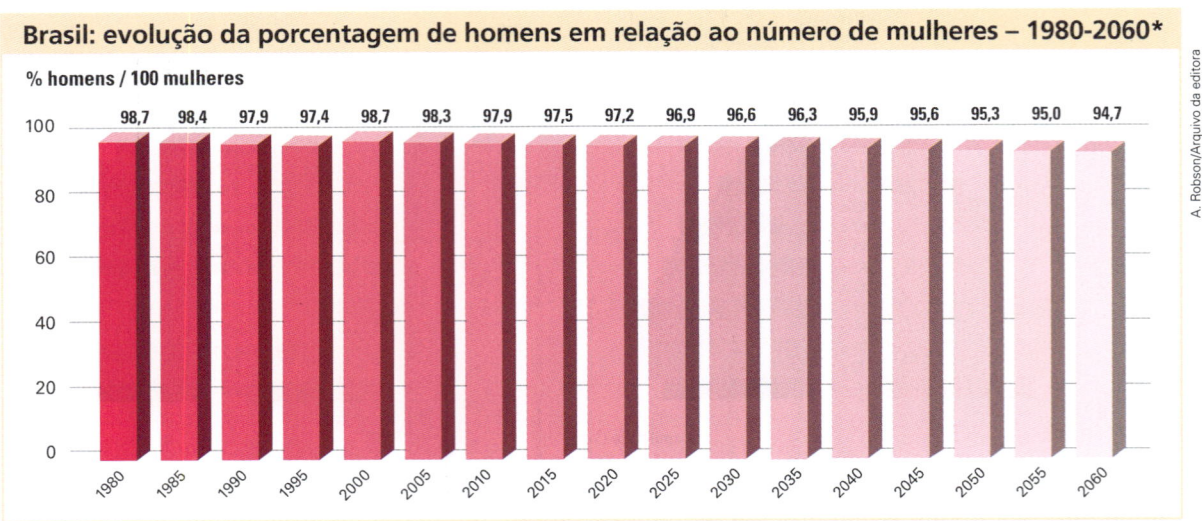

Fonte: IBGE. *Projeção da população do Brasil por sexo e idade para o período 2000-2060*. Revisão 2013. Disponível em: <www.ibge.gov.br/estatisticas-novoportal/sociais/populacao/9109-projecao-da-populacao.html?redirect=1&t=publicacoes>. Acesso em: 18 maio 2018.

* Os dados de 2015 a 2060 são projeções.

Corrida de cem metros feminina durante os primeiros Jogos Mundiais dos Povos Indígenas, realizados em Palmas (TO), em 2015. As mulheres vêm aumentando significativamente sua participação no mercado de trabalho e possuem mais anos de escolaridade que a população masculina.

OUTRAS LEITURAS

DESNUTRIÇÃO E SOBREPESO
DIALOGANDO COM EDUCAÇÃO FÍSICA E BIOLOGIA

Nas últimas décadas, o Brasil passou por diversas mudanças políticas, econômicas, sociais e culturais que evidenciaram transformações no modo de vida da população. [...] Apesar da intensa redução da desnutrição em crianças, as deficiências de micronutrientes e a desnutrição crônica ainda são prevalentes em grupos vulneráveis da população, como em indígenas, quilombolas e crianças e mulheres que vivem em áreas vulneráveis. Simultaneamente, o Brasil vem enfrentando aumento expressivo do sobrepeso e da obesidade em todas as faixas etárias, e as doenças crônicas são a principal causa de morte entre adultos. O excesso de peso acomete um em cada dois adultos e uma em cada três crianças brasileiras. Para o enfrentamento desse cenário, é emergente a necessidade da ampliação de ações intersetoriais que repercutam positivamente sobre os diversos determinantes da saúde e nutrição. [...]

A escolha dos alimentos

Quatro categorias de alimentos, definidas de acordo com o tipo de processamento empregado na sua produção, são abrangidas pelas recomendações do capítulo [dois do *Guia Alimentar para a População Brasileira*]. A primeira reúne alimentos *in natura* ou minimamente processados. Alimentos *in natura* são aqueles obtidos diretamente de plantas ou de animais (como folhas e frutos ou ovos e leite) e adquiridos para consumo sem que tenham sofrido qualquer alteração após deixarem a natureza. Alimentos minimamente processados são alimentos *in natura* que, antes de sua aquisição, foram submetidos a alterações mínimas. Exemplos incluem grãos secos, polidos e empacotados ou moídos na forma de farinhas, raízes e tubérculos lavados, cortes de carne resfriados ou congelados e leite pasteurizado. A segunda categoria corresponde a produtos extraídos de alimentos *in natura* ou diretamente da natureza e usados pelas pessoas para temperar e cozinhar alimentos e criar preparações culinárias. Exemplos desses produtos são: óleos, gorduras, açúcar e sal. A terceira categoria corresponde a produtos fabricados essencialmente com a adição de sal ou açúcar a um alimento *in natura* ou minimamente processado, como legumes em conserva, frutas em calda, queijos e pães. A quarta categoria corresponde a produtos cuja fabricação envolve diversas etapas e técnicas de processamento e vários ingredientes, muitos deles de uso exclusivamente industrial. Exemplos incluem refrigerantes, biscoitos recheados, "salgadinhos de pacote" e "macarrão instantâneo". [...]

Evite alimentos ultraprocessados

Devido a seus ingredientes, alimentos ultraprocessados são nutricionalmente desbalanceados. Por conta de sua formulação e apresentação, tendem a ser consumidos em excesso e a substituir alimentos *in natura* ou minimamente processados. As formas de produção, distribuição, comercialização e consumo afetam de modo desfavorável a cultura, a vida social e o meio ambiente.

BRASIL. Ministério da Saúde. *Guia alimentar para a população brasileira*. Brasília, 2014. p. 5-6; 26-27; 39. Disponível em: <http://bvsms.saude.gov.br/bvs/publicacoes/guia_alimentar_populacao_brasileira_2ed.pdf>. Acesso em: 18 maio 2018.

Consulte o *site* da **Organização das Nações Unidas para a Alimentação e a Agricultura (FAO)**. Veja orientações na seção **Sugestões de textos, vídeos e *sites***.

Legumes expostos para venda em feira livre de Feira de Santana (BA), em 2016. Esse comércio de rua, típico do Brasil, é uma das possibilidades para se encontrar alimentos *in natura* ou minimamente processados, que são mais saudáveis do que os alimentos industrializados. Veja na página 15 do *Atlas* um mapa sobre os índices de obesidade no mundo.

Sérgio Pedreira/Pulsar Imagens

3. PEA E DISTRIBUIÇÃO DE RENDA NO BRASIL

Brasil: distribuição da população ocupada, por ramo de atividade – 2015

- Construção: 9,8%
- Indústria: 11,8%
- Agricultura: 13,9%
- Comércio e manutenção: 18,2%
- Serviços: 46,3%

Fonte: IBGE. *Pesquisa Nacional por Amostra de Domicílios 2015*. Disponível em: <www.ibge.gov.br/estatisticas-novoportal/sociais/populacao/9127-pesquisa-nacional-por-amostra-de-domicilios.html?=&t=o-que-e>. Acesso em: 18 maio 2018.

O gráfico ao lado mostra a distribuição da população economicamente ativa no Brasil em 2015. Ao observá-lo, vemos que 13,9% da PEA trabalha na agropecuária. Embora esse número venha diminuindo em razão da modernização e da mecanização do campo em algumas localidades, as atividades agrícolas também são praticadas de forma tradicional e ocupam significativa mão de obra nas regiões mais pobres do país.

O setor industrial brasileiro, incluindo a construção civil, absorve 21,6% da PEA, número comparável ao de países desenvolvidos. Após a abertura econômica, iniciada na década de 1990, o parque industrial brasileiro se modernizou e algumas empresas ganharam projeção internacional.

O setor terciário, embora ocupe mais da metade da PEA no Brasil, apresenta os maiores níveis de subemprego, uma vez que muitos dos trabalhadores exercem atividades informais, sem garantia de direitos trabalhistas, além de não contribuírem para a previdência social.

No Brasil, 64,5% da PEA exercem atividades terciárias, somando-se serviços, comércio e manutenção. No setor formal de serviços (como escolas, hospitais, repartições públicas, transportes, etc.), as condições de trabalho e o nível de renda são muito variáveis: há instituições avançadas administrativa e tecnologicamente, ao lado de outras bastante tradicionais. Por exemplo, ao compararmos o ensino oferecido em escolas públicas, percebemos diferenças significativas de qualidade entre as unidades. Essa discrepância ocorre também no setor da saúde.

O comércio ambulante é uma atividade informal, pois não são recolhidos impostos e os trabalhadores não usufruem de direitos trabalhistas. Na foto, ambulantes na praia de Campeche, em Florianópolis (SC), em 2018.

PARTICIPAÇÃO DAS MULHERES

CIDADANIA: IGUALDADE DE GÊNERO

Quanto à composição da PEA por gênero, é possível notar certa desproporção: em 2015, 43% dos trabalhadores eram do sexo feminino. Nos países desenvolvidos, essa participação é mais igualitária, com índices próximos aos 50%. O aumento da participação feminina na PEA ganhou impulso com os movimentos feministas a partir da década de 1970, que passaram a reivindicar igualdade de gênero no mercado de trabalho, nas atividades políticas e em outras esferas da vida social. Além disso, muitas mulheres passaram a prover o sustento da família, inserindo-se cada vez mais no mercado de trabalho formal.

> Consulte a obra *História das mulheres no Brasil*, de Mary del Priori. Veja orientações na seção **Sugestões de textos, vídeos e sites**.

O percentual de mulheres que são empregadas com baixa remuneração é mais alto do que o de homens. Na foto, trabalhadoras lavam mangas em empresa exportadora de frutas em Petrolina (PE), em 2015.

Apesar de, no Brasil, as mulheres apresentarem médias mais elevadas de anos de estudo em relação aos homens, ainda hoje muitas vezes elas recebem salários menores. Em 2015, as trabalhadoras recebiam, em média, 76,1% dos rendimentos dos trabalhadores do sexo masculino. Além disso, há predominância feminina em empregos de menor qualificação e salários mais baixos, como o trabalho doméstico e a operação de *telemarketing*. Observe no gráfico abaixo que há uma grande diferença entre o rendimento médio mensal de homens e mulheres, e que somente em 2015 houve uma pequena redução nessa desigualdade.

Nas sociedades em que a democracia está mais consolidada, e a cidadania, mais desenvolvida, existe maior igualdade de oportunidades de trabalho entre homens e mulheres. A redução da discriminação por gênero é um importante fator de combate à pobreza.

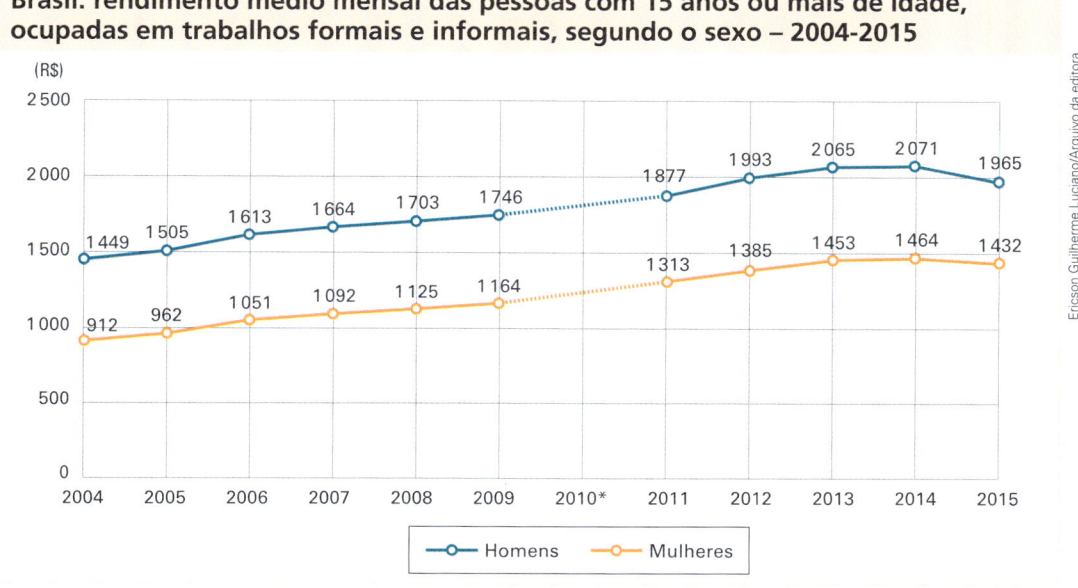

Brasil: rendimento médio mensal das pessoas com 15 anos ou mais de idade, ocupadas em trabalhos formais e informais, segundo o sexo – 2004-2015

Fonte: IBGE. *Síntese de indicadores sociais 2015*. Disponível em: <https://biblioteca.ibge.gov.br/visualizacao/livros/liv98887.pdf>. Acesso em: 18 maio 2018.

* Não houve pesquisa.

PARTICIPAÇÃO DOS AFRODESCENDENTES

> Consulte o *site* do **Núcleo de Estudos Interdisciplinares sobre o Negro Brasileiro**. Veja orientações na seção **Sugestões de textos, vídeos e** *sites*.

Para a avaliação do nível de desenvolvimento de um país, não basta considerar o crescimento econômico. É fundamental ponderar também como se dá a distribuição das riquezas entre sua população.

Segundo o IBGE, em 2015, as pessoas que se declaravam pretas ou pardas recebiam cerca de 59% a menos do que aquelas que se classificavam como brancas, revelando uma grave distinção social entre grupos de cor ou raça no país, além da falta de equidade entre gênero, como vimos no item anterior. Observe o primeiro gráfico abaixo.

Embora as desigualdades entre gêneros e entre cor ou raça tenham sido reduzidas desde a década de 1970, elas ainda são muito acentuadas, e combatê-las é uma das ações fundamentais para diminuir a pobreza no país. Observe, no segundo gráfico, que a diferença na taxa de frequência escolar dos adolescentes brancos e pretos ou pardos caiu de cerca de 6,4% para 3,1% entre 2004 e 2015, e que a melhora do índice foi crescente para todas as cores ou raças da população brasileira.

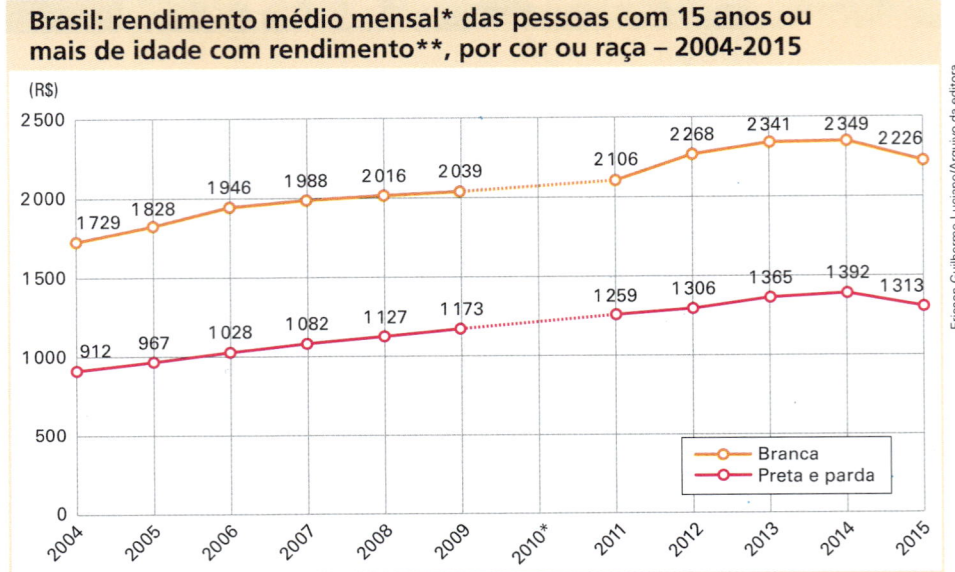

Fonte: IBGE. *Pesquisa Nacional por Amostra de Domicílios 2015*. Disponível em: <www.ibge.gov.br/estatisticas-novoportal/sociais/populacao/9127-pesquisa-nacional-por-amostra-de-domicilios.html?=&t=o-que-e>. Acesso em: 18 maio 2018.

* Valores inflacionados pelo INPC com base em setembro de 2015.

** Exclusive as informações das pessoas sem declaração de rendimento.

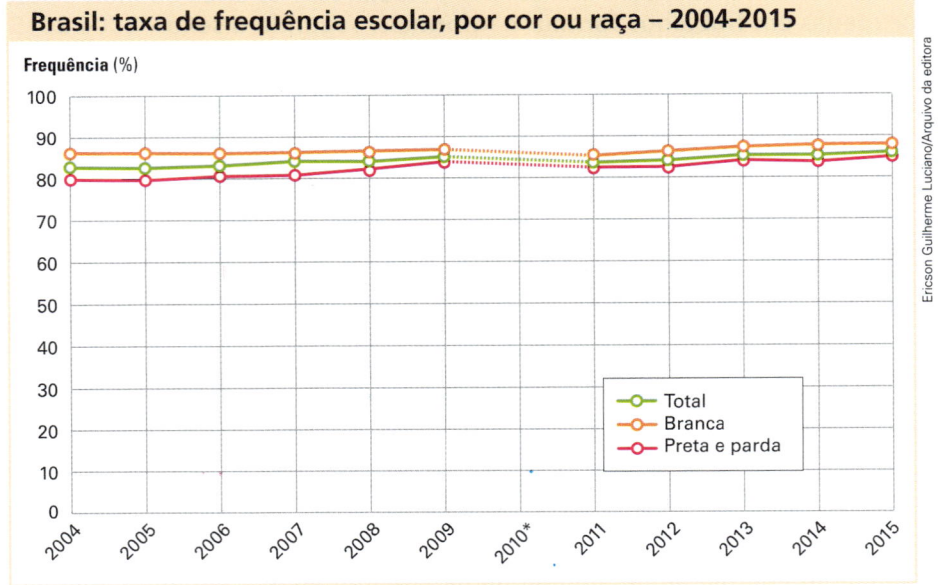

Fonte: IBGE. *Pesquisa Nacional por Amostra de Domicílios*. Disponível em: <https://sidra.ibge.gov.br/tabela/3838#resultado>. Acesso em: 18 maio 2018.

* Não houve pesquisa no ano de 2010.

4. IDH DO BRASIL

Segundo o *Relatório de Desenvolvimento Humano 2016*, publicado pelo Pnud em 2015, o Brasil possuía um Índice de Desenvolvimento Humano elevado, ocupando a 79ª posição mundial. O país mantém o nível elevado de desenvolvimento humano desde 2005.

Das três variáveis consideradas no cálculo do IDH (educação, renda e longevidade – veja o gráfico abaixo), a que apresentou a maior contribuição para a melhora do índice brasileiro, nas últimas décadas, foi a educação. Em contrapartida, a renda foi a variável que menos contribuiu nesse período. No item longevidade, que permite avaliar as condições gerais de saúde da população, os avanços também foram bastante significativos.

> Consulte o *site* do **Programa das Nações Unidas para o Desenvolvimento (Pnud)**. Veja orientações na seção **Sugestões de textos, vídeos e *sites***.

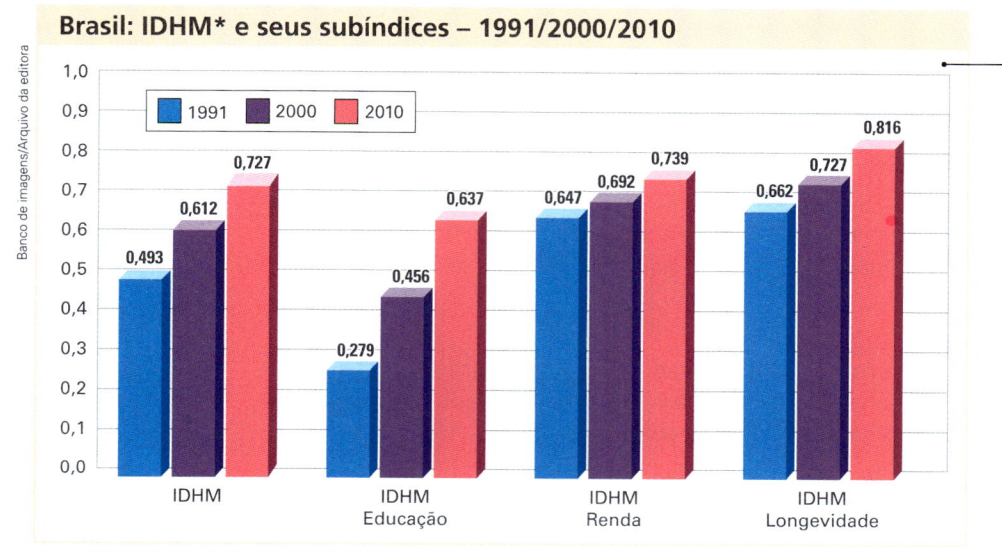

Observe que, apesar de ter apresentado o maior avanço nas últimas décadas, o índice de educação é o mais baixo dos três, o único que se localiza abaixo de 0,700 (em 2010 era de 0,637), na faixa de médio desenvolvimento humano.

Fonte: PROGRAMA DAS NAÇÕES UNIDAS PARA O DESENVOLVIMENTO (Pnud). *Atlas do desenvolvimento humano no Brasil*. Disponível em: <www.atlasbrasil.org.br/2013/pt/>. Acesso em: 18 maio 2018.

* IDHM: Índice de Desenvolvimento Humano Municipal.

Veja a seguir os dados do *Relatório de Desenvolvimento Humano 2016* em comparação aos dados de 1990.

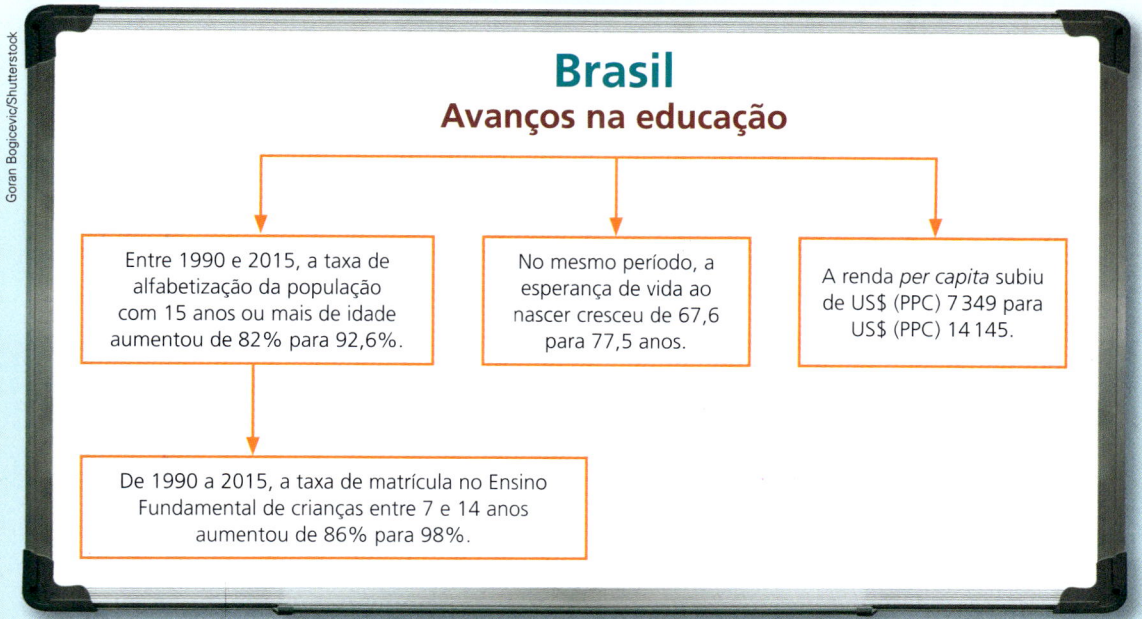

ATIVIDADES

COMPREENDENDO CONTEÚDOS

1. Por que o Brasil está passando por um período de transição demográfica?

2. Qual é o significado da expressão **janela** ou **bônus demográfico**? O Brasil está aproveitando esse período para melhorar a infraestrutura e os serviços públicos?

3. Quais são as principais causas do aumento da mortalidade de adolescentes e adultos jovens do sexo masculino? Quais são as consequências gerais desse fato para a sociedade?

4. Caracterize as condições de subnutrição e obesidade da população brasileira.

5. Quais indicadores revelam as desigualdades entre gêneros e cor ou raça na população brasileira?

DESENVOLVENDO HABILIDADES

> DIALOGANDO COM **HISTÓRIA E SOCIOLOGIA**

6. Em grupo ou individualmente, faça uma lista das principais atividades econômicas realizadas no bairro ou no município onde você mora, com base em suas observações cotidianas. Em seguida, responda às questões:
   a) Quais atividades econômicas precisam de mais e menos mão de obra?
   b) O nível de escolaridade mínimo exigido para exercer cada uma delas é diferente? Explique.
   c) Há mais homens ou mulheres trabalhando?
   d) Nessas atividades econômicas há participação igualitária de brancos, pardos e pretos? Ou há atividades que concentram mais determinado grupo do que outro? Justifique sua resposta com exemplos.

7. Observe novamente, na página 590, os dados estatísticos sobre as diferenças entre cor ou raça nos rendimentos. Em seguida, analise os dados do gráfico abaixo e responda às questões.

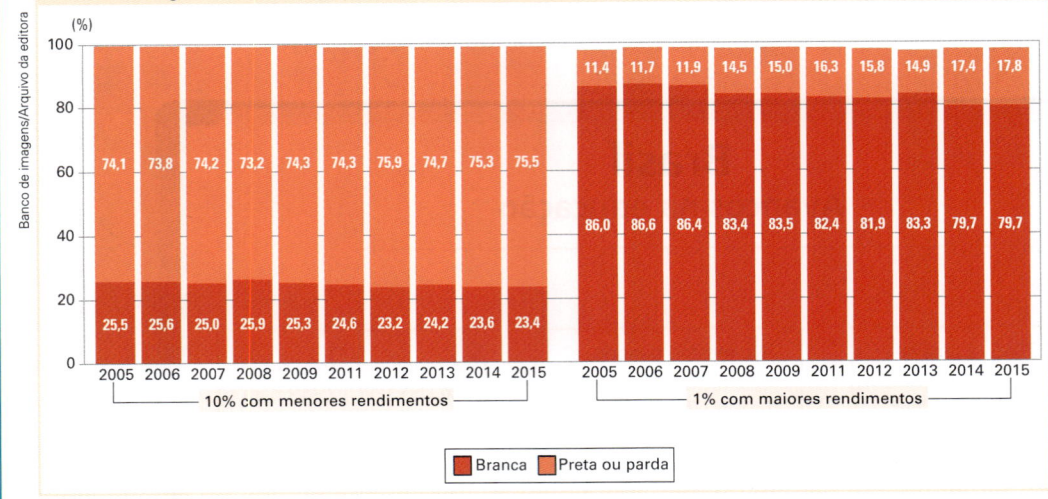

Fonte: IBGE. *Síntese de indicadores sociais 2016*. Disponível em: <http://biblioteca.ibge.gov.br/visualizacao/livros/liv95011.pdf>. Acesso em: 18 maio 2018.

a) Como foi a evolução dos 10% com menores rendimentos e do 1% com maiores rendimentos por cor ou raça entre 2005 e 2015?

b) Quais são as causas e as principais consequências dessas desigualdades?

> Pesquise dados em classificados de jornais e na internet. Consulte também o *site* do **Instituto Nacional de Estudos e Pesquisas Educacionais Anísio Teixeira (Inep)**. Veja orientações na seção **Sugestões de textos, vídeos e *sites*.**

VESTIBULARES
DE NORTE A SUL

TESTES

1. SE **(Uerj)** O governo chinês anunciou, nesta quinta-feira, que decidiu pôr fim à política do filho único. Por mais de três décadas, impediu-se que casais tivessem mais de uma criança, o que causou impacto na sociedade e na economia do país. Segundo a agência de notícias estatal Xinhua, o Partido Comunista determinou que, agora, os casais poderão ter dois filhos.

Adaptado de bbc.com, 29/10/2015.

A principal justificativa para a decisão do governo chinês está apontada em:

a) ampliar o poder de consumo do mercado.
b) reduzir o custo da mão de obra da indústria.
c) viabilizar a proposta de democratização do estado.
d) retardar o processo de envelhecimento da população.

2. S **(UFRGS-RS)** Observe a figura abaixo.

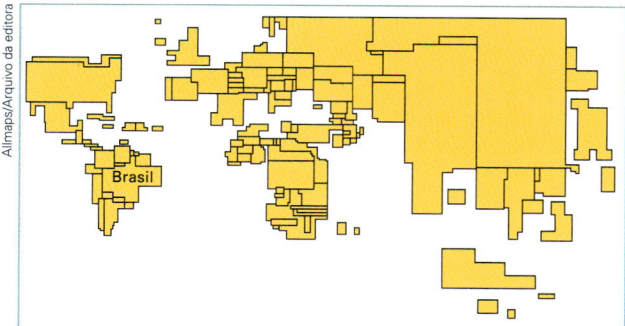

Essa representação gráfica denomina-se anamorfose, isto é, trata-se de um planisfério no qual as áreas dos países possuem tamanho proporcional à variável ou dado que se pretende mostrar.
A variável ou dado considerado nessa anamorfose da figura anterior corresponde aos países de maior

a) Índice de Desenvolvimento Humano (IDH).
b) Produto Interno Bruto (PIB).
c) contingente populacional.
d) biodiversidade.
e) potencial hídrico.

3. NE **(UPE)** As teorias demográficas falam da estrutura e da dinâmica das populações, estabelecendo leis e princípios que regem esses fenômenos bastante estudados pela Geografia da População.
Com relação a esse tema, leia o texto a seguir:
Essa teoria considera correto o princípio segundo o qual a população cresce em ritmo geométrico e os recursos crescem em progressão aritmética, mas discorda das medidas para controlar o crescimento da população. Os defensores dessa teoria propõem uma tomada de consciência da superpopulação como um problema que temos de ser capazes de solucionar. Apostam na "procriação consciente", na promoção do planejamento familiar, no uso e na difusão dos métodos anticonceptivos, bem como na defesa da esterilização masculina.
Assinale a teoria demográfica descrita no texto acima.

a) Teoria Malthusiana.
b) Teoria Neomarxista do Controle Populacional.
c) Teoria Neomalthusiana.
d) Teoria da Transição Demográfica.
e) Teoria de Revolução Reprodutiva.

4. SE **(FGV-SP)** Para indicar o estágio de desenvolvimento de um país, usam-se diversos índices ou indicadores, como, por exemplo, a situação da renda *per capita*. Acerca do uso da renda *per capita* como indicador de desenvolvimento, pode-se fazer a seguinte observação:

a) É um critério que permite conhecer a real situação da renda num país.
b) É o melhor indicador para configurar economicamente um país subdesenvolvido.
c) O resultado que oferece é distorcido, pois oculta a má distribuição da renda.
d) Como indicador, sua aplicação deve se restringir aos países desenvolvidos.
e) O valor desse índice não é abrangente, pois deixa de indicar a qualidade do trabalho.

5. NE **(Uece)** Atente ao seguinte excerto: "O ano de 2016 se encaminha para ser o mais letal para os refugiados – pelo menos 4 700 morreram afogados tentando chegar à Europa, a esmagadora maioria na rota entre Líbia e Itália. No ano passado inteiro, foram 3 771. O total de refugiados no mundo também é recorde – 21,3 milhões de pessoas tiveram de sair de seus países, fugindo de guerras ou perseguição, segundo dados do Acnur, a agência da ONU para refugiados. Outros 40,8 milhões são os chamados deslocados internos, ou seja, foram obrigados a sair de suas casas e se reassentaram dentro dos próprios países".

Fonte: *Folha de S. Paulo*. Domingo, 18 de dezembro de 2016. Caderno Cenários 2017. Disponível em: <http://www1.folha.uol.com.br/cenarios-2017/2016/12/1842081-diante-de-numeros-recordes-derefugiados-brasil-precisa-ajudar-mais.shtml>.

O acontecimento noticiado representa um tipo de deslocamento geográfico da população, marcado
a) por uma migração que envolve questões ecológicas ou de degradação ambiental, em que as comunidades migrantes não têm possibilidade de se adaptar a certas áreas onde as condições naturais são adversas e, por isso, se deslocam para outras regiões ou países.
b) pelo nomadismo, deslocamento populacional por meio do qual certos grupos humanos estão sempre em movimento, buscando reiteradas vezes se desterritorializar.
c) por uma mobilidade que implica o deslocamento compulsório, cada vez maior, de pessoas, destituídas de seus direitos civis em função de conflitos políticos.
d) pela migração por motivos econômicos, coordenada por grupos humanos mal remunerados, que buscam, em outras regiões ou países, ganhos pela diferença de poder aquisitivo da moeda.

6. CO (UEG-GO) Os deslocamentos populacionais que ocorrem em decorrência da procura de melhores condições de vida e a fuga de regiões em conflitos representam um dos efeitos colaterais da globalização. A propósito dessa temática, é INCORRETO afirmar:
a) A Ásia pode ser identificada como uma área de repulsão, uma vez que o continente concentra o maior contingente absoluto de pobres do mundo por causa das injustas estruturas econômicas e sociais, do sistema de castas e de questões religiosas.
b) Cada lugar é carregado de cultura e tradições, por isso as regiões marcadas pela entrada de imigrantes desenvolvem a xenofobia, fruto da intolerância e do medo da perda de identidade.
c) A falta de políticas públicas e investimentos na área de pesquisa e tecnologia nos países subdesenvolvidos provoca as migrações conhecidas como "evasão de cérebros", representando entraves para o desenvolvimento técnico-científico.
d) Migrações provocadas por guerras locais têm sido constantes e crescentes. Entre os diversos locais do mundo, é no continente asiático que se desencadeia a maior quantidade de movimentos migratórios decorrentes de guerras civis, com legiões de refugiados vagando em busca de abrigo e fugindo das guerras tribais.

7. SE (UFSJ-MG) Sobre os dados do IBGE em relação aos fluxos migratórios no Brasil obtidos pelo Censo de 2010, é CORRETO afirmar que
a) a melhoria das condições de vida nas regiões Norte e Nordeste e o crescimento de cidades médias são fatores que contribuíram para a diminuição das migrações inter-regionais.
b) o deslocamento populacional mais frequente que ocorre do campo para as grandes cidades (metrópoles) é o chamado êxodo rural.
c) na última década, ocorreu uma elevação no volume do fluxo migratório no Brasil com o crescimento do percentual de migrantes que se deslocam para o estado de São Paulo.
d) os migrantes brasileiros têm se deslocado preferencialmente para as capitais dos estados, o que tem contribuído para o enfraquecimento econômico das cidades médias.

8. CO (UEG-GO) Considere o quadro a seguir:

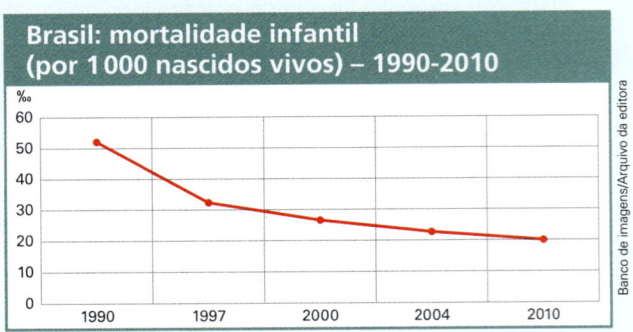

Fonte: DATASUS/MS 2010.

Parte da queda da taxa de mortalidade infantil observada no quadro é resultado
a) da adoção de políticas públicas de saneamento básico e de um conjunto de programas sociais, visando à saúde da população, como as campanhas de vacinação e aleitamento materno, além da melhoria na qualidade de vida das famílias.
b) de altos investimentos na saúde pública através da construção de creches e hospitais, os quais passaram a atender toda a população, além de inserir a mulher no mercado de trabalho.
c) do processo de migração da população do campo para a cidade, o que possibilitou a essa população acesso a mais emprego, melhoria das condições de vida e aumento salarial.
d) do aumento da produção de alimentos, sobretudo da soja, que foi incorporada à dieta das populações de baixa renda, eliminando assim a fome e a desnutrição.

9. SE (Famerp-SP) O demógrafo e economista José Eustáquio Alves, do Instituto Brasileiro de Geografia e Estatística (IBGE), falou sobre o bônus demográfico, momento que segundo o especialista acontece apenas uma vez na história de cada país. "É o momento em que a pirâmide está se transformando. Depois, ele passa e chega o envelhecimento populacional", constatou.
www.unicamp.br. Adaptado.

O momento do bônus demográfico corresponde, na estrutura populacional de um país,
a) ao aumento da taxa de natalidade.
b) à redução da razão de dependência.
c) à contração do sistema previdenciário.

d) ao avanço do desemprego estrutural.
e) à manutenção do crescimento horizontal.

10. NE **(UEFS-BA)**

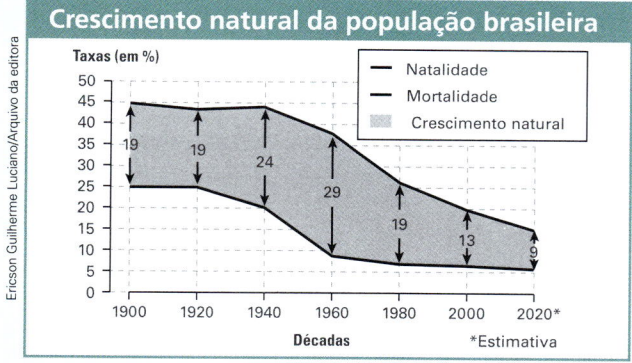

Alceu V. W. De Carvalho. *A população brasileira*: estudo e interpretação. Rio de Janeiro, IBGE, 1960/Anuário Estatístico do Brasil. Rio de Janeiro, IBGE, 1998.

A análise do gráfico, aliada aos conhecimentos sobre o crescimento da população brasileira, permite afirmar corretamente:

a) O elevado crescimento vegetativo da década de 60 do século passado é atribuído à redução da mortalidade, em razão, entre outros, da melhoria nas condições médico-sanitárias.
b) O crescimento demográfico no período anterior a 1940 era baixíssimo, devido às altas taxas de natalidade e de mortalidade infantil.
c) O estágio de transição demográfica se concluiu a partir do momento em que a fecundidade começou a declinar numa razão de quatro filhos por mulher.
d) Entre 1890 e 1930, o crescimento natural da população esteve diretamente e exclusivamente relacionado ao processo imigratório para o país.
e) A queda rápida da natalidade e da mortalidade, a partir de 2000, é explicada pelo intenso processo de urbanização, sobretudo na Região Sudeste.

11. SE **(FGV-SP)** Analise a distribuição da PEA (População Economicamente Ativa) por setor de atividade e assinale a alternativa que melhor explique seu significado.

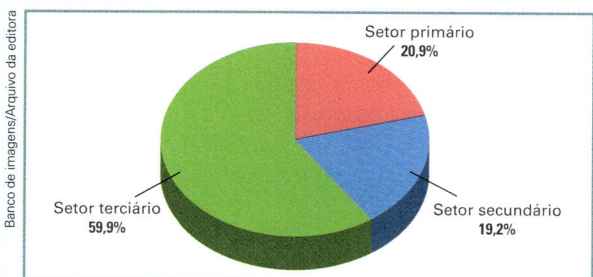

a) Com maior contingente de trabalhadores no setor primário do que no secundário, pode-se afirmar que o Brasil, a despeito do crescimento econômico, ainda se mantém como uma economia agroexportadora.
b) O setor secundário emprega cerca de um terço do que emprega o setor terciário, o que indica que a economia brasileira é assentada mais pelo capital especulativo do que pelo capital produtivo.
c) O grande contingente de trabalhadores no setor terciário é típico de um país urbanizado, dado que as atividades deste setor são mais intensas em cidades.
d) O setor primário emprega 20,9% da PEA, o que indica que seu desenvolvimento é orientado por uma estrutura agrícola tradicional que demanda mão de obra numerosa.
e) Os setores primário e secundário empregam percentuais bem inferiores da PEA, em relação ao terciário, o que é um indicador de *deficit* na balança comercial, na medida em que demonstra que o país não produz a maior parte dos produtos industriais e agrícolas para atender à demanda interna.

12. S **(UEL-PR)** Leia o texto e analise os gráficos, a seguir, que representam as pirâmides etárias da população (em %) de países subdesenvolvidos e desenvolvidos, em 2000.

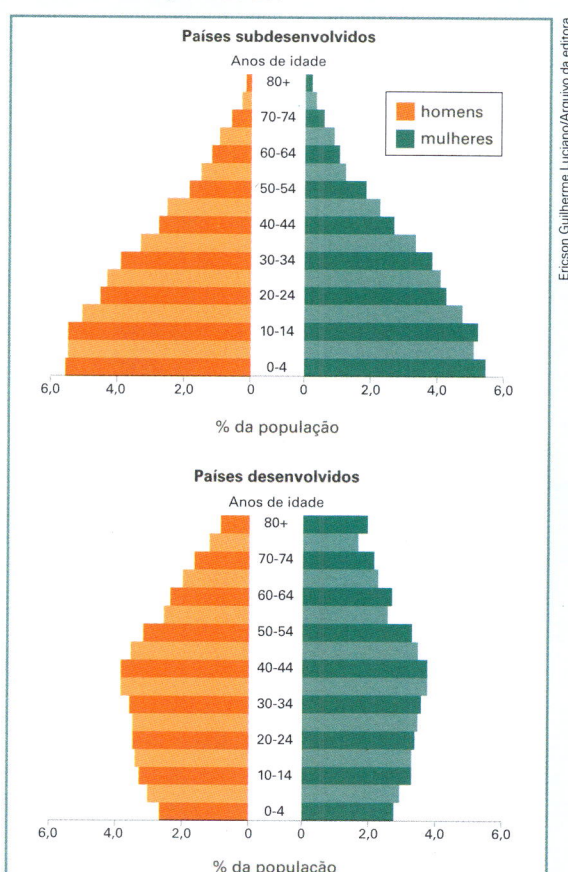

Adaptado de: MOREIRA, J. C.; SENE, E. *Geografia*. São Paulo: Scipione, 2005. p. 440.

A estrutura etária da população tem reflexos importantes na economia de um país. A população economicamente ativa (PEA), ou seja, aquela que trabalha e produz riquezas, é composta, em sua maioria, de adultos (de 20 a 59 anos de idade). É essa população que, por meio do recolhimento de impostos, ajuda o Estado a sustentar a economia nacional. Uma defasagem muito grande no número de ativos em relação aos inativos desequilibra essa equação.

Com base no texto, nos gráficos e nos conhecimentos sobre estrutura etária da população, atribua V (verdadeiro) ou F (falso) às afirmativas a seguir.

( ) A pirâmide etária dos países subdesenvolvidos apresenta uma base larga e um topo estreito, em virtude da baixa expectativa de vida da população.

( ) O estudo sobre pirâmides etárias possibilita compreender, entre outros fatores, a dinâmica populacional e econômica de um país e sua história recente.

( ) O aumento da expectativa de vida da população, acompanhado da queda das taxas de natalidade e mortalidade, provoca mudanças na pirâmide etária.

( ) O aumento da população economicamente ativa em relação aos inativos desequilibra a produção de riquezas e diminui o recolhimento de impostos.

( ) Nos países subdesenvolvidos, a combinação entre baixa natalidade e alta expectativa de vida tem levado ao progressivo envelhecimento da população e à recessão econômica.

Assinale a alternativa que contém, de cima para baixo, a sequência correta.

a) V, V, V, F, F.
b) V, F, V, F, V.
c) V, F, F, V, V.
d) F, V, V, F, F.
e) F, F, F, V, V.

QUESTÕES

13. SE (Uerj)

Pense no seguinte: a população da Terra levou milhares de anos, desde a aurora da humanidade até o início do século XIX, para atingir um bilhão de pessoas. Então, de forma estarrecedora, precisou apenas de uns cem anos para duplicar e chegar a dois bilhões, na década de 1920. Depois disso, em menos de cinquenta anos, a população tornou a duplicar para quatro bilhões, na década de 1970. Como a senhora pode imaginar, muito em breve chegaremos aos oito bilhões. Pense nas implicações. (...)

Espécies animais estão entrando em extinção num ritmo aceleradíssimo. A demanda por recursos naturais cada vez mais escassos é astronômica. É cada vez mais difícil encontrar água potável.

BROWN, Dan. *Inferno*. São Paulo: Arqueiro, 2013.

A fala do personagem no trecho citado ilustra o ponto de vista defendido por uma teoria demográfica. Nomeie essa teoria e explicite o ponto de vista que ela defende. Nomeie, também, a teoria demográfica que defende o ponto de vista contrário.

14. SE (Uerj)

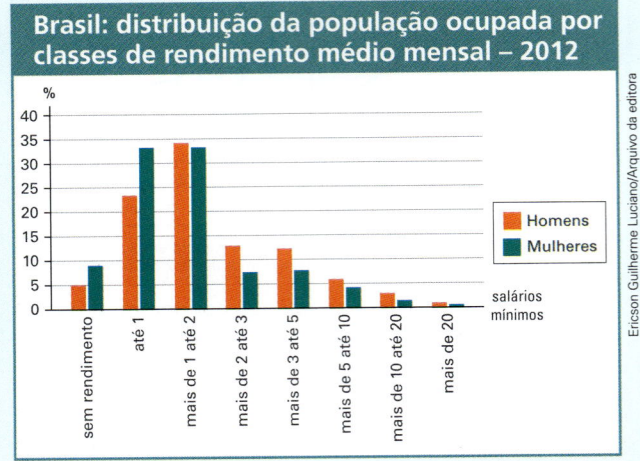

Adaptado de ibge.gov.br.

A participação da mulher na População Economicamente Ativa do Brasil é cada vez maior, apesar de ainda ser inferior ao total de trabalhadores do sexo masculino.

A partir do gráfico, compare a distribuição da população ocupada por classes de rendimento e de acordo com o gênero, masculino ou feminino. Em seguida, cite uma causa do aumento crescente das mulheres no mercado de trabalho.

15. NE (UFBA)

Em novembro de 2010, o Instituto Brasileiro de Geografia e Estatística (IBGE) anunciou os primeiros resultados do último Censo. A população brasileira atingiu 190 732 694 habitantes. O aumento de 12,3% da população nos últimos 10 anos ficou bem abaixo dos 15,6% observados na década anterior. A redução no ritmo de crescimento da população brasileira é uma tendência que vem sendo registrada desde os anos 1950.

O Censo revelou, ainda, que continua o crescimento da população urbana, o surgimento de novos fluxos migratórios, o envelhecimento populacional, o predomínio da população feminina, dentre outros.

SOMOS, 2011, p. 53.

Considerando o texto e os conhecimentos sobre os primeiros resultados extraídos do Censo de 2010,

a) cite **duas razões** que contribuíram ainda mais para a redução no ritmo de crescimento da população absoluta, no Brasil, na última década;

b) destaque **dois aspectos** que explicam a ocorrência de novos fluxos migratórios no Brasil.

CAIU NO Enem

1.

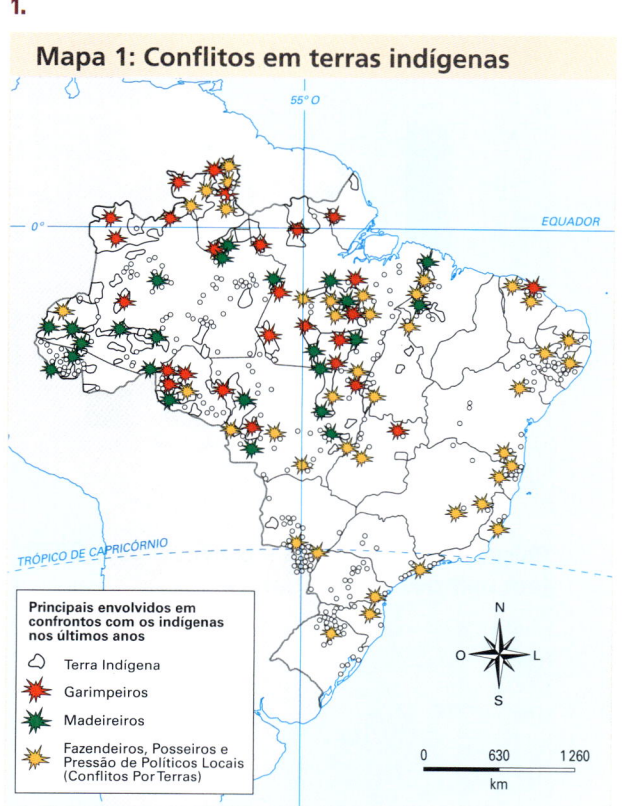

SIMIELLI, M. E. *Geoatlas*. São Paulo: Ática, 2009 (adaptado).

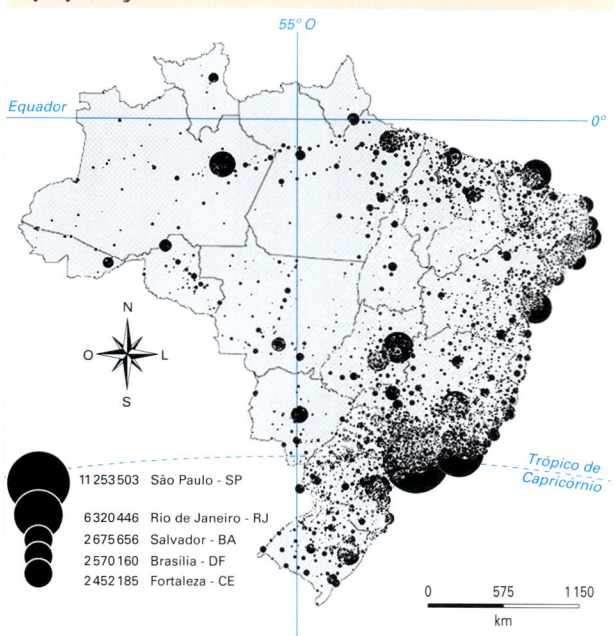

THÉRY, H. As boas-novas sobre a população brasileira. *Conhecimento Prático Geográfico*, n. 41, jan. 2012 (adaptado).

Os mapas representam distintos padrões de distribuição de processos socioespaciais. Nesse sentido, a menor incidência de disputas territoriais envolvendo povos indígenas se explica pela

a) fertilização natural dos solos.
b) expansão da fronteira agrícola.
c) intensificação da migração de retorno.
d) homologação de reservas extrativistas.
e) concentração histórica da urbanização.

2.

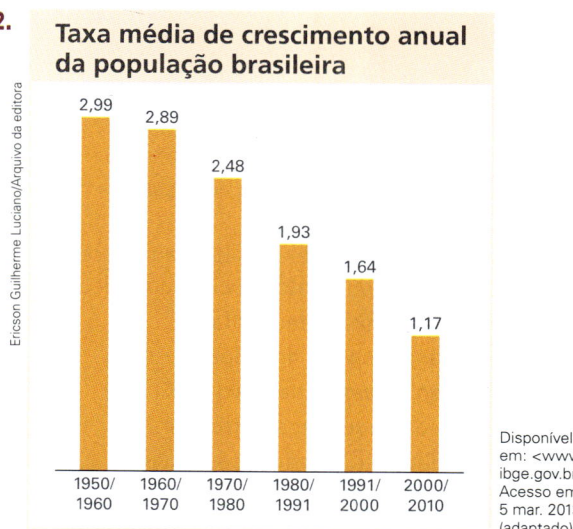

Disponível em: <www.ibge.gov.br>. Acesso em: 5 mar. 2013 (adaptado).

A alteração apresentada no gráfico a partir da década de 1960 é reflexo da redução do seguinte indicador populacional:

a) Expectativa de vida.
b) População absoluta.
c) Índice de mortalidade.
d) Desigualdade social.
e) Taxa de fecundidade.

3.

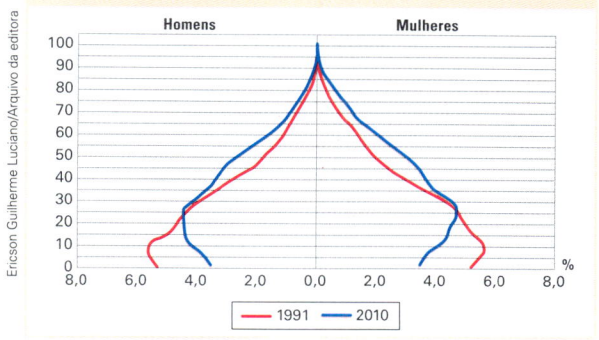

IBGE. *Censo demográfico 2010*. Rio de Janeiro, 2012 (adaptado).

A evolução na estrutura etária apresentada influenciou o Estado a formular ações para
a) garantir a igualdade de gênero.
b) priorizar a construção de escolas.
c) reestruturar o sistema previdenciário.
d) investir no controle da natalidade.
e) fiscalizar a entrada de imigrantes.

4.

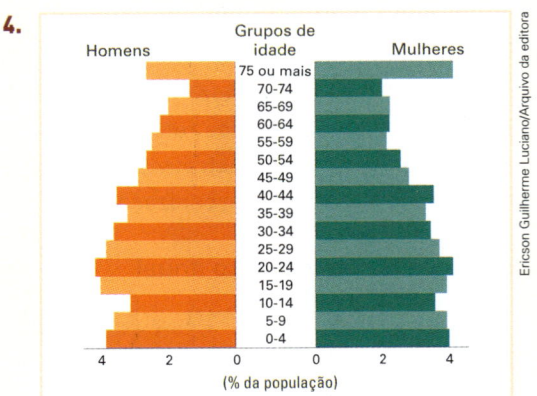

CALDINI, V.; ÍSOLA, L. *Atlas geográfico Saraiva*. São Paulo: Saraiva, 2009 (adaptado).

O padrão da pirâmide etária ilustrada apresentada demanda de investimentos socioeconômicos para a
a) redução da mortalidade infantil.
b) promoção da saúde dos idosos.
c) resolução do *deficit* habitacional.
d) garantia da segurança alimentar.
e) universalização da educação básica.

5. Procuramos demonstrar que o desenvolvimento pode ser visto como um processo de expansão das liberdades reais que as pessoas desfrutam. O enfoque nas liberdades humanas contrasta com visões mais restritas de desenvolvimento, como as que identificam desenvolvimento com crescimento do Produto Nacional Bruto, ou industrialização. O crescimento do PNB pode ser muito importante como um meio de expandir as liberdades. Mas as liberdades dependem também de outros determinantes, como os serviços de educação e saúde e os direitos civis.

SEN, A. *Desenvolvimento como liberdade*. São Paulo: Cia. das Letras, 2010.

A concepção de desenvolvimento proposta no texto fundamenta-se no vínculo entre
a) incremento da indústria e atuação no mercado financeiro.
b) criação de programas assistencialistas e controle de preços.
c) elevação da renda média e arrecadação de impostos.
d) garantia da cidadania e ascensão econômica.
e) ajuste de políticas econômicas e incentivos fiscais.

6. Nos últimos anos, ocorreu redução gradativa da taxa de crescimento populacional em quase todos os continentes. A seguir, são apresentados dados relativos aos países mais populosos em 2000 e também as projeções para 2050.

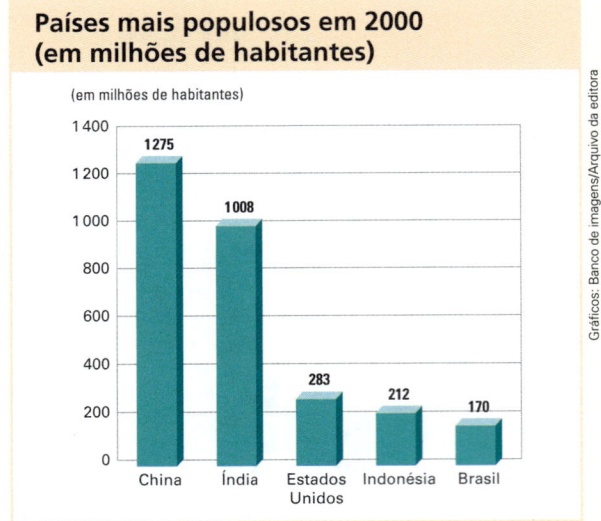

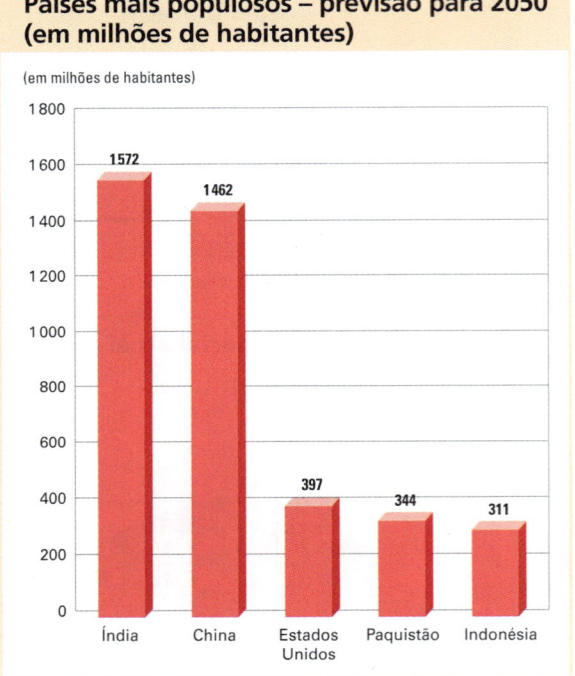

Com base nas informações anteriores, é correto afirmar que, no período de 2000 a 2050,
a) a taxa de crescimento populacional da China será negativa.
b) a população do Brasil duplicará.
c) a taxa de crescimento da população da Indonésia será menor que a dos EUA.
d) a população do Paquistão crescerá mais de 100%.
e) a China será o país com a maior taxa de crescimento populacional do mundo.

Atualmente o mundo está repleto de cidades de todos os tamanhos, desde pequenas até gigantescas aglomerações urbanas de milhões de habitantes. No entanto, o mundo se tornou predominantemente urbano apenas neste século.

Os países desenvolvidos praticamente completaram seu processo de urbanização, mas o crescimento urbano tem sido acelerado em diversos países em desenvolvimento, provocando grandes transformações nas paisagens das principais cidades e profundas mudanças socioeconômicas. Se essa tendência oferece, de um lado, novas oportunidades de negócios, empregos, formação profissional e lazer, de outro, gera muitos problemas urbanos, como assentamentos humanos precários e violência.

Por que a urbanização é um fenômeno relativamente novo na história humana e por que se acelerou recentemente? Quais são os problemas trazidos pela urbanização acelerada? São questões que estudaremos nesta unidade.

UNIDADE 9

O ESPAÇO URBANO E O PROCESSO DE URBANIZAÇÃO

CAPÍTULO 32

O ESPAÇO URBANO NO MUNDO CONTEMPORÂNEO

Arranha-céus na cidade de Shenzhen, província de Guangdong (China), em foto de 2016. Até os anos 1970, era um pequeno vilarejo, mas, a partir de 1979, ao tornar-se uma zona econômica especial, cresceu em média 11,9% ao ano, a mais alta taxa do mundo. Naquele ano, a cidade contava com 52 mil moradores; em 2016, sua população chegou aos 10,8 milhões de habitantes.

No fim do século XVIII, no início da Primeira Revolução Industrial, a taxa de urbanização da população mundial era de apenas 3%, percentual que subiu para 30%, em 1950, 55%, em 2018, e deverá chegar a 68% em 2050, segundo estimativa da Divisão de População da ONU.

O que mudou no espaço geográfico nacional e mundial com a aceleração do processo de urbanização? Quais foram as consequências socioeconômicas mais importantes desse processo? É o que estudaremos neste capítulo e no próximo.

Fotos: George Osodi/Bloomberg/Getty Images

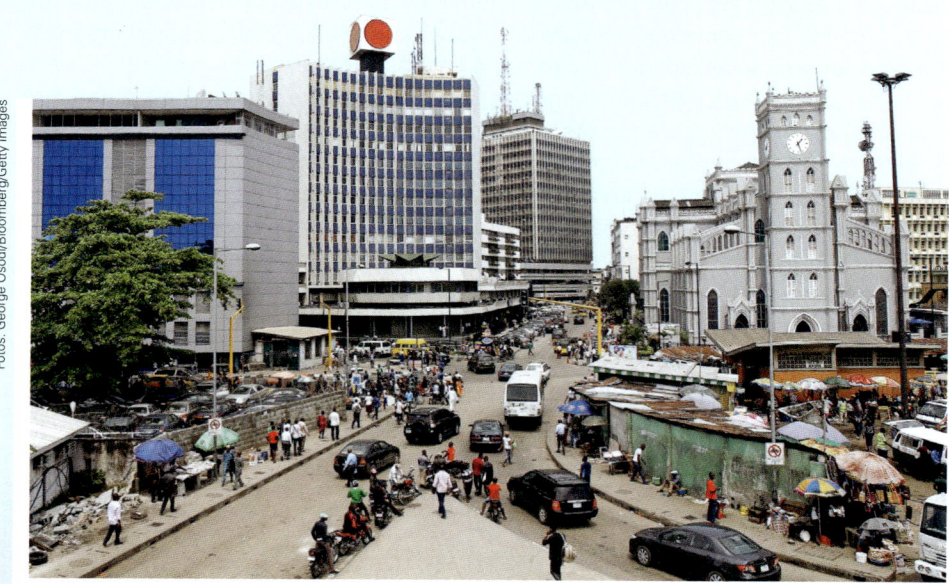

Segundo a ONU, a população da região metropolitana de Lagos (Nigéria) saltou de 2,6 milhões de habitantes, em 1980, para 13,7 milhões em 2016.
Como outras megacidades dos países em desenvolvimento que vêm crescendo rapidamente, ela apresenta problemas como subemprego, segregação socioespacial, moradias precárias, falta de saneamento básico, etc. Ao lado, centro de Lagos, e, abaixo, bairro residencial de classe média na península de Lekki, na região metropolitana (fotos de 2015).

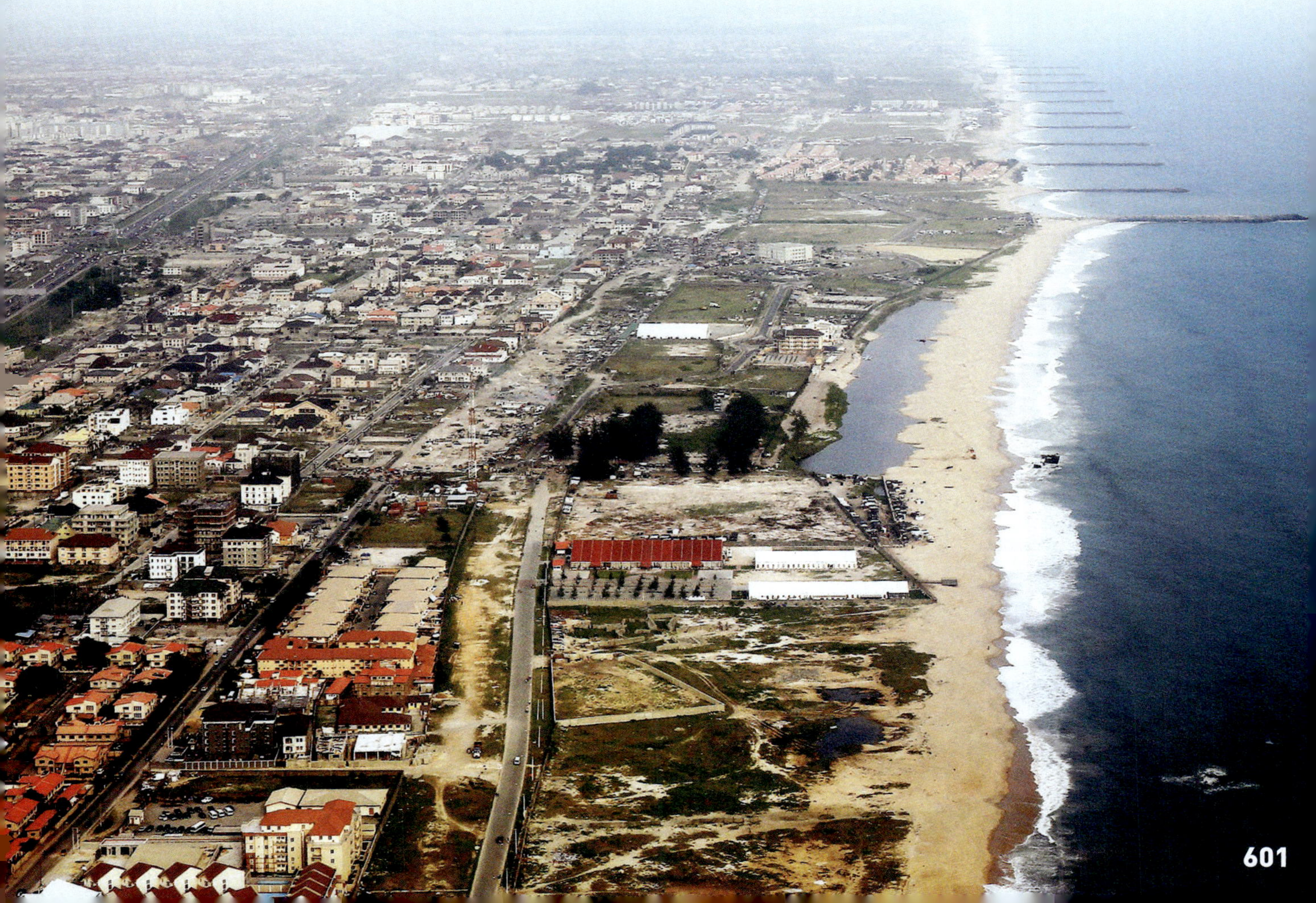

1. O PROCESSO DE URBANIZAÇÃO

O processo de **urbanização** corresponde à transformação de paisagens naturais e rurais em espaços urbanos, concomitante à transferência da população do campo para a cidade que, quando acontece em larga escala, é chamada de **êxodo rural**.

As cidades vêm sendo erguidas desde a Antiguidade: Ur e Babilônia foram construídas há cerca de 5 mil anos na Mesopotâmia, planície drenada pelos rios Tigre e Eufrates, no atual Iraque. Elas eram centros de poder e de negócios.

Durante a Idade Média, sob o feudalismo, as cidades perderam importância em razão da descentralização político-econômica, característica desse sistema de produção, e da consequente redução das trocas comerciais. Sob o capitalismo, em sua fase comercial, as cidades passaram a ganhar cada vez mais importância porque voltaram a ser o centro dos negócios. Mas foi somente a partir do capitalismo industrial que se iniciou um processo de urbanização contínuo.

Embora tenha se acelerado com as revoluções industriais, até meados do século XX a urbanização era um fenômeno relativamente lento e circunscrito aos países precursores do processo de industrialização. Como mostra o gráfico, apenas em meados da década de 2000 as linhas que representam a evolução da população urbana e rural se cruzaram, o que significa que somente a partir daquele momento a população mundial passou a ser predominantemente urbana – como vimos, em 2018, correspondia a 55%.

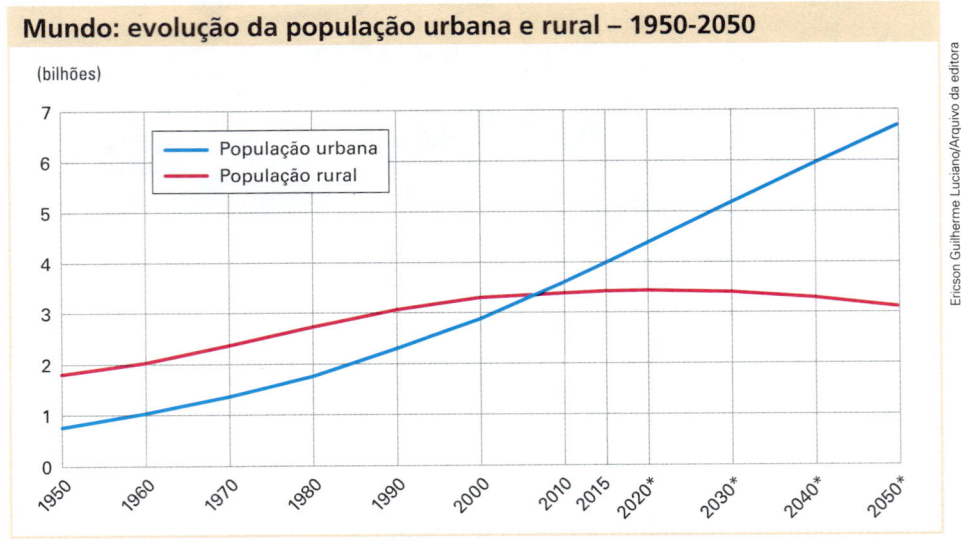

Fonte: UNITED NATIONS. Department of Economic and Social Affairs. Population Division. *World Urbanization Prospects*: the 2018 Revision, Online Edition. New York, 2018. Disponível em: <https://esa.un.org/unpd/wup/>. Acesso em: 17 maio 2018.

* Estimativa.

Historicamente, dois fatores condicionaram o processo de urbanização: os **atrativos**, que estimulam as pessoas a migrar para as cidades, e os **repulsivos**, que as impulsionam a sair do campo.

Os **fatores atrativos** predominam em países desenvolvidos e em regiões modernas dos países emergentes. Estão associados ao processo de industrialização, ou seja, às transformações provocadas na cidade pela indústria, notadamente quanto à geração de empregos no próprio setor industrial e no de comércio/serviços.

Nos séculos XVIII e XIX, durante as duas primeiras Revoluções Industriais, as principais cidades dos atuais países desenvolvidos europeus tiveram um crescimento muito rápido, com a consequente deterioração da qualidade de vida. Os trabalhadores ganhavam muito pouco, moravam em cortiços e eram frequentes as doenças e epidemias pela falta de saneamento básico e de higiene. Com o passar do tempo, sobretudo no século XX, a elevação da renda dos trabalhadores e os investimentos em infraestrutura urbana melhoraram as condições de vida nas cidades da Europa e também nas da América do Norte.

Cortiço: não há uma conceituação oficial para cortiço, que pode ser informalmente definido como moradia que, embora regular, está localizada em zonas degradadas das cidades, na qual os membros de duas ou mais famílias pobres dividem os espaços coletivos da residência, como cozinha, banheiro e tanque de lavar roupa; a infraestrutura quase sempre é precária e há uma superlotação dos cômodos, com condições de higiene inadequadas e má qualidade de vida.

Os **fatores repulsivos** são típicos de alguns países em desenvolvimento, qualquer que seja seu nível de industrialização. Estão associados às más condições de vida na zona rural, por causa da estrutura fundiária bastante concentrada, dos baixos salários, da falta de apoio aos pequenos agricultores e do arcaísmo das técnicas de cultivo. O resultado é o êxodo rural, que provoca, nas grandes metrópoles, o agravamento dos problemas urbanos por causa do aumento abrupto da população.

Estrutura fundiária: número, tamanho e distribuição dos imóveis rurais.

Após a Segunda Guerra, a urbanização se acelerou em muitos países em desenvolvimento que ainda eram agrícolas, mas estavam em processo de industrialização, principalmente na América Latina. Em contrapartida, a África e a Ásia, apesar da aceleração recente, ainda são continentes pouco urbanizados, como se observa na tabela abaixo.

Taxa de urbanização por regiões (porcentagem da população total)		
Regiões	1950	2018
América do Norte	63,9	82,2
América Latina e Caribe	41,3	80,7
Europa	51,7	74,5
Oceania	62,5	68,2
Ásia	17,5	49,9
África	14,3	42,5
Mundo	**29,6**	**55,3**

Fonte: UNITED NATIONS. Department of Economic and Social Affairs. Population Division. *World Urbanization Prospects*: the 2018 Revision, Online Edition. New York, 2018. Disponível em: <https://esa.un.org/unpd/wup/>. Acesso em: 17 maio 2018.

Nos países desenvolvidos e em alguns emergentes tem havido um processo de transferência de indústrias das grandes para as médias e pequenas cidades, o que vem promovendo um processo de desconcentração urbano-industrial. Por causa dessas transformações nas regiões do mundo consideradas modernas, já não se pode estabelecer a clássica separação entre campo e cidade, uma vez que atividades antes exclusivamente urbanas se disseminaram no meio rural.

Ao longo da história, devido à combinação de fatores naturais, econômicos, culturais e políticos, muitas cidades se especializaram em determinadas funções – político-administrativas, industriais, portuárias, turísticas, religiosas, etc. –, enquanto outras são multifuncionais. Por exemplo, nas cidades portuárias a característica natural (proximidade de mar ou rio) é determinante para essa função, embora não seja exclusiva: nenhum porto vai se desenvolver se não houver mercadorias a serem transportadas.

As grandes metrópoles, especialmente as que são cidades globais e têm muitas conexões com o mundo, como Paris (França), são multifuncionais. Na foto, de 2015, vista panorâmica da capital francesa.

Embora as áreas urbanizadas concentrem percentual cada vez maior da população mundial, a proporção de pessoas que vivem nas grandes aglomerações urbanas continua pequena. Como mostra o gráfico abaixo, embora as aglomerações de mais de 10 milhões de habitantes venham crescendo, metade dos moradores urbanos ainda se concentra em pequenas e médias cidades, situadas na faixa de menos de 500 mil habitantes. No entanto, a tendência no futuro é concentrar cada vez mais pessoas nas maiores cidades – acima de 500 mil habitantes.

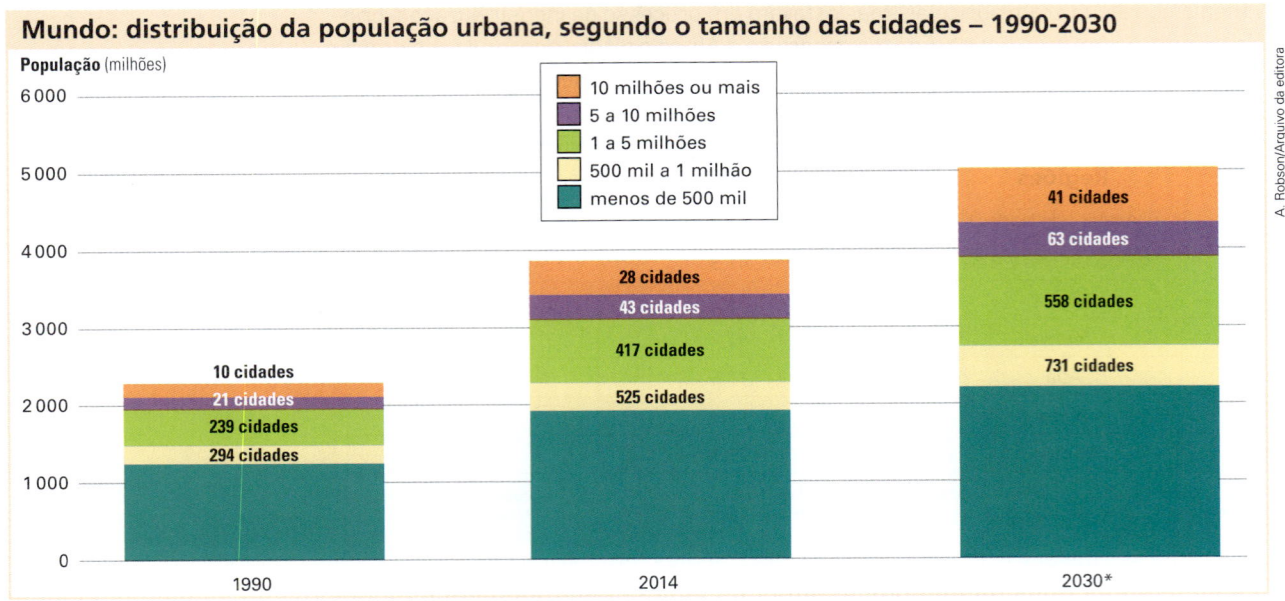

Fonte: UNITED NATIONS. Department of Economic and Social Affairs. Population Division. *World Urbanization Prospects:* the 2014 Revision. New York, 2015. p. 17.

* Estimativa.

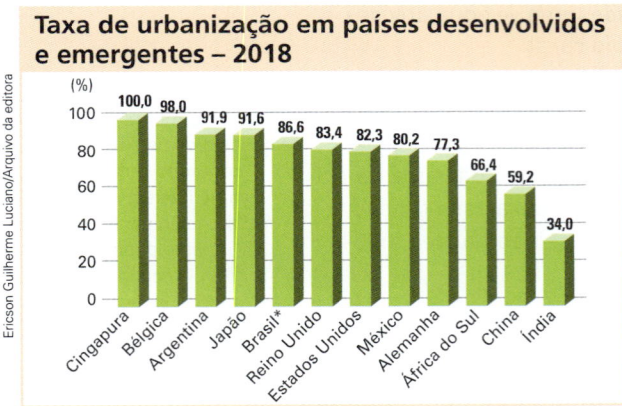

* No capítulo 33 será explicado por que a taxa de urbanização do Brasil é mais elevada do que a de muitos países desenvolvidos.

A taxa de urbanização varia muito de um país para outro. A maioria dos países desenvolvidos e alguns emergentes apresentam altas taxas de urbanização. Isso ocorre porque o fenômeno industrial, sobretudo no início, não se desvincula do urbano – com exceção da China e, sobretudo, da Índia, países de industrialização recente, que possuem as maiores populações do planeta, mas ainda apresentam baixas taxas de urbanização. Há, porém, países em desenvolvimento com índices muito baixos de industrialização e outros que sequer dispõem de um parque industrial, mas, ainda assim, são fortemente urbanizados. O extremo oposto também ocorre: há países em desenvolvimento muito pobres e predominantemente rurais. Observe os gráficos ao lado.

> Consulte o livro ***ABC do desenvolvimento urbano***, de Marcelo Lopes de Souza, e também o *site* da **Divisão de População das Nações Unidas**. Veja orientações na seção **Sugestões de textos, vídeos e *sites***.

Fonte dos gráficos: UNITED NATIONS. Department of Economic and Social Affairs. Population Division. *World Urbanization Prospects:* the 2018 Revision, Online Edition. New York, 2018. Disponível em: <https://esa.un.org/unpd/wup/>. Acesso em: 17 maio 2018.

PARA SABER MAIS

Aglomerações urbanas

Segundo a Divisão de População da ONU, **aglomeração urbana** "refere-se à população contida no interior de um território contíguo, habitado em níveis variáveis de densidade, sem levar em conta os limites administrativos das cidades". Em outras palavras, é um conjunto de cidades em grande parte conurbadas, isto é, interligadas pela expansão periférica da malha urbana de cada uma delas ou pela integração socioeconômica comandada historicamente pelo processo de industrialização e atualmente, cada vez mais, pelo desenvolvimento do comércio e dos serviços.

No Brasil, as maiores aglomerações urbanas têm sido legalmente reconhecidas como **regiões metropolitanas**, que também costumam ser chamadas de **metrópoles** (do grego *metrópolis*, 'cidade mãe' ou 'cidade matriz'). Nelas, há sempre um município-núcleo, com maior capacidade polarizadora e que lhe dá nome, como São Paulo, Salvador, Curitiba, Belém, etc. As regiões metropolitanas foram criadas por lei para facilitar o planejamento urbano de seus municípios. Isso é executado por órgãos especialmente criados para esse fim, como a Empresa Paulista de Planejamento Metropolitano S.A. (Emplasa), encarregada de planejar as regiões metropolitanas que formam a Macrometrópole Paulista.

Uma **megalópole** é formada quando os fluxos de pessoas, capitais, informações, mercadorias e serviços entre duas ou mais metrópoles estão fortemente integrados por modernas redes de transporte e telecomunicação.

A primeira megalópole a se estruturar no mundo, denominada informalmente de Boswash, abrange um cordão de cidades, no nordeste dos Estados Unidos, que se estende de Boston até Washington, tendo Nova York como a metrópole mais importante (observe o mapa abaixo).

Ainda nos Estados Unidos, há San-San, que se estende de San Francisco a San Diego, passando por Los Angeles, na Califórnia, e Chipitts (também conhecida como megalópole dos Grandes Lagos), que vai de Chicago a Pittsburgh e se estende até o Canadá, por cidades como Toronto, a maior desse país.

A megalópole japonesa situa-se no sudeste da Ilha de Honshu, no eixo que se estende de Tóquio até o norte da Ilha de Kyushu, passando por Osaka e Kobe.

Na Europa, a megalópole se desenvolveu no noroeste, englobando as aglomerações do Reno-Ruhr, na Alemanha, as áreas metropolitanas de Paris, na França, e de Londres, no Reino Unido; portanto, é transnacional.

No Brasil, a megalópole nacional é formada pelas regiões metropolitanas do Rio de Janeiro e de São Paulo, estendendo-se pelas outras que compõem a Macrometrópole Paulista.

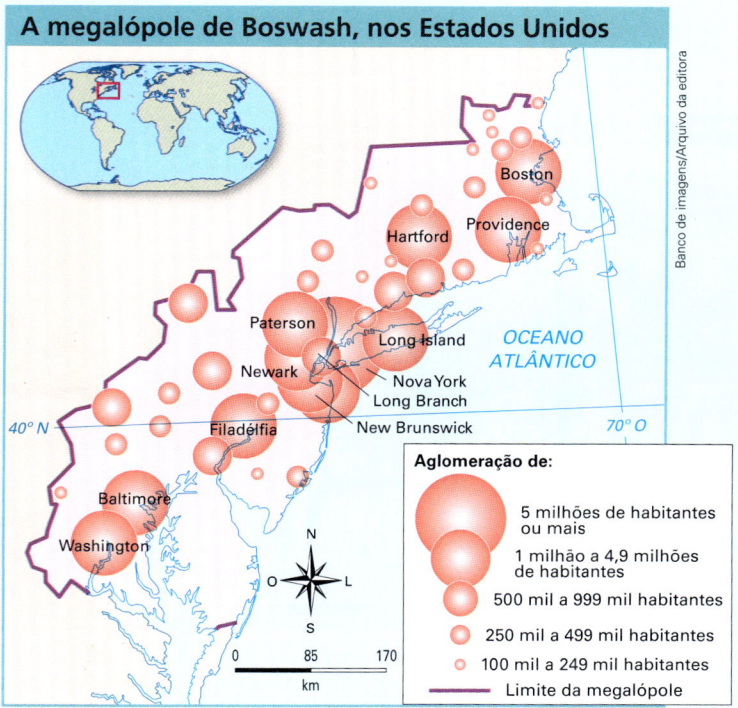

A megalópole de Boswash, nos Estados Unidos

Macrometrópole Paulista: nome que a Emplasa usa para definir a megalópole estadual formada pelas regiões metropolitanas de São Paulo, Campinas, Sorocaba, Baixada Santista, Vale do Paraíba e Litoral Norte; pelas aglomerações urbanas de Jundiaí e Piracicaba; mais a unidade regional de Bragantina. Ela abrange 174 municípios (50% da área urbana do estado) e, em 2016, sua população era de 33,4 milhões de habitantes (75% do total estadual).

Fonte: CHARLIER, Jacques (Dir.). *Atlas du 21e siècle édition 2012*. Groningen: Wolters-Noordhoff; Paris: Éditions Nathan, 2011. p. 144. (Original sem data).

2. OS PROBLEMAS SOCIAIS URBANOS

DESIGUALDADES E SEGREGAÇÃO SOCIOESPACIAL

Em qualquer grande cidade do mundo, o espaço urbano é fragmentado. Sua estrutura assemelha-se a um quebra-cabeça em que as peças, embora formem um todo, têm sua própria forma e função. As grandes cidades apresentam funções comerciais, financeiras, industriais, residenciais e de lazer. Entretanto, é comum que funções diferentes coexistam, além do centro, em alguns bairros que, com isso, polarizam seus vizinhos. Por isso, essas cidades são **policêntricas**.

Essa fragmentação, quase sempre associada a um intenso crescimento urbano, impede os habitantes de vivenciarem a cidade como um todo. Em vez disso, eles se atêm apenas aos fragmentos que fazem parte do seu dia a dia. O lugar de moradia, trabalho, estudo ou lazer é onde se estabelecem as relações pessoais e sociais. Entretanto, em uma metrópole, esses lugares tendem a não ser coincidentes, o que provoca grandes deslocamentos e o aumento dos congestionamentos. Pode-se dizer, então, que a grande cidade não é um **lugar**, mas um **conjunto de lugares**, e que as pessoas a vivenciam parcialmente.

As desigualdades sociais se materializam na paisagem urbana, como vimos nas fotos da introdução do capítulo. Quanto mais acentuadas são as disparidades de renda entre a população, maiores são as desigualdades de moradia, de acesso aos serviços públicos e, portanto, de oportunidades culturais e profissionais. Consequentemente, a segregação socioespacial, isto é, a separação das classes sociais em bairros diferentes em função do desigual poder aquisitivo, e os **problemas urbanos** são maiores também (veja as imagens abaixo).

O medo da violência urbana vem impulsionando a criação de condomínios fechados, sobretudo nas metrópoles, mas isso também ocorre nas médias e até nas pequenas cidades. Buscando maior segurança e tranquilidade, muitas pessoas de alto e médio poder aquisitivo mudam-se para esse tipo de conjunto residencial. Esse fenômeno acentua a segregação socioespacial e reduz os espaços urbanos públicos, uma vez que promove o crescimento de espaços privados e de circulação restrita. Além disso, muitos bairros, ao perderem habitantes, sofrem um processo de deterioração urbana, caso de algumas áreas do centro de grandes cidades, como São Paulo, Rio de Janeiro, Salvador, Recife, Belém, entre outras. Muitas prefeituras buscam recuperar as áreas degradadas das cidades por meio de incentivos fiscais para atrair comerciantes e prestadores de serviços.

As duas fotos são da cidade do Rio de Janeiro (RJ). À esquerda, praia de Ipanema, na zona sul, com o morro Dois Irmãos ao fundo, em 2017. À direita, Vicente de Carvalho, bairro da zona norte, com o morro do Juramento ao fundo, em 2015. É possível que muitas pessoas vivam na zona sul sem conhecer bairros mais distantes do centro da cidade, do mesmo modo que muitos moradores da periferia pouco frequentam os bairros centrais.

MORADIAS PRECÁRIAS

As maiores cidades dos países em desenvolvimento não tiveram condições econômicas de absorver a grande quantidade de pessoas que em pouco tempo migraram da zona rural e das cidades menores; por isso, aumentou o número de desempregados. Para sobreviver, muitas pessoas se submetem ao subemprego e à economia informal. Como os rendimentos, mesmo para os trabalhadores da economia formal, em geral são baixos, muitos não têm condições de comprar nem de alugar um imóvel em bairros com infraestrutura adequada (rede de esgoto, água encanada, boa oferta de serviços), pois são itens que encarecem o imóvel. Por causa disso, formaram-se os **assentamentos precários** (veja a primeira nota na tabela da próxima página) em várias cidades, principalmente nas maiores. Essa é a face mais visível do crescimento desordenado das cidades e da segregação socioespacial.

Os governos de muitos países em desenvolvimento têm grande parcela de responsabilidade nesse processo, porque não implantaram políticas públicas adequadas, especialmente no setor habitacional, para enfrentar o problema. Nos países em que as políticas públicas foram adequadas, paralelamente ao aumento da oferta de empregos e à elevação da renda, o que possibilitou uma melhoria das condições de vida, as moradias precárias foram bastante reduzidas ou até mesmo erradicadas.

Um dos melhores exemplos disso aconteceu em Cingapura. De acordo com o Banco Mundial, em 1965, quando o país se tornou independente, 70% de sua população vivia em condições muito precárias: a renda *per capita* era de 2700 dólares ao ano, e o desemprego atingia 14% da População Economicamente Ativa (PEA). Após cinco décadas de elevados investimentos públicos em habitação, em infraestrutura urbana e em serviços públicos de qualidade, houve crescimento econômico sustentado, elevação e melhor distribuição da renda, erradicação das submoradias e, consequentemente, melhoria da qualidade de vida da população. Em 2016, segundo o Banco Mundial, Cingapura tinha uma renda *per capita* de 51 880 dólares, e o desemprego atingia 1,8% da PEA.

A carência de habitações seguras e confortáveis é um problema no mundo todo, mas principalmente nos países em desenvolvimento. Segundo a publicação *World Cities Report 2016*, há mais de 880 milhões de pessoas vivendo em assentamentos urbanos precários nos países em desenvolvimento.

Edifícios residenciais construídos pelo Estado no distrito de Toa Payoh, Cingapura (os prédios mais baixos, em primeiro plano), em 2017. Segundo o Housing & Development Board (HDB), órgão governamental que constrói e administra os prédios, cerca de 80% da população vive em moradias como essas, os chamados HDB *flats*, pelos quais pagam aluguel social.

O leste da Ásia é a região com maior número absoluto de moradores em submoradias. Embora a China e a Índia tenham reduzido significativamente a quantidade de pessoas que vivem em moradias precárias, ainda são os países que apresentam os maiores números absolutos. É preciso lembrar que, juntos, detêm 36,3% da população mundial. O Brasil é o quarto país com maior contingente de moradores em favelas. Observe a tabela abaixo.

Moradores em assentamentos urbanos precários* por regiões e países – 2014		
Região/país	Total de moradores (em milhões)	% do total da população urbana
Leste da Ásia	251,6	26,2
China	191,1	25,2
África subsaariana	200,7	55,9
Nigéria	42,1	50,2
Sul da Ásia	190,9	31,3
Índia	98,4	24,0
América Latina e Caribe	104,8	21,1
Brasil	38,5	22,3
Sudeste da Ásia	83,5	28,4
Indonésia	29,2	21,8
Oeste da Ásia (Oriente Médio)	37,6	24,9
Norte da África	11,4	11,9
Oceania	0,6	24,1
Países em desenvolvimento**	881,1	29,7

Fonte: UNITED NATIONS. Human Settlements Programme (UN-Habitat). *World Cities Report 2016*. Nairóbi, 2016. Disponível em: <http://wcr.unhabitat.org/main-report>. Acesso em: 17 maio 2018.

* O Programa das Nações Unidas para Assentamentos Humanos (agência da ONU sediada em Nairóbi, Quênia, mais conhecida como UN-Habitat) usa o termo *slum* (do inglês), que no Brasil é traduzido como 'favela'. No entanto, reconhece que a palavra *slum* é utilizada para definir uma grande variedade de tipos de assentamento urbano precário espalhados por diferentes países. No Brasil, o IBGE utiliza o termo técnico **aglomerado subnormal** para definir moradias em "favelas, invasões, grotas, baixadas, comunidades, vilas, ressacas, mocambos, palafitas, entre outros assentamentos irregulares".

** Não há dados para os países desenvolvidos.

O maior número relativo de moradores em assentamentos precários aparece na África subsaariana. Na Nigéria, país com o maior número de habitantes em submoradias nessa região, o percentual de pessoas que vivem em habitações precárias chega à metade da população urbana. Mas nesse subcontinente há países com percentuais bem mais altos, como a República Centro-Africana, onde 93% da população vive em favelas.

De acordo com a UN-Habitat, uma ou mais das seguintes características definem esse tipo de moradia precária (observe a primeira foto da próxima página).

Na foto, vista parcial de Orangi Town, em Karachi (Paquistão), em 2017. Nessa favela, a maior do mundo, vivem cerca de 2,4 milhões de pessoas. Em São Paulo, cidade brasileira com o maior número de moradores em assentamentos precários, são cerca de 1,5 milhão de pessoas vivendo nessas condições, mas espalhadas por mais de 1500 favelas.

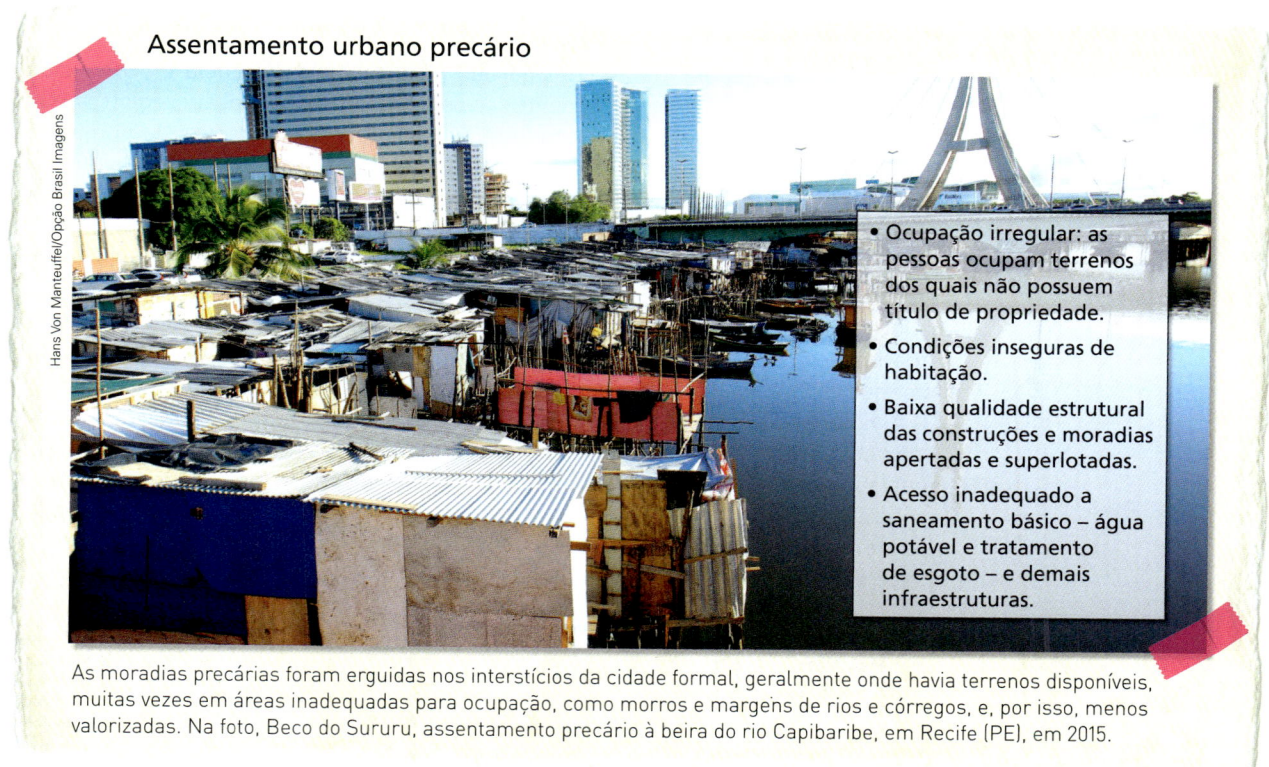

Assentamento urbano precário

- Ocupação irregular: as pessoas ocupam terrenos dos quais não possuem título de propriedade.
- Condições inseguras de habitação.
- Baixa qualidade estrutural das construções e moradias apertadas e superlotadas.
- Acesso inadequado a saneamento básico – água potável e tratamento de esgoto – e demais infraestruturas.

As moradias precárias foram erguidas nos interstícios da cidade formal, geralmente onde havia terrenos disponíveis, muitas vezes em áreas inadequadas para ocupação, como morros e margens de rios e córregos, e, por isso, menos valorizadas. Na foto, Beco do Sururu, assentamento precário à beira do rio Capibaribe, em Recife (PE), em 2015.

Na tentativa de encaminhar soluções para diversos problemas urbanos, entre os quais os assentamentos precários, foi realizada em Istambul, na Turquia, em 1996, a Conferência das Nações Unidas sobre Assentamentos Humanos – *Habitat II*. A primeira reunião, *Habitat I*, aconteceu em Vancouver, Canadá, em 1976; e a *Habitat III* foi realizada em Quito, Equador, em 2016.

A **Habitat II** reuniu representantes dos países-membros da ONU e de diversas ONGs. Nesse encontro, ficou decidido que os governos deveriam criar condições para que o acesso à moradia segura, habitável, salubre e sustentável fosse universalizado. Diversos governos, porém, entre os quais o americano e o brasileiro, foram contra a proposta de que a habitação fosse considerada um direito universal do cidadão e, portanto, garantida pelo Estado.

Em diversas cidades do mundo, tanto nos países em desenvolvimento quanto nos desenvolvidos, pessoas sem-teto se organizam para lutar pelo direito à moradia urbana adequada e por melhores condições de vida. Uma ou outra dessas organizações tem atuação nacional, mas a maioria delas tem atuação local. Há também organizações com atuação internacional, como a TETO (ou TECHO, em espanhol), ONG criada em 1997, no Chile, que atua em quase toda a América Latina.

> Consulte o *site* do **Observatório de Favelas** e também a indicação do filme *Quem quer ser um milionário?*. Veja orientações na seção **Sugestões de textos, vídeos e *sites***.

Nos países desenvolvidos, embora quase não haja favelas, é grande o número de pessoas que moram em cortiços ou dormem em abrigos públicos ou mesmo nas ruas. A crise financeira/imobiliária que eclodiu em 2008 piorou essa situação. Segundo a ONG Coalition for the Homeless, em dezembro de 2007 havia 34 818 pessoas sem-teto na cidade de Nova York (Estados Unidos); em dezembro de 2017, esse número havia saltado para 63 495, um recorde desde a depressão dos anos 1930. Na foto de 2016, sem-teto guarda seus pertences em um carrinho de compras de supermercado numa rua de Manhattan, Nova York.

VIOLÊNCIA URBANA

O indicador mundialmente considerado para medir a **violência** é o homicídio. Além de atentar contra a vida, o maior dos direitos humanos, possui registros mais confiáveis, permitindo a comparação entre países por meio da taxa de homicídios por 100 mil habitantes.

A violência contra a pessoa não está necessariamente associada à pobreza. Há países mais pobres que o Brasil, como o Egito, que apresentam índices significativamente menores de homicídios. A violência é mais grave em países em desenvolvimento marcados por acentuadas desigualdades sociais e ausência de oportunidades, sobretudo para os jovens, entre os quais Venezuela, África do Sul, Brasil, México e vários países da América Central, como Honduras, que apresenta a taxa mais elevada do mundo. Outro fator que explica as altas taxas de violência nesses países é o tráfico de drogas.

A violência contra a vida também é muito associada às grandes cidades, mas isso nem sempre é verdadeiro. Como mostram os dados da tabela abaixo, Mumbai, quarta maior metrópole do mundo, e especialmente Tóquio, a maior de todas, apresentam índices de violência baixíssimos, e as taxas de homicídio das maiores cidades de muitos países são mais baixas do que a média nacional. Por exemplo, o índice de violência de São Paulo é cerca de metade da média brasileira.

Violência contra a pessoa em países selecionados – 2012*			
País	Homicídios (por 100 mil habitantes)	Principal cidade do país	Homicídios (por 100 mil habitantes)
Japão	0,3	Tóquio	0,2
Alemanha	0,8	Berlim	1,0
China	1,0	Hong Kong**	0,4
Reino Unido	1,0	Londres	1,3
Egito	3,4	Cairo	2,4
Índia	3,5	Mumbai	1,2
Estados Unidos	4,7	Nova York	5,1
México	21,5	Cidade do México	8,8
Brasil	25,2	São Paulo	14,2
África do Sul	31,0	Cidade do Cabo	59,9
Venezuela	53,7	Caracas	122,0
Honduras	90,4	Tegucigalpa	102,2

Fonte: UNITED NATIONS OFFICE ON DRUGS AND CRIME. *Global Study on Homicide 2013.* Vienna: UNODC, 2013. p. 122-149.

* Para a maioria dos países o dado é de 2012; para alguns, como o Japão, é de 2011; e para a China é de 2010.
** Não há dado disponível para Xangai, a maior cidade da China.

> Consulte a indicação do filme *Tiros em Columbine*, que trata da violência nos Estados Unidos. Veja orientações na seção **Sugestões de textos, vídeos e *sites*.**

Nos países desenvolvidos, o nível de violência é desigual: como vimos na tabela acima, os Estados Unidos apresentam índices de violência mais elevados do que os de países de igual nível de desenvolvimento e mesmo do que os de países bem mais pobres. Isso ocorre porque o país tem os maiores índices de desigualdade social no mundo desenvolvido e permite a livre comercialização de armas de fogo.

No interior de qualquer país, a violência também é desigual dos pontos de vista social (incluindo de gênero) e territorial. Na maioria dos países, as maiores vítimas de homicídio são jovens de 15 a 29 anos do sexo masculino, sobretudo das camadas mais pobres da sociedade. Como mostra a primeira tabela da página ao lado, no Brasil a taxa de homicídios entre homens jovens é quase quatro vezes maior que a taxa observada na população total. Em nosso país ainda há o recorte étnico-racial: as maiores vítimas de homicídio são homens negros jovens.

Em termos territoriais, há estados, municípios e bairros mais violentos que outros. No território brasileiro, a violência contra a vida é maior em números absolutos nas regiões metropolitanas, onde vive grande parcela da população e a desigualdade social é mais acentuada. No entanto, como vimos, seria um erro concluir que as metrópoles são sempre mais violentas que as cidades menores. Observe, na segunda tabela da página ao lado, que o município com maior taxa de homicídios no Brasil é Altamira, no Pará, que tem uma população de 108 mil habitantes.

| Brasil: taxa de homicídios em estados selecionados – 2015 ||||
Estado	Homicídios na população (total)	Homicídios na população (por 100 mil habitantes)	Homicídios entre homens de 15 a 29 anos (por 100 mil habitantes)
São Paulo	5 427	12,2	40,0
Santa Catarina	957	14,0	45,5
Minas Gerais	4 532	21,7	85,6
Distrito Federal	742	25,5	91,7
Rio Grande do Sul	2 944	26,2	97,8
Paraná	2 936	26,3	99,7
Brasil	**59 080**	**28,9**	**113,6**
Rio de Janeiro	5 067	30,6	134,7
Amazonas	1 472	37,4	131,1
Bahia	6 012	39,5	176,3
Pernambuco	3 847	41,2	171,2
Pará	3 675	45,0	155,9
Goiás	2 997	45,3	171,9
Ceará	4 163	46,7	194,7
Sergipe	1 303	58,1	230,4

Fonte: CERQUEIRA, Daniel et al. *Atlas da violência 2017*. Rio de Janeiro: Ipea/Fórum Brasileiro de Segurança Pública, 2017. p. 12, 13, 29.

| Brasil: município com a menor e a maior taxa de homicídios e capitais selecionadas – 2015 ||||
Município	População (em mil habitantes)	Homicídios na população (total)	Homicídios na população (por 100 mil habitantes)
Jaraguá do Sul (SC)	164	5	3,1
Florianópolis (SC)	470	61	13,0
São Paulo (SP)	11 968	1 584	13,2
Rio de Janeiro (RJ)	6 477	1 444	22,3
Belo Horizonte (MG)	2 503	610	24,4
Brasília (DF)	2 915	742	25,5
Curitiba (PR)	1 879	518	27,6
Recife (PE)	1 617	582	36,0
Porto Alegre (RS)	1 477	688	46,6
Salvador (BA)	2 921	1 542	52,8
Manaus (AM)	2 058	1 130	54,9
Aracaju (SE)	633	371	58,6
Belém (PA)	1 440	875	60,8
Fortaleza (CE)	2 591	1 729	66,7
Altamira (PA)	108	114	105,2

Fonte: CERQUEIRA, Daniel et al. *Atlas da violência 2017*. Rio de Janeiro: Ipea/Fórum Brasileiro de Segurança Pública, 2017. p. 61-68.

São Paulo, embora tivesse o segundo maior número absoluto de assassinatos (o primeiro era Fortaleza), dado que é a maior cidade do país, apresentou a menor taxa de homicídios entre todas as capitais brasileiras, excetuando Florianópolis. Já Belém, com uma população bem menor, teve o sexto maior número de assassinatos. Proporcionalmente, Belém pode ser considerada uma cidade muito mais violenta que São Paulo. Reveja a tabela acima.

Em uma metrópole, o índice de violência também é desigual e, mesmo dentro de um município, há bairros com diferentes índices de violência. Os bairros bem equipados com infraestrutura urbana e bem policiados, em geral os mais centrais, tendem a ter um índice menor de violência do que os bairros malservidos, em maior número, localizados na periferia.

Como estudamos no capítulo 17, para coibir a violência é importante oferecer oportunidades de estudo e de trabalho aos jovens. Além disso, os especialistas enfatizam a importância das redes de solidariedade de uma comunidade – família, escola, igrejas, associações de bairro, centros de esporte e lazer, etc. Quando essas redes são amplas e bem articuladas, as pessoas sentem-se amparadas e socialmente inseridas, e há pouca propensão às ações criminosas. Entretanto, quando essas redes são pouco articuladas, as pessoas ficam sem perspectivas e muitas, especialmente as jovens, acabam sendo cooptadas por organizações criminosas, sobretudo as envolvidas com o tráfico de drogas.

3. REDE E HIERARQUIA URBANAS

A **rede urbana** é formada pelo conjunto de cidades – de um mesmo país ou de países vizinhos – que se interligam umas às outras por meio dos sistemas de transporte e de telecomunicação, através dos quais se dão os fluxos de pessoas, mercadorias, informações e capitais.

As redes urbanas dos países desenvolvidos são mais densas e articuladas por causa dos altos índices de industrialização e de urbanização, da economia diversificada e dinâmica, dos mercados internos com alta capacidade de consumo e dos grandes investimentos em transportes e telecomunicações. Já as redes urbanas de muitos países em desenvolvimento, particularmente daqueles de baixo índice de industrialização e urbanização, são bastante desarticuladas, e as cidades estão dispersas no território.

As redes de cidades mais densas e articuladas se encontram nas regiões do planeta onde se desenvolveram as megalópoles: nordeste (veja novamente o mapa na página 605) e costa oeste dos Estados Unidos, porção ocidental da Europa e sudeste da ilha de Honshu, no Japão, embora haja importantes redes em outras regiões, como aquelas polarizadas por Cidade do México, São Paulo e Buenos Aires.

O capitalismo em sua etapa informacional, o avanço da globalização e a consequente aceleração de fluxos no espaço geográfico planetário criaram uma rede urbana mundial, cujos nós ou pontos de interconexão são as chamadas **cidades globais**.

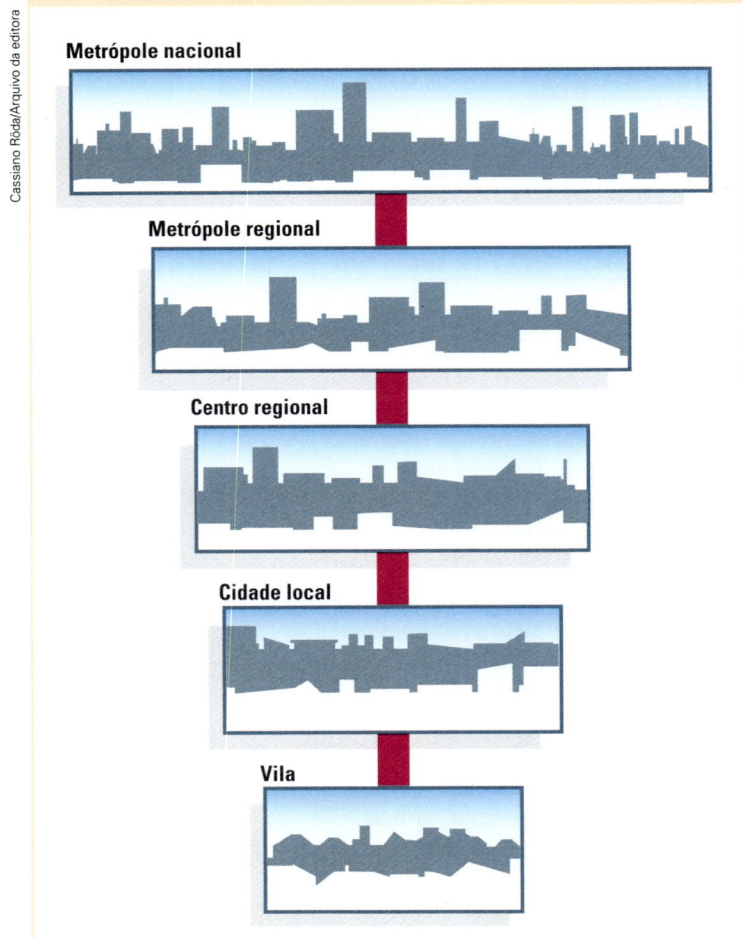

Esquema clássico de relações entre as cidades em uma rede urbana

- Metrópole nacional
- Metrópole regional
- Centro regional
- Cidade local
- Vila

Fonte: SANTOS, Milton. *Metamorfoses do espaço habitado*. 5. ed. São Paulo: Hucitec, 1997. p. 55.

Desde o fim do século XIX, muitos autores passaram a utilizar o conceito de rede urbana para se referir à crescente articulação entre as cidades, resultante da expansão do processo de industrialização-urbanização. No mesmo período, a noção de **hierarquia urbana** também passou a ser utilizada. Ocorre que a concepção tradicional de hierarquia urbana, tomada do jargão militar, já não oferece uma boa descrição das relações estabelecidas entre as cidades no interior da rede urbana. Com os avanços da revolução técnico-científica, a acelerada modernização dos sistemas de transporte e de telecomunicação, o barateamento e a maior facilidade de obtenção de energia, a disseminação de aviões, trens e automóveis mais velozes, enfim, com a redução do tempo de deslocamento, as relações entre as cidades já não respeitam o "esquema militar".

Em uma analogia com a hierarquia militar, a vila seria um soldado, e a metrópole nacional, um general, a posição mais alta. A metrópole nacional é o nível máximo de poder e influência econômica na rede urbana de um país, e a vila, o nível mais baixo, que sofre influência de todas as outras. Essa foi a concepção de hierarquia urbana utilizada desde o fim do século XIX até meados da década de 1970.

Atualmente, uma pessoa com boa renda pode residir em uma chácara ou em um sítio, na zona rural, ou em uma pequena cidade, em lugares distantes de um grande centro, e estar mais integrada à vida urbana do que outra pessoa muito pobre que resida nesse mesmo centro. Se a pessoa vive, por exemplo, em uma chácara, a quilômetros da grande cidade, mas tem à sua disposição telefone, computador, conexão com a internet, antena parabólica e automóvel, está mais bem integrada do que outra que mora na cidade, mas em habitação precária ou mesmo na rua e sem acesso a todos esses bens e serviços. Portanto, o que define a integração ou não das pessoas à moderna sociedade capitalista é a maior ou menor disponibilidade de renda – e, consequentemente, a possibilidade de acesso às novas tecnologias, aos conhecimentos, aos bens e serviços –, e não mais a distância que as separa dos lugares.

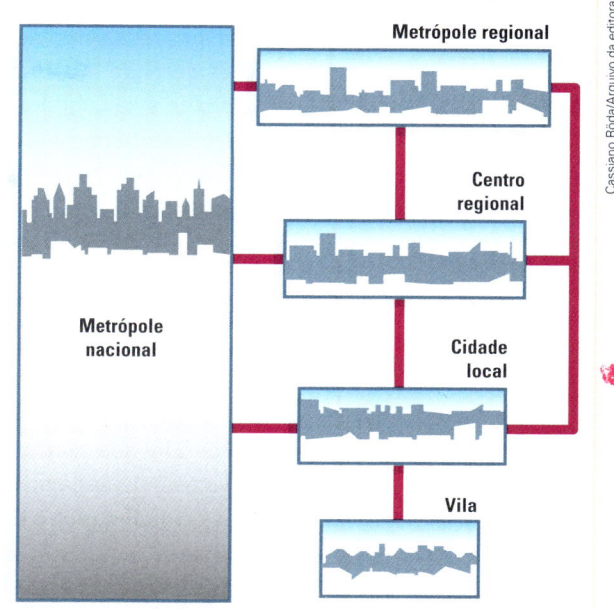

Esquema atual de relações entre as cidades em uma rede urbana

Metrópole nacional
Metrópole regional
Centro regional
Cidade local
Vila

Fonte: SANTOS, Milton. *Metamorfoses do espaço habitado.* 5. ed. São Paulo: Hucitec, 1997. p. 55.

No atual estágio informacional do capitalismo, estruturou-se uma nova hierarquia urbana, na qual a relação da vila ou da cidade local pode se dar com o centro regional, com a metrópole regional ou até mesmo diretamente com a metrópole nacional. Esse esquema mostra a inter-relação das cidades no interior da rede urbana de uma forma mais próxima da realidade atual.

Na foto ao lado, de 2017, moradores de rua no centro de Porto Alegre (RS). Na foto abaixo, de 2015, moradia na zona rural do município de Júlio de Castilhos (RS), a cerca de 350 quilômetros da capital gaúcha, com acesso a bens e serviços, como energia elétrica, telecomunicação e automóvel.

Quais dessas pessoas têm mais acesso aos bens e serviços oferecidos pela vida urbana?

4. AS CIDADES NA ECONOMIA GLOBAL

No século XVI, a frota comandada por Pedro Álvares Cabral demorou 45 dias para atravessar o oceano Atlântico, desde Lisboa até o litoral brasileiro, nos arredores de onde atualmente está Porto Seguro (BA). Nos dias atuais, o mesmo percurso, de avião, é feito em cerca de oito horas.

Durante longo período da história, a informação circulou à mesma velocidade das pessoas e das mercadorias, pois dependia dos meios de transporte. Atualmente, o avanço tecnológico, além de acelerar todas as modalidades de circulação, diferenciou o tempo necessário ao transporte da informação (veiculada na forma de *bits*) do tempo do transporte da matéria (pessoas e mercadorias).

A desconcentração das indústrias tem contribuído para reforçar o papel de comando de muitas das grandes cidades, e mesmo de algumas médias. Essas cidades comandantes são importantes centros de serviços especializados e de apoio à produção – universidades e centros de pesquisa, bancos e Bolsas de Valores, entre outros. Um dos exemplos é São Paulo, que se consolidou como o principal centro de serviços e de negócios não só do Brasil, mas da América do Sul.

As **cidades globais**, como vimos, são os nós da rede urbana mundial, e as **megacidades**, de acordo com a ONU, são aglomerações urbanas (áreas metropolitanas) com 10 milhões de habitantes ou mais. Assim, as cidades globais, uma definição qualitativa, não coincidem necessariamente com as megacidades, definidas por um critério quantitativo.

Ainda que, segundo a ONU, somente cerca de 10% da população urbana mundial vivesse em megacidades em 2016, elas estão crescendo e ganhando importância, sobretudo nos países em desenvolvimento. Das 31 megacidades existentes no mundo no referido ano, 24 estavam em países em desenvolvimento.

De acordo com a ONU, Zurique, na Suíça (foto à esquerda), tinha 1,2 milhão de habitantes em 2016. Não é megacidade, mas é cidade global pelo papel de comando que desempenha na rede urbana mundial. Já a área metropolitana de Dacca, em Bangladesh (foto à direita), tinha 18 milhões de habitantes em 2016. É megacidade, porém não é cidade global, em razão da limitação de infraestrutura e da reduzida oferta de serviços. Além disso, grande parcela da população de Dacca está marginalizada, desconectada dos fluxos globais. Ambas as fotos são de 2018.

Observe o gráfico a seguir e compare a evolução do crescimento das megacidades em países em desenvolvimento com a das metrópoles dos países desenvolvidos (veja as 31 megacidades no mapa da página 14 do *Atlas*). Embora Tóquio deva permanecer como a maior aglomeração urbana por alguns anos, seu crescimento será o mais baixo do período 2016-2030, e as outras cidades dos países ricos também crescerão muito pouco. Segundo projeções da ONU, em 2030, haverá 41 megacidades, das quais 34 localizadas em países em desenvolvimento. Exceto Tóquio, as outras cidades dos países desenvolvidos que aparecem na lista têm perdido posições.

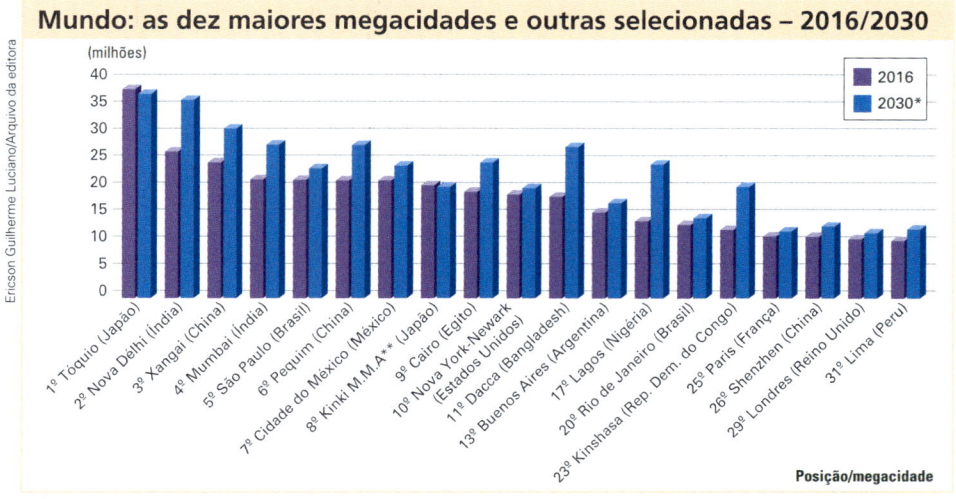

Consulte o *site* do **Globalization and World Cities (GaWC)**. Veja orientações na seção **Sugestões de textos, vídeos e *sites***.

Fonte: UNITED NATIONS. *The world's cities in 2016*. Disponível em: <www.un.org/en/development/desa/population/publications/pdf/urbanization/the_worlds_cities_in_2016_data_booklet.pdf>. Acesso em: 18 maio 2018.

* Estimativa.

** Kinki é uma palavra formada pela junção de *Kin* (do japonês, 'proximidade') e *Ki* ('capital imperial'; Kyoto foi capital do Japão imperial). M.M.A. significa *Major Metropolitan Area* (do inglês, 'Grande Área Metropolitana'). Kinki M.M.A. abarca diversas cidades, com destaque para Osaka (a principal da região), Kyoto e Kobe.

Segundo classificação desenvolvida pela Globalization and World Cities (GaWC), rede de pesquisas da globalização e das cidades globais sediada no Departamento de Geografia da Universidade de Loughborough (Reino Unido), em 2016, havia 214 cidades globais. Essa pesquisa classificou-as em três níveis (alfa, beta e gama), com seus subníveis de acordo com a densidade e a qualidade da infraestrutura, a oferta de bens e serviços e, consequentemente, a capacidade de polarização de cada uma delas sobre os fluxos regionais e mundiais.

As duas cidades mais influentes, que mais polarizam os fluxos de pessoas, investimentos e informações no mundo – as principais comandantes da globalização – são Londres e Nova York, classificadas como cidades **alfa ++**.

Centro da megalópole de Boswash, Nova York é um dos principais símbolos do poder econômico dos Estados Unidos. Considerada a "capital" do mundo no século XX, continua com o mesmo prestígio neste início do século XXI. Na foto, de 2017, vista panorâmica da cidade a partir do edifício Empire State: ao fundo, no distrito financeiro, o prédio que se destaca na paisagem é o One World Trade Center, erguido no lugar das torres gêmeas, derrubadas em 2001.

De acordo com a classificação desenvolvida pela GaWC, após as cidades alfa ++ aparecem sete cidades **alfa +**, também com alto grau de integração, porém complementares às duas principais. Ainda fortemente conectadas, mas em patamar inferior a essas primeiras, vêm 19 cidades **alfa**, entre as quais está São Paulo, e 21 **alfa –**, completando as 49 cidades dessa categoria (observe o primeiro mapa da página ao lado; veja também a sobreposição de cidades globais alfa e megacidades no mapa da página 14 do *Atlas*). As 81 seguintes foram classificadas na hierarquia como cidades globais **beta**, onde aparece o Rio de Janeiro. As 84 do último grupo, cujos fluxos e oferta de serviços são bem menores em comparação às dos dois primeiros, foram definidas como cidades globais **gama**.

Como vimos, o acesso desigual aos bens e serviços é mais elevado em aglomerações urbanas que apresentam acentuadas disparidades sociais, como as megacidades dos países em desenvolvimento. No capitalismo, os investimentos são concentrados nos lugares mais bem equipados e voltados para os setores socioeconômicos nos quais o lucro é maior. Assim, se não forem realizados investimentos públicos para garantir o desenvolvimento de todos os lugares, as pessoas mais pobres tendem a permanecer marginalizadas.

São Paulo (SP) é uma cidade global alfa, com moderna infraestrutura que a conecta aos fluxos globais. Entretanto, ainda tem muitos assentamentos precários. A foto de 2016 mostra a ponte Estaiada e alguns edifícios comerciais localizados na marginal Pinheiros (à direita) e, bem em frente, do outro lado do rio, a favela Real Parque (à esquerda). Como se pode observar, ela vem recebendo obras de urbanização, transformando-se em um bairro regular.

Há outras classificações para as cidades globais, entre as quais a da instituição de pesquisa The Mori Memorial Foundation, sediada em Tóquio (Japão). Para elaborar uma lista de 42 cidades globais, seus pesquisadores consideraram mais de vinte indicadores, distribuídos em seis categorias: ambiente econômico, capacidade de pesquisa e desenvolvimento (P&D), opções culturais, qualidade de vida, ecologia e meio ambiente, facilidade de acesso. Como mostra o gráfico das dez principais cidades globais, junto ao segundo mapa da página ao lado, quanto maior a pontuação nesses indicadores, melhor a posição da cidade na rede urbana mundial.

Observe e compare a classificação das cidades globais feita pelo grupo de estudos britânico GaWC com a do instituto de pesquisas japonês The Mori Memorial Foundation.

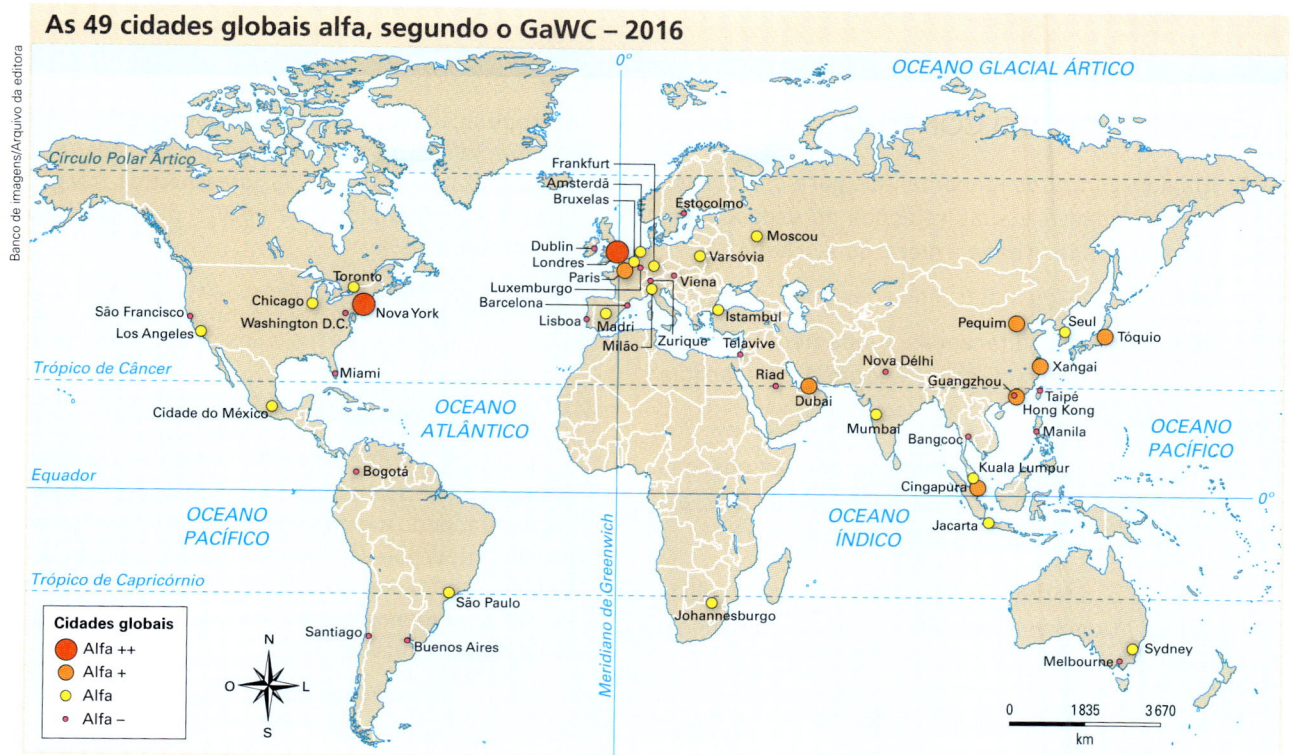

CAPÍTULO 32 • O ESPAÇO URBANO NO MUNDO CONTEMPORÂNEO

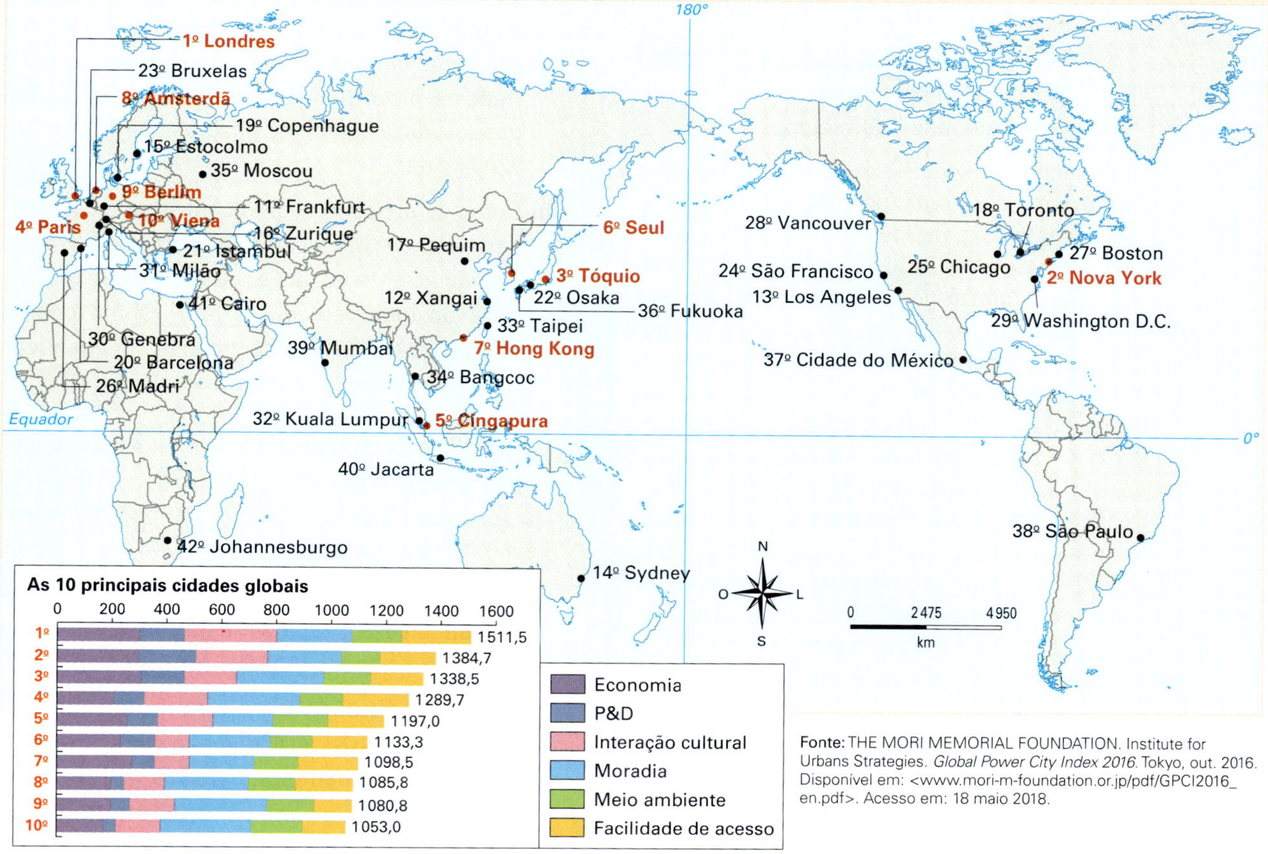

ATIVIDADES

COMPREENDENDO CONTEÚDOS

1. Há dois conceitos fundamentais para compreender as cidades e suas relações no espaço geográfico – rede urbana e hierarquia urbana.

    a) Conceitue-os mostrando suas diferenças.

    b) Explique as diferenças fundamentais entre os esquemas clássico e atual de hierarquia urbana.

2. O que significa afirmar que para muitas pessoas as distâncias são relativas hoje em dia? Qual é a consequência disso na urbanização atual?

3. Qual é a diferença entre megacidade e cidade global? Qual é o papel delas no atual capitalismo informacional?

4. De que forma as desigualdades sociais se materializam nas paisagens urbanas?

DESENVOLVENDO HABILIDADES

5. Leia o texto, que trata da ocupação do território do município de São Paulo e, em seguida, leia o fragmento de um livro do geógrafo Milton Santos.

    DIALOGANDO COM SOCIOLOGIA

    ### Segregação socioespacial e precariedade habitacional

    Associado ao desequilíbrio no aproveitamento do solo urbano e à contraposição entre esvaziamento do centro expandido e crescimento periférico, há outro desequilíbrio importante na cidade, que estabelece, *grosso modo*, uma distribuição bem definida das distintas classes sociais: os mais pobres vivendo predominantemente nas áreas periféricas e seus assentamentos precários e os de maior renda, no centro expandido e seu entorno, onde existe maior oferta de infraestrutura e empregos. Tal distribuição representa, para os mais pobres, maior distância das oportunidades, maior tempo gasto no deslocamento casa-trabalho-casa e maior precariedade habitacional e urbana. Trata-se, portanto, de uma condição estrutural que favorece a reprodução da pobreza ao longo das gerações e impede uma redução mais acelerada das desigualdades de renda.

    Associada a isso, a situação habitacional do município reflete uma combinação de inadequação e déficit habitacional que atinge cerca de um terço da população paulistana: são 3 030 assentamentos precários, na sua maioria periféricos, dos quais 1 573 favelas e 1 235 loteamentos irregulares, concentrando cerca de 30% da população do município. [...]

    SÃO PAULO (Cidade). Secretaria Municipal de Desenvolvimento Urbano. *SP 2040*: a cidade que queremos. São Paulo: SMDU, 2012. p. 32-33.

    ### Território e cidadania

    Morar na periferia é se condenar duas vezes à pobreza. À pobreza gerada pelo modelo econômico, segmentador do mercado de trabalho e das classes sociais, superpõe-se a pobreza gerada pelo modelo territorial. Este, afinal, determina quem deve ser mais ou menos pobre somente por morar neste ou naquele lugar. [...]

    SANTOS, Milton. *O espaço do cidadão*. 3. ed. São Paulo: Nobel, 1996. p. 115.

    Após a leitura dos textos, reflita sobre as seguintes questões e elabore um texto para responder a cada um dos itens:

    a) O que significa dizer que "morar na periferia é se condenar duas vezes à pobreza" ou que isso é uma "condição estrutural que favorece a reprodução da pobreza ao longo das gerações"? Pode-se dizer que o grau de cidadania de uma pessoa varia conforme sua posição no território da cidade?

    b) Como as pessoas podem contribuir para romper esse círculo vicioso, transformando essa "condição estrutural" e modificando as condições do lugar em que vivem? Como podem exercer seus direitos de cidadãs, independentemente de sua localização no território?

6. Compare a classificação das cidades globais feita pelo grupo de estudos GaWC com a do instituto de pesquisas The Mori Memorial Foundation (reveja os mapas na página 617).

    a) Quais são as cidades encontradas nas duas classificações, especialmente entre as dez principais cidades globais? Há coincidências?

    b) Há alguma cidade brasileira nas duas classificações? Qual é a posição dela nos dois *rankings* de cidades *globais*? O que se pode concluir disso?

Vista aérea de bairros de Recife (PE), em 2017.

CAPÍTULO 33

AS CIDADES E A URBANIZAÇÃO BRASILEIRA

Neste capítulo, vamos estudar os municípios, o processo de urbanização e a rede urbana do Brasil, o que nos auxiliará a esclarecer algumas questões: O que é considerado cidade e população urbana em nosso país? Por que o Brasil apresenta índices de urbanização superiores aos de Japão, Itália, França e Alemanha? Quais as implicações da criação e/ou emancipação de novos municípios? O que é o Plano Diretor e de que forma ele pode ajudar os cidadãos a resolver os problemas existentes no município em que moram?

A fundação de Brasília, em 1960, e a abertura de rodovias integrando a nova capital ao restante do país provocaram significativas alterações nos fluxos migratórios e na urbanização brasileira. Os municípios já existentes cresceram, outros foram inaugurados e, consequentemente, houve reflexos na malha municipal brasileira, como se pode perceber ao observar os mapas.

Brasil: evolução da malha municipal

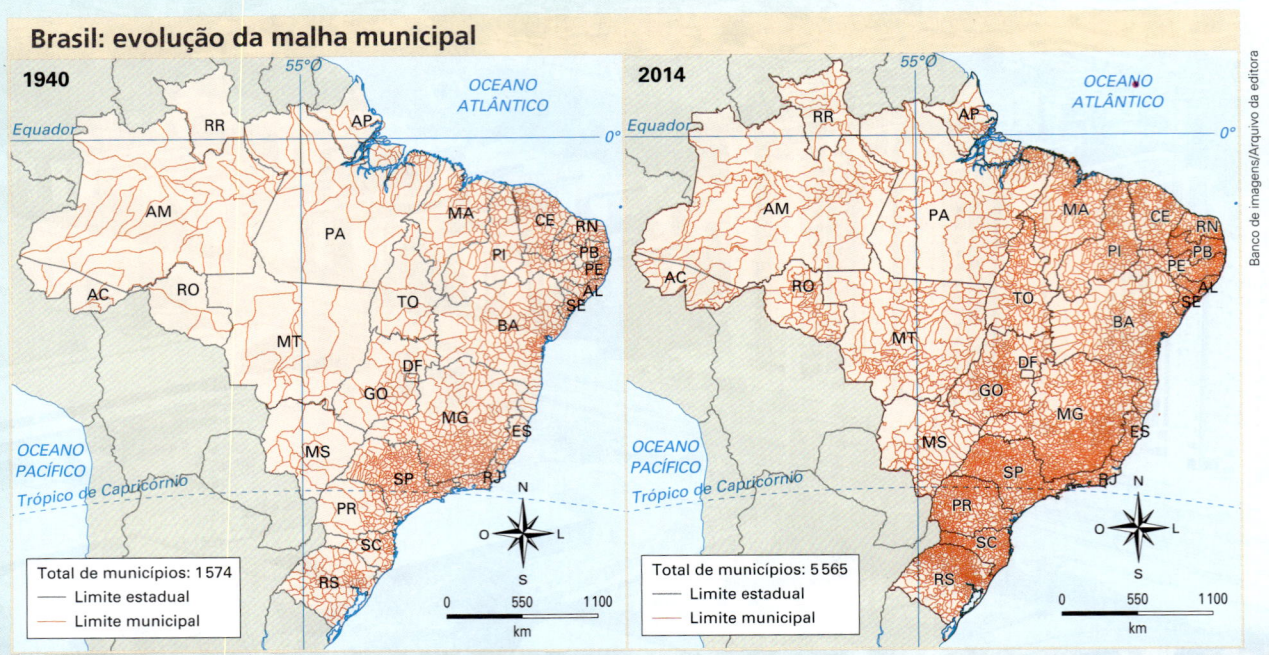

Fonte: IBGE. *Atlas geográfico escolar*. 7. ed. Rio de Janeiro, 2016. p. 95.

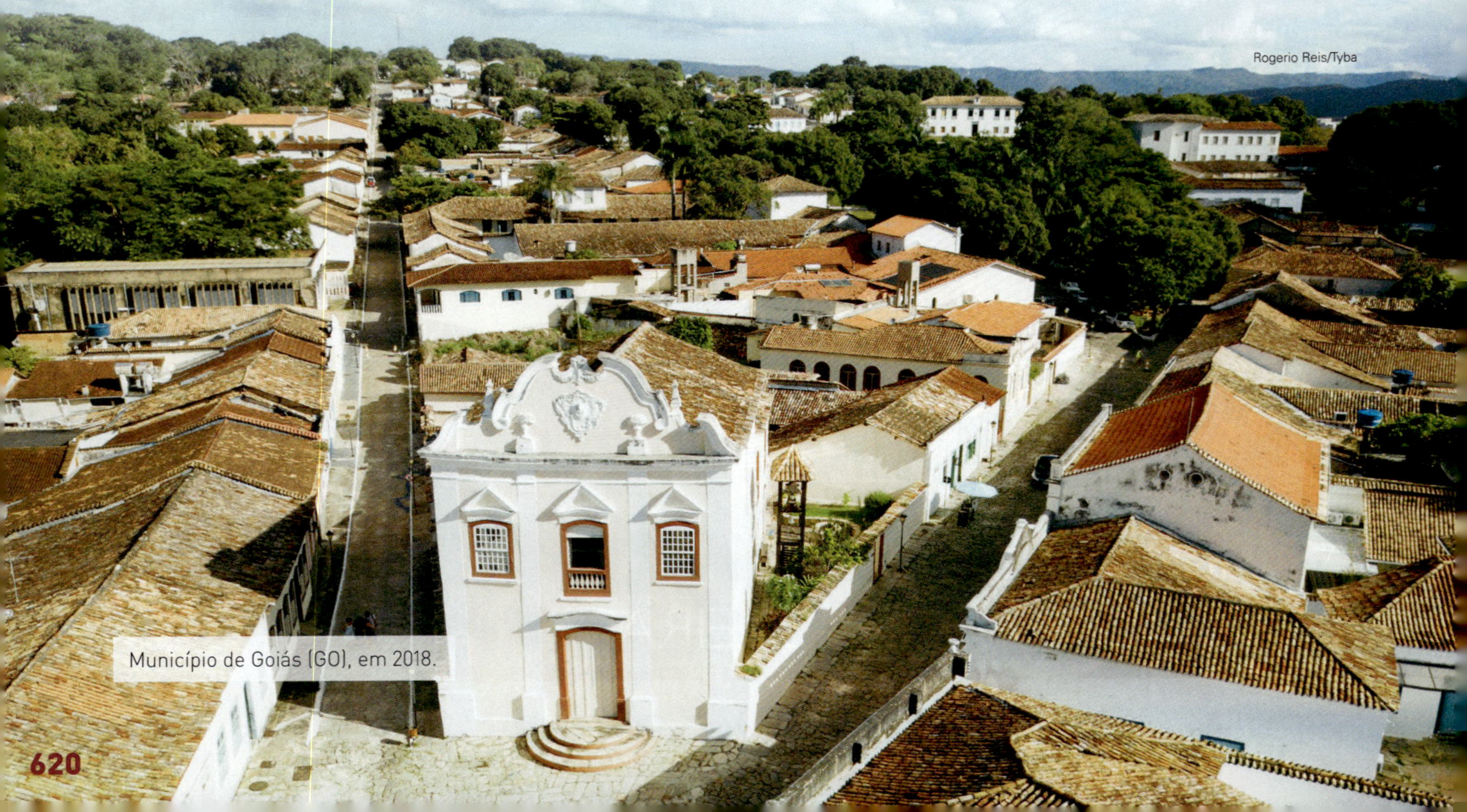

Município de Goiás (GO), em 2018.

1. O QUE CONSIDERAMOS CIDADE?

No mundo, atualmente, há cidades de diferentes tamanhos, densidades demográficas e condições socioeconômicas. Em algumas, apenas uma função urbana recebe destaque, enquanto em outras são desenvolvidas múltiplas atividades. Muitas se estruturaram há séculos, outras começaram a se desenvolver há poucos anos ou décadas. Há ainda cidades que apresentam grande desigualdade social e aquelas nas quais as desigualdades são menos acentuadas. Todos esses aspectos se refletem na organização do espaço e são visíveis nas paisagens urbanas.

Dependendo do país ou da região em que se localiza, uma pequena aglomeração de alguns milhares de habitantes pode apresentar grande diversidade de funções urbanas ou, simplesmente, constituir uma concentração de residências rurais. Por exemplo, na Amazônia, onde a densidade demográfica é muito baixa, um pequeno povoado pode contar com diversos serviços, como posto de saúde, escola e serviço bancário, enquanto no interior do estado de São Paulo, onde a rede urbana é bastante densa, o distrito de um município de pequeno porte pode se constituir apenas como local de moradia de trabalhadores rurais, com comércio de produtos básicos, sem apresentar outras funções urbanas. Quanto à população, uma cidade localizada em regiões pioneiras pode ter muito menos habitantes que uma vila rural de um município muito populoso localizado em uma região de ocupação mais antiga.

Na maioria dos países, tanto desenvolvidos como em desenvolvimento, a classificação de uma aglomeração humana como zona urbana ou cidade costuma considerar algumas variáveis básicas: densidade demográfica, número de habitantes, localização e existência de equipamentos urbanos, como comércio variado, escolas, atendimento médico, correio e serviços bancários. No Brasil, o IBGE considera população urbana as pessoas que residem no interior do **perímetro urbano** de cada município, e população rural as que residem fora desse perímetro.

Entretanto, as autoridades administrativas de alguns municípios utilizam as atribuições que a lei lhes garante e determinam um perímetro urbano bem mais amplo do que a área efetivamente urbanizada. Dessa forma, muitas chácaras, sítios ou fazendas, inegavelmente áreas rurais, acabam registrados como parte do perímetro urbano e são taxados com o Imposto Predial e Territorial Urbano (IPTU), e não com o Imposto Territorial Rural (ITR). Com o IPTU, o governo dos municípios obtém uma arrecadação muito superior à que obteria com o ITR.

Existem municípios com cidades dos mais variados portes. Nas fotos, rua do centro do município de Cachoeira do Arari, 2017 (foto 1); centro de Altamira, 2017 (foto 2); e a cidade de Belém, 2015 (foto 3), todos localizados no Pará. Em 2017, eles tinham, respectivamente, 23 110, 111 435 e 1 452 275 habitantes.

Em 2017, 94,5% dos municípios brasileiros tinham até 100 mil habitantes e abrigavam 43,5% da população do país; neles, as diversas atividades rurais ocupavam grande parte dos trabalhadores e comandavam o modo de vida das pessoas.

Já que todos os municípios, independente de sua extensão territorial e população, têm, obrigatoriamente, uma zona estabelecida como urbana, algumas aglomerações cercadas por florestas, pastagens e áreas de cultivo são classificadas como áreas "urbanas". Segundo esse critério, o estado do Amapá e o de Mato Grosso têm índices de urbanização equivalentes ao da região Sudeste. Portanto, como não há um critério uniforme, a comparação dos dados estatísticos de população urbana e rural entre o Brasil e outros países fica comprometida. Veja novamente os gráficos que comparam taxas de urbanização em países desenvolvidos e emergentes e países em desenvolvimento não industrializados, na página 604, e observe os gráficos abaixo.

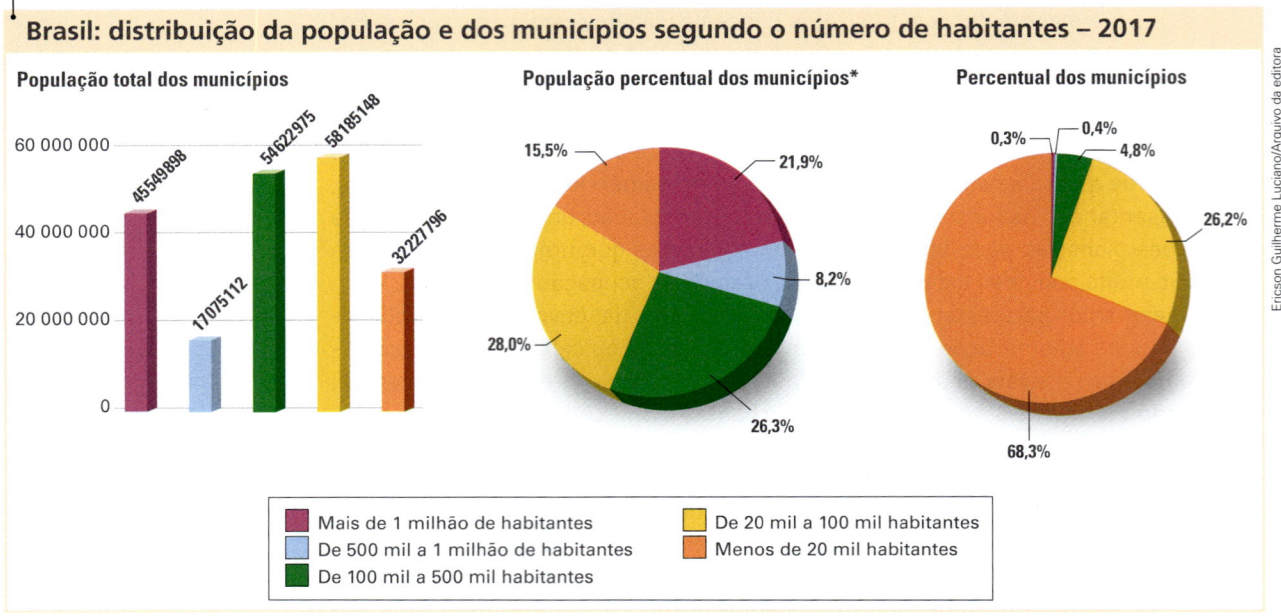

Fonte: IBGE. Estimativas da população dos municípios e unidades da Federação brasileiros com data de referência em 1º de julho de 2017. Disponível em: <https://agenciadenoticias.ibge.gov.br/agencia-noticias/2013-agencia-de-noticias/releases/16131-ibge-divulga-as-estimativas-populacionais-dos-municipios-para-2017.html>. Acesso em: 24 maio 2018.

* A somatória dos percentuais totalizou 99,9% porque o IBGE considerou apenas a primeira casa após a vírgula.

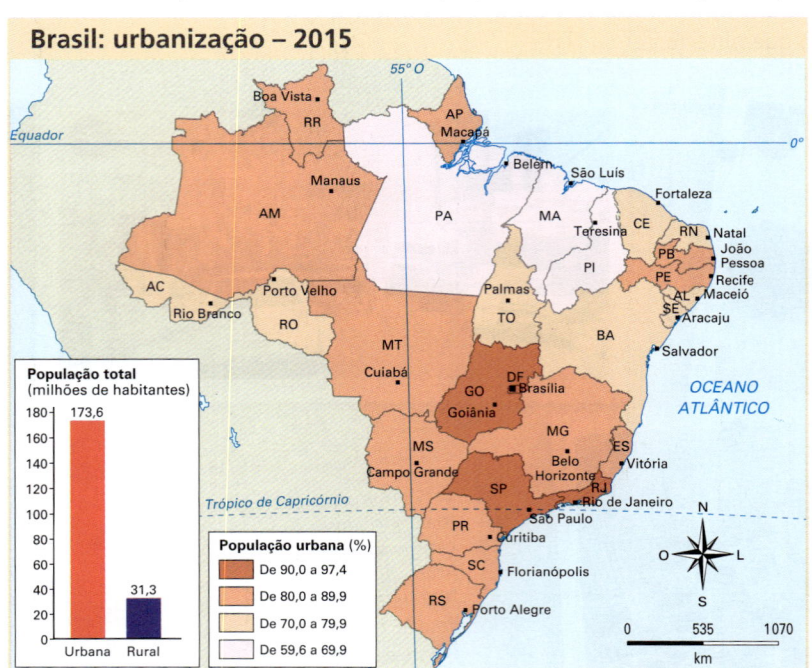

Fonte: elaborado com base em IBGE. Pesquisa Nacional por Amostra de Domicílios 2015. Disponível em: <www.ibge.gov.br/estatisticas-novoportal/sociais/populacao/9127-pesquisa-nacional-por-amostra-de-domicilios.html?=&t=o-que-e>. Acesso em: 24 maio 2018.

Agora observe o mapa e o gráfico que aparece ao lado dele. O mapa mostra dados da população urbana de cada estado em relação ao total do país. O gráfico mostra a população rural e urbana. Alguns estados com grau de urbanização maior (acima de 70%) localizam-se em regiões de floresta, de expansão agrícola ou reservas indígenas e ecológicas (principalmente na região Norte do país), nas quais as atividades rurais, como agropecuária e extrativismo, são dominantes. Por exemplo, segundo o IBGE, o Amapá – que em 2017 possuía apenas 797 mil habitantes distribuídos em 16 municípios, sendo 474 mil habitantes em Macapá – apresenta índice de urbanização igual ao de outros estados do Centro-Sul.

OUTRAS LEITURAS

COMO RECONHECER UMA CIDADE

Saborosa nota intitulada "Urbano ou Rural?" foi destaque da coluna Radar, assinada por Lauro Jardim na revista *Veja*. Ela apresenta o caso extremo de União da Serra (RS), município de 1 900 habitantes, dos quais 286 são considerados urbanos por residirem na sede do município, ou nas sedes de seus dois distritos. A investigação da revista apontou as seguintes evidências: a) "a totalidade dos moradores sobrevive de rendimentos associados à agropecuária"; b) "a 'população' de galinhas e bois é 200 vezes maior que a de pessoas"; c) "nenhuma residência é atendida por rede de esgoto"; d) "não há agência bancária".

Os comentários não poderiam ser melhores. Demonstram que o bom senso sempre dá preferência aos critérios funcionais, em vez de estruturais, quando a questão é determinar se parte de um município como União da Serra pode ser considerada urbana. Ao fazer perguntas sobre a base das atividades econômicas dos moradores e sobre a existência de esgoto ou de agência bancária, a reportagem revela que não é razoável o critério estrutural em vigor, segundo o qual urbano é todo habitante que reside no interior dos perímetros delineados pelas Câmaras Municipais em torno de toda e qualquer sede de município ou de distrito. Infelizmente é assim que o Brasil conta a sua população urbana desde o auge do Estado Novo, quando Getúlio Vargas baixou o decreto-lei 311/38. Até tribos indígenas foram consideradas urbanas pelos censos demográficos realizados entre 1940 e 2000.

Outra prova de que o bom senso dá preferência a critérios funcionais é o contraste entre o que ocorre aqui e no exterior. Para explicar como costuma ser feita a classificação territorial das populações no resto do mundo, o exemplo mais próximo é o da nação que colonizou este imenso país. Por lei aprovada há vinte anos [1992] pela Assembleia da República de Portugal, uma povoação só pode ser elevada à categoria de vila se possuir pelo menos metade de oito equipamentos coletivos: a) posto de assistência médica; b) farmácia; c) centro cultural; d) transportes públicos coletivos; e) estação dos correios e telégrafos; f) estabelecimentos comerciais e de hotelaria; g) estabelecimento que ministre escolaridade obrigatória; h) agência bancária.

Pela mesma lei, uma vila só pode ser elevada à categoria de cidade se possuir, pelo menos, metade de dez equipamentos coletivos: a) instalações hospitalares com serviço de permanência; b) farmácias; c) corporação de bombeiros; d) casa de espetáculos e centro cultural; e) museu e biblioteca; f) instalações de hotelaria; g) estabelecimento de ensino preparatório e secundário; h) estabelecimento de ensino pré-primário e infantários; i) transportes públicos, urbanos e suburbanos; j) parques ou jardins públicos. E, além desses critérios funcionais, há uma preliminar eliminatória: para que seja vila a povoação deve contar com mais de 3 mil eleitores em aglomerado populacional contínuo. E para ser elevada à categoria de cidade a exigência mínima é de 8 mil eleitores.

São poucos os municípios brasileiros nos quais se podem encontrar 8 mil eleitores em aglomerado populacional contínuo. E mais raros ainda são os aglomerados populacionais que possuem alguns dos dez equipamentos coletivos que definem as cidades portuguesas.

[...]

VEIGA, José Eli da. *Como reconhecer uma cidade?*. Disponível em: <www.zeeli.pro.br/wp-content/uploads/2012/06/134_17-06-02-Como-reconhecer-uma-cidadeo.pdf>. Acesso em: 24 maio 2018.

Imagem de satélite mostrando o perímetro urbano e parte da zona rural do município de União da Serra (RS), em 2016.

2. POPULAÇÃO URBANA E RURAL

A metodologia utilizada na definição das populações urbana e rural resulta em distorções. É inquestionável, entretanto, que os índices de população urbana tenham aumentado em quase todo o país em razão da migração rural-urbana, embora atualmente ela seja menos intensa do que nas décadas anteriores.

Até meados dos anos 1960, a população brasileira era predominantemente rural. Entre as décadas de 1950 e 1980, milhões de pessoas migraram para as regiões metropolitanas e capitais de estados. Esse processo provocou crescimento desordenado, segregação espacial e aumento das desigualdades nas grandes cidades, mas também melhoria em vários indicadores sociais, como a redução da natalidade e dos índices de mortalidade infantil, além do aumento na expectativa de vida e nas taxas de escolarização. Veja a tabela a seguir.

Brasil: índice de urbanização por região (%)			
Região	**1950**	**1970**	**2015**
Sudeste	44,5	72,7	93,1
Centro-Oeste	24,4	48,0	89,8
Sul	29,5	44,3	85,6
Norte	31,5	45,1	75,0
Nordeste	26,4	41,8	73,1
Brasil	36,2	55,9	84,7

Fonte: IBGE. *Estatísticas históricas do Brasil*: séries econômicas, demográficas e sociais de 1550 a 1988. 2. ed. Rio de Janeiro, 1990. p. 36-37; IBGE. *Pesquisa Nacional por Amostra de Domicílios 2015*. Disponível em: <www.ibge.gov.br/estatisticas-novoportal/sociais/populacao/9127-pesquisa-nacional-por-amostra-de-domicilios.html?=&t=o-que-e>. Acesso em: 24 maio 2018.

Observe que o Centro-Oeste apresenta o segundo maior índice de urbanização entre as regiões brasileiras. Isso se explica por dois fatores: toda a população do Distrito Federal (cerca de 3 milhões de habitantes em 2017) mora dentro do perímetro urbano de Brasília, que é o único aglomerado urbano dessa unidade da Federação; e houve a abertura de rodovias e a expansão das fronteiras agrícolas com pecuária e agricultura mecanizada (que usam pouca mão de obra), o que promoveu o crescimento urbano nas cidades já existentes e o surgimento de outras.

Atualmente, a distinção entre população urbana e rural tornou-se mais complexa, pois é considerável o número de pessoas que trabalham em atividades rurais e residem nas cidades, assim como de moradores da área rural que trabalham no meio urbano.

São inúmeras as cidades que surgiram e cresceram em regiões do país que têm a agroindústria como propulsora das atividades econômicas secundárias e terciárias. Ao mesmo tempo, vem aumentando e se diversificando o número de atividades econômicas secundárias e terciárias instaladas na zona rural, que, assim, se torna cada vez mais integrada à cidade.

Vista aérea de indústria produtora de óleo de soja em Cambé (PR), em 2017.

3. A REDE URBANA BRASILEIRA DIALOGANDO COM HISTÓRIA

Nas primeiras décadas da colonização foram fundadas várias vilas no Brasil. Em 1549, foi fundada Salvador, a capital do Brasil até 1763, quando a sede foi transferida para o Rio de Janeiro. As demais vilas da Colônia, assim que atingiam certo nível de desenvolvimento, recebiam o título de **cidade**. A partir da República, as vilas passaram a ser chamadas de cidades, e seu território (perímetro urbano e zona rural) passou a ser designado **município**.

Ao longo da história da ocupação do território brasileiro, houve grande concentração de cidades na faixa litorânea, em razão do processo de colonização do tipo agrário-exportador.

Durante o auge da atividade mineradora, ocorreu um intenso processo de urbanização e uma efervescência cultural em Minas Gerais, além da ocupação de Goiás e Mato Grosso. Mas, com a decadência da mineração, essas regiões, mais distantes do litoral, perderam população. A forte migração para a então província de São Paulo, onde se iniciava a cafeicultura, possibilitou o desenvolvimento de várias cidades, como Taubaté, Bragança Paulista e Campinas.

Além da cidade, os municípios podem conter outros núcleos urbanos, chamados distritos, que são subdivisões administrativas. Em alguns casos, esses distritos crescem e se tornam maiores que a cidade, incentivando movimentos de emancipação. Entretanto, muitos desses novos municípios não têm arrecadação suficiente para manter as despesas inerentes, como Prefeitura, Câmara Municipal e serviços públicos.

Considerando a viabilidade financeira dos novos municípios, ou seja, a relação entre receitas e despesas, conclui-se que nem sempre há condições para sua autonomia econômica. Assim, muitos municípios acabam deficitários, dependentes do auxílio estadual e federal.

Porém, para a população local, a criação de um novo município costuma parecer uma grande conquista, pois, em geral, sente-se marginalizada e reivindica mais atenção e investimentos. A partir de 2001, essas emancipações diminuíram muito porque a Lei de Responsabilidade Fiscal estabeleceu certa autonomia econômica aos distritos e regulamentou as condições de repasse de verbas entre as esferas de governo.

O processo de urbanização e estruturação da rede urbana brasileira pode ser dividido em quatro etapas; para conhecê-las, leia o texto da próxima página.

> "A cidade tem uma história; ela é a obra de uma história, isto é, de pessoas e de grupos bem determinados que realizam essa obra em condições históricas."
>
> Henri Lefebvre (1901-1991), filósofo e sociólogo francês, no livro Direito à cidade.

O Brasil tinha em

- **1960**
  2 766 municípios
- **1980**
  3 991 municípios
- **2000**
  5 507 municípios
- **2010**
  5 565 municípios
- **2017**
  5 570 municípios

Fonte: IBGE. Sinopse do censo demográfico 2010. Disponível em: <ww2.ibge.gov.br/home/estatistica/populacao/censo2010/sinopse/sinopse_tab_brasil_zip.shtm>; IBGE. Estimativas da população dos municípios e unidades da Federação brasileiros com data de referência em 1º de julho de 2015. Disponível em: <https://agenciadenoticias.ibge.gov.br/agencia-noticias/2013-agencia-de-noticias/releases/16131-ibge-divulga-as-estimativas-populacionais-dos-municipios-para-2017.html>. Acessos em: 24 maio 2018.

Vista de Serra da Saudade (MG), 2015, o menor município do Brasil em população, com 812 habitantes em 2017. Segundo o IBGE, nesse ano, 89,5% da receita do município foi oriunda de fonte externa, ou seja, dos governos estadual e federal. Esse exemplo demonstra que muitos municípios são economicamente deficitários e se mantêm com o repasse de recursos entre entes da Federação.

PARA SABER MAIS

Brasil: integração regional
DIALOGANDO COM HISTÓRIA

Até a década de 1930 as migrações e o processo de urbanização se organizavam predominantemente em escala regional, com as respectivas metrópoles funcionando como polos de atividades secundárias e terciárias. As atividades econômicas, que impulsionam a urbanização, desenvolviam-se de forma independente e esparsa pelo território nacional. A integração econômica entre São Paulo (região cafeeira), Zona da Mata nordestina (cana-de-açúcar, cacau e tabaco), Meio-Norte (algodão, pecuária e extrativismo vegetal) e região Sul (pecuária e policultura) era muito restrita. Com a modernização da economia, as regiões Sul e Sudeste formaram um mercado único que, posteriormente, incorporou o Nordeste e, mais tarde, o Norte e o Centro-Oeste.

A partir da década de 1930, à medida que a infraestrutura de transportes e telecomunicações se expandia pelo país, o mercado se unificava, mas a tendência à concentração das atividades urbano-industriais na região Sudeste fez com que a atração populacional ultrapassasse a escala regional, alcançando o país como um todo. Os dois grandes polos industriais do Sudeste, São Paulo e Rio de Janeiro, passaram a atrair um enorme contingente de mão de obra das regiões que não acompanharam o mesmo ritmo de crescimento econômico e se tornaram metrópoles nacionais. Foi particularmente intenso o afluxo de mineiros e nordestinos para as duas metrópoles, que, por não atenderem às demandas de investimento em infraestrutura, tornaram-se centros urbanos com diversos problemas em setores como moradia e transportes.

Entre as décadas de 1950 e 1980 ocorreram intenso êxodo rural e migração inter-regional, com forte aumento da população metropolitana no Sudeste, Nordeste e Sul. Nesse período, o aspecto mais marcante da estruturação da rede urbana brasileira foi a concentração progressiva e acentuada da população em grandes cidades, como São Paulo, Rio de Janeiro e outras capitais que cresciam velozmente.

Da década de 1980 aos dias atuais observa-se que o maior crescimento tende a ocorrer nas metrópoles regionais e cidades médias, com predomínio da migração urbana-urbana – deslocamento de população das cidades pequenas para as médias e retorno de moradores das cidades de São Paulo e Rio de Janeiro para as cidades médias, tanto dentro da região metropolitana quanto para outras mais distantes, até de outros estados (observe, na página 20 do *Atlas*, o mapa político atual do Brasil, resultado desse processo histórico).

Distrito industrial de Caxias do Sul (RS), em 2016. Ao fundo, o centro da cidade.

4. A INTEGRAÇÃO ECONÔMICA

A mudança na direção dos fluxos migratórios e na estrutura da rede urbana é resultado de uma contínua e crescente reestruturação e integração dos espaços urbano e rural. Isso resulta da dispersão espacial das atividades econômicas, intensificada a partir dos anos 1980, e da formação de novos centros regionais, que alteraram o padrão hegemônico das metrópoles na rede urbana do país. As metrópoles não perderam a sua primazia, mas os centros urbanos regionais não metropolitanos assumiram algumas funções até então desempenhadas apenas por elas.

Com novas funções, muitos desses centros urbanos geraram vários dos problemas da maioria das grandes cidades que cresceram sem planejamento. No infográfico das páginas 628 e 629, é possível visualizar parte desses problemas, alguns dos quais estudamos no capítulo anterior.

Agora, observe o gráfico ao lado, que retrata a situação de moradia de parcela da população brasileira nos dias atuais, e veja que em diversas unidades da Federação o percentual de domicílios adequados para moradia é inferior a 50%, o que demonstra a grande carência de infraestrutura urbana.

> Consulte a indicação dos filmes *Cidade de Deus* e *Linha de passe*. Veja orientações na seção **Sugestões de textos, vídeos e sites**.

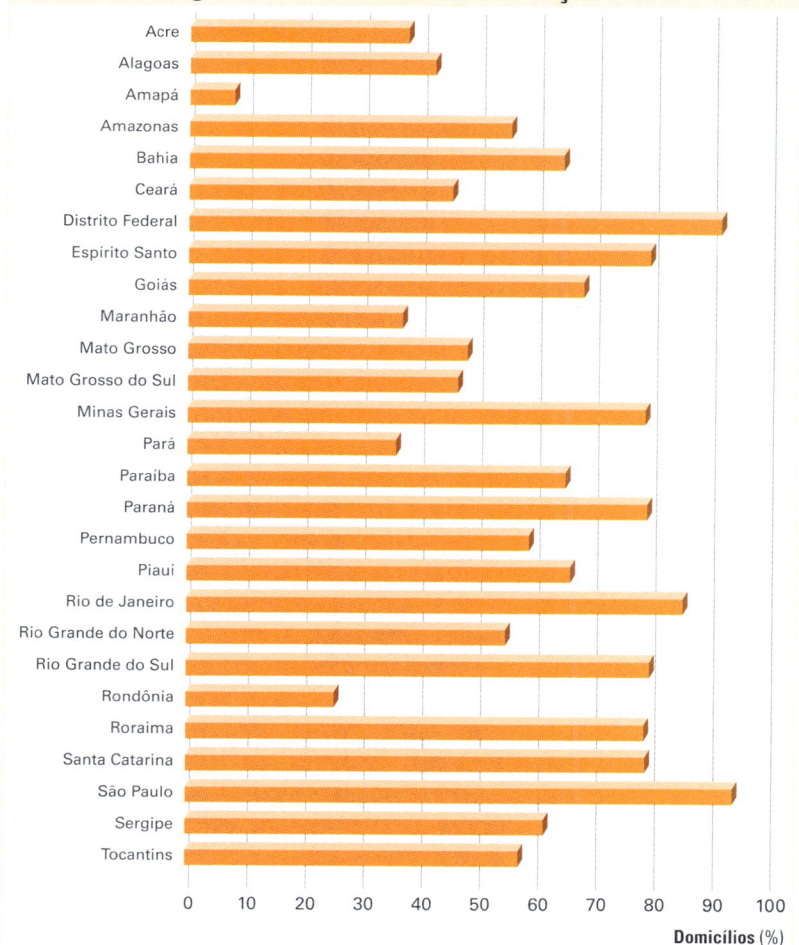

Brasil: domicílios particulares permanentes adequados para moradia*, segundo as unidades da Federação – 2015

Fonte: IBGE. *Pesquisa Nacional por Amostra de Domicílios 2015*. Disponível em: <www.ibge.gov.br/estatisticas-novoportal/sociais/populacao/9127-pesquisa-nacional-por-amostra-de-domicilios.html?=&t=o-que-e>. Acesso em: 24 maio 2018.

* Segundo o IBGE, "Foram considerados adequados os domicílios que atendessem, simultaneamente, aos seguintes critérios: densidade de até 2 moradores por dormitório; coleta de lixo direta ou indireta por serviço de limpeza; abastecimento de água por rede geral; e esgotamento sanitário por rede coletora ou fossa séptica. O indicador expressa a proporção de domicílios que contemplam os quatro critérios citados, no total de domicílios particulares permanentes." Na página 24 do *Atlas*, você encontra dados quantitativos sobre a área e a população absoluta dos estados brasileiros. A análise desses dados permite estabelecer uma ideia aproximada da quantidade de pessoas que vivem em condições adequadas de moradia e das que vivem em condições precárias.

Vista aérea do Complexo do Alemão (grupo de assentamentos urbanos precários), no Rio de Janeiro (RJ), em 2015.

INFOGRÁFICO

PRINCIPAIS PROBLEMAS URBANOS

Moradia
A especulação imobiliária tem tornado o solo urbano cada vez mais caro, excluindo a população de baixa renda das áreas com melhor infraestrutura, porque são as mais valorizadas. Assim, grande parte da população se instala em assentamentos irregulares, como encostas de morros e várzeas de rios, muitos deles considerados áreas de risco para estabelecer moradia.

Esta ilustração representa uma cidade brasileira hipotética. Ela mostra alguns dos problemas gerados pela urbanização acelerada e sem planejamento que ocorrem na maioria dos grandes centros urbanos e retrata a segregação socioespacial a que grande parte dos habitantes das cidades está submetida.

As encostas dos morros são áreas de risco para ocupação porque estão sujeitas a deslizamentos de terra nos períodos de chuvas, que podem causar acidentes fatais e prejuízos materiais.

As várzeas dos rios são áreas de risco porque estão sujeitas ao regime fluvial. O problema das enchentes é agravado pela impermeabilização cada vez maior do solo e pelo descarte inadequado do lixo, que dificultam a vazão da água nos períodos de chuva.

Trânsito

A necessidade de percorrer grandes distâncias diariamente no percurso casa-trabalho-casa, em função da distribuição desigual de empregos pela cidade, e a falta de um transporte público eficiente geram um número elevado de automóveis particulares nas vias públicas. Além disso, a verticalização característica dos grandes centros urbanos, alternativa encontrada para o adensamento, quando feita sem planejamento, influencia diretamente o aumento do trânsito de automóveis.

O aumento na concentração de poluentes na atmosfera nos centros urbanos é causado pelo lançamento de partículas geradas, sobretudo, pela queima dos combustíveis dos veículos. Doenças cardíacas e respiratórias têm sido associadas à presença de partículas poluentes nos pulmões e na corrente sanguínea dos habitantes dos grandes centros urbanos, segundo a Organização Mundial da Saúde.

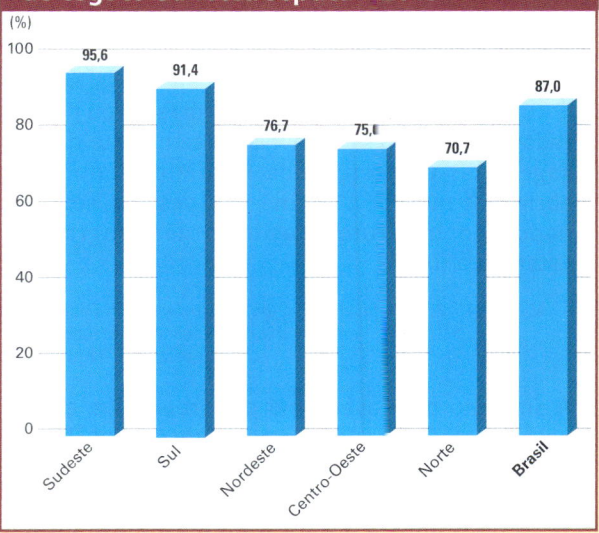

Brasil: domicílios urbanos servidos por rede de esgoto ou fossa séptica – 2015

- Sudeste: 95,6
- Sul: 91,4
- Nordeste: 76,7
- Centro-Oeste: 75,0
- Norte: 70,7
- Brasil: 87,0

Fonte: IBGE. *Pesquisa Nacional por Amostra de Domicílios 2015*. Disponível em: <www.ibge.gov.br/estatisticas-novoportal/sociais/populacao/9127-pesquisa-nacional-por-amostra-de-domicilios.html?=&t=o-que-e>. Acesso em: 24 maio 2018.

O gráfico acima mostra a porcentagem de domicílios urbanos brasileiros servidos por rede de esgoto ou fossa séptica. Observe que as regiões mais ricas são as que apresentam os maiores índices.

O crescimento do número de *shopping centers* nos grandes centros materializa o desejo de espaços mais seguros para o lazer e as compras.

O trânsito com excesso de veículos faz com que as pessoas fiquem cada vez mais tempo em meio a corredores de tráfego, onde os níveis de poluição são substancialmente mais elevados do que a média da cidade. Quem circula mais pela cidade está mais exposto aos poluentes.

Violência

A violência em geral é maior nos grandes centros urbanos, onde a desigualdade social é mais acentuada – veja novamente a tabela da página 611.
Na tentativa de diminuir a sensação de insegurança, proliferam os condomínios residenciais fechados e o setor privado de segurança. Fora dos condomínios residenciais, a busca por segurança incentiva a procura por prédios para a moradia, o que contribui para a verticalização dos grandes centros urbanos.

PENSANDO NO Enem

1. Subindo morros, margeando córregos ou penduradas em palafitas, as favelas fazem parte da paisagem de um terço dos municípios do país, abrigando mais de 10 milhões de pessoas, segundo dados do Instituto Brasileiro de Geografia e Estatística (IBGE).

> MARTINS, A. R. *A favela como um espaço da cidade.* Disponível em: <www.revistaescola.abril.com.br>. Acesso em: 31 jul. 2010.

A situação das favelas no país reporta a graves problemas de desordenamento territorial. Nesse sentido, uma característica comum a esses espaços tem sido:

a) o planejamento para a implantação de infraestruturas urbanas necessárias para atender às necessidades básicas dos moradores.
b) a organização de associações de moradores interessadas na melhoria do espaço urbano e financiadas pelo poder público.
c) a presença de ações referentes à educação ambiental com consequente preservação dos espaços naturais circundantes.
d) a ocupação de áreas de risco suscetíveis a enchentes ou desmoronamentos com consequentes perdas materiais e humanas.
e) o isolamento socioeconômico dos moradores ocupantes desses espaços com a resultante multiplicação de políticas que tentam reverter esse quadro.

Resolução

Resposta **D**. As aglomerações de moradias subnormais são construídas em terrenos públicos e particulares invadidos. Como as áreas de risco suscetíveis a enchentes e a desmoronamentos geralmente estão desocupadas, tornam-se alvo de invasão e construção de moradias para a população que não tem acesso aos programas habitacionais do poder público.

2. Em um debate sobre o futuro do setor de transportes de uma grande cidade brasileira com trânsito intenso, foi apresentado um conjunto de propostas. Dentre as propostas reproduzidas abaixo, aquela que atende, ao mesmo tempo, a implicações sociais e ambientais presentes nesse setor é:

a) proibir o uso de combustíveis produzidos a partir de recursos naturais.
b) promover a substituição de veículos a *diesel* por veículos a gasolina.
c) incentivar a substituição do transporte individual por transporte coletivo.
d) aumentar a importação de *diesel* para substituir os veículos a álcool.
e) diminuir o uso de combustíveis voláteis devido ao perigo que representam.

Resolução

Resposta **C**. A substituição do transporte individual por coletivo reduz a quantidade de veículos em circulação e, portanto, reduz os congestionamentos.

As duas questões trabalham a **Competência de área 2 – Compreender as transformações dos espaços geográficos como produto das relações socioeconômicas e culturais de poder** e a **Habilidade 8 – Analisar a ação dos estados nacionais no que se refere à dinâmica dos fluxos populacionais e no enfrentamento de problemas de ordem econômico-social**. Trabalham também a **Competência de área 6 – Compreender a sociedade e a natureza, reconhecendo suas interações no espaço em diferentes contextos históricos e geográficos** e as **Habilidades 26 – Identificar em fontes diversas o processo de ocupação dos meios físicos e as relações da vida humana com a paisagem** e **27 – Analisar de maneira crítica as interações da sociedade com o meio físico, levando em consideração aspectos históricos e/ou geográficos**.

Ciclovia em Aracaju (SE), 2015. A bicicleta é um exemplo de transporte individual que, ao contrário dos automóveis, colabora para a melhoria das condições de mobilidade urbana.

5. AS REGIÕES METROPOLITANAS BRASILEIRAS

As regiões metropolitanas brasileiras foram criadas por lei aprovada no Congresso Nacional em 1973, que as definiu como "um conjunto de municípios contíguos e integrados socioeconomicamente a uma cidade central, com serviços públicos e infraestrutura comum", que deveriam ser reconhecidas pelo IBGE. A Constituição de 1988 permitiu a estadualização do reconhecimento legal das metrópoles, conforme o artigo 25, parágrafo 3º: "Os estados poderão, mediante lei complementar, instituir regiões metropolitanas, aglomerações urbanas e microrregiões, constituídas por agrupamentos de municípios limítrofes, para integrar a organização, o planejamento e a execução de funções públicas de interesse comum."

Observe o mapa ao lado e a imagem de satélite, que registra um trecho dessa área cartografada.

> Consulte a indicação do livro *O futuro das cidades*, de Julio Moreno. Veja orientações na seção **Sugestões de textos, vídeos e *sites***.

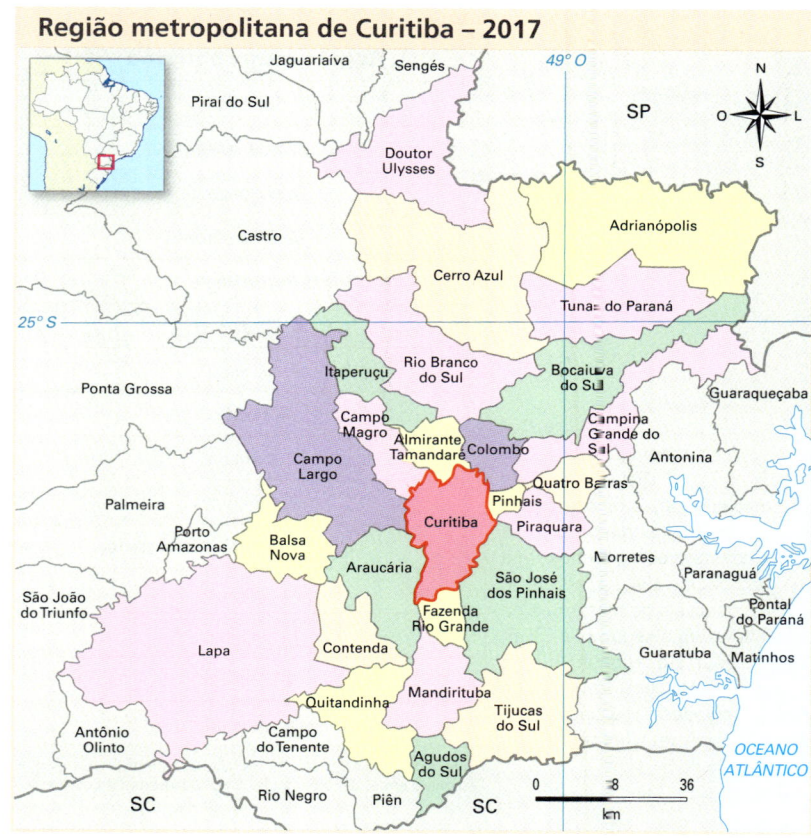

Fonte: PARANÁ. Secretaria do Desenvolvimento Urbano. Coordenação da região metropolitana de Curitiba. Disponível em: <www.comec.pr.gov.br/modules/conteudo/conteudo.php?conteudo=89>. Acesso em: 24 maio 2018.

CAPÍTULO 33 • AS CIDADES E A URBANIZAÇÃO BRASILEIRA

As **Regiões Integradas de Desenvolvimento (Rides)** também são regiões metropolitanas, mas os municípios que as integram situam-se em mais de uma unidade da Federação e, por causa disso, são criadas por lei federal.

Em 2017, segundo a Empresa Paulista de Planejamento Metropolitano (Emplasa), havia 74 regiões metropolitanas no país, abrigando 115,9 milhões de pessoas – 55,9% da população brasileira. Veja a tabela a seguir, na qual estão listadas as quinze maiores regiões metropolitanas (incluída a Ride do Distrito Federal).

Na tabela ao lado estão listadas regiões metropolitanas reconhecidas por lei estadual que não constam como tal no mapa da página 634. Lá, o critério são os níveis de hierarquia na rede urbana segundo o IBGE; aqui, é o reconhecimento legal como conjunto de cidades conurbadas com infraestrutura comum.

Brasil: maiores regiões metropolitanas e Rides – 2017	
Região metropolitana	População
1. São Paulo	21 391 624
2. Rio de Janeiro	12 377 305
3. Belo Horizonte	5 314 930
4. Ride DF e entorno	4 373 841
5. Porto Alegre	4 293 050
6. Fortaleza	4 051 744
7. Salvador	4 015 205
8. Recife	3 965 699
9. Curitiba	3 572 326
10. Campinas	3 168 019
11. Vale do Paraíba e Litoral Norte	2 497 857
12. Goiânia	2 493 792
13. Manaus	2 488 336
14. Belém	2 441 761
15. Sorocaba	2 088 321

Fonte: FÓRUM NACIONAL DE ENTIDADES METROPOLITANAS. Entidades Metropolitanas. Disponível em: <http://fnembrasil.org/entidades-metropolitanas>. Acesso em: 23 jul. 2018.

Avenida Paulista, em São Paulo (SP), em foto de 2017. Ícone da capital paulista, ela concentra algumas sedes de grandes grupos econômicos e entidades que os representam.

À medida que as cidades vão se expandindo horizontalmente, ocorre a conurbação, ou seja, elas se tornam contínuas e integradas. Embora com administrações diferentes, espacialmente é como se fossem uma única cidade (como se pode observar na imagem de satélite da página anterior). Portanto, os problemas de infraestrutura urbana passam a ser comuns ao conjunto de municípios que formam a região metropolitana.

Das 74 regiões metropolitanas existentes em 2017, duas – São Paulo e Rio de Janeiro – são consideradas metrópoles nacionais, pelo fato de polarizarem o país inteiro. Como vimos, ambas também são consideradas cidades globais por estarem mais fortemente integradas aos fluxos mundiais. É nessas cidades, sobretudo em São Paulo, que estão as sedes dos grandes bancos e das indústrias do país, alguns dos centros de pesquisa mais avançados, as Bolsas de Valores e mercadorias, os grandes grupos de comunicação, os hospitais de referência, etc.

Observe, no mapa a seguir, que o eixo Rio de Janeiro-São Paulo – com a Baixada Fluminense (RJ), a Baixada Santista, a região de Campinas e o Vale do Paraíba (SP) – forma uma enorme concentração urbana integrada, constituindo uma megalópole.

Megalópole brasileira – 2015

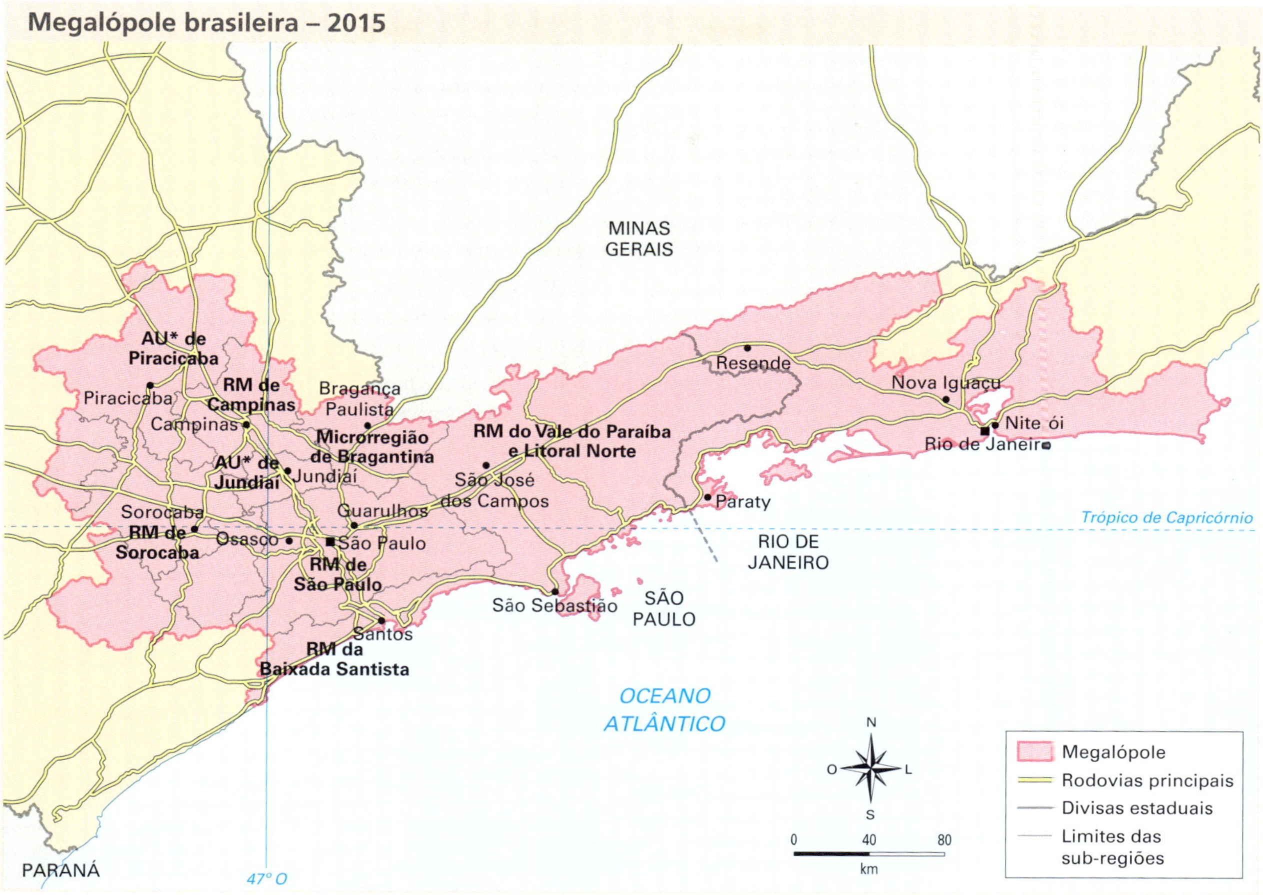

Fonte: elaborado com base em *Revista Eletrônica de Estudos Urbanos e Regionais*. Universidade Federal do Rio de Janeiro, n. 22, ano 6, p. 13, set. 2015. Disponível em: <http://emetropolis.net/system/edicoes/arquivo_pdfs/000/000/022/original/emetropolis_n22.pdf?1447896390>. Acesso em: 28 maio 2018.

* AU: Aglomerações urbanas são constituídas por municípios em processo de conurbação, em situação que não permite a criação de região metropolitana.

A conurbação entre duas ou mais metrópoles não significa que as malhas urbanas sejam contínuas; ela envolve plena integração socioeconômica, com intensidade de fluxos entre os municípios, mesmo com a presença de zona rural entre eles. Na foto, vista aérea da rodovia Presidente Dutra em Resende (RJ), 2017. Essa rodovia faz a ligação entre as regiões metropolitanas de São Paulo (SP) e Rio de Janeiro (RJ).

CAPÍTULO 33 • AS CIDADES E A URBANIZAÇÃO BRASILEIRA

6. HIERARQUIA E INFLUÊNCIA DOS CENTROS URBANOS NO BRASIL

Dentro da rede urbana, as cidades são os nós dos sistemas de produção e distribuição de mercadorias e da prestação de serviços diversos, que se organizam segundo níveis hierárquicos distribuídos de forma desigual pelo território.

Por exemplo, o Centro-Sul do país possui uma rede urbana com grande número de metrópoles, capitais regionais e centros sub-regionais bastante articulados entre si. Já na Amazônia, como vimos, as cidades são esparsas e bem menos articuladas, o que leva centros menores a exercerem o mesmo nível de importância na hierarquia urbana regional que outros maiores localizados no Centro-Sul.

Como vimos no capítulo anterior, outro fator importante que devemos considerar ao analisar os fluxos no interior de uma rede urbana é a condição de acesso proporcionada pelos diferentes níveis de renda da população. Um morador rico de uma cidade pequena consegue estabelecer muito mais conexões econômicas e socioculturais que um morador pobre de uma grande metrópole. A mobilidade das pessoas entre as cidades da rede urbana depende de seu nível de renda.

Segundo o IBGE, as regiões de influência das cidades brasileiras são delimitadas principalmente pelo fluxo de consumidores que utilizam o comércio e os serviços públicos e privados no interior da rede urbana. Ao realizar o levantamento para a elaboração do mapa da rede urbana, investigou-se a organização dos meios de transporte entre os municípios e os principais destinos das pessoas que buscam produtos e serviços.

Para a elaboração do mapa abaixo, o IBGE classificou as cidades nos cinco níveis apresentados na página ao lado.

São Paulo, a grande metrópole nacional, mais Rio de Janeiro e Brasília, metrópoles nacionais, estendem suas influências por praticamente todo o território brasileiro. Entretanto, essa polarização não foi representada por linhas porque o mapa ficaria muito congestionado. Para mostrar esse fenômeno seria necessário um mapa para cada metrópole nacional.

Fonte: IBGE. *Regiões de influência das cidades 2007*. Rio de Janeiro, 2008. Disponível em: <www.ibge.gov.br/geociencias-novoportal/organizacao-do-territorio/redes-e-fluxos-geograficos/15798-regioes-de-influencia-das-cidades.html>. Acesso em: 29 maio 2018.

1. **Metrópoles** – os doze principais centros urbanos do país, divididos em três subníveis, segundo o tamanho e o poder de polarização:
   a. **Grande metrópole nacional** – São Paulo, a maior metrópole do país (21,2 milhões de habitantes, em 2016), com poder de polarização em escala nacional;
   b. **Metrópole nacional** – Rio de Janeiro e Brasília (12,3 milhões e 4,3 milhões de habitantes, respectivamente, em 2016), que também estendem seu poder de polarização em escala nacional, mas com um nível de influência menor que o de São Paulo;
   c. **Metrópole** – Belo Horizonte, Porto Alegre, Fortaleza, Salvador, Recife, Curitiba, Campinas e Manaus, com população variando de 2,6 (Manaus) a 5,9 milhões de habitantes (Belo Horizonte), são regiões metropolitanas que têm poder de polarização em escala regional.
2. **Capital regional** – neste nível de polarização existem setenta municípios com influência regional. É subdividido em três níveis:
   a. **Capital regional A** – engloba 11 cidades, com média de 955 mil habitantes;
   b. **Capital regional B** – 20 cidades, com média de 435 mil habitantes;
   c. **Capital regional C** – 39 cidades, com média de 250 mil habitantes.
3. **Centro sub-regional** – engloba 169 municípios com serviços menos complexos e área de polarização mais reduzida. É subdividido em:
   a. **Centro sub-regional A** – 85 cidades, com média de 95 mil habitantes;
   b. **Centro sub-regional B** – 79 cidades, com média de 71 mil habitantes.
4. **Centro de zona** – são 556 cidades de menor porte que dispõem apenas de serviços elementares e estendem seu poder de polarização somente às cidades vizinhas. Subdivide-se em:
   a. **Centro de zona A** – 192 cidades, com média de 45 mil habitantes;
   b. **Centro de zona B** – 364 cidades, com média de 23 mil habitantes.
5. **Centro local** – as demais 4 473 cidades brasileiras, com média de 8 133 habitantes e cujos serviços atendem somente à população local, não polarizam nenhum município, sendo apenas polarizadas por outros.

É importante destacar que o mapa mostra as regiões de influência econômica das cidades sem considerar a classificação das regiões metropolitanas legalmente reconhecidas. Ele é importante para os governos (federal, estadual e municipal) e a iniciativa privada planejarem a distribuição espacial dos serviços oferecidos à população.

> Consulte a indicação dos *sites* da **Empresa Paulista de Flanejamento Metropolitano S.A. (Emplasa)** e do **Instituto Brasileiro de Geografia e Estatística (IBGE)**. Veja orientações na seção **Sugestões de textos, vídeos e *sites***.

A disseminação do acesso ao sistema de telefonia, o aumento do número de pessoas conectadas à internet, a modernização do sistema de transportes e a ocupação de novas fronteiras econômicas vêm modificando substancialmente a dinâmica dos fluxos de pessoas, mercadorias, capitais, serviços e informações pelo território nacional. Na foto, pessoas no aeroporto de Guarulhos (SP) em 2016. Note que algumas utilizam *smartphones* enquanto aguardam o embarque.

7. PLANO DIRETOR E ESTATUTO DA CIDADE

Em 10 de julho de 2001, foi sancionado o **Estatuto da Cidade**, documento que regulamentou itens de política urbana que constam da Constituição de 1988. O estatuto fornece as principais diretrizes a serem aplicadas nos municípios, por exemplo: regularização da posse dos terrenos e imóveis, sobretudo em áreas de risco que tiveram ocupação irregular; organização das relações entre a cidade e o campo; garantia de preservação e recuperação ambiental, entre outras.

Segundo o Estatuto da Cidade, é obrigatório que determinados municípios elaborem um **Plano Diretor**, que é um conjunto de leis que estabelecem as diretrizes para o desenvolvimento socioeconômico e a preservação ambiental, regulamentando o uso e a ocupação do território municipal, especialmente o solo urbano. O Plano Diretor é obrigatório para municípios que apresentam uma ou mais das seguintes características:

- abriga mais de 20 mil habitantes;
- integra regiões metropolitanas e aglomerações urbanas;
- integra áreas de especial interesse turístico;
- insere-se na área de influência de empreendimentos ou atividades com significativo impacto ambiental de âmbito regional ou nacional;
- é um local onde o poder público municipal quer exigir o aproveitamento adequado do solo urbano sob pena de parcelamento, desapropriação ou progressividade do Imposto Predial e Territorial Urbano (IPTU).

Os planos são elaborados pelo governo municipal – por uma equipe de profissionais qualificados, como geógrafos, arquitetos, urbanistas, engenheiros, advogados e outros. Geralmente se iniciam com um perfil geográfico e socioeconômico do município. Em seguida, apresenta-se uma proposta de desenvolvimento, com atenção especial para o meio ambiente.

A parte final, e mais extensa, detalha as diretrizes definidas para cada setor da administração pública – habitação, transporte, educação, saúde, saneamento básico, etc. –, assim como as normas técnicas para ocupação e uso do solo, conhecidas como **Lei de Zoneamento**.

Observe a fotografia abaixo. Quando essa fábrica se instalou nesse bairro, ele era distante da região central da cidade. Atualmente, com a expansão da malha urbana, o prédio se localiza no centro expandido, onde o Plano Diretor não permite a instalação de novas fábricas para não congestionar ainda mais a região central da cidade (a fábrica que ali funcionava foi desativada).

Antiga fábrica com chaminé, que atualmente abriga uma universidade em Joinville (SC), em 2017.

Assim, o Plano Diretor pode alterar ou manter a forma dominante de organização espacial e, portanto, interfere no dia a dia de todos os cidadãos. Por exemplo, uma alteração na Lei de Zoneamento pode valorizar ou desvalorizar os imóveis e alterar a qualidade de vida em determinado bairro (leia em *Para saber mais*, na página a seguir, outras aplicações do Plano Diretor).

Outro exemplo prático de planejamento urbano constante no Plano Diretor é o controle dos polos geradores de tráfego, uma vez que os congestionamentos são um sério problema para os moradores das grandes e médias cidades. Para isso, tem colaborado bastante a difusão dos Sistemas de Informações Geográficas (SIGs).

Os SIGs permitem coletar, armazenar e processar, com grande rapidez, uma infinidade de dados georreferenciados fundamentais e mostrá-los por meio de plantas e mapas, gráficos e tabelas, o que facilita muito a intervenção dos profissionais envolvidos com o planejamento urbano.

Antes de ser elaborado pela Prefeitura (Poder Executivo) e aprovado pela Câmara Municipal (Poder Legislativo), o Plano Diretor deve contar com a "cooperação das associações representativas no planejamento municipal". A participação da comunidade na elaboração desse documento passou a ser uma exigência constitucional que prevê, ainda, projetos de iniciativa popular (geralmente na forma de abaixo-assinado), que podem ser apresentados desde que contem com participação de 5% do eleitorado, conforme inciso XIII do artigo 29 da Constituição.

> Consulte a indicação dos *sites* do **Instituto Brasileiro de Administração Municipal (Ibam)** e do **Ministério das Cidades**. Veja orientações na seção **Sugestões de textos, vídeos e *sites***.

OUTRAS LEITURAS

PARTICIPAÇÃO POPULAR

Desde a promulgação da Constituição Federal de 1988, como mostram os incisos XII e XIII, está prevista a participação popular no planejamento municipal, ou seja, os cidadãos organizados podem interferir nos rumos do município onde moram:

Título III – Da Organização do Estado

Capítulo IV – Dos Municípios

Art. 29. O município reger-se-á por lei orgânica, votada em dois turnos, com o interstício mínimo de dez dias, e aprovada por dois terços dos membros da Câmara Municipal, que a promulgará, atendidos os princípios estabelecidos nesta Constituição, na Constituição do respectivo Estado e os seguintes preceitos:

[...]

XII – cooperação das associações representativas no planejamento municipal;

XIII – iniciativa popular de projetos de lei de interesse específico do Município, da cidade ou de bairros, através de manifestação de, pelo menos, cinco por cento do eleitorado;

[...]

BRASIL. Presidência da República. Casa Civil. Subchefia para Assuntos Jurídicos. *Constituição da República Federativa do Brasil de 1988*. Disponível em: <www.planalto.gov.br/ccivil_03/constituicao/constituicao.htm>. Acesso em: 24 maio 2018.

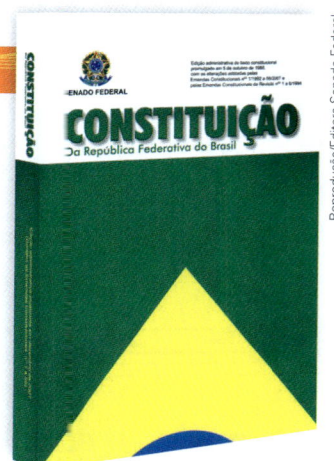

Além de um Plano Diretor bem-estruturado, é importante que o poder público e os cidadãos respeitem as regras estabelecidas, colaborando, assim, para que os problemas das cidades sejam minimizados.

Entretanto, o planejamento das ações governamentais e a sua execução demandam um processo composto de várias fases, e algumas (como preparar uma licitação ou aprovar o orçamento no Legislativo) dificilmente podem ser organizadas pela população.

Como o encaminhamento dessas fases exige uma ação administrativa complexa, na prática a participação popular no planejamento e na execução de intervenções urbanas só se concretiza quando a pressão popular e a vontade dos governantes convergem nessa direção.

Orçamento (de um governo): planejamento das receitas (dinheiro arrecadado por meio de impostos, taxas, contribuições e empréstimos) e das despesas (salários de funcionários públicos, compras de materiais, pagamentos de serviços de construção e manutenção de obras públicas, etc.).

PARA SABER MAIS

Aplicações do Plano Diretor

Cada Plano Diretor trata de realidades particulares dos diversos municípios, mas a maioria deles apresenta as seguintes aplicações práticas:

- **Lei do Perímetro Urbano** – Estabelece os limites da área considerada perímetro urbano, em cujo interior é arrecadado o IPTU.
- **Lei do Parcelamento do Solo Urbano** – A principal atribuição dessa lei é estabelecer o tamanho mínimo dos lotes urbanos, o que acaba determinando o grau de adensamento de um bairro ou zona da cidade. Por exemplo, num bairro onde o lote mínimo tenha área de 200 m², a ocupação será mais densa que em outro onde ele tenha 500 m².
- **Lei de Zoneamento** (uso e ocupação do solo urbano) – Estabelece as zonas do município nas quais a ocupação será estritamente residencial ou mista (residencial e comercial), as áreas em que ficará o distrito industrial, quais serão as condições de funcionamento de bares e casas noturnas e muitas outras especificações que podem manter ou alterar profundamente as características dos bairros.
- **Código de Edificações** – Estabelece as áreas de recuo nos terrenos (quantos metros do terreno deverão ficar desocupados na sua parte frontal, nos fundos e nas laterais), normas de segurança (contra incêndio, largura das escadarias, etc.) e outras regulamentações criadas por tipo de construção e finalidade de uso – escola, estádio, residência, comércio, etc.
- **Leis Ambientais** – Regulamentam a forma de coleta e destino final do lixo residencial, industrial e hospitalar e a preservação das áreas verdes: controlam a emissão de poluentes atmosféricos e normatizam ações voltadas para a preservação ambiental.
- **Plano do Sistema Viário e dos Transportes Coletivos** – Regulamenta o trajeto das linhas de ônibus e estabelece estratégias que facilitem ao máximo o fluxo de pessoas pela cidade por meio da abertura de novas avenidas, corredores de ônibus, investimentos em trens urbanos e metrô, etc.

Casas com entrada a partir da calçada, no centro do Rio de Janeiro (RJ), em 2015. Atualmente, não se permite a construção de casas sem recuos frontais e laterais no terreno.

ATIVIDADES

COMPREENDENDO CONTEÚDOS

1. Como são coletados os dados estatísticos de urbanização no Brasil para determinar a população urbana e a rural dos municípios? Que problemas essa metodologia apresenta?

2. Como era a rede urbana brasileira antes do processo de industrialização? Como ela se apresenta hoje?

3. Qual é o objetivo da criação das regiões metropolitanas?

4. Cite dois exemplos de alteração na organização espacial das cidades que pode ser promovida por mudanças no Plano Diretor.

DESENVOLVENDO HABILIDADES

5. Observe o mapa abaixo e responda às questões por escrito.

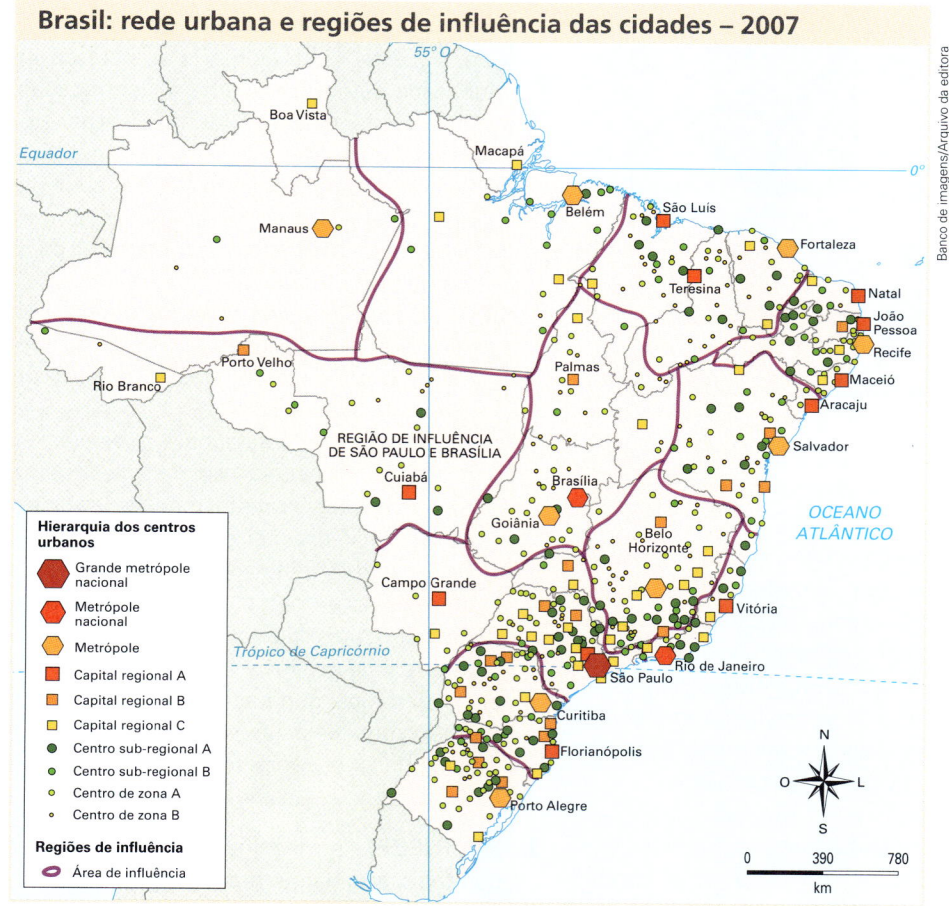

Fonte: IBGE. *Regiões de influência das cidades 2007.* Rio de Janeiro, 2008. Disponível em: <www.ibge.gov.br/geociencias-novoportal/organizacao-do-territorio/redes-e-fluxos-geograficos/15798-regioes-de-influencia-das-cidades.html>. Acesso em: 29 maio 2018; SIMIELLI, Maria Elena. *Geoatlas.* 34. ed. São Paulo: Ática, 2013. p. 138.

Compare as regiões polarizadas por Manaus e Porto Alegre, ambas classificadas como metrópole na mesma posição hierárquica.
a) Qual estende sua influência por uma área territorial maior? Por quê?
b) Que tipos de centros urbanos são encontrados nas regiões polarizadas por essas duas capitais?

VESTIBULARES
DE NORTE A SUL

TESTES

1. **S (UFRGS-RS)** Observe a charge abaixo.

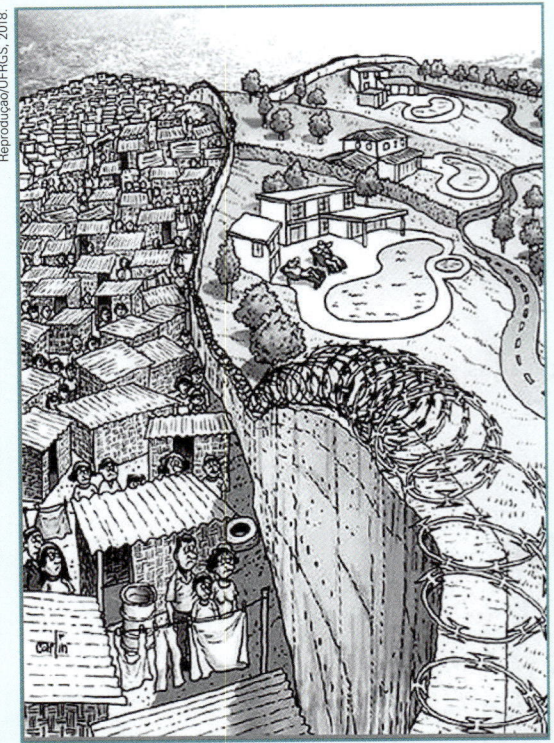

Fonte: <http://carlincaturas.blogspot.com.br>. Acesso em: 18 set. 2017.

Considere as afirmações sobre as desigualdades materializadas na paisagem urbana e representadas na charge.

I. O intenso crescimento urbano permite a maior integração entre as pessoas, gerando espaços comuns a todos onde é possível usufruir de serviços eficientes, como segurança e saúde.

II. As desigualdades entre diferentes grupos e classes sociais geram maiores disparidades de moradia, de acesso aos serviços públicos, de qualidade de vida e de segregação social.

III. O medo da violência urbana impulsionou a criação de condomínios fechados, acentuando a exclusão social e reduzindo espaços urbanos públicos, o que propiciou o crescimento de espaços privados e de circulação restrita.

Quais estão corretas?

a) Apenas I.
b) Apenas II.
c) Apenas III.
d) Apenas II e III.
e) I, II e III.

2. **S (UFPR)** A identificação das maiores aglomerações de população no País tem sido objeto de estudo do IBGE desde a década de 1960. A necessidade de fornecer conhecimento atualizado desses recortes impõe a identificação de formas urbanas que surgem a partir de cidades de diferentes tamanhos, em face da crescente expansão urbana não só nas áreas de economia mais avançada, mas também no Brasil como um todo. As mudanças tecnológicas e de comunicações promoveram o surgimento de formas complexas de urbanização. Um exemplo é o arranjo populacional, que é o agrupamento de dois ou mais municípios, onde há uma forte integração populacional devido aos movimentos pendulares para trabalho ou estudo, ou devido à contiguidade entre as manchas urbanizadas.

Adaptado de: IBGE. *Arranjos populacionais e concentrações urbanas do Brasil*. Rio de Janeiro: IBGE, 2015.

Com base no texto acima, que trata da proposta elaborada pelo IBGE quanto à identificação de arranjos populacionais no território brasileiro, é INCORRETO afirmar:

a) Os arranjos populacionais evidenciam uma segmentação entre os locais de residência e emprego nas aglomerações urbanas do país no contexto contemporâneo.
b) Os arranjos populacionais permitem uma análise que articula processos urbanos, populacionais e econômicos nos estudos geográficos da realidade brasileira.
c) Os arranjos populacionais propiciam a compreensão da escala regional da urbanização e das múltiplas transformações socioespaciais no território brasileiro.
d) Os arranjos populacionais apontam para as problemáticas da reestruturação produtiva global, da valorização do solo urbano e da mobilidade inter e intraurbana.
e) Os arranjos populacionais revelam o esgotamento das ideias de conurbação e metropolização para a análise dos atuais processos socioespaciais urbanos no Brasil.

3. **NE (UECE)** As megalópoles são as formas urbanas mais originais e mais específicas entre aquelas que geram o processo de metropolização. Considerando as muitas interpretações desse conceito, é correto afirmar que

a) megalópoles correspondem a vastas regiões, de forma geralmente dispersa, sobre várias centenas de quilômetros, caracterizadas por uma urbanização intensa, mas não necessariamente contínua, que são articuladas por uma densa rede de metrópoles próximas umas das outras.

640 UNIDADE 9 • O ESPAÇO URBANO E O PROCESSO DE URBANIZAÇÃO

b) a originalidade geográfica das megalópoles está no fato de serem hierarquias urbanas, cujo comando é exercido por uma metrópole a subordinar cidades médias e pequenas.

c) se entende por megalópole, um processo de urbanização predatório, que amplia diferenças econômicas entre certas zonas urbanas e rurais, cria bolsões de pobreza nos grandes centros urbanos e generaliza problemas de saúde pública, marginalidade, desemprego e carência de serviços.

d) megalópole é o grande centro urbano/metropolitano que comanda uma economia internacional e materializa, na paisagem, suntuosos eixos de prosperidade imobiliária e centralidade financeiro-empresarial.

4. CO **(UEG-GO)** Considerando o processo de urbanização no mundo atual, alguns termos como conurbação, metrópoles, região metropolitana, megalópoles, entre outros, tornaram-se muito familiares.
Sobre esses conceitos, é CORRETO afirmar:
a) metrópole é a superposição ou encontro de duas ou mais cidades próximas, em razão de seu crescimento desordenado, tanto horizontal quanto vertical.
b) conurbação é o conjunto de pequenos municípios que se organizam politicamente para juntos terem maior poder de negociações e obterem maiores benefícios do governo federal.
c) ao conjunto de áreas contíguas e integradas socioeconomicamente a uma cidade principal (metrópole), com serviços públicos e infraestrutura comum, denomina-se Região Metropolitana.
d) a cidade principal ou "cidade-mãe" que tem os melhores serviços e equipamentos urbanos do país, como escolas, hospitais, ônibus urbano, rede de água tratada, serviço de coleta de lixo e esgoto, entre outros, denomina-se megalópole.

5. SE **(Faculdade Albert Einstein-SP)** Na atual fase da economia global, é precisamente a combinação da dispersão global das atividades econômicas e da integração global, mediante uma concentração contínua do controle econômico e da propriedade, que tem contribuído para o papel estratégico desempenhado por certas grandes cidades, que denomino cidades globais.

SASSEN, Saskia. *As cidades na economia mundial.*
São Paulo: Studio Nobel, 1998, p. 16-17.

Partindo do texto acima, assinale a alternativa que caracteriza corretamente cidades globais:
a) estruturam-se como aglomerados urbanos e econômicos sendo centros vitais da dinâmica capitalista atual e estão localizadas apenas em países desenvolvidos.
b) definem-se como cidades de comando da economia mundial por se destacarem como centros financeiros e bancários e como polos de pesquisa em ciência e tecnologia.
c) definem-se como megacidades, pois é o total populacional o responsável por sua capacidade de polarizar a economia em vários aspectos como no caso de Mumbai.
d) organizam-se a partir de uma rede de serviços que as interligam pelo planeta. Também têm como característica serem consideradas centros sub-regionais de polarização urbana.

QUESTÕES

6. S **(UFPR)** Projeções da ONU indicam que a população mundial chegará a 8,5 bilhões de pessoas em 2030. Mais da metade desse crescimento populacional se concentrará em 9 países: Índia, Nigéria, República Democrática do Congo, Paquistão, Etiópia, Tanzânia, Estados Unidos, Uganda e Indonésia. Levando em conta que a população urbana mundial ultrapassou os 50% da população total, aponte, pelo menos, três consequências desse aumento populacional para as cidades do conjunto de países citados anteriormente.

7. SE **(Unicamp-SP)** Observe os esquemas abaixo.

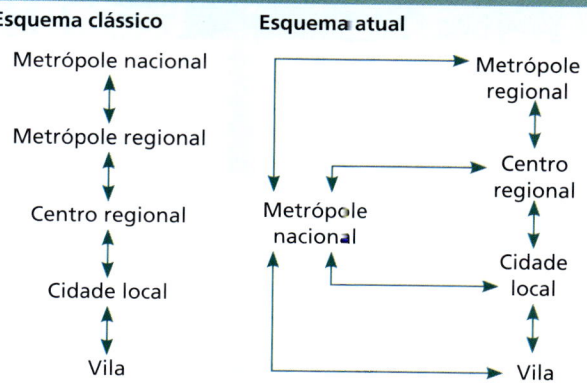

a) Explique como funciona o esquema clássico de rede urbana.
b) Como se justificam as novas formas de relações entre as cidades?

8. S **(UFPR)** As primeiras regiões metropolitanas foram criadas, no Brasil, no ano de 1974, justificadas pela necessidade de planejamento desses espaços. Explique o que é Região Metropolitana e, citando uma em particular, aponte alguns dos seus problemas de planejamento.

9. CO **(UEG-GO)** Explique o que significa cidade global e, em seguida, cite três exemplos de cidades globais.

CAIU NO Enem

1. A humanidade conhece, atualmente, um fenômeno espacial novo: pela primeira vez na história humana, a população urbana ultrapassa a rural no mundo. Todavia, a urbanização é diferenciada entre os continentes.

   > DURAND, M. F. et al. Atlas da mundialização: compreender o espaço mundial contemporâneo. São Paulo: Saraiva, 2009.

   No texto, faz-se referência a um processo espacial de escala mundial. Um indicador das diferenças continentais desse processo espacial está presente em:
   a) Orientação política de governos locais.
   b) Composição religiosa de povos originais.
   c) Tamanho desigual dos espaços ocupados.
   d) Distribuição etária dos habitantes do território.
   e) Grau de modernização de atividades econômicas.

2.

   RIBEIRO, L. C. Q.; SANTOS, JUNIOR, O. A. Desafios da questão urbana. *Le Monde Diplomatique Brasil.* Ano 4, n. 45, abr. 2010. Disponível em: <http://diplomatique.uol.com.br>. Acesso em: 22 ago. 2011.

   A imagem registra uma especificidade do contexto urbano em que a ausência ou ineficiência das políticas públicas resultou em
   a) garantia dos direitos humanos.
   b) superação do déficit habitacional.
   c) controle da especulação imobiliária.
   d) mediação dos conflitos entre classes.
   e) aumento da segregação socioespacial.

3. Está cada vez mais difícil delimitar o que é rural e o que é urbano. Pode-se dizer que o rural hoje só pode ser entendido como um *continuum* do urbano do ponto de vista espacial; e do ponto de vista da organização da atividade econômica, as cidades não podem mais ser identificadas apenas com a atividade industrial, nem os campos com a agricultura e a pecuária.

   > SILVA, J. G. O novo rural brasileiro. *Nova Economia*, n. 7, maio 1997.

   As articulações espaciais tratadas no texto resultam do(a)
   a) aumento da geração de riquezas nas propriedades agrícolas.
   b) crescimento da oferta de empregos nas áreas cultiváveis.
   c) integração dos diferentes lugares nas cadeias produtivas.
   d) redução das desigualdades sociais nas regiões agrárias.
   e) ocorrência de crises financeiras nos grandes centros.

4. Trata-se de um gigantesco movimento de construção de cidades, necessário para o assentamento residencial dessa população, bem como de suas necessidades de trabalho, abastecimento, transportes, saúde, energia, água etc. Ainda que o rumo tomado pelo crescimento urbano não tenha respondido satisfatoriamente a todas essas necessidades, o território foi ocupado e foram construídas as condições para viver nesse espaço.

   > MARICATO, E. Brasil, cidades: alternativas para a crise urbana. Petrópolis, Vozes, 2001.

   A dinâmica de transformação das cidades tende a apresentar como consequência a expansão das áreas periféricas pelo(a)
   a) crescimento da população urbana e aumento da especulação imobiliária.
   b) direcionamento maior do fluxo de pessoas, devido à existência de um grande número de serviços.
   c) delimitação de áreas para uma ocupação organizada do espaço físico, melhorando a qualidade de vida.
   d) implantação de políticas públicas que promovem a moradia e o direito à cidade aos seus moradores.
   e) reurbanização de moradias nas áreas centrais, mantendo o trabalhador próximo ao seu emprego, diminuindo os deslocamentos para a periferia.

5. O movimento migratório no Brasil é significativo, principalmente em função do volume de pessoas que saem de uma região com destino a outras regiões. Um desses movimentos ficou famoso nos anos 80, quando muitos nordestinos deixaram a região Nordeste em direção ao Sudeste do Brasil. Segundo os dados do IBGE de 2000, este processo continuou crescente no período seguinte, os anos 90, com um acréscimo de 7,6% nas migrações deste mesmo fluxo. A Pesquisa de Padrão de Vida, feita pelo IBGE, em 1996, aponta que, entre os nordestinos

que chegam ao Sudeste, 48,6% exercem trabalhos manuais não qualificados, 18,5% são trabalhadores manuais qualificados, enquanto 13,5%, embora não sejam trabalhadores manuais, se encontram em áreas que não exigem formação profissional.

O mesmo estudo indica também que esses migrantes possuem, em média, condição de vida e nível educacional acima dos de seus conterrâneos e abaixo dos de cidadãos estáveis do Sudeste.

Disponível em: <http://www.ibge.gov.br>. Acesso em: 30 jul. 2009 (adaptado).

Com base nas informações contidas no texto, depreende-se que

a) o processo migratório foi desencadeado por ações de governo para viabilizar a produção industrial no Sudeste.
b) os governos estaduais do Sudeste priorizaram a qualificação da mão de obra migrante.
c) o processo de migração para o Sudeste contribui para o fenômeno conhecido como inchaço urbano.
d) as migrações para o Sudeste desencadearam a valorização do trabalho manual, sobretudo na década de 80.
e) a falta de especialização dos migrantes é positiva para os empregadores, pois significa maior versatilidade profissional.

6.

TEXTO I

Ao se emanciparem da tutela senhorial, muitos camponeses foram desligados legalmente da antiga terra. Deveriam pagar, para adquirir propriedade ou arrendamento. Por não possuírem recursos, engrossaram a camada cada vez maior de jornaleiros e trabalhadores volantes, outros, mesmo tendo propriedade sobre um pequeno lote, suplementavam sua existência com o assalariamento esporádico.

MACHADO, P. P. *Política e colonização no Império*. Porto Alegre: EdUFRGS, 1999 (adaptado).

TEXTO II

Com a globalização da economia ampliou-se a hegemonia do modelo de desenvolvimento agropecuário, com seus padrões tecnológicos, caracterizando o agronegócio. Essa nova face da agricultura capitalista também mudou a forma de controle e exploração da terra. Ampliou-se, assim, a ocupação de áreas agricultáveis e as fronteiras agrícolas se estenderam.

SADER, E.; JINKINGS, I. *Enciclopédia Contemporânea da América Latina e do Caribe*. São Paulo: Boitempo, 2006 (adaptado).

Os textos demonstram que, tanto na Europa do século XIX quanto no contexto latino-americano do século XXI, as alterações tecnológicas vivenciadas no campo interferem na vida das populações locais, pois

a) induzem os jovens ao estudo nas grandes cidades, causando o êxodo rural, uma vez que, formados, não retornam à sua região de origem.
b) impulsionam as populações locais a buscar linhas de financiamento estatal com o objetivo de ampliar a agricultura familiar, garantindo sua fixação no campo.
c) ampliam o protagonismo do Estado, possibilitando a grupos econômicos ruralistas produzir e impor políticas agrícolas, ampliando o controle que tinham dos mercados.
d) aumentam a produção e a produtividade de determinadas culturas em função da intensificação da mecanização, do uso de agrotóxicos e cultivo de plantas transgênicas.
e) desorganizam o modo tradicional de vida impelindo-as à busca por melhores condições no espaço urbano ou em outros países em situações muitas vezes precárias.

7. O processo de concentração urbana no Brasil em determinados locais teve momentos de maior intensidade e, ao que tudo indica, atualmente passa por uma desaceleração do ritmo de crescimento populacional nos grandes centros urbanos.

BAENINGER, R. *Cidades e metrópoles*: a desaceleração no crescimento populacional e novos arranjos regionais. Disponível em: <www.sbsociologia.com.br>. Acesso em: 12 dez. 2012 (adaptado).

Uma causa para o processo socioespacial mencionado no texto é o(a)

a) carência de matérias-primas.
b) degradação da rede rodoviária.
c) aumento do crescimento vegetativo.
d) centralização do poder político.
e) realocação da atividade industrial.

8. No século XIX, o preço mais alto dos terrenos situados no centro das cidades é causa da especialização dos bairros e de sua diferenciação social. Muitas pessoas, que não têm meios de pagar os altos aluguéis dos bairros elegantes, são progressivamente rejeitadas para a periferia, como os subúrbios e os bairros mais afastados.

RÉMOND, R. *O século XIX*. São Paulo: Cultrix, 1989 (adaptado).

Uma consequência geográfica do processo socioespacial descrito no texto é a

a) criação de condomínios fechados de moradia.
b) decadência das áreas centrais de comércio popular.
c) aceleração do processo conhecido como cercamento.
d) ampliação do tempo de deslocamento diário da população.
e) contenção da ocupação de espaços sem infraestrutura satisfatória.

Como estudaremos nesta unidade, atualmente a produção de alimentos é obtida em condições muito diversas nas regiões agrícolas do planeta. Na propriedade mostrada na fotografia da página ao lado, por exemplo, pratica-se a agricultura orgânica, sem aplicação de inseticidas ou adubos químicos. Em muitos países em desenvolvimento, há regiões onde predomina a agricultura de subsistência; em outras, o cultivo de cereais, frutas, legumes e verduras é obtido por meio de tecnologia moderna, que reduz bastante a dependência da agricultura em relação a estações do ano, fertilidade dos solos, quantidade de chuvas e outros fatores.

UNIDADE

10

O ESPAÇO RURAL E A PRODUÇÃO AGROPECUÁRIA

CAPÍTULO 34

ORGANIZAÇÃO DA PRODUÇÃO AGROPECUÁRIA

Cultivo orgânico de uvas na Tailândia, em 2017. Algumas empresas certificadoras dão segurança aos consumidores de que o produto foi cultivado segundo os padrões da agricultura orgânica.

A atual configuração espacial das atividades agropecuárias e da zona rural é resultado da ação da sociedade sobre a natureza ao longo da História, o que ocorreu de modo muito desigual nos diversos países e regiões do planeta.

Nas atividades agropecuárias, a diversidade das relações de trabalho com a natureza resulta de diferentes sistemas de produção. Para compreender essas diferenças, vamos procurar elucidar algumas questões ao longo deste capítulo: Qual é a diferença entre agricultura e pecuárias intensiva e extensiva? De que forma estão estruturadas a agricultura familiar e a empresarial no Brasil e no mundo? O que foi a Revolução Verde e quais as perspectivas da biotecnologia, dos transgênicos e da agricultura orgânica atualmente?

Na imagem ao lado, agricultor de pequena propriedade em plantação de bananas na Comunidade Quilombola de Ivaporunduva, em Eldorado (SP), em 2016. Na imagem abaixo, utilização de máquinas na colheita de soja em Mata (RS), em 2018.

1. OS SISTEMAS DE PRODUÇÃO AGRÍCOLA

A produção agrícola constitui um sistema que envolve a análise de suas dimensões naturais (fertilidade do solo, topografia, disponibilidade de água) e socioeconômicas (desenvolvimento tecnológico, grau de capitalização, estrutura fundiária, relações de trabalho). A diversidade de modos de vida e de produção, das leis trabalhistas e ambientais, das condições econômicas e da oferta de crédito, além de outros fatores, explica a heterogeneidade das condições da produção agrícola mundial.

Os sistemas agrícolas e a produção pecuária podem ser classificados como **intensivos** ou **extensivos**, de acordo com o grau de capitalização e o índice de produtividade decorrentes do uso de insumos, maquinaria e tecnologia de ponta. É importante destacar que essa classificação independe do tamanho da área de cultivo ou de criação.

Em propriedades nas quais se aplicam modernas técnicas de preparo do solo, cultivo e colheita (uso de fertilizantes, sistemas de irrigação e mecanização) e que apresentam elevados índices de produtividade, pratica-se a **agricultura intensiva**. Já em propriedades nas quais se pratica a **agricultura extensiva**, quase não há capitais para investir e, portanto, usam-se técnicas rudimentares, obtendo baixos índices de produtividade.

Na pecuária, o rendimento é avaliado pelo número de cabeças por hectare. Quanto maior a densidade de cabeças, independentemente de o gado estar solto ou confinado, maior é a necessidade de ração, de pastos cultivados e de assistência médica veterinária. Com isso, aumentam a produtividade e o rendimento, características da **pecuária intensiva**. Quando o gado se alimenta apenas em pastos naturais e a criação apresenta baixa produtividade, trata-se de **pecuária extensiva**.

Outra maneira de classificar os sistemas de produção está relacionada à forma de **gestão da mão de obra**. Isso permite distinguir o predomínio de agricultura familiar ou de agricultura empresarial (patronal).

Criação de gado confinado na Bavária (Alemanha), em 2015.

AGRICULTURA FAMILIAR

Na agricultura familiar, os membros da família administram a propriedade e os investimentos necessários sobre o que e como produzir, sejam ou não eles os donos da terra. Em geral, nesse tipo de agricultura o trabalho é realizado pelos membros da família, mas muitas vezes há contratação de mão de obra no mercado.

Se a política agrícola está voltada à fixação das famílias no campo, ao aumento da oferta de alimentos no mercado regional e à geração de maior número de postos de trabalho, a agricultura familiar tem um papel importante em seu desenvolvimento. Ela pode reduzir o fluxo migratório para as cidades, já que um maior contingente de mão de obra permanece trabalhando no campo.

Em geral, considera-se, equivocadamente, que a agricultura familiar não proporciona condições de produzir excedentes exportáveis por causa do porte das propriedades, geralmente pequenas e médias. No entanto, por meio do cooperativismo, a associação de vários pequenos e médios produtores tem possibilitado aumentar sua participação no mercado mundial.

Cooperativa: empresa formada e dirigida por uma associação de usuários (pessoas físicas ou jurídicas) que se reúnem em igualdade de direitos com o objetivo de desenvolver uma atividade econômica ou prestar serviços comuns, eliminando os intermediários.

AGRICULTURA DE SUBSISTÊNCIA

Um tipo de agricultura familiar que prevalece nas regiões pobres é a agricultura de subsistência, destinada a atender às necessidades de consumo alimentar dos próprios agricultores e seus dependentes. A produção é obtida em pequenas e médias propriedades ou em parcelas de grandes propriedades (nesse caso, parte da produção é entregue ao dono da terra como pagamento do aluguel), com a utilização de técnicas tradicionais e rudimentares. Por falta de recursos, a produção e a produtividade são baixas.

Na agricultura familiar de subsistência, predominam as pequenas propriedades, que podem ser cultivadas em:

- **parceria**, quando o agricultor aluga a terra e paga por seu uso com parte da produção;
- **arrendamento**, quando o aluguel é pago em dinheiro;
- **regime de posse**, quando os agricultores simplesmente ocupam **terras devolutas** – terras desocupadas, vagas, que não possuem dono regular ou que pertencem ao Estado.

Essa realidade ainda existe em boa parte dos países da África subsaariana, do Sul e Sudeste Asiático e da América Latina, mas o que prevalece atualmente é uma agricultura de subsistência voltada ao comércio urbano. Nesse caso, o agricultor e sua família cultivam algum produto que será vendido na cidade mais próxima ou para distribuidores, mas o dinheiro que recebem é suficiente apenas para lhes garantir a subsistência. Não há excedente de capital que lhes permita aperfeiçoar as técnicas de cultivo e aumentar a produtividade.

Após alguns anos de cultivo, o solo perde sua fertilidade natural e costuma ficar exposto a processos erosivos. Em alguns casos, ao perceber que o volume de produção está diminuindo, a família desmata uma área próxima e pratica a **queimada** para acelerar o plantio, dando início à degradação de uma nova área, a qual será brevemente abandonada – nesse caso, pratica-se a **agricultura itinerante**. Na foto, agricultor colhendo mandioca em pequena propriedade na comunidade Jamaraquá, em Belterra (PA), em 2015.

AGRICULTURA DE JARDINAGEM

Outro tipo de agricultura familiar é a chamada agricultura de jardinagem, expressão que se originou no Sul e Sudeste Asiático, onde há grande produção de arroz em planícies inundáveis, com utilização intensiva de mão de obra. Esse sistema é praticado em pequenas e médias propriedades cultivadas pelo dono da terra e sua família ou em parcelas de grandes propriedades. Nessa forma de produção predomina a alta produtividade, pois se recorre à seleção de sementes, à utilização de fertilizantes, à aplicação de avanços biotecnológicos e às técnicas de preservação do solo que permitem a fixação da família na propriedade por tempo indeterminado.

Em países como Filipinas, Tailândia, Indonésia e outros do Sudeste Asiático, que apresentam elevada densidade demográfica, as famílias têm áreas muitas vezes inferiores a um hectare (10 000 metros quadrados) e condições de vida bastante precárias. Em países que realizaram reforma agrária – Japão, Coreia do Sul e Taiwan – e ao redor dos grandes centros urbanos de áreas tropicais, após a comercialização da produção e a realização de investimentos para a nova safra, há um excedente de capital que permite melhorar, a cada ano, as condições de trabalho e a qualidade de vida das famílias. Entretanto, como a propriedade e, consequentemente, o volume de produção são pequenos, os agricultores dependem de subsídios governamentais para permanecer produzindo.

Guo Cheng/Xinhua/Agência France-Presse

Na China, a produção da agricultura de jardinagem ocorre, predominantemente, em propriedades muito pequenas e em condições de trabalho quase sempre precárias. A população é numerosa, e a opção de incentivos governamentais voltados à modernização da produção agrícola foi substituída pela utilização de enormes contingentes de mão de obra. No entanto, em algumas províncias litorâneas tem ocorrido um processo de modernização da agricultura, impulsionado pela expansão de propriedades particulares e da capitalização proporcionada pela abertura econômica. Na foto, cultivo de arroz em Hainan (China), em 2016.

CINTURÕES VERDES E BACIAS LEITEIRAS

Outro tipo de agropecuária com predomínio de mão de obra familiar é encontrado nos cinturões verdes e nas bacias leiteiras. Ambos localizam-se ao redor dos grandes centros urbanos, principalmente nos países desenvolvidos e emergentes, onde a terra é valorizada. Neles se praticam agricultura e pecuária intensivas para atender às necessidades de consumo da população local. Em tais áreas, produzem-se hortifrutigranjeiros e cria-se gado em pequenas e médias propriedades para a produção de leite e derivados, como mostra a fotografia a seguir.

Cabras em uma fazenda de gado leiteiro perto de Niort (França), em 2015.

AGRICULTURA EMPRESARIAL

Na agricultura empresarial (ou patronal), prevalece a mão de obra contratada e desvinculada da família do administrador ou do proprietário da terra.

Em geral, a produtividade nesse tipo de agricultura é muito alta, em decorrência da seleção de sementes, do uso intensivo de fertilizantes, do elevado grau de mecanização no preparo do solo – no plantio e na colheita –, da utilização de silos de armazenagem e do sistemático acompanhamento de todas as etapas de produção e comercialização. Sua produção é voltada ao abastecimento dos mercados interno e externo, e é mais comum, sobretudo, nos países desenvolvidos – Estados Unidos, Canadá, Austrália e alguns países da União Europeia –, em economias emergentes como Brasil, Argentina, Indonésia e Malásia, e em algumas regiões tropicais da África que vêm recebendo investimento estrangeiro, principalmente da China e de países do Oriente Médio.

Dessa forma, as atividades agrícolas e pecuárias estão integradas aos setores industriais e de serviços, criando uma grande cadeia produtiva. Antes da produção, são acionadas indústrias de máquinas, adubos, agrotóxicos, vacinas, rações, arames para cercas, etc. Após a produção, vêm as etapas de atividades na agroindústria, na armazenagem e na comercialização. Além disso, ao longo de toda a cadeia, estão envolvidos os setores de transporte, energia, telecomunicações, administração, *marketing*, vendas, seguros e muitos outros. Essa extensa cadeia produtiva está ligada aos **complexos agroindustriais**, que são as fazendas onde se obtém a produção e os agronegócios, que envolvem todas as atividades primárias, secundárias e terciárias que fazem parte da cadeia produtiva.

Agronegócio: rede de produção que abrange todas as atividades primárias, secundárias e terciárias ligadas à agropecuária: produção de sementes, adubos, tratores, frigoríficos, curtumes e muitas outras.

Para ilustrar a importância econômica dos agronegócios, podemos observar os dados quantitativos brasileiros de 2016, segundo o Ministério da Agricultura. Nesse ano, o PIB da agropecuária foi de R$ 295 bilhões (cerca de 5% do PIB brasileiro), mas os agronegócios foram responsáveis por cerca de 23% do PIB – 70% desse total está ligado à agricultura, e 30%, à pecuária.

Os governos também costumam analisar o setor agropecuário considerando sua relação com outros setores socioeconômicos: a importância dos agronegócios para o mercado de trabalho e no combate ao desemprego, a garantia de abastecimento alimentar em quantidade e qualidade satisfatórias e, finalmente, sua influência na balança comercial ao reduzir as importações e estimular as exportações. Esses fatores levam muitos países, sobretudo os desenvolvidos, a estabelecer políticas protecionistas e subsídios à produção agropecuária, o que cria fortes distorções no mercado mundial e prejudica muitos países em desenvolvimento.

Na produção dessas mercadorias, foram usadas matérias-primas produzidas no setor de agropecuária e máquinas e equipamentos fabricados em indústrias de bens de capital.

Nos países desenvolvidos e nas regiões modernas dos países em desenvolvimento, onde os complexos agroindustriais foram introduzidos, verificou-se uma tendência à concentração de terras e à especialização produtiva. Em agroindústrias, produzem-se alimentos, fontes de energia (álcool combustível), remédios, produtos de higiene e limpeza e muitos outros bens de consumo.

No Brasil existem várias regiões especializadas em determinado produto: cana-de-açúcar e laranja no Oeste paulista; grãos (soja, milho e outros) na Campanha Gaúcha, no Oeste baiano, no sul do Maranhão e do Piauí e em vastas áreas do Centro-Oeste; criação de aves e suínos e processamento de sua carne no Oeste catarinense; produção irrigada de frutas no Vale do São Francisco, entre muitos outros exemplos.

2. A REVOLUÇÃO VERDE

A partir da década de 1950, os Estados Unidos e a ONU incentivaram a introdução de mudanças na estrutura fundiária e nas técnicas agrícolas em vários dos então chamados países subdesenvolvidos, muitos dos quais ex-colônias recém-independentes. Em plena Guerra Fria, a intenção do governo americano era evitar o surgimento de focos de insatisfação popular por causa da fome. Os Estados Unidos temiam a instituição de regimes socialistas em alguns países do então Terceiro Mundo. Além disso, a indústria química, que se desenvolveu voltada para o setor bélico, apresentava certa capacidade ociosa nesse período.

O conjunto de mudanças técnicas introduzidas na produção agropecuária ficou conhecido por **Revolução Verde** e consistia na modernização das práticas agrícolas (utilização de adubos químicos, inseticidas, herbicidas, sementes melhoradas) e na mecanização do preparo do solo, do cultivo e da colheita, visando a aumentar a produção de alimentos.

Com esse objetivo, os Estados Unidos ofereceram financiamentos para a importação de insumos e maquinaria e para a capacitação de técnicos e professores de faculdades e cursos técnicos agrícolas. Os governos dos então países subdesenvolvidos passaram a promover pesquisa e divulgação de técnicas de cultivo entre os agricultores e a fornecer créditos subsidiados.

Entretanto, a proposta era adotar o mesmo padrão de cultivo em todas as regiões onde se implantou a Revolução Verde, desconsiderando a variação das condições naturais e das necessidades e possibilidades dos agricultores. Como consequência, a médio e longo prazos, essas inovações causaram impactos socioeconômicos e ambientais muito graves. Proporcionaram aumento de produtividade por área cultivada e crescimento considerável da produção de alimentos – principalmente de cereais e tubérculos –, mas isso ficou restrito às grandes propriedades, dotadas de condições ideais para a modernização, como relevo plano para possibilitar a mecanização e condições climáticas favoráveis, entre outras. Em países onde não foi realizada a reforma agrária e cujos trabalhadores agrícolas não tinham propriedade familiar, sobretudo na África e no Sudeste Asiático, a mecanização da produção diminuiu a necessidade de mão de obra, contribuiu para o aumento dos índices de pobreza e provocou êxodo rural.

O sistema mais utilizado pelos países que seguiram as premissas da Revolução Verde foi a **monocultura**, o que resultou em sérios impactos ambientais, como mostra o texto em *Outras leituras*, na próxima página. Além disso, a modernização substituiu as inúmeras variedades vegetais por algumas poucas. Grandes indústrias iniciaram o processo de controle sobre o comércio e a pesquisa que modifica a semente dos vegetais cultivados, passando a controlar toda a cadeia de insumos. Como essas sementes modificadas não são férteis, os agricultores são obrigados a comprar novas sementes a cada safra se quiserem obter boa produtividade. Isso se tornou um grande obstáculo para os pequenos agricultores e perdura até os dias atuais, pois é necessário comprar e repor constantemente as sementes e os fertilizantes que se adaptem melhor a elas, o que aumenta o custo de produção.

Capacidade ociosa: termo usado para indicar quando uma empresa ou setor não estão utilizando totalmente sua capacidade instalada de produção.

Cultivo de chá na Índia, no início da década de 1970. Nesse país houve grande crescimento na produção de alimentos com a implantação das técnicas da Revolução Verde.

OUTRAS LEITURAS

OS PROBLEMAS AMBIENTAIS RURAIS

DIALOGANDO COM BIOLOGIA

[...]

O cultivo de espécie vegetal única (soja, trigo, algodão, milho, entre outros) em grandes extensões de terras favorece o desenvolvimento de grande quantidade de pequenas espécies animais invasoras, as pragas que se alimentam desses produtos. É o caso da lagarta da soja, do besouro-bicudo do algodão e de bactérias como o ácaro dos mamoeiros, o cancro-cítrico dos laranjais e as diversas pragas dos cafezais, dos fungos que atacam o trigo e o milho e das pragas que infestam os canaviais. Já o cultivo de várias espécies, ou seja, a policultura, implica competitividade entre elas e elimina a possibilidade da disseminação de pragas. Nas monoculturas as pragas proliferam rapidamente, e em dois ou três dias uma plantação de soja ou de algodão pode ser totalmente dizimada. Para evitar isso, utilizam-se cada vez mais inseticidas e fungicidas químicos, que podem ser altamente prejudiciais à saúde do homem.

O cultivo mecanizado é obrigatoriamente acompanhado do uso de fertilizantes químicos, e para o controle das chamadas "ervas daninhas", ou do "mato", que nascem e crescem mais rapidamente que as espécies plantadas, aplicam-se os herbicidas, tão tóxicos quanto os venenos empregados para controlar insetos e fungos.

A aplicação frequente de quantidades cada vez maiores desses produtos químicos, genericamente chamados de **insumos agrícolas**, contamina o solo. Além disso, eles são transportados pela chuva para riachos e rios, afetando, desse modo, a qualidade das águas que alimentam o gado, abastecem as cidades e abrigam os peixes. O veneno afeta a fauna, e os pássaros e os peixes desaparecem rapidamente das áreas de monocultura, favorecendo a proliferação de pragas, lagartas, mosquitos e insetos em geral. A impregnação do solo com venenos e adubos químicos tende a torná-lo estéril pela eliminação da vida microbiana. [...]

ROSS, Jurandyr L. Sanches (Org.). *Geografia do Brasil*. 6. ed. São Paulo: Edusp, 2011. p. 226.

Avião pulverizando inseticida em plantação de cana-de-açúcar em Paranacity (PR), em 2016. Esta prática provoca contaminação dos solos e aquíferos.

> "O campo e a cidade são realidades históricas em transformação tanto em si próprias quanto em suas inter-relações."
>
> Raymond Williams (1921-1988), escritor britânico, no livro O campo e a cidade: na história e na literatura.

3. A POPULAÇÃO RURAL E O TRABALHADOR AGRÍCOLA

Atualmente, nos países e nas regiões em que predominam modernas técnicas de produção, os agricultores são a minoria dos trabalhadores e até mesmo dos moradores do espaço rural. Isso porque os habitantes da zona rural, em sua maioria, trabalham em atividades não agrícolas ou em cidades próximas. Ecoturismo e turismo rural, hotéis-fazenda, campings, pousadas, sítios, casas de campo, restaurantes típicos, parques temáticos, prática de esportes variados, transportes, produção de energia, abastecimento de água, etc. são atividades rurais que ocupam um contingente de trabalhadores maior que o das atividades agropecuárias. No entanto, quando consideramos as pessoas que trabalham nas diversas atividades ligadas à cadeia produtiva que envolve a agropecuária (fábricas de insumos, sementes, tratores, irrigação, comercialização, transportes e outros, que compõem os agronegócios), a participação na PEA aumenta.

Em contrapartida, onde a agropecuária é descapitalizada, com emprego de técnicas rudimentares de produção, como é predominante nos países de menor renda, a maioria dos trabalhadores rurais se dedica a atividades diretamente ligadas à agropecuária — observe a fotografia ao lado. Nessas regiões, o Estado tem papel primordial na regulamentação das relações de trabalho, no acesso à propriedade da terra, na política de produção, nos financiamentos e nos subsídios agrícolas.

O senso comum nos leva a pensar que a maioria dos países desenvolvidos tem percentuais elevados e crescentes de população urbana, mas, na realidade, o percentual de população rural é bastante significativo em muitos deles e, em alguns casos, maiores que o percentual de população rural encontrado em países em desenvolvimento (observe a tabela a seguir).

Agricultores de subsistência no Haiti, em 2016.

População rural e trabalhadores agrícolas em países selecionados – 2014		
País	População rural (%)	Trabalhadores agrícolas (%)
Desenvolvidos		
Estados Unidos	17	2
Japão	7	4
Suíça	25	3
Emergentes		
México	21	13
Brasil*	14	15
China	45	37
Países de baixa renda		
Ruanda	80	79
Bangladesh	70	48

Fonte: FAO. *FAO Statistical Yearbook 2015*. Disponível em: <www.fao.org/3/a-i4691e.pdf>. Acesso em: 24 maio 2018.

* Como vimos, os dados sobre a população rural no Brasil não são adequadamente comparáveis aos dos demais países, porque a forma de coleta de informações não segue a metodologia aceita internacionalmente.

4. A PRODUÇÃO AGROPECUÁRIA NO MUNDO

Ao longo do século XX, os países desenvolvidos e várias regiões agrícolas de países emergentes intensificaram a produção agropecuária por meio da modernização das técnicas de cultivo e criação. Como podemos observar nos gráficos abaixo, a produção agropecuária em vários países em desenvolvimento concorre com a produção dos países desenvolvidos.

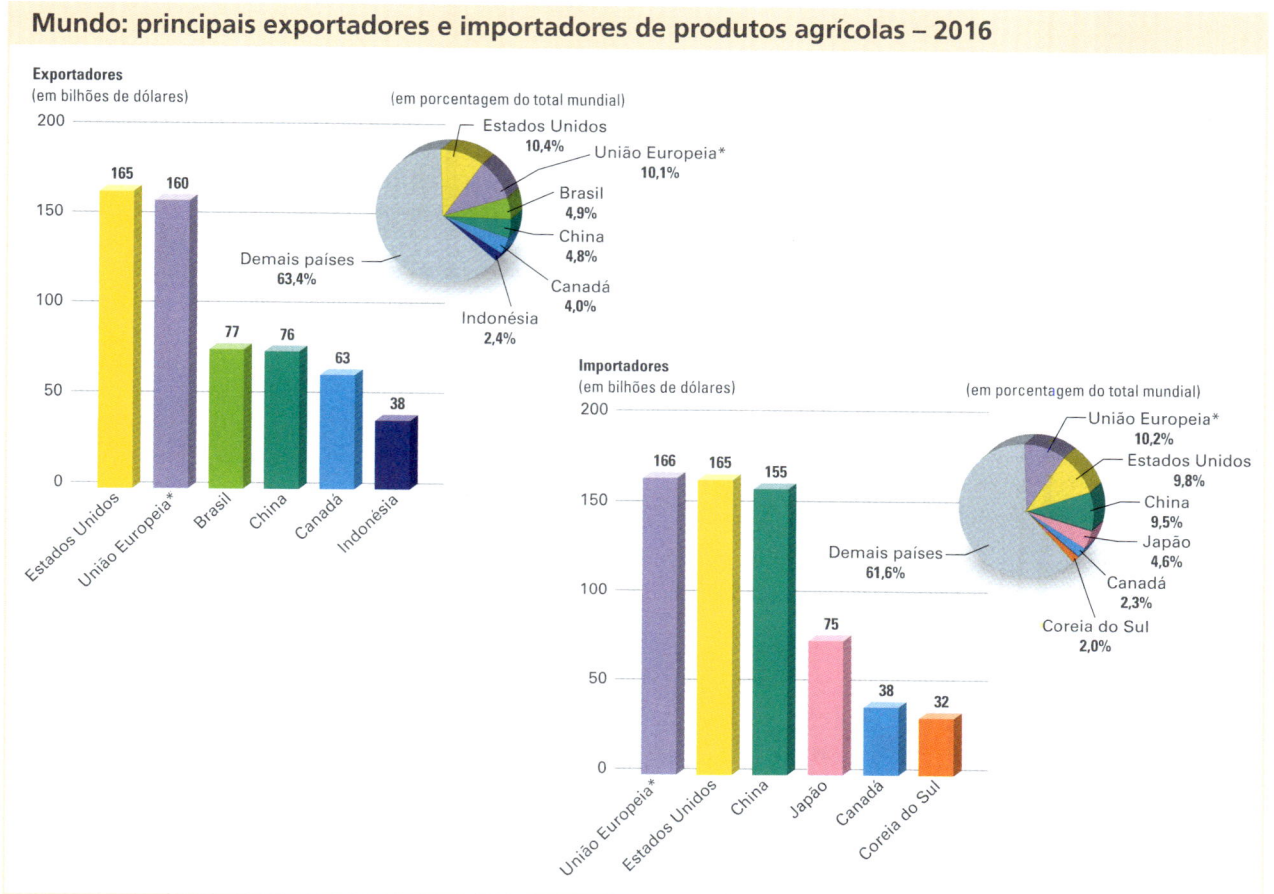

Mundo: principais exportadores e importadores de produtos agrícolas – 2016

Fonte: ORGANIZAÇÃO MUNDIAL DO COMÉRCIO. *Examen estadístico del comercio mundial 2017*. Disponível em: <www.wto.org/spanish/res_s/statis_s/wts2017_s/wts2017_s.pdf>. Acesso em: 24 maio 2018.

* As exportações e importações da União Europeia correspondem a valores de comércio extrabloco. Caso o comércio entre os países do bloco fosse considerado, os valores de exportações corresponderiam a 598 bilhões de dólares (41,9%) e os de importações, a 602 bilhões de dólares (42,7%).

Se há uma quebra na safra dos principais produtos cultivados nos Estados Unidos, nos principais países da União Europeia ou no Brasil, por exemplo, os reflexos no comércio mundial e na cotação dos produtos são imediatos. Apesar disso, como mostra a tabela ao lado, a participação das atividades agrícolas na economia desses países é reduzida.

Observe nos gráficos da página seguinte a distribuição da safra mundial de produtos selecionados entre os principais países produtores.

Participação da agricultura no Produto Nacional Bruto (PNB) em países selecionados – 2016	
Países	% do PNB
Burkina Fasso	32
Índia	17
Ucrânia	14
China	8
Brasil	6
Chile	4
Japão	1
Estados Unidos	1

Fonte: CIA. *The World Factbook*. Disponível em: <www.cia.gov/library/publications/resources/the-world-factbook/>. Acesso em: 24 maio 2018.

A China é o maior produtor mundial de alimentos. Observe que o país está entre as quatro primeiras colocações em todos os gráficos.

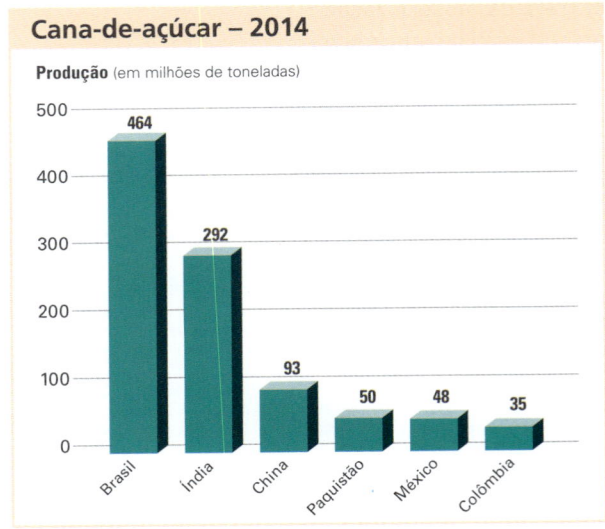

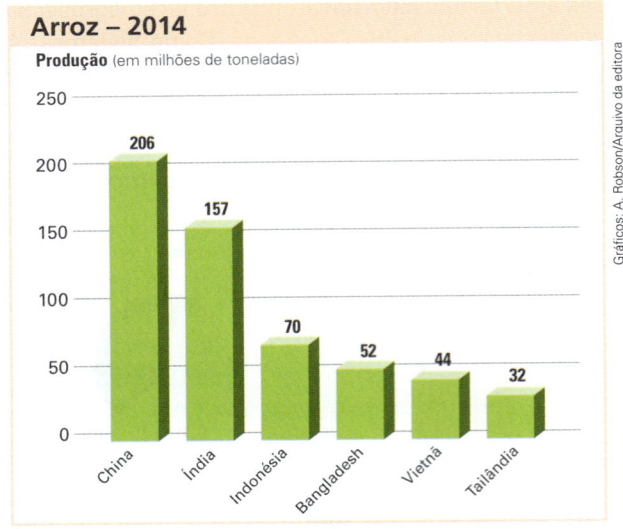

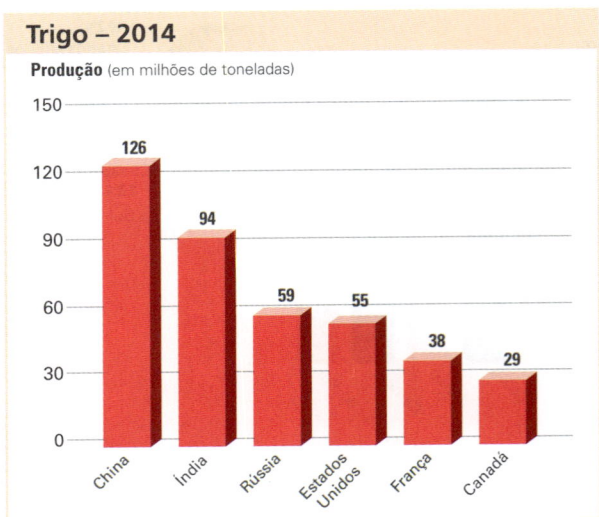

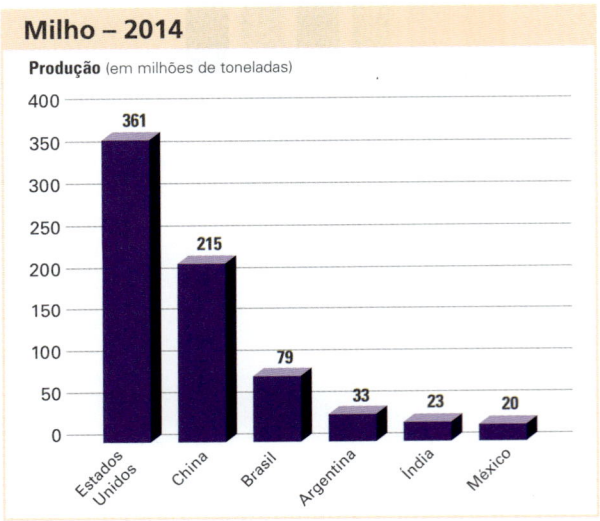

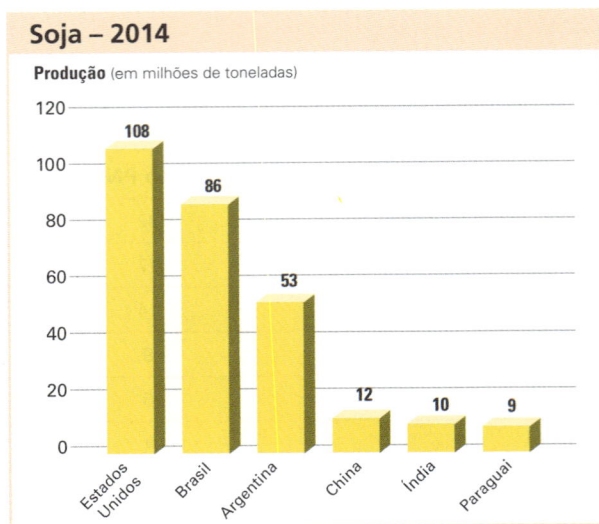

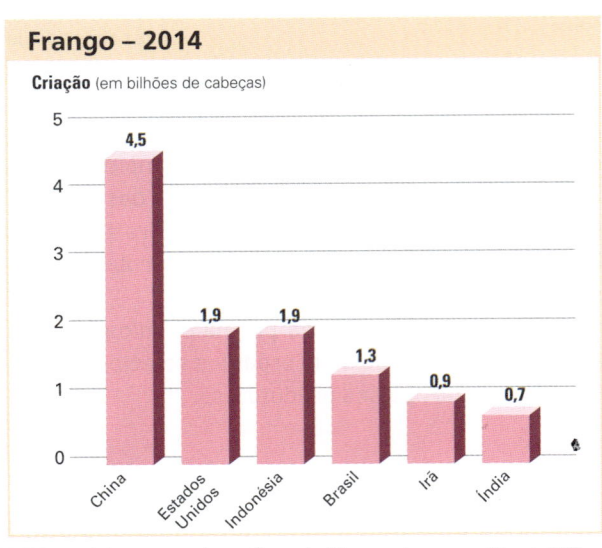

Fonte: FOOD AND AGRICULTURE ORGANIZATION OF THE UNITED NATIONS (FAO). FAOSTAT. Disponível em: <www.fao.org/faostat/en/#home>. Acesso em: 24 maio 2018.

Embora seja o maior produtor mundial de alimentos, para abastecer seu enorme mercado interno, a China depende da importação de vários produtos agrícolas, e o Brasil é um de seus principais fornecedores, com destaque para a soja. Em contrapartida, a China é um dos principais fornecedores de defensivos agrícolas para o Brasil.

Plantação de soja em Rio Verde (GO), em 2015. A agricultura mecanizada apresenta alto rendimento e utiliza pouca mão de obra.

Nos países em desenvolvimento, as regiões agrícolas que abastecem o mercado externo foram principalmente as que passaram por semelhante processo de modernização das técnicas de cultivo e colheita. Em muitos países, isso acarretou êxodo rural e promoveu a concentração, na periferia das grandes cidades, de trabalhadores que perderam seus empregos na zona rural.

No mundo em desenvolvimento é impossível estabelecer generalizações, já que os contrastes verificados entre países mais pobres e alguns emergentes – a Etiópia e o Brasil, por exemplo – se repetem também no interior dos próprios países, onde convivem, lado a lado, modernas agroindústrias e pequenas propriedades nas quais se pratica a agricultura de subsistência.

As atividades agrícolas constituem a base da economia em alguns países de baixa renda e em regiões pobres de países emergentes. Uma vez que neles se pratica uma agricultura de baixa produtividade, o percentual da PEA que trabalha no setor é sempre superior a 25%, atingindo às vezes índices bem mais altos, como em Ruanda, onde 79% da PEA era agrícola em 2014. É comum vigorar uma política governamental que priorize a produção agrícola voltada ao mercado externo, mais lucrativo, em detrimento das necessidades internas de consumo, já que o poder aquisitivo da população é baixo.

DIALOGANDO COM BIOLOGIA

5. BIOTECNOLOGIA E ALIMENTOS TRANSGÊNICOS

A biotecnologia compreende o desenvolvimento de técnicas voltadas à adaptação ou ao aprimoramento de características dos organismos animais e vegetais, visando ao aumento da produção e à melhoria da qualidade dos produtos.

Há várias décadas, seu desenvolvimento vem proporcionando benefícios socioeconômicos e ambientais na agropecuária de diversos países. A seleção de sementes, os enxertos realizados em plantas, o cruzamento induzido de animais de criação e a associação de culturas são algumas das técnicas agrícolas que integram a biotecnologia e são praticadas há muito tempo.

Em meados da década de 1990, porém, um ramo da biotecnologia – a **pesquisa genômica** – passou a lidar com um novo campo que gerou muita controvérsia: a produção de organismos geneticamente modificados (OGMs), mais conhecidos como **transgênicos**. Outras modificações genéticas mais antigas, como o melhoramento das sementes ou o aumento na proporção de nutrientes dos alimentos, nunca chegaram a ser criticadas da mesma maneira.

A biotecnologia possibilita cultivar plantas de clima temperado, como a soja, o trigo e a uva, em regiões de clima tropical; acelerar o ritmo de crescimento das plantas e a engorda dos animais; aumentar o teor de proteínas, vitaminas e sais minerais em alguns alimentos; entre outras inovações. Na foto, plantação de soja transgênica em Balsas (MA), em 2017.

Essa nova tecnologia apresenta tanto aspectos positivos quanto negativos. Alguns dos aspectos positivos são: elevação dos índices de produtividade, redução de uso de agrotóxicos e consequente redução dos custos de produção e das agressões ambientais, além de criação de plantas resistentes a vírus, fungos e insetos. Quanto a aspectos negativos destacam-se a falta de conclusões confiáveis sobre os eventuais impactos ambientais do seu cultivo em grande escala e a dependência dos agricultores em relação às grandes indústrias agroquímicas que fornecem as sementes.

O cultivo de plantas transgênicas é pesquisado e liberado caso a caso. Saber que atualmente o algodão ou o milho transgênicos não oferecem riscos ao meio ambiente nem à saúde das pessoas não significa que outros tipos de OGMs sejam igualmente seguros.

No Brasil, a regulamentação e a fiscalização do uso de alimentos transgênicos ficaram a cargo da Comissão Técnica Nacional de Biossegurança (CTNBio), órgão vinculado ao Ministério da Ciência, Tecnologia e Inovação.

Consulte a indicação dos *sites* da **Empresa Brasileira de Pesquisa Agropecuária (Embrapa)**, da **Comissão Técnica Nacional de Biossegurança (CTNBio)**, da **Organização das Nações Unidas para Alimentação e Agricultura (FAO)** e do **Planeta orgânico**. Veja orientações na seção **Sugestões de textos, vídeos e *sites***.

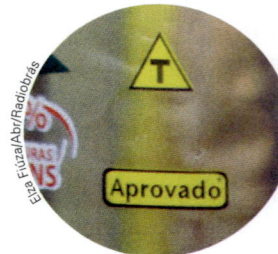

A Lei de Biossegurança (Lei Federal n. 11105/2005) obriga a explicitação, no rótulo da embalagem, de alimentos que contenham produtos transgênicos para informar os consumidores, e eles terem opção de escolha na compra. O símbolo adotado é um triângulo amarelo com a letra T (em preto sobre fundo branco, quando a embalagem não for colorida). Ele deverá constar no painel principal da embalagem, para assegurar a sua visibilidade pelo consumidor.

CIDADANIA: DIREITO À INFORMAÇÃO

6. A AGRICULTURA ORGÂNICA

Paralelamente ao aumento do cultivo de transgênicos vem crescendo o número de agricultores e consumidores adeptos da **agricultura orgânica**, um sistema de produção que não utiliza nenhum produto agroquímico – fertilizantes, inseticidas, herbicidas –, muito menos, geneticamente modificados. A adubação do solo é realizada com **matéria orgânica**, e o combate às pragas, com **controle biológico** – uso de predadores naturais.

> Consulte a indicação do livro *Agricultura sustentável*, de Araci Kamiyama. Veja orientações na seção **Sugestões de textos, vídeos e sites**.

A prática da agricultura orgânica considera a preocupação em manter o equilíbrio ecológico do solo – suporte para a fixação das raízes e sua fonte de nutrientes –, fundamental nesse tipo de agricultura. Os produtores que adotam a agricultura orgânica buscam, portanto, manter o equilíbrio do ambiente e de seu plantio por meio da preservação dos recursos naturais. Embora lentamente, seu consumo vem apresentando crescimento por parte de pessoas que preferem pagar um pouco mais por produtos mais saudáveis e cuja produção cause menos agressões que as dos produtos cultivados com adubos e inseticidas químicos. Aliás, o custo de reparação ambiental da agricultura química de larga escala deveria estar incluído em seus preços – ela provoca um passivo ambiental que toda a sociedade terá de pagar futuramente, o que torna sua produção mais barata que a orgânica apenas em curto prazo.

A agricultura orgânica valoriza a manutenção de faixas de vegetação nativa, além da **rotação e associação de culturas**, e por isso envolve somente propriedades policultoras com suas vantagens socioeconômicas e ambientais inerentes: na grande maioria, a produção é obtida em pequenas propriedades familiares, o que aumenta a oferta de ocupação produtiva à população rural e diminui a migração para as cidades.

No caso da criação de animais, desde o nascimento eles recebem rações produzidas com matérias-primas livres de agrotóxicos e de adubos químicos, e não são submetidos ao crescimento acelerado com a ajuda de hormônios. Além disso, a criação considera o bem-estar dos animais.

No Brasil, como em muitos outros países, a produção de alimentos orgânicos é fiscalizada e as embalagens são certificadas para o consumidor ter confiança no produto e a garantia de que não está ingerindo substâncias potencialmente nocivas. A partir de janeiro de 2010, a Lei Federal n. 10831/2003 passou a exigir que os produtores e fabricantes de produtos orgânicos coloquem selo de certificação emitido por empresas habilitadas pelo Instituto Nacional de Metrologia (Inmetro), segundo as normas adotadas pela Associação Brasileira de Normas Técnicas (ABNT).

Frutas com certificado de produção orgânica em mercado de Peoria (Illinois, Estados Unidos), em 2015.

ATIVIDADES

COMPREENDENDO CONTEÚDOS

1. Caracterize a agricultura e as pecuárias intensiva e extensiva.

2. Quais são as principais diferenças entre a agricultura familiar e a agricultura empresarial?

3. Defina o que são agronegócios.

4. Por que vem se reduzindo o percentual de moradores e trabalhadores da zona rural que se dedicam a atividades agrícolas?

5. O que foi a Revolução Verde? Quais foram os impactos socioeconômicos e ambientais ocasionados por ela?

6. Quais são os aspectos positivos e negativos relacionados ao cultivo de OGMs?

DESENVOLVENDO HABILIDADES

7. Com a orientação do(a) professor(a), reúnam-se em grupos, releiam o texto da página 653, discutam o assunto e depois elaborem um texto dissertativo de acordo com o seguinte roteiro:

   a) Comparem a agricultura e a pecuária orgânicas com as praticadas em grande escala no mundo, considerando os aspectos socioeconômicos e ambientais de cada uma delas.

   b) Finalizem o texto com a opinião do grupo em relação à adoção de uma ou outra prática agrícola.

   c) Leiam o texto para os demais colegas da sala.

8. Leia o texto a seguir e responda às perguntas.

   ### Agricultura sustentável

   Com o crescimento das preocupações em relação à qualidade do meio ambiente em todo o mundo, a agricultura da Revolução Verde – que, nas últimas décadas, superou, com aumentos espetaculares de produção e de produtividade, o desafio de atender a uma demanda crescente de alimentos e de outros produtos à custa da degradação ambiental – passa a ser questionada no que se refere à sustentabilidade de longo prazo.

   Na realidade, a demanda crescente por alimentos e por outros produtos agrícolas diante do impacto ocasionado mostra a necessidade de mudanças no modelo de agricultura praticado nas últimas décadas – uma agricultura que atenda simultaneamente aos objetivos de maior produtividade e de qualidade ambiental. Embora ainda não dominem o mercado, as experiências emergentes apontam os caminhos da agricultura do futuro na direção desses objetivos. [...]

   KITAMURA, Paulo Choji. Agricultura sustentável. In: HAMMES, Valéria Sucena (Org.). *Educação ambiental para o desenvolvimento sustentável*. 3. ed. Brasília: Embrapa, 2012. p. 189. v. 5. Disponível em: <https://ainfo.cnptia.embrapa.br/digital/bitstream/item/128270/1/EDUCAcaO-AMBIENTAL-vol-5-ed03-2012.pdf>. Acesso em: 2 jun. 2018.

   a) Qual é o posicionamento do autor do texto quanto às práticas agrícolas que predominam atualmente?

   b) Alguns pesquisadores e estudiosos defendem que os alimentos cultivados com as técnicas da Revolução Verde deveriam embutir os custos da degradação ambiental (degradação dos solos, poluição dos aquíferos e cursos de água, extinção de espécies, redução da biodiversidade e outros) em seus preços e, portanto, custar mais caro. Você concorda com essa posição? Explique.

CAPÍTULO 35

A AGROPECUÁRIA NO BRASIL

Gado de corte da raça nelore em Xexéu (PE), 2015.

Da década de 1980 até os dias atuais, o crescimento do PIB agrícola foi maior do que o apresentado nos demais setores da economia. Para entender os sistemas agrícolas existentes no Brasil, vamos estudar neste capítulo o uso da terra (veja o gráfico abaixo e o mapa "Brasil: uso da terra", na página 22 do *Atlas*), o tamanho e a distribuição das propriedades rurais, as relações de trabalho, a reforma agrária e a diversidade da produção agropecuária na atualidade.

Esses temas ajudam a entender a dinâmica recente da agropecuária no Brasil e elucidam algumas questões: Quais são as consequências, no campo e nas cidades, do processo histórico de concentração de terras no Brasil? Como se organiza a produção na agricultura familiar e empresarial? Como estão organizadas as relações de trabalho e a produção agrícola no Brasil? Qual é a importância da reforma agrária para a sociedade e a economia?

Brasil: uso da terra* – 2017

- Outros usos no interior dos estabelecimentos: 1,5%
- Lavouras: 7,4%
- Pastagens: 18,6%
- Formações vegetais, áreas urbanas, represas, etc.: 58,9%
- Matas no interior dos estabelecimentos: 13,5%**

Fonte: IBGE. *Censo Agropecuário 2017*. Resultados preliminares. Disponível em: <www.ibge.gov.br/estatisticas-novoportal/economicas/agricultura-e-pecuaria/21814-2017-censo-agropecuario.html?=&t=o-que-e>. Acesso em: 27 jul. 2018.

* A somatória dos percentuais totalizou 99,9% porque o IBGE considerou apenas a primeira casa após a vírgula.

** Naturais: 10,9%; plantadas: 1,0%; plantadas com lavouras ou pastagens associadas: 1,6%.

Para aumentar a participação brasileira no comércio mundial de produtos agropecuários é preciso garantir acesso à assistência técnica e aos financiamentos para a formação de cooperativas. Na foto, vista áerea de cooperativa agroindustrial sediada em Andirá (PR), 2015.

Ernesto Reghran/Pulsar Imagens

1. A MODERNIZAÇÃO DA PRODUÇÃO AGRÍCOLA

Ao analisar a modernização da agricultura, é comum pensar apenas na modernização das técnicas – substituição de trabalhadores por máquinas, uso intensivo de insumos e desenvolvimento da biotecnologia – e se esquecer de observar as consequências dessa modernização nas relações sociais de produção e na qualidade de vida da população.

O campo brasileiro foi dominado pela grande propriedade ao longo da História. Entre as décadas de 1950 e 1980, a monocultura e a mecanização foram estimuladas e consideradas modelo de desenvolvimento e crescimento econômico por sucessivos governos. Enquanto isso, a agricultura familiar ficou relegada a segundo plano na formulação das políticas agrícolas, o que resultou no deslocamento de grandes contingentes de pequenos proprietários e trabalhadores rurais do campo para as cidades, principalmente em razão das dificuldades de produção e comercialização. Os agricultores que não conseguiram acompanhar o ritmo das inovações tecnológicas tiveram dificuldades de competir no mercado, em razão da baixa produtividade e, consequentemente, da baixa renda. Essa é uma situação que perdura até os dias atuais em muitas regiões do país.

Diferentemente do que ocorreu em países desenvolvidos, no Brasil, muitos dos empregos no setor urbano-industrial eram mal remunerados e não proporcionavam condições adequadas de moradia, alimentação e transporte, nem atendiam a outras necessidades cotidianas básicas. Os agricultores dos países europeus ocidentais e dos Estados Unidos migraram para as cidades predominantemente por fatores de atração (maior densidade de comércio e serviços, salários mais altos, melhor qualidade de vida, etc.).

No Brasil, os fatores de repulsão (concentração de terras, baixos salários, desemprego, etc.) foram os que mais contribuíram para explicar o movimento migratório rural-urbano. É impossível entender as grandes desigualdades sociais do Brasil, que apresenta uma das maiores concentrações de renda do mundo, sem considerar esse fato. A opção pelo fortalecimento da agricultura familiar e a realização de reforma agrária, sobretudo nas décadas em que a população era predominantemente rural, poderiam ter proporcionado melhores condições de vida a milhões de famílias caso tivessem sido efetivadas.

Muitas famílias praticantes da agricultura de subsistência se mantêm cultivando terras sem proprietário (devolutas) ou ocupando propriedades improdutivas e mesmo algumas produtivas. Na foto, acampamento de trabalhadores sem-terra em fazenda de cana-de-açúcar em Messias (AL), 2015.

2. DESEMPENHO DA AGRICULTURA FAMILIAR E EMPRESARIAL

Uma política de desenvolvimento da produção agropecuária deve contemplar o abastecimento interno, a reforma agrária, o fortalecimento da agricultura familiar e o aumento das exportações.

As unidades familiares são fundamentais no espaço geoeconômico rural. As grandes propriedades produzem mais carne bovina, soja, café, cana-de-açúcar, laranja e arroz, enquanto nas unidades familiares predomina a produção de milho, batata, feijão, mandioca, carne suína, aves, ovos, leite, verduras, legumes e frutas. Observe o gráfico abaixo.

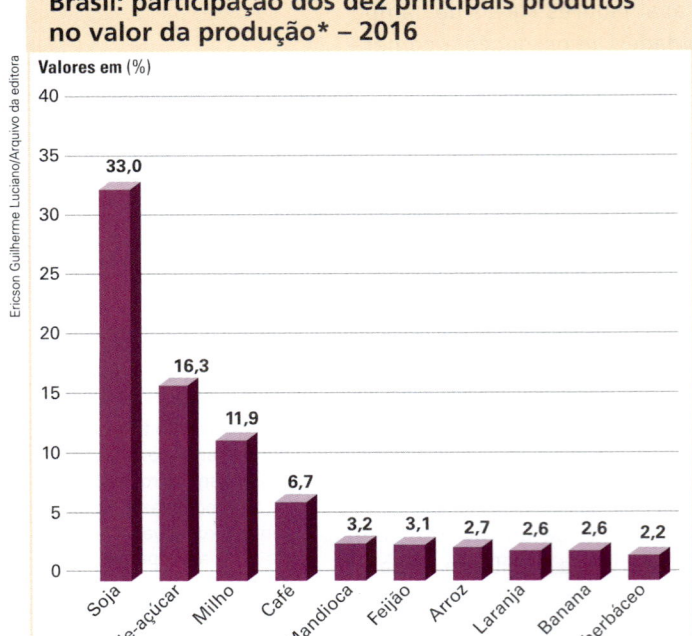

Quando analisamos a eficiência média da agricultura familiar, percebemos que nem todas elas estão nas mesmas condições. Por exemplo, uma família que tenha uma propriedade rural próxima a um grande centro urbano e produza alimentos de forma intensiva terá rentabilidade muito maior do que outra em que se pratique agricultura extensiva, em propriedade mais distante, por causa dos altos custos de transporte e de sua baixa produtividade.

Fonte: IBGE. *Produção agrícola municipal 2016*. Disponível em: <www.ibge.gov.br/estatisticas-novoportal/economicas/agricultura-e-pecuaria/9117-producao-agricola-municipal-culturas-temporarias-e-permanentes.html?=&t=o-que-e>. Acesso em: 4 jun. 2018.

* Nas lavouras permanentes, como laranjais ou cafezais, as plantas produzem frutos todos os anos; nas lavouras temporárias, como as de milho, soja e feijão, há apenas uma colheita por plantio.

Consulte a indicação dos *sites* do **Ministério da Agricultura, Pecuária e Abastecimento**, da **Secretaria Especial de Agricultura Familiar e do Desenvolvimento Agrário** e da **Empresa Brasileira de Pesquisa Agropecuária (Embrapa)**. Veja orientações na seção **Sugestões de textos, vídeos e *sites***.

Produção agrícola familiar com uso de estufa para cultivo de verduras em Campo Novo do Parecis (MT), 2016.

AS RELAÇÕES DE TRABALHO NA ZONA RURAL

No Brasil, em 2016, aproximadamente 14 milhões de pessoas (14% da PEA) trabalhavam em atividades agrícolas. Os Censos Agropecuários do IBGE, entre 1985 e 2017, revelaram que cerca de 8,3 milhões de trabalhadores abandonaram as atividades agropecuárias, o que significou, nesse período, uma redução de 34% no contingente de trabalhadores agrícolas. Apesar da diversidade de atividades econômicas que se desenvolvem no espaço rural brasileiro, como o turismo e toda a cadeia de serviços a ele associada (restaurantes, hospedagens, guias, entre outros), a agricultura familiar continua sendo a principal atividade geradora de empregos no campo. Sua importância e seu papel no crescimento econômico brasileiro vêm aumentando nos últimos anos, principalmente após o debate sobre temas como desenvolvimento sustentável, geração de emprego e renda, segurança alimentar e melhoria das condições de vida dos trabalhadores rurais.

Contudo, grande parcela das pessoas que atuam na agricultura familiar não consegue obter uma renda mínima que lhe assegure condições dignas de vida. Para criar os filhos e manter a família, muitos agricultores trabalham fora de suas propriedades, em outros estabelecimentos (familiares ou patronais), ou atuam em atividades não agrícolas.

Na zona rural brasileira, é possível encontrar as seguintes **relações de trabalho**:

- **Trabalho temporário:** os boias-frias (Centro-Sul), os corumbás (Nordeste e Centro-Oeste) ou os peões (Norte) são trabalhadores diaristas e temporários. Recebem por dia, de acordo com sua produtividade, e conseguem trabalho somente em determinadas épocas do ano.
- **Trabalho familiar:** caracteriza-se pelo predomínio da mão de obra familiar em pequenas e médias propriedades – de subsistência ou comercial – e representa cerca de 81% da mão de obra nos estabelecimentos agrícolas. No caso de a família obter bons índices de produtividade e rentabilidade, a qualidade de vida é boa e seus membros raramente têm necessidade de complementar a renda atuando em outras atividades. No entanto, no caso de a agricultura praticada pela família ser extensiva e de subsistência, seus membros são obrigados a complementar a renda com atividades temporárias em épocas de corte, colheita ou plantio nas grandes propriedades agroindustriais.
- **Trabalho assalariado:** empregados em fazendas, em agroindústrias e em médias e algumas pequenas propriedades. São trabalhadores que têm registro em carteira.
- **Parceria e arrendamento:** parceiros e arrendatários alugam a terra de um proprietário para cultivar alimentos ou criar gado. Como vimos no capítulo anterior, se o aluguel for pago em dinheiro, ocorre o arrendamento; se o aluguel for pago com parte da produção, combinada entre as partes, ocorre uma parceria.

Em algumas regiões do país, sindicatos organizados obtiveram grandes conquistas: os boias-frias passaram a ter direito a refeição quente no local de trabalho e a assistência médica e salários maiores que os dos colegas de áreas onde o movimento sindical é desarticulado. As estatísticas do número de trabalhadores temporários que atuam na agricultura são precárias, pois alguns boias-frias são também pequenos proprietários. Calcula-se que, aproximadamente, 10% da mão de obra agrícola trabalhe nessas condições. Na foto, trabalhadores rurais em parreiral de vinícola no município de Pinto Bandeira (RS), 2017.

Tales Azzi/Pulsar Imagens

- **Escravidão por dívida:** trata-se do aliciamento de mão de obra com falsas promessas. Geralmente, o trabalhador é contratado em regiões distantes dos locais de trabalho e transportado por conta do empregador, além de receber alimentação. Porém, ao ingressar na fazenda, é informado de que está endividado. Como tem de realizar as compras de sua alimentação no próprio estabelecimento, seu salário nunca é suficiente para quitar a dívida e ele fica aprisionado sob a vigilância de jagunços (capangas armados a serviço de fazendeiros).

Fonte: ANGELI. *Trabalho escravo*, 4 out. 2007. Disponível em: <http://reporterbrasil.org.br/2007/10/charge-angeli/>. Acesso em: 25 maio 2018.

PARA SABER MAIS

Posseiros e grileiros

Posseiros são trabalhadores rurais que ocupam terras sem possuir o título de propriedade. Para as ocupações, em geral, são escolhidas fazendas improdutivas que se encaixam nos pré-requisitos constitucionais da realização da reforma agrária, para pressionar o governo a desapropriá-las e realizar os assentamentos. Entretanto, a partir do início deste século, têm ocorrido com mais frequência invasões e destruição de propriedades produtivas, centros de pesquisa e órgãos públicos, o que configura uma ação ilegal. Em muitos casos, os enfrentamentos decorrentes dessas ações causam sérios conflitos e mortes entre lavradores, a polícia e os jagunços.

Grileiros são os invasores de terras que conseguem obter, mediante corrupção, uma falsa escritura de propriedade da terra. Costumam agir em áreas de expansão das fronteiras agrícolas ocupadas inicialmente por posseiros, o que causa grandes conflitos e inúmeras mortes.

Colheita de pinha no assentamento Senador Mansueto de Lavor, em Petrolina (PE), 2016.

3. O ESTATUTO DA TERRA E A REFORMA AGRÁRIA

A seguir, em *Outras leituras*, o agrônomo Francisco Graziano contextualiza historicamente o Estatuto da Terra (Lei Federal n. 4504/1964), promulgado para embasar um programa de reforma agrária que não foi realizado naquela época. Também analisa o que estava por trás de sua elaboração. Segundo o discurso oficial, buscava-se democratizar o acesso à propriedade rural, modernizar as relações de trabalho e de produção e, consequentemente, colaborar para o crescimento econômico do país.

O Estatuto da Terra possibilitou a realização de um censo agropecuário que fornecesse os dados estatísticos necessários à elaboração de uma política de reforma agrária. Para a realização desse censo, foi necessário classificar os imóveis rurais por categorias. No entanto, a adoção de uma unidade fixa de medida (por exemplo, 1 hectare) não bastaria para classificar os imóveis rurais de maneira realista. Por exemplo, um hectare no fértil e úmido Oeste paulista corresponde a uma realidade agrícola totalmente diferente da de um hectare no solo ácido do Cerrado ou no Semiárido nordestino. Para resolver essa dificuldade, criou-se uma unidade especial de medida de imóveis rurais – o **módulo rural**, derivado do conceito de propriedade familiar.

Pequeno agricultor em Joinville (SC), em 1965. Nessa época, a maioria das pessoas que viviam no campo tinha contato apenas esporádico com os centros urbanos e não possuía os meios de comunicação que existem atualmente para receber notícias de outros lugares. Para essas famílias, a falta de acesso a empréstimos e assistência técnica não lhes permitia melhorar as condições de produção e aumentar a renda.

OUTRAS LEITURAS

ESTATUTO DA TERRA, PROPRIEDADE FAMILIAR E MÓDULO RURAL

Estatuto da Terra

Temerosos com a expansão da Revolução Cubana, ocorrida em 1959, os Estados Unidos formularam a Aliança para o Progresso, política que estimulava reformas nas estruturas agrárias dos países latino-americanos, visando constituir uma vigorosa classe média rural no campo. Com anseios capitalistas e aspirações consumistas, essa classe média seria o melhor freio à revolução comunista na América Latina. Em outras palavras, era preferível à oligarquia rural entregar os anéis que os dedos.

O Estatuto da Terra, como é conhecida a Lei n. 4504/64, promulgada no governo de Castelo Branco, representou a expressão máxima dessa visão reformista defendida na época. O Estatuto propunha uma "solução democrática" à "opção socialista". Procurava, dessa forma, impulsionar o desenvolvimento do capitalismo no campo.

[...]

Ao contrário da divisão da propriedade, o capitalismo impulsionado pelo regime militar após 1964 promoveu a modernização do latifúndio através do crédito rural subsidiado e abundante. Toda a economia brasileira cresceu vigorosamente, urbanizando-se e industrializando-se, sem necessitar democratizar a posse da terra nem precisar do mercado interno rural. Era o mundo se globalizando, promovendo uma nova divisão internacional do trabalho.

GRAZIANO, Francisco. Estatuto da Terra. In: *BRASIL em foco 2000* [CD-ROM]. Brasília: Ministério das Relações Exteriores; São Paulo: Terceiro Nome, 2000.

O que é propriedade familiar e módulo rural?

O inciso II, do art. 4º, do Estatuto da Terra (Lei n. 4504/64), define como **propriedade familiar** o imóvel rural que, direta e pessoalmente explorado pelo agricultor e sua família, lhes absorva toda a força de trabalho, garantindo-lhes a subsistência e o progresso social e econômico, com área máxima fixada para cada região e tipo de exploração, e, eventualmente, trabalhado com a ajuda de terceiros.

O conceito de **módulo rural** é derivado do conceito de propriedade familiar, e, sendo assim, é uma unidade de medida, expressa em hectares, que busca exprimir a interdependência entre a dimensão, a situação geográfica dos imóveis rurais e a forma e as condições do seu aproveitamento econômico.

INSTITUTO NACIONAL DE COLONIZAÇÃO E REFORMA AGRÁRIA (Incra). Disponível em: <www.incra.gov.br/content/perguntas-frequentes-0>. Acesso em: 25 maio 2018.

O módulo rural apresenta área de dimensão variável, considerando basicamente três fatores:

- **Localização da propriedade:** se o imóvel rural se localiza próximo a um grande centro urbano, em região bem atendida por sistema de transportes, ele proporciona rendimentos maiores do que um imóvel mal localizado; por isso, terá área menor.
- **Fertilidade do solo e clima:** quanto mais propícias as condições naturais da região – relevo, solo, clima e hidrografia –, menor a área do módulo.
- **Tipo de produto cultivado e tecnologia empregada:** em uma região do país onde se cultiva mandioca ou batata, por exemplo, e se utilizam técnicas tradicionais, o módulo rural deve ser maior do que em uma região onde se cultivam os mesmos produtos, mas com emprego de tecnologia moderna.

Por lei, são considerados pequenas as propriedades com até 4 módulos rurais; médias, as de 4 a 15 módulos; e grandes, as que superam 15 módulos. Essa mudança foi necessária porque o art. 185 da Constituição, do capítulo que trata da reforma agrária, proíbe a desapropriação, para fins de assentamento rural, de pequenas e médias propriedades, assim como de grandes propriedades produtivas. Leia, na página seguinte, o trecho da Constituição que trata da reforma agrária.

> Consulte a indicação dos *sites* do **Instituto Nacional de Colonização e Reforma Agrária (Incra)** e do *Atlas da questão agrária brasileira*. Sugerimos também os filmes *Terra para Rose* e *O sonho de Rose: 10 anos depois*. Veja orientações na seção **Sugestões de textos, vídeos e *sites***.

Dois exemplos contrastantes de imóveis rurais: acima, empresa rural com cultivo mecanizado de milho em Cornélio Procópio (PR), em 2015; abaixo, agricultura familiar de frutas e verduras orgânicas em Pancas (ES), em 2015.

OUTRAS LEITURAS

A REFORMA AGRÁRIA NA CONSTITUIÇÃO DE 1988

Art. 184. Compete à União desapropriar por interesse social, para fins de reforma agrária, o imóvel rural que não esteja cumprindo sua função social, mediante prévia e justa indenização em títulos da dívida agrária, com cláusula de preservação do valor real, resgatáveis no prazo de até 20 (vinte) anos, a partir do segundo ano de sua emissão, e cuja utilização será prevista em lei.

Parágrafo 1º As benfeitorias úteis e necessárias serão pagas em dinheiro.

[...]

Art. 185. São insuscetíveis de desapropriação para fins de reforma agrária:

I – a pequena e média propriedade rural, assim definida em lei, desde que seu proprietário não possua outra;

II – a propriedade produtiva.

Art. 186. A função social é cumprida quando a propriedade rural atende, simultaneamente, segundo critérios e graus de exigência estabelecidos em lei, aos seguintes requisitos:

I – aproveitamento racional e adequado;

II – utilização adequada dos recursos naturais disponíveis e preservação do meio ambiente;

III – observância das disposições que regulam as relações de trabalho;

IV – exploração que favoreça o bem-estar dos proprietários e dos trabalhadores. [...]

BRASIL. Presidência da República. Casa Civil. Subchefia para Assuntos Jurídicos. *Constituição da República Federativa do Brasil de 1988*. Disponível em: <www.planalto.gov.br/ccivil_03/Constituicao/Constituicao.htm>. Acesso em: 25 maio 2018.

Apesar da realização de assentamentos nos últimos anos, ainda há grande concentração de terras em mãos de alguns poucos proprietários, enquanto a maioria dos produtores rurais detém uma parcela muito pequena da área agrícola do país. Observe o gráfico abaixo e veja que houve redução da área utilizada pelas propriedades de 1000 hectares ou mais e grande aumento da área utilizada por propriedades de 100 a menos de 1000 hectares. Já as pequenas propriedades (até 100 hectares) tiveram sua área praticamente estável. Essa redução das propriedades com mais de 1000 hectares é consequência do parcelamento de antigas áreas de criação extensiva de gado, atividade que se modernizou ao longo desse período.

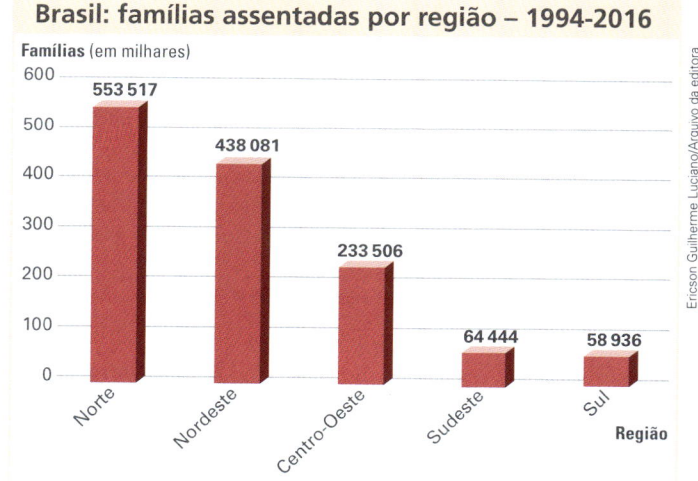

Fonte: INCRA. *Números da reforma agrária*. Disponível em: <www.incra.gov.br/tree/info/file/11934>. Acesso em: 25 maio 2018.

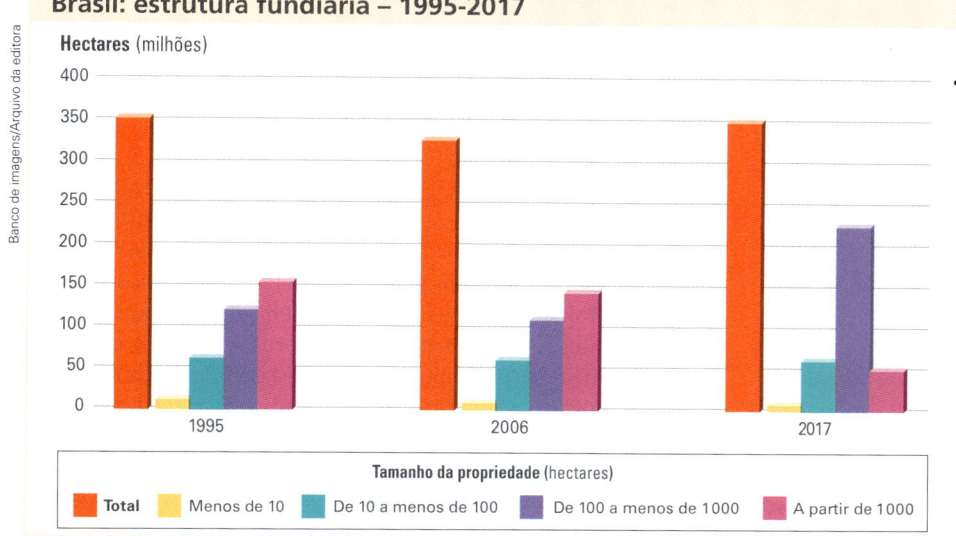

Segundo o Censo Agropecuário 2017, cerca de 89% das propriedades tinham até 100 hectares e ocupavam 20,5% da área agrícola do país; em contrapartida, cerca de 10% tinham mais de 100 hectares e ocupavam quase 80% dessa área.

Fonte: IBGE. *Censo Agropecuário 2017*. Resultados preliminares. Disponível em: <www.ibge.gov.br/estatisticas-novoportal/economicas/agricultura-e-pecuaria/21814-2017-censo-agropecuario.html?=&t=o-que-e>. Acesso em: 27 jul. 2018.

PENSANDO NO Enem

Em uma disputa por terras, em Mato Grosso do Sul, dois depoimentos são colhidos: o do proprietário de uma fazenda e o de um integrante do Movimento dos Trabalhadores Rurais Sem Terra:

Depoimento 1

A minha propriedade foi conseguida com muito sacrifício pelos meus antepassados. Não admito invasão. Essa gente não sabe de nada. Estão sendo manipulados pelos comunistas. Minha resposta será a bala. Esse povo tem que saber que a Constituição do Brasil garante a propriedade privada. Além disso, se esse governo quiser as minhas terras para a reforma agrária terá que pagar, em dinheiro, o valor que eu quero.

(Proprietário de uma fazenda em Mato Grosso do Sul).

Depoimento 2

Sempre lutei muito. Minha família veio para a cidade porque fui despedido quando as máquinas chegaram lá na usina. Seu moço, acontece que eu sou um homem da terra. Olho pro céu, sei quando é tempo de plantar e de colher. Na cidade não fico mais. Eu quero um pedaço de terra, custe o que custar. Hoje eu sei que não estou sozinho. Aprendi que a terra tem um valor social. Ela é feita para produzir alimento. O que o homem come vem da terra. O que é duro é ver que aqueles que possuem muita terra e não dependem dela para sobreviver pouco se preocupam em produzir nela.

(Integrante do Movimento dos Trabalhadores Rurais Sem Terra (MST) de Corumbá, MS).

1. Com base na leitura do depoimento 1, os argumentos utilizados para defender a posição do proprietário de terras são:
    I. A Constituição do país garante o direito à propriedade privada; portanto, invadir terras é crime.
    II. O MST é um movimento político controlado por partidos políticos.
    III. As terras são fruto do árduo trabalho das famílias que as possuem.
    IV. Este é um problema político e depende unicamente da decisão da justiça.
    Está(ão) correta(s) a(s) proposição(ões):
    a) I, apenas.
    b) I e IV, apenas.
    c) II e IV, apenas.
    d) I, II e III, apenas.
    e) I, III e IV, apenas.

Resolução

A alternativa correta é a **D**. O depoimento 1 cita o preceito constitucional que garante a propriedade privada, a manipulação política dos movimentos sociais e o trabalho dos antepassados para a obtenção da propriedade. Entretanto, essa é uma visão muito reducionista da questão da concentração de terras no Brasil. O depoimento induz ao entendimento incorreto de que os grandes proprietários são todos descendentes de antigos colonizadores, o que não é verdade. A concentração de terras no Brasil teve grande impulso com a Lei de Terras de 1850 e com o direcionamento de financiamento público a quem tivesse condições de contrair empréstimos de grande porte, o que sempre excluiu os pequenos proprietários e as famílias sem-terra.

2. Com base na leitura do depoimento 2, quais são os argumentos utilizados para defender a posição de um trabalhador rural sem-terra?
    I. A distribuição mais justa da terra no país está sendo resolvida, apesar de que muitos ainda não têm acesso a ela.
    II. A terra é para quem trabalha nela e não para quem a acumula como bem material.
    III. É necessário que se suprima o valor social da terra.
    IV. A mecanização do campo acarreta a dispensa de mão de obra rural.
    Está(ão) correta(s) a(s) proposição(ões):
    a) I, apenas.
    b) II, apenas.
    c) II e IV, apenas.
    d) I, II e III, apenas.
    e) I, III e IV, apenas.

Resolução

A alternativa correta é a **C**. No depoimento 2, o trabalhador se declara "homem da terra", que nela quer trabalhar e que foi despedido quando as máquinas chegaram à usina. Esse depoimento, além de citar o êxodo rural provocado pela modernização das técnicas agrícolas, destaca a questão da existência de muitas terras improdutivas no Brasil. É importante destacar que essas terras correspondem a áreas desmatadas que não são utilizadas para a produção; elas estão paradas e poderiam passar a produzir a partir do assentamento de famílias que nelas queiram desenvolver atividades agrícolas.

Essas questões trabalham a **Competência de área 2 – Compreender as transformações dos espaços geográficos como produto das relações socioeconômicas e culturais de poder** – e a **Habilidade 8 – Analisar a ação dos estados nacionais no que se refere à dinâmica dos fluxos populacionais e no enfrentamento de problemas de ordem econômico-social**. Trabalham também a **Competência de área 5 – Utilizar os conhecimentos históricos para compreender e valorizar os fundamentos da cidadania e da democracia, favorecendo uma atuação consciente do indivíduo na sociedade** – e a **Habilidade 25 – Identificar estratégias que promovam formas de inclusão social**.

4. PRODUÇÃO AGROPECUÁRIA BRASILEIRA

Como vimos no capítulo 34, em 2016, as atividades agropecuárias e a cadeia produtiva que as envolve foram responsáveis por 23% do PIB nacional. O Brasil é líder mundial na produção e exportação de café, açúcar, álcool e suco de frutas (sobretudo da laranja, responsável por mais da metade da produção, mas com destaque também para sucos de maçã, frutas vermelhas, tomate e uva), e o maior exportador mundial de soja, carne bovina, carne de frango, tabaco, couro e calçados de couro.

Os gráficos abaixo mostram a participação de cada estado brasileiro e das Grandes Regiões na produção agrícola. Atualmente, as fronteiras agrícolas se expandem principalmente pelo Centro-Oeste e pela periferia da Amazônia, em regiões de relevo relativamente plano – o que facilita a mecanização – e de solos e climas favoráveis, com uso de corretivos e, às vezes, de irrigação.

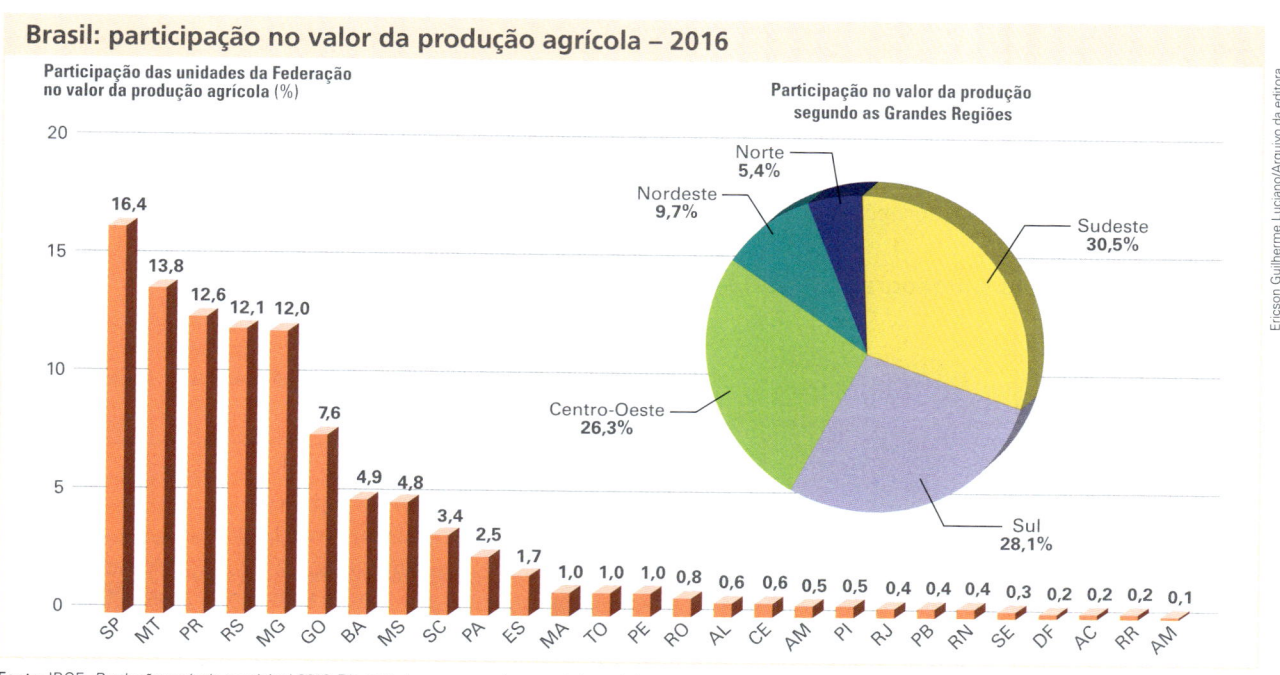

Fonte: IBGE. *Produção agrícola municipal 2016*. Disponível em: <www.ibge.gov.br/estatisticas-novoportal/economicas/agricultura-e-pecuaria/9117-producao-agricola-municipal-culturas-temporarias-e-permanentes.html?=&t=o-que-e>. Acesso em: 4 jun. 2018.

A estrutura produtiva do setor agropecuário é bastante heterogênea e conta, de um lado, com forte participação da agricultura familiar e, de outro, com a presença de grandes conglomerados nacionais (alguns dos quais já expandiram seus negócios para o exterior e se transformaram em transnacionais) e estrangeiros, que se posicionam entre os maiores do mundo.

No Brasil existem grandes frigoríficos de carne bovina, suína e de aves; usinas de açúcar e álcool; fábricas de suco de laranja e outras frutas; produtores e beneficiadores de soja e café. Na foto, frigorífico de carne suína em Chapecó (SC), 2017.

Segundo o Censo Agropecuário, em 2017, somente 15% dos estabelecimentos agrícolas brasileiros utilizavam tratores na preparação dos solos, cultivo ou colheita (um indicador básico de tecnologia no campo). A título de comparação: nos Estados Unidos e na França, mais de 90% dos estabelecimentos agrícolas possuem tratores.

As máquinas estavam fortemente concentradas no Centro-Sul, região com a agropecuária mais moderna do país e com a presença dos grandes conglomerados agroindustriais. Por meio do uso de tratores, é possível inferir sobre a utilização de outras tecnologias e serviços no campo brasileiro, que provavelmente é ainda menos comum: irrigação, seleção de sementes, assistência técnica especializada, uso de imagens de satélites e outras.

Observe, no mapa abaixo, as regiões onde se desenvolvem a agropecuária moderna e a tradicional, além da direção em que ocorre a expansão das fronteiras agrícolas. Veja também o mapa da página 23 do *Atlas*, que representa a hierarquia urbana e o grau de modernização agrícola no território brasileiro.

No Brasil, é grande o potencial de crescimento econômico decorrente do fortalecimento do agronegócio e da agricultura familiar. Além disso, relatórios de vários organismos internacionais, entre eles a Conferência das Nações Unidas sobre Comércio e Desenvolvimento (Unctad), revelam que deve haver grande demanda mundial por alimentos nos próximos anos e atribuem ao Brasil o papel de importante fornecedor de grãos, proteína animal e biocombustível.

Brasil: espaço geográfico – 2012

Fonte: SIMIELLI, Maria Elena. *Geoatlas*. 34. ed. São Paulo: Ática, 2013. p. 144.

O crescimento do comércio exterior de produtos agrícolas, porém, depende de os países desenvolvidos introduzirem mudanças em suas políticas agrícolas. O Brasil e outros países em desenvolvimento enfrentam restrições que os impedem de aumentar o volume de exportações em razão do protecionismo dos países mais ricos: por meio de uma série de medidas, aplicadas de forma isolada ou conjunta, eles protegem seu setor agrícola, além de concederem elevados subsídios a seus agricultores. Entre essas medidas, destacam-se:

- **barreiras tarifárias:** elevação dos impostos sobre os produtos importados;
- **barreiras não tarifárias:** geralmente utilizadas como argumento para restringir importações por meio de proibições, cotas ou mesmo sobretaxas. São elas:
    - **barreiras fitozoossanitárias:** alegação de que produtos da agropecuária correm risco de contaminação;
    - **cláusulas trabalhistas:** sobretaxa ou proibição de importação de produtos cultivados ou fabricados em países cujas leis trabalhistas sejam deficientes, os salários sejam baixos ou que utilizem trabalho escravo ou semiescravo;
    - **cláusulas ambientais:** sobretaxa ou proibição de importação de produtos cultivados ou fabricados em países onde ocorram agressões ambientais no processo de produção;
    - **embargo:** proibição de importação de qualquer produto de países governados por regimes ditatoriais, que abriguem grupos terroristas, pratiquem tortura, perseguição política ou religiosa e que não respeitem a Declaração Universal dos Direitos Humanos da ONU;
    - **estabelecimento de cotas de importação:** limitação da quantidade de produtos de determinado país que pode ingressar no mercado interno.

Além das dificuldades externas para a exportação de produtos agrícolas, há também fatores internos que reduzem o potencial de crescimento e a competitividade do Brasil:

- deficiências no setor de transportes e armazenagem, o que aumenta os custos operacionais;
- elevada carga tributária;
- baixa disponibilidade de crédito e financiamentos;
- falta de incentivo à formação de cooperativas;
- pequena abrangência espacial de energia elétrica na zona rural, inibindo investimentos em irrigação e armazenagem, entre outros.

Os agricultores dos países desenvolvidos resistem à perda de suas vantagens. Na foto, protesto de agricultores contra a queda nos preços dos produtos em Helsinque (Finlândia), em 2016. Segundo o sindicato da categoria, a queda nos preços tem colocado os agricultores sob grande pressão.

Rebanhos brasileiros – 2016	
Tipo de criação	Número de cabeças (em milhões)
Galináceos	1 350
Bovinos	218
Suínos	40
Ovinos	18,4
Caprinos	9,8
Equinos	5,6
Bubalinos	1,3

Fonte: IBGE. *Produção da pecuária municipal 2016*. Disponível em: <www.ibge.gov.br/estatisticas-novoportal/economicas/agricultura-e-pecuaria/9117-producao-agricola-municipal-culturas-temporarias-e-permanentes.html?=&t=o-que-e>. Acesso em: 4 jun. 2018.

Apesar das dificuldades mencionadas na página anterior, o Brasil ocupa, como vimos no capítulo 34, a 3ª posição mundial como exportador de produtos agrícolas, atrás apenas da União Europeia e dos Estados Unidos.

Em relação à criação de animais, as aves, sobretudo os galináceos, compõem o maior número; em 2016, a região Sudeste abrigava cerca de 42% da produção de ovos do país, enquanto a região Sul concentrava mais de 50% das aves que seriam abatidas para produção de carne e embutidos (veja foto a seguir). O segundo rebanho do país era o de bovinos, como podemos observar na tabela ao lado.

O crescimento da produção das regiões Centro-Oeste e Norte do país vem sendo registrado desde o fim da década de 1980, superando áreas tradicionais de pecuária bovina, como as do Sul. Os maiores rebanhos de bovinos estão localizados nos estados de Mato Grosso, Minas Gerais, Goiás e Mato Grosso do Sul, que juntos detinham 45% do total do país em 2016.

A **pecuária bovina** brasileira vem passando, desde a década de 1980, por uma mudança estrutural, deixando de ser predominantemente extensiva. Têm-se tornado cada vez mais frequentes a seleção de raças e a vacinação do gado, que é alimentado em pastos cultivados, no período chuvoso, e com ração, nos períodos de estiagem, características típicas da pecuária semi-intensiva ou intensiva, cada vez mais dominada por grandes empresas agroindustriais. Essas mudanças vêm ocorrendo também em regiões onde predominava a pecuária extensiva. É o caso do Sertão nordestino, da região Centro-Oeste e da periferia da Amazônia.

Outro fator importante para garantir as exportações (o Brasil ocupa a segunda posição mundial, superado somente pelos Estados Unidos) foi a "moratória dos grãos", instituída em 2006, e a "moratória da carne", de 2009. Trata-se de acordos efetivados entre distribuidores, como a Associação Brasileira das Indústrias de Óleos Vegetais (Abiove), a Associação Nacional dos Exportadores de Cereais (Anec), grandes frigoríficos, cadeias de supermercados e ONGs (como Greenpeace e WWF), cujas cláusulas definem o comprometimento de não comercializar produtos agropecuários de áreas desmatadas após 2006.

Criação de frangos para abate em Iraceminha (SC), em 2015.

ATIVIDADES

COMPREENDENDO CONTEÚDOS

1. De que forma o histórico de concentração de terras no Brasil se reflete na situação atual da organização da produção agropecuária?

2. O que vem acontecendo no Brasil, nas últimas décadas, com a participação da PEA dedicada às atividades agrícolas?

3. Cite alguns fatores que favorecem a exportação brasileira de produtos agrícolas. Cite outros que a dificultam.

4. Analise o gráfico da estrutura fundiária brasileira na página 669 e relacione-o com a questão da reforma agrária.

DESENVOLVENDO HABILIDADES

5. As relações de trabalho no campo têm um vínculo direto com o dinamismo da economia de um país. O texto a seguir mostra as condições do processo de ocupação do território americano por imigrantes a partir do século XIX e sua influência no dinamismo econômico daquele país, diferentemente do que ocorreu no território brasileiro na mesma época.

DIALOGANDO COM HISTÓRIA E SOCIOLOGIA

A questão agrária nos Estados Unidos

[...] Nos Estados Unidos, onde as oligarquias escravocratas foram derrotadas militarmente, as elites formadas de imigrantes e descendentes tinham uma clara consciência do país como uma nação em formação. Esta consciência se expressa claramente com o "Homestead Act", de 1862, que visava garantir legalmente a abertura do Oeste para as levas de imigrantes que começavam a afluir em massa da Europa.

É extremamente revelador notar que, um pouco antes, no Brasil, as elites escravocratas procuravam, ao contrário, fechar a fronteira agrícola através da "Lei de Terras", de 1850. Esta lei estabelecia que as terras devolutas não seriam passíveis de serem apropriadas livremente, mas somente contra o pagamento de uma dada importância, suficientemente elevada para impedir o acesso à terra pelos imigrantes europeus que começavam a vir para substituir o trabalho escravo nas lavouras de café e pelos futuros ex-escravos.

Ao aportar nos Estados Unidos, o imigrante tinha a opção de tentar uma colocação no setor urbano-industrial ou "ir para o Oeste". É claro que esta possibilidade de "tentar a sorte" no Oeste não era tão simples como nos mostram muitos filmes. Era necessário ter algum dinheiro para cobrir os gastos com a viagem e a instalação, bem como a luta pela posse efetiva da terra estava além da capacidade de incontáveis famílias de pioneiros. O balanço, no entanto, foi altamente positivo. O papel dinâmico do vasto setor agrícola formado por unidades familiares no processo de desenvolvimento econômico americano é conhecido.

Um fato que merece destaque é a escassez permanente de mão de obra que esta abertura da fronteira agrícola provocava. Existem estudos nos quais este fato é apontado como um dos principais fatores explicativos do maior dinamismo tecnológico observado nas atividades produtivas em geral, e especialmente na indústria americana, comparada com a Europa. O empresário americano, confrontado com esta pressão permanente dos custos com mão de obra, procurava inovar, introduzindo novos métodos produtivos que aumentavam a produtividade do trabalho. Do lado do setor agrícola, desde o início, a escassez relativa de mão de obra e a grande abundância de terras estimulavam a introdução de todo tipo de inovação que aumentasse a capacidade de trabalho do "farmer" americano. Desse modo, a ocupação do solo se fez de forma relativamente intensiva, manifestando-se um processo precoce de mecanização agrícola.

[...]

ROMEIRO, Ademar Ribeiro. Estados Unidos e Japão. In: *A reforma agrária no mundo*. Fundação Demócrito Rocha. (Universidade Aberta 3, Nordeste). Disponível em: <www.incra.gov.br/tree/info/file/2755>. Acesso em: 25 maio 2018.

Após a leitura do texto, reúnam-se em grupos, discutam e estabeleçam uma comparação entre a realidade americana e a brasileira nos dias atuais. Depois, escrevam um texto expressando a opinião de vocês. Para isso, considerem as seguintes questões:

a) A importância da democratização do acesso à terra para o desenvolvimento econômico dos Estados Unidos.

b) As diferenças históricas entre os Estados Unidos e o Brasil com relação ao problema fundiário.

c) O acesso à propriedade fundiária, em diferentes períodos, como suporte para consolidar o mercado interno e fortalecer a democracia.

VESTIBULARES
DE NORTE A SUL

TESTES

1. **S** **(UFRGS-RS)** Observe a charge abaixo.

Fonte: <http://www.marciobaraldi.com.br/baraldi2/component/joomgallery/?func=detail&id=178>. Acesso em: 18 set. 2017.

Assinale a alternativa que indica a correta relação, ilustrada pelos dois quadros.

a) O êxodo rural causou a redução dos empregos no campo, intensificou a urbanização do Brasil e gerou o crescimento desorganizado das cidades.

b) A mecanização das áreas rurais gerou desemprego no campo, mas propiciou melhores ofertas de trabalho e condições de vida nas áreas urbanas.

c) Os latifúndios contribuíram para uma melhor distribuição das terras nas áreas rurais, redistribuindo a população nas áreas urbanas.

d) As cidades atraíram os trabalhadores rurais que optaram por oportunidades de trabalho mais vantajosas.

e) A política agrária modernizou o trabalho no campo, concentrou a posse da terra e gerou, em condições precárias, o êxodo rural dos migrantes para as cidades.

2. **SE** **(Unicamp-SP)** Assinale a alternativa correta sobre a presença de agrotóxicos e de sementes transgênicas na agricultura brasileira.

a) O uso de agrotóxicos e sementes transgênicas associa-se à busca de maior produtividade, sobretudo em áreas de fronteira agrícola.

b) As sementes transgênicas e o uso de agrotóxicos adequados ampliaram o interesse de países da União Europeia pelos produtos agrícolas brasileiros.

c) O uso de agrotóxicos no Brasil reduziu a necessidade de aproveitamento das sementes transgênicas nos cultivos agrícolas de grãos no país.

d) Por ser signatário de acordos internacionais, o Brasil reduziu o uso de agrotóxicos e sementes transgênicas em áreas próximas a mananciais.

3. **SE** **(Fuvest-SP)** As primeiras práticas de agricultura datam de, aproximadamente, 10 000 anos. Neste período, ocorreram inúmeras transformações na sua base técnica, mas é, no decorrer da segunda metade do século XX, que a revolução agrícola contemporânea, fundada na elevada motorização-mecanização, na seleção de variedades de plantas e de raças de animais e na ampla utilização de corretores de pH dos solos, de fertilizantes, de ração animal e de insumos químicos para as plantas e para os animais domésticos, progrediu vigorosamente nos países desenvolvidos e em alguns setores limitados dos países subdesenvolvidos.

Marcel Mazoyer & Laurence Roudart. *História das agriculturas no mundo: do neolítico à crise contemporânea*, São Paulo: Unesp; Brasília: NEAD, 2010. Adaptado.

As transformações ocorridas na agricultura após meados do século XX foram reconhecidas como revolução verde, sobre a qual se pode afirmar:

a) Sua concepção foi desenvolvida no Japão e nos Tigres Asiáticos após a II Guerra Mundial.

b) Contribuiu para a ampliação da diversificação das espécies e do controle das sementes pelos pequenos agricultores.

c) Seus parâmetros produtivos estavam fundados, desde sua origem, em preservar e proteger a biodiversidade nas áreas de cultivo.

d) Com sua expansão, na África e no sudeste Asiático, as populações rurais puderam alcançar padrões de consumo semelhantes aos das grandes metrópoles.

e) Foi baseada na inovação científica e está atrelada à grande produção de grãos em extensas áreas de monocultura.

4. NE **(Uece)** A soja brasileira representa um dos mais importantes produtos para a economia nacional.

Analise as seguintes afirmações sobre esse grão:
  I. A soja é uma planta originalmente nativa do Brasil. Contudo, durante a colonização do território foi levada para a Europa, sendo introduzida mais tarde na Ásia e EUA.
  II. A partir da década de 1960 surgem as primeiras lavouras comerciais no Brasil, que se integraram rapidamente no sistema de rotação com milho e em sucessão às culturas do trigo, cevada e aveia.
  III. Dentre os fatores responsáveis pela difusão da soja no Brasil, está a política de incentivo ao plantio do grão visando à autossuficiência nacional, estabelecendo a soja como cultura economicamente importante para o Brasil.

Está correto o que se afirma em
a) I e II apenas.
b) II e III apenas.
c) I e III apenas.
d) I, II e III.

5. SE **(UFMG)** Considerando-se o atual estágio da agricultura mundial, é INCORRETO afirmar que:
a) A agricultura voltada para o mercado interno, em países como o Brasil, ao incorporar insumos e tecnologias gerados pelo agronegócio, pode promover elevação dos preços dos alimentos para o consumidor.
b) A maior disponibilidade de terras agrícolas, em escala planetária, é encontrada nas zonas temperadas, onde a fragilidade dos solos constitui obstáculo à expansão de sua exploração.
c) A produção global de alimentos, na atualidade, é capaz de atender ao consumo em escala planetária, embora a ingestão de alimentos por parcela da população mundial ainda se dê de forma insuficiente em quantidade e diversidade.
d) As restrições geográficas impostas, em decorrência de determinadas condições de clima, solo e relevo, a um numeroso grupo de cultivos são, em grande parte, satisfatoriamente contornadas por práticas de manejo modernas.

6. NE **(UEPB)**

[...] a Fazenda Tamanduá [no Sertão da Paraíba] produz mangas para exportação, gado de leite da raça pardo suíço e criação de abelhas. Estas três atividades não foram escolhidas aleatoriamente; elas são integradas para diminuir custos. Assim, as abelhas polinizam as mangueiras, que periodicamente são podadas e seus galhos, junto ao estrume das vacas e outros componentes, são utilizados para a elaboração do composto, a matéria fertilizante do solo e pastagens.

(Disponível em: <http://www.sna.agr.br/congresso/outros/5cong_106_anos.pdf>.)

Com base no recorte do artigo transcrito podemos afirmar que a referida produção agrícola é do tipo:
a) Transgênico, que revolucionou a produção agropecuária realizando a melhoria genética através da seleção planejada, e do cruzamento controlado das sementes.
b) Jardinagem, que utiliza técnicas de terraceamento para preservar o solo evitando a erosão, mantendo a sua fertilidade.
c) *Plantation*, que emprega grandes capitais para garantir a produção em larga escala de gêneros tropicais para exportação.
d) Itinerante, ainda muito empregado nas regiões mais pobres do mundo, onde os agricultores não dispõem de capitais e técnicas sofisticadas.
e) Orgânico, que se baseia em métodos sustentáveis para o meio ambiente e a sociedade.

QUESTÕES

7. SE **(Uerj)** A intervenção humana tem impactos significativos sobre os solos. Há um milênio, os agricultores ao redor do mundo plantavam nas encostas "utilizando o contorno", ao fazer sulcos ou montes que percorriam a encosta. Contudo, também era comum plantar e colher na planície de inundação e construir habitações em terrenos vizinhos mais altos. As enchentes eram vistas como bênçãos.

Adaptado de CHRISTOPHERSON, R. W. *Geossistemas*: uma introdução à geografia física. Porto Alegre: Bookman, 2012.

Cite o nome da técnica agrícola de plantar "utilizando o contorno", justificando a vantagem de sua utilização. Em seguida, explique por que as enchentes eram vistas como "bênçãos" no passado.

8. NE **(Uema)** Leia o fragmento para responder à questão.

A partir da década de 1960, o período conhecido como Revolução Verde caracterizou-se pelo aumento do controle humano sobre os processos naturais e pelo domínio de técnicas que impulsionaram o aumento da produção agrícola, em especial o uso de produtos químicos, tais como fertilizantes, adubos e agrotóxicos.

Fonte: TERRA, L.; ARAÚJO, R.; GUIMARÃES, R. B. *Geografia Conexões*: estudos de Geografia Geral e do Brasil. 2. ed. São Paulo: Moderna Plus, 2010.

a) Além das características apresentadas no texto, descreva dois avanços produtivos obtidos com a Revolução Verde.
b) Relacione os efeitos sociais desses avanços nos países em desenvolvimento.

CAIU NO Enem

1. Com a Lei de Terras de 1850, o acesso à terra só passou a ser possível por meio da compra com pagamento em dinheiro. Isso limitava, ou mesmo praticamente impedia, o acesso à terra para os trabalhadores escravos que conquistavam a liberdade.

   OLIVEIRA, A. U. Agricultura brasileira: transformações recentes. In: ROSS, J. L. S. Geografia do Brasil. São Paulo: Edusp, 2009.

   O fato legal evidenciado no texto acentuou o processo de
   a) reforma agrária.
   b) expansão mercantil.
   c) concentração fundiária.
   d) desruralização da elite.
   e) mecanização da produção.

2. Os produtores de Nova Europa (SP) estão insatisfeitos com a proibição da queima e do corte manual de cana, que começou no sábado (01/03/2014) em todo o estado de São Paulo. Para eles, a produção se torna inviável, já que uma máquina chega a custar R$ 800 mil e o preço do corte dobraria. Além disso, a mecanização cortou milhares de postos de trabalho.

   Sociedade Brasileira dos Especialistas em Resíduos das Produções Agropecuárias e Agroindustrial (SBERA). Com proibição da queima, produtores dizem que corte de cana fica inviável. Disponível em: <http://sbera.org.br>. Acesso em: 25 mar. 2014.

   A proibição imposta aos produtores de cana tem como objetivo
   a) restringir o fluxo migratório e o povoamento da região.
   b) aumentar a lucratividade dos canaviais e do setor sucroenergético.
   c) reduzir a emissão de poluentes e o agravamento dos problemas ambientais.
   d) promover o desenvolvimento e a sustentabilidade da indústria intermediária.
   e) estimular a qualificação e a promoção da mão de obra presente nos canaviais.

3. A expansão da fronteira agrícola chega ao semiárido do Nordeste do Brasil com a implantação de empresas transnacionais e nacionais que, beneficiando-se do fácil acesso à terra e água, se voltam especialmente para a fruticultura irrigada e o cultivo de camarões. O modelo de produção do agro-hidronegócio caracteriza-se pelo cultivo em extensas áreas, antecedido pelo desmatamento e consequente comprometimento da biodiversidade.

   Disponível em: <www.abrasco.org.br>. Acesso em: 22 out. 2015 (adaptado).

   As atividades econômicas citadas no texto representam uma inovação técnica que trouxe como consequência para a região a
   a) intensificação da participação no mercado global.
   b) ampliação do processo de redistribuição fundiária.
   c) valorização da diversidade biológica.
   d) implementação do cultivo orgânico.
   e) expansão da agricultura familiar.

4. Empreende-se um programa de investimentos em infraestrutura para oferecer as condições materiais necessárias ao processo de transformação do território nacional em um espaço da economia global. Nessa configuração territorial, destacam-se hoje pontos de concentração de tecnologias de ponta. É o caso da chamada agricultura de precisão. Nos pomares paulistas, começou a ser utilizada uma máquina, de origem norte-americana, capaz de colher cem pés de laranja por hora, sob o controle de computadores.

   SANTOS, M.; SILVEIRA, M. L. O Brasil: território e sociedade no início do séc. XXI. Rio de Janeiro: Record, 2001.

   Qual a consequência socioambiental, no Brasil, da implementação da tecnologia exemplificada no texto?
   a) A diminuição do uso intensivo do solo.
   b) O rebaixamento do nível dos aquíferos locais.
   c) A desestimulação do modelo orgânico de cultivo.
   d) A redução da competitividade do pequeno produtor.
   e) O enfraquecimento da atividade policultora de exportação.

5. A segurança alimentar perseguida por cada agrupamento humano ao longo da história passa a depender atualmente de algumas poucas corporações multinacionais que passam a deter uma posição privilegiada nas novas relações sociais e de poder. Essa concentração de dependência no ano de 2001 se aplica a cada um dos quatro principais grãos – trigo, arroz, milho e soja –, de forma que cerca de 90% da alimentação da população mundial procede de apenas 15 espécies de plantas e de 8 espécies de animais.

   PORTO-GONÇALVES, C. W. Geografia da riqueza, fome e meio ambiente. In: OLIVEIRA, A. U.; MARQUES, M. I. M. (Org.). O campo no século XXI: território de vida, de luta e de construção da justiça social. São Paulo: Casa Amarela; Paz e Terra, 2004 (adaptado).

   Uma medida de segurança alimentar que contesta o modelo descrito é o(a):
   a) estímulo à mecanização rural.
   b) ampliação de áreas de plantio.
   c) incentivo à produção orgânica.
   d) manutenção da estrutura fundiária.
   e) formalização do trabalhador do campo.

6. A utilização dos métodos da Revolução Verde (RV) fez com que aumentasse dramaticamente a produção mundial de alimentos nas quatro últimas décadas, tanto assim que agora se produz comida suficiente para alimentar todas as pessoas do mundo. Mas o fundamental é que, apesar de todo esse avanço, a fome continua a assolar vastas regiões do planeta.

LACEY, H.; OLIVEIRA, M. B. Prefácio. In: SHIVA, V. *Biopirataria*: a pilhagem da natureza e do conhecimento. Petrópolis: Vozes, 2001.

O texto considera que para erradicar a fome é necessário
a) distribuir a renda.
b) expandir a lavoura.
c) estimular a migração.
d) aumentar a produtividade.
e) desenvolver a infraestrutura.

7. A singularidade da questão da terra na África Colonial é a expropriação por parte do colonizador e as desigualdades raciais no acesso à terra. Após a independência, as populações de colonos brancos tenderam a diminuir, apesar de a proporção de terra em posse da minoria branca não ter diminuído proporcionalmente.

MOYO, S. A terra africana e as questões agrárias: o caso das lutas pela terra no Zimbábue. In: FERNANDES, B. M.; MARQUES, M. I. M.; SUZUKI, J. C. (Org.). *Geografia agrária*: teoria e poder. São Paulo: Expressão Popular, 2007.

Com base no texto, uma característica socioespacial e um consequente desdobramento que marcou o processo de ocupação do espaço rural na África subsaariana foram:
a) Exploração do campesinato pela elite proprietária – Domínio das instituições fundiárias pelo poder público.
b) Adoção de práticas discriminatórias de acesso à terra – Controle do uso especulativo da propriedade fundiária.
c) Desorganização da economia rural de subsistência – Crescimento do consumo interno de alimentos pelas famílias camponesas.
d) Crescimento dos assentamentos rurais com mão de obra familiar – Avanço crescente das áreas rurais sobre as regiões urbanas.
e) Concentração das áreas cultiváveis no setor agroexportador – Aumento da ocupação da população pobre em territórios agrícolas marginais.

8. Coube aos Xavante e aos Timbira, povos indígenas do Cerrado, um recente e marcante gesto simbólico: a realização de sua tradicional corrida de toras (de buriti) em plena Avenida Paulista (SP), para denunciar o cerco de suas terras e a degradação de seus entornos pelo avanço do agronegócio.

RICARDO, B.; RICARDO, F. *Povos indígenas do Brasil*: 2001-2005. São Paulo: Instituto Socioambiental, 2006 (adaptado).

A questão indígena contemporânea no Brasil evidencia a relação dos usos socioculturais da terra com os atuais problemas socioambientais, caracterizados pelas tensões entre
a) a expansão territorial do agronegócio, em especial nas regiões Centro-Oeste e Norte, e as leis de proteção indígena e ambiental.
b) os grileiros articuladores do agronegócio e os povos indígenas pouco organizados no Cerrado.
c) as leis mais brandas sobre o uso tradicional do meio ambiente e as severas leis sobre o uso capitalista do meio ambiente.
d) os povos indígenas do Cerrado e os polos econômicos representados pelas elites industriais paulistas.
e) o campo e a cidade no Cerrado, que faz com que as terras indígenas dali sejam alvo de invasões urbanas.

9. A irrigação da agricultura é responsável pelo consumo de mais de 2/3 de toda a água retirada dos rios, lagos e lençóis freáticos do mundo. Mesmo no Brasil, onde achamos que temos muita água, os agricultores que tentam produzir alimentos também enfrentam secas periódicas e uma competição crescente por água.

MARAFON, G. J. et al. *O desencanto da terra*: produção de alimentos, ambiente e sociedade. Rio de Janeiro: Garamond, 2011.

No Brasil, as técnicas de irrigação utilizadas na agricultura produziram impactos socioambientais como
a) Redução do custo de produção
b) Agravamento da poluição hídrica
c) Compactação do material do solo
d) Aceleração da fertilização natural
e) Redirecionamento dos cursos fluviais

10. O Centro-Oeste apresentou-se como extremamente receptivo aos novos fenômenos da urbanização, já que era praticamente virgem, não possuindo infraestrutura de monta, nem outros investimentos fixos vindos do passado. Pôde, assim, receber uma infraestrutura nova, totalmente a serviço de uma economia moderna.

SANTOS, M. *A Urbanização Brasileira*. São Paulo: Edusp, 2005 (adaptado).

O texto trata da ocupação de uma parcela do território brasileiro. O processo econômico diretamente associado a essa ocupação foi o avanço da
a) industrialização voltada para o setor de base.
b) economia da borracha no sul da Amazônia.
c) fronteira agropecuária que degradou parte do cerrado.
d) exploração mineral na Chapada dos Guimarães.
e) extrativismo na região pantaneira.

SUGESTÕES DE TEXTOS, VÍDEOS E *SITES*

Os acessos aos *sites* indicados nesta seção foram feitos em junho de 2018.

TEXTOS

ABC do desenvolvimento urbano
Marcelo Lopes de Souza. Rio de Janeiro: Bertrand Brasil, 2003.

Livro de divulgação científica voltado às pessoas leigas com o intuito de qualificá-las para o debate sobre a cidade e os problemas urbanos, discussão da qual todos os cidadãos, e não apenas os especialistas, devem participar.

A crise financeira sem mistérios
Ladislau Dowbor. *Le Monde Diplomatique Brasil*. São Paulo, 21 jan. 2009. Disponível em: <http://diplomatique.org.br/a-crise-financeira-sem-misterios>.

O artigo esmiúça a crise financeira de 2008 originada no mercado imobiliário *subprime* dos Estados Unidos.

A deriva dos continentes
Samuel Murgel Branco e Fábio Cardinale Branco. São Paulo: Moderna, 1996.

Apresenta a formação e a estrutura do nosso planeta, a teoria de Wegener, o paleomagnetismo e algumas relações entre energia, cadeias alimentares e a vida.

A experiência europeia fracassou? Debate sobre a União Europeia e suas perspectivas
Josef Joffe et al. Rio de Janeiro: Campus/Elsevier, 2012.

Tentando responder à pergunta do título, foram reunidos quatro debatedores para analisar a crise pela qual passa a União Europeia e traçar seus possíveis desdobramentos.

A ferro e fogo: a história e a devastação da Mata Atlântica brasileira
Warren Dean. São Paulo: Companhia das Letras, 1998.

Apresenta a evolução biogeográfica da floresta e a forma como o desenvolvimento das atividades econômicas dizimou quase toda a Mata Atlântica.

África e Brasil africano
Marina de Mello e Souza. 3. ed. São Paulo: Ática, 2012.

A professora aborda o que existe de africano no Brasil, além de descrever e analisar a África. Obra de referência para quem busca conhecer uma face da história do Brasil que ainda precisa ser entendida.

A Geografia: isso serve, em primeiro lugar, para fazer a guerra
Yves Lacoste. 19. ed. Campinas, SP: Papirus, 2011.

Esse livro gerou muita polêmica quando foi lançado porque aponta o aspecto ideológico da "Geografia dos professores", que ao longo de muito tempo serviu para mascarar a "Geografia dos Estados Maiores", ou seja, os interesses geopolíticos dos Estados nacionais e geoeconômicos das grandes corporações.

A globalização em xeque: incertezas para o século XXI
Bernardo de Andrade Carvalho. 5. ed. São Paulo: Atual, 2005.

O autor analisa o papel das multinacionais, a crescente importância dos mercados financeiros e a crise dos países emergentes, entre outros aspectos da globalização.

Agricultura sustentável
Araci Kamiyama. São Paulo: Secretaria do Meio Ambiente, 2012. Disponível em: <http://arquivos.ambiente.sp.gov.br/publicacoes/2016/12/13-agricultura-sustentavel-2012.pdf>.

A obra apresenta um breve histórico da evolução das técnicas agrícolas, da agricultura sustentável e da agroecologia, entre outros temas.

A industrialização brasileira
Sonia Mendonça. São Paulo: Moderna, 1997.

Essa obra analisa o processo de industrialização brasileira desde sua proibição na era colonial até o período da ditadura militar (1964-1985), refletindo sobre o papel do Estado nesse processo.

Alemanha: da divisão à reunificação
Serge Cosseron. 3. ed. São Paulo: Ática, 2001.

Cosseron analisa a divisão da Alemanha no pós-guerra, sua situação geopolítica ao longo da Guerra Fria e sua reunificação em 1990.

As relações internacionais da Ásia e da África
Paulo Fagundes Vizentini. Petrópolis, RJ: Vozes, 2007.

O colonialismo e a descolonização na Ásia e na África, assim como os problemas atuais, são discutidos na obra. Analisa-se também a recente ascensão da Ásia como polo de poder.

Atlas geográfico escolar
IBGE. 7. ed. Rio de Janeiro, 2016. Disponível em: <http://atlasescolar.ibge.gov.br>.

Voltado para alunos de Ensino Médio, esse atlas traz algumas noções básicas de Astronomia na seção "Nosso lugar no universo". Pode ser consultado em papel ou em versão on-line no portal do IBGE.

A seção "Introdução à cartografia" traz algumas noções básicas dessa disciplina que auxiliam na leitura e na interpretação de mapas, cartas e plantas e oferece uma grande quantidade de mapas temáticos do Brasil e do mundo.

Brasil: paisagens naturais: espaço, sociedade e biodiversidade nos grandes biomas brasileiros
Marcelo Leite. São Paulo: Ática, 2007.

Livro bem ilustrado e de leitura agradável que aborda localização, características físicas, biodiversidade, população, economia e conservação dos biomas brasileiros.

Cartografia básica
Paulo Roberto Fitz. São Paulo: Oficina de Textos, 2008.

Em linguagem acessível, aborda os temas básicos da Cartografia: escalas, tipos de representações, projeções, cartografia temática, aerofotogrametria, sensoriamento remoto e gráficos.

China: o renascimento do império
Cláudia Trevisan. São Paulo: Planeta do Brasil, 2006.

A jornalista Cláudia Trevisan, correspondente da Folha de S.Paulo em Pequim, em 2004, fez um mapeamento panorâmico da China contemporânea do ponto de vista social, econômico e político.

Clima e meio ambiente
José Bueno Conti. São Paulo: Atual, 2011.

Analisa os mecanismos do clima, os fenômenos climáticos, algumas relações do ser humano com a natureza e os climas urbano e rural.

Colosso: ascensão e queda do império americano
Niall Ferguson. São Paulo: Planeta do Brasil, 2011.

O historiador britânico Niall Ferguson analisa as origens do império americano e faz algumas projeções sobre seu futuro em um mundo multipolar.

Compreender o mundo
Pascal Boniface. São Paulo: Editora Senac, 2011.

Obra em três partes: a parte I analisa questões como a globalização, o poder e as instituições internacionais; a parte II, a situação das potências mundiais e regionais; e a III, alguns dos desafios do mundo atual.

Diversidade étnica, conflitos regionais e direitos humanos
Tulio Vigevani et al. São Paulo: Ed. da Unesp, 2008.

Nessa obra, os autores discutem os significados de etnia, nação e Estado e analisam alguns dos conflitos regionais mais significativos e sua ligação com a questão dos direitos humanos.

Economia brasileira
Antonio Correia de Lacerda (Org.). 5. ed. São Paulo: Saraiva, 2013.

Analisa a evolução histórica da economia brasileira do período colonial, a expansão cafeeira e o processo de substituição de importações, desde as origens do processo de industrialização até o II Plano Nacional de Desenvolvimento.

Energia alternativa: solar, eólica, hidrelétrica e de biocombustíveis
Marek Walisiewicz. São Paulo: Publifolha, 2008.

Analisa as fontes alternativas de energia, considerando seus aspectos econômicos, ambientais e políticos.

Energia e meio ambiente
Samuel Murgel Branco. São Paulo: Moderna, 2004.

Analisa a importância da energia para a sociedade, sua disponibilidade na natureza, as fontes alternativas, os combustíveis fósseis e os problemas ambientais, entre outros temas.

Geoprocessamento sem complicação
Paulo Roberto Fitz. São Paulo: Oficina de Textos, 2008.

Aborda os aspectos mais importantes do geoprocessamento. Discute também a estrutura e as funções de um sistema de informações geográficas (SIG).

Globalização a olho nu: o mundo conectado
Clóvis Brigagão e Gilberto Rodrigues. 2. ed. São Paulo: Moderna, 2004.

Os autores abordam a globalização sob vários pontos de vista: econômico, social, político, cultural e ambiental.

Gráficos e mapas: construa-os você mesmo
Marcello Martinelli. São Paulo: Moderna, 1998.

Ensina de forma prática como fazer diversos tipos de gráficos e de mapas temáticos.

História da riqueza do homem: do feudalismo ao século XXI
Leo Huberman. 22. ed. Rio de Janeiro: LTC, 2011.

Clássico da história econômica, analisa a transição do feudalismo ao capitalismo e a evolução desse sistema econômico até o presente.

História das mulheres no Brasil
Mary Del Priori (Org.). São Paulo: Contexto, 2004.

A obra apresenta como nasciam, viviam e morriam as mulheres desde o Brasil colonial. Aborda diversos extratos sociais e os mais diferentes espaços.

História dos índios no Brasil
Manuela Carneiro da Cunha (Org.). 2. ed. São Paulo: Companhia das Letras/Secretaria Municipal de Cultura/Fapesp, 1998.

Coletânea de artigos sobre a história e a política indígenas. Na introdução, a organizadora faz uma interessante análise, considerando a população indígena um agente histórico, rompendo com a visão tradicional de que eles foram agentes passivos dos eventos protagonizados pelos europeus.

Mapas da Geografia e Cartografia Temática
Marcello Martinelli. 5. ed. São Paulo: Contexto, 2010.

Discute os fundamentos metodológicos da Cartografia Temática e analisa os métodos de representação: qualitativa, quantitativa, ordenada e dinâmica.

Meteorologia prática
Artur Gonçalves Ferreira. São Paulo: Oficina de Textos, 2006.

Trata dos fundamentos de sensoriamento remoto, satélites meteorológicos, composição e outras características da atmosfera, circulação global, tempestades e outros temas, com riqueza de ilustrações.

Minerais, minérios, metais. De onde vêm? Para onde vão?
Eduardo Leite do Canto. São Paulo: Moderna, 2000.

Apresenta alguns conceitos e a história geológica da Terra. Analisa as questões físicas, econômicas, sociais e ambientais ligadas à extração de ouro, ferro, alumínio e outros metais.

O abc da crise
Sérgio Sister (Org.). São Paulo: Fundação Perseu Abramo, 2009.

Coletânea de vinte textos que procuram explicar, de uma perspectiva não liberal, as causas da crise financeira mundial que teve origem nos Estados Unidos.

O ABCD da Astronomia e Astrofísica
Jorge Ernesto Horvath. São Paulo: Livraria da Física, 2008.

Trata dos temas mais importantes da Astronomia. No capítulo 2, por exemplo, analisa o planeta Terra: sua forma, seus movimentos, as estações do ano, etc.

O fim da URSS: origens e fracasso da perestroika
Jacob Gorender. 11. ed. São Paulo: Atual, 2003.

Mostra as contradições políticas e econômicas do socialismo real, que levaram ao colapso desse sistema e ao fim da antiga superpotência.

O futuro das cidades
Julio Moreno. São Paulo: Senac, 2002.

Analisa a cidade de diversas perspectivas – na história, ao longo do século XX, a autossustentável, a digital – e a reforma urbana no Brasil. Apresenta também um pequeno glossário.

O que é capital?
Ladislau Dowbor. 10. ed. São Paulo: Brasiliense, 2003.

Analisa as formas que o capital assume, quem o cria, quem dele se apropria e com qual finalidade. Versão expandida no site: <http://dowbor.org/2003/10/o-que-e-capital-2.html/>.

O que é capitalismo
Afrânio Mendes Catani. 35. ed. São Paulo: Brasiliense, 2011.

Analisa o que é o capitalismo com base nas obras clássicas de Karl Marx e Max Weber e em estudos mais recentes.

O que são relações internacionais
Gilberto Marcos Antonio Rodrigues. 2. ed. São Paulo: Brasiliense, 2009.

Analisa a importância da disciplina Relações Internacionais na compreensão dos acontecimentos geopolíticos, econômicos e culturais do mundo.

Os Brics e a ordem global
Andrew Hurrel (Org.). São Paulo: FGV, 2009.

Os artigos dessa coletânea analisam a política externa dos países do grupo Brics e suas estratégias de atuação, sobretudo na relação com os Estados Unidos.

O trabalho na economia global
Paulo Sérgio do Carmo. 2. ed. São Paulo: Moderna, 2004.

Discutem-se as mudanças tecnológicas e socioeconômicas que vêm ocorrendo como resultado da Revolução Técnico-Científica e os impactos delas no mundo do trabalho.

Terrorismo, religião, liberdade de expressão... confusão!
Eustáquio de Sene. In: Jussara Fraga Portugal (Org.). *Educação geográfica: temas contemporâneos*. Salvador: EDUFBA, 2017. p. 113-129.

A partir dos atentados terroristas contra Paris (Charlie Hebdo, Bataclan, etc.), o autor analisa as complexas e contraditórias conexões entre terrorismo, religião e liberdade de expressão.

Vai chover no fim de semana?
Ronaldo Rogério de Freitas Mourão. São Leopoldo, RS: Unisinos, 2003.

Livro de divulgação científica que aborda vários temas interessantes de Meteorologia e Climatologia, como previsão do tempo, raios, relâmpagos e trovões, furacões e mudanças climáticas.

VÍDEOS

A corporação
Direção: Mark Achbar e Jennifer Abbott. Canadá, 2004.

O filme mostra como atuam as grandes corporações, desvendando o poder que detêm no mundo globalizado e seus maiores objetivos: o compromisso com os acionistas e a busca de lucros, eventualmente em detrimento da ética, do ambiente e da saúde das pessoas.

Adeus, Lenin!
Direção: Wolfgang Becker. Alemanha, 2003.

Um pouco antes da queda do Muro de Berlim, em 1989, a senhora Kerner sofre uma parada cardíaca e fica em coma. Quando desperta, Alexander, seu filho, resolve esconder dela as mudanças políticas resultantes da queda do Muro e da reunificação alemã.

A história das coisas
Direção: Louis Fox. Estados Unidos, 2005. Disponível em: <http://storyofstuff.org/movies>.

Visão crítica de como funciona a sociedade de consumo, desde a extração de recursos naturais, passando pela produção de bens, pelo consumo de mercadorias, até chegar ao descarte dos resíduos. Veja também *A história dos eletrônicos* e *A história dos cosméticos* (com legendas em português).

A língua das armas
Direção: TED Talks. Estados Unidos, 2007. Disponível em: <www.ted.com/talks/corneille_ewango_is_a_hero_of_the_congo_forest?language=pt-br#t-15194>.

Palestra de Corneille Ewango (com legendas em português) proferida na sede da TED em Nova York, na qual relata os problemas enfrentados durante a guerra civil congolesa e critica a indústria bélica.

Bem-vindo
Direção: Philippe Lioret. França, 2009.

Aborda as políticas de imigração em países europeus por meio da história de um adolescente curdo que abandona o Iraque e viaja tentando reencontrar sua namorada, que se mudara para a Inglaterra. Em razão das dificuldades, resolve atravessar o canal da Mancha a nado.

Bem-vindo, Mr. McDonald
Direção: Koki Mitani. Japão, 1997.

O filme retrata a gravação de um programa de rádio na qual há uma briga de egos entre os atores. Inusitada comédia japonesa cujo ponto alto e mais engraçado é a crítica à influência cultural americana.

Cidade de Deus
Direção: Fernando Meirelles. Brasil, 2002.

Baseado em fatos reais, mostra o crescimento do crime organizado em um bairro do subúrbio do Rio de Janeiro, entre a década de 1960 e o início dos anos 1980. Evidencia como é difícil a vida das pessoas que vivem em favelas: além da precariedade da infraestrutura, seu cotidiano é marcado pela violência de grupos de traficantes armados.

Coronel Delmiro Gouveia
Direção: Geraldo Sarno. Brasil, 1978.

No início do século, no Nordeste brasileiro, um empresário pioneiro da indústria nacional é perseguido por se recusar a vender sua fábrica para industriais britânicos. Esse filme retrata as dificuldades e pressões sofridas pelos que tentavam enfrentar o domínio estrangeiro em vários setores da economia nacional.

Eles não usam black-tie
Direção: Leon Hirszman. Brasil, 1981.

Narra o cotidiano de uma família de operários e os conflitos entre pai e filho durante uma greve no período da ditadura militar. Destacando a contradição inerente à relação capital-trabalho, o filme descreve as agruras e os sonhos da classe operária brasileira em um período de forte exploração e arrocho salarial.

Encontro com Milton Santos ou O mundo global visto do lado de cá
Direção: Silvio Tendler. Brasil, 2006.

Feito com base no pensamento de Milton Santos, esse documentário é uma leitura do mundo em tempos de globalização. Há entrevistas concedidas pelo geógrafo, que acreditava na possibilidade de uma globalização não excludente, como defendeu em seu livro *Por uma outra globalização*.

Eu sou a lenda
Direção: Francis Lawrence. Estados Unidos, 2007.

Um vírus dizimou a população de Nova York, e os poucos que restaram transformaram-se em mutantes. O cientista Robert Neville, o único ser humano não infectado, passa os dias tentando encontrar um antídoto para o vírus. É curioso ver a cidade cheia de prédios, mas vazia de pessoas. Também é interessante para discutir a ideia de Milton Santos, sugerida na página 12.

Gaijin: os caminhos da liberdade
Direção: Tizuka Yamasaki. Brasil, 1980.

Mostra as adversidades, como a escravidão por dívida, enfrentadas pelos primeiros imigrantes japoneses que se dirigiram às fazendas de café do interior de São Paulo no início do século XX.

Grande demais para quebrar
Direção: Curtis Hanson. Estados Unidos, 2011.

O filme mostra os bastidores das decisões tomadas por Hank Paulson (secretário do Tesouro dos Estados Unidos), Ben Bernake (presidente do Federal Reserve) e Tim Geithner (presidente do Federal Reserve de Nova York) durante a crise de 2008.

Hotel Ruanda
Direção: Terry George. Estados Unidos/Reino Unido/Itália/África do Sul, 2004.

Baseado na história real de Paul Rusesabagina, gerente de um hotel em Kigali, capital de Ruanda. Em 1994, durante o conflito entre hutus e tútsis, Rusesabagina, que era hutu, salvou a vida de mais de 1 200 pessoas da etnia tútsi, abrigando-as no hotel em que trabalhava.

Invictus
Direção: Clint Eastwood. Estados Unidos, 2009.

Em 1995, Nelson Mandela aproveitou a realização do campeonato mundial de *rugby* para unir o país. Por meio do apoio à seleção nacional, na qual havia apenas um jogador negro, buscou fortalecer o ideal de uma nação composta de brancos e negros de diversas etnias.

Jânio a 24 Quadros
Direção: Luiz Alberto Pereira. Brasil, 1984.

Apresenta um panorama político do Brasil de 1950 a 1980, analisando os motivos da renúncia de Jânio Quadros e a influência da atitude do ex-presidente na instauração do regime militar. Durante o documentário, são analisados o desenvolvimentismo de JK, a ditadura militar, a censura, o movimento dos estudantes e dos trabalhadores e a luta pela anistia.

Jean Charles
Direção: Henrique Goldman. Brasil/Inglaterra, 2009.

Filme baseado na história real do mineiro Jean Charles de Menezes, um eletricista que emigrou para a Inglaterra e morava em Londres. Em 22 de julho de 2005, ele foi confundido com um terrorista e morto pela polícia britânica.

Linha de passe
Direção: Walter Salles e Daniela Thomas. Brasil, 2008.

Mostra a vida de uma família pobre – mãe e quatro filhos –, moradora da periferia da Zona Leste da cidade de São Paulo. Cada um com seus anseios, sonhos e frustrações. O filme evidencia a carência de serviços, a falta de oportunidades, enfim, as dificuldades da vida na periferia das grandes cidades brasileiras.

Mauá, o imperador e o rei
Direção: Sérgio Resende. Brasil, 1999.

O filme mostra o enriquecimento e a falência de Irineu Evangelista de Souza (1813-1889), empreendedor gaúcho mais conhecido como barão de Mauá. Foi considerado o primeiro grande empresário brasileiro, responsável por uma série de iniciativas modernizadoras da economia nacional. Arrojado em sua luta pela industrialização do Brasil, Mauá foi um vanguardista no século XIX.

Na natureza selvagem
Direção: Sean Penn. Estados Unidos, 2007.

Christopher McCandless se revolta contra a sociedade de consumo, abre mão de uma carreira promissora e resolve viajar ao Alasca. O filme mostra paisagens culturais dos lugares pelos quais ele passa em sua viagem, assim como as relações sociais que vai construindo. Por fim, mostra belas paisagens naturais do Alasca e evidencia as enormes dificuldades da vida fora da sociedade.

No amor
Direção: Nelson Nadotti. Brasil, 1999.

Jovens *hippies* são aliciados para o trabalho em sítio próximo a Porto Alegre por empresário oportunista. Aborda questões como a divisão do trabalho e a exploração capitalista.

No rio das Amazonas
Direção: Ricardo Dias. Brasil, 1995.

Retrata a travessia feita pelo zoólogo e músico Paulo Vanzolini pelo rio Amazonas. Nessa viagem ele desvenda a vida e a cultura das populações ribeirinhas.

O dia seguinte
Direção: Nicholas Meyer. Estados Unidos, 1983.

O filme retrata as consequências nefastas de uma guerra nuclear, provavelmente muito aquém do que seria na realidade. Representa bem o cenário sugerido pela famosa frase de Albert Einstein, que você leu na página 271.

O homem que virou suco
Direção: João Batista de Andrade. Brasil, 1980.

Retrata os conflitos psicológicos e a crítica social à imigração de nordestinos para São Paulo. O maior transtorno não é enfrentado pelos cidadãos que moram na cidade que recebe os migrantes, mas pelas pessoas que foram obrigadas, por fatores econômicos, a abandonar sua região de origem.

O mundo sem ninguém
The History Channel. Estados Unidos, 2008.

Busca responder a uma pergunta recorrente: O que aconteceria se a humanidade desaparecesse? Feito por computação gráfica, mostra o que poderia acontecer horas, meses e anos após o fim das sociedades. Interessante para discutir a ideia de Milton Santos, sugerida na página 12.

O sonho de Rose: 10 anos depois
Direção: Tetê Moraes. Brasil, 1997.

Mostra o reencontro, após dez anos, da diretora Tetê Moraes com as personagens do filme *Terra para Rose*. Acompanha a trajetória dos trabalhadores sem-terra que, depois da ocupação de 1985, conseguiram transformar seus sonhos em realidade.

O último imperador
Direção: Bernardo Bertolucci. Estados Unidos/Itália/Inglaterra, 1987.

Tendo como pano de fundo a história da China no século XX, conta a história de Pu Yi, o último imperador chinês, desde o momento em que foi deposto, ainda criança, e mantido preso na Cidade Proibida, até as humilhações impostas pelo regime comunista.

Ou tudo ou nada
Direção: Peter Cattaneo. Reino Unido, 1997.

Operário desempregado, necessitando pagar a pensão do filho, tem a ideia de fazer *striptease* para ganhar algum dinheiro. O filme mostra o aumento do desemprego e o empobrecimento na cidade de Sheffield (Reino Unido) como resultado do fechamento de indústrias metalúrgicas.

Promessas de um novo mundo
Direção: Justine Shapiro, Carlos Bolado, B. Z. Goldberg. Israel/Palestina/Estados Unidos, 2001.

Retrato da vida e das ideias de sete crianças israelenses e palestinas moradoras de Jerusalém e arredores. Embora morem na mesma cidade, vivem em mundos distintos, separadas por diferenças religiosas, ressentimentos e um muro de 8 metros de altura.

Quem quer ser um milionário?
Direção: Danny Boyle. Estados Unidos/Reino Unido, 2008.

Jovem de origem pobre (vive em Dharavi Slum) que trabalha servindo chá em uma empresa de *telemarketing* inscreve-se para participar do programa de TV "Quem quer ser um milionário?". O filme mostra as contradições da sociedade indiana: apesar das altas taxas de crescimento econômico e da modernização, há milhões que vivem em habitações precárias.

Quilombo
Direção: Cacá Diegues. Brasil/França, 1984.

Conta a história do Quilombo dos Palmares, a maior organização de resistência negra contra a escravidão no Brasil. Em meados do século XVII, escravos nordestinos fugiram das plantações de cana e fundaram esse quilombo, que sobreviveu por mais de setenta anos.

Salada russa em Paris
Direção: Youri Mamine. França/Rússia, 1995.

Comédia em que músicos russos descobrem na pensão na qual moram, em Moscou (Rússia), uma janela que os conduz diretamente a Paris. Filme da Era Ieltsin que critica todos os regimes políticos que desrespeitam a liberdade.

Super size me: a dieta do palhaço
Direção: Morgan Spurlock. Estados Unidos, 2004.

Spurlock registra as transformações físicas que seu corpo sofreu e as transformações psicológicas ocorridas durante o mês em que se alimentou no McDonald's. Ao fazer as três refeições diárias em restaurantes dessa rede de fast-food, depois de 30 dias engordou 11 quilos.

Tempos modernos
Direção: Charles Chaplin. Estados Unidos, 1936.

O filme retrata o cotidiano de um operário no interior de uma fábrica nos Estados Unidos, nas décadas de 1920- -1930, durante a depressão econômica. Esse clássico do cinema mostra como era uma indústria na época da Segunda Revolução Industrial.

Terra para Rose
Direção: Tetê Moraes. Brasil, 1987.

Retrata a história de Rose, agricultora sem-terra que, com outras 1 500 famílias, participou da primeira grande ocupação de terra improdutiva, a fazenda Annoni, em Ronda Alta (RS), em 1985. O documentário aborda a questão da reforma agrária no Brasil no período de transição pós-regime militar, mostrando o início do MST. Rose deu à luz o primeiro bebê nascido no acampamento e, mais tarde, foi morta em estranho acidente.

Tiros em Columbine
Direção: Michael Moore. Estados Unidos, 2002.

Mostra como a sociedade americana lida com a questão das armas de fogo, cujo comércio é liberado no país. Isso tem facilitado a ocorrência de crimes bárbaros, como o acontecido em 1999 na escola pública Columbine, em Littleton: dois jovens mataram doze colegas, um professor e, em seguida, se suicidaram.

Tucker: um homem e seu sonho
Direção: Francis Ford Coppola. Estados Unidos, 1988.

Baseado na história de Preston Tucker, o filme critica o capitalismo dominado por cartéis que inibem a concorrência. Em 1948, Tucker construiu um carro melhor que o das "três grandes" – GM, Ford e Chrysler –, levando-as a tramar nos bastidores para levá-lo à falência.

Um sonho distante
Direção: Ron Howard. Estados Unidos, 1992.

O filme mostra a saga de um casal de imigrantes irlandeses durante a colonização das últimas terras disponíveis no oeste dos Estados Unidos no fim do século XIX. Evidencia como era difícil a vida desses pioneiros, apesar da disponibilidade de terras.

SITES

Agência Espacial Europeia (ESA)
<www.esa.int/SPECIALS/Eduspace_PT/index.html>

No site Eduspace, voltado para professores e alunos de Ensino Médio, há informações sobre sensoriamento remoto, satélites de observação da Terra, Cartografia, além de uma rica galeria de imagens e vídeos.

Agência Internacional de Energia
<www.iea.org>

No site da Agência Internacional de Energia você encontra vários estudos e dados estatísticos sobre energia no mundo (em inglês).

Agência Nacional de Energia Elétrica (Aneel)
<www.aneel.gov.br>

A Agência oferece estatísticas, legislação e outras informações sobre geração, transmissão e distribuição de eletricidade.

Agência Nacional de Transportes Terrestres (ANTT)
<www.antt.gov.br>

A Agência oferece estatísticas, mapas, legislação e outras informações sobre transportes de passageiros e de cargas.

Agência Nacional do Petróleo, Gás Natural e Biocombustíveis (ANP)
<www.anp.gov.br>

A Agência apresenta estudos e informações sobre petróleo e derivados, legislação e contratos de exploração.

Alto Comissariado das Nações Unidas para Refugiados (Acnur)
<www.acnur.org/portugues>

Disponibiliza estatísticas, textos e publicações sobre refugiados, migrações e outros temas.

Associação Brasileira de Águas Subterrâneas (ABAS)
<www.abas.org/educacao.php>

Essa associação mantém um site em que disponibiliza vários textos, revistas e estudos sobre o tema. No campo Educação você encontra informações interessantes sobre a disponibilidade e a importância das águas subterrâneas.

Associação Brasileira de Normas Técnicas (ABNT)
<www.abnt.org.br>; <www.abntonline.com.br/sustentabilidade/Rotulo/Default>

Saiba como atua a ABNT e qual a sua importância para as empresas e a sociedade. Consulte também o *site* sobre a rotulagem ecológica de produtos e serviços.

Associação Internacional de Parques Científicos (IASP)
<www.iasp.ws>

Para saber sobre parques tecnológicos, incluindo os brasileiros associados à entidade (*site* em inglês).

Atlas da questão agrária brasileira
<www.atlasbrasilagrario.com.br>

A tese de doutorado *O rural e o urbano: é possível uma tipologia*, defendida em 2008 por Eduardo Girardi na Universidade Estadual Paulista (Unesp), de Presidente Prudente, foi transformada nesse Atlas, em que o autor analisa a questão agrária e a ocupação do território, a luta pela terra e muitos outros assuntos ligados ao tema.

Atlas do Japão
<web-japan.org/atlas>

No *Japan Atlas* (em inglês), há diversas informações sobre natureza, cultura, economia e tecnologia do país.

Banco Central do Brasil
<www.bcb.gov.br>

O *site* do Banco Central do Brasil disponibiliza diversos dados estatísticos sobre economia no Brasil e no mundo.

Banco Mundial
<www.worldbank.org>; <www.worldbank.org/pt/country/brazil>

Para consultar relatórios e obter informações econômicas dos países emergentes e dos desenvolvidos, além de dados estatísticos e análises setoriais sobre energia, acesse os *sites* (em inglês, espanhol e português).

Biblioteca Perry-Castañeda (Universidade do Texas, Estados Unidos)
<https://legacy.lib.utexas.edu/maps/world.html>

Oferece uma grande variedade de mapas físicos, políticos e temáticos – mundiais, regionais e nacionais – e plantas de diversas cidades do mundo (em inglês).

Brics – Ministério das Relações Exteriores
<www.itamaraty.gov.br/pt-BR/politica-externa/mecanismos-inter-regionais/3672-brics>

Para saber mais sobre o histórico dos Brics e todas suas cúpulas.

Centro de Divulgação da Astronomia (CDA) – USP
<www.cdcc.usp.br/cda>

No *site* do CDA há diversas informações sobre Astronomia: orientação, pontos cardeais, estações do ano, etc.

Centro de Estudos e Pesquisas Brics (Brics Policy Center)
<http://bricspolicycenter.org/homolog>

Iniciativa da Prefeitura do Rio de Janeiro e da Pontifícia Universidade Católica do Rio de Janeiro (PUC-Rio). Nesse *site* há diversas informações sobre o grupo Brics.

Centro de Previsão de Tempo e Estudos Climáticos (CPTEC) – Instituto Nacional de Pesquisas Espaciais (INPE)
<http://videoseducacionais.cptec.inpe.br>

Nesse *link* estão disponíveis diversos vídeos de materiais educacionais que abordam questões ambientais e outros temas, como: El Niño – La Niña, Mudanças climáticas, Satélite na agricultura, etc.
<http://satelite.cptec.inpe.br>

Nesse *link* estão disponíveis imagens de satélite mostrando o deslocamento das massas de ar sobre o território brasileiro, permitindo a previsão do tempo.

Classificação Nacional de Atividades Econômicas (CNAE) – IBGE
<https://concla.ibge.gov.br/busca-online-cnae.html?view=estrutura>

Consulte as seções e subseções da classificação da CNAE no *site* da Comissão Nacional de Classificação (Concla) do IBGE.

ComCiência
<www.comciencia.br/dossies-1-72/reportagens/negros/01.shtml>

Página da revista eletrônica de jornalismo científico da Sociedade Brasileira para o Progresso da Ciência (SBPC) e do Laboratório de Estudos Avançados em Jornalismo da Unicamp, com a reunião de vários artigos sobre a população negra no Brasil.

Comissão Econômica para a América Latina e o Caribe (Cepal)
<www.cepal.org/es>

Fornece informações (em espanhol, português e inglês) sobre os países da América Latina e do Caribe.

Comissão Nacional de Energia Nuclear
<www.cnen.gov.br>

Oferece em seu *site* informações sobre energia nuclear, além de apostilas educativas, normas de segurança e muitos outros dados ligados a esse tema.

Comissão Técnica Nacional de Biossegurança (CTNBio)
<http://ctnbio.mcti.gov.br/inicio>

A CTNBio é o órgão do governo federal responsável por estudos e pareceres sobre o cultivo e a comercialização de transgênicos.

Companhia de Desenvolvimento dos Vales do São Francisco e do Parnaíba (Codevasf)
<www.codevasf.gov.br>

Fornece informações sobre os recursos hídricos e sobre aspectos sociais, econômicos e ambientais dos vales dos rios São Francisco e Parnaíba.

Companhia de Saneamento Ambiental do Distrito Federal (Caesb)
<www.caesb.df.gov.br>

No *site* da Caesb há o espaço Educativo, onde estão disponíveis várias informações úteis e interessantes sobre economia de água, vazamentos e outros temas.

Conselho Mundial de Energia
<www.worldenergy.org>

Aprofunde seus estudos e obtenha informações sobre energia no mundo acessando o *site* do Conselho Mundial de Energia. A página inicial está em inglês, mas também apresenta documentos em português, espanhol e francês.

Create a Graph (National Center for Education Statistics, U.S. Department of Education)
<http://nces.ed.gov/nceskids/createagraph>

Permite criar gráficos de forma bastante simples. Selecione um tipo – barras, linhas, setores, etc. –, digite os dados disponíveis e o programa cria o gráfico escolhido. Para testar, digite os dados mensais de inflação no Brasil (tabela da página 63) e o programa criará o gráfico escolhido, idêntico ao que está no livro.

Direitos das mulheres na mídia mundial
<http://pt.euronews.com/tag/direitos-das-mulheres>

Página da agência Euronews que agrupa as notícias relacionadas aos direitos das mulheres.

Divisão de População das Nações Unidas
<www.un.org/en/development/desa/population>

Site (em inglês) com informações sobre população e urbanização mundiais, incluindo as megacidades.

Economia Net
<http://economiabr.net/dicionario/index.html>

Disponibiliza *on-line* dicionários com verbetes econômicos e financeiros. Há diversas outras informações sobre a crise financeira, a globalização, o regionalismo econômico, etc.

Empresa Brasileira de Pesquisa Agropecuária (Embrapa)
<www.embrapa.br>

Saiba mais sobre agroindústria, agricultura e meio ambiente e conheça a posição da Embrapa no que se refere a alimentos transgênicos visitando o *site* da instituição.
<www.embrapa.br/solos>

Nesse *site* você encontra a Unidade de Pesquisa Embrapa Solos, com informações, textos acadêmicos e curiosidades sobre solos.

<www.cnpm.embrapa.br/projetos/relevobr/index.htm>

Nesse *link* você encontra mapas e imagens de satélites que mostram em detalhes o relevo brasileiro, além de dados e curiosidades como crateras de vulcões extintos, impactos de meteoritos, entre outros.
<www.cnpm.embrapa.br/projetos/cdbrasil>

O projeto Brasil Visto do Espaço oferece imagens (geradas pelos satélites Landsat) de todo o território nacional. Em aproximações sucessivas é possível visualizar detalhes de cidades, áreas industriais, rios, barragens, montanhas, florestas, desmatamentos, entre outros elementos do território.

Empresa Paulista de Planejamento Metropolitano S.A. (Emplasa)
<www.emplasa.sp.gov.br>

O *site* contém dados sobre as regiões metropolitanas e aglomerações urbanas do estado de São Paulo (a macrometrópole paulista) e do Brasil.

Escritório de luta contra o terrorismo – ONU
<www.un.org/es/counterterrorism>

Para saber como a ONU tem agido para combater o terrorismo, visite o *site* da Oficina de lucha contra el terrorismo (em espanhol).

FlightAware
<http://pt.flightaware.com>

No *site* da empresa é possível visualizar o movimento de aviões em voo, fazer consultas por número de voo para acompanhar rotas e detectar atrasos.

Forças de Manutenção da Paz das Nações Unidas
<https://peacekeeping.un.org/en>

Para obter informações sobre as catorze missões de paz da ONU, acesse o *site* da United Nations Peacekeeping (em inglês, espanhol e francês).

Fortune Global 500 – mapping
<http://fortune.com/global500/visualizations/?iid=recirc_g500landing-zone1>

Mapa com escala dinâmica mostra a distribuição das 500 maiores corporações do mundo representadas em tamanho proporcional ao faturamento. Indica também a cidade-sede da empresa e sua posição no *ranking* global.

FSC Brasil
<https://br.fsc.org/pt-br>

Saiba mais sobre a certificação de madeira proveniente de florestas manejadas de forma sustentável.

Fundação Dom Cabral (FDC)
<www.fdc.org.br>

No *site* dessa instituição de ensino e pesquisa na área de administração de empresas, está disponível a publicação anual *Ranking FDC das multinacionais brasileiras*.

Fundação Getúlio Vargas/Centro de Pesquisa e Documentação de História Contemporânea do Brasil (FGV/CPDOC)
<www.cpdoc.fgv.br>

No portal da FGV/CPDOC você encontra vários textos sobre economia, política, cultura, diversas biografias e outros assuntos relacionados à história brasileira contemporânea.

Fundação Nacional do Índio (Funai)
<www.funai.gov.br>

Disponibiliza dados, mapas, textos e outros recursos que tratam dos povos indígenas do Brasil.

Fundação Planetário da cidade do Rio de Janeiro
<www.planetariodorio.com.br>

No portal do Planetário do Rio há diversas informações interessantes sobre Astronomia, especialmente na seção "material didático".

Fundo de População das Nações Unidas (Unfpa)
<www.unfpa.org.br>

Nessa agência da ONU estão disponíveis os relatórios sobre a situação da população mundial e análises sobre temas como igualdade de gênero, crianças e adolescentes, estratégias de desenvolvimento, saúde reprodutiva e outros.

Fundo Monetário Internacional (FMI)
<www.imf.org>

Para consultar relatórios e obter informações econômicas dos países emergentes e dos desenvolvidos, acesse o site (em inglês, espanhol e francês).

Fundo Mundial para a Natureza (WWF)
<www.wwf.org.br>

Nesse site você encontra notícias recentes e informações sobre o tema meio ambiente. Uma seção chamada "Publicações" (no menu "Notícias") reúne textos sobre diversos assuntos relacionados a esse tema. As publicações encontram-se em formato PDF e podem ser baixadas para consulta.

Globalization and World Cities (GaWC)
<www.lboro.ac.uk/gawc>

Para obter informações sobre as 182 cidades globais, acesse o site do GaWC (em inglês).

Global Volcanism Program
<http://volcano.si.edu>

Especializado em vulcões, esse site do Smithsonian Institution (Washington, D.C., Estados Unidos) oferece mapas, imagens e muitas outras informações sobre o assunto (em inglês).

Glonass
<www.glonass-iac.ru/en/>

Traz um mapa com os satélites em operação e outras informações sobre o sistema (em inglês). Leia a entrevista do presidente do Glonass, na qual ele estabelece comparações entre o sistema russo e seu concorrente americano. Disponível em: <https://br.rbth.com/ciencia/2014/01/15/mitos_e_verdades_glonass_x_gps_23615>.

Glossário de termos de economia industrial (PUC-SP)
<www.pucsp.br/~acomin/econemes/glosglob.html>

Para obter mais informações sobre conceitos da economia industrial úteis na compreensão do capítulo 18, consulte esse dicionário.

Google Earth
<www.google.com/earth/index.html>

Formado por um mosaico digital de imagens de satélites, o Google Earth permite visualizar lugares de todo o planeta, embora em muitos deles não haja imagens de visualização detalhada. O programa só funciona conectado à internet, e é necessário instalá-lo (pode ser baixado gratuitamente no site indicado).

Google Maps Brasil
<www.google.com.br/maps>

Nesse site você encontra endereços de cidades do Brasil e de outros países. Digitando o nome e o número da rua ou avenida, aparece na tela a planta da cidade indicando o local procurado. O sistema também mostra o roteiro entre dois pontos e permite visualizar uma mesma área como mapa ou imagem de satélite.

GPS
<www.gps.gov>

No site GPS.gov, mantido pelo governo dos Estados Unidos, há diversas informações sobre o GPS (em inglês, espanhol e francês), incluindo vídeos que mostram como o sistema funciona.

Greenpeace
<www.greenpeace.org/brasil/pt>

O Greenpeace chegou ao Brasil no mesmo ano em que o país abrigou a Eco-92. O site fornece inúmeras informações relacionadas às suas atuações no Brasil e no mundo.

IBD Certificações
<http://ibd.com.br/pt/Default.aspx>

Saiba mais sobre a certificação de alimentos produzidos de forma orgânica acessando o site.

IBGE Atlas Escolar
<https://atlasescolar.ibge.gov.br/mapas-atlas.html>

Oferece diversos mapas do mundo e do Brasil em diferentes escalas.

IBGE Mapas temáticos
<http://mapas.ibge.gov.br/pt/tematicos>

Oferece diversos mapas temáticos do Brasil.

Incorporated Research Institutions for Seismology (Iris)

<www.iris.edu>

Sediado em Washington, D.C. (Estados Unidos), o Iris mostra em que regiões houve terremoto nos últimos dias ou de um ano para cá. No *site* (em inglês) há um mapa que localiza os sismógrafos existentes em todos os continentes e mostra em que lugar é dia e em que lugar é noite no momento do acesso (disponível em: <http://ds.iris.edu/seismon/>).

Indústrias Nucleares do Brasil

<www.inb.gov.br>

Informações sobre energia e usinas nucleares, urânio e indicadores tecnológicos no Brasil e no mundo.

Infraestrutura Nacional de Dados Espaciais (Inde)

<www.inde.gov.br>

No portal brasileiro de dados geoespaciais – SIG Brasil – está disponível um vídeo que mostra a importância dos SIGs e o funcionamento da Inde, coordenada pela Comissão Nacional de Cartografia (Concar).

Instituto Astronômico e Geofísico (IAG) – USP

<www.iag.usp.br/siae98/default.htm>

O *site* do IAG possui uma página chamada "Investigando a Terra", em que há diversas informações sobre Geologia, Astronomia, clima e Meteorologia, entre outras informações.

Instituto Brasileiro de Administração Municipal (Ibam)

<www.ibam.org.br>

Nesse *site* você encontra vários textos e análises sobre estudos urbanos, Plano Diretor, Estatuto da Cidade, Código de Obras e outros temas envolvendo o espaço urbano.

Instituto Brasileiro de Geografia e Estatística (IBGE)

<www.ibge.gov.br>

Disponibiliza diversas pesquisas, estatísticas, recursos educacionais e outros sobre os mais variados temas de geografia física e humana. No *site* há também vários dados estatísticos sobre produtos, empresas, produção física e indicadores sociais.

Instituto Brasileiro do Meio Ambiente e dos Recursos Naturais Renováveis (Ibama)

<www.ibama.gov.br>

Conheça o histórico desse órgão do Ministério do Meio Ambiente em seu *site*, que oferece também várias informações e imagens sobre recursos naturais, legislação, fiscalização e outros temas.

Instituto Chico Mendes

<http://institutochicomendes.org.br/>

Saiba mais sobre ações de conservação ambiental e inclusão social acessando o *site*.

Instituto de Pesquisa Ambiental da Amazônia (Ipam)

<http://ipam.org.br/pt>

O Ipam divulga informações sobre ecologia e comunidade, manejo florestal e políticas ambientais.

Instituto de Pesquisa Econômica Aplicada (Ipea)

<www.ipea.gov.br>

O Ipea disponibiliza em seu *site* vários textos e análises de conjuntura sobre a economia brasileira.

Instituto Nacional de Colonização e Reforma Agrária (Incra)

<www.incra.gov.br>

Apresenta vários dados estatísticos e estudos sobre reforma agrária e estrutura fundiária no Brasil.

Instituto Nacional de Estudos e Pesquisas Educacionais Anísio Teixeira (Inep)

<www.inep.gov.br>

O Inep tem como principais atribuições organizar, desenvolver e implementar, na área educacional, sistemas de informação e documentação que abranjam estatísticas, avaliações educacionais, práticas pedagógicas e de gestão das políticas educacionais no Brasil.

Instituto Nacional de Meteorologia (INMET)

<www.inmet.gov.br>

Nesse *site* você encontra várias informações e imagens sobre previsão do tempo e pode montar climogramas de todas as capitais brasileiras.

Instituto Socioambiental

<www.socioambiental.org>

Encontre análises e documentos sobre várias questões ambientais, algumas relacionadas à exportação e ao consumo de energia, com destaque para o petróleo.

Laboratório de Cartografia Tátil e Escolar (LABTATE) – UFSC

<www.labtate.ufsc.br>

Disponibiliza informações sobre Cartografia, diversos tipos de mapas, apoio didático, etc.

Mercosul

<www.mercosul.gov.br>

Página brasileira do Mercado Comum do Sul que, entre outras informações, disponibiliza textos que tratam de alguns dos principais temas da agenda do grupo e acervo atualizado das normas adotadas.

Milton Santos

<http://miltonsantos.com.br/site>

Nesse *site*, estão disponíveis livros e artigos do geógrafo, assim como textos sobre ele (os artigos podem ser baixados e lidos em PDF). Há também fotos e vídeos que mostram entrevistas, como a concedida ao programa *Roda Viva* da TV Cultura, em 1997, e ao Jô Soares, em 1993.

Ministério da Agricultura, Pecuária e Abastecimento
<www.agricultura.gov.br>
Para conhecer estatísticas e dados sobre programas do governo e serviços ligados à agropecuária.

Ministério da Indústria, Comércio Exterior e Serviços
<www.mdic.gov.br>
Obtenha informações sobre o comércio exterior brasileiro, desenvolvimento da produção, barreiras protecionistas e política industrial. Veja a lista completa da OMC com os setores e subsetores dos serviços traduzida para o português em: <www.mdic.gov.br/index.php/comercio-exterior/negociacoes-internacionais/217-negociacoes-internacionais-de-servicos/1942-ni-classificacao-dos-setores-de-servicos>. E veja também o Anuário Estatístico em: <www.mdic.gov.br/index.php/component/content/article/9-assuntos/categ-comercio-exterior/502-anuario-estatisticos?Itemid=101>.

Ministério das Cidades
<www.cidades.gov.br>
O site do Ministério oferece textos, análises e dados sobre saneamento ambiental, programas urbanos, transportes e outros temas.

Ministério de Minas e Energia
<www.mme.gov.br>
No site do Ministério de Minas e Energia há publicações, artigos, informações, programas de desenvolvimento e cidadania, e diversos temas ligados ao setor energético brasileiro, além do Balanço Energético Nacional.

Ministério do Meio Ambiente (MMA)
<www.mma.gov.br>
O site fornece informações sobre biodiversidade, políticas de desenvolvimento sustentável, legislação e outros temas ligados à questão ambiental. Há também informações sobre água nas cidades, bacias hidrográficas, biodiversidade aquática, etc. A Secretaria de Biodiversidade e Florestas disponibiliza também informações sobre florestas, meio ambiente e conservação.

Ministério Público Federal (MPF) Combate à Corrupção
<www.combateacorrupcao.mpf.mp.br>
Para saber como os tipos de corrupção são classificados em lei e conhecer detalhes da atuação do Ministério Público em diversos casos de corrupção no país, acesse o site do MPF.

Museu do Índio
<www.museudoindio.org.br>
Divulga textos, dados e imagens sobre a população indígena brasileira, além de promover exposições e eventos sobre o tema.

National Oceanic and Atmospheric Administration (NOAA)
<www.pmel.noaa.gov>
No site da NOAA, mantido pelo Departamento do Comércio dos Estados Unidos, há informações sobre tempo, clima, fenômenos climáticos, ecossistemas e outros temas (em inglês).

Núcleo de Estudos Interdisciplinares sobre o Negro Brasileiro
<www.usp.br/neinb>
Organização não governamental de Santa Catarina que disponibiliza uma série de estudos contra a discriminação racial e a busca de igualdade social.

Observatório Astronômico Frei Rosário – UFMG
<www.observatorio.ufmg.br>
Nesse observatório da UFMG há informações sobre Astronomia e animações que mostram os movimentos de translação e de rotação, a duração do dia nos solstícios e equinócios, a insolação diferencial da Terra, etc.

Observatório de Favelas
<www.observatoriodefavelas.org.br>
Organização da Sociedade Civil de Interesse Público (OSCIP) empenhada em produzir conhecimentos e propostas políticas sobre favelas e fenômenos urbanos. Para saber mais, acesse sua página na internet.

Observatório Nacional
<www.horalegalbrasil.mct.on.br/HoraLegalBrasileira.php>
No portal do Observatório Nacional, do Ministério da Ciência, Tecnologia, Inovações e Comunicações, é possível obter com precisão a Hora Legal Brasileira, ver os mapas dos fusos horários brasileiros e do horário de verão em vigor.

ONU Mulheres Brasil
<www.onumulheres.org.br>
Agência da ONU voltada exclusivamente à análise e à elaboração de propostas envolvendo a mulher: violência, planejamento familiar, trabalho e outros.

Organização das Nações Unidas (ONU)
<www.un.org>
Para saber mais sobre a ONU, instâncias de poder e suas agências, acesse o site principal (em inglês, espanhol e outras línguas).

Organização das Nações Unidas para a Alimentação e a Agricultura (FAO)
<www.fao.org/brasil/pt>
O site do escritório da FAO no Brasil dá acesso a publicações (em inglês) sobre o estado mundial da agricultura e da nutrição, entre outros.

Organização das Nações Unidas para o Desenvolvimento Industrial (Unido)

<www.unido.org>

Para obter mais informações sobre indústrias no mundo, consulte o Relatório de Desenvolvimento Industrial (Industrial Development Report, em inglês).

Organização de Cooperação e Desenvolvimento Econômico (OCDE)

<www.oecd.org>

Para mais informações sobre esse organismo e seus 35 países-membros, acesse o *site* (em inglês e francês).

Organização dos Países Exportadores de Petróleo (Opep)

<www.opec.org>

O *site* da Organização dos Países Exportadores de Petróleo apresenta dados estatísticos e análises temáticas sobre o petróleo e os países-membros da organização (em inglês).

Organização Internacional para as Migrações

<www.iom.int>

Organização intergovernamental com mais de 120 países-membros que realiza estudos sobre migração e desenvolvimento, combate a migração forçada e incentiva meios de regulamentação para a circulação de pessoas (em inglês, francês e espanhol).

Organização Mundial do Comércio (OMC)

<www.wto.org>

O *site* fornece informações sobre o comércio internacional e as rodadas de negociações. Veja também a lista completa com os setores e subsetores dos serviços (em inglês) no *link* disponível em: <www.wto.org/english/tratop_e/serv_e/serv_sectors_e.htm>.

Oxford Cartographers

<www.oxfordcartographers.com>

Diversos mapas podem ser visualizados no *site* da empresa, que é responsável pelos direitos da projeção de Peters e do *Atlas mundial de Peters* (em inglês).

Planeta orgânico

<www.planetaorganico.com.br>

Informações sobre a agricultura e a pecuária orgânica.

Poder Executivo dos Estados Unidos (Casa Branca)

<www.whitehouse.gov>

Para obter mais informações – política interna e externa, economia, etc. – sobre o país (em inglês). Há *links* para os vários departamentos que compõem o governo.

Portal oficial do governo chinês

<www.gov.cn/english>

Para obter informações sobre a República Popular da China (geografia, economia, indústria, educação, cultura, política, etc.), acesse o *site* (em inglês).

Principais empresas do Vale do Silício (Google Maps)

<www.google.com/maps/d/viewer?mid=zN2z-lh2qKIM.kzsNeAvmqRCw>

No Google Maps estão marcadas as principais empresas e instituições de pesquisa do Vale do Silício.

Programa das Nações Unidas para o Desenvolvimento (Pnud)

<www.undp.org>; <www.br.undp.org>

Essa agência da ONU é a responsável pela elaboração do Relatório de Desenvolvimento Humano. Disponibiliza relatórios, textos e dados estatísticos sobre os mais variados temas relacionados à população e ao desenvolvimento humano (em inglês, espanhol, francês e português).

Programa das Nações Unidas para o Meio Ambiente (PNUMA)

<https://nacoesunidas.org/agencia/onumeioambiente/>

No *site* do Comitê Brasileiro do Programa das Nações Unidas para o Meio Ambiente (PNUMA Brasil) estão disponíveis várias notícias sobre meio ambiente no Brasil e no mundo.

Programa Internacional para a Eliminação do Trabalho Infantil (Ipec) – OIT

<www.ilo.org/brasilia/temas/trabalho-infantil/WCMS_565238/lang--pt/index.htm>

Para obter mais informações sobre a Convenção 138 e o Ipec, acesse o *site* da OIT – Escritório do Brasil.

Projeto Gênesis

<www.vale.com/pt/initiatives/environmental-social/genesis/Documents/genesis/index.html>

Entre 2004 e 2012, o fotógrafo Sebastião Salgado visitou lugares extremos no Alasca, na Patagônia, na África, na Amazônia, entre outros, para registrar imagens de rara beleza, que mostram paisagens naturais e culturais.

Rio + 10 Brasil

<www.ana.gov.br/AcoesAdministrativas/RelatorioGestao/Rio10/Riomaisdez/index.html>

No *site* oficial da Conferência há informações sobre o encontro de 2002, como entrevistas, documentos oficiais e ações práticas realizadas em vários lugares do Brasil.

São Paulo Transporte (SPTrans)

<www.sptrans.com.br>

Esse SIG permite descobrir trajetos realizados por transporte público no município de São Paulo. Alguns municípios brasileiros oferecem serviço semelhante ao da SPTrans, como a Empresa Pública de Transporte e Circulação (EPTC), de Porto Alegre (RS): <www.eptc.com.br/EPTC_Itinerarios/linha.asp>. Outros, como Salvador (BA), oferecem esse serviço, mas por meio de um aplicativo de celular chamado CittaMobi. Veja os municípios abrangidos por esse aplicativo: <www.cittamobi.com.br/home/onde-estamos>.

São Paulo Turismo (SPTuris)
<www.spturis.com/v7/index.php>

Na página da empresa oficial de turismo e eventos do município de São Paulo há diversas informações sobre as atrações da cidade, plantas turísticas de suas regiões, calendários de eventos, etc. Muitos municípios brasileiros oferecem serviço semelhante. Verifique se o seu oferece.

Satélite Sino-Brasileiro de Recursos Terrestres (CBERS) – INPE
<www.cbers.inpe.br>

Nessa página eletrônica do INPE há diversas informações sobre os satélites da série CBERS, assim como algumas imagens.

Seção Cartográfica da ONU
<www.un.org/Depts/Cartographic/english/htmain.htm>

Na seção de Cartografia da ONU (em inglês) há diversos mapas políticos e temáticos. Há também mapas de suas missões de paz.

Secretaria Especial de Agricultura Familiar e do Desenvolvimento Agrário
<www.mda.gov.br>

Contém legislação, projetos governamentais, dados estatísticos, mapas e relatórios sobre a agropecuária brasileira.

SIG IBGE
<http://mapasinterativos.ibge.gov.br/sigibge>

Há diversos mapas interativos que podem ser manipulados com o aplicativo SIG IBGE.

Sistema de Processamento de Informações Georreferenciadas (Spring) – INPE
<www.dpi.inpe.br/spring/portugues/index.html>

Nessa *home page* é possível obter mais informações sobre o Spring e até mesmo baixar livremente esse SIG desenvolvido pelo INPE com a participação de outras instituições, como a Embrapa (veja lista completa no *site*).

SOS Mata Atlântica

O *site* da SOS Mata Atlântica traz informações sobre esse bioma, os projetos em andamento dessa ONG ambientalista, notícias recentes, eventos programados, uma galeria de fotos e vídeos, entre outros conteúdos.

Time and Date
<www.timeanddate.com/time/map>

Nesse *site* (em inglês) é possível visualizar um mapa-múndi atualizado com os fusos horários civis de todos os países e a hora das principais cidades.

União Europeia
<https://europa.eu/european-union/index_pt>

Para obter diversas informações sobre a União Europeia, acesse o portal oficial do bloco.

Verbetes de economia política e urbanismo
<http://143.107.16.5/docentes/depprojeto/c_deak/CD/4verb/index.html>

O Grupo de Disciplinas de Planejamento da FAU-USP disponibiliza um dicionário *on-line* no qual podem ser pesquisados diversos verbetes sobre o assunto tratado no capítulo 13.

Waze
<www.waze.com/pt-BR>

No *site* do Waze há uma explicação de como funciona o aplicativo de navegação, assim como um mapa com informações em tempo real sobre o trânsito (para utilizar o programa é preciso baixá-lo para o celular).

Worldmapper
<https://worldmapper.org>

Apoiado pela Royal Geographical Society, entre outras entidades, disponibiliza anamorfoses de temas socioespaciais, como PIB e população dos países, números da pobreza e da riqueza, entre outros. Um pdf – que pode ser baixado em <https://worldmapper.org/maps/population-year-2018> – mostra os países num mapa-múndi convencional ao lado de uma anamorfose, que os representa segundo o "tamanho" de suas populações.

World Meteorological Organization (WMO)
<www.wmo.int>

O *site* da Organização Meteorológica Mundial (do inglês, World Meteorological Organization) é rico em informações, textos, imagens e notícias sobre tempo, clima, entre outros assuntos ambientais (em inglês, espanhol e francês).

BIBLIOGRAFIA

LIVROS

AB'SÁBER, A. *A Amazônia*: do discurso à práxis. São Paulo: Edusp, 1996.

_____. *Os domínios de natureza no Brasil*: potencialidades paisagísticas. São Paulo: Ateliê Editorial, 2003.

ABREU, A. A. de (Org.). *Caminhos da cidadania*. Rio de Janeiro: FGV, 2009.

ALBUQUERQUE, P. C. G. *Desastres naturais e geotecnologias*: GPS. São José dos Campos: INPE, 2008.

AMARAL, S. P. do. *História do negro no Brasil*. Brasília: Ministério da Educação; Salvador: Centro de Estudos Afro-Orientais, 2011.

ANDRADE, M. C.; ANDRADE, S. M. C. *A federação brasileira*: uma análise geopolítica e geossocial. São Paulo: Contexto, 1999.

ARBIX, G. et al. (Org.). *Brasil, México, África do Sul, Índia e China*: diálogo entre os que chegaram depois. São Paulo: Ed. da Unesp/Edusp, 2002.

ARRIGHI, G. *Adam Smith em Pequim*: origens e fundamentos do século XXI. São Paulo: Boitempo, 2008.

BAER, W. *A economia brasileira*. 3. ed. São Paulo: Nobel, 2009.

BEAUD, M. *História do capitalismo de 1500 aos nossos dias*. 5. ed. São Paulo: Brasiliense, 2005.

BECKER, B.; STENNER, C. *Um futuro para a Amazônia*. São Paulo: Oficina de Textos, 2008.

BONIFACE, P. *Compreender o mundo*. São Paulo: Ed. Senac, 2011.

BRITO, P. *Economia brasileira*: planos econômicos e políticas econômicas básicas. São Paulo: Atlas, 2004.

BROWN, J. H.; LOMOLINO, M. V. *Biogeografia*. Ribeirão Preto: FUNPEC, 2006.

CANO, W. *Raízes da concentração industrial em São Paulo*. São Paulo: Difel, 1977.

CAPEL, H. *Filosofía y ciencia en la geografía contemporánea*. Barcelona: Ediciones del Serbal, 2012.

CARLOS, A. F. A. *Espaço-tempo na metrópole*: a fragmentação da vida cotidiana. São Paulo: Contexto, 2001.

_____. *O lugar no/do mundo*. São Paulo: FFLCH, 2007.

CASTELLS, M. *A sociedade em rede*. 7. ed. São Paulo: Paz e Terra, 2003.

_____. *Fim de milênio*. São Paulo: Paz e Terra, 1999.

_____. *O poder da identidade*. 2. ed. São Paulo: Paz e Terra, 1999.

CASTRO, I. E. et al. (Org.). *Explorações geográficas*. Rio de Janeiro: Bertrand Brasil, 1997.

_____ (Org.). *Geografia*: conceitos e temas. Rio de Janeiro: Bertrand Brasil, 1995.

CLAVAL, P. *História da Geografia*. Lisboa: Edições 70, 2006.

CORRÊA, R. L. *O espaço urbano*. São Paulo: Ática, 1995.

_____. *Região e organização espacial*. São Paulo: Ática, 1998.

_____. *Trajetórias geográficas*. Rio de Janeiro: Bertrand Brasil, 1997.

COSTA E SILVA, A. da. *A África explicada aos meus filhos*. Rio de Janeiro: Agir, 2008.

COSTA, W. M. *O estado e as políticas territoriais no Brasil*. São Paulo: Contexto, 1988.

CRESPO, A. A. *Estatística fácil*. 17. ed. São Paulo: Saraiva, 2002.

CUNHA, S. B.; GUERRA, A. J. T. (Org.). *A questão ambiental*: diferentes abordagens. Rio de Janeiro: Bertrand Brasil, 2003.

_____. *Geomorfologia do Brasil*. Rio de Janeiro: Bertrand Brasil, 1998.

DALLARI, D. de A. *Direitos humanos e cidadania*. São Paulo: Moderna, 1998.

DEAN, W. *A ferro e fogo*. A história e a devastação da Mata Atlântica brasileira. São Paulo: Cia. das Letras, 1996.

_____. *A industrialização de São Paulo*. São Paulo: Difel/Edusp, 1971.

DUARTE, P. A. *Fundamentos de Cartografia*. 2. ed. Florianópolis: Ed. da UFSC, 2003.

FITZ, P. R. *Geoprocessamento sem complicação*. São Paulo: Oficina de Textos, 2008.

FLORENZANO, T. G. (Org.). *Geomorfologia*: conceitos e tecnologias atuais. São Paulo: Oficina de Textos, 2008.

FRY, P. et al. (Org.). *Divisões perigosas*: políticas raciais no Brasil contemporâneo. Rio de Janeiro: Civilização Brasileira, 2007.

GALEANO, E. *As veias abertas da América Latina*. Rio de Janeiro: Paz e Terra, 1986.

GARTLAND, L. *Ilhas de calor*: como mitigar zonas de calor em áreas urbanas. São Paulo: Oficina de Textos, 2010.

GIDDENS, A. *A política da mudança climática*. Rio de Janeiro: Zahar, 2010.

_____. *Sociologia*. Porto Alegre: Artmed, 2005.

GOLDEMBERG, J. *Energia, meio ambiente e desenvolvimento*. São Paulo: Edusp, 1998.

GONÇALVES, R. *O Brasil e o comércio internacional*. São Paulo: Contexto, 2003.

GORBATCHEV, M. *Perestroika*: novas ideas para o meu país e o mundo. São Paulo: Best Seller, 1987.

GREMAUD, A. P.; VASCONCELOS, M. A. S. de; TONETO JR., R. *Economia brasileira contemporânea*. São Paulo: Atlas, 2009.

GROTZINGER, J.; JORDAN, T. *Para entender a Terra*. 6. ed. Porto Alegre: Bookman, 2013.

GUERRA, A. J. T.; CUNHA, S. B. (Org.). *Geomorfologia*. Uma atualização de bases e conceitos. Rio de Janeiro: Bertrand Brasil, 2001.

GUERRA, A. J. T.; SILVA, A. S.; BOTELHO, R. G. M. (Org.). *Erosão e conservação dos solos*: conceitos, temas e aplicações. Rio de Janeiro: Bertrand Brasil, 1999.

HAESBAERT, R. *Regional-global*: dilemas da região e da regionalização na Geografia contemporânea. Rio de Janeiro: Bertrand Brasil, 2010.

HARVEY, D. *A condição pós-moderna*: uma pesquisa sobre as origens da mudança cultural. São Paulo: Loyola, 1993.

_____. *A produção capitalista do espaço*. 2. ed. São Paulo: Annablume, 2006.

HELD, D.; MCGREW, A. *Prós e contras da globalização*. Rio de Janeiro: Zahar, 2001.

HINRICHS, R. A.; KLEINBACH, M. *Energia e meio ambiente*. 3. ed. São Paulo: Cengage Learning, 2009.

HIRST, P.; THOMPSON, G. *Globalização em questão*: a economia internacional e as possibilidades de governabilidade. Petrópolis: Vozes, 1998.

HOBSBAWM, E. *Globalização, democracia e terrorismo*. São Paulo: Companhia das Letras, 2007.

IBGE. Centro de Documentação e Disseminação de Informações. *Brasil:* 500 anos de povoamento. Rio de Janeiro, 2000.

_____. *Estatísticas do século XX*. Rio de Janeiro, 2003.

_____. *Estatísticas históricas do Brasil:* séries econômicas, demográficas e sociais de 1550 a 1988. 2. ed. Rio de Janeiro, 1990.

_____. *Noções básicas de Cartografia*. Rio de Janeiro, 1999.

JAMESON, F. *A cultura do dinheiro:* ensaios sobre a globalização. Petrópolis: Vozes, 2001.

JOLY, F. A *Cartografia*. 5. ed. Campinas: Papirus, 2003.

KAMDAR, M. *Planeta Índia:* a ascensão turbulenta de uma nova potência global. Rio de Janeiro: Agir, 2008.

KUMAR, K. *Da sociedade pós-industrial à pós-moderna:* novas teorias sobre o mundo contemporâneo. Rio de Janeiro: Zahar, 1997.

LACOSTE, Y. *A Geografia:* isso serve, em primeiro lugar, para fazer a guerra. 19. ed. Campinas: Papirus, 2011.

LACRUZ, M. S. P.; FILHO, M. A. S. *Desastres naturais e geotecnologias:* sistemas de informação geográfica. São José dos Campos: INPE, 2009.

LEONARD, M. *O que a China pensa?*. São Paulo: Larousse do Brasil, 2008.

LEPSCH, I. F. *Formação e conservação dos solos*. São Paulo: Oficina de Textos, 2010.

LONGLEY, P. A. et al. *Sistemas e ciência da informação geográfica*. 3. ed. Porto Alegre: Bookman, 2013.

LOWE, J. *O império secreto*. Rio de Janeiro: Berkeley, 1993.

LUCA, T. R. *Indústria e trabalho na história do Brasil*. São Paulo: Contexto, 2001.

LYRIO, M. C. *A ascensão da China como potência:* fundamentos políticos internos. Brasília: Fundação Alexandre Gusmão, 2010.

MACHADO, T. de S.; OLIVEIRA, A. S. de.; SENKEVICS, A. S. A cor ou raça nas estatísticas educacionais: uma análise dos instrumentos de pesquisa do Inep. In: *Série Documental:* textos para discussão 41. Brasília: MEC/Inep, 2016.

MARTINELLI, M. *Cartografia temática:* cadernos de mapas. São Paulo: Edusp, 2003.

MELLO, N. A. de; THÉRY, H. *Atlas do Brasil:* disparidades e dinâmicas do território. 2. ed. São Paulo: Edusp, 2009.

MENDONÇA, F.; DANNI-OLIVEIRA, I. M. *Climatologia:* noções básicas e climas do Brasil. São Paulo: Oficina de Textos, 2007.

MOÏSI, D. *A geopolítica das emoções:* como as culturas do Ocidente, do Oriente e da Ásia estão remodelando o mundo. Rio de Janeiro: Elsevier, 2009.

MORAES, A. C. R. *A gênese da Geografia moderna*. São Paulo: Annablume/Hucitec, 2002.

_____. *Geografia:* pequena história crítica. 20. ed. São Paulo: Annablume, 2005.

_____. *Meio ambiente e ciências humanas*. 2. ed. São Paulo: Hucitec, 2002.

_____. *Território e história no Brasil*. São Paulo: Annablume/Hucitec, 2002.

NOGUEIRA, R. E. *Cartografia:* representação, comunicação e visualização de dados espaciais. 2. ed. Florianópolis: Ed. da UFSC, 2008.

NYE JR., J. S. *O paradoxo do poder americano:* porque a única superpotência do mundo não pode prosseguir isolada. São Paulo: Ed. da Unesp, 2002.

PETERSEN, J.; SACK, D.; GABLER, R. E. *Fundamentos de Geografia Física*. Trad.: Thiago Humberto Nascimento. São Paulo: Cengage Learning, 2014.

PETRAS, J.; VELTMEYER, H. *Hegemonia dos Estados Unidos no novo milênio*. Petrópolis: Vozes, 2000.

PRADO JR., C. *História econômica do Brasil*. São Paulo: Brasiliense, 1993.

QUEIROZ FILHO, A. P.; RODRIGUES, M. *A arte de voar em mundos virtuais*. São Paulo: Annablume, 2007.

RATZEL, F. Geografia do homem (Antropogeografia). In: MORAES, A. C. R. (Org.). *Ratzel*. São Paulo: Ática, 1990.

REIFSCHNEIDER, F. J. B. et al. *Novos ângulos da história da agricultura no Brasil*. Brasília: Embrapa, 2010.

REIS, L. B. dos. *Geração de energia elétrica*. 2. ed. Barueri: Manole, 2011.

RIBEIRO, D. *O povo brasileiro:* a formação e o sentido do Brasil. São Paulo: Companhia das Letras, 1995.

ROCHA, J. A. M. R. *GPS:* uma abordagem prática. 4. ed. Recife: Bagaço, 2003.

ROMARIZ, D. de A. *Aspectos da vegetação do Brasil*. São Paulo: Edição da autora, 1996.

_____. *Biogeografia:* temas e conceitos. São Paulo: Scortecci, 2008.

ROSS, J. L. S. (Org.). *Ecogeografia do Brasil:* subsídios para planejamento ambiental. São Paulo: Oficina de Textos, 2006.

_____. *Geografia do Brasil*. 6. ed. São Paulo: Edusp, 2011.

ROSTOW, W. W. *Etapas do desenvolvimento econômico*. 6. ed. Rio de Janeiro: Zahar, 1978.

SANTOS, M. *A natureza do espaço:* técnica e tempo, razão e emoção. São Paulo: Hucitec, 1996.

_____. *A urbanização brasileira*. São Paulo: Hucitec, 1993.

_____. *Manual de geografia urbana*. São Paulo: Hucitec, 1989.

_____. *O espaço do cidadão*. São Paulo: Nobel, 1987.

_____; SILVEIRA, M. L. *O Brasil:* território e sociedade no início do século XXI. Rio de Janeiro: Record, 2001.

SANTOS, T. (Coord.). *Globalização e regionalização*. Rio de Janeiro: Ed. da PUC-Rio; São Paulo: Loyola, 2004.

_____. *Os impasses da globalização*. Rio de Janeiro: Ed. da PUC-Rio; São Paulo: Loyola, 2003.

SASSEN, S. *As cidades na economia mundial*. São Paulo: Studio Nobel, 1998.

SAUSEN, T. M. *Desastres naturais e geotecnologias:* sensoriamento remoto. São José dos Campos: INPE, 2008.

SCHWARCZ, L. M.; QUEIROS, R. da S. (Org.). *Raça e diversidade*. São Paulo: Edusp, 1996.

SCHWARTZMAN, S. *As causas da pobreza*. Rio de Janeiro: FGV, 2004.

SEABRA, O.; CARVALHO, M. de; LEITE, J. C. (Entrevistadores). *Território e Sociedade:* entrevista com Milton Santos. Fundação Perseu Abramo, 2000.

SEGRILLO, A. *O declínio da URSS:* um estudo das causas. Rio de Janeiro: Record, 2000.

_____. *O fim da URSS e a nova Rússia:* de Gorbachev ao pós-Yeltsin. Petrópolis: Vozes, 2000.

SEN, A. *Desenvolvimento como liberdade*. São Paulo: Companhia das Letras, 2000.

SERRANO, C.; WALDMAN, M. *Memória d'África:* a temática africana em sala de aula. São Paulo: Cortez, 2007.

SINGER, P. *Economia política da urbanização*. 2. ed. São Paulo: Contexto, 2002.

SISTER, S. (Org.). *O abc da crise*. São Paulo: Ed. Fundação Perseu Abramo, 2009.

SKIDMORE, T. *Brasil:* de Getúlio a Castelo. Rio de Janeiro: Paz e Terra, 1982.

_____. *Mudar a cidade:* uma introdução crítica ao planejamento e à gestão urbanos. Rio de Janeiro: Bertrand Brasil, 2002.

SOUZA, M. de M. e. *África e Brasil africano*. 3. ed. São Paulo: Ática, 2012.

SPÓSITO, E. S. *A vida nas cidades*. São Paulo: Contexto, 1994.

SPOSITO, M. E. B. *Capitalismo e urbanização*. São Paulo: Contexto, 1988.

STIGLITZ, J. E. *Globalização*: como dar certo. São Paulo: Companhia das Letras, 2007.

SUERTEGARAY, D. M. A. (Org.). *Terra*: feições ilustradas. Porto Alegre: Ed. da UFRGS, 2008.

SZMRECSÁNYI, T. *Pequena história da agricultura no Brasil*. São Paulo: Contexto, 1998.

_____; SUZIGAN, W. (Org.). *História econômica do Brasil contemporâneo*. São Paulo: Hucitec/ABPHE/Edusp/Imprensa Oficial, 2002.

TEIXEIRA, W. et al. (Org.). *Decifrando a Terra*. São Paulo: Oficina de Textos, 2009.

TREVISAN, C. *China*: o renascimento do império. São Paulo: Planeta do Brasil, 2006.

TUCCI, C. E. M. (Org.). *Hidrologia*: ciência e aplicação. Porto Alegre: Ed. da UFRGS/ABRH, 2002.

VALLE, C. E. do. *Qualidade ambiental*: ISO 14000. São Paulo: Senac, 2002.

VEIGA, J. E. da (Org.). *Aquecimento global*: frias contendas científicas. São Paulo: Senac, 2008.

VITTE, A. C.; GUERRA, A. J. T. (Org.). *Reflexões sobre a Geografia física no Brasil*. Rio de Janeiro: Bertrand Brasil, 2004.

VIZENTINI, P. F. *As relações internacionais da Ásia e da África*. Petrópolis: Vozes, 2007.

WALISIEWICZ, M. *Energia alternativa*: solar, eólica, hidrelétrica e de biocombustíveis. São Paulo: Publifolha, 2008.

WEBER, M. *A ética protestante e o espírito do capitalismo*. São Paulo: Pioneira, 1989.

ZEMIN, J. *Reforma e construção da China*. Rio de Janeiro: Record, 2002.

ZOUAIN, D. M.; PLONSKI, G. A. *Parques tecnológicos*: planejamento e gestão. Brasília: Anprotec/Sebrae, 2006.

ATLAS

BARROSO, M.; SOARES, M.; SHAPIRO, A. Protected Forest in the Amazon. In: ESRI Map Book. Redlands: Esri Press, 2014.

BONIFACE, P. (Dir.). *Atlas des relations internationales*. Paris: Hatier, 2003.

CATTARUZZA, A. *Atlas des guerres et conflits*. Paris: Autrement, 2014.

CERQUEIRA, D. et al. *Atlas da violência 2017*. Rio de Janeiro: Ipea/Fórum Brasileiro de Segurança Pública, 2017.

CHALIAND, G.; RAGEAU, J.-P. *Atlas stratégique du millénaire*: la mort des empires 1900-2015. Paris: Hachette Littératures, 1998.

CHARLIER, J. (Dir.). *Atlas du 21e siècle edition 2012*. Groningen: Wolters-Noordhoff; Paris: Éditions Nathan, 2011.

COLLEGE Atlas of the World. 2nd ed. Washington, D.C.: National Geographic/Wiley, 2010.

DUBY, G. *Atlas histórico mundial*. Barcelona: Larousse, 2007.

DURAND, M.-F. et al. *Atlas de la mondialisation*: comprendre l'espace mondial contemporain. 6. ed. Paris: Science Po, 2013.

ENCEL, F. *Atlas géopolitique d'Israël*. Paris: Autrement, 2008.

FERREIRA, G. M. L. *Moderno atlas geográfico*. 5. ed. São Paulo: Moderna, 2013.

GREINER, A. L. *Visualizing Human Geography*. [s.l.]: Wiley/National Geographic, 2011.

IBGE. *Atlas do censo demográfico 2010*. Rio de Janeiro, 2013.

_____. *Atlas geográfico escolar*. 7. ed. Rio de Janeiro, 2016.

_____. *Atlas nacional do Brasil Milton Santos*. 4. ed. Rio de Janeiro, 2011.

KOSSOWSKY, D. *Esri Map Book Volume 29*. Redlands, California: Esri Press, 2014.

LEBRUN, F. (Dir.). *Atlas historique*. Paris: Hachette, 2000.

LE MONDE DIPLOMATIQUE. *El atlas de las minorías*. Valencia: Fundación Mondiplo, 2012.

_____. *El atlas de las mundializaciones*. Valencia: Fundación Mondiplo, 2011.

_____. *L'Atlas 2013*. Paris: Vuibert, 2012.

MELLO, N. A. de; THÉRY, H. *Atlas do Brasil*: disparidades e dinâmicas do território. 2. ed. São Paulo: Edusp, 2009.

MILANI, C. R. S. et al. *Atlas da política externa brasileira*. Ciudad Autónoma de Buenos Aires: Clacso; Rio de Janeiro: Eduerj, 2014.

NATIONAL GEOGRAPHIC. *Atlas of the World*. 10th ed. Washington, D.C.: National Geographic Society, 2015.

_____. *Collegiate Atlas of the World*. Washington, D.C.: National Geographic Society, 2011.

_____. *Family Reference Atlas of the World*. 4th ed. Washington, D.C.: National Geographic, 2016.

OXFORD. *Atlas of the World*. 24rd ed. New York: Oxford University Press, 2017.

_____. *Essential World Atlas*. 6th ed. New York: Oxford University Press, 2011.

SIMIELLI, M. E. *Geoatlas*. 34. ed. São Paulo: Ática, 2013.

SMITH, D. *State of the World Atlas*. 9th ed. Brinhton (UK): Penguin Books, 2012.

_____. *The Penguin State of the Middle East Atlas*. 3rd ed. New York: Penguin Books, 2016.

SUTTON, C. J. *Student Atlas of World Geography*. 8th ed. [s.l.]: McGraw-Hill/Duskin, 2014.

THE WORLD BANK. *Atlas of Global Development*. 4th ed. Washington, D.C.: The World Bank; Glasgow: Collins, 2013.

WHITFIELD, P. *The Image of the World*: 20 Centuries of World Maps. London: British Library, 1994.

WORLD Bank eAtlas of the Millennium Development Goals. New York: Collins Bartholomew/The World Bank, 2011.

DICIONÁRIOS

BAUD, P. et al. *Dicionário de Geografia*. Lisboa: Plátano, 1999.

BOBBIO, N. et al. *Dicionário de Política*. 7. ed. Brasília: Ed. da UnB, 1995. 2 v.

DASHEFSKY, H. S. *Dicionário de ciência ambiental*. São Paulo: Gaia, 1997.

GEORGE, P. (Dir.). *Diccionario Akal de Geografía*. Madrid: Akal, 2007.

GUERRA, A. T.; GUERRA, A. J. T. *Novo dicionário geológico geomorfológico*. Rio de Janeiro: Bertrand Brasil, 1997.

JAPIASSU, H.; MARCONDES, D. *Dicionário básico de Filosofia*. 4. ed. Rio de Janeiro: Jorge Zahar, 2006.

JOHNSON, A. G. *Dicionário de Sociologia*. Rio de Janeiro: Zahar, 1997.

LACOSTE, Y. *De la géopolitique aux paysages*. Dictionnaire de la geographie. Paris: Armand Colin, 2009.

LÉVY, J.; LUSSAULT, M. (Dir.). *Dictionnaire de la geographie*. Paris: Belin, 2009.

OLIVEIRA, C. de. *Dicionário cartográfico*. Rio de Janeiro: IBGE, 1993.

SANDRONI, P. *Dicionário de Economia do século XXI*. 4. ed. Rio de Janeiro: Record, 2008.

PERIÓDICOS

AGÊNCIA NACIONAL DO PETRÓLEO, GÁS NATURAL E BIOCOMBUSTÍVEIS (ANP). *Anuário Estatístico Brasileiro do Petróleo, Gás Natural e Biocombustíveis 2018*. Disponível em: <www.anp.gov.br/publicacoes/anuario-estatistico/anuario-estatistico-2018>.

BANCO MUNDIAL. *Relatório sobre o desenvolvimento mundial de 2011*: Conflito, segurança e desenvolvimento. Washington, D.C., 2011.

BRITISH PETROLEUM (BP). *BP Statistical Review of World Energy 2018*. 67ª ed. Disponível em: <www.bp.com/content/dam/bp/en/corporate/pdf/energy-economics/statistical-review/bp-stats-review-2018-full-report.pdf>.

CENTRAL INTELLIGENCE AGENCY. *The World Factbook 2018*. Washington, D.C., 2018. Disponível em: <www.cia.gov/library/publications/the-world-factbook/rankorder/rankorderguide.html>.

CEPAL. *Estudio Económico de América Latina y el Caribe*. Santiago: Naciones Unidas, 2015.

CLASSIFICAÇÃO Nacional de Atividades Econômicas. Versão 2.0. Rio de Janeiro: IBGE, Concla, 2007.

CONFEDERAÇÃO NACIONAL DO TRANSPORTE. *Boletim estatístico*: maio 2018. Disponível em: <www.cnt.org.br/Boletim/boletim-estatistico-cnt>.

EMPRESA DE PESQUISA ENERGÉTICA (EPE). *Balanço Energético Nacional 2017*. Disponível em: <https://ben.epe.gov.br>.

FORTUNE. *Global 500 2017*. Time Inc. New York, 2017. Disponível em: <http://fortune.com/global500>.

FUNDO DE POPULAÇÃO DAS NAÇÕES UNIDAS (UNFPA). *Situação da população mundial 2017*. Mundos distantes. Saúde e direitos reprodutivos em uma era de desigualdade. Disponível em: <www.unfpa.org.br/novo/index.php/situacao-da-populacao-mundial>.

GLOBALIZATION AND WORLD CITIES (GaWC). *The World According to GaWC 2016*. Loughborough, abr. 2017. Disponível em: <www.lboro.ac.uk/gawc/world2016t.html>.

GLOBAL WIND ENERGY COUNCIL. *Global Wind Report 2017*. Disponível em: <http://files.gwec.net/files/GWR2017.pdf>.

IBGE. *Censo Agropecuário 2017*. Rio de Janeiro, 2018. Disponível em: <www.ibge.gov.br/estatisticas-novoportal/economicas/agricultura-e-pecuaria/21814-2017-censo-agropecuario.html?=&t=o-que-e>.

_____. *Censo Demográfico 2010*. Rio de Janeiro, 2010. Disponível em: <www.ibge.gov.br/estatisticas-novoportal/sociais/populacao/9662-censo-demografico-2010.html?=&t=o-que-e>.

_____. *Indicadores de desenvolvimento sustentável*. Edição 2017. Disponível em: <https://sidra.ibge.gov.br/pesquisa/ids/tabelas>.

_____. *Perfil dos municípios brasileiros 2017*. Rio de Janeiro, 2018. Disponível em: <https://biblioteca.ibge.gov.br/index.php/biblioteca-catalogo?view=detalhes&id=2101595>.

_____. *Pesquisa Nacional por Amostra de Domicílio 2015*. Rio de Janeiro, 2015. Disponível em: <https://biblioteca.ibge.gov.br/index.php/biblioteca-catalogo?view=detalhes&id=298887>.

_____. *Regiões de influência das cidades, 2007*. Rio de Janeiro, 2007. Disponível em: <https://biblioteca.ibge.gov.br/index.php/biblioteca-catalogo?view=detalhes&id=240677>.

_____. *Síntese de Indicadores Sociais 2017*: uma análise das condições de vida da população brasileira. Rio de Janeiro, 2017. Disponível em: <https://biblioteca.ibge.gov.br/index.php/biblioteca-catalogo?view=detalhes&id=2101459>.

IFR Statistical Department. *World Robotics 2015*. Frankfurt, 2015. Disponível em: <www.diag.uniroma1.it/~deluca/rob1_en/2015_WorldRobotics_ExecSummary.pdf>.

INSTITUTO NACIONAL DE ESTUDOS E PESQUISAS EDUCACIONAIS ANÍSIO TEIXEIRA. *Sinopse Estatística da Educação Básica 2017*. Brasília: Inep, 2018. Disponível em: <http://portal.inep.gov.br/sinopsesestatisticas-da-educacao-basica>.

INTERNATIONAL ENERGY AGENCY (IEA). *Key World Energy Statistics 2017*. Paris, 2018. Disponível em: <www.iea.org/publications/freepublications/publication/KeyWorld2017.pdf>.

INTERNATIONAL MONETARY FUND. *World Economic Outlook Database*. October 2017 edition. Washington, D.C., 2017.

MINISTÉRIO DAS MINAS E ENERGIA. *Balanço energético nacional 2017*. Disponível em: <www.iea.org/publications/freepublications/publication/KeyWorld2017.pdf>.

NACIONES UNIDAS. *Objetivos de Desarrollo del Milenio*: Informe de 2015. Nueva York, 2015.

STOCKHOLM INTERNATIONAL PEACE RESEARCH INSTITUTE. *Sipri Military Expenditure Database*. Solna (Sweden), 2018. Disponível em: <www.sipri.org/databases/milex>.

THE FUND FOR PEACE. *Fragile States Index Annual Report 2017*. Washington, D.C., 10 maio 2017.

THE MORI MEMORIAL FOUNDATION. Institute for Urbans Strategies. *Global Power City Index 2016*. Tokyo, oct. 2016. Disponível em: <www.mori-m-foundation.or.jp/pdf/GPCI2016_en.pdf>.

THE WORLD BANK. *World Development Indicators 2017*. Washington, D.C.: The World Bank, 2018.

TRANSPARENCY INTERNATIONAL. *Corruption Perception Index 2017*. Berlin, 2018.

UNDP. *Human Development Report 2016*. New York: United Nations Development Programme, 2016.

UNITED NATIONS. Department of Economic and Social Affairs/Population Division. *World Urbanization Prospects:* the 2018 Revision, Online Edition. New York, 2018. Disponível em: <https://esa.un.org/unpd/wup/>.

_____. Human Settlements Programme (UN-Habitat). *World Cities Report 2016*. Nairobi, 2016.

_____. *International Migration Report 2017*: Highlights. Disponível em: <www.un.org/en/development/desa/population/migration/publications/migrationreport/docs/MigrationReport2017_Highlights.pdf>.

_____. Office on Drugs and Crime. *Global Study on Homicide 2013*. Vienna: UNODC, 2013.

_____. *World Economic Situation and Prospects 2017*. New York, 2017.

_____. *World Population Prospects 2017*. New York, 2017.

_____. *World Urbanization Prospects*: the 2018 Revision, Online Edition. New York, 2018. Disponível em: <https://esa.un.org/unpd/wup/>.

UNITED NATIONS CONFERENCE ON TRADE AND DEVELOPMENT. *UNCTAD Handbook of Statistics 2017*. New York and Geneva: United Nations, 2017.

_____. *World Investment Report 2017*. New York and Geneva: United Nations, 2017.

UNITED NATIONS INDUSTRIAL DEVELOPMENT ORGANIZATION. *Industrial Development Report 2018*. Vienna: Unido, 2017.

U. S. DEPARTMENT OF THE TREASURY/FEDERAL RESERVE BOARD. *Major Foreign Holders of Treasury Securities*. Washington, D.C., 16 abr. 2018. Disponível em: <http://ticdata.treasury.gov/Publish/mfhhis01.txt>.

WORLD TOURISM ORGANIZATION. *Tourism Highlights*, 2017 edition. Madrid, 2017.

WORLD TRADE ORGANIZATION. *World Trade Statistical Review 2017*. Genebra, 2018.

Acessos em: 5 jul. 2018.

Este Atlas faz parte da obra *Geografia Geral e do Brasil*, de Eustáquio de Sene e João Carlos Moreira. Editora Ática. Não pode ser vendido separadamente.

ATLAS
MAPAS DE APOIO AO LIVRO-TEXTO

ENSINO MÉDIO
VOLUME ÚNICO

GEOGRAFIA
GERAL E DO BRASIL

EUSTÁQUIO DE SENE
JOÃO CARLOS MOREIRA

editora ática

Direção geral: Guilherme Luz
Direção editorial: Luiz Tonolli e Renata Mascarenhas
Gestão de projeto editorial: Viviane Carpegiani
Gestão e coordenação de área: Wagner Nicaretta (ger.), Jaqueline Paiva Cesar (coord.) e Brunna Paulussi (coord.)
Edição: Beatriz de Almeida Francisco e Aroldo Gomes Araujo
Assistência editorial: Lucas dos Santos Abrami
Gerência de produção editorial: Ricardo de Gan Braga
Planejamento e controle de produção: Paula Godo, Roseli Said e Marcos Toledo
Revisão: Hélia de Jesus Gonsaga (ger.), Kátia Scaff Marques (coord.), Rosângela Muricy (coord.), Cesar G. Sacramento, Flavia S. Vênezio, Sueli Bossi
Arte: Daniela Amaral (ger.), Claudio Faustino (coord.), Daniele Fátima Oliveira (edição de arte)
Iconografia: Sílvio Kligin (ger.), Denise Durand Kremer (coord.), Célia Rosa (pesquisa iconográfica)
Licenciamento de conteúdos de terceiros: Thiago Fontana (coord.), Luciana Sposito (licenciamento de textos), Erika Ramires, Luciana Pedrosa, Luciana Cardoso Sousa e Claudia Rodrigues (analistas adm.)
Tratamento de imagem: Cesar Wolf, Fernanda Crevin
Cartografia: Eric Fuzii (coord.), Robson Rosendo da Rocha (edit. arte)
Design: Gláucia Correa Koller (ger.), Aurélio Camilo (proj. gráfico e capa)

Todos os direitos reservados por Editora Ática S.A.
Avenida das Nações Unidas, 7221, 3º andar, Setor A
Pinheiros – São Paulo – SP – CEP 05425-902
Tel.: 4003-3061
www.atica.com.br / editora@atica.com.br

2025
Código da obra CL 741461
CAE 627989 (AL) / 627990 (PR)
6ª edição
1ª impressão

Impressão e acabamento: A.R. Fernandez

OP 247450

Uma publicação

APRESENTAÇÃO

O mapa é um instrumento fundamental no processo de aprendizagem da Geografia e na compreensão do mundo pela ótica dessa disciplina escolar.

Com este *Atlas* você poderá complementar e aprofundar seus conhecimentos cartográficos e geográficos sobre vários temas estudados ao longo do livro *Geografia Geral e do Brasil*.

Neste material, há alguns mapas que não foram apresentados no livro e outros que foram ampliados para aumentar o grau de detalhamento das informações cartografadas e permitir melhor visualização.

Nas páginas do livro-texto, você encontrará indicações que remetem, de forma interativa e contextualizada, aos mapas deste *Atlas*. Essas indicações estão assinaladas com este símbolo: . Também poderá consultá-lo sempre que tiver dúvidas sobre algum tema, quiser localizar uma cidade, um país ou algum elemento natural da paisagem e compreender melhor as relações entre as informações socioespaciais.

SUMÁRIO

PLANISFÉRIO POLÍTICO 6

PLANISFÉRIO FÍSICO 8

MUNDO: SISTEMAS POLÍTICOS 10

MUNDO: RENDA *PER CAPITA* – 2017 12

MUNDO: POBREZA EXTREMA – 1990 E 2013 13

MEGACIDADES E CIDADES GLOBAIS – 2016 14

SOBREPESO NO MUNDO – 2016 15

MUNDO: MUDANÇAS EM ÁREAS DE FLORESTA – 1990-2015 16

AMÉRICA DO SUL: FÍSICO 17

ÁFRICA: IMPERIALISMO EUROPEU ANTES DA PRIMEIRA GUERRA 18

ÁFRICA: TERRITÓRIOS DOS ESTADOS ATUAIS 19

BRASIL: POLÍTICO 20

BRASIL: DENSIDADE DEMOGRÁFICA – 2010 21

BRASIL: PRODUTO INTERNO BRUTO – 2012 22

BRASIL: USO DA TERRA 22

BRASIL: HIERARQUIA URBANA E MODERNIZAÇÃO AGRÍCOLA 23

BRASIL: UNIDADES DA FEDERAÇÃO 24

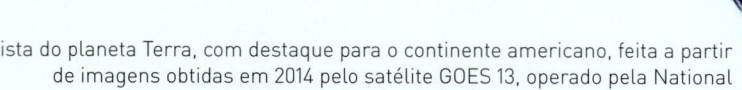

Vista do planeta Terra, com destaque para o continente americano, feita a partir de imagens obtidas em 2014 pelo satélite GOES 13, operado pela National Oceanic and Atmospheric Administration (NOAA), dos Estados Unidos.

NOAA/GOES Project/NASA

PLANISFÉRIO POLÍTICO

*   Kosovo declarou independência da Sérvia em 2008, mas não é membro da ONU. Segundo o Ministério das Relações Exteriores da República do Kosovo, até o final de 2017, 114 países tinham reconhecido sua independência, entre os quais o Japão, a Alemanha, a Austrália e três membros permanentes do Conselho de Segurança da ONU – Estados Unidos, Reino Unido e França. Entre os países que não a reconheceram estão o Brasil, a Índia, a Espanha e dois membros do CS da ONU – Rússia e China.

**   O Sudão do Sul separou-se do Sudão em 9 de julho de 2011 e no dia 14 do mesmo mês foi admitido como membro da ONU.

***Em 2014, em referendo que obteve 96,8% dos votos favoráveis, a população da Crimeia aprovou a separação da Ucrânia e a reintegração à Rússia, a quem pertenceu até 1954. A Rússia considera a Crimeia parte de seu território e encara como legítima essa reintegração. No entanto, os Estados Unidos e a União Europeia condenaram esse ato, que consideraram uma anexação ilegal. Esse novo *status* territorial da Crimeia não foi reconhecido pela ONU nem por seus Estados-membros.

Fonte: IBGE. *Atlas geográfico escolar*. 7. ed. Rio de Janeiro, 2016. p. 32; UNITED NATIONS. *Member States*. New York, 2018. Disponível em: <www.un.org/en/members-states>. Acesso em: 17 abr. 2018.

PLANISFÉRIO FÍSICO

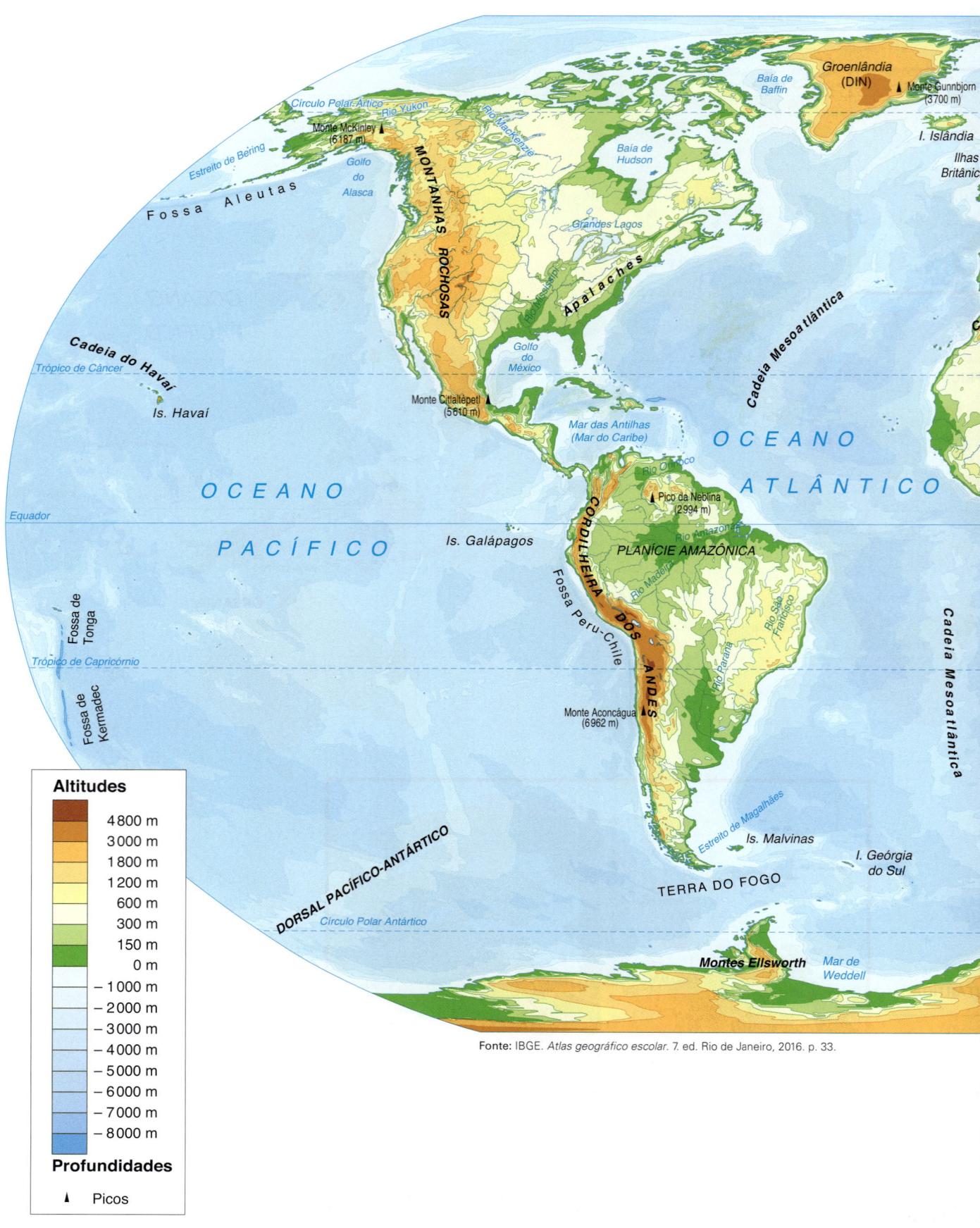

Fonte: IBGE. *Atlas geográfico escolar*. 7. ed. Rio de Janeiro, 2016. p. 33.

MUNDO: SISTEMAS POLÍTICOS

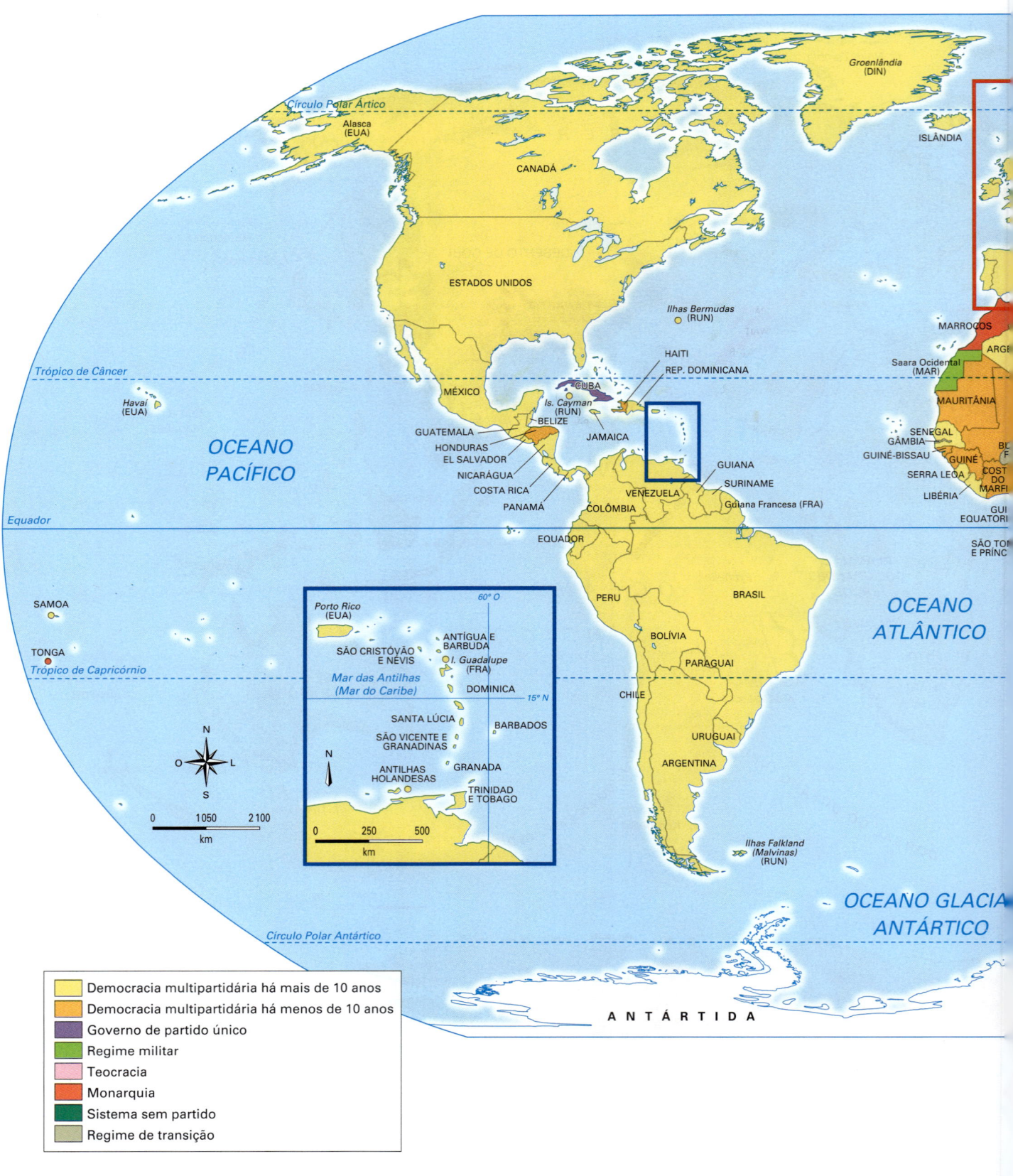

MUNDO: RENDA PER CAPITA – 2017

Rendimento Nacional Bruto *per capita*
- Países de renda alta
- Países de renda média-alta
- Países de renda média-baixa
- Países de renda baixa
- Sem dados

Fonte: THE WORLD BANK. *Atlas of Sustainable Development Goals 2017:* From World Development Indicators. Washington, D.C., 2017. p. VI-VII.

MUNDO: POBREZA EXTREMA – 1990 E 2013

* Dado de 1998.

Fonte: THE WORLD BANK. *Atlas of Sustainable Development Goals 2017*. From World Development Indicators. Washington, D.C., 2017. p. 2-3.

MEGACIDADES E CIDADES GLOBAIS – 2016

Fonte: UNITED NATIONS. Population Division. *The World's Cities in 2016*. Data Booklet. New York, 2016. Disponível em: <www.un.org/en/development/desa/populations/publications/pdf/urbanization/the_worlds_cities_in_2016_data_booklet.pdf>; GLOBALIZATION AND WORLD CITIES (GaWC). *The World According to GaWC 2016*. Loughborough, abr. 2017. Disponível em: <www.lboro.ac.uk/gawc/world2016t.html>. Acessos em: 27 abr. 2018.

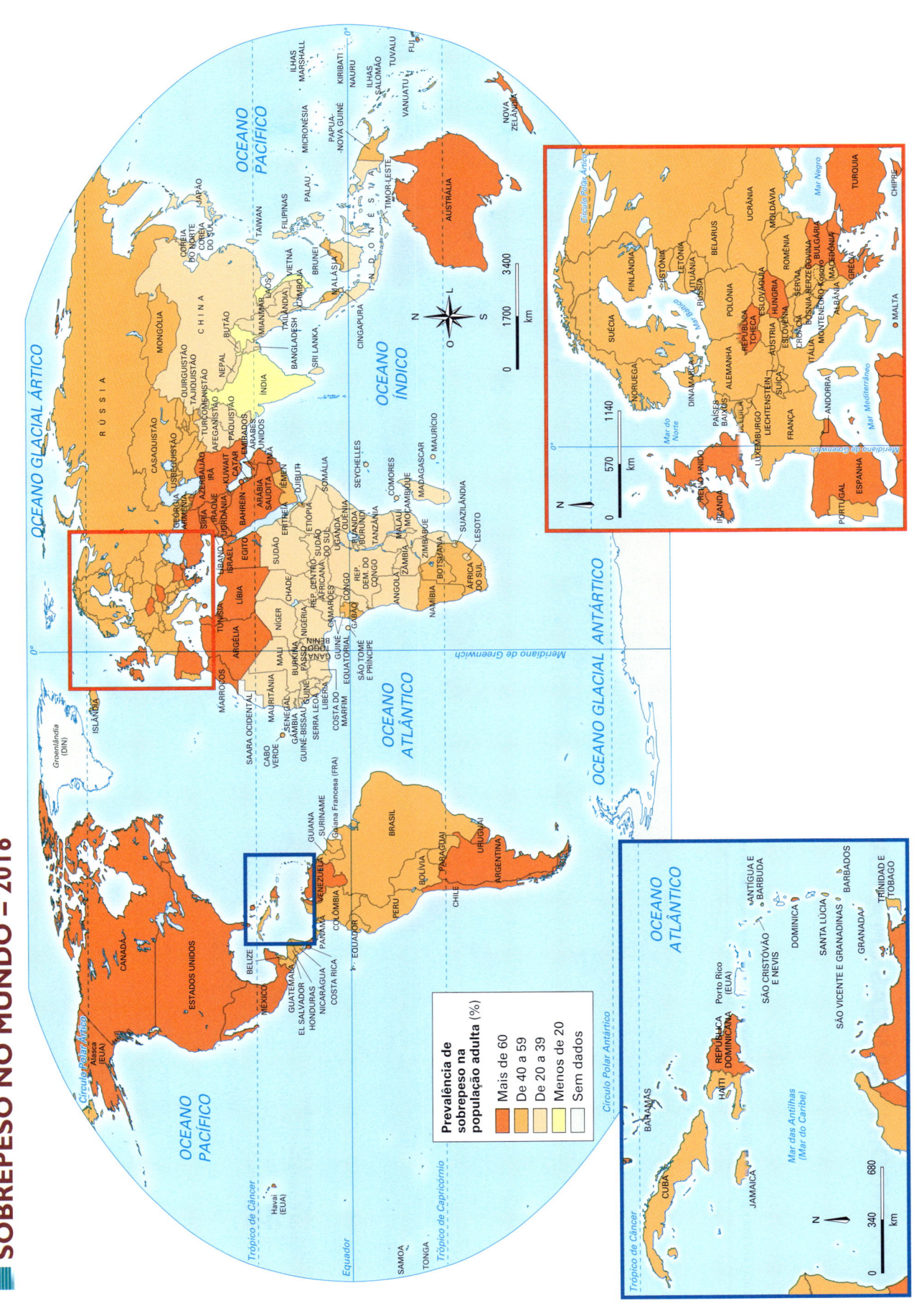

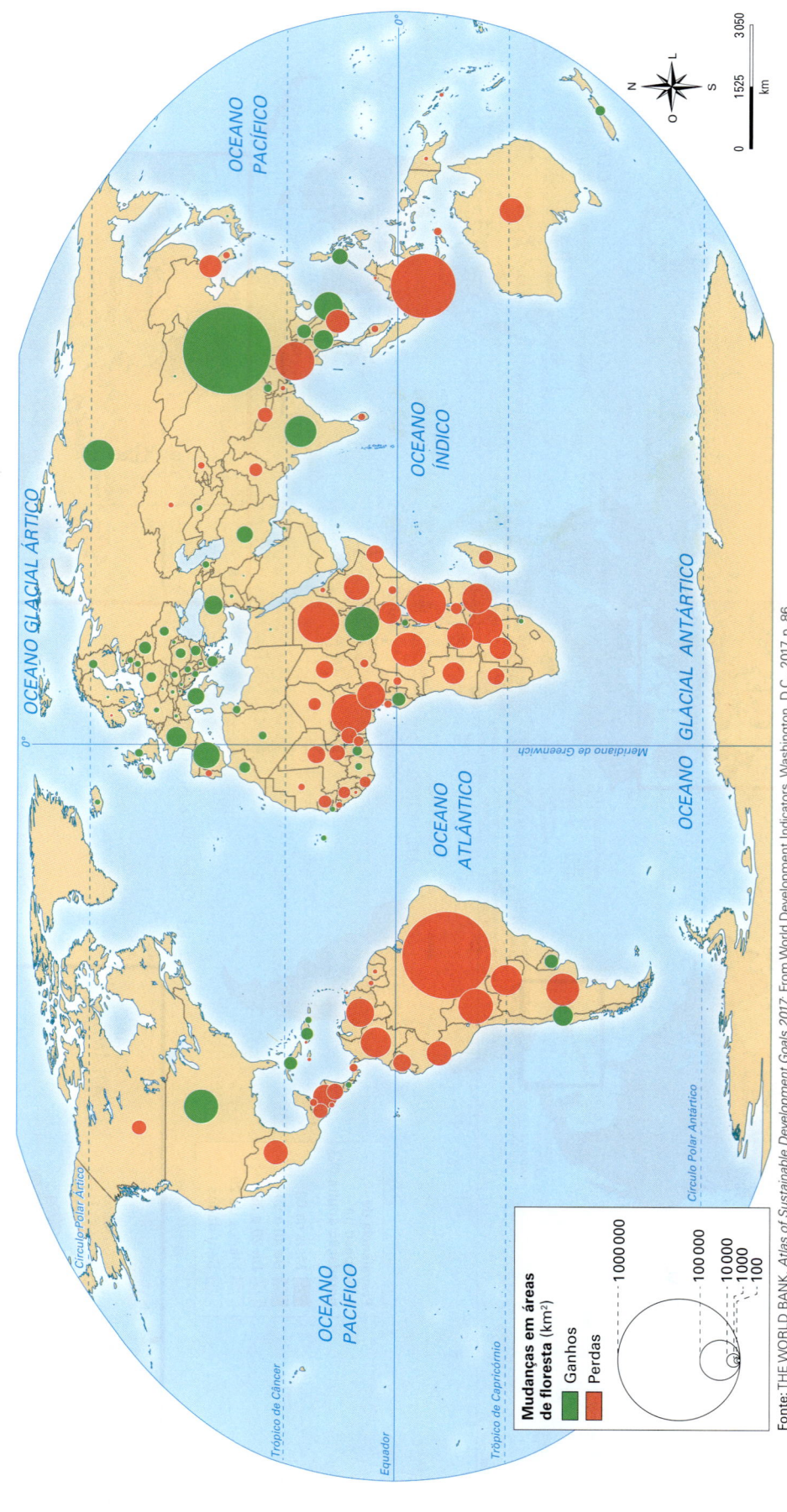

MUNDO: MUDANÇAS EM ÁREAS DE FLORESTA – 1990-2015

Fonte: THE WORLD BANK. *Atlas of Sustainable Development Goals 2017: From World Development Indicators.* Washington, D.C., 2017. p. 86.

AMÉRICA DO SUL: FÍSICO

Fonte: IBGE. *Atlas geográfico escolar*. 7. ed. Rio de Janeiro, 2016. p. 40.

ÁFRICA: IMPERIALISMO EUROPEU ANTES DA PRIMEIRA GUERRA

Fonte: THE WORLD BANK. *World development report 2009*. Washington, D.C., 2009. p. 284.

ÁFRICA: TERRITÓRIOS DOS ESTADOS ATUAIS

Fonte: IBGE. *Atlas geográfico escolar*. 7. ed. Rio de Janeiro, 2016. p. 45.

BRASIL: POLÍTICO

* Área onde o país exerce soberania (controle pleno) sobre a massa líquida, o espaço aéreo sobrejacente e o subsolo.
** Área onde o país exerce os direitos de soberania para fins de exploração e aproveitamento, conservação e gestão dos recursos naturais (vivos e não vivos), sobre a massa líquida e seu subsolo, além do direito de regulamentar a investigação científica.

Fonte: IBGE. Atlas geográfico escolar. 7. ed. Rio de Janeiro, 2016. p. 90.

BRASIL: DENSIDADE DEMOGRÁFICA – 2010

Fonte: IBGE. *Atlas geográfico escolar*. 7. ed. Rio de Janeiro, 2016. p. 114.

BRASIL: PRODUTO INTERNO BRUTO – 2012

BRASIL: USO DA TERRA

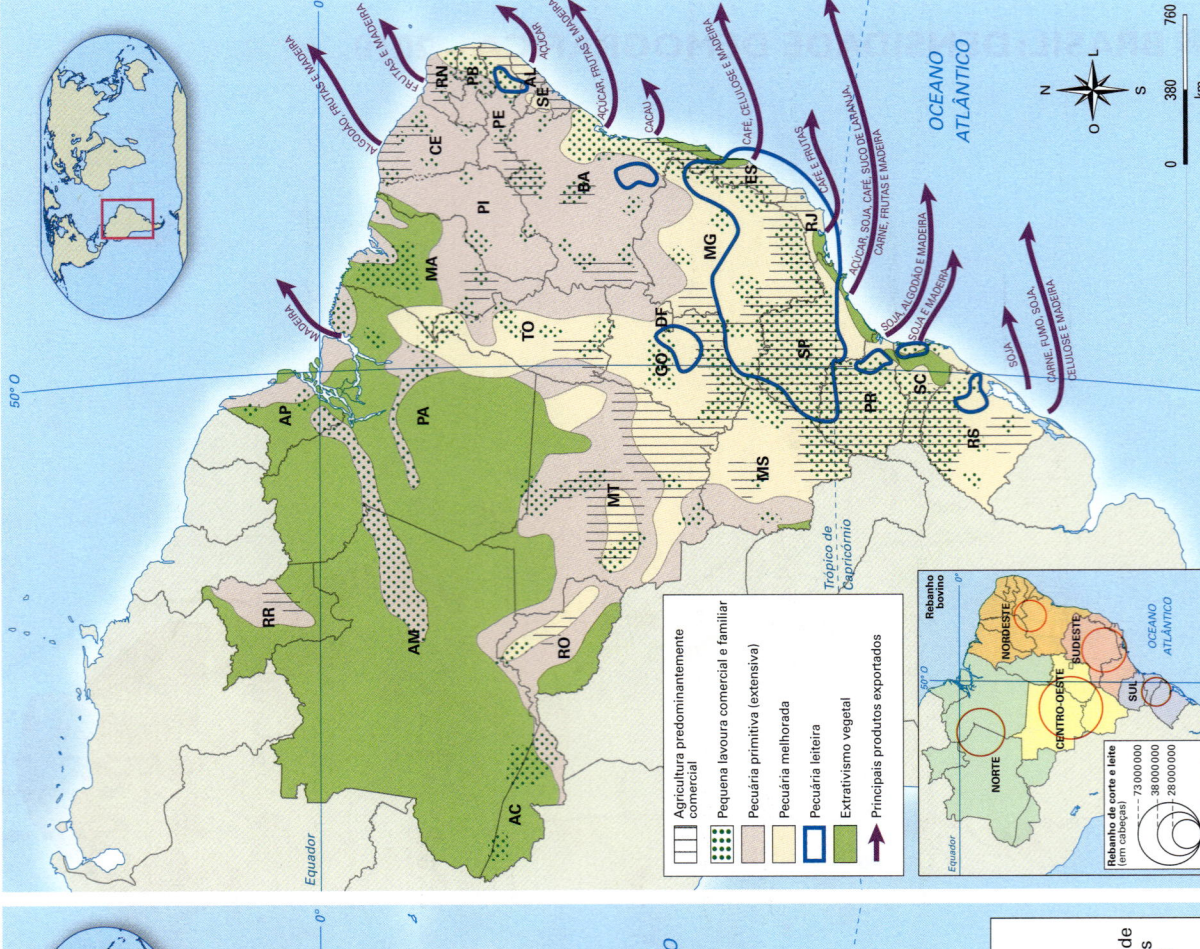

Fonte: IBGE. *Atlas geográfico escolar*. 7. ed. Rio de Janeiro, 2016. p. 140.

Fonte: SIMIELLI, Maria Elena. *Geoatlas*. 34. ed. São Paulo: Ática, 2013. p. 126. (Original sem data.)

BRASIL: UNIDADES DA FEDERAÇÃO

Fonte: IBGE. *Atlas geográfico escolar.* 7. ed. Rio de Janeiro, 20—

BRASIL: HIERARQUIA URBANA E MODERNIZAÇÃO AGRÍCOLA

Fonte: IBGE. *Atlas geográfico escolar*. 7. ed. Rio de Janeiro, 2016. p. 152. (Original sem data.)